FESTSCHRIFT DER TECHNISCHEN HOCHSCHULE STUTTGART

FESTSCHRIFT DER TECHNISCHEN HOCHSCHULE STUTTGART

ZUR VOLLENDUNG

IHRES

ERSTEN JAHRHUNDERTS

1829 – 1929

SPRINGER-VERLAG BERLIN HEIDELBERG GMBH 1929

URSPRÜNGLICH ERSCHIENEN BEI JULIUS SPRINGER IN BERLIN 1929
SOFTCOVER REPRINT OF THE HARDCOVER 1ST EDITION 1929

ISBN 978-3-662-27255-8 ISBN 978-3-662-28741-5 (eBook)
DOI 10.1007/978-3-662-28741-5

Vorwort.

In diesem Buche will die Technische Hochschule Stuttgart zur Feier ihres hundertjährigen Bestehens einen zwar nicht ganz lückenlosen, aber doch ziemlich vollständigen Querschnitt durch ihr technisches, wissenschaftliches und künstlerisches Schaffen geben. Die Mannigfaltigkeit des Inhalts zeigt den Umfang ihres Forschungsgebietes und mag den eigentlichen Reiz des Buches ausmachen. Daß die Hochschule es zum Fest in die Hände aller derer, die mit ihr feiern, legen kann, verdankt sie der tatkräftigen Opferwilligkeit der Verlagsbuchhandlung Julius Springer in Berlin, der Papierfabrik Scheufelen in Oberlenningen, der Bleicherei, Färberei und Appreturanstalt Stuttgart A. G. in Uhingen und der Württembergischen graphischen Kunstanstalt Gustav Dreher in Stuttgart. Der Herausgeber gedenkt dankbar der stets bereiten Mithilfe seines Kollegen E. Veesenmeyer und des treuen Beistandes seines Assistenten A. Tränkle.

Stuttgart, Mai 1929.

Im Auftrag des Senates

R. Grammel.

Inhaltsverzeichnis.

Die Anfänge der neuen Baukunst in Stuttgart.

Von

JULIUS BAUM, Ulm.

Der Versuch der historischen Bewertung von Ereignissen der jüngsten Vergangenheit und ihrer Einordnung in eine größere Entwicklung wird stets ein Wagnis bleiben. Allzu leicht werden, aus zu großer Nähe betrachtet, entwicklungsgeschichtlich wichtige Ereignisse durch unwesentliche Begebenheiten überschnitten oder verdunkelt; daher sind falsche Maßstäbe ein Merkmal aller Darstellungen jüngster Geschichte. Dennoch soll hier der Versuch nicht gescheut werden, einen Überblick über die Stuttgarter Kunstentwicklung um die letzte Jahrhundertwende zu geben; schon heute besteht kein Zweifel, daß um diese Zeit ein hoher Aufschwung einsetzt, zumal auf dem Gebiete der Architektur und nicht zuletzt dank der Führung der Technischen Hochschule.

Das beispiellose Wachstum unserer Großstädte im letzten Viertel des 19. Jahrhunderts fand ein der Bedeutung seiner Aufgaben nicht bewußtes Baumeistergeschlecht. Architektur als Kunst schien erstorben; man entwickelte den Baugedanken nicht aus der Aufgabe, sondern unabhängig von ihr. Daher tragen die Schöpfungen der Baukunst nicht das Merkmal innerer Notwendigkeit, sondern es sind Leistungen einer oberflächlichen und spielerischen Gesinnung, ohne Beziehung zu den natürlichen Gegebenheiten des Bodens, des Volkstums, der gesunden geschichtlichen Überlieferung.

Am unmittelbarsten und schmerzlichsten zeigt sich der Verlust des Stilgefühls im Städtebau. Bis zur Mitte des 19. Jahrhunderts hatte das Weichbild Stuttgarts kaum begonnen, an den umrahmenden Talhängen emporzuwachsen. Bis zu dieser Zeit waren die bescheidenen städtebaulichen Aufgaben in vorbildlicher Weise gelöst worden. An die beiden Stadterweiterungen ULRICHS des Vielgeliebten und EBERHARDS im Bart, die Eßlinger Vorstadt um die Leonhardskirche und die Reiche Vorstadt mit den nach italienischem Renaissancevorbild schachbrettartig geordneten Straßen um das Dominikanerkloster, die bis zum Ende der Herzogszeit dem Wachstum der Stadt genügten, schließt sich die erste Stadterweiterung des 19. Jahrhunderts um den im Sinne des Klassizismus gut gegliederten Friedrichsplatz als eine für ihre Epoche städtebaulich vollwertige Leistung an. Die Ausgestaltung des Schloßplatzes und die Errichtung des Königbaues unter LEINS darf sogar als eine der besten städtebaulichen Leistungen der deutschen Baukunst um die Mitte des 19. Jahrhunderts angesprochen werden; es träte noch deutlicher hervor, wenn der Schloßplatz von den spielerischen Zutaten der Spätzeit des 19. Jahrhunderts gereinigt würde. Ja sogar in bezug auf die Anlage von Höhenstraßen bedeutet ETZELS dem Gelände so schön sich anschmiegende aussichtreiche Neue Weinsteige ein Vorbild, das auch der bewußt gestaltende Städtebau der Gegenwart nicht übertreffen kann.

Die städtebaulichen Leistungen der Mitte des 19. Jahrhunderts schienen die Gewähr zu bieten, daß Stuttgart die gute, nie abgebrochene Überlieferung der älteren Baukunst glücklich weiter pflegen und in die Zukunft hinüber retten werde. Die letzten Jahrzehnte des vergangenen Jahrhunderts haben dieser Erwartung nicht recht gegeben. Das Bewußtsein, daß Städtebau eine Kunst sei, verlor sich. Die Stadterweiterung vollzog sich auf dem Reißbrett ohne Berücksichtigung der Bedingungen der natürlichen Lage. So entstand das öde Viertel um die Rotebühl- und Silberburgstraße; es entstanden die um der Geradlinigkeit willen zu steil ansteigenden und häufig ins Leere führenden Straßen, die oft genug, gleich der Danneckerstraße, die wenig schöne Rückseite der Häuser der Stadt zuwendeten; es entstanden die mühsam eingeebneten Kreuzungspunkte am Hang mit spitzwinklig anschneidenden Straßen, wie z. B. der Eugensplatz; die stillen romantischen Täler, die als Lungen der Stadt mit Grünanlagen hätten bepflanzt werden sollen, wurden mit Häusern verbaut; um von kleineren, durch baupolizeiliche Vorschriften bedingten Schäden, wie den die geschlossene Wirkung der Straßenfronten zerstörenden Bauwichen, zu schweigen. Gewiß sind die nämlichen Fehler überall gemacht worden; selten aber haben sie so viel Schaden anrichten können wie in der durch die unvergleichliche Schönheit der Lage ausgezeichneten Hauptstadt des Schwabenlandes.

Christian Friedrich Leins, der Schöpfer des Schloßplatzes, hat in seinem langen Schaffen die Wandlung zum Verfall der guten Überlieferung nicht nur miterlebt, sondern sogar selbst gefördert. Eine Vergleichung des Schloßplatzes mit der ebenfalls von ihm geschaffenen Johanniskirche am Feuersee wirkt wie Beispiel und Gegenbeispiel. Während der Königsbau eine gewaltige, durchaus selbständige Weiterbildung der klassischen Architektur bedeutet, bleibt die Johanniskirche in der kleinlichen Nachahmung mittelalterlicher Formen stecken. Und während für den Königsbau das Gesetz bestand, daß er frei liegen mußte, um in seinen klassischen Proportionen überschaut werden zu können, oder richtiger, während der Königsbau notwendig war, um dem Besucher des Schloßplatzes vom Neuen Schlosse aus eine wirksame, völlig sichtbare Platzfront zu geben, galt für die mittelalterliche Architektur und ihre Nachahmungen das umgekehrte Gesetz. Sie wirkt kleinlich, wenn sie frei liegt. Eben darum sind unsere mittelalterlichen Kirchen sämtlich eingebaut. Der Versuch, ein gotisches Bauwerk auf einen leeren Platz zu stellen, umrahmt von einem Weiher, war geradezu die Verneinung des am Königsbau mit Recht und mit Erfolg angewendeten städtebaulichen Grundsatzes. Umgekehrt hätte später ein auf klassische Überlieferung zurückgreifendes Bauwerk, wie Neckelmanns Landesgewerbemuseum, niemals in enge Straßen gesetzt werden dürfen, da es einen großen Platz verlangt, um wirksam zu werden.

Indem wir die Johanniskirche und das Landesgewerbemuseum nennen, haben wir gleichzeitig schon angedeutet, daß derselbe Verfall, dem der Städtebau zum Opfer fiel, sich auch an den Einzelschöpfungen der Baukunst zeigte. Nirgendmehr ein Gestalten aus innerer Notwendigkeit heraus, sondern überall, gleich, ob es sich um Kirchen, um Repräsentationsbauten oder um Wohn- und Geschäftshäuser handelt, ein äußerliches Spielen mit verbrauchten historischen Stilmotiven, die auf die Wände als etwas Unnötiges und Zufälliges aufgeklebt erscheinen. Nicht nur, daß die Außenwände aus keiner organischen Notwendigkeit errichtet sind, weder in Beziehung zum Innenraum, noch zu ihrer Umgebung, noch auch in Beziehung zur Tradition, sind auch die Gebäude in ihrem Inneren nach Grundsätzen eines hohlen und dem 19. Jahrhundert durchaus nicht mehr gemäßen Aufwandes leer und unzweckmäßig gestaltet. Es ist eine glückliche Eigenschaft des schwäbischen Stammescharakters, daß er sich von Übertreibungen fernhält. So sind auch die Bauten der letzten Jahre des 19. Jahrhunderts, abgesehen von Schöpfungen wie dem Landesgewerbemuseum des landfremden NECKELMANN, im ganzen einfacher und ruhiger als in anderen Gegenden Deutschlands; man darf den Baumeistern dieser Zeit dankbar sein, daß sie mit verhältnismäßig erträglichen baulichen Lösungen — erinnert sei etwa an den Olgabau von LAMBERT, die Ecke des Hotels Marquardt von WEIGLE, die frühen Arbeiten EISENLOHRS — über diese tote Zeit hinweggeleitet haben.

Es ist für das späte 19. Jahrhundert bezeichnend, daß in dieser Epoche die Architektur die Verbindung mit den übrigen Künsten verlor. Das Handwerk verwilderte in technischer und formaler Hinsicht; Malerei und Bildnerei machten sich selbständig. Die Malerei war die einzige noch lebendige Kunst in dieser Zeit; sie beschränkte sich auf eine möglichst intensive Erfassung und Darstellung von Wirklichkeitsausschnitten. Die Schöpfungen der um die Jahrhundertwende in Stuttgart tätigen Freilichtmaler HAUG, KELLER, LANDENBERGER, PLEUER, REINIGER behaupten innerhalb der Entwicklung der deutschen Kunst jener Zeit einen ehrenvollen Platz. Indes war die Zeit der Wirklichkeitsmalerei erfüllt. Neue Möglichkeiten kündigten sich von fern an. Die freien Künste strebten wieder nach stärkerer Verbindung mit der Baukunst. Die Anfänge des neuen Stiles lassen sich ziemlich genau auf das Jahr 1895 festlegen. Damals wurde die führende neue Zeitschrift „Pan“ gegründet. In diese Epoche fallen die ersten Versuche einer Umgestaltung der Malerei in dekorativem Sinne und die Anfänge des neuen Kunsthandwerks. Zu den deutschen Künstlern, in denen das Gefühl für die Notwendigkeiten einer Wandlung besonders wach war, gehörte LEOPOLD Graf KALCKREUTH. Mit seiner Berufung an die Stuttgarter Kunstschule im Jahre 1899 hat König WILHELM II. dem Stuttgarter Kunstleben einen mächtigen Antrieb gegeben. Das Schaffen des Grafen KALCKREUTH ist durch eine schlichte sachliche Naturerfassung gekennzeichnet; ihm fehlte der poetische Einschlag, der etwa die Malerei REINIGERS oder LANDENBERGERS charakterisiert. Aber Graf KALCKREUTH war mehr als bloß Maler. In dieser starken und fesselnden Persönlichkeit lebte schon um 1900 der Instinkt für die Forderungen einer neuen Zeit. So hat er in diesen Jahren einem großen Schülerkreis, in dem sich u. a. der Bildhauer HERMANN HALLER und der Maler CARL HOFER befanden, entscheidende Anregung für das Leben geben können. Er hat auch, in dem Bewußtsein, daß Stilwandlungen stets mit dem Ornament und den Kleinkünsten beginnen, Sorge getragen, daß dem schwäbischen Kunsthandwerk, das sich weithin eines guten Rufes erfreute, doch, gleich der Architektur, in einem spielerischen Eklektizismus zu verknöchern drohte, frische, lebendige Kraft zugeführt wurde. Er betrieb die Übersiedlung der unter der Leitung von KRÜGER und PANKOK stehenden jungen Vereinigten Werkstätten für Kunst und Handwerk von München nach

Stuttgart. Hieraus ging 1902 die an die Kunstgewerbeschule angegliederte Lehr- und Versuchswerkstätte hervor, die durch selbständige Gestaltung ihrer handwerklichen Erzeugnisse und Erziehung eines Stammes tüchtiger junger Kunsthandwerker dem alt gewordenen, im Fabrikbetrieb erstarrten Kunstgewerbe frische Impulse zuführte. Das Gefühl für verantwortungsvolle Gestaltung handwerklicher Arbeit erwachte wieder allgemein; hiermit beginnt die Epoche neuer individueller Durchbildung der handwerklichen Einzelleistung. Das Handwerk, das vor 1900 der Industrie schon fast erlegen war, wurde wieder lebendig. Die Industrie lernte sich seiner von neuem bedienen. An die Stelle der gewerblichen Musterzeichner, die keine Verbindung mehr mit dem Gestalten aus den stofflichen Bedingungen heraus hatten, traten wieder die persönlich den Stoff meisternden Kunsthandwerker. Ein gewaltiger Umschwung vollzog sich zumal auf dem Gebiete der Buchkunst, die in Stuttgart lange Zeit eine führende Stellung hatte, aber in Gefahr stand, von Berlin, München und Leipzig überflügelt zu werden. Nicht weniger Förderung erfuhren die Möbel- und die Goldschmiedeindustrie. Die Umbildung der allgemeinen Verhältnisse war so einschneidend, daß schon bei der Gründung des Werkbundes Kunstindustrie und Kunsthandwerk gemeinsam auf den Plan traten, und daß die Führung dieses Verbandes bald dem um die künstlerische Veredelung des württembergischen Gewerbes hochverdienten Ehrendoktor der Technischen Hochschule Geheimrat BRUCKMANN zufiel. Auch die Kunstgewerbeschule hat nach ihrer Verschmelzung mit den Lehr- und Versuchswerkstätten und der Übernahme der Leitung durch PANKOK zur Hebung des künstlerischen Geschmacks und zur Erziehung eines gesunden kunsthandwerklichen Nachwuchses viel beigetragen.

Das entscheidende Moment der Wandlung zum neuen Stil liegt nicht in der Umgestaltung der Kunstformen, sondern in der Änderung der Verantwortlichkeit. Ein neues Ethos erfüllte die Künstler. Für die Maler der letzten Generation, die einzigen unter den Künstlern, die überhaupt noch mit Verantwortlichkeitsgefühl gestalteten, erschöpfte sich diese Verantwortung in der Ehrlichkeit der Hingabe an die Natur, also geradezu in einer naturwissenschaftlichen Problemstellung. MONET malte zu jeder Tagesstunde seinen Heuschober, um an ihm die Änderung des Lichtes zu erforschen. PLEUER schuf Hunderte von Studien fahrender Eisenbahnzüge, nur darauf bedacht, die Bewegung überzeugend festzuhalten. Daß diese Bilder PLEUERS dennoch ein geheimer poetischer Zauber erfüllt, lag im schwäbischen Blut, das sich nicht verleugnen läßt. Beabsichtigt war diese Wirkung nicht. Der bewußte Wille zielte kühl und unerbittlich darauf, die Kunst aus der Natur herauszureißen, in einem engeren Sinne, als DÜRER es verlangte. Es lag in der einseitigen Richtung dieses Kunstwollens, daß es sich auf jene Künste beschränken mußte, die ihrem Wesen nach eine Beziehung zur Wirklichkeit haben, daß es also Architektur und Kunsthandwerk folgerichtig ausschloß. Im Grunde war dieser kühle Naturalismus keinem deutschen Stamme wesensfremder als dem durch alle Jahrhunderte künstlerischen Schaffens idealistisch gerichteten schwäbischen Volke. Und es lag eine leise Ironie der Geschichte in der Tatsache, daß der Künder dieser Kunstlehre gerade im Lande HEGELS und FRIEDRICH THEODOR VISCHERS als Vertreter der Kunstwissenschaft an der Universität Tübingen wirkte. Indes war, als KONRAD LANGE sein „Wesen der Kunst" schrieb, der Naturalismus allenthalben schon im Abflauen; und die Vorherrschaft schien nun für längere Zeit einer idealistisch-neuklassizistischen Lehre beschieden, die organisch an FRIEDRICH THEODOR VISCHER anknüpfte. Unmittelbar ging sie auf HANS V. MARÉES zurück. Ihren erschöpfenden Ausdruck fand sie in dem viel gelesenen und befolgten knappen Büchlein „Das Problem der Form" des Münchener Bildhauers ADOLF HILDEBRAND. Mit dem jungen Kunsthandwerk schien die hier aufgestellte Gestaltungslehre zunächst nichts zu verbinden. Wer in München etwa die Forderungen OBRISTS, des Fürsprechers der jungen Kunsthandwerker, hörte, vermeinte einen unüberbrückbaren Gegensatz zu HILDEBRAND zu erleben. Das Kunsthandwerk hatte sich von mißverstandenen naturalistischen Lehren noch nicht völlig frei gemacht. OBRIST träumte von einer neuen funktionellen Kunst. Die kritiklose Anwendung seiner Lehren aber führte zu den Verirrungen des „Jugendstils". Erst als diese Krise überwunden war, zeigte sich plötzlich die Gemeinsamkeit des Wollens. Sie gründete auf der Erkenntnis, daß die Kunst ihre eigene Gesetzlichkeit habe, völlig unabhängig von der Natur. Von dem Augenblick dieser Erkenntnis an beginnt das neue Ethos, gleichzeitig im Kunsthandwerk und in den übrigen Künsten. Plötzlich erkennen der Maler, daß es in der Kunst fundamentalere Probleme gebe, als an einem Stück Wirklichkeit die Wirkung des Lichtes auf die Änderung der Lokalfarbe zu erforschen, der Architekt und Kunsthandwerker, daß das Behängen eines Bauwerkes oder eines handwerklichen Gegenstandes mit historischen Stilerinnerungen noch unterhalb des Beginnes künstlerischer Gestaltung liege. „Was bei einem Bau noch im Halbdunkel als große Masse und in großen Gegensätzen, z. B. als geschlossene Wand gegen eine Halle noch wirkt, also das Hauptmotiv in seinen Verhältnissen bildet, ist Kern der architektonischen Leistung und ist als solcher genießbar, ohne daß wir erkennen, in welcher (historischen) Stilart der Bau sich ausdrückt" schreibt HILDEBRAND in seinem 1899 im Pan erschienenen Aufsatz „Über die Bedeutung von Größenverhältnissen in der Architektur". In dieser Beobachtung liegt eine der Grunderkenntnisse der neuen Gestaltung. Verallgemeinert bedeutet sie: An die Stelle des Absoluten tritt die Beziehung, an die Stelle zahlreicher sinnlos ihre Kräfte vergeudender Einzelherrschaften tritt ein alle Teile berücksichtigendes, verfassungsmäßiges Zusammenarbeiten. Bisher wurden Straßen auf dem Reißbrett entworfen; jetzt ordnet man sie dem Gelände gemäß. Häuser wurden nach einer Grundrißdisposition gebaut, die nicht für sie paßte; nunmehr erforscht man zunächst die sachlich gegebenen Voraussetzungen der Anlage. Fassaden hatte man, ohne Rücksicht auf die Nachbarschaft, nach irgend einem übernommenen Schema mit historischem Schmuck bedeckt; jetzt fragt man wieder nach den Relationen zum Straßenbild. Säle wurden zuvor mit Wandgemälden geschmückt, die sich in den architektonischen Rahmen so wenig einordneten, als wären es auswechselbare realistische Studien; nun schafft man bewußt wieder Architekturmalerei. Ein neuer Sinn für Gediegenheit im Technischen, nicht minder wie für Wahrhaftigkeit der formalen Gestaltung kommt plötzlich allenthalben zum Durchbruch.

In Stuttgart bahnte sich diese Wandlung unter der Führung von Männern an, denen mit Recht von allen Seiten Vertrauen entgegengebracht wurde. Sie vollzog sich nicht ohne Kampf; doch setzte sie sich in verhältnismäßig kurzer

Zeit durch. Graf Kalckreuth war durch seine gesellschaftliche Stellung der gegebene Mittler; er hat sich mit ganzer Kraft für das zukunftsfrohe Neue eingesetzt. Blieb er auch im eigenen Schaffen einem formal geklärten Realismus treu, so fehlte ihm doch keineswegs die Duldsamkeit und aktive Kraft zur Förderung der Jüngeren, die folgerichtig mit der Vergangenheit brechen mußten. Als Graf Kalckreuth 1907 Stuttgart verließ, hatte er nicht nur dem schwäbischen Kunsthandwerk eine neue Grundlage gegeben, sondern auch den Prozeß der inneren Umformung der Malerei und Bildnerkunst so weit gefördert, daß ein tatkräftiger Vorkämpfer der neuen Kunstbewegung, Adolf Hölzel, an seine Stelle treten durfte. Bald sollte der jungen Malerei und Bildnerkunst Gelegenheit gegeben werden, Lebenskraft und -wert zu erweisen.

Eine glückliche Epoche der Stuttgarter Kunst waren die Jahre des gemeinsamen Wirkens des Grafen Kalckreuth und des Architekten Theodor Fischer. 1901 wurde Fischer aus München, wo er als städtischer Bauamtmann die noch heute vorbildlichen Schulgebäude in der Luisenstraße und am Elisabethplatz, sowie die Schwabinger Erlöserkirche errichtet hatte, als Professor an die Stuttgarter Hochschule berufen. Wie dem Grafen Kalckreuth, kam auch ihm das Vertrauen des Königs entgegen. Staat und Stadt sahen in ihm den Berater und Führer, der Württemberg die neue Baugesinnung bringen sollte. Er wirkte nicht bloß durch sein Künstlertum, sondern durch seine ganze Persönlichkeit. Was Fischer in den sieben Jahren seiner Stuttgarter Wirksamkeit als Hochschullehrer, als Städtebauer, Baumeister, Berater, Preisrichter geleistet hat, ist unvergänglich. Das hohe Ethos seiner Persönlichkeit wirkte noch weiter und tiefer als das Vorbild des Grafen Kalckreuth. Unter den jungen Künstlern und Kunstfreunden, die sich Sonntag nachmittags in seiner Wohnung in der Werastraße zu versammeln pflegten, ist keiner, der damals nicht für sein Leben die entscheidenden Impulse erhalten hätte. Die heutige Straßenführung der Stuttgarter Hänge, die Wandlung des schwäbischen Baustiles zur Einfachheit und Gediegenheit, die gegenwärtige Organisation der Architekturabteilung der Hochschule beruhen auf seinen Anregungen. Die Bauten, die er im Schwabenlande schaffen konnte, die Stuttgarter Fangelsbachschule, die Schulen in Binsdorf und Höfen, die Erlöserkirche in Stuttgart, die Garnisonkirche in Ulm, die Pfullinger Hallen, Sieglehaus und Kunsthaus in Stuttgart, endlich das Gminderdorf in Reutlingen, bedeuten im ganzen nur einen kleinen Teil dieser segensreichen Tätigkeit. In vielen staatlichen und städtischen Bauten folgte man seinem Rat, so etwa in der Bahnhofsanlage von Plochingen; mancher gute Vorschlag Fischers, wie z. B. der Waisenhausentwurf und der Theaterplan an der Stelle der Eberhardgruppe, wurde nicht ausgeführt.

Fischer gab der schwäbischen Baukunst ihre Natürlichkeit zurück. Der Schwulst der historischen Dekorationen fiel ab. Es herrschten wieder reine Verhältnisse, nicht, wie im Klassizismus, aus einem abstrakten Schönheitskanon, sondern aus den gegebenen Notwendigkeiten der Lage und des baulichen Zweckes entwickelt. Raumgestaltung und das Inbeziehungsetzen des Baues zur Umgebung wurden wieder Selbstzweck. Dabei scheute Fischer keineswegs vor der Lösung schwieriger architektonischer Aufgaben zurück; erinnert sei etwa an den Westraum der Ulmer Garnisonkirche oder an die Kuppelhalle des Stuttgarter Kunstgebäudes. Die Anlage der Kuppelhalle in Stuttgart zeigt im Grundriß ein Zwölfeck von 24 m Durchmesser mit wechselnd größeren und kleineren Polygonseiten, deren Längen sich wie 5 : 3 verhalten. Die Längsachse wird durch die große, die Querachse durch die kleine Zwölfeckseite bestimmt. Durch Anbauten wird die Raumanlage noch weiter vervielfältigt, um dann in der Kuppel in das regelmäßige Zwölfeck übergeleitet zu werden. Dieser Kuppelsaal ist in dem Reichtum und der Vielfältigkeit der Beziehungen seiner Teile ein Beweis für das architektonische Fühlen FISCHERS, das durchaus nicht einfach oder primitiv ist. Endlich besaßen wir wieder Architektur, aus ihren eigenen Mitteln heraus gestaltet. Eine Vergleichung der unbehilflichen Halle im Landesgewerbemuseum, einer Schöpfung des unmittelbaren Vorgängers FISCHERS, mit diesem fein organisierten Architekturwerk des Kunsthauses zeigt am deutlichsten die Weite des Weges aus dem vergangenen Chaos zum neuen Stil. Hier setzt die junge Kunst ein. Was folgt, ist logische Weiterentwicklung dieser neuen Tradition. Als FISCHER nach München zurückkehrte, gab es in Schwaben wieder eine gesunde Baukunst. FISCHER selbst hat durch die Berufung seines Schülers BONATZ zu seinem Nachfolger die Gewährleistung für eine Weiterentwicklung seiner Lehre und seiner Werke gesichert. Der Stuttgarter Bahnhof von BONATZ, die Werke und der Einfluß der in gleichem Geiste an der Hochschule tätigen, z. T. aus ihr hervorgegangenen anderen Lehrer der Baukunst bürgen dafür, daß in Schwaben und weit darüber hinaus — denn viele unter den namhaften deutschen Architekten der Gegenwart sind Schüler der Stuttgarter Hochschule — gute, sachliche, von bloß modischen Einwirkungen freie Architektur gelehrt und geschaffen wird.

FISCHERS Sorge erstreckte sich nicht nur auf das Bauen, sondern auch auf die Ausschmückung der Bauwerke. Seiner Anregung ist der Ausbau der Professuren für Malerei und Bildnerkunst an der Hochschule und ihre Besetzung mit geeigneten Persönlichkeiten zu danken, seiner Förderung die Schöpfung verheißungsvoller Wandgemälde der jungen Generation, so in den Pfullinger Hallen und an der Stuttgarter Erlöserkirche.

Mehr als ein Vierteljahrhundert trennt uns heute von dem Beginn des neuen Aufschwungs der Stuttgarter Kunst. Je größer die zeitliche Entfernung wird, desto deutlicher tritt diese Zeit als entscheidende Schicksalswende hervor, nicht nur für die Architekturabteilung der Stuttgarter Hochschule, sondern für die gesamte schwäbische Kunst.

Zu den Neubauplänen der Technischen Hochschule Stuttgart.

Von

P. BONATZ, Stuttgart.

Mit 3 Abbildungen.

Von den vielen Plätzen, die für den Hochschulneubau geprüft wurden, sind als ernsthaft in Frage kommend drei übriggeblieben:

Die Löwentorecke des Rosensteinparks,
das Weißenhofgelände
und Ludwigsburg.

Alle anderen Plätze mußten ausscheiden. Nicht in Frage kommt der Cannstatter Wasen, der für Volksfest, Ausstellungsgelände, Sportanlagen und andre Zwecke in vollem Umfang benötigt wird.

Ausgeschlossen erscheint ebenso die Verwendung der Sportplätze bei Degerloch. Diese müssen zur gesunden Entwicklung der Jugend als Spiel- und Sportplätze erhalten werden.

Alle Plätze hinter Degerloch scheiden aus wegen ungünstiger Verkehrsbedingungen.

Ungeeignet sind weiter die Plätze auf der Hochebene zwischen Cannstatt und Fellbach. Auch hier ist die Entfernung vom Stadtzentrum zu groß (7 km Straßenbahn!). Ungeeignet sind diese Plätze auch, weil sie inmitten kleinparzellierten Privatbesitzes liegen, der eine einigermaßen geordnete Bebauung der Umgebung unmöglich macht. Man kann nicht eine Anlage vom Range der technischen Hochschule in das vorortartige Durcheinander von kleinen Miethäusern, Arbeiterhäusern, Gärtnereien und Fabriken stellen. Ebenso wichtig wie der Platz selbst ist beim Bauplatz der Hochschule die Umgebung, „der Rand“.

Für die drei oben genannten Möglichkeiten wurden Lagepläne ausgearbeitet, die hier abgebildet sind. Bei den Stuttgarter Plänen ist dem Stadterweiterungsamt für seine fördernde Mitwirkung besonders zu danken.

1. Rosensteinpark.

Der Park hat einschließlich der Wilhelma einen Flächengehalt von 98 ha. Für die technische Hochschule wird benötigt das in Abb. 1 mit den Buchstaben *A* bis *J* bezeichnete Baugelände mit 14,4 ha, dazu käme die Sportanlage in der Ecke zwischen Meierei und Bahndamm, die als Freifläche nicht in Rechnung gestellt ist.

Innerhalb der 14,4 ha können 1,25 ha als Reservegelände für die Erweiterung der Institute betrachtet werden. Um den Park in seinem verbleibenden Bestand für alle Zeiten zu schonen, ist es erforderlich, auf dem benachbarten

Höhenrücken zwischen Löwentor und Burgholzhof eine größere Reservefläche freizuhalten. Das hier in Frage kommende Gelände ist zu $^3/_4$ im Besitz der Hofrentkammer (früheres Hofgut), zu $^1/_4$ Privatbesitz.

Das Physikalische Institut müßte, um möglichst gegen Erschütterungen und elektrische Straßenbahnen isoliert zu sein, von Anfang an auf dem Höhenrücken errichtet werden.

Der Rosensteinpark ist Besitz des Staates. Grunderwerbskosten würden nur für das Reservegelände entstehen.

Die Verkehrsverhältnisse sind günstig. Zwei Straßenbahnlinien verbinden den Platz mit Stuttgart, Feuerbach und Zuffenhausen, dazu kommt die Straßenbahn nach Cannstatt und die Vorortbahn zum Nordbahnhof, im Notfall käme Autobusverbindung hinzu. Mit diesen Verkehrsmitteln wäre die Hochschule vom Schloßplatz in 11 bis 15 Minuten zu erreichen. Sie läge damit zur Stadt so günstig, daß die allgemeinen Vorlesungen auch vom Stadtpublikum besucht werden könnten. Im übrigen darf nicht vergessen werden, daß die Stadtentwicklung deutlich talauswärts strebt.

Von Vorteil sind auch die Beziehungen des Platzes zur Materialprüfungsanstalt in Berg, zum Neckarkraftwerk und zum botanischen Garten in der Wilhelma.

Die projektierte Bauanlage zeigt zwei Randstreifen, die den Park nach Norden und Westen begrenzen. Der innere Winkel öffnet sich nach Süden und Osten.

Das sechs- bis siebengeschossige Hauptgebäude liegt an der Ludwigsburger Straße, um etwa 70 m von dieser zurück gerückt, damit es gegen Staub und Lärm möglichst geschützt ist. Der schöne Baumbestand des Parkrandes würde damit erhalten bleiben. Alle Zeichensäle liegen nach Osten. In den Querflügeln liegen alle kleineren Räume und die Hörsäle. Die zwei Westhöfe des Hauptgebäudes werden durch eingeschossige Galerien abgeschlossen, welche die Hauptverkehrshallen und Ausstellungsräume enthalten.

Um den nördlichen Hof des Hauptgebäudes legen sich die Gebäudeflügel mit Aula, Auditorium maximum, Verwaltung und Bibliothek.

Der Hauptzugang zur Aula liegt an dem nördlich vorgelagerten Durchgangshof, der eine günstige Überleitung vom Löwentor zum Parkinneren bildet. Gerade an dieser Ecke sind starke Höhenunterschiede vorhanden. Vom Löwentor bis zum Parkinneren fällt das Gelände um mehr als 10 m. Zwei Freitreppen ermöglichen es, den Zwischenhof einigermaßen horizontal zu gestalten.

Dem Nordrand des Parkes entlang folgen alle technischen und naturwissenschaftlichen Institute, die durch eine Gartenmauer verbunden werden. Vor diesen Bauten bleiben überall mächtige Baumgruppen stehen, so daß vom Parkinneren gesehen immer nur ein Teil der Bauten sichtbar wird. Dreigeschossige Bauten sind nur an den beiden Enden geplant, die lange Mittelgruppe besteht aus ein- bis zweigeschossigen Gebäuden und Hallen. Der etwa 100 m tiefe Nordstreifen bietet nach rückwärts Raum zur Erweiterung aller Laboratorien. Der Nordgrenze des Parkes entlang führt der Anschluß an das benachbarte Industriegeleis.

Die technischen Bauten des Nordrands mit den zugehörigen Höfen müßten abgeschlossen werden. Der gesamte übrige Park bliebe öffentlich zugängig, insbesondere auch die Durchgänge beim Löwentor und der heutigen Meierei.

Die Ludwigsburger Straße und die Cannstatter Pragstraße haben starken Auto- und Straßenbahnverkehr. Die Randbauten würden das Parkinnere vor den Nachteilen dieses Verkehrs schützen.

Ein Studentenheim mit Kasino für Studenten und Professoren bildet die Überleitung vom Hauptgebäude zum Sportplatz.

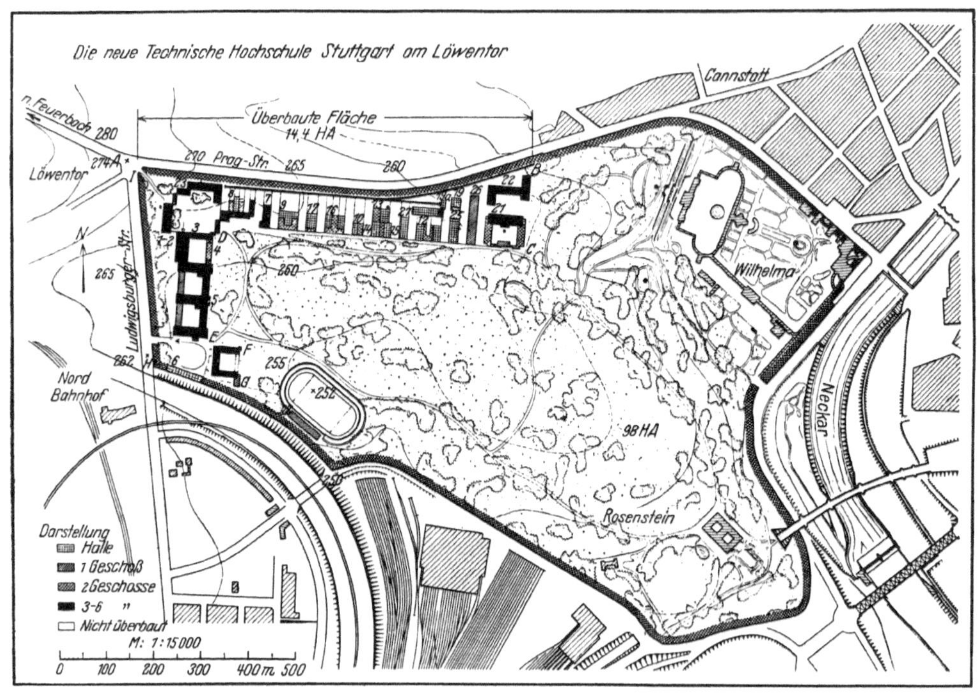

Abb. 1.

Der Sportplatz selbst läge in der tiefen Mulde gegen den Bahndamm. Der vorbeiführende Spazierweg würde den oberen Rand der nach unten abfallenden Zuschauerplätze bilden.

Im Zusammenhang mit dem Park könnte hier die schönste Hochschulanlage Deutschlands entstehen. Gleich günstige Voraussetzungen hat nur die Technische Hochschule Karlsruhe, die im Anschluß an die Hauptverkehrsstraße einerseits und den Hardtwald andererseits über ein Gelände von 23 ha verfügt und sich heute schon eines Stadions, vieler Spielplätze, eines Freibads und eines groß angelegten Studentenheims erfreut.

2. Weißenhofgelände.

Das für die Hochschule in Betracht kommende Gelände (Abb. 2) hat 18,7 + 4,35 = rd. 23 ha. Von diesem Platz sind 15 ha für Bauten in Anspruch genommen. Die 1,2 ha des Wasserreservoirs sind nicht verwertbar, 1,5 bis 2 ha gehen ab für öffentliche Straßen und Plätze, etwa 2 ha können als Reservefläche betrachtet werden, der Rest von ca. 3 ha ist wegen starken Gefälles nicht verwertbar. Als weitere Reserveflächen wären die beiden Plätze nördlich des Kochenhofs, ein städt. Platz von 2 ha, ein staatlicher Platz von 2,4 ha, zus. 4,4 ha frei zu halten. Damit wäre für fünf Jahrzehnte der Platzbedarf für die Hochschule gesichert.

Das Weißenhofgelände ist städtischer Besitz. Voraussetzung für die Verwendung desselben für die Hochschulbauten ist die Regelung der Besitzfrage zwischen Staat und Stadt.

Als Vorzüge dieses Platzes sind anzuführen die unvergleichlich schöne Lage und der Zusammenhang mit den Kunsthochschulen. Die im Plan dargestellte Bauanlage zeigt einen stark betonten 6- bis 7geschossigen Hauptbau auf dem höchsten Punkt des Geländes. Auf dem flach auslaufenden Vorgelände vor dem Hauptbau sind die naturwissenschaftlichen Institute, das Physikalische Institut und die Versuchsanstalten der Bauingenieurabteilung in deutlicher Abstufung vorgelagert.

Die vor dem Hauptgebäude durchführende Eduard Pfeifferstraße (durch eine Allee unterstrichen) verläuft auf Höhe + 385 m völlig horizontal bis zu ihrer Einmündung in die Kräherwaldstraße. An der Kurve dieser Straße sind, jeweils gegen den Abhang gerichtet, die technischen Institute aufgereiht, die meist geringe Höhen aufweisen. Am Auslauf gegen den Kräherwald stehen eingeschossige Bauten, wie das Röntgeninstitut. Kesselhaus, Laboratorien für Dampfmaschinen und Gießerei sind auf dem tiefsten Teil des Platzes gegen den Kochenhof aufgestellt.

Die Baugruppe würde gegen die Stadt hin deutlich in Erscheinung treten bis zum Bopser, stärker würde sie wirken gegen Kanonenweg und Uhlandhöhe, beherrschen würde sie das Bild vom Cannstatter Wasen aus bis Fellbach, Ludwigsburg und Asperg. Hier wäre endlich einmal eine Gelegenheit zu einer zusammenfassenden Höhenbekrönung gegeben, wie sie für das Stadtbild Groß-Stuttgart seit langem gefordert wird.

Die Zeichensäle, die die ganze Nordostfront des Hauptgebäudes in allen Geschossen einnehmen würden, hätten den schönsten Ausblick des Landes.

Die Zusammenlegung mit der Kunstgewerbeschule und der projektierten Kunsthochschule hätte gewisse Vorteile. Die Kunstgewerbeschüler, Maler und Bildhauer könnten allgemeine Vorlesungen wie Kunstgeschichte, Baugeschichte, Geschichte, Philosophie und Literatur an der technischen Hochschule hören. Ein Schüleraustausch käme wohl nur für die Architektur-Abteilung in Betracht. Innenausbau und Möbelentwerfen auf der Kunstgewerbeschule, konstruktive Fächer und Entwerfen auf der technischen Hochschule könnten wechselseitig den Unterricht ergänzen. Lehrstellen würden kaum eingespart werden, da auch für den Zeichenunterricht und Akt bei den vielen Studierenden der Architektur-Abteilung immer eine volle Lehrkraft nötig sein wird.

Weitere Vorteile für die Hochschule könnten sich bei Mitbenutzung der verschiedenen Werkstätten der Kunstschulen ergeben.

Nicht unwichtig wäre auch die gemeinsame Benutzung der zu schaffenden Sportanlagen durch die verschiedenen Lehranstalten. Der Steinbruch hinter dem Kochenhof hat sich bei näherer Prüfung für die Anlage eines normalen Sportplatzes als ungeeignet erwiesen. Geeigneter Raum für Sport- und Spielplätze wäre jedoch beim Akazienwäldchen vorhanden. Die ganze Gegend nördlich des Kochenhofs besteht aus früheren Steinbrüchen, teils aus tiefen Löchern, teils aus Abraumhügeln. In diesem zerklüfteten Zustand kann das Gelände, nachdem sich die Großstadt so nahe herangeschoben hat, nicht belassen werden; dazu ist der Raum zu wertvoll. Als Baugelände kommen die Plätze nicht in Frage, bei Einebnung ergäben sie jedoch eine sehr schöne Sportanlage in 5 bis 8 Minuten Entfernung von der Hochschule.

Auch dieses Gelände ist z. Z. städtischer Besitz.

Die Nachteile des Weißenhofgeländes sind das starke Gefälle des Platzes (über 30 m), das bei dem felsigen Untergrund das Bauen verteuert, und die große Entfernung vom Mittelpunkt der Stadt.

Man benötigt heute vom Schloßplatz mit Linie 10 zum Weißenhof 12 Minuten, dazu zu Fuß bis zum Mittelpunkt der Anlage 10 Minuten, zusammen 22 Minuten.

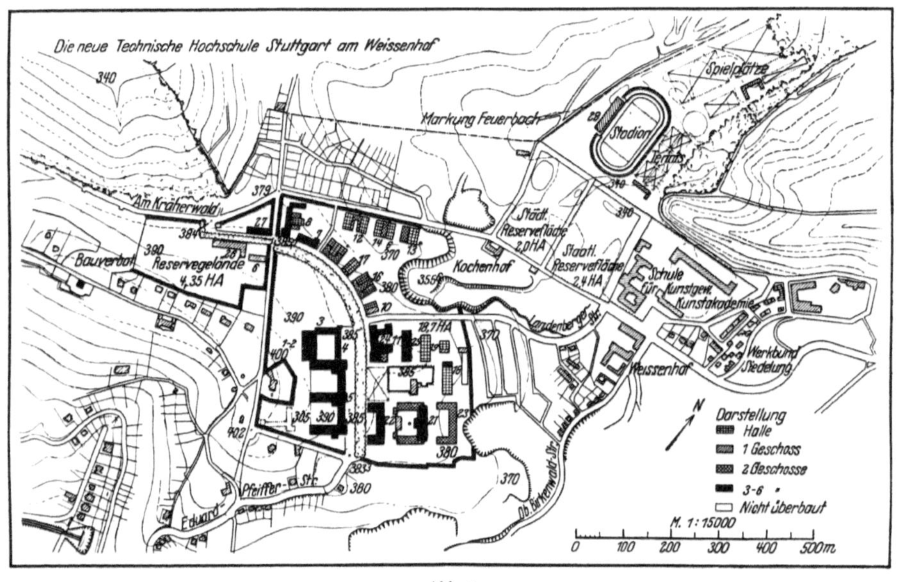

Abb. 2.

Eine Trambahnverbindung Türlenstraße—Robert Mayerstraße—Weißenhof würde die Strecke um 1100 m verkürzen. Eine weitere Verbesserung wäre die Verlängerung der Linie 10 über den Kochenhof zum Kräherwald oder eine Abzweigung Helfferichstraße—Eduard Pfeifferstraße bis zum Mittelpunkt der Hochschule.

Das schwerste Bedenken aber wäre wohl die Zerstörung des schönsten Stückes freier Hochfläche um Stuttgart mit dem unvergleichlichen Fernblick. Nach den Mitteilungen des Oberbürgermeisters im Gemeinderat am 1. Februar 1929 beabsichtigt die Stadt die Freiheit dieser Hochfläche im weitesten Umfang zu erhalten. Der Verlust dieser Freifläche wäre für die Gesamtbevölkerung schwerer tragbar als der Verlust zweier Randstreifen des Rosensteinparks.

Freihaltung der Aussicht und Hochschulneubau auf dem Weißenhofgelände sind schwer vereinbar. Die Hochschulbauten würden nur gelegentliche Durchblicke in das Land freilassen.

Diese Bedenken gegen das Weißenhofgelände einerseits und die Widerstände beim Rosensteinpark andererseits veranlaßten die Hochschule, das Angebot der Stadt Ludwigsburg ernsthaft zu prüfen.

3. Ludwigsburg.

Das gesamte Gelände von 30 ha wird der Technischen Hochschule von der Stadt Ludwigsburg frei zur Verfügung gestellt. Grunderwerbskosten oder Kosten für die Beschaffung von Reservegelände wären nicht aufzubringen. Das Gelände ist so groß, daß neben den eigentlichen Bauflächen von etwa 15 ha für Sportzwecke 5 ha und als Reservefläche 10 ha übrig bleiben würden (Abb. 3).

Hochschule, Studentenheim und Sportgelegenheiten wären in idealer Weise auf einem Platz vereinigt. Das Gelände selbst ist von großer Schönheit. Den Rand des dreieckigen Platzes bildet nach einer Seite der Favoritepark, nach der zweiten die Heilbronner Allee mit dem Schlößchen Marienwahl, nach der dritten Seite ist der Platz gegen die Vorortsentwicklung von Eglosheim durch den hohen Bahndamm getrennt. Von der Haltestelle Favoritepark aus dehnt sich nach Monrepos, Heutingsheim, Beihingen und den Neckar hin unberührte Natur.

Die Bauanlage läßt sich ungehindert entwickeln, keiner der beiden vorhergehenden Plätze bietet für alle Zwecke die gleiche Freiheit. Von der Heilbronner Allee aus steigt das Gelände zunächst ziemlich steil an. Die Zufahrt hätte eine Steigung von 8%. Dafür liegt der Vorplatz vor den Hauptgebäuden hoch über der Straße. Die große Freifläche vor den Hauptgebäuden wird westlich begrenzt vom Stadion, das tiefer liegt. Der Vorplatz vor den Hauptgebäuden bildet also den oberen Abschluß der abfallenden Zuschauerplätze. Das Studentenheim, das im Falle Ludwigsburg von besonderer Bedeutung wird (Abgabe von Mittagessen und Klubräume für den Abend), bildet mit den Spiel- und Sportplätzen eine Einheit für sich.

Der große Nachteil, der Ludwigsburg entgegengehalten wird, ist die Entfernung von Stuttgart. Die Entfernung auf der Reichsbahn von Stuttgart nach Ludwigsburg beträgt 15 km. Die Schnellzüge fahren 17 bis 18 Minuten, Eilzüge 22 Minuten, Personenzüge mit allen Haltestellen 25 bis 30 Minuten. Dazu kommt die Entfernung vom Bahnhof Ludwigsburg bis zum Hochschulplatz mit 1700 m, die durch Autobus oder Straßenbahn überwunden werden müßte. Besser aber wäre die Einschaltung einer weiteren Haltestelle der Reichsbahn, die zweckmäßigerweise in dem Dreieckszwickel bei der Abzweigung der Linie Marbach von der Hauptrichtung Bietigheim angelegt würde. Die Entfernung dieses Haltepunkts vom Bahnhof Ludwigsburg beträgt 1400 m. Von hier bis zum Platz der Hochschule ist eine Strecke von nur 500 m zurückzulegen.

Diese Verhältnisse werden sich mit der Zeit weiter verbessern. Der Wettbewerb der Straßenbahnen wird die Reichsbahn mit den Jahren dazu zwingen, elektrischen Triebwagenverkehr einzuführen. Mit dem zweigeleisigen Ausbau der Marbacher Strecke bis zur Haltestelle Favoritepark ließen sich sogar zwei Haltepunkte für die Hochschule gewinnen. Bei direktem Verkehr vom Hauptbahnhof Stuttgart aus würde die Hochschule Ludwigsburg in 20 bis 25 Minuten zu erreichen sein.

Die Verlegung der Hochschule nach Ludwigsburg, die, wie auch bei den anderen Plätzen, nicht geschlossen, sondern nur in Etappen vor sich gehen könnte, hätte für die Studierenden gewisse Nachteile zur Folge, die sich jedoch durch entsprechende Stundenplangestaltung ausgleichen ließen. Zunächst würde man darauf bedacht sein, den Betrieb möglichst nach Fachabteilungen zu verlegen.

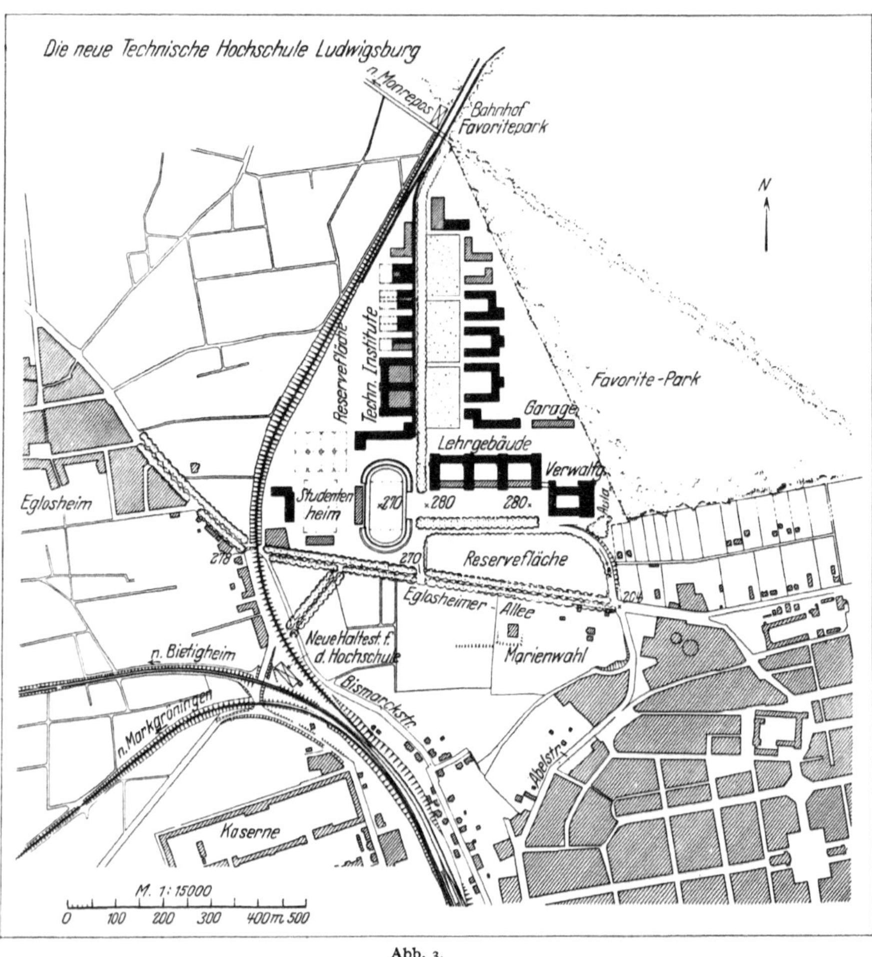

Abb. 3.

Fächer, die von mehreren Abteilungen belegt werden, würde man im Stundenplan so legen, daß kein Student innerhalb desselben Halbtages zwischen Stuttgart und Ludwigsburg zu wechseln hätte. Vorlesungen allgemeiner Art und solche Vorlesungen, die von Hörern aus der Stadt besucht werden, würde man auch bei der Verlegung der Hochschule nach Ludwigsburg in Stuttgart belassen können. Diese Vorlesungen können auf die Abendstunden von 6 bis 8 oder 8 bis 10 Uhr zusammengedrängt werden.

Wenn ein solches „Außeninstitut" der Hochschule in Stuttgart eingerichtet würde, wäre es zu wünschen, daß auch die Landesuniversität Tübingen sich mit Vorlesungen an dieser Stuttgarter Einrichtung lebhaft beteiligte. Der Stadt Stuttgart bliebe damit der kulturelle Sammelpunkt erhalten.

Es hat sich gezeigt, daß die Studentenschaft, die zur größeren Hälfte wohl in Stuttgart wohnen würde, die Entfernung nach Ludwigsburg durchaus nicht schwer nimmt. Diejenigen, die billiger und in freierer Natur wohnen wollen, würden nach Ludwigsburg ziehen. Die Vorteile der Großstadt sind für den Ludwigsburger bei verbesserten Verkehrsbedingungen leicht erreichbar.

Es wurde im vorstehenden versucht, die Vorzüge und Nachteile der einzelnen Plätze ohne Voreingenommenheit und ohne Parteinahme darzustellen. Die Hochschule hält jeden der drei Plätze für möglich. Sie war bestrebt, mit dieser Vorarbeit den Stellen, die die Platzwahl zu entscheiden haben, geeignete Unterlagen zu geben.

Über die Stabilität des Betriebes einer Turbinenanlage mit offenen Werkkanälen.

Von

E. BRAUN, Stuttgart.

Mit 23 Abbildungen.

1. Einleitung.

RASCH und BAUWENS beschrieben in der Zeitschrift des Vereins Deutscher Ingenieure 1908, Seite 610 erstmals eigenartige Schwingungsvorgänge an der Wasserkraftanlage der Urfttalsperre in Heimbach. Die Anlage ist schematisch in Abb. 1 dargestellt. Sobald der Wasserstand in der Talsperre so weit sinkt, daß der Wasserspiegel im engen Querschnitt des Wasserschlosses steht, treten wachsende und stehende Spiegelschwankungen auf (Abb. 2), die infolge ihrer Rückwirkung auf die Turbinenregelung für den Betrieb lästig sind. Stollen und Wasserschloß bilden ein schwingungsfähiges System, das durch die automatische Regelung der Turbinen auf konstante Leistung erregt wird. Die Schwingungen sind ausgesprochene Eigenschwingungen des Systems, dämpfend wirken die Reibungswiderstände im Stollen. Eine nähere Untersuchung zeigt das Folgende[1]): Bezeichnen

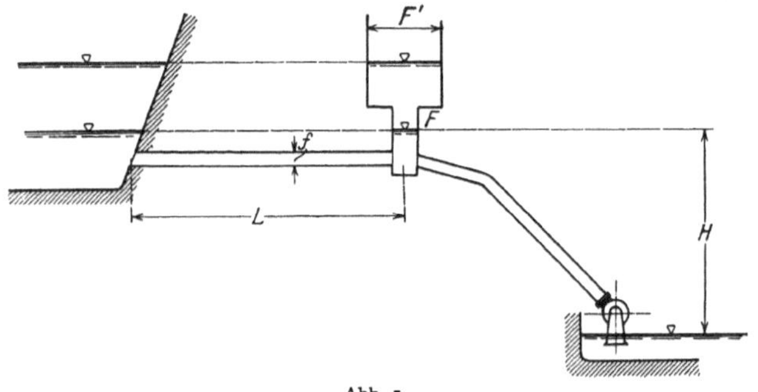

Abb. 1.

- L die Stollenlänge in m,
- f den Stollenquerschnitt in m²,
- c die Stollengeschwindigkeit in m/sec,
- F den Querschnitt des Wasserschlosses in m²,
- H das Nutzgefälle in m,
- g die Beschleunigung der Schwere in m/sec²,

[1]) THOMA, Zur Theorie des Wasserschlosses bei selbsttätig geregelten Turbinenanlagen 1910. — BRAUN, Über Wasserschloßprobleme. Z. ges. Turbinenwes. 1920.

h_w den gesamten Reibungsverlust bei der Bewegung vom Becken bis ins Wasserschloß bei der Geschwindigkeit c,

$h_0 = \sqrt{\frac{Lf}{gF}}\, c$ die Steighöhe im Wasserschloß bei plötzlichem Stau der Wassermenge $f \cdot c$ bei Vernachlässigung der Reibung, so gilt:

Die bei Belastungsschwankungen auftretenden Spiegelschwankungen im Wasserschloß führen zu wachsenden, stehenden, gedämpften Schwingungen, je nachdem

$$h_w \lesseqgtr \psi \frac{h_0^2}{2H}$$

ist; dabei ist ψ eine im wesentlichen von den Betriebseigenschaften der Turbinen abhängige Größe, deren Bedeutung im folgenden noch besprochen werden wird.

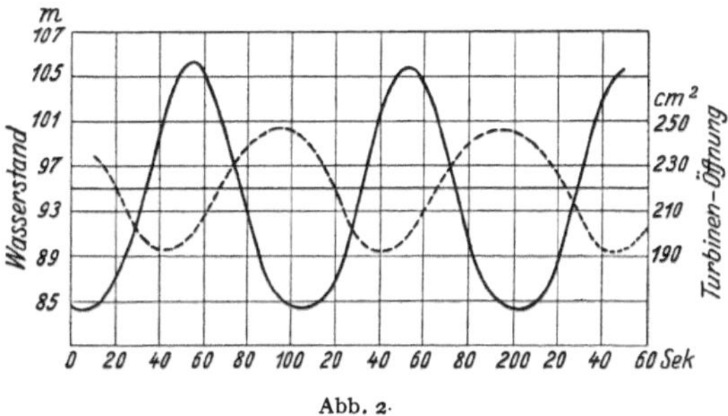

Abb. 2.

Bezeichnen wir das Gefälle

$$H_i = \psi \frac{h_0^2}{2H}$$

als kritisches Gefälle, das durch die Verhältnisse des Stollens, des Wasserschlosses und der Turbine bestimmt ist, so läßt sich die letztgenannte Bedingung auch schreiben:

$$H \lesseqgtr H_i \,.$$

„Ist das Gefälle größer, gleich, kleiner als das kritische Gefälle, so sind gedämpfte, stehende, wachsende Schwingungen zu erwarten.“

Genähert verläuft das Wachsen oder Abklingen der Schwingungen nach dem Exponentialgesetz $e^{\beta t}$, worin t die Zeit in Sekunden bedeutet.

Darin ist

$$\beta = \frac{H_i - H}{H} \frac{g h w}{L c}\,,$$

so daß für

$$H_i < H; \quad \beta < 0,$$
$$H_i > H; \quad \beta > 0 \text{ wird.}$$

Der Absolutwert von β ist somit um so größer, je größer der Unterschied zwischen dem kritischen Gefälle und dem tatsächlichen ausfällt.

Die Schwingungsperiode der stehenden und schwach gedämpften oder wachsenden Schwingungen ist nur wenig verschieden von der Schwingungsperiode bei reibungslos angenommenen Stollen.

$$T_p = 2\pi \sqrt{\frac{LF}{gf}}\,.$$

Ganz ähnliche Verhältnisse liegen auch bei einer Turbinenanlage mit Zuführung des Wassers durch offene Kanäle vor. Es können in Sonderfällen[1]) für den Betrieb recht lästige Schwingungsvorgänge sowohl in der Form von Eigenschwingungen wie von erzwungenen Schwingungen auftreten.

[1]) E. Reichel, Versuche an einer Lorenz-Turbine. Z. ges. Turbinenwes. 1908, S. 293. — E. Feifel, Forsch.-Arb. Ing. Nr. 205, S. 4.

Im folgenden soll das Stabilitätsproblem für den Betrieb einer Turbinenanlage mit offenem Kanal behandelt und die maßgebenden Beziehungen ermittelt werden.

2. Verhältnisse im Kanal.

Das Wasser ströme aus dem Becken B, Abb. 3, nach der Turbinenkammer K. Die Entfernung eines Kanalquerschnitts vom Eintrittsquerschnitt sei x. An der Stelle x sei die mittlere Geschwindigkeit c, die Wassertiefe des rechteckig gedachten Gerinnes y, der Abstand des Spiegels von einer Horizontalebene z. Für den Querschnitt $x = 0$ seien diese Größen y_0 und z_0, für den Endquerschnitt des Kanals in der Turbinenkammer mit $x = L$: y_1; z_1, der unveränderlich angenommene Spiegel des Beckens sei durch z_a bestimmt. Die Sohlenneigung sei i, der Profilradius für einen Querschnitt r, die Konstante für die Gesamtreibung der turbulenten Strömung K, also der Gefällsverlust für die Längeneinheit bei der Geschwindigkeit c:

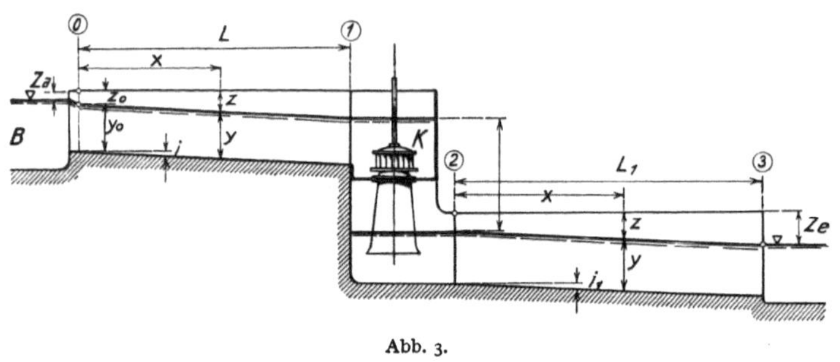

Abb. 3.

$$\frac{c^2}{K^2 r},$$

dann gilt für eine beschleunigte Bewegung im Kanal, und zwar für mittlere Geschwindigkeiten genähert die Gleichung:

$$\frac{\partial c}{\partial t} + c\frac{\partial c}{\partial x} = g\frac{\partial z}{\partial x} - \frac{g c^2}{K^2 r}. \tag{1}$$

Es ist zu beachten, daß in dem Gliede, das die Reibung ausdrückt, streng genommen sowohl r als K^2 mit der Wassertiefe y veränderlich sind.

Neben Gleichung 1 besteht noch die Kontinuitätsgleichung:

$$\frac{\partial y}{\partial t} + \frac{\partial}{\partial x}(y c) = 0. \tag{2}$$

Wir betrachten nun im folgenden kleine Abweichungen von einem Beharrungszustand:

$$y = y_0; \quad c = c_0; \quad i = \frac{c_0^2}{K_0^2 r_0}$$

und führen ein:

$$\left.\begin{aligned} y &= y_0 \cdot (1 + u) \\ c &= c_0 \cdot (1 + v) \end{aligned}\right\} \tag{3}$$

wobei wir voraussetzen, daß u und v so klein bleiben sollen, daß mit genügender Genauigkeit Potenzen und Produkte dieser Größen vernachlässigt werden dürfen.

Durch Einsetzen der Werte (3) erhalten wir unter Beachtung, daß

$$z + y - i \cdot x = z_0 + y_0$$

$$\left.\begin{aligned} c_0 \frac{\partial v}{\partial t} + c_0^2 \frac{\partial v}{\partial x} + g y_0 \frac{\partial u}{\partial x} &= -\frac{2 g c_0^2}{K_0^2 r_0}(v - \alpha u) = -c_0 (k v - \alpha k u)^{1)}, \\ \frac{\partial u}{\partial t} + c_0 \frac{\partial u}{\partial x} + c_0 \frac{\partial v}{\partial x} &= 0, \end{aligned}\right\} \tag{4}$$

worin $k = \frac{2 g c_0}{K_0^2 r^0}$ gesetzt ist. k ist bei den üblichen Ausführungsarten der Triebwerkskanäle stets eine sehr kleine Größe, höchstens etwa 0,01.

Führen wir in die Gleichung (4) ein:

$$s = \frac{x}{c_0}; \quad a^2 = g \cdot y_0; \quad b^2 = \frac{a^2}{c_0^2},$$

so erhalten wir:

$$\left.\begin{aligned} \frac{\partial v}{\partial t} + \frac{\partial v}{\partial s} + b^2 \frac{\partial u}{\partial s} + k v - \alpha k u &= 0 \\ \frac{\partial u}{\partial t} + \frac{\partial u}{\partial s} + \frac{\partial v}{\partial s} &= 0, \end{aligned}\right\} \tag{5}$$

a ist bekanntlich die Fortpflanzungsgeschwindigkeit einer kleinen Oberflächenstörung bei ruhendem Wasser von der Tiefe y_0; es ist weiter vorausgesetzt, daß natürlich stets $c_0 < a$ bleibe.

Nun folgen für u und v durch Trennung die Gleichungen

$$\left.\begin{aligned} \frac{\partial^2 v}{\partial t^2} + 2 \frac{\partial^2 v}{\partial t \partial s} + (1 - b^2) \frac{\partial^2 v}{\partial s^2} + k \frac{\partial v}{\partial t} + (1 + \alpha) k \frac{\partial v}{\partial s} &= 0 \\ \frac{\partial^2 u}{\partial t^2} + 2 \frac{\partial^2 u}{\partial t \partial s} + (1 - b^2) \frac{\partial^2 u}{\partial s^2} + k \frac{\partial u}{\partial t} + (1 + \alpha) k \frac{\partial u}{\partial s} &= 0, \end{aligned}\right\} \tag{6}$$

die für u und v völlig übereinstimmen.

Für den Zweck vorliegender Untersuchungen wählen wir Lösungen von der Form

$$u_i = \sum A_i f_i(s) \sin(u_i t + m_i s + \lambda_i), \tag{7}$$

worin $f_i(s)$ nur Funktion von s sein soll.

Soll jedes Glied dieser Reihe eine Lösung von 6 sein, so müssen die beiden Bedingungen erfüllt sein:

$$\left.\begin{aligned} (1 - b^2) f''(s) + (1 + \alpha) k f'(s) - (n^2 + 2 n m + (1 - b^2) m^2) &= 0, \\ 2(n + (1 - b^2) m) f'(s) + k(n + (1 + \alpha) m) f(s) &= 0. \end{aligned}\right\} \tag{8}$$

Diesen Bedingungen entspricht als einfachste Form

$$f(s) = e^{\delta s},$$

worin im allgemeinen δ komplex sein wird, sofern n, m die Gleichungen erfüllen:

$$\left.\begin{aligned} (1 - b^2) \delta^2 + (1 + \alpha) k \delta - (n^2 + 2 n m + (1 - b^2) m^2) &= 0, \\ 2(n + (1 - b^2) m) \delta + (n + (1 + \alpha) m k) &= 0. \end{aligned}\right\} \tag{9}$$

---

1) Das Glied $-\alpha k c_0 u$ berücksichtigt die Veränderlichkeit von K^2 und r mit y. Es ist

$$2\alpha = \frac{y_0}{K_0^2 r_0} \frac{d(K^2 r)}{d y}\Big|_{y = y_0}$$

im Einzelfalle zu bestimmen.

Aus diesen Gleichungen lassen sich m und δ in n ausdrücken, und wir erhalten in

$$u = A e^{\delta s} \sin(nt + ms + \lambda)$$

ein Glied der Lösung, in welchem A, n, λ beliebig, während m und δ durch n und die Konstanten k und b gemäß den Gleichungen 9 zu bestimmen sind.

Im allgemeinen sind δ und k von gleicher Größenordnung und so klein, daß mit genügender Näherung in Gl. (9) gesetzt werden darf:

$$(b^2 - 1) \cdot m^2 - 2 \cdot n \cdot m - n^2 = 0,$$

woraus für m zwei Werte m_1 und m_2 folgen:

$$m_1 = \frac{n}{b-1}; \qquad m_2 = -\frac{n}{b+1}. \tag{10}$$

Die entsprechenden Werte von δ_1 und δ_2 werden damit:

$$\delta_1 = \frac{k\left(1 + \frac{\alpha}{b}\right)}{2(b-1)}; \qquad \delta_2 = -\frac{k\left(1 - \frac{\alpha}{b}\right)}{2(b+1)}. \tag{11}$$

Wählen wir nach Vorstehendem für zwei Glieder der Lösung:

$$\left.\begin{aligned} u &= A e^{\delta s} \sin(nt + ms + \lambda), \\ v &= B e^{\delta s} \sin(nt + ms + \mu), \end{aligned}\right\} \tag{12}$$

so müssen diese einer der Gleichungen (5), z. B. (5_b)

$$\frac{\partial u}{\partial t} + \frac{\partial u}{\partial s} + \frac{\partial v}{\partial s} = 0$$

genügen. Dies liefert einen Zusammenhang zwischen den Größen A und B einerseits und λ und μ andererseits.

Durch Einsetzen von (12) in (5_b) erhält man:

$$\begin{aligned} &e^{\delta s} \sin(nt + ms)(A\{\delta \cos\lambda - (m+n)\sin\lambda\} + B\{\delta\cos\mu - m\sin\mu\}) \\ &+ e^{\delta s}\cos(nt + ms)(A\{\delta\sin\lambda + (m+n)\cos\lambda\} + B\{\delta\sin\mu + m\cos\mu\}) = 0. \end{aligned}$$

Soll diese Gleichung allgemein, d. h. für alle Werte von t und s bestehen, so müssen die beiden Bedingungen erfüllt sein:

$$\begin{aligned} A(\delta\cos\lambda - (m+n)\sin\lambda) + B(\delta\cos\mu - m\sin\mu) &= 0, \\ A(\delta\sin\lambda + (m+n)\cos\lambda) + B(\delta\sin\mu + m\cos\mu) &= 0. \end{aligned}$$

Hieraus folgt zunächst:

$$\frac{\operatorname{tg}\lambda - \frac{\delta}{m+n}}{1 + \operatorname{tg}\lambda \frac{\delta}{m+n}} = \frac{\operatorname{tg}\mu - \frac{\delta}{m}}{1 + \operatorname{tg}\mu \frac{\delta}{m}},$$

$$\operatorname{tg}\left(\lambda - \operatorname{arctg}\frac{\delta}{m+n}\right) = \operatorname{tg}\left(\mu - \operatorname{arctg}\frac{\delta}{m}\right),$$

woraus mit

$$\mu = \lambda + \psi$$

$$\operatorname{tg}\psi = \frac{n\delta}{m(m+n) + \delta^2}. \tag{13}$$

Weiter folgt:

$$A^2(\delta^2 + (m+n)^2) = B^2(\delta^2 + m^2),$$

woraus

$$B = \pm\sqrt{\frac{(m+n)^2+\delta^2}{m^2+\delta^2}}\,A,$$

dabei ist das Vorzeichen so zu wählen, daß

$$B = \mp\, p\cdot A, \tag{14}$$

je nachdem $m \gtrless 0$ ist, mit

$$p = +\sqrt{\frac{(m+n)^2+\delta^2}{m^2+\delta^2}}.$$

Damit sind die notwendigen Beziehungen zwischen A, B, λ und μ festgelegt.

Setzen wir die Werte m_1 und m_2, sowie δ_1 und δ_2 aus den Gleichungen (10) und (11) ein, so folgt mit $m = m_1$; $\delta = \delta_1$, sowie $m = m_2$; $\delta = \delta_2$

$$\left.\begin{aligned} B_1 &= -p\cdot A_1\\ B_2 &= +p\cdot A_2,\end{aligned}\right\} \tag{15}$$

worin weiter unter Vernachlässigung der sehr kleinen Größe δ^2 gesetzt werden kann:

$$p = b$$

und

$$\left.\begin{aligned} \operatorname{tg}\psi_1 &= \frac{n\frac{k}{2}(b-1)\left(1+\frac{\alpha}{b}\right)}{n^2 b + \frac{k^2}{4}\left(1+\frac{\alpha}{b}\right)^2} \cong \frac{k}{2n}\,\frac{b-1}{b},\\ \operatorname{tg}\psi_2 &= \frac{n\frac{k}{2}(b+1)\left(1-\frac{\alpha}{b}\right)}{n^2 b - \frac{k^2}{4}\left(1-\frac{\alpha}{b}\right)^2} \cong \frac{k}{2n}\,\frac{b+1}{b}.\end{aligned}\right. \tag{16}$$

Nach dem über k Gesagten sind ψ_1 sowie ψ_2 meist sehr kleine Winkel, auch bei langsamen Schwingungen mit kleiner Frequenz n.

Will man im Einzelfalle genauer rechnen, so steht dem nichts im Wege. Für die Zwecke der vorliegenden Arbeit ist die Vereinfachung von Wert, um die wesentlich Einfluß nehmenden Größen klar hervortreten zu lassen.

3. Verhältnisse am Kanaleinlauf.

Am Kanaleinlauf tritt eine gewisse Spiegelsenkung gegen den Beckenspiegel auf, welche zur Erzeugung der Geschwindigkeitshöhe im Kanal und zur Überwindung der beim Eintritt auftretenden Verluste infolge Einschnürung an den Wänden und an der Sohle, oder infolge Durchgang durch vor dem Einlauf angebrachte Grob- oder Feinrechen dient. Unter der Voraussetzung, daß der Spiegel im Becken unveränderlich bleibe, ist für den Beharrungszustand:

$$Z_0 - Z_a = (1+\xi_0)\frac{c_0^2}{2g}, \tag{17}$$

worin die Größe ξ_0 die genannten Verluste insgesamt zum Ausdruck bringen soll. Allgemen haben wir:

$$Z_0 + y_0 - y = (1 + \xi_0)\frac{c^2}{2g} + Z_a, \tag{18}$$

und mit

$$y = y_0 (1 + u_0),$$
$$c = c_0 (1 + v_0)$$

erhalten wir weiter

$$-u_0 y_0 = (1 + \xi_0)\frac{c_0^2}{g} v_0, \tag{19}$$

wenn u_0 und v_0 die zeitlich veränderlichen Werte von u und v für $x = 0$ bedeuten. Mit den früher eingeführten Bezeichnungen $a^2 = g \cdot y_0$ erhalten wir aus Gleichung (19):

$$u_0 + (1 + \xi_0)\frac{c_0^2}{a^2} v_0 = 0, \qquad u_0 + \varkappa v_0 = 0 \tag{20}$$

mit

$$\varkappa = \frac{1 + \xi_0}{b^2}.$$

Um diese Bedingungen zu erfüllen, kombinieren wir zwei zusammengehörige Lösungsglieder:

$$\left.\begin{aligned} u &= A_1 e^{\delta_1 s} \sin(nt + m_1 s + \lambda_1) + A_2 e^{\delta_2 s} \sin(nt + m_2 s + \lambda_2) \\ v &= p_1 A_1 e^{\delta_1 s} \sin(nt + m_1 s + \mu_1) + p A_2 e^{\delta_2 s} \sin(nt + m_2 s + \mu_2). \end{aligned}\right\} \tag{21}$$

Physikalisch bedeutet das die Annahme zweier Wellenzüge, von denen sich der eine mit, der andere gegen die Strömung bewegt, und deren Zusammenhang eben durch die Endbedingung am Kanalanfang bestimmt ist.

Für $s = 0$ erhalten wir mit $u_0 + \varkappa v_0 = 0$; $\mu_1 = \lambda_1 + \psi_1$ und $\mu_2 = \lambda_2 + \psi_2$:

$$\sin nt\,(A_1 \cos\lambda_1 + \varkappa p_1 A_1 \cos(\lambda_1 + \psi_1) + A_2 \cos\lambda_2 + \varkappa p_2 A_2 \cos(\lambda_2 + \psi_2)$$
$$+ \cos nt\,(A_1 \sin\lambda_1 + \varkappa p_1 A_1 \sin(\lambda_1 + \psi_1) + A_2 \sin\lambda_2 + \varkappa p_2 A_2 \sin(\lambda_2 + \psi_2) = 0.$$

Da diese Gleichung für alle Werte von t bestehen muß, zerfällt die Gleichung in:

$$\left.\begin{aligned} &A_1 (\cos\lambda_1 + \varkappa p_1 \cos\lambda_1 \cos\psi_1 - \varkappa p_1 \sin\lambda_1 \sin\psi_1) \\ &+ A_2 (\cos\lambda_2 + \varkappa p_2 \cos\lambda_2 \cos\psi_2 - \varkappa p_2 \sin\lambda_2 \sin\psi_2) = 0 \\ &A_1 (\sin\lambda_1 + \varkappa p_1 \sin\lambda_1 \cos\psi_1 + \varkappa p_1 \cos\lambda_1 \sin\psi_1) \\ &+ A_2 (\sin\lambda_2 + \varkappa p_2 \sin\lambda_2 \cos\psi_2 + \varkappa p_2 \cos\lambda_2 \sin\psi_2) = 0. \end{aligned}\right\} \tag{22}$$

Hieraus folgt zunächst:

$$\frac{\operatorname{tg}\lambda_1 - \dfrac{1 + \varkappa p_1 \cos\psi_1}{\varkappa p_1 \sin\psi_1}}{1 + \operatorname{tg}\lambda_1 \dfrac{1 + \varkappa p_1 \cos\psi_1}{\varkappa p_1 \sin\psi_1}} = \frac{\operatorname{tg}\lambda_2 - \dfrac{1 + \varkappa p_2 \cos\psi_2}{\varkappa p_2 \sin\psi_2}}{1 + \operatorname{tg}\lambda_2 \dfrac{1 + \varkappa p_2 \cos\psi_2}{\varkappa p_2 \sin\psi_2}},$$

woraus

$$\lambda_2 = \lambda_1 + \nu \tag{23}$$

mit

$$\operatorname{tg}\nu = \frac{\varkappa (p_1 \sin\psi_1 - p_2 \sin\psi_2) + \varkappa^2 p_1 p_2 \sin(\psi_1 - \psi_2)}{1 + \varkappa p_1 \cos\psi_1 + \varkappa p_2 \cos\psi_2 + \varkappa^2 p_1 p_2 \cos(\psi_1 - \psi_2)}$$

folgt. Weiter ergibt sich:

$$A_1^2 (1 + 2\varkappa p_1 \cos\psi_1 + \varkappa p_1^2) = A_2^2 (1 + 2\varkappa p_2 \cos\psi_2 + \varkappa^2 p_2^2).$$

Hieraus folgt:

$$A_2 = -A_1 \sqrt{\frac{1 + 2\varkappa p_1 \cos\psi_1 + \varkappa^2 p_1^2}{1 + 2\varkappa p_1 \cos\psi_2 + \varkappa^2 p_2^2}} = -q A_1 . \tag{24}$$

Da k klein ist, sind auch nach Gl. (16) ψ_1 und ψ_2 klein; ihr cos ist sehr nahe $= 1$.

Damit wird nach Gleichung (24) unter Beachtung von Gleichung (15)

$$q = \frac{1 - \varkappa b}{1 + \varkappa b} \tag{25}$$

und nach Einsetzen der Werte für b und k

$$q = \frac{b - (1 + \zeta_0)}{b + (1 + \zeta_0)} .$$

Zur Ermittlung von ν setzen wir für die kleinen Winkel ψ_1 und ψ_2

$$\sin\psi_1 = \operatorname{tg}\psi_1; \quad \sin\psi_2 = \operatorname{tg}\psi_2; \quad \cos\psi_1 = \cos\psi_2 = 1 ,$$

womit nach Einführung der Werte der Gleichung (16) sich ergibt:

$$\operatorname{tg}\nu \cong -\frac{k}{n}\,\frac{1 + \zeta_0}{b + 1 + \zeta_0} . \tag{26}$$

Es ist also auch ν ein sehr kleiner Winkel.

Wir haben die Eintrittsverhältnisse am Kanaleinlauf sehr einfach angenommen. Tatsächlich kann die Sachlage wesentlich verwickelter liegen, indem im allgemeinen ein Übergreifen der Wellen auf einen Teil des Beckens nicht ausgeschlossen ist. Die Verhältnisse liegen dann ähnlich wie in der Akustik bei einer offenen Pfeife mit breitem Mündungsflansch oder ähnlichen Sonderformen des Pfeifenendes. H. VON HELMHOLTZ hat in seiner bekannten Abhandlung: Theorie der Luftschwingungen in Röhren mit offenen Enden. CRELLES Journ. Bd. 57, 1860, die Sachlage für diesen Fall geklärt und gezeigt, daß an dem Ende einer Röhre eine gewisse Mündungskorrektion vorgenommen werden muß. Ein Übergreifen der Wellen in das Becken vor dem Kanaleinlauf tritt aber erst bei größeren Amplituden auf, und es handelt sich im folgenden nur um das Entstehen der Schwingungen, also um kleine Amplituden.

Nunmehr haben wir als Lösung, die den Randbedingungen am Kanaleinlauf genügt:

$$\left.\begin{aligned} u &= A_1 \left(e^{\delta_1 s} \sin(nt + m_1 s + \lambda_1) - q\, e^{\delta_2 s} \sin(nt + m_2 s + \lambda_2)\right) \\ -\frac{v}{b} &= A_1 \left(e^{\delta_1 s} \sin(nt + m_1 s + \mu_1) - q\, e^{\delta_2 s} \sin(nt + m_2 s + \mu_2)\right). \end{aligned}\right\} \tag{27}$$

Für den Endquerschnitt des Kanals, an der Turbinenkammer mit $s = \frac{L}{c_0}$ können wir somit setzen:

$$\left.\begin{aligned} u_1 &= A_1 \left(\sin nt - R \sin(nt - \varepsilon + \nu)\right) \\ -\frac{v_1}{b} &= A_1 \left(\sin(nt + \psi_1) + R \sin(nt - \varepsilon + \nu + \psi_2)\right) \end{aligned}\right\} \tag{28}$$

mit

$$\left.\begin{aligned} \varepsilon &= -(m_2 - m_1)\frac{L}{c_0} = \frac{2bL}{(b^2-1)c_0}n \\ R &= q e^{\frac{\delta_2-\delta_1}{c_0}\cdot L} = q e^{-\frac{kbL}{(b^2-1)c_0}\left(1+\frac{a}{b^2}\right)}. \end{aligned}\right\} \quad (29)$$

Setzen wir noch $\varepsilon - \nu = \varepsilon'$, wobei meist ν vernachlässigt werden darf, so erhalten wir endgültig:

$$\left.\begin{aligned} u_1 &= A(\sin nt - R\sin(nt - \varepsilon')) \\ -\frac{v_1}{b} &= A(\sin(nt + \psi_1) + R\sin(nt - \varepsilon' + \psi_2)), \end{aligned}\right\} \quad (30)$$

wobei A und n frei wählbar sind, während alle anderen Größen durch n und die Konstanten bestimmt sind.

Die Lösung ergibt somit für den Endquerschnitt des Kanals stehende Schwingungen des Spiegels, und es bleibt nun zu untersuchen, unter welchen Bedingungen solche Schwingungen überhaupt bestehen können.

4. Verhältnisse in der Turbinenkammer.

Die Turbine werde von einem vollkommenen Regler beherrscht, der die Leistung der Turbine bei Gefällsänderungen durch Schwangen des Oberwasserspiegels konstant halte. Der Unterwasserspiegel wird zunächst als unveränderlich angenommen. Tatsächlich finden bei längerem Unterwasserkanal in diesem natürlich ganz ähnliche Vorgänge statt wie im Oberwasserkanal. Man wird aber zweckmäßig diese Vorgänge gesondert behandeln.

Die durch die Turbine gehende Wassermenge sei im Beharrungsznstand Q_0, das Gefälle H_0, bei einer Änderung des Gefälles um ΔH wird der Regler die Wassermenge $Q_0 + \Delta Q$ so einstellen, daß

$$Q_0 \cdot H_0 = (Q_0 + \Delta Q)(H_0 + \Delta H) \quad (31)$$

konstant bleibt, sofern von einer Änderung des Wirkungsgrades der Turbine infolge der Öffnungs- und Gefällsänderung, sowie von der zeitlichen Verspätung des Reglers abgesehen werden darf. Es ist dann:

$$\frac{\Delta Q}{Q_0} = -\frac{\Delta H}{H_0}, \quad (32)$$

sofern die verhältnismäßigen Änderungen als klein angenommen werden. Die Sondereigenschaften des Reglers und der Arbeitsabnahme[1]) kommen im allgemeinen erst bei verhältnismäßig raschen Schwingungen zur Geltung, bei langsamen Schwingungen wirkt der Regler fast wie ein vollkommener, unmittelbar wirkender Regler. Der Einfluß dieser Sondereigenschaften wird später besonders behandelt werden.

Infolge Änderung der Größen

$$\left.\begin{aligned} y_1 &= y_0 \cdot (1 + u_1), \\ c_1 &= c_0 \cdot (1 + v_1) \end{aligned}\right\}$$

[1]) Arbeitet die Turbine über einen Generator auf ein Netz, so können auch dessen Eigenschaften eine wesentliche Rolle spielen.

wird die zuströmende Wassermenge Q_1 sich ändern. War sie im Beharrungszustand Q_0, so ist sie allgemein:

$$Q_1 = Q_0 \cdot (1 + u_1 + v_1). \tag{33}$$

Gleichzeitig ändert sich das Gefälle um $\Delta H = y_0 \cdot u_1$, und damit wird die vom Regler nach Gl. (32) eingestellte Abflußwassermenge:

$$Q_2 = Q_0 \cdot \left(1 - \frac{y_0}{H_0} \cdot u_1\right). \tag{34}$$

Zufolge der Spiegelschwankung wird der Kammerinhalt der Turbinenkammer erhöht. Die wirksame Kammeroberfläche sei F, dann wird unter der Voraussetzung, daß diese Kammeroberfläche der Spiegelschwankung am Endquerschnitt des Kanals $y_0 \cdot u_1$ folge, in der Zeiteinheit die Wassermenge

$$Q_3 = F \cdot y_0 \cdot \frac{d u_1}{d t} \tag{35}$$

aufgespeichert.

Die Kontinuität erfordert nun, daß

$$Q_3 = Q_1 - Q_2 \quad \text{sei, also} \quad F y_0 \frac{d u_1}{d t} = Q_0 (u_1 + v_1) + Q_0 \frac{y_0}{H_0} u_1 \quad \text{oder}$$

$$\left(1 + \frac{y_0}{H_0}\right) u_1 + v_1 = \frac{F y_0}{Q_0} \frac{d u_1}{d t}. \tag{36}$$

Ist diese Gleichung erfüllt, so können die stehenden Schwingungen, welche durch die Gleichung (30) dargestellt sind, in der Anlage bestehen. Gleichung (36) ist die Hauptgleichung, deren weitere Untersuchung die Stabilitätsbedingungen liefern muß.

Ähnliche Schwierigkeiten, wie beim Kanaleinlauf, bestehen auch beim Kanalende an der Turbinenkammer. Die Kanaloberfläche wird nicht wie eine starre Ebene den Spiegelschwankungen im Kanalendquerschnitt folgen, sondern die Wellenzüge werden sich in die Kammer fortpflanzen, und man wird annehmen dürfen, daß eine gewisse Mündungskorrektion auch am Endquerschnitt des Kanals erforderlich wird, derart, daß ein Teil der Turbinenkammer noch als Kanal zu betrachten ist und die wirksame Kammeroberfläche etwas von der tatsächlichen abweicht. Eine genaue Verfolgung und Klärung dieser Verhältnisse wird aber zweckmäßig an Beobachtungen von Sonderfällen angeschlossen, sobald solche in genügender Zahl vorliegen.

Aus Gleichung (36), der Randbedingung für die Turbinenkammer, folgt durch Einsetzen von (30)

$$\left(1 + \frac{y_0}{H_0}\right)(\sin n t - R \sin (n t - \varepsilon')) - b (\sin (n t + \psi_1) + R \sin (n t - \varepsilon' + \psi_2))$$
$$= \frac{l}{c_0} n (\cos n t - R \cos (n t - \varepsilon')),$$

worin $l = \frac{F}{B_0}$ die auf die Kanalbreite B_0 bezogene Länge der wirksamen Kammeroberfläche ist, und hieraus weiter

$$\sin n t \left\{\left(1 + \frac{y_0}{H_0}\right) (1 - R \cos \varepsilon') - b (\cos \psi_1 + R \cos (\varepsilon' - \psi_2)) + \frac{l}{c_0} R n \sin \varepsilon'\right\}$$
$$+ \cos n t \left\{\left(1 + \frac{y_0}{H_0}\right) R \sin \varepsilon' - b (\sin \psi_1 - R \sin (\varepsilon' - \psi_2)) - \frac{l}{c_0} (1 - R \cos \varepsilon') n\right\} = 0.$$

Da die Gleichung für alle Werte von t gelten muß, folgen die beiden Gleichungen:

$$\left.\begin{aligned}\left(1+\frac{y_0}{H_0}\right)(1-R\cos\varepsilon')-b(\cos\psi_1+R\cos(\varepsilon'-\psi_2))+\frac{l n}{c_0}R\sin\varepsilon'=0\\ \left(1+\frac{y_0}{H_0}\right)R\sin\varepsilon'-b(\sin\psi_1-R\sin(\varepsilon'-\psi_2))-\frac{l n}{c_0}(1-R\cos\varepsilon')=0,\end{aligned}\right\}\tag{37}$$

die wir zweckmäßig nach $\left(1+\frac{y_0}{H_0}\right)$ und $\frac{l n}{c_0}$ auflösen. Durch Umformung der Klammerwerte ergibt sich daraus:

$$\frac{n l}{c_0}=b\,\frac{R^2\sin\psi_2+R\sin(\varepsilon'-\psi_2)+R\sin(\varepsilon'+\psi_1)-\sin\psi_1}{1-2R\cos\varepsilon'+R^2},\tag{38}$$

$$1+\frac{y_0}{H_0}=b\,\frac{-R^2\cos\psi_2+R\cos(\varepsilon'-\psi_2)-R\cos(\varepsilon'+\psi_1)+\cos\psi_1}{1-2R\cos\varepsilon'+R^2}.\tag{39}$$

Die Gleichung (38) enthält nur n, die Gleichung (39) dagegen auch H_0.

Gleichung (38) gibt somit, sofern die in n transzendente Gleichung Wurzeln überhaupt zuläßt, eine Reihe von Werten n_i, denen nach Gleichung (39) bestimmte Werte von H_i entsprechen.

Im System Kanal-, Turbinenkammer-, Turbine können also stehende ungedämpfte Schwingungen bestehen. Für die Frequenzen dieser Schwingungen ergibt sich aus Gleichung (38) eine Reihe von Werten n_i; zu jedem n_i gehört ein ganz bestimmtes Gefälle H_i, bei welchem allein die Schwingung der Frequenz n_i bestehen kann.

Das System hat also eine Reihe von Schwingungsmöglichkeiten, eine Reihe von Eigenschwingungen mit bestimmten Frequenzen n_i, die bei ganz bestimmten Werten H_i des Gefälles auftreten können. Das zu n_i gehörige Gefälle H_i soll als das zur Eigenfrequenz n_i gehörige kritische Gefälle bezeichnet werden.

Wir haben also im Gegensatz zu den in der Einleitung besprochenen Verhältnissen im allgemeinen eine Reihe von kritischen Gefällen zu erwarten. Nach den dort gegebenen weiteren Ausführungen wird zu vermuten sein, daß, wenn $H_0 > H_i$ ist, eine Dämpfung zufällig entstandener Schwingungen eintreten wird; während, wenn $H_0 < H_i$ ist, die Schwingungen wie im Falle Heimbach zunehmen müssen, wobei mit wachsender Größe des Absolutwertes von $H_0 - H_i$ das Anwachsen oder Abklingen rascher erfolgen wird.

5. Diskussion der Stabilitätsgleichungen.

Durch Umformung der Gleichungen (38) und (39) gewinnen wir:

$$\frac{n l}{a}=\frac{2R\sin(\varepsilon'+{}^1\!/_2(\psi_1+\psi_2))\cos{}^1\!/_2(\psi_1+\psi_2)+R^2\sin\psi_2-\sin\psi_1}{1-2R\cos\varepsilon'+R^2},\tag{38a}$$

$$\frac{1+\frac{y_0}{H_0}}{b}=\frac{2R\sin(\varepsilon'+{}^1\!/_2(\psi_1+\psi_2))\sin{}^1\!/_2(\psi_1+\psi_2)-R^2\cos\psi_2+\cos\psi_1}{1-2R\cos\varepsilon'+R^2}.\tag{39a}$$

Hierin ist

$$R=\frac{b-(1+\zeta_0)}{b+1+\zeta_0}\,e^{-\frac{k b L\left(1+\frac{\alpha}{b^2}\right)}{c_0(b^2-1)}}=\frac{b-(1+\zeta_0)}{b+1+\zeta_0}\,e^{-\frac{2h_w b^3}{y_0(b^2-1)}\left(1+\frac{\alpha}{b^2}\right)},$$

wenn $h_w=\frac{L c_0^2}{K_0^2 r_0}$ den Gefällsverlust im Kanal bedeutet.

$$\varepsilon' = -(m_2 - m_1)\frac{L}{c_0} - \nu \quad \text{wird} \quad = n\left(\frac{L}{a+c_0} + \frac{L}{a-c_0}\right) - \nu = n t_r - \nu,$$

t_r ist die Zeit, die eine kleine Welle braucht, um die Kanallänge einmal mit, einmal gegen die Strömung zu durchlaufen; sie möge Reflexionszeit heißen. ν ist nach dem früher Gesagten so klein, daß wir es, abgesehen von Sonderfällen, vernachlässigen können. Für die kleinen Winkel ψ setzen wir $\cos\psi = 1$, $\sin\psi = \operatorname{tg}\psi = \psi$ und erhalten damit:

$$\tfrac{1}{2}(\psi_1 - \psi_2) \cong -\frac{k}{2bn}$$

$$\tfrac{1}{2}(\psi_1 + \psi_2) \cong \frac{k}{2n}$$

und durch Einsetzen in (38a) und (39a) nach einigen Umformungen:

$$\frac{b^2-1}{2b^2}\,\frac{l}{L}\,n t_r - \frac{k t_r}{2b}\,\frac{1}{n t_r} = \frac{2R\sin n t_r - \frac{k t_r}{2b}\left(2b - 1 - (2b+1)R^2\right)\frac{1}{n t_r}}{1 - 2R\cos n t_r + R^2}, \tag{40}$$

$$\frac{1 + \frac{y_0}{H_0}}{b} = \frac{1 - R^2 + k t_r R\,\frac{\sin n t_r}{n t_r}}{1 - 2R\cos n t_r + R^2}. \tag{41}$$

In dieser Form lassen die Gleichungen erkennen, welche Größen maßgebend sind. Neben der besonders wichtigen Größe $\frac{l}{L}$ ist $b = \frac{a}{c_0}$ und die Verlustziffer k von Einfluß.

Zur Lösung der Frequenzgleichung setzen wir $n \cdot t_r = \pi N$, so daß zur Frequenz der Eigenschwingung $n_i = \frac{\pi N_i}{t_r}$ die Schwingungsperiode $T_{pi} = \frac{2\,t_r}{N_i}$ gehört.

Stellen wir Rechts- und Linksglied als Funktion von N dar, so geben die Schnittpunkte der Linien die Werte N_i. In Abb. 4 ist dies für den Sonderfall $R = 0{,}5$; $k \cdot t_r = 0{,}2$ (sehr groß), $b = \frac{a}{c_0} = 4$; $\frac{l}{L} = 0{,}35$ geschehen.

Man übersieht sofort, daß stets wenigstens ein N_i existiert, das kleiner als 1 ist und das um so kleiner wird, je größer das Verhältnis $\frac{l}{L}$ ist. Wird $\frac{l}{L}$ sehr klein, so liegt N_i sehr nahe an 1, die Periode dieser Grundschwingung ist $T_{pi} = 2 \cdot t_r$, je kleiner N_i wird, desto größer T_{pi}. Je größer also die wirksame Kammeroberfläche ist, desto mehr entfernt sich T_{pi} von $2 \cdot t_r$, der Schwingungsperiode bei verschwindender Kammeroberfläche (Betonspirale). Für den dargestellten Sonderfall existiert ein weiteres Wertepaar N_{i1} und N_{i1}' zwischen 2 und 3.

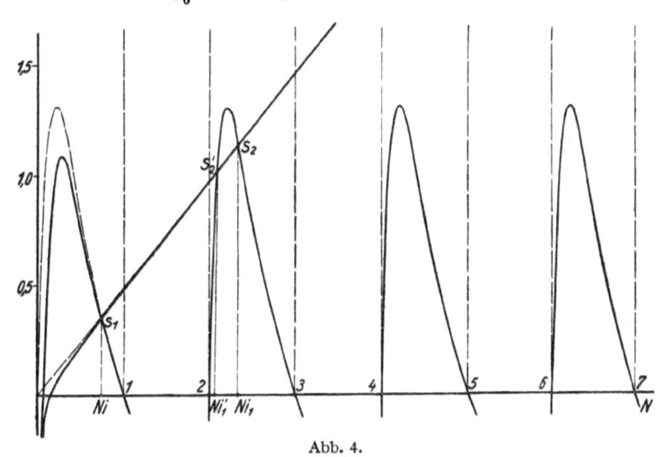

Abb. 4.

Wir erhalten ein Paar Oberschwingungen. Je nach den Verhältnissen von R und $\frac{l}{L}$ können weitere Wertepaare N_{i_2} und N_{i_2}' zwischen 4 und 5, 6 und 7 usw. existieren, also weitere Paare von Oberschwingungen auftreten.

Man übersieht ferner, daß die Frequenzen dieser Oberschwingungspaare immer näher zusammenrücken und daß man dadurch Schwebungen erhalten muß, die sich über die Grundschwingung lagern.

In der Abbildung sind gestrichelt die Linienzüge eingetragen, die man bei Vernachlässigung von $k \cdot t_r$, das im Beispiel groß gewählt wurde, erhält. Wie man sieht, sind die Abweichungen nur in der Gegend des Nullpunktes erheblich. Da wir dort die Linien nicht brauchen, folgt, daß man bei der Unsicherheit der anderen Grundlagen praktisch wohl stets die Vernachlässigung von $k \cdot t_r$ in der Frequenzengleichung vornehmen darf.

Die zu den einzelnen Eigenschwingungsfrequenzen N_i gehörigen kritischen Gefälle H_i ergeben sich nach Ermittlung der N_i aus der Gefällsgleichung:

$$\frac{1 + \frac{y_0}{H_i}}{b} = \frac{1 - R^2 + k t_r R \frac{\sin \pi N_i}{\pi N_i}}{1 - 2 R \cos \pi n_i + R^2}. \tag{42}$$

Bezeichnet man das Rechtsglied mit $P(R, N)$, so wird

$$H_i = \frac{y_0}{b P(R_1 N_i) - 1}. \tag{43}$$

Hieraus folgt, daß H_i um so kleiner wird, je größer $P(R, N_i)$ ist. Da nun für die Oberschwingungen $P(R, N_i)$, wie leicht nachzuweisen, stets größer ist als für die Grundschwingung, so ergeben sich für die Oberschwingungen stets kleinere kritische Gefälle als für die Grundschwingung. Welchen Einfluß dies auf die Dämpfung der Schwingungen verschiedener Frequenzen hat, wird später auseinandergesetzt werden· Je größer b ist, desto kleiner werden unter sonst gleichen Verhältnissen die kritischen Gefälle. Nähert sich R der Einheit, so kann $P(R, N_i)$ klein werden und damt H_i negativ werden; der Fall $H_i = \infty$ ist ebenfalls nicht ausgeschlossen.

Um eine Übersicht über die Beeinflussung der Rechtsglieder der Frequenzen- und Gefällsgleichung zu geben, sind in den Abb. 5 und 6 diese Glieder unter Vernachlässigung von $k \cdot t_r$ aufgezeichnet. Unter dieser Vereinfachung erhält man einfache periodische Funktionen. In Abb. 6 ist weiter für eine bestimmte Größe des Verhältnisses $\frac{l}{L}$ das Linksglied der Frequenzgleichung eingezeichnet und die so erhaltenen, die Eigenschwingungszahlen des Systems bestimmenden Punkte N_i für $R = 0{,}75$ besonders hervorgehoben.

Für den Wert des kritischen Gefälles für die Grundschwingung kann man noch genähert eine sehr einfache Beziehung aufstellen. Vernachlässigen wir den Einfluß des Gliedes $k \cdot t_r$, was praktisch meist zulässig ist und nehmen an, daß der Wert N_i nahe an 1 liege (kleine Kammeroberfläche), so daß $\cos N_i$ genähert $= -1$ gesetzt werden darf, so erhalten wir sehr einfach:

$$P(R_1 N_i) = \frac{1 - R}{1 + R}. \tag{44}$$

Damit ergibt sich

$$H_i = \frac{y_0}{b\,\frac{1-R}{1+R} - 1}. \tag{45}$$

Die Gleichung ist zwar nur eine Näherung, die um so besser ist, je kleiner das Verhältnis $\frac{l}{L}$ und der Wert $k \cdot t_r$ ist; sie zeigt aber in überaus klarer Weise, welche Größen wesentlich H_i bestimmen. Außer b ist nur R von Einfluß. Für R gilt die Gleichung

$$R = \frac{b-(1+\zeta_0)}{b+1+\zeta_0}\, e^{-\frac{b}{b^2-1}\cdot\frac{kL}{c_0}\left(1+\frac{\alpha}{b^2}\right)}. \tag{46}$$

R hängt also neben b von der Reibungsziffer $k = \frac{2g c_0}{K_0^2 r_0}$ und der Kanallänge L ab.

Bei der Bedeutung der meist kleinen Verluste am Kanaleintritt und längs des Kanals für die Stabilität des Betriebs dürfen Verluste ähnlicher Größe,

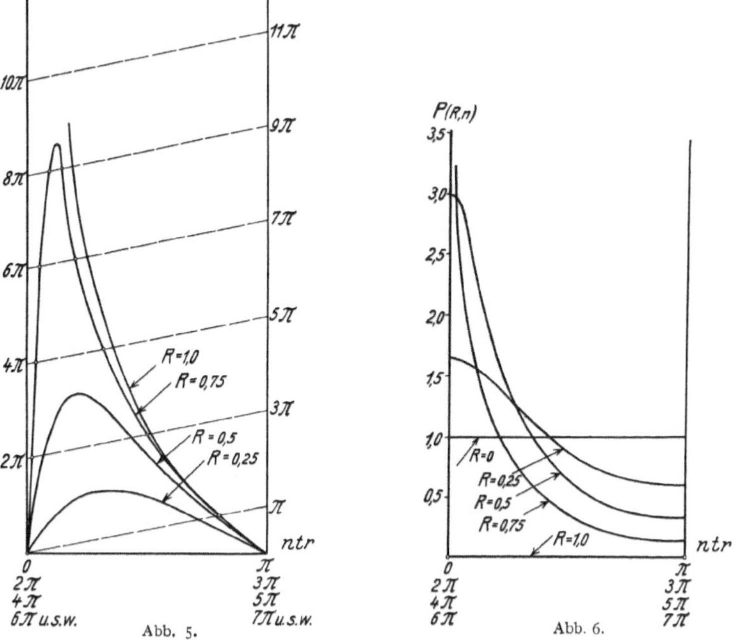

Abb. 5. Abb. 6.

die sonst unbeachtet bleiben können, nicht übersehen werden. Es müssen bei einer genauen Prüfung z. B. die Rechenverluste berücksichtigt werden, wenn ein Rechen vor der Turbinenkammer angebracht ist. Die Berücksichtigung solcher an bestimmten Kanalstellen auftretenden Verluste erhöht zwar den Umfang an Rechenarbeit, bietet aber grundsätzlich keine Schwierigkeiten. An dieser Stelle soll darauf nicht näher eingegangen werden. Durch eine Berichtigung an dem Werte von k läßt sich der Einfluß von Einzelwiderständen schon schätzungsweise berücksichtigen.

6. Gedämpfte und wachsende Eigenschwingungen.

Wir haben nun zu untersuchen, wie die Verhältnisse sich gestalten, wenn das wirkliche Gefälle der Anlage von dem durch Kanal- und Kammerverhältnisse bestimmten kritischen Gefälle abweicht. Zu diesem Zweck sind gedämpfte oder wachsende Schwingungen in Betracht zu ziehen.

Es ist für die Lösung der Gleichungen (6) eine Form gewählt worden, die stehende Schwingungen ergibt. Es geschah dies, um die Rechnung möglichst einfach zu halten; wir können aber sofort zu gedämpften oder wachsenden Schwingungen übergehen. Über die Größe n ist keine Voraussetzung gemacht worden; wir haben willkürlich n als reelle Größe betrachtet. Wir wollen nun für n den komplexen Wert $n+\beta_i$ einführen. Wir erhalten dann aus den Gleichungen (9) und (10) sowie (11):

$$u = A e^{\delta s} \sin((n+\beta i)\,t + (m+\gamma i)\,\beta + \lambda)$$

ist eine Lösung der Gleichung (6), wenn

$$\left.\begin{aligned} m_1 &= \frac{n}{b-1}; & m_2 &= -\frac{n}{b+1} \\ \gamma_1 &= \frac{\beta}{b-1}; & \gamma_2 &= -\frac{\beta}{b+1} \\ \delta_1 &= \frac{k}{2(b-1)}\left(1+\frac{\alpha}{b}\right); & \delta_2 &= -\frac{k\left(1-\frac{\alpha}{b}\right)}{2(b+1)} \end{aligned}\right\} \tag{47}$$

besteht, unter Voraussetzung, daß δ und k klein sind.

$$u = A e^{\delta s} \sin((n-\beta i)\,t + (m-\gamma i)\,\beta + \lambda)$$

ist ebenfalls eine Lösung, also auch:

$$u = A e^{\delta s} \sin(nt + ms + \lambda) \cos i\,(\beta t + \gamma s + \mu).$$

Weiter ist:

$$u = A e^{\delta s} \sin(nt + ms + \lambda) \sin i\,(\beta t + \gamma s + \mu)$$

eine Lösung, und damit auch

$$u = e^{\delta s + \beta t + \gamma s} \sin(nt + ms + \lambda),$$

wenn die Bedingungen (47) erfüllt sind.

Analog gilt für

$$v = B e^{\delta s + \beta t + \gamma s} \sin(nt + ms + \mu).$$

Der notwendige Zusammenhang der Lösungen entsprechend Gleichung (5) liefert nunmehr statt Gleichung (13) und (16):

$$\mu = \lambda + \psi \text{ mit } \operatorname{tg}\psi = \frac{nk(b-1)\left(1+\frac{\alpha}{b}\right)}{2\left(n^2 b + \left(\frac{k}{2}\left(1+\frac{\alpha}{b}\right)+\beta\right)\left(\frac{k}{2}\left(1+\frac{\alpha}{b}\right)+b\beta\right)\right)}.$$

Für die Größe p der Gleichung (15) ergibt sich:

$$p = b\sqrt{\frac{n^2 + \left(\frac{k}{2}\left(1+\frac{\alpha}{b}\right)+b\beta\right)^2}{n^2 + \left(\frac{k}{2}\left(1+\frac{\alpha}{b}\right)+\beta\right)^2}}. \tag{48}$$

Unter der Voraussetzung, daß β von gleicher Größenanordnung wie k, also auch klein sei, ergibt sich, daß die Änderungen an ψ und p sehr klein sind; dies gilt natürlich nur für die kleinen Werte von β entsprechenden, sehr langsam wachsenden oder sehr langsam abklingenden Schwingungen.

Die durch die Randbedingungen am Kanalanfang bestimmten Gleichungen bleiben unter diesen Voraussetzungen somit gültig, und wir erhalten statt der Gleichungen (30):

$$\begin{aligned} u_1 &= A e^{\beta t} (\sin nt - R' \sin (nt - \varepsilon')) \\ -\frac{v_1}{b} &= A e^{\beta t} (\sin (nt + \psi_1) + R' \sin (nt - \varepsilon' + \psi_2)) \end{aligned}, \tag{49}$$

worin außer dem Zutreten des Faktors $e^{\beta t}$, R sich in R'

$$R' = R e^{\frac{(\gamma_2 - \gamma_1) L}{c_0}} = R e^{-\frac{2 \beta a L}{a^2 - c_0^2}}$$

ändert. R' wird also bei positivem β kleiner, bei negativem β größer als R.

Setzen wir die Werte (49) in Gleichung (36) ein, so erhalten wir rechts nur das zusätzliche Glied:

$$\frac{l}{c_0} \beta (\sin nt - R' \sin (nt - \varepsilon'))$$

und daraus die beiden Gleichungen, die den Gleichungen (37) entsprechen.

$$\left.\begin{aligned} &\left(1 + \frac{y_0}{H_0} - \frac{l}{c_0}\beta\right) 1 - R' \cos \varepsilon') - b (\cos \psi_1 + R' \cos (\varepsilon' - \psi_2)) + \frac{l n}{c_0} R' \sin \varepsilon' = 0 \\ &\left(1 + \frac{y_0}{H_0} - \frac{l}{c_0}\beta\right) R' \sin \varepsilon' - b (\sin \psi_1 - R \sin (\varepsilon' - \psi_2)) - \frac{l n}{c_0} (1 - R' \cos \varepsilon') = 0. \end{aligned}\right\} \tag{50}$$

Die Gleichungen haben sich also nur insofern geändert, als R in R' übergegangen ist und das Zusatzglied $\frac{l}{c_0} \beta$ zu $1 + \frac{y_0}{H_0}$ getreten ist. An Stelle der Frequenzgleichung tritt also:

$$\frac{b^2 - 1}{2b^2} \frac{l}{L} n t_r - \frac{k t_r}{2b} \frac{1}{n t_r} = \frac{2 R' \sin n t_r - \frac{k t_r}{2b} (2b - 1 - (2b + 1) R'^2) \frac{1}{n t_r}}{1 - 2 R' \cos n t_r + R'^2}. \tag{51}$$

Nur die Änderung von R in R' kommt für die Frequenzgleichung in Betracht. R beeinflußt aber die Größen der N_i in der Art, daß mit wachsendem R die den Werten $N = 1, 3, 5$ usw. nahe liegenden N_i größer werden, die den Werten 2, 4, 6 usw. nahe liegenden N_i dagegen kleiner werden.

Die Gefällsgleichung

$$\frac{1 + \frac{y_0}{H_0} - \frac{l}{c_0}\beta}{b} = \frac{1 - R'^2 + k t_r R' \frac{\sin n_i t_r}{n_i t_r}}{1 - 2 R' \cos n_i t_r + R'^2} = \frac{1 + \frac{y_0}{H_i}}{b}, \tag{52}$$

sofern die Eigenschwingungsfrequenzen nach Gleichung (51) eingesetzt werden, liefert:

$$\frac{l}{c_0} \beta = \frac{y_0}{H_0} - \frac{y_0}{H_i}, \tag{53}$$

worin H mit R' zu rechnen ist.

Für β ergibt sich somit:

$$\beta = \frac{H_i - H_0}{H_i H_0} \frac{y_0 c_0}{l}. \tag{54}$$

Befinden wir uns sehr nahe an der Grenze der stehenden Schwingungen, ist β sehr klein, so geht R' in R über, und H_i ist das der stehenden Schwingung entsprechende kritische Gefälle.

β wird positiv, wenn $H_i > H_0$,
β wird negativ, wenn $H_i < H_0$ ist.

Soll Stabilität bestehen, so muß also $H_0 > H_i$ sein. Die am Ende des Abschnitts 4 ausgesprochene Vermutung ist damit bewiesen.

Man kann weiter schließen, daß der Absolutwert von β um so größer ist, je größer der Unterschied zwischen dem tatsächlichen Gefälle und dem kritischen ist. Da das größte kritische Gefälle maßgebend ist und für die Grundschwingung eintritt, so ergibt sich, daß für die Oberschwingungen das Anwachsen oder die Dämpfung um so größer ist, je kleiner das zugehörige kritische Gefälle ist, also je größer die Frequenz der Oberschwingungen ist. Dieser Umstand beeinflußt den Charakter der Schwingungsform wesentlich.

Aus Gleichung (54) ist auch der Einfluß der Größen y_0, c_0 und l auf die Dämpfung ersichtlich. Der Absolutwert von β wächst proportional mit c_0 und umgekehrt proportional l. Der Einfluß der Größe der wirksamen Kammeroberfläche ist ganz besonders zu beachten. Je kleiner die wirksame Kammeroberfläche ist, desto größer wird β. Der Wert von β für eine bestimmte Schwingung läßt sich am besten durch probeweise Rechnung ermitteln.

7. Der Einfluß der besonderen Eigenschaften der Turbine.

Der Einfluß der Sondereigenschaften des Reglers, seiner Ungleichförmigkeit, der Schwungmassen usw. ist vom Verfasser für die Wasserschloßschwingungen an anderer Stelle besprochen worden[1]). Bei den im allgemeinen langsam verlaufenden Schwingungen — es kommt meist nur die Grundschwingung in Frage — haben diese Größen wesentlichen Einfluß auf die Vorgänge nicht. Dagegen ist für das kritische Gefälle eine aus den Eigenschaften der Turbine folgende Größe von Bedeutung.

Bei einer kleinen Änderung der Öffnung τ_0 der Turbine um $\Delta\tau$ und des Gefälles H_0 um ΔH ändern sich bekanntlich Wassermenge und Nutzleistung nach den Beziehungen:

$$\left.\begin{aligned} \frac{\Delta Q}{Q_0} &= \frac{1}{2}\frac{\Delta H}{H_0} + k_1' \frac{\Delta\tau}{\tau_0} \\ \frac{\Delta N}{N} &= \frac{3}{2}\frac{\Delta H}{H_0} + k_2' \frac{\Delta\tau}{\tau_0}. \end{aligned}\right\} \tag{55}$$

Von dem im allgemeinen sehr kleinen Einfluß der Drehzahländerung in der Nähe der (normalen) Betriebsdrehzahl kann abgesehen werden. Hält nun der

[1]) Z. ges. Turbinenwes. 1920, S. 171.

Regler bei rascher Wirkung und langsamen Spiegelschwankungen die Leistung konstant, so folgt aus den beiden Gleichungen durch Elimination von $\frac{\Delta \tau}{\tau_0}$

$$\frac{\Delta Q}{Q_0} = -\left(\frac{3}{2}\frac{k_1'}{k_2'} - \frac{1}{2}\right)\frac{\Delta H}{H_0} = -\psi\frac{\Delta H}{H_0}. \tag{56}$$

Diese Beziehung tritt an Stelle der Gleichung (32). Die Berichtigungsziffer k_1' bringt zum Ausdruck, daß die Schluckwassermenge der Turbine, als Funktion der Öffnung dargestellt, keine durch den Nullpunkt gehende Gerade ist; k_2' drückt dasselbe für die Leistung a aus. Nach der Abb. 7 ist:

$$\left.\begin{aligned} k_1' &= \operatorname{tg}\alpha_1 \frac{\tau_0}{Q_0} \\ k_2' &= \operatorname{tg}\alpha_2 \frac{\tau_0}{N_0}. \end{aligned}\right\} \tag{57}$$

Nun ändern sich bei Francisturbinen insbesondere k_1' und k_2' mit τ nicht unwesentlich. k_1'/k_2' steigt mit größer werdendem τ infolge Kleinerwerdens von k_2' erheblich. Abb. 8 zeigt, wie stark sich ψ mit τ ändern kann.

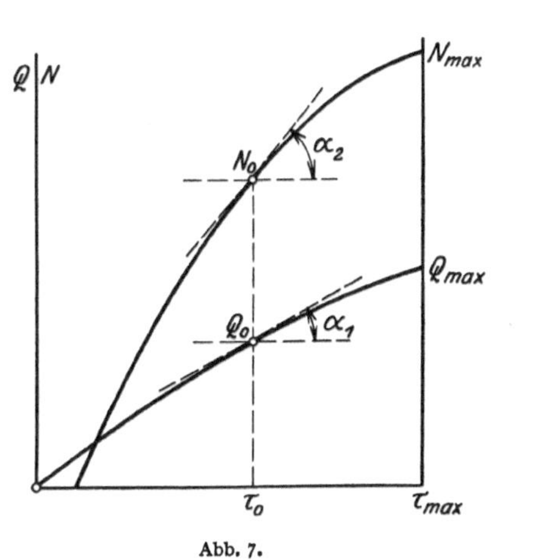

Abb. 7.

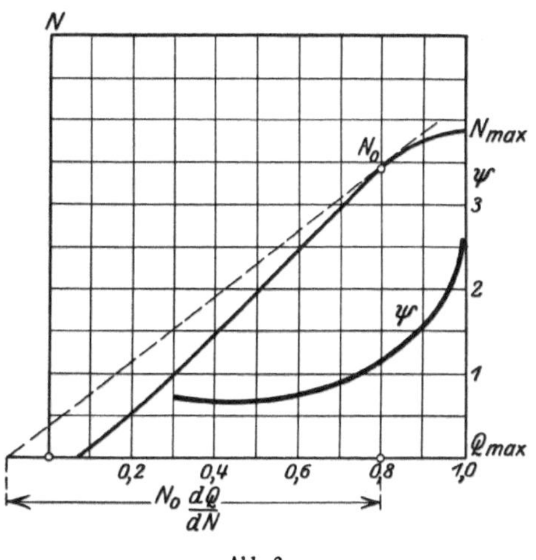

Abb. 8.

Ist die Leistung in Funktion der Wassermenge gegeben, so bestimmt sich das Verhältnis k_1'/k_2' leicht zu:

$$\frac{k_1'}{k_2'} = \frac{N_0}{Q_0}\frac{dQ}{dN}. \tag{58}$$

ψ kann in der Nähe der größten Turbinenöffnung Werte von 1,5 bis 2,0 und mehr erreichen.

Es tritt nun in allen Gleichungen an Stelle von $\frac{\Delta H}{H_0}$ der Wert $\psi\frac{\Delta H}{H_0}$, und es liegt auf der Hand, welchen Einfluß ψ auf das kritische Gefälle hat. H_i ist proportional ψ. Während der Einfluß der Kanalgeschwindigkeit c_0 wohl merkbar, aber nicht besonders groß ist, ist der Einfluß von ψ sehr erheblich. Bisweilen ändert sich ψ schon infolge geringer Änderungen des Betriebsgefälles oder der Betriebsdrehzahl. Ohne Beachtung des Wertes von ψ sind manche Fälle, in welchen im Betrieb zuzeiten Schwingungen auftreten und wieder verschwinden, gar nicht zu erklären. Das starke Anwachsen von ψ mit τ deutet auch zwanglos die stets beobachtete Tatsache, daß die Neigung zu Schwingungen mit wachsender Belastung stark zunimmt.

8. Erzwungene Schwingungen.

Im Gegensatz zu den bisher besprochenen Eigenschwingungen des Systems, Kanal-, Kammer-, Turbine können stehende Schwingungen auch hervorgerufen werden durch äußere Ursachen. Infolge besonderer Umstände kann z. B. der Turbinenregler periodische Schwankungen der Turbinenöffnung und damit der durchfließenden Wassermenge verursachen, die eine Rückwirkung auf den Kanal haben und nach Abklingen der gedämpften Eigenschwingungen stehende Schwingungen des Wasserspiegels erzeugen. Je nach Größe und Frequenz der Öffnungsschwankungen können die Spiegelschwingungen mehr oder weniger groß werden. In Sonderfällen können sie für den Betrieb recht unangenehm werden und seine Sicherheit sogar in Frage stellen. Es ist deshalb von Interesse, den Zusammenhang zwischen der Größe und der Frequenz der erregenden Ursache und der Größe der erregten Spiegelschwingungen festzulegen.

Wir nehmen an, es seien nach hinreichend langer Zeit die Eigenschwingungen abgedämpft und es bestehen nur erzwungene Schwingungen von der Frequenz der erregenden Ursache. Dann werden wir die Gleichungen

$$\left.\begin{aligned} u_1 &= A(\sin nt - R\sin(nt - nt_r)) \\ -\frac{v}{b} &= A(\sin nt + R\sin(nt - nt_r)) \end{aligned}\right\} \tag{59}$$

für die Kanalschwingungen zugrunde legen können. Die kleinen von der Frequenz abhängigen Winkel ψ und ν wollen wir dabei vernachlässigen, was bei raschen Schwingungen ohne weiteres zulässig ist und auch bei den Eigenschwingungen fast immer noch zulässig bleibt. Wir betrachten kleine Abweichungen von einem Beharrungszustande $Q_0 H_0$. Dann ist die zufließende Wassermenge

$$Q_0 + \Delta Q_1 = Q_0(1 + u_1 + v_1)$$

und das Gefälle

$$H_0 + \Delta H = H_0 + y_0 u_1 = \left(1 + \frac{y_0}{H_0} u_1\right) H_0 .$$

Wir betrachten die Größen

$$\frac{\Delta Q_1}{Q_0} \equiv q_1 = u_1 + v_1$$

und

$$\frac{\Delta H}{H_0} \equiv h = \frac{y_0}{H_0} u_1$$

und benützen zur übersichtlichen Darstellung der Verhältnisse das Vektordiagramm, das bei der Behandlung von stationären Wechselstromvorgängen allgemein gebräuchlich ist. Eine Größe $A\sin(nt + \lambda)$ wird dargestellt (Abb. 9) durch den Vektor $\mathfrak{A}$, dessen Absolutwert $= A$ ist und der in einem angenommenen positiven Sinne mit einem festen Fahrstrahl den Winkel $(nt + \lambda)$ einschließt. Der Momentanwert ist dann durch die Projektion des Vektors auf eine gegen den Nullstrahl um den Winkel $+90^0$ verdrehte Achse bestimmt. An die Stelle der algebraischen Addition tritt die geometrische Addition der Vektoren. Der Vektor der zeitlichen Ableitung eines Vektors hat eine Voreilung von $+90^0$, und sein Absolutwert ist gleich $n \cdot A$. Wir wollen die Ableitung nach der Zeit eines Vektors symbolisch bezeichnen

$$\frac{d\mathfrak{B}}{dt} = \dot{\mathfrak{B}},$$

wobei

$$|\dot{\mathfrak{B}}| = |\mathfrak{B}|\, n$$

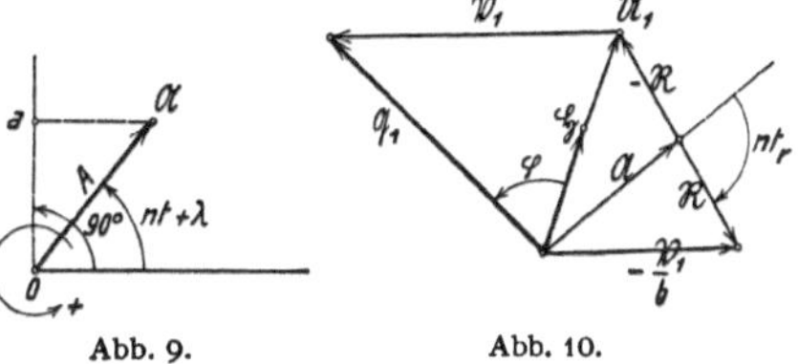

Abb. 9. Abb. 10.

ist und der Vektor $+90^0$ Phasenverschiebung gegen B hat. Die Darstellung der Gleichungen (30) in dieser Weise zeigt Abb. 10. Es ist darin

$$\left.\begin{aligned} \mathfrak{A} &= A \sin nt, \\ \mathfrak{R} &= RA \sin(nt - nt_r), \end{aligned}\right\} \qquad \left.\begin{aligned} \mathfrak{U}_1 &= \mathfrak{A} - \mathfrak{R}, \\ -\frac{\mathfrak{B}_1}{\mathfrak{b}} &= \mathfrak{A} + \mathfrak{R}. \end{aligned}\right\}$$

Unsere Aufgabe ist nun, für eine bestimmte Gefällsänderung

$$h = \frac{y_0}{H_0} u_1$$

die zugehörige Änderung der Wassermenge $q_1 = u_1 + v_1$ zu bestimmen. Nach den Gleichungen schreiben wir

$$q_1 = u_1 + v_1; \qquad h = \frac{y_0}{H_0} u_1$$

in Vektorform

$$\mathfrak{Q}_1 = \mathfrak{U}_1 + \mathfrak{B}_1; \qquad \mathfrak{H} = \frac{y_0}{H_0} \mathfrak{U}_1; \qquad \mathfrak{U}_1 = \mathfrak{A} - \mathfrak{R}; \qquad \mathfrak{B}_1 = -\mathfrak{b}(\mathfrak{A} + \mathfrak{R}),$$

wobei der Vektor $\mathfrak{R}$ den Betrag RA hat und gegen $\mathfrak{A}$ die Phasennacheilung $n \cdot t_r$ besitzt. Wir erhalten so das Vektordiagramm der Abb. 10.

Wie sich $\mathfrak{Q}_1$ und $\mathfrak{H}$ aus $\mathfrak{A}$ und $\mathfrak{R}$ zusammensetzt, interessiert für die Anwendung wenig. Wichtig ist allein die Beziehung zwischen $\mathfrak{Q}_1$ und $\mathfrak{H}$ unter Einfluß der Konstanten $\frac{y_0}{H_0}$, R, t_r und b.

Aus (59)

$$\begin{aligned} \mathfrak{Q}_1 &= \mathfrak{U}_1 + \mathfrak{B}_1 \\ \mathfrak{U}_1 &= \mathfrak{A} - \mathfrak{R} \\ \mathfrak{B}_1 &= -b(\mathfrak{A} + \mathfrak{R}) \end{aligned}$$

gewinnen wir zunächst

$$\left.\begin{aligned} u_1^2 &= (1 + R^2 - 2R\cos nt_r) A^2 \\ q_1^2 &= (1-b)^2 + (1+b)^2 R^2 - 2(1-b^2) R \cos nt_r) A^2. \end{aligned}\right\} \qquad (60a)$$

Zur Ermittlung des Winkels φ zwischen $\mathfrak{U}_1$ und $\mathfrak{Q}_1$ bilden wir (durch das skalare und vektorielle Produkt):

$$\left.\begin{aligned} u_1 q_1 \cos\varphi &= (1 - b + (1+b) R^2 - 2R\cos nt_r) A^2 \\ u_1 q_1 \sin\varphi &= 2bR \sin nt_r A^2. \end{aligned}\right\} \qquad (60b)$$

Zur Bestimmung der Größe und Lage von $\mathfrak{Q}$ gegen $\mathfrak{U}_1$ führen wir ein

$$X = q_1 \cos\varphi,$$
$$Y = q_1 \sin\varphi.$$

Durch Elimination von A und $n\cdot t_r$ aus den Gleichungen (60) unter Beachtung, daß u_1 unverändert bleiben soll, gewinnen wir nach einigen Umformungen und Kürzungen die Gleichung

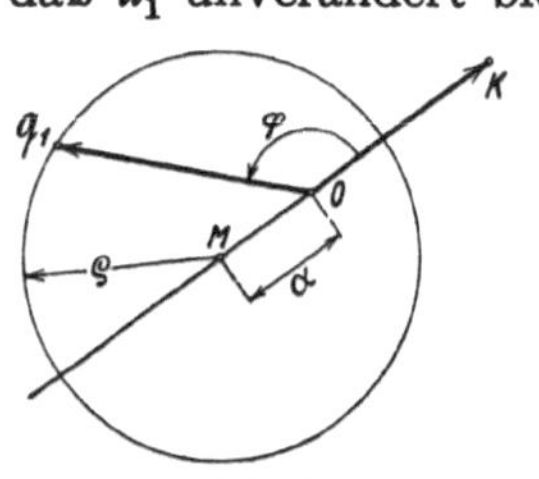

Abb. 11.

$$Y^2 + X^2 + 2\alpha X + \alpha^2 = \varrho^2 \tag{61}$$

mit

$$\left.\begin{aligned} \alpha &= \left(b\,\frac{1+R^2}{1-R^2} - 1\right)u_1 \\ \varrho &= \frac{2bR}{1-R^2}\,u_1. \end{aligned}\right\} \tag{62}$$

Das bedeutet:

Der Endpunkt des Vektors $\mathfrak{Q}$ hat für konstantes $\mathfrak{U}_1$ als geometrischen Ort einen Kreis vom Radius ϱ, dessen Mittelpunkt M (Abb. 11) auf der Rückwärtsverlängerung des Vektors $\mathfrak{U}_1$ liegt, um α vom Anfangspunkt O entfernt. α und ϱ sind aus den Konstanten Rund b nach Gleichung (62) zu bestimmen.

In dieser Darstellung fehlt noch die wesentliche Bestimmung der Diagrammform durch die Größe $n\cdot t_r$, die Abhängigkeit der Diagrammform von der Frequenz der Schwingungen.

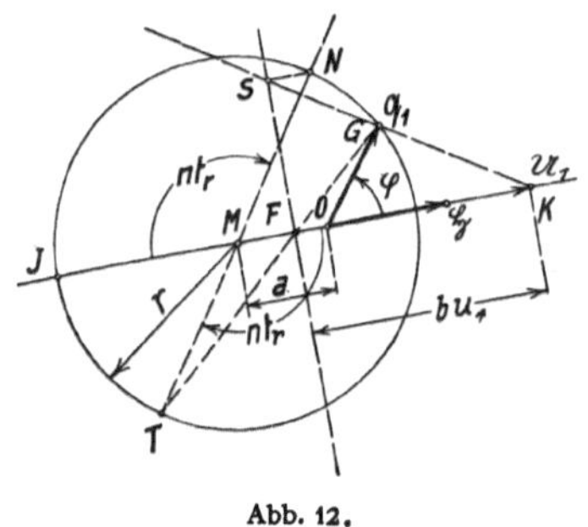

Abb. 12.

Für den Winkel $n\cdot t_r$ folgt aber aus den Gleichungen (60) die einfache Beziehung:

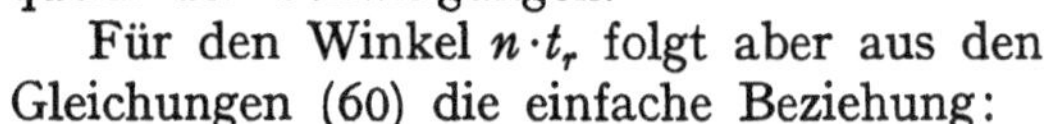

$$\sin n t_r = \frac{b}{\varrho}\,\frac{Y}{u_1 - X}. \tag{63}$$

Geometrisch gedeutet heißt das:

Bringen wir in Abb. 12 die Verbindungslinie des Endpunktes K von $\mathfrak{U}_1$ mit dem Endpunkt $\mathfrak{G}$ von $\mathfrak{Q}_1$ zum Schnitt S mit einer im Abstand bu_1 von K auf der Richtung von u_1 errichteten Senkrechten und projizieren S nach N auf den $\mathfrak{Q}_1$-Kreis, so ist der Winkel $IM\;N = n\cdot t_r$. Macht man die Strecke $OF = (b-1)\,u_1$, so schneidet GF den Kreis in T, und Winkel KMT ist ebenfalls $n\cdot t_r$.

Zeichnen wir noch den Vektor $\mathfrak{H}$ der Gefällschwankung $= \frac{y_0}{H_0}u_1$ ein, so gibt das Diagramm in sehr einfacher übersichtlicher Weise den Zusammenhang zwischen der durch die Verhältnisse im Kanal und an seinem Eintritt bedingten Gefällschwankung und der am Ende des Kanals in die Turbinenkammer strömenden Wassermenge. Dieser Zusammenhang ist aber der Hauptpunkt für die Behandlung der erzwungenen Schwingungen.

Wir betrachten nunmehr die Verhältnisse in der Turbinenkammer. Die bei einer Änderung des Wasserspiegels aufgespeicherte Wassermenge in der Zeiteinheit ist:

$$\frac{\Delta Q_3}{Q_0} = \frac{F}{Q_0}\,y_0\,\frac{du_1}{dt} = \frac{FH_0}{Q_0}\,\frac{d}{dt}\left(\frac{y_0}{H_0}u_1\right) = \frac{FH_0}{Q_0}\,\dot{\mathfrak{H}} = \mathfrak{J}\dot{\mathfrak{H}} \text{ mit } \mathfrak{J} = \frac{FH_0}{Q_0} = \frac{lH_0}{c_0 y_0}. \tag{64}$$

$\mathfrak{J}$ ist die Zeit, die nötig wäre, um beim Zufluß Q_0 das Volumen $F H_0$ zu füllen. Wir haben in Vektorschreibweise also einfach:

$$\frac{\Delta Q_3}{Q_0} = \mathfrak{Q}_3 = \mathfrak{J}\dot{\mathfrak{H}}. \tag{65}$$

Für die Turbine gilt:

$$\frac{\Delta Q_2}{Q_0} = \frac{1}{2}\frac{\Delta H}{H_0} + k_1'\frac{\Delta \tau}{\tau_0}. \tag{55}$$

$Q_0 + \Delta Q_2$ ist die abgeführte Wassermenge, wenn die dem Beharrungszustand entsprechende Öffnung τ_0 um $\Delta\tau$ vergrößert ist und gleichzeitig das Gefälle um ΔH zugenommen hat. Von dem Einfluß der Drehzahländerung auf die durchgehende Wassermenge ist abgesehen.

Es soll nun angenommen werden, daß aus irgend einem Grunde die Öffnung der Turbine periodische Schwankungen mache, daß also

$$\frac{\Delta\tau}{\tau_0} = e \sin n t \tag{66}$$

sein soll.

Fassen wir auch $\frac{\Delta\tau}{\tau_0}$ als Vektor $\mathfrak{E}$ in einem Vektordiagramm auf, so ergeben sich die Gleichungen:

$$\left.\begin{aligned} \mathfrak{Q}_2 &= \tfrac{1}{2}\mathfrak{H} + k_1'\mathfrak{E} && \text{für die Turbine} \\ \mathfrak{Q}_3 &= \mathfrak{J}\dot{\mathfrak{H}} && \text{für die Kammer.} \end{aligned}\right\}$$

$\mathfrak{Q}_1$ gleich Funktion von $\mathfrak{H}$ nach dem Kreisdiagramm für den Kanal.

Da weiter die Kontinuität gewahrt werden muß, besteht als Verbindungsgleichung:

$$\mathfrak{Q}_1 = \mathfrak{Q}_2 + \mathfrak{Q}_3 = \tfrac{1}{2}\mathfrak{H} + k_1'\mathfrak{E} + \mathfrak{J}\dot{\mathfrak{H}}. \tag{67}$$

Damit ist aber das Vektordiagramm der durch $\mathfrak{E}$ erzwungenen Schwingung völlig bestimmt (Abb. 13).

Das Diagramm gibt eine klare Übersicht, sowohl über die Größe der Amplituden der verschiedenen Schwingungen, was zumeist interessiert, weiter aber auch über die Phasenverschiebung der einzelnen Schwingungen. Die Berechnung des Zusammenhanges der Schwingungsamplituden ist damit auf elementare Dreiecksrechnungen zurückgeführt.

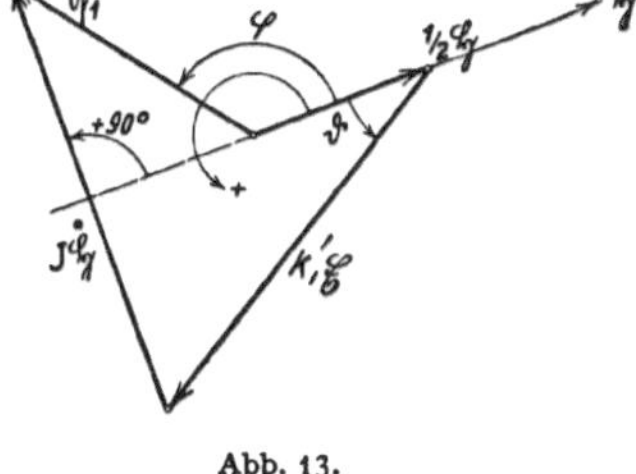

Abb. 13.

Für die rechnerische Verwertung des Diagramms ist noch wichtig: $q_1 \cdot \cos\varphi$ und $q_1 \cdot \sin\varphi$ in u_1 und damit in h auszudrücken.

Es folgen nach (60)

$$\left.\begin{aligned} q_1 \cos\varphi &= \left(1 - \frac{b\,(1 - R^2)}{1 + R^2 - 2R\cos n t_r}\right) u_1 \\ q_1 \sin\varphi &= \frac{2 b R \sin n t_r}{1 + R^2 - 2R\cos n t_r}\, u_1\,. \end{aligned}\right\} \tag{68}$$

Wichtig ist bei der Untersuchung von erzwungenen Schwingungen stets der Einfluß der Frequenz der erregenden Ursache und die Feststellung der Fälle, bei denen man für die Amplitude der erzwungenen Schwingung Größtwerte erhält. Diese sogenannten Resonanzfälle liegen meist dann vor, wenn die Frequenz der schwingungserregenden Ursache nahe mit einer Eigenschwingungsfrequenz des erregten Systems zusammenfällt. Ein Bild für die Kanalschwingungen macht man sich am besten, indem man sich das Diagramm aufzeichnet, dabei $\mathfrak{H}$ konstant hält und daraus bei verschiedenen Frequenzen $\mathfrak{E}$ bestimmt.

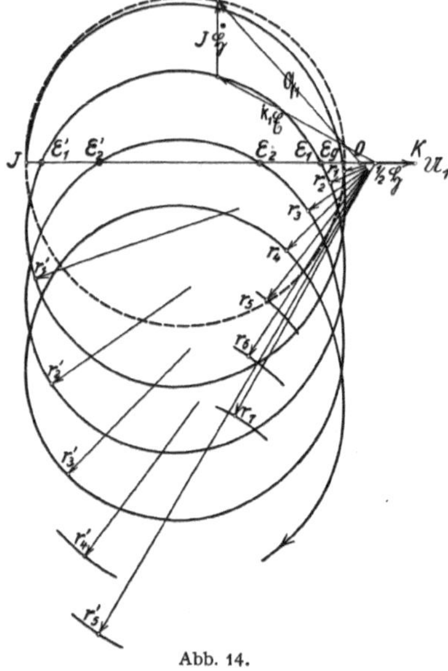

Abb. 14.

In Abb. 14 ist ein Beispiel dargestellt. Der Endpunkt des Vektors $\mathfrak{E}$ beschreibt dabei eine von Punkt J des Kreisdiagramms ausgehende rollkurvenähnliche Linie, die mit wachsender Frequenz n sich immer weiter vom $\mathfrak{Q}_1$-Kreis entfernt. Aus der Abbildung entnimmt man leicht die Werte des Verhältnisses h/e und die Frequenzen n, denen Größt- und Kleinstwerte von h/e entsprechen. Diese Vektoren $\mathfrak{E}_r$, die den Resonanzpunkten und den Dissonanzpunkten entsprechen, sind in Abb. 14 durch ihre Endpunkte ($r_1 r_2 \ldots r_1' r_2' \ldots$) bezeichnet. In Abb. 15 ist daraus h/e als Funktion von $n \cdot t_r$ aufgetragen, und man sieht deutlich, wie die Schärfe der Resonanz mit wachsender Frequenz und abnehmendem Amplitudenverhältnis abnimmt.

In dieser Abbildung sind auch noch die den Eigenschwingungsfrequenzen entsprechenden Werte von $n \cdot t_r$ eingetragen, E_g für die Grundschwingung, E_1 und E_1' für das erste, E_2 und E_2' für das zweite Paar der Oberschwingungen. Weitere Eigenschwingungsfrequenzen besitzt das System nicht. Die Resonanzfrequenzen liegen also wenig über den ungeraden Eigenschwingungsfrequenzen.

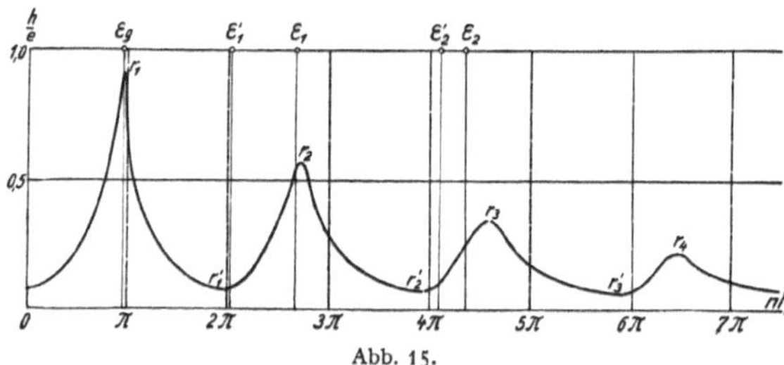

Abb. 15.

In Abb. 14 sind die Punkte E_g, E_1, E_2, E_1' und E_2' bezeichnet, in denen der geometrische Ort des Endpunktes des Vektors $\mathfrak{E}$ die Rückwärtsverlängerung von $\mathfrak{H}$ schneidet. Diese Schnittpunkte entsprechen aber den Eigenfrequenzen des Systems, und zwar E_g der Grundschwingung und E_1 und E_1' dem ersten, E_2 und E_2' dem zweiten Oberschwingungspaar.

Den Zusammenhang erkennt man leicht, wenn man das Vektordiagramm der ungedämpften Eigenschwingungen des Systems betrachtet. Für dieses Vektordiagramm besteht zunächst die Bedingung zwischen $\mathfrak{U}_1$ und $\mathfrak{Q}_1$, die sich durch das Kreisdiagramm für $\mathfrak{Q}_1$ ausdrückt. Dazu tritt die Bedingung für die Kammer $\mathfrak{Q}_3 = \mathfrak{J}\dot{\mathfrak{H}}$, wie bei den erzwungenen Schwingungen, desgleichen die Kontinuitätsbedingung:

$$\mathfrak{Q}_1 = \mathfrak{Q}_3 + \mathfrak{Q}_2 .$$

$\mathfrak{Q}_2$ ist aber durch die Bedingung, daß der Regler konstante Leistung hält, bestimmt. Die Gleichung, die dies ausdrückt, lautet in Vektorschreibweise einfach

$$\mathfrak{Q}_2 = -\mathfrak{H}.$$

Aus diesen Gleichungen folgt durch Elimination von $\mathfrak{Q}_2$ und $\mathfrak{Q}_3$ die Gleichung:

$$\mathfrak{H} + \mathfrak{Q}_1 - \mathfrak{J}\dot{\mathfrak{H}} = 0, \tag{69}$$

deren Darstellung Abb. 16 zeigt. Nun ist $\mathfrak{H} = \frac{y_0}{H_0}\,\mathfrak{U}_1$; für die Eigenschwingungsfrequenzen aber

$$\mathfrak{H} = \frac{y_0}{H_i} u_1.$$

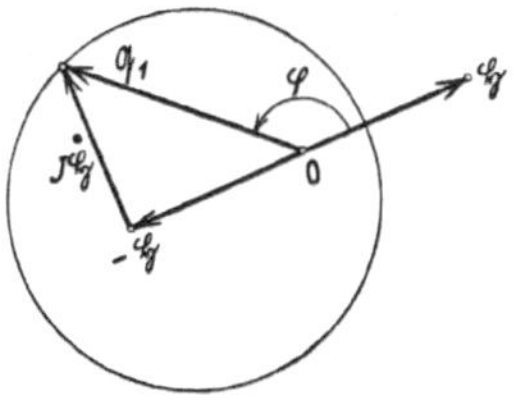

Aus Abb. 16 liest man ohne weiteres ab:

$$\left.\begin{aligned} q_1 \sin\varphi &= \mathfrak{J}\, n\, \frac{y_0}{H_i} u_1 \\ q_1 \cos\varphi &= -\frac{y_0}{H_i} u_1. \end{aligned}\right\} \tag{70}$$

Abb. 16.

Führt man in diese Gleichungen die Werte $q_1 \sin\varphi$ und $q_1 \cos\varphi$ nach Gleichung (68) ein, so gewinnt man wieder die Frequenz- und die Gefällsgleichung, die analytisch früher abgeleitet wurden. Dabei sind hier allerdings nach den auf S. 34 gemachten Voraussetzungen die Winkel ψ und ϑ als vernachlässigbar klein angenommen. Man kann also mit der durch diese Vernachlässigungen bestimmten Genauigkeit aus dem Vektordiagramm der Abb. 14 sofort auch die Eigenschwingungsfrequenzen entnehmen und die zugehörigen kritischen Gefälle berechnen.

9. Verhältnisse im Unterwasserkanal.

Wir haben bisher angenommen, daß der Unterwasserspiegel der Turbine in Ruhe bleibe. Diese Voraussetzung wird nur in Sonderfällen zutreffen, wenn z. B. die Unterwasserkammer eine sehr große Oberfläche besitzt oder der Unterwasserkanal sehr kurz ist Ist dies nicht der Fall, so gelten für die nichtstationäre Bewegung in demselben die für den Oberkanal entwickelten Gleichungen. An die Stelle von k tritt k_1, an die Stelle von b b_1, wie überhaupt sämtliche Größen für den Unterwasserkanal, wenn nichts Besonderes bemerkt ist, durch den Index 1 gekennzeichnet werden sollen. Die Lösungen:

$$\left.\begin{aligned} u &= A e^{\delta s} \sin(nt + ms + \lambda) \\ v &= B e^{\delta s} \sin(nt + ms + \mu), \end{aligned}\right\} \tag{12}$$

worin sich nunmehr δ und m nach den Gleichungen (10) und (11) mit k_1 und b_1 bestimmen, gelten weiter. Die Randbedingungen ändern sich dagegen wesentlich. Wir wollen die Voraussetzung machen, daß die beim Austritt aus dem Saugrohr vorhandene Geschwindigkeit gerade ausreiche, die Kanalgeschwindigkeit an der Stelle 2 (Abb. 3) zu erzeugen. Bei dem im allgemeinen sehr turbulenten Strömen des Wassers nach Verlassen des Saugrohres dürfte diese Annahme den tatsächlichen Verhältnissen ziemlich nahe kommen. Für das Ende des Kanals (Stelle 3 in Abb. 3) werde vorausgesetzt, daß der Auslauf in ein so breites Strombett erfolge, daß daselbst der Wasserspiegel unverändert bleibe. Eine Mündungskorrektion in der Form einer scheinbaren Kanalverlängerung wird in abweichenden Fällen erforderlich werden können.

Um diese letzte Bedingung zu erfüllen, muß an der Stelle 3

$$y_3 = y_{01}(1 + u_3) = \text{konst.}$$

unveränderlich sein, d. h. u_3 muß konstant bleiben. Mit $s = \frac{L_1}{c_{01}}$ ergibt sich

$$u_3 = A e^{\frac{\delta_1 L_1}{c_{01}}} \sin\left(nt + m_1 \frac{L}{c_{01}} + \lambda_1\right) + A_2 e^{\frac{\delta_2 L_1}{c_{01}}} \sin\left(nt + m_2 \frac{L_1}{c_{01}} + \lambda_2\right) = \text{konst.} \quad (71)$$

Dies ist nur möglich, wenn

$$A_2 = -A_1 e^{\frac{(\delta_1 - \delta_2) L_1}{c_{01}}}$$

und weiter

$$\lambda_2 = \lambda_1 + \frac{(m_1 - m_2) L_1}{c_{01}}$$

wird.

Setzen wir

$$R_1 = e^{\frac{(\delta_1 - \delta_2) L_1}{c_{01}}}$$

und

$$n t_{r_1} = \frac{(m_1 - m_2) L_1}{c_{01}},$$

so erhalten wir:

$$\left.\begin{aligned} u &= A_1 (e^{\delta_1 s} \sin(nt + m_1 s + \lambda_1) - R_1 e^{\delta_2 s} \sin(nt + m_2 s + n t_{r_1} + \lambda_1)) \\ -\frac{v}{b_1} &= A_1 (e^{\delta_1 s} \sin(nt + m_1 s + \lambda_1 + \psi_1) + R_1 e^{\delta_2 s} \sin(nt + m_2 s + n t_{r_1} + \lambda_1 + \psi_2)) \end{aligned}\right\} \quad (72)$$

worin δ_1, δ_2 und die Winkel ψ nach Abschnitt 2, Gleichung (13) und (16) mit k_1 und b_1 zu bestimmen sind. Damit ergeben sich:

$$R_1 = e^{\frac{2 h w_1 b_1^3}{y_{01}(b^2 - 1)}\left(1 + \frac{\alpha_1}{b_1^2}\right)}$$

und

$$n t_{r_1} = \frac{2 b_1 L_1}{(b_1^2 - 1) c_{01}} n.$$

Da k_1 für den Unterwasserkanal meist noch kleiner als k ausfällt, können wir ψ_1 und ψ_2 vernachlässigen und erhalten für den Anfangsquerschnitt des Unterwasserkanals in der Unterwasserkammer mit $s = 0$ genügend genau:

$$\left.\begin{aligned} u_2 &= A_1 (\sin nt - R_1 \sin(nt + n t_{r_1})) \\ -\frac{v_2}{b} &= A_1 (\sin nt + R_1 \sin(nt + n t_{r_1})). \end{aligned}\right\} \quad (73)$$

Diese Gleichungen entsprechen den Gleichungen (30), nur ist R_1 hier > 1 und t_{r_1} negativ.

Die im Abschnitt 7 entwickelten Beziehungen gelten unter Berücksichtigung dieser Umstände unverändert, insbesondere die Beziehung zwischen der Spiegeländerung $\frac{y_{01}}{H_0} u_2 = h_2$ (in Vektorform $\mathfrak{H}_2$) und der aus der Unterwasserkammer strömenden Überschußwassermenge über den Beharrungszustand $\mathfrak{Q}_2$. Der Kreis für $\mathfrak{Q}_2$ bei konstantem $\mathfrak{H}_2$ ist nun bestimmt durch den Abstand α_1

vom Anfangspunkt des Vektors $\mathfrak{U}_2$ und den Radius ϱ_1, wobei entsprechend Gleichung (62)

$$\left.\begin{aligned}\alpha_1 &= -\left(b_1\frac{R_1^2+1}{R_1^2-1}+1\right)u_2\\ \varrho_1 &= \frac{2bR_1}{R_1^2-1}u_2.\end{aligned}\right\} \qquad (74)$$

Für den Winkel $n\cdot t_{r_1}$ folgt entsprechend Gleichung (63):

$$\sin n t_r = -\frac{b_1}{\varrho_1}\frac{u_2 Y_1}{X_1-u_2}. \qquad (75)$$

Der $\mathfrak{Q}_2$-Kreis hat also eine wesentlich andere Lage gegen $\mathfrak{U}_2$ als der entsprechende $\mathfrak{Q}_1$-Kreis gegen $\mathfrak{U}_1$, wie Abb. 17 zeigt, und was bei der ganz verschiedenen Wirkung nicht überrascht. Wir nehmen zunächst an, daß der Oberwasserspiegel in Ruhe bleibe, was z. B. der Fall sein wird, wenn eine Stirnkesselturbine unmittelbar an ein sehr großes Staubecken angeschlossen ist. Die durch die Turbine strömende Wassermenge sei $Q_0+\Delta Q$, $\frac{\Delta Q}{Q_0}=q$ (vektoriell $\mathfrak{Q}$). Ist die wirksame Fläche der Unterwasserkammer F_1, dann erfordert die Kontinuität:

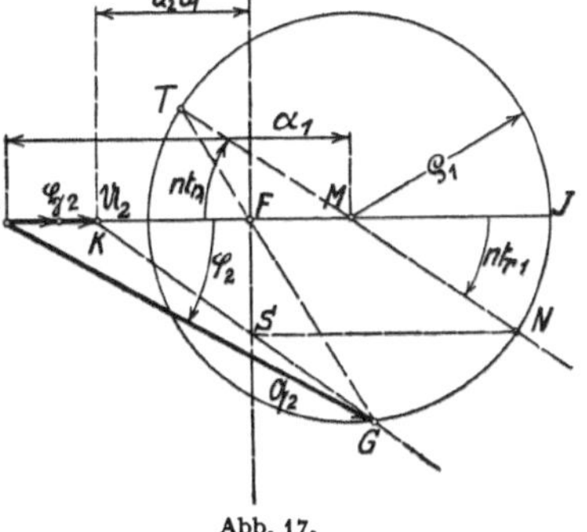

Abb. 17.

$$\mathfrak{Q} = \mathfrak{Q}_2 + \mathfrak{J}_1\dot{\mathfrak{H}}_2, \quad \text{hierin ist} \quad \mathfrak{J}_1 = \frac{F_1 H_0}{Q_0} = \frac{l_1 H_0}{c_{01} y_{01}}. \qquad (76)$$

Zufolge der Reglerwirkung ist aber $\mathfrak{Q} = \mathfrak{H}_2$, woraus folgt:

$$\mathfrak{H}_2 = \mathfrak{Q}_2 + \mathfrak{J}_1\dot{\mathfrak{H}}_2.$$

Der Darstellung dieser Gleichung in Abb. 18 entnehmen wir

$$\left.\begin{aligned}-q_2\sin\varphi_2 &= \mathfrak{J}_1 n h_2\\ q_2\cos\varphi_2 &= h_2.\end{aligned}\right\} \qquad (77)$$

Entsprechend den Gleichungen (68) ergeben sich

$$\left.\begin{aligned}q_2\sin\varphi_2 &= \frac{-2b_1R_1\sin n t r_1}{1-2R_1\cos n t r_1+R_1^2}u_2\\ q_2\cos\varphi_2 &= \left(1+\frac{b_1(R^2-1)}{1-2R_1\cos n t r_1+R_1^2}\right)u_2.\end{aligned}\right\} \qquad (78)$$

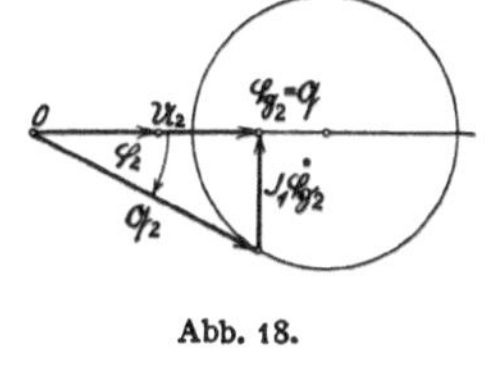

Abb. 18.

Hieraus folgen die genäherten (Vernachlässigung von ψ und γ) Gleichungen für Eigenfrequenzen und zugehörige kritische Gefälle:

$$\frac{(b_1^2-1)\,l_1}{2b_1^2+1}\,n_i t_{r_1} = \frac{2R_1\sin n_i t_{r_1}}{1-2R_1\cos n_i t_{r_1}+R_1^2}, \qquad (79)$$

$$\frac{\frac{y_{01}}{H_0}-1}{b_1} = \frac{R_1^2-1}{1-2R_1\cos n_i t_{r_1}+R_1^2}. \qquad (80)$$

Die Unterschiede dieser Gleichungen gegenüber den entsprechenden Gleichungen (40) und (41) sind bemerkenswert. Für ihre Lösung gilt das in Abschnitt 5

Gesagte, wir beschränken uns auf eine ganz kurze Zusammenstellung des Wesentlichen.

Ist l_1 wie gewöhnlich sehr klein, so muß $\sin n_i \cdot t_r$ klein sein, $n_i \cdot t_r$ also nur wenig kleiner als π.

$$T_{pi} \cong 2 t_{r_1} \qquad \text{(etwas größer!)}$$

Dann ist $\cos n \cdot t_r$ sehr nahe an -1, also genähert:

$$\frac{y_{01}}{H_i} - 1 = b \frac{R_1 - 1}{R_1 + 1}, \tag{81}$$

hieraus

$$H_i = \frac{y_{01}}{b_1 \frac{R_1^2 - 1}{R_1^2 + 1} + 1}.$$

Da

$$R_1 = e^{\frac{2 h_w \cdot b_1^3}{y_{01}(b_1^2 - 1)} \left(1 + \frac{\alpha_1}{b_1^2}\right)}$$

stets größer als 1 bleibt, folgt:

Das kritische Gefälle für den Unterwasserkanal allein bleibt kleiner als die Wassertiefe des Beharrungszustandes daselbst.

Mit größerem l_1 wird aber H_i kleiner, Eigenschwingungen des Unterwasserkanals allein werden sich also nur bei ausnahmsweise kleinen Gefällen ausbilden können. Eine eingehendere Diskussion kann daher unterbleiben.

10. Zusammenwirken beider Kanäle, Koppelschwingungen.

Oberwasserkanal und Unterwasserkanal mit ihren Kammern bilden je ein schwingungsfähiges System von wesentlich verschiedenen Eigenschaften, wie im vorstehenden aufgezeigt ist. Beide Systeme sind durch die Turbine mit ihrer Reglung auf konstante Leistung verbunden (gekoppelt).

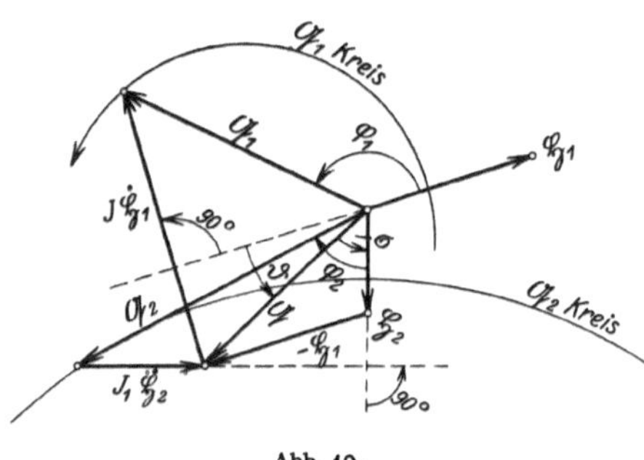

Abb. 19.

Die Frage der Koppelschwingungen soll, da sie vorwiegend theoretisches Interesse besitzt, hier nur kurz und so weit untersucht werden, als es der praktischen Bedeutung entspricht. Dabei werden die gleichen vereinfachenden Voraussetzungen gemacht wie bei der Behandlung der erzwungenen Schwingungen, es wird angenommen, daß k und k_1 klein seien, so daß die Winkel ψ und ν vernachlässigt werden dürfen. Zu untersuchen bleibt nun, unter welchen Umständen durch das Zusammenwirken beider Kanalsysteme stehende Schwingungen entstehen können und welche Eigenschaften solche Schwingungen besitzen, insbesondere wie sie sich auf Ober- und Unterwasserkanal verteilen.

Die Frage soll mit Hilfe der früher entwickelten Vektordiagramme behandelt werden. Für den Oberwasserkanal ist nach Früherem mit unveränderten Bezeichnungen:

$$\mathfrak{Q}_1 = \mathfrak{Q} + \mathfrak{J} \dot{\mathfrak{H}}_1. \tag{81}$$

Analog für den Unterwasserkanal:

$$\mathfrak{Q} = \mathfrak{Q}_2 + \mathfrak{J}_1 \dot{\mathfrak{H}}_2 \,. \tag{82}$$

Die Beziehungen zwischen $\mathfrak{Q}_1$ und $\mathfrak{H}_1$, $\mathfrak{Q}$ und $\mathfrak{H}_2$ sind durch die entsprechenden Kreisdiagramme nach Abschnitt 8 gegeben. Der Einfluß der Konstanten R, n, t_r, R_1, $n \cdot t_{r_1}$ drückt sich durch Größe und Lage dieser Kreise aus.

Unter Voraussetzung eines vollkommen wirkenden Reglers, der die Leistung konstant hält, ist $\mathfrak{Q}$ bestimmt durch:

$$\mathfrak{Q} = -\,\mathfrak{H}_1 + \mathfrak{H}_2 \,. \tag{83}$$

Dies ist die Koppelbedingung. Abb. 19 zeigt die Zusammenfassung der 3 Gleichungen im Vektordiagramm. Aus der Abbildung liest man unter Einführung der Winkel ϑ zwischen $\mathfrak{Q}$ und $\mathfrak{H}_1$ und σ zwischen $\mathfrak{Q}$ und $\mathfrak{H}_2$ sofort die 3 Gleichungspaare ab:

$$\left.\begin{aligned} q \sin\vartheta &= J_1 n h_1 - q_1 \sin\varphi_1 \\ q \cos\vartheta &= -\, q_1 \cos\varphi_1 \end{aligned}\right\} \text{Oberwasserkanal}\,, \tag{84}$$

$$\left.\begin{aligned} q \sin\sigma &= -\, q_2 \sin\varphi_2 - J_1 n h_2 \\ q \cos\sigma &= q_2 \cos\varphi_2 \end{aligned}\right\} \text{Unterwasserkanal}\,, \tag{85}$$

$$\left.\begin{aligned} h_1 \sin\vartheta &= h_2 \sin\sigma \\ q &= h_2 \cos\sigma + h_1 \cos\vartheta \end{aligned}\right\} \text{Kopplungsbedingung.} \tag{86}$$

Aus diesen Gleichungen können nun bestimmt werden:

1. Die Frequenzen der möglichen Koppelschwingungen,
2. die zugehörigen kritischen Gefälle,
3. das Amplitudenverhältnis der Schwingungen h_1/h_2.

Aus den Gleichungen (60) und (78) stellen wir zunächst zusammen:

$$\left.\begin{aligned} q_1 \sin\varphi_1 &= \frac{2 b R \sin n t_r}{1 + R^2 - 2 R \cos n t_r} \frac{H_0}{y_0} h_1 = K_1' \frac{H_0}{y_0} h_1 = K_1 h_1 \\ q_1 \cos\varphi_1 &= \left(1 - \frac{b\,(1 - R^2)}{1 + R^2 - 2 R \cos n t_r}\right) \frac{H_0}{y_0} h_1 = P_1' \frac{H_0}{y_0} h_1 = P_1 h_1 \\ q_2 \sin\varphi_2 &= \frac{-\,2 b_1 R_1 \sin n t_{r_1}}{1 + R_1^2 - 2 R_1 \cos n t_{r_1}} \frac{H_0}{y_{01}} h_2 = -\, K_2' \frac{H_0}{y_{01}} h_2 = -\, K_2 h_2 \\ q_2 \cos\varphi_2 &= \left(1 + \frac{b_1 (R_1^2 - 1)}{1 + R_1^2 - 2 R_1 \cos n t_{r_1}}\right) \frac{H_0}{y_{01}} h_2 = P_2' \frac{H_0}{y_{01}} h_2 = P_2 h_2 . \end{aligned}\right\} \tag{87}$$

Aus

$$\frac{h_1}{h_2} = \frac{\sin\sigma}{\sin\vartheta} = \frac{q_2 \sin\varphi_2 - J_1 n h_2}{J n h_1 - q_1 \sin\varphi_1}$$

folgt

$$\frac{h_1}{h_2} = \sqrt{\frac{K_2 - J_1 n}{J n - K_1}} = \sqrt{\frac{y_0}{y_{01}}} \sqrt{\frac{K_2' - \frac{L_1}{c_{01}} n}{\frac{l}{c_0} n - K_1'}} \,. \tag{88}$$

Die Gleichung enthält außer der Frequenz n_i nur die Konstanten, und nach Bestimmung der Eigenschwingungsfrequenz n_i liefert diese Gleichung das Amplitudenverhältnis der Spiegelschwingung im Ober- und Unterwasser, die Verteilung der Schwingungen. Zur Ermittlung der Phasennacheilung von $\mathfrak{H}_2$ gegen $\mathfrak{H}_1$, die gleich $2\pi - \sigma - \vartheta$ ist, müssen σ und ϑ berechnet werden.

Aus (86) gewinnen wir weiter die Doppelgleichung:

$$q^2 = h_2 q \cos\sigma + h_1 q \cos\vartheta = h_2 q_2 \cos\varphi_2 - h_1 q_1 \cos\varphi_1,$$

woraus nach Einsetzen der Werte aus (87):

$$P_2 h_2^2 - P_1 h_1^2 = (J n h_1 - K_1 h_1)^2 + P_1^2 h_1^2 = (K_2 h_2 - J_1 n h_2)^2 + P_2^2 h_2$$

folgt. Unter Beachtung von Gleichung (88) ergibt sich die Frequenzengleichung und weiter die Gefällsgleichung

$$\left.\begin{aligned} &\frac{(J n - K_1)^2 + P_1^2}{J n - K_1} = \frac{(K_2 - J_1 n)^2 + P_2^2}{K_2 - J_1 n} \\ &\text{und weiter die Gefällsgleichung} \\ &\frac{P_2}{(K_2 - J_1 n)^2 + P_2^2} - \frac{P_1}{(J n - K_1)^2 + P_1^2} = 1 . \end{aligned}\right\} \qquad (89\text{a})$$

Durch Einführung der Werte K_1', P_1'; K_2', P_2' und $\frac{J y_0}{H_0} = \frac{l}{c_0}$ und $\frac{J_1 y_{01}}{H_0} = \frac{l_1}{c_{01}}$ folgen:

$$\frac{\left(\frac{l}{c_0} n_i - K_1'\right)^2 + P_1'^2}{\frac{l}{c_0} n_i - K_1'} = \frac{\left(K_2' - \frac{l_1}{c_{01}} n_i\right)^2 + P_2'^2}{K_2 - \frac{l_1}{c_{01}} n_i} \qquad (89)$$

und

$$H_i = \frac{P_2' y_{01}}{\left(K_2' - \frac{l_1}{c_{01}} n_i\right)^2 + P_2'^2} - \frac{P_1' y_0}{\left(\frac{l}{c_0} n_i - K_1'\right)^2 + P_1'^2}. \qquad (90)$$

Für einen Sonderfall wird zunächst die Frequenzengleichung (89) am besten auf zeichnerischem Wege (vgl. Abschnitt 5) gelöst und die Eigenschwingungsfrequenzen des gekoppelten Systems festgestellt. Dann ergibt die Gefällsgleichung die zugehörigen kritischen Gefälle und die Amplitudengleichung die Verteilung der Schwingungen auf Ober- und Unterwasserkanal und die Phasenverschiebung.

Allgemein sei noch Folgendes bemerkt: n_i' und n_i'' seien zwei aufeinander folgende Eigenschwingungsfrequenzen des Ober- und Unterwasserkanals $n_i'' > n_i'$. Für $n_i = n_i'$ wird das Linksglied der Gleichung (89) unendlich, da der Nenner verschwindet, das Rechtsglied wird negativ. Für $n_i = n_i''$ wird dagegen das Rechtsglied unendlich, infolge Verschwindens des Nenners, während das Linksglied positiv wird. Es existiert also mindestens ein Wert n_i

$$n_i' < n_i < n_i'',$$

der die Frequenzengleichung befriedigt. Zwischen zwei Eigenschwingungsfrequenzen der beiden Systeme liegt mindestens eine Eigenschwingungsfrequenz des gekoppelten Systems.

Die Bedeutung der Gefällsgleichung erhellt am besten, wenn wir die Voraussetzung machen, daß der ungünstige Fall vorliege, daß die Eigenschwingungsfrequenzen der Grundschwingungen beider Systeme zufällig gleich seien. Dann befriedigt $n_i = n_i' = n_i''$ die Frequenzengleichung, in der Gefällsgleichung verschwinden die ersten Glieder in den Nennern, und es wird

$$H_i = \frac{y_{01}}{P_2'} - \frac{y_0}{P_1'}. \tag{91}$$

Nun ist aber, wenn H_i' und H_i'' die kritischen Gefälle für die Grundschwingungen der beiden Systeme bedeuten nach früheren Ausführungen:

$$\left.\begin{aligned} P_1' &= 1 - \left(1 + \frac{y_0}{H_i'}\right) = -\frac{y_0}{H_i'} \\ P_2' &= 1 + \left(\frac{y_{01}}{H_i''} - 1\right) = \frac{y_{01}}{H_i''}, \end{aligned}\right\}$$

woraus folgt:

$$H_i = H_i' + H_i''. \tag{92}$$

Für den Sonderfall der Übereinstimmung der Eigenfrequenzen der Grundschwingungen des Ober- und Unterwassersystems ist also das kritische Gefälle für die Anlage einfach die Summe der kritischen Gefälle der beiden Systeme.

Die im Abschnitt 6 gezogenen Folgerungen können auf das gekoppelte System übertragen werden. Daß der Einfluß des Unterwasserkanals meist zurücktritt, ist schon am Eingang dieses Abschnitts nachgewiesen worden.

Auch die erzwungenen Schwingungen des gekoppelten Systems infolge einer durch äußere Ursachen veranlaßten periodischen Öffnungsänderung der Turbine bei bestimmtem Gefälle und bestimmter Frequenz der Öffnungsänderung lassen sich mit Hilfe der entwickelten Hilfskreise $\mathfrak{Q}_1\mathfrak{H}_1$ und $\mathfrak{Q}_2\mathfrak{H}_2$ im Vektordiagramm übersichtlich zeichnerisch verfolgen.

$\mathfrak{Q}$ bedeute wieder die verhältnismäßige Überschußwassermenge der Turbine bezogen auf den Beharrungszustand, dann ist für das Oberwassersystem:

$$\mathfrak{Q}_1 = \mathfrak{Q} + \mathfrak{J}\dot{\mathfrak{H}}_1, \tag{81}$$

für das Unterwassersystem:

$$\mathfrak{Q} = \mathfrak{Q}_2 + \mathfrak{J}_1\dot{\mathfrak{H}}_2. \tag{82}$$

Für die Größe $\mathfrak{Q}$ aber ist nunmehr analog Gleichung (67) maßgebend:

$$\mathfrak{Q} = {}^1\!/_2\,\mathfrak{H}_1 - {}^1\!/_2\,\mathfrak{H}_2 + k_1'\,\mathfrak{E}. \tag{95}$$

Abb. 20 zeigt die Zusammenfassung der drei Gleichungen in einem Vektordiagramm. Man kann aus diesem Diagramm, ähnlich wie in Abschnitt 8 für die Gleichungen (68) geschehen ist, die Beziehungen ablesen, die zwischen der Frequenz n und den Verhältnissen $\frac{h_1}{e}$ und $\frac{h_2}{e}$ bestehen, oder zeichnerisch verfahren, indem man bei unveränderlich gehaltenem $\mathfrak{H}_1$ und wechselnder Frequenz n das Viereck $\mathfrak{Q}_1\,{}^1\!/_2\,\mathfrak{H}_1$; $-\,{}^1\!/_2\,\mathfrak{H}_2$; $k_2'\mathfrak{E}$ bestimmt und diesem die interessierenden Verhältnisse unmittelbar entnimmt.

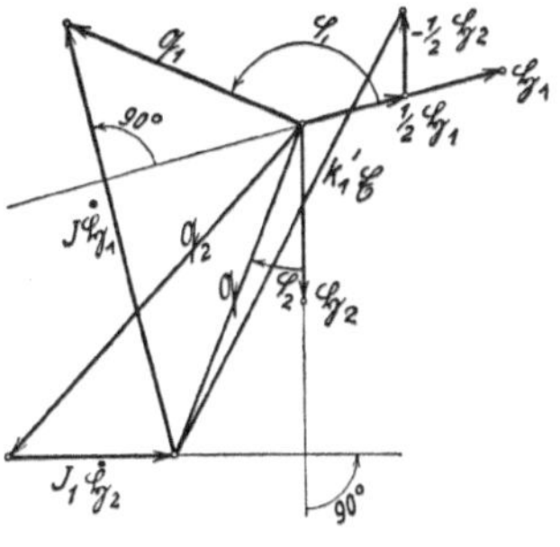

Abb. 20.

Dabei gewinnt man weiter auch eine Übersicht über die Frequenzen und kritischen Gefälle der Eigenschwingungen des gekoppelten Systems. Diese liegen dann vor, wenn die Kopplungsbedingung

$$\mathfrak{Q} = -\mathfrak{H}_1 + \mathfrak{H}_2 \tag{83}$$

erfüllt ist, d. h. wenn das Viereck $\mathfrak{Q}$; $^1/_2\,\mathfrak{H}_1$; $-\,^1/_2\,\mathfrak{H}_2$; $k_1'\mathfrak{E}$ die in Abb. 21 gezeichnete Sonderform annimmt, die der Koppelbedingung für die freien Schwingungen genügt. Das Verhältnis der Amplituden der Größen $\mathfrak{Q}$ und $\mathfrak{H}_1 - \mathfrak{H}_2$ liefert dann weiter das zugehörige kritische Gefälle.

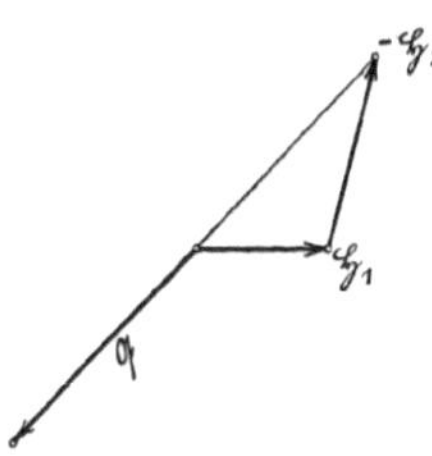

Abb. 21.

Die Abb. 22 und 23 zeigen einen Sonderfall und dürften nach dem im vorstehenden Gesagten ohne weitere Erläuterungen verständlich sein.

Weitergehende Untersuchung der Koppelschwingungen müssen einer besonderen Studie vorbehalten werden.

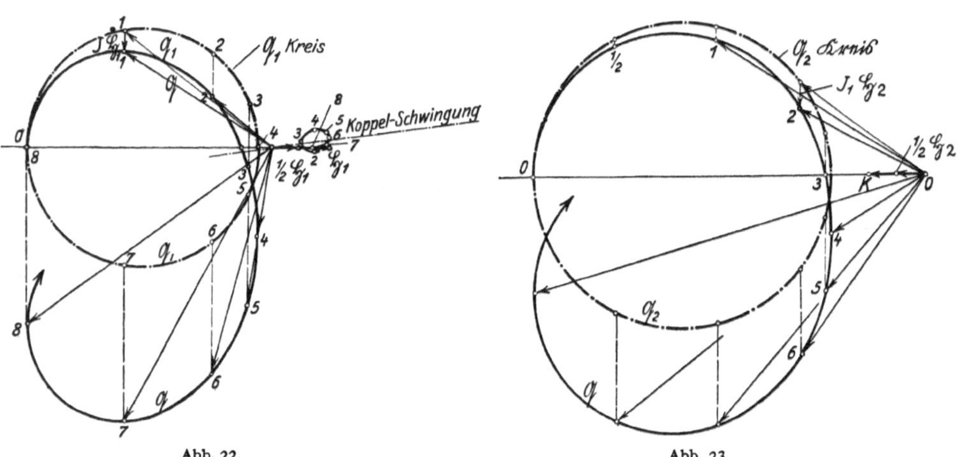

Abb. 22. Abb. 23.

11. Schlußbemerkung.

Die Grundgleichung für die nicht stationäre Bewegung im Kanal ist für mittlere Geschwindigkeiten angesetzt. Der heutige Stand der Turbulenzfrage gestattet eine genauere Behandlung noch nicht. Boussinesque hat die Gleichung durch Einführung von Berichtigungsziffern und eines Ergänzungsgliedes zu verbessern gesucht, und diese ergänzte Gleichung hat sich bei einer ganzen Reihe namentlich stationärer Bewegungen sehr gut bewährt. Für das vorliegende Problem kann wohl von diesen Berichtigungen abgesehen werden, da die geringe Erhöhung der Genauigkeit durch wesentliche Verwicklung der Beziehungen erkauft wird und die Unsicherheit der Voraussetzungen für die Verhältnisse des Eintritts des Wassers in den Kanal und in die Kammer doch eine Prüfung durch Versuche erfordert. Bei der Untersuchung haben wir kleine Schwingungen vorausgesetzt, d. h. so kleine Werte von u und v, daß Potenzen und Produkte vernachlässigt werden dürfen. Im allgemeinen ist v wesentlich größer als u und bei der Abschätzung der Gültigkeitsgrenze der entwickelten Gleichungen maßgebend. Für die Erregung sehr kleiner Schwingungen gelten die Gleichungen hinreichend genau. Von der Größe und Art der Abweichungen der veränderlichen Größen, von dem für sie angenommenen linearen Näherungsgesetz hängt es ab, wie sich bei größeren Schwingungsamplituden die

Abweichungen gestalten[1]). Die in der Abb. 2 dargestellten Schwingungen in der Anlage Heimbach zeigen ganz charakteristische Abweichungen von der Sinusform, die wohl nicht allein auf Ungenauigkeit der Messung beruhen.

Schon bei ganz einfachen Schwingungsproblemen ergibt die Betrachtung endlicher Amplituden verhältnismäßig umständliche Rechnungen. F. Braun[2]) hat z. B. für Schwingungen mit linearer Dämpfung und verschiedenen Gesetzen für die Rückstellkraft Jakobis elliptische Funktionen verwendet, Duffing[3]) für erzwungene Schwingungen die Weierstraßschen Funktionen. Es ist wohl anzunehmen, daß für eine genaue Untersuchung endlicher Schwingungsamplituden bei dem vorliegenden Problem sehr verwickelte Rechnungen nötig werden. Für die Feststellung der für die Stabilitätsbedingungen maßgebenden Größen ist die Betrachtung kleiner Schwingungen aber ausreichend. Die im Verlauf der Rechnung vorgenommenen Vernachlässigungen sind unwesentlich. Im Einzelfalle können die Zahlenrechnungen stets bis zu beliebiger Genauigkeit gebracht werden.

Verfasser hatte mehrfach Gelegenheit, sich mit der Bekämpfung solcher bei Wasserkraftanlagen auftretender Schwingungen zu befassen, die dabei gemachten Erfahrungen haben die entwickelten Gleichungen befriedigend bestätigt, sind aber zu völliger Klärung nicht ausreichend. Für Mitteilung von weiterem Beobachtungsmaterial solcher immerhin selten auftretender Fälle wäre der Verfasser sehr dankbar, weil natürlich die mit Vereinfachungen arbeitende rechnerische Verfolgung der Verhältnisse für die Praxis nur dann wirklichen Wert erhält, wenn sie bei schärfster Prüfung durch Versuch und Erfahrung sich wenigstens in den Hauptzügen als zutreffend erweist.

---

[1]) Kalähne, Über Sinusschwingungen mit nicht linearem Kraftgesetz. Festschrift für Elster und Geitel, S. 172.

[2]) Poggendorfs Annalen 1874, S. 51.

[3]) Duffing, Erzwungene Schwingungen bei veränderlicher Eigenfrequenz. Viewegs Sammlung H. 41/42.

Zur Zähigkeit fester Stoffe.

Von

Werner Braunbek, Stuttgart.

1. Begriffliche Klarstellung.

Bei der Untersuchung der Zähigkeit fester Stoffe erhebt sich die fundamentale Frage, ob man diese Zähigkeit, ähnlich wie bei Flüssigkeiten, durch einen Koeffizienten η der inneren Reibung charakterisieren kann. Die Definition von η als derjenigen Schubspannung, die eine Schubdeformationsgeschwindigkeit 1 hervorruft, läßt sich ja scheinbar ohne weiteres auch auf feste Stoffe übertragen. Es ist nur die Frage, ob auch beim Fließen fester Stoffe zwischen Schubspannung und Deformationsgeschwindigkeit Proportionalität herrscht, d. h. ob der Reibungskoeffizient η unabhängig von der Schubspannung eine reine Materialkonstante wird, wie das bei Flüssigkeiten der Fall ist.

Sucht man nun zur Beantwortung dieser Frage in der wissenschaftlichen Literatur nach Messungen des Reibungskoeffizienten η fester Stoffe, so zeigt sich ein überraschendes Ergebnis:

Es finden sich für ein und denselben Stoff, z. B. Kupfer, η-Werte von 10^6 bis 10^{19} abs. Einheiten! Und zwar zerfallen die in Frage kommenden Arbeiten deutlich in zwei Gruppen: zu der ersten gehört z. B. Barus[1]) mit $\eta = 10^{17}$ für Stahl, Weinberg[2]) mit $\eta = 10^{14}$ bis 10^{16} für Blei, und $\eta = 10^{17}$ bis 10^{19} für Kupfer, und die ganz neuen Messungen von Kusnezow[3]) an Blei mit $\eta = 10^9$ bis 10^{16}. Zu der anderen Gruppe gehört Voigt[4]) mit $\eta = 4 \cdot 10^6$ bei Kupfer und $\eta = 10^7$ bei Nickel, und gehören insbesondere die neueren Messungen von den Japanern Jokibe und Sakai[5]) und den Indern Subrahmaniam und Gunnaiya[6]), die eine große Reihe von Metallen untersucht haben und bei allen Metallen η in der Größenordnung 10^8 bis 10^9 fanden.

Wir können also ganz grob sagen: die Ergebnisse der ersten Gruppe ordnen sich (abgesehen vielleicht von dem sehr weichen Blei) um die Größenordnung 10^{18}, die der zweiten Gruppe um die Größenordnung 10^8.

Außer den genannten Untersuchungen über die Zähigkeit von Metallen finden sich dann noch eine große Anzahl von Messungen an pechartigen Stoffen, Siegellack und dgl., die für derartige Stoffe (bei Zimmertemperatur) im Mittel

---

1) Barus, Phil. Mag. (5) Bd. 29, S. 337. 1890.

2) B. Weinberg, Proc. Phys. Soc. London Bd. 19, S. 472. 1904.

3) W. D. Kusnezow, Z. Phys. Bd. 51, S. 239. 1928.

4) W. Voigt, Wied. Ann. Bd. 47, S. 671. 1892.

5) K. Jokibe u. S. Sakai, Phil. Mag. (6) Bd. 42, S. 397. 1921.

6) G. Subrahmaniam u. D. Gunnaiya, Phil. Mag. (6) Bd. 49, S. 711. 1925; G. Subrahmaniam, Phil. Mag. (6) Bd. 50, S. 716. 1925.

ungefähr $\eta = 10^{11}$ liefern. Diese Messungen sind insofern mit den Metallmessungen der ersten Gruppe in Einklang, als eben der Reibungskoeffizient der leicht fließenden pechartigen Stoffe offensichtlich ganz wesentlich niederer liegen muß als der der Metalle.

Wir stehen also vor allem der ganz rätselhaften Diskrepanz 10^8 gegen 10^{18} für die Zähigkeit der Metalle gegenüber. Es ist von vornherein sehr unwahrscheinlich, daß diese Diskrepanz um einen Faktor 10^{10} nur in den verschiedenen Versuchsbedingungen und in einer Abhängigkeit des η von der Spannung bzw. Fließgeschwindigkeit, oder auch in einer Abhängigkeit des η von der thermischen und elastischen Vorgeschichte des Metalls ihre Ursache haben könnte. Es ist viel wahrscheinlicher, daß der Grund der Verschiedenheit tiefer liegt, und daß die Größe, die durch die Messungen der zweiten Gruppe zu 10^8 gefunden wurde, gar nicht dieselbe ist, sondern eine ganz andere physikalische Bedeutung hat als die Größe, die durch die Messungen der ersten Gruppe zu 10^{18} gefunden wurde.

Tatsächlich zeigt sich, daß alle Resultate der ersten Gruppe aus einer stationären Fließmethode erhalten wurden, wobei also die Schubspannung und die von ihr erzeugte Fließgeschwindigkeit direkt gemessen wurden und nur noch weitgehende Unterschiede in der speziellen Anordnung des fließenden Körpers und in den geometrischen Verhältnissen bestanden. Die Ergebnisse der zweiten Messungsgruppe wurden dagegen aus der gemessenen Dämpfung elastischer Torsionsschwingungen errechnet.

Es kann kein Zweifel darüber bestehen, daß die Messungen nach der Fließmethode begrifflich einwandfrei sind. Denn die Größe η, die man dabei erhält, ist genau dasjenige, was man auch bei den Flüssigkeiten als Reibungskoeffizient oder Viskosität bezeichnet, und auch dort durch stationäre Fließmethoden (z. B. POISEUILLEsche Strömung) am einfachsten ermittelt. Quantitativ sind allerdings die meisten dieser Messungen sehr unvollständig da mit Ausnahme der KUSNEZOWschen Messungen die Frage nach der Abhängigkeit des η von der Schubspannung gar nicht oder nur sehr oberflächlich behandelt wurde. KUSNEZOW behandelt als erster diese Frage eingehend in seiner ausgedehnten Untersuchung an Blei. Trotzdem bleibt noch sehr viel zur vollen Klärung der Verhältnisse zu tun übrig. Nur so viel läßt sich heute schon mit Bestimmtheit sagen, daß ein auch nur einigermaßen konstantes η für alle Schubspannungen jedenfalls nicht existiert, daß vielmehr η mit steigender Schubspannung sehr stark abnimmt, und daß man höchstens vielleicht hoffen kann, für η einen asymptotischen Grenzwert für sehr kleine Schubspannungen zu finden. Dazu treten dann bei Metallen noch Verfestigungserscheinungen, die den Wert von η von der elastischen Vorgeschichte der Probe abhängig machen und dadurch die Verhältnisse noch mehr komplizieren.

Jedenfalls scheint aber wenigstens das festzustehen: nach der Fließmethode wird wirklich die Größe gemessen, die auch bei den Flüssigkeiten als Viskosität auftritt, und diese Größe hat zweifellos für Metalle eine Größenordnung um 10^{18}. Wir wollen diese Größe künftig η_1 nennen.

Was ist aber dann die Bedeutung der Größe η_2, die sich aus der Dämpfung elastischer Torsionsschwingungen errechnet und sich für Metalle zu etwa 10^8 ergibt?

Das läßt sich aus der Art und Weise erkennen, in der das η_2 in den Arbeiten von SAKAI usw. in die Rechnung eingeht. Diese Forscher stellen einfach eine gedämpfte Schwingungsgleichung auf, deren Dämpfungsglied die Größe η_2 als Faktor enthält. Beziehen wir die Schwingungsgleichung anstatt auf den Spezialfall des tordierten Zylinders gleich allgemein auf die Schubdeformation ε, so lautet sie in übersichtlicher Form $\left(\text{mit der üblichen Abkürzung } \dot{\varepsilon} \text{ für } \frac{d\varepsilon}{dt}, \ \ddot{\varepsilon} \text{ für } \frac{d^2\varepsilon}{dt^2}\right)$:

$$\mu\ddot{\varepsilon} + \eta_2\dot{\varepsilon} + G\varepsilon = 0. \tag{1}$$

G ist der Schubmodul, η_2 der fragliche Koeffizient und μ eine entsprechend reduzierte Massengröße.

Die zugehörige gedämpfte Schwingung hat bei kleiner Dämpfung die Frequenz:

$$\omega = \sqrt{\frac{G}{\mu}}$$

und das Dekrement:

$$\lambda = \frac{\eta_2}{2\mu},$$

woraus sich nach Elimination von μ ergibt:

$$\lambda = \frac{\eta_2\,\omega^2}{2G}. \tag{2}$$

Nach dieser Gleichung wurde tatsächlich von den Japanern und Indern aus der gemessenen inneren Dämpfung λ (wobei Luftdämpfung natürlich vermieden wurde) der „innere Reibungskoeffizient" η_2 berechnet. Daraus ergibt sich aber jetzt seine Bedeutung.

Man sieht: Mit dem Fließen hat η_2 überhaupt nichts zu tun. Die Gleichung (1) gilt für elastische Schwingungen mit innerer Reibung, ohne daß dabei Fließen auftritt. Ja, sie gilt sogar streng nur, wenn kein Fließen auftritt, wenn also $\eta_1 = \infty$ ist. Andernfalls würde noch eine Zusatzdämpfung durch Fließen dazukommen. Die Größe η_2 charakterisiert, wie aus Gl. (1) hervorgeht — und das ist das Wesentliche —, den Reibungswiderstand gegen elastische, reversible Deformationen, die Größe η_1 den Reibungswiderstand gegen Fließen, also gegen bleibende, irreversible Deformationen. Die Größen η_1 und η_2 haben wohl dieselbe physikalische Dimension, sie zählen beide nach (g cm^{-1} sek^{-1}), aber sie haben physikalisch gar nichts miteinander zu tun, und es ist natürlich durchaus kein Widerspruch, daß beim gleichem Material die eine 10^8, die andere 10^{18} ist.

Nun ist aber noch sehr die Frage, ob die Bestimmung der Größe η_2 aus Gl. (2) überhaupt einwandfrei ist. Wir haben schon betont, daß die Gl. (1) nur streng gilt, wenn kein Fließen auftritt, also $\eta_1 = \infty$ ist. Ist dies nicht der Fall, so kommt zu der Dämpfung der Gl. (2) noch ein zweites Glied hinzu, das von einem teilweisen Ausgleich der Spannungen durch Fließen herrührt. Die gesamte Dämpfung errechnet sich in diesem Fall: zu

$$\lambda' = \frac{\eta_2\,\omega^2}{2G} + \frac{G}{2\eta_1}. \tag{3}$$

Die Dämpfung setzt sich also aus zwei Teilen zusammen, wovon der eine von dem Reibungswiderstand η_2 gegen die Änderung der elastischen Deformation, der andere vom Fließen herrührt. Es ist auch von Interesse zu bemerken, daß sich η_1 und η_2 trotz ihrer gleichen Dimension in ihrem Einfluß auf die Dämpfung reziprok verhalten. Dies ist auch durchaus anschaulich: zur Erzielung kleiner Dämpfung muß der Reibungswiderstand gegen elastische Deformationen möglichst klein, der gegen bleibende Deformationen möglichst groß sein.

Nun setzen SAKAI usw nach Gl. (2) die ganze Dämpfung auf das Konto von η_2, was von vornherein nicht als sicher angesehen werden kann, allerdings durch eine ungefähre Proportionalität von λ mit ω^2 gestützt wird. Ein nachträglicher Überschlag über die Gl. (3) zeigt denn auch, daß, soweit man überhaupt η_1 nach anderen Messungen einschätzen kann, bei den Messungen der Japaner wahrscheinlich das zweite Glied in Gl. (3) mehr als 100mal kleiner war als das erste. Damit wäre die Berechtigung für die Anwendung der Gl. (2) gegeben, und die Messungen der Japaner und Inder behalten ihren Wert, obwohl etwas ganz anderes gemessen wurde als in der ersten Messungsgruppe.

Der Vergleich der η_2-Werte mit der Viskosität von Flüssigkeiten, der sich sowohl in der früheren Arbeit von VOIGT wie auch bei den Japanern und Indern findet, ist natürlich Unsinn.

Endlich bleibt noch eine Frage offen: Bei der Ableitung von Gl. (3) wurden η_1 und η_2 als Konstanten vorausgesetzt. Daß dies für η_1 sicher nicht gilt, wissen wir schon. Da aber der Einfluß von η_1 in Gl. (2) sowieso sehr gering ist, handelt es sich bei ihrer Anwendung nur noch darum, wie weit η_2 als Konstante angesprochen werden kann. Hier ergeben nun die Messungen der Japaner und Inder eine beträchtliche Abhängigkeit der Dämpfung von der Amplitude, was mit einem konstanten η_2 nicht vereinbar ist. Allerdings ergibt sich bei den meisten Messungen ein Grenzwert der Dämpfung für kleine Amplituden, so daß auch für η_2 ähnlich wie für η_1 ein Grenzwert für kleine Schubspannungen existieren dürfte.

Der Vollständigkeit halber sei ferner noch angeführt, daß sich eine Größe η_2 ganz entsprechend wie für Schubdeformationen auch für Volumdeformationen definieren läßt, und dieses η_2' tatsächlich auch von HONDA[1]) und anderen aus der Dämpfung von Longitudinalschwingungen bestimmt wurde. Ein entsprechendes Analogon für η_1 dagegen gibt es nicht, da ein Volumfließen, eine irreversible Volumänderung nicht vorkommt.

2. Die Aufgabe künftiger Messungen.

Nachdem die Trennung der inneren Reibungserscheinungen fester Stoffe in zwei ganz verschiedenen Erscheinungsgruppen, die von zwei verschiedenen Materialeigenschaften abhängen, als notwendig erkannt ist, handelt es sich jetzt darum, diese beiden Eigenschaften einzeln, und zwar möglichst sauber getrennt, zu untersuchen.

Um die möglichen Meßmethoden diskutieren zu können, müssen wir von den Grundgleichungen ausgehen. Bezeichnen wir die Schubspannung eines bestimmten Volumelementes mit S, seine gesamte Schubdeformation mit ε, deren elasti-

[1]) K. HONDA u. S. KONNO, Phil. Mag. Bd. 42, S. 115. 1921.

schen Anteil mit ε_{el}, den bleibenden Anteil (Fließdeformation) mit ε_{fl}, so lauten die einfachsten denkbaren Grundgleichungen für das Volumelement:

$$\begin{cases} S = G\varepsilon_{el} + f_2(\dot{\varepsilon}_{el}) & (4) \\ S = f_1(\dot{\varepsilon}_{fl}) & (5) \\ \varepsilon = \varepsilon_{el} + \varepsilon_{fl}\,. & (6) \end{cases}$$

Darin bedeutet G den Schubmodul und f_1 und f_2 die allgemeinen Funktionen, die den Zusammenhang zwischen Deformationsgeschwindigkeit und zugehöriger Spannung angeben, und die wir bisher durch die linearen Funktionen $\eta_1 \cdot \dot{\varepsilon}_{fl}$ bzw. $\eta_2 \cdot \dot{\varepsilon}_{el}$ idealisiert hatten.

Über die Funktionen f_1 und f_2 läßt sich allgemein sagen, daß sie vermutlich monoton ansteigend und für verschwindendes Argument selbst gleich Null sind. Außerdem könnte es sein — was sehr wichtig wäre —, daß sie im Nullpunkt eine definierte und endliche Steigung haben. Das würde bedeuten, daß für kleine Spannungen endliche Grenzwerte von η_1 und η_2 existieren.

Die anschauliche Bedeutung der Grundgleichungen ist die, daß eine gegebene Schubspannung S nach Gl. (4) eine elastische Deformation ε_{el} zur Folge hat, die sich je nach der Form der Funktion f_2 rascher oder langsamer dem Gleichgewichtswert $\frac{S}{G}$ asymptotisch nähert. Parallel dazu erzeugt die Schubspannung S nach Gl. (5) aber auch eine Fließdeformation ε_{fl}, deren zeitlicher Verlauf durch die Funktion f_1 bestimmt ist. Die allein beobachtbare Gesamtdeformation ε setzt sich nach Gl. (6) aus der elastischen und der Fließdeformation zusammen.

Es ist klar, daß die Gleichungen (4) bis (6) nur das einfachste denkbare Gleichungssystem darstellen, das die beiden durch die Funktionen f_1 und f_2 dargestellten Materialeigenschaften enthält. Es wäre durchaus denkbar, daß in Wirklichkeit die Verknüpfung noch komplizierter ist. Wir können daher die Aufgaben, die zu einer vollen Klärung der Frage der Zähigkeit der festen Stoffe zu lösen sind, wie folgt zusammenfassen:

1. Es ist für möglichst viele feste Stoffe zu untersuchen, ob sich die beobachteten Erscheinungen überhaupt auf Grund eines Gleichungssystems von der Form (4) bis (6) vollständig oder wenigstens annähernd deuten lassen.

2. Ist dies ganz oder teilweise der Fall, so ist der Verlauf der Funktionen f_1 und f_2, und insbesondere ihre Grenztangente für kleine Argumente, d. h. die Grenzwerte von η_1 und η_2 für kleine Spannungen, zu bestimmen.

3. Es ist zu untersuchen, wie weit der bisherige Begriff der Fließgrenze aus dem Verlauf der Funktion f_1, etwa durch eine besonders ausgeprägte Krümmung an einer bestimmten Stelle, gedeutet werden kann.

4. Es ist zu untersuchen, wie weit der Verlauf von f_1 und f_2 von der elastisch-plastischen Vorgeschichte des Materials abhängt (Verfestigungserscheinungen), und ob sich eine solche Abhängigkeit auf kristalline Stoffe (speziell Metalle) beschränkt.

5. Es ist die Abhängigkeit des Verlaufes von f_1 und f_2, sowie der Grenzwerte η_1 und η_2 von der Temperatur zu bestimmen.

6. Es ist zu untersuchen, wie weit die Änderung des Funktionsverlaufes von f_1 beim Übergang vom festen in den flüssigen Zustand stetig, wie weit unstetig

verläuft, und ob hierbei charakteristische Unterschiede zwischen kristallinen und glasartigen Stoffen bestehen.

7. Es ist zu untersuchen, wie weit sich vielleicht auch die Funktion f_2 und der Schubmodul G in den flüssigen Zustand hinein experimentell verfolgen läßt.

Zu dem Punkt 7 ist noch zu bemerken, daß es prinzipiell durchaus nicht unmöglich, ja sogar wahrscheinlich ist, daß die Größen f_2 und G auch in Flüssigkeiten definierte und endliche Werte haben. Daß sich elastische Schubdeformationen in Flüssigkeiten bisher nicht nachweisen ließen, liegt an den außerordentlich niederen Funktionswerten von f_1, die nach Gl. (5) auch hohen Fließgeschwindigkeiten $\dot{\varepsilon}_{fl}$ nur geringe Schubspannungen S zuordnen, so daß nach Gl. (4) die elastischen Deformationen ε_{el} sehr klein und durch die großen Fließdeformationen vollständig überdeckt werden.

Nun ist noch einiges zu sagen über die Meßmethoden, nach denen die Lösung der oben genannten Aufgaben in Angriff genommen werden kann. Dabei ist zu allererst zu beachten, daß die Grundgleichungen (4) bis (6) sich nur auf ein Volumelement beziehen, daß also die wirklich beobachtbaren Kräfte und Verschiebungen sich aus S und ε immer erst durch eine mehr oder minder komplizierte Integration über das ganze Volumen des untersuchten Körpers ergeben. Da im allgemeinen S und ε an jeder Stelle anders ist, verwischen sich auch die Funktionen f_1 und f_2 durch die Integration in meist ganz unübersichtlicher Weise. Es ist also die erste Forderung für saubere Versuche, daß S und ε über das ganze Volumen des untersuchten Körpers möglichst konstant ist. Dann liefern die Volumintegrationen in die Grundgleichungen nur konstante Faktoren, die nicht stören.

Diese Forderung wurde bis heute bei diesbezüglichen Messungen kaum beachtet. Insbesondere entspricht ihnen die meistverwendete Anordnung, der tordierte Zylinder, gar nicht, da hier S und ε von Null (in der Achse) bis zu einem Maximalwert (am Umfang) variiert. Für Messungen des Torsionsmodul stört das nicht, da die Abhängigkeit Spannung—Deformation eine lineare ist. Ebenso wenig stört es, bei Zähigkeitsmessungen, solange man f_1 und f_2 durch lineare Funktionen ersetzt. Dagegen würden die Verhältnisse sofort hoffnungslos verwickelt, wenn man so etwa die wirklichen, nichtlinearen f_1 und f_2 bestimmen wollte.

Welche Anordnungen erfüllen nun die Forderung räumlicher Konstanz von S und ε? Die einfachste denkbare Anordnung wäre die homogene Schubdeformation einer planparallelen Schicht des zu untersuchenden Stoffes zwischen zwei parallelen Platten. Diese Anordnung wird jedoch praktisch wenig Anwendung finden können, denn für schwer fließende Stoffe wird die Verschiebung zu klein, und leicht fließende Stoffe fließen in einer solchen Schicht unter dem Einfluß ihres eigenen Gewichtes auseinander.

Etwas besser ist schon eine (schon früher von SEGEL[1]) zur Zähigkeitsmessung von Siegellack angewandte) Methode, bei der der zähe Stoff sich zwischen zwei konzentrischen Hohlzylindern befindet, von denen sich der innere entlang seiner Achse verschieben kann. Gute Konstanz von S und ε tritt hier allerdings nur auf, wenn die Wanddicke des von dem zähen Stoff selbst gebildeten Hohlzylinders klein ist gegen den Zylinderradius.

---

[1]) M. SEGEL, Phys. Z. Bd. 4, S. 493. 1904.

Wenn man schon den zähen Stoff in Form eines Hohlzylinders zwischen zwei Zylinderwänden verwendet, so ist es noch günstiger, die Wandzylinder statt sich parallel verschieben, gegeneinander rotieren zu lassen. Auch hierbei muß die Wandstärke des zähen Stoffes klein sein gegen den Zylinderradius. Aber die Koaxialität läßt sich bei der Rotation viel besser wahren, als bei der Parallelverschiebung. Bildet man noch den äußeren Zylinder als geschlossenes Gefäß aus, so lassen sich mit dieser Anordnung beliebig leicht fließende Stoffe, auch Flüssigkeiten, untersuchen. Besonders für den Übergang vom flüssigen in den festen Zustand wird also diese Anordnung die geeignetste sein. Bei steigender Zähigkeit des Versuchsstoffes mißt man die Drehgeschwindigkeit des Innenzylinders mit Spiegelablesung, und eine obere Grenze ist durch die Zähigkeit gegeben, bei der die Drehgeschwindigkeit zu einer genauen Messung in vernünftigen Zeitdauern zu klein wird.

Bei noch schwerer fließenden Stoffen, also insbesondere den Metallen, wird man doch wieder zum Torsionsversuch seine Zuflucht nehmen. Man muß aber wegen der Konstanz von S und ε statt Vollzylindern auch hierbei Hohlzylinder verwenden, die bei genügend kleiner Wandstärke der Konstanzforderung genügen.

Die kleine Wandstärke bedingt allerdings bei größeren Spannungen Knickgefahr, die durch Verkleinerung der Länge oder durch Führung (innen und außen) möglichst weit hinausgeschoben werden müßte.

Für alle schwer fließenden Stoffe wird der tordierte Hohlzylinder die günstigste Anordnung darstellen. Nach der Richtung leichter fließender Stoffe ist seine Anwendung wieder begrenzt durch das Fließen unter dem eigenen Gewicht.

Die räumliche Konstanz von S und ε ist also, wenigstens genähert, durch verschiedene Anordnungen zu erreichen. Wie steht es aber mit der zeitlichen Konstanz? Da f_1 und f_2 Funktionen von $\dot{\varepsilon}_{\mathrm{fl}}$ bzw. $\dot{\varepsilon}_{\mathrm{el}}$ sind, wäre es günstig, diese beiden Größen zeitlich konstant halten zu können.

Bei $\dot{\varepsilon}_{\mathrm{fl}}$ ist dies nun nach Gl. (5) sehr einfach dadurch möglich, daß S konstant gehalten wird. Auch $\dot{\varepsilon}$ wird nach (6) konstant, wenn man bei konstantem S so lange wartet, bis nach (4) $\dot{\varepsilon}_{\mathrm{el}} = 0$ geworden ist. Wartet man also den stationären Endwert von $\dot{\varepsilon}$ ab, so ist man vom Verlauf von f_2 ganz unabhängig und findet zugehörige Werte von $\dot{\varepsilon}_{\mathrm{fl}}$ und S, also nach Gl. (5) punktweise den Funktionsverlauf von f_1. Allerdings kann die Einstellung des stationären Gleichgewichtes oft sehr lange dauern. Man kann aber die Einstellungsdauer, die durch Gl. (4) bestimmt ist, durch Anwendung eines zeitlich *nicht* konstanten S, nämlich durch höhere Spannung zu Anfang des Verlaufs, und allmähliches Zurückgehen, wahrscheinlich wesentlich abkürzen.

Während sich so der Verlauf von f_1 unabhängig von f_2 aus stationären Einstellungen bestimmen läßt, sind wir für f_2 umgekehrt in einer weniger günstigen Lage. Nur bei $S = 0$ wäre $\varepsilon_{\mathrm{fl}} = 0$ und $\dot{\varepsilon} = \dot{\varepsilon}_{\mathrm{el}}$. Diesen Zustand, das vollkommene Entlasten einer vorbelasteten Stoffprobe, das nach Gl. (4) zu einem *Zurückfließen* mit asymptotisch verschwindender Geschwindigkeit führt, also im wesentlichen die Erscheinungen der elastischen Nachwirkung umfaßt, kann man tatsächlich zu Schlüssen auf den Funktionsverlauf von f_2 unabhängig von f_1 benutzen. Aber ein stationärer Zustand ist dies natürlich *nicht*, eine

Konstanz von ε tritt nicht auf, und nur aus dem zeitlichen Verlauf von ε lassen sich Schlüsse auf den Verlauf von f_2 ziehen.

Eine andere Möglichkeit, auf f_2 zu schließen, bietet der zeitliche Verlauf von ε vom Augenblick des Belastens an bis zur Einstellung des stationären Gleichgewichtes ($\dot{\varepsilon}_{el} = 0$). Hält man S konstant, so kann man aus dem veränderlichen $\dot{\varepsilon}$ das konstante $\dot{\varepsilon}_{fl}$ abtrennen und so den Verlauf von $\dot{\varepsilon}_{el}$ erhalten.

Die dritte Möglichkeit liegt in dem schon früher erwähnten Verfahren, die Dämpfung von Torsionsschwingungen zu messen. Diese Art der Messung ist, wie wir sahen, nur einwandfrei, wenn der Einfluß des Fließens vernachlässigt werden kann, was in jedem einzelnen Fall zu untersuchen wäre. Da bei der Schwingungsmethode auch S nicht zeitlich konstant ist, hat man es mit der Messung gewisser zeitlicher Integralwerte zu tun, die nur für ein lineares f_2 eine einfache Bedeutung (z. B. nach Gl. (2)) haben. Diese Methode wird sich also wohl nur zur Bestimmung des Grenzwertes von η_2 für kleine Spannungen eignen. Eine theoretische Diskussion der Schwingungsmethode auch für einige nichtlineare Funktionen f_2 (sogar für allgemeinere Verhältnisse als die durch die Gl. (4) bis (6) dargestellten) ist kürzlich von ANDREWS[1]) gegeben worden.

Alles in allem ist ersichtlich, daß die Messung des Funktionsverlaufes von f_2 nur auf wesentlich indirekterem Wege möglich sein wird als die Ermittlung von f_1.

Die größten Schwierigkeiten dürften aber diejenigen Stoffe bereiten, bei denen eine beträchtliche Abhängigkeit der Funktionen f_1 und f_2 von der elastisch-plastischen Vorgeschichte des Materials besteht. Gerade die Metalle, bei denen die Erscheinungen praktisch das größte Interesse haben, bieten hier die ungünstigsten Verhältnisse. Es wird jedenfalls recht schwierig sein, die reinen, auf konstante Verfestigung bezogenen Funktionen f_1 und f_2 aus den durch die Verfestigungserscheinungen fast hoffnungslos verwischten Messungen herauszuschälen. Zum Gelingen dieser Aufgabe wäre es förderlich, wenn schon vorher eine möglichst weitgehende Kenntnis des Verlaufes von f_1 und f_2 bei solchen Stoffen vorliegt, die sich nicht verfestigen.

In der eben skizzierten Richtung sind Versuche im Gang, um über die Zähigkeitseigenschaften fester Stoffe brauchbare Ergebnisse zu erhalten. Als Material wurde dabei vorläufig Chatterton, ein pechartiger Stoff, gewählt, um fürs erste das einfachere Problem ohne Verfestigung in Angriff zu nehmen. Chatterton ist bei Zimmertemperatur sehr wohl elastischer Deformationen, z. B. gut meßbarer elastischer Schwingungen fähig, hat daneben aber auch schon ein (gegenüber den Metallen) großes Fließvermögen. Bei Temperaturerhöhung geht er ohne definierten Schmelzpunkt allmählich in den flüssigen Zustand über und hat bei 140^0 nur noch eine Viskosität von 30 bis 40 abs. Einheiten (gegen etwa 10^{11} bei Zimmertemperatur). Er eignet sich also besonders gut zur experimentellen Verfolgung des Überganges vom festen (amorphen) in den flüssigen Zustand.

Die Versuche sind indes noch nicht so weit vorgeschritten, daß über Ergebnisse berichtet werden kann. Dies muß einer späteren Veröffentlichung vorbehalten bleiben.

---

[1]) J. P. ANDREWS, Phil. Mag. (7) Bd. 5, S. 865. 1928.

Elektrische Schwingungen in einem anfänglich strom- und spannungslosen Kabel unter dem Einfluß einer Randerregung.

Von

GUSTAV DOETSCH, Stuttgart.

Mit 11 Abbildungen.

Einleitung.

Seit 1923 habe ich in einer Reihe von (teilweise gemeinsam mit F. BERNSTEIN-Göttingen herausgegebenen) Arbeiten[1]) eine neue Methode zur Behandlung der Wärmeleitungsgleichung, der einfachsten partiellen Differentialgleichung zweiter Ordnung von parabolischem Typus, beschrieben und dabei betont, daß diese Methode nicht auf diese eine Gleichung beschränkt, sondern in gleicher Weise auf sehr viele andere partielle (übrigens auch auf totale) Differentialgleichungen anwendbar sei. In der gegenwärtigen Arbeit werde ich auf die genannte Art die Telegraphengleichung in allgemeinster Form, die die Schwingungen in elektrischen Kabeln regiert und eine partielle Differentialgleichung zweiter Ordnung von hyperbolischem Typus ist, angreifen. Da es mir bei der Publikation in dieser Festschrift, die hauptsächlich der Technik gewidmet ist, in erster Linie darauf ankommt, das Interesse der Physiker und Elektrotechniker auf die neue Methode hinzulenken, so werde ich mich hier auf ein übersichtliches, verhältnismäßig einfaches Randwertproblem beschränken, wo das Kabel im Anfang der Zeitrechnung strom- und spannungslos ist und nun an dem einen Ende eine zeitlich veränderliche Erregung, z. B. eine Spannung angebracht wird, während das andere Ende im Ruhezustand verharrt. Auf einen Spezialfall, nämlich unter der vereinfachenden Annahme, daß das Kabel sich nach einer Seite ins Unendliche erstreckt und gegen die Umgebung vollkommen isoliert ist, daß ferner die Randerregung einen konstanten Wert hat, ist die in den unter[1]) zitierten Arbeiten angegebene Methode inzwischen durch TIBOR VON STACHÓ[2]) angewandt worden, und es sei noch darauf hingewiesen, daß die — mathematisch nicht

[1]) Über das Problem der Wärmeleitung (Vortrag auf der Mathematikerversammlung in Marburg 1923), Jahresber. d. Deutsch. Math.-Vereinig. Bd. 33, S. 45. 1924; Probleme aus der Theorie der Wärmeleitung. I. Mitt. Math. Z. Bd. 22, S. 285. 1925; II. Mitt. Math. Z. Bd. 22, S. 293. 1925; III. Mitt. Math. Z. Bd. 25, S. 608. 1926; IV. Mitt. Math. Z. Bd. 26, S. 89. 1927; V. Mitt. Math. Z. Bd. 28, S. 567. 1928. I. und IV. Mitt. gemeinsam mit F. BERNSTEIN.

[2]) T. VON STACHÓ, Operationskalkül von HEAVISIDE und LAPLACEsche Transformation. Acta litterarum ac scientiarum regiae universitatis hungaricae francisco-josephinae, sectio scientiarum mathematicarum Bd. 3, S. 107. 1927.

ganz befriedigenden — Untersuchungen von J. R. CARSON[1]) über den Heaviside-Kalkül sehr eng mit jener Methode zusammenhängen.

In späteren Publikationen werde ich weitere Randwertprobleme bei der Telegraphengleichung behandeln: als zweites Beispiel den Fall, daß die Strom- und Spannungsverteilung zur Zeit $t=0$ eine ganz beliebige ist, als drittes Beispiel ein Problem, das für die Praxis eine besondere Wichtigkeit besitzt, nämlich den Ausgleich der Spannung in einer Leitung über eine mit einem Dämpfungswiderstand in Reihe geschaltete Überspannungssicherung. Hier ist die in der gegenwärtigen Arbeit zugrunde gelegte Randbedingung (Wert der Funktion in dem einen Ende des Kabels für alle Zeiten gegeben) zu ersetzen durch folgende: An dem einen Kabelende soll dauernd zwischen der Funktion und ihren ersten partiellen Ableitungen nach Ort und Zeit eine lineare Beziehung erfüllt sein. Während die allgemeinen Lösungen der beiden ersten Probleme wenigstens prinzipiell schon bekannt waren, wenn auch die vollständigen Ausdrücke wohl noch nie angegeben worden sind und sich bei unserer Behandlung einige wichtige neue Ergebnisse hinsichtlich der Randbedingungen und der Eindeutigkeitsfrage einstellen werden, ist das dritte Problem bisher nur unter vereinfachenden, in ihrer Wirkung nicht zu kontrollierenden Annahmen näherungsweise gelöst worden[2]). — Wir wenden uns nun der hier zu behandelnden, an erster Stelle genannten Aufgabe zu[3]).

I. Der Weg zur Lösung des Randwertproblems.

1. Die partielle Differentialgleichung.

Das elektrische Kabel von endlicher Länge denken wir uns auf eine x-Achse gelegt, es reiche von $x=0$ bis $x=l$. Es sei

K die Kapazität,
L die Induktivität,
R der Ohmsche Widerstand,
I der Leitwert der Isolation (die Ableitung),

genommen pro Längeneinheit der Leitung. Diese Größen sehen wir als unabhängig von der Zeit an. Die elektrische Stromstärke in dem Punkt x des Kabels zur Zeit t bezeichnen wir mit $i\,(x, t)$, die Spannung mit $p\,(x, t)$. Zwischen ihnen gelten gemäß den Gesetzen von OHM und FARADAY bekanntlich folgende Gleichungen:

$$-\frac{\partial p}{\partial x} = Ri + L\frac{\partial i}{\partial t}, \tag{1}$$

$$-\frac{\partial i}{\partial x} = Ip + K\frac{\partial p}{\partial t}. \tag{2}$$

---

[1]) J. R. CARSON, The HEAVISIDE operational calculus. Bull. Am. Mathem. Soc. Bd. 32, S. 43. 1926.

[2]) K. W. WAGNER, Elektromagnetische Ausgleichsvorgänge in Freileitungen und Kabeln, S. 46. Leipzig und Berlin 1908.

[3]) Die vorliegende Note gibt in ausgearbeiteter Form Teile eines Vortrags wieder, den ich am 5. Dez. 1926 im „Schwäbischen Colloquium" (Vereinigung derTübinger und Stuttgarter Mathematiker) gehalten habe. Dort wurde insbesondere auch das dritte Problem, das oben genannt ist, ausführlich behandelt.

Differenziert man die erste Gleichung nach x und eliminiert aus ihr die Funktion i, indem man $\frac{\partial i}{\partial x}$ aus der zweiten Gleichung und $\frac{\partial^2 i}{\partial t \partial x}$ aus der nach t differenzierten zweiten Gleichung $\left(\text{unter der Annahme } \frac{\partial^2 i}{\partial x \partial t} = \frac{\partial^2 i}{\partial t \partial x}\right)$ einsetzt, so erhält man eine partielle Differentialgleichung zweiter Ordnung für p allein. Eliminiert man auf dieselbe Weise p, so ergibt sich für i genau dieselbe Gleichung, was man am übersichtlichsten einsieht, wenn man die ursprünglichen Gleichungen in der symbolischen Form schreibt:

$$-\frac{\partial p}{\partial x} = \left(R + L\frac{\partial}{\partial t}\right) i,$$

$$-\frac{\partial i}{\partial x} = \left(I + K\frac{\partial}{\partial t}\right) p.$$

In der Tat: Differenziert man die erste Gleichung nach x:

$$-\frac{\partial^2 p}{\partial x^2} = \left(R + L\frac{\partial}{\partial t}\right)\frac{\partial i}{\partial x}$$

und setzt $\frac{\partial i}{\partial x}$ aus der zweiten Gleichung ein, so folgt:

$$\frac{\partial^2 p}{\partial x^2} = \left(R + L\frac{\partial}{\partial t}\right)\left(I + K\frac{\partial}{\partial t}\right) p.$$

Differenziert man aber die zweite Gleichung nach x und setzt $\frac{\partial p}{\partial x}$ aus der ersten ein, so erhält man für i offenbar dieselbe Gleichung. Bringt man schließlich die zweite Gleichung zum identischen Erfülltsein, indem man an Stelle von p und i eine neue Funktion $U(x, t)$, das Potential, durch die Forderungen einführt:

$$p = -\frac{\partial U}{\partial x}, \quad i = \left(I + K\frac{\partial}{\partial t}\right) U, \tag{3}$$

so verwandelt sich die erste Gleichung in eine partielle Differentialgleichung zweiter Ordnung für U:

$$\frac{\partial^2 U}{\partial x^2} = \left(R + L\frac{\partial}{\partial t}\right)\left(I + K\frac{\partial}{\partial t}\right) U,$$

die wieder genau dieselbe Form wie die vorhin für p und i erhaltenen Gleichungen hat. Sie ist die Telegraphengleichung in allgemeinster Gestalt und lautet explizit:

$$\frac{\partial^2 U}{\partial x^2} = LK\frac{\partial^2 U}{\partial t^2} + (RK + LI)\frac{\partial U}{\partial t} + RI \cdot U \tag{4}$$

oder, wenn wir zur Abkürzung

$$LK = A, \quad RK + LI = B, \quad RI = C \tag{5}$$

setzen,

$$\frac{\partial^2 U}{\partial x^2} = A\frac{\partial^2 U}{\partial t^2} + B\frac{\partial U}{\partial t} + CU. \tag{6}$$

Abstrakt betrachtet ist diese Gleichung vom elliptischen, hyperbolischen oder parabolischen Typus, je nachdem $A < 0$, $A > 0$ oder $A = 0$ ist. Wir werden hier, der Natur unseres physikalischen Problems entsprechend, $A > 0$ voraussetzen. Das Vorzeichen von B und C dagegen unterwerfen wir vorläufig keiner

Beschränkung, wenn auch in der physikalischen Deutung diese Größen nie negativ sein können. In der Folge soll der Buchstabe U für Stromstärke, Spannung und Potential promiscue gebraucht werden. Es handelt sich nun darum, die Gleichung (6) in dem Halbstreifen $0 < x < l$, $t > 0$ der xt-Ebene unter Beobachtung der Randbedingungen zu integrieren, wobei man bekanntlich wegen des hyperbolischen Charakters der Differentialgleichung das Auftreten von singulären Punkten (x, t) zulassen muß, in denen U nicht differenzierbar ist, also der Gleichung nicht genügt.

2. Die Randbedingungen.

Zunächst einmal ist die Stromstärke und die Spannung in dem Kabel zur Zeit $t = 0$ gegeben. Man kann dann $\left(\frac{\partial i}{\partial t}\right)_{t=0}$ und $\left(\frac{\partial p}{\partial t}\right)_{t=0}$ aus den Gleichungen (1) und (2) ausrechnen, verfügt also sowohl für i als für p über den Wertverlauf und den zeitlichen Anstieg zur Zeit $t = 0$. Statt dessen kann man sich auch für das Potential U die Werte $(U)_{t=0}$ und $\left(\frac{\partial U}{\partial t}\right)_{t=0}$ gegeben denken, da man dann $(i)_{t=0}$ und $(p)_{t=0}$ aus (3) berechnen kann. Welche der drei Größen auch immer der Buchstabe U also bedeutet, wir können stets

$$U(x, t)_{t=0} = U(x) \quad \text{und} \quad \frac{\partial U(x,t)}{\partial t}_{t=0} = U_1(x) \quad (0 < x < l) \tag{7}$$

als gegeben ansehen. An diese Werte müssen $U(x, t)$ und $\frac{\partial U(x,t)}{\partial t}$ als Grenzwerte anschließen, wenn man bei festem x, wo x ein innerer Punkt des Kabels ist, t von positiven Werten her gegen 0 wandern läßt, wobei sich der Punkt (x, t) auf einer Normalen vom Innern des Streifens her gegen den Rand bewegt[1]). Die Endpunkte werden bei dieser Randbedingung ausdrücklich ausgeschlossen. Wie früher angekündigt, sollen in ihnen die Werte der betrachteten Größe (Strom, Spannung oder Potential) für alle Zeiten gegeben sein, im Punkte $x = 0$ ganz beliebig, im Punkte $x = l$ konstant gleich 0:

$$U(x,t)_{x=0} = \overline{U}(t), \quad U(x,t)_{x=l} = 0 \quad (t > 0). \tag{8}$$

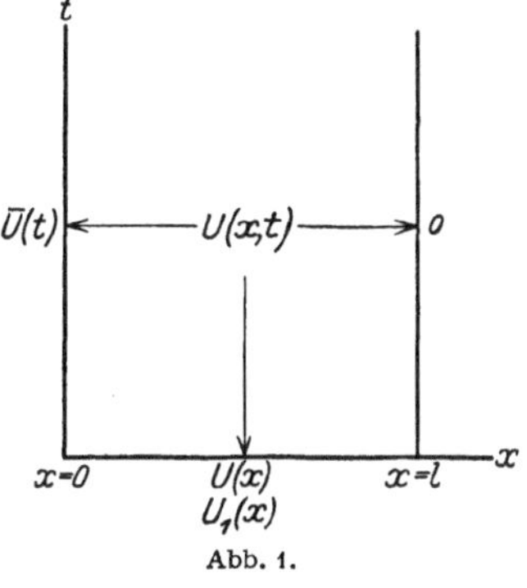

Abb. 1.

Auch hier wollen wir die Randbedingung zunächst so verstehen, daß $U(x, t)$ sich den vorgeschriebenen Werten nähern soll, wenn (x, t) sich aus dem Innern des Streifens heraus senkrecht gegen den Rand bewegt. Auf eine eventuelle Abänderung kommen wir später zurück (S. 70). Für die Eckpunkte (0, 0) und (l, 0) schreibt also weder die eine noch die andere Randbedingung etwas vor, es braucht auch keineswegs $\lim\limits_{0 \leftarrow x} U(x) = \lim\limits_{0 \leftarrow t} \overline{U}(t)$ und $\lim\limits_{x \to l} U(x) = 0$ zu sein, wie das ja

[1]) Wie wichtig es ist, den Sinn, in dem die Randbedingungen gemeint sind, genau festzulegen, wurde schon in der unter [1]) auf S. 56 zitierten I. Mitt. über die Wärmeleitung (siehe dort S. 287) betont. Diese Festsetzung spielte damals eine ausschlaggebende Rolle in der Frage, ob die Lösung eindeutig ist oder nicht (vgl. die II. Mitt. S. 298). Sie wird uns auch bei den elektrischen Schwingungen noch weiter beschäftigen.

durchaus den physikalischen Verhältnissen entspricht: Eine an ein Kabelende plötzlich angelegte Spannung kann von der dort augenblicklich herrschenden ganz verschieden sein.

3. Transformation der partiellen Differentialgleichung in eine totale.

Die Integration der Gleichung (6) bewerkstelligen wir nun mit Hilfe der in der Einleitung erwähnten Methode. Diese geht darauf aus, die in der Gleichung vorkommenden Differentiationsprozesse ganz oder teilweise zum Verschwinden zu bringen und so die Differentialgleichung auf eine einfachere, unter Umständen sogar auf eine gewöhnliche algebraische Gleichung zu reduzieren, und läßt sich so charakterisieren: Der Bereich der Funktionen $U(x, t)$, die als Lösungen der Differentialgleichung (6) in Frage kommen — ich nenne ihn den Oberbereich —, wird im Sinne der Funktionalanalysis[1]) auf einen anderen Bereich von Funktionen $u(x, s)$, den Unterbereich, abgebildet, und zwar vermittels einer speziellen linearen Funktionaloperation, der LAPLACE-Transformation:

$$u(x,s) = \int_0^\infty e^{-st} U(x,t)\,dt \equiv L(U)\,, \tag{9}$$

die jeder Funktion U der Variablen x und t eine Funktion u derselben Variablen x und einer anderen Variablen s zuordnet. Die auf die „Oberfunktionen" U ausgeübten Prozesse spiegeln sich in gewissen Prozessen an den „Unterfunktionen" u wieder, und zwar entspricht z. B. der Differentiation im Oberbereich nach der Variablen t (hinsichtlich deren die Transformation ausgeübt wird, die andere Variable x spielt dabei nur die Rolle eines Parameters) im Unterbereich die Multiplikation mit einer Potenz von s und die Addition einer gewissen ganzen rationalen Funktion; es gilt nämlich[2])

$$L\left(\frac{\partial^\nu U(x,t)}{\partial t^\nu}\right) = s^\nu L(U) - \left\{U(x,t)_{t=0}\, s^{\nu-1} + \frac{\partial U(x,t)}{\partial t}_{t=0} s^{\nu-2} + \cdots + \frac{\partial^{\nu-1} U(x,t)}{\partial t^{\nu-1}}_{t=0}\right\}. \tag{10}$$

Dabei sind unter $U(x,t)_{t=0}$, $\frac{\partial U(x,t)}{\partial t}_{t=0}$ usw. die Grenzwerte zu verstehen, denen die Funktionen $U(x, t)$ usw. zustreben, wenn bei festem x die Variable t von positiven Werten her gegen 0 wandert. Für $\nu = 1$ und $\nu = 2$ treten also gerade die Funktionen auf, die wir vorhin mit $U(x)$ und $U_1(x)$ bezeichnet haben. Beschränken wir uns zunächst einmal auf diejenigen $U(x, t)$, für die die LAPLACE-Transformation mit der zweimaligen partiellen Differentiation nach x vertauschbar ist (eine Einschränkung, die wir nachher im Schlußresultat ohne weiteres wieder fallen lassen können), d. h. für die

$$L\left(\frac{\partial^2 U}{\partial x^2}\right) = \frac{\partial^2}{\partial x^2} L(U)$$

---

[1]) Als Einführung in die hier hereinspielenden Begriffsbildungen der Funktionalanalysis, die heute noch relativ wenig bekannt ist, führe ich meinen Bericht „Überblick über Gegenstand und Methode der Funktionalanalysis" im Jahresber. der Deutsch. Math.-Vereinig. Bd. 36, S. 1. 1927, insbesondere ab S. 16 an.

[2]) Wegen dieser Formel sowie auch wegen aller anderen Fragen, die ich im Interesse der Kürze hier unerörtert lasse (Voraussetzungen über $U(x, t)$, Konvergenzbereich des Integrals usw.) muß ich auf meine Arbeit „Die Integrodifferentialgleichungen vom Faltungstypus" in den Math. Ann. Bd. 89, S. 192. 1923 verweisen.

gilt, so entspricht der im Innern des Halbstreifens $0 < x < l$, $t > 0$ bestehenden partiellen Differentialgleichung (6) im Unterbereich die Gleichung

$$\frac{\partial^2 u(x,s)}{\partial x^2} = A(s^2 u(x,s) - sU(x) - U_1(x)) + B(su(x,s) - U(x)) + Cu(x,s),$$

in der nun bloß noch die Differentiation nach x vorkommt, während die andere Variable s nur die Rolle eines Parameters spielt, so daß wir in Wahrheit eine totale Differentialgleichung vor uns haben:

$$\frac{d^2 u}{d x^2} - (As^2 + Bs + C)u = -(As + B)U(x) - AU_1(x). \tag{11}$$

Hierin sowie in der weiteren Tatsache, daß die auf den Rand $t = 0$ des Integrationsgebietes bezüglichen Bedingungen (7) bereits in der Gleichung aufgegangen sind, liegt die Kraft der angewendeten Methode. Was die in bezug auf die anderen Ränder $x = 0$ und $x = l$ gestellten Bedingungen (8) angeht, so verwandeln diese sich in Randbedingungen für die neue Differentialgleichung, wenn wir voraussetzen, daß die Annäherung gegen diese Ränder mit der LAPLACE-Transformation vertauschbar, d. h.

$$L\{\lim_{0 \leftarrow x} U(x,t)\} = \lim_{0 \leftarrow x} L(U)$$

und

$$L\{\lim_{x \to l} U(x,t)\} = \lim_{x \to l} L(U)$$

ist, mit anderen Worten, daß die Transformierte der Randfunktion mit dem Randwert der transformierten Lösungsfunktion übereinstimmt. Setzen wir $L(\bar{U}(t)) = \bar{u}(s)$, so soll also die Gleichung (11) die Randbedingungen erfüllen:

$$\lim_{0 \leftarrow x} u(x,s) = \bar{u}(s), \qquad \lim_{x \to l} u(x,s) = 0. \tag{12}$$

Da nun nicht a priori feststeht, daß die Funktion $U(x,t)$ stets die hierdurch geforderte Eigenschaft besitzt, so wäre es möglich, daß gewisse Integrale uns entgingen. Wir werden auf diesen Punkt später (**IV**) zurückzukommen haben.

Der weitere Fortgang ist nun einleuchtend: Wir werden die Gleichung (11) integrieren und die Lösung dann wieder zurücktransformieren, d. h. zu dem gefundenen $u(x,s)$ das zugehörige $U(x,t)$ aufsuchen. Letzteres bedeutet in Wahrheit die Auflösung der Gleichung (9), betrachtet als Integralgleichung für $U(x,t)$. Dies ist meist bei der hier benutzten Methode das Schwierigste, wird jedoch dadurch erleichtert, daß man eine große Zahl von zusammengehörigen Ober- und Unterfunktionen kennt. Dieser Schatz von schon früher ausgerechneten LAPLACE-Integralen leistet ähnliche Dienste wie beim gewöhnlichen Integrieren eine Tabelle der Differentialquotienten von häufig vorkommenden Funktionen.

Nun hatten wir uns ja vorgenommen, in der gegenwärtigen Arbeit den Fall ins Auge zu fassen, daß das Kabel für $t = 0$ strom- und spannungsfrei ist, was — gleichgültig, welche Bedeutung U hat — kraft der Gleichungen (1), (2) und (3) darauf hinauskommt, daß

$$U(x) \equiv 0, \quad U_1(x) \equiv 0$$

ist. Wie man sieht, bedeutet das im Unterbereich, daß wir es mit der homogenen Gleichung

$$\frac{d^2u}{dx^2} - (As^2 + Bs + C)u = 0 \tag{13}$$

zu tun haben. Wenn wir also den Fall, daß $U(x)$ und $U_1(x)$ nicht identisch verschwinden, für eine spätere Mitteilung zurückstellen, so befinden wir uns ganz in Übereinstimmung mit der üblichen Art, wie man lineare Differentialgleichungen behandelt: man löst zunächst die homogene Gleichung und baut darauf erst die Lösung der inhomogenen auf.

4. Lösung der transformierten Gleichung.

Die Gleichung (13) ist außerordentlich einfach; setzt man zur Abkürzung

$$As^2 + Bs + C = Q(s), \tag{14}$$

so lautet ihr allgemeines Integral

$$u = c_1 e^{x\sqrt{Q}} + c_2 e^{-x\sqrt{Q}},$$

wobei c_1 und c_2 noch von s abhängen können, also

$$u(x, s) = c_1(s) e^{x\sqrt{Q(s)}} + c_2(s) e^{-x\sqrt{Q(s)}}, \tag{15}$$

Unter $\sqrt{Q}$ soll der Hauptzweig dieser Funktion verstanden sein, der für reelles positives Q selbst positiv ist. Die Randbedingungen (12) verlangen

$$c_1 + c_2 = \bar{u}(s),$$

$$c_1 e^{l\sqrt{Q}} + c_2 e^{-l\sqrt{Q}} = 0,$$

also

$$c_1 = \frac{\bar{u}(s)}{1 - e^{2l\sqrt{Q}}}, \qquad c_2 = \frac{\bar{u}(s)}{1 - e^{-2l\sqrt{Q}}},$$

so daß die Lösung lautet:

$$u(x, s) = \bar{u}(s)\left(\frac{e^{x\sqrt{Q}}}{1 - e^{2l\sqrt{Q}}} + \frac{e^{-x\sqrt{Q}}}{1 - e^{-2l\sqrt{Q}}}\right). \tag{16}$$

Setzen wir

$$\frac{e^{x\sqrt{Q}}}{1 - e^{2l\sqrt{Q}}} + \frac{e^{-x\sqrt{Q}}}{1 - e^{-2l\sqrt{Q}}} = h(x, s),$$

so ist

$$u(x, s) = \bar{u}(s) h(x, s) \tag{17}$$

das Integral der Differentialgleichung im Unterbereich.

5. Rücktransformation der Lösung.

Wir haben nun zu dieser Funktion die Oberfunktion zu bestimmen, um die Lösung der Gleichung (6) im Oberbereich zu erhalten. Dabei kommt uns eine Eigenschaft unserer Funktionaloperation zustatten, nämlich daß dem Produkt zweier Unterfunktionen $f_1(s)$ und $f_2(s)$ im Oberbereich das sog. „Faltungsintegral" der zugehörigen Oberfunktionen $F_1(t)$ und $F_2(t)$, symbolisch mit $F_1 * F_2$ bezeichnet, entspricht[1]):

$$F_1 * F_2(t) = \int_0^t F_1(\tau)\, F_2(t-\tau)\, d\tau = \int_0^t F_1(t-\tau)\, F_2(\tau)\, d\tau. \tag{18}$$

Bezeichnen wir also die Oberfunktion von $h(x, s)$ mit $H(x, t)$, so lautet die Lösung unseres Randwertproblems im Oberbereich:

$$U(x,t) = \overline{U}(t) * H(x,t). \tag{19}$$

Es kommt also alles darauf an, $H(x, t)$ explizit anzugeben. Zu diesem Zweck werden wir $h(x, s)$ in eine Reihe entwickeln, zu deren Gliedern sich die Oberfunktionen leichter bestimmen lassen. Zunächst ist

$$h(x,s) = \frac{e^{-x\sqrt{Q}} - e^{-(2l-x)\sqrt{Q}}}{1 - e^{-2l\sqrt{Q}}},$$

und da wegen $A > 0$ der Radikand Q für hinreichend große Werte von s positiv, also bei unserer Bestimmung der Wurzel auch $\sqrt{Q}$ positiv, mithin $0 < e^{-2l\sqrt{Q}} < 1$ ist, so läßt sich $\frac{1}{1 - e^{-2l\sqrt{Q}}}$ in eine geometrische Reihe entwickeln, wodurch sich ergibt:

$$h(x,s) = \left(e^{-x\sqrt{Q}} - e^{-(2l-x)\sqrt{Q}}\right) \sum_{n=0}^{\infty} e^{-2nl\sqrt{Q}} = \sum_{n_1=0}^{\infty} e^{-(2n_1 l + x)\sqrt{Q}} - \sum_{n_2=1}^{\infty} e^{-(2n_2 l - x)\sqrt{Q}}. \tag{20}$$

Bei der Bestimmung der Oberfunktionen der Reihenglieder gehen wir schrittweise vor, indem wir die Behandlung zweier Spezialfälle vorausschicken.

II. Die Lösung in zwei Spezialfällen.

1. Das Kabel mit verschwindender Ableitung und verschwindendem Widerstand.

Wir nehmen zunächst den Fall vor, daß $B = C = 0$ ist, d. h. daß es sich um die reine Schwingungsgleichung

$$\frac{\partial^2 U}{\partial^2 x} = A \frac{\partial^2 U}{\partial t^2} \quad (A > 0) \tag{6'}$$

handelt. Nach der Definition (5) ist dann

$$RK + LI = 0 \quad \text{und} \quad RI = 0,$$

folglich entweder $R = 0,\ I \neq 0,$ woraus $L = 0$ folgt;

oder $I = 0,\ R \neq 0,$ „ $K = 0$ „ ;

oder $I = 0,\ R = 0,$ wobei K und L beliebig sein können.

---

[1]) Vgl. die unter [2]) S. 60 zitierte Arbeit, S. 198.

Die beiden ersten Möglichkeiten entfallen, da bei ihnen entgegen unserer Annahme $A = 0$ sein würde. Es liegt also der Fall vor, daß I und R gleich 0, d. h. praktisch verschwindend klein sind.

Jetzt ist $Q = A s^2$, also $\sqrt{Q} = \sqrt{A}\, s$, und es handelt sich bei der Rücktransformation von (20) darum, zu einer Unterfunktion der Form $e^{-\alpha s}$ $(\alpha > 0)$ die Oberfunktion anzugeben. Nun sieht man aber sofort, daß es eine solche im gewöhnlichen Sinn nicht gibt, denn angenommen, es wäre

$$\int_0^\infty e^{-st} F(t)\, dt = e^{-\alpha s},$$

so würde durch Differentiation nach s folgen:

$$\int_0^\infty e^{-st} \frac{t F(t)}{\alpha} = e^{-\alpha s},$$

d. h. zu $e^{-\alpha s}$ gehörte als Oberfunktion nicht bloß $F(t)$, sondern auch $\frac{tF(t)}{\alpha}$, was der eindeutigen Bestimmtheit der Oberfunktion widerspricht[1]). Wir können aber dieser Schwierigkeit auf zwei Arten begegnen.

a) Gehört zu der Oberfunktion $F(t)$ die Unterfunktion $f(s)$, so ist gemäß (9):

$$\int_0^\infty e^{-st} F(t)\, dt = f(s).$$

Ersetzt man in der Oberfunktion die Variable t durch $t - \alpha$ und sucht dann zu dieser neuen Funktion die Unterfunktion, so erhält man:

$$\int_0^\infty e^{-st} F(t-\alpha)\, dt = \int_{-\alpha}^\infty e^{-s(u+\alpha)} F(u)\, du = e^{-\alpha s} \int_{-\alpha}^\infty e^{-st} F(t)\, dt.$$

Verschwindet nun $F(t)$ in dem Intervall $-\alpha \leqq t < 0$, so ergibt sich

$$e^{-\alpha s} \int_0^\infty e^{-st} F(t)\, dt,$$

d. h. unter der Voraussetzung $F(t) = 0$ für $-\alpha \leqq t < 0$ ist

$$L(F(t-\alpha)) = e^{-\alpha s} L(F) \tag{21}$$

oder in Worten: Multipliziert man im Unterbereich eine Unterfunktion mit $e^{-\alpha s}$, so entspricht dem im Oberbereich, daß man in der Oberfunktion die Variable t durch $t - \alpha$ ersetzt und die Oberfunktion, die vorher nur für positive t definiert zu sein brauchte, für die jetzt benötigten negativen Werte gleich 0 definiert. (Hier kann $\alpha \geqq 0$ sein.) Da man nun $u(x, s) = \bar{u}(s)\, h(x, s)$ gemäß (20) als aus lauter Gliedern der Form $\bar{u}(s)\, e^{-\alpha s}$ bestehend auffassen kann, so wird die Oberfunktion $U(x, t)$ sich aus lauter Summanden der Form $\bar{U}(t - \alpha)$ zusammensetzen, wobei $\bar{U}$ immer 0 zu bedeuten hat, wenn sein Argument negativ ausfällt.

Es hat somit den Anschein, als ob die Faltungsformel (19) hier gar keine Geltung hätte. Man kann sie jedoch wieder in ihre Rechte einsetzen durch folgende Verallgemeinerung der LAPLACE-Transformation:

---

[1]) Wegen der Eindeutigkeit und wegen des Sinnes, in dem sie zu verstehen ist, vgl. die unter [2]) S. 60 zitierte Arbeit, S. 197.

b) Denken wir uns in

$$f(s) = \int_0^\infty e^{-st} F(t)\,dt$$

für $F(t)$ einmal eine stetige Funktion eingesetzt, die durchweg verschwindet, außer in einem kleinen Bereich $\alpha-\delta \leqq t \leqq \alpha+\delta$ um den Punkt α herum, wo sie positiv ist und ihr Integral $\int_{\alpha-\delta}^{\alpha+\delta} F(t)\,dt$ gerade gleich 1 ausfällt (Abb. 2). Dann ist nach dem zweiten Mittelwertsatz der Integralrechnung:

$$f(s) = \int_{\alpha-\delta}^{\alpha+\delta} e^{-st} F(t)\,dt = e^{-sT} \int_{\alpha-\delta}^{\alpha+\delta} F(t)\,dt = e^{-sT},$$

wo T einen gewissen Wert zwischen $\alpha-\delta$ und $\alpha+\delta$ bedeutet. Lassen wir nun die Spanne $2\,\delta$, längs deren $F(t) \neq 0$ ist, unbegrenzt gegen 0 abnehmen, so

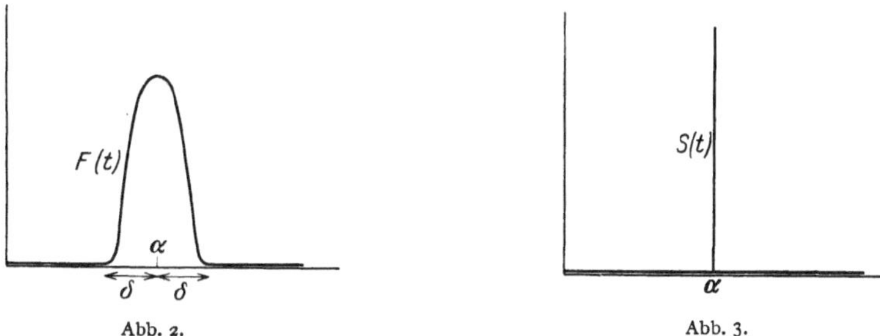

Abb. 2. Abb. 3.

konvergiert T gegen α, und es kommt als Unterfunktion gerade der gewünschte Wert $e^{-\alpha s}$ heraus. Dabei muß allerdings die im übrigen verschwindende Funktion $F(t)$ (wir wollen sie jetzt mit $S(t)$ bezeichnen) an der Stelle α unendlich werden, da ja ihr Integral endlich, gleich 1, bleiben soll (Abb. 3). Die Integra-

Abb. 4. Abb. 5

tion über $e^{-st}\,S(t)$ ist dann so zu verstehen, daß die Funktion $S(t)$ von dem Integranden nur den Wert $e^{-s\alpha}$ an der Stelle α heraushebt. Diesem dem Mathematiker vielleicht etwas unbehaglichen, dem Physiker aber ohne weiteres verständlichen Vorgang kann man auch eine mathematisch befriedigende Einkleidung geben. Betrachten wir statt $F(t)$ einmal die Integralfunktion $\Phi(t) = \int_0^t F(\tau)\,d\tau$, so ist diese zunächst gleich 0, gewinnt dann über das Intervall $\alpha-\delta \cdots \alpha+\delta$ hinweg den Wert 1 und behält diesen dann konstant bei (Abb. 4).

Mit ihr können wir schreiben:

$$f(s) = \int_0^\infty e^{-st} d\Phi(t). \tag{22}$$

Bei unserem Grenzübergang $\delta \to 0$ geht $\Phi(t)$ in eine Funktion $\Sigma(t)$ über, die für $0 \leqq t < \alpha$ gleich 0 und für $t \geqq \alpha$ gleich 1 ist, also bei $t = \alpha$ einen Sprung von der Höhe 1 aufweist (Abb. 5). Mit einer solchen Funktion Σ wird aber $\int_0^\infty e^{-st} d\Sigma(t)$ nichts anderes als ein STIELTJESsches Integral[1]) mit der „Belegungsfunktion" $\Sigma(t)$. Dieses Integral hat den Vorzug, sowohl ein gewöhnliches Integral als auch eine Summe darstellen zu können, deren Glieder den Sprungstellen der Belegungsfunktion entsprechen. So werden wir auf ganz natürlichem Wege dazu geführt, die LAPLACE-Transformation in dem Sinne zu verallgemeinern, daß wir sie als STIELTJESsches Integral in der Form (22) schreiben, wobei die Belegungsfunktion $\Phi(t)$ sehr allgemeinen Charakter haben darf (man pflegt aus gewissen Konvergenzrücksichten von ihr vorauszusetzen, daß sie in jedem endlichen Intervall von beschränkter Variation ist). Ist $\Phi(t)$ differenzierbar, so fällt man auf die alte Form

$$\int_0^\infty e^{-st} \Phi'(t)\, dt = \int_0^\infty e^{-st} F(t)\, dt$$

zurück. — Natürlich muß man sich überzeugen, daß die von uns früher benutzten Transformationsregeln und Abbildungseigenschaften auch für diese Erweiterung gelten (was hier zu weit führen würde), bzw. wie sie abzuändern sind. So ist z. B. an Stelle des Faltungsintegrals $\int_0^t F_1(t-\tau) F_2(\tau)\, d\tau$ nunmehr zu schreiben: $\int_0^t F_1(t-\tau)\, d\Phi_2(\tau)$, wo Φ_2 eine Belegungsfunktion bedeuten kann.

Für uns, die wir es in dem vorliegenden Fall nur mit der speziellen Funktion $\Sigma(t)$ zu tun haben, die eine einzige Sprungstelle besitzt, ist es wohl am anschaulichsten, wenn wir die Schreibweise des Stieltjesschen Integrals vermeiden und uns der Funktion $S(t)$ bedienen, die bei $t = \alpha$ eine Unendlichkeitsstelle besitzt und daher fortan mit $S(t, \alpha)$ bezeichnet werden soll. Dazu brauchen wir aus den vorigen Überlegungen nur folgendes festzuhalten: Der Unterfunktion $e^{-\alpha s}$ $(\alpha \geqq 0)$ entspricht die Oberfunktion $S(t, \alpha)$, die einen Sinn lediglich dann hat, wenn sie in einem Integral vorkommt, und die die Eigenschaft besitzt, daß sie aus diesem nur den Wert an der Stelle $t = \alpha$ heraushebt:

$$\int_a^b K(\tau) S(\tau, \alpha)\, d\tau = \begin{cases} K(\alpha), & \text{wenn } a \leqq \alpha \leqq b, \\ 0, & \text{,, } \alpha \text{ außerhalb } a \cdots b. \end{cases} \tag{23}$$

Nach diesen Vorbereitungen können wir nun sofort den Ausdruck für die Lösung $U(x, t)$ in dem Spezialfall $B = C = 0$ anschreiben. Hier gibt uns die Formel (20)

$$H(x,t) = \sum_{n_1=0}^\infty S(t, (2n_1 l + x)\sqrt{A}) - \sum_{n_2=1}^\infty S(t, (2n_2 l - x)\sqrt{A}) \tag{24}$$

[1]) Vgl. z. B. O. PERRON, Die Lehre von den Kettenbrüchen, S. 362. Leipzig und Berlin 1913.

(dieser Funktion entspricht übrigens als Belegungsfunktion eine „Treppenfunktion“ mit den unendlich vielen Sprungstellen $2nl \pm x$, Sprunghöhe je gleich ± 1). Bei der gemäß (19) zu bildenden Faltung

$$U(x,t) = \int_0^t \overline{U}(t-\tau) H(x,\tau)\, d\tau$$

treten nur die endlich vielen $S(t, \alpha)$ in Tätigkeit, bei denen $0 \leqq \alpha \leqq t$ ist, sie ergeben jeweils den Betrag $\overline{U}(t-\alpha)$. Definieren wir aber

$$\overline{U}(t) = 0 \quad \text{für} \quad t < 0, \tag{25}$$

so dürfen wir sämtliche Terme anschreiben:

$$U(x,t) = \sum_{n_1=0}^{\infty} \overline{U}(t - (2n_1 l + x)\sqrt{A}) - \sum_{n_2=1}^{\infty} \overline{U}(t - (2n_2 l - x)\sqrt{A}) \tag{26}$$

und müssen nur beachten, daß in Wahrheit für ein festes Wertepaar x, t lediglich die endlich vielen Glieder dastehen, deren Argumente $\geqq 0$ sind. Die n_1 und n_2 unterliegen also der Beschränkung

$$t - (2n_1 l + x)\sqrt{A} \geqq 0, \qquad t - (2n_2 l - x)\sqrt{A} \geqq 0,$$

d. h. n_1 läuft bis $\left[\frac{t - x\sqrt{A}}{2l\sqrt{A}}\right]$, n_2 bis $\left[\frac{t + x\sqrt{A}}{2l\sqrt{A}}\right]$[1]. Bei festem x sind mit wachsendem t immer mehr Glieder zu berücksichtigen.

Die Funktion (26) stellt bekanntlich nichts anderes als eine wellenartige Fortpflanzung der Randerregung $\overline{U}$ ins Innere des Kabels mit der Geschwindigkeit $c = \frac{1}{\sqrt{A}}$ unter fortwährender Reflexion an den Enden dar, wobei jedesmal das Vorzeichen der Welle umgekehrt wird. Man sieht das am einfachsten so ein: Ein einzelner Randwert $\overline{U}(t_0)$ tritt an allen „Weltpunkten“ (x, t), für die

$$t - (2n_1 l + x)\sqrt{A} = t_0 \quad (n_1 = 0, 1, \ldots) \text{ ist, mit positivem Vorzeichen,} \tag{27}$$

$$t - (2n_2 l + x)\sqrt{A} = t_0 \quad (n_2 = 1, 2, \ldots) \text{ ,, ,, negativem ,,} \tag{28}$$

auf. Diese Gleichungen stellen Gerade dar [es sind dies die Charakteristiken der Differentialgleichung (6′)]; sie haben das Steigungsmaß $\sqrt{A} = \frac{1}{c}$, bzw. $-\sqrt{A} = -\frac{1}{c}$ und schneiden den Rand $x = 0$ in den Abständen $t - t_0 = n \cdot 2l\sqrt{A}$ vom Punkte $t = t_0$. Für uns kommen nur die in dem Bereich $0 \leqq x \leqq l$ liegenden Stücke in Frage, diese schließen sich zu einer aufwärtssteigenden Zickzacklinie, die den „Weltweg“ der Randerregung darstellt, zusammen (Abb. 6). An einer festen Stelle x $(0 < x < l)$ erscheint also die Randerregung $\overline{U}(t_0)$ immer wieder, und zwar mit abwechselndem Vorzeichen. Konzentrieren wir unser Augenmerk auf einen bestimmten Weltpunkt (x, t), so ergibt sich folgendes Bild: In einem Augenblick t superponieren sich an einer Stelle x alle Randerregungen, die von den durch (x, t) gehenden beiden Zickzacklinien a und b auf dem Rand $x = 0$

[1] $[r]$ bedeutet die größte ganze Zahl $\leqq r$, also z. B. $[7{,}8] = 7$, $[5] = 5$.

markiert werden (alle diese Randerregungen haben als Wege Stücke von a, bzw. b), und zwar treten die auf der Linie a (Abb. 7) herbeigetragenen mit positivem, die längs b herangewanderten mit negativem Vorzeichen auf. Je größer bei festem x das t ist, um so mehr Erregungen superponieren sich. Eine Dämpfung findet ebensowenig statt wie eine Diffusion (eine Randerregung macht sich nur bemerkbar in dem Moment, wo die Welle sie direkt oder durch Reflexion über den Punkt hinwegträgt).

In der Formel (26) haben wir für jedes ganz beliebige $\overline{U}(t)$ eine Lösungsfunktion gewonnen, die von den bei Anwendung der Laplace-Transformation gemachten

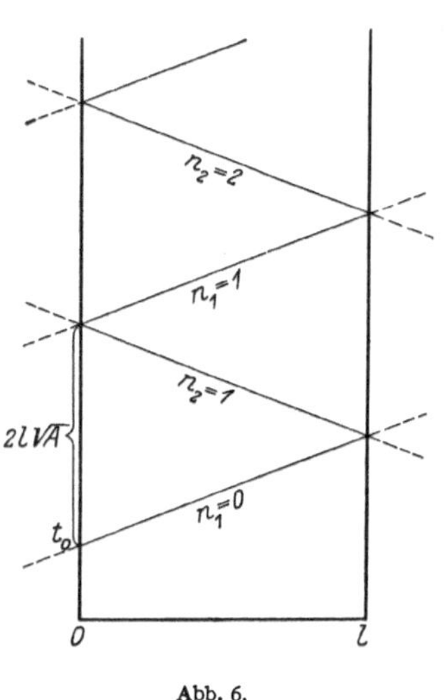

Abb. 6.

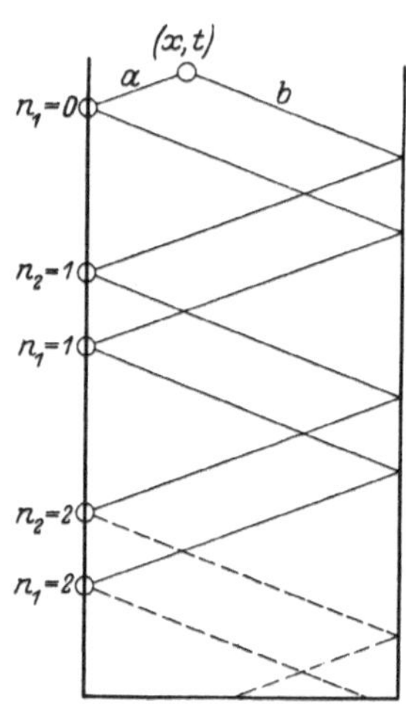

Abb. 7.

Voraussetzungen (S. 60) gänzlich unabhängig ist. Man sieht jedoch sofort, daß sie keineswegs bedingungslos eine Lösung unseres Randwertproblems darstellt. Der Differentialgleichung (6′) genügt das durch (26) gegebene $U(x, t)$ offenbar in einem Punkte (x, t) mit $0 < x < l$, $t > 0$ nur dann, wenn $\overline{U}$ an den durch die Argumente $z = t - (2nl \pm x)\sqrt{A}$ bestimmten Stellen zweimal differenzierbar ist, das sind jene Punkte, wo die oben erwähnten beiden Zickzacklinien a und b den Rand $x = 0$ treffen; ist also $\overline{U}(t)$ in einem Punkte nicht zweimal differenzierbar, so wird $U(x, t)$ längs der ganzen von ihm ausstrahlenden Zickzacklinie der Differentialgleichung (6′) nicht im strengen Sinne genügen[1]). Was die Randbedingung (7) mit $U(x) \equiv U_1(x) \equiv 0$ angeht, so ist diese unter allen Umständen erfüllt. Denn bei festem x mit $0 < x < l$ ist für alle hinreichend kleinen t jedes Argument

$$t - (2n_1 l + x)\sqrt{A} \quad (n_1 = 0, 1, \ldots) \quad \text{und} \quad t - (2n_2 l - x)\sqrt{A} \quad (n_2 = 1, 2, \ldots)$$

[1]) Dagegen kann man in einem erweiterten Sinn auch in diesem Falle noch von einem Erfülltsein der Differentialgleichung sprechen, wenn man den zweiten (partiellen) Differentialquotienten in verallgemeinerter Weise definiert, vgl. hierzu É. Goursat, Cours d'analyse mathématique, Bd. 1, 4. Aufl., S. 47—49; Bd. 3, 3. Aufl., S. 115.

negativ, also $U(x,t) = 0$, folglich zunächst auch $\frac{\partial U(x,t)}{\partial t} = 0$ und mithin

$$\lim_{0 \leftarrow t} U(x,t) = 0\,, \quad \lim_{0 \leftarrow t} \frac{\partial U(x,t)}{\partial t} = 0\,.$$

Die Randbedingung (8) dagegen ist nur unter gewissen Voraussetzungen erfüllt. Wir beschränken uns bei der Betrachtung auf den Rand $x = 0$, für den anderen Rand $x = l$ gilt genau Analoges. Ist t ein fester Wert > 0, so unterscheiden wir zwei Fälle:

1. $\frac{t}{2l\sqrt{A}}$ ist keine ganze Zahl. Dann werden für alle hinreichend kleinen x die höchsten Werte für n_1 und n_2, nämlich $\left[\frac{t}{2l\sqrt{A}} - \frac{x}{2l}\right]$ und $\left[\frac{t}{2l\sqrt{A}} + \frac{x}{2l}\right]$, einander gleich, sagen wir gleich N, sein, und wir können schreiben:

$$U(x,t) = \overline{U}(t - x\sqrt{A}) + \sum_{n=1}^{N} \left[\overline{U}(t - (2nl + x)\sqrt{A}) - \overline{U}(t - (2nl - x)\sqrt{A})\right].$$

Dieser Ausdruck wird im allgemeinen nicht für $x \to 0$ gegen $\overline{U}(t)$ konvergieren, wie es (8) verlangt, wenn nicht besondere Voraussetzungen gelten. Als solche sind hinreichend: $\overline{U}$ sei an den Stellen t und $t - n \cdot 2\, l\sqrt{A}$ stetig. Dann strebt nämlich das erste Glied auf der rechten Seite gegen $\overline{U}(t)$ und die Summenglieder einzeln gegen 0.

2. $\frac{t}{2l\sqrt{A}}$ ist zufällig eine ganze Zahl N (d. h. t wird gerade von dem in $t = 0$ ausstrahlenden Zickzackweg getroffen). Dann ist für alle hinreichend kleinen x

$$\left[\frac{t}{2l\sqrt{A}} - \frac{x}{2l}\right] = N - 1\,, \quad \left[\frac{t}{2l\sqrt{A}} + \frac{x}{2l}\right] = N = \frac{t}{2l\sqrt{A}}\,,$$

also

$$U(x,t) = \overline{U}(t - x\sqrt{A}) - \overline{U}(x\sqrt{A}) + \sum_{n=1}^{N-1} \left[\overline{U}(t - (2nl + x)\sqrt{A}) - \overline{U}(t - (2nl - x)\sqrt{A})\right].$$

(Das Glied $-\overline{U}(x\sqrt{A})$ rührt von dem Summationsindex $n_2 = N$ her.) Ist nun $\overline{U}$ an den Stellen t, $t - n \cdot 2\, l\sqrt{A}$ und 0 stetig, so strebt die rechte Seite für $x \to 0$ gegen $\overline{U}(t) - \overline{U}(0)$, also nur dann gegen $\overline{U}(t)$, wenn $\overline{U}(0) = 0$ ist.

Man kann sich diese Verhältnisse leicht vermittels der Abb. 8 und 9 klarmachen. Wenn x sehr nahe am linken Rand liegt, so fallen die von (x, t) ausgehenden Zickzackwege a und b fast zusammen, transportieren also (mit Ausnahme des zu (x, t) nächsten Randwertes) lauter Paare von nahe beieinander liegenden Randwerten, den einen mit negativem Vorzeichen versehen, heran. Nur wenn t auf dem von 0 ausstrahlenden Zickzackweg liegt, kommt am Ende von a und b kein Paar zustande, da der Weg a, wenn man ihn so weit führen will wie b, schon in die negativen t hineingerät; daher das isolierte Auftreten von $-\overline{U}(x\sqrt{A})$, das beim Grenzübergang unter der Voraussetzung der Stetigkeit zu dem Betrage $-\overline{U}(0)$ Veranlassung gibt.

Dieses unerwünschte Auftreten von $-\overline{U}(0)$ an den Stellen $N\cdot 2l\sqrt{A}$ läßt sich nun aber durch eine Modifikation der Randbedingung eliminieren. Wandert nämlich der Punkt (x, t) nicht auf einer Normalen zum Rand, sondern längs eines beliebigen Strahles vom Innern des Streifens her, so bleibt, wie man an Hand der Abb. 8 und 9 sofort anschaulich einsieht, alles über den Grenzwert von $U(x, t)$ Gesagte vollkommen unverändert bis auf eines: Das Glied $-\overline{U}(0)$ kann nicht auftreten, wenn der Weg von (x, t) innerhalb des in Abb. 9 durch einen doppelten Kreisbogen gekennzeichneten Sektors ω verläuft; denn dann kommt das letzte, in der Nähe von $t = 0$ endende Stück

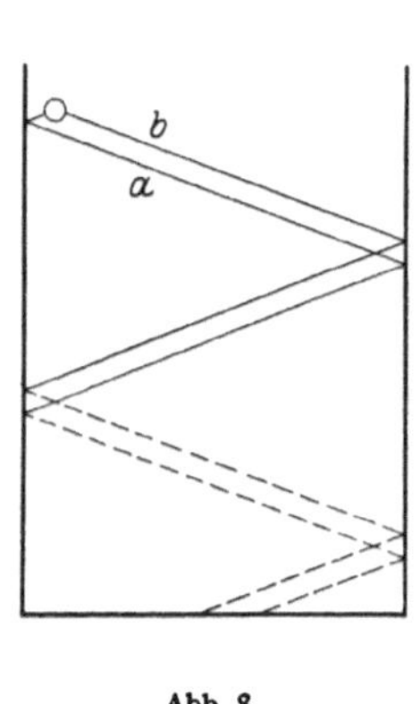

Abb. 8.

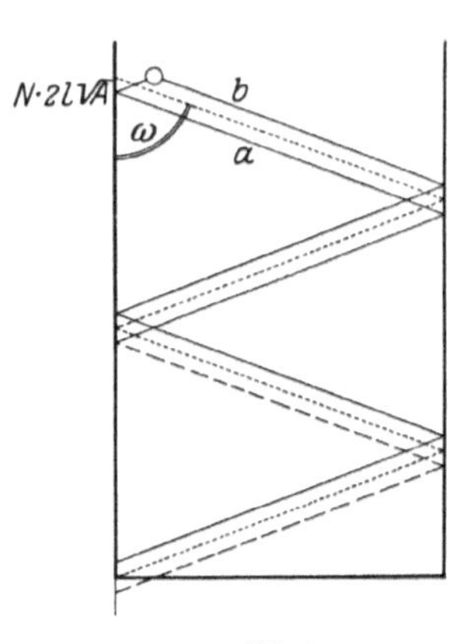

Abb. 9.

von b gerade so wenig in Frage wie vorhin das von a. Diese Art des Grenzübergangs drängt sich daher hier als die sachgemäße auf, und sie hat ihren guten physikalischen Sinn: Längs eines Strahles in dem Sektor ω ist $\left|\frac{dx}{dt}\right| < \frac{1}{\sqrt{A}} = c$ d. h. der das Erfülltsein der Randbedingung feststellende Beobachter bewegt sich mit geringerer Geschwindigkeit als die elektrische Welle. — Bewegt er sich dagegen mit größerer Geschwindigkeit (vorhin bei dem senkrechten Weg war seine Geschwindigkeit sogar unendlich), so fängt er den Stoß $-\overline{U}(0)$ gerade noch ein.

2. Die verzerrungsfreie Leitung.

Der vorige Fall ließ sich deshalb so einfach erledigen, weil für $B = C = 0$ die Wurzel aus Q, definiert durch Gleichung (14), sofort gezogen werden konnte. Wir wollen nun die Verallgemeinerung betrachten, daß $B \neq 0$, $C \neq 0$ ist, daß aber Q auch wieder das Quadrat einer linearen Funktion ist. Dazu ist notwendig und hinreichend, daß die Diskriminente von Q:

$$D = AC - \left(\frac{B}{2}\right)^2$$

verschwindet. Dies bedeutet für die Leitungskonstanten:

$$LKRI - \frac{1}{4}(RK + LI)^2 = -\frac{1}{4}(RK - LI)^2 = 0$$

oder

$$RK = LI,$$

die Leitung ist also „verzerrungsfrei“[1]). Da dann

$$Q = \frac{1}{A}\left[\left(As + \frac{B}{2}\right)^2 + \left(AC - \left(\frac{B}{2}\right)^2\right)\right] = \frac{1}{A}\left(As + \frac{B}{2}\right)^2, \tag{29}$$

also

$$\sqrt{Q} = \sqrt{A}\,s + \frac{B}{2\sqrt{A}}$$

ist, so erhält man nach (20):

$$h(x,s) = \sum_{n_1=0}^{\infty} e^{-(2n_1 l + x)\left(\sqrt{A}\,s + \frac{B}{2\sqrt{A}}\right)} - \sum_{n_2=1}^{\infty} e^{-(2n_2 l - x)\left(\sqrt{A}\,s + \frac{B}{2\sqrt{A}}\right)},$$

also gemäß (17):

$$u(x,s) = \sum_{n_1=0}^{\infty} e^{-\frac{B}{2\sqrt{A}}(2n_1 l + x)} \cdot \overline{u}(s)\, e^{-(2n_1 l + x)\sqrt{A}\,s}$$

$$- \sum_{n_2=1}^{\infty} e^{-\frac{B}{2\sqrt{A}}(2n_2 l - x)} \cdot \overline{u}(s)\, e^{-(2n_2 l - x)\sqrt{A}\,s}.$$

Diesen Ausdruck können wir mit den S. 66 geschaffenen Hilfsmitteln sofort in den Oberbereich transformieren und erhalten:

$$\begin{aligned} U(x,t) &= \sum_{n_1=0}^{\infty} e^{-\frac{B}{2\sqrt{A}}(2n_1 l + x)}\, \overline{U}\left(t - (2n_1 l + x)\sqrt{A}\right) \\ &- \sum_{n_2=1}^{\infty} e^{-\frac{B}{2\sqrt{A}}(2n_2 l - x)}\, \overline{U}\left(t - (2n_2 l - x)\sqrt{A}\right), \end{aligned} \tag{30}$$

wobei wiederum die Konvention (25) gilt, d. h. wirklich vorhanden sind nur die Summanden, in denen das Argument $\geqq 0$ ausfällt. Auch hier wird die Randerregung $\overline{U}$ mit der Geschwindigkeit $\frac{1}{\sqrt{A}}$ ins Innere fortgepflanzt und immer wieder reflektiert, aber sie wird bei positivem B gedämpft, mit wachsender Reflexionszahl wird die Dämpfung immer größer. Verfolgen wir einen Randwert längs des Zickzackweges in Abb. 6, d. h. lassen wir x in dem Glied mit $n_1 = 0$ von 0 bis l wachsen, dann in dem Glied mit $n_2 = 1$ wieder von l bis 0 abnehmen, dann in dem Glied mit $n_1 = 1$ von 0 bis l wachsen usw., so steigt das logarithmische Dekrement stetig von 0 auf $\frac{B}{2\sqrt{A}}\,l$, dann von diesem Wert auf $\frac{B}{2\sqrt{A}}\,2l$ usw. — Hinsichtlich des Erfülltseins der Differentialgleichung und der Randbedingungen gilt dasselbe wie in dem unter **1.** behandelten Spezialfall.

III. Die allgemeine Lösung.

Im allgemeinen Fall wird die Lösung gemäß (19) und (20) gefunden sein, wenn es gelingt, zu $e^{-\alpha\sqrt{Q}}$ $(\alpha \geqq 0)$ die Oberfunktion anzugeben. Zu diesem Zweck

[1]) Vgl. z. B. WEBSTER, Partial differential equations of mathematical physics, S. 181. New York und Leipzig 1927

entnehmen wir dem Arsenal der berechneten LAPLACE-Transformationen die Formel[1]):

$$\int_{\alpha}^{\infty} e^{-\sigma\tau} J_0\left(k\sqrt{\tau^2-\alpha^2}\right) d\tau = \frac{e^{-\alpha\sqrt{\sigma^2+k^2}}}{\sqrt{\sigma^2+k^2}} \quad (\alpha \geqq 0,\ \sigma > 0,\ k \text{ beliebig}), \tag{31}$$

wobei für die Wurzeln die Hauptwerte zu nehmen sind und J_0 die BESSELsche Funktion nullter Ordnung (erster Art)

$$J_0(z) = \sum_{m=0}^{\infty} \frac{(-1)^m \left(\frac{z}{2}\right)^{2m}}{m!\,m!}$$

bedeutet. Diese Formel differenzieren wir nach α[2]), wobei wir beachten, daß

$$-J_0'(z) = J_1(z) = \sum_{m=0}^{\infty} \frac{(-1)^m \left(\frac{z}{2}\right)^{2m+1}}{m!\,(m+1)!}$$

die BESSELsche Funktion erster Ordnung ist, und erhalten:

$$k\alpha \int_{\alpha}^{\infty} e^{-\sigma\tau} \frac{J_1\left(k\sqrt{\tau^2-\alpha^2}\right)}{\sqrt{\tau^2-\alpha^2}} d\tau - e^{-\sigma\alpha} = -e^{-\alpha\sqrt{\sigma^2+k^2}} \tag{32}$$

$\left(\frac{J_1(kz)}{z}\right.$ ist für $z = 0$ wohlbestimmt und gleich $\left.\frac{k}{2}\right)$. Um von hier aus zu $e^{-\alpha\sqrt{Q}}$ zu gelangen, benutzen wir die durch (29) gegebene Zerlegung von Q und setzen:

$$\sigma = \sqrt{A}\,s + \frac{B}{2\sqrt{A}}, \qquad k^2 = \frac{AC - \left(\frac{B}{2}\right)^2}{A} = \frac{D}{A},$$

wodurch sich ergibt:

$$-\alpha\sqrt{\frac{D}{A}} \int_{\alpha}^{\infty} e^{-\sqrt{A}\,s\tau - \frac{B}{2\sqrt{A}}\tau} \frac{J_1\left(\sqrt{\frac{D}{A}(\tau^2-\alpha^2)}\right)}{\sqrt{\tau^2-\alpha^2}} d\tau + e^{-\alpha\sqrt{A}\,s - \alpha\frac{B}{2\sqrt{A}}} = e^{-\alpha\sqrt{Q}}$$

oder, wenn wir noch $\sqrt{A}\,\tau = t$ einführen:

$$e^{-\alpha\frac{B}{2\sqrt{A}}} e^{-\alpha\sqrt{A}\,s} - \alpha\sqrt{\frac{D}{A}} \int_{\alpha\sqrt{A}}^{\infty} e^{-st} \cdot e^{-\frac{B}{2A}t} \frac{J_1\left(\frac{\sqrt{D}}{A}\sqrt{t^2-A\alpha^2}\right)}{\sqrt{t^2-A\alpha^2}} dt = e^{-\alpha\sqrt{Q}}. \tag{33}$$

Diese Formel besagt nichts anderes als: Zu der Unterfunktion $e^{-\alpha\sqrt{Q}}$ gehört die Oberfunktion

$$e^{-\frac{B}{2\sqrt{A}}\alpha} S(t, \alpha\sqrt{A}) + G(t, \alpha\sqrt{A}), \tag{34}$$

wo $S(t, \alpha\sqrt{A})$ die von S. 66 her bekannte Funktion und $G(t, \alpha\sqrt{A})$ folgendermaßen

---

[1]) Vgl. G. N. WATSON, A treatise on the theory of BESSEL functions. Cambridge 1922, S. 416, Formel (4). Diese geht durch die Transformation $t^2 - y^2 = \tau^2$, $a = \sigma$, $b = k$, $y^2 = -\alpha^2$ in die unsrige über.

[2]) Die Möglichkeit des Differenzierens unter dem Integralzeichen kann unschwer bewiesen werden, vgl. C. JORDAN, Cours d'analyse, Bd. 2, 3. Aufl., S. 190. Paris 1913.

definiert ist:

$$G(t,\alpha\sqrt{A}) = \begin{cases} 0 & \text{für } 0 \leqq t < \alpha\sqrt{A} \\ -\alpha\sqrt{A}\,\frac{\sqrt{D}}{A}\, e^{-\frac{B}{2A}t}\,\frac{J_1\left(\frac{\sqrt{D}}{A}\sqrt{t^2 - A\alpha^2}\right)}{\sqrt{t^2 - A\alpha^2}} & \text{,, } t \geqq \alpha\sqrt{A}. \end{cases} \tag{35}$$

Ist $D = 0$, so ist $G \equiv 0$, wie wir auch in **II** sahen. Ist $D < 0$, was z. B. vorkommt, wenn die Ableitung des Kabels zu vernachlässigen ist ($I = 0$, also $C = 0$), so ist das Argument von J_1 imaginär. Nun ist aber

$$J_1(iz) = i\sum_{m=0}^{\infty} \frac{\left(\frac{z}{2}\right)^{2m+1}}{m!\,(m+1)!},$$

also $\sqrt{D}J_1(iz)$ wieder reell.

Benutzen wir das gefundene Resultat für die Ausrechnung von (19) und (20), so ergibt sich[1]):

$$\begin{aligned} U(x,t) = & \sum_{n_1=0}^{\infty} e^{-\frac{B}{2\sqrt{A}}(2n_1 l + x)}\, \overline{U}(t - (2n_1 l + x)\sqrt{A}) \\ & - \sum_{n_2=1}^{\infty} e^{-\frac{B}{2\sqrt{A}}(2n_2 l - x)}\, \overline{U}(t - (2n_2 l - x)\sqrt{A}) \\ & - \sqrt{\frac{D}{A}} \sum_{n_1=0}^{\infty} (2n_1 l + x) \int_{(2n_1 l + x)\sqrt{A}}^{t} U(t-\tau)\, e^{-\frac{B}{2A}\tau}\, \frac{J_1\left(\frac{\sqrt{D}}{A}\sqrt{\tau^2 - A(2n_1 l + x)^2}\right)}{\sqrt{\tau^2 - A(2n_1 l + x)^2}}\, d\tau \\ & + \sqrt{\frac{D}{A}} \sum_{n_2=1}^{\infty} (2n_2 l - x) \int_{(2n_2 l - x)\sqrt{A}}^{t} \overline{U}(t-\tau)\, e^{-\frac{B}{2A}\tau}\, \frac{J_1\left(\frac{\sqrt{D}}{A}\sqrt{\tau^2 - A(2n_2 l - x)^2}\right)}{\sqrt{\tau^2 - A(2n_2 l - x)^2}}\, d\tau, \end{aligned} \tag{36}$$

wobei in den beiden Summen über n_1 nur die Glieder wirklich vorkommen, in denen $t \geqq (2n_1 l + x)\sqrt{A}$, ebenso in den Summen über n_2 nur diejenigen, wo $t \geqq (2n_2 l - x)\sqrt{A}$ ist. Es ergibt sich also zunächst einmal derselbe gedämpfte reine Fortpflanzungs- und Reflexionsvorgang wie bei der verzerrungsreien Leitung (**II, 2**, Formel (30)); diesem überlagert sich aber eine durch die Integrale dargestellte Störung, an der sämtliche Randerregungen, die bis zu der betreffenden Zeit sich an der fraglichen Stelle bemerkbar machen konnten, ihren Anteil haben. Es liegt also Diffusion vor: Jede Randerregung hinterläßt, sooft sie direkt oder durch Reflexion an eine Stelle kommt, für alle Zeiten eine dauernde Nachwirkung. Man sieht das am anschaulichsten ein, wenn man in den Integralen eine neue Variable $z = t - \tau$ einführt, wobei wir uns zu-

[1]) Wir haben mit der folgenden Formel eine Stufe übersprungen. Denn eigentlich muß bewiesen werden, daß die Oberfunktion der Summe (20) tatsächlich die Summe der Oberfunktionen der einzelnen Glieder, d.h. daß die LAPLACE-Transformation mit der Summe vertauschbar ist. Dies ist aber ohne Schwierigkeit nachzuholen.

nächst auf das dem Summationsindex $n_1 = 0$ entsprechende Glied, abgekürzt mit $V(x,t)$ bezeichnet, beschränken wollen:

$$V(x,t) = -\sqrt{\frac{D}{A}}\,x\int_0^{t-x\sqrt{A}} \overline{U}(z)\,e^{-\frac{B}{2A}(t-z)}\,\frac{J_1\left(\frac{\sqrt{D}}{A}\sqrt{(t-z)^2 - A x^2}\right)}{\sqrt{(t-z)^2 - A x^2}}\,dz \quad (t \geqq x\sqrt{A}),$$

und nun für $\overline{U}$ einmal speziell eine Funktion wählt, die überall verschwindet außer in dem Intervall $z-\delta \ldots z+\delta$ um eine bestimmte Stelle z, wo sie positiv und so beschaffen ist, daß ihr Integral gleich 1 ausfällt. Rechnen wir $V(x,t)$ für dieses $\overline{U}$ aus und lassen dann δ gegen 0 wandern, wobei $\overline{U}$ an der Stelle z unendlich werden muß, so ergibt sich:

$$V(x,t) = \begin{cases} 0 & \text{für } t - x\sqrt{A} < z, \text{ d. h. } t < z + x\sqrt{A}, \\ -\sqrt{\frac{D}{A}}\,x\,e^{-\frac{B}{2A}(t-z)}\,\frac{J_1\left(\frac{\sqrt{D}}{A}\sqrt{(t-z)^2 - A x^2}\right)}{\sqrt{(t-z)^2 - A x^2}} & \text{,, } t - x\sqrt{A} \geqq z, \text{ d. h. } t \geqq z + x\sqrt{A}, \end{cases}$$

also nach (35):

$$V(x,t) = G(t-z, x).$$

Eine am Anfang des Kabels in einem einzigen Moment z schlagartig in Erscheinung tretende Energie vom Gesamtbetrage 1 erzeugt also in jedem Punkte x von dem Zeitpunkt $z + x\sqrt{A}$ an, in dem sie die Stelle x durch direkte Fortpflanzung erreicht hat, eine dauernde Nachwirkung, die durch $G(t-z, x)$ gegeben wird[1]). Das allgemeine $V(x,t)$ (s. oben) kann nun gedeutet werden als die Superposition der Nachwirkungen aller jener Randerregungen $\overline{U}(z)$, die den Punkt x zur Zeit t durch direkte Fortpflanzung schon erreicht haben (Abb. 10). — Ganz analog ist das dem Index $n_2 = 1$ entsprechende Integral

$$\sqrt{\frac{D}{A}}(2l-x)\int_0^{t-(2l-x)\sqrt{A}} \overline{U}(z)\,e^{-\frac{B}{2A}(t-z)}\,\frac{J_1\left(\frac{\sqrt{D}}{A}\sqrt{(t-z)^2 - A(2l-x)^2}\right)}{\sqrt{(t-z)^2 - A(2l-x)^2}}\,dz$$

---

[1]) Für reell wachsendes y verhält sich $J_1(y)$ asymptotisch wie $\left(\frac{2}{\pi y}\right)^{\frac{1}{2}} \cos\left(y - \frac{3}{4}\pi\right)$, $J_1(iy)$ wie $i\,\frac{1}{(2\pi y)^{\frac{1}{2}}}\,e^{y}$ [vgl. WATSON, l. c. S. 199, 203]. Für $D > 0$ besteht also die Nachwirkung $V(x,t)$ in einer gedämpften, beinahe harmonischen Schwingung, für $D < 0$ klingt sie aperiodisch ab. Denn im letzteren Fall ist bis auf unwesentliche Faktoren

$$V \sim \frac{1}{(t-z)^{\frac{3}{2}}}\,e^{-\left(\frac{B}{2A} - \frac{\sqrt{-D}}{A}\right)(t-z)}.$$

Nun ist aber $-D = \left(\frac{B}{2}\right)^2 - AC$, also für $A > 0$, $C > 0$ sicher $-D < \left(\frac{B}{2}\right)^2$, mithin, wenn D negativ ist und $B > 0$, $\sqrt{-D} < \frac{B}{2}$. Das Dekrement $\frac{1}{A}\left(\frac{B}{2} - \sqrt{-D}\right)$ ist also positiv. Nur für $C = 0$ (elektrische Ableitung gleich 0) ist $\frac{B}{2} - \sqrt{-D} = 0$, also $V \sim \frac{1}{(t-z)^{\frac{3}{2}}}$.

zu deuten als Superposition der Nachwirkungen jener Erregungen, die durch einmalige Reflexion (am rechten Kabelende) an die Stelle x gelangt sind (Abb. 11; der von der einzelnen Erregung durchlaufene Weg ist hier $2l - x$, dieser Wert tritt an die Stelle, die vorhin x einnahm). Das Integral für $n_1 = 1$ summiert die Nachwirkungen der zweimal (rechts und links) reflektierten Erregungen usw.

Was das Erfülltsein der Randbedingungen für die Lösung (36) angeht, so gilt dasselbe wie für die spezielle Lösung (26), vgl. S. 68 bis 70, da der von den Integralen gelieferte Beitrag beim Heranwandern an die Ränder verschwindet. (Der Beweis ist nicht schwer, nur mit einigen Umständlichkeiten

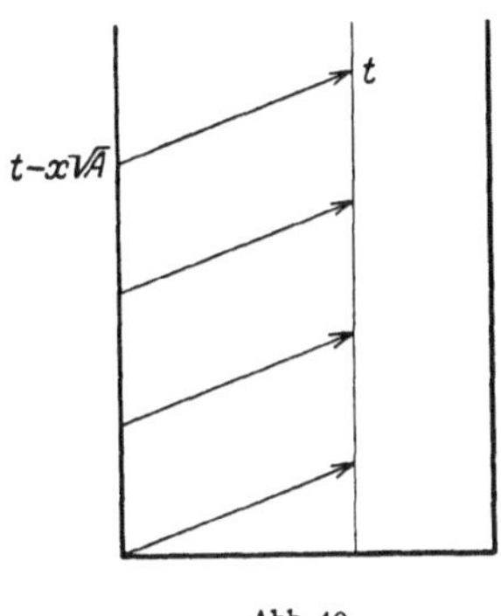

Abb. 10.

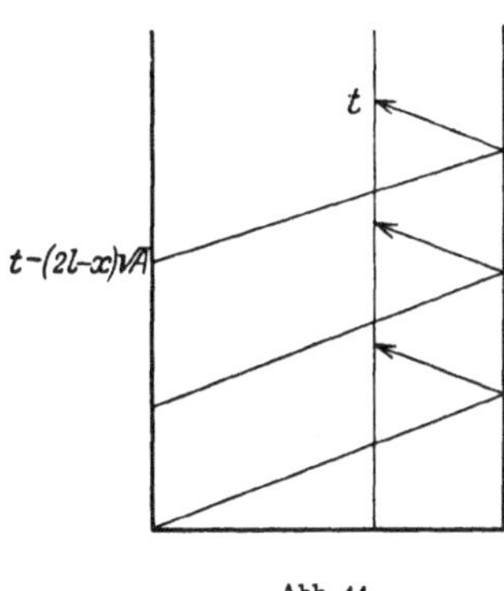

Abb. 11.

verbunden und sei daher unterdrückt.) Zu bemerken ist noch, daß wir jetzt, im Gegensatz zu früher, $\overline{U}(t)$ zum mindesten uneigentlich integrabel voraussetzen müssen, damit die Integrale in (36) überhaupt einen Sinn haben. Das ist so gemeint: $\overline{U}(t)$ soll in jedem endlichen Intervall — nach eventuellem Ausschluß von endlich vielen Ausnahmepunkten durch kleine Teilintervalle — (im Riemannschen Sinne) eigentlich integrabel sein, und wenn jene Teilintervalle gegen 0 konvergieren, soll das Integral einen Grenzwert haben. Dann ist aber nach einem bekannten Satze[1]) $\overline{U}(t)$ fast überall, d. h. überall mit Ausnahme einer Menge vom Lebesgueschen Maße 0, stetig, die Randbedingung (8) ist somit hier sicher fast überall erfüllt.

IV. Die Vieldeutigkeit der Lösung.

Auf S. 61 wurde auf die Möglichkeit hingewiesen, daß uns bei der hier angewandten Methode gewisse Lösungen entgehen könnten, nämlich diejenigen, bei denen die Randfunktionen im Ober- und Unterbereich einander nicht entsprechen, wo also z. B. der Grenzwert der Unterfunktion $u(x, s)$ für $x \to 0$ nicht übereinstimmt mit der Unterfunktion des Grenzwertes $\overline{U}(t)$ von $U(x,t)$ für $x \to 0$. Da wir nun aber doch zu jedem beliebigen $\overline{U}(t)$ („beliebig" so weit, als es mit der Natur des Problems überhaupt verträglich ist) eine wohlbestimmte

[1]) Vgl. z. B. C. Carathéodory, Vorlesungen über reelle Funktionen, S. 460. Leipzig und Berlin 1918.

Lösung erhalten haben, so können solche „singuläre" Lösungen nur vorhanden sein, wenn es zu einem $\overline{U}(t)$ nicht bloß eine, sondern mehrere Lösungen $U(x,t)$ gibt, wenn also die Lösung unseres Randwertproblems nicht eindeutig ist. Daß letzteres tatsächlich zutrifft und daß „singuläre" Lösungen existieren, werden wir nun sogleich zeigen.

Wir wollen einmal den Fall betrachten, daß der Randwert $\overline{u}(s)$ der Unterfunktion $u(x,s)$ eine Konstante, sagen wir 1, ist. Als Unterfunktion zu einem $\overline{U}(t)$ kann dieses $\overline{u}(s)$ nie auftreten (denn aus

$$\int_0^\infty e^{-st}\,\overline{U}(t)\,dt = 1$$

würde durch Differentiation nach s folgen:

$$\int_0^\infty e^{-st}\,[t\,\overline{U}(t)]\,dt = 0,$$

also $t\,\overline{U}(t) = 0$). Aber wir interessieren uns ja gerade für den Fall, daß $\overline{U}(t)$ und der Randwert von $u(x,s)$ einander nicht entsprechen, und da ist unsere Annahme durchaus denkbar. Zu diesem Randwert erhalten wir im Unterbereich aus (17) die Lösung

$$u^*(x,s) = h(x,s),$$

die in der Tat für $x \to 0$, bzw. $x \to l$ die Randwerte 1, bzw. 0 aufweist. Transformieren wir diese Funktion in den Oberbereich, so erhalten wir einfach

$$U^*(x,t) = H(x,t),$$

also nach Formel (20) und (34):

$$\begin{aligned} U^*(x,t) = &\sum_{n_1=0}^{\infty} e^{-\frac{B}{2\sqrt{A}}(2n_1 l + x)}\, S(t,(2n_1 l + x)\sqrt{A}) \\ &- \sum_{n_2=1}^{\infty} e^{-\frac{B}{2\sqrt{A}}(2n_2 l - x)}\, S(t,(2n_2 l - x)\sqrt{A}) \\ &+ \sum_{n_1=0}^{\infty} G(t,(2n_1 l + x)\sqrt{A}) - \sum_{n_2=1}^{\infty} G(t,(2n_2 l - x)\sqrt{A}), \end{aligned}$$

wobei für ein festes Wertepaar x, t nur die Glieder von 0 verschieden sind, in denen $t \geqq (2n_1 l + x)\sqrt{A}$, bzw. $t \geqq (2n_2 l - x)\sqrt{A}$ ist.

Was bedeutet diese Funktion physikalisch, stellt sie eine Lösung unseres Randwertproblems dar und unter welchen Randbedingungen? Nun, sie gibt offenbar den Effekt eines zur Zeit $t = 0$ am Kabelanfang aufgetretenen, unendlich großen Stoßes oder anders ausgedrückt: einer während verschwindend kleiner Zeit wirkenden Erregung von der Gesamtintensität 1 wieder. Denn die Glieder S sind überall 0, außer längs des durch den Punkt (0, 0) laufenden Zickzackwegs, wo sie unendlich groß sind, sie stellen die Fortpflanzung und die Reflexionen des unendlich starken Stoßes dar; die Glieder G aber bedeuten, wie wir S. 74 sahen, seine Nachwirkungen. — Für die weitere mathematische Betrachtung sehen wir von den Gliedern S ab (sie bedeuten längs der Charakteristiken auftretende Singularitäten, auf die wir gefaßt waren und die wir von vornherein außer acht lassen können), und betrachten bloß den Nachwirkungsteil:

$$U^{**}(x,t) = \sum_{n_1=0}^{\infty} G(t, (2n_1 l + x)\sqrt{A}) - \sum_{n_2=1}^{\infty} G(t, (2n_2 l - x)\sqrt{A}).$$

Wir behaupten: Diese Funktion, in der G durch Formel (35) definiert ist, genügt der Differentialgleichung (6) im ganzen Innern des Streifens mit Ausnahme des von (0, 0) ausstrahlenden Zickzackweges und nähert sich an allen drei Rändern dem Randwert 0, außerdem ist $\frac{\partial U^{**}}{\partial t} \to 0$ für $t \to 0$. (Dabei ist die Annäherung an den Rand $t = 0$ normal, an die Ränder $x = 0$ und $x = l$ in der S. 70 festgelegten Weise vorzunehmen.)

Was zunächst die Differentialgleichung angeht, so genügt es offenbar, ihr Erfülltsein für die Funktion $G(t, x\sqrt{A})$, d. h. für das Glied mit $n_1 = 0$, nachzuweisen. In dem Teil, wo $G(t, x\sqrt{A})$ identisch verschwindet, nämlich für $t < x\sqrt{A}$, genügt die Funktion der Differentialgleichung sicher, für $t \geqq x\sqrt{A}$ ist explizti

$$G(t, x\sqrt{A}) = \sqrt{\frac{D}{A}}\, x\, e^{-\frac{B}{2A}t} \sum_{m=0}^{\infty} \frac{(-1)^m D^m (t^2 - A x^2)^m}{4^m A^{2m} m!\,(m+1)!}.$$

Setzt man zur Abkürzung

$$\sum_{m=0}^{\infty} \frac{(-1)^m D^m (t^2 - A x^2)^m}{4^m A^{2m} m!\,(m+1)!} = \sum\nolimits_0,$$

$$\sum_{m=1}^{\infty} \frac{(-1)^m D^m (t^2 - A x^2)^{m-1}}{4^m A^{2m} (m-1)!\,(m+1)!} = \sum\nolimits_1,$$

$$\sum_{m=2}^{\infty} \frac{(-1)^m D^m (t^2 - A x^2)^{m-2}}{4^m A^{2m} (m-2)!\,(m+1)!} = \sum\nolimits_2,$$

so erhält man:

$$G = \sqrt{\frac{D}{A}}\, x\, e^{-\frac{B}{2A}t} \sum\nolimits_0,$$

$$\frac{\partial G}{\partial x} = \sqrt{\frac{D}{A}}\, e^{-\frac{B}{2A}t} \left(\sum\nolimits_0 - 2A x^2 \sum\nolimits_1\right),$$

$$\frac{\partial^2 G}{\partial x^2} = \sqrt{\frac{D}{A}}\, x\, e^{-\frac{B}{2A}t} \left(-6A \sum\nolimits_1 + 4A^2 x^2 \sum\nolimits_2\right),$$

$$\frac{\partial G}{\partial t} = \sqrt{\frac{D}{A}}\, x\, e^{-\frac{B}{2A}t} \left(-\frac{B}{2A} \sum\nolimits_0 + 2t \sum\nolimits_1\right)$$

$$\frac{\partial^2 G}{\partial t^2} = \sqrt{\frac{D}{A}}\, x\, e^{-\frac{B}{2A}t} \left(\frac{B^2}{4A^2} \sum\nolimits_0 - 2\left(\frac{B}{A}t - 1\right) \sum\nolimits_1 + 4t^2 \sum\nolimits_2\right).$$

Folglich ist

$$\frac{\partial^2 G}{\partial x^2} - A\frac{\partial^2 G}{\partial t^2} - B\frac{\partial G}{\partial t} - CG = \sqrt{\frac{D}{A}}\, x\, e^{-\frac{B}{2A}t} \left(-\frac{D}{A} \sum\nolimits_0 - 8A \sum\nolimits_1 - 4A(t^2 - A x^2) \sum\nolimits_2\right).$$

Der Koeffizient von $(t^2 - Ax^2)^m$, $m = 0, 1, \ldots$, in der Klammer verschwindet aber, wie man leicht nachrechnet.

Da $U^{**}(x, t)$ in dem Dreieck unterhalb der Geraden $t = x\sqrt{A}$ identisch verschwindet, so ist $U^{**} \to 0$ und $\frac{\partial U^{**}}{\partial t} \to 0$ für $t \to 0$. Ferner ist, wie man ganz analog zu S. 69, 70 einsieht, $U^{**} \to 0$ für $x \to 0$ und $x \to l$, und zwar für alle Stellen $t > 0$, auch für $t = N \cdot 2l\sqrt{A}$, wenn der Grenzübergang mit wachsendem t und geringerer Geschwindigkeit als $\frac{1}{\sqrt{A}}$ erfolgt.

Damit haben wir nun einerseits eine singuläre Lösung erhalten, bei der sich die Randbedingungen im Ober- und Unterbereich nicht entsprechen — denn hier ist $\overline{U}(t) \equiv 0$, also $L(\overline{U}) = 0$, während $\lim\limits_{0 \leftarrow x} u(x, s) = 1$ ist —, andererseits besitzen wir in $U^{**}(x, t)$ eine Funktion, die wir, noch mit einer beliebigen Konstanten multipliziert, der Lösung unseres Randwertproblems bei beliebigem $\overline{U}(t)$ hinzufügen können, ohne das Erfülltsein der Differentialgleichung und der Randbedingungen zu stören; d. h. aber: Unser Randwertproblem hat nicht, wie in der bisherigen Literatur stets stillschweigend angenommen wurde, eine eindeutige Lösung, sondern unendlich viele Lösungen, außer durch $U(x, t)$ wird es stets auch durch $U(x, t) + c\,U^{**}(x, t)$ befriedigt.

Neben $U^{**}(x, t)$ gibt es übrigens noch unendlich viele weitere singuläre Lösungen, z. B. die unendlich vielen Funktionen $V_z(x, t)$, die so definiert sind $(z > 0)$:

$$V_z(x, t) = \begin{cases} 0 & \text{für } t < z, \\ U^{**}(x, t - z) & \;,,\;\; t \geqq z \end{cases}$$

(ihre Unterfunktionen haben, wie aus der Betrachtung S. 64 folgt, die Randwerte e^{-zs}), ferner sämtliche Funktionen

$$\frac{\partial U^{**}}{\partial t}, \quad \frac{\partial^2 U^{**}}{\partial t^2}, \ldots$$

(ihre Unterfunktionen haben die Randwerte $s, s^2, \ldots$, wie sich aus Formel (10) ergibt; alle diese Funktionen können nicht als eigentliche Unterfunktionen auftreten); damit natürlich auch $\frac{\partial^2 U^{**}}{\partial x^2}$, $\frac{\partial^4 U^{**}}{\partial x^4}$, usw., da diese Ableitungen sich ja kraft der Differentialgleichung (6) linear aus denen nach t zusammensetzen.

Damit ist für die Lösung einer Gleichung von hyperbolischem Typus die gleiche Vieldeutigkeit festgestellt, wie ich sie in der unter[1]) auf S. 56 zitierten II. Mitteilung über die Wärmeleitung für die dortige Gleichung von parabolischem Typus aufgedeckt habe. Ein Unterschied gegen damals ist jedoch bemerkenswert: Die fundamentale singuläre Lösung bei der Wärmeleitungsgleichung (dort mit $G(x,t)$ bezeichnet), die auch einer stoßartigen, unendlich starken Randerregung entspricht, ist in der Umgebung des Eckpunktes $(x = 0,\ t = 0)$ beliebig großer und kleiner Werte fähig, während $U^{**}(x,t)$, das in der Nähe dieses Punktes mit dem ersten Reihenglied $G(t, x\sqrt{A})$ identisch ist, unterhalb der Geraden $t = x\sqrt{A}$ verschwindet und oberhalb wegen des Faktors x (siehe die Definitionsformel (35)) in hinreichender Nähe des Eckpunktes beliebig wenig von 0 abweicht. Bei der Telegraphengleichung haben wir eben schon die sich fortpflanzende unendlich starke Randerregung in Gestalt von $S(t, x\sqrt{A})$ abgelöst, und geblieben ist in Form von $G(t, x\sqrt{A})$ nur die Nachwirkung.

Ein Differentialgetriebe zur Messung von Drehmomenten.

Von

Fritz Emde, Stuttgart.

Mit 2 Abbildungen.

Zur Messung des Drehmomentes, das von einer beliebigen Antriebsmaschine während des Laufes auf eine beliebige Arbeitsmaschine übertragen wird, sind in neuerer Zeit vor allem Torsionsdynamometer gebaut worden. Die Drillung eines Stahlstabes, der die beiden Maschinen miteinander kuppelt, wird z. B. mittels eines mitgedrehten Spiegels gemessen[1]). Vielleicht vermutet man, daß diese Art der Momentmessung wegen ihrer Anpassungsfähigkeit, Einfachheit, Bequemlichkeit und Genauigkeit die sonst bekannten Meßverfahren in den Laboratorien weitgehend verdrängt haben müsse. Tatsächlich werden Torsionsdynamometer ziemlich wenig benutzt. Schon der Preis dieser Geräte ist ihrer allgemeinen Einführung hinderlich. Ein Torsionsdynamometer für Momente von wenigen Kilogrammetern kostet etwa 1000 $\pm$ 300 M. Ob dieser Preis zu den Fertigungskosten in einem angemessenen Verhältnis steht, bleibe dahingestellt. Ferner entspricht die Bequemlichkeit und die Genauigkeit der Messung nicht ganz der Erwartung. Nur nebenbei sei erwähnt, daß jene Torsionsdynamometer sowohl beim Anlauf, wie bei rasch schwankenden Belastungen unbrauchbar sind.

Sehr beliebt sind in neuerer Zeit die Pendeldynamos. Besonders scheinen sie zur Untersuchung von Verbrennungsmotoren (namentlich für Automobile und Flugzeuge) viel, wenn nicht fast ausschließlich verwendet zu werden. Sicherlich hat man hier ein bequemes und genaues Verfahren vor sich. Aber eine Pendeldynamo ist noch teurer als ein Torsionsdynamometer. Daß man nicht sowohl die Antriebsmaschine, wie die Arbeitsmaschine beliebig wählen kann, sondern nur eine davon, ist meist wohl kaum von Bedeutung.

Bei dieser Sachlage suchte ich nach einem „Einschaltdynamometer“, das das zwischen den beiden laufenden Maschinen wirksame Drehmoment in den ruhenden Außenraum überträgt und so der gewöhnlichen Messung zugänglich macht. Ich kam dabei auf eine grundsätzlich sehr einfache Lösung, nämlich ein gewöhnliches Differentialgetriebe, bei dem die Drehkraft gemessen wird, mit der der bewegliche Rahmen zum Stillstand gezwungen wird.

Eine technische Schwierigkeit entsteht hierbei, wenn das Getriebe für die gewöhnlichen rasch laufenden Elektromotoren mit einer Drehschnelle etwa bis zu 1500 Drehungen/min. oder 25 Hertz benutzt werden soll. Bei den großen Fortschritten, die im letzten Jahrzehnt in der Fertigung von Zahnrädern gemacht worden sind, konnte man hoffen, daß der Bau von Kegelrädern gelingen

---

[1]) Siehe z. B. A. Gramberg, Technische Messungen, 5. Auflage, Berlin 1923, S. 311—313.

würde, die ohne Erschütterungen so rasch laufen können. In der Tat hat mir die Zahnräderfabrik vorm. Johann Renk in Augsburg ein Differentialgetriebe für 5 kW bei 1500 Drehungen/min. gebaut (siehe Abb. 1). Von zwei ineinandergreifenden Rädern besteht immer das eine aus Siemensmartinstahl, das andere aus „Turbax“, einem Preßgewebe, das von der Fabrik Jaroslaw in Weißensee bei Berlin hergestellt wird. Der Preis eines solchen Getriebes ist etwa halb so groß, wie der eines Torsionsdynamometers.

Ob ein Differentialgetriebe als Meßgerät brauchbar ist, hängt davon ab, ob sich die in ihm auftretenden Verluste als einwertige Funktionen der Drehschnelle und der Drehkraft ergeben oder nicht. Darüber kann augenblicklich noch nichts

Abb. 1. Differentialgetriebe für 5 kW bei 1500 Drehungen/min, von einem Gleichstrommotor angetrieben und mit einer Seilbremse belastet.

Bestimmtes gesagt werden, da mit den Versuchen eben erst begonnen worden ist. Doch hatte man bei dem Probelauf nicht den Eindruck, daß hier Schwierigkeiten erwachsen würden.

Wie hängt nun das übertragene Drehmoment mit dem auf den Rahmen ausgeübten zusammen? Es seien α, β, γ, δ der Reihe nach die Winkelgeschwindigkeiten der treibenden Achse, der beiden Zwischenräder, der getriebenen Achse und des Rahmens, ferner A, B, C, D die entsprechenden Drehmomente (A und C außerhalb der Lager verstanden), und V sei das den gesamten Verlusten entsprechende Drehmoment. Die vier Räder des Getriebes seien gleich groß. Dann gelten zunächst die beiden kinematischen Bedingungen

$$\alpha = \beta + \delta, \quad \gamma = \beta - \delta. \tag{1}$$

Wegen der Energieerhaltung ist

$$A\alpha = V\beta + C\gamma + D\delta. \tag{2}$$

$V\beta$ umfaßt die Reibung sowohl in den Zähnen, wie in den Lagern. Denn mit

$\beta = 0$ hört sowohl an den Radkränzen, wie in den Lagern die Relativbewegung auf. Aus den drei Gleichungen folgt

$$A(\beta + \delta) = V\beta + C(\beta - \delta) + D\delta$$

oder

$$(A - C - V)\beta + (A + C - D)\delta = 0,$$

und da dies für jedes β und δ gelten muß,

$$\begin{aligned} A + C &= D, \\ A - C &= V, \end{aligned} \tag{3}$$

zwei Gleichungen, die man vielleicht auch sofort hätte anschreiben können. Hat man also irgendwie am Rahmen das äußere Drehmoment D gemessen und ein für allemal V als Funktion von D und β bestimmt, so findet man für das Drehmoment A des Motors und für das auf die Belastungsmaschine wirkende Drehmoment C:

$$\begin{aligned} A &= \frac{D + V}{2}, \\ C &= \frac{D - V}{2}. \end{aligned} \tag{4}$$

Ohne Verluste wäre also das übertragene Moment die Hälfte des am Rahmen gemeßnen. Bei Leerlauf ($C = 0$, $D = V = A$) mißt man unmittelbar das Verlustmoment. Um den unbelasteten Rahmenhebel in der Schwebe zu erhalten ($D = 0$), muß das Getriebe von beiden Seiten angetrieben werden ($A = -C = \frac{1}{2}V$).

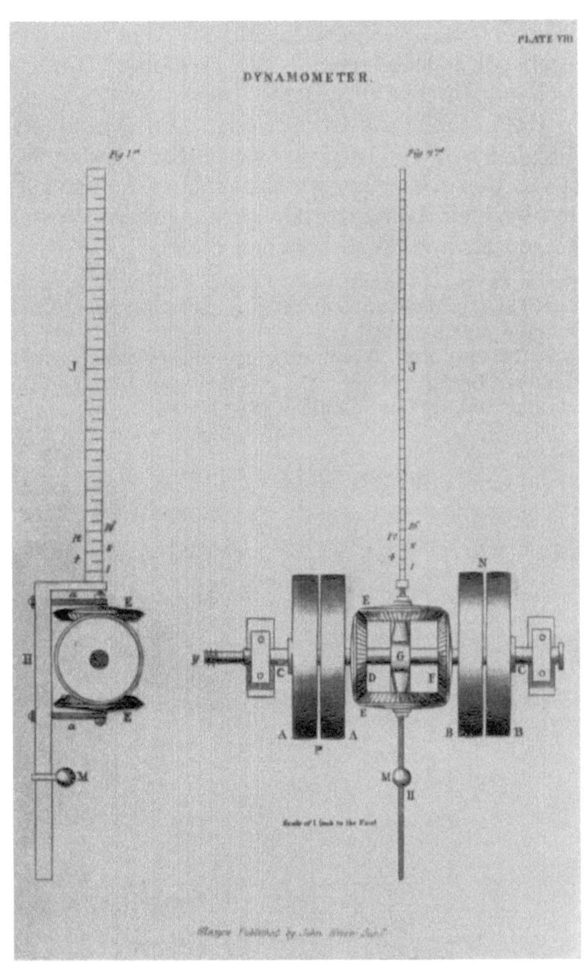

Abb. 2. Differentialgetriebe von BATCHELDER.

Nun ist aber V keine Konstante, sondern eine Funktion der Belastung und der Drehschnelle. Daher genügt zur Bestimmung des Verlustmomentes nicht der Leerlaufversuch, sondern man muß in einer besonderen Versuchsreihe außer D etwa noch C messen und findet

$$V = D - 2C. \tag{5}$$

Man kann dazu über das Differentialgetriebe irgendeine Bremse oder eine Pendeldynamo antreiben.

Der hier zur Messung benutzte Grundgedanke ist nicht neu. Wie ich nachträglich gefunden habe, hat in Saco (Maine, V.St.A.) vor dem Jahre 1840 Samuel Batchelder ein Differentialgetriebe zur Messung übertragener Drehmomente benutzt[1]) (siehe Abb. 2). V. Brausewetter zu Sollenau in Niederösterreich hat vor 1843 ein Differentialgetriebe dem von Batchelder nachgebaut. Es befindet sich vermutlich in einer Sammlung der Berliner Technischen Hochschule. Es soll bis zu 2 PS gereicht haben. Wie schnell es laufen konnte, wird nicht angegeben[2]). Doch scheint der Gedanke, Differentialgetriebe zur Messung von Drehmomenten zu benutzen, inzwischen ganz in Vergessenheit geraten zu sein.

Hoffentlich erweist sich das Differentialgetriebe einerseits als so einfach, billig, derb und so bequem einschaltbar, andererseits als so zuverlässig und genau, daß es den Ansprüchen des täglichen industriellen Gebrauchs genügt und bald ein allgemein benutztes Meßgerät wird, wenigstens bei nicht allzu großen Drehmomenten und Drehschnellen.

---

[1]) James Montgomery, The Cotton Manufacture of the United States of America, Glasgow, 1840, S. 205.

[2]) Nottebohm, Verhandlungen des Vereins zur Beförderung des Gewerbfleißes in Preußen, Berlin 1843, S. 216. — Siehe auch F. Grashof, Theoretische Maschinenlehre, Bd. 2, Hamburg und Leipzig 1883, S. 847.

Zur Ermittlung der Verdrehstreckgrenze metallischer Werkstoffe.

Von

Max Ensslin, Eßlingen a. N.

Mit 8 Abbildungen.

Bei der Prüfung der Festigkeitsbedingungen, unter denen bei einem festen Werkstoff Fließgefahr eintritt, mit anderen Worten bei der Frage, nach welcher Gleichung die Anstrengung eines Körpers unter zusammengesetzter Beanspruchung zu berechnen ist, erlangt das Verhältnis zwischen Zug- und Verdrehstreckgrenze maßgebende Bedeutung und damit die Frage nach der genauen Ermittlung dieser Grenzen, eine Frage, die nicht allein den Werkstoffprüfer, sondern in ihren Ergebnissen vor allem den die Festigkeit berechnenden Konstrukteur angeht.

Bezüglich der Zugstreckgrenze wird auf anderweitige Veröffentlichungen verwiesen, ebenso bezüglich der Frage, ob die untere oder die obere Streckgrenze als Naturgrenze anzusehen, und was noch wichtiger ist, ob sie als Berechnungsgrundlage für Bau- und Maschinenteile geeignet ist[1]). Der Verfasser ist der Ansicht, daß die untere Streckgrenze bei zähen Werkstoffen die physikalisch und technisch maßgebende Beanspruchungsgrenze ist[2]), wenigstens bei ruhender Last; bei pulsierender und schwingender tritt die Ursprungs- und Schwingungsfestigkeit an ihre Stelle.

Bei der Ermittlung der Verdrehstreckgrenze ist zu beachten, daß im Querschnitt eines auf Verdrehen beanspruchten Stabes die Verdrehspannungen ungleichmäßig verteilt sind und daß an der Streckgrenze die Proportionalität zwischen Spannung und bezogener Verformung (Tangentialspannung τ und Schiebung γ) überschritten wird. Die untere Verdrehstreckgrenze eines Rundstabes wird wegen des letzteren Umstandes aus der bekannten Gleichung

$$\tau_d = S_{du} = M_d : \frac{\pi}{16} d^3 \tag{1}$$

nicht zutreffend ermittelt, sie ergibt sich zu hoch, und zwar häufig in erheblichem Maß. Da die Verdrehstreckgrenze erstmals nur in einer sehr dünnen Außenschicht des Probestabes auftritt, macht sie sich in der Gesamtformänderung

---

[1]) Zwanglose Mitt. d. Deutsch. Verb. f. d. Materialprüfg. Nr. 8, S. 91. 1926 (Bericht von F. Körber über Streckgrenze); F. Körber, Das Problem der Streckgrenze, Vortrag a. d. internat. Kongr. f. Materialprüfg. Amsterdam 1927; M. Moser, Forsch.-Arb. Ing. H. 295, S. 75 u. 78; Kuntze u. Sachs, Z. V. d. I. 1928, Nr. 29, S. 1011; Kühnel, ebenda S. 1226.

[2]) Z. V. d. I. 1927, Nr. 43, S. 1490; desgl. 1928, Nr. 45, S. 1625; ferner 1928, Nr. 50, S. 1860.

anfänglich nur wenig und nur sehr allmählich bemerkbar; sie wird verspätet, d. h. zu hoch liegend beobachtet. Ihr genauer Wert ist gesucht. Da keine mathematisch exakte Aufgabe vorliegt, so muß auch auf die Erscheinungen an der Verdrehstreckgrenze eingegangen werden, da nur ein klarer Tatbestand eine klare Beurteilung zuläßt.

A. Vollstäbe mit Kreisquerschnitt.

Bei einem Verdrehversuch wird das belastende Verdrehmoment M_d und der Verdrehwinkel ϑ gemessen; von einer geeigneten Einrichtung wird das $M_d\vartheta$-Schaubild selbsttätig aufgezeichnet. Aus den Angaben des Schaubildes und den Abmessungen des kreiszylindrischen Probestabes soll die untere Streckgrenze berechnet oder die τ, γ-Linie ermittelt werden [$\gamma_\varrho = \varrho \cdot \vartheta =$ Schiebung im Abstand ϱ (vgl. Abb. 3)].

Um ein Bild von dem Verlauf der $M_d\vartheta$- bzw. $M_d\,\gamma$-Linie bei verschiedener Höhe der Streckgrenze zu erhalten, wird die Aufgabe zunächst umgekehrt gestellt. Es sei die $\tau\gamma$-Linie, wie in Abb. 1 gegeben, geradlinig bis zur unteren Streckgrenze ansteigend; das Fließen erfolge unter gleichbleibender Spannung, wie man bei Zug-

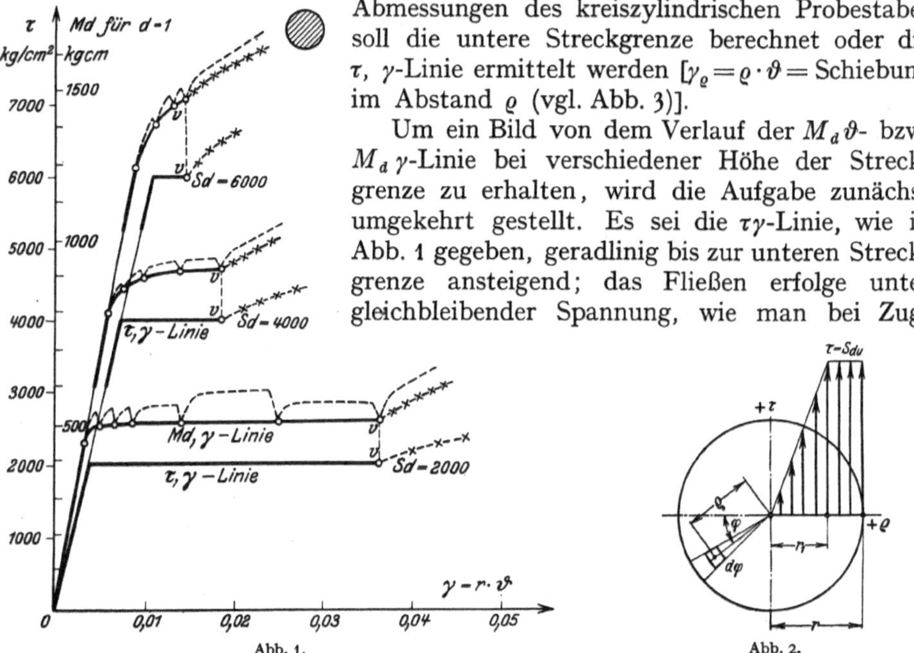

Abb. 1.

Abb. 2.

versuchen mit zähem Stahl beobachtet. Außerdem sei an der unteren Streckgrenze die Fließgeschwindigkeit Null. Es wird angenommen, daß, wenn eine Stelle des Stabes an die Fließgrenze gelangt, die Spannung nach genügend langem Warten sich auf den stabilen Wert der unteren Streckgrenze einstelle. Welche Form zeigt dann das an der Torsionsmaschine aufgenommene $M_d\vartheta$-Schaubild?

Im Querschnitt des runden Torsionsstabes habe sich der Fließzustand bis auf den Halbmesser r_1 ausgebreitet. Von der Mitte bis r_1 steigt die Spannung τ proportional mit dem Abstand ϱ an, von r_1 bis r ist sie unveränderlich gleich S_{du}. Die Radien mögen bei der Verwindung auch oberhalb der Proportionalitätsgrenze gerade bleiben, hiernach ist (vgl. Abb. 2) die Schiebung γ_ϱ im Abstand ϱ diesem Abstand proportional gemäß

$$\gamma_\varrho : \gamma_r = \varrho : r. \tag{2}$$

Statt des ϱ- oder r-Maßstabes in Abb. 2 kann also auf die wagrechte Achse auch ein γ-Maßstab gezeichnet werden, und es stimmt das Bild der Spannungsverteilung über den Querschnitt (Abb. 2) mit dem $\gamma\tau$-Bild (Spannungs-Schiebungsbild, Abb. 1) überein. Es ist ferner nach Abb. 3

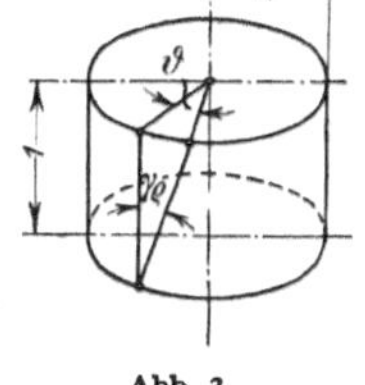

Abb. 3.

$$\gamma_{r_1} = r_1 \cdot \vartheta = \beta \cdot \tau_{r_1} = \frac{\tau_{r_1}}{G}. \tag{3}$$

Aus der Gleichgewichtsbedingung zwischen äußeren und inneren Kräften folgt in bekannter Weise mit $df = \varrho\, d\varphi \cdot d\varrho$

$$M_d = \int_0^r \tau\, df \cdot \varrho = \int_0^r \tau \varrho\, d\varphi \cdot d\varrho \cdot \varrho = 2\pi \int_0^r \tau \varrho^2 d\varrho$$

$$= 2\pi \Big[S_{du} \int_{r_1}^r \varrho^2 d\varrho + \int_0^{r_1} \tau \varrho^2 d\varrho\Big] = \frac{2\pi S_{du}}{3}\left[r^3 - \frac{r_1^3}{4}\right]$$

$$= \frac{2\pi r^3}{3} S_{du}\left(1 - \frac{\delta^3}{4}\right) = \frac{\pi d^3}{12}\left(1 - \frac{\delta^3}{4}\right) S_{du}, \tag{4}$$

wo $\delta = r_1/r$. Diese Gleichung liefert das Verdrehmoment für die Spannungsverteilung in Abb. 1 und 2, wenn sich das Strecken von der äußersten Schicht des Torsionsstabes bis auf eine beliebige Tiefe r_1 ausgebreitet hat. Es ergibt sich für

$\delta = r_1/r =$	1,0	0,8	0,6	0,5	0,4	0,2	0
$\delta^3 =$	1,0	0,512	0,216	0,125	0,064	0,008	0
$1 - \frac{\delta^3}{4} =$	0,75	0,872	0,946	0,969	0,984	0,998	1

Hätte sich die Streckgrenze bis in die Mitte des Querschnittes ausgebreitet, wäre also die Verdrehspannung auf dem ganzen Halbmesser unveränderlich gleich S_{du}, mit anderen Worten, wäre in Gl. (4) $\delta = 0$, so wäre

$$M_d = \frac{\pi}{12} d^3 S_{du}, \tag{4a}$$

welche Beziehung mit großer Annäherung erfüllt ist, schon wenn sich das Strecken bis auf die Hälfte des Halbmessers r vertieft hat.

Die Gleichung zwischen M_d und γ folgt aus Gl. (4) mit $\delta = r_1 : r = \gamma_{r_1} : \gamma_r$ und $\gamma_{r_1} = \beta \cdot S_{du}$:

$$M_d = \frac{\pi d^3}{12} S_{du}\left[1 - \frac{1}{4}\left(\frac{\beta S_{du}}{\gamma_r}\right)^3\right]. \tag{5}$$

In Abb. 1 sieht man die hiernach aus den $\tau\gamma$-Linien abgeleiteten Linien für verschieden hohe Streckgrenzen bei gleicher Größe von $\beta = \frac{1}{G}$ eingezeichnet. Bei weichem, stark streckendem Stahl geht das Fließen bis $\gamma = 0{,}045$. Bei härterem Stahl hört das Fließen schon bei kleinerer Schiebung auf (Punkt v in Abb. 1). Die gezeichneten Linien entsprechen dem stabilen Zustand des Werkstoffes an der unteren Streckgrenze oder bei der Streckgeschwindigkeit Null. Tatsächlich verläuft die $M_d\gamma$-Linie wegen der endlichen Streckgeschwindigkeit und wegen der Möglichkeit labiler oder pseudostabiler Gleichgewichtszustände oberhalb der unteren Streckgrenz-Kurve, z. B. wie gestrichelt angegeben. Findet jedoch Strecken statt und wird der Antrieb der Prüfmaschine abgestellt, so sinkt die Spannung nach genügend langem Warten auf den stabilen, der unteren Streckgrenze entsprechenden Wert, vgl. Abb. 5.

Bei weichem, stark streckendem Stahl verläuft die $M_d \gamma$-Linie Abb. 1 im Streckgebiet auf ein längeres Stück fast wagrecht, sie wächst aus der Proportionalitätsgeraden mit einem kurzen, scharfen Bogen heraus. Je härter der Stahl ist, desto schwächer gekrümmt ist dieser Übergangsbogen; statt des fast wagrechten Stückes erscheint ein steiler ansteigender Bogen, der in v mit einem Knick in den der Verfestigung entsprechenden Ast übergeht. Der Knick bei v wird mit steigender Härte immer undeutlicher und ist schließlich in dem von der Maschine selbst aufgezeichneten Schaubild nicht mehr ohne weiteres erkennbar.

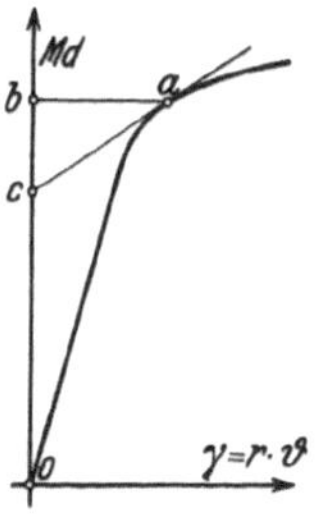

Abb. 4.

Die untere Streckgrenze kann mit Hilfe von (5) durch Probieren gefunden werden, oder auch nach einer schon von PRANDTL angegebenen Gleichung, die für den Gebrauch bequem geschrieben lautet:

$$\tau_{d\,eff} = \frac{3+m}{4}\tau_d, \tag{6}$$

wo (vgl. Abb. 4) $m = bc/Ob$ und $\tau_d = M_d / \frac{\pi}{16} d^3$.

Zur Spannungsermittlung muß die $M_d \gamma$- bzw. $M_d \vartheta$-Linie für Streckgeschwindigkeit Null durch die beim Versuch ermittelten Punkte von freier Hand eingezeichnet werden.

B. Hohlstäbe mit Kreisringquerschnitt.

Schon GUEST verwendet 1900 bei seinen Versuchen unter zusammengesetzter Beanspruchung dünnwandige Hohlzylinder, um möglichst gleichmäßige Spannungen in der Wand zu erzielen. Infolge der gleichmäßigen Spannungsverteilung tritt der Beginn des Streckens deutlicher hervor, als bei Vollstäben, auch wird der stabile Zustand, d. h. die untere Streckgrenze rascher erreicht. Bei Vollstäben aus hartem Stahl erschwert nicht nur die Undeutlichkeit des Streckbeginns, sondern auch bei Langsamkeit, mit der der stabile Zustand erreicht wird, eine genaue Feststellung des Tatbestandes an der Streckgrenze und damit deren genaue Ermittlung.

In einem Hohlzylinder vom Halbmesser r_a und r_i bzw. Durchmesser d_a und d_i ($\delta = r_i : r_a = d_i : d_a$), der mit dem Verdrehmoment M_d belastet wird, ist die größte Verdrehspannung innerhalb der Proportionalität

$$\tau_d = M_d / \frac{\pi}{16} d_a^3 (1 - \delta^4). \tag{7}$$

Bei gleichmäßiger Spannung τ_d', wenn z. B. die ganze Wand in den Fließzustand gelangt ist, berechnet sich τ_d' aus

$$\tau_d' = M_d / \frac{\pi}{12} d_a^3 (1 - \delta^3). \tag{8}$$

Es ist stets $\tau_d > \tau_d'$.

Bei sehr dünnen Rohren ergeben die beiden Gleichungen nur sehr wenig verschiedene Werte. Dünnwandige Rohre sind schwer in die Prüfmaschinen einzuspannen, auch gerät bei einem kritischen Wert des Verdrehmomentes die Wand in die Gefahr des Einknickens; bei langen Torsionsstäben knickt schließlich die Mittelachse schraubenförmig aus. Die Hohlzylinder, die zur Ermittlung der Torsionsstreckgrenze benützt werden, müssen so bemessen werden, daß Knickung erst genügend weit oberhalb der Torsionsstreckgrenze eintritt, damit die letztere nicht herabgedrückt wird. Dies läßt sich bei den Versuchen leicht nachprüfen. Bei den Hohlstäben, die zu den eigenen Versuchen benutzt wurden, war die Knickgrenze hinreichend hoch über der Streckgrenze gelegen.

C. Erscheinungen an der Streckgrenze.

Abb. 5 stellt den Verlauf von Verwindungsversuchen mit Stahl von 50 und 95 kg/qmm Zugfestigkeit dar, Abb. 6 den Streckvorgang des weicheren der beiden Stähle in vergrößertem Maßstab. Der Kraftmesser geht erstmals bei 460 kgcm zurück, und zwar nach Abstellen des Prüfmaschinenantriebs und 44stündigem Warten auf 456 kgcm. Nun wurde der Stab weiter verdreht, bis

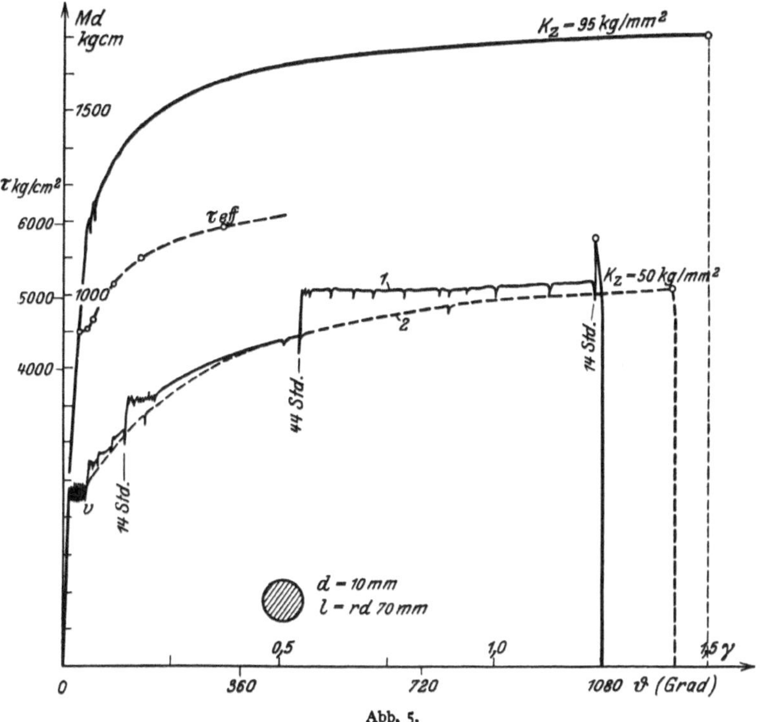

Abb. 5.

der Kraftmesser aufs neue zurückging von 490 auf 453 kgcm, erst rasch und dann langsamer einer bestimmten Grenze zustrebend. Je näher diese Grenze erreicht wird, je länger die Belastungspause ist, desto höher die nachfolgende Spannungsüberhöhung, bei der ein neuer plötzlicher Spannungsabfall erfolgt. Mit jedem neuen Spannungsabfall kommt eine weitere Zone des Stabes ins

Strecken, bis sich dieses über den ganzen Stab ausgebreitet hat[1]). Bis zum Beginn eines neuen Spannungsabfalls verhält sich der Stahl scheinbar stabil (pseudo- oder metastabil). Der obere Wert heißt obere Streckgrenze; er ist von der Größe der Belastungspause und sonstigen Umständen abhängig. Der untere Wert wird der Abb. 6 zufolge merklich unverändert gefunden; er ist ein dem Werkstoff und seinem Zustand eigentümlicher Festwert, eine Naturgrenze, eine bestimmte stabile Tragkraft, die schon zufolge ihrer Ermittlungsart von der Verformungsgeschwindigkeit unabhängig ist und als Streckwiderstand bei der Streckgeschwindigkeit Null bezeichnet werden kann.

Bei laufender Maschine schwankt der Kraftanzeiger während des Streckens, wie Abb. 1 in der Z. V. d. I. 1928, H. 45, S. 1626 zeigt, entsprechend der zonen-

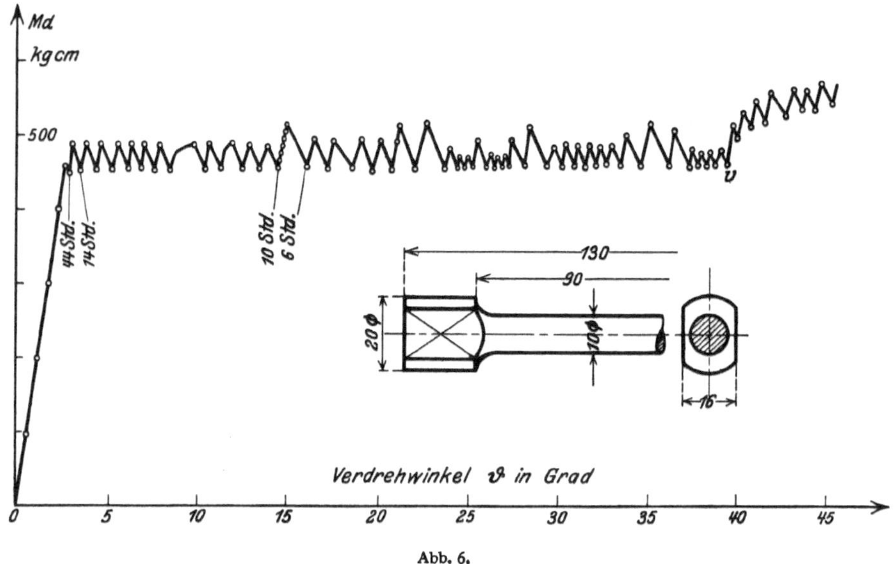

Abb. 6.

weisen Ausbreitung des Streckens. Die tiefste Stellung des Kraftzeigers bleibt jedoch hierbei stets merklich oberhalb der unteren Streckgrenze. Den bei laufender Maschine beobachteten Kleinstwert des Streckwiderstandes als untere Streckgrenze zu bezeichnen, ist unzweckmäßig und irreführend, weil die Bezeichnung ohne Angabe der Streckgeschwindigkeit nicht eindeutig ist.

Ich erwähne noch einige Wahrnehmungen im Verfestigungsgebiet, die nicht zum Gegenstand dieser Mitteilung gehören, aber physikalisch mit den beschriebenen Erscheinungen zusammenhängen. Im Verfestigungsgebiet oberhalb des Punktes v Abb. 5 ist die Wirkung einer Belastungspause besonders stark hervorgetreten und war größer als der Einfluß der Verformungsgeschwindigkeit. Durch eine 14stündige Belastungspause ist eine starke Spannungsüberhöhung und eine neue Art Streckgrenze bewirkt. Zur leichteren Beurteilung ist in die Abb. 5 der Kurvenzug 2 eingezeichnet, der an einem mit mäßig großer und angenähert gleichbleibender Verformungsgeschwindigkeit geprüften Parallel-

[1]) G. SACHS, Z. V. d. I. 1928, H. 29, S. 1011; M. MOSER, Stahleisen 1928, H. 46, S. 1601.

stab erhalten ist. Es tritt nach der Spannungsüberhöhung ein neues Strecken ein, das so lange andauert, bis der Linienzug 2 wieder erreicht ist. Beachtenswert ist die starke Widerstandserhöhung nach einer Belastungspause, die kurz vor dem Bruch eingeschaltet wurde. Nach Beobachtungen von LUDWIK und KÖRBER ist zu erwarten, daß bei einer statischen Dauerbelastung, die merklich unter dem letzten ungefähr horizontalen Stück des Linienzuges 1 liegen kann, ein Bruch eingetreten wäre (Dauerstandfestigkeit). Zwischen dem Punkt v und der ersten starken Spannungsüberhöhung ist die Verformungsgeschwindigkeit so sehr erhöht, als es mit dem Handbetrieb möglich war; die hierdurch bewirkte Widerstandserhöhung ist verhältnismäßig gering.

D. Anwendung und Ergebnisse.

Das Aufsuchen einer unbekannten Größe aus Beobachtungen liefert nur wahrscheinliche Werte, keine exakten. Im vorliegenden Fall sind die Unterlagen zur Ermittlung der Verdrehstreckgrenze auf zweierlei Art beschafft, an Voll- und Hohlstäben. Die rechnerische Ermittlung ist ebenfalls verschieden. Stimmen die verschiedenartig gefundenen Werte überein, so ist dies ein günstiges Zeichen für die Wahrscheinlichkeit, im andern Fall kann die Nichtübereinstimmung von Werkstoff oder Versuchsstück, aber auch vom Berechnungsverfahren herrühren. Im allgemeinen wachsen die Schwierigkeiten mit der Härte des untersuchten Stahles und dem meist damit verbundenen Undeutlichwerden der Streckgrenze. Zur Gewinnung zuverlässiger Werte gehört Übung und Sorgfalt.

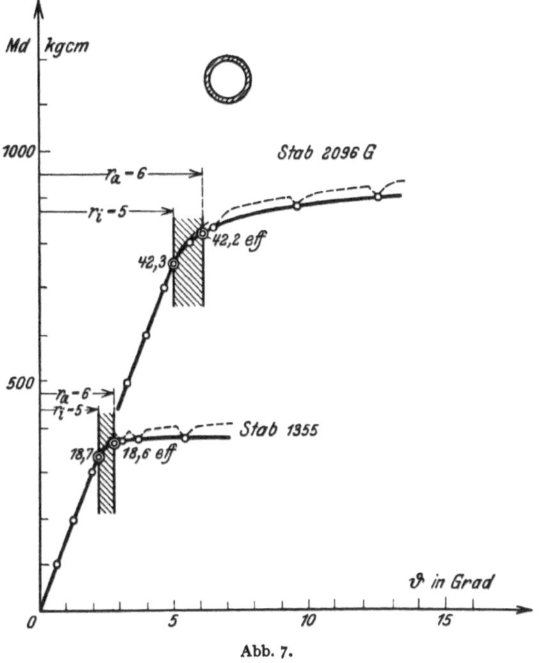

Abb. 7.

Nach mancherlei Versuchen wurde an den Vollstäben die effektive Verdrehspannung nach (6) ermittelt und der Durchstoßpunkt der $\tau_{eff}\gamma$-Kurve mit der Proportionalitätsgeraden gesucht; der Wert wurde nach (4) und (5) nachgeprüft; er lag stets unter der sichtbaren Proportionalitätsgrenze.

Bei Hohlstäben trifft letzteres auch zu, nur in geringerem Maß. An der sichtbaren Proportionalitätsgrenze ist in einem Torsionsstab die Streckgrenze schon überschritten. Nimmt man an, die Innenwand des Hohlzylinders sei an die Streckgrenze gelangt und in der ganzen dünnen Wand herrsche überall die gleiche Spannung, nämlich die untere Streckgrenze, so hat man zunächst nach (2)

$$r_i : r_a = \gamma_{ri} : \gamma_{ra}, \quad \text{woraus} \quad \gamma_{ra} = \gamma_{ri} \frac{r_a}{r_i}.$$

Hiernach trägt man die Wandstärke in das $M_d\vartheta$-Bild Abb. 7 ein und entnimmt den zu γ_{ra} gehörigen Wert M_d. Die untere Verdrehstreckgrenze folgt dann aus (8). Dieser Wert müßte mit der Proportionalitätsgrenze übereinstimmen, was für die sichtbare Proportionalitätsgrenze nicht genau zuzutreffen pflegt. Der Ausgangspunkt wurde dann auf der Proportionalitätsgeraden meist etwas tiefer angenommen, bis Übereinstimmung erzielt war.

Die hiernach erhaltenen Werte sind für eine Anzahl verschiedener Stähle in Zahlentafel 1 zusammengestellt. Die Werte der unteren Verdrehstreckgrenze, ermittelt an Voll- und Hohlstäben, stimmen zum Teil befriedigend miteinander überein. Im Falle größerer Abweichungen wird der an den Hohlstäben ermittelte Wert für zutreffender zu halten sein. Auf Ausnahmen deuten hin die Versuche EOW und KE 1 g. Zur Sicherstellung der Ergebnisse sind zahlreiche Versuche an Werkstoffen verschiedener Festigkeit und Parallelversuche erforderlich; in zweifelhaften Fällen, wenn möglich, Wiederholung des Versuchs.

Bei härteren Stählen empfiehlt sich die Verwendung von Hohlstäben, bei weichen, deutlich streckenden kommt man mit Vollstäben aus.

In Tafel 1 sind auch die am gleichen Stahl ermittelten Zugstreckgrenzen[1]) aufgenommen und das Verhältnis zwischen unterer Zug- und Verdrehstreck-

Zahlentafel 1.

Stahl	Stab	Vollstab		Hohlstab				Zug	$\frac{S_{zu}}{S_{du\,eff}}$
		S_{du} kg/cm² nach (1)	$S_{du\,eff}$ kg/cm² nach (4)	d_i mm	d_a mm	S_{du} kg/cm² nach (7)	$S_{du\,eff}$ kg/cm² nach (8)	S_{zu} kg/cm²	
Weichstahl	BW 6	1552	1190	10	12	1350	1250	2060	1,65
Weichstahl	BW	1480	1210	10	14	1390	1210	2055	1,70
Weichstahl	BW 5	1630	1260	10	13	1457	1290	2200	1,70
Walzstahl	EOW g	1581	1200	10	12	1480	1370	2280	1,66
Walzstahl	EOW	1680	1300	10	12	1640	1510	2330	1,54
Walzstahl	B	1844	1455	10	12	1660	1520	2490	
Walzstahl	B	—	—	12	14	1590	1460	—	1,66
Walzstahl	B	—	—	12	13	1580	1520	—	(÷ 1,71)
Elektro-Einsatzstahl	KE 1 g	1860	1400	10	12	1720	1750	2790	1,60
Elektro-Einsatzstahl	KE 1	1990	1570	10	12	1680	1550	2730	1,76
Walzstahl	H 2	2060	1630	12	14	1650	1520	2680	1,76
MnSi-Stahl	Mn 3v	2310	1850	10	12	1870	1860	3220	1,73
Walzstahl	ZN	2615	2000	10	12	2190	2000	3770	1,88
Walzstahl	VZ	2672	2380	12	14	2200	2050	3640	1,77
MnSi-Stahl	Mn 3v g	2840	2680	10	12	2860	2860	4970	1,74
CrSi-Stahl	KE v	3310	3220	10	12	3110	3090	—	—
NiCr-Stahl	HNC 3	4100	3740	10	12	3600	3580	6240	1,74
CrSi-Stahl	KE v g	4580	4230	12	14	4280	4220	7330	1,73
NiCr-Stahl	HNC 3 g	5380	4980	10	12	4230	4220	7200	1,71
NiCr-Stahl	PA extra g	5950	4960	10	12	4990	4660	8210	1,76
NiCr-Stahl	PA extra	6060	5200	12	14	5250	4870	8660	1,78

[1]) Die Zugstreckgrenze S_{zu} wurde berechnet als Quotient aus Belastung und ursprünglichem Querschnitt. Der mit dem tatsächlichen Querschnitt errechnete Effektivwert S'_{zu} ist größer und beträgt, wenn ε_s die Dehnung am Ende der Streckgrenze bedeutet, $S'_{zu} = S_{zu}(1 + \varepsilon_s)$. Bei weichen Stählen ist ε_s bis stark 4% und daher die Streckgrenze und das oben erwähnte Streckgrenzenverhältnis entsprechend höher, z. B. bei Stahl BW $S'_{zu} = 24{,}9(1 + 0{,}026) = 25{,}5$ kg/qmm und $S'_{zu} : S_{du\,eff} = 1{,}66 \cdot 1{,}076 = 1{,}7$.

grenze[1]). Letzteres hat nach der HUBERschen Festigkeitshypothese von der Gestaltänderungs- oder Gleitungsarbeit den Wert 1,73.

Abb. 8, veröffentlicht in der Z. V. d. I. 1928, S. 1633, ist durch die mit + bezeichneten, inzwischen ermittelten Versuchswerte ergänzt, wodurch die in dem früheren Bild vorhanden gewesene Lücke ausgefüllt ist. Die sämtlichen Versuchswerte gruppieren sich um die Linie $S_{zu} = 1{,}73 \cdot S_{du\,\mathrm{eff}}$ in sehr guter Übereinstimmung mit der Festigkeitshypothese von der Gleitungsarbeit; das Bild umfaßt Stähle von 20 bis gegen 90 kg/qmm Zugstreckgrenze. Die in der Abb. 8 hervortretende Gesetzmäßigkeit zeigt beiläufig, daß die Streckgrenze, nämlich die untere, durch Abwarten des stabilen Zustandes bestimmte, zur physikalischen Kennzeichnung der Belastbarkeit des Stahles bei ruhender Last geeignet ist[2]).

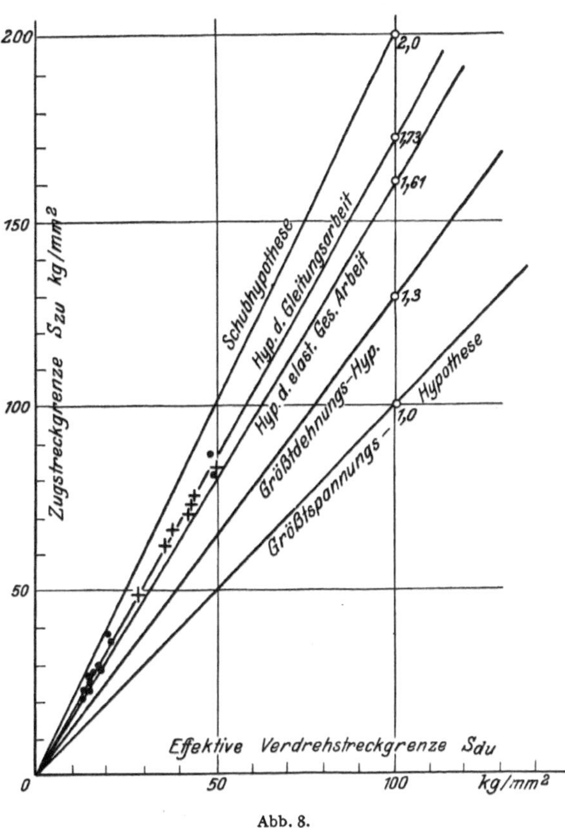

Abb. 8.

[1]) Hierbei sind die am Hohlstab ermittelten Effektivwerte benützt.

[2]) CZOCHRALSKI bezeichnet die Elastizitätsgrenze als mechanisches Chamäleon, ferner die Elastizitäts- und Streckgrenze als Schlagworte, die demgemäß bewertet werden sollten. Dies kann man bei einem vorgereckten, in einem instabilen Zustand befindlichen Metall gelten lassen, das der sog. Alterung unterliegt. Sobald der Zustand des Werkstoffes normal und hinreichend bekannt ist, sobald ferner die Erzeugung und Vorbehandlung hinreichend beherrscht wird, ist die Streckgrenze begrifflich und physikalisch bestimmt und für die Anwendung brauchbar.

Atommodelle, Ergebnisse und Methoden der Atomforschung.

Vortrag, gehalten am 20. X. 28 vor der Vereinigung von Freunden der Technischen Hochschule Stuttgart.

Von

P. P. Ewald, Stuttgart.

Über Atommodelle historisch zu reden, hieße sich zunächst durch das Gedankenwerk von Generationen von Forschern durchfinden, denen die notwendigen Tatsachen nicht zur Verfügung standen, ohne die der Aufbau naturwissenschaftlicher Vorstellungen rein spekulativ bleibt. Die einfachen, gut gesicherten physikalischen Erkenntnisse der Menschheit liegen dort, wo unmittelbare wiederholte Beobachtung die Kontrolle erlaubt — bei den Fallgesetzen, den Planetenbewegungen und ähnlichem. Die Frage nach Atomen, die seit Urzeiten die Denker beschäftigt hat, war spekulativ, unkontrollierbar, war eine durch vage Analogien getragene Metaphysik. Sie wurde erst präzis im Sinn der Naturwissenschaften, als die Beobachtungsmittel so weit verfeinert waren, daß die Wirkungen des atomistischen Aufbaues der Materie sich direkt in den Messungen selbst fühlbar machten. Hierdurch rückte zwar die Atomlehre in die Reihe der sicheren physikalischen Wissenszweige auf, trotzdem aber blieben gerade manche von den Fragen unerledigt, die den philosophischen Fragestellern die wichtigsten gewesen waren, so die Frage, ob die Materie letzten Endes kontinuierlich oder diskontinuierlich aufgebaut sei. Nach einer Blütezeit diskontinuierlicher Auffassung neigt die Atomtheorie heute mehr einer Kontinuumstheorie zu. Doch schätzt sie die Wichtigkeit einer Entscheidung dieser Frage niederer ein, als die Philosophen es taten.

Vor einigen Jahren wäre ich wohl versucht gewesen, Ihnen in einem Vortrag mit dem Titel Atommodelle solche wirklich vorzuführen, d. h. vergrößerte Nachbildungen, die den Aufbau der Atome aus ihren einfacheren Bestandteilen, den elektrischen Ladungen, darstellen sollen. Heute sind wir, durch zahlreiche Erfahrungen veranlaßt, zu einer sehr skeptischen Haltung gelangt. Nicht daß wir an den Leistungen der Atomtheorie zweifelten — aber wir sind Puristen geworden: Wir haben erfahren, daß wir zu oft geneigt waren, die Gesetze, die an Atomen gefunden wurden, in einem uns naheliegenden Sinn aufzufassen und durch anthropomorphe Modelle zu deuten, d. h. solche Modelle, die den uns im Groben geläufigen Verhältnissen nachgebildet sind. Es hat sich öfters gezeigt, daß solche Modelle einige Gruppen von Eigenschaften der Atome gut wiedergeben, bei anderen aber versagen. Deshalb können wir sie nicht als Atommodelle bezeichnen. Denn darunter wollen wir doch etwas verstehen, was „der Wirklichkeit“ entspricht, und das heißt physikalisch: daß das Modell alle Eigenschaften des Atoms — zum mindesten von bestimmt angebbaren Grenzen ab — zu deuten gestattet. Ein solches Modell haben wir durch die anthropomorphen Analogien nicht gewinnen können, und wir zweifeln heute ernstlich daran, ob ein Modell in dem ursprünglich gemeinten Sinn überhaupt möglich ist. Die Gründe hierfür möchte ich Ihnen in meinem Vortrag auseinandersetzen.

Die Aufgabe der Atomforschung ist eine doppelte. Denn die Kenntnis des Atoms wäre erreicht, wenn man erstens den Bau des Atoms wüßte — also das besitzt, was als ein Bild oder ein totes Modell des Atoms bezeichnet werden kann. Und zweitens, wenn man die Gesetze kennte, die in der Atomwelt herrschen —, so daß man also in das tote Modell das richtige Leben hineinhauchen kann. Ob aber die physikalischen Gesetze für die Atomwelt die gleichen sind wie für die grobe Welt der Dinge — wer wollte das verbürgen? Denken wir doch daran, wie wir etwa die Gesetze der Mechanik gewinnen: Beobachtungen an Billardbällen und Kanonenkugeln lehren sie uns. Unter den empfindlichsten Meßinstrumenten der Physik sind das Pendel und die Wage — welche Dimensionen gegen Atome! Denken wir uns die Billardkugel zur Größe unserer Erde aufgeblasen, so wären ihre Atome nicht größer darzustellen als jetzt die Billardkugel. Wir würden uns gar nicht sehr darüber wundern, wenn die Stoß- und Bewegungsgesetze, die wir für Billardbälle ableiten, für Erdkugeln gewisse Modifikationen erführen. Dürfen wir erwarten, daß sie nach der Seite des Kleinen hin bis ins Reich der Atome Geltung behalten? In der Tat tun sie es nicht, und wir wissen heute, daß wir genötigt sind, für die Atomwelt neue Gesetze, eine neue Mechanik, aufzustellen. Reichte uns also selbst eine freundliche Gottheit das wahrheitsgetreue Modell eines Atoms dar, so würden wir es nach falschen Regeln betreiben, wenn wir die gewohnten Sätze darauf anwendeten, nach denen wir uns das Wirken einer Maschine klarmachen.

Die Aufgabe der Atomforschung ist darum, wie ich sagte, eine doppelte: das Modell zu finden und die Gesetze zu finden, nach denen es arbeitet. Man versteht, daß diese Aufgabe schwierig ist und daß die beiden Teilaufgaben in einer so engen Bedingtheit stehen, daß jede Änderung in der Erkenntnisstufe der Gesetze eine Änderung vielleicht ganz prinzipieller Art am Aussehen des Modells hervorrufen kann.

Dabei dürfen wir folgendes nicht vergessen: Der Weg der exakten theoretischen Naturerkenntnis ist so beschaffen, daß aus der Kombination gewisser Beobachtungstatsachen Vorstellungen gebildet und Schlüsse gezogen werden, deren Berechtigung einzig und allein darin beurteilt wird, ob sie weitere Tatsachen miterklären oder gar vorauszusetzen vermögen. Wie in der groben Physik, gilt dies auch in der Atomphysik. Ohne die stete Kontrolle an den Tatsachen würden wir bald eine lustige Fabel dichten, statt uns dem zu nähern, was wir als Wirklichkeit bezeichnen; mit dieser Kontrolle ist die Atomphysik um nichts vager oder unsicherer als etwa die Lehre vom elektromagnetischen Feld, dessen Kraftlinien unseren Sinnen ja auch direkt nicht faßbar sind. —

Indem wir so die Verknüpfung von Tatsachen durch gewisse Gesetze als das Wesentliche und Prüfbare bezeichnen, werden wir uns sofort bewußt, daß die Modelle, die wir zur Auffindung der Gesetze benutzt haben, einen erheblich geringeren Grad von Sicherheit haben als die Gesetze. Die Modelle sind direkt unkontrollierbar, sie sind eine menschliche Zutat, ein Bildnis und Gleichnis des Atoms, an das wir geglaubt haben, als wir bewährte Schlußfolgerungen ableiteten — aber darum brauchen sie nicht richtig zu sein! Auch nicht jede Diagnose, die dem Patienten das Leben rettete, war richtig! Ein anderes Modell, noch dazu nach anderen Grundsätzen betrieben, führt vielleicht auf dieselben gesetzmäßigen Verknüpfungen zwischen den bislang beobachteten Tatsachen. Solche Vieldeutigkeiten sind in der Atomphysik der letzten zehn Jahre wiederholt vorgekommen. Sie haben zu dem Purismus geführt, von dem ich eingangs sprach, zu einem Zweifel an allen Modellen, die unseren Erfahrungen im Groben nachgebildet sind. „Die Formeln sind gut, der Roman ist schlecht", hat EINSTEIN von einer der neuen Theorien gesagt.

Fällt mit dem Glauben an das Atommodell die Leistung der Atomtheorie hin? Was bleibt von ihr auch vor dem Puristen bestehen? Welches ist die Bilanz, durch die sich sie als existenzberechtigt ausweisen kann? Zwei große Gebiete sind es vor allem, in denen man seit langem die direkteste Äußerung der Atome sehen mußte: Die Spektren der Atome, die ja so charakteristisch sind, daß an ihrer Lichtaussendung die Atomsorten am leichtesten und sichersten erkannt werden, und die Chemie — die Chemie der Atome können wir direkt sagen, denn daß die chemische Bindung nichts anderes als ein unmittelbarer Ausfluß der Atomkräfte wäre, war seit den Kindheitstagen dieser Wissenschaft wohl nie mehr ernstlich bestritten. Auf keinem andern ureigensten Gebiet der Atomkräfte war durch Generationen emsigster Forscher ein vergleichbares Material an Tatsachen gesammelt worden als auf diesen beiden Gebieten. Die Tabellen und Atlanten der Spektroskopiker, die Lehr- und Handbücher der anorganischen und organischen Chemie legen Zeugnis davon ab. Hier waren Eigenschaften über Eigenschaften der Atome registriert, ohne daß es je gelungen wäre, verständige Ordnung und quantitativen Zusammenhang hineinzutragen. Verzweifelnd verglich W. VOIGT in Göttingen den Rückschluß von den Spektren auf die Atommodelle mit der Aufgabe, daß der unkundige Hörer einer Symphonie aus der Musik auf den Bau der Instrumente des Orchesters zurückschließen solle.

Die moderne Atomtheorie hat beide Gruppen von Tatsachen im Prinzip bezwungen. In den Spektren haben wir durch ihre Anleitung die Gesetze erkannt. Die 2600 Spektrallinien, die das Eisen allein in sichtbarem Gebiet aussendet, stehen nicht mehr unverknüpft nebeneinander, sondern bilden Systeme, die uns über die verschiedenen möglichen Zustände des Eisenatoms Auskunft geben und deren vorausgesagte Zusammenhänge sich bei den weiteren Messungen bewährt haben. Von den Spektren ist die Verbindung geschlagen zu den chemischen Eigenschaften des Atoms. Wir entnehmen ihnen Aussagen über den „Grundzustand" des Atoms, die bestimmend sind für die Wärmetönungen bei den chemischen Umsetzungen. Die Röntgenspektren liefern uns eine Selbstnumerierung der Elemente, an der wir mit unfehlbarer Sicherheit die Lücken im periodischen System erkennen. Die optischen Spektren geben eine Begründung dafür, welche Elemente chemisch verwandt sind, d. h. warum man die Perioden des Systems wählen muß, wie es geschieht. Das früher vergeblich gesuchte Element Hafnium wurde entdeckt als unmittelbare Folge spektroskopischer Einsichten. Vielleicht am deutlichsten tritt die Verknüpfung beider Gebiete hervor beim Reaktionsleuchten, d. h. bei den Lichterscheinungen, die mit vielen chemischen Umsetzungen verknüpft sind. Man kann sagen, daß der Boden, auf dem die Chemie ruht, von der Physik erobert worden ist.

Diese Aufzählung allein zeigt, daß die Atomtheorie genügend viele handgreifliche Erfolge hat, um ihre Existenz zu rechtfertigen und uns erkennen zu lassen, daß sie endlich auf dem rechten Wege ist.

Wenn ich nun dazu übergehe, Ihnen von den Atommodellen selbst zu sprechen, so will ich nicht den Versuch unternehmen, meine Behauptungen abzuleiten oder durch Beobachtungen zu erhärten. Das würde zu viel Zeit beanspruchen. Ich möchte Ihnen vielmehr nur in einer Schilderung die derzeitigen Ansichten über Atommodelle und die Methodik und Fragen der Atomtheorie vorführen, wobei ich mich, um Ihr Vertrauen zu gewinnen, berufen muß einerseits auf den geschilderten Skeptizismus, mit dem der Forscher heute selbst auf das verflossene Werk blickt, und andererseits auf die obige Liste von kontrollierbaren Erfolgen, die sich leicht ungebührlich verlängern ließe. Sie werden vielleicht finden, daß ich Ihnen nichts über die Modelle sage, was Sie nicht aus der einen oder anderen Darstellung schon kennen — oder sogar noch weniger —; aber selbst auf diese Gefahr hin möchte ich mich nicht von dem Puristenstandpunkt entfernen. Denn im Grunde ist das, was wir verbürgen können, interessanter, als was wir phantasieren.

Wir beginnen mit dem Allgemeinsten, mit der Existenz der Atome. Der Name des Unteilbaren scheint in sich dem Gedanken an seinen Aufbau zu widersprechen. Zudem sagte ich schon eingangs, daß die neueste Entwicklung auf eine Art Kontinuumstheorie hinausläuft. Können wir dabei überhaupt mit gutem Gewissen die Behauptung von einer Atomistik aufrecht erhalten? Diese Frage ist unbedingt zu bejahen. Mag das Atom auch aus Teilen aufgebaut sein, mag es selbst ein Kontinuum oder ein Diskontinuum sein — es bleibt ein Markstein im Aufbau der Materie. So wie die Zelle im Aufbau der lebenden Substanz nicht die letzte Einheit, aber doch ein deutlich abgegrenzter Baustein ist.

Das Atom hat eine energetische Bedeutung. Zerpochen wir Gestein, so zerfällt es in Grieß und Staub; die Arbeit, die wir hineinstecken, wird erfordert, um die neuen Oberflächen zu schaffen. Für jede neue Trennung müssen wir den gleichen Energiebetrag aufwenden. Geht dies unbegrenzt fortzusetzen? Nein! Denn gelänge es, auf diese Art bis zum Molekül oder Atom fortzuschreiten, so würde plötzlich zu weiterer Trennung eine weit höhere Energie erforderlich sein. Wir können ihre Größe angeben: es ist nämlich im Fall des Moleküls die chemische Energie, im Fall des Atoms die Ionisierungsarbeit. Die Bedeutung des Atoms ist also nicht an seine Unteilbarkeit im wörtlichen Sinne geknüpft, wohl aber an seine Schwerteilbarkeit. Diesen Sinn wird es immer behalten.

Analog steht es mit dem Elektrizitätsatom, dem Elektron. Noch immer wo wir mit sauberen Mitteln kleinste Elektrizitätsmengen herzustellen versucht haben, sind wir bei einer Elementarladung oder einfachen Vielfachen davon angelangt, dem Elektron. Entgegenstehende Behauptungen sind gerade durch die Untersuchungen in diesem Institut unter Prof. REGENER entkräftet worden. Ob das Elektron die letzte unteilbare Einheit ist — viel spricht dafür, aber wer wollte es verbürgen? Was wir nur wissen, ist, daß offenbar Kräfte anderer als der bekannten Größenordnung nötig sind, um es zu zerteilen.

Neben der Existenz können wir die Ausdehnung der Atome verbürgen — trotz der Möglichkeit einer Kontinuumstheorie. Wenn wir die Atomdimensionen — sagen wir einen Kugeldurchmesser — zu 10^{-8} cm angeben — also 100 Millionen Atomkugeln nebeneinander bilden 1 cm —, so heißt das, daß sich die Atome erst in diesen Abständen mit wesentlichen Kräften beeinflussen.

Ferner die Atommasse. Sie ist für jede Atomart eine andere, und die Chemie lehrt uns die Massenverhältnisse in den chemischen Atomgewichten kennen. Die Physik geht weiter und gibt die absoluten Massen an: 1 Wasserstoffatom $1{,}64 \cdot 10^{-24}$ g, ein Sauerstoffatom 16mal so viel usw. Ein Elektron hat etwa 2000mal weniger Masse als das leichteste Atom. Um sie uns vorzustellen, denken wir uns Grammgewichte zu Grammgewichten gehäuft, bis die Masse der Erde erreicht ist, — eine gleiche Unzahl von Elektronen brauchen wir, um insgesamt mit ihnen die Masse von einem Gramm zu erzeugen!

Zu den sicheren Tatsachen gehört ferner der elektrische Aufbau der Atome. Atome zeigen freiwillig ihre elektrische Wesenheit, z. B. in Lösungen, wo sie zu Ionen werden, d. h. geladenen Atomen, die die Leitung eines elektrischen Stromes übernehmen können. Hier sind es die gegenseitigen Kraftfelder, die ihnen Ladungen entreißen. In den Spektralröhren sind es von uns angelegte elektrische Felder, die 1, 2, 3 und mehr Elektronen aus dem Gefüge des Atoms herausreißen können.

Wir wissen über diesen elektrischen Aufbau noch mehr Sicheres: Die Zahl der Elektronen in jedem normalen, d. h. nicht ionisierten Atom. Diese Zahl ist gleich seiner Stellenzahl Z im periodischen System, also 1 Elektron bei Wasserstoff, 2 bei Helium, 8 bei Sauerstoff, 92 beim Uran — eine Folgerung, die zuerst ein Jurist, VAN DEN BROEK, ausgesprochen hat.

Auch über die örtliche Verteilung der Elektronen lassen sich sichere Aussagen machen. Die Elektronen sind durch einen Raum von etwa 10^{-8} cm Durchmesser zerstreut. Sie verteilen sich in verschiedene „Gruppen" oder „Schalen", die sich merklich durch die Festigkeit ihrer Bindung unterscheiden. Das ist wieder an den Energiebeträgen zu sehen, die zur Abtrennung von Ladungen aus den verschiedenen Schalen nötig sind. In der älteren Atomtheorie hat man versucht, hieran genaue modellmäßige Vorstellungen anzuschließen; heute können wir aber nicht an ihnen festhalten.

Den negativen Elektronenladungen des Atoms müssen ebenso viele positive gegenüberstehen, da ja das Atom als Ganzes elektrisch neutral ist. Sie befinden sich im Atomkern. Über diesen können wir mit Sicherheit aussagen: Der Kern nimmt nur einen verschwindend kleinen Raum im Atom ein. Wir können wieder den Durchmesser des Kerns definieren als den Abstand, bei dem zwischen zwei Kernen, die einander genähert werden, ungewöhnliche, große Kräfte auftreten. Durch die klassischen Arbeiten von RUTHERFORD über den Stoß von α-Teilchen wissen wir, daß dieser Durchmesser von der Ordnung 10^{-13} cm ist — stellen

Sie sich also den Atomdurchmesser vor gedehnt auf 1 km, so ist der Kern so groß wie eine Haselnuß. EDDINGTON sagt mit Recht, im Atom sei der Platz in der verschwenderischsten Art verwertet. Dieser Kern hat, wie gesagt, eine positive Überschußladung von ebensoviel Einheiten, als das Atom außen Elektronen hat, d. h. gleich der Stellenzahl Z. Außerdem ist der Kern der Ort, an dem praktisch die gesamte Masse des Atoms sich befindet. Gerade diese zunächst so überaus unwahrscheinliche ungeheure Konzentration der Masse wird gebieterisch gefordert durch die RUTHERFORDschen Stoßversuche. In dieser Zusammendrängung der Masse liegt eine Energieaufspeicherung, von der wir uns kaum eine Vorstellung machen können. Nur ein geringer Bruchteil dieser Energie ist es, was wir als Wucht des α-Teilchens kennenlernen, das aus den Kernen der radioaktiven Atome mit Geschwindigkeit bis zu 20000 km/sec ausgestoßen wird.

Der Kern selbst ist ein vielleicht nicht weniger kompliziertes Gebilde wie das ganze Atom, dessen Teil er bildet. Er besteht aus positiven und negativen Ladungen — erstere im Überschuß, und es finden sich sehr wahrscheinlich Wasserstoff- und Heliumkerne, die zwei leichtesten, vorgebildet in den schwereren Kernen vor. Wir ahnen in diesen Räumen von 10^{-13} cm Durchmesser eine neue Welt versteckt, deren Gesetze wir erst in besonders glücklichen Fällen formulieren, deren Formen wir nur in den allgemeinsten Umrissen erraten können. Welche Aussicht, hier im kleinsten tastend weiterzuforschen nach dem Wesen der Dinge!

Fassen wir die als sicher bezeichneten Angaben, die jedes Atommodell erfüllen muß, zusammen, indem wir von innen nach außen fortschreiten: Wir haben zu innerst den Kern, dessen Gesamtmasse und Ladung bekannt sind und der so klein ist, daß wir von seiner Zusammengesetztheit für alle Probleme des äußeren Aufbaus der Atome absehen dürfen. Dann haben wir Z Elektronen, die die positive Gesamtladung des Kerns neutralisieren in verschieden festen Bindungsstufen innerhalb eines Raumes von etwa 10^{-8} cm Durchmesser unterzubringen. Dies Modell ist so auszugestalten, und es sind solche Gesetze dazu zu erfinden, daß die beobachtbaren Atomäußerungen, insbesondere also die spektralen und chemischen Eigenschaften, nach einheitlichen Gesichtspunkten daraus folgen.

Über diesen zweiten, noch nicht endgültig erledigten Teil der Aufgabe möchte ich Ihnen jetzt zwei Schilderungen geben, meist an Hand des Wasserstoffatoms, des einfachsten Atoms. Zuerst die Vorstellung der „klassischen Quantentheorie“, sodann die der neuen Quantentheorie oder „Wellenmechanik“.

Der Gedanke, mit dem NIELS BOHR 1913 die Atomtheorie weckte, war begreiflicherweise möglichst konservativ. Er ahmte die Verhältnisse des Himmels in den kleinen Dimensionen nach, indem er den Kern, fast unbeweglich, als Sonne hinsetzte, um den das Elektron des Wasserstoffs als Planet kreist — KEPLER-NEWTONsche Mechanik aus dem Großen ins Kleine projiziert. Die himmelsmechanischen Gesetze werden von BOHR nicht abgeändert, sondern nur mit einer Zusatzbedingung versehen, der „Quantenbedingung“, die die Dimension der Planetenbahn festlegt. Darin unterscheiden sich die Planetenbahnen am Himmel und im Atom, daß dort jeder Planet auf seiner einmal eingeschlagenen Bahn bleibt, — warum die Bahnen gerade die tatsächlichen Ausmaße haben, darüber sagen uns einstweilen auch die Kosmogonien nichts —, während hier im Atom jeder Planet eine ganze Reihe von festdimensionierten Bahnen zur Verfügung hat. Zwischen diesen Bahnen kann er wechseln, so daß das Atom als Ganzes eine diskrete Reihe von möglichen Zuständen hat, von denen einer, der Grundzustand, sich durch seine Häufigkeit auszeichnet. Dieser Umstand ist etwas Bezeichnendes für die moderne Atomtheorie: daß ein Atom — sagen wir Wasserstoff oder Sauerstoff — nicht ein unabänderlich gleiches Gebilde ist, sondern verschiedener Zustände fähig. Man versteht, von wie tiefgreifender Bedeutung dies für sein chemisches Verhalten ist. So ist der Übergang eines Atoms in einen höheren als den Grundzustand in vielen Fällen als die Vorbedingung für das Einsetzen einer chemischen Reaktion erkannt worden. Der Übergang von einem höheren Zustand in einen anderen ist meist mit der Aussendung einer Spektrallinie verknüpft, und umgekehrt dürfen wir sagen, daß die Deutung der Spektren, die Bohr uns gelehrt hat, uns direkt die Energien angibt, die bei den Übergängen des Atoms von einem Zustand in den anderen frei werden.

Die ältere Quantentheorie baut ganz auf jenem von Bohr geschaffenen Bild weiter. Die schweren Atome sind Gebilde mit einem sonnenhaften Kern und einer Schar von Elektronenplaneten, die an Kompliziertheit unser Sonnensystem in Schatten stellen. Auf diese Gebilde wird die Himmelsmechanik nebst den Quanten-Zusatzbedingungen angewandt. Ein Jahrzehnt an Forschung hat eine große Fülle von Beobachtungen mit dieser Vorstellung verknüpfen und deuten lassen, aber an einigen wesentlichen Punkten versagt sie. Die zwei nach dem Wasserstoffatom übersichtlichsten Gebilde sind die Steine des Anstoßes geworden: das Wasserstoffmolekül und das Heliumatom — Gebilde mit je 2 Elektronen und 2 bzw. 1 Kern. Sie sind mit den Beobachtungen nicht in Einklang zu bringen. Man ist an ihnen schließlich zu der Überzeugung gelangt, daß nicht nur diese und ähnliche Modelle unzulänglich sind, sondern daß es notwendig ist, die Billardkugel- und Planetenmechanik aufzugeben und radikal abzuändern, wenn man in die Dimensionen der Atome hinabsteigt.

Die auf diese neue Überzeugung gegründete Atomtheorie von Schrödinger heißt die Wellenmechanik. Sie gelangt in der heute meist angenommenen Deutung ihrer Formeln zu dem Ergebnis, daß es im Bereich der Atomdimensionen überhaupt nicht möglich ist, im Sinn der alten Mechanik präzise Angaben über die Bahn der Elektronen zu machen. Das bedeutet einen prinzipiellen Verzicht auf Modelle von der Art, wie wir sie uns bisher vorgestellt hatten. Nach einem Gedanken, den Heisenberg als Postulat ausgesprochen und an Beispielen plausibel gemacht hat, ist es prinzipiell unmöglich, von einem Atom oder Elektron gleichzeitig mit aller Schärfe den Ort und die Geschwindigkeit festzustellen, — Angaben, die wir doch als Anfangsbedingungen für jeden nach der klassischen Mechanik beschriebenen Bewegungsablauf brauchen. Diese Unbestimmtheit wirkt sich dahin aus, daß es überhaupt nicht möglich ist, von einem bestimmten Bewegungsablauf zu sprechen, sondern nur von einer Wahrscheinlichkeit, mit der man die Elektronen in der Umgebung des Kerns und mit bestimmten Geschwindigkeiten antreffen kann. In der Atomwelt ist es nach dieser Auffassung verboten oder zwecklos zu fragen, wie ein einzelnes Elektron sich bewegt, weil sich nur Wahrscheinlichkeiten angeben lassen. Bei der Übertragung dieser Prinzipien auf die Mechanik grober Massen wird die Unsicherheit relativ so klein, daß die Wahrscheinlichkeit in Bestimmtheit übergeht. — Es besteht eine weitgehende Analogie zwischen der mechanischen Bahn, die ein Körper beschreibt, und einem Lichtstrahl, den wir ja auch von den Sternen her durch die Atmosphäre und durch die Linsen des Fernrohrs hindurch verfolgen können auf Grund der einfachsten Brechungsgesetze. Aber sobald wir ihn durch einen Spalt aussondern und hinter dem Spalt wiederfinden wollen, hat er sich aufgelöst in eine Beugungserscheinung: es ist verboten oder zwecklos, hinter dem Spalt die Lichterscheinung aus Strahlen ableiten zu wollen, wir haben dort nicht mehr einen geometrisch-optischen Strahl, der durch seinen Vorgänger auf der andern Seite des Spalts determiniert wäre, sondern eine Lichterscheinung von einer kontinuierlichen Mannigfaltigkeit, ein wellenoptisches Lichtfeld. Ebenso haben wir um den Atomkern nicht einzelne klassisch-mechanische Elektronenbahnen, sondern ein wellenmechanisches „Ladungsfeld", das die Einzelheiten eines Elektrons im augenblicklichen Zustand weder zu erkennen noch zu definieren gestattet. Die unmittelbare Bestimmung dieses Ladungsfelds durch die SCHRÖDINGERsche wellenmechanische Differentialgleichung tritt an die Stelle der mühsamen Bahnberechnungen und der besonderen, quantenhaften Zusatzbedingungen der älteren BOHRschen Atomtheorie. Mit BORN interpretiert man dies „Ladungsfeld" als eine statistische Ladungsdichte: es gibt für jeden Ort die Wahrscheinlichkeit an, dort eine Elementarladung anzutreffen.

Das Bild des Wasserstoffatoms nach der Wellenmechanik ergibt sich nunmehr ganz abweichend von dem Planetenmodell: der Kern ist umgeben von einem System von stehenden Wellen der elektrischen Ladungsdichte, so etwa wie sich auf der Wasseroberfläche in einem Waschbecken stehende Ringwellen ausbilden, wenn man den Finger in der Mitte der Oberfläche auf und ab bewegt. Nur besteht gegen dies Modell der Unterschied, daß das Wellensystem durch keinen Rand begrenzt ist, sondern sich bis ins Unendliche erstreckt. Darin liegt die Aussage, daß das Atom prinzipiell nicht auf einen endlichen Raum beschränkt ist! Freilich findet sich gleichzeitig die alte Forderung, daß es einen Durchmesser von 10^{-8} cm haben soll, praktisch erfüllt, denn die Amplitude der stehenden Welle nimmt außerhalb eines solchen Raums so schnell ab, daß draußen nur ein verschwindend geringer Bruchteil seiner Gesamtladung liegt. Nach der Wahrscheinlichkeitsauffassung heißt dies, daß man in der überwiegenden Mehrzahl der Fälle das Elektron nicht weiter als 10^{-8} cm von seinem Kern entfernt antrifft. — Der gleiche Atomkern kann von verschiedenen Wellensystemen umgeben sein, so wie sich im Waschbecken mehr oder weniger enge Wellen ausbilden, je nach der Frequenz, mit der wir den Finger heben und senken. Für das Atom bedeutet jedes Wellensystem einen besonderen Zustand; in den Ladungsdichten, die dazu gehören, können wir ungefähr die zeitlichen Mittelwerte der Elektronenlagen wiederfinden, die in den älteren BOHRschen Modellen berechnet wurden. Und was das erstaunlichste ist: zu jedem Zustand gehört ein Energieinhalt des Atoms, der sich mit dem aus den Spektren entnommenen auch in den Fällen deckt, wo die alte Quantenmechanik versagte. Trotz der Unsicherheit über den Ort der Ladungen stellt sich bezüglich der Energie, also der aus den Spektren unmittelbar zu entnehmenden Größe, die notwendige Determiniertheit wie früher her. — In anderen Zügen verhalten sich die Aussagen der Wellenmechanik ganz abweichend von der gewohnten Mechanik. Hat das Elektron im Wasserstoffatom eine gewisse Gesamtenergie, so läßt die KEPLER-NEWTONsche Mechanik für den Elektronplaneten zwar vielgestaltige Bahnen zu, jedoch keine einzige Bahn außerhalb der Grenze, die das Elektron erreichen würde, wenn es mit aller verfügbaren Energie zentral von der Sonne weggeschleudert würde. Also muß auch die mittlere Elektronendichte, die durch Mittelung über alle nach KEPLER-NEWTON möglichen Bahnen erhalten werden kann, außerhalb dieser Grenze zum Wert Null führen. Anders die Wellenmechanik. Wenn auch die Ladungsdichte in Abständen größer als 10^{-8} cm vom Kern sehr gering ist, so ist sie prinzipiell bis in unendliche Entfernung vorhanden. Und das heißt, daß wir gelegentlich, wenn auch sehr selten, ein Elektron jenseits der Abstandsgrenze vorfinden werden, die ihm nach der alten Mechanik bereits aus energetischen Gründen gezogen war. Dieser Umstand zeigt uns deutlich, daß die uns geläufigen mechanischen Vorstellungen in den kleinen Dimensionen ebenso gröblich verletzt werden oder versagen wie die geometrisch-optischen Vorstellungen dann, wenn die Lichtstrahlen zu sehr eingeengt werden.

Die Wellenmechanik rüttelt also an den Grundlagen unserer mechanischen Wissenschaft überhaupt. Wir betrachten heute die grobmechanischen Gesetze nicht mehr als so unantastbar, wie es ihre Anwendbarkeit im großen auf Sternsysteme, in mittleren Dimensionen auf Maschinen und im kleinsten bis hinab zu ultramikroskopischen Teilchen zu fordern schien. Die NEWTONsche Mechanik — wo erforderlich in der durch die Relativitätstheorie vorgeschriebenen Form — ist uns heute nur ein Grenzfall der wahren, grundlegenden Mechanik, der Wellenmechanik, — so wie die geometrische Optik ein Grenzfall ist, der sich bei genügend ungehinderter Ausbreitung des Lichtes aus den wahren wellenoptischen Gleichungen rechtfertigen läßt.

Wir ahnen, daß für unser physikalisches Weltbild die Wellenmechanik wiederum ein wesentlicher Schritt vorwärts zur Vereinheitlichung ist. Schroff standen die kontinuierlichen, feldmäßigen Größen, wie elektrische und optische Felder, den diskontinuierlichen, korpuskularen Größen gegenüber, Atomen, Elektronen. Am Anfang der modernen Atomtheorie standen Beobachtungen und Gesetze — ich nenne nur die Namen PLANCK und EINSTEIN —, bei denen man gezwungen wurde, dem Licht solche Eigenschaften beizulegen, wie man sie sonst nur bei Korpuskeln kannte — lokale Anhäufungen von Wucht, die mit der Vorstellung einer gleichmäßigen Ausbreitung der Wellen nach allen Seiten völlig unvereinbar sind. Heute haben wir noch viel handgreiflichere Beobachtungen für diese Seite der Lichtwirkung als damals. Aber umgekehrt ist uns in der Wellenmechanik die korpuskulare Materie in Ladungsverteilungen oder -felder aufgelöst, die keinerlei Ähnlichkeit mit den ehedem so punktförmigen Atomen und Elektronen haben. Wenn heute ein Physiker an die fliegenden Elektronen in einem Kathodenstrahl denkt, so tritt ihm neben das frühere Bild des Geschoßhagels das wellenmechanische Bild des Kathodenstrahls, nämlich eine ebene Welle von bestimmter Wellenlänge. Und zum Zeichen, daß dies Bild keine bedeutungslose Spekulation ist, prüft er es, indem er den Kathodenstrahl auf einen

Kristall oder auf ein optisches Beugungsgitter auffallen läßt — und siehe da: die Elektronen des Kathodenstrahls werden abgebeugt genau wie eine Lichtwelle. In den gleichen Richtungen, in denen die Elektronenwelle Beugungsmaxima aufweisen soll, treffen auch die meisten Elektronenkorpuskeln die Platte. Dies ist ein Versuch, dem wir ohne die Anschauungen der Wellenmechanik völlig verständnislos gegenüberständen und dessen handgreifliche Bestätigung ihrer Ansichten den tiefsten Eindruck machen mußte. Kontinuum und Diskontinuum sind nur zwei Aspekte des gleichen Dinges. Die vordem dualen Gegensätze sind in einen engen Verband getreten. Die Zeit kann nicht fern sein, wo wir ihn noch viel deutlicher als heute durchschauen und zur weiteren Vereinheitlichung unseres physikalischen Weltbildes verwerten werden.

Die Architekturabteilung der Technischen Hochschule Stuttgart vor fünfzig Jahren.

Von

E. FIECHTER, Stuttgart.

Die Jahrzehnte von 1860 bis 1880 darf man als eine besondere Blütezeit der Architekturabteilung bezeichnen. Die Männer, die damals zum Ruf und Ruhm der Abteilung und der Hochschule beigetragen haben, waren CHRISTIAN FRIEDRICH LEINS (tätig von 1858/92), ALEXANDER TRITSCHLER (1860/99), WILHELM BÄUMER (1858/70), weiterhin KONRAD DOLLINGER (1872/1906) und ROBERT REINHARDT (1872/1911). Gleichzeitig wirkte WILHELM LÜBKE, der berühmte Lehrer für den allgemeinen Kunstunterricht und FRIEDR. TH. VISCHER, der Meister der Sprache und Ästhetik an der Hochschule. Neben den erstgenannten Fachlehrern für Entwerfen, Baukonstruktion und Baugeschichte, erteilte innerhalb einer Unterabteilung für kunstgewerblichen Unterricht Professor KOPP den Unterricht im Zeichnen und Modellieren und Professor KURZ in Figurenzeichnen. Ziselieren und Holzschneiden wurde von Hilfslehrern betrieben; auch ein kleiner Werkstattbetrieb war eingerichtet[1]). Das war ein besonders glücklicher Umstand. Man darf daraus aber nicht schließen, daß das Handwerkliche, wie wir es heute verstehen, den Vorrang gehabt hätte vor der zeichnerischen Ausbildung. Dieser galt vielmehr die größte Sorgfalt, das Bemühen aller. Die künstlerische Schulung, überhaupt die ganze Ausbildung in Kunst und technischen Dingen war im Grunde genommen eine Fortsetzung der Hohen Karlsschule, die ihrerseits die Überlieferung französischer künstlerischer Kultur gepflegt hatte. Bis in die Ecole des Beaux Arts in Paris reichten also die Wurzeln der Tradition in der Erziehung von Künstlern und insbesondere von Architekten. In Paris stand die zeichnerische Ausbildung im Vordergrund aller künstlerischen Betätigung. Dort wurde ein Grad von Feinheit des Striches, eine Meisterschaft im farbigen Anlegen von Zeichnungen, in der Schattengebung und Perspektive angestrebt, wie sie sonst nirgends mehr in solcher Höhe und Vollendung erreicht worden ist. Man darf aber ohne Übertreibung sagen, daß mit diesem Streben nach einer vollendeten Manier des Lavierens das freie künstlerische Streben oft behindert worden ist.

Dieses Pariser Vorbild blieb für alle Kunstschulen des verangenen Jahrhunderts bis in die Zeit des Deutsch-Französischen Krieges maßgebend. Wir be-

---

[1]) Diese Unterabteilung wurde auch beibehalten, als die polytechnische Schule 1864 aus dem alten „Stall" an der untern Königstraße in das neue von JOSEPH EGLE erbaute Gebäude an der Alleenstraße hinüberverlegt worden war. Sie wurde erst 1882 aufgehoben.

wundern heute, wenn wir die Pläne und Zeichnungen aus der Zeit vor hundert Jahren durchblättern, jene staunenswerte Leistung der zeichnerischen und farbigen Darstellung, die bis in die 80er Jahre anhielt und dann langsam in breitere Manier überging, bis man um die Wende unseres Jahrhunderts den letzten Rest dieser Tradition abstreifte. Es war nicht ein Unvermögen, sondern ein bewußtes Nichtmehrwollen, ein neues Tempo in der Arbeitsweise und im Fühlen, das dem feinen und sorgfältigen Bemühen um die Darstellung feindlich wurde. Nicht nur Otto Rieth hat die Fesseln der alten Pariser Zeichenkunst gesprengt und damit einen bewußten Strich unter diese Epoche des künstlerischen Zeichnens gesetzt. Heute wird von den Künstlern in ernstem Ringen um den architektonischen Gedanken stets neu der passende zeichnerische Ausdruck gesucht; alle traditionellen akademischen Formen und Manieren werden als Fessel empfunden.

Damals vor 50 bis 60 Jahren aber war nicht nur die zeichnerische Darstellung vorbildlich, sondern die Pariser Baukunst überhaupt. Jeder, der weiter streben wollte, ging nach Paris, um dort neben den „klassischen" Pariser Bauten auch die neuen aus der Zeit des Napoleon III., insbesondere den neuen Louvre, das Werk der Architekten Visconti und Lefuel kennenzulernen. Außer dieser Richtung, die eine stark phrasierte Variation der italienischen Renaissancearchitektur bedeutete, fand der Strebende eine andere, welche ins Mittelalter zurückwies. In Paris waren durch Männer wie Lassus und Viollet-le-Duc die französischen mittelalterlichen Bauten studiert und in akademischen Rezepten als mustergültige Formen und Vorbilder hingestellt worden. Diese Anregungen wirkten, wie alles Französische, weil es sich in geschliffener Form darstellt, überzeugend und unwiderlegbar.

Auch die Lehrer der Stuttgarter Schule hatten in Paris kürzere oder längere Studienjahre zugebracht und von dorther Neigung und Kenntnis französischer Baukunst. Aber man verließ sich nicht allein auf die französischen Anregungen; man reiste auch in Deutschland herum und vor allem in Italien. Rom war von jeher der Mittelpunkt aller Künstler, das ersehnte Ziel für Jeden seit Goethe und Winckelmann bis auf unsere Tage vor dem großen Krieg. Die Kunst Italiens war der reiche Quell einer Formenwelt, die man in Skizzenbüchern wonnetrunken eifrigst sammelte. Galt es in Paris sich mit den Problemen der neuen Zeit auseinanderzusetzen und die feinen akademischen Manieren kennenzulernen, in Italien lebte man unbekümmert der großen Vergangenheit, der Antike und der Renaissance. Französische Klassik, italienische Renaissance, mustergültige Vorlagen aus dem Mittelalter, das war die Welt der künstlerischen Vorstellung für die Architekten in der Mitte des vorigen Jahrhunderts. Eine umfangreiche französische Literatur von Architekturwerken entstand damals und wurde bei uns viel gekauft und studiert. Dagegen kam das, was das eigene Land selbst geschaffen hatte, nicht in Betracht für eine aufstrebende Residenzstadt. Weder die alten Giebelbauten, ja nicht einmal die spätgotischen Kirchen, konnten Vorbilder sein für die neuen Aufgaben, denn es fehlt ihnen die Regelhaftigkeit, die strenge Form, die man als Ideal erkannt hatte.

Der französische Hof war im 17. und 18. Jahrhundert das leuchtende Vorbild für die Kunst von Europa gewesen. Im sinkenden Licht dieses fürstlichen Zeitalters stand auch das 19. Jahrhundert noch. Die Kunst dieser Zeit war noch auf die Forderung der Repräsentation eingestellt wie im 18. Jahrhundert, wo sie die Größe und Selbstherrlichkeit des Landesfürsten zu manifestieren hatte. Selbst im 19. Jahrhundert bestand bei dem in Rangklassen durchgeschichteten Staat mit dem konstitutionellen Königtum noch immer das Bedürfnis nach bedeutender repräsentativer Äußerung. In diesem Zeitalter blühte die Stuttgarter Architekturschule wie in einem verlöschenden Abendschein eines glänzenden fürstlichen Weltentages. Neben königlichen Schlössern und Villen und sonstigen höfischen Bauten wurden durch den verwaltenden Staatskörper, durch Gemeinden, durch Gesellschaften und Vereine große Prachtbauten errichtet, die alle auf Repräsentation eingestellt waren. Aber weil der starke autokratische Wille eines Fürsten fehlte, weil man bereits anfing demokratisch zu werden, so ergab sich eine unerfreuliche Beziehungslosigkeit der einzelnen Werke, die im Stadtbild wie Klötze beliebig nebeneinander stehen. Von dieser beziehungslosen repräsentativen Kunst ist der Platz bei der Garnisonkirche in Stuttgart ein treffendes Beispiel. Was die Stuttgarter Schule damals schuf, wies nicht vorwärts, sondern rückwärts. Das war aber das Los aller damaligen künstlerischen Bestrebungen in Deutschland. Das Besondere war nur, die außergewöhnlich feine, frische und reizvolle Note, welche die Stuttgarter Architekturschule dieser, wie wir jetzt sehen, verlöschenden repräsentativen Architektur gab.

Der führende Geist der Architekturschule war CHRISTIAN FRIEDRICH LEINS aus Stuttgart (1814/92). Er hatte nach seiner hiesigen Ausbildung drei Jahre in Paris bei HENRY LABROUSTE gearbeitet und erlebte dort das Restaurationszeitalter, in dessen Bann er blieb, solange er hier weilte und lehrte. Seine bedeutendsten Bauten, die Villa Berg (1845/53) und der Königsbau in Stuttgart (1855 begonnen) sind die stärksten Äußerungen seines repräsentativen Stils. Erst mit 44 Jahren, nach einer reichen und bedeutenden Privatpraxis als Architekt, begann LEINS seine Lehrtätigkeit, die rasch einen ungeahnten Erfolg[1]) hatte. Die Architekturfachschule wurde berühmt und bald von Studierenden anderer deutscher Länder und vom Ausland, von Rußland, aus der Schweiz, aus Frankreich, Ungarn, sogar aus Amerika besucht.

LEINS war ein vorzüglicher Lehrer, der seine Schüler für das Schöne zu begeistern wußte und sich auch persönlich um sie wie ein Vater bemühte. Er war zierlich gebaut; auch seinem künstlerischen Ideal entsprachen feine, zier-

[1]) Einige Zahlen mögen dies zeigen. Da bis 1861 die Architekten und Ingenieure in den Verzeichnissen zusammengezählt wurden, kann die Übersicht erst mit 1862 beginnen.

Jahr	Gesamtanzahl der Studierenden der Schule	Anzahl der Studierenden an der Fachschule für Architektur	Von diesen waren Nichtwürttemberger
1862	302	56	3
1864	462	105	21
1867	579	146	59
1874	574	171	100
1879	448	210	138
1884	336	83	58
1889	328	69	48

liche Formen; so war das, was er in Frankreich gesehen, ihm innerlich verwandt und er fand in einer zierlichen renaissancemäßigen Umgestaltung der antiken Form die besten Töne seiner architektonischen Musik. Gerade deswegen hat der Königsbau, trotzdem antike Formen vorgeschrieben wurden, eine so glückliche Gestaltung erhalten. Hätte LEINS richtig nach antikem Vorbild geformt, was seinem plastischen Gefühl aber nicht lag, so würde aus dem Königsbau eine lange Halle, mehr oder weniger eine Kopie antiker Säulenhallen ohne Unterbrechung geworden sein. Was LEINS daraus gemacht hat, mit einer aus dem Geist der Renaissance hereingetragenen Teilung durch eingestellte Giebel, ist eine selbständige, schöpferische Tat, der man die Spannung anfühlt, die erst im Dachaufbau zur Harmonie geführt wird. Die mittelalterliche Johanneskirche am Feuersee dagegen darf als eine fast wörtliche Kopie des mittleren Querschnitts der französischen Vorbilder angesehen werden. LEINS hat seine Schüler wenig mittelalterlich entwerfen lassen. Daran zeigt sich, daß er selbst keine volle Überzeugung von dem hatte, was an mittelalterlich nachgeahmten Bauwerken damals entstand. LEINS war kein Kämpfer, kein Neuerer, der sich gegen seine Zeit behaupten mußte, sondern ein Erfüller, der Gegensätze ausgleicht, harte Linien und Kontraste vermeidet. Bei aller Milde seines Wesens entwickelte er doch eine große, geistige Energie und unermüdliche Tatkraft. Neben seiner großen Bautätigkeit, unter die auch Wiederherstellungsarbeiten an Kirchen und Schlössern fallen, veröffentlichte er 1864 in der Denkschrift zur Feier der Einweihung des neuen Gebäudes einen Beitrag zur Kenntnis der vaterländischen Kirchenbauten; 1877 als Festschrift zum 400jährigen Jubiläum der Eberhard-Karl-Universität: das Architekturbild der Universität Tübingen; wiederum als Festschrift der Technischen Hochschule aus Anlaß des 25jährigen Regierungsjubiläums von König Karl: die Hoflager und Landsitze der württembergischen Regentenhäuser 1889[1]).

Gleichzeitig mit LEINS wirkte an der Architekturfachschule ALEXANDER TRITSCHLER (geb. 1828 in Biberach, gest. 1907 in Stuttgart), der nach dem Tode von BREYMANN berufen wurde als Professor für Hochbau und Baukonstruk-

[1]) Dem von allen Seiten beliebten und verehrten Meister wurde nachgerühmt, als er starb: „Niemand hat mehr zum Ruhm der Hochschule beigetragen und niemand weniger Aufhebens davon gemacht.“ EDUARD PAULUS veröffentlichte in der Schwäb. Chronik unter dem 27. August 1892 ein Sonett zur Erinnerung an LEINS, das hier noch Platz finden soll:

Gleich BRUNELLESCO, welcher neu die reinen
Mild schönen Formen schuf, hast du's gewagt;
Nach Nebelnacht ein Frühlingsmorgen tagt,
Hellenisch Leben redet aus den Steinen.
Du wußtest Kraft mit Anmut zu vereinen;
Umrauscht von Brunnen, säulenüberkragt
In ew'ger Jugend dort am Neckar ragt
Das Villenschloß aus den Zypressenhainen.
Und fort und fort bis an des Grabes Rand
Quoll Werk um Werk aus deiner Meisterhand
Dein schönes Stuttgart schöner noch zu schmücken.
Und wenn man längst schon unsere Zeit vergaß,
Wird deines Geistes holdes Ebenmaß
Die Herzen noch geheimnisvoll entzücken.

tionen. Tritschler hatte wie Leins beim Antritt seines Lehramts schon weite Studienreisen nach Italien und Frankreich hinter sich, sowie eine ausgedehnte praktische Tätigkeit im Hochbau. Seine wichtigsten Werke sind in Stuttgart das große Hauptpostgebäude gegenüber dem alten Bahnhof und der Neubau des südlichen Flügels der Technischen Hochschule an der Seestraße, der 1879 eingeweiht worden ist.

Der dritte, zu gleicher Zeit tätige Fachlehrer war Wilhelm Sophonias Bäumer (geb. 1829 in Ravensburg, gest. 1895 in Straßburg). Er trat schon mit 29 Jahren als Professor in den Lehrkörper der Schule ein, nachdem er frühzeitig seine Studien daselbst vollendet und sich dann an der Ecole des Beaux Arts in Paris weitergebildet und dort die für Ausländer ganz seltene Auszeichnung des „Prix de Rome" erworben hatte. Nach dem Ausscheiden von Josef Egle, welcher nur kurze Zeit einen Lehrauftrag für Geschichte der neueren Kunst inne gehabt hatte, war Bäumer der Lehrer für Bauformenlehre und Baugeschichte, der durch Vortrag und Exkursion die Studierenden mit den Einzelheiten historischer Architektur bekannt machte. Seine Neigung ging stark nach der pädagogischen Seite; er regte die Gründung der Kunstgewerbeschule an, deren erster Direktor er 1869 wurde. Später fand er eine Tätigkeit als Leiter der Baugewerkschule in Karlsruhe; dann begründete er eine gewerbliche Fortbildungsschule in Freiersbach i. B. und zuletzt wirkte er noch, in bedrängten Verhältnissen, in Straßburg als Zeichenlehrer und als Privatdozent an der dortigen Universität. Seine künstlerische Tätigkeit als Architekt, die er in Stuttgart an einigen Privathäusern und am Sarazenensaal der Wilhelma ausübte, riß ihn nach dem Erfolg bei einer Konkurrenz für den Nordbahnhof in Wien im Jahre 1870 aus seiner hiesigen Laufbahn heraus. 1874 kam er kränklich und arbeitslos von Wien zurück nach Stuttgart, fand aber hier seinen Posten besetzt. Sein weiterer Lebenslauf war ein mutiger, aber immer aussichtsloser werdender Kampf mit einer geschwächten Gesundheit und Existenzsorgen. Der früh und hell aufleuchtende Stern seiner begabten Persönlichkeit erlosch in Sturm und trüben Wolken. Die lebendigste Kraft genoß gerade 1858/70 die Architekturabteilung. So bildeten drei bedeutende, künstlerisch und pädagogisch begabte Lehrer ein Kollegium, dem eine wachsende Zahl von Studierenden zuströmte.

Nach dem Ausscheiden von Bäumer übernahm interimistisch Adolf Gnauth (1840/84) und nach ihm 1872 Robert Reinhardt (geb. 1843 in Neuffen, aufgewachsen in Biberach, gest. 1914 in Stuttgart) die Professur für Baugeschichte. Die erste Hälfte seiner Wirksamkeit gehört noch in die Zeit von Leins und Tritschler. Seine ungeheure Frische, sein Temperament und die große Gewandtheit im Zeichnen rühmten diejenigen, welche ihn damals als Lehrer gehabt und verehrt haben.

Auch die Anfänge von Konrad Dollingers Wirken (geb. 1840 in Biberach, gest. 1925 in Stuttgart) fallen noch in diese klassische Zeit der Stuttgarter Schule. Er trat 1872 als vierter Hauptlehrer in das Kollegium und übernahm von Tritschler die Baukonstruktionslehre als selbständiges Fach. Dollingers Hauptwerk ist die Garnisonskirche in Stuttgart. Auch er hat als Zeichner Hervorragendes geleistet. Bekannt sind seine Reiseskizzen, in welchen er hauptsächlich Bauten seiner Heimat in unerreichter frischer Sicherheit dargestellt hat.

Zur Architekturfachschule rechnete sich auch der Professor der Kunstgeschichte. Drei Jahrzehnte vertrat der berühmte WILHELM LÜBKE diesen Lehrstuhl; auch er eine Leuchte der Schule. In den 80er Jahren mehrten sich die Anzeichen einer künstlerischen Verwilderung, einer unvornehmen protzigen Überladenheit in der Architektur, einer Übersteigerung der repräsentativen Form, die für das Ende des Jahrhunderts bezeichnend ist. LEINS wurde „altmodisch". Die Architekturfachschule trat von ihrer führenden Stellung zurück.

Von den Schülern aus den Jahren 1860/80 sind manche berühmte Architekten und Lehrer geworden. Es seien nur einige Namen genannt von solchen, die bei den jährlichen Preisaufgaben ausgezeichnet wurden:

1866 H. DOLMETSCH, Kirchenbaumeister in Stuttgart.
1870 C. BEISBARTH, dem wir die Kenntnis des Lusthauses verdanken.
1872 CORNELIUS GURLITT, der Altmeister der baugeschichtlichen Forschung in Dresden.
1872 FRIEDRICH VON THIERSCH, gest. 1921 in München, „ein ungewöhnliches Talent der Darstellung", der gefeiertste Meister an der Münchner Technischen Hochschule.
1878 OTTO RIETH, der bekannte und einst so gepriesene Maler-Architekt.

Es wären aber noch mehr berühmte Namen zu nennen, von denen die meisten noch allgemein bekannt sind: BEGER, GEBHARDT, GNAUTH, HAHNHUBER, HERDTLE, LAUSER und die Altmeister der heutigen Stuttgarter Architekten Dr. h. c. LUDWIG EISENLOHR und Oberbaurat ANDRÉ LAMBERT.

Wenn man heute zurückblickt in jenes kleine, so traulich von Rebhängen eingeschlossene Stuttgart der 60er und 70er Jahre, das behütet und behaglich sich ausbreitete im Schatten eines fast bürgerlichen Königshofes, so gehört zu jenem Bild diese nicht übertriebene, noch nicht großspurige, aber doch reiche zierliche Kunst. Der Sinn für zierliche Formen war wohl von altersher vorhanden in den kleinen Talstädten Württembergs. Ihm entspringt ja auch die Vorliebe für diejenigen Arbeiten, die wir heute unter dem Begriff „Veredelungs-Industrie" zusammenfassen. Es lebte etwas von der Freude an den zierlichen Formen der feinen Steinmetzarbeiten, die einst im Mittelalter so köstlich gewesen waren, an den Bauten des Hofes und der Gesellschaft dieser Zeit. W. BÄUMER meint zwar in einem Bericht zur Eröffnung einer Ausstellung bei der Einweihung des neuen Schulgebäudes 1864, eine neue Ära sei gekommen mit den Arbeiten von LEINS, das Wohlgefallen an reichen und monumentalen Bauten sei gewachsen, ein neuer Geist für jedermann verständlich, im Gegensatz zum Kasernenstil oder Eisenbahnstil sei erwacht. „Wir dürfen bekennen, daß die Freude an Renaissance, bereichert und geläutert durch das tiefere Studium der griechischen Architektur, heute eine allgemeinere geworden ist bei den leitenden Behörden wie im Gesamtbewußtsein des Publikums und wir dürfen hoffen, daß in dem Sinne dieser erneuten Renaissance wahre Monumentalbauten erstehen werden, edel und würdig, um den Schmerz über den Untergang des Lusthauses zu sühnen. Lassen Sie uns die Zuversicht aussprechen, daß die Baukunst der Schwaben jener hohen Kunst der alten Meister der Renaissance sich ebenbürtig erweisen, und Stuttgart in nicht allzu ferner Zeit eine würdige Stelle unter den Städten einnehmen wird, welche die wahre Wiedergeburt der Baukunst, d. h. eine gesunde, den Aufgaben der Gegenwart angepaßte Renaissance vertreten."

Allein diese „angepaßte Renaissance", die Bäumer erstrebte, mußte sterben, weil sie der gesunden Ehrlichkeit des Bauens widersprach. Aus einer wirklichen Wiedergeburt einer gesunden Baukunst ist damals nichts geworden. Man pflegte damals nur eine gewisse Verfeinerung der Form, die sich an die besten Vorbilder anlehnte und mit sicherem Gefühl gehandhabt wurde. Wir sehen jetzt, daß die Werke jener Zeit keine Eckpfeiler einer werdenden Baukunst, sondern nur Verzierungen einer vergehenden gewesen sind. Die Stuttgarter Schule von damals gehört einem jetzt vergangenen Weltentag an. Möge die heutige Stuttgarter Architekturschule mit voller Überzeugung an der Baukunst des neu heraufkommenden sozialen Zeitalters mitwirken, führend und voll bewußt ihrer Verantwortung gegenüber den Menschen und den Aufgaben unserer Zeit.

Die Wirkung der Röntgenstrahlen auf die Zelle als physikalisches Problem.

Von

R. GLOCKER, Stuttgart.

Mit 5 Abbildungen.

1. Der Stand des Problems.

Bei der Untersuchung der biologischen Wirkung der Röntgenstrahlen pflegt man so zu verfahren, daß eine möglichst große Zahl von Individuen gleicher Art und gleicher Lebensbedingungen mit Strahlendosen von verschiedener Höhe behandelt, die durch die Strahlenwirkung geschädigten Exemplare für jede Dosisgruppe ermittelt und in Prozenten der gesamten Stückzahl jeder Gruppe ausgedrückt werden. Die graphische Darstellung der Beziehung zwischen dieser Prozentzahl der Schädigung und der Höhe der Dosis nennt man „Schädigungskurve". Bei dem in Abb. 1 gezeichneten Beispiel würde bei einer Bestrahlung mit einer Dosis q_0 durchschnittlich jedes zweite Exemplar geschädigt werden. Die in jedem einzelnen Versuch ermittelte Prozentzahl zeigt um so größere Schwankungen um diesen Wert, je geringer die Zahl der mit der betreffenden Dosis bestrahlten Exemplare ist. Voraussetzung für eine einwandfreie Ermittlung der Schädigungskurve ist also das Vorhandensein einer so umfassenden Menge von Einzelbeobachtungen, daß das Gesetz der großen Zahl erfüllt ist.

Es hat sich nun ganz allgemein ergeben[1]), daß die Schädigungskurve eines beliebigen biologischen Objektes eine solche S-Form hat, wobei der Grad der Steigung von Fall zu Fall sehr verschieden sein kann. Ferner ist es nicht notwendig, daß, wie in dem Beispiel der Abb. 1, der Verlauf der Kurve oberhalb 50% Schädigung spiegelbildlich gleich ist zu dem Teil unterhalb 50%. Meistens tritt eine leichte Asymmetrie auf.

Eine bessere Übersicht gewinnt man, wenn man von der Schädigungskurve zur „Variationskurve" (Abb. 2) übergeht. Diese ist durch Differentiation ohne weiteres aus der Schädigungskurve zu erhalten. Sie gibt die relative Zahl der Individuen an, die gerade von einer Dosis q und von keiner größeren und von keiner kleineren geschädigt werden, während in Abb. 1 die Ordinate

---

[1]) Die im folgenden besprochene Theorie der Wahrscheinlichkeit des Treffens läßt voraussehen, daß für $n = 1$ eine Kurve ohne Wendepunkt sich ergeben muß; die entsprechende Variationskurve hat dann kein Maximum, sondern zeigt exponentiellen Verlauf. Experimentell beobachtet wurde dieser Fall bei Röntgenschädigung bisher noch nicht.

die Zahl aller der Exemplare darstellt, welche durch eine bestimmte Dosis q und alle Dosen, die kleiner als q sind, geschädigt werden, d. h. also die Summe der von den Dosen im Bereich 0 bis q geschädigten Exemplare. Aus diesem Grunde wird die „Schädigungskurve" häufig auch „Summenkurve" genannt. Wie aus Abb. 2 zu ersehen ist, wird die Mehrzahl der Individuen von Dosen geschädigt, die sich nur wenig voneinander unterscheiden und die um einen Wert q streuen. Einige wenige Exemplare werden schon bei abnorm niederen Dosen geschädigt, andere wieder, ebenfalls nur in geringer Zahl vertretene,

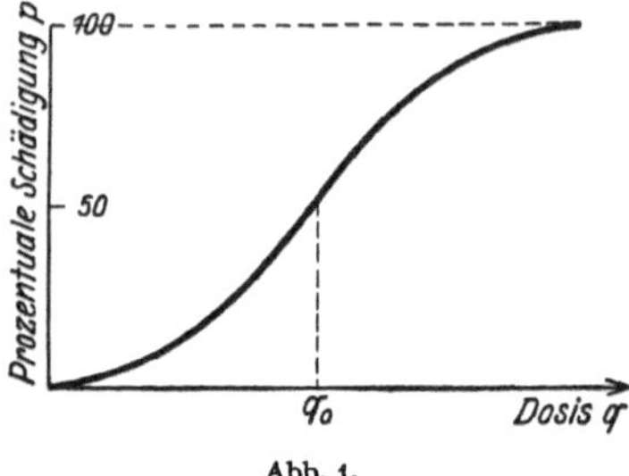

Abb. 1.

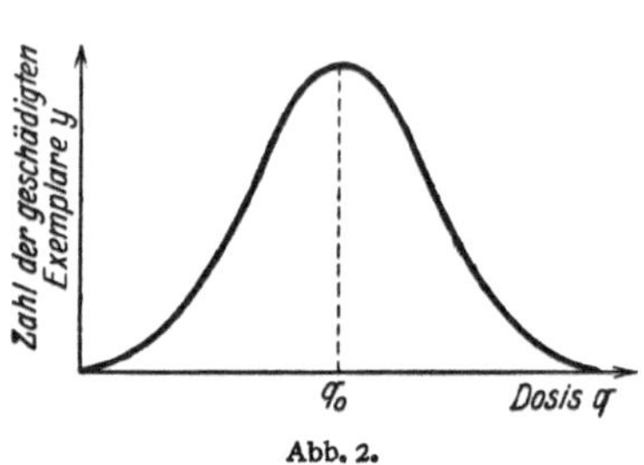

Abb. 2.

erfordern abnorm hohe Dosen. Daß die Variationskurve glockenförmige Form besitzt, ist allgemein beboachtet worden, dagegen finden sich häufig Abweichungen von der Symmetrie der gezeichneten Kurve in dem Sinne, daß der Abfall nach Überschreitung des Maximums etwas langsamer erfolgt.

Variationskurven von der Art der Abb. 2 finden sich häufig auch in anderen Gebieten der Biologie, z. B. in der Vererbungslehre[1]). Greift man aus der Gesamtheit der Artgenossen eine Anzahl Individuen heraus und untersucht sie auf bestimmte Eigenschaften, so findet man diese Eigenschaften in verschiedenem Grade bei den einzelnen Individuen vertreten. Ein besonders einfacher Fall ist z. B. die Ermittlung der Größe der einzelnen Exemplare einer aus Individuen gleicher Art bestehende Kultur von Paramäzien. Es treten alle Größen von 45 μ Länge[2]) bis zu 310 μ auf; am häufigsten aber kommen Tierchen von mittlerer Größe vor. Man nennt diese Erscheinung, daß die Eigenschaftswerte, in diesem Fall die Größe, von Stück zu Stück verschieden sind, die „fluktuierende Variabilität" des betreffenden biologischen Objektes; sie findet ihren Ausdruck durch eine Variationskurve nach der Art der Abb. 2. Die Ursachen der fluktuierenden Variabilität können verschiedene sein: Uneinheitlichkeit in bezug auf die Erbmasse (genotypische Unreinheit) und Verschiedenheit der Entwicklungseinflüsse (Lebenslagefaktoren). Wie die schönen Versuche von JOHANNSEN[3]) an Bohnen, die in reiner Linie gezüchtet worden sind und die infolge ihrer Abstammung von einem einzigen selbstbefruchtenden Individuum sicher genotypisch einheitlich sind, zeigen, tritt eine Variabilität auch bei genotypisch einheitlichem Material auf[4]). Bei reinen Linien ist die fluktuierende

[1]) Vgl. z. B. JOHANNSEN, Elemente der exakten Erblichkeitslehre, 4. Aufl. Jena 1926, und GOLDSCHMIDT, Einführung in die Vererbungswissenschaft, 5. Aufl. Berlin 1928.

[2]) Zitiert nach GOLDSCHMIDT, l. c. [3]) l. c.

[4]) In bezug auf die Vererbung besitzt die reine Linie die Eigenschaft, daß z. B. die größten und die kleinsten Exemplare einer Linie Nachkommen erzeugen, deren mittlere Größe für beide Gruppen gleich ist.

Variabilität ausschließlich durch minimale Unterschiede in den Lebensbedingungen verursacht. In bezug auf das Aussehen der Variationskurve besteht aber, wie schon JOHANNSEN hervorhebt, kein prinzipieller Unterschied zwischen genotypisch einheitlichem und nicht einheitlichem Material. Dasselbe gilt auch für den Fall der Röntgenstrahlenschädigung, wie aus den Versuchen von PACKARD[1]) mit Fliegeneiern (Drosophila melanogaster) hervorgeht.

Man war daher lange geneigt, die Form der Schädigungs- und Variationskurve bei der Röntgenstrahlenwirkung als rein biologisch bedingt zu betrachten; hatte man doch genau dieselben oder zum mindesten sehr ähnliche Kurven erhalten, wenn man die Strahlenwirkung durch chemische Agentien ersetzte (MOTTRAM[2]), Versuche mit einer Paramäzienart, Colpidium colpoda).

Im Gegensatz hierzu steht die Auffassung von BLAU und ALTENBURGER[3]) und CROWTHER[4]), welche die Variabilität der Strahlenschädigung artgleicher Individuen durch eine physikalische Wahrscheinlichkeitsbetrachtung erklären. BLAU und ALTENBURGER gehen von der DESSAUERschen[5]) Punktwärmehypothese aus, nach der infolge der diskontinuierlichen Absorption die Energieabgabe des Strahlenbündels an einzelnen durch die Wahrscheinlichkeitsverteilung der Elektronenbahnen gegebenen Stellen (Molekülkomplexen) erfolgt und dort eine so starke lokale Erwärmung[6]) erzeugt, daß das Molekül zerstört wird (z. B. Gerinnung des Eiweißes). Es wird nun wahrscheinlichkeitstheoretisch ermittelt, wie viele Partikel nach einer gewissen Bestrahlungszeit einmal, zweimal usf. zu Trägern der Punktwärme geworden sind. Die erhaltene mathematische Formel ist identisch mit der von CROWTHER aus der Vorstellung abgeleiteten Formel, daß nur ein bestimmter kleiner Volumbereich der Zelle strahlenempfindlich ist und daß dieser Teil von Strahlen getroffen werden muß, wenn die Zelle getötet werden soll. Je nach der Art des biologischen Objektes ist die Zahl der zum Zelltod erforderlichen „Treffer" verschieden groß.

Unter „Treffer" ist nach CROWTHER die Ionisierung eines Moleküles des betreffenden empfindlichen Volumbereiches zu verstehen, wobei die Frage offen gelassen wird, ob alle von einem primären Elektron erzeugten Ionen oder nur die schnelleren unter ihnen hierfür in Betracht zu ziehen sind. Wird die Trefferzahl nicht erreicht, oder wird der übrige Teil der Zelle getroffen, so wird die betreffende Zelle nicht getötet, sondern nur geschädigt, was zu Mißbildungen[7]) im späteren Entwicklungsstadium Anlaß geben kann.

Ist α die Wahrscheinlichkeit eines Treffers, q die Dosis, n die Zahl der zum Zelltod erforderlichen Treffer und N die Gesamtzahl der vorhandenen Partikel (empfindlichen Bereiche), so ist die Zahl der von der Dosis q getöteten Partikel y

$$\frac{y}{N} = 1 - e^{-\alpha q}\left(1 + \alpha q + \frac{\alpha^2 q^2}{2!} + \frac{\alpha^3 q^3}{3!} + \cdots + \frac{\alpha^{n-1} q^{n-1}}{(n-1)!}\right). \qquad (1)$$

[1]) J. of cancer research Bd. 10, S. 319. 1926; Bd. 11, S. 1 u. 282. 1927; Bd. 12, S. 60. 1928.

[2]) J. of cancer research Bd. 11, S. 130. 1927.

[3]) Z. Phys. Bd. 12, S. 315. 1923.

[4]) Proc. Roy. Soc. B, Bd. 96, S. 207. 1924 und Bd. 100, S. 390. 1926.

[5]) Z. Phys. Bd. 12, S. 315. 1923 u. Bd. 20, S. 288. 1923; Strahlenther. Bd. 16, S. 209. 1923.

[6]) Kennzeichnend für die „Punktwärmehypothese" ist die Vorstellung, daß die destruktiven Prozesse in der Zelle nicht durch eine Transformation der Energie der primär ausgelösten Elektronen in Ionisierungs- und Dissoziationsarbeit, sondern in Translationsenergie des getroffenen Moleküls zustande kommen.

[7]) Vgl. hierzu die Beobachtungen von ZUPPINGER (l. c.) an Askariseiern.

Die Dosis wird gemessen als Ionisationsstrom und in elektrostatischen Einheiten ausgedrückt. Die von CROWTHER zur Prüfung seiner Versuche an der Paramäzienart Colpidium Colpoda aufgenommene Schädigungskurve läßt sich gut durch die Gleichung (1) wiedergeben, wenn $n = 49$ und $\alpha = 0{,}059$ gesetzt wird. Paramäzien sind sehr widerstandsfähig gegenüber von Röntgenbestrahlung. Wesentlich weniger Treffer erfordert z. B. die Abtötung der Eier des Pferdespulwurms (Ascaris megalocephala), ein biologisches Objekt, das von HOLTHUSEN[1]) vielfach zu strahlenbiologischen Untersuchungen herangezogen wurde. Hier findet ZUPPINGER[2]) nach der CROWTHERschen Formel $n = 5$.

Für den Parameter α ergibt sich folgende Beziehung:

$$\alpha = 1{,}63 \cdot 10^{+12}\, m\,, \tag{1a}$$

wobei m die Masse des empfindlichen Zellbereiches bedeutet.

Die Zahlenkonstante ergibt sich durch die Überlegung, daß bei einer Dosis 1 e (Ladungstransport in der Ionisationskammer = 1 el. stat. Einheit) die Zahl der Ionen pro 1 ccm Luft $2{,}1 \cdot 10^9$ und pro 1 g Luft $1{,}63 \cdot 10^{12}$ beträgt. Da die Zelle nur leichtatomige Elemente enthält, so darf annäherungsweise angenommen werden, daß die Ionisation einfach proportional der Dichte ist. Durch die Angleichung der Formel (1) an die experimentelle Kurve erhält CROWTHER für diese Paramäzienart als Durchmesser des empfindlichen Teiles der Zelle $^1/_3\,\mu$, wenn diesem Bereich kugelförmige Gestalt und die Dichte 1 zugeschrieben wird. Wahrscheinlich ist der Durchmesser eher größer, da die langsamen Ionen vermutlich keine vollwertigen Treffer erzeugen.

Am Schlusse seiner Untersuchungen gelangt CROWTHER selbst zu der Feststellung, daß aus der Übereinstimmung der berechneten und der experimentellen Kurve noch nicht ohne weiteres auf die Richtigkeit der Theorie geschlossen werden könne, um so mehr, als das betreffende Objekt sich sehr resistent gegenüber der Strahlenwirkung verhält.

ZUPPINGER[3]) hat sodann versucht, den von CROWTHER nicht berücksichtigten Einfluß der biologischen Variabilität in die Theorie einzuführen, wobei als Grundlage der biologischen Variation eine POISSONsche Verteilung angenommen wird. Die so erhaltene Schädigungskurve unterscheidet sich nur im Anfangs- und Endteil ein wenig von der ursprünglichen CROWTHERschen Kurve. Im allgemeinen stimmt die experimentelle, an Askariseiern erhaltene Kurve mit der berechneten gut überein. Die Werte von α und n wurden so gewählt, daß bestmögliche Angleichung vorhanden ist.

Überblickt man den derzeitigen Stand des Problemes, so ist zu bemerken, daß zweifellos zwei Ursachen die Form der Schädigungskurve bedingen, eine biologische, die fluktuierende Variabilität, und eine physikalische, die Wahrscheinlichkeit des Getroffenwerdens des strahlenempfindlichen Bereiches der Zelle. Eine experimentelle Entscheidung darüber, ob die physikalische Wahrscheinlichkeitstheorie zutrifft, konnte bisher nicht erbracht werden. Andererseits ist aber die Beobachtung von MOTTRAM[4]), daß phenolhaltige Flüssigkeiten bei Colpidium Colpoda die gleiche Schädigungskurve hervorbringen wie Röntgenstrahlen, nicht als eine Widerlegung der CROWTHERschen Theorie zu werten.

---

[1]) Klin. Wschr. Bd. 3, S. 185. 1924. [2]) Strahlenther. Bd. 28, S. 639. 1928. [3]) l. c. [4]) l. c.

2. Über die Wellenlängenabhängigkeit der Schädigungskurve und über den Ausbau der Theorie.

Bei einer größeren Versuchsreihe über die Abhängigkeit der biologischen Wirkung von der Strahlungsqualität fanden GLOCKER, HAYER und JÜNGLING[1]) bei Untersuchung der Wachstumshemmung von Bohnenkeimlingen (Vicia faba equina) zum erstenmal deutliche Unterschiede in der Form der Schädigungskurve für harte und weiche Strahlen. Spannung und Filterung betrugen für die harte Strahlung 180000 Volt 0,7 mm Kupfer, für die weiche Strahlung 80000 Volt 3 mm Fiber. Wie Abb. 3 zeigt, steigt die Schädigungskurve für die harte Strahlung zunächst flacher, dann aber steiler an als die für weiche. Die Folge davon ist, daß das Verhältnis $\frac{w}{h}$ der bei gleicher Dosis von weicher bzw. harter Strahlung geschädigten Exemplare, jeweils ausgedrückt in Prozenten der Gesamtzahl, sich mit der Höhe der Dosis ändert (Tabelle 1).

Tabelle 1.

Verhältnis $\frac{w}{h}$	Dosis in R
3,5	220
2,1	270
1,3	320
1,1	360

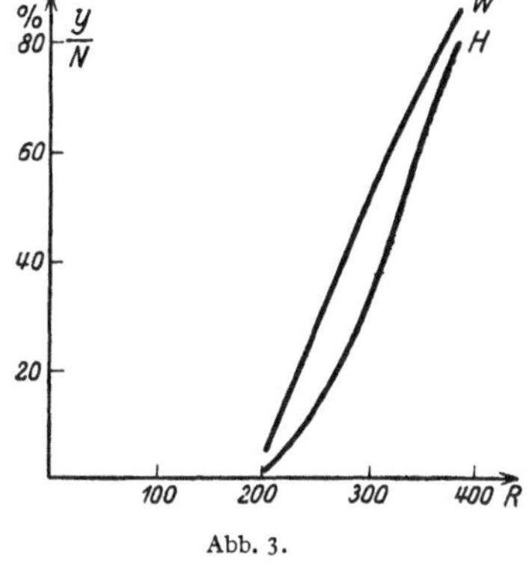

Abb. 3.

Ebenso werden die Dosisunterschiede, die zur Erzielung gleicher prozentualer Schädigung bei weicher und bei harter Strahlung erforderlich sind, mit wachsender Dosis immer kleiner; bei 20% Schädigung ist bei harter Strahlung eine 15% größere Dosis nötig als bei weicher, bei sehr starker Schädigung, 80% und mehr, beträgt der Dosenunterschied zwischen beiden Strahlungsqualitäten nur noch 2%.

Da die Versuche am gleichen Material, und zwar gleichzeitig mit weicher und mit harter Strahlung durchgeführt wurden, so kann kein Zweifel bestehen, daß der beobachtete Unterschied in der Form der Schädigungskurve nicht biologisch, sondern physikalisch bedingt ist. Es handelt sich offenbar um eine Verschiedenheit der Wechselwirkung zwischen Zelle und Strahlungsquant, und es erhebt sich nun die Frage, wie die Formel (1) zu erweitern ist, um die Wirkung verschiedener Strahlungsqualitäten daraus ableiten zu können.

Wie der Verf. in früheren Arbeiten[2]) gezeigt hat, läßt sich die physikalische und chemische Wirkung von Röntgenstrahlen verschiedener Wellenlänge auf ein einfaches Gesetz von allgemeiner Gültigkeit zurückführen: Maßgebend für die Wirkung ist der in kinetische Energie[3]) von Photoelek-

[1]) Strahlenther. 1929 im Druck.

[2]) Z. Phys. Bd. 43, S. 827. 1927; Strahlenther. Bd. 26, S. 147. 1927; Z. techn. Phys. Bd. 6, S. 201. 1928; Z. Phys. Bd. 46, S. 764. 1928.

[3]) Innerhalb des untersuchten Wellenlängenbereiches von 0,1 bis 2 Å ist ein spezifischer Einfluß der Elektronengeschwindigkeit nicht vorhanden.

tronen und Comptonelektronen verwandelte Bruchteil der Röntgenstrahlenenergie. Kennt man die chemische Zusammensetzung eines Stoffes, so kann man aus physikalischen Daten (Absorptionskoeffizient, Rückstoßkoeffizient usf.) für jede beliebige Wellenlänge die erzeugte Elektronenenergie und damit die Abhängigkeit der auf den betreffenden Stoff ausgeübten Röntgenwirkung berechnen. Die experimentelle Prüfung des Gesetzes erstreckt sich auf die Ionisation, die Schwärzung der photographischen Emulsion, die Fluoreszenzlichterregung eines Leuchtschirmes, die Leitfähigkeitsänderung einer Selenzelle sowie auf einige photochemische Reaktionen (H_2O_2-Zersetzung u. a.). Auch für die biologische Wirkung der Röntgenstrahlen erweist sich dieses Gesetz im großen und ganzen als gültig, wie an anderer Stelle[1]) näher begründet ist. Bei niederen Dosen, die wesentlich kleiner sind als die Volldosis[2]), treten sowohl bei Bohnenkeimlingen als auch bei der Wirkung auf die menschliche Haut (Erythem) kleine Abweichungen auf, deren Ursache zum mindesten[3]) bei den Bohnenkeimlingen in der verschiedenen Form der Schädigungskurve für weiche und harte Strahlung zu suchen ist. Es bleibt nun die Frage zu untersuchen, inwieweit diese Abweichungen durch Wahrscheinlichkeitsbetrachtungen des Elektronenstoßes auf den strahlenempfindlichen Bereich der Zelle theoretisch erklärt werden können.

Die oben entwickelte und durch die Erfahrung bestätigte Anschauung, daß die Energie der entstehenden Photo- und Comptonelektronen maßgebend für die physikalische und chemische Wirkung der Strahlen ist, legt es nahe, als „Treffer" die Entbindung eines Photo- oder eines Comptonelektrons in dem strahlenempfindlichen Volumen der Zelle aufzufassen. Daß nicht bloß der Absorptionsakt als Treffer in Betracht kommt, geht daraus hervor, daß die Wirkung der Strahlen bei kurzen Wellenlängen, wie die früher[4]) mitgeteilten Beispiele zeigen, zum größten Teil auf dem Beitrag der Comptonelektronen beruhen. Man wird also den CROWTHERschen Ansatz auf beide Arten von Elektronen anzuwenden haben. Den Vorgang der Zellzerstörung kann man sich etwa[5]) so vorstellen, daß durch die Freimachung eines primären Elektrons in einem Atom bzw. Molekül des strahlenempfindlichen Teils der Zelle in benachbarten Atomen Ionisationen erfolgen. Ist eine gewisse Zahl von Atomen bzw. Molekülen des strahlenempfindlichen Bereiches der Zelle angeregt, so werden chemische Prozesse eingeleitet, die schließlich den Tod der Zelle zur Folge haben. Infolge des Zickzackkurses des Elektrons wird seine gesamte Energie an unmittelbar benachbarte Atome des empfindlichen Bereiches abgegeben, selbst wenn der letztere einen kleineren Durchmesser hat als die Reichweite der Elektronen beträgt[6]). Unter diesen Umständen erscheint

[1]) GLOCKER, HAYER u. JÜNGLING, Strahlenther. 1929 im Druck.

[2]) Volldosis ist die Dosis, die eine 100prozentige Schädigung hervorruft.

[3]) Das Hauterythem ist ein so komplizierter Vorgang, daß möglicherweise auch noch andere Ursachen hier in Betracht kommen. [4]) GLOCKER, l. c.

[5]) Die Annahme, daß die Elektronenenergie gerade in Ionisierungsarbeit transformiert wird, ist für die folgende Theorie ohne prinzipielle Bedeutung; wesentlich ist nur, daß die ganze Energie des Elektrons innerhalb des empfindlichen Bereiches abgegeben wird.

[6]) Bei sehr schnellen Elektronen trifft diese Annahme nicht mehr streng zu; da aber über die Größe des strahlenempfindlichen Bereiches noch nichts Sicheres bekannt ist, mag von der weiteren Behandlung dieses Falles abgesehen werden.

es plausibel anzunehmen, daß es für den Zelltod nur auf die gesamte während der Bestrahlungszeit[1]) innerhalb des empfindlichen Bereiches abgegebene Energie ankommt. Dies bedeutet aber, daß die Zahl der zum Zelltod erforderlichen Treffer indirekt proportional der mittleren kinetischen Energie des primären Elektrons anzusetzen ist.

Anderseits ist nach den obigen Ausführungen über das Wirkungsgesetz der Röntgenstrahlen die Wahrscheinlichkeit α proportional der Elektronenzahl anzunehmen, während bei CROWTHER α proportional der Gesamtzahl der von den Primärelektronen erzeugten Ionen ist. Im letzteren Falle ist α bei der üblichen Ionisationsmessung der Dosis von der Wellenlänge unabhängig. Treten z. B. nur Photoelektronen auf, so werden bei gleicher Dosis q bei zwei Strahlungen verschiedener Wellenlänge die Elektronenzahlen sich umgekehrt verhalten wie die Strahlungsquanten $h\nu : h\nu'$, wobei vorausgesetzt ist, daß die Dosis als Ionisationsstrom in Luft, multipliziert mit der Bestrahlungszeit, gemessen wird.

Treten Photo- und Comptonelektronen gleichzeitig auf, so ist die Ermittlung der Zahl der Elektronen und der mittleren Energie eines Elektrons in folgender Weise durchzuführen.

Bei den Bohnenversuchen wurde mit nicht homogener Strahlung gearbeitet; zur Vereinfachung der Verhältnisse wird jede Strahlung durch ihre aus der Schwächung in Kupfer erhaltene effektive Wellenlänge λ ersetzt. Demgemäß wird mit einer diesem λ entsprechenden einheitlichen Elektronengeschwindigkeit gerechnet. Es ist $\lambda_1 = 0{,}37$ Å; und $\lambda_2 = 0{,}15$ Å.

Gleiche Dosis bedeutet nun, daß bei beiden Strahlungen die gleiche Elektronenenergie E_0 in einem bestimmten Volumen Luft erzeugt wird. Aus dem Verhältnis des Absorptionskoeffizienten zum Rückstoßkoeffizienten von Sauerstoff[2]) ergibt sich für λ_1 die Energie der Photoelektronen zu $0{,}25\ E_0$ bzw. der Comptonelektronen zu $0{,}75\ E_0$; für λ_2 die Energie der Photoelektronen zu $0{,}93\ E_0$ bzw. der Comptonelektronen zu $0{,}07\ E_0$.

Wird die Zahl der Photoelektronen für λ_1 mit N_0 bezeichnet, so beträgt sie für λ_2 $\frac{N_0}{2{,}5}$ bei gleicher Photoelektronenenergie. Tatsächlich ist aber die Photoelektronenenergie bei λ_2 nur $0{,}25\ E_0$ statt $0{,}93\ E_0$ bei λ_1; es ist somit die Zahl der Photoelektronen für λ_2 nur $0{,}11\ N_0$.

Das Verhältnis der Zahl der Rückstoßelektronen zur Zahl der Photoelektronen ist aus Messungen von COMPTON und SIMON[3]) bekannt; es ist 1,4 bzw. 23 für die beiden Strahlungen. Hieraus läßt sich dann weiter die mittlere Energie eines Photo- und eines Rückstoßelektrons berechnen. Das Ergebnis ist in Abb. 4 graphisch zusammengefaßt. Bei der weichen Strahlung sind nahezu die Hälfte der Elektronen Photoelektronen; ihre mittlere Energie ist viel größer als die der Comptonelektronen. Wie der Vergleich der zwei schraffierten Flächen zeigt, liefern die Comptonelektronen einen verschwindenden Beitrag zur ge-

[1]) Bei sehr langer Bestrahlungszeit kann sich die Erholung des biologischen Objektes unter Umständen störend bemerkbar machen (vgl. hierzu die Versuche von CROWTHER bei Bestrahlung mit Pausen).

[2]) Die Sauerstoffwerte sind genau bekannt; den Unterschied zwischen dem Verhalten von O und dem der Zellsubstanz ist sehr gering.

[3]) Phys. Rev. Bd. 25, S. 306. 1925; vgl. BOTHE, Hdb. d. Phys. Bd. 23, S. 412ff. 1926.

samten Elektronenenergie. Anders ist es bei der harten Strahlung λ_2 (gestrichelte Kurve); hier überwiegen die Rückstoßelektronen der Zahl nach ganz erheblich, und ihre mittlere Energie[1]) ist so groß, daß etwa drei Viertel der gesamten Elektronenenergie auf Rückstoßelektronen entfällt.

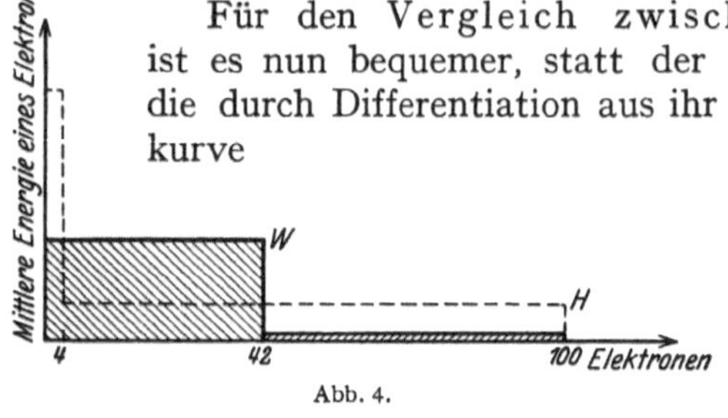

Abb. 4.

Für den Vergleich zwischen Theorie und Experiment ist es nun bequemer, statt der Gleichung (1) der Schädigungskurve die durch Differentiation aus ihr abgeleitete Gleichung der Variationskurve

$$y' = \frac{1}{N} \cdot \frac{dy}{dq} = \alpha e^{-\alpha q} \frac{(\alpha q)^m}{m!} \tag{2}$$

zu benützen, wobei $m = n - 1$ gesetzt ist. Die Form dieser Funktion ist aus Abb. 5 (Kurve W) zu ersehen.

Die Gestalt der Kurve läßt sich leicht übersehen, wenn die Lage des Maximums und der beiden Wendepunkte bekannt ist. Für die Maximalordinate ergibt sich

$$y'_{\max} = \alpha e^{-m} \frac{m^m}{m!} \quad \text{für} \quad q_{\max} = \frac{m}{\alpha}. \tag{3}$$

Für großes m gilt näherungsweise nach der STIRLINGschen Formel

$$y'_{\max} = \frac{\alpha}{\sqrt{2\pi m}}. \tag{3a}$$

Das Maximum liegt also bei um so größeren Dosen, je größer die Trefferzahl[2]) und je kleiner die Treffwahrscheinlichkeit α ist. Für die Höhe des Maximums gilt gerade das Umgekehrte.

Zur Bestimmung der Wendepunkte können die Beziehungen dienen

$$q_{w\,tg} = \frac{m \pm \sqrt{m}}{\alpha} \quad \text{und} \quad y'_{w\,tg} = \frac{\alpha e^{-m \pm \sqrt{m}} (m \pm \sqrt{m})^m}{m!}. \tag{4}$$

Aus der Gleichung

$$q_{\max} - q_{w\,tg} = \pm \frac{\sqrt{m}}{\alpha} \tag{5}$$

folgt, daß die Breite des Maximums mit der Stoßzahl n zu- und mit der Stoßwahrscheinlichkeit α abnimmt.

Die Beziehungen (3) und (5) sind nützlich, wenn es sich darum handelt, eine experimentell gegebene Variationskurve durch passende Wahl der Parameter m und α mit Hilfe der Funktion y' darzustellen.

Die Gleichung (3) läßt ferner einen allgemeinen Schluß in bezug auf die Unterschiede der Variationskurven verschiedener Wellenlängen zu, wenn für die Wirksamkeit der betreffenden Strahlungen nur Photoelektronen in Betracht zu ziehen sind. Dann ist für zwei Wellenlängen λ_1 und λ_2 bei gleicher Dosis, das heißt bei gleicher erzeugter Elektronenenergie, die Zahl der Photoelektronen umgekehrt proportional den Strahlungsquanten $h\nu_1$ bzw. $h\nu_2$, während die mittlere Energie eines Elektrons gleich $h\nu_1$ bzw. $h\nu_2$ ist. Infolgedessen ist

---

[1]) Von der Berücksichtigung der Energieverteilung auf die einzelnen Rückstoßelektronen wird abgesehen. [2]) Es ist $n = m + 1$.

das Verhältnis $\frac{n}{\alpha}$ für beide Strahlungen gleich. Setzt man nun näherungsweise $n = m$, was besonders bei größeren Stoßzahlen nur einen geringen Fehler bedeutet, so ergibt sich aus Gleichung (3), daß das Maximum der Variationskurve unabhängig von der Wellenlänge bei der gleichen Dosis auftritt. Die Höhe des Maximums ist dagegen verschieden. Da nun die Lage des Maximums die Stelle des steilsten Anstieges der Schädigungskurve bedeutet und beherrschend für ihr Aussehen ist, so wird man bei Wellenlängen, bei denen die Rückstoßelektronen noch keinen erheblichen Beitrag liefern, Schädigungskurven von nahezu gleicher Form erhalten. Hierin liegt vielleicht die Erklärung für die Beobachtung von PACKARD[1]), der für die Wellenlängen[2]) 0,71 Å, 0,56 Å, 0,21 Å an Drosophilaeiern völlig identische Schädigungskurven erhielt. Dazu kommt noch die Möglichkeit einer Verwischung etwa vorhandener geringer Unterschiede durch das Vorhandensein von Eiern verschiedenen Alters und daher verschiedener Röntgenempfindlichkeit.

Zur Auswertung der an Bohnenkeimlingen für zwei Strahlungen erhaltenen Schädigungskurven der Abb. 3 bildet man zunächst durch graphische Differentiation die entsprechenden Variationskurven, von denen einzelne Punkte als Ringe (weiche Strahlung) bzw. Kreuze (harte Strahlung) in Abb. 5 eingezeichnet sind.

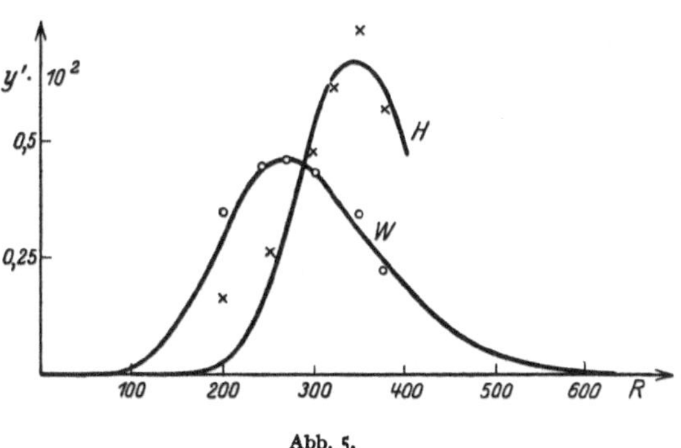

Abb. 5.

Bei der weichen Strahlung kann die Mitwirkung der Comptonelektronen vernachlässigt werden. Es handelt sich nun um die Aufgabe, die Lage der experimentellen Punkte (Ringe in Abb. 5) durch eine Funktion gemäß der Gleichung (2) darzustellen. Die beste Angleichung wird erhalten, wenn $m = 10$ und $\alpha = 0{,}037$ gesetzt wird. Wenn die Theorie richtig ist, so muß sich die Lage der für die harte Strahlung gemessenen Werte (Kreuze in Abb. 5) durch die Summe zweier y'-Funktionen darstellen lassen, von denen die eine für die Photo-, die andere für die Comptonelektronen anzuschreiben ist. Die Parameter sind nicht mehr beliebig wählbar, sondern durch die frühere Überlegung, daß die Stoßwahrscheinlichkeit proportional der mittleren Energie eines Elektrons und die Stoßwahrscheinlichkeit proportional der Elektronenzahl ist, zwangsläufig festgelegt und können mit Hilfe der Daten der Abb. 4 aus den Werten für die weiche Strahlung ($m = 10$, $\alpha = 0{,}037$) berechnet werden. Es lautet demnach die Gleichung für die Variationskurve der harten Strahlung

$$y' = 0{,}0037\, e^{-0{,}0037 q} \frac{(0{,}0037 q)^3}{3!} + 0{,}093\, e^{-0{,}093 q} \frac{(0{,}093 q)^{32}}{32!}. \qquad (6)$$

Diese Funktion ist als Kurve H in Abb. 5 eingetragen. Wie man sieht,

[1]) l. c.

[2]) Bei 0,21 Å ist die gesamte Energie der Photoelektronen etwa 10mal größer als die der Comptonelektronen; bei 0,15 Å ist sie nur ein Drittel.

gibt sie sowohl die Lage als auch die Höhe des Maximums der durch Kreuzpunkte bezeichneten experimentellen Werte richtig wieder. Die Übereinstimmung ist eigentlich besser, als auf Grund der zahlreichen vereinfachenden Annahmen, die im Laufe der Berechnung gemacht worden sind, erwartet werden konnte. Dazu kommt noch, daß der Einfluß der biologischen Variabilität auf die Kurvenform, der sich besonders im Anfangs- und Endteil bemerkbar machen muß, nicht berücksichtigt wurde[1]). Im großen und ganzen werden die beobachteten Unterschiede im Verlauf der Variations- und damit der Schädigungskurven für beide Strahlungen durch die theoretische Formel richtig wiedergegeben. Ob die Theorie in allen Einzelheiten schon ihre endgültige Form besitzt, kann erst auf Grund von Versuchen mit homogenen Röntgenstrahlen[2]) entschieden werden. Dann werden sich auch genauere Zahlen für die Größe des strahlenempfindlichen Bereiches der Zelle gewinnen lassen. Nach den bisherigen Versuchen ergibt sich hierfür bei Bohnenkeimlingen als Durchmesser ein Wert[3]) von 3 μ; dies ist etwa ein Drittel bis ein Viertel der Größe des Zellkernes. Darüber, ob der strahlenempfindliche Bereich ein Teil des Zellkerndurchmessers[4]) ist, kann aus den Beobachtungen nichts ausgesagt werden; im Hinblick auf das Größenverhältnis könnte man daran denken, daß die für die Zellteilung so wichtige Chromosomensubstanz der Träger der Strahlenempfindlichkeit ist.

3. Zusammenfassung.

1. Es wird auf Grund der vorliegenden Untersuchungen diskutiert, welche Faktoren die Form der Schädigungskurve eines bestrahlten biologischen Objektes bedingen, und festgestellt, daß sowohl eine biologische Ursache (die fluktuierende Variabilität) als auch eine physikalische Ursache (die Wahrscheinlichkeit eines Treffers in dem strahlenempfindlichen Bereich der Zelle) in Betracht zu ziehen ist.

2. Die von CROWTHER entwickelte physikalische Theorie der Treffwahrscheinlichkeit wird für den Vergleich der Wirkung von Strahlungen verschiedener Wellenlänge ausgebaut und an den von GLOCKER, HAYER und JÜNGLING mit zwei verschiedenen Strahlungen aufgenommenen Schädigungskurven von Bohnenkeimlingen geprüft.

---

[1]) Man hätte die Summe über eine Reihe von Funktionen y' zu bilden, wobei gemäß der Verteilung der Empfindlichkeit auf die Individuen jede Funktion mit einem entsprechenden Gewicht zu multiplizieren und der Parameter m entsprechend den Empfindlichkeiten abzuändern wäre.

[2]) Solche Versuche sind mit Unterstützung der Notgemeinschaft der Deutschen Wissenschaft in Angriff genommen.

[3]) Errechnet aus der Beziehung, durch die Gl. (1 a) nunmehr zu ersetzen ist, α = strahlenempfindliches Volumen $\times$ Zahl der in 1 ccm insgesamt erzeugten primären Elektronen.

[4]) Die Kenntnis dieser wichtigen Größe verdanke ich einer freundlichen Bestimmung von Herrn Prof. HARDER.

Über die Widerstandsfähigkeit gegliederter Stäbe.

Von

Otto Graf, Stuttgart.

Mit 11 Abbildungen.

Stäbe nach Abb. 1 — aus zwei [-Eisen und zwischenliegenden Flacheisen sachgemäß vernietet, besonders an den Enden verbunden, wie angegeben belastet — liefern Einsenkungen, die proportional der Belastung wachsen und die mit den Werten der üblichen Rechnung gut übereinstimmen. Da die übliche Berechnung der Einsenkungen von Trägern nach Abb. 1 unter der Voraussetzung durchgeführt wird, daß die Querschnitte unter zulässigen Lasten eben bleiben, daß es sich also

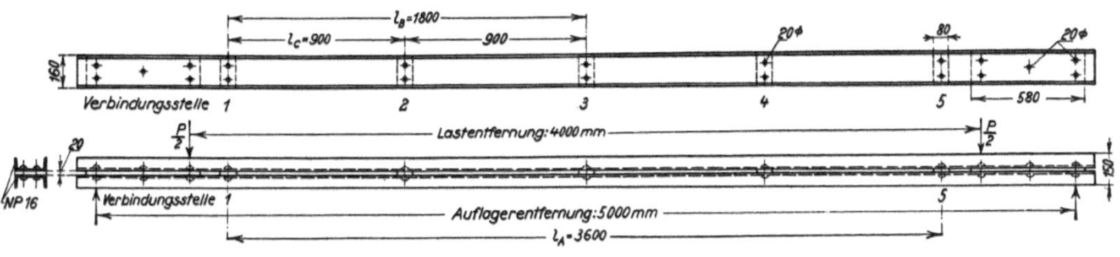

Abb. 1. Maße in mm.

um einen geschlossenen Balken handle, so findet sich aus der Übereinstimmung der Einsenkung nach Versuch und Rechnung, daß die bezeichnete Voraussetzung im vorliegenden Fall hinreichend zutreffend ist[1]).

[1]) Der Einfluß des Abstands der Verbindungsstellen bei Balken nach Abb. 1 ist aus folgenden Angaben ersichtlich (nach Versuchen von C. Bach, 1912 durchgeführt). Als der Balken nur die Verbindungsstellen 1, 3 und 5 aufwies, also die Träger auf $l_B = 1800$ mm frei waren, betrug das Verhältnis der rechnerisch ermittelten Einsenkung y zur tatsächlichen Einsenkung y' auf die Erstreckung $l = 3600$ mm

$$y : y' = 1 : 1{,}01.$$

Wurden die Träger nur bei 1 und 5 verbunden, so blieb das Verhältnis $y : y'$ bei sehr kleinen Lasten nahe 1, ging aber mit steigender Last rasch zurück. Es betrug bei $P = 4000$ kg noch rund 1 : 0,7.

Für Bauteile nach Abb. 1 verlangen die Eisenbauvorschriften der Reichsbahn, daß der Schlankheitsgrad der einzelnen Profileisen, zwischen den Verbindungsstellen gemessen, nicht über $\lambda = 30$ betragen soll. Im vorliegenden Fall ist

$$\begin{aligned} &\text{bei } l_A = 3600 \quad && \lambda = 192 \\ &\text{,, } \; l_B = 1800 \quad && \lambda = 96 \\ &\text{,, } \; l_C = 900 \quad && \lambda = 48, \end{aligned}$$

also in allen drei Fällen größer, als nach den Konstruktionsregeln der Reichsbahn zulässig ist.

Solche Feststellungen stützen die Gepflogenheit, für die Widerstandsfähigkeit von Konstruktionen aus Eisen und anderen Baustoffen gegen Biegung, sinngemäß auch gegen Knickung, das wirksame Trägheitsmoment dem rechnungsmäßigen gleichzusetzen. Daß dieser Gepflogenheit nur gefolgt werden kann, wenn die Voraussetzung der Rechnung erfüllt ist, wenn also das wirksame Trägheitsmoment gleich dem rechnungsmäßigen ist, muß dabei scharf im Auge

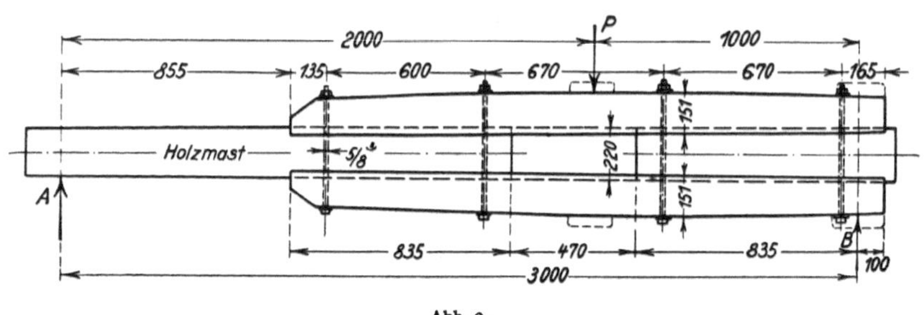

Abb. 2.

behalten werden. Nicht selten wird die übliche Rechnung angewendet, wenn die bezeichnete Voraussetzung der Rechnung nicht erfüllt ist.

Besonders ausgeprägte Abweichungen sind im folgenden unter 1. bis 3. erörtert. Zu den unter 1. und 2. mitgeteilten Fällen kann wohl gesagt werden, daß elementare Erkenntnisse außer acht gelassen sind. Eine andere Einstellung erforderten die unter 3. erörterten Untersuchungen; sie gehören zu einer Aufgabe, für die der mit Holz konstruierende Ingenieur schon lange Klarstellung wünscht.

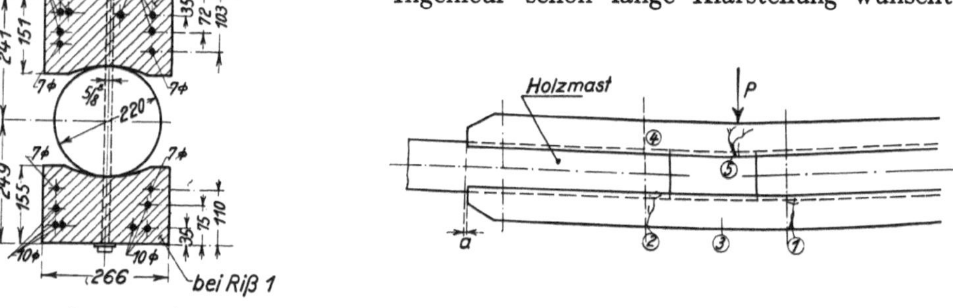

Querschnitt (in größerem Maßstab)

Abb. 3.

Maße in mm.

Abb. 4.

1. Eisenbetonklammern für Holzmaste[1]). Maste mit Eisenbetonklammern nach Abb. 2 und 3 sind nach Aufbringen der Leitung gebrochen. Die Berechnung war unter der Annahme erfolgt, daß die beiden Klammern zusammenwirken, als ob die eine Klammer die Zugzone, die andere die Druckzone im Gesamtquerschnitt der beiden Klammern bilde. Bei Versuchen in der Anordnung nach Abb. 2 erfolgte Rißbildung und Verschiebung *a* nach Abb. 4; aus diesen Beobachtungen, sowie aus den erlangten Belastungen war zu entnehmen, daß

[1]) Holzmaste für Kraft- und andere Leitungen werden zur Verlängerung ihrer Gebrauchsdauer häufig in Eisenbetonfüße gesetzt.

die Widerstandsfähigkeit des Mastfußes lediglich als die Summe der Bruchmomente der beiden einzelnen Klammern zu erwarten ist.

2. Mastfüße nach Abb. 5. Der Mastfuß hielt den Holzmast mit vier Winkeleisen, die nach Einlegen von Holzstücken mittels vier Schrauben gegen den Mast gepreßt waren. Bei der Prüfung nach Abb. 5, die sieben Tage nach dem

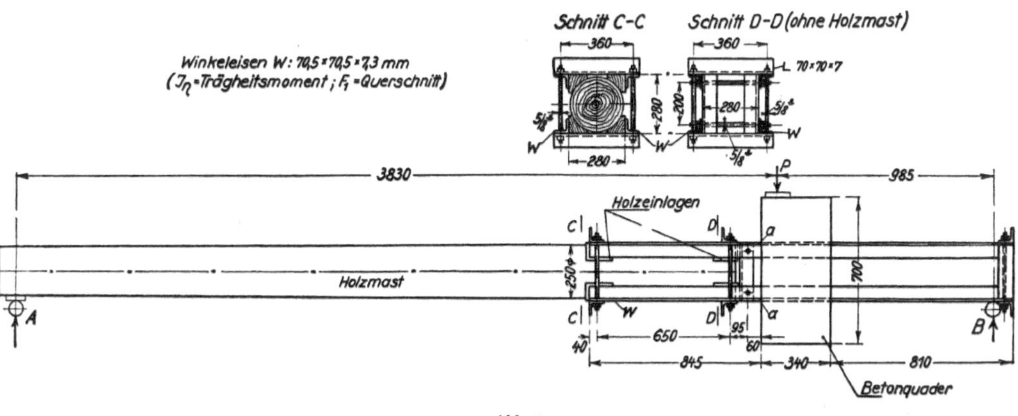

Abb. 5.

Zusammenbau begann, erfolgte Querverschiebung der Winkeleisen gegen den Mast, so daß die Lücke f, Abb. 6, entstand. Die ursprünglich in gleicher Ebene gelegenen Endquerschnitte der Winkeleisen zeigten den Abstand g, Abb. 6. In den Winkeleisen wurde die Streckgrenze bei a a überschritten, worauf der in Abb. 6 dargestellte Zustand festzustellen war. Die Höchstlast war weit geringer als der Konstrukteur erwartete, weil er das Trägheitsmoment der Winkel bei a a, Abb. 5, als einem verbundenen Querschnitt angehörig zu $J = 4\,(J\eta + F_1 e^2)$ vorausgesetzt hatte. In Wirklichkeit fand sich die Höchstlast nur zum rund 1,3fachen der Last, die sich ergibt, wenn die Tragkraft der Winkeleisen aus der Summe der Widerstandsfähigkeit von vier einzeln wirkenden Winkeleisen ermittelt wird ($J = 4\,J\eta$).

Abb. 6.

3. Gegliederte Holzstützen. Die Hölzer werden in der Regel gemäß Abb. 7 durch Schrauben, an den Enden auch durch Schrauben und Dübel verbunden. Die ursprünglich kräftig angezogenen Schrauben sind nach einiger Zeit wegen des Schwindens des Holzes nachzuziehen; die durch die Schraubenkraft hervorgerufene Reibung der Hölzer ist deshalb veränderlich.

Zunächst war durch Versuche festzustellen, daß die Höchstlast, welche eine Stütze nach Abb. 7 bei zentrischer Belastung trägt, mit fortschreitendem Austrocknen des Holzes erheblich abnehmen kann. Weiter fand sich, daß die Tragkraft sorgfältig zusammengebauter Stützen, auch unmittelbar nach dem Zusammenbau, also kurz nach dem Anziehen der Schrauben erheblich kleiner ausfallen kann als die übliche Rechnung erwarten läßt[1]). Das wirksame Trägheitsmoment war also wiederholt erheblich kleiner gefunden worden als das rechnungsmäßige. Es lag Veranlassung vor, festzustellen, inwieweit bei der heute vorherrschenden Bauart der gegliederten Holzstützen die Voraussetzungen der üblichen Rechnung erfüllt werden und welche Maßnahmen zu treffen sind, wenn diese Voraussetzungen zuverlässig erfüllt werden sollen.

4. Biege- und Druckversuche mit Vollstäben. Die Durchbiegung von Vollstäben aus gutem Holz ist — bis weit über die heute zulässigen Anstrengungen hinaus — proportional oder doch nahezu proportional den Belastungen. Die Widerstandsfähigkeit schlanker Vollstäbe gegen Druck entspricht den Gleichungen von EULER, wenn die Stäbe aus gleichmäßigem, parallelfaserigem Holz geschnitten sind. Die für Bauholz unvermeidliche Veränderlichkeit der Eigenschaften des Holzes in Stäben großer Abmessungen usw. läßt meist die rechnerische Tragkraft nicht voll erreichen; das Weniger beträgt bis etwa $^3/_{10}$[2]).

5. Biegeversuche mit geteilten Stäben. Ein Vollstab von 27,9 × 27,9 cm ist dem Biegeversuch mit der Lastanordnung nach Abb. 8 unterworfen worden; er lieferte die im Linienzug *a* der Abb. 8 angegebenen Einsenkungen. Dann folgte Auseinandersägen des Stabs

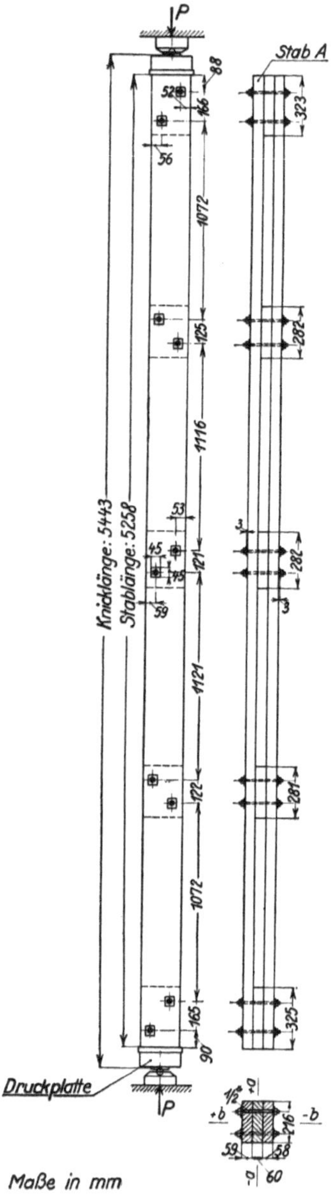

Abb. 7.

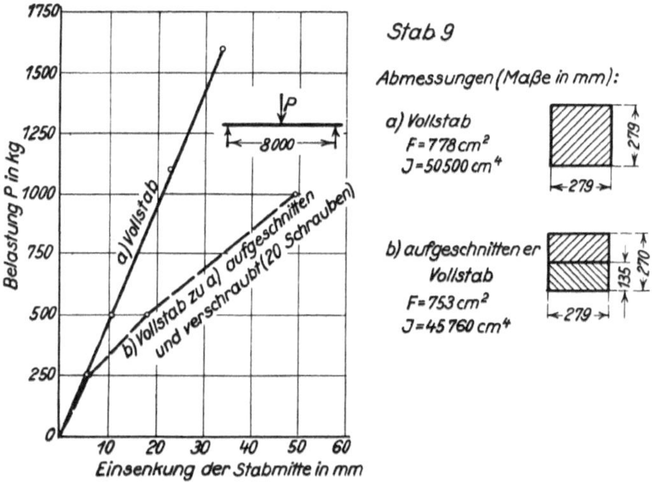

Abb. 8.

[1]) Über diese Untersuchungen, durchgeführt mit Unterstützung der Notgemeinschaft der deutschen Wissenschaft, des Vereins deutscher Ingenieure, des Deutschen Holzbauverbandes und der Firma Karl Kübler A.-G., Stuttgart, wird an anderer Stelle ausführlich berichtet werden. [2]) Bautechnik 1928, S. 209f.

in zwei gleich hohe Lamellen, Verbinden derselben mit 20 Schrauben von $^1/_2''$ Durchmesser und erneute Prüfung nach Abb. 8 in derselben Lage wie beim ersten Versuch (Querschnitt des verschraubten Stabs 27,9 × 27,0 cm). Die dabei ermittelten Einsenkungen zeigt Linienzug *b*. Wir sehen hier vor allem, daß die Einsenkungen größer ausgefallen sind als beim Vollstab und überdies bedeutend rascher gewachsen sind als die Lasten. Der geteilte und wieder verschraubte Stab wurde hiernach mit steigender Last nachgiebiger. Die Querverbindung durch die 20 Schrauben war nicht hinreichend, um die Widerstandsfähigkeit des Vollstabes wieder herzustellen.

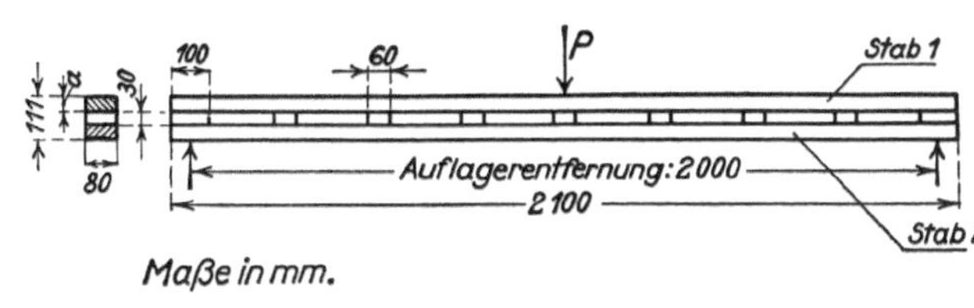

Abb. 9.

Damit läßt sich zunächst erklären, daß geteilte Stützen geringere Drucklasten tragen als Vollstützen.

Aus solchen Beobachtungen fand sich, daß der Zusammenhang des Holzes durch die üblichen Schraubenverbindungen nur teilweise ersetzt werden kann.

Andere Versuche ließen erkennen, daß die Einsenkungen durch Einlegen von Dübeln vermindert werden können, jedoch tritt dieser Einfluß der Dübel mit der erforderlichen Zuverlässigkeit erst nach erheblicher Durchbiegung auf. Die Durchbiegungen sind dann bereits größer als die Ausbiegungen, welche von den Stäben bei Druckbelastung bis zum Ausknicken ertragen werden.

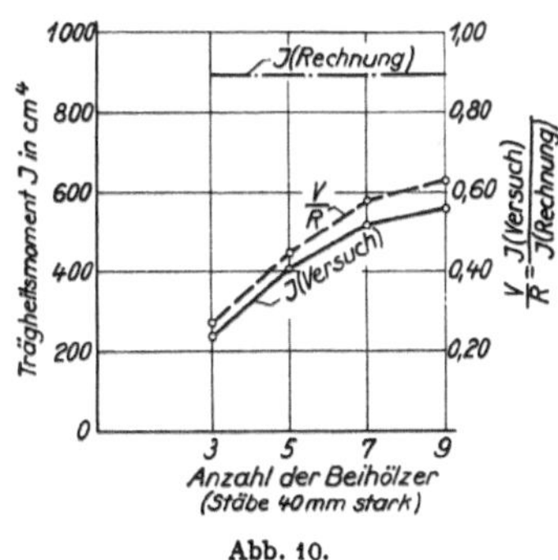

Abb. 10.

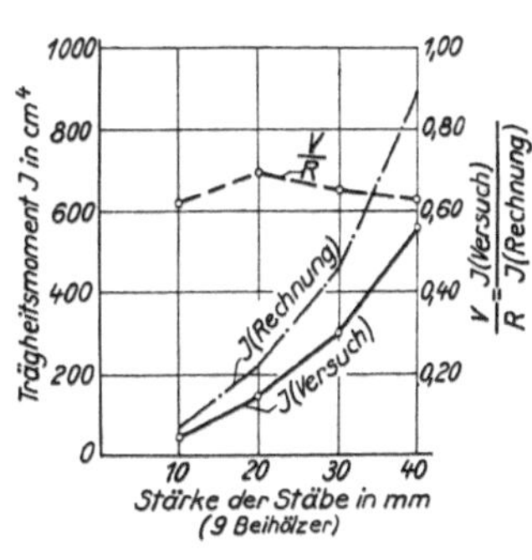

Abb. 11.

Verleimte Hölzer verhielten sich unter den bei Druckversuchen bis zur Höchstlast auftretenden Formänderungen wie volle Stäbe, was zu erwarten stand.

6. Biegeversuche mit gegliederten Stäben. Zwischen die Lamellen der geteilten Stäbe, wie sie z. Z. im Ingenieurholzbau üblich sind, werden zur Erhöhung des Widerstands gegen Biegung und Knicken Beihölzer gelegt, vgl. Abb. 7. Die Beurteilung der Widerstandsfähigkeit geschieht entsprechend dem in der Einleitung Gesagten unter der Annahme, es handle sich um den in allen Querschnitten einfach gebogenen Stab, dessen Querschnitte jeweils in einer Ebene bleiben.

Nach den Beobachtungen am einfach geteilten Stab war der Einfluß der Beihölzer an Probekörpern mit eingeleimten Beihölzern zu verfolgen, die überdies durch Schrauben gehalten waren, vgl. Abb. 9.

Die Versuchsergebnisse lassen erkennen, daß in erster Linie die Zahl der Beihölzer Einfluß nimmt. Bei dem Balken nach Abb. 9 ist das Verhältnis des in üblicher Weise berechneten Trägheitsmomentes J_r zu dem beim Versuch als wirksam ermittelten Trägheitsmoment J_v mit der Zahl der Beihölzer gemäß Abb. 10 gewachsen. Die Stärke der Lamellen blieb im Falle der Abb. 9 ohne wesentlichen Einfluß auf das Verhältnis $V:R$, wie Abb. 11 erkennen läßt[1]).

Diese Ergebnisse und weitere Beobachtungen, die in dem ausführlichen Bericht wiedergegeben werden, zeigen, daß die gegliederten Körper nach Abb. 7 als Rahmen zu beurteilen sind. In der Tat lieferte die Berechnung der Einsenkungen unter dieser Annahme verhältnismäßig kleine Unterschiede gegenüber dem Versuch. Soll der heute übliche einfache Rechnungsgang beibehalten werden, so muß das Mehr des rechnerisch zu verlangenden Trägheitsmoments gegenüber dem als wirksam zu erwartenden von dem Abstand der Beihölzer und der Art der Verbindung der Lamellen mit den Beihölzern abhängig gemacht werden.

---

[1]) Bei den Versuchen nach Abb. 9 wurde die Stärke der Lamellen durch Abhobeln schrittweise vermindert von 40 auf 30 bzw. 20 bzw. 10 mm.

Über Schwungräder mit radial beweglichen Massen.

Von

R. GRAMMEL, Stuttgart.

Mit 3 Abbildungen.

1. Um bei ungleichförmig angetriebenen Maschinen, z. B. bei Kolbenkraftmaschinen, einen hinreichend gleichförmigen Gang zu erzielen, benützt man Schwungräder. Die Wirkungsweise des Schwungrades läßt sich kurz dahin kennzeichnen, daß es einen Energiespeicher darstellt. Wenn die von der einen Seite der Welle — der Kraftseite — her zugeführte Leistung nicht gleichförmig ist, sondern um einen Mittelwert schwankt, so hat das Schwungrad die Aufgabe, jeweils während der Dauer des Leistungsüberschusses diesen Überschuß als Bewegungsenergie aufzunehmen und ihn während der Dauer des Leistungsmangels nach der anderen Seite der Welle — der Arbeitsseite — hin wieder abzugeben.

Es ist oft bemerkt worden, daß die üblichen Bauarten des Schwungrades diese Aufgabe nur unvollkommen lösen können. Vor allem muß bei hochgradig ungleichförmigem Antrieb das Schwungrad immer unverhältnismäßig groß sein, was hohes Gewicht und umständliche Lagerung verursacht. Daher ist wiederholt vorgeschlagen worden[1]), an die Stelle des Schwungrades eine Vorrichtung von wesentlich kleinerer Masse zu setzen, welche den jeweiligen Leistungsüberschuß der Kraftseite nur zum Teil in Bewegungsenergie, zum anderen Teil in Formänderungsenergie gespannter Federn oder sonstiger elastischer Gebilde überführt und diese Energie während der Dauer des Leistungsmangels nach der Arbeitsseite in solcher Weise geregelt wieder abgibt, wie es die genaue Gleichförmigkeit des Ganges verlangt.

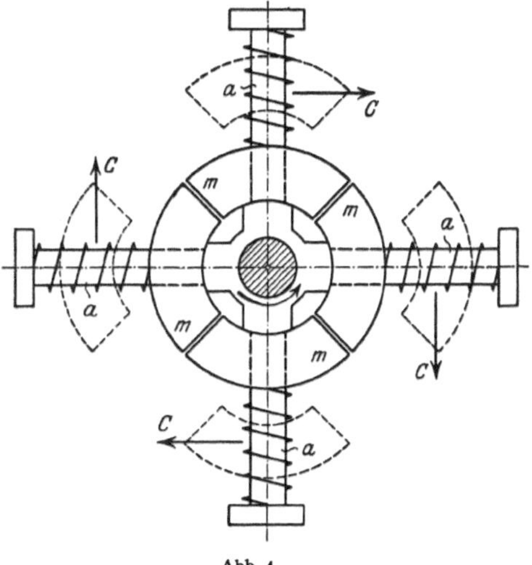

Abb. 1.

Abb. 1 zeigt das gemeinsame Schema der bislang vorgeschlagenen Ausführungsformen. Auf der im Querschnitt gezeichneten Welle sitzen die zweck-

[1]) Vgl. die österreichische Patentschrift 70953 sowie die amerikanischen Patentschriften 986978 und 1204180.

mäßig paarweise angeordneten Arme a und auf ihnen radial verschieblich die Massen m, gehalten durch die an den Armenden befestigten Federn. Dreht sich die Welle, so treibt die Fliehkraft die Massen m in die gestrichelt gezeichneten Gleichgewichtslagen, in denen sie so lange stehen bleiben, als die Welle sich gleichförmig weiterdreht, — vorausgesetzt, daß man sich den störenden Einfluß der Schwerkraft vorläufig etwa dadurch ausgeschaltet denkt, daß die Welle lotrecht gestellt wird. Fließt nun aber von der Kraftseite mehr Leistung zu, als von der Arbeitsseite abgenommen wird, so sucht der Überschuß die Welle und damit die Arme a zu beschleunigen: die Fliehkraft treibt die Massen m alsbald weiter nach außen. Dies hat zur Folge, daß einerseits die Federn sich weiter spannen, also einen Teil des Leistungsüberschusses als Federenergie aufnehmen, und daß andererseits die Bewegungsenergie der nach außen tretenden Massen sich erhöht, ohne daß sich dabei im Gegensatz zum starren Schwungrad die Drehgeschwindigkeit der Welle vergrößert haben müßte. Stellt sich im nächsten Augenblick Leistungsmangel ein, so entspannen sich die Federn, die Massen treten nach innen, und die aufgespeicherte Feder- und Bewegungsenergie fließt als Leistungsausgleich auf die Arbeitsseite hinüber.

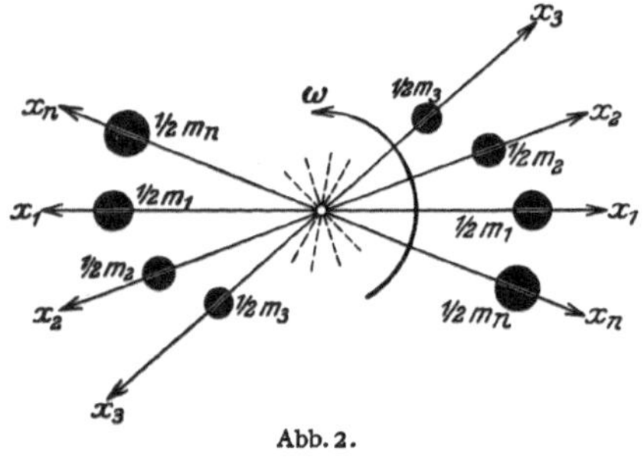

Abb. 2.

Anstatt energetisch kann man die Wirkungsweise einer solchen Vorrichtung auch dynamisch an Hand der Corioliskräfte erklären. Indem die Massen m nach außen treten, werden Corioliskräfte C geweckt, deren Momente dem Drehsinn der Welle entgegengerichtet sind und also der vom Leistungsüberschuß angestrebten Drehbeschleunigung entgegenwirken. Treten die Massen nach innen, so werden Corioliskräfte von umgekehrter Richtung wachgerufen, deren Moment dann die vom Leistungsmangel verursachte Drehverzögerung aufzuheben strebt.

Obwohl die Idee eines solchen Schwingrades (wie man die Vorrichtung im Unterschied vom starren Schwungrad nennen könnte) zweifellos gut ist, so hat sie sich bisher doch keineswegs praktisch durchsetzen können. Dies liegt, wie ich glaube, daran, daß man die an sich richtige Idee in der geschilderten Ausführung gar nicht in vollem Umfang und, wie ich zeigen werde, auch noch nicht ganz in der richtigen Weise ausgenützt hat. Um dies einzusehen, muß man sich über die genauere Dynamik des Schwingrades klar werden, die ich nun entwickeln will.

2. Es wird sich alsbald als notwendig herausstellen, das in Abb. 1 dargestellte Schema insofern noch etwas zu verallgemeinern, als man die einzelnen Armpaare mit verschieden großen Massen m und mit Federn von verschiedener Spannkraft ausstattet, so daß man dann allgemein n Armpaare hat, auf denen sich die Massen $m_1, m_2, \ldots m_n$, je hälftig auf jeden Arm verteilt, radial verschieben können (Abb. 2). Diese Massen $\frac{1}{2} m_i$ mögen für irgendeinen Betriebszustand die Entfernungen $x_1, x_2, \ldots x_n$ vom Mittelpunkt der Drehung haben. Die zugehörigen Federspannkräfte werden von den Stellungen x_i der Massen abhängen; wir wollen sie positiv zum Drehmittelpunkt hin rechnen und der Reihe nach mit $\frac{1}{2} m_1 f_1(x_1)$, $\frac{1}{2} m_2 f_2(x_2)$, $\ldots \frac{1}{2} m_n f_n(x_n)$ bezeichnen, so daß also die Funktionen $f_i(x_i)$ die auf die Masseneinheit bezogenen Federspannkräfte bedeuten: wir nennen sie die Federfunktionen. Beachtet man, daß die in der Masse $\frac{1}{2} m_i$ infolge der Drehschnelle ω des Schwingrades geweckte Fliehkraft die Größe $\frac{1}{2} m_i x_i \omega^2$ besitzt, so kann man die dynamischen Grundgleichungen für die radialen Bewegungen der Massen $\frac{1}{2} m_i$ sofort anschreiben. Sie lauten, wenn man der Einfachheit halber von Bewegungswiderständen, sowie von den Federmassen[1]) und zunächst auch noch vom Einfluß der Schwere absieht:

$$\frac{d^2 x_i}{dt^2} = x_i \omega^2 - f_i(x_i) \qquad (i = 1, 2, \ldots n). \tag{1}$$

Zu diesen n Gleichungen für die Koordinaten x_i tritt noch eine weitere Gleichung, welche die i. a. variable Drehschnelle ω reguliert. Um sie anzuschreiben, braucht man lediglich die Überlegungen von Ziff. 1 formelmäßig zu fassen. Ist M die Differenz der Drehmomente auf der Kraft- und Arbeitsseite der Welle, so ist $M\omega$ der Leistungsüberschuß der Kraftseite. Dieser dient einerseits dazu, die Bewegungsenergie

$$E = \frac{1}{2} J\omega^2 + \frac{1}{2} \sum m_i \left[\left(\frac{dx_i}{dt}\right)^2 + (x_i \omega)^2\right]$$

des ganzen Systems zu erhöhen — unter J das Trägheitsmoment der starr rotierenden Teile verstanden —; andererseits wird er als Leistung zur Spannung der Federn

$$L = \sum m_i f_i(x_i) \frac{dx_i}{dt}$$

verbraucht, so daß man hat

$$\frac{dE}{dt} + L = M\omega,$$

oder explizit

$$J\omega \frac{d\omega}{dt} + \sum m_i \frac{dx_i}{dt} \frac{d^2 x_i}{dt^2} + \omega^2 \sum m_i x_i \frac{dx_i}{dt} + \omega \frac{d\omega}{dt} \sum m_i x_i^2 + \sum m_i f_i(x_i) \frac{dx_i}{dt} = M\omega.$$

Führt man hier die Werte $\frac{d^2 x_i}{dt^2}$ aus den Gleichungen (1) ein, so kommt die gesuchte Gleichung in der Form

$$\left(J + \sum m_i x_i^2\right) \frac{d\omega}{dt} + 2\omega \sum m_i x_i \frac{dx_i}{dt} = M. \tag{2}$$

Wenn man bemerkt, daß hier der Koeffizient von $\frac{d\omega}{dt}$ einfach das Trägheitsmoment des ganzen Schwingrades vorstellt, und daß das zweite Glied linkerhand das Moment aller Corioliskräfte bedeutet, so erkennt man, daß die Gleichung (2)

[1]) Man kann bei Federschwingungen die Federmasse am einfachsten dadurch berücksichtigen, daß man einen Teil der Federmasse der starren Masse des schwingenden Systems zuschlägt; vgl. Lord Rayleigh, Die Theorie des Schalles (deutsch von F. Neesen), Bd. I, § 156. Braunschweig 1879.

nach einem ebenfalls in Ziff. 1 entwickelten Gedankengang auch sofort in dieser Gestalt hätte angeschrieben werden können.

3. Es handelt sich jetzt darum, festzustellen, unter welchen Umständen das System (1) und (2) zu einem festen Wert ω_0 der Drehschnelle führt. Um diese Aufgabe zu lösen, setzen wir

$$x_i = a_i + \xi_i,$$
$$\omega = \omega_0 + \eta,$$

indem wir unter a_i die feste Koordinate derjenigen Stellung der beiden Massen $\frac{1}{2} m_i$ verstehen, in welcher die Federkraft der Fliehkraft gerade das Gleichgewicht hält, wenn die Drehschnelle den Sollwert ω_0 annimmt:

$$f_i(a_i) = a_i \omega_0^2. \tag{3}$$

Die Größen ξ_i und η sind dann einfach die Schwankungen der Koordinaten x_i und der Drehschnelle ω um ihre stationären Werte a_i und ω. Die Schwankung η dürfen wir entsprechend unserer Fragestellung von vornherein als eine kleine Größe behandeln. Bedenklicher ist es, wenn wir nun auch die Größen ξ_i als klein gegen die Größen a_i ansehen; wir wollen dies aber — vorbehaltlich späterer Korrektur — doch vorläufig tun, um bequem weiterrechnen zu können, und stützen uns dabei auf die Erfahrungstatsache, daß die Ergebnisse der Theorie der kleinen Schwankungen i. a. auch für größere Schwankungen noch recht gut gültig sind. Wir haben also, indem wir jeweils nach Potenzen von ξ_i und η entwickeln und immer nur die Glieder bis zur ersten Ordnung beibehalten, angenähert

$$x_i \omega^2 = \omega_0^2 a_i + \omega_0^2 \xi_i + 2\omega_0 a_i \eta,$$
$$x_i^2 \frac{d\omega}{dt} = a_i^2 \frac{d\eta}{dt}, \qquad \omega x_i \frac{dx_i}{dt} = \omega_0 a_i \frac{d\xi_i}{dt},$$
$$f_i(x_i) = f_i(a_i) + f_i'(a_i)\xi_i \qquad \left(\text{wobei } f_i' = \frac{df_i}{dx_i}\right).$$

Gehen wir mit diesen Ausdrücken in die Gleichungen (1) und (2) ein, so lauten sie, wenn wir dabei noch auf (3) achten und zur Abkürzung

$$J + \sum m_i a_i^2 = J_0$$

setzen,

$$\left.\begin{aligned} &\frac{d^2\xi_i}{dt^2} + [f_i'(a_i) - \omega_0^2]\,\xi_i - 2\omega_0 a_i \eta = 0, \qquad (i = 1, 2, \ldots n) \\ &2\omega_0 \sum m_i a_i \frac{d\xi_i}{dt} + J_0 \frac{d\eta}{dt} = M. \end{aligned}\right\} \tag{4}$$

Die Lösung eines derartigen Systems linearer Differentialgleichungen setzt sich bekanntermaßen additiv aus zwei Teilen zusammen. Der erste Teil ist unabhängig von der als Zeitfunktion gegeben zu denkenden Größe M und stellt die Eigenschwingungen des Systems vor; diese Eigenschwingungen, wenn überhaupt erregt, werden sicherlich durch die von uns nicht berücksichtigte Reibung bald abgedämpft sein, so daß wir sie nicht weiter zu beachten brauchen (sie können aber beim Anlaufen der Maschine wohl bemerklich sein). Der zweite

Teil hängt ganz von M ab und stellt die erzwungenen Schwingungen des Systems vor; ihnen müssen wir unsere Aufmerksamkeit zuwenden.

4. Wir beschränken uns sogleich auf den praktisch allein wichtigen Fall, daß das Drehmoment M (Überschuß des Momentes der Kraftseite über das der Arbeitsseite) eine periodische Funktion der Zeit ist, die man dann also in der Form einer Fourierschen Reihe darstellen kann, von der wir annehmen wollen, daß nur n Glieder merklich auftreten:

$$M = M_1 \sin \gamma t + M_2 \sin 2\gamma t + \cdots + M_n \sin n\gamma t.$$

Die Koeffizienten M_k sind dabei als bekannt anzusehen[1]); die Zahl γ ist die Grundfrequenz der Schwankungen von M und tatsächlich stets ein bestimmtes rationales Vielfaches der mittleren Drehschnelle ω_0, nämlich

$$\gamma = c\omega_0,$$

wo beispielsweise bei der Einzylinderzweitaktmaschine $c = 1$, bei der Einzylinderviertaktmaschine $c = \frac{1}{2}$, allgemein bei der z-Zylinderzweitaktmaschine $c = z$, bei der z-Zylinderviertaktmaschine $c = \frac{z}{2}$ zu setzen ist.

Die zu dem Zwangsmoment

$$M = \sum_{k=1}^{n} M_k \sin(kc\omega_0 t) \tag{5}$$

gehörenden erzwungenen Schwingungen der Größen ξ_i und η sind von der Gestalt

$$\left.\begin{aligned} \xi_i &= -\sum_{k=1}^{n} A_{ik} \cos(kc\omega_0 t), \\ \eta &= -\sum_{k=1}^{n} B_k \cos(kc\omega_0 t), \end{aligned}\right\} \tag{6}$$

wie man durch Einsetzen in die Differentialgleichungen (4) leicht feststellt. In der Tat wird mit den Lösungen (6) aus den Gleichungen (4)

$$\sum_{k=1}^{n} \Big\{[f_i'(a_i) - \omega_0^2 - k^2c^2\omega_0^2] A_{ik} - 2\omega_0 a_i B_k\Big\} \cos(kc\omega_0 t) = 0, \qquad (i = 1, 2, \ldots n)$$

$$\sum_{k=1}^{n} \Big\{2kc\omega_0^2 \sum_{i=1}^{n} m_i a_i A_{ik} + kc\omega_0 J_0 B_k\Big\} \sin(kc\omega_0 t) = \sum_{k=1}^{n} M_k \sin(kc\omega_0 t);$$

und dies sind lauter Identitäten, falls man den noch offenen Koeffizienten A_{ik} und B_k die Bedingungen auferlegt

$$[f_i'(a_i) - \omega_0^2(1 + k^2c^2)] A_{ik} - 2\omega_0 a_i B_k = 0, \qquad \begin{pmatrix} i = 1, 2, \ldots n \\ k = 1, 2, \ldots n \end{pmatrix} \tag{7}$$

$$2kc\omega_0^2 \sum_{i=1}^{n} m_i a_i A_{ik} + kc\omega_0 J_0 B_k = M_k. \qquad (k = 1, 2, \ldots n) \tag{8}$$

[1]) Vgl. etwa H. Lorenz, Dynamik der Kurbelgetriebe, S. 92. Leipzig 1901.

Wir haben somit $n(n+1)$ lineare Gleichungen zur Berechnung der A_{ik} und B_k aus den M_k.

5. Nunmehr ist der entscheidende Schluß vorbereitet: wir verfügen jetzt über die n Federfunktionen $f_k(x_k)$ so, daß

$$f'_k(a_k) = \omega_0^2(1 + k^2 c^2) \qquad (k = 1, 2, \ldots n) \tag{9}$$

wird. (Wie man dies praktisch erreichen kann, soll später erörtert werden.) Damit folgt aus denjenigen n Gleichungen (7), für welche $i = k$ ist, der Reihe nach

$$B_1 = 0, \; B_2 = 0, \ldots, B_n = 0, \tag{10}$$

und die übrigen Gleichungen (7) liefern dann

$$A_{ik} = 0 \quad \text{für} \quad i \neq k. \tag{11}$$

Mit Rücksicht auf (10) und (11) aber fließt aus den Gleichungen (8) vollends

$$A_{kk} = \frac{M_k}{2kc\omega_0^2 m_k a_k}. \tag{12}$$

Damit ist das Ziel erreicht. Mit dem Verschwinden aller B_k wird auch $\eta \equiv 0$: die Drehschnelle tritt aus ihrem Festwert ω_0 nicht mehr heraus. Dafür nimmt jedes der n Massenpaare m_k je eine der n Schwankungen des Drehmomentes M auf:

$$\xi_k = -A_{kk}\cos(kc\omega_0 t) \tag{13}$$

mit Amplituden A_{kk}, die durch (12) bestimmt sind.

Hiermit ist nun auch geklärt, warum die bisherigen Konstruktionen ohne den gewünschten Erfolg bleiben mußten. Einerseits scheint man auf die entscheidende Bedingung (9) für die (sogleich noch genauer zu untersuchende) Federfunktion keine Rücksicht genommen zu haben; andererseits hat man überhaupt nicht beachtet, daß jedes Armpaar nur eine der schädlichen Impulsfrequenzen $kc\omega_0$ zu beseitigen in der Lage ist, daß also so viel Armpaare mit i. a. verschiedenen Massen und Federn verwendet werden müssen, als sich Impulsfrequenzen bemerklich machen.

6. Um dem Konstrukteur vollends den richtigen Weg zu weisen, müssen wir die Federfunktionen $f_k(x_k)$ berechnen. Dazu stehen uns die beiden Gleichungen (3) und (9) zur Verfügung:

$$f_k(a_k) = a_k\omega_0^2, \qquad f'_k(a_k) = \omega_0^2(1 + k^2c^2).$$

Wir kennen also an der Stelle $x_k = a_k$ den Wert der Funktion f_k und ihrer Ableitung. Damit ist die Funktion noch keineswegs bestimmbar. Sie wird es aber sofort, wenn wir die naheliegende Forderung hinzunehmen, daß das Schwingrad seine Obliegenheit — die Drehschnelle konstant zu halten — nicht nur bei einer Drehschnelle ω_0 zu erfüllen imstande ist, sondern für alle Werte ω_0 innerhalb eines ganzen Bereiches. Erst dann ist das Schwingrad dem Schwungrad ebenbürtig zu nennen, das ja auch für jede Umlaufzahl der Maschine die Schwankungen der Drehschnelle herabsetzen soll.

Wir fordern also, daß die beiden letzten Gleichungen nicht nur für den zu einem ω_0 gehörigen Wert a_k gelten, sondern für jeden Wert x, der gemäß der

Gleichgewichtsbedingung $f_k(x) = x\omega^2$ den Werten ω eines ganzen Bereiches von Drehschnellen zugeordnet ist; d. h. wir gehen von den Gleichungen

$$f_k(x) = x\omega^2, \qquad \frac{d f_k(x)}{dx} = \omega^2 (1 + k^2 c^2)$$

aus, worin ω^2 als ein variabler Parameter anzusehen ist. Wir eliminieren ω^2 und erhalten

$$\frac{d f_k}{f_k} = (1 + k^2 c^2) \frac{dx}{x}$$

und durch Integration

$$f_k(x) = C x^{1 + k^2 c^2}. \tag{14}$$

Die Integrationskonstante C bestimmt sich aus der Erwägung, daß für $x = a_k$

$$f_k(a_k) = C a_k^{\,1 + k^2 c^2} = a_k \omega_0^2$$

sein soll, zu

$$C = \frac{\omega_0^2}{a_k^{k^2 c^2}}.$$

Damit sind die Federfunktionen

$$f_k(x) \equiv a_k \omega_0^2 \left(\frac{x}{a_k}\right)^{1 + k^2 c^2} \qquad (k = 1, 2, \ldots n) \tag{15}$$

bestimmt, und die zu einer beliebigen stationären Drehschnelle ω_0' gehörige Gleichgewichtskoordinate a_k' gehorcht der Gleichung

$$\left(\frac{a_k'}{a_k}\right)^{k^2 c^2} = \left(\frac{\omega_0'}{\omega_0}\right)^2. \tag{16}$$

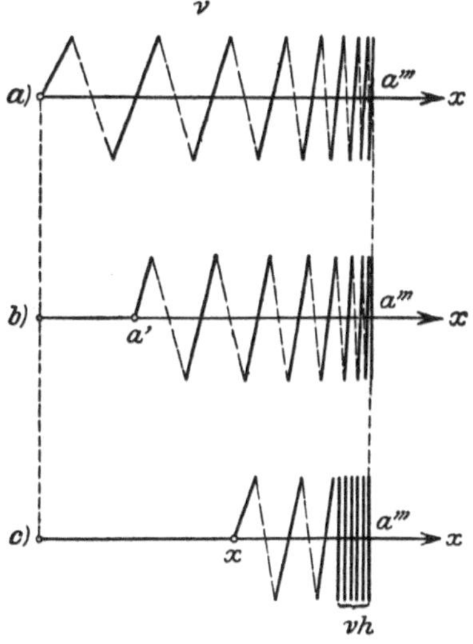

Abb. 3.

7. Wie muß die Feder gestaltet sein, deren Federfunktion (15) ist? Man sieht zum voraus, daß Schraubenfedern von konstanter Steigung und Drahtstärke, wie sie bei den bisherigen Konstruktionen verwendet worden sind, keinesfalls mit (15) in Einklang zu bringen sind; denn ihre Federfunktion ist innerhalb weiter Grenzen[1]) merklich genau proportional der ersten Potenz der Reckung x.

Ich will nun zeigen, daß man das Federgesetz (15) durch eine Schraubenfeder mit konstanter Drahtstärke, aber veränderlicher Steigung verwirklichen kann. In Abb. 3 ist eine solche Feder in drei verschiedenen Reckungszuständen dargestellt. Ihr äußeres Ende ist bei $x = a'''$ befestigt. Ihr inneres Ende liegt im Falle a) bei $x = 0$, und dabei soll die Feder spannungsfrei sein. Die einzelnen Federwindungen sollen von außen nach innen numeriert sein: $1, 2, \ldots \nu, \ldots$. Schiebt man das innere Federende auswärts, so wird für eine bestimmte

[1]) S. Handbuch der Physik, Bd. 6, S. 192. Berlin 1928.

Stellung $x = a'$ des inneren Federendes (Abb. 3b) die Feder so gespannt sein, daß gerade die Windungen 1 und 0 anfangen sich zu berühren. Dieser Stellung a' möge die kleinste Drehzahl ω_0' zugeordnet sein, für die das Schwingrad wirksam sein soll. Tritt das innere Federende noch weiter auswärts (Abb. 3c), so liegen die ersten ν Windungen eng aneinandergepackt, so daß also jetzt, wenn n_1 die Gesamtzahl der Federwindungen ist, nur noch $n_1 - \nu$ Windungen elastisch wirksam sind.

Bezeichnen wir mit s_0 die Anfangssteigung am äußeren Ende der Feder (also für $\nu = 0$), mit s_ν ebenso die Steigung der ν-ten Windung, also die Drahtachsenentfernung zwischen der ν-ten und $(\nu - 1)$-ten Windung, und zwar jeweils für die ungespannte Feder, ferner mit h die Drahtstärke und mit p die sogenannte Federkonstante[1]), d. h. die Kraft, die man aufwenden muß, um eine Windung um die Längeneinheit zusammenzurecken, und lassen wir weiterhin den Zeiger k weg, so gelten die sofort zu erklärenden Gleichungen

$$p(s_\nu - h) = \tfrac{1}{2} m f(x) \equiv \tfrac{1}{2} m C x^{1+k^2c^2},$$

$$p(s_0 - h) = \tfrac{1}{2} m f(a') \equiv \tfrac{1}{2} m C (a')^{1+k^2c^2}. \tag{17}$$

Die erste dieser Gleichungen sagt aus, daß die Federkraft, die wir in Ziff. 2 mit $\frac{1}{2} m f(x)$ bezeichnet und in Gleichung (14) ausgerechnet haben, für die Stellung x des inneren Endes gerade so groß ist, daß sie die ν-te Windung um $s_\nu - h$ zusammenpreßt, also zum Anliegen an die $(\nu - 1)$-te Windung veranlaßt. Die zweite Gleichung besagt das Entsprechende für die Stellung a' des inneren Endes. Durch Division beider Gleichungen kommt

$$\frac{s_\nu - h}{s_0 - h} = \left(\frac{x}{a'}\right)^{1+k^2c^2}. \tag{18}$$

Wir wollen uns nun anstatt der Numerierung 1, 2, ... ν, ... längs des Federdrahtes eine am äußeren Ende beginnende Maßskala angebracht denken, die jeweils um die Einheit zunimmt, wenn man längs des Drahtes genau eine Windung durchlaufen hat; dadurch ist aus der unstetigen Numerierungszahl ν eine stetig veränderliche Koordinate ν entstanden. Gehen wir jetzt von x aus um dx mit dem inneren Ende weiter, so legt sich das nächste Federelement $d\nu$ an die vorangehenden Windungen an, indem der soeben noch vorhandene Abstand ds_ν zwischen dem Element $d\nu$ und dem entsprechenden Element der vorangehenden Windung auf Null herabgedrückt wird. Um ebensoviel wird aber jede der $n_1 - \nu$ wirksamen Windungen zusammengedrückt; also ist

$$dx = (n_1 - \nu)\, ds_\nu$$

Andererseits folgt aus (18) durch Differentiieren

$$\frac{ds_\nu}{s_0 - h} = \frac{1 + k^2c^2}{a'} \left(\frac{x}{a'}\right)^{k^2c^2} dx,$$

also durch Elimination von dx und ds_ν aus den beiden letzten Gleichungen

$$s_0 - h = \frac{1}{n_1 - \nu} \frac{a'}{1 + k^2c^2} \left(\frac{a'}{x}\right)^{k^2c^2}$$

[1]) Der Einfachheit halber begnügen wir uns hier mit den Annahmen der elementaren Federtheorie, welche die Reckung unabhängig von der Steigung proportional der Kraft ansieht und als gute Näherungstheorie erster Ordnung gilt.

Da aber voraussetzungsgemäß für $x = a'$ gerade noch $\nu = 0$ bleiben sollte, so muß auch

$$s_0 - h = \frac{1}{n_1} \frac{a'}{1 + k^2c^2} \tag{19}$$

sein, und durch Gleichsetzen der rechten Seiten der beiden letzten Gleichungen folgt

$$\left(\frac{x}{a'}\right)^{k^2c^2} = \frac{n_1}{n_1 - \nu}.$$

Führt man diesen Wert in (18) ein, so kommt das Ergebnis

$$\frac{s_\nu - h}{s_0 - h} = \left(\frac{n_1}{n_1 - \nu}\right)^{\frac{1 + k^2c^2}{k^2c^2}} \tag{20}$$

Durch diese Beziehung ist die Steigung s_ν der ν-ten Windung der ungespannten Feder als Funktion der Windungsnummer ν ausgedrückt: die Gleichung (20) stellt in Verbindung mit (19) das Steigungsgesetz vor, das die ungespannte Feder befolgen muß, wenn die Federfunktion (15) erfüllt sein soll. Die Gestaltung der Federn nach diesem Gesetz ist eine notwendige Voraussetzung für die richtige Wirkung des Schwingrades.

Da k^2c^2 stets positiv ist, so nimmt die Steigung s_ν mit der Windungsnummer ν monoton zu. Für die letzte Windung n_1 der ungespannten Feder wäre rechnerisch die Steigung $s_{n_1} = \infty$; man wird also mit der letzten Windung die Vorschrift (20) nicht mehr ganz streng befolgen können, was bei einer Feder mit hinreichend vielen Windungen praktisch unbedenklich sein dürfte. Der Wert der Federkonstanten folgt schließlich aus (17), wenn man dort die Ausdrücke für C und $s_0 - h$ einsetzt und auf (16) achtet, zu

$$p = \tfrac{1}{2} m n_1 \omega_0'^2 (1 + k^2c^2). \tag{21}$$

8. Endlich erhebt sich die Frage, bis zu welcher Höchstgeschwindigkeit ω_0'' die Vorrichtung brauchbar ist, wenn etwa der Außenhalbmesser a''' des Schwingrades vorgeschrieben wird; oder wie groß man a''' wählen muß, wenn ω_0'' vorgegeben ist. Man hat nach (16) für den zu ω_0'' gehörigen Wert a''

$$a'' = a' \left(\frac{\omega_0''}{\omega_0'}\right)^{\frac{2}{k^2c^2}}. \tag{22}$$

Dazu kommt der Maximalausschlag A'' (12) der x_k-Schwingung

$$A'' = \frac{M_k}{2kc\omega_0''^2 m a''}, \tag{23}$$

und da, wenn dieser Ausschlag erreicht ist, gerade alle n_1 Windungen sich berühren dürfen, so muß

$$a''' - n_1 h = a'' + A''$$

sein, woraus die gesuchte Größe a''' zu

$$a''' = n_1 h + a'' + A'' \tag{24}$$

folgt. Man kann vermittels (22) bis (24) aus gegebenem ω_0'' leicht a''' und umgekehrt berechnen.

Das Schwingrad ist in seiner Wirksamkeit also sowohl durch eine untere wie durch eine obere Grenze der Drehschnelle begrenzt; hierin ist es gegenüber dem Schwungrad im Nachteil.

9. Alle bisherigen Ergebnisse beanspruchen nur die Genauigkeit einer Theorie erster Ordnung. Es ist aber nicht schwer, die Grundgleichungen (1) und (2) auch ohne Vernachlässigungen aufzulösen.

Wir gehen aus von der strengen Gleichung (2), worin wir uns rechterhand für M die Reihe (5) eingesetzt denken. Da wir vermuten, daß auch die strenge Theorie eine Möglichkeit eröffnet, trotz variablen Impulses M die Drehschnelle ω konstant zu halten, so streichen wir in (2) das Glied mit $d\omega/dt$ fort. Die übrig bleibende Gleichung (2)

$$2\omega_0 \sum m_k x_k \frac{d x_k}{d t} = \sum M_k \sin(k c \omega_0 t)$$

zerspalten wir in n Gleichungen, indem wir naturgemäß verlangen, daß jedes Armpaar je eine Impulsfrequenz auf sich nimmt; wir schreiben also — wieder mit Fortlassung der Zeiger —

$$2\omega_0 m x \frac{d x}{d t} = M \sin(k c \omega_0 t).$$

Hier kann man sofort integrieren und hat mit einer Integrationskonstante D^2 und der Abkürzung A_{kk} (12), für die wir kurzweg A schreiben,

$$x^2 = D^2 - 2aA\cos(k c \omega_0 t).$$

Um D zu bestimmen, überlegt man, daß mit $M = 0$ auch $A = 0$ würde, und daß dann einfach $x = a$ sein müßte; dies ist der Fall, wenn $D = a$ genommen wird. Man hat also

$$x = +\sqrt{a^2 - 2aA\cos(k c \omega_0 t)} \tag{25}$$

oder auch

$$aA\cos(k c \omega_0 t) = \frac{a^2 - x^2}{2}. \tag{26}$$

Um unser wichtigstes Ziel, die Berechnung der Federfunktionen, zu erreichen, bilden wir nach (1)

$$f(x) = x\omega_0^2 - \frac{d^2 x}{dt^2}, \tag{27}$$

indem wir in dem aus (25) folgenden Wert von d^2x/dt^2 nachträglich die Zeit t vermittels (26) entfernen. So kommt der strenge Ausdruck für die Federfunktion (27):

$$f(x) = \omega_0^2\left\{x - k^2c^2\left[\frac{a^2 - x^2}{2x} + \frac{(a^2 - x^2)^2 - 4a^2A^2}{4x^3}\right]\right\}. \tag{28}$$

Zum Vergleich dieser Funktion mit der früheren Federfunktion erster Ordnung bilden wir die Ableitungen

$$f'(x) = \omega_0^2\left\{1 - k^2c^2\left[\frac{3a^2 - x^2}{2x^2} + \frac{3}{4}\,\frac{(a^2 - x^2)^2 - 4a^2A^2}{x^4}\right]\right\},$$

$$f''(x) = -\frac{3k^2c^2\omega_0^2a^2}{x^3}\left[1 - 4\frac{A^2}{x^2} + 3\frac{a^2 - x^2}{x^2}\right]$$

usw. und haben also wieder mit $x = a + \xi$ für die Koeffizienten der Taylorschen Reihe

$$f(x) = f(a) + f'(a)\xi + f''(a)\frac{\xi^2}{2} + \cdots \tag{29}$$

die folgenden Werte:

$$f(a) = a\omega_0^2\left(1 + k^2c^2\frac{A^2}{a^2}\right), \tag{30}$$

$$f'(a) = \omega_0^2\left[1 + k^2c^2\left(1 - 3\frac{A^2}{a^2}\right)\right], \tag{31}$$

$$f''(a) = -\frac{3k^2c^2\omega_0^2}{a}\left(1 - 4\frac{A^2}{a^2}\right) \tag{32}$$

usw. Die erste und zweite dieser drei Gleichungen sind die unmittelbaren Erweiterungen der Formeln (3) und (9) unserer früheren Theorie erster Ordnung; denn sie gehen in jene über, sobald man wieder A^2/a^2 als klein wegstreicht. Tut man dies auch in (32), so kommt als Wert von $f''(a)$ in erster Ordnung

$$f''(a) = -\frac{3k^2c^2\omega_0^2}{a}. \tag{33}$$

Bildet man aber aus der Federfunktion (15) die zweite Ableitung an der Stelle $x = a$, so kommt statt dessen

$$f''(a) = \frac{k^2c^2\omega_0^2}{a}(1 + k^2c^2). \tag{34}$$

Zwischen den beiden Werten (33) und (34) von $f''(a)$ besteht offensichtlich ein Widerspruch, und ebensolche Widersprüche würde man auch an den höheren Ableitungen feststellen.

Natürlich rührt dies daher, daß wir in Ziff. **6** die Federfunktion nicht, wie es mathematischer Vorschrift entspräche, aus ihren sämtlichen Ableitungen am Orte $x = a$ bestimmten, sondern statt der (in der Theorie erster Ordnung nicht bekannten) Ableitungen höherer Ordnung die praktische — aber mathematisch damit nicht gleichwertige — Forderung hinzunahmen, daß die Federfunktion für einen ganzen Bereich von ω_0-Werten brauchbar sein sollte.

Es sei ausdrücklich bemerkt, daß sich dieser Widerspruch nicht etwa dadurch beseitigen ließe, daß man an Stelle von Gleichung (3) und (9) die genaueren Ausdrücke (30) und (31) der in Ziff. **6** durchgeführten Rechnung zugrunde legt. Man kann ihn nur dadurch beheben, daß man die Forderung fallen läßt, das Schwingrad für einen ganzen Bereich von Drehschnellen wirksam zu gestalten. Zu solchem Verzicht wird man sich nur in seltenen Fällen entschließen; im allgemeinen wird man lieber die Unstimmigkeit bei $f''(a)$ in Kauf nehmen und dann dafür sorgen, daß — was man nach Gleichung (12) und (13) durchaus in der Hand hat — die Ausschläge ξ immer so klein bleiben, daß es auf das glücklicherweise mit ξ^2 behaftete Glied $f''(a)$ der Reihe (29) nicht mehr merklich ankommt. Kompromisse dieser Art muß der Konstrukteur wohl auch sonst oft genug zwischen sich widersprechenden Forderungen schließen, und nur die Erfahrung kann letzten Endes zeigen, ob die Idee des Schwingrades stark genug ist, die hier aufgedeckte Schwierigkeit zu überwinden.

10. In den seltenen Fällen, wo das Schwingrad seine ausgleichende Wirkung nur bei einer ganz bestimmten Drehschnelle ω_0 zu zeigen verpflichtet ist, wird man natürlich die jetzt gegebene Möglichkeit benützen, die exakt gültige Federfunktion (28) mit der jeweils erforderlichen Genauigkeit zu verwirklichen.

Genügt es, auf nur kleine Ausschläge Rücksicht zu nehmen, so wird man in erster Näherung

$$f(x) = f(a) + f'(a)\,\xi = a\omega_0^2 + \omega_0^2(1 + k^2c^2)\,\xi$$

wählen. Diese Federfunktion läßt sich verwirklichen durch eine Schraubenfeder von konstanter Drahtstärke und konstanter Steigung. Ist ihr eines Ende festgehalten, sei es das innere oder das äußere, so muß das andere Ende der ungespannten Feder bei

$$\xi_0 = -\frac{a}{1 + k^2c^2} \quad \text{oder} \quad x_0 = a\frac{k^2c^2}{1 + k^2c^2} \tag{35}$$

liegen. Da ferner die Kraft, welche dazu nötig ist, die Feder um die Längeneinheit zusammen- bzw. auseinanderzuziehen, einerseits durch den Quotienten p/n_1 von Federkonstante und Windungszahl, andererseits durch den Ausdruck $\frac{1}{2}m\,df/d\xi$ dargestellt ist — da doch $\frac{1}{2}mf$ die Federkraft bedeutet —, so muß man der Federkonstanten p den Wert

$$p = \tfrac{1}{2}mn_1\omega_0^2(1 + k^2c^2) \tag{36}$$

geben, den man mit dem früheren Wert (21) vergleichen mag.

Will man aber — was eine Ersparnis an Masse m, also leichtere Bauart erlaubt — auch größere Ausschläge ξ zulassen, so wird man zur zweiten Näherung

$$f(x) = f(a) + f'(a)\,\xi + f''(a)\frac{\xi^2}{2}$$

greifen müssen, wo für $f(a)$ und seine Ableitungen die vollen Ausdrücke (30) bis (32) einzusetzen sind. Diese zweite Näherung kann man aber im Rahmen eben dieser Genauigkeit durch eine Funktion $F(x)$ von der viel bequemeren Form

$$F(x) = C(x - b)^r \tag{37}$$

approximieren, wenn man verlangt, daß

$$\begin{aligned} F(a) &= C(a - b)^r = f(a), \\ F'(a) &= Cr(a - b)^{r-1} = f'(a), \\ F''(a) &= Cr(r - 1)\,(a - b)^{r-2} = f''(a) \end{aligned}$$

ist. Aus diesen drei Bedingungen berechnen sich die drei noch offenen Konstanten C, b und r. Man findet

$$r = \frac{f'^2}{f'^2 - ff''}, \quad b = a - \frac{rf}{f'}, \quad C = \frac{f}{\left(\frac{rf}{f'}\right)^r}, \tag{38}$$

unter f, f' und f'' die Festwerte (30) bis (32) verstanden.

Damit ist die Federfunktion $f(x) \approx F(x)$ wieder auf die Form (14) gebracht, falls man eine neue Koordinate

$$X = x - b \tag{39}$$

einführt und den damaligen Exponenten $1 + k^2c^2$ durch r ersetzt.

Die Verwirklichung dieser neuen Federfunktion

$$f(x) = C X^r \tag{40}$$

muß freilich doch wesentlich anders geschehen als früher in Ziff. 6. Vor allem stellt man fest, daß — im Gegensatz zu $1 + k^2 c^2$ — der Exponent r wegen $f > 0$ und $f'' < 0$ stets ein (positiver) echter Bruch ist. Das hat zur Folge, daß die zur Weiterreckung eins erforderliche Kraft mit zunehmender Reckung X nicht — wie früher mit zunehmendem x — immer größer, sondern immer kleiner werden muß. (Früher war nämlich $d^2 f/d x^2$ positiv, mit $r < 1$ aber wird es negativ.) Dies läßt sich erreichen mit einer Feder, bei welcher mit zunehmender Reckung die Zahl der wirksamen Windungen zunimmt.

Man denke sich eine Feder, deren inneres Ende im Punkte $X = 0$ festgehalten ist, in stark gerecktem Zustande. Die Steigung sei dann bei der innersten Windung am kleinsten und wachse monoton bis zur äußersten Windung. Läßt man mit der Reckung nach, so wird sich von innen her Windung um Windung anlegen, bis schließlich eine weitere Verkürzung der Feder überhaupt nicht mehr möglich ist, weil alle Windungen aneinander anliegen. Aber auch jetzt muß die Feder immer noch eine gewisse Vorspannung haben, nämlich so viel, daß sich auch das äußere Ende der Feder bei völliger Entspannung nach $X = 0$ begeben würde, wenn die Drahtstärke unendlich klein wäre. Die Federkonstante muß ebenfalls variabel sein, nämlich von innen nach außen abnehmen, sei es, daß man die Drahtstärke von innen nach außen abnehmen oder den Windungshalbmesser von innen nach außen zunehmen läßt. Ist nämlich p_ν die Federkonstante der ν-ten Windung und s_ν deren Steigung im gespannten Zustand, genauer in dem Zustand, wo das äußere Federende bei X_0 liegt und sicher keine Windungen sich mehr berühren, so folgt unmittelbar aus der Definition der Federkonstanten die Gleichung

$$p_\nu s_\nu = \frac{1}{2} m f(x_0) \equiv \frac{1}{2} m C X_0^r; \tag{41}$$

diese Gleichung zeigt in der Tat, daß p_ν und s_ν jedenfalls umgekehrt proportional zueinander sein müssen. Andererseits gilt in dem Augenblick, wo gerade die ν-te Windung sich von der Berührung loslöst und das rechte Federende bei X ($< X_0$) angelangt ist,

$$p_\nu h = \frac{1}{2} m f(x) \equiv \frac{1}{2} m C X^r, \tag{42}$$

wenn h wieder die Drahtstärke bedeutet. (Falls der Windungsdurchmesser veränderlich ist, wäre h hier nicht genau die Drahtstärke, sondern die radiale Entfernung der Drahtachse der ν-ten Windung von derjenigen der $(\nu - 1)$-ten Windung während des Anliegens.) Da mit zunehmender Reckung X die rechte Seite der letzten Gleichung wächst, die Nummer ν der sich lösenden Windung aber abnimmt, wenn wir ν von innen nach außen rechnen, so nimmt in der Tat die Federkonstante p_ν von außen nach innen zu. Die beiden Gleichungen (41) und (42) reichen zur Konstruktion der Feder aus.

11. Nun bleibt noch eine letzte Frage zu beantworten, nämlich ob bei wagerecht laufender Welle der Einfluß der auf die Massen m_i wirkenden Schwerkräfte keine Störung verursacht. Je nach der augenblicklichen Stellung des Armes, auf dem die Masse $\frac{1}{2} m_i$ hin- und herschwingen kann, wird sie von der

Schwerkraft nach innen oder außen gezogen. Steht der Arm beispielsweise gerade lotrecht, so fangen beide Massen $\frac{1}{2} m_i$ an herabzusinken, die obere also sich der Welle zu nähern, die untere sich von ihr zu entfernen. Die Momente der durch diese Zusatzbewegung geweckten Corioliskräfte sind aber entgegengesetzt, so daß anzunehmen ist, daß sich beide aufheben. Ich will zeigen, daß dies tatsächlich der Fall ist, wenn man sich auf kleine Ausschläge beschränkt.

Zu diesem Zweck bezeichnen x_{i_1} und x_{i_2} die Koordinaten der beiden gleichen Massen $\frac{1}{2} m_{i_1}$ und $\frac{1}{2} m_{i_2}$, in die m_i geteilt auf den beiden Armen eines Armpaares sitzt. Ist φ_i der Winkel, den dieser Arm mit der Wagerechten im Augenblick $t = 0$ bildet, so ist $g \sin(\omega t + \varphi_i)$ die auf die Masse $\frac{1}{2} m_{i_1}$ radial auswärts wirkende Schwerebeschleunigung, ebenso $-g \sin(\omega t + \varphi_i)$ die auf die Masse $\frac{1}{2} m_{i_2}$ wirkende. Die n Gleichungen (1) zerspalten sich jetzt in die $2n$ Gleichungen

$$\left.\begin{aligned} \frac{d^2 x_{i_1}}{dt^2} &= x_{i_1}\omega^2 - f_i(x_{i_1}) + g \sin(\omega t + \varphi_i)\,, \\ \frac{d^2 x_{i_2}}{dt^2} &= x_{i_2}\omega^2 - f_i(x_{i_2}) - g \sin(\omega t + \varphi_i)\,, \end{aligned}\right\} \quad (i = 1, 2, \ldots n).$$

Entsprechend spalten sich auch die $2n$ ersten Gleichungen (4):

$$\frac{d^2 \xi_{i_1}}{dt^2} + [f_i'(a_i) - \omega_0^2]\,\xi_{i_1} - 2\omega_0 a_i \eta = g \sin(\omega t + \varphi_i)\,,$$

$$\frac{d^2 \xi_{i_2}}{dt^2} + [f_i'(a_i) - \omega_0^2]\,\xi_{i_2} - 2\omega_0 a_i \eta = -\,g \sin(\omega t + \varphi_i)\,.$$

Bildet man aber den Mittelwert

$$\xi_i = \frac{1}{2}(\xi_{i_1} + \xi_{i_2})\,,$$

so wird man durch Addition der beiden letzten Gleichungen wiederum auf die n ersten Gleichungen (4) für ξ_i geführt. In der letzten Gleichung (4) muß man das erste Glied seiner Bedeutung nach zunächst in der Form

$$2\omega_0 \sum \left(\frac{1}{2} m_{i_1} a_i \frac{d\xi_{i_1}}{dt} + \frac{1}{2} m_{i_2} a_i \frac{d\xi_{i_2}}{dt}\right)$$

schreiben; aber auch dieses führt wegen $\frac{1}{2} m_{i_1} = \frac{1}{2} m_{i_2}$ wieder auf die alte Form $2\omega_0 \sum m_i a_i \frac{d\xi_i}{dt}$ zurück. Damit ist offenbar die Behauptung bewiesen, daß im Rahmen der Theorie erster Näherung die Schwerkraft, obwohl sie die Bewegungen der einzelnen Massen beeinflußt, doch die Wirkung des ganzen Schwingrades nicht stört.

12. Ein einfaches Zahlenbeispiel mag die Wirksamkeit des Schwingrades erläutern. Es handle sich um einen Zweizylinderviertaktmotor mit einer Leistung von 20 PS und einer minutlichen Umlaufszahl, die zwischen 160 und 180 liegen darf. Nehmen wir an, daß das Antriebsmoment zwischen Null und seinem Höchstwert bei jeder Umdrehung einmal hin- und herschwankt, so haben wir $c = 1$ zu setzen, und M hat für den Zeiger $k = 1$ den durchschnittlichen Wert $M_1 = 71\,500 \cdot 20 : 170 = 8400$ cmkg. Wir wählen $m_1 = 100$ kg und $a' = 20$ cm, um noch Raum für die Schwingungen auch bei der kleinsten Umlaufzahl $\omega_0' = \pi \cdot 160 : 30 = 16{,}8\ \mathrm{sek}^{-1}$ zu haben. Dann ist nach (16) die zur größten

Umlaufzahl $\omega_0'' = \pi \cdot 180:30 = 18{,}9\,\text{sek}^{-1}$ gehörige Gleichgewichtskoordinate $a'' = 20(180:160)^2 = 25$ cm. Die beiden Schwingungsausschläge bei den Drehzahlen ω_0' und ω_0'' sind nach (12)

$$A' = \frac{8400 \cdot 981}{2 \cdot 16{,}8 \cdot 16{,}8 \cdot 100 \cdot 20} = 7{,}3\,\text{cm} \quad \text{und} \quad A'' = 4{,}6\,\text{cm}.$$

Diese Ausschläge kann man gegenüber der mittleren stationären Lage $a = 22{,}5$ cm unbedenklich als klein von erster Ordnung ansehen. Die Federkonstante wird nach (21), wenn man $n_1 = 20$ Windungen wählt,

$$p = 570\,\text{kg/cm};$$

die größte Federspannung hat den Wert

$$Q = \frac{1}{2} m a'' \omega_0''^2 = 450\,\text{kg}.$$

Dies und die größte Federauslenkung von rund 30 cm ertragen[1]) zwei parallel geschaltete Federn von $D = 108$ mm Durchmesser und $h = 14$ mm Drahtstärke. Der Gesamthalbmesser des Armpaares wird also rund 58 cm betragen. Da die Oberschwingungen des Momentes M natürlich viel schwächer sind als M_1, so sind zu ihrer Beseitigung sehr viel geringere Massen erforderlich [man beachte, daß in der Formel (12) der wachsende Faktor k im Nenner steht]. Man wird schätzungsweise mit rund weiteren 50 kg leicht auskommen und hat mit einem Zuschlag von 100 kg für die starr rotierenden Teile (Welle und Arme) insgesamt ein Schwingradgewicht von rund 250 kg.

Ein gewöhnliches Schwungrad von gleichem Gewicht und gleichem Außenhalbmesser, also etwa 45 cm Trägheitsarm würde den Ungleichförmigkeitsgrad nur auf $\delta = 0{,}1$ herabsetzen.

Dieses Zahlenbeispiel läßt die Aussichten des Schwingrades in verhältnismäßig günstigem Licht erscheinen. Über seine wirkliche Brauchbarkeit, insbesondere über die Frage, ob die konstruktive Durchführung sich auch bei Maschinen von großer Leistung bewältigen läßt, kann natürlich nur die Praxis entscheiden.

---

[1]) Siehe HÜTTE Bd. I, S. 665, 25. Aufl..

Die elektrische Leitfähigkeit und die Korrosion der Zink-Kadmium-Legierungen.

Von

G. GRUBE und ARTHUR BURKHARDT, Stuttgart.

Mit 10 Abbildungen.

I. Einleitung.

Zwischen dem Zustandsdiagramm und dem Angriff binärer Legierungen durch chemische Agentien treten, wie G. TAMMANN[1]) gezeigt hat, dann einfache Beziehungen auf, wenn die eine Komponente von dem chemischen Agens überhaupt nicht angegriffen wird und wenn die beiden Komponenten miteinander eine kontinuierliche Reihe von Mischkristallen bilden. Es findet dann eine Schutzwirkung der edleren Komponente auf die unedlere statt, deren Grenze bei ganzen Vielfachen von $^1/_8$ Mol liegt. Voraussetzung für die Anwendbarkeit des Gesetzes ist einmal, daß der Angriff unterhalb derjenigen Temperatur erfolgt, bei der ein Platzwechsel der Atome im Gitter möglich ist. Zweitens ist, worauf TAMMANN[2]) neuerdings hingewiesen hat, das Auftreten der $^n/_8$-Molgrenzen nicht zu erwarten, wenn die Nichtangreifbarkeit der einen Komponente auf Passivität beruht. Bei der Einwirkung von Salpetersäure auf die Legierungen des Chroms mit Eisen und Nickel schützt das stärker passivierbare Chrom die zweite Komponente[3]) und zwar wird im System Chrom-Eisen bei etwas über $^2/_8$ Mol Chrom der Eisenangriff minimal, der Nickelangriff im System Chrom-Nickel dagegen bei einer unter $^2/_8$ Mol Chrom liegenden Konzentration. Andererseits lehrten schon früher ausgeführte Versuche von TAMMANN und SOTTER[4]), daß die Selbstpassivierung von Eisen-Chrom-Mischkristallen in 0,1-n-H_2SO_4 nach Entpassivierung durch kathodische Wasserstoffbeladung bei einem Chromgehalt zwischen 0,16 und 0,21 Mol Chrom, also ziemlich weit unter der $^2/_8$-Molgrenze einsetzt. Es hängt also bei solchen Mischkristallen, bei denen die chemische Resistenz auf der Passivierung der einen Komponente beruht, die Konzentration, bei der Resistenz eintritt, sowohl von der zweiten Komponente wie von der Natur des Lösungsmittels ab. Die von dem einen von uns in früheren Mitteilungen[3]) über die Gültigkeit des $^n/_8$-Molgesetzes bei Chromlegierungen angestellten Betrachtungen sind damit hinfällig geworden.

---

1) TAMMANN, Z. anorg. u. allg. Chem. Bd. 107, S. 7. 1919.

2) TAMMANN, Z. anorg. u. allg. Chem. Bd. 169, S. 151. 1928.

3) GRUBE u. v. FLEISCHBEIN, Z. anorg. u. allg. Chem. Bd. 154, S. 314. 1926; GRUBE, Z. Metallkunde Bd. 19, S. 433. 1927.

4) TAMMANN u. SOTTER, Z. anorg. u. allg. Chem. Bd. 127, S. 257. 1923.

Bilden die beiden Komponenten einer Legierung in allen Konzentrationsverhältnissen homogene Mischkristalle, so liegen bei der Korrosion insofern einfache Verhältnisse vor, als die gesamte mit der Lösung in Berührung stehende Oberfläche aus nur einer Kristallart besteht. Wesentlich kompliziertere Verhältnisse sind zu erwarten, wenn die Legierung aus verschiedenen Kristallarten zusammengesetzt ist, weil dann die elektromotorischen Kräfte, die zwischen den aneinander grenzenden Kristallen verschiedener Zusammensetzung auftreten, von maßgebendem Einfluß auf die Lösungsgeschwindigkeit der Legierung sein werden. Über die Korrosionserscheinungen bei solchen, komplizierter zusammengesetzten Legierungen ist der Literatur nur wenig zu entnehmen. Man findet nur gelegentlich Versuche, nach anderen Methoden gewonnene Zustandsdiagramme durch Löslichkeitsbestimmungen zu ergänzen[1]). Um hier einen ersten Schritt zur Erforschung der Korrosionserscheinungen zu tun, wurde ein Legierungspaar gewählt, bei dem der einfachste Typ eines Zustandsdiagrammes auftritt, indem die Komponenten keine chemische Verbindung miteinander bilden und im festen Zustande nur in geringem Umfange miteinander Mischkristalle bilden. Als Beispiel wurden die Zink-Kadmium-Legierungen herangezogen, weil hier die Komponente Zink in Alkalilauge leicht und die Komponente Kadmium darin vollkommen unlöslich ist.

Bevor die Korrosionsversuche mit Natronlauge in Angriff genommen werden konnten, erschien es notwendig, das Zustandsdiagramm besonders in bezug auf die Umwandlungen im festen Zustande genau nachzuprüfen, damit einwandfrei feststand, welche Kristallaggregate bei den Löslichkeitsversuchen vorlagen. Demgemäß gliedern sich die nachfolgenden Versuche in einen ersten Teil, in dem das Zustandsdiagramm der Zink-Kadmium-Legierungen unterhalb der Erstarrungstemperaturen durch Messungen des spezifischen Widerstandes in Abhängigkeit von der Temperatur untersucht und dadurch die Mischkristallgrenzen genau festgelegt wurden; im zweiten Teil wurden die Korrosionsversuche mit Natronlauge durchgeführt.

II. Das Zustandsdiagramm der Zink-Kadmium-Legierungen.

Die Untersuchung des Zustandsdiagrammes der Zink-Kadmium-Legierungen nach der thermischen Methode hat ergeben, daß die beiden Metalle keine chemische Verbindung miteinander bilden, sondern daß ein einfaches Eutektikum auftritt, dessen Konzentration zwischen Zinkgehalten von 17,4 bis 17,7% und dessen Erstarrungstemperatur zwischen 259,5 bis 270° bei den verschiedenen Autoren[2]) variiert. Ferner ist bekannt, daß die beiden Metalle im festen Zustand in geringem Umfange ineinander löslich sind, doch widersprechen sich die Literaturangaben über die Grenzen dieser Löslichkeit stark. Nach einer unter Benutzung verschiedener Untersuchungsmethoden durchgeführten Arbeit von

[1]) Z. B. Bauer u. Heidenhain, Mitt. des Materialprüfungsamtes und des Kaiser-Wilhelm-Institutes für Metallforschung, Sonderheft Nr. 2, S. 1. 1926.

[2]) Hindrichs, Z. anorg. u. allg. Chem. Bd. 55, S. 415. 1907; Lorenz u. Plumbridge, ebenda Bd. 83, S. 228. 1913; Bruni u. Sandonini, ebenda Bd. 78, S. 273. 1912; Arnemann, Metallurgie Bd. 7, S. 201. 1910.

JENKINS[1]) liegt der eutektische Punkt bei 266° und 17,4% Zn, die Löslichkeit von Zink in Kadmium beträgt nach ihm bei der eutektischen Temperatur 2,5%, jene des Kadmiums in Zink 2,0%. Mit sinkender Temperatur werden die Löslichkeiten kleiner und nach metallographischen Untersuchungen soll das Zink bei 20° noch 0,25% Kadmium und das Kadmium noch 0,8% Zink lösen.

JENKINS hat auf Grund seiner Versuche ein Diagramm aufgestellt, bei dem er annimmt, daß das Zink in drei polymorphen Modifikationen auftritt, eine Annahme, der man auch sonst in der Literatur begegnet. So glaubte BENEDICKS[2]) bei 160° und 330° C Umwandlungspunkte des Zinks nachgewiesen zu haben, in einer späteren Arbeit[3]) fand er jedoch bei sehr reinem Zink einen vollkommen stetigen Verlauf der Temperatur-Widerstandskurve und er wies nach, daß schon ein geringer Kadmiumzusatz Unstetigkeiten auf der Kurve bei den obengenannten Temperaturen hervorruft. BENEDICKS ist deshalb der Ansicht, daß das Zink in festem Zustand keinerlei Umwandlungen erleidet. Auch bei den nachfolgenden Untersuchungen konnte nach der Leitfähigkeitsmethode eine Umwandlung nicht festgestellt werden, während andererseits neuerdings PETRENKO[4]) auf thermischem Wege bei 300 und 175° Umwandlungspunkte gefunden hat.

A. Die elektrische Leitfähigkeit der Legierungen.

Will man die elektrische Leitfähigkeit einer Legierungsreihe in Abhängigkeit von der Temperatur so ermitteln, daß die Messungsergebnisse für die Legierungen verschiedener Konzentrationen untereinander vergleichbar werden, so ist es zweckmäßig, aus den Legierungen sich Leiterstücke von demselben Querschnitt herzustellen. Auch kann die Herstellungsweise der Legierungen, deren Vorbehandlung, also Dauer und Temperatur der vorhergehenden Temperung, sowie die Erhitzungs- bzw. Abkühlungsgeschwindigkeit während der Messung von ausschlaggebendem Einfluß auf den Absolutwert der Leitfähigkeit sein. Dies ist, wie von LE BLANC, NAUMANN und TSCHESNO[5]) festgestellt wurde, immer dann der Fall, wenn im festen Zustand in den Legierungen Umwandlungen verlaufen, deren Gleichgewichtseinstellung häufig sehr langsam erfolgt. Auch im hiesigen Institut wurden solche langsame Gleichgewichtseinstellungen bei der Untersuchung des elektrischen Widerstandes von Kupfer-Goldlegierungen von Herrn Dr. WEBER[6]) beobachtet.

1. Die Meßmethode.

Um in dieser Richtung von vornherein möglichst sicher zu gehen, wurden die Probestäbe für die Messungen in folgender Weise erhalten. Die für die Herstellung der Legierung erforderlichen Mengen Zink und Kadmium wurden genau

---

[1]) JENKINS, J. Inst. of Metals Bd. 29, S. 239. 1923; Bd. 36, S. 63. 1926, dort auch weitere Literatur.

[2]) BENEDICKS, Metallurgie Bd. 7, S. 531. 1910.

[3]) BENEDICKS u. ARPI, Z. anorg. u. allg. Chem. Bd. 88, S. 237. 1914.

[4]) PETRENKO, Z. anorg. u. allg. Chem. Bd. 162, S. 251. 1927; Bd. 167, S. 411. 1927.

[5]) LE BLANC, NAUMANN u. TSCHESNO, Ber. der sächs. Akademie der Wissenschaft. Mathemat.-phys. Klasse Bd. 79, S. 1. 1927.

[6]) WEBER, Zur Kenntnis des Zustandsdiagrammes der Kupfer-Goldlegierungen. Diss. Stuttgart 1927.

abgewogen, in ein einseitig zugeschmolzenes Rohr aus schwer schmelzbarem Jenaer Glas von 6 mm Durchmesser eingefüllt, darauf das offene Ende zu einer Kapillare ausgezogen, mit Hilfe einer Hochvakuumpumpe auf einen Druck von 0,001 mm Quecksilber ausgepumpt und dann die Kapillare abgeschmolzen. Darauf wurde die Legierung über dem Bunsenbrenner geschmolzen, durch kräftiges Schütteln innig gemischt und darauf abgekühlt. Zum Schluß wurde die Glashülle vorsichtig zerschlagen. Man erhielt so vollkommen gleichmäßige und lunkerfreie Stäbe, bei denen an drei verschiedenen Stellen die Analyse dieselbe Zusammensetzung ergab. Darauf wurden die Stäbe auf einen Durchmesser von 4 mm abgedreht, in einem elektrischen Röhrenofen 3 Tage bei 240° in einer Atmosphäre von reinstem Wasserstoff getempert und dann im Verlauf von 42 Stunden langsam von 240° auf Zimmertemperatur abgekühlt. Diese langsame Abkühlung ist zur Erlangung brauchbarer Ergebnisse von besonderer Wichtigkeit, weil nur so ein vollständig spannungsfreies Material erhalten wurde. Für die Versuche dienten die reinsten bei Kahlbaum erhältlichen Metalle.

Die Messung des elektrischen Widerstandes der Probestäbe erfolgte in einem elektrischen Röhrenofen von HERAEUS, dessen senkrecht angeordnetes Heizrohr bei einer lichten Weite von 6,5 cm 30 cm lang war. In dem Heizrohr befand sich ein zweites Porzellanrohr von 4,2 cm lichter Weite, das oben und unten mit Flanschen versehen war, auf die sich gasdicht Metalldeckel aufschrauben ließen, die die notwendigen Durchbohrungen enthielten.

Von besonderer Wichtigkeit für das Gelingen der Versuche war die Einspannvorrichtung der Probestäbe. Diese mußte gestatten, den Widerstand der von einem Strom von etwa 10 Amp. durchflossenen Stäbe in einem Temperaturintervall von 50 bis 400° C exakt zu messen, wobei die Meßlänge des Stabes etwa auf $^1/_{100}$ mm genau zu bestimmen war. Nach mannigfachen vergeblichen Vorversuchen wurde von WEBER[1]) folgende Anordnung getroffen, die der Konstruktion SALDAUS[2]) nachgebildet ist (s. Abb. 1 auf Seite 144). Als Stromzuleitungen und gleichzeitig Träger des Probestabes dienten zwei runde, 8 mm starke Stangen aus Kruppschem V2 A-Stahl, von denen die eine in der Achse des Heizrohres sitzende im Deckel fest montiert war, während die zweite exzentrisch angeordnet und beweglich durch ein im Deckel befindliches, gut passendes Messingrohr geführt wurde. Die gasdichte Abdichtung und gleichzeitig elastische Aufhängung dieser zweiten Stange erfolgte in einfacher Weise durch Überziehen eines Gummischlauches über Stange und Messingrohr. Die aus dem Heizrohr herausragenden Enden der Stangen waren mit Klemmschrauben versehen. Die exzentrisch angeordnete Stange war im Ofen an ihrem unteren Teil zweimal rechtwinkelig umgebogen, so daß ihr Ende senkrecht nach oben dem nach unten gerichteten Ende der axial im Ofen befindlichen Stange auf eine Entfernung von 5 bis 6 cm gegenüberstand. Diese beiden zur Aufnahme des Probestabes dienenden Enden wurden als Spannzangen ausgeführt, indem sie mit einer Bohrung von 4 mm versehen und symmetrisch an drei Stellen aufgeschlitzt wurden. Das Spannen wurde ebenso wie bei den gebräuchlichen Bohrfuttern durch eine konische Hülse mit Gewinde bewirkt. Diese Anordnung ge-

[1]) l. c. [2]) SALDAU, Z. anorg. u. allg. Chem. Bd. 141, S. 325. 1924.

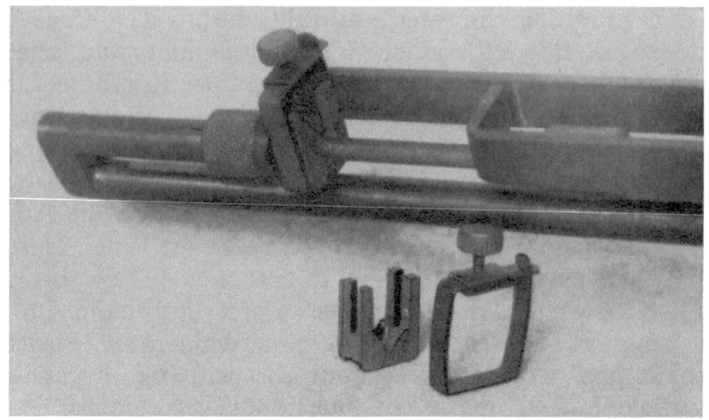

Abb. 1.

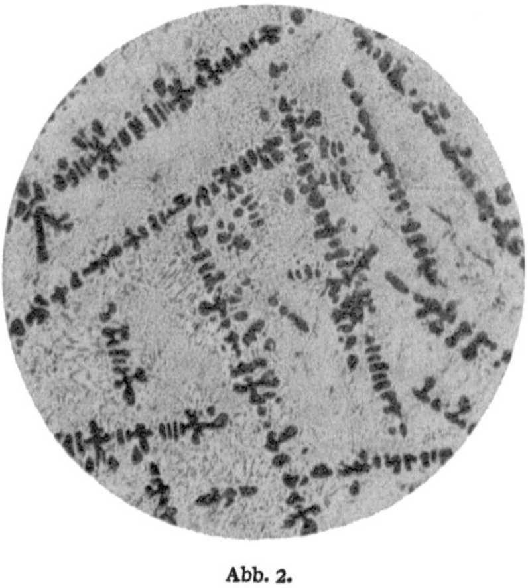

Abb. 2.

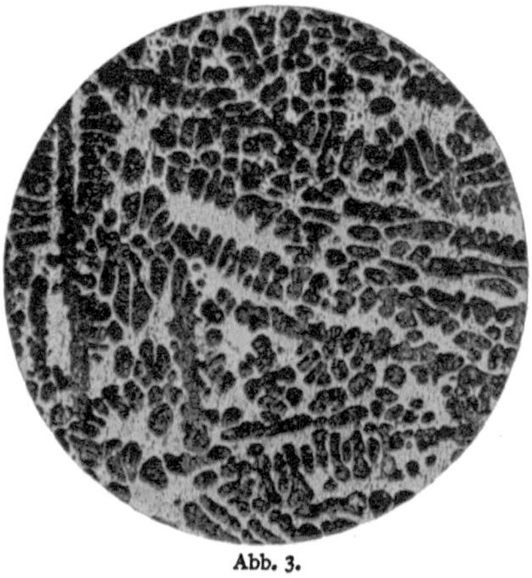

Abb. 3.

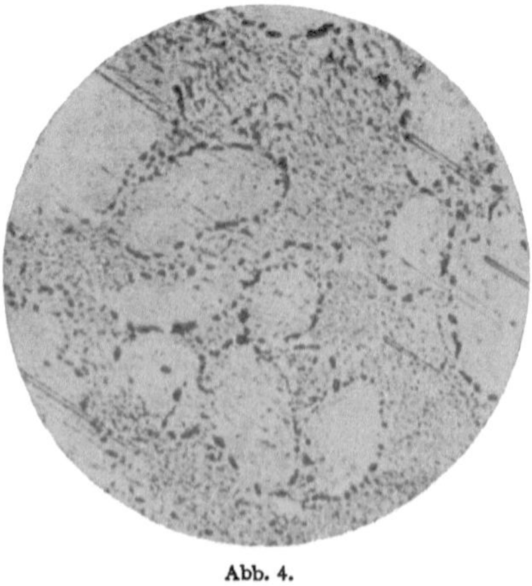

Abb. 4.

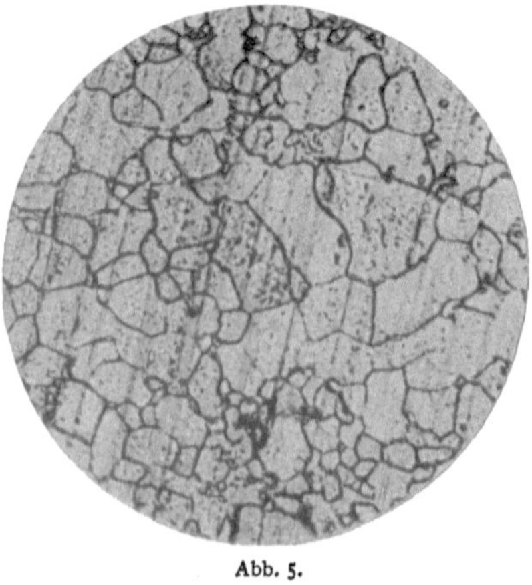

Abb. 5.

währleistete eine solide Aufhängung des Probestabes und vermied bei den starken Strömen das Auftreten von Übergangswiderständen.

Die Kontakte für die Messung selbst wurden durch zwei Schneiden bewirkt, die in einer Entfernung von 4 cm gegen den Probestab gedrückt wurden. Ihre Anordnung war folgende: Zwei zylindrische Stangen aus V2 A-Stahl von 7 mm Stärke waren, ebenso wie die eine der Trägerstangen, beweglich durch den Deckel durchgeführt und elastisch in Gummischlauch aufgehängt. An ihren aus dem Ofen herausragenden Enden waren sie mit Klemmschrauben versehen; im Innern des Ofens gingen sie in flache, durch Punktschweißung an den Stangen befestigte Schienen vom Querschnitt 2×9 mm über, die an ihrem unteren Ende rechtwinkelig abgebogen waren. Auf diese Weise standen die beiden Enden einander parallel und mit ihren schmalen Kanten senkrecht auf dem Probestab. Die dem Probestab anliegenden Kanten waren mit scharfen Schneiden versehen. Auf der anderen Seite des Stabes wurden den Schneiden gegenüber durch Glimmer isoliert, 2 kleine Widerlager aus Stahl angelegt und Schneiden und Widerlager wurden durch 2 Federn aus hartgewalztem V2 A-Blech gegen den Stab gepreßt. Die Federn konnten durch eine Schraube mehr oder weniger gespannt werden.

Abb. 1, Seite 144 zeigt eine Photographie der Einspannvorrichtung. Man sieht links den rechtwinkelig umgebogenen Teil der exzentrischen Trägerstange und die eine Spannhülse. Die rechts befindliche zweite Spannhülse ist zum Teil durch die Meßschienen verdeckt. Die eine Meßschneide ist durch Widerlager und Feder festmontiert, während die zweite Schneide freiliegt und Widerlager und Feder danebengestellt sind.

Für die Messungen diente eine Thomsonsche Doppelbrücke von Hartmann & Braun, als Nullinstrument ein hochempfindliches Spiegelgalvanometer mit Lichtzeigerablesung von derselben Firma. Bei den Messungen, bei denen der Widerstand der starken Zuleitungen nicht berücksichtigt zu werden brauchte, ließ man, um die Nullpunktsverschiebung, die durch die nie ganz zu vermeidenden Thermoströme verursacht wird, aus den Messungen herauszubringen, das Galvanometer dauernd eingeschaltet, so daß es stets den wahren Nullpunkt anzeigte. Zur größeren Sicherheit wurde auch noch bei jeder Messung der Meßstrom so lange kommutiert, bis sich die Einstellung des Galvanometers nicht mehr änderte; der so festgestellte wahre Nullpunkt war von dem Einfluß der Thermokräfte bestimmt frei.

Die Temperaturmessung erfolgte mit einem Silber-Konstantan-Thermoelement von 1 mm Drahtstärke, dessen Lötstelle durch ein dünnes Glimmerblättchen isoliert an die Mitte des Probestabes angepreßt wurde. Die freien Enden tauchten in eine mit Wasser von 20^0 C gefüllte Thermosflasche. Die EMK der Thermoströme wurde mit einem Millivoltmeter von Hartmann & Braun mit einem Meßbereich ven 20 bis 500^0 gemessen, bei dem ein Teilstrich der Temperaturskala 5^0 entsprach. Die Eichung des Thermoelementes wurde durch Vergleich mit einem Normalthermometer vorgenommen. Bei der Bestimmung des elektrischen Widerstandes wurden die Schneiden des Meßstromkreises in der Regel mit einem Zwischenraum von 40 mm voneinander an den Probestab angepreßt. Die Meßlänge wurde mit einem Tastzirkel abgegriffen und auf 0,01 mm genau gemessen. Mit der gleichen Genauigkeit wurde der Durchmesser der Stäbe, der 4 mm betrug, mit einem Mikrometer gemessen. Danach war der maximale Fehler bei der Längenmessung 0,025 %, bei der Bestimmung des Querschnitts 0,25 %. Es ist also auch bei der Bestimmung des spezifischen Widerstands mit diesem Fehler zu rechnen und daher wurden die Werte desselben bis zur vierten Stelle angegeben.

2. Die Messungsergebnisse.

In den Tabellen I bis IV ist eine Auswahl der Ergebnisse der Widerstandsmessungen zusammengestellt. Die Tabellen enthalten in der ersten Spalte die Temperatur der Messungen, in der zweiten den 10^6fachen Wert des spez. Widerstandes in Ohm und in der dritten den 10^{-4}fachen Wert der spez. Leitfähigkeit in reziproken Ohm. Da der spez. Widerstand der reinen Metalle und Legierungen, solange keine polymorphen Umwandlungen oder sonstige Reaktionen im festen Zustande stattfinden, mit steigender Temperatur etwas stärker als linear ansteigt, so erhält man, wenn man den Widerstand als Ordinate und die Temperatur als Abszisse aufträgt, schwach gekrümmte Kurven, die vollkommen stetig verlaufen. Findet dagegen eine Reaktion im festen Zustand statt, so treten bei der Reaktionstemperatur Unstetigkeiten in den Kurven auf. Bei dem vorliegenden Zustandsdiagramm ist, da keine Verbindung im festen Zustand sich bildet, lediglich eine Unstetigkeit der Widerstands-Temperaturkurve bedingt durch die Abnahme der Sättigungskonzentration der zinkreichen und kadmiumreichen Mischkristalle mit sinkender Temperatur. Der Widerstand eines reinen Metalles wird dadurch, daß es ein zweites in fester Lösung aufnimmt, größer, und zwar wächst der Widerstand mit steigender Konzentration des Mischkristalles. Die Löslichkeit des Kadmiums in Zink beträgt, wie später gezeigt wird, bei der Temperatur der eutektischen Punktes 3,5 %. Mit sinkender Temperatur nimmt die Löslichkeit ab, es scheidet sich also aus den Mischkristallen Kadmium bzw. kadmiumreiche Mischkristalle beim Abkühlen ab. Die Temperatur-Widerstandskurve eines Mischkristalles, der bei allen untersuchten Temperaturen ungesättigt ist, wird vollkommen stetig, und sofern die Konzentration des Mischkristalles an Kadmium gering ist, annähernd parallel zu der Kurve des reinen Zinks verlaufen derart, daß der Widerstand des Mischkristalles immer höher ist als der des reinen Metalles. Nimmt man dagegen, ausgehend etwa von der Temperatur des Eutektikums mit sinkender Temperatur die Widerstandskurve eines Mischkristalles auf, der bei höherer Temperatur ungesättigt, bei niederer Temperatur dagegen übersättigt ist, also in dem untersuchten Temperaturintervall seine Sättigungskonzentration überschreitet, so wird beim Abkühlen bei der Sättigungstemperatur ein Knick in der Widerstandskurve auftreten, unterhalb dessen die Kurve steiler verläuft als oberhalb. Doch wird sie, sofern unterhalb 100° noch Kadmium im Zink gelöst ist, die Kurve des reinen Metalles nicht erreichen.

Wenn das reine Metall in zwei polymorphen Modifikationen auftritt und in dem untersuchten Temperaturintervall der Umwandlungspunkt liegt, so sollte bei der Umwandlungstemperatur ein Sprung in der Widerstandskurve auftreten.

Bei der Aufnahme der Widerstandskurven der Mischkristalle zeigte sich, daß die Unstetigkeiten, die den Übergang aus dem einphasigen in das zweiphasige

Gebiet anzeigen, nur schwach angedeutet waren. Um sie deutlicher hervortreten zu lassen, wurde eine von BENEDICKS und ARPI[1]) angegebene graphische Methode angewandt. Die Temperaturwiderstandskurve ist schwach nach oben gekrümmt. Nahe unterhalb dieser Kurve wird eine Gerade mit der mittleren Steigung der Kurve gezogen. Darauf werden in einer neuen Kurve die Ordinatendifferenzen zwischen der Widerstandskurve und der Geraden in Abhängigkeit von der Temperatur aufgetragen. Diese läßt dann die Unstetigkeiten im Gang der Widerstandskurve deutlich hervortreten. Diese Ordinatendifferenzen sind unter D in der vierten Spalte der Tabellen verzeichnet, wobei für die Zahlen ein beliebiges Maß gewählt werden kann.

In der Tabelle 1 sind die Messungen am reinen Zink sowie an den Legierungen mit 99,08, 97,94, 96,92, 96,52 und 96,01 % Zink zusammengestellt. Der Verlauf der Ordinatendifferenzen dieser Legierungen in Abhängigkeit von der Temperatur ist in Abb. 6 graphisch dargestellt. Man erhält auf diese Weise parabolische Kurven, die über das Verhalten der Probestäbe in dem untersuchten Temperaturintervall Schlüsse zulassen. Wie man sieht, zeigt die Kurve des reinen Zinks keinerlei Unstetigkeit, ein Beweis dafür, daß zwischen 100 bis 380° ein Umwandlungspunkt des Zinks nicht auftritt. Dieser Befund bildet eine Bestätigung der Ergebnisse von BENEDICKS und ARPI, die ebenfalls bei reinem Zink mit der Widerstandsmethode einen Umwandlungspunkt nicht nachweisen konnten.

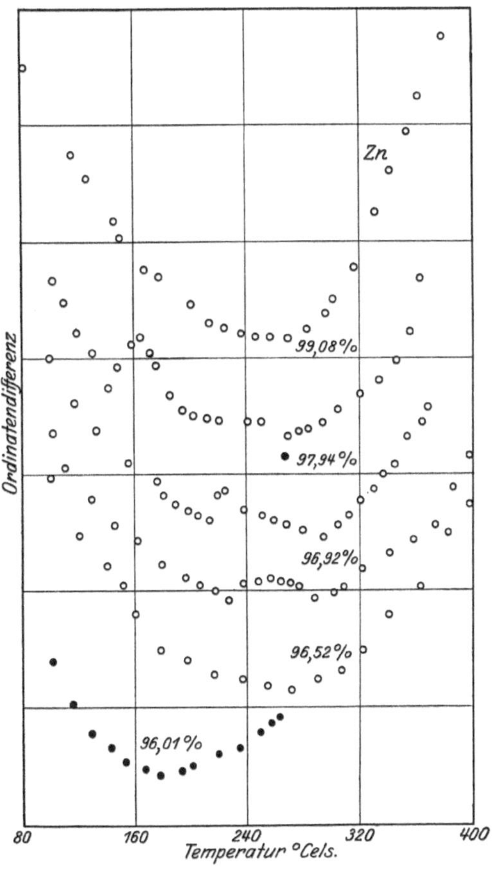

Abb. 6.

Die Kurven der Legierungen mit 96,01 bis 99,08 % Zink erlauben, die Abhängigkeit der Sättigungskonzentration der Mischkristalle von der Temperatur, die nach anderen Methoden nur ungenau zu ermitteln ist, mit bemerkenswerter Schärfe festzustellen. Zunächst gilt dies für die eutektische Temperatur. Bei allen Legierungen, bei denen eine eutektische Kristallisation auftritt, zeigt sich beim Erhitzen der Probestäbchen bei der eutektischen Temperatur ein durch die partielle Schmelzung veranlaßtes sprunghaftes Ansteigen des Widerstandes. Dies tritt in Abb. 6 auf der Kurve der Legierung mit 96,01 % Zink noch sehr deutlich zwischen 261 und 265° hervor, während bei der Legierung mit 96,52 %

[1]) l. c.

Zink die eutektische Temperatur ohne Unstetigkeit in der Widerstandskurve durchschritten wird. Das bedeutet, daß bei 96,01 % Zink das Eutektikum noch auftritt, bei 96,52 % Zink dagegen nicht mehr. Man darf daraus den Schluß ziehen, daß auf der Seite des Zinks sich die eutektische Horizontale bis zu etwa 96,3 %

Tabelle

100 % Zn				99,08 % Zn				97,94 % Zn			
°C	$\varrho\cdot10^6$	$\frac{1}{\varrho}\cdot10^{-4}$	D	°C	$\varrho\cdot10^6$	$\frac{1}{\varrho}\cdot10^{-4}$	D	°C	$\varrho\cdot10^6$	$\frac{1}{\varrho}\cdot10^{-4}$	D
80	7,380	13,55	110	102	8,025	12,46	70	100	8,084	12,37	78
115	8,197	12,20	80	108,5	8,156	12,26	62	117	8,481	11,79	62
125	8,430	11,86	72	119	8,396	11,91	52	133,5	8,896	11,24	53
143	8,862	11,28	55	130	8,651	11,56	45	155	9,426	10,61	41
150	9,032	11,07	51	141	8,894	11,24	32	175	9,920	10,08	35
167	9,453	10,58	40	148	9,103	10,99	40	180	10,05	9,951	30
178	9,714	10,29	38	158	9,386	10,65	48	188	10,26	9,745	27
199,5	10,24	9,761	28	164	9,547	10,47	50	197,5	10,50	9,519	25
212,5	10,57	9,460	22	171,5	9,714	10,29	45	204	10,67	9,370	23
221,5	10,81	9,253	20	175	9,778	10,24	40	212	10,88	9,192	21
235	11,16	8,957	18	185	10,03	9,970	30	218	11,07	9,030	30
246	11,45	8,731	17	194	10,26	9,750	25	224	11,25	8,889	32
256,5	11,74	8,519	17	202	10,46	9,564	23	237	11,58	8,632	25
268,5	12,07	8,283	17	211	10,68	9,360	22	250	11,93	8,385	23
281	12,43	8,045	20	220	10,91	9,162	21	258	12,15	8,233	21
294	12,81	7,802	25	240	11,46	8,727	21	266,5	12,38	8,077	20
300	12,99	7,698	30	250	11,37	8,521	21	278	12,69	7,877	18
315	13,46	7,430	41	268	12,20	8,198	15	293	13,11	7,628	15
330	13,95	7,166	60	275	12,39	8,073	17	303	13,38	7,470	20
340	14,28	7,005	75	281	12,55	7,971	18	311	13,61	7,345	23
352,5	14,68	6,813	88	293	12,88	7,763	20	320	13,87	7,207	28
360,5	14,95	6,687	100	303,5	13,20	7,578	25	330	14,17	7,059	32
378,5	15,55	6,432	121	320	13,67	7,371	30	336	14,38	6,956	37
				332	13,94	7,175	35	343	14,59	6,853	41
				345	14,42	6,933	42	353	14,90	6,712	50
				355	14,74	6,782	52	363	15,20	6,577	55
				362	14,95	6,691	70	368	15,36	6,511	60

Tabelle

Reines Kadmium				0,96 % Zn				2,08 % Zn			
°C	$\varrho\cdot10^6$	$\frac{1}{\varrho}\cdot10^{-4}$	D	°C	$\varrho\cdot10^6$	$\frac{1}{\varrho}\cdot10^{-4}$	D	°C	$\varrho\cdot10^6$	$\frac{1}{\varrho}\cdot10^{-4}$	D
98	10,10	9,900	64	101	10,17	9,832	76	100	10,23	9,772	60
103	10,25	9,735	58	115	10,62	9,416	65	113	10,63	9,411	40
117	10,72	9,331	50	130	11,07	9,029	55	123	10,92	9,155	32
138	11,41	8,767	45	150	11,73	8,522	48	135	11,27	8,872	25
152	11,86	8,432	40	160	12,05	8,298	40	150	11,74	8,516	19
173	12,55	7,966	35	177	12,61	7,930	35	157	12,01	8,327	24
190	13,13	7,615	32	190	13,04	7,666	30	162	12,19	8,205	28
198	13,41	7,455	30	200	13,37	7,476	26	173	12,55	7,965	27
205	13,65	7,327	25	218	13,99	7,146	24	185	12,95	7,720	25
225	14,34	6,975	28	232	14,48	6,904	24	200	13,47	7,423	29
245	15,05	6,646	35	245	14,94	6,694	26	212,5	13,90	7,194	33
265	15,76	6,347	40	260	15,47	6,463	30	226	14,36	6,964	37
285	16,49	6,065	50	278,5	16,14	6,194	36	236	14,71	6,799	40
300	17,05	5,865	60	295	16,76	5,966	44	246	15,06	6,640	45
316	17,64	5,670	70	309	17,31	5,778	55	260	15,57	6,424	50
				315	17,55	5,696	60	270	15,90	6,288	55
								291	16,68	5,994	68

erstreckt, wo also bei der eutektischen Temperatur die Konzentration des gesättigten Mischkristalles liegt.

Man kann weiterhin auch den Verlauf der Sättigungskonzentration der Mischkristalle mit sinkender Temperatur deutlich auf den Kurven feststellen. Die

1.

96,92 % Zn				96,52 % Zn				96,01 % Zn			
°C	$\varrho \cdot 10^6$	$\frac{1}{\varrho} \cdot 10^{-4}$	D	°C	$\varrho \cdot 10^6$	$\frac{1}{\varrho} \cdot 10^{-4}$	D	°C	$\varrho \cdot 10^6$	$\frac{1}{\varrho} \cdot 10^{-4}$	D
101	8,160	12,25	68	100	8,196	12,20	90	100	8,178	12,23	60
110	8,383	11,93	56	120	8,696	11,50	70	114	8,503	11,76	45
128	8,798	11,37	45	140	9,177	10,90	60	128	8,841	11,13	35
144,5	9,226	10,84	36	150	9,418	10,62	52	141	9,138	10,94	30
160	9,610	10,41	31	160	9,692	10,32	43	151,5	9,411	10,62	25
178	10,05	9,945	22	177	10,10	9,911	30	166	9,788	10,22	23
194	10,47	9,557	18	196	10,60	9,434	27	175	10,01	9,993	21
205	10,76	9,292	15	215	11,11	9,000	22	191,5	10,45	9,569	22
215,5	11,04	9,056	13	235	11,679	8,570	20	199,5	10,67	9,375	24
225	11,29	8,857	10	253	12,17	8,214	18	217	11,14	8,976	28
235	11,58	8,635	15	270	12,65	7,929	16	233	11,58	8,634	30
243	11,80	8,474	16	288	13,17	7,619	20	247	11,99	8,347	35
255	12,13	8,245	17	305	13,67	7,351	23	255,5	12,24	8,172	38
261	12,30	8,133	16	321	14,14	7,071	30	261	12,40	8,061	40
266	12,43	8,043	15	340	14,73	6,787	42	265	13,01	7,685	130
275	12,67	7,895	14	362	15,42	6,483	52				
285	12,94	7,730	10	383	16,09	6,215	70				
299	13,31	7,511	12	389,5	16,31	6,432	80				
305	13,49	7,412	14								
319	13,91	7,161	20								
338	14,56	6,870	25								
356	14,99	6,669	30								
372	15,48	6,460	35								
385	15,89	6,295	48								
398	16,32	6,128	68								

2.

2,97 % Zn				4,00 % Zn				4,55 % Zn			
°C	$\varrho \cdot 10^6$	$\frac{1}{\varrho} \cdot 10^{-6}$	D	°C	$\varrho \cdot 10^6$	$\frac{1}{\varrho} \cdot 10^{-4}$	D	°C	$\varrho \cdot 10^6$	$\frac{1}{\varrho} \cdot 10^{-4}$	D
101	10,33	9,676	58	100	10,31	9,698	55	95	10,03	9,975	55
115	10,75	9,301	42	110	10,64	9,393	48	105	10,33	9,682	40
125	11,09	9,020	37	123	11,05	9,045	40	122	10,87	9,196	35
140	11,56	8,650	30	140	11,61	8,609	35	135	11,29	8,853	33
149	11,85	8,439	25	157	12,17	8,216	30	156	11,97	8,357	30
170	12,53	7,978	22	172	12,66	7,896	25	170	12,44	8,039	35
180	12,88	7,766	20	190	13,26	7,538	25	190	13,10	7,631	40
190	13,23	7,558	26	200	13,59	7,359	27	205	13,59	7,359	42
200	13,57	7,366	23	210	13,94	7,161	28	225	14,28	7,004	45
208	13,87	7,208	26	220	14,28	7,005	30	243	14,92	6,703	47
218	14,23	7,026	32	230	14,62	6,840	32	253	15,30	6,537	50
230	14,67	6,817	36	240	14,98	6,673	35	261	15,59	6,414	58
245	15,20	6,577	40	250	15,33	6,544	37	263,5	16,22	6,165	150
266	15,95	6,269	50	265	15,87	6,302	40				
282	16,53	6,050	50	285	16,60	6,024	50				
290	16,84	5,939	65	295	16,97	5,893	60				

Kurve der Legierung mit 97,94% Zink beginnt bei sinkender Temperatur unterhalb 290⁰ wieder anzusteigen, um zwischen 225 und 212⁰ erneut sprunghaft zu sinken. Dieses zweite Minimum der Ordinatendifferenz bei 212⁰ zeigt an, daß hier die Löslichkeitskurve des Mischkristalles überschritten wird, die Legierung also aus dem einphasigen in das zweiphasige Zustandsgebiet übertritt. Bei 96,92% Zink liegt das zweite Minimum bei 226⁰, bei 99,08% Zink bei 142⁰. Durch die Temperaturwiderstandskurven sind also folgende Punkte der Sättigungskurve der Mischkristalle zwischen der bei 263⁰ liegenden eutektischen Temperatur und Zimmertemperatur festgelegt.

263⁰	ca. 96,3 % Zink
226⁰	96,92% Zink
212⁰	97,94% Zink
142⁰	99,08% Zink

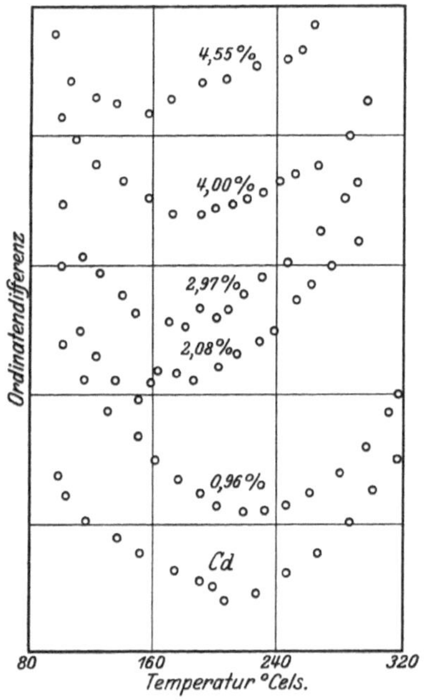

Abb. 7.

Auf der Kurve der Legierung mit 96,52% Zink, die der Sättigungskonzentration sehr nahe liegt, tritt eine die Fehlergrenze überschreitende Unstetigkeit nicht mehr hervor.

In Tabelle 2 sind die Ergebnisse der Widerstandsmessungen der kadmiumreichen Legierungen vom reinen Kadmium bis zu einer Konzentration von 4,55% Zink zusammengestellt, die Kurven der Ordinatendifferenzen finden sich in Abb. 7.

Die Kurve der Ordinatendifferenzen des Kadmiums verläuft zwischen 100⁰ und dem Schmelzpunkt vollkommen stetig, so daß auch hier ein Umwandlungspunkt nicht nachzuweisen ist. Die Legierung mit 4,55% Zink zeigt zwischen 261 und 263,5⁰ das sprunghafte Anwachsen des Widerstandes, so daß sie also noch Eutektikum aufweist. Bei der Legierung mit 4,00% Zink tritt dagegen auf der Widerstandskurve beim Durchschreiten der eutektischen Temperatur keine Unstetigkeit mehr auf, so daß die Sättigungskonzentration der kadmiumreichen Mischkristalle bei 263⁰ zu ca. 4,3% Zink anzunehmen ist. Das zweite Minimum der Kurve der Ordinatendifferenzen tritt bei 2,08% Zink bei 150⁰ und bei 2,97% Zink bei 180⁰ auf. Die Kurve der Legierung mit 0,96% Zink zeigt das zweite Minimum nicht mehr, wohl deswegen, weil hier die Sättigungskonzentration erst unterhalb 100⁰ erreicht wird. Folgende Punkte der Sättigungskurve der Mischkristalle auf der Kadmiumseite sind also durch die Widerstandsmessungen festgelegt:

263⁰	ca. 4,3 % Zink.
180⁰	2,97% Zink.
150⁰	2,08% Zink

Auf der Kurve der Legierung mit 4,00% Zink, die wiederum der Sättigungskonzentration sehr nahe liegt, ist der Übergang aus dem einphasigen in das zweiphasige Gebiet nicht mehr durch eine die Meßfehler überschreitende Unstetigkeit angedeutet.

Zwischen den Konzentrationen der gesättigten Mischkristalle wurden die Widerstandstemperaturkurven für eine größere Zahl von Legierungen aufgenommen mit dem Ergebnis, daß von Zimmertemperatur bis zur eutektischen Temperatur keinerlei Unstetigkeiten auftreten. Es finden also in diesem Konzentrationsgebiet keine Reaktionen im festen Zustand statt. Durch Beobachtung des Widerstandssprunges bei Durchschreiten der eutektischen Horizontale wurde die eutektische Temperatur zu 263 ± 0,5° C festgelegt. Eine kleine Auswahl der Messungsergebnisse in diesem Konzentrationsgebiet gibt Tabelle 3.

Tabelle 3.

10,00% Zn			29,96% Zn			50,00% Zn			70,03% Zn		
°C	$\varrho \cdot 10^6$	$\frac{1}{\varrho} \cdot 10^{-4}$	°C	$\varrho \cdot 10^6$	$\frac{1}{\varrho} \cdot 10^{-4}$	°C	$\varrho \cdot 10^6$	$\frac{1}{\varrho} \cdot 10^{-4}$	°C	$\varrho \cdot 10^6$	$\frac{1}{\varrho} \cdot 10^{-4}$
100	10,17	9,833	100	9,784	10,22	100	9,481	10,55	98	8,959	11,16
121	10,80	9,259	120	10,37	9,648	111	9,779	10,23	105	9,142	10,94
139	11,35	8,813	139	10,91	9,163	135	10,45	9,567	124	9,654	10,36
150	11,72	8,531	156	11,44	8,742	152	10,93	9,150	142	10,13	9,872
169,5	12,35	8,096	165	11,72	8,531	161	11,19	8,935	152	10,40	9,611
180,5	12,71	7,867	185,5	12,36	8,087	178	11,71	8,539	170	10,90	9,171
200	13,38	7,471	200	12,94	7,728	200	12,39	8,072	192	11,52	8,678
210	13,77	7,281	213	13,26	7,540	214	12,82	7,801	199	11,75	8,513
225	14,25	7,017	228	13,77	7,260	234	13,45	7,432	206,5	11,98	8,347
237	14,69	6,805	250	14,53	6,880	246	13,81	7,241	231,5	12,73	7,853
248	15,10	6,620	259	14,88	6,720	257	14,14	7,077	247	13,21	7,568
256,5	15,45	6,470	262	14,98	6,674	264	14,75	6,779	260,5	13,62	7,343
265	16,06	6,225	265	15,37	6,504				264	14,00	7,143

Endlich sind in Tabelle 4 sämtliche Messungsreihen noch in der Weise ausgewertet, daß die spezifischen Leitfähigkeiten für 100, 150, 200 und 250° C für die Mehrzahl der untersuchten Legierungen zusammengestellt wurden. In Abb. 8 ist im oberen Teil das Zustandsdiagramm der Zink-Kadmium-Legierungen auf Grund der vorstehenden Messungen und unter Benützung der Werte von JENKINS[1]) für die Liquidus- und Soliduskurven dargestellt. Dabei wurde angenommen, daß das Zink keine Umwandlungen im festen Zustand erleidet, da wir hierfür keinerlei Anhaltspunkte gefunden haben.

Tabelle 4.

% Zn	Spez Leitfähigkeit $\frac{1}{\varrho} \cdot 10^{-4}$ bei °C				% Zn	Spez. Leitfähigkeit $\frac{1}{\varrho} \cdot 10^{-4}$ bei °C			
	100°	150°	200°	250°		100°	150°	200°	250°
0	9,842	8,480	7,419	6,569	75	11,22	9,795	8,638	7,650
3	9,703	8,427	7,366	6,501	78	11,40	9,991	8,802	7,777
4	9,698	8,445	7,359	6,544	80	11,59	10,05	8,858	7,857
5	9,761	8,518	7,416	6,531	85	11,72	10,27	8,976	7,886
10	9,833	8,531	7,471	6,578	90	11,83	10,39	9,132	8,045
20	10,01	8,695	7,647	6,730	95	12,08	10,61	9,374	8,210
30	10,22	8,893	7,728	6,880	96	12,23	10,67	9,364	8,284
40	10,43	9,098	7,960	7,005	97	12,29	10,68	9,439	8,387
50	10,55	9,198	8,072	7,181	98	12,37	10,75	9,450	8,385
60	10,86	9,466	8,298	7,303	99	12,52	10,92	9,610	8,521
70	11,10	9,643	8,491	7,514	100	12,83	11,07	9,750	8,640

[1]) l. c.

Der untere Teil der Abb. 8 gibt die aus den Werten der Tabelle 4 konstruierten Leitfähigkeitsisothermen für 100, 150, 200 und 250° wieder. Sie zeigen den für ein System mit Eutektikum und begrenzter Mischbarkeit im festen Zustand charakteristischen Verlauf, indem die spezifische Leitfähigkeit, ausgehend von der Konzentration der reinen Metalle, auf beiden Seiten zunächst sinkt bis zur Sättigungskonzentration der Mischkristalle. Auf der Seite des Kadmiums steigt dann nach Überschreiten der Sättigungskonzentration die Leitfähigkeit in einer Kurve mit schwacher Krümmung bei wachsendem Zinkgehalt langsam an, und bei 96% Zink tritt wieder ein deutlicher Knick auf, der den Übergang aus dem zweiphasigen Gebiet mit eutektischer Kristallisation in das einphasige Gebiet der zinkreichen Mischkristalle anzeigt.

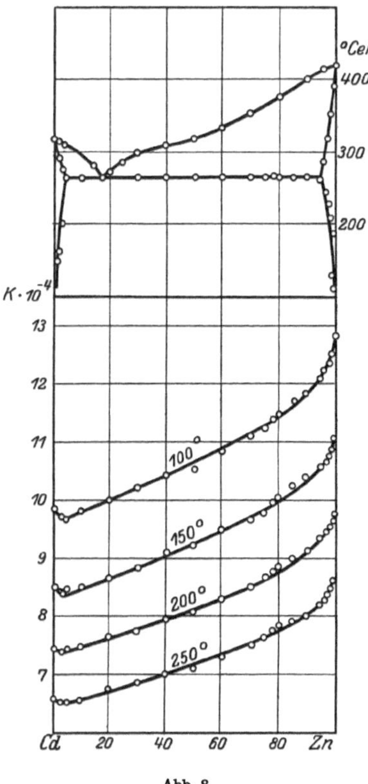

Abb. 8.

Mit den mitgeteilten Messungen stehen die Ergebnisse von GLASUNOW und MATWEEW[1]), die ebenfalls allerdings nur für eine Temperatur die Leitfähigkeit der Zink-Kadmium-Legierungen bestimmt haben, nicht im Einklang. Die genannten Forscher fanden einen geradlinigen Verlauf der Leitfähigkeitsisotherme und schließen daraus auf vollständige Unlöslichkeit der beiden festen Metalle ineinander.

Die schon erwähnte Arbeit von LE BLANC, NAUMANN und TSCHESNO gelangte erst zu unserer Kenntnis, als die Widerstandsmessungen bereits abgeschlossen waren. Unsere Messungen wurden so ausgeführt, daß in Abständen von 10° jeweils die Temperatur 1 Stunde konstant gehalten und Gleichgewicht angenommen wurde, wenn im Verlauf der Stunde der Widerstandswert konstant blieb. Nach den Messungen von LE BLANC erfordert bei manchen Legierungen die Gleichgewichtseinstellung sehr lange Zeit. Es wurden deshalb noch einige Messungen mit reinem Zink, einer Legierung mit 30% Zink und einer solchen mit 99% Zink ausgeführt, und zwar wurde, beginnend bei 150°, die Temperatur jeweils um 30° gesteigert und dann 4 Tage konstant gehalten. Die dabei erhaltenen Widerstandswerte deckten sich beim reinen Zink vollkommen mit den früheren Messungen, bei der Legierung mit 30% Zink treten Unterschiede auf, die jedoch nie 0,8% überschritten, und nur bei der Legierung aus dem Mischkristallgebiet unterschieden sich die Werte bis zu 4%. Jedoch änderte sich der relative Verlauf der Widerstandskurve auch hier nicht, so daß die aus den früheren Messungen bezüglich der Phasengrenzen gezogenen Schlüsse einwandfrei bleiben.

3. Metallographische Untersuchungen.

Das durch die Widerstandsmessungen gewonnene Ergebnis, daß außer der Mischkristallbildung eine Reaktion im festen Zustand bei den Zink-Kadmium-

[1]) GLASUNOW u. MATWEEW, Internat. Z. Metallographie Bd. 5, S. 113. 1914.

Legierungen nicht eintritt, wurde auch durch die mikroskopische Untersuchung der Legierungen bestätigt. Es wurden Legierungen der verschiedensten Konzentrationen bei verschiedenen Temperaturen getempert, dann entweder abgeschreckt oder langsam abgekühlt und darauf mikroskopiseh untersucht. Man erhielt im Gebiet der primären Kristallisation des Zinks immer dasselbe Gefüge, traubenförmig angeordnete schwarze, primäre Zinkkristalle, umgeben von Eutektikum, so wie es in Abb. 2 (54,3% Zink) und Abb. 3 (77,0% Zink) auf Seite 144 wiedergegeben ist. Die Legierungen wurden 10 bis 40 Sekunden lang mit 1proz. alkoholischer Salzsäure geätzt. Im Gebiet der primären Kristallisation des Kadmiums erscheinen, wie Abb. 4 (11,5% Zink) zeigt, die primär ausgeschiedenen Kadmiumkristalle weiß. Abb. 5 zeigt die bei Zimmertemperatur übersättigten Mischkristalle einer Legierung mit 2,5% Zink. Die Legierung wurde längere Zeit bei 260° getempert und dann in Eiswasser abgeschreckt. Man sieht, daß nur die hellgefärbten Mischkristalle vorhanden sind, vom Eutektikum ist nichts zu sehen.

II. Der Angriff der Zink-Kadmium-Legierungen durch Natronlauge.

Zur Ausführung der Korrosionsversuche dienten quadratische Plättchen der Legierungen von 2 cm Kantenlänge und 3 mm Stärke. Stellte man die Plättchen, z. B. aus reinem Zink, in der Weise her, daß man das in einer Wasserstoffatmosphäre geschmolzene Metall in eine eiserne Form goß, aus der erstarrten Gußplatte die Plättchen herausschnitt, diese, nachdem sie poliert und entfettet waren, an einem Leinenfaden in Natronlauge bestimmter Konzentration und Temperatur einhängte und die Lauge bei konstanter Temperatur und Rührgeschwindigkeit eine bestimmte Zeit einwirken ließ, so war bei verschiedenen Platten derselben Herstellungsweise bei identischer Behandlung die Lösungsgeschwindigkeit eine ganz verschiedene. Die in Lösung gegangenen Zinkmengen zeigten Unterschiede bis zu 300%. Reproduzierbare Versuche ließen sich auf diese Weise nicht erzielen. Nach umfangreichen und zeitraubenden Vorversuchen gelang es schließlich, auf folgende Weise einigermaßen reproduzierbare Ergebnisse zu bekommen. Aus der im Wasserstoff geschmolzenen Legierung wurden Gußplatten von den Dimensionen $50 \times 50 \times 3$ mm hergestellt. Die Platten wurden bei 220° von 3 mm auf 2 mm Stärke ausgewalzt. Es mußte heiß gewalzt werden, weil beim Walzen in der Kälte in der Legierung Risse auftreten. Die gewalzten Platten wurden 72 Stunden lang bei 250° getempert und darauf aus ihnen die Probeplättchen herausgeschnitten. Die Plättchen, von den Dimensionen $2 \times 2 \times 0{,}2$ cm, wurden an einer Ecke mit einem engen Loch für den Aufhängefaden versehen und vor dem Versuch geschmirgelt und entfettet.

Für die Aufnahme der Lauge waren 12 rechteckige Glaströge von je 150 ccm Fassungsvermögen nebeneinander in einem Thermostaten angeordnet. In der Mitte jedes Gefäßes befand sich ein Flügelrührer aus Glas. Die 12 Rührer waren durch Zahnradverbindung miteinander gekuppelt und wurden durch einen Motor angetrieben; sie erhielten auf diese Weise alle dieselbe Geschwindigkeit von 400 Umdr/min. Die Plättchen hingen seitwärts vom Rührer in allen Gefäßen an derselben Stelle. Auf diese Weise erhielt man bei Parallelversuchen Werte, die in der Regel um nicht mehr als 25 % um einen Mittelwert schwankten.

Die mit dieser Anordnung ausgeführten Lösungsversuche lassen den Einfluß der Konstitution der Legierung auf den Lösungsvorgang deutlich hervortreten. In Tabelle 5 sind drei 24stündige Versuche in 1-n-Natronlauge bei 25°, in 2-n-Natronlauge bei 35° und in 3-n-Natronlauge bei 20° wiedergegeben. Jeder Versuch wurde doppelt ausgeführt, unter I und II finden sich die Ergebnisse und unter „Mittel" der Mittelwert von I und II.

Tabelle 5
(Versuchsdauer 24 Stunden.)

% Zn	Milligramm Zink auf 1 qcm der Legierungsoberfläche gelöst								
	1 n-NaOH, 25° C			3 n-NaOH, 20° C			2 n-NaOH, 35° C		
	I	II	Mittel	I	II	Mittel	I	II	Mittel
11,5	0,05	0,07	0,06	0,1	0,1	0,1	0,2	0,2	0,2
17,4	0,2	0,2	0,2	0,3	0,3	0,3	0,7	0,4	0,5
20,7	10,1	6,9	8,5	15,0	10,2	12,6	18,0	14,0	16,0
29,2	8,7	6,5	7,6	10,7	8,9	9,8	12,0	14,6	13,3
40,0	7,9	7,1	7,5	9,8	9,1	9,1	11,6	12,3	12,0
47,5	8,7	7,2	7,9	9,0	7,1	8,0	15,0	8,2	11,6
54,3	7,3	6,4	6,8	7,0	9,4	8,2	10,1	14,5	12,3
60,2	11,0	6,0	8,5	10,0	8,6	9,3	12,3	10,7	11,5
76,6	8,0	—	8,0	12,9	10,1	11,5	10,3	14,6	12,4
82,1	13,0	10,2	11,7	15,3	13,0	14,1	19,0	11,7	15,3
85,5	9,0	6,6	7,8	10,9	8,7	9,8	10,0	10,7	10,4
88,6	8,0	7,0	7,5	8,3	7,0	7,6	10,2	6,2	8,2
100	5,7	5,3	5,5	4,3	4,0	4,1	7,9	6,4	7,1

Die graphische Darstellung der Versuchsergebnisse in Abb. 9 lehrt, daß bei den Legierungen von 0 bis 17,4% Zink nur minimale Mengen Zink von der Lauge gelöst werden und daß nach Überschreiten der eutektischen Konzentration der Angriff sprunghaft zunimmt. In der zweiten in Tabelle 6 zusammengestellten Versuchsreihe ist bei konstanter Laugenkonzentration der Einfluß der Zeit und der Temperatur untersucht.

Tabelle 6.
(Korrosionsmittel 2,9-n-NaOH)

% Zn	Milligramm Zink auf 1 qcm der Legierungsoberfläche gelöst											
	3 Stunden, 45° C			6 Stunden, 45° C			12 Stunden, 22,5° C			12 Stunden, 45° C		
	I	II	Mittel	I	II	Mittel	I	II	Mittel	I	II	Mittel
11,5	0,2	0,2	0,2	0,3	0,3	0,3	0,2	0,5	0,4	—	0,4	0,4
17,6	0,4	0,2	0,3	0,6	0,5	0,5	0,6	0,4	0,5	0,7	0,6	0,6
19,8	1,7	1,1	1,3	1,3	1,0	1,1	2,7	1,7	2,2	6,6	5,3	6,0
29,2	2,5	1,4	2,0	2,4	1,6	2,0	3,7	3,4	3,5	5,0	6,6	5,8
40,0	2,0	1,7	1,8	2,0	2,7	2,4	3,2	3,3	3,3	6,2	6,4	6,3
49,6	2,2	3,0	2,6	3,0	2,6	2,8	5,1	3,2	4,2	5,3	6,5	5,9
54,3	1,4	1,6	1,5	3,9	2,3	3,1	3,2	4,5	3,9	8,0	5,0	6,5
61,0	2,2	2,2	2,2	3,0	3,3	3,2	3,8	3,5	3,6	7,6	6,0	6,8
70,3	—	2,8	2,8	—	3,8	3,8	—	4,8	4,8	—	6,6	6,6
77,0	4,6	3,5	4,0	5,1	4,3	4,7	5,1	5,2	5,2	7,0	5,8	6,4
82,1	—	2,8	2,8	—	4,1	4,1	—	4,8	4,8	—	7,1	7,1
88,7	2,5	2,1	2,3	3,7	3,2	3,4	3,1	3,2	3,1	6,1	6,8	6,5
100	1,5	1,6	1,6	2,7	2,7	2,7	3,2	3,9	3,6	6,4	6,9	6,7

Die aus den Werten der Tabelle 6 in Abb. 10 gezeichneten Kurven zeigen ebenso wie Abb. 9, daß in den Konzentrationen von 0 bis 17,4% Zink, also bis zur Zusammensetzung des eutektischen Punktes, Zink-Kadmium-Legierungen von Natronlauge praktisch nicht angegriffen werden. Der chemische Angriff ändert sich sprunghaft nach Überschreiten des eutektischen Punktes, und zwar bei den Kurven der Abb. 10 derart, daß mit wachsendem Zinkgehalt der Angriff weitersteigt bis zu einem Maximum bei etwa 77% Zink. Nach Überschreiten dieser Konzentration nimmt in der Richtung zum reinen Zink hin der Angriff wieder etwas ab. Der Sprung beim Eutektikum tritt um so mehr hervor, je länger die Versuche ausgedehnt werden, während andererseits das Maximum bei 77% Zink mit erhöhter Versuchsdauer sich immer mehr verwischt.

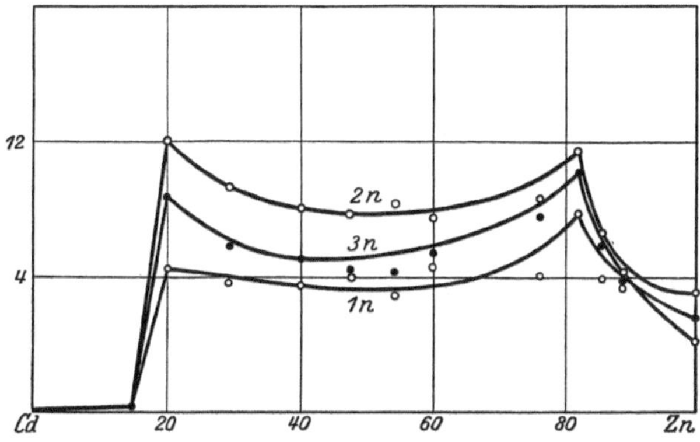

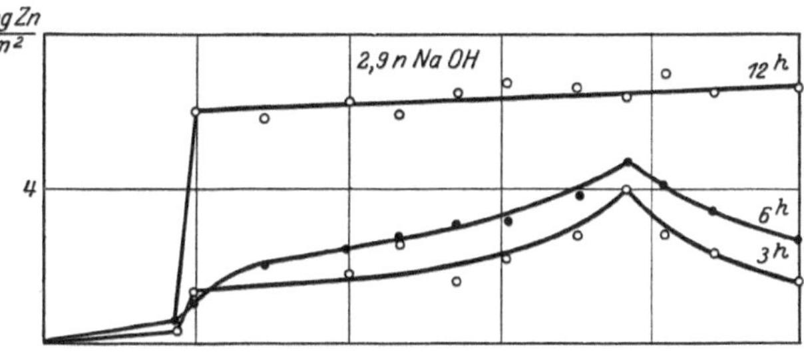

Abb. 10.

Bei den Versuchen der Abb. 9 ist die Konzentrationsabhängigkeit des chemischen Angriffs im allgemeinen dieselbe wie bei denen der Abb. 10. Es besteht jedoch der Unterschied, daß bei den ersteren zwei Maxima des Angriffs auftreten, das eine unmittelbar nach Überschreiten des eutektischen Punktes, während das Maximum bei höherem Zinkgehalt sich zu einer Konzentration von etwa 82% Zink verschoben hat.

Allen Versuchen ist die Tatsache gemeinsam, daß zwischen 0 bis 17,4% Zink, also bis zur eutektischen Konzentration, Zink praktisch nicht in Lösung geht. Das lehrt, daß eine Schutzwirkung des Kadmiums gegenüber dem Zink auftritt, wenn die beiden Metalle gemeinsam als Eutektikum kristallisiert sind und wenn als zweites Strukturelement nur primär kristallisiertes Kadmium vorhanden ist. Man kann diese Erscheinung zwanglos so deuten, daß im Eutektikum zunächst die zutage liegenden Zinkkörner sich auflösen, was ja auch durch den geringen Zinkgehalt der Lauge sich zeigt, und daß dann in dem an und für sich kadmiumreichen Eutektikum eine nur aus Kadmium bestehende Oberfläche sich ausgebildet hat, die die darunterliegenden Zinkteilchen schützt.

Der Umstand, daß eine Legierung mit 77 bzw. 82% Zink stärker angegriffen wird, wie das reine Zink selbst, obwohl hier die Oberfläche der mit der Lauge in Berührung stehenden Zinkkristalle kleiner ist als dort, läßt sich durch das

Auftreten von Lokalelementen erklären. Denn da die aufgelöste Zinkmenge einerseits von der Oberfläche der mit der Lösung in Berührung stehenden Zinkkristalle, andererseits von der Wirksamkeit der zwischen Zink und Kadmium auftretenden Lokalelemente abhängt, so erschenit es plausibel, daß in der Reihe der Legierungen eine Konzentration vorhanden ist, bei der die Wirkung beider Faktoren ein Optimum zeigt. Dagegen läßt sich das Maximum, das bei den Versuchen der Abb. 9 bei 20,7% Zink auftritt, nicht erklären.

Ergebnisse der Arbeit.

1. Es wird eine Apparatur zur exakten Messung des elektrischen Widerstandes von Metallen und Legierungen bis zu einer Temperatur von 600° C beschrieben.

2. Es wurden systematische Messungen des elektrischen Widerstandes der Zink-Kadmium-Legierungen zwischen Zimmertemperatur und der Verflüssigungstemperatur der Legierungen ausgeführt und deren Ergebnisse zur Bestimmung der Mischkristallgrenzen in Abhängigkeit von der Temperatur ausgewertet.

3. Die Untersuchung des Angriffes der Zink-Kadmium-Legierungen durch Natronlauge ergab, daß die Legierungen vom reinen Kadmium bis zu der bei 17,4% Zink liegenden eutektischen Konzentration von Lauge praktisch nicht angegriffen werden. Oberhalb der eutektischen Konzentration nimmt der Angriff sprunghaft zu. Das Kadmium übt also auf das Zink eine Schutzwirkung aus, solange das letztere in der Legierung nicht als primäres Ausscheidungsprodukt, sondern nur im Eutektikum auftritt.

Die bei den vorstehenden Versuchen benutzte Apparatur zur exakten Messung des elektrischen Widerstandes wurde aus Mitteln der „Gesellschaft der Freunde der Technischen Hochschule Stuttgart“ beschafft, wofür wir auch an dieser Stelle verbindlichst danken.

Das Entwicklungsverfahren zur Ausgleichung geodätischer Netze nach der Methode der kleinsten Quadratsummen.

Von

O. v. GRUBER, Stuttgart.

H. BOLTZ hat in den Veröffentlichungen des Preußischen Geodätischen Institutes, Neue Folge, Nr. 90, Berlin 1923 über eine Methode, geodätische Netze abweichend vom GAUSSschen Algorithmus auszugleichen, ausführlich berichtet. Wenn hier versucht werden soll, auf dieses Entwicklungsverfahren einzugehen, so geschieht dies einmal in der Absicht, die Grundlagen des Verfahrens und der Methode in der Weise darzustellen, wie die Ausgleichungsrechnung in dem Handbuch der Vermessungskunde von W. JORDAN behandelt ist, darüber hinaus sollen aber Beiträge zur Kritik und Weiterentwicklung der Methode geliefert werden. Insbesondere stellt sich der Verfasser die Aufgabe, ein Verfahren für einen Zusammenschluß bereits ausgeglichener Teilnetze zu entwickeln. Im folgenden wird abweichend von der Darstellung von BOLTZ die Bezeichnungsweise des Handbuchs der Vermessungskunde von JORDAN möglichst beibehalten werden, damit Studierende, die ja vielfach dieses Buch benützen, den Gedankengängen von BOLTZ leichter folgen können.

Das Entwicklungsverfahren geht davon aus, daß in einem geodätischen Netz zunächst Beobachtungen vorliegen, die bestimmten Bedingungen unterworfen sind, daß diese Beobachtungen für sich ausgeglichen wurden, und daß nachträglich zu diesen Bedingungen weitere hinzukommen. Die Ausgleichung nach dem Entwicklungsverfahren soll nun so erfolgen, daß das Endergebnis einer Ausgleichung entspricht, wie sie erhalten worden wäre, wenn sämtliche Bedingungen und zugehörigen Beobachtungen gleich am Anfang der Ausgleichung vorhanden gewesen wären. Das Verfahren soll es weiter ermöglichen, später hinzutretende andere Bedingungen ebenfalls in die Ausgleichung so einzubeziehen, daß das Endresultat einer Ausgleichung aus einem Guß entspricht. Die Methode weist in der Form, wie sie von H. BOLTZ angegeben worden ist, besondere praktische Vorzüge noch dadurch auf, daß man, statt zeitlich später hinzukommende Bedingungen in die Ausgleichung einzubeziehen, vorhandene Bedingungsgleichungen auch in verschiedene Teilgruppen zerlegen kann, und zwar derart, daß mindestens die erste Gruppe regelmäßige Beiträge zu den Normalgleichungen liefert, so daß die Ergebnisse einer Ausgleichung mindestens für die erste Gruppe mit Hilfe einmal zu berechnender Tabellen erhalten werden können. Eine Auflösung der dieser Gruppe entsprechenden Normalgleichungen nach dem GAUSSschen Algorithmus wird also in allen der Regel entsprechenden Fällen erspart.

Voraussetzungen für die Anwendbarkeit der Methode sind:

1. Es handelt sich ausschließlich um bedingte Beobachtungen.
2. Alle Beobachtungen haben gleiches Gewicht.

Das Prinzip der Methode besteht darin, die Korrelaten nach den Widersprüchen zu entwickeln und dann bei hinzukommenden neuen Bedingungen in die bisherigen Entwicklungen neue Widersprüche einzuführen, die aus den bisherigen Widersprüchen und den jeweils zu den Normalgleichungen hinzukommenden neuen Gliedern bestehen. Die Methode ist in dieser Form ausschließlich zur Ausgleichung bedingter Beobachtungen verwendbar; denn nur diese haben die Eigentümlichkeit, daß neu hinzutretende Bedingungsgleichungen bereits vorhandene Glieder der Normalgleichungen unverändert lassen und zu den vorher bestehenden Normalgleichungen lediglich neue Glieder hinzufügen.

I. Gang der Entwicklung.

Gegeben sei eine erste Gruppe von Bedingungsgleichungen:

$$\begin{aligned} a_1 v_1 + a_2 v_2 + \cdots a_n v_n + w_a &= 0 \\ b_1 v_1 + b_2 v_2 + \cdots b_n v_n + w_b &= 0 \\ c_1 v_1 + c_2 v_2 + \cdots c_n v_n + w_c &= 0 \end{aligned}$$

(1) (entsprechend: BOLTZ § 1 (1))

Aus diesen folgen die Normalgleichungen:

$$\begin{aligned} [aa]k'_1 + [ab]k'_2 + [ac]k'_3 + w_a &= 0 \\ [ab]k'_1 + [bb]k'_2 + [bc]k'_3 + w_b &= 0 \\ [ac]k'_1 + [bc]k'_2 + [cc]k'_3 + w_c &= 0 \end{aligned} \tag{2}$$

Diese Normalgleichungen können unbestimmt aufgelöst werden. Sie ergeben dann die vorläufigen Gewichtskoeffizienten der Korrelaten und damit die vorläufigen Korrelaten:

$$\begin{aligned} -k'_1 &= [\alpha'\alpha']\, w_a + [\alpha'\beta']\, w_b + [\alpha'\gamma']\, w_c \\ -k'_2 &= [\alpha'\beta']\, w_a + [\beta'\beta']\, w_b + [\beta'\gamma']\, w_c \\ -k'_3 &= [\alpha'\gamma']\, w_a + [\beta'\gamma']\, w_b + [\gamma'\gamma']\, w_c \end{aligned}$$

(3) (entsprechend: BOLTZ § 1 (6))

Zu dieser ersten Gruppe (1) von Bedingungsgleichungen treten als weitere Bedingungen hinzu:

$$\begin{aligned} d_1 v_1 + d_2 v_2 + \cdots d_n v_n + w_d &= 0 \\ e_1 v_1 + e_2 v_2 + \cdots e_n v_n + w_e &= 0 \end{aligned}$$

(4) (entsprechend: BOLTZ § 1 (2))

Durch das Hinzutreten dieser weiteren Bedingungsgleichungen würden die vollständigen Normalgleichungen lauten:

$$\begin{aligned} [aa]k_1 + [ab]k_2 + [ac]k_3 + [ad]k_4 + [ae]k_5 + w_a &= 0 \\ [ab]k_1 + [bb]k_2 + [bc]k_3 + [bd]k_4 + [be]k_5 + w_b &= 0 \\ [ac]k_1 + [bc]k_2 + [cc]k_3 + [cd]k_4 + [ce]k_5 + w_c &= 0 \\ [ad]k_1 + [bd]k_2 + [cd]k_3 + [dd]k_4 + [de]k_5 + w_d &= 0 \\ [ae]k_1 + [be]k_2 + [ce]k_3 + [de]k_4 + [ee]k_5 + w_e &= 0 \end{aligned}$$

(5) (entsprechend: BOLTZ § 1 (3) u. (4))

BOLTZ faßt nun in jeder der drei ersten Gleichungen von (5) die letzten drei Glieder als einen Widerspruch w'_a, w'_b bzw. w'_c zusammen und setzt analog (3):

$$\begin{aligned} -k_1 &= [\alpha'\alpha']w'_a + [\alpha'\beta']w'_b + [\alpha'\gamma']w'_c \\ -k_2 &= [\alpha'\beta']w'_a + [\beta'\beta']w'_b + [\beta'\gamma']w'_c \\ -k_3 &= [\alpha'\gamma']w'_a + [\beta'\gamma']w'_b + [\gamma'\gamma']w'_c \end{aligned}$$

(6) (entsprechend: BOLTZ § 1 (5))

Diese k setzt BOLTZ in die beiden letzten Gleichungen von (5) ein und erhält dadurch diese beiden Gleichungen in der Form dreimal reduzierter Normalgleichungen.

Bei dem Einsetzen auftretende Gruppen von Gliedern faßt BOLTZ als „Zwischenkorrelaten" zusammen. Diese sind:

$$\begin{aligned} -z_{1.4} &= [\alpha'\alpha'][ad] + [\alpha'\beta'][bd] + [\alpha'\gamma'][cd] \\ -z_{1.5} &= [\alpha'\alpha'][ae] + [\alpha'\beta'][be] + [\alpha'\gamma'][ce] \\ -z_{2.4} &= [\alpha'\beta'][ad] + [\beta'\beta'][bd] + [\beta'\gamma'][cd] \\ -z_{2.5} &= [\alpha'\beta'][ae] + [\beta'\beta'][be] + [\beta'\gamma'][ce] \\ -z_{3.4} &= [\alpha'\gamma'][ad] + [\beta'\gamma'][bd] + [\gamma'\gamma'][cd] \\ -z_{3.5} &= [\alpha'\gamma'][ae] + [\beta'\gamma'][be] + [\gamma'\gamma'][ce] \end{aligned}$$

(7) (entsprechend: BOLTZ § 1 (8))

Die Zwischenkorrelaten erfüllen die folgenden Gleichungen:

$$\begin{aligned} &[aa]z_{1.4} + [ab]z_{2.4} + [ac]z_{3.4} + [ad] = 0 \\ &[ab]z_{1.4} + [bb]z_{2.4} + [bc]z_{3.4} + [bd] = 0 \\ &[ac]z_{1.4} + [bc]z_{2.4} + [cc]z_{3.4} + [cd] = 0 \\ &[aa]z_{1.5} + [ab]z_{2.5} + [ac]z_{3.5} + [ae] = 0 \\ &[ab]z_{1.5} + [bb]z_{2.5} + [bc]z_{3.5} + [be] = 0 \\ &[ac]z_{1.5} + [bc]z_{2.5} + [cc]z_{3.5} + [ce] = 0 \end{aligned}$$

(8)

Dies bedeutet, daß sie auch erhalten werden können, indem man in die Normalgleichungen (2) statt der w als Absolutglieder einmal die Glieder der ersten neu hinzugekommenen Spalte von (5), das andere Mal die Glieder der zweiten neu hinzugekommenen Spalte von (5) einsetzt (d. i. $[ad]$ statt w_a, $[bd]$ statt w_b, $[cd]$ statt w_c bzw. $[ae]$ statt w_a, $[be]$ statt w_b, $[ce]$ statt w_c) und diese Normalgleichungen auflöst.

Mit Hilfe dieser Zwischenkorrelaten erhält man nach Einsetzen von (6) in die beiden letzten Gleichungen von (5) die Koeffizienten der dreimal reduzierten Normalgleichungen und weiter mit Hilfe der nach (3) berechneten vorläufigen Korrelaten auch die Absolutglieder. Es ist:

$$\begin{aligned} [dd\cdot 3] &= [dd] + [ad]z_{1.4} + [bd]z_{2.4} + [cd]z_{3.4} \\ [de\cdot 3] &= [de] + [ae]z_{1.4} + [be]z_{2.4} + [ce]z_{3.4} \\ &= [de] + [ad]z_{1.5} + [bd]z_{2.5} + [cd]z_{3.5} \\ [ee\cdot 3] &= [ee] + [ae]z_{1.5} + [be]z_{2.5} + [ce]z_{3.5} \\ (w_d\cdot 3) &= w_d + [ad]k'_1 + [bd]k'_2 + [cd]k'_3 \\ (w_e\cdot 3) &= w_e + [ae]k'_1 + [be]k'_2 + [ce]k'_3 \end{aligned}$$

(9) (entsprechend: BOLTZ § 1 (11))

Die Größen $[dd\cdot 3]$, $[de\cdot 3]$, $[ee\cdot 3]$ stellen die gesuchten Koeffizienten der dreimal reduzierten Normalgleichungen, die Größen $(w_d\cdot 3)$, $(w_e\cdot 3)$ deren Absolutglieder dar. Die dreimal reduzierten, beiden letzten Normalgleichungen von (5) sind dann:

$$[dd\cdot 3]k_4 + [de\cdot 3]k_5 + (w_d\cdot 3) = 0 \qquad (10)$$
$$[de\cdot 3]k_4 + [ee\cdot 3]k_5 + (w_e\cdot 3) = 0 \quad \text{(entsprechend: BOLTZ § 1 (10))}$$

Aus diesen reduzierten Normalgleichungen berechnet BOLTZ die Korrelaten k_4 und k_5 nach dem GAUSSschen Algorithmus und bestimmt dazu die Gewichtskoeffizienten $[\delta\delta]$, $[\delta\varepsilon]$, $[\varepsilon\varepsilon]$ durch unbestimmte Auflösung und hieraus:

$$-k_4 = [\delta\delta](w_d\cdot 3) + [\delta\varepsilon](w_e\cdot 3) \qquad (11)$$
$$-k_5 = [\delta\varepsilon](w_d\cdot 3) + [\varepsilon\varepsilon](w_e\cdot 3) \quad \text{(entsprechend: BOLTZ § 2 (1))}$$

k_4 und k_5 sind die endgültigen Werte dieser Korrelaten.

Zur Bestimmung der endgültigen Werte der Korrelaten k_1, k_2, k_3 erhält man durch Einsetzen der Ausdrücke für w_a', w_b' und w_c' in (6) die Gleichungen:

$$k_1 = k_1' + z_{1.4}k_4 + z_{1.5}k_5 \qquad (12)$$
$$k_2 = k_2' + z_{2.4}k_4 + z_{2.5}k_5 \qquad \text{(entsprechend:}$$
$$k_3 = k_3' + z_{3.4}k_4 + z_{3.5}k_5 \qquad \text{BOLTZ § 1 (9))}$$

In diese Gleichungen sind die Werte der k_4 und k_5 aus (11) einzusetzen. Mit Hilfe der endgültigen Werte aller Korrelaten werden dann die Verbesserungen v der Beobachtungen berechnet:

$$\begin{aligned} v_1 &= a_1k_1 + b_1k_2 + c_1k_3 + d_1k_4 + e_1k_5 \\ v_2 &= a_2k_1 + b_2k_2 + c_2k_3 + d_2k_4 + e_2k_5 \\ &\vdots \\ v_n &= a_nk_1 + b_nk_2 + c_nk_3 + d_nk_4 + e_nk_5 \end{aligned} \qquad \begin{matrix} (13) \\ \text{(entsprechend:} \\ \text{BOLTZ § 1 (2a))} \end{matrix}$$

Soll nun ein weiteres System von Bedingungsgleichungen hinzukommen, so müssen die übrigen Gewichtskoeffizienten der bisherigen Gesamtausgleichung bestimmt werden. Diese sind außer $[\delta\delta]$, $[\delta\varepsilon]$, $[\varepsilon\varepsilon]$ von (11):

$$\begin{aligned} [\alpha\delta] &= [\delta\delta]z_{1.4} + [\delta\varepsilon]z_{1.5} \\ [\alpha\varepsilon] &= [\delta\varepsilon]z_{1.4} + [\varepsilon\varepsilon]z_{1.5} \\ [\beta\delta] &= [\delta\delta]z_{2.4} + [\delta\varepsilon]z_{2.5} \\ [\beta\varepsilon] &= [\delta\varepsilon]z_{2.4} + [\varepsilon\varepsilon]z_{2.5} \\ [\gamma\delta] &= [\delta\delta]z_{3.4} + [\delta\varepsilon]z_{3.5} \\ [\gamma\varepsilon] &= [\delta\varepsilon]z_{3.4} + [\varepsilon\varepsilon]z_{3.5} \end{aligned} \qquad \begin{matrix} (14) \\ \text{(entsprechend:} \\ \text{BOLTZ § 2 (4))} \end{matrix}$$

Außerdem:

$$\begin{aligned} [\alpha\alpha] &= [\alpha'\alpha'] + [\alpha\delta]z_{1.4} + [\alpha\varepsilon]z_{1.5} \\ [\alpha\beta] &= [\alpha'\beta'] + [\beta\delta]z_{1.4} + [\beta\varepsilon]z_{1.5} \\ &= [\alpha'\beta'] + [\alpha\delta]z_{2.4} + [\alpha\varepsilon]z_{2.5} \\ [\alpha\gamma] &= [\alpha'\gamma'] + [\gamma\delta]z_{1.4} + [\gamma\varepsilon]z_{1.5} \\ &= [\alpha'\gamma'] + [\alpha\delta]z_{3.4} + [\alpha\varepsilon]z_{3.5} \\ [\beta\beta] &= [\beta'\beta'] + [\beta\delta]z_{2.4} + [\beta\varepsilon]z_{2.5} \\ [\beta\gamma] &= [\beta'\gamma'] + [\gamma\delta]z_{2.4} + [\gamma\varepsilon]z_{2.5} \\ &= [\beta'\gamma'] + [\beta\delta]z_{3.4} + [\beta\varepsilon]z_{3.5} \\ [\gamma\gamma] &= [\gamma'\gamma'] + [\gamma\delta]z_{3.4} + [\gamma\varepsilon]z_{3.5} \end{aligned} \qquad \begin{matrix} (15) \\ \text{(entsprechend:} \\ \text{BOLTZ § 2 (6))} \end{matrix}$$

Damit erhalten wir:

$$\begin{aligned}
-k_1 &= [\alpha\alpha]\,w_a + [\alpha\beta]w_b + [\alpha\gamma]w_c + [\alpha\delta]w_d + [\alpha\varepsilon]w_e \\
-k_2 &= [\alpha\beta]\,w_a + [\beta\beta]w_b + [\beta\gamma]w_c + [\beta\delta]w_d + [\beta\varepsilon]w_e \\
-k_3 &= [\alpha\gamma]\,w_a + [\beta\gamma]w_b + [\gamma\gamma]w_c + [\gamma\delta]w_d + [\gamma\varepsilon]w_e \\
-k_4 &= [\alpha\delta]\,w_a + [\beta\delta]w_b + [\gamma\delta]w_c + [\delta\delta]w_d + [\delta\varepsilon]w_e \\
-k_5 &= [\alpha\varepsilon]\,w_a + [\beta\varepsilon]w_b + [\gamma\varepsilon]w_c + [\delta\varepsilon]w_d + [\varepsilon\varepsilon]w_e
\end{aligned}$$

(16) (entsprechend: BOLTZ § 2 (3) u. (5))

Wenn nun irgendeine weitere Gruppe von Bedingungen hinzukommt, sind die Gleichungen (16) als System zu behandeln wie vorher (3). Die Methode kann so beliebig oft wiederholt angewendet werden.

II. Das Entwicklungsverfahren und der GAUSSsche Algorithmus.

Im folgenden soll nun der Zusammenhang des GAUSSschen Algorithmus mit dem BOLTZ-Verfahren näher untersucht werden.

Der GAUSSsche Algorithmus ist für die Auflösung von Normalgleichungen dann ziemlich zeitraubend (indem er viel Schreibarbeit erfordert), wenn die Reduktion der Normalgleichungen jeweils auf gleicher Stufe vorgenommen wird, d. h. alle Zwischenglieder berechnet und angeschrieben werden, wie dies z. B. auch BOLTZ noch tut (a. a. O. S. 73—75), doch gibt JORDAN bereits im Band I § 35 (7. Auflage, 1920) eine Anweisung, wie die Berechnung der Endglieder ohne die Berechnung von Zwischengliedern erfolgen kann. Eine weitere Vereinfachung gibt JORDAN in § 36, worin gezeigt wird, wie sämtliche Unbekannte und auch die Gewichtskoeffizienten gemeinsam bestimmt werden können. Der Verfasser hat 1919 (veröffentlicht Zeitschrift f. Vermessungswesen 1925, Seite 133 bis 140) die in den beiden Paragraphen von JORDAN angegebenen Vereinfachungen zu einem einzigen vereinfachten Rechenschema zur Auflösung der Normalgleichungen zusammengezogen, so daß die gemeinsame Bestimmung der Unbekannten und der Gewichtskoeffizienten ohne die Bildung von Zwischengliedern erfolgt. Nach diesem Schema würde sich die Auflösung des vollständigen Systems der Normalgleichungen (5) wie folgt ergeben: [Siehe Schema (17) S. 162 u. 163.]

In diesem Schema erfolgt die Rechnung Zeile nach Zeile. In Zeile I sind die Glieder der ersten Normalgleichung eingesetzt, in Zeile 1 die Glieder der zweiten Normalgleichung. Diese zweite Normalgleichung wird dadurch reduziert, daß man aus den Gliedern der ersten Normalgleichung den Faktor $-\frac{[ab]}{[aa]}$, d. i. $-\frac{\mathrm{I}\,2}{\mathrm{I}\,1}$* bildet und damit sämtliche Glieder der Zeile I multipliziert. Die einzelnen Produkte sind in Zeile 2 eingesetzt. Die Summe der Zeilen 1 und 2 ist die Zeile II. Sie stellt die einmal reduzierte zweite Normalgleichung dar. Zeile 3 enthält die Glieder der dritten Normalgleichung. Diese ist zweimal zu reduzieren. Die erste Reduktion erfolgt, indem man aus den Gliedern der Zeile I den Faktor $-\frac{[ac]}{[aa]}$, d. i. $-\frac{\mathrm{I}\,3}{\mathrm{I}\,1}$ bildet und mit diesem sämtliche Glieder der Zeile I multi-

*) Hierin bedeutet I 2 das Glied der Zeile I, Spalte 2, in gleicher Weise II 2 das Glied Zeile II, Spalte 2 usw.

Zeile \ Spalte	1	2	3	4	5	6	7	8	9	10	w
I	$[aa]$	$[ab]$	$[ac]$	$[ad]$	$[ae]$	-1	0	0	0	0	w_a
1		$[bb]$	$[bc]$	$[bd]$	$[be]$	0	-1	0	0	0	w_b
2		$-\frac{I_2}{I_1}\cdot I_2$	$-\frac{I_2}{I_1}\cdot I_3$	$-\frac{I_2}{I_1}\cdot I_4$	$-\frac{I_2}{I_1}\cdot I_5$	$-\frac{I_2}{I_1}\cdot I_6$	0	0	0	0	$-\frac{I_2}{I_1}\cdot I\,w$
II		$[bb\cdot 1]$	$[bc\cdot 1]$	$[bd\cdot 1]$	$[be\cdot 1]$	$-z_{1.2}$	-1	0	0	0	$(w_b\cdot 1)$
3			$[cc]$	$[cd]$	$[ce]$	0	0	-1	0	0	w_c
4			$-\frac{I_3}{I_1}\cdot I_3$	$-\frac{I_3}{I_1}\cdot I_4$	$-\frac{I_3}{I_1}\cdot I_5$	$-\frac{I_3}{I_1}\cdot I_6$	0	0	0	0	$-\frac{I_3}{I_1}\cdot I\,w$
5			$-\frac{II_3}{II_2}\cdot II_3$	$-\frac{II_3}{II_2}\cdot II_4$	$-\frac{II_3}{II_2}\cdot II_5$	$-\frac{II_3}{II_2}\cdot II_6$	$-\frac{II_3}{II_2}\cdot II_7$	0	0	0	$-\frac{II_3}{II_2}\cdot II\,w$
III			$[cc\cdot 2]$	$[cd\cdot 2]$	$[ce\cdot 2]$	$-z_{1.3}$	$-z_{2.3}$	-1	0	0	$(w_c\cdot 2)$
6				$[dd]$	$[de]$	0	0	0	-1	0	w_d
7				$-\frac{I_4}{I_1}\cdot I_4$	$-\frac{I_4}{I_1}\cdot I_5$	$-\frac{I_4}{I_1}\cdot I_6$	0	0	0	0	$-\frac{I_4}{I_1}\cdot I\,w$
8				$-\frac{II_4}{II_2}\cdot II_4$	$-\frac{II_4}{II_2}\cdot II_5$	$-\frac{II_4}{II_2}\cdot II_6$	$-\frac{II_4}{II_2}\cdot II_7$	0	0	0	$-\frac{II_4}{II_2}\cdot II\,w$
9				$-\frac{III_4}{III_3}\cdot III_4$	$-\frac{III_4}{III_3}\cdot III_5$	$-\frac{III_4}{III_3}\cdot III_6$	$-\frac{III_4}{III_3}\cdot III_7$	$-\frac{III_4}{III_3}\cdot III_8$	0	0	$-\frac{III_4}{III_3}\cdot III\,w$
IV				$[dd\cdot 3]$	$[de\cdot 3]$	$-z_{1.4}$	$-z_{2.4}$	$-z_{3.4}$	-1	0	$(w_d\cdot 3)$
10					$[ee]$	0	0	0	0	-1	w_e
11					$-\frac{I_5}{I_1}\cdot I_5$	$-\frac{I_5}{I_1}\cdot I_6$	0	0	0	0	$-\frac{I_5}{I_1}\cdot I\,w$
12					$-\frac{II_5}{II_2}\cdot II_5$	$-\frac{II_5}{II_2}\cdot II_6$	$-\frac{II_5}{II_2}\cdot II_7$	0	0	0	$-\frac{II_5}{II_2}\cdot II\,w$
13					$-\frac{III_5}{III_3}\cdot III_5$	$-\frac{III_5}{III_3}\cdot III_6$	$-\frac{III_5}{III_3}\cdot III_7$	$-\frac{III_5}{III_3}\cdot III_8$	0	0	$-\frac{III_5}{III_3}\cdot III\,w$
14					$-\frac{IV_5}{IV_4}\cdot IV_5$	$-\frac{IV_5}{IV_4}\cdot IV_6$	$-\frac{IV_5}{IV_4}\cdot IV_7$	$-\frac{IV_5}{IV_4}\cdot IV_8$	$-\frac{IV_5}{IV_4}\cdot IV_9$	0	$-\frac{IV_5}{IV_4}\cdot IV\,w$
V					$[ee\cdot 4]$	$(-z_{1.5})$	$(-z_{2.5})$	$(-z_{3.5})$	$(-z_{4.5})$	-1	$(w_e\cdot 4)$
15						$-\frac{I_6}{I_1}\cdot I_6$	0	0	0	0	$-\frac{I_6}{I_1}\cdot I\,w$

(17)

16	$-\frac{II_6}{II_2}\cdot II_6$	$-\frac{II_6}{II_2}\cdot II_7$	0	0	0	$-\frac{II_6}{II_2}\cdot II\,w$
17	$-\frac{III_6}{III_3}\cdot III_6$	$-\frac{III_6}{III_3}\cdot III_7$	$-\frac{III_6}{III_3}\cdot III_8$	0	0	$-\frac{III_6}{III_3}\cdot III\,w$
18	$-\frac{IV_6}{IV_4}\cdot IV_6$	$-\frac{IV_6}{IV_4}\cdot IV_7$	$-\frac{IV_6}{IV_4}\cdot IV_8$	$-\frac{IV_6}{IV_4}\cdot IV_9$	0	$-\frac{IV_6}{IV_4}\cdot IV\,w$
19	$-\frac{V_6}{V_5}\cdot V_6$	$-\frac{V_6}{V_5}\cdot V_7$	$-\frac{V_6}{V_5}\cdot V_8$	$-\frac{V_6}{V_5}\cdot V_9$	$-\frac{V_6}{V_5}\cdot V_{10}$	$-\frac{V_6}{V_5}\cdot V\,w$
VI	$-[\alpha\alpha]$	$-[\alpha\beta]$	$-[\alpha\gamma]$	$-[\alpha\delta]$	$-[\alpha\varepsilon]$	$-k_1$
20		$-\frac{II_7}{II_2}\cdot II_7$	0	0	0	$-\frac{II_7}{II_2}\cdot II\,w$
21		$-\frac{III_7}{III_3}\cdot III_7$	$-\frac{III_7}{III_3}\cdot III_8$	0	0	$-\frac{III_7}{III_3}\cdot III\,w$
22		$-\frac{IV_7}{IV_4}\cdot IV_7$	$-\frac{IV_7}{IV_4}\cdot IV_8$	$-\frac{IV_7}{IV_4}\cdot IV_9$	0	$-\frac{IV_7}{IV_4}\cdot IV\,w$
23		$-\frac{V_7}{V_5}\cdot V_7$	$-\frac{V_7}{V_5}\cdot V_8$	$-\frac{V_7}{V_5}\cdot V_9$	$-\frac{V_7}{V_5}\cdot V_{10}$	$-\frac{V_7}{V_5}\cdot V\,w$
VII		$-[\beta\beta]$	$-[\beta\gamma]$	$-[\beta\delta]$	$-[\beta\varepsilon]$	$-k_2$
24			$-\frac{III_8}{III_3}\cdot III_8$	0	0	$-\frac{III_8}{III_3}\cdot III\,w$
25			$-\frac{IV_8}{IV_4}\cdot IV_8$	$-\frac{IV_8}{IV_4}\cdot IV_9$	0	$-\frac{IV_8}{IV_4}\cdot IV\,w$
26			$-\frac{V_8}{V_5}\cdot V_8$	$-\frac{V_8}{V_5}\cdot V_9$	$-\frac{V_8}{V_5}\cdot V_{10}$	$-\frac{V_8}{V_4}\cdot V\,w$
VIII			$-[\gamma\gamma]$	$-[\gamma\delta]$	$-[\gamma\varepsilon]$	$-k_3$
27				$-\frac{IV_9}{IV_4}\cdot IV_9$	0	$-\frac{IV_9}{IV_4}\cdot IV\,w$
28				$-\frac{V_9}{V_5}\cdot V_9$	$-\frac{V_9}{V_5}\cdot V_{10}$	$-\frac{V_9}{V_5}\cdot V\,w$
IX				$-[\delta\delta]$	$-[\delta\varepsilon]$	$-k_4$
29					$-\frac{V_{10}}{V_5}\cdot V_5$	$-\frac{V_{10}}{V_5}\cdot V\,w$
X					$-[\varepsilon\varepsilon]$	$-k_5$

pliziert. Die zweite Reduktion erfolgt, indem man aus den Gliedern der Zeile II den Faktor $-\frac{[bc\cdot 1]}{[bb\cdot 1]}$, d. i. $-\frac{\text{II}\,3}{\text{II}\,2}$ bildet und damit sämtliche Glieder der Zeile II multipliziert. Die erste Reduktion wird in Zeile 4, die zweite in Zeile 5 eingesetzt. Die Summe der Zeilen 3, 4, 5 gibt die Zeile III. In gleicher Weise wird fortgefahren, bis schließlich als viermal reduzierte fünfte Normalgleichung die Zeile V erscheint. Die weiteren Reduktionen, die genau nach dem gleichen Schema fortgesetzt werden, ergeben der Reihe nach die Gewichtskoeffizienten und die unbekannten Korrelaten. Aus diesem Schema ersieht man, daß für die Reduktion zunächst gar nicht alle Glieder der vollständigen Normalgleichungen erforderlich sind. Wären nur die ersten drei Bedingungsgleichungen vorhanden, so würde das Schema die in (17) mit punktierten Linien umrahmten Teile ergeben.

In den punktiert umrahmten Teilen geben die Summen der Zeilen 15, 16, 17 in den Spalten 6, 7, 8 und w der Reihe nach die vorläufigen Gewichtskoeffizienten $-[\alpha'\alpha']$, $-[\alpha'\beta']$, $-[\alpha'\gamma']$ und die vorläufige Korrelate $-k_1'$ von (3), die Summen der Zeilen 20 und 21 in den Spalten 7, 8 und w der Reihe nach die vorläufigen Gewichtskoeffizienten und die vorläufige Korrelate $-[\beta'\beta']$, $-[\beta'\gamma']$, $-k_2'$, die Zeile 24 den vorläufigen Gewichtskoeffizienten und die vorläufige Korrelate $-[\gamma'\gamma']$ und $-k_3'$.

Erst durch das Hinzufügen der beiden weiteren Bedingungsgleichungen (4) werden die Berechnungen in den Spalten 4 und 5 und den nach III folgenden Zeilen nötig.

Der Vergleich des Schemas (17) mit dem Rechnungsgang nach BOLTZ zeigt nun, daß in (17) die Zwischenkorrelaten $-z_{1.4}$, $-z_{2.4}$, $-z_{3.4}$ aus der Auflösung der Gleichungen (8) erhalten werden. Die Zwischenkorrelaten $-z_{1.5}$, $-z_{2.5}$, $-z_{3.5}$ von BOLTZ erscheinen nicht selbst im Schema (17), jedoch könnten sie sofort gebildet werden. Sie sind nichts anderes als die Summen der Zeilen 11, 12, 13 in den Spalten 6, 7 und 8. Ebenso erscheint nur ein Teil der Glieder von (9) direkt, der andere kann aber sofort dadurch erhalten werden, daß man die Summen der Zeilen 10, 11, 12, 13 in den Spalten 5 und w bildet.

Um bis zu diesem Stadium der Rechnung zu gelangen, hat man in (17) außerhalb der gestrichelt umrahmten Teile 33 Produkte und 9 Additionen zu bilden, während die Rechnung nach BOLTZ ebenfalls 33 Produkte, jedoch 11 Additionen erfordert, abgesehen davon, daß sich bei Anwendung des GAUSSschen Algorithmus die bei BOLTZ durchzuführenden Additionen und das Anschreiben der Summen für die vorläufigen Gewichtskoeffizienten und vorläufigen Korrelaten erübrigen.

Aus dem Vergleich der sonstigen Zeilen mit den entsprechenden Entwicklungen von BOLTZ erkennt man, daß die in den verschiedenen Spalten ausgeführten Rechnungen mit den ihnen entsprechenden Rechnungen bei BOLTZ nahezu identisch sind und die gleiche, wenn nicht sogar eine etwas geringere Rechenlast bedeuten.

Es ist außerdem ja wohl selbstverständlich, daß genau so wie bei BOLTZ für typische Dreiecksanordnungen die Glieder der Zeilen, die mit römischen Zahlen beziffert sind, bzw. die zur Reduktion dienenden Quotienten, nur einmal berechnet werden müssen und dann beliebig oft wiederverwendet werden können. Das Entwicklungsverfahren stellt sich somit als eine Variation des GAUSSschen Algorithmus für eine Ausgleichung aus einem Guß dar.

Das BOLTZsche Verfahren wird nur dann einen gewissen Vorteil aufweisen, wenn von einer vorhergehenden Ausgleichung nur die Gewichtskoeffizienten und Korrelaten zur Weiterrechnung zur Verfügung stehen, nicht aber die als Reduktionsfaktoren dienenden Quotienten.

Eine Weiterentwicklung der Ideen des Entwicklungsverfahrens ist nun in der Richtung möglich, daß man sich die Aufgabe stellt, Formeln zu finden, die einen Zusammenschluß zweier oder mehrerer je für sich bereits ausgeglichener Netze so ergeben, als ob das Gesamtnetz aus einem Guß ausgeglichen worden wäre.

III. Weiterentwicklung für den Zusammenschluß ausgeglichener Netze.

Es mögen zwei Systeme von Bedingungsgleichungen vorliegen. Ein erstes sei wie (1):

$$\begin{aligned} a_1v_1 + a_2v_2 + \cdots a_nv_n + w_a &= 0 \\ b_1v_1 + b_2v_1 + \cdots b_nv_n + w_b &= 0 \\ c_1v_1 + c_2v_2 + \cdots c_nv_n + w_c &= 0 \end{aligned}$$

mit den Normalgleichungen wie (2):

$$\begin{aligned} [aa]k_1' + [ab]k_2' + [ac]k_3' + w_a &= 0 \\ [ab]k_1' + [bb]k_2' + [bc]k_3' + w_b &= 0 \\ [ac]k_1' + [bc]k_2' + [cc]k_3' + w_c &= 0\,. \end{aligned} \tag{18}$$

Die unbestimmte Auflösung dieses ersten Systems von Normalgleichungen führt zu den Gewichtskoeffizienten:

$$\begin{matrix} [\alpha'\alpha'] & [\alpha'\beta'] & [\alpha'\gamma'] \\ & [\beta'\beta'] & [\beta'\gamma'] \\ & & [\gamma'\gamma']\,. \end{matrix} \tag{19}$$

Das zweite System besteht wie (4) aus den Bedingungsgleichungen:

$$\begin{aligned} d_1v_1 + d_2v_2 + \cdots d_nv_n + w_d &= 0 \\ e_1v_1 + e_2v_2 + \cdots e_nv_n + w_e &= 0 \end{aligned}$$

und den zugehörigen Normalgleichungen (20)

$$\begin{aligned} [dd]k_4' + [de]k_5' + w_d &= 0 \\ [de]k_4' + [ee]k_5' + w_e &= 0\,. \end{aligned}$$

Die unbestimmte Auflösung dieses zweiten Systems von Normalgleichungen führt zu den Gewichtskoeffizienten:

$$\begin{matrix} [\delta'\delta'] & [\delta'\varepsilon'] \\ & [\varepsilon'\varepsilon'] \end{matrix} \tag{21}$$

Die Aufgabe besteht nun darin, aus diesen beiden Gruppen von Gewichtskoeffizienten diejenigen Gewichtskoeffizienten zu berechnen, die bei einer Ausgleichung aus einem Guß erhalten werden. Wären sämtliche Bedingungsgleichungen von Anfang an vorhanden gewesen, so würden zu den Normalgleichungen (18) des ersten Systems entsprechend den Gleichungen (5) noch die folgenden Glieder hinzukommen:

$$\begin{aligned} &+[ad]k_4+[ae]k_5\\ &+[bd]k_4+[be]k_5\\ &+[cd]k_4+[ce]k_5 \end{aligned} \tag{22}$$

während zu den Normalgleichungen (20) des zweiten Systems die folgenden Glieder hinzukommen würden:

$$\begin{aligned} &+[ad]k_1+[bd]k_2+[cd]k_3\\ &+[ae]k_1+[be]k_2+[ce]k_3 \end{aligned} \tag{23}$$

Mit Hilfe der Gewichtskoeffizienten der beiden Systeme und dieser zusätzlichen Glieder lassen sich die Zwischenkorrelaten entsprechend (7) wie folgt berechnen:

$$\begin{aligned} -z_{1.4}&=[\alpha'\alpha'][ad]+[\alpha'\beta'][bd]+[\alpha'\gamma'][cd]\\ -z_{1.5}&=[\alpha'\alpha'][ae]+[\alpha'\beta'][be]+[\alpha'\gamma'][ce]\\ -z_{2.4}&=[\alpha'\beta'][ad]+[\beta'\beta'][bd]+[\beta'\gamma'][cd]\\ -z_{2.5}&=[\alpha'\beta'][ae]+[\beta'\beta'][be]+[\beta'\gamma'][ce]\\ -z_{3.4}&=[\alpha'\gamma'][ad]+[\beta'\gamma'][bd]+[\gamma'\gamma'][cd]\\ -z_{3.5}&=[\alpha'\gamma'][ae]+[\beta'\gamma'][be]+[\gamma'\gamma'][ce]\\ -z_{4.1}&=[\delta'\delta'][ad]+[\delta'\varepsilon'][ae]\\ -z_{4.2}&=[\delta'\delta'][bd]+[\delta'\varepsilon'][be]\\ -z_{4.3}&=[\delta'\delta'][cd]+[\delta'\varepsilon'][ce]\\ -z_{5.1}&=[\delta'\varepsilon'][ad]+[\varepsilon'\varepsilon'][ae]\\ -z_{5.2}&=[\delta'\varepsilon'][bd]+[\varepsilon'\varepsilon'][be]\\ -z_{5.3}&=[\delta'\varepsilon'][cd]+[\varepsilon'\varepsilon'][ce] \end{aligned} \tag{24}$$

Zwischen den zu bestimmenden Gewichtskoeffizienten, den schon vorhandenen Gewichtskoeffizienten und den Zwischenkorrelaten bestehen entsprechend (14) und (15) folgende Beziehungen: [s. nebenstehende Tabelle (25) oben].

In (25) sind die einzelnen Zeilen als Gleichungen zu lesen. So bedeutet die Zeile 1:

$$-1\cdot[\alpha\alpha]+z_{1.4}\cdot[\alpha\delta]+z_{1.5}[\alpha\varepsilon]+[\alpha'\alpha']=0$$

oder Zeile 25:

$$+z_{5.1}\cdot[\alpha\gamma]+z_{5.2}\cdot[\beta\gamma]+z_{5.3}\cdot[\gamma\gamma]-[\gamma\varepsilon]\pm 0=0$$

usw.

Durch Einsetzen der dritten Gruppe von Gleichungen in die erste Gruppe, bzw. der vierten Gruppe von (25) in die zweite erhält man: [s. nebenstehende Tabelle (26) unten].

Setzt man in Schema (26) die Gleichungen der ersten Gruppe in die Gleichungen der zweiten Gruppe ein, so lassen sich die Gewichtskoeffizienten $[\delta\delta]$, $[\delta\varepsilon]$, $[\varepsilon\varepsilon]$ aus den Gewichtskoeffizienten $[\delta'\delta']$, $[\delta'\varepsilon']$, $[\varepsilon'\varepsilon']$ berechnen. Setzt man umgekehrt die Gleichungen der zweiten Gruppe in die der ersten Gruppe ein, so lassen sich die Gewichtskoeffizienten $[\alpha\alpha]$, $[\alpha\beta]$, $[\alpha\gamma]$, $[\beta\beta]$, $[\beta\gamma]$, $[\gamma\gamma]$ aus den Gewichtskoeffizienten $[\alpha'\alpha']$, $[\alpha'\beta']$, $[\alpha'\gamma']$, $[\beta'\beta']$, $[\beta'\gamma']$, $[\gamma'\gamma']$ un-

	[αα]	[αβ]	[αγ]	[ββ]	[βγ]	[γγ]	[αδ]	[αε]	[βδ]	[βε]	[γδ]	[γε]	[δδ]	[δε]	[εε]	Absolutglied.
	-1						$+z_{1.4}$	$+z_{1.5}$								[α′ α′]
		-1							$+z_{1.4}$	$+z_{1.5}$						[α′ β′]
		-1					$+z_{2.4}$	$+z_{2.5}$								[α′ β′]
			-1								$+z_{1.4}$	$+z_{1.5}$				[α′ γ′]
			-1				$+z_{3.4}$	$+z_{3.5}$								[α′ γ′]
				-1					$+z_{2.4}$	$+z_{2.5}$						[β′ β′]
					-1						$+z_{2.4}$	$+z_{2.5}$				[β′ γ′]
					-1				$+z_{3.4}$	$+z_{3.5}$						[β′ γ′]
						-1					$+z_{3.4}$	$+z_{3.5}$				[γ′ γ′]
							$+z_{4.1}$		$+z_{4.2}$		$+z_{4.3}$		-1			[δ′ δ′]
								$+z_{4.1}$		$+z_{4.2}$		$+z_{4.3}$		-1		[δ′ ε′]
							$+z_{5.1}$		$+z_{5.2}$		$+z_{5.3}$			-1		[δ′ ε′]
(25)								$+z_{5.1}$		$+z_{5.2}$		$+z_{5.3}$			-1	[ε′ ε′]
							-1						$+z_{1.4}$	$+z_{1.5}$		0
								-1						$+z_{1.4}$	$+z_{1.5}$	0
									-1				$+z_{2.4}$	$+z_{2.5}$		0
										-1				$+z_{2.4}$	$+z_{2.5}$	0
											-1		$+z_{3.4}$	$+z_{3.5}$		0
												-1		$+z_{3.4}$	$+z_{3.5}$	0
	$+z_{4.1}$	$+z_{4.2}$	$+z_{4.3}$				-1									0
	$+z_{5.1}$	$+z_{5.2}$	$+z_{5.3}$					-1								0
		$+z_{4.1}$		$+z_{4.2}$	$+z_{4.3}$				-1							0
		$+z_{5.1}$		$+z_{5.2}$	$+z_{5.3}$					-1						0
			$+z_{4.1}$		$+z_{4.2}$	$+z_{4.3}$					-1					0
			$+z_{5.1}$		$+z_{5.2}$	$+z_{5.3}$						-1				0

	[αα]	[αβ]	[αγ]	[ββ]	[βγ]	[γγ]	[δδ]	[δε]	[εε]	Absolutglied.
	-1						$+(z_{1.4})^2$	$+2z_{1.4}z_{1.5}$	$+(z_{1.5})^2$	[α′ α′]
		-1					$+z_{1.4}z_{2.4}$	$\begin{pmatrix}+z_{1.4}z_{2.5}\\+z_{1.5}z_{2.4}\end{pmatrix}$	$+z_{1.5}z_{2.5}$	[α′ β′]
			-1				$+z_{1.4}z_{3.4}$	$\begin{pmatrix}+z_{1.4}z_{3.5}\\+z_{1.5}z_{3.4}\end{pmatrix}$	$+z_{1.5}z_{3.5}$	[α′ γ′]
(26)				-1			$+(z_{2.4})^2$	$+2z_{2.4}z_{2.5}$	$+(z_{2.5})^2$	[β′ β′]
					-1		$+z_{2.4}z_{3.4}$	$\begin{pmatrix}+z_{2.4}z_{3.5}\\+z_{2.5}z_{3.4}\end{pmatrix}$	$+z_{2.5}z_{3.5}$	[β′ γ′]
						-1	$+(z_{3.4})^2$	$+2z_{3.4}z_{3.5}$	$+(z_{3.5})^2$	[γ′ γ′]
	$+(z_{4.1})^2$	$+2z_{4.1}z_{4.2}$	$+2z_{4.1}z_{4.3}$	$+(z_{4.2})^2$	$+2z_{4.2}z_{4.3}$	$+(z_{4.3})^2$	-1			[δ′ δ′]
	$+z_{4.1}z_{5.1}$	$\begin{pmatrix}+z_{4.1}z_{5.2}\\+z_{4.2}z_{5.1}\end{pmatrix}$	$\begin{pmatrix}+z_{4.1}z_{5.3}\\+z_{4.3}z_{5.1}\end{pmatrix}$	$+z_{4.2}z_{5.2}$	$\begin{pmatrix}+z_{4.2}z_{5.3}\\+z_{4.3}z_{5.2}\end{pmatrix}$	$+z_{4.3}z_{5,3}$		-1		[δ′ ε′]
	$+(z_{5.1})^2$	$+2z_{5.1}z_{5.2}$	$+2z_{5.1}z_{5.3}$	$+(z_{5.2})^2$	$+2z_{5.2}z_{5.3}$	$+(z_{5.3})^2$			-1	[ε′ ε′]

mittelbar berechnen. Hierfür ergeben sich unter entsprechender Anwendung der vorhandenen Gleichungen zur Vereinfachung der entstehenden Ausdrücke die Beziehungen:

$$
\begin{aligned}
&[\delta\delta]\{1-(z_{1.4}z_{4.1}+z_{2.4}z_{4.2}+z_{3.4}z_{4.3})^2\}\\
&\qquad=[\delta'\delta'](1+(z_{1.4}z_{4.1}+z_{2.4}z_{4.2}+z_{3.4}z_{4.3}))+[\delta'\varepsilon'](z_{1.5}z_{4.1}+z_{2.5}z_{4.2}+z_{3.5}z_{4.3})\\
&[\delta\varepsilon]\left\{1-\begin{pmatrix}(z_{1.4}z_{4.1}+z_{2.4}z_{4.2}+z_{3.4}z_{4.3})(z_{1.5}z_{5.1}+z_{2.5}z_{5.2}+z_{3.5}z_{5.3})\\+(z_{1.4}z_{5.1}+z_{2.4}z_{5.2}+z_{3.4}z_{5.3})(z_{1.5}z_{4.1}+z_{2.5}z_{4.2}+z_{3.5}z_{4.3})\end{pmatrix}\right\}\\
&\qquad=[\delta'\varepsilon'](1+(z_{1.4}z_{4.1}+z_{2.4}z_{4.2}+z_{3.4}z_{4.3}))+[\varepsilon'\varepsilon'](z_{1.5}z_{4.1}+z_{2.5}z_{4.2}+z_{3.5}z_{4.3})\\
&\qquad=[\delta'\delta'](z_{1.4}z_{5.1}+z_{2.4}z_{5.2}+z_{3.4}z_{5.3})+[\delta'\varepsilon'](1+(z_{1.5}z_{5.1}+z_{2.5}z_{5.2}+z_{3.5}z_{5.3}))\\
&[\varepsilon\varepsilon]\{1-(z_{1.5}z_{5.1}+z_{2.5}z_{5.2}+z_{3.5}z_{5.3})^2\}\\
&\qquad=[\delta'\varepsilon'](z_{1.4}z_{5.1}+z_{2.4}z_{5.2}+z_{3.4}z_{5.3})+[\varepsilon'\varepsilon'](1+(z_{1.5}z_{5.1}+z_{2.5}z_{5.2}+z_{3.5}z_{5.3}))\qquad(27)\\
&[\alpha\alpha]\{1-(z_{4.1}z_{1.4}+z_{5.1}z_{1.5})^2\}\\
&\qquad=[\alpha'\alpha'](1+(z_{4.1}z_{1.4}+z_{5.1}z_{1.5}))+[\alpha'\beta'](z_{4.2}z_{1.4}+z_{5.2}z_{1.5})+[\alpha'\gamma'](z_{4.3}z_{1.4}\\
&\qquad\quad+z_{5.3}z_{1.5})\\
&[\alpha\beta]\left\{1-\begin{pmatrix}(z_{4.1}z_{1.4}+z_{5.1}z_{1.5})(z_{4.2}z_{2.4}+z_{5.2}z_{2.5})\\+(z_{4.1}z_{2.4}+z_{5.1}z_{2.5})(z_{4.2}z_{1.4}+z_{5.2}z_{1.5})\end{pmatrix}\right\}\\
&\qquad=[\alpha'\beta'](1+(z_{4.1}z_{1.4}+z_{5.1}z_{1.5}))+[\beta'\beta'](z_{4.2}z_{1.4}+z_{5.2}z_{1.5})+[\beta'\gamma'](z_{4.3}z_{1.4}\\
&\qquad\quad+z_{5.3}z_{1.5})\\
&\qquad=[\alpha'\alpha'](z_{4.1}z_{2.4}+z_{5.1}z_{2.5})+[\alpha'\beta'](1+(z_{4.2}z_{2.4}+z_{5.2}z_{2.5}))+[\alpha'\gamma'](z_{4.3}z_{2.4}\\
&\qquad\quad+z_{5.3}z_{2.5})\\
&[\alpha\gamma]\left\{1-\begin{pmatrix}(z_{4.1}z_{1.4}+z_{5.1}z_{1.5})(z_{4.3}z_{3.4}+z_{5.3}z_{3.5})\\+(z_{4.1}z_{3.4}+z_{5.1}z_{3.5})(z_{4.3}z_{1.4}+z_{5.3}z_{1.5})\end{pmatrix}\right\}\\
&\qquad=[\alpha'\gamma'](1+(z_{4.1}z_{1.4}+z_{5.1}z_{1.5}))+[\beta'\gamma'](z_{4.2}z_{1.4}+z_{5.2}z_{1.5})+[\gamma'\gamma'](z_{4.3}z_{1.4}\\
&\qquad\quad+z_{5.3}z_{1.5})\\
&\qquad=[\alpha'\alpha'](z_{4.1}z_{3.4}+z_{5.1}z_{3.5})+[\alpha'\beta'](z_{4.2}z_{3.4}+z_{5.2}z_{3.5})+[\alpha'\gamma'](1+(z_{4.3}z_{3.4}\\
&\qquad\quad+z_{5.3}z_{3.5}))\\
&[\beta\beta]\{1-(z_{4.2}z_{2.4}+z_{5.2}z_{2.5})^2\}\\
&\qquad=[\alpha'\beta'](z_{4.1}z_{2.4}+z_{5.1}z_{2.5})+[\beta'\beta'](1+(z_{4.2}z_{2.4}+z_{5.2}z_{2.5}))+[\beta'\gamma'](z_{4.3}z_{2.4}\\
&\qquad\quad+z_{5.3}z_{2.5})\\
&[\beta\gamma]\left\{1-\begin{pmatrix}(z_{4.2}z_{2.4}+z_{5.2}z_{2.5})(z_{4.3}z_{3.4}+z_{5.3}z_{3.5})\\+(z_{4.2}z_{3.4}+z_{5.2}z_{3.5})(z_{4.3}z_{2.4}+z_{5.3}z_{2.5})\end{pmatrix}\right\}\\
&\qquad=[\alpha'\beta'](z_{4.1}z_{3.4}+z_{5.1}z_{3.5})+[\beta'\beta'](z_{4.2}z_{3.4}+z_{5.2}z_{3.5})+[\beta'\gamma'](1+(z_{4.3}z_{3.4}\\
&\qquad\quad+z_{5.3}z_{3.5}))\\
&\qquad=[\alpha'\gamma'](z_{4.1}z_{2.4}+z_{5.1}z_{2.5})+[\beta'\gamma'](1+(z_{4.2}z_{2.4}+z_{5.2}z_{2.5}))+[\gamma'\gamma'](z_{4.3}z_{2.4}\\
&\qquad\quad+z_{5.3}z_{2.5})\\
&[\gamma\gamma]\{1-(z_{4.3}z_{3.4}+z_{5.3}z_{3.5})^2\}\\
&\qquad=[\alpha'\gamma'](z_{4.1}z_{3.4}+z_{5.1}z_{3.5})+[\beta'\gamma'](z_{4.2}z_{3.4}+z_{5.2}z_{3.5})+[\gamma'\gamma'](1+(z_{4.3}z_{3.4}\\
&\qquad\quad+z_{5.3}z_{3.5})).
\end{aligned}
$$

Für die Berechnung der übrigen Gewichtskoeffizienten $[\alpha\delta]$, $[\alpha\varepsilon]$, $[\beta\delta]$, $[\beta\varepsilon]$, $[\gamma\delta]$, $[\gamma\varepsilon]$ dienen die beiden letzten Gruppen der Gleichungen (25).

Die Gleichungen (27) lassen sich in einfacher Form schreiben, wenn man einführt:

$$
\begin{aligned}
[z_{s.4} z_{4.s}] &= z_{1.4} z_{4.1} + z_{2.4} z_{4.2} + z_{3.4} z_{4.3} \\
[z_{s.5} z_{4.s}] &= z_{1.5} z_{4.1} + z_{2.5} z_{4.2} + z_{3.5} z_{4.3} \\
[z_{s.5} z_{5.s}] &= z_{1.5} z_{5.1} + z_{2.5} z_{5.2} + z_{3.5} z_{5.3} \\
[z_{s.4} z_{5.s}] &= z_{1.4} z_{5.1} + z_{2.4} z_{5.2} + z_{3.4} z_{5.3}
\end{aligned}
$$

ferner

$$
\begin{aligned}
[z_{t.1} z_{1.t}] &= z_{4.1} z_{1.4} + z_{5.1} z_{1.5} \\
[z_{t.2} z_{1.t}] &= z_{4.2} z_{1.4} + z_{5.2} z_{1.5} \\
[z_{t.3} z_{1.t}] &= z_{4.3} z_{1.4} + z_{5.3} z_{1.5} \\
[z_{t.2} z_{2.t}] &= z_{4.2} z_{2.4} + z_{5.2} z_{2.5} \\
[z_{t.2} z_{3.t}] &= z_{4.2} z_{3.4} + z_{5.2} z_{3.5} \\
[z_{t.3} z_{3.t}] &= z_{4.3} z_{3.4} + z_{5.3} z_{3.5}
\end{aligned}
\tag{28}
$$

Hiermit wird (27) zu:

$$
\begin{aligned}
&[\delta\delta]\{1 - ([z_{s.4} z_{4.s}])^2\} = [\delta'\delta'](1 + [z_{s.4} z_{4.s}]) + [\delta'\varepsilon'][z_{s.5} z_{4.s}] \\
&[\delta\varepsilon]\{1 - ([z_{s.4} z_{4.s}]\cdot[z_{s.5} z_{5.s}] + [z_{s.4} z_{5.s}]\cdot[z_{s.5} z_{4.s}])\} \\
&\qquad = [\delta'\varepsilon'](1 + [z_{s.4} z_{4.s}]) + [\varepsilon'\varepsilon'][z_{s.5} z_{4.s}] \\
&\qquad = [\delta'\delta'][z_{s.4} z_{5.s}] + [\delta'\varepsilon'](1 + [z_{s.5} z_{5.s}]) \\
&[\varepsilon\varepsilon]\{1 - ([z_{s.5} z_{5.s}])^2\} = [\delta'\varepsilon'][z_{s.4} z_{5.s}] + [\varepsilon'\varepsilon'](1 + [z_{s.5} z_{5.s}]) \\
&[\alpha\alpha]\{1 - ([z_{t.1} z_{1.t}])^2\} = [\alpha'\alpha'](1 + [z_{t.1} z_{1.t}] + [\alpha'\beta'][z_{t.2} z_{1.t}] + [\alpha'\gamma'][z_{t.3} z_{1.t}] \\
&[\alpha\beta]\{1 - ([z_{t.1} z_{1.t}]\cdot[z_{t.2} z_{2.t}] + [z_{t.1} z_{2.t}]\cdot[z_{t.2} z_{1.t}])\} \\
&\qquad = [\alpha'\alpha'][z_{t.1} z_{2.t}] + [\alpha'\beta'](1 + [z_{t.2} z_{2.t}]) + [\alpha'\gamma'][z_{t.3} z_{2.t}] \\
&\qquad = [\alpha'\beta'](1 + [z_{t.1} z_{1.t}]) + [\beta'\beta'][z_{t.2} z_{1.t}] + [\beta'\gamma'][z_{t.3} z_{1.t}] \\
&[\alpha\gamma]\{1 - ([z_{t.1} z_{1.t}]\cdot[z_{t.3} z_{3.t}] + z_{t.1} z_{3.t}]\cdot[z_{t.3} z_{1.t}])\} \\
&\qquad = [\alpha'\alpha'][z_{t.1} z_{3.t}] + [\alpha'\beta'] z_{t.2} z_{3.t}] + [\alpha'\gamma'](1 + [z_{t.3} z_{3.t}]) \\
&\qquad = [\alpha'\gamma'](1 + [z_{t.1} z_{1.t}]) + [\beta'\gamma'][z_{t.2} z_{1.t}] + [\gamma'\gamma'][z_{t.3} z_{1.t}] \\
&[\beta\beta]\{1 - ([z_{t.2} z_{2.t}])^2\} = [\alpha'\beta'][z_{t.1} z_{2.t}] + [\beta'\beta'](1 + [z_{t.2} z_{2.t}]) + [\beta'\gamma'][z_{t.3} z_{2.t}] \\
&[\beta\gamma]\{1 - ([z_{t.2} z_{2.t}][z_{t.3} z_{3.t}] + [z_{t.2} z_{3.t}]\cdot[z_{t.3} z_{2.t}])\} \\
&\qquad = [\alpha'\beta'][z_{t.1} z_{3.t}] + [\beta'\beta'][z_{t.2} z_{3.t}] + [\beta'\gamma'](1 + [z_{t.3} z_{3.t}]) \\
&\qquad = [\alpha'\gamma'][z_{t.1} z_{2.t}] + [\beta'\gamma'](1 + [z_{t.2} z_{2.t}]) + [\gamma'\gamma'][z_{t.3} z_{2.t}] \\
&[\gamma\gamma]\{1 - ([z_{t.3} z_{3.t}])^2\} = [\alpha'\gamma'[z_{t.1} z_{3.t}] + [\beta'\gamma'][z_{t.2} z_{3.t}] + [\gamma'\gamma'](1 + [z_{t.3} z_{3.t}]
\end{aligned}
\tag{29}
$$

Die Entwicklungen, die hier nur für eine Gruppe von drei und eine zweite Gruppe von zwei Normalgleichungen gegeben sind, lassen sich ohne weiteres auf Gruppen beliebigen Umfangs ausdehnen. Bei Vergleich der hierbei notwendigen Rechenarbeit mit der zusätzlich notwendigen Rechenarbeit, die entsteht, wenn man die Resultate der Ausgleichung des zweiten Systems außer acht läßt und nur seine Bedingungsgleichungen nach dem GAUSSschen Algorithmus zu einer gesamten Ausgleichung weiterverwendet, zeigt sich, daß bei der hier angegebenen, neuen Methode unter Umständen ein Teil dieser Arbeit gespart wird. Praktisch vollzieht sich die Arbeit so, daß zunächst das System der Bedingungen des Zusammenschlusses mit einem der gegebenen Systeme vereinigt wird und dann erst die so erweiterten Systeme zum Gesamtsystem entwickelt werden.

Die Weiterentwicklung des BOLTZschen Verfahrens gestattet schließlich außer einer Gruppe von mehreren ausgeglichenen Normalgleichungen auch nur eine einzige ausgeglichene Normalgleichung jeweils hinzuzufügen. Mit diesem Vorgehen kann man nicht nur beginnen, wenn man bereits eine Gruppe von Normalgleichungen berechnet hat, sondern man kann diese Methode bereits anwenden, um die zweite Normalgleichung an die erste, die dritte an die zweite und so fort, jede folgende an die vorhergehende anzufügen. Man erhält dann ein Rechenschema, das von dem GAUSSschen Algorithmus etwas abweicht, prinzipiell aber genau das gleiche bedeutet. Das Schema ergibt sich für die Gruppe der Normalgleichungen (5) wie folgt:

Aus der ersten Normalgleichung

$$[\alpha'\alpha'] = \frac{1}{[aa]}$$

Aus der zweiten Normalgleichung

$$[\beta'\beta'] = \frac{1}{[bb]}$$

Hieraus:

$$-z_{1.2} = [\alpha'\alpha'][ab]$$

nach (24)

$$-z_{2.1} = [\beta'\beta'][ab]$$

Und weiter nach (27), (26) und (25):

$$[\beta''\beta''] = \frac{[\beta'\beta']}{1 - z_{1.2}z_{2.1}};$$
$$[\alpha''\beta''] = [\beta''\beta'']\,z_{1.2}$$
$$[\alpha''\alpha''] = [\alpha'\alpha'] + [\alpha''\beta'']\,z_{1.2}$$
$$\text{Probe: } [\alpha''\beta''] = [\alpha''\alpha'']\,z_{2.1}$$

Aus der dritten Normalgleichung:

$$[\gamma'\gamma'] = \frac{1}{[cc]}$$

Weiter:

$$-z_{1.3} = [\alpha''\alpha''][ac] + [\alpha''\beta''][bc]$$
$$-z_{2.3} = [\alpha''\beta''][ac] + [\beta''\beta''][bc]$$
$$-z_{3.1} = [\gamma'\gamma'][ac]$$
$$-z_{3.2} = [\gamma'\gamma'][bc]$$

Hieraus:

$$[\gamma'''\gamma'''] = \frac{[\gamma'\gamma']}{1-(z_{1.3}z_{3.1}+z_{2.3}z_{3.2})};$$

$$[\alpha'''\gamma'''] = [\gamma'''\gamma''']\,z_{1.3}$$

$$[\alpha'''\alpha'''] = [\alpha''\alpha''] + [\alpha'''\gamma''']\,z_{1.3}$$

$$[\alpha'''\beta'''] = [\alpha''\beta''] + [\alpha'''\gamma''']\,z_{2.3}$$

$$[\beta'''\gamma'''] = [\gamma'''\gamma''']\,z_{2.3}$$

$$[\beta'''\beta'''] = [\beta''\beta''] + [\beta'''\gamma''']\,z_{2.3}$$

Proben:

$$[\alpha'''\beta'''] = [\alpha''\beta''] + [\beta'''\gamma''']\,z_{1.3}$$

$$[\alpha'''\gamma'''] = [\alpha'''\alpha''']\,z_{3.1} + [\alpha'''\beta''']\,z_{3.2}$$

$$[\beta'''\gamma'''] = [\alpha'''\beta''']\,z_{3.1} + [\beta'''\beta''']\,z_{3.2}$$

In gleicher Weise läßt sich die Rechnung beliebig fortsetzen. Der Vorteil dieses Schemas besteht darin, daß man in den einzelnen Stadien der Rechnung, die genau so wie bei dem vereinfachten GAUSSschen Algorithmus Zeile für Zeile erfolgt, als unmittelbare Rechnungsergebnisse jeweils die Gewichtskoeffizienten erhält.

Überblickt man nun die bisherigen Ergebnisse, so kann zusammenfassend gesagt werden: Keine von den Methoden bedeutet gegenüber einer Ausgleichung aus einem Guß nach dem GAUSSschen Algorithmus irgendwelche Ersparnisse an Arbeit. Sämtliche Methoden sind aber geeignet, Mehrarbeit, die über eine Ausgleichung aus einem Guß hinausgeht, zu ersparen. Im übrigen tritt eine Ersparnis an Arbeit dann ein, wenn für bestimmte Gruppen von Bedingungsgleichungen die Ausgleichungsarbeit in wiederholt vorkommenden Fällen nicht jedesmal wieder ausgeführt werden muß. Dies trifft vor allem für Dreiecksgleichungen zu, deren Ausgleichung sich erübrigt, sobald man die von BOLTZ angegebenen Tabellen der Gewichtskoeffizienten für zusammenhängende Dreiecksketten verwendet. Der besondere Wert der BOLTZschen Publikation liegt gerade in dem Hinweis auf diese Arbeitsersparnis und in der Mitteilung der zugehörigen Tabellen.

Über Defektversuche zur Lösung der Frage nach der Rolle von Zellkern und Plasma bei der Vererbung.

Von

RICHARD HARDER, Stuttgart.

Bei der Vermehrung der Organismen kann ein neues Individuum auf zweierlei Weise entstehen: asexuell oder sexuell. Bei der asexuellen Bildung löst sich ein kleinerer oder größerer Teil vom Elterorganismus ab und wächst zu einem neuen Individuum heran; bei der sexuellen Fortpflanzung dagegen kopulieren zwei Geschlechtszellen (Gameten) miteinander, und aus deren Verschmelzungsprodukt entwickelt sich ein neuer Organismus. Vom Gesichtspunkt der Vererbung betrachtet wird ein asexuell entstandenes Individuum die gleichen Eigenschaften haben wie der Elter — es ist ja nichts anderes als ein losgelöster, direkt wieder heranwachsender Teil des Elters —, ein sexuell gebildeter Organismus dagegen wird eine Mischung der von den beiden kopulierenden Sexualzellen mitgebrachten Eigenschaften enthalten. Diese Sexualzellen sind bei niedrig organisierten Lebewesen häufig alle vollkommen gleich gestaltet, bei den höher organisierten liegt dagegen eine Differenzierung in eine große weibliche Eizelle und eine kleine männliche Spermazelle vor. Abgesehen von der Größe unterscheiden sich Ei- und Spermazelle auch noch durch ihren Zellbau. Die Eizelle ist hinsichtlich ihres Gehaltes an lebender Substanz — dem Zellkern und dem Plasma — normal organisiert, sie enthält beide Komponenten, also sowohl einen Kern wie auch Plasma; die Spermazelle dagegen besteht sehr häufig lediglich aus einem Kern.

Diese Tatsache führt natürlich zu einem sehr wesentlichen Schluß bezüglich der Lokalisation der Erbsubstanz. Da, wie schon gesagt, jeder sexuell gebildete Organismus (von Spezialfällen und Abnormitäten sehen wir ab) eine Mischung von väterlichen und mütterlichen Eigenschaften aufweist, so muß zum mindesten das väterliche Erbgut im Kern lokalisiert sein. Daraus ergibt sich ohne weiteres die fundamentale Bedeutung des Zellkerns für die Vererbung, und es kann hier darauf verzichtet werden, die verschiedenen Belege anzuführen, welche zeigen, daß diese Rolle nicht etwa nur dem väterlichen, sondern auch dem mütterlichen Kern zukommt.

Einer näheren Erörterung bedarf jedoch die Frage, ob auch das von der Eizelle mitgeführte Plasma in spezifischer Weise an der Vererbung mitwirkt. Diese Frage stellt eines der Grundprobleme der Vererbungsforschung dar. Ihre Lösung ist auf doppeltem Wege möglich, nämlich durch einfache Kreuzungsversuche oder durch experimentelle Eingriffe in den Kern-Plasmabestand der Keimzelle, den sog. Defektversuch.

Der Bastardierungsversuch wird am sichersten dann zum Ziele führen, wenn die männliche Geschlechtszelle völlig frei von Plasma ist; dann wird der sich durch die Befruchtung bildende Organismus nur Plasma von der mütterlichen Zelle erhalten. Kreuzt man nun zwei Rassen (A und B) miteinander, und zwar so, daß man einmal A als Mutter und B als Vater benutzt und das andere Mal B als Mutter und A als Vater, so werden die beiden reziproken Bastarde bezüglich der Kerne gleich sein, aber verschiedenes Plasma enthalten, nämlich im ersten Fall das von A, im zweiten das von B. Ist nun das Plasma am Erbgange beteiligt, so müssen die beiden Bastarde verschieden sein. Das Experiment ist schon sehr oft ausgeführt worden und hat in der weitaus größten Zahl der Fälle keine Unterschiede in den reziproken Bastarden ergeben; das Plasma spielt also meistens keine Rolle. Es sind aber auch Ausnahmen beobachtet worden, bei denen tatsächlich Verschiedenheiten in Erscheinung traten. Trotz der an sich sehr einfachen Form des Versuches hat sich jedoch seine Deutung als wesentlich schwieriger erwiesen, als man meinen sollte. Es würde zu weit führen, das hier im einzelnen zu diskutieren, es sei nur darauf hingewiesen, daß das auch in Laienkreisen allgemein bekannte Beispiel einer reziprok verschiedenen Bastardierung, nämlich die Kreuzung von Pferd und Esel, die, je nachdem welche Art als Mutter gewählt wird, zum Maultier oder Maulesel führt, noch immer nicht völlig geklärt ist. Nur in ganz wenigen Fällen ist es erst gelungen bei reziproken Kreuzungen tatsächlich eine Übertragung von spezifischen Eigenschaften durch das Plasma nachzuweisen.

Weniger schwierig sind die Deutungen der Defektversuche. Das Prinzip bei ihnen ist, ein Ei künstlich kernlos zu machen, so daß es nur noch aus Plasma besteht, und dieses Plasma dann zu befruchten, also mit einem männlichen Kern zu versehen. Die Entwicklung des jungen Organismus muß dann, je nachdem ob er nur rein väterliche oder daneben auch mütterliche Merkmale zur Schau trägt, zeigen, ob neben dem Kern auch das Plasma Eigenschaftsträger ist. Auch hier ist also eine Bastardierung unerläßlich, da sonst ja die väterlichen und mütterlichen Zellen die gleichen Eigenschaften hätten und keine Schlüsse möglich wären.

Die überwiegende Zahl der Defektversuche ist an Eiern von Tieren ausgeführt worden. Als erster hat sie schon 1889 BOVERI[1]) angestellt. BOVERI arbeitete mit einer verhältnismäßig sehr einfachen Methode. Er zersprengte nämlich die Eier einer Seeigelart einfach durch starkes Schütteln in Stücke. Da das Ei nur einen Kern besitzt, so schloß er, daß die Fragmente wenigstens teilweise frei von Kernsubstanz seien. Solche Fragmente befruchtete er mit Spermatozoen einer anderen Seeigelart, so daß die Eistücke nun also von der einen Art nur das Plasma, von der anderen nur den Kern enthielten. Aus einem Teil der Fragmente entwickelten sich Larven, die sämtlich nur väterliche Eigenschaften aufwiesen. Damit schien die Frage eindeutig zugunsten des Kernes gelöst zu sein, das mütterliche Plasma übertrug offenbar keine Eigenschaften. Leider war durch

[1]) TH. BOVERI, Ein geschlechtlich erzeugter Organismus ohne mütterliche Eigenschaften. Sitzungsber. d. Ges. f. Morphol. und Physiol., Bd. 5. München 1889.

diesen glänzenden Versuch die Entscheidung aber doch noch nicht getroffen. Denn als die Versuche von anderer Seite (GODLEWSKI) wiederholt wurden, traten auch Larven mit mütterlichen Eigenschaften auf, so daß also doch das Plasma eine Rolle zu spielen schien. BOVERI[1]) hat seine Ergebnisse deshalb später nachgeprüft und mußte einräumen, daß weder bei seinen eigenen noch bei den GODLEWSKIschen Versuchen ein Beweis dafür erbracht sei, daß die Fragmente tatsächlich sicher frei von jeglicher mütterlicher Kernmasse gewesen seien. Denn bei erneuter Durchführung seiner Experimente fand er, daß in allen Fällen, in denen der mütterliche Kern wirklich fehlte, überhaupt keine vollentwickelten Larven gebildet wurden, das Wachstum hörte vielmehr schon auf so frühzeitigen Stadien auf, daß sich väterliche und mütterliche Eigenschaften überhaupt noch nicht erkennen ließen.

Es galt daher, eine bessere Versuchsmethodik auszuarbeiten. Dabei wurden verschiedene Wege eingeschlagen. Mit einer rein mechanischen Methode arbeitete BALTZER[2]). Einem von SPEEMANN zu anderen Zwecken unternommenen Beispiel folgend, hat er die Eier mittels einer Schlinge aus feinem Haar durchgeschnürt und sich so sicher kernlose Eihälften verschafft. Er verwendete nicht Seeigeleier, sondern die Eier des Streifenmolches. Mit Spermatozoen verschiedener anderer Molcharten befruchtet, entwickelten sich die mutterkernlosen Hälften zwar weiter, die Larven gingen aber doch in so jugendlichen Entwicklungsstadien zugrunde, daß an ihnen nicht erkannt werden konnte, ob sie väterliche oder mütterliche Eigenschaften besäßen.

Deshalb wurde von JOLLOS und PÉTERFI[3]) das Ziel auf anderem Wege zu erreichen gesucht. Sie benutzten Eier vom Axolotl, die frisch befruchtet waren, in denen aber der väterliche und der mütterliche Kern sich noch vor der Verschmelzung befanden. Die Lage des Kerns ließ sich unter dem Mikroskop erkennen, der Spermakern befand sich gewöhnlich etwa einen halben Millimeter vom Eikern entfernt. Der Eikern wurde nun direkt aus dem Ei herausoperiert. Das geschah mit Hilfe des Mikromanipulators. Es ist das ein nach den Angaben PÉTERFIS von den Zeißwerken konstruierter Apparat, der es gestattet, unter dem Mikroskop selbst bei starker Vergrößerung sehr präzise Operationen vorzunehmen. Als Operationsinstrumente dienen meistens allerfeinste Glasnadeln mit makroskopisch überhaupt nicht sichtbarer Spitze. Die Nadeln lassen sich durch eine Anzahl von Schrauben und Trieben nach allen Richtungen des Raumes exakt bewegen. Durch vorsichtiges Anstechen konnten JOLLOS und PETERFI den Eikern abtöten und dann mit Hilfe einer Mikropipette aus dem Ei herausholen. Die auf diese Weise behandelten Eier entwickelten sich jedoch ebenfalls nicht normal weiter. Der väterliche Kern degenerierte sehr bald und das jetzt gänzlich kernlose Ei stellte schon nach kürzester Zeit seine Entwick-

[1]) TH. BOVERI, Zwei Fehlerquellen bei Merogonieversuchen und die Entwicklungsfähigkeit merogonischer und partiell merogonischer Seeigelbastarde. Arch. f. Entwicklungsmechanik d. Organism., Bd. 44. 1918.

[2]) FR. BALTZER, Über die experimentelle Erzeugung und Entwicklung von Triton-Bastarden ohne mütterliches Kernmaterial. Verhandl. d. Schweiz. naturf. Ges, Jg. 1920, II. Teil. Aarau 1921.

[3]) V. JOLLOS und T. PÉTERFI, Furchung von Axolotleiern ohne Beteiligung des Kerns. Biol. Zentralbl., Bd. 43. 1923.

lung ein. Der Erfolg blieb also noch hinter dem der BALTZERschen Versuche zurück.

Eine andere Möglichkeit, einen Kern zu töten, besteht in der Anwendung gewisser Chemikalien. Durch manche Anilinfarben, z. B. Methylenblau, Thionin, Toluidin kann man ziemlich leicht den nackten männlichen Kern schädigen, die selektive Abtötung des Eikerns ist aber recht schwierig, so daß auf diesem Wege bisher noch keine unser Problem berührende Resultate erzielt werden konnten. Auch die Versuche einer Keimschädigung mittels Alkohol, die STOCKARD an Eiern und Samenzellen beim Meerschweinchen durchführte, haben zu unserer Fragestellung keine Beziehung. Ebenso steht es mit Experimenten, bei denen man Kälte auf die Keimzellen einwirken ließ.

Außer auf mechanischem oder chemischem Wege lassen sich Kernabtötungen auch durch gewisse lebensschädliche Strahlen erreichen. So hat man schon seit Beginn unseres Jahrhunderts ultravioiettes Licht dafür verwandt. 1904 ließ HERTEL bei der Firma Zeiss-Jena einen Apparat konstruieren, der später von anderen Autoren noch vervollkommnet wurde und den Namen „Strahlenstichapparat" erhalten hat. Er besteht aus einem Induktor, zwischen dessen Magnesiumelektroden Funken erzeugt werden, die sehr reich an ultravioletten Strahlen sind. Durch Anwendung von Prismen und Sammellinsen aus Quarz und Benutzung geeigneter Blenden läßt sich aus dem Funkenspektrum ein mikroskopisch feiner Strahl hochkonzentrierten ultravioletten Lichtes von wenigen Tausendstel Millimetern Dicke herausfangen und unter dem Mikroskop an bestimmte Stellen einer Zelle dirigieren — eine Methodik, die wohl die eleganteste unter allen Mikrooperationsmethoden darstellt. Bei den neuesten mit dem Apparate von SCHLEIP[1]) ausgeführten Untersuchungen führte schon eine sehr kurze (15 Sekunden) Bestrahlung des Zellkernes in den Eiern des Spulwurms (Ascaris) zu Entwicklungsstörungen, während eine Bestrahlung des Plasmas selbst bis zu 4 Minuten Dauer ohne Einwirkung war. Der Kern ist also sehr viel empfindlicher gegen das ultraviolette Licht als das Plasma, und es muß demnach mit dem Strahlenstichapparat möglich sein, den Kern in den Eiern völlig wirkungslos zu machen, ohne dabei das Plasma gleichzeitig mit abzutöten. Trotzdem wurde der Apparat zur Lösung der Frage nach der Rolle des Kerns und Plasmas als Vererbungsträger noch nicht benutzt.

Während die SCHLEIPschen Untersuchungen also andere Ziele verfolgten, hat eine ganze Serie von Arbeiten G. und P. HERTWIGS die Lösung des uns interessierenden Problems zum Ziel. G. und P. HERTWIG arbeiteten ebenfalls mit Strahlen, und zwar mit denen von Radium und Mesothorium. Von einer lokalisierten Einwirkung der Strahlen nur auf den Kern konnte abgesehen werden, da sich in Vorversuchen herausgestellt hatte, daß auch bei Bestrahlung des ganzen Eies nur der Kern getötet wird, das Plasma aber lebensfähig bleibt. Bei den Hauptversuchen PAULA HERTWIGS[2]) wurden zwei Mesothoriumpräparate in Stärke von 7,29 mg und 5,3 mg reinem Radiumbromid verwendet. Die

[1]) W. SCHLEIP, Die Wirkung des ultravioletten Lichtes auf die morphologischen Bestandteile des Askariseies. Arch. Zellforsch., Bd. 7. 1923.

[2]) PAULA HERTWIG, Bastardierungsversuche mit entkernten Amphibieneiern. Arch. mikrosk. Anat. u. Entwicklungsmechanik, Bd. 100. 1924. — Partielle Keimesschädigung durch Radium und Röntgenstrahlen. Handb. d. Vererbungswiss., Bd. 3. 1927.

Eier wurden zwischen die beiden Präparate im Abstand von 40 mm gebracht und bis zu 1 Stunde bestrahlt. Als Versuchstiere dienten Frösche, Kröten und Molche, deren bestrahlte Eier mit dem Sperma einer anderen Art befruchtet wurden. Auch hier entsprach der Erfolg nicht den Erwartungen. Die Frosch- und Kröteneier gingen schon nach 2 bis 3 Tagen zugrunde, während sich die Molcheier zwar zu kleinen Embryonen mit Kopf und Schwanz und deutlicher Herzpulsation entwickelten, aber dann doch nach längstens 18 Tagen abstarben, ohne ein Alter erreicht zu haben, in dem sich väterliche und mütterliche Eigenschaften phänotypisch auswirken konnten.

Sämtliche Versuche mit entkernten tierischen Eiern geben also keinen Aufschluß über die Lokalisation von Erbanlagen im Plasma oder Kern. Es ist auch kaum zu erwarten, daß eine Wiederholung der Experimente zu besseren Resultaten führen wird. Denn selbst solche entkernten Eier, die nicht mit fremdem, sondern mit dem sippeneigenen Sperma befruchtet worden waren, zeigten sich fast ausnahmslos in ihrer Weiterentwicklung sehr stark gehemmt, wenn auch nicht so stark wie die fremdbefruchteten. Nur einmal ist es BALTZER[1]) gelungen, einen Molch bis zum hundertsten Lebenstage durchzubringen. Offenbar ist der tierische Organismus im allgemeinen nicht in der Lage, auf die Dauer im haploiden Zustande, d. h. mit einer einfachen, aus nur dem väterlichen oder nur dem mütterlichen Kern stammenden Erbgarnitur zu existieren, sondern vermag nur im diploiden Stadium, also mit doppelter Erbgarnitur, hervorgegangen aus der Vereinigung des väterlichen mit dem mütterlichen Kern, zu leben.

Anders liegen die Verhältnisse bei den Pflanzen.

Es gibt sehr viele niedere Pflanzen (z. B. viele Algen), die fast ihre ganze Entwicklung im haploiden Zustand durchmachen. Das und die weitere Tatsache, daß die Pflanzen eine gewisse Regenerationsfähigkeit und meist auch Widerstandsfähigkeit gegen Eingriffe besitzen, führte mich dazu, Defektversuche an Pflanzen anzustellen[2]). Außerdem kommt bei Pflanzen noch ein weiteres günstiges Moment hinzu. Bei den tierischen Versuchsobjekten führt nur das Ei Plasma, das Spermatozoon dagegen nicht. In den entkernten tierischen Eiern liegt daher der männliche Kern in dem fremden weiblichen Plasma und geht hier, wie die Erfahrung gezeigt hat, sehr häufig schon nach kürzester Zeit zugrunde. Bei den niederen Pflanzen hingegen kopulieren in vielen Fällen zwei Gameten miteinander, die sich morphologisch vollkommen gleichen und nicht nur je einen Kern, sondern beide auch Plasma führen, und zwar in gleicher Menge. Nach der Fusion solcher Isogameten liegt also ein Kopulationsprodukt vor, in dem die beiden Geschechtskerne zunächst noch getrennt voneinander in einer Mischung väterlichen und mütterlichen Plasmas sich befinden. Wenn es nun gelingt, noch vor der Verschmelzung der Kerne den einen derselben zu vernichten oder zu entfernen, so liegt der erhaltenbleibende Kern nicht wie bei den tie-

[1]) FR. BALTZER, Über die Herstellung und Aufzucht eines haploiden Triton taenius Verhandl. d. Schweiz. naturf. Ges., Jg. 1922, II. Teil. Aarau 1922.

[2]) R. HARDER, Über Merogonieversuche an Pilzen. Ber. d. Deutsch. bot. Ges., Bd. 44. 1926. — Über mikrochirurgische Operationen an Pilzen. Z. wiss. Mikroskopie u. mikrosk. Techn., Bd. 44. 1927. — Über die Rolle von Kern und Plasma im Zellgeschehen und bei der Übertragung von Eigenschaften. Z. f. Botan. Bd. 19. 1927.

rischen Eiern in fremdem Plasma, sondern in einer Mischung, die zur Hälfte aus seinem eigenen Plasma besteht. Das läßt aber hoffen, daß er sich hier lebensfähiger zeigen wird als bei den Versuchen mit tierischen Objekten.

Der Ausführung der Versuche standen zunächst allerdings nicht unerhebliche Schwierigkeiten entgegen. Einerseits sind die pflanzlichen Gameten äußerst empfindlich, und vor allem sind sie von ganz anderen Größenordnungen, besser gesagt Kleinheitsordnungen, als die tierischen Eier. Während die Amphibieneier mit bloßem Auge gut sichtbar sind, haben die in Betracht kommenden pflanzlichen Gameten einen Durchmesser von meist weniger als einem Hundertstel Millimeter. Eine weitere sehr große Schwierigkeit liegt darin, daß man ihren Kern im lebenden Zustand nicht sehen kann und daher seine operative Entfernung im allgemeinen als ausgeschlossen anzusehen ist. Der ganze Erfolg hing also zunächst von der Auffindung eines geeigneten Objektes ab. Es fand sich in Gestalt gewisser Hutpilze. Ihre kopulierenden Zellen sind väterlicherwie mütterlicherseits mit erheblichen Mengen Plasma ausgestattet. Nach der Konjugation verschmelzen die beiden Kerne nicht miteinander, sondern vermehren sich eigentümlicherweise zunächst noch, wobei auch noch eine Teilung der Fusionszelle erfolgt, die dabei zu einem Faden auswächst. Die Geschlechtskerne werden auf die sich bildenden Zellen nun so verteilt, daß jede neue Zelle ein Paar geschlechtsverschiedener Kerne erhält. Dabei findet die Abgabe des Kernpaares immer so statt, daß der eine Kern direkt in die neue Zelle übertritt, der andere dagegen einen Umweg durch einen seitlich am Faden entstehenden henkelartigen Auswuchs, die sog. „Schnalle", macht. Trennt man diese „Schnalle" im richtigen Moment ab, dann zerstört man damit natürlich auch den einen der Geschlechtskerne und erhält so eine Zelle, die zwar eine Mischung des beiderelterlichen Plasmas enthält, aber nur einen Kern. Ob dieser Kern der väterliche oder der mütterliche ist, hängt vom Zufall ab; jeder der Kerne kann nämlich den Weg über die Schnalle nehmen.

Die Operationen wurden mit dem Mikromanipulator ausgeführt. Der Pilz wurde dazu in einer kleinen sog. „feuchten Kammer" an der Unterseite eines Deckglases hängend kultiviert und dann unter dem Mikroskop bei etwa 500facher Vergrößerung von unten her mit allerfeinsten Glasnadeln operiert. Trotz der präzisen Führung der Nadeln in den Trieben des Apparates waren die Operationen nicht immer erfolgreich. Denn das zarte Myzel — der Durchmesser ihrer Zellen beträgt nur 1 bis 3 Tausendstel Millimeter — ist ziemlich empfindlich. Schon die Veränderung im Feuchtigkeitsgehalt der Luft, die unvermeidlich bei dem zur Einführung der Operationsnadeln notwendigen Öffnen der Kammer eintritt, wirkte ungünstig; Zerrungen der Zelle und manches andere führte oft den Tod herbei. Auch das Alter der Zelle spielte dabei eine Rolle: bei sehr jungen Zellen sind die Wände so zart, daß sie schon platzen, wenn man nur die Nachbarzelle absticht, und alte Zellen sind — aus hier nicht näher erörterbaren Gründen — überhaupt ungeeignet; man kann also nur in einem bestimmten Zwischenstadium operieren, das aber bei der den Pilzen eigentümlichen raschen Entwicklung unter Umständen schon nach wenigen Minuten, im günstigsten Falle aber nach längstens einer halben Stunde überschritten ist. Auch nach der geglückten Operation traten noch Verluste durch verschiedenste Faktoren ein, so, um nur ein Beispiel zu nennen, durch Infektion mit Bakterien.

Als Versuchsobjekt diente neben anderen Arten hauptsächlich das Stockschwämmchen, Pholiota mutabilis. Es gelang, von ihm zwei Rassen (A und B) zu isolieren, die sich unter anderem im Habitus unterschieden. Die Rasse A hatte einen völlig gleichmäßigen Wuchs und bildete ein wattiges, homogenes Myzel, während B ausgeprägte radiär angeordnete Stränge aufwies und daher ein strahliges Aussehen hatte. Die beiden Rassen wurden miteinander gekreuzt und an dem Myzel des Bastards dann die Operation vorgenommen. Das Experiment wurde viele Male ausgeführt. Abgesehen von verschiedenerlei Nachwirkungserscheinungen der diploiden Phase, die später verschwanden und daher hier ohne weiteres Interesse sind, zeigte sich an den haploiden, biplasmatischen Myzelien, daß gewisse Eigenschaften ausschließlich vom Kern bestimmt werden (z. B. die Sexualität), andere dagegen vom Plasma abhängen.

Die Myzelien wiesen nämlich durchaus nicht den reinen Habitus desjenigen Elters auf, dessen Kern sie enthielten, sondern zeigten Übergänge zwischen dem homogenen und dem strahligen Wuchs. Einige unter ihnen wuchsen völlig homogen wie der Elter A, eines ähnelte sehr stark dem strahligen Elter B, und andere zeigten verschiedene Zwischenformen. Aus besonderen, hier nicht näher diskutierbaren Gründen hatten alle diese Myzelien den Kern von B. Würde der Kern allein der Träger der Erbsubstanz für den Habitus sein, so müßten sämtliche operierten Myzelien natürlich das Aussehen von B haben. Da das nicht der Fall war, so muß auch die Plasmamischung eine Rolle spielen. Offenbar war das Mengenverhältnis des Plasmas von A und B in den einzelnen Myzelien verschieden. Überwiegt die Menge des Plasmas von A, so wird der Habitus homogener, ist mehr Plasma von B vorhanden, so tritt der strahlige Wuchs stärker in Erscheinung, und sind beide Plasmen in gleicher Menge miteinander gemischt, so ist die Gestalt intermediär. Der Versuch ergibt also in eindeutiger Weise, daß auch das Plasma an der Übertragung der Erbsubstanz beteiligt ist.

Dieses Resultat darf allerdings nicht überschätzt werden. Vor allem wäre es verkehrt, wenn man es in der Weise verallgemeinern wollte, daß man annähme, daß unter allen Umständen das Plasma eine spezifische Rolle bei der Vererbung spielte. Das ist sicher nicht der Fall. Es kann kein Zweifel bestehen, daß stets dann, wenn die Vererbung nach den MENDELschen Spaltungsregeln erfolgt — und das ist die weitaus überwiegende Mehrzahl der Fälle —, der Kern der alleinige Träger der Erbsubstanz sein muß. Denn nur mit Hilfe der komplizierten Teilungsvorgänge des Kernes lassen sich die MENDELschen Gesetze überhaupt verstehen. In Fällen nicht-mendelnder Vererbung dürfen wir dagegen auf Grund der oben geschilderten und gewisser anderer, hier nicht besprochener Ergebnisse mit einer Übertragung von Erbsubstanz auch durch das Plasma rechnen.

Wenn also der Defektversuch zur Lösung der Frage nach der Rolle von Kern und Plasma an tierischen Objekten auch versagt hat, so gibt er uns doch auf botanischem Gebiet bei geeigneter Wahl des Versuchsobjektes ein wichtiges Mittel in die Hand, um eines der Grundprobleme der Vererbungsforschung zu klären.

Gedanken zu der heutigen Musik.

Von

HERMANN KELLER, Stuttgart.

„Die Geschichte der Musik ist die Geschichte der Dissonanz.“ Von den Dreiklangsfolgen PALESTRINAS über die kühnen und doch gebundenen Dissonanzen BACHS zu der Leidenschaftlichkeit BEETHOVENS, zu der Tonsprache von Tristan und Isolde und weiter zu der harmonischen Chromatik REGERS und der Salome von RICHARD STRAUSS und schließlich bis zum Zerbrechen der letzten harmonischen Bindungen in den Versuchen der sogenannten atonalen Musik der Gegenwart führt eine, oberflächlich gesehen, lückenlose Entwicklung der Harmonik der letzten vierhundert Jahre, in der die Sprache der Tonkunst immer neue Ausdrucksgebiete gesucht und damit immer neue Reiche der Dissonanz sich einverleibt hat. Von allen Künsten verfügt ja die Musik über das empfindlichste Material, das sich durch den Gebrauch in einer einzigen Generation schon abstumpfen kann und wenigstens teilweise ersetzt werden muß. Es leuchtet nun ein, daß ein schwächerer Reiz stets durch einen stärkeren ersetzt zu werden pflegt, und wir alle können an eigenen musikalischen Erlebnissen feststellen, daß Werke, die uns vor zwanzig Jahren als an der Grenze des Auffassungsvermögens zu liegen schienen, heute schon als gemäßigt vorkommen; ebenso wissen wir aus der Musikgeschichte, daß gerade diese ungewohnte Erweiterung des Dissonanzbegriffs es gewesen ist, deretwegen seinerzeit die Tonsprache des Tristan, früher die der Eroica, ja selbst die der Mozartschen Streichquartette für verworren und ungenießbar erklärt worden war. Liegt es da nicht sehr nahe, zu folgern, daß es auch mit der heutigen Musik, gegen die diese Vorwürfe ja in erhöhtem Maße gerichtet werden, ebenso gehen werde, daß wir in zwanzig Jahren (oder je nach persönlicher Auffassungsgabe schon früher) für zahm und akademisch erklären werden, was uns heute unverständlich und revolutionär vorkommt? Und so weiter ohne Ende, denn das Reich der Dissonanz, des Auseinanderklingens ist unbegrenzt?

Ist es aber wirklich unbegrenzt? Und hat sich die Musik tatsächlich stetig nach der Seite der Dissonanz hin entwickelt? Von der Beantwortung dieser beiden Fragen hängt eine objektive, überpersönliche Beurteilung der heutigen Lage der Musik ab; die erste Frage ist theoretischer, die zweite geschichtlicher Natur, mit ihr soll begonnen werden.

Konsonanz ist Ruhe, Entspannung, Dissonanz ist energetische Spannung; es ist also klar, daß die Musik wohl von der Konsonanz ausgehen kann und (normalerweise) zu ihr zurückkehren muß, aber nicht von ihr leben kann. Im Palestrinastil sind es, bei völlig konsonanten Harmonien (d. h. reinen Dreiklangsfolgen) melodische Spannungen, — nicht nur angebundene Vorhalte, Durchgangs-

und Wechselnoten, sondern überhaupt die durch das Verlassen des Grundtons entstehenden Spannungsmomente der Melodie —, wodurch trotz der starken harmonischen Gebundenheit Leben entsteht. Aber noch im sechzehnten Jahrhundert, noch zu Lebzeiten PALESTRINAS, flutet ein neues mächtiges Lebensgefühl aus der Kultur der Renaissance in die Musik hinüber: Die Harmonie wird aus ihrem Bann befreit, und einige Jahrzehnte lang sehen wir bei italienischen Madrigalisten wie GESUALDO und VICENTINO harmonische Experimente von einer solchen Kühnheit, daß sie einem konservativ gerichteten Musiker von damals ähnlich vorgekommen sein mögen, wie heutzutage einem Brahmsianer die Klavierstücke SCHÖNBERGS. Das Bezeichnende ist nun aber, daß diese kühnen Neuerer nicht zu den wirklich genialen Musikern ihrer Zeit gezählt haben und daß ihre Extravaganzen von der folgenden Zeit, also etwa von CACCINI und MONTEVERDI nicht bestätigt wurden. Vergleicht man nun MONTEVERDIS Tonsprache in seinen Bühnenwerken (etwa im Orfeo) mit der neapolitanischen Oper um 1700 (ALESSANDRO SCARLATTI), so ergibt sich auch da nicht ein Fortschreiten, sondern eher eine weitere Abschwächung des Dissonanzbegriffs. Die Bewegung nach Erweiterung der Dissonanz ist also nicht stetig, sondern stoßweise, und dann aber wieder rückläufig erfolgt, wie eine durch den Damm brechende Flut nach allen Seiten überschäumt, ja selbst kurze Zeit zurückfließt, ehe sie im neuen Bett ruhig weiterströmt.

Der musikalischen Revolution um 1600 folgt erst nach 150 Jahren eine zweite, ähnliche, in der Stilwende zwischen BACH und MOZART. Auch da gab es, nach Verlassen der kontrapunktischen Formen, Pfadfinder ins Reich der Sonate, die an Kühnheit weit über das hinausgingen, was dann von MOZART und BEETHOVEN in sicheren Besitz genommen wurde, und deren Namen heute nur noch für den Forscher einen lebendigen Klang haben: in erster Linie PHILIPP EMANUEL BACH, dessen harmonische und thematische Kühnheiten uns heute noch in Erstaunen, den Kenner in Entzücken versetzen können. Auch hier ging die Abklärung und rückläufige Bewegung über die erste Meisterzeit hinaus: BEETHOVENS Harmonik ist einfacher als die subtile Chromatik MOZARTS. Was dann das neunzehnte Jahrhundert zum Ausbau der durch die Revolution von 1750 geschaffenen Tonsprache beitrug, erscheint uns aus der Nähe des teilweise noch Miterlebten bedeutungsvoll und vielseitig, aus größerer Entfernung gesehen nimmt es sich aber recht bescheiden aus. Man versteht die dritte, abermals nach einer Zeitspanne von ungefähr 150 Jahren eintretende Revolution, die man etwa von 1900 ab, mit dem Zersetzen der alten tonalen Zusammenhänge im Impressionismus DÉBUSSYS datieren kann, nur dann recht, wenn man die vorhergehende Zeit als eine Zeit der Stauung infolge einer technischen Übersteigerung ansieht, genau so, wie die Polyphonie des Palestrinastils und die Orgelfugen BACHS nicht mehr zu überbieten gewesen waren. Es war kein Spaß mehr zu komponieren, wie BRAHMS in bezug auf das Symphonienschreiben nach BEETHOVEN sarkastisch bemerkte und dem jungen HUGO WOLF knurrig den Rat gab, auf die Komponistenlaufbahn zu verzichten, da „alles besetzt" sei. Wieder einmal mußte sich die Musik von der niederdrückenden Last klassischer Traditionen und Verpflichtungen freizumachen suchen: Die Oper wandte sich von dem großen Gefühlspathos RICHARD WAGNERS ab, die Instrumentalmusik warf nicht nur die längst als Fessel empfundene Bindung an die klassische

Sonatenform, sondern auch die Bindung an die tonale Harmonik der Klassiker ab, die in der Romantik lediglich ausgebaut und chromatisch verfeinert worden war. Es liegt auf der Hand, daß zu einem derartigen Umschwung nicht technische Spekulation, sondern innerer Zwang führen muß; wie das neue Lebensgefühl der Hochrenaissance, und im 18. Jahrhundert die Sturm- und Drangperiode die Musik mitgerissen hatten, so war es jetzt die ungeheure Erregung der Kriegs- und Revolutionsjahre, die in ganz Europa fast über Nacht eine neue Dichtung, eine neue Malerei, eine neue Musik entstehen ließen. Heute, nur zehn Jahre nach dem Ende des Kriegs, müssen wir darüber staunen, wie rasch die gewaltige Erregung jener Zeiten verebbt ist, und daß fast auf der ganzen Linie der neuen Kunst ein Rückzug angetreten worden ist, am ehesten in der Literatur, dann in der Malerei, weniger in der Architektur — und als einzige Kunst noch die Musik ihre damals eingenommenen vorgeschobenen Stellungen verteidigt, die ein kleiner Stoßtrupp gegen die wütenden Angriffe der Mehrzahl der Fachgenossen und die völlige Interesselosigkeit des Publikums hält. Der Spielraum, den die Musik durch die Aufgabe ihrer alten tonalen Bindungen gewonnen hat, ist, für den Augenblick wenigstens, ungeheuer groß: man versteht die rasche Produktion der jüngsten Komponistengeneration, die nicht als Epigonen sich damit bescheiden müssen, ein bestehendes System in Kleinigkeiten weiter auszubauen, sondern die sich in einem fast unbebauten Neuland nach Herzenslust tummeln dürfen. Das heißt aber, nach allen geschichtlichen Analogien, daß wir uns noch im Stadium des Experimentierens befinden, und uns von reiner Atonalität (d. h. einer, nur theoretisch denkbaren, völligen Anarchie und Beziehungslosigkeit aller Töne) zu einer neuen Ordnung durchfinden müssen, ohne die keinem Kunstwerk, in welcher Epoche es auch sei, die Allgemeingültigkeit zugeschrieben werden kann, die es erst zum Kunstwerk macht. Daß damit eine Einschränkung des heutigen, noch zu unbestimmbaren Dissonanzbegriffs eintreten wird, und damit der heutige Zustand aufhören wird, daß über neun Zehntel der musikalisch gebildeten Hörer die moderne Musik nicht „verstehen“, darf man demnach als wahrscheinlich bezeichnen; es scheint, daß wir heute schon in der rückläufigen Bewegung uns befinden, die dem sicheren Vorwärtsschreiten vorauszugehen pflegt.

Und nun die andere Frage: Ist überhaupt eine schrankenlose Erweiterung des Dissonanzbegriffs möglich, also etwa eine Musik am Ende des 20. Jahrhunderts, die sich zu SCHÖNBERG verhalten würde, wie SCHÖNBERG zu MENDELSSOHN? Niemand könnte sich das heute auch nur verstandesmäßig, geschweige denn gefühlsmäßig vorstellen. Bedenken wir nun, einen wie verschwindend geringen Prozentsatz aller heute erklingenden Musik diese radikale Wiener Schule ausmacht, nämlich noch nicht den millionsten Teil, so wird die Perspektive auf einen Sieg der ultramodernen Musik äußerst unwahrscheinlich. Aber SCHÖNBERG selbst lenkt ein: „Die atonale Musik von heute ist die tonale Musik von morgen“; die Spannungen und Bindungen der heutigen Musik, heute nur einem kleineren Kreis von Künstlern bewußt, werden in kurzer Zeit von der Allgemeinheit verstanden werden, denn völlig voraussetzungslos kann keine Kunst existieren.

Zu dem gleichen Ergebnis gelangt die spekulative Musiktheorie: Unsere Musik kommt mit nur zwölf voneinander verschiedenen Tönen aus, deren Verkehr seither einer strengen diplomatischen Regelung unterworfen war. Völlige gegenseitige Freiheit (wie sie etwa HABAS Harmonielehre vertritt), würde zugleich die Aufhebung der Dissonanz, also der Hauptlebenskraft der Musik bedeuten. Da die Musik eine Sprache ist, würde dem etwa ein Versuch von „Dichtern" gleichzustellen sein, aus den 25 Buchstaben des Alphabets statt der paar tausend üblichen Zusammenstellungen, die man Worte heißt, Millionen neuer, noch nicht abgegriffener Bildungen zu setzen, — ein Wahnsinn, der in der Literatur, abgesehen von schwachen Versuchen der Dadaisten, noch nicht, in der Musik aber immerhin schon versucht worden ist.

Während so der Kampf um neue Ausdrucksmittel der Musik von einem kleinen Kreis von Musikern ausgefochten wird, zu dem die Mehrzahl der Fachgenossen mit Recht eine abwartende Haltung einnimmt, spielt sich, fast unbemerkt von bürgerlichen Musikfesten und Musikzeitungen, eine mindestens ebenso bedeutungsvolle Umschichtung der Musik ab wie die ihrer klanglichen Ausdrucksmittel, nämlich die beginnende Teilnahme des vierten Standes an der Musikpflege. Jede der seitherigen musikalischen Revolutionen hatte auch ihre soziologische Seite: Das Jahr 1600 ist die Geburtsstunde der für die Fürstenhöfe bestimmten Oper, erst nach 1750 eroberte sich das Bürgertum seinen Platz in der Musik ohne Bevormundung durch Kirche und Adel, und heute ist ein unendlich wichtigeres Ereignis als ein neues Werk von KRENEK oder HINDEMITH das 1927 erschienene Liederbuch für gemischten Chor des Deutschen Arbeitersängerbundes, das (im Buchhandel gar nicht zu haben) neben „klassenbewußten" Gesängen die heute vielleicht beste Auswahl der klassischen gemischten Chorliteratur vom 16. Jahrhundert bis zur Gegenwart bringt. Hätten die Arbeiterchöre das Niveau dieses Chorbuches wirklich erreicht, wovon sie noch weit entfernt sind, so wären die bürgerlichen Chöre erledigt; daß ihre Führer es erreichen wollen, steht außer Zweifel. Noch fehlen diesen Massen große Chorwerke, die ihre Ideen aussprechen würden, sie sind heute noch gezwungen, HÄNDEL und HAYDN zu singen; im Kino hören sie noch schlechten Abklatsch bürgerlicher Musik, aber schon arbeitet man von Amerika her an einer völligen Umwälzung der Filmmusik, die wir vielleicht in wenigen Jahren schon in einer heute ungeahnten Vollkommenheit (mechanisch, und gleichzeitig mit dem Bildstreifen ablaufend) bekommen werden. Gegenüber diesen Perspektiven erscheinen die Debatten über atonale Musik als rein artistisch und im Grunde belanglos. Die Entwicklung der Musik geht heute in die Breite, nicht in die Tiefe; das Niveau der Unterhaltungsmusik ist in ungeahnter Weise gestiegen, die hohe Musik dagegen blutleer geworden, — sie brauchte die Berührung mit der Erde, d. h. mit dem Volk, das sehnsüchtig darauf wartet, um wieder neue Lebenskraft zu erlangen. Ich habe keine Idee, wie alle diese Kräfte, die sich heute noch kaum berühren, einmal zusammenschießen werden, ob in freundlicher oder feindlicher Weise, aber ich weiß, daß sich in der Musik der nächsten Jahre und Jahrzehnte unsere allgemeine geistige Lage widerspiegeln wird, daß man aus ihrem Schicksal auch das unsere wird ablesen können.

Von den Schwingungen elastischer Tragwerke vom Standpunkte der Baustatik aus.

Von

K. KRIEMLER, Stuttgart.

Im folgenden soll dargetan werden, daß mit Hilfe der Gleichungen, welche dem Ingenieur zum täglichen Werkzeug gehören, auch beim kompliziertesten Tragwerk die Perioden der stehenden Schwingungen ermittelt werden können, und daß auf diese Weise, wenn das Tragwerk noch Projekt ist, den gefürchteten Resonanzen vorgebeugt werden kann.

1. Das im allgemeinen räumliche Tragwerk sei zusammengesetzt aus biegungsfesten Teilen und aus Fachwerkstäben, die nur axial in den Enden belastet sind.

Unter den Lasten, welche zu tragen die Aufgabe des Tragwerkes ist, sei dieses in der ruhenden Gleichgewichtsverformung beansprucht mit

Momenten M_0,
Normalkräften N_0,
Querkräften Q_0,
Stabkräften S_0.

Bei Ermittlung dieser inneren Kräfte soll es zulässig sein, die Hebelarme der natürlichen unverformten Gestalt des Tragwerks zu benutzen; durch diese Voraussetzung werden Knickerscheinungen von vornherein ausgeschlossen.

In der Gleichgewichtsverformung ist daher die Verformungsenergie

$$A_i = \sum \int \frac{N_0^2 ds}{2EF} + \sum \int \frac{M_0^2 ds}{2EJ} + \sum \beta \int \frac{Q_0^2 ds}{2GF} + \sum \frac{S_0^2 s}{2EF}.$$

Aus der Gleichgewichtsverformung werde dem Tragwerk eine zusätzliche Verformung erteilt, bei der die Lasten P die zusätzlichen Wege Δw_0 machen und die inneren Kräfte je um ein ΔN_0, ΔM_0, ΔQ_0, ΔS_0 zunehmen. Bei dieser zusätzlichen Verformung entsteht eine Zunahme der lebendigen Kraft der dem Tragwerk anhaftenden Massen, es ist

$$\begin{aligned}\Delta \sum \frac{mv^2}{2} = &-\sum \left[\int \frac{(N_0 + \Delta N_0)^2}{2EF} ds - \int \frac{N_0^2}{2EF} ds\right] + \\ &-\sum \left[\int \frac{(M_0 + \Delta M_0)^2}{2EJ} ds - \int \frac{M_0^2}{2EJ} ds\right] + \\ &-\sum \left[\beta \int \frac{(Q_0 + \Delta Q_0)^2}{2GF} ds - \beta \int \frac{Q_0^2}{2GF} ds\right] + \\ &-\sum \left[\frac{(S_0 + \Delta S_0)^2}{2EF} s - \frac{S_0^2}{2EF} s\right] + \sum P \Delta w_0;\end{aligned}$$

$$\Delta \sum \frac{m v^2}{2} = -\sum \int \frac{(\Delta N_0)^2}{2EF} ds - \sum \int \frac{(\Delta M_0)^2}{2EJ} ds - \sum \beta \int \frac{(\Delta Q_0)^2}{2GF} ds +$$

$$- \sum \frac{(\Delta S_0)^2 s}{2EF} - \sum \int \frac{N_0 \Delta N_0}{EF} ds - \sum \int \frac{M_0 \Delta M_0}{EJ} ds +$$

$$- \sum \beta \int \frac{Q_0 \Delta Q_0}{GF} ds - \sum \frac{S_0 \Delta S_0}{EF} s + \sum P \Delta w_0 .$$

Das Kriterium für das Gleichgewicht ist aber nach dem Satz von den virtuellen Verschiebungen, sofern diese die Größenordnung der bei Tragwerken vorkommenden Verformungen haben,

$$- \sum \int \frac{N_0 \Delta N_0}{EF} ds - \sum \int \frac{M_0 \Delta M_0}{EJ} ds - \sum \beta \int \frac{Q_0 \Delta Q_0}{GF} +$$

$$- \sum \frac{S_0 \Delta S_0}{EF} s + \sum P \Delta w_0 = 0 ,$$

also bleibt übrig, daß vom Gleichgewicht aus

$$\Delta \sum \frac{m v^2}{2} = - \sum \int \frac{(\Delta N_0)^2}{2EF} ds - \sum \int \frac{(\Delta M_0)^2}{2EJ} ds +$$

$$- \sum \beta \int \frac{(\Delta Q_0)^2}{2GF} ds - \sum \frac{(\Delta S_0)^2}{2EF} s$$

ist.

Diese Formel ergäbe sich auch, wenn von der natürlichen unverformten Gestalt des von keinen äußeren Kräften belasteten Tragwerks aus die Zunahme

$$\Delta \sum \frac{m v^2}{2}$$

der lebendigen Kraft gesucht wäre bei unveränderlichen E und G.

2. Statt also die wirklichen Schwingungen zu untersuchen, welche um die der vorhandenen Belastung entsprechende Gleichgewichtsgestalt stattfinden, kann man die um die natürliche Gestalt stattfindenden Schwingungen untersuchen, indem man die Kraftwirkungen der Lasten unberücksichtigt läßt; die Massenwirkungen dieser Lasten müssen aber berücksichtigt werden. Von einem Panzerschrank z. B. wäre zwar die Schwerkraft wegzulassen, bei der lebendigen Kraft und den Trägheitswiderständen aber wäre seine Masse mit zu berücksichtigen.

Ist bei dem schwingenden Tragwerk der Beharrungszustand eingetreten, so ist das Viertel einer Periode erreicht, wenn durch das negative

$$\Delta \sum \frac{m v^2}{2}$$

die Ausgangswucht gerade aufgezehrt ist, mit welcher das Tragwerk die natürliche Gestalt durchfährt.

Ist das Verformungsgesetz nicht linear, sind also E und G nicht konstant, dann muß für jedes Glied des Tragwerks einzeln statt E oder G jetzt das Ansteigungsverhältnis genommen werden der Arbeitskurve an der Stelle, welche der tatsächlichen Spannung in der wirklichen den Kraftwirkungen entsprechenden Gleichgewichtsgestalt des Tragwerks zugehört. Aber auch bei nichtlinearer Verformungslinie muß die Federung vollkommen sein.

Sind die Geschwindigkeiten beim Durchgang durch die unverformte Gestalt V, so ist

$$\Delta\sum\frac{mv^2}{2}=\sum\frac{mv^2}{2}-\sum\frac{mV^2}{2}.$$

Zu den m gehören nicht nur die Massen der tragenden Teile, sondern auch die Massen derjenigen Lasten, welche mit Masse behaftet sind.

Ersetzt man in den bisherigen Formeln die ΔN_0 usw. kurz durch N usw., wo nunmehr diese N usw. ausschließlich durch die Trägheitswiderstände der m verursacht werden, so ist

$$\sum\frac{mv^2}{2}=\sum\frac{mV^2}{2}-\left\{\sum\int\frac{N^2ds}{2EF}+\sum\int\frac{M^2ds}{2EJ}+\sum\beta\int\frac{Q^2ds}{2GF}+\sum\frac{S^2s}{2EF}\right\}.$$

3. Nun kommt eine Einschränkung: alle Massen mögen gleichzeitig ihre größten Ausschläge erreichen und umkehren. Weil dann jedes einzelne

$$\frac{mv^2}{2}=0$$

ist, so ist, wenn die N_e usw. die inneren Kräfte im größten Ausschlag sind,

$$\sum\int\frac{N_e^2ds}{2EF}+\sum\int\frac{M_e^2ds}{2EJ}+\sum\beta\int\frac{Q_e^2ds}{2GF}+\sum\frac{S_e^2s}{2EF}=\sum\frac{mV^2}{2};$$

die ganze eingeprägte Energie ist in diesem Augenblick zu Verformungsenergie geworden.

Als Gegenstück hierzu sind in der natürlichen Gestalt des Tragwerks alle N usw. einzeln $=0$, und alle eingeprägte Energie ist zur Bewegungsenergie

$$\sum\frac{mV^2}{2}$$

geworden.

4. Ein Tragwerk gerät dadurch in Schwingung, daß es „angezupft" oder „angeschlagen" wird. Beim Anzupfen wird die Energie ganz als Verformungsenergie eingeführt, indem durch künstlichen Eingriff, eben das Anzupfen, das Tragwerk in die Gestalt des größten Ausschlages aller Massen gebracht und von dort ohne Anfangsgeschwindigkeiten losgelassen wird. Beim Anschlagen wird die Energie ganz als Bewegungsenergie eingeführt, indem durch künstlichen Eingriff, eben das Anschlagen, den Massen, mit welchen das Tragwerk behaftet ist, plötzlich Geschwindigkeiten erteilt werden, noch bevor das Tragwerk seine natürliche Gestalt verloren hat.

Auch die anfänglich ungeordnetste Bewegung wird sich in kurzer Zeit in den Beharrungszustand begeben, er kommt im Laufe der ferneren Zeit durch Dämpfung verschiedenerlei Ursprungs zum allmählichen Abklingen. Den Beharrungszustand nennt man eine stehende Schwingung, wenn

beim Anschlagen

$$N=N_e\sin\alpha t,$$
$$M=M_e\sin\alpha t,$$
$$Q=Q_e\sin\alpha t,$$
$$S=S_e\sin\alpha t,$$

beim Anzupfen

$$N = N_c \cos\alpha t$$
$$M = M_c \cos\alpha t,$$
$$Q = Q_c \cos\alpha t,$$
$$S = S_c \cos\alpha t$$

ist, und α für alle Teile des Tragwerks gleiche Größe hat.

Dadurch, daß dauernd alle N usw. zueinander im selben Verhältnis stehen, stehen auch die elastischen Ausschläge x, y, z jeder Masse m aus der natürlichen Gestalt des Tragwerks dauernd zueinander im selben Verhältnis, weil sie linear von den N usw. abhängen. Also ist bei jeder Masse m z. B.

$$x = x_c \sin\alpha t,$$
$$y = y_c \sin\alpha t,$$
$$z = z_c \sin\alpha t,$$

und man sieht, daß jede Masse m sich auf einer gewissen Geraden hin- und herbewegt; keine Masse hat eine Zentripetalbeschleunigung.

Aus

$$x = x_c \sin\alpha t$$

folgt der Reihe nach die Geschwindigkeitskomponente

$$v_x = \alpha x_c \cos\alpha t,$$

die Beschleunigungskomponente

$$p_x = -\alpha^2 x_c \sin\alpha t = -\alpha^2 x.$$

Entsprechend für die anderen Wegkomponenten.

5. Der Trägheitswiderstand einer Masse m hat also im allgemeinen die drei Komponenten

$$K_x = +m\alpha^2 x,$$
$$K_y = +m\alpha^2 y,$$
$$K_z = +m\alpha^2 z,$$

welche Kräfte nach derjenigen Seite weisen, wohin der Ausschlag gerichtet ist. Das α ist bei der stehenden Schwingung für alle Massen dauernd die gleiche Größe.

Diese Trägheitskräfte sind nach dem Satze D'ALEMBERTS fortlaufend mit den inneren Kräften N, M, Q und S formal im Gleichgewicht. Die inneren Kräfte sind daher vermöge der Einflußzahlen lineare Funktionen der K_x, K_y, K_z und allgemein K_r, z. B.

$$S = aK_x + bK_y + cK_z + \sum rK_r.$$

Die Ausschläge x, y, z ihrerseites sind ebenfalls vermöge gewisser Einflußzahlen lineare Funktionen der Trägheitswiderstände, z. B.

$$x = AK_x + BK_y + CK_z + \sum RK_r;$$

zur Ermittlung dieser Einflußzahlen kann der Satz von der Gegenseitigkeit der Verschiebungen von großem Nutzen sein.

Man kann nun jeden Ausschlag x auf zwei Arten ausdrücken, einerseits ist aus dem Trägheitsgesetz

$$x = \frac{K_x}{m\alpha^2},$$

andererseits ist aus den Einflußzahlen

$$x = AK_x + BK_y + CK_z + \sum RK_r;$$

die Gleichsetzung der beiden Werte ergibt so viele Gleichungen, als Trägheitskräfte vorhanden sind. Man sieht, welchen Unterschied es macht, ob an einer Stelle das m bloß die Masse des Tragwerks ist, oder ob zu dieser an der betreffenden Stelle noch die Masse eines Panzerschranks hinzukommt. Die Gleichungen sind aber homogen, sie sind nur verträglich, wenn die Determinante der Koeffizienten verschwindet. Diese Determinante $= 0$ gesetzt gibt die sog. Periodengleichung, aus welcher das bisher unbekannte α ermittelt werden kann.

Bei den allereinfachsten Tragwerken kann man mit großem Aufwand an Rechenarbeit eine geschlossene Formel für α aufstellen. In den Fällen der Praxis bleibt nur der Weg der fortschreitenden Annäherung begehbar.

Mit p als Bezeichnung einer Beschleunigung ist

$$K_x = mp_x,$$
$$K_y = mp_y,$$
$$K_z = mp_z,$$

also ist in geänderter Schreibweise der Ausschlag einer Masse m z. B. nach der x-Richtung

$$x = (Am)p_x + (Bm)p_y + (Cm)p_z + \sum (Rm_r)p_r,$$

hierin sind mit m_r alle übrigen Massen bezeichnet und mit p_r die p_x, p_y, p_z dieser übrigen Massen.

6. Das Verfahren der fortschreitenden Annäherung besteht in folgendem: Man schätzt das Verhältnis aller Beschleunigungskomponenten zu einer beliebigen unter ihnen ab und rechnet alle Verschiebungen x, y, z aller Massen m; sie erscheinen auch als ein Produkt mit jener beliebigen auserwählten Beschleunigungskomponente als einem Faktor. Die Schätzung der Beschleunigungen war nur richtig, wenn an allen Massen nach allen drei Achsen das Verhältnis

$$\frac{p_x \text{ geschätzt}}{x \text{ gefunden}}$$

als gleiche Zahl herauskommt. Es ist ja bei der stehenden Schwingung

$$p_x = -\alpha^2 \cdot x,$$

$$\frac{p_x}{x} = |\alpha^2|_{\text{abs}},$$

weil x und p_x stets entgegengesetzte Vorzeichen haben.

Wenn daher schon auf die erste Schätzung hin jenes maßgebende Verhältnis für alle Massen als gleiche Zahl herauskommt, so ist

$$\text{diese Zahl} = |\alpha^2|.$$

Kommt sie nicht bei allen m gleich heraus, so muß fortschreitend die Schätzung der p_x usw. verbessert werden.

Ist α durch fortschreitende Annäherung gefunden, so hat die in Frage stehende Schwingung die Zeitperiode

$$T = \frac{2\pi}{\alpha}\,\text{sek}.$$

Die Kenntnis der Periode ist wichtig, weil sie Aufschluß darüber gibt, welche Erschütterungsursachen wegen ihrer Resonanz Gefahr bringen können.

Zwei voneinander abweichende Annahmen für das Beschleunigungsverhältnis können der Anforderung genügende α ergeben. Den verschiedenen α entsprechen unter anderem die Grundschwingung und die Oberschwingungen. Außerdem kann z. B. ein ebener Rahmen, der aus zwei Pfosten und dem Querriegel besteht, einmal so schwingen, daß beide Pfosten sich gleichzeitig nach links und gleichzeitig nach rechts neigen, ein anderes Mal kann er aber so schwingen, daß die Pfosten sich gleichzeitig auswärts und gleichzeitig einwärts wölben. Beide Schwingungsarten haben ihr bestimmtes α. Zwei Schwingungsarten mit verschiedenen α können sich auch überlagern, die α muß man aber bei jeder Schwingungsart gesondert ermitteln, wie wenn sie allein vorhanden wäre.

7. Alle p wurden durch ihr Verhältnis zu einem beliebigen unter ihnen ausgedrückt, dessen Größe bisher nicht bekannt zu sein brauchte, denn in dem Quotienten

$$\frac{p_x}{x} = |\alpha^2|$$

konnte oben und unten jenes bevorzugte p als Faktor gestrichen werden. Zur Festlegung der Größe dieses maßgebenden p muß man den Betrag der Energie kennen, der dem Tragwerk eingeprägt worden ist. Im größten Ausschlag ist er ganz Verformungsenergie. Im größten Ausschlag können N_c, M_c, Q_c, S_c als formales Gleichgewicht durch die herrschenden p ausgedrückt werden, so daß die Verformungsarbeit als Funktion des einen bevorzugten p erscheint. Weil sie aber im größten Ausschlag gleich der ganzen eingeprägten Energie ist, so kann entsprechend der Größe der eingeprägten Energie das bevorzugte p berechnet werden; aus ihm ergeben sich alle anderen p und für jede Masse die x, y, z. Eine Änderung des Betrages der eingeprägten Energie ändert wohl die Weite des Ausschlags, nicht aber das α.

Sind zwei Schwingungsarten überlagert, dann muß man irgendwie erfahren haben, welchen Anteil die eine und die andere an der eingeprägten Energie hat.

8. Wird an einem Tragwerk etwa durch ein Erdbeben immer wieder im Rhythmus einer der Oberschwingungen gerüttelt, so wird, solange das Erdbeben dauert, immer mehr Energie dieser Oberschwingung zugeführt; so bald das Erdbeben aber aufgehört hat, und das Tragwerk sich selber überlassen ist, so fällt gewissermaßen die Oberschwingung in die Grundschwingung um und führt ihr die empfangene Energie zu. Eine Reißschiene kann theoretisch in der Ebene parallel zur langen Querschnittseite in Schwingung versetzt werden, praktisch schwingt sie alsbald in der Ebene, welche parallel zur kurzen Querschnittseite steht. Die Energie kann in einer Schwingungsart empfangen werden, kann aber zu einem Beharrungszustand in einer anderen Schwingungsart verwendet werden. Dazwischen ist ungeordnete Bewegung. Wenn einmal einem Tragwerk ein gewisser Energiebetrag eingeprägt worden ist, so ist bei jeder

Schwingungsart, die er annehmen kann, im betreffenden größten Ausschlag gleichviel Verformungsarbeit vorhanden, und beim Durchgang durch die natürliche Gestalt ist gleichviel lebendige Kraft vorhanden. Ist bei einer dieser Schwingungsarten das α klein, dann ist die Zeitperiode

$$T = \frac{2\pi}{\alpha}\,\text{sek}$$

groß, und die sekundliche Anzahl Hin- und Hergänge

$$\frac{1}{T} = \frac{\alpha}{2\pi}$$

ist klein. Der eingeprägte Energiebetrag wechselt in jeder Periode T^{sec} viermal die Form zwischen lebendiger Kraft und Verformungsarbeit.

Da die Oberschwingungen den Trieb haben in die Grundschwingung umzufallen, bei der α den kleinstmöglichen Wert hat, so hat offenbar die Natur den Trieb, die Schwingungen mit dem kleinstmöglichen sekundlichen Energieumsatz stattfinden zu lassen.

Da

$$|\alpha^2| = \frac{p_x}{x}$$

ist, so ist eine Schwingungsart die am häufigsten anzutreffende, bei der das Verhältnis

$$\frac{p_x}{x}$$

möglichst klein ist.

Einer sekundlichen Schwingungszahl

$$\frac{\alpha}{2\pi}$$

entspricht die minutliche Schwingungszahl

$$n = 60\,\frac{\alpha}{2\pi}\,.$$

9. Geschieht das Anschlagen oder Anzupfen eines Tragwerkes nicht in seiner ganzen Ausdehnung, sondern in örtlicher Beschränkung, so entsteht ein örtlicher Energiehügel, der sich in zwei Hügel teilt, die als Wanderwellen nach links und rechts oder bei den Platten ringförmig auswärts davonschießen mit der Geschwindigkeit, mit welcher in dem betreffenden Baustoff der Spannungsausgleich stattfindet (Schallgeschwindigkeit). Diese Wanderwellen werden an den Grenzen des Bauwerks auf die andere Seite des Stabes oder der Platte reflektiert, treffen auf ihrem Rückweg je nach der Unsymmetrie an wechselnden Stellen zu einem dem vorausgegangenen entgegengesetzten Schwingungsbauch zusammen, und dieser teilt sich von neuem.

Die Geschwindigkeit, mit der die Teilhügel fortschießen und zurückeilen, ist

beim Eisen { longitudinal 5000 m/sek, transversal 3000 m/sek,

beim Beton { longitudinal 3000 m/sek, transversal 2000 m/sek.

Wegen des Naturtriebs nach dem kleinstmöglichen sekundlichen Energieumsatz wird fast augenblicklich aus den Wanderwellen eine stehende Schwingung des ganzen Tragwerkes.

Für die Einzelmassen ist je

$$m = \frac{G}{g},$$

für die Eigenmasse der Stäbe ist

$$m = \frac{\gamma}{g} F ds.$$

In der Ausführung wird man durch Ersetzung des unendlich schmalen ds durch eine endliche Streifenbreite auch die Eigenmasse zu aufeinanderfolgenden Einzelmassen machen.

10. Gleich zu Beginn dieser Ausführungen wurde hervorgehoben, daß bei Ermittlung des Gleichgewichts alle Hebelarme an der unverformten Gestalt des Tragwerks sollten gemessen werden können. Man darf bei einem Tragwerk, bei welchem die Untersuchung bis zur Ermittlung der Schwingungsdauer gediehen ist, voraussetzen, daß bei keinem Glied eine Knickgefahr vorhanden ist, denn die kleinste Schwingung, bei der das Glied sich baucht, wäre schon die Verwirklichung dieser Knickgefahr. Man kann also bestimmt voraussetzen, daß jedes Druckglied in der ausgebauchten Gestalt mehr Verformungsenergie enthält als in der geradlinig zusammengedrückten Gestalt, so daß es aus jener in diese zurückzukehren den Trieb hat.

Durch die Ausbauchung aber bekommt die Normalkraft N einen Hebelarm, den sie in der natürlichen Gestalt nicht hat.

Man muß dieserhalb z. B. beim ebenen Rahmen, dessen Ständer durch ihre Ausbauchungen beim Schwingen neue Exzentrizitäten bekommen, unter Umständen folgende zusätzliche Verfeinerung der Rechnung machen:

Im wirklichen Gleichgewicht unter den wirklichen gegebenen Lasten war in einem Glied des Tragwerks die Normalkraft N_0. In irgendeiner Phase der stehenden Schwingung ist demnach die gesamte Normalkraft

$$N = N_0 + N_c \cdot \sin\alpha t.$$

Die Exzentrizität von N wird überwiegend durch die Formel ausgedrückt werden können

$$e = e_c \cdot \sin\alpha t,$$

weil alle andere Exzentrizität schon in den Momenten M_0 und ΔM berücksichtigt ist.

Insgesamt ist also in dieser Phase

$$M^* = M_0 + M_c \sin\alpha t + N_0 e_c \sin\alpha t + N_c e_c \sin^2\alpha t,$$

und der zugehörige Winkelweg ist

$$\frac{M^* ds}{EJ} = \frac{M_0 + M_c \sin\alpha t + N_0 e_c \sin\alpha t + N_c e_c \sin^2\alpha t}{EJ} ds.$$

Gerechnet wurde aber bisher mit dem Winkelweg

$$\frac{M_0 + M_c \sin\alpha t}{EJ} ds.$$

Um beide Größen in Übereinstimmung zu bringen, soll formal beim letzteren Winkelweg das E durch ein gedachtes E_1 ersetzt werden. Aus

$$\frac{M_0 + M_e \sin \alpha t}{E_1 J} ds = \frac{M^*}{EJ} ds$$

ergibt sich

$$E_1 = E \frac{M_0 + M_e \sin \alpha t}{M^*}.$$

Man kann mit den bisherigen Formeln rechnen, wenn man zuvor bei den Druckgliedern das E auf E_1 heruntergesetzt hat, als ob diese Druckglieder weicher geworden seien. Die M_e, N_e und e_e muß man auf Grund einer Versuchsrechnung geschätzt haben. Der Mittelwert von $\sin \alpha t$ für eine Viertelperiode ist $\frac{2}{\pi}$, der von $\sin^2 \alpha t$ ist $\frac{1}{2}$.

Das Kleinerwerden eines E hat ein Kleinerwerden des α zur Folge, so daß die Periode T größer wird. Wenn man die durch die Schwingungen hinzugekommenen Ausbauchungen in den Hebelarmen berücksichtigt, so ist die Periode nicht mehr unabhängig von den Kräften, welche das Tragwerk in Anspruch genommen hatten, als es noch in Ruhe war.

Hundert Jahre Chemie in Stuttgart und anderswo.

Von

W. KÜSTER †, Stuttgart.

Die Behauptung, daß die Chemie bei der Gründung der Technischen Hochschule Stuttgart als vereinigte Kunst-, Real- und Gewerbeschule noch in den Kinderschuhen steckte, darf wohl mit einiger Berechtigung aufgestellt werden, und sei es auf die Gefahr hin, daß nach aber 100 Jahren von der Chemie Anno 1929 dasselbe behauptet wird. Die Entwicklung unserer Wissenschaft ist ja im steten Fortschreiten begriffen, und es ist vorauszusehen, daß alle die Unterabteilungen, die sich seit 1829 herangebildet haben und seitdem selbständig geworden sind, wieder neue Zweige treiben werden. Das gilt nicht nur für die organische Chemie, deren Einfluß auf alle Wissenschaften, die sich mit dem Leben auf Erden beschäftigen, im steten Wachsen ist, so daß es nach 100 Jahren wohl keinen Physiologen, Pharmakologen oder Bakteriologen und inneren Mediziner, keinen Botaniker oder Zoologen geben wird, der sich nicht auch chemisch betätigen wird, es gilt auch für die anorganische Chemie, die schon vor 100 Jahren weit höhere Stufen der Erkenntnis erklommen hatte als ihre organische Schwesterwissenschaft.

Der Grund zu solchen Möglichkeiten ist aber erst in dem seit 1829 verflossenen Jahrhundert gelegt worden. Der Stand der Chemie um dieses Jahr berechtigte noch nicht zu so kühnem Hoffen wie der um 1929. Immerhin gab es eine wissenschaftliche, und es gab auch eine technische Chemie, und in dem Lehrplan der seit 1832 von der Realschule endgültig abgetrennten Gewerbeschule wurde denn auch technische Chemie und Technologie aufgenommen. Doch kann der Unterricht in diesen Fächern nur ein primitiver gewesen sein, wie schon daraus hervorgeht, daß die Schüler, kaum 17jährig waren und daß dem einzigen Lehrer für Chemie von 1829 bis 1839, Professor Dr. DEGEN, der dann Bergrat wurde, neben Chemie und Grundriß der Technologie und Warenkunde auch analytische Geometrie, Trigonometrie, praktische Geometrie, Plan- und Maschinenzeichnen als Unterrichtsfächer zugewiesen waren. Erst am 1. November 1838 übernahm der Oberstudienrat Dr. v. KURR die „Technische Chemie und Baumaterialien“, seine Hauptaufgabe fand er aber wohl in anderer Richtung, da er als Lehrer der Naturwissenschaften Zoologie, Botanik und Mineralogie fungierte.

Wenn sich nun auch diese Lehrer die bei der Gründung der Gewerbeschule durch König Wilhelm I. vorgeschriebene Anweisung: „keine einseitige, wenn auch vollständigere Ausbildung für einzelne Gewerbezweige, sondern eine solide Grundlage für die technische Bildung im allgemeinen zu geben" als Richtschnur genommen haben, die auch für uns im Jahre 1929 noch maßgebend ist, — denn die Technische Hochschule soll das Sprungbrett sein, von dem aus unsere Schüler in jeden Betrieb mit chemischer Grundlage übertreten können —, so kann doch aus rein sachlichen Gründen ein weiterer Vergleich der Zeit vor 100 Jahren mit der jetzigen nicht gezogen werden. War auch durch JOHANN BECKMANN, Hofrat und ordentlicher Professor der Ökonomie in Göttingen, bereits 1777 die Technologie in ein chemisches Fahrwasser gesteuert worden, insofern als er die Industriezweige nicht nach ihrer äußeren, in der bürgerlichen Ordnung und den Betriebsverhältnissen begründeten Einteilung, sondern nach der inneren Verwandtschaft ihrer Hauptverrichtungen zu klassifizieren suchte, so war eben von den inneren Verrichtungen, d. h. von Chemismus in den verschiedenen Betrieben, namentlich auf organischem Gebiet, mit wenigen Ausnahmen, z. B. der Herstellung von Berlinerblau[1]) fast gar nichts bekannt, so daß von einem Einfluß der Chemie auf die Betriebe, wie er heutzutage ausgeübt wird, noch nicht die Rede sein konnte.

Gewiß, die wissenschaftliche Chemie hatte unser Erkennen durch die Großtaten des 18. und zu Beginn des 19. Jahrhunderts bereits wesentlich gefördert und Grundlagen geschaffen, auf denen unsere heutige Chemie sicher ruht. Ich darf daran erinnern, daß das Wort „Gas" z. B. nicht mehr eine Luft bedeutete, die durch Aufnahme irgendwelcher Stoffe andere Eigenschaften wie unsere Atmosphäre angenommen hatte, sondern daß nun verschiedene Gase unterschieden wurden, seitdem BLACK 1755 nachgewiesen hatte, daß die Kohlensäure mit der Luft gar nichts zu tun hat, vielmehr einen besonderen Stoff im gasförmigen Zustand vorstellt, welcher Entdeckung die des Wasserstoffs durch CAVENDISH 1766, die des Stickstoffs durch RUTHERFORD 1772, die des Sauerstoffs durch SCHEELE und PRIESTLEY 1774 gefolgt ist, — Entdeckungen, die im Gefolge hatten, daß die Atmosphäre seit 1775 von LAVOISIER als ein Gemenge angesprochen, daß das Wasser als bei der Verbrennung von Wasserstoff entstehend erkannt wurde und demnach ebenfalls nicht mehr als „Element" bezeichnet werden konnte, Entdeckungen, die schließlich zum Sturz der doch so wichtigen Phlogistontheorie STAHLS[2]) führen mußten, so wichtig deshalb, weil hier zum erstenmal eine Erklärung vielfacher Erscheinungen von einem gemeinsamen Gesichtspunkt aus versucht worden war. Können doch auch unsere modernsten Theorien mit keinem anderen Maßstab bewertet werden, da sie den Rang von Gesetzen erst durch den mathematischen Beleg erhalten können, der so schwer zu erbringen ist, weil er sofort an Kraft verlieren muß, wenn irgendwelche Einschränkungen gemacht werden müssen, wie das bei natürlichen Erscheinungen so häufig der Fall sein wird.

Auch darf wohl darauf hingewiesen werden, daß das qualitative, von der menschlichen Phantasie hervorgebrachte Erkennen noch allemal das primäre Moment vorgestellt hat und naturgemäß vorstellen muß, also den wichtigsten

---

[1]) Vgl. JOH. JOS. PRECHTL, Technol. Enzyklopädie Bd. II, S. 24. Stuttgart: J. G. Cottasche Buchhandlung 1830.

[2]) H. ST. CHAMBERLAIN hat ihn den „ewig denkwürdigen" genannt. Er zitiert HIRSCHELS Geschichte der Medizin, wo STAHL als Mann von transzendental spekulativer Denkweise aufgeführt ist.

Fortschritt bedeutet, und daß wir Deutsche stolz darauf sein können, eine ganze Reihe phantasiebegabter Förderer menschlichen Erkennens aufweisen zu dürfen auf speziell chemischem Gebiete, vom Phlogiston Stahl an bis zu Robert Mayer und Kekulé. Den qualitativen Entdeckungen im Bereich der Gase sind dann auch rasch Ermittelungen der Quantitäten gefolgt, unter denen namentlich die von Gay Lussac und A. v. Humboldt (1805) durchgeführte volumetrische Bestimmung der Wasserbestandteile, wonach 2 Vol. Wasserstoff + 1 Vol. Sauerstoff sich zu Wasser vereinigen, hervorgehoben werden muß, denn sie diente Avogadro als Grundlage für seine berühmte Theorie, wonach sich in gleichen Volumen von Gasen gleichviel Molekeln, wie wir heute sagen, befinden, die wiederum Hoffs Theorie für die in Lösungen obwaltenden Verhältnisse nach sich zog. Damit war aber die Bestimmung der Molekulargewichte angebahnt und diese wie die Bestimmung der Atomgewichte herrschen ja noch immer auch in der modernen Chemie. Allerdings, ehe Atomgewichte bestimmt werden konnten, mußte die Theorie Daltons von der atomaren Zusammensetzung auf Grund der multiplen Proportionen erfunden worden sein, und das Verdienst dieser Schöpfung einer regen Phantasie wird dadurch nicht geringer, daß Demokrit, Leucippus oder Epicur das Wort Atom schon gebraucht haben. Wir befinden uns also zu Beginn des 19. Jahrhunderts nicht mehr im Zeitalter der phlogistischen Theorie, sondern, wie H. Kopp es genannt hat, in dem der quantitativen Untersuchungen. Wenn nun auch diese oft qualitative Erkenntnisse nach sich gezogen haben, z. B. die Entdeckung des Argons, so handelte es sich aber glücklicherweise weder damals noch heute nicht nur um solche, denn sie würden bald eine Erschöpfung in sich schließen, während die Fülle der Gesichte nur durch neue qualitative Erkenntnisse aufrecht erhalten bleiben kann. An solchen war im Bereich der anorganischen Chemie kein Mangel, denn zu den bekannten altehrwürdigen Elementen (Gold, Silber, Kupfer, Quecksilber, Zinn, Eisen und Blei, Wismut, Zink, Arsen, Antimon, Kohlenstoff und Phosphor) hatten sich die Platinmetalle[1]) gesellt.

Als den Chemikern der elektrische Strom zur Verfügung gestellt worden war, zauberte Davy 1808 die Alkalimetalle Kalium und Natrium aus ihren Oxyden hervor, nachdem schon 1758 A. S. Marggraf die Verschiedenheit ihrer Salze an Hand der spezifischen Flammenfärbung erkannt hatte, eine Methode der Erkenntnis, die dann durch Frauenhofer, Bunsen und Kirchhof zur Spektralanalyse aus- und umgebaut wurde.

Auf dem Gebiet der bei gewöhnlicher Temperatur gasförmigen Elemente war den farb-, geruch- und geschmacklosen Gasen der Atmosphäre und dem Wasserstoff das verschiedenen unserer Sinne auffallende Chlor durch K. W. Scheeles Entdeckung bereits 1774 gefolgt, ihm hatten sich 1812 das Jod (Courtois, Gay-Lussac) und Brom (Balard 1826) angeschlossen. An der Flammenfärbung war das den Alkalimetallen an die Seite zu setzende Lithium 1817 durch Arfvedson als ein neues Element erkannt worden, das man zunächst nur in Gesteinen vermutete; farbige Reaktionen hatten zur Auffindung von

[1]) Das Platin selbst war seit 1750 bekannt (Watson). Um 1800 gab es Platingeräte, so verfügte Achard über einen Platintigel; Palladium und Rhodium wurden 1803 durch Wollaston, Iridium und Osmium 1804 durch Tennant, Ruthenium erst 1845 durch C. Claus entdeckt.

Kobalt, Nickel[1]), Mangan[2]), Wolfram[3]), Molybdän[4]), Vanadin[5]) und Chrom im Rotbleierz Sibiriens durch VAUQUELIN 1797 geführt, dem auch die Entdeckung des Berylliums 1798 zu verdanken ist, während der erste Universitätschemieprofessor von Berlin H. KLAPROTH sich durch die Auffindung von nicht weniger als fünf Elementen (Uran, Zirkon, Titan, Tellur, Cer) zwischen 1789 und 1803 berühmt gemacht hatte. Nehmen wir noch die als besondere Erden in Form ihrer Oxyde oder Salze unterschiedenen Stoffe, wie die Bittererde MARGGRAFS, die Yttererde GADOLINS, das von BERZELIUS 1817 entdeckte Selen und die Darstellung des Siliziums als Element 1823 durch denselben, die des Aluminiummetalles durch WÖHLER 1827 hinzu, so waren über 50 der heute beschriebenen 92 Elemente bekannt und da auch bereits durch BERGMANN eine Anleitung zur qualitativem Analyse auf nassem Wege neben den von CRONSTEDT zusammengestellten Lötrohrproben herausgegeben war, die von LAMPADIUS und von GÖTTLING 1801, der 1809 in Jena starb, und dann 1820 von BERZELIUS vervollkommnet worden waren, so war auch die Möglichkeit vorhanden, auf Grund des Bekannten weitere Unterschiede aufzudecken, wovon die 1817 durch STROMEYER in Göttingen erfolgte Auffindung des Cadmiums Zeugnis ablegt. So war also in wissenschaftlicher Hinsicht 1829 schon viel zu berichten, und auch an interessanten Verwendungen und Herstellungen im Großbetriebe fehlte es nicht, die in der Technologie behandelt werden konnten. 1819 war ein erstes Salzlager zu Ludwigshall bei Wimpfen entdeckt worden, 1824 folgte die Auffindung eines solchen bei Köstritz, wodurch sich ein Umschwung in der Salzsiederei vorbereitete, denn bis dahin war alles Salz in Deutschland aus Solen hergestellt worden. Die wichtigste Quelle für Kalisalze und Brom die Lager bei Staßfurt, wurden allerdings erst 1839 aufgefunden. Neben der Salzgewinnung spielte wohl die Salpetersiederei und die Herstellung von Schießpulver, die Fabrikation von Soda und Schwefelsäure und des 1799 von TENNANT entdeckten Chlorkalkes, die Bereitung von Glas, Porzellan, Fayence und Töpferwaren, die Alaungewinnung, die Kalk- und Gipsbrennerei, die Industrie natürlicher Mineralfarben, die Metallhütten und Münzkunde, die Herstellung von Spiegeln eine Rolle.

An einigen Universitäten im damaligen Deutschland bestanden aber auch bereits Laboratorien, in denen experimentiert wurde, in Jena und Göttingen z. B. Ein erstes chemisches Institut war ja schon 1683 zu Altdorf an der seit 1623 daselbst bestehenden Universität eingerichtet und dem damals 62jährigen Professor der Medizin HOFMANN (gest. 1698) unterstellt worden. Der schon erwähnte erste Chemiker an der 1810 errichteten Berliner Universität M. H. KLAPROTH hatte sich allerdings 1780 ein eigenes Laboratorium einrichten müssen. Er war kein Mediziner, sondern Apotheker wie MARGGRAF und hatte seine Ausbildung in der Apotheke von VALENTIN ROSE erhalten, der als Chemiker großes Ansehen genoß und von dessen Söhnen HEINRICH ROSE ein namhafter Analytiker und Entdecker des Niob geworden ist. Das Laboratorium von GÖTT-

[1]) BRANDT 1742. HIÄRNE u. CRONSTEDT 1750. [2]) GAHN 1774.

[3]) 1783 D'ELHUYAR, als Element.

[4]) 1778/79 SCHEELE, Acid. molybd. 1798 HJELM, als Element.

[5]) 1830 SEFSTRÖM.

LING in Jena hat dann sein Nachfolger DÖBEREINER zu hohen Ehren gebracht, trotz dürftigster Mittel, die ihm aber auch versagt geblieben wären, wenn sie ihm nicht durch KARL AUGUST VON WEIMAR persönlich gespendet worden wären, der ja mit GOETHE seine Berufung nach Jena durchgesetzt hatte. Die Klage von LIEBIG: „Chemische Laboratorien, in welchen Unterricht in der Analyse erteilt wurde, bestanden damals in Deutschland nirgendwo; was man so nannte, waren eher Küchen, angefüllt mit allerlei Öfen und Geräten zur Ausführung metallurgischer oder pharmazeutischer Prozesse. Niemand verstand, die Analyse zu lehren", ist in Beziehung auf den Unterricht ungerechtfertigt gewesen[1]). Auch seine Vorwürfe wegen mangelnder Ausbildung in der Chemie in Österreich treffen nicht ganz zu, denn die in der angewandten Chemie kann nicht so schlecht gewesen sein, wie LIEBIG es schildert nach der vom Hofrat PRECHTL, Direktor des Polytechnikums in Wien 1830 herausgegebenen Enzyklopädie, die für die damaligen Verhältnisse ausgezeichnete Artikel z. B. über Äther und Berlinerblau enthält. Nach Erlangen freilich, wohin ja 1809 die Universität Altdorf verlegt worden war und wohin LIEBIG 1821 seinem Lehrer K. W. KASTNER von Bonn aus folgte, scheint das Laboratorium von HOFMANN nicht überführt worden zu sein, und KASTNER war ausschließlich auf literarischem Gebiet tätig. Zudem geriet auch LIEBIG unter den Einfluß der Naturphilosophie, und diese Beschäftigung, nach welcher u. a. der Diamant als zum Selbstbewußtsein gekommener Quarz definiert worden sein soll, mag später mitgewirkt haben, daß er die Chemie in Deutschland als mangelhaft vertreten und betrieben hinstellte. In Stuttgart hätte LIEBIG allerdings auch kein Laboratorium vorgefunden. Es ist ihm aber, wenn auch nur indirekt, zu danken, daß ein solches hier gegründet wurde. Obgleich nämlich die Frequenz der chemisch-technischen Abteilung in den dreißiger Jahren des vorigen Jahrhunderts nicht gerade hoch war — es waren höchstens 27 Schüler, 1838/39 nur 16 vorhanden —, hatte man doch bei den Vorbereitungen zur Umwandlung der Gewerbe- in eine polytechnische Schule die Anstellung einer besonderen Lehrkraft für die Chemie in Aussicht genommen und 1839 wurde auf besondere Empfehlung von LIEBIG, HERMANN FEHLING nach Stuttgart berufen, der damals 28jährig war, in Göttingen Pharmazie studiert und in Heidelberg bei LEOPOLD GMELIN promoviert hatte, worauf er in Paris und dann im Gießener Laboratorium LIEBIGS sich weiter ausgebildet hatte. Hier aber muß er, wie sein Mitschüler A. W. HOFMANN bewundernd berichtet, eine energische, rastlose Tätigkeit entwickelt haben, an deren Erfolgen das ganze Laboratorium regsten Anteil nahm. Es handelte sich vornehmlich um die eingehendere Untersuchung des von LIEBIG entdeckten Oxydationsproduktes des Alkohols, welcher Chemismus als eine Dehydrierung aufgefaßt wurde, da der entstehende Stoff als „Aldehyd" (Alkohol dehydro genatus) bezeichnet worden ist[2]). Mit ihm

[1]) A. GUTBIER, GOETHE, Großherzog CARL AUGUST und die Chemie in Jena. Verlag von Gustav Fischer 1926.

[2]) Ob die Zuführung von Sauerstoff zu einer Aufnahme desselben führt, der dann eine Abspaltung von Wasser folgt, oder ob sie primär eine Wegnahme von Wasserstoff bewirkt, ist eine Frage, die in der modernen Chemie lebhaft diskutiert wird. Sie dürfte namentlich bei physiologischen, in wäßrigen Medien verlaufenden Reaktionen kaum zu entscheiden sein.

war eine wichtigste Klasse organischer Stoffe entdeckt worden, von der, wie sich dann herausstellte, bereits drei Vertreter bekannt waren[1]), ohne daß man ihre Zusammengehörigkeit erkannt hatte, weil das, was sie unterschied, stärker auffiel, als das was sie gemeinsam hatten. Das Interesse LIEBIGS für den Acetaldehyd, dessen reduzierende Eigenschaften zur Herstellung von Silberspiegeln verwendet werden konnten, allerdings erst 1856, die eine von den vielen Entdeckungen LIEBIGS, welche pekuniäre Vorteile für ihn im Gefolge hatte, die andere ist dann 1862 der Fleischextrakt gewesen[2]), mag sich dann auf den damit Beschäftigten übertragen haben, zumal er die Polymerisation des Stoffes zum Par- und Metaldehyd entdeckte, und so ist die starke Empfehlung erklärlich, die LIEBIG dem jungen FEHLING wohl auf eine Anfrage hin mit auf den Weg gab und die zur Folge hatte, daß der Student in Paris und Gießen, wie die Bemerkung zu den Personalien lautet, auf den Lehrstuhl in Stuttgart berufen wurde, den er dann bis 1883 innehatte, unterstützt durch den schon genannten Oberstudienrat Dr. v. KURR bis 1870, von 1862 an auch durch einen weiteren Hauptlehrer für Chemie, als welcher der schon als Hilfslehrer und Repetent tätig gewesene Dr. v. MARX berufen wurde, dem außer der Chemie für Bautechniker die analytische Chemie und chemische Technologie überwiesen war und der auch ein chemisch-technisches Praktikum abhielt. Denn FEHLINGS Bestreben, das wir bei ihm als Schüler LIEBIGS voraussetzen dürfen, ein chemisches Unterrichtslaboratorium auch in Stuttgart einzurichten, war 1854 endlich von Erfolg gewesen. Das Institut entstand an der Seewiese, also da, wo heute der 1879 erstellte Seitenflügel zu dem 1864 in der Alleenstraße erbauten Hauptgebäude steht, und wurde 1875 wieder abgebrochen, um in der Keplerstraße aufs neue zu erstehen, in gleicher Größe wie behauptet wird. Dann hätte die bis auf 37 Schüler ansteigende (1859/60) Zahl der Praktikanten wohl genügend Platz zum Arbeiten gehabt. Sie verteilten sich auf die drei Unterabteilungen der chemischen Abteilung, die eins der vier Fächer der polytechnischen Schule seit 1862 bildete, auf die der chemischen Fabrikation, des Hüttenwesens und der Pharmazie. Pharmazeuten wurden in die Fachschule für chemische Technik als ordentliche Studierende auch dann aufgenommen, wenn sie über die erlangte wissenschaftliche Qualifikation zum einjährig-freiwilligen Militärdienst und über eine vierjährige Dienstzeit in einer Apotheke sich ausweisen konnten, und zwar reicht die Zulassung zum pharmazeutischen Studium an der Gewerbeschule zwecks Absolvierung der Apothekerprüfung bis etwa 1840 zurück, dürfte also mit dem Amtsantritt von FEHLING verknüpft werden können, der seine Laufbahn ja als Apotheker begonnen hatte, wie die meisten Chemiker zu Beginn des 19. Jahrhunderts in Deutschland sowohl wie in Frankreich, und daher dafür sorgte, daß durch diese ausgezeichnete Vorbildung auch in Stuttgart der Chemie tüchtige Jünger zugeführt wurden. Am 17. Mai 1872 beschloß dann der Bundesrat, daß der Besuch der Polytechnischen Schule in Stuttgart dem Besuch einer Universität im Sinne der Vorschriften für die Prüfung der Apotheker gleichzuachten und zu gestatten sei, daß die pharmazeutische Approbationsprüfung nach Maßgabe dieser Vorschriften vor

[1]) Es handelt sich um das Acroleïn, den Benz- und den Zimtaldehyd.

[2]) J. VOLHARD, JUSTUS VON LIEBIG. Leipzig: Joh. Ambros. Barth 1909.

einer pharmazeutischen Examinationskommission bei der Polytechnischen Schule abgelegt werden dürfe. Demgemäß besteht eine solche seit dem WS. 1872/73, und als Hilfslehrer für pharmazeutische Chemie, Toxikologie und später für Nahrungsmittelchemie wurde der Professor an der Tierarzneischule Dr. Ottmar Schmidt seit 1873 angestellt. Kurze Zeit vorher, 1871, ist auch der erste Privatdozent an der chemischen Fachschule, der Professor an der Baugewerkschule H. Giessler vermerkt, die Einrichtung des Privatdozententums bestand aber schon seit 1863, nachdem ein erster Versuch sie zu erreichen, und zwar im Revolutionsjahr 1849, gescheitert war. In den siebziger Jahren habilitierten sich dann Dr. Eugen Fischer, Dr. K. Haeussermann (1877), Dr. Fr. Gantter und Dr. Fr. Urech (1878). 1871 war aber schon eine Hilfslehrerstelle gegründet worden, mit der ein Lehrauftrag für theoretische Chemie verbunden war. Auf diese Stelle wurde der junge Victor Meyer auf Vorschlag Fehlings, dem sich der Senat angeschlossen hatte, berufen, und nach dessen Fortgang nach Zürich erhielt sie der bis dahin als Repetent angestellte Dr. Karl Hell, ein Schüler Volhards, der bekanntlich ein Neffe Liebigs gewesen ist. Die Maschinenlehre für Chemiker trug von 1870 bis 1872 der Baurat Stahl, von da ab Professor W. Bareiss vor. Hell ist dann, als Fehling 1883 zurücktrat, sein Nachfolger geworden. Unter seiner Leitung brachte das Studienjahr 1890/91 eine neue Organisation des chemischen Unterrichts und der beiden chemischen Laboratorien zugleich mit der Umwandlung des seit 1876 bestehenden Polytechnikums in eine Technische Hochschule, wonach auch nach bestandener Hauptdiplomprüfung der Titel eines Dipl.-Ing. verliehen wurde. Hierzu mag noch bemerkt werden, daß Diplomprüfungen bereits 1864 an der Polytechnischen Schule eingeführt waren und für Chemiker seit 1870 bestanden. Das Recht, den Dr.-Ing. zu verleihen, erhielt die Technische Hochschule dann erst 1900. Das beim Abbruch des ersten Laboratoriums 1875 interimistisch im Untergeschoß des Hauptgebäudes an der Alleenstraße eingerichtete Laboratorium blieb auch nach der Vollendung des Wiederaufbaus in der Keplerstraße bestehen. Die wachsende Anzahl der Praktikanten[1]) und die erkannte hohe Bedeutung der Chemie ließen dann eine Vermehrung der Arbeitsstätten notwendig erscheinen, und es ist Hell zu verdanken, daß 1893/95 das Laboratorium für allgemeine Chemie (jetzt Laboratorium für anorganische Chemie) erstellt wurde. Das bisherige Laboratorium beim Hauptgebäude — der Seitenflügel der Technischen Hochschule in der Keplerstraße erstand erst 1900/01 — wurde nun als Laboratorium für chemische Technologie einschließlich Elektrochemie und Nahrungsmittelchemie abgegrenzt. Ihm stand nach dem Tode von Professor Marx 1890 Dr. K. Haeussermann vor, der an Hells Stelle zum Repetenten schon seit 1884 aufgerückt war. Erst 1903 gesellte sich zu diesen zwei ordentlichen Professoren ein Extraordinariat für analytische Chemie, das der als Assistent und Repetent, seit 1893 auch als Hilfslehrer tätige Dr. Kehrer erhielt. Eine weitere Entwicklung vollzog sich dann, als nach Rücktritt von Haeussermann 1906 sein Laboratorium speziell für Elektrochemie eingerichtet wurde, und zwar durch seinen Nachfolger E. Müller, nach dessen Fortgang 1912 nach Dresden Dr. A. Gutbier berufen wurde, der dann eine abermalige Neuorganisation der

---

[1]) 1889/90: 70; 1894/95: 71; 1899/1900: 104; 1902/03: 112.

chemischen Abteilung nach Dresdner Muster vornahm und auch die Chemische Gesellschaft Stuttgart gründete, so daß nach dem 1914 erfolgten Rücktritt von HELL, während dessen Amtszeit sich eine ganze Reihe von Privatdozenten habilitiert hatten (PHILIPP 1889, SPINDLER 1896, H. KAUFFMANN 1898, J. SCHMIDT 1900, ENGLISCH 1901, ROHLAND 1904 und BAUER 1911), ein Laboratorium für anorganische Chemie unter GUTBIERS Leitung eingerichtet wurde. Der Professor an der inzwischen aufgehobenen Tierärztlichen Hochschule W. KÜSTER, der seit 1903 für den zurückgetretenen Professor O. SCHMIDT den Lehrauftrag für pharmazeutische Chemie, Toxikologie und Nahrungsmittelchemie innehatte, erhielt es als Laboratorium für organische und pharmazeutische Chemie unter Entzug des bisherigen Lehrauftrags, auch der von HELL innegehabte Lehrauftrag für theoretische Chemie und das Extraordinariat für analytische Chemie kamen in Wegfall, dafür wurde zunächst ein solches für physikalische Chemie und Elektrochemie 1914 gegründet und Professor Dr. G. GRUBE übertragen, das dann 1918 in ein Ordinariat verwandelt wurde. In den Kriegsjahren, während welcher GUTBIER militärische Funktionen ausübte, während GRUBE an der Front 1914 schwer verwundet wurde, blieb das Laboratorium in der Keplerstraße unter KÜSTERS und nach Genesung von GRUBE auch unter dessen Leitung allein im Betrieb. Durch eine Stiftung der chemischen Industrie wurde es GRUBE ermöglicht, einen Aufbau vorzunehmen, da er bis dahin nur die im ersten Stock gelegene Wohnung als Laboratorium innehatte, die mit Hilfe des Inventars aus dem chemischen Institut der Tierärztlichen Hochschule ausgestattet worden war. Doch ließ die starke Steigerung im Besuch der chemischen Abteilung nach Friedensschluß bis auf 447 Praktikanten im SS. 1923 einen Neubau des elektrochemischen Instituts notwendig erscheinen, der 1925 in Angriff genommen, 1927 vollendet war, worauf das Laboratorium in der Keplerstraße als solches für organische und pharmazeutische Chemie zweckentsprechend neu hergerichtet wurde, einen Teil der Räume allerdings an die Forstdirektion verlierend, die hier eine Versuchsanstalt einrichtete. Nach dem Fortgang von GUTBIER 1922 wurde endlich als Vorstand des Laboratoriums für anorganische Chemie Professor Dr. WILKE-DÖRFURT von Clausthal her berufen. Außer den genannten Chemikern besteht nunmehr die chemische Abteilung noch aus dem Geologen M. BRÄUHÄUSER und dem Botaniker R. HARDER, die im Vordiplomexamen neben dem Physiker, dem Mathematiker und dem Vertreter der Maschinenkunde mitzuwirken haben. Der erwünschte Zusammenschluß einer naturwissenschaftlichen Abteilung ist noch nicht zustande gekommen. So zählen auch die Lehramtskandidaten nicht zur chemischen Abteilung, und ihre Ausbildung wird nicht durch dieselbe geregelt, ist somit mehr eine persönliche Aufgabe ihrer Mitglieder. Das hängt natürlich mit der Entwicklung der Technischen Hochschule zusammen und dem Umstand, daß viele Senatsmitglieder mehreren Abteilungen angehörten. Mit der 1921 ihr gegebenen neuen Verfassung wurde diese Möglichkeit beseitigt, wobei der damals amtierende Geologe A. SAUER und der Botaniker M. FÜNFSTÜCK sich entschlossen, nur der chemischen Abteilung anzugehören. Sie folgten dabei einer alten Tradition, denn wie schon erwähnt, in der Person des Oberstudienrats Dr. v. KURR waren die Naturwissenschaften der chemischen Abteilung angeschlossen. So gehören denn auch die Privatdozenten für Botanik und

Geologie, Professor Dr. LAKON und Dr. VOLLRATH, jetzt zur chemischen Abteilung. Den Unterricht in der Chemie unterstützen die Vertreter im Textilforschungsinstitut zu Reutlingen, Professor Dr. KAUFFMANN und bis zu seinem Fortgang als Ordinarius nach Prag auch Professor Dr. BRASS, ferner Oberregierungsrat MÜLLER in der Gesetzeskunde für Pharmazeuten, welche auch Lehraufträge haben, und die Privatdozenten Professor Dr. J. SCHMIDT, zugleich Lehrer an der Maschinenbauschule zu Eßlingen, Professor Dr. E. SAUER, der jetzige Vertreter der Dozenten der chemischen Abteilung, und Dr. A. SIMON. Professor Dr. BAUER schied aus, um einem Ruf nach Leipzig Folge zu leisten, die Dozenten ENGLISCH, PHILIPP und ROLAND sind bereits verstorben. — Wenn wir uns nun die Anteilnahme von FEHLING, seinen Mitarbeitern und Nachfolgern an der Entwicklung der Chemie vor Augen führen wollen, so ist es nötig, dem kurzen Ausblick auf den Stand der anorganischen Chemie vor 100 Jahren einen solchen auf den der organischen folgen zu lassen, zumal die forschenden Vertreter der Chemie in Stuttgart bis zum ersten Dezennium des 20. Jahrhunderts gerade auf diesem Gebiet tätig waren und die Ergebnisse auf organischem Gebiet auch die Entwicklung der anorganischen Chemie angeregt hat, ich erinnere nur an die Einbeziehung des Raums in die chemischen Vorstellungen. Nun dürfen wir die Kenntnisse in der organischen Chemie im Jahre 1829 weit eher als gering bezeichnen, als die in der anorganischen. Freilich waren schon eine Menge Stoffe aus dem Pflanzen- und Tierreich auch in reinem Zustande bekannt; dank der herrlichen Arbeiten von K. W. SCHEELE, z. B. Pflanzensäuren und die Schleimsäure, die Blausäure, das Ölsüß. Es gilt aber noch die Einteilung der Vegetabilien, wie sie der Apotheker und Mediziner S. FR. HERMBSTEDT (1758 bis 1833), Professor der Chemie und Pharmazie am Collegium medicochirurg., vorgenommen hatte, der 1819 ordentlicher Professor der Chemie und Technologie an der Universität Berlin wurde. Er unterschied in seiner Anleitung zur chemischen Zergliederung der Vegetabilien: Gummi, Schleim, Harze, Öle, Fette, Wachsstoffe, adstringierende, farbige, betäubende, Bitter- und Ätzstoffe, Pflanzensäuren, Kampher- und Kautschukstoffe. Vom pflanzlichen Eiweiß ist weder die Rede noch von Zuckerarten, obgleich doch der Traubenzucker bekannt war. Die Erkenntnis von engeren Zusammenhängen entstand eben erst allmählich, und da waren die Beobachtungen von KIRCHHOFF 1811, wonach Stärke sich in Traubenzucker verwandeln lasse, und die von BRACONNOT 1819, wonach auch Zellulose dieselbe Umwandlung erfahren kann, ein gewaltiger Fortschritt, weil hier Beziehungen zwischen Stoffen aufgedeckt wurden, die ihrem Äußeren nach ganz verschieden waren. Letztere Entdeckung wurde gleich im ersten Band des von DINGLER (Fabrikant in Augsburg) 1819 gegründeten polytechnischen Journals aufgenommen, mit dem die Reihe periodisch erscheinender chemischer Zeitschriften eröffnet wurde. Ein Magazin der Pharmazie, 1823 von HÄNLE begonnen, war von den Apothekern BRANDES und GEIGER fortgesetzt worden, die selbst experimentell tätig, von anderen wissenschaftlich tätigen Apothekern wie J. W. DÖBEREINER 1780 bis 1849 und dessen Schüler RUNGE, der dem Steinkohlenteer eine Reihe neuer Stoffe entziehen lehrte, und dem Professor der Chemie und Physik in Erfurt J. B. TROMMSDORF 1770 bis 1837, der 1804 ein pharmazeutisches Institut gegründet hatte, unterstützt wurden. Mit ihnen verband sich 1832 LIEBIG, das „Magazin“ zu den Annalen der Pharmazie umgestaltend, aus denen sich dann die Annalen der Chemie entwickelt haben. Zusammenhänge in der Fettchemie brachten von 1811 ab die Arbeiten CHEVREULS, die dann die Industrie der Fettsäuren und Stearinkerzen im Gefolge hatten. Einen hervorragenden Antrieb zur chemischen Forschung bewirkte aber die Auffindung des Morphins im Opium durch den Apotheker SERTÜRNER (1804), denn hierdurch wurden zahlreiche Arbeiten über ähnliche Stoffe im Pflanzenreich angeregt, namentlich waren es die Franzosen ROBIQUET, der 1817 das Narkotin, 1832 das Kodeïn im Opium auffand, und PELLETIER, der 1818/19 Strychnin und Bruzin, später Veratrin und Pelletierin isolierte und mit LAVAILLANT zusammen in ihrer Offizin 1826: 1593 Zentner Chinarinde zu 177 kg der Salze der Chinabasen verarbeitete, in Deutschland entdeckte Runge 1820 das Koffeïn. Durch SERTÜRNERS Arbeit war aber auch das Auftreten von Stickstoff im Pflanzenreiche nachgewiesen und somit der Auffindung des Pflanzeneiweiß Bahn gebrochen. SERTÜRNER soll auch die Vermutung ausgesprochen haben, daß die Cholera durch einen Organismus pflanzlicher Art hervorgerufen werde, womit er freilich seinen Zeitgenossen weit voran gewesen ist, wurde doch die pflanzliche Natur der Hefe, die doch allgemein gezüchtet und verwendet wurde, erst 1837 von TH. SCHWANN und LATOUR nachgewiesen. Die Isolierung anderer Stoffe aus Pflanzen, wie die des Orzins aus Flechten des Mittelmeers oder die des Alizarins 1828 aus dem Krapp, blieben zunächst vereinzelt, von der Natur anderer längst bekannter Farbstoffe, wie Indigo oder Quercitin, hatte man noch keine Ahnung. Vereinzelt blieb auch die Auffindung des Cystins in einem Blasenstein durch WOLLASTON 1809 und die der Aminoessigsäure im Leim durch BRACONNOT 1819, man ahnte nicht, daß man es mit Vertretern einer Stoffklasse zu tun hatte, die als Bausteine des Eiweiß für das Leben von größter Bedeutung sind. Daß Cystin in jedem Eiweiß vorkommt, wurde erst 1901 von MÖRNER in Stockholm bewiesen. Es fehlten eben noch alle Methoden, um nähere Beziehungen der Stoffe zueinander oder um ihr Entstehen in der Natur zu erkennen. Selbst die Bestimmung des Kohlenstoffs und Wasserstoffs, die sogenannte Elementaranalyse organischer Stoffe, mußte aus den Anfangsstadien, die LAVOISIER eingeführt hatte, erst herausentwickelt werden, wobei GAY-LUSSAC, DUMAS, BERZELIUS und LIEBIG sich Hauptverdienste erwarben. Und trotz der Aufklärung, die ihre Anwendung erbrachte, darin bestehend, daß z. B. ein Zucker wie ein ätherisches Öl oder Fett nur aus C, H und O besteht, und der von BERZELIUS zum Ausdruck gebrachten Erkenntnis, daß auch in organischen Stoffen stöchiometrische Verhältnisse obwalten müßten, und der weiteren, daß es isomere Stoffe geben muß, blieb doch die eingebürgerte Ansicht von den öligen, wäßrigen, erdigen, salzigen, geistigen Prinzipien, die in einem organischen Stoff steckten und bei der trockenen Destillation — eine der wenigen gebräuchlichen Untersuchungsmethoden — abgelöst werden sollten, bestehen. Man sah also die Produkte dieser Operation als schon vorhanden, nicht erst als durch den Eingriff entstehend an, und auch die Phlogistontheorie zählte in Deutschland noch lange Anhänger. Eine weitere Erschwerung, den Versuch zu machen, sich einen Einblick in das Wesen eines organischen Stoffes zu verschaffen bestand in der Vorstellung von einer besonderen Lebenskraft, die notwendig sei, um organische Stoffe zu bilden, eine Ansicht die auch mit der berühmten WÖHLERschen Synthese des Harnstoffs 1828 noch lange nicht abgetan war, der vom Apotheker H. M. Rouelle 1773 entdeckt, von Fourcroy und Vauquelin 1799 im reinen Zustande hergestellt worden war. Den Unterschied zwischen anorganischen und organischen Stoffen suchte Berzelius dahingehend formulieren zu können, daß in letzterem sogenannte Radikale die Stelle der Atome vertreten. Sie zu suchen ging man aus und fand auch solche, mußte sich aber bald davon überzeugen, daß die Mannigfaltigkeit organischer Stoffe auf dem beschrittenen Wege nicht erklärt werden konnte. „Im Nebel der Radikale blieben die Atome den Blicken verhüllt", hat Kekulé später ausgesagt. Doch erwiesen sich auch seine Konstitutionsformeln nicht als ausreichend. Erst die Übertragung in räumliche Anschauungen durch van't Hoff und Le Bel, als deren Vorläufer Wollaston (1808) und dann Pasteur und Kekulé genannt werden müssen, sowie auch J. Wislicenus, und die experimentelle Bestätigung ihrer Vorstellungen namentlich durch E. Fischer hat zu einem Standpunkt geführt, der nun seit 55 Jahren das Gebiet organischer Stoffe zu überblicken zuläßt. Ob auch dieser Standpunkt nur wieder eine Etappe ist, wird das 20. Jahrhundert lehren. Zu Berzelius' Zeiten vor 100 Jahren mußten aber alle Bemühungen hinter das Geheimnis organischer Stoffe zu kommen schon deshalb scheitern, weil man sich über die wahren Atomgewichte des Kohlen- und des Sauerstoffs hinwegsetzen zu können glaubte. So fielen die Formeln mit $C = 6$ und $O = 8$ auf $H = 1$ bezogen sehr unhandlich aus. Ein Radikal, wie das Benzoyl $C_{14}H_5O_2$ geschrieben, mußte, was seine Zergliederung in die Atome und deren gegenseitige Lage betrifft, ungleich größere Schwierigkeiten auslösen, als die heutige Formel C_7H_5O bedingt. So ist denn der gewaltigste Fortschritt in der organischen Chemie erst eingetreten, seitdem man dem Wasser die alte Formel H_2O mit $O = 16$ und $H = 1$ an Stelle von OH mit $O = 8$ und $H = 1$ und im Zusammenhang damit das C-Atom mit 12 bewertete. Hierzu den Grund gelegt zu haben ist das Verdienst von Williamson, Ch. Gerhard und A. Laurent, indem sie zeigten, daß eine ganze Anzahl organischer Stoffe sich vom Typus Wasser ableiten ließ, aber nur, wenn es H_2O geschrieben wurde und auf Grund dieser Theorie neue Stoffklassen durch ihre Versuche herstellten. Die letzteren haben den endgültigen Sieg ihrer Anschauungen auf der Naturforschungsversammlung zu Karlsruhe 1861 nicht mehr erlebt. Gerhard war, erst 40jährig, 1856 gestorben, Laurent ihm, jung an Jahren, 1853 voraufgegangen. Es ist nun bezeichnend, daß auch Gerhard, den W. Ostwald zum romantischen Typ großer Männer zählt, noch Ende der vierziger Jahre der Lebenskraft eine entscheidende Rolle beim Entstehen organischer Gebilde zuerkannte, und dieselbe Ansicht vertrat auch Leopold Gmelin in Heidelberg, der ja den Studenten der Medizin Fr. Wöhler für die Chemie gewonnen hatte. Berzelius hat ebenfalls das Bestehen einer Lebenskraft noch 1837 angenommen, ja Wöhler selbst war seiner Harnstoffsynthese nicht sicher. Er hatte ja Blausäure, die von Scheele entdeckt und von Gay-Lussac in reinem Zustand dargestellt worden war, zu seinen Versuchen verwendet, und diese wurde aus dem Blutlaugensalz erhalten, und so war er nicht sicher, ob nicht die im Blut vorhandene Lebenskraft in die Blausäure hineingegangen sei. Auch die nahe Beziehung des Harnstoffs zur Kohlensäure ließ Zweifel an der organischen Natur entstehen, denn die Kohlensäure wurde als etwas Anorganisches angesehen, was auch heute noch vielfach geschieht. In der Tat ist sie Vermittlerin zwischen den beiden großen Gruppen, in die wir heute die ganze Chemie einteilen. Aber wenn wir mit A. KEKULÉ die organische Chemie als die Chemie des Kohlenstoffs definieren, so ist die Kohlensäure ein organischer Stoff, das gleiche gilt für Kohlenoxyd, Schwefelkohlenstoff und die Karbide, und die Lebenskraft existiert wirklich, denn sie ist nichts weiter als die jedem Kohlenstoffatom eigentümliche chemische Energie, die in all seinen Verbindungen noch enthalten ist und zusammen mit der spezifischen Energie der anderen physiologisch wichtigen Elemente zum Leben nötig ist. Auch die Kohlensäure muß noch Kohlenstoffenergie enthalten, denn die Wärme, die bei ihrer Bildung frei wird, dürfte ausschließlich von Sauerstoff abgegeben werden[1]), und so erklärt sich, daß die Kohlensäure starke Reaktionsfähigkeit zeigt und sich in andere organische Verbindungen wieder überführen läßt, wie dies bei dem wichtigsten Prozeß geschieht, der sich auf Erden abspielt, dem Assimilationsprozeß, und es ist das heutige von KOLBE angeregte Bestreben, alle organischen Stoffe auf die Kohlensäure zurückzuführen, durchaus gerechtfertigt. Als Ingredienzien für den Assimilationsprozeß figurieren ja Kohlensäure und Wasser, als ein Produkt des Prozesses tritt Sauerstoff auf, wie die Untersuchungen von PRIESTLEY, INGENHOUSZ und SENEBIER ergeben hatten, und da, wie wir gesehen haben, schon vor 100 Jahren Kohlensäure, Wasser und Sauerstoff als chemische Individuen richtig erkannt waren, da eine Gewichtszunahme der Pflanze als aus der Umsetzung der Kohlensäure stammend erkannt war (SAUSSURE) und das Verhältnis der verschwundenen Kohlensäure zum entstandenen Sauerstoff = 1 : 1 gefunden wurde (BOUSSINGAULT), hätte man sich zum mindesten Gedanken über das auf der rechten Seite der Assimilationsgleichung noch fehlende Stück machen können. Doch war die Aufklärung insofern Stückwerk geblieben, als die Zusammenfassung der erübrigten Tatsachen zu einem Ganzen ausgeblieben war. Auf die Notwendigkeit, die Chemie mitreden zu lassen, hat erst LIEBIG in seiner Agrikulturchemie hingewiesen, sein Verdienst ist es, uns zur Logik des chemischen Experiments bei richtiger Fragestellung, zum Denken in Erscheinungen hingewiesen zu haben, denn vor 100 Jahren war sich die Chemie noch nicht bewußt, welch logische Kraft in ihr steckt. Freilich das vierte Stück der Assimilationsgleichung hat auch LIEBIG nicht erfassen können, aber er hat noch erlebt, daß er mit der Entdeckung der Aldehyde einen wichtigsten Beitrag zu seiner Erkenntnis geschaffen hat. Die Polymerisation des Acetaldehyds war von FEHLING studiert worden, die noch wichtigere Fähigkeit zur Kondensation, d. h. zum Zusammentritt zunächst zweier Moleküle zu einem Stoff mit vier zusammenhängenden Kohlenstoffen, also die Fähigkeit zu einer Synthese, wurde von WURTZ aufgefunden. Er hat das Aldol hergestellt und damit die Entwicklung einer ganz modernen Vorstellung, wonach sich die Fettsäuren aus Kohlenhydraten auf dem Wege über den Acetaldehyd und das Aldol bilden, vorbereitet. Denn die Kohlenhydrate sind die ersten Kinder der Sonne, sie entstehen als sichtbare Stärke bei der Assimilation, wie H. v. MOHL 1864 zuerst nachgewiesen hat. Zur Erklärung dieser Beobachtung mußte nun die Brücke geschlagen werden von einem Mol mit einem C-Atom, wie es als viertes Stück der Assimilations-

[1]) WEINBERG, Kinetische Stereochemie der Kohlenstoffverbindungen 1914.

gleichung auftreten mußte, zu einem Mol, das wie das der Stärke ein Vielfaches eines Mols mit sechs Atomen C vorstellt. Dazu mußte das vierte Stück aber erst entdeckt werden, und das geschah 1868 durch A. W. HOFMANN. Es erwies sich als CH_2O zusammengesetzt wie unsere Gleichung $CO_2 + H_2O = CH_2O + O_2$ es verlangt, und es erwies sich als Aldehyd, der wegen seiner Beziehung zur Ameisensäure, Acidum formicium, Formaldehyd genannt wurde. Daß er sich wie der Acetaldehyd polymerisieren und auch kondensieren kann und daß bei letzterem Vorgang außer Kunstprodukten auch den natürlichen Zuckern nahestehende Stoffe sich bilden, wurde dann bald ermittelt. Nachdem dann noch durch ROBERT MAYERS Seherblick die energetischen Verhältnisse in den Chemismus der Reaktion einbezogen werden konnten und erkannt war, daß die Mitwirkung des Sonnenlichts bei der Assimilation in einer Festlegung der Sonnenenergie in Form der chemischen Energie der Stärke bestehen mußte, waren bereits wesentliche Züge des Assimilationsprozesses aufgeklärt. Noch fehlt aber der Einblick in den Chemismus, der sich beim Übergang von Kohlendioxyd in Formaldehyd abspielt. Höchstwahrscheinlich tritt ein Peroxyd als Zwischenprodukt auf, das dann in $CH_2O + O_2$ zerfällt, denn ein Auftreten von freiem O_2 neben einer Reduktion ist bisher nur bei Peroxyden beobachtet worden. Nun wissen wir durch WILLSTÄTTER, daß bei der Bildung dieses Peroxyds das Chlorophyll eine ausschlaggebende Rolle spielt, und zwar durch seinen integrierenden Gehalt an Magnesium. Aber wahrscheinlich ist doch noch ein notwendiges Glied unseren Blicken entzogen, und so werden auch alle Bemühungen, dem Assimilationsprozeß mit Hilfe der physikalischen Chemie näherzukommen, vorerst noch versagen müssen. Vielleicht führt uns aber die Erkenntnis in jüngster Zeit einen Schritt weiter, wonach in jeder Pflanze ein Stoff vorhanden ist, der unserem Blutfarbstoff ähnelt, denn dieser bringt wenigstens Wasserstoffperoxyd zum Zerfall, so daß freier O_2 entsteht.

Ich habe den Assimilationsprozeß eingehender besprochen, da er immer noch die mächtigste Quelle für die Gewinnung von Energie ist, trotzdem die uns von der Sonne zuströmende Kraft nur zum kleinsten Teil ausgenutzt wird, die Schätzungen schwanken zwischen $^1/_{180}$ und $^1/_{5000}$ — so daß die Bestrebungen auch nach besserer Ausnützung gerechtfertigt sind. Wenn nun auch hier ein Erfolg zu verzeichnen ist, denn seit 100 Jahren haben sich die Erträgnisse unserer Kulturpflanzen vermehrt, bei manchen fast verdoppelt, so sind sie doch in erster Linie darauf zurückzuführen, daß die im Assimilationsprozeß erzeugten Kohlenhydrate zum Aufbau weiterer pflanzlicher Substanz verwertet werden können, wozu stickstoffhaltige und anorganische Stoffe nötig sind, die durch Düngung zugeführt werden können, wozu ferner viel Wasser nötig ist — die Angaben schwanken zwischen 300 bis 600 Liter Wasser für die Erzeugung von 1 kg Trockensubstanz, und bemerkenswerterweise braucht der junge Mensch etwa die gleiche Menge Wasser, um sein Gewicht um 1 kg zu vermehren — endlich ist auch eine bestimmte Konzentration an den Ionen des Wassers nötig. Sehr dürfte es auch auf die Herstellung der richtigen Mischung, also auf das quantitative Verhältnis aller Nährstoffe zueinander ankommen, sofern nicht die gütige Natur für eine solche gesorgt hat. Die Hoffnung, die primäre Assimilation durch Zufuhr von Kohlensäure steigern zu können, hat sich doch nur in wenigen Fällen verwirklichen lassen, vielleicht sind aber doch die steigenden

Erträge auch auf eine unbeabsichtigte Kohlensäuredüngung mit zurückzuführen, die durch die steigende Benutzung Kohlensäure liefernden Brennmaterials zur Energiegewinnung bedingt ist, wodurch vorübergehende Anreicherung des Gases stattfindet, die wiederum den assimilierenden Pflanzen zugute kommt.

Die Nutzbarmachung des atmosphärischen Stickstoffs zur Gewinnung assimilierbarer Stickstoffverbindungen ist somit nicht nur von wissenschaftlicher, sondern auch von großer wirtschaftlicher Bedeutung, und gleiches gilt für die Bestrebungen, die in der Kohle steckende Energie in immer vollkommenerer Weise nutzbar zu machen. Auf allen diesen Gebieten hat sich aber gezeigt, daß Fortschritte an das Herausarbeiten und Einhalten ganz bestimmter Bedingungen geknüpft sind, eine Erkenntnis, die der Laboratoriumsarbeit von heute gegenüber der vor 100 Jahren auch ein neues Gepräge gegeben hat, und hierbei spielen Stoffe eine Rolle, die scheinbar gar nichts mit dem beabsichtigten Umsatz zu tun haben. Die Chemie der Kontaktsubstanzen von E. Mitscherlich (1834 bis 1835) oder der Katalysatoren — der Name stammt noch von Berzelius her und wurde gelegentlich des Streits um die Natur der Hefe gegeben — beherrscht in der Neuzeit das chemische Geschehen im Großbetrieb und im Laboratorium, sie spielt auch im Leben auf Erden die größte Rolle. Es würde zu weit führen, auch nur aller Großtaten der organischen Synthese zu gedenken, von der Unsumme von Kleinarbeit abgesehen, die nötig war, um den Riesenbau aufzuführen, der heute wohlgegliedert gen Himmel ragt. Doch sei erneut daran erinnert, daß die analytischen Resultate, wie sie sich beim Abbau von kompliziert zusammengesetzten Naturpodukten, den Polysacchariden und Glykosiden, den Fetten und Eiweißstoffen einstellten, ihre Erklärung nur durch die normale Einlagerung des als H_2O gedachten Wassers fanden, daß die 1882 von Svante Arrhenius aufgestellte Ionentheorie die Formulierung des Wassers als H_2O zur Voraussetzung hat und daß der durch Säuren, Basen oder Enzyme angeregte Zerfall des Wassers in seine Ionen H und OH die Wirkung des Wassers auslöst, daß wir nunmehr auch manche rätselhafte Erscheinungen, bei den durch niedere Lebewesen verursachten Gärungen z. B., durch eine unter dem Einfluß von Enzymen vorsichgehende anormale Einlagerung der Wasserionen erklärlich finden und die zugleich oxydierend und reduzierend sich gestaltenden Umsetzungen im wäßrigen Medium der Organismen mit den Ionen OH und H in Zusammenhang bringen können. — Betrachten wir nun einmal an Hand Stuttgarter Verhältnisse einige Wandlungen, die sich im Lauf eines Jahrhunderts bei der Ausübung chemischer Operationen ergeben haben. Als Fehling anfangs der vierziger Jahre in seiner Küche in der Königstraße das Benzonitril aufgefunden hatte und damit die Existenz einer neuen sehr wichtigen Stoffklasse dartat, muß er die Analyse in der Art ausgeführt haben, wie sie im Gießener Laboratorium gehandbabt wurde, d. h. durch Auflegen glühender Kohlen auf die Glasröhre, in der sich der zu verbrennende Stoff mit Kupferoxyd gemischt befand. Da diese Prozedur im Arbeitsraum geschah — Abzüge gab es damals noch nicht, so wird die Luft nicht gerade verbessert worden sein, dafür konnte er sich allerdings in der reinen Luft der damaligen Gartenstadt Stuttgart erholen, während heutzutage das Atmen der Laboratoriumsluft weit bekömmlicher ist als der Aufenthalt in der durch Autos und Motoren verpesteten Stuttgarter Straßenatmosphäre. Das 1854 erbaute Laboratorium Fehlings dürfte nun zwar mit Gas versehen gewesen sein, denn seit 1845 erfreute sich Stuttgart des durch eine französische Gesellschaft eingeführten Betriebes einer Gasanstalt, und es ist anzunehmen, daß die Insassen des Laboratoriums durch den Fortschritt in der Beleuchtung ebenso entzückt gewesen sind wie W. KAULBACH[1]) über die das Firmament erleuchtende Erhellung der Straße „Unter den Linden" Berlins 1847, eine Äußerung, die uns, die wir durch weit energischere Lichtquellen verwöhnt sind, fast rührend naiv anmuten muß. Für die häusliche Arbeit fehlte aber immer noch die erst nach 1858 so berühmt gewordene Petroleumlampe. Der Bunsenbrenner wurde erst 1856 konstruiert, und so war auch im ersten Stuttgarter Laboratorium diese jetzt unentbehrliche Wärmequelle nicht vorhanden. Natürlich gab es auch keine Vorrichtungen zur Erzeugung höchster Temperaturen auf elektrischem Wege, auch keine für extrem tiefe, da die Luftverdichtung erst erfunden sein wollte. Auch dürfte man keine Destillation im Vakuum vorgenommen haben, wurde doch in Deutschland selbst das Eindampfen der Zuckersäfte unter vermindertem Druck erst 1855 eingeführt, obgleich es schon 1812 von HOWARD angewendet und in DILLINGS polytechnischem Journal 1820 als sehr beachtenswert bezeichnet worden war. Es fehlten so ziemlich alle Methoden, um physikalisch-chemisch wichtige Eigenschaften festzustellen, und wenn sie erdacht waren, fehlten die oft recht teuren Apparate und für diese der nötige Raum zur Aufstellung. So finden wir nur vereinzelte Bestimmung des Molgewichts und der Drehung des polarisierten Lichtes. Spektroskopische und spektrophotometrische Messungen, Bestimmungen des Brechungsexponenten und der Leitfähigkeit gab es nicht. Die Ionentheorie wurde ja, wie erwähnt, erst 1882 aufgestellt, und so zeigt sich der Unterschied zwischen FEHLINGS zahlreichen Wasser- und Mineralwasseranalysen in den Angaben über deren Zusammensetzung mit den heute von den Wasserspezialisten unseres Stuttgarter städtischen Laboratoriums in bemerkenswerter Weise. Anderer elektro-chemischer Apparate gar nicht zu gedenken, denn die Nutzbarmachung der elektrischen Ströme auch für das Laboratorium und die damit verbundene wissenschaftliche Durchdringung dieses Gebiets und die Übertragung der erhaltenen Resultate für die Praxis des Chemikers wie für das gesamte Leben hat ja mit die größten Umformungen auf allen wirtschaftlichen Gebieten hervorgerufen, Ausblicke auf ungeahnte Möglichkeiten geschaffen. Der Hilfsmittel namentlich auf optischem Gebiete — die eigentlich chemischen Sinne Geruch und Geschmack finden durch Vorrichtungen weit weniger Unterstützung als das Auge — sind ja so viele geworden, und wir sehen nicht etwa mit Überhebung auf die vergangenen Zeiten zurück, sondern bewundern die großen Leistungen unserer Vorgänger, die mit primitiven Hilfsmitteln die Wissenschaft zu fördern verstanden. „Es kommt nicht auf den Käfig an, wenn nur der Vogel pfeifen kann", das gilt übrigens auch heute noch und mag den Ministerien, die aus Mangel an Mitteln nicht alle Ansprüche bewilligen können, ein Trost sein.

Es mangelte aber auch an chemischen Methoden zur Untersuchung der Naturprodukte, und die Erkenntnisse mußten erst geschöpft werden, auf Grund deren die uns jetzt geläufige Einteilung und eine Übersicht über den Zusammen-

[1]) Erinnerungen an W. v. KAULBACH und sein Haus S. 240. München: Delphin-Verlag 1921.

hang möglich geworden ist. Auf anorganischem Gebiet die uns seit 1864 durch L. MEYER und MENDELEJEFF geschaffenen Vorstellungen über ein periodisches System der Elemente, denen vor 100 Jahren nur die sogenannten Triaden DÖBEREINERS voraufgingen und die eine moderne Lehre nun weiter ausgebaut hat, ferner der von A. WERNER geschaffene Einblick in die Chemie der Komplexverbindungen. Auf organischem Gebiet war zwar schon 1827 vom berühmten englischen Arzt W. PROUT, dem eifrigen Verfechter der Einheitslehre der Elemente, eine Einteilung der organischen Stoffe unserer Nahrung in Fette, Kohlenhydrate und Eiweiß erfolgt, die auch heute noch gilt. Nun waren zwar die Fette durch CHEVREULS Untersuchungen schon vor 100 Jahren recht gut bekannt, wir wissen aber heute, daß eine viel größere Mannigfaltigkeit bei ihnen bestehen kann, als man damals ahnte, und wir wissen, daß jedes natürliche Fett kleine Mengen von Phosphatiden und Sterinen enthält, Stoffklassen von äußerster Wichtigkeit wegen ihrer Beziehungen zu Bestandteilen unseres Organismus. Daß wir über erstere Bescheid wissen, ist mit ein Verdienst des Ehrendoktors unserer Technischen Hochschule Dr. HUNDESHAGEN. Ihre wie die fast unendliche Mannigfaltigkeit der Sterine, der Kohlenhydrate und Eiweißarten kommt in den jetzt gebräuchlichen Konstitutionsformeln für jeden, der sich auf die chemische Sprache versteht, zum Ausdruck. Hauptsächlich ist es EMIL FISCHERS Eingreifen zu verdanken, daß wir nun die Existenz von Trillionen verschiedener Eiweißarten begreifen und daß man für ein so einfaches Gebilde, wie der Traubenzucker es ist, 10 Modifikationen durch Formeln wiedergeben kann, Erkenntnisse, die bei der Bedeutung dieser Stoffe für unsere Ernährung sehr wichtige Neueinstellungen in bezug auf die Verwertung hervorgerufen hatten. Auch die unendliche Anzahl von Glykosiden zu übersehen ist nun möglich, und wenn wir heute durch den Schmuck der Blütenpracht erfreut werden, der Chemiker ist imstande, an der Hand von WILLSTÄTTERS Untersuchungen über das Auftreten verschiedenartigster Farben Rechenschaft abzulegen, gleiches gilt für die Wohlgerüche, deren Industrie sich aus den primitiven Anfängen vor 100 Jahren dank der Arbeiten O. WALLACHS zu einer mächtig blühenden entwickelt hat. Nicht unerwähnt darf bleiben, daß erst durch die Erschaffung der Mikroanalyse, namentlich durch A. PREGL, und durch die der dazugehörigen Apparate die Möglichkeit gegeben war, Stoffe analytisch zu charakterisieren, die oft aus unendlich großen Quantitäten eines Naturprodukts sehr häufig in unendlich kleiner Menge mühsam herausgearbeitet worden waren, worin sich eine große Ähnlichkeit mit den Arbeiten über die selten vorkommenden Elemente, namentlich z. B. des Radiums erweist. Ist nun mit der Möglichkeit an Hand unserer Konstitutionsformeln einen Überblick über die Gruppen der in der Pflanze und im Tier vorkommenden Stoffe zu gewinnen, auch ein bestimmtes Ziel erreicht worden, so stellt dasselbe doch keinen Abschluß vor. Unsere Formulierungen kommen zwar der Wirklichkeit bereits nahe, denn sonst wäre es wohl nicht möglich gewesen, auf Grund derselben die Synthese zahlloser Naturprodukte mit schönstem Erfolge in wissenschaftlicher wie wirtschaftlicher Beziehung auszuführen. Daß sie trotzdem nur ein Notbehelf und verbesserungsfähig sind, zeigen die Bindungsstriche, die wir zwischen den einzelnen Atomen anzubringen uns gewöhnt haben und die ganz gewiß nicht der Wirklichkeit entsprechen, deren Größe z. B., wenn wir sie uns in Kräfte verwandelt denken, unbestimmt ist. Hier werden physikalische Methoden, namentlich die Untersuchung der kristallisierten Stoffe mit Röntgenstrahlen, eine Änderung hervorbringen, aber auch in das Gebiet der Kolloide, das vor 100 Jahren unbekannt war, durch Th. Graham[1]) 1851 erschlossen und heute intensiv beackert wird, weil es Chemikern und Biologen gleich wichtig ist, muß die physikalische Chemie hineinleuchten. Doch ist auch die Erkenntnis der Konstitution — vielfach fehlt ja auch diese noch — nicht ausreichend für das Erkennen von Zusammenhängen, denn wenn die Synthese auch gelingt, die hierzu verwendeten Methoden haben gewiß wenig oder nichts gemein mit dem natürlichen Geschehen, das gilt für das Alizarin und den Indigo ebenso wie für die eisenführende Komponente des Blutfarbstoffs und für die Alkaloide, deren recht genaue Kenntnis uns deutlich vor Augen führt, daß wir trotz Aufdeckung ihrer Konstitution über ihre genetischen Zusammenhänge nichts wissen, wie uns das Vorkommen chemisch scheinbar nicht verwandter Stoffe in ein und derselben Pflanzenfamilie lehrt. Diesen nachzugehen ist der Chemie der Zukunft vorbehalten, liegt doch ein wesentlicher Unterschied gegenüber der anorganischen Chemie gerade darin, daß die organische das Entstehen der natürlichen Stoffe verfolgen muß und kann, was auch in technologischer Hinsicht von Bedeutung ist, insofern der organische Teil nicht nur auf die Veredelung vorhandener Stoffe einzugehen hat, sondern auf das Hervorbringen von Nahrungs- und Genußmitteln sowie Gebrauchsgegenständen einen Einfluß zu gewinnen suchen muß, und bei diesem Bestreben wird die Chemie der Mikroorganismen in den Vordergrund treten. Dürften sie es doch sein, die uns ganz abgesehen von den Stoffen, die uns diejenigen unter ihnen, die wir bereits als kleine Haustiere züchten, liefern, die in neuester Zeit so großes Aufsehen erregenden Vitamine liefern, die wir dann indirekt schließlich mit unserer Nahrung aufnehmen, während die den normalen Ablauf physiologischer Vorgänge in einem jeden Organismus regelnden Hormone von den betreffenden Lebewesen selbst erzeugt werden, was auch für die Enzyme gilt. Vitamine und Hormone und dereinst vielleicht auch Enzyme zu synthetisieren, auch hier Kunstprodukte an Stelle der natürlichen Stoffe zu setzen, wie das mit Arzneistoffen, abgesehen von den im Serum auftretenden Antitoxinen geschehen ist, ist aber augenblicklich eine Aufgabe, deren Lösung von vielen erstrebt wird. Wenn wir uns nun immer bewußt bleiben, daß die Natur unsere Lehrmeisterin war und daß wir sie nie übertrumpfen können, daß sie trotz aller Errungenschaften uns immer wieder vor neue Aufgaben stellen wird, so dürfen wir auch daran gehen, ihre Geheimnisse zu ergründen, und als Aufgabe der Zukunft erscheint die Aufstellung eines Systems der Einteilung der Lebewesen auf chemischer Grundlage, denn es müssen doch wohl die Organismen zusammengehören und sich auseinander entwickelt haben, die gleichen Stoffwechsel aufweisen.

Der ungeheuren Entwicklung der ganzen Chemie zu folgen und neue Errungenschaften nutzbar zu machen, haben sich auch die Stuttgarter Chemiker zu allen Zeiten angelegen sein lassen. So hat Fehling bereits mitgeholfen, einige Institute zu gründen, in denen technische, für das Leben wichtige Fragen

---

[1]) Liebigs Ann. Bd. 77, S. 56. 1851.

auf analytisch-chemischer Grundlage behandelt wurden, Institute, die heute selbständig geworden sind. Wir erkennen dies Bestreben auch aus den schriftstellerischen Leistungen, wie dem großen Handwörterbuch, das FEHLING begründet und dann von HELL und HAEUSSERMANN unter Unterstützung der Privatdozenten KAUFFMANN und BAUER fortgesetzt wurde.

Experimentelle Arbeit konnte natürlich nur auf beschränkten Gebieten geleistet werden, und da wäre hervorzuheben, daß auch in Stuttgart allem Neuen größtes Interesse entgegengebracht wurde. So sind die durch PETER GRIES' Entdeckung der (wie wir heute sagen) Diazoniumverbindungen zugänglich gewordenen Azofarbstoffe ein Arbeitsgebiet von MARX und EUGEN FISCHER geworden — eine Auswahl derselben erschien auch auf der Ausstellung chemischer Präparate, die 1864 gelegentlich der Einweihung des Hauptgebäudes in der Alleenstraße veranstaltet wurde, neben natürlichen Farbstoffen und Alkaloidpräparaten. Hier prangte übrigens auch eine Osmazomschokolade von WALDBAUR, die wohl in Anlehnung an die von BRILLAT-SAVARIN bereits 1825 hervorgehobene Wichtigkeit jenes überaus schmackhaften Fleischbestandteils fabriziert wurde, dessen Entdeckung der „größte Dienst gewesen ist, den die Chemie der Ernährungswissenschaft geleistet hat". Für den Chemiker ist auch interessant, daß bei der gleichen Gelegenheit vom Architekten CONRAD DOLLINGER die Fassade des Palastes „Rucellai" in Florenz ausgestellt wurde, jenes Deutschen, der sich durch Verbesserung der Verfahren aus den Mittelmeerflechten den „Orseille"-Farbstoff herauszuarbeiten, einen Namen gemacht hatte.

HELL hat den durch KEKULÉS geniale Idee über ihre chemische Natur berühmt gewordenen „aromatischen Stoffen" zahlreiche Experimentaluntersuchungen gewidmet, er gewann aber auch der Chemie der Fettsäuren und ähnlichen Stoffen neue Seiten ab. HAEUSSERMANN erwarb sich Verdienste um die Entwicklung der technologischen Chemie namentlich auf dem Gebiet der Sprengstoffe. E. MÜLLER führte die experimentelle Elektrochemie an unserer Hochschule ein, A. GUTBIER suchte auf dem Gebiete der Kolloide neue Erkenntnisse zu sammeln und verschaffte, dem Zuge der Zeit folgend, der anorganischen Chemie einen höheren Einfluß.

H. KAUFFMANN, J. SCHMIDT, H. BAUER und E. ENGLISCH haben bei ihrer Habilitation auch eine experimentelle Arbeit als Grundlage eingereicht, während noch PHILIPP und SPINDLER sich mit einer Zusammenstellung von Ergebnissen über ein größeres Kapitel begnügen durften und eine Habilitationsschrift in noch früheren Zeiten überhaupt nicht gefordert wurde. So sind die Ansprüche gewachsen, die zur Lehrbetätigung berechtigen, und es ist selbstverständlich, daß entsprechend hohe Leistungen von den Ordinarien gefordert werden und wiederum entsprechend hohe von allen ihren Schülern. Ob die Tätigkeit des gesamten Lehrkörpers der Technischen Hochschule, dem ja auch die Angehörigen des Forschungsinstituts für Textilchemie in Reutlingen angeschlossen sind, allen Erwartungen entsprochen haben wird, muß die weitere Entwicklung im 20. Jahrhundert lehren.

Wir hoffen, daß das Urteil nach weiteren 100 Jahren ein günstiges sein werde.

Aus der Differentialgeometrie der Schraubenscharen.

Von

Frank Löbell, Stuttgart.

Der Hauptzweck der folgenden Zeilen ist, zu zeigen, wie sich die differentialgeometrische Theorie der einparametrigen Mannigfaltigkeiten von Schrauben sehr kurz und einfach als vollkommenes Analogon der kinematischen Differentialgeometrie der Raumkurven entwickeln läßt; dabei ist zunächst nur an Gebilde des dreidimensionalen euklidischen Raumes gedacht. Das Wort „*Schraube*" ist hier in dem Sinne von Hyde[1]) verstanden, der mit „screw" das geometrische Substrat eines momentanen Geschwindigkeitszustandes des starr bewegten Raumes[2]) einerseits oder eines an einem starren Körper angreifenden Kräftesystemes[3]) andrerseits bezeichnete; im abstrakten Sinn ist also der Begriff der Schraube, wie er hier verwendet werden soll, gleichbedeutend mit dem Grassmannschen Begriff der Stabsumme[4]) in der Punktrechnung[5]) oder mit dem Studyschen Begriff des Motors[6]) in der v. Misesschen Motorrechnung[7]).

---

1) Hyde, The directional theory of screws. Ann. of math. Bd. 4, S. 137ff. 5. Okt. 1888. Hyde erklärt seinen Begriff der Schraube im Anschluß an eine Ausdrucksweise von Sir Robert Ball (s. die beiden folgenden Fußnoten). Vgl. H. Grassmann d. J., Schraubenrechnung und Nullsystem, S. 4. Habilitationsschrift Halle 1899; H. Grassmann d. J. gebraucht das Wort Schraube im Hydeschen Sinne.

2) „Twist upon a screw" bei Sir Robert Ball, A treatise on the theory of screws, S. 7. Cambridge 1900. [Das Wort „screw" allein bedeutet bei Ball dasselbe wie „Gewinde" („linearer Komplex", „Nullsystem"); erst die Vereinigung von „screw" mit „twist" oder „wrench" gibt den Sinn „Schraube".] Von seiner kinematischen Bedeutung ausgehend führte Clifford für den Begriff der Schraube (im Sinne des Textes) die Bezeichnung „Motor" ein; Math. pap. (s. Fußn. 1, S. 211) p. 183.

3) „Wrench on a screw" in der Ballschen Schraubentheorie, l. c. S. 10. Seine mechanische Bedeutung hervorhebend gab Plücker dem Begriff der Schraube (im Sinne des Textes) die Benennung „Dyname"; Neue Geometrie des Raumes, S. 24. Leipzig 1868.

4) H. Grassmann, Die Ausdehnungslehre, S. 220ff. Berlin 1862; vgl. auch schon S. 175ff. und H. Grassmann, Die lineare Ausdehnungslehre, S. 172ff. Leipzig 1844. — Auch in der Punktrechnung wird die Bezeichnung „Schraube" für den Begriff der Stabsumme gebraucht; s. Lotze, Systeme geometrischer Analyse II. Enz. d. math. Wiss. IIIAB 11, 34e, S. 1514ff.

5) R. Mehmke, Vorl. ü. Punkt- und Vektorrechnung I. Leipzig und Berlin 1913. Viele Anwendungen der Schraubenrechnung gibt Lotze in seiner Schrift: Die Grundgleichungen der Mechanik, insbesondere starrer Körper, neu entwickelt mit Grassmanns Punktrechnung. Leipzig und Berlin 1922.

6) Study, Geometrie der Dynamen, S. 51f. Leipzig 1903.

7) v. Mises, Motorrechnung, ein neues Hilfsmittel der Mechanik. Z. ang. Math. Mech. Bd. 4, S. 155ff. 1924. — S. auch Handbuch der Physik, herausgegeben von H. Greiner und K. Scheel Bd. IV, S. 247ff. Berlin 1927.

Als ein besonders geeignetes Hilfsmittel zur Untersuchung der Beziehungen von Schrauben untereinander hat sich eine der drei Arten der von CLIFFORD[1]) eingeführten „*dualen Zahlen*"[2]) erwiesen, deren Verwendungsmöglichkeiten in der Geometrie besonders STUDY[3]) erforscht hat; es ist dabei höchst bequem, daß die dualen Vektoren, durch die man die Schrauben darstellen kann, genau denselben Rechengesetzen folgen wie die gewöhnlichen Vektoren, und daß sich die geometrische Deutung der Formeln der gewöhnlichen Vektorrechnung bei Beachtung gewisser Vorsichtsmaßregeln leicht auf die entsprechenden, im Kalkül der dualen Vektoren auftretenden Beziehungen übertragen läßt[4]). Diese bekannte Tatsache, in der sich eine weitreichende, eben von STUDY[5]) gründlich untersuchte Korrespondenz zwischen der Geometrie der Punkte und der Geometrie der Schrauben offenbart, hat die Anregung zu dem im folgenden dargelegten kleinen Versuch gegeben, für die Gebiete der Raumkurven einerseits und der Schraubenscharen andererseits diesen Parallelismus etwas näher zu betrachten, dem man bisher nur für die mit den Regelflächen identischen, aus „Einheitsschrauben" bestehenden Scharen, die das Analogon der sphärischen Kurven sind, nachgegangen zu sein scheint[6]).

Trotzdem nach dem Gesagten das Rechnen mit dualen Größen eigentlich als bekannt vorausgesetzt werden dürfte, mögen, der größeren Bequemlichkeit wegen, zunächst die wichtigsten Tatsachen aus diesem Gebiete in aller Kürze, meistens ohne Ausführung der Beweise, auseinandergesetzt werden, ehe die Ableitung der Grundformeln der kinematischen Theorie der Schraubenscharen gegeben wird; als eine Anwendung soll zum Schluß ein alter Satz von JACOBI über das Hauptnormalenbild einer geschlossenen Raumkurve auf gewisse Schraubenscharen mit geschlossenem sphärischen Bild der Tangentenschrauben übertragen werden.

I. Duale Zahlen und duale Vektoren.

Die im folgenden verwendeten *dualen Größen* sind Ausdrücke von der Form

$$A = \bar{A} + \varepsilon \bar{\bar{A}}, \tag{1}$$

wo $\bar{A}$ und $\bar{\bar{A}}$ entweder beides Zahlen im gewöhnlichen Sinn oder beides Vektoren im gewöhnlichen Sinn bedeuten; im ersten Fall haben wir eine duale Zahl, im zweiten einen dualen Vektor vor uns. Das Symbol ε wird durch die folgende Forderung definiert: Es soll mit den dualen Zahlen und Vektoren so

[1]) CLIFFORD, Preliminary sketch of biquaternions. Proc. London Math. Soc. Bd. 4, S. 381—395. 1873. (Oder: Mathematical papers, p. 181—200. London 1882.)

[2]) Nämlich die der „parabolischen Zahlen" nach Herrn MEHMKE. Vgl. auch BETSCH, Systeme geometrischer Analyse II. Enz. d. math. Wiss. III A B 11, 38, S. 1556ff.

[3]) Hauptsächlich in dem in Fußnote 6 auf S. 210 zitierten Werke (s. dort besonders S. 195ff.). Den ersten Hinweis auf sein „Übertragungsprinzip" macht STUDY in seiner Abhandlung: Eine neue Darstellung der Kräfte der Mechanik durch geometrische Figuren. Ber. d. K. Sächs. Ges. d. Wiss., Math.-phys. Klasse 1899, S. 29—67. — Vgl. auch E. MÜLLER, Ein Übertragungsprinzip des Herrn E. STUDY. Arch. d. Math. u. Phys. Bd. 5, S. 104ff. 1903.

[4]) Eine einfache Darstellung des Rechnens mit dualen Vektoren gibt W. BLASCHKE, Vorl. ü. Differentialgeometrie I, S. 190ff. Berlin 1921.

[5]) s. Fußnote 3 diese Seite. [6]) S. BLASCHKE, l. c. S. 193ff.

gerechnet werden, als ob ε ein Skalar im gemeinen Sinne wäre, es soll dabei aber stets

$$\varepsilon^2 = 0 \tag{2}$$

gesetzt werden, ohne daß jedoch ε selbst gleich Null wäre.

Man kann beweisen, daß dies Verfahren nie zu Widersprüchen führen kann, daß also insbesondere alle Formeln der Vektorrechnung auch für duale Vektoren gelten, wenn man das eine beachtet, daß die Division durch ε keinen Sinn hat; dieser Beweis ist wohl am einfachsten dadurch zu erbringen[1]), daß man vorübergehend ε durch eine gewöhnliche komplexe Zahl ersetzt, die aber als in gewissen Grenzen frei veränderlich anzusehen ist. Man gelangt durch weitere Verfolgung dieses Gedankens zu dem STUDYschen Begriff der synektischen Funktion[2]) einer dualen Zahl, der erklärt wird durch die Gleichung[3])

$$f(z) = f(\bar{z}) + \varepsilon \bar{\bar{z}} f'(\bar{z}), \tag{3}$$

wo $f(\zeta)$ eine analytische Funktion des komplexen Argumentes ζ (im gewöhnlichen Sinne) ist, die an der Stelle $\zeta = \bar{z}$ regulär ist; bei Beachtung dieses Umstandes bleiben, wie sich zeigt, alle Identitäten der Funktionentheorie gültig.

Aus der Definition von ε folgt, daß zwei duale Größen $\bar{A} + \varepsilon\bar{\bar{A}}$ und $\bar{B} + \varepsilon\bar{\bar{B}}$ dann und nur dann gleich sind:

$$\bar{A} + \varepsilon\bar{\bar{A}} = \bar{B} + \varepsilon\bar{\bar{B}},$$

wenn

$$\bar{A} = \bar{B} \quad \text{und} \quad \bar{\bar{A}} = \bar{\bar{B}}$$

ist. Hiernach ist sowohl der von ε freie Teil wie der mit ε behaftete Teil jeder dualen Größe eindeutig bestimmt, so daß wir diese beiden Teile als den ersten und den zweiten Teil der dualen Größe voneinander unterscheiden können.

Im folgenden wollen wir uns auf den Gebrauch solcher dualer Größen beschränken, deren beide Teile reelle Zahlen oder Vektoren sind.

Der Wert der dualen Größen entspringt aus der *Darstellbarkeit der Schrauben durch die dualen Vektoren*[4]). Es ist dazu zunächst die Wahl eines Bezugspunktes O nötig; dann soll der Geschwindigkeitszustand, dessen momentane Winkelgeschwindigkeit $\bar{\mathfrak{a}}$ ist und der dem Punkt O die Geschwindigkeit $\bar{\bar{\mathfrak{a}}}$ erteilt, ebenso wie das Kraftsystem, dessen Resultante $\bar{\mathfrak{a}}$ und dessen Moment in bezug auf O $\bar{\bar{\mathfrak{a}}}$ ist, dem dualen Vektor

$$\mathfrak{a} = \bar{\mathfrak{a}} + \varepsilon\bar{\bar{\mathfrak{a}}}$$

zugeordnet werden. Diese Zuordnung ist bekanntlich, sobald man sich entweder auf die Geschwindigkeitszustände oder auf die Kraftsysteme beschränkt, nach

---

1) Natürlich könnte man auch in der Art, wie HAMILTON das Rechnen mit den gemeinen komplexen Zahlen zum erstenmal ausreichend begründete, die dualen Größen zunächst als Paare von Zahlen oder Vektoren einführen.

2) STUDY, l. c. S. 199, wo der Begriff noch allgemeiner gefaßt wird als hier; vgl. BLASCHKE, l. c. S. 191.

3) Als praktische Rechenregel kann man angeben: $f(\bar{z} + \varepsilon\bar{\bar{z}})$ ist formal in eine TAYLORsche Reihe nach $\varepsilon\bar{\bar{z}}$ zu entwickeln; dabei und auch sonst überhaupt beim Rechnen mit dualen Größen ist ε so zu behandeln, als ob es eine „unendlich kleine" Größe wäre, deren Potenzen von der zweiten an zu „vernachlässigen" sind (CLIFFORD, F. KLEIN).

4) STUDY, l. c. S. 199ff.

fester Wahl von O umkehrbar eindeutig. In der Sprache der Motorrechnung sind $\bar{\mathfrak{a}}$ und $\bar{\bar{\mathfrak{a}}}$ die Komponenten des den genannten Geschwindigkeitszustand oder das genannte Kraftsystem darstellenden Motors für den Bezugspunkt O[1]).

Die große Bedeutung dieser Abbildung der Geschwindigkeitszustände und Kraftsysteme oder, wie wir zusammenfassend sagen wollten, der Schrauben auf die dualen Vektoren mit Hilfe eines Bezugspunktes beruht darauf, daß auch den mit den dualen Größen vorzunehmenden Rechenoperationen wichtige Verknüpfungen zwischen den durch sie dargestellten Schrauben entsprechen.

Der *Addition* zweier dualer Vektoren $\mathfrak{a}$ und $\mathfrak{b}$,

$$\mathfrak{a} + \mathfrak{b},$$

entspricht die Superposition der ihnen zugeordneten Geschwindigkeitszustände oder Kraftsysteme.

Ferner überlegt man sich leicht, daß die *Multiplikation einer dualen Zahl* ϱ *mit einem dualen Vektor* $\mathfrak{a}$,

$$\varrho\mathfrak{a},$$

die Achse der Schraube $\mathfrak{a}$ ungeändert läßt; durch passende Wahl von ϱ kann man in dem Fall, daß $\mathfrak{a}$ einen Geschwindigkeitszustand darstellt, den Betrag der Winkelgeschwindigkeit und die Gleitgeschwindigkeit, in dem Fall, daß $\mathfrak{a}$ ein Kraftsystem darstellt, den Betrag der Resultante und das Moment der Kräfte um die Zentralachse in beliebig vorgeschriebener Weise abändern, wobei, falls der zweite Teil von ϱ verschwindet, der Parameter[2]) $\frac{\bar{\mathfrak{a}}\bar{\bar{\mathfrak{a}}}}{\bar{\mathfrak{a}}^2}$ der Schraube ungeändert bleibt. Der Nachweis der Richtigkeit dieser Behauptung ist leicht, wenn man bedenkt, daß $\frac{[\bar{\mathfrak{a}}\bar{\bar{\mathfrak{a}}}]}{\bar{\mathfrak{a}}^2}$ der Vektor der Verschiebung von O nach der Projektion von O auf die Achse von $\mathfrak{a}$ ist.

Weiter findet man

$$\mathfrak{a}^2 = \bar{\mathfrak{a}}^2 + 2\varepsilon\bar{\mathfrak{a}}\bar{\bar{\mathfrak{a}}};$$

hieraus folgt, wenn $\bar{\mathfrak{a}} \neq 0$ ist:

$$\sqrt{\mathfrak{a}^2} = |\bar{\mathfrak{a}}| + \varepsilon\frac{\bar{\mathfrak{a}}\bar{\bar{\mathfrak{a}}}}{|\bar{\mathfrak{a}}|}.$$

(Das Vorzeichen der Wurzel soll hier immer so bestimmt werden, daß ihr erster Teil positiv wird.)

Je nach der Deutung des dualen Vektors $\mathfrak{a}$ ist, wie man leicht nachprüft, $|\bar{\mathfrak{a}}|$ der Betrag der Winkelgeschwindigkeit oder der Kraftresultante und $\frac{\bar{\mathfrak{a}}\bar{\bar{\mathfrak{a}}}}{|\bar{\mathfrak{a}}|}$ die Gleitgeschwindigkeit oder das Kraftmoment um die Zentralachse. Deshalb heißt $\sqrt{\mathfrak{a}^2}$ die *duale Länge* von $\mathfrak{a}$ ($\bar{\mathfrak{a}} \neq 0$). Die Analogie zur gewöhnlichen Vektorrechnung wird deutlich, wenn man sich klarmacht, daß $\sqrt{\mathfrak{a}^2}$ gerade die Invarianten der Schraube $\mathfrak{a}$ gegenüber Bewegungen umfaßt.

Die Auffindung der geometrischen Deutungen des skalaren und des vektoriellen Produktes kann man sich erleichtern, wenn man den Bezugspunkt O passend wählt; daß man dies darf, erkennt man, wenn man sich fragt, welchen

[1]) v. Mises, l. c. S. 161.
[2]) In Balls Theorie: „pitch"; l. c. S. 6f.

Einfluß die *Verlegung von O* auf die Produktbildungen hat. Dazu muß man zunächst wissen, wie sich der einzelne duale Vektor hierbei transformiert; man findet: Wenn der neue Bezugspunkt $O' = O + \bar{\mathfrak{c}}$ ist, so stellt $\mathfrak{a}' = \mathfrak{a} + \varepsilon[\mathfrak{a}\mathfrak{c}]$ zusammen mit O' dieselbe Schraube dar wie $\mathfrak{a}$ in Verbindung mit O. Durch einfaches Ausrechnen überzeugt man sich nun, daß sich das skalare Produkt $\mathfrak{a}\mathfrak{b}$ gar nicht und das Vektorprodukt $[\mathfrak{a}\mathfrak{b}]$ wie jeder einzelne Faktor ändert; daraus erhellt die Unabhängigkeit der Bedeutung der beiden Multiplikationsarten von der Lage von O.

Die Deutung des *skalaren Produktes zweier dualer Vektoren* $\mathfrak{a}$ und $\mathfrak{b}$ wird einfacher, wenn wir uns zunächst auf duale Einheitsvektoren $\mathfrak{a}$ und $\mathfrak{b}$ beschränken, d. h. solche, für die $\mathfrak{a}^2 = 1$ und $\mathfrak{b}^2 = 1$ ist; jeder duale Vektor $\mathfrak{c}$, für den $\bar{\mathfrak{c}} \neq 0$ ist, läßt sich durch Division durch $\sqrt{\mathfrak{c}^2}$ in einen dualen Einheitsvektor verwandeln. Zwei solche dualen Vektoren bestimmen einen „*dualen Winkel*" φ[1]; dies soll hier nur für den Fall deutlich gemacht werden, daß die Achsen von $\mathfrak{a}$ und $\mathfrak{b}$, die wegen der Voraussetzung $\bar{\mathfrak{a}} \neq 0$ und $\bar{\mathfrak{b}} \neq 0$ eigentliche Geraden sind, nicht parallel sind, daß also sogar $\overline{[\mathfrak{a}\mathfrak{b}]} \neq 0$ ist. Dann haben diese Achsen genau ein gemeinsames Lot; auf diesem setzen wir diejenige Richtung als positiv fest, die mit dem Sinn der kleinsten Drehung $\bar{\varphi}$, die $\bar{\mathfrak{a}}$ in $\bar{\mathfrak{b}}$ überführt, eine Rechtsschraube bildet. Auf der so gerichteten Geraden messen wir die Verschiebung $\bar{\bar{\varphi}}$, die den Fußpunkt der Achse von $\mathfrak{a}$ mit dem der Achse von $\mathfrak{b}$ zur Deckung bringt. Als dualer Winkel von $\mathfrak{a}$ und $\mathfrak{b}$ wird dann die duale Zahl

$$\varphi = \bar{\varphi} + \varepsilon\bar{\bar{\varphi}}$$

erklärt. Eine geometrische Überlegung ergibt hierauf:

$$\mathfrak{a}\mathfrak{b} = \cos\varphi\,.$$

Dies kann leicht auch auf die Fälle übertragen werden, in denen $\mathfrak{a}$ und $\mathfrak{b}$ keine Einheitsvektoren sind; man findet allgemein[2]:

$$\mathfrak{a}\mathfrak{b} = \sqrt{\mathfrak{a}^2}\,\sqrt{\mathfrak{b}^2}\cos\varphi\,, \tag{4}$$

und man sieht ohne weiteres, daß diese Formel auch dann noch gilt, wenn $\mathfrak{a}$ und $\mathfrak{b}$ parallele Achsen haben (in welchem Falle $\bar{\bar{\varphi}}$ den Abstand der beiden Achsen bedeuten soll).

Wieder fällt die *Analogie mit der gewöhnlichen Vektorrechnung* auf[3]: Die drei dualen Zahlen $\mathfrak{a}^2$, $\mathfrak{b}^2$, $\mathfrak{a}\mathfrak{b}$ bilden ein vollständiges System von Invarianten für die aus den beiden Schrauben $\mathfrak{a}$ und $\mathfrak{b}$ bestehende Figur gegenüber der Gruppe der Bewegungen des euklidischen Raumes, vorausgesetzt, daß die beiden Schrauben eigentliche Achsen haben.

Die oben unter der Voraussetzung $\overline{[\mathfrak{a}\mathfrak{b}]} \neq 0$ eingeführte gerichtete gemeinsame Senkrechte der Achsen von $\mathfrak{a}$ und $\mathfrak{b}$ bestimmt eindeutig einen dualen Einheitsvektor $\mathfrak{n}$, dessen Achse sie ist. Eine geometrische Betrachtung lehrt,

[1]) STUDY, l. c. S. 205. [2]) STUDY, l. c. S. 205; s. auch BLASCHKE, l. c. S. 193.
[3]) Hieraus hat STUDY sehr weitreichende Folgerungen gezogen; vgl. z. B. l. c. S. 208ff.

daß das *vektorielle Produkt der beiden dualen Vektoren* $\mathfrak{a}$ und $\mathfrak{b}$ (unter der angegebenen Bedingung)[1])

$$[\mathfrak{a}\mathfrak{b}] = \mathfrak{n}\sin\varphi \tag{5}$$

ist.

Sind $\mathfrak{a}$ und $\mathfrak{b}$ zwei duale Vektoren mit eigentlichen Achsen (d. h. solche, für die $\bar{\mathfrak{a}} \neq 0$ und $\bar{\mathfrak{b}} \neq 0$ ist), so erweist sich

$\mathfrak{a}\mathfrak{b} = 0$ als notwendige und hinreichende Bedingung dafür, daß diese *Achsen sich senkrecht schneiden*[2]), (6)

$[\mathfrak{a}\mathfrak{b}] = 0$ als notwendige und hinreichende Bedingung dafür, daß diese *Achsen zusammenfallen*[3]). (7)

Es seien jetzt nur noch die folgenden weiteren Beziehungen angegeben: Die dualen Vektoren

$$\alpha\mathfrak{a} + \beta\mathfrak{b}, \tag{8}$$

wo $\mathfrak{a}$ und $\mathfrak{b}$ zwei feste duale Vektoren sind, für die $\overline{[\mathfrak{a}\mathfrak{b}]} \neq 0$ ist, und wo α und β zwei unabhängig voneinander unbeschränkt veränderliche duale Zahlen bedeuten, stellen, wenn α und β nicht zugleich verschwinden, *Schrauben* dar, *deren Achsen das gemeinsame Lot n der Achsen von $\mathfrak{a}$ und $\mathfrak{b}$ senkrecht schneiden*[4]), und umgekehrt läßt sich auch jede derartige Schraube in der angegebenen Form darstellen. In der Tat ergibt die skalare Multiplikation von $\alpha\mathfrak{a} + \beta\mathfrak{b}$ mit $[\mathfrak{a}\mathfrak{b}]$ 0; da aber $[\mathfrak{a}\mathfrak{b}]$ n zur Achse hat, so ist nach (6) der erste Teil der Behauptung bewiesen. Die Richtigkeit des zweiten Teils erkennt man wohl am einfachsten mit Hilfe der sog. Zerlegungsformel: $[[\mathfrak{a}\mathfrak{b}]\mathfrak{c}] = \mathfrak{b}\cdot\mathfrak{a}\mathfrak{c} - \mathfrak{a}\cdot\mathfrak{b}\mathfrak{c}$, die nach den Erörterungen am Anfang von Abschnitt I auch für duale Vektoren gilt; durch geeignete Wahl von $\mathfrak{c}$ kann man es nämlich erreichen, daß man links einen beliebigen dualen Vektor erhält, dessen Achse n senkrecht schneidet, oder ein ebenes Strahlenjeder solche hat also wirklich die Form $\alpha\mathfrak{a} + \beta\mathfrak{b}$.

(Durchlaufen α und β nur alle (reellen) Zahlen im gewöhnlichen Sinn, so bilden, wie sich zeigen läßt, die Achsen der Schrauben $\alpha\mathfrak{a} + \beta\mathfrak{b}$ eine Strahlenkette im Sinne STUDYS, d. h. entweder ein Zylindroid (PLÜCKERsches Konoid) oder ein ebenes Strahlenbüschel[5]).

Mittels dreier fest gegebener dualer Vektoren $\mathfrak{a}$, $\mathfrak{b}$, $\mathfrak{c}$, für die $\overline{\mathfrak{a}\mathfrak{b}\mathfrak{c}} \neq 0$ ist, und mit Hilfe von drei geeigneten dualen Zahlen α, β, γ kann *jeder beliebige duale Vektor in der Form*

$$\alpha\mathfrak{a} + \beta\mathfrak{b} + \gamma\mathfrak{c} \tag{9}$$

dargestellt werden, und zwar nur auf eine Weise; die Bestimmung der Zahlen α, β, γ geschieht wie in der gewöhnlichen Vektorrechnung am besten mittels des Tripels der zu den Schrauben $\mathfrak{a}$, $\mathfrak{b}$, $\mathfrak{c}$ reziproken Schrauben

$$\mathfrak{a}^* = \frac{[\mathfrak{b}\mathfrak{c}]}{\mathfrak{a}\mathfrak{b}\mathfrak{c}}, \quad \mathfrak{b}^* = \frac{[\mathfrak{c}\mathfrak{a}]}{\mathfrak{a}\mathfrak{b}\mathfrak{c}}, \quad \mathfrak{c}^* = \frac{[\mathfrak{a}\mathfrak{b}]}{\mathfrak{a}\mathfrak{b}\mathfrak{c}}, \tag{10}$$

deren Achsen, nebenbei bemerkt, die gemeinsamen Lote der Achsen von $\mathfrak{a}$, $\mathfrak{b}$, $\mathfrak{c}$ sind.

---

1) Vgl. STUDY, l. c. S. 205.
2) STUDY, l. c. S. 202; BLASCHKE, l. c. S. 193.
3) Vgl. v. MISES, l. c. S. 165.
4) STUDY, l.c. S. 206.
5) LOTZE, Die Grundgleichungen der Mechanik, S. 48. Leipzig und Berlin 1922.

Schließlich sei noch auf eine kinematische Formel hingewiesen: Unter einem starren Schraubenkörper wollen wir eine Menge von Schrauben verstehen, die sich so bewegen, daß die aus zwei beliebigen dieser Schrauben gebildete Figur stets zu sich selbst kongruent bleibt: Fassen wir eine bestimmte Bewegung eines starren Schraubenkörpers S ins Auge, so gibt es — unter gewissen Differenzierbarkeitsbedingungen — zu jeder Zeit t eine *„momentane Geschwindigkeitschraube"* $\mathfrak{s}$ von der Art, daß, wenn $\mathfrak{x}$ eine beliebige zu S gehörende Schraube bezeichnet,

$$\dot{\mathfrak{x}} = [\mathfrak{s}\mathfrak{x}] \tag{11}$$

ist[1]). Es folge hier ein Beweis für diesen Satz, der durch einige kleine Änderungen der Ausdrucksweise in eine Herleitung der analogen Formel für die Drehung eines starren Körpers um einen festen Punkt verwandelt werden könnte[2]): Nach dem oben über die Bewegungsinvarianten Gesagten kann man einen starren Schraubenkörper S dadurch definieren, daß für zwei beliebige ihm angehörende Schrauben $\mathfrak{x}'$ und $\mathfrak{x}''$ gilt:

$$\mathfrak{x}'\mathfrak{x}'' = \text{const}, \tag{12}$$

und zwar auch, wenn $\mathfrak{x}' = \mathfrak{x}''$ ist. Nun wählen wir drei Schrauben $\mathfrak{x}_1$, $\mathfrak{x}_2$, $\mathfrak{x}_3$ aus, die zu S gehören und deren Achsen eigentliche Geraden sind, die sich zu einer gewissen Zeit senkrecht schneiden; wegen (12) und (6) behalten sie diese Eigenschaft immer bei. Da zudem

$$\mathfrak{x}_i^2 = \text{const} \qquad (i = 1, 2, 3)$$

ist, so folgt durch Differentiation

$$\mathfrak{x}_i \dot{\mathfrak{x}}_i = 0;$$

folglich gibt es, wie man nach (6) und (5) leicht erkennt, Schrauben $\mathfrak{s}_i$ von der Beschaffenheit, daß

$$\dot{\mathfrak{x}}_i = [\mathfrak{s}_i \mathfrak{x}_i] \tag{13}$$

---

[1]) v. MISES, l. c. S. 163f. u. S. 175ff.; v. MISES, Anwendungen der Motorrechnung. Z. ang. Math. Mech. Bd. 4, S. 195, Gleich. (4). 1924.

[2]) Die von JAUMANN (Die Grundlagen der Bewegungslehre, S. 157f. Leipzig 1905) gegebene Ableitung dieser Formel ließe sich, nach kleinen nötigen Verbesserungen, ebenfalls auf die dualen Vektoren übertragen. — Zu einem anderen Beweis gelangt man, wenn man zunächst (11) als bloße Vermutung annimmt. Es seien dann $\mathfrak{y}_1, \mathfrak{y}_2, \mathfrak{y}_3$ drei Schrauben von S, für die $\overline{\mathfrak{y}_1 \mathfrak{y}_2 \mathfrak{y}_3} \neq 0$ ist, so daß es drei zu ihnen reziproke Schrauben $\mathfrak{y}_1^*, \mathfrak{y}_2^*, \mathfrak{y}_3^*$ gibt. Für sie gilt, wenn die Vermutung (11) richtig ist, $\dot{\mathfrak{y}}_i = [\mathfrak{s}\,\mathfrak{y}_i]$; hieraus würde durch vektorielle Multiplikation mit $\mathfrak{y}_i^*$ und Summation

$$\sum_i [\mathfrak{y}_i^* \mathfrak{y}_i] = \sum_i [\mathfrak{y}_i^* [\mathfrak{s}\,\mathfrak{y}_i]] = \sum_i (\mathfrak{s}\cdot\mathfrak{y}_i\,\mathfrak{y}_i^* - \mathfrak{y}_i^*\cdot\mathfrak{s}\,\mathfrak{y}_i) = 2\mathfrak{s}$$

folgen. Nunmehr läßt sich aber durch einfaches Ausrechnen verifizieren, daß für den hieraus zu erhaltenden Wert $\mathfrak{s} = \frac{1}{2}\sum_i [\mathfrak{y}_i^* \dot{\mathfrak{y}}_i]$ und für jede mit S fest verbundene Schraube $\mathfrak{x} = \sum_i \beta_i \mathfrak{y}_i$ (β_1, β_2, β_3 konstante duale Zahlen) die Beziehung (11) wirklich gültig ist (die Rechnung wird am besten zunächst für $\beta_1 = 1$, $\beta_2 = \beta_3 = 0$ usw. ausgeführt).

ist, und zwar ist hierin zunächst jede der Schrauben $\mathfrak{z}_i$ nur bis auf ein additives Glied von der Form $\varrho\,\mathfrak{x}_i$ bestimmt. Nun ergibt sich aber aus

$$\mathfrak{x}_i\mathfrak{x}_k = \text{const}\,(=0) \qquad (i, k = 1, 2, 3, i \neq k)$$

durch Differentiation

$$\mathfrak{x}_i\dot{\mathfrak{x}}_k + \dot{\mathfrak{x}}_i\mathfrak{x}_k = 0.$$

Hieraus folgt in Verbindung mit (13)

$$\mathfrak{x}_i\mathfrak{x}_k(\mathfrak{z}_i - \mathfrak{z}_k) = 0;$$

daher muß wegen der am Anfang über $\mathfrak{x}_1$, $\mathfrak{x}_2$, $\mathfrak{x}_3$ gemachten Voraussetzungen gelten:

$$\left.\begin{aligned} \mathfrak{z}_2 - \mathfrak{z}_3 &= \lambda_3\mathfrak{x}_3 - \lambda_2\mathfrak{x}_2, \\ \mathfrak{z}_3 - \mathfrak{z}_1 &= \mu_1\mathfrak{x}_1 - \mu_3\mathfrak{x}_3, \\ \mathfrak{z}_1 - \mathfrak{z}_2 &= \nu_2\mathfrak{x}_2 - \nu_1\mathfrak{x}_1. \end{aligned}\right\} \tag{14}$$

Addition dieser Gleichungen liefert

$$(\mu_1 - \nu_1)\,\mathfrak{x}_1 + (\nu_2 - \lambda_2)\,\mathfrak{x}_2 + (\lambda_3 - \mu_3)\,\mathfrak{x}_3 = 0;$$

mithin ist, da $\mathfrak{x}_1\mathfrak{x}_2\mathfrak{x}_3 \neq 0$ ist,

$$\mu_1 - \nu_1 = \nu_2 - \lambda_2 = \lambda_3 - \mu_3 = 0.$$

Setzen wir

$$\mu_1 = \nu_1 = \lambda, \qquad \nu_2 = \lambda_2 = \mu, \qquad \lambda_3 = \mu_3 = \nu,$$

so wird also wegen (14)

$$\mathfrak{z}_1 + \lambda\mathfrak{x}_1 = \mathfrak{z}_2 + \mu\mathfrak{x}_2 = \mathfrak{z}_3 + \nu\mathfrak{x}_3 = \mathfrak{z};$$

wir können somit in (13) für jeden Wert des Index i $\mathfrak{z}_i$ durch eine und dieselbe Schraube $\mathfrak{z}$ ersetzen: $\dot{\mathfrak{x}}_i = [\mathfrak{z}\mathfrak{x}_i]$. Da sich aber, wie oben angedeutet wurde (s. (9)), jede zu S gehörige Schraube $\mathfrak{x}$ in der Form $\mathfrak{x} = \alpha_1\mathfrak{x}_1 + \alpha_2\mathfrak{x}_3 + \alpha_3\mathfrak{x}_3$ ausdrücken läßt, wo α_1, α_1, α_1 Konstante sind, so ist die Formel (11) bewiesen.

Umgekehrt erkennt man, wenn (11) mit gegebenem $\mathfrak{z}(t)$ als Differentialgleichung für die unbekannte Funktion $\mathfrak{x}(t)$ vorgelegt ist, unmittelbar durch Ausrechnen, daß zwei beliebige partikuläre Lösungen dieser Gleichung die Bedingung (12) erfüllen, daß sonach die Gesamtheit ihrer Integrale einen starren Schraubenkörper bildet; dabei ist, damit die Existenz einer eindeutigen, gewissen Anfangsbedingungen genügenden Lösung gesichert sei, nur die Stetigkeit der Funktion $\mathfrak{z}(t)$ zu fordern.

Es ist wohl kaum nötig, auf die nahe Verwandtschaft zwischen der Motorrechnung, wie sie v. MISES entwickelt hat, und der hier besprochenen Rechenart, die besonders von STUDY ausgebildet worden ist, hinzuweisen[1]: Die Addition

---

[1]) Vgl. die in den Fußnoten 6 und 7 auf S. 210 angeführte Literatur. Es möge hier besonders darauf aufmerksam gemacht werden, daß sich mit Hilfe der dualen Größen nur die Beziehungen von Schrauben untereinander, nicht aber die zu anderen geometrischen Gebilden darstellen lassen, die ersteren allerdings auf unübertreffliche Weise; vgl. eine hierauf bezügliche Bemerkung von CARTAN in der Enc. d. scienc. math. I, 1, 3 (Nombres complexes) S. 461. Ähnliches gilt von der Motorrechnung. Im Gegensatz hierzu ist die aus der GRASSMANNschen Ausdehnungslehre hervorgegangene Punktrechnung imstande, auch die Verknüpfungen von Schrauben mit Punkten und Ebenen einfach zum Ausdruck zu bringen; auf die dualen Größen führen die Gedankengänge der Punktrechnung zwangsläufig.

und die vektorielle Multiplikation finden sich dort ohne jede Änderung wieder, die letztere als die Bildung des Motorproduktes; das skalare Produkt zweier Motoren jedoch ist, entsprechend dem Umstand, daß in der Motorrechnung die dualen Zahlen keinen Platz haben, etwas anderes als das skalare Produkt zweier dualer Vektoren, nämlich einfach dessen zweiter Teil[1]). Wie die Rechnung mit dualen Vektoren auf die euklidische Geometrie der Schrauben, so ist die Motorrechnung auf die Bedürfnisse der Mechanik zugeschnitten. In ihrer weiteren Ausgestaltung zum Kalkül der Motordyaden ist aber die Motorrechnung nicht unmittelbar aus dem Kalkül der dualen Größen zu entwickeln, sondern muß selbständig in der von v. MISES dargelegten Art ausgebaut werden.

II. Grundzüge einer Theorie der Schraubenscharen.

Unter einer *Schraubenschar* verstehen wir eine von einem im gewöhnlichen Sinne skalaren (und hier auch reellen) Parameter t, den wir als die Zeit deuten wollen, abhängige Schraubenfunktion $\mathfrak{r}(t)$; wir setzen Differenzierbarkeit so weit voraus, als wir sie brauchen werden.

Um die Schraubenschar zu untersuchen, bilden wir zunächst die „Änderungsschraube" $\frac{d\mathfrak{r}}{dt} = \dot{\mathfrak{r}}$ und normieren diese durch Division durch $\sqrt{\dot{\mathfrak{r}}^2}$; damit diese Wurzel existiert, müssen wir voraussetzen, daß $\bar{\dot{\mathfrak{r}}} \neq 0$ sei. Wir setzen $\dot{\mathfrak{r}}^2 = \left(\frac{ds}{dt}\right)^2$ und erhalten das Analogon des Tangentenvektors einer Raumkurve, die „Tangentenschraube"

$$\mathfrak{t} = \frac{d\mathfrak{r}}{ds}. \tag{15}$$

$\int \sqrt{\dot{\mathfrak{r}}^2}\, dt$ heißt die duale Bogenlänge der Schraubenschar. Über die Lage der Achse von $\mathfrak{t}$ können wir im allgemeinen nur so viel sagen: Sie schneidet das gemeinsame Lot der Achsen der Schraube $\mathfrak{r}$ und der „Nachbarschraube" $\mathfrak{r} + d\mathfrak{r}$ senkrecht, da dieses die Achse der Schraube $[\mathfrak{r}\,\mathfrak{t}]$ ist.

Weiter führen wir einen starren Schraubenkörper S ein, dem wir eine solche Bewegung erteilen, daß zur Zeit t die Tangentenschraube $\mathfrak{t}$ mit einer im Schraubenkörper festen Einheitschraube zusammenfällt; zwar besteht noch eine große Willkür in der Auswahl solcher Bewegungen, jedenfalls aber gibt es zu jeder individuellen derartigen Bewegung eine Geschwindigkeitsschraube $\mathfrak{s}$ von der Art, daß, wenn wir noch $\mathfrak{u} = \mathfrak{s} : \dot{s}$ setzen, für jede mit dem Schraubenkörper fest verbundene Schraube $\mathfrak{q}$ gilt:

$$\frac{d\mathfrak{q}}{ds} = [\mathfrak{u}\,\mathfrak{q}]. \tag{16}$$

Da aber alle diese Bewegungen nach unserer soeben getroffenen Festsetzung der Tangentenschraube $\mathfrak{t}$ eine und dieselbe Änderungsgeschwindigkeit $\dot{\mathfrak{t}}$ erteilen, so muß für jeden Wert von t für die zu zwei verschiedenen solchen Bewegungen gehörigen Geschwindigkeitsschrauben $\mathfrak{s}' = \mathfrak{u}'\dot{s}$ und $\mathfrak{s}'' = \mathfrak{u}''\dot{s}$ gelten:

$$[\mathfrak{u}'\mathfrak{t}] = [\mathfrak{u}''\mathfrak{t}] \quad \text{oder} \quad [\mathfrak{u}' - \mathfrak{u}'', \mathfrak{t}] = 0;$$

[1]) Es ist auch dasselbe wie das „äußere Produkt" zweier Schrauben in der Terminologie der Punktrechnung, während ihr „inneres Produkt" mit dem ersten Teil ihres skalaren Produktes übereinstimmt.

daraus folgt nach (7), daß

$$\mathfrak{u}'' = \mathfrak{u}' + \sigma \mathfrak{t}$$

sein muß, wo σ eine unbestimmte duale Zahl bedeutet. Hieraus dürfen wir aber schließen, daß

$$[\mathfrak{u}\mathfrak{t}]$$

eine von der speziellen Wahl der Bewegung unabhängige Schraube ist; betrachten wir fernerhin nur solche Schraubenscharen, für die $[\overline{\mathfrak{u}\mathfrak{t}}] \neq 0$ ist, so gibt es eine Einheitsschraube $\mathfrak{h}$, die wir aus $[\mathfrak{u}\mathfrak{t}]$ durch Division durch $\sqrt{[\mathfrak{u}\mathfrak{t}]^2}$ bekommen. Die Achsen aller nach den bisherigen Festsetzungen über die Bewegung des Schraubenkörpers noch möglichen Geschwindigkeitsschrauben $\mathfrak{s} = \mathfrak{u}\dot{s}$ schneiden nach (6) eine und dieselbe Gerade, nämlich die Achse von $\mathfrak{h}$, senkrecht; $\mathfrak{h}$ ist sonach das Analogon des Hauptnormalenvektors einer Raumkurve und heiße die Hauptnormalenschraube. Wir führen weiter das Analogon des Binormalenvektors, die Binormalenschraube $\mathfrak{b} = [\mathfrak{t}\mathfrak{h}]$ ein. Die Achsen von $\mathfrak{h}$, $\mathfrak{t}$ und $\mathfrak{b}$ schneiden sich gegenseitig senkrecht, und zwar ist, da sowohl $\mathfrak{b}\mathfrak{t}$ und $\mathfrak{b}\frac{d\mathfrak{t}}{ds}$ als auch $\mathfrak{t}\mathfrak{b}$ und $\mathfrak{t}\frac{d\mathfrak{b}}{ds}$ (siehe weiter unten Formel (20)) verschwinden, der gemeinsame Schnittpunkt ein Kehlpunkt sowohl auf der von den Achsen von $\mathfrak{t}$ wie auch auf der von den Achsen von $\mathfrak{b}$ erzeugten Regelfläche, und die Achse von $\mathfrak{h}$ ist die gemeinsame Kehlnormale dieser beiden Regelflächen, falls sie nicht abwickelbar sind; ist eine von ihnen abwickelbar, so ist die Achse von $\mathfrak{h}$ die Hauptnormale ihrer Gratlinie.

Jetzt legen wir die Bewegung des Schraubenkörpers S dadurch vollends eindeutig fest, daß wir fordern, daß auch $\mathfrak{h}$ und damit auch $\mathfrak{b}$ in ihm fest sein sollen; wir dürfen dies, da die Bedingungen (12) für $\mathfrak{t}$, $\mathfrak{h}$ und $\mathfrak{b}$ erfüllt sind. Für diese spezialisierte Bewegung werde S der „begleitende Schraubenkörper" der Schraubenschar genannt und $\mathfrak{u}$ mit $\mathfrak{c}$ bezeichnet; $\mathfrak{c}(t)$ ist das Analogon des Krümmungsvektors einer Raumkurve[1]) und heiße die Krümmungsschraube der Schraubenschar für den Parameterwert t[2]).

---

[1]) des „Darbouxschen Vektors" bei Lagally, Vorl. ü. Vektorrechnung, S. 60ff. Leipzig 1928.

[2]) Fragt man nach solchen Paaren von Schraubenscharen, deren Begleitkörper in starrer gegenseitiger Verbindung beweglich sind, so wird man auf das Analogon der Bertrandschen Kurven geführt; es zeigt sich, daß die gemeinsame Geschwindigkeitsschraube der beiden Begleitkörper $\mathfrak{c}_1\dot{s}_1 = \mathfrak{c}_2\dot{s}_2$ ist und daß im allgemeinen die Krümmungsschrauben jeder der beiden Scharen, vom Begleitkörper aus gesehen, je ein lineares Büschel mit der beiden Scharen gemeinsamen Hauptnormalenschraube als Scheitelachse bilden, dem die mit geeigneten dualen Zahlen multiplizierten Tangentenschrauben beider Scharen angehören. Diese Aussage umfaßt alles über Bertrandsche Kurvenpaare Bekannte; insbesondere folgt aus ihr, daß die momentanen Schraubenachsen des gemeinsamen Begleitkörpers zweier Bertrandscher Kurven — von trivialen Ausnahmefällen abgesehen — vom Begleitkörper aus betrachtet ein Zylindroid mit der Hauptnormale als Achse bilden, dem die Tangenten beider Kurven als Erzeugende angehören (Mannheim, Principes et développements de géométrie cinématique, S. 374. Paris 1894). (Natürlich ist dies nicht so zu verstehen, als ob bei jeder Bertrandschen Kurve die Tangente wirklich einmal oder mehrmals Schraubenachse würde; dies hängt vielmehr noch von der bekanntlich in weitem Umfang willkürlichen Gestalt der Schraubenachsenfläche im Raum, an der das Zylindroid entlang schrotet, ab.)

Da, wie vorhin schon gesagt wurde, die Achse von $\mathfrak{c}$ die von $\mathfrak{h}$ senkrecht schneidet, läßt sich $\mathfrak{c}$ in der Form darstellen:

$$\mathfrak{c} = k\mathfrak{b} + w\mathfrak{t}; \tag{17}$$

die beiden dualen Zahlen k und w sind die Analoga der Krümmung und Windung einer Raumkurve und können die duale Krümmung und Windung der Schraubenschar genannt werden.

Für jede mit dem Begleitkörper starr verbundene Schraube $\mathfrak{q}$ gilt nach (16)

$$\frac{d\mathfrak{q}}{ds} = [\mathfrak{c}\mathfrak{q}]; \tag{18}$$

diese Formel entspricht der Grundformel der Kurventheorie.

Wir wollen jetzt nur noch die Frage beantworten, wie man $\mathfrak{c}$ berechnen kann, wenn $\mathfrak{x}(t)$ gegeben ist.

Zunächst hat man, wie oben angegeben, $\mathfrak{t}$ zu bilden.

Die Formel (18) gilt nun für $\mathfrak{q} = \mathfrak{t}$; es ist also, da $[\mathfrak{c}\mathfrak{t}] = [k\mathfrak{b}, \mathfrak{t}] = k\mathfrak{h}$ ist,

$$\frac{d\mathfrak{t}}{ds} = k\mathfrak{h}. \tag{19}$$

Die Ableitung von $\mathfrak{t}$ nach der dualen Bogenlänge liefert demnach $\mathfrak{h}$ und k und damit auch $\mathfrak{b} = [\mathfrak{t}\mathfrak{h}]$. Da aber auch $\mathfrak{b}$ im Begleitkörper fest ist, so folgt aus (18) wegen $[\mathfrak{c}\mathfrak{b}] = [w\mathfrak{t}, \mathfrak{b}] = -w\mathfrak{h}$:

$$\frac{d\mathfrak{b}}{ds} = -w\mathfrak{h}. \tag{20}$$

Jetzt ist auch w bestimmt. — Man könnte die Ableitformel (18) auch auf $\mathfrak{h}$ anwenden und fände:

$$\frac{d\mathfrak{h}}{ds} = -k\mathfrak{t} + w\mathfrak{b}. \tag{21}$$

Die drei Formeln (19), (20), (21) entsprechen genau den FRENETschen Formeln der Kurvenlehre.

Die Krümmungschraube $\mathfrak{c}$ kann auch in einfacher Weise durch $\mathfrak{h}$ ausgedrückt werden; aus $\frac{d\mathfrak{h}}{ds} = [\mathfrak{c}\mathfrak{h}]$ folgt nämlich, da $\mathfrak{c}\mathfrak{h} = 0$ ist,

$$\mathfrak{c} = \left[\mathfrak{h}\frac{d\mathfrak{h}}{ds}\right]; \tag{22}$$

auch dies ist buchstäblich eine Formel der Kurventheorie[1]).

Will man das Vorgetragene auf die Untersuchung der Regelflächen anwenden, so wird man $\mathfrak{x}^2 = 1$ wählen; dann ist $\mathfrak{x}\mathfrak{t} = 0$, d. h. die Achse von $\mathfrak{t}$ schneidet die zu demselben Parameterwert gehörende Erzeugende senkrecht. Kombiniert man dies mit dem oben über die Lage der Achse von $\mathfrak{t}$ Gesagten, so erkennt man, daß, falls die Regelfläche nicht abwickelbar ist, die Achse von $\mathfrak{t}$ die Normale auf der Regelfläche $\mathfrak{x}(t)$ in dem Schnittpunkt der zugehörigen Erzeugenden mit der Striktionslinie, sonst aber die Hauptnormale ihrer Grat-

[1]) Dies wird in einer demnächst im Jahresbericht der Dt. Math.-Ver. erscheinenden kleinen Arbeit über kinematische Kurven- und Flächentheorie ausgeführt.

linie ist[1]). — Wenn $\mathfrak{r}^2 = \text{const.}$ ist[2]), kann daher auch schon $\mathfrak{r}$ (zusammen mit $\mathfrak{t}$) zur Festlegung eines begleitenden Schraubenkörpers dienen[3]); dies entspricht der Auffassung einer sphärischen Raumkurve als Flächenkurve auf ihrer Kugel, und es ist danach von vornherein einleuchtend, daß außer $\dot{s}$ als einzige die Regelschar in differentialgeometrischer Hinsicht charakterisierende Größe eine duale Zahl[4]), das Analogon der geodätischen Krümmung der sphärischen Kurve, auftreten wird. Doch soll dies hier nicht weiter verfolgt werden.

III. Ein Lehrsatz aus dem Gebiet der Schraubenscharen.

Wir wollen uns die folgende Frage vorlegen: Es sei $\mathfrak{h}(t)$ eine als Funktion des (im gemeinen Sinne skalaren) Parameters t gegebene Einheitsschraube; gibt es eine Schraubenschar $\mathfrak{r}(t)$, die $\mathfrak{h}$ als Hauptnormalenschraube besitzt? Diese Frage ist zu bejahen, es darf sogar noch die Ableitung der dualen Bogenlänge nach t, $\dot{s}$, als Funktion von t mit nicht verschwindendem ersten Teil ($\overline{\dot{s}} \neq 0$) gegeben werden, es muß aber natürlich $\overline{\dot{\mathfrak{h}}} \neq 0$ sein. Wir können dabei einen Weg gehen, der vollkommen analog einem Verfahren ist, das zur Bestimmung einer Raumkurve aus dem als Funktion der Bogenlänge gegebenen Hauptnormalenvektor dient. Wir können nämlich zunächst versuchen, nach (22) die Krümmungschraube

$$\mathfrak{c} = \left[\mathfrak{h}\,\frac{d\mathfrak{h}}{ds}\right]$$

zu bilden; dann müssen wir unter den Lösungen der Differentialgleichung (18), die hier die Form annimmt:

$$\frac{d\mathfrak{q}}{ds} = \left[\left[\mathfrak{h}\,\frac{d\mathfrak{h}}{ds}\right]\mathfrak{q}\right], \tag{23}$$

eine solche suchen, die wir als Tangentenschraube $\mathfrak{t}$ der gesuchten Schraubenschar verwenden können. Zuvor stellen wir fest, daß tatsächlich, — was als Vorbedingung verlangt werden muß —, $\mathfrak{q} = \mathfrak{h}$ eine Lösung dieser Differentialgleichung ist, da[5]) $[[\mathfrak{h}\mathfrak{h}']\mathfrak{h}] = \mathfrak{h}' \cdot \mathfrak{h}^2 - \mathfrak{h} \cdot \mathfrak{h}\mathfrak{h}' = \mathfrak{h}'$ ist. Wählen wir nun unter

---

[1]) In der Kurventheorie — diese geht hier in der Theorie der Torsen auf, die durch die Bedingungen $\mathfrak{r}^2 = 1$ und $\overline{\overline{\mathfrak{r}}}^2 = 0$ charakterisiert sind — verwendet Herr MEHMKE schon seit langer Zeit eine Formel, in die die Schraube $\mathfrak{c}$, die momentane Geschwindigkeitsschraube des begleitenden Dreikants bei Wahl der Bogenlänge als Zeitskala, eingeht und die gleichermaßen auf Punkte, Ebenen, Vektoren und Schrauben anwendbar ist, somit nicht allein die FRENETschen Formeln im gewöhnlichen Sinn, sondern auch die oben angegebene Ableitformel, soweit sie auf Torsen angewandt gedacht wird, als Spezialfälle umfaßt und trotz dieser großen Allgemeinheit nicht weniger schmiegsam ist.

[2]) Die Darstellung einer Geraden durch einen dualen Vektor, dessen skalares Quadrat einen verschwindenden zweiten Teil hat, ist gleichbedeutend mit ihrer Darstellung durch PLÜCKERsche Linienkoordinaten; vgl. hierüber STUDY, l. c. S. 199ff.

[3]) Siehe BLASCHKE, l. c. S. 193ff.

[4]) Die Größe Q bei BLASCHKE, l. c. S. 195; $\dot{s}$ ist dort mit P bezeichnet. (Auf S. 197 a. a. O. wird die Bezeichnung „duale Länge" für s benützt.)

[5]) Wir bezeichnen von jetzt an die Ableitung nach s durch einen Strich.

den Lösungschrauben, deren Achsen diejenige von $\mathfrak{h}$ senkrecht schneiden, eine beliebige Einheitschraube $\mathfrak{q} = \mathfrak{t}$ aus, so finden wir

$$\frac{d\mathfrak{t}}{ds} = [[\mathfrak{h}\mathfrak{h}']\mathfrak{t}] = \mathfrak{h}' \cdot \mathfrak{h}\mathfrak{t} - \mathfrak{h} \cdot \mathfrak{h}'\mathfrak{t} = -\mathfrak{h} \cdot \mathfrak{h}'\mathfrak{t};$$

es kann aber $\mathfrak{t}$ immer so gewählt werden, daß $\overline{\mathfrak{t}}' \neq 0$ (also $\overline{\mathfrak{h}'\mathfrak{t}} \neq 0$) ist; denn wenn für eine gewisse Lösung $\overline{\mathfrak{t}}' \equiv 0$ wäre, so wäre dies für jede andere Lösungschraube, deren Achse die von $\mathfrak{h}$ senkrecht schneidet, nicht der Fall, da sonst, wie man leicht sieht, $\overline{\mathfrak{h}}$ konstant sein müßte, im Widerspruch zu einer der oben gemachten Voraussetzungen. Hat man eine solche Schraube $\mathfrak{t}$ gefunden, so ergibt sich

$$\mathfrak{x} = \int \mathfrak{t}\, ds$$

als eine der gesuchten Schraubenscharen. Wie findet man aber $\mathfrak{t}$? Man beachte dazu nur, daß sich wie im Gebiet der gewöhnlichen Vektoren, die allgemeine Lösung der Differentialgleichung (18)

$$\frac{d\mathfrak{q}}{ds} = [\mathfrak{c}\mathfrak{q}]$$

immer durch eine Quadratur gewinnen läßt, sobald man ein partikuläres Integral dieser Differentialgleichung kennt. Sei nämlich $\mathfrak{h}$ eine solche bekannte Lösung; dann gehören jedenfalls die Lösungschrauben, deren Achsen die von $\mathfrak{h}$ senkrecht schneiden, der Mannigfaltigkeit

$$\lambda\mathfrak{h}' + \mu[\mathfrak{h}\mathfrak{h}'] \tag{24}$$

an (vgl. (8)), da sowohl die Achse von $\mathfrak{h}'$ als auch die von $[\mathfrak{h}\mathfrak{h}']$ die Achse von $\mathfrak{h}$ senkrecht schneidet, also, weil zudem die Achse von $\mathfrak{h}'$ die von $[\mathfrak{h}\mathfrak{h}']$ senkrecht schneidet, alle Schrauben, deren Achsen die von $\mathfrak{h}$ senkrecht schneiden, sich in der Form (24) darstellen lassen. Die Einheitschrauben unter diesen können aber in die Form gebracht werden[1]):

$$\mathfrak{t} = \frac{\mathfrak{h}' \cos\varphi + [\mathfrak{h}\mathfrak{h}'] \sin\varphi}{\sqrt{\mathfrak{h}'^2}}, \tag{25}$$

wo der duale Winkel φ eine passend zu bestimmende Funktion von t sein muß; weil aber, sobald ein solcher Winkel φ_0 gegeben ist, sich alle andern für die gesuchten Lösungen in Betracht kommenden Funktionen φ von φ_0 wegen (12) nur um eine Konstante unterscheiden können, so dürfen wir schließen,

[1]) Auf dieselbe Weise kann man alle sphärischen Kurven $\overline{\mathfrak{e}}$ ($\overline{\mathfrak{e}}^2 = 1$) mit gegebenem Tangentenbild $\overline{\mathfrak{t}}$ in der Form

$$\overline{\mathfrak{e}} = \frac{\dot{\overline{\mathfrak{t}}} \cos\overline{\varphi} + \left[\overline{\mathfrak{t}}\dot{\overline{\mathfrak{t}}}\right] \sin\overline{\varphi}}{\left|\dot{\overline{\mathfrak{t}}}\right|}$$

finden; durch Übertragung ins Gebiet der dualen Vektoren erhält man eine einfache Lösung der Aufgabe, die ∞^2 Regelflächen E zu bestimmen, die die Geraden der gegebenen Schar Γ zu Kehlnormalen haben, und man gelangt bei geeigneter Verwendung der weiter unten abgeleiteten Ergebnisse zu dem auch auf die sphärischen Kurven $\overline{\mathfrak{e}}$ und $\overline{\mathfrak{t}}$ übertragbaren Satz: Wenn die Regelschar Γ geschlossen ist, so ist entweder jede der Scharen E oder keine von ihnen geschlossen (dabei werden sich im allgemeinen die Scharen E erst nach mehrmaligem Durchlaufen von Γ schließen).

daß φ' ohne jede Integration auffindbar sein muß; wir finden φ' durch Einsetzen des Ausdrucks (25) in die Differentialgleichung (23), wobei sich zunächst, wenn zur Abkürzung

$$\frac{\mathfrak{h}'}{\sqrt{\mathfrak{h}'^2}} = \mathfrak{y} \quad \text{und} \quad \frac{[\mathfrak{h}\mathfrak{h}']}{\sqrt{\mathfrak{h}'^2}} = \mathfrak{z},$$

also

$$\mathfrak{t} = \mathfrak{y}\cos\varphi + \mathfrak{z}\sin\varphi$$

gesetzt wird, ergibt:

$$\left.\begin{aligned}\mathfrak{y}'\cos\varphi + \mathfrak{z}'\sin\varphi - \mathfrak{y}\sin\varphi\cdot\varphi' + \mathfrak{z}\cos\varphi\cdot\varphi' &= [[\mathfrak{h}\mathfrak{h}'],\mathfrak{y}\cos\varphi + \mathfrak{z}\sin\varphi]\\ &= \frac{[[\mathfrak{h}\mathfrak{h}']\mathfrak{h}']}{\sqrt{\mathfrak{h}'^2}}\cos\varphi = -\,\mathfrak{h}\sqrt{\mathfrak{h}'^2}\cos\varphi.\end{aligned}\right\} \tag{26}$$

Skalare Multiplikation dieser Gleichung mit $-\mathfrak{y}\sin\varphi + \mathfrak{z}\cos\varphi$ liefert:

$$-\,\mathfrak{y}\mathfrak{z}'\sin^2\varphi + \mathfrak{y}'\mathfrak{z}\cos^2\varphi + \varphi' = 0$$

oder, da wegen $\mathfrak{y}\mathfrak{z} = 0$ $\quad \mathfrak{y}\mathfrak{z}' + \mathfrak{y}'\mathfrak{z} = 0$ ist,

$$\varphi' = \mathfrak{y}\mathfrak{z}' \quad \text{oder} \quad \varphi' = \frac{\mathfrak{h}'\mathfrak{h}\mathfrak{h}''}{\mathfrak{h}'^2};$$

folglich

$$\varphi = \varphi_0 - \int \frac{\mathfrak{h}\mathfrak{h}'\mathfrak{h}''}{\mathfrak{h}'^2}\,ds. \tag{27}$$

Die Schraubenschar

$$\mathfrak{x} = \int \frac{\mathfrak{h}'\cos\varphi + [\mathfrak{h}\mathfrak{h}']\sin\varphi}{\sqrt{\mathfrak{h}'^2}}\,ds, \tag{28}$$

wo φ einen der soeben gefundenen Werte (27) bedeute, hat nach dem oben Gesagten die Hauptnormalenschraube $\mathfrak{h}$; man kann dies durch Rechnung bestätigen, am einfachsten etwa so: Skalare Multiplikation von (26) mit $\mathfrak{y}$ sowohl wie mit $\mathfrak{z}$ gibt auf der rechten Seite 0; da aber $\mathfrak{y}$, $\mathfrak{z}$, $\mathfrak{h}$ sich gegenseitig senkrecht schneidende Achsen haben, so muß demnach $\frac{d\mathfrak{t}}{ds}$ — das ist die linke Seite von (26) — proportional zu $\mathfrak{h}$ (mit im allgemeinen dualem Proportionalitätsfaktor) sein, w. z. b. w.

Das allgemeine Integral der Differentialgleichung (23) ist wegen (25) und (9) $c_1\mathfrak{h} + c_2\mathfrak{t}$, wo c_1 und c_2 willkürliche duale Konstanten sind, und wobei zu beachten ist, daß nach (25) und (27) $\mathfrak{t}$ eine dritte duale Integrationskonstante enthält; freilich machen wir von dieser Bemerkung hier weiter keinen Gebrauch.

Den vorhin aufgestellten Ausdruck (25) können wir dazu benützen, um eine interessante Eigenschaft solcher Schraubenscharen aufzuzeigen, deren Tangentenschraubenschar geschlossen ist, zu denen gewiß alle geschlossenen Schraubenscharen gehören. Dafür, daß die Schar $\mathfrak{t}$ geschlossen sei, ist nämlich vor allem notwendig, daß die gegebene Schar $\mathfrak{h}$ geschlossen ist, d. h. es muß möglich sein, den Parameter t so zu wählen, daß es eine (im gemeinen Sinn reelle) Zahl $t_0 \neq 0$ von der Beschaffenheit gibt, daß für jedes t $\mathfrak{h}(t + t_0) = \mathfrak{h}(t)$ ist. Damit nun auch $\mathfrak{t}$ eine periodische Funktion von t mit der Periode t_0 sei, darf außerdem φ bei einer Zunahme von t um t_0 nur um ein ganzzahliges Vielfaches von 2π wachsen, es muß also nach (27)

$$\int_0^{t_0} \frac{\mathfrak{h}\mathfrak{h}'\mathfrak{h}''}{\mathfrak{h}'^2}\,\dot{s}\,dt = 2k\pi \tag{29}$$

sein, wo k eine ganze Zahl bedeutet, und zwar ist dies auch hinreichend für die Geschlossenheit der Schar $\mathfrak{t}$.

Nun hat aber der Ausdruck $\frac{\overline{\mathfrak{h}\,\mathfrak{h}'\mathfrak{h}''}}{\mathfrak{h}'^2}$ eine besondere Bedeutung für das sphärische Bild der Einheitschrauben $\mathfrak{h}$, das man als Ort des Endpunktes des von dem festen Punkte O aus abgetragenen Einheitsvektors $\bar{\mathfrak{h}}$ erhält. Nach bekannten Formeln der Kurventheorie findet man nämlich als Einheitsvektor der Tangente dieser sphärischen Raumkurve,

$$\frac{\dot{\bar{\mathfrak{h}}}}{|\dot{\bar{\mathfrak{h}}}|},$$

und daher ist, ebenfalls nach bekannten Regeln:

$$\frac{\ddot{\bar{\mathfrak{h}}}}{\dot{\bar{\mathfrak{h}}}^2} - \frac{\dot{\bar{\mathfrak{h}}}\cdot\ddot{\bar{\mathfrak{h}}}\,\dot{\bar{\mathfrak{h}}}}{\dot{\bar{\mathfrak{h}}}^4}$$

ein Vektor, der die Richtung der positiven Hauptnormalen und den Betrag der Krümmung der Kurve hat. Die Projektion dieses Vektors auf die Tangentialebene der Kugel im Kurvenpunkt, d. h. sein skalares Produkt mit dem in der Berührebene liegenden Normalenvektor $\frac{[\bar{\mathfrak{h}}\dot{\bar{\mathfrak{h}}}]}{|\dot{\bar{\mathfrak{h}}}|}$ liefert nun aber die geodätische Krümmung $\bar{G}$ der Kurve; diese ist also[1]):

$$\bar{G} = \frac{\overline{\mathfrak{h}\dot{\mathfrak{h}}\ddot{\mathfrak{h}}}}{|\dot{\bar{\mathfrak{h}}}|^3}.$$

(Viel einfacher, nämlich ohne jede weitere Rechnung, hätte man dies durch Benützung der der Formel (22) analogen Formel der Kurventheorie gefunden, wobei man hätte beachten müssen, daß ganz allgemein die Komponente des Krümmungsvektors einer Flächenkurve in der Richtung der Flächennormalen die geodätische Krümmung ist.)

Da das Bogenelement unserer sphärischen Kurve $d\bar{\sigma} = |\dot{\bar{\mathfrak{h}}}|\,dt$ ist, so ist

$$\int_0^{t_0} \frac{\overline{\mathfrak{h}\dot{\mathfrak{h}}\ddot{\mathfrak{h}}}}{\dot{\bar{\mathfrak{h}}}^2}\,dt = \int_{\bar{\mathfrak{C}}} \bar{G}\,d\bar{\sigma},$$

und dies ist, wie man ohne Mühe sieht, gleich dem ersten Teil des Integrales (29). Folglich muß gelten:

$$\int_{\bar{\mathfrak{C}}} \bar{G}\,d\bar{\sigma} = 2k\pi.$$

Wir wollen des weiteren nur den Fall betrachten, daß das sphärische Bild der Hauptnormalenschrauben keine mehrfachen Punkte und keine Ecken besitzt; dann können wir auf die Kurve wegen des einfachen Zusammenhanges der Kugel ohne weiteres den GAUSS-BONNETschen Integralsatz in seiner einfachsten Form anwenden, der besagt, daß

$$\int_{\bar{\mathfrak{C}}} \bar{G}\,d\bar{\sigma} = 2\pi - \int_{\bar{\mathfrak{G}}} K\,df$$

[1]) S. auch BLASCHKE, l. c. S. 90f.

ist, wo sich das Flächenintegral rechts auf das Gebiet $\mathfrak{G}$ der Kugelfläche erstreckt, das von der Kurve eingeschlossen und bei der Linienintegration im positiven Sinne umfahren wird, und wo das Krümmungsmaß K hier den Wert 1 hat, sodaß $\int\limits_{\mathfrak{G}} K\,df = F$ einfach der Flächeninhalt des erwähnten Gebietes ist. Es muß also

$$F = 2(1-k)\pi$$

ein ganzes Vielfaches von 2π sein. Da aber die Gesamtoberfläche der Einheitskugel den Inhalt 4π hat, so muß die Kurve als einfache Kurve auf ihr eine Fläche einschließen, deren Inhalt zwischen 0 und 4π liegt; folglich muß

$$F = 2\pi$$

sein[1]). Dies heißt aber nach dem oben Gesagten:

Besitzt eine Schraubenschar eine geschlossene Schar von Tangentenschrauben, so teilt das sphärische Bild ihrer Hauptnormalenschrauben, falls dieses einfach und durchweg glatt ist, die Fläche der Kugel, auf der es liegt, in zwei gleiche Teile. A fortiori gilt dies für geschlossene Schraubenscharen, wenn das sphärische Bild ihrer Hauptnormalenschrauben die ausgesprochenen Bedingungen erfüllt.

Es ist dies ein Analogon zu dem folgenden Satz über geschlossene Raumkurven, den JACOBI[2]) im Jahre 1842 veröffentlicht hat:

Das sphärische Hauptnormalenbild einer geschlossenen Raumkurve halbiert die Kugelfläche, auf der es liegt, vorausgesetzt, daß es einfach und überall glatt ist.

(Hat das Hauptnormalenbild mehrfache Punkte, so muß die Aussage abgeändert werden; z. B. besteht es, wenn es einen Doppelpunkt besitzt, aus zwei Schleifen von entgegengesetzt gleichem Flächeninhalt.)

Ja, der JACOBIsche Satz ist in dem vorhergehenden sogar enthalten: In der Tat sind, wie wir früher schon feststellten, die Achsen der Schrauben $\mathfrak{h}$ die Normalen der von den Achsen der Schrauben $\mathfrak{t}$ gebildeten Regelfläche in deren Kehlpunkten, falls diese keine abwickelbare Fläche ist; da jede Regelfläche als Tangentenschraubenschar $\mathfrak{t}$ einer Schraubenschar $\mathfrak{r}$ angesehen werden kann, so gilt mithin:

Das sphärische Bild der Kehlnormalen einer geschlossenen, nicht abwickelbaren Regelschar teilt, sofern es einfach und glatt ist, die Fläche der Kugel, auf der es liegt, in zwei gleiche Teile.

Bilden aber die Achsen von $\mathfrak{t}$ eine Torse, so sind die Achsen von $\mathfrak{h}$ die Hauptnormalen ihrer Gratlinie: wir haben den Satz von JACOBI, der übrigens — ganz analog dem oben bewiesenen Satz über Schraubenscharen — schon für nicht-

1) Es ist also $\int\limits_{\mathfrak{G}} \overline{G}\,d\bar{\sigma} = 0$

2) C. G. J. JACOBI, Werke VII, S. 34ff.

geschlossene Raumkurven gilt, wenn nur das Tangentenbild geschlossen ist und das Hauptnormalenbild den früher ausgesprochenen Bedingungen genügt.

Schlußbemerkung. Genau wie es hier für die Schraubenscharen gezeigt wurde, kann auch die Theorie der Schraubenkongruenzen und Schraubenkomplexe als vollkommenes Analogon der kinematischen Differentialgeometrie[1]) entwickelt werden; doch geht es nicht an, hier über diese knappe Andeutung hinauszugehen.

[1]) Siehe Fußnote S. 220

Der Zweitakt-Dieselmotor.

Von

W. Maier, Stuttgart.

Mit 3 Abbildungen.

Im Ausbau des Dieselmotors wird heute der schnellaufende Motor von hoher Leistung gefordert. Dabei kann von vornherein nur die doppeltwirkende Zweitaktbauart in Frage kommen; denn sie allein ergibt eine wirtschaftliche Ausnützung der eingebauten Werkstoffe und einen hohen Gleichgang des Motors. Beim Einbau des Dieselmotors in Fahrzeuge aller Art sollen außerdem die Triebkräfte nach außen möglichst nur reine Drehmomente absetzen; freie Kräfte und freie Momente sollen klein sein, da immer einzelne Teile des Fahrzeuges im Rhythmus des Motors in Schwingung versetzt werden können und so neben unliebsamen Geräuschen unzulässige Beanspruchungen hervorgerufen werden, die die Sicherheit des Fahrzeuges in Frage stellen.

Der Ausbau des Zweitakt-Dieselmotors ist in erster Linie eine Strömungsfrage hinsichtlich der Ausspülung der Verbrennungsprodukte und der Aufladung des Arbeitsraumes durch Frischluft. Der Frischluftstrom muß im Innern des Arbeitszylinders zwangsweise geführt sein, damit bei hoher Umgangszahl eine gute Spül- und Ladewirkung erzielt wird und der Strömungszustand im Motor durch die Gesetze der Hydrodynamik erfaßt werden kann. Die eingebauten Zeitquerschnitte, die Dauer der Spülung, das Spülvolumen, der Spüldruck und der Spülweg stehen dabei in einem bestimmten Zusammenhang und müssen einander angepaßt werden.

In zweiter Linie ist die Frage der Wärmebeanspruchung von Bedeutung. Es müssen die Voraussetzungen vorliegen, daß die Wärmeübertragung an die Wandungen durch Leitung und Konvektion, sowie durch Strahlung gering ist; die Wandungen selbst müssen konstruktiv klar und einfach gestaltet sein: sie müssen sich den Temperaturen spannungslos anpassen können.

Die Güte der Spülung und der Umfang der Wärmeübertragung hängen zusammen ab von der Form des Arbeitsraumes, in dem die Auslösung der im Brennstoff enthaltenen Energie erfolgt und im weiteren Verlauf des Spieles die Ausdehnungsarbeit der hochgespannten Verbrennungsprodukte geleistet wird. Entsprechend dem heutigen Stand der Verbrennungstechnik des Dieselmotors ist der Brennstoff am Ende des Verdichtungshubes unmittelbar in den Verbrennungsraum einzuspritzen. Der Verbrennungsvorgang selbst hängt dann in seinen einzelnen Phasen ebenfalls von der Form des Arbeitsraumes ab: scharfe Zündungen müssen vermieden werden, und auftretende Explosionswellen sollen nicht gegen feste Wandungen prallen; der Brennstrahl muß längs und quer zur Einspritzrichtung und parallel zu den den Arbeitsraum bildenden Wandungen zwangsweise auseinandergezogen werden. Die für die Einspritzung des Brennstoffes erzwungene Gasbewegung muß im Verlauf des Ausdehnungshubes aufgelöst werden und zur Ruhe kommen, damit der dann folgende Spülvorgang ungestört einsetzen kann.

Aus diesen Gesichtspunkten heraus ist eine neue Bauart des Zweitakt-Dieselmotors[1]) geschaffen worden, die als Dreikolbenmaschine doppeltwirkend ist. In einer auf beiden Seiten offenen Zylinderbüchse bewegt sich ein mittlerer doppeltwirkender Kolben gegenläufig zu zwei äußeren einfachwirkenden Ringkolben, die miteinander gekuppelt sind; der Arbeitsraum hat ringförmigen Querschnitt, wie aus der Abb. 1 hervorgeht. Die Ein- und Auslaßschlitze liegen in der Zylinderwand und werden von den Kolben gesteuert; die hin- und hergehende Bewegung der Kolben wird in einem besonderen, abgeschlossenen Kurbelgetriebe in Drehbewegung umgesetzt.

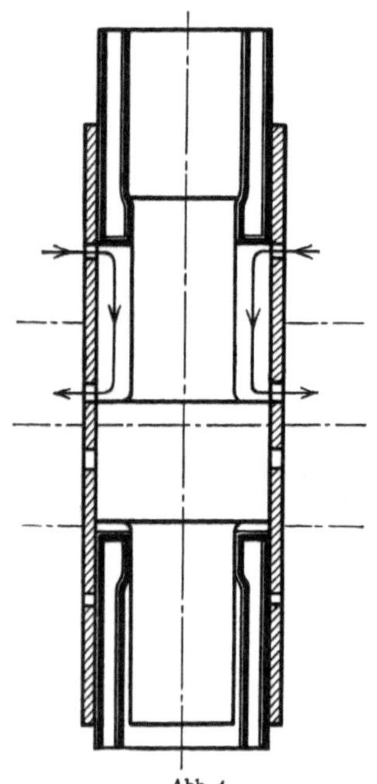

Abb. 1.

Mit der neuen Bauart wurde im Zweitakt-Dieselmotorenbau bewußt vom kreisförmigen zum ringförmigen Querschnitt des Arbeitsraumes übergegangen, und die Erprobungen der Maschine werden den Nachweis zu erbringen haben, ob die damit erzielte Zwangsführung des Spülluftstromes im Zusammenhang mit der Gegenläufigkeit der drei Kolben für den Ausbau des schnellaufenden, doppeltwirkenden Zweitakt-Dieselmotors vorteilhaft ist.

Die bekannten Vorteile der Maschinen mit gegenläufigen Kolben hinsichtlich des Kräfteverlaufes nur im Triebwerk kommen in erhöhtem Maße zur Geltung; denn der Ringquerschnitt gestattet bei der doppeltwirkenden Dreikolbenbauart mit nur e i n e m untenliegenden Schwinghebel auszukommen, während mit dem äußeren Ringkolben die Spülpumpe verbunden werden kann. Bei der Möglichkeit des vollständigen Ausgleiches der gegenläufigen Gewichte setzt die Maschine nur Massenkräfte II. Ordnung in den Grundlagern ab. Diese Kräfte sind aber an sich schon dadurch klein, daß jeder Kolben nur den halben Hub ausführt im Vergleich mit der doppeltwirkenden Einkolbenbauart. Es geht dies aus Abb. 1 hervor: Denkt man sich die äußeren Ringkolben als Deckel feststehend, so wird der mittlere Kolben allein den vollen Hub durchlaufen müssen. Bei der Dreikolbenbauart verteilt sich dagegen der Gesamthub je auf den mittleren Kolben und auf die äußeren Ringkolben. Die Kolbengeschwindigkeit der Einkolbenmaschine tritt bei der Dreikolbenmaschine nur als relative Geschwindigkeit der Kolben gegeneinander auf; die absolute Geschwindigkeit der Kolben gegenüber dem feststehenden Arbeitszylinder ist halb so groß. Diese Eigenart der Maschine kommt einerseits der Schmierung der Kolben zugute, und anderer-

[1]) Die Versuchsmaschine wurde nach Entwürfen des Verfassers bei der Firma Karl Kaelble, Maschinen- und Motorenfabrik, in Backnang konstruktiv durchgearbeitet und in deren Werkstätten ausgeführt.

seits ist die Gasbewegung entlang der Zylinderwandung, und daher der Wärmeübergang geringer.

Die Frage der Wärmeübertragung durch Strahlung ist heute noch nicht geklärt. Wenn nach den Untersuchungen von SCHACK bei industriellen Feuerungen die Zusammenballung großer heißer Gasmassen erwünscht ist, um eine gute Wärmeübertragung durch Strahlung zu erhalten, so muß bei den Verbrennungskraftmaschinen die Einwirkung der heißen Gasmasse auf die Wandungen klein gehalten werden. Dem kommt der Ringquerschnitt entgegen. In Abb. 2 sind für gleiche Leistung, gleichen Gesamthub und gleiche Umgangszahl gleich große Querschnitte des Arbeitsraumes dargestellt: in Abb. 2a ringförmig für eine doppeltwirkende Zweitakt-Dreikolbenmaschine mit einem Zylinder, in Abb. 2b kreisförmig für eine einfachwirkende Viertaktmaschine mit vier Zylindern, für eine einfachwirkende Zweitaktmaschine mit zwei Zylindern und für eine doppeltwirkende Zweitakt-Einkolbenmaschine mit einem Zylinder. Der Gleichgang der verschiedenen Bauarten in bezug auf das nach außen abzugebende Drehmoment weist nur geringe Unterschiede auf: die Zündungen erfolgen je nach einem Kurbelwinkel von 180°. Für die Einwirkung der heißen Gasmasse durch Strahlung auf die Wandungen kommt, wie für einen Punkt eingezeichnet, in Abb. 2a je nur ein Teil der Gasmasse in Frage, während in Abb. 2b die Strahlung der gesamten Gasmasse die Wärmebeanspruchung der Wandung mitbestimmt. Der günstigen Wirkung des Ringquerschnittes hinsichtlich der Strahlung ist es auch zum Teil zuzuschreiben, daß bei der doppeltwirkenden Einkolbenbauart die den unteren Arbeitsraum durchlaufende Kolbenstange im Betrieb sich verhältnismäßig kühl anfühlt und im allgemeinen in dieser Hinsicht keine Schwierigkeiten bereitet. Im Zusammenhang mit tangentialer Strömung der heißen Gasmasse ist daher die Wärmebeanspruchung der inneren Wandung des ringförmigen Arbeitsraumes gering, und es ist auch zu erwarten, daß die nach Abb. 1 erforderlichen inneren Dichtungen gut arbeiten. Sie sind gleichsam laufende Kolbenstangendichtungen, und solche arbeiten stets unter günstigeren Bedingungen als stehende Stopfbüchsen: sie weichen während der Verbrennung dem belastenden Gas- und Wärmedruck aus.

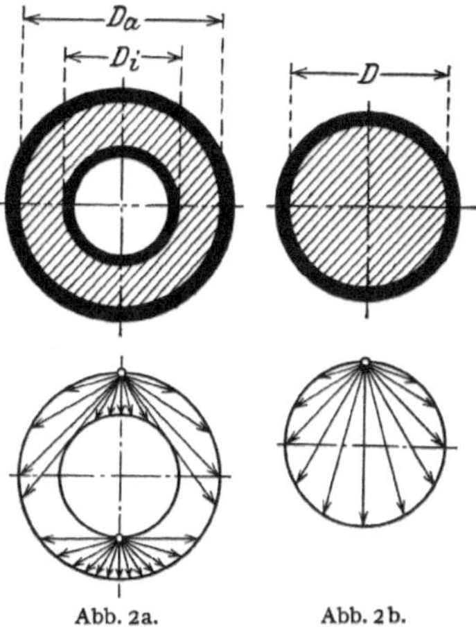

Abb. 2a. Abb. 2b.

Der ringförmige Querschnitt gestattet auch eine weitgehende Beeinflussung der Wärmebeanspruchung der Wandungen durch das Hubverhältnis α. Es ergibt sich, wenn s der Gesamthub ist,

$$\alpha_{\text{Ring}} = \frac{s}{D_a - D_i} \quad \text{gegen} \quad \alpha_{\text{Kreis}} = \frac{s}{D}$$

beim kreisförmigen Querschnitt. Der letztere ist ein Sonderfall des Ringquerschnittes mit $D_i = 0$.

Wie aus

$$F = \frac{\pi}{4} \cdot (D_a + D_i) \cdot (D_a - D_i)$$

hervorgeht, ist die Ringform die allgemeine Lösung für die Unterbringung einer bestimmten Fläche F und daher die anpassungsfähigere. Mit dem Kreisquerschnitt als Sonderfall wird die Konstruktion von vornherein unter Zwang gestellt, und es werden unter Umständen wertvolle Vorteile der allgemeinen Lösung preisgegeben[1]).

Der Ringquerschnitt ermöglicht ferner gegen Ende des Verdichtungshubes die zwangsweise Zusammenfassung der Verbrennungsluft unter Wirbelbildung, in die der Brennstoff eingespritzt wird, und darauffolgend im Ausdehnungshub die zwangsweise Auseinanderziehung der Brennstrahlen längs und quer zur Einspritzrichtung und parallel zu den Wandungen: er beeinflußt so den ganzen Verbrennungsvorgang. Aus Abb. 3, die eine Abwicklung der Kolben nach dem Mittelkreis darstellt, geht die Zusammenfassung der Luft in einer Vertiefung des mittleren Kolbens, sowie das tangentiale und axiale Abströmen der heißen Gase aus der Vertiefung hervor. Da die Strömung nach und aus der Vertiefung tangential beiderseitig erfolgt, ist einerseits die Wirbelbildung und andererseits die Auflösung der Gasbewegung gesichert.

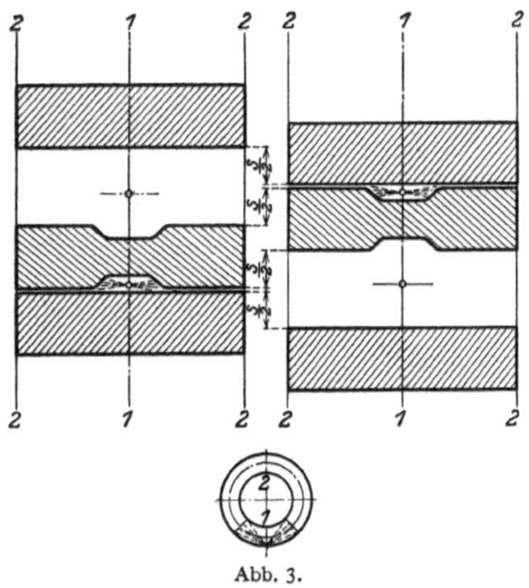

Abb. 3.

Der Ausbau des schnellaufenden Zweitakt-Dieselmotors steht heute noch vor einer Reihe ungelöster Probleme, die nur durch schrittweise Erforschung der Erkenntnis zugeführt werden können. Die Dreikolbenbauart mit Ringquerschnitt eröffnet strömungstechnisch, verbrennungstechnisch und wärmetechnisch neue Wege, indem alle Vorgänge zwangsweise geführt sind. Die konstruktive Durchbildung und der Bau der Versuchsmaschine, sowie die bis jetzt vorgenommenen strömungstechnischen Erprobungen lassen bereits erkennen, daß der ringförmige Querschnitt mit den heutigen Werkstoffen und Ausführungsmöglichkeiten voll zu beherrschen ist. Über die Versuche selbst soll später zusammenfassend an anderer Stelle berichtet werden.

[1]) Ähnliche Verhältnisse liegen bei Stützzapfen vor im Vergleich von Vollzapfen und Ringzapfen.

Ein Entwurf für die Rheinbrücke bei Ludwigshafen.

Von

H. MAIER-LEIBNITZ, Stuttgart.

Mit 5 Abbildungen.

Zur Erlangung von allgemeinen Plänen für die Gestaltung der Rheinbrücke von Ludwigshafen-Mannheim hat die Deutsche Reichsbahngesellschaft im Juli 1928 unter deutschen Ingenieuren und Architekten einen Skizzenwettbewerb ausgeschrieben, an dem sich der Verfasser als Ingenieur in Verbindung mit dem Architekten B. D. A. ALFRED DAIBER mit dem im folgenden dargestellten und beschriebenen Entwurf beteiligt hat. Aus den Wettbewerbsbedingungen ist erwähnenswert: „Die geplante Brücke ist eine zweigleisige Eisenbahnbrücke, die 15,5 m oberhalb der alten Eisenbahn- und Straßenbrücke errichtet werden soll.

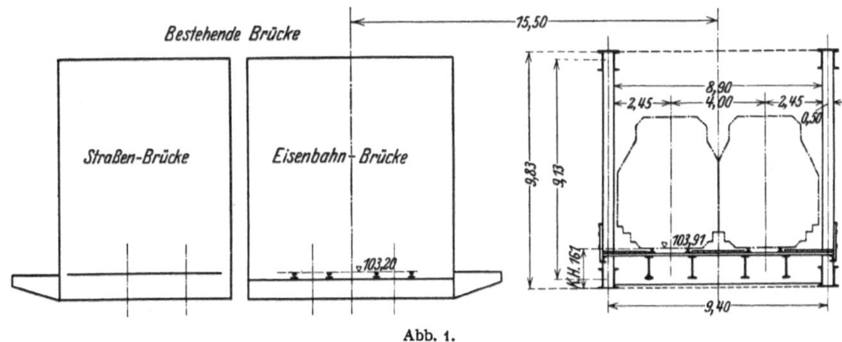

Abb. 1.

Auf die bestehende Brücke ist bei der Formgebung der neuen Brücke Rücksicht zu nehmen. Die Höhe der vorhandenen Überbauten beträgt 10 m. Es kann auch neben einem Entwurf mit drei Öffnungen eine Lösung mit Überbrückung des Rheins in einer einzigen Öffnung vorgeschlagen werden.“ Als Unterlagen für den Entwurf standen zur Verfügung ein Lageplan 1 : 5000, zwei Lichtbilder der alten Brücke von je einem Standpunkt weiter rheinaufwärts aus und ein Querschnitt 1 : 100 der alten Brücke. Der Entwurf geht aus den Abb. 1, 2 sowie aus Abb. 3, einer der beiden eingereichten Perspektiven sowie aus den folgenden Erläuterungen, die mit Ausnahme des in [ ] gesetzten dem eingereichten Erläuterungsbericht wörtlich entnommenen sind, hervor.

1. **Hauptträger.** Nach den Bedingungen für den Skizzenwettbewerb ist bei der Formgebung der neuen Brücke auf die bestehenden Brückenüberbauten Rücksicht zu nehmen. Dies ist in erster Linie dann der Fall, wenn die Höhe der alten Brücke und die Neigung der Ausfachung beibehalten werden.

Für die Wahl der Art und Form der Hauptträger der neuen Brücke (Baustoff: Baustahl) kommt nur der Balkenträger mit parallelen Gurtungen in Betracht, und zwar unter Berücksichtigung der neuen Anschauungen über die tatsächliche Tragfähigkeit der Träger, nur der gelenklose durchlaufende Balken. Denn die bis vor kurzem noch vielfach erhobenen, mit möglichen Stützensenkungen zusammenhängenden Bedenken gegen diese Trägerart, sind bei Ausführungen in Baustahl durch theoretische Untersuchungen und praktische Versuche[1]) als endgültig zerstreut anzusehen; außerdem ist bei diesen Trägern, wenn sie auf Grund der Verfahren der klassischen Baustatik dimensioniert werden, eine wesentlich höhere Tragfähigkeit vorhanden, als bei einfachen Balken und bei durchlaufenden Balken mit Gelenken. Mit Rücksicht auf die Montierung ist das gewählte durchlaufende Raumtragwerk in drei räumlich stabile Tragwerke aufgeteilt. Die Montierung kann also in ähnlicher Weise wie bei der Ruhrorter oder Weseler Eisenbahnbrücke mit dem bei dieser geübten Zusammenbauverfahren vorgenommen werden.

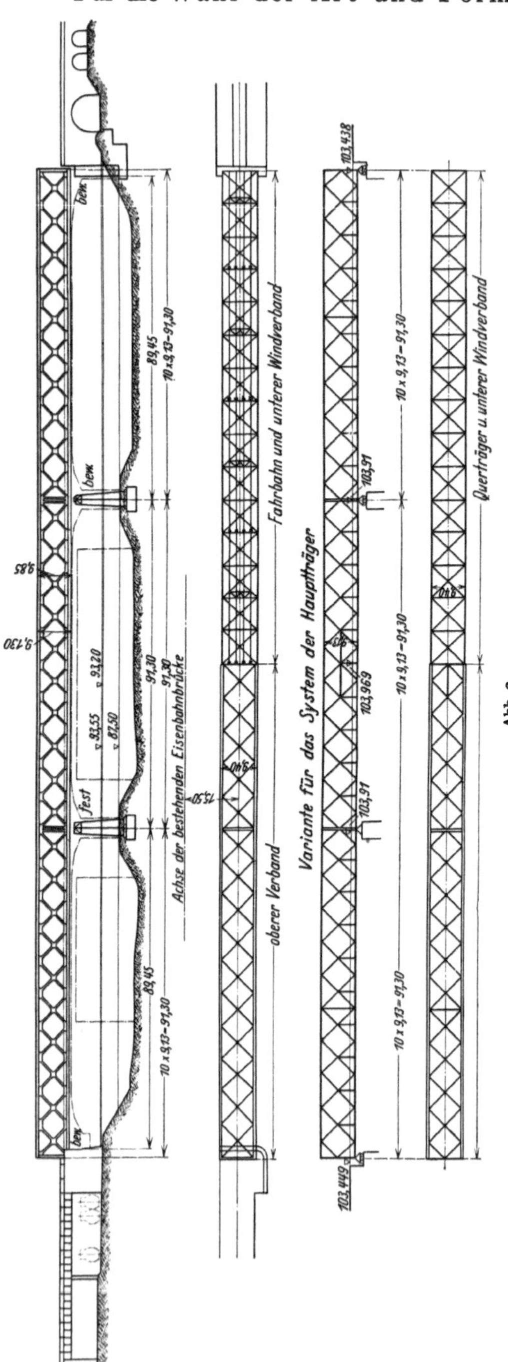

Abb. 2.

Für die Wahl des Trägersystems, der Ausfachung der Trägerscheiben, die eine Systemhöhe von 9,13 m (= Feldweite), also gleich ein Zehntel der gleich angenommenen Stützenweiten von 91,3 m aufweisen, wurde als maßgebend angesehen, erstens mit Rücksicht auf die

[1]) Siehe GRÜNING, Die Tragfähigkeit statisch unbestimmter Tragwerke aus Stahl, Berlin 1926, und [MAIER-LEIBNITZ, Beitrag zur tatsächlichen Tragfähigkeit einfacher und durchlaufender Balkenträger aus Baustahl und Holz], Bautechnik 1928, Heft 1 und 2

Ausführung der bestehenden Brücken Diagonalneigungen von 45° zu erhalten und zweitens lange ungeteilte Diagonalstäbe zu vermeiden. Beiden Gesichtspunkten ist bei dem gewählten zweiteiligen Fachwerksystem mit den gekreuzten Streben der 91,3 m langen Trägerscheiben Rechnung getragen. Daß

Abb. 3.

das System jeder Einzelscheibe je einen überzähligen Stab aufweist, kann nicht als Nachteil gewertet werden, erhöht vielmehr die tatsächliche Tragfähigkeit.

Variante der Hauptträgerausfachung. Wie bei der Weseler Brücke (Bautechnik 1927, S. 662) sich gezeigt hat, bringt der steife Anschluß der Querträger an den Untergurtknotenpunkten konstruktive Erschwernisse, die bei der nach dem in der Variante (Abb. 2) gezeigten Ausfachung vermieden werden. Um aus den oben angeführten Gründen stabile Fachwerkeinzelscheiben zu erhalten, müssen in das Rautensystem (mit genau quadratischen Rauten) Stäbe eingeschaltet werden, in den äußeren Scheiben je ein Vertikalstab, in den inneren

Abb. 4.

aus Symmetriegründen zwei Horizontalstäbe. Dadurch erscheint in der inneren Scheibe ein überzähliger Stab, der aber nur auf die Stabkräfte der mittleren Scheibenteile von Einfluß ist. Im übrigen sind die Hauptträger nicht genau wagrecht, sondern der Schienenführung angepaßt, was bei beiden Ausfachungen keine Erschwernisse bedeutet.

2. Die Ausbildung des Fahrbahngerippes, also der Querträger, der Längsträger mit Schlingerverband (nicht besonders gezeichnet), der Bremsverbände, die Fahrbahnunterbrechung weicht von dem üblichen nicht ab. Die Feldweite beträgt 9,13 m. Dieses Maß liegt innerhalb der bei neueren zwei-

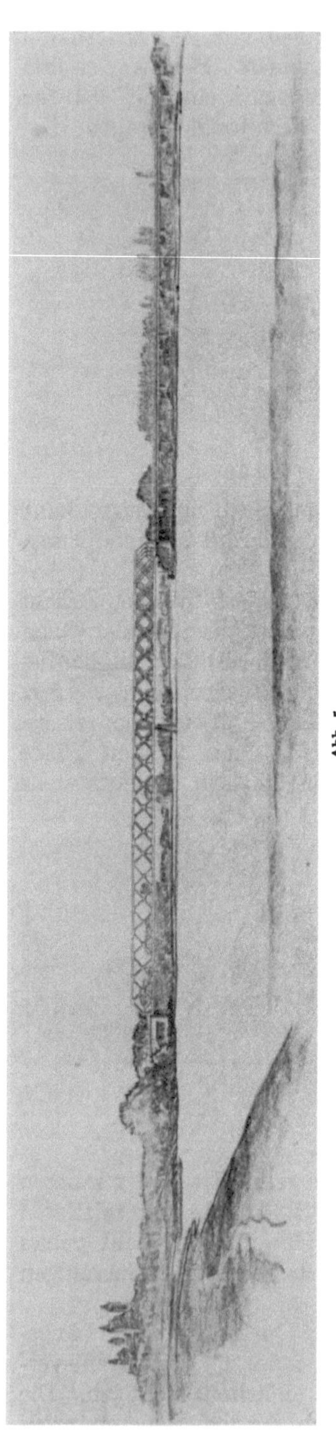

Abb. 5.

gleisigen Brücken üblichen Grenze. Wie bei der Brücke in Wesel ist ein äußerer Fußsteg für die Bahnunterhaltung entbehrlich.

3. Die Quer- und Windverbände. Der untere Windverband besteht aus dem unteren Teil der Querträger und gekreuzten Diagonalen. Für das System des oberen Windverbands ergibt sich, wenn man sich an den vorzüglich wirkenden Durchblick der Weseler Brücke erinnert, die Forderung der vollkommenen Anpassung an das Hauptträgersystem, also für den Hauptentwurf und die Variante die Wahl der in Abb. 2 dargestellten Verbände.

Im ganzen wurden 138 wettbewerbsfähige Entwürfe eingereicht. Davon wurden vier mit Preisen ausgezeichnet, zwei, darunter die Variante des vorliegenden Entwurfs, mit RM. 1000 und zwei mit RM. 500 angekauft.

Diese Variante hat große Ähnlichkeit mit dem mit dem 2. Preis ausgezeichneten Entwurf. Über beide Entwürfe sagt das Preisgericht in einer Niederschrift vom 14. Dezember 1928: „Rautenträger bestehen bekanntlich aus zwei Stabzügen. Man kann gegen ihre Verwendung die Bedenken erheben, daß wegen des häufigen Übergangs der Kräfte von einem Stabzug auf den anderen die Spannkräfte in den einzelnen Teilen und die Durchbiegungen schnell wechseln, und daß wegen des Fehlens der Pfosten die Querträger sich weniger gut anschließen lassen. Durch die Einführung der kurzen Pfosten werden beide Bedenken beseitigt. Das Preisgericht hat deshalb den Rautenträgern, die solche Pfosten aufweisen, den Vorzug gegeben. Durch die Aneinanderreihung gleicher Formelemente, bei denen aber doch die Hilfspfosten ein Oben und ein Unten des Gesamtträgers erkennen lassen, wird die Ruhe der Gesamtwirkung erhöht." Die Abb. 4 zeigt die Perspektive eines weiteren Entwurfs für die Brücke, wobei für die Hauptträger vollwandige Kastenträger mit Sprengwerk in Vorschlag gebracht wurden.

Aus Abb. 5 ist der Entwurf für eine aus zwei Überbauten bestehende Eisenbahn- und Straßenbrücke bei Speyer zu ersehen, wobei von denselben Verfassern für die Hauptträger der Stromöffnungen mit Spannweiten von

161,5 m und 109,82 m ebenfalls Rautenträger vorgesehen wurden. Für die Wahl der Hauptträgerform und der Hauptträgerausfachung dieser Brücke wurde als maßgebend angesehen, daß Brücken in ähnlichen landschaftlichen Verhältnissen erkennen lassen, daß am besten ein die Stromöffnungen überwindender niedriger Parallelträger sich dazu eignet, in schlichter Weise vom Speyerer Dom zu den Vorlandöffnungen überzuleiten, die selbst durch einfache durchlaufende Blechträger überbrückt sind. Bei der Ausfachung des Parallelfachwerkträgers der Stromöffnungen mit genau quadratischen Rauten wird die unruhige Bewegtheit steigender und fallender Diagonalen eines einfachen Dreiecksnetzes vermieden, ohne daß dadurch sich unwirtschaftliche Verhältnisse ergeben würden. Die Ausführungen der Rheinbrücken bei Thusis in der Schweiz und bei Wesel beweisen die Richtigkeit dieses Grundsatzes. Der Entwurf nach Abb. 5 kam bei dem Wettbewerb, der am 7. 2. 29 entschieden wurde, unter 125 eingereichten Entwürfen in die engste Wahl.

Beiträge zum graphischen Rechnen mit komplexen Zahlen[1]).

Von

RUDOLF MEHMKE, Stuttgart.

Mit 10 Abbildungen.

Im folgenden werden unter I Hilfsmittel zur geometrischen Darstellung von Funktionen einer komplexen Veränderlichen gezeigt, brauchbar vor allem für die graphische Auflösung komplexer Gleichungen, aber auch für die Herstellung konformer Abbildungen. Einem neuen Verfahren zur Integration komplexer Funktionen ist II gewidmet. Die übliche geometrische Darstellung der komplexen Zahlen durch Vektoren oder durch Punkte in der Zahlenebene wird anhangsweise mit der Vektorrechnung und der Punktrechnung in Verbindung gebracht.

I. Logarithmographisches Rechnen mit komplexen Zahlen[2]).

1. Logarithmische Bildflächen.

Eine Funktion

$$Z = f(z) = R e^{i\Phi}$$

der komplexen Veränderlichen $z = r e^{i\varphi}$ läßt sich geometrisch durch zwei Flächen darstellen, deren Punkte man erhält, wenn man für alle möglichen Werte von r und φ einmal

$$\log r = \varrho, \ \varphi \text{ und } \log R = \mathrm{P},$$

das andere Mal

$$\varrho, \ \varphi \text{ und } \Phi$$

zu Cartesischen Koordinaten eines Raumpunktes nimmt. Diese beiden Flächen könnte man die logarithmischen Bildflächen der Funktion $f(z)$ nennen und sie

[1]) Diese Beiträge stammen aus einer mehrmals gehaltenen Vorlesung über Rechnen mit komplexen Zahlen sowie aus Mitteilungen im physikalischen und mathematischen Kolloquium an der Technischen Hochschule Stuttgart.

[2]) C. RUNGE hat in der Einleitung zu seiner Arbeit über „Graphische Auflösung von Gleichungen in der komplexen Zahlenebene“, Göttinger Nachrichten 1917, S. 213 gesagt, es biete „das graphische Rechnen in der komplexen Zahlenebene gegenüber dem numerischen Verfahren ohne Frage noch größere Vorteile als im Reellen“. Das scheint mir noch mehr zuzutreffen, wenn man, statt wie RUNGE und seine Vorgänger (HERM. SCHEFFLER, E. LILL, vgl. Anm. 3 und 4 S. 243) sich auf Konstruktionen in der Ebene zu beschränken, in den Raum aufsteigend Hilfsmittel der darstellenden Geometrie heranzieht, wobei das logarithmische Verfahren besondere Vorteile hat, ähnlich denen beim logarithmischen Rechnen mit reellen Zahlen.

als die P-Fläche und die Φ-Fläche unterscheiden. Sie zu benützen scheint mir nicht nur sehr oft beim graphischen Rechnen, sondern manchmal auch bei der geometrischen Veranschaulichung von Sätzen der Funktionentheorie zweckmäßiger zu sein, als die abhängige Veränderliche $Z = f(z)$ oder vielleicht auch $\log f(z)$ wieder durch einen Punkt einer Ebene darzustellen, so wie z oder $\log z$, also an die mit der Funktion $f(z)$ oder $\log f(z)$ verbundene konforme Abbildung anzuknüpfen.

Die gewöhnlichen Hilfsmittel der darstellenden Geometrie verwendend, nehme ich die ϱ, φ-Ebene zur Grundrißtafel, wobei ich die ϱ-Achse parallel zum Beschauer positiv nach rechts, die φ-Achse positiv nach vorn gehen lasse. Bei dem Winkel φ darf man sich auf die Werte zwischen 0 und 2π oder auch zwischen $-\pi$ und $+\pi$ beschränken. Die P-Fläche stelle ich im Grundriß dar, die Φ-Fläche im Seitenriß, den ich mir nach einer Verschiebung in der $+\varrho$-Richtung über den Grundriß hinaus in die Grundrißtafel umgelegt vorstelle.

Hätte man mit lauter reellen Größen zu tun, so wäre φ immer Null, die Φ-Fläche käme ganz in Fortfall und von der P-Fläche bliebe allein die Spur mit der Aufrißtafel übrig; diese Spur wäre das gewöhnliche logarithmische Bild der dann reellen Funktion $f(r)$ der reellen Veränderlichen r, und das zu schildernde Verfahren ginge in das gewöhnliche logarithmographische Rechnen mit reellen Zahlen über, man darf somit umgekehrt im allgemeinen Fall von einer Ausdehnung des gewöhnlichen logarithmographischen Verfahrens sprechen.

Die einfachste Funktion ist, von unserem Standpunkt gesehen:

$$Z = c z^n .$$

Für

$$c = r_c e^{i\varphi_c}$$

wird

$$R e^{i\Phi} = r_c r^n e^{i(\varphi_c + n\varphi)},$$

also kommt, wenn man zu den Logarithmen übergeht und $\log r_c$ mit ϱ_c bezeichnet:

$$\mathrm{P} = \varrho_c + n\varrho, \qquad \Phi = \varphi_c + n\varphi .$$

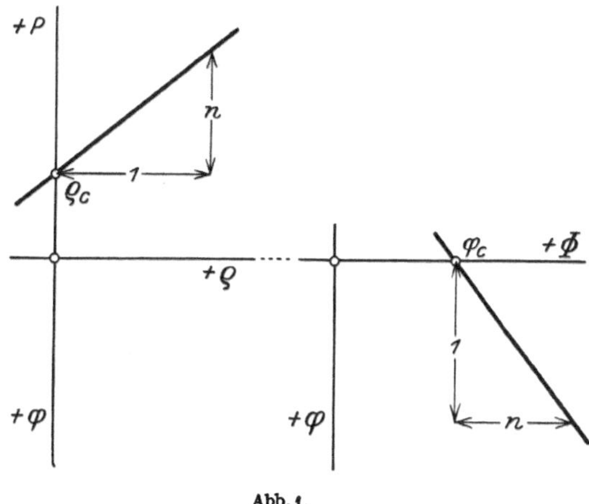

Abb. 1.

Die linke Seite stellt eine Ebene vor, die (Abb. 1) senkrecht zur Aufrißtafel ist, durch den mit r_c bezeichneten Punkt eines in der lotrechten P-Achse angebrachten logarithmischen Maßstabes geht und in der $+\varrho$-Richtung die Steigung n hat. Entsprechend gehört zur letzten Gleichung eine Ebene senkrecht zur Seitentafel durch den Punkt φ_c der Φ-Achse, wieder mit der Steigung n, und zwar in der $+\varphi$-Richtung. Die erste Ebene ist schon durch ihre Aufrißspur bestimmt, die zweite durch ihre Seitenspur, für welche beiden Spuren bezüglich ihres Schnittpunkts mit der P-Achse bzw. Φ-Achse und ihrer Steigung dasselbe gilt, wie für die Ebenen, zu denen sie gehören. Dabei kann der Exponent n

eine beliebige reelle Zahl sein, positiv oder negativ, ganz oder gebrochen oder irrational. Hierdurch unterscheidet sich bereits diese Darstellung, die logarithmische, zu ihrem Vorteil von der sonst üblichen ohne Logarithmen.

Hat $f(z)$ eine andere Gestalt, etwa die einer Summe von Gliedern der besprochenen Art, so werden ihre logarithmischen Bildflächen keine Ebenen mehr sein. Bei rein zeichnerischem Vorgehen können dann beliebig viele Punkte von ihnen auf einem der Wege, die in Nr. 2 und Nr. 3 beschrieben werden sollen, gefunden werden. Wegen anderer Fälle sehe man die Ausführungen am Schluß von Nr. 2.

2. Konstruktion mittels der Additionsflächen.

Gehen wir zu dem Fall über, in welchem $f(z)$ eine Summe von zwei Gliedern der vorigen Gestalt ist:

$$f(z) = Z = c_1 z^{n_1} + c_2 z^{n_2}.$$

Die beiden Glieder von Z seien mit Z_1 und Z_2 bezeichnet. Wären sie reell, so könnte man beim Zahlenrechnen zur Bestimmung der Summe $(Z_1 + Z_2)$ Additionslogarithmen benützen, beim logarithmographischen Rechnen die Additionskurve oder ein entsprechendes mechanisches Hilfsmittel, wie E. A. BRAUERS logarithmischen Zirkel[1]). Sind aber Z_1 und Z_2 nicht reell, so können beim Zahlenrechnen an die Stelle der gewöhnlichen LEONELLI-GAUSSschen Additionslogarithmen diejenigen für komplexe Größen treten[2]), beim logarithmographischen Rechnen dagegen die zugehörigen beiden, in den Abb. 2 und 3

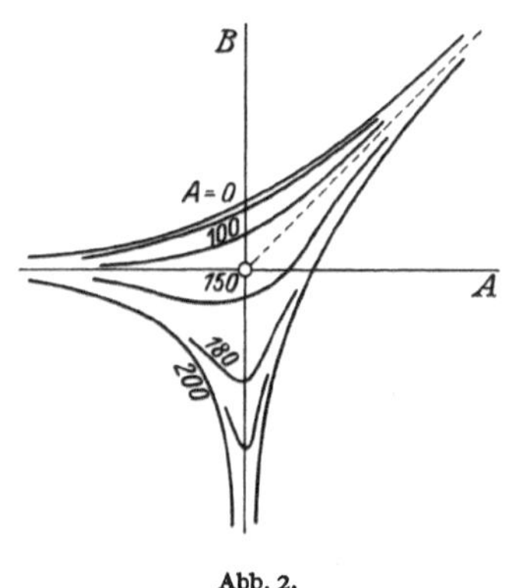

Abb. 2.

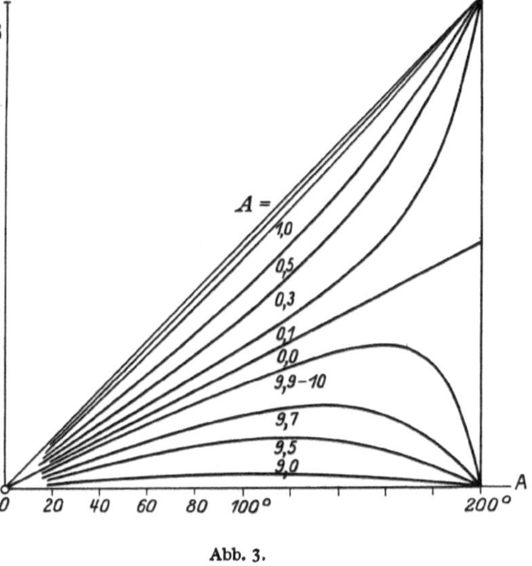

Abb. 3.

[1]) Das erste Modell davon befand sich 1893 auf der mathematischen Ausstellung in München, s. DYCKS Katalog mathematischer u. mathem.-physikal. Modelle ..., Nachtrag, München 1893, S. 40. Der nach einem neuen Modell von der Firma E. O. Richter & Co. in Chemnitz i. Sa. hergestellte logarithm. Zirkel ist in den Geschäften zu haben, die Richters Reißzeuge führen.

[2]) Ich habe sie anfangs der neunziger Jahre des letzten Jahrhunderts mit 5 Stellen berechnet und 1895 in Bd. 40 der Zeitschr. f. Mathem. u. Physik auf 3 Stellen abgerundet veröffentlicht.

durch Schnitte parallel zur Aufrißtafel bzw. Seitentafel dargestellten Hilfsflächen, welche die Additionsflächen genannt seien[1]). Man kommt, um es hier zu wiederholen, darauf so: Es ist

$$Z = Z_1 + Z_2 = Z_1\left(1 + \frac{Z_2}{Z_1}\right)$$

oder

$$\log Z = \log Z_1 + \log\left(1 + \frac{Z_2}{Z_1}\right).$$

Der reelle Teil und der durch i dividierte imaginäre Teil der Funktion

$$\log\left(1 + \frac{Z_2}{Z_1}\right),$$

diese aufgefaßt als Funktion des reellen Teils und des durch i dividierten imaginären Teils von $\log Z_2 : Z_1$, bilden die beiden Hälften der erwähnten Tafel, in der mit Rücksicht auf das Zahlenrechnen statt natürlicher Logarithmen solche mit der Basis 10 gewählt, auch die bei den gewöhnlichen Additionslogarithmen üblichen, schon von GAUSS angewandten Bezeichnungen beibehalten und in der Weise ergänzt worden sind, daß die beiden unabhängigen Veränderlichen A und A, die abhängigen B und B heißen. Zwischen diesen vier reellen Größen besteht also der Zusammenhang

$$10^B e^{i\mathsf{B}} = 1 + 10^A e^{i\mathsf{A}}.$$

Beim Zahlenrechnen ist nun die Anwendung offenbar folgende: Gegeben seien von

$$Z_1 = 10^{\mathsf{P}_1} e^{i\Phi_1} \quad \text{und} \quad Z_2 = 10^{\mathsf{P}_2} e^{i\Phi_2}$$

je der Logarithmus des („absoluten") Betrags und der Winkel, also P_1, P_2, Φ_1, Φ_2, und gesucht von der Summe

$$Z_1 + Z_2 = Z = 10^{\mathsf{P}} e^{i\Phi}$$

ebenfalls der Logarithmus des Betrags, also P, nebst dem Winkel Φ. Man wird

$$A = \mathsf{P}_2 - \mathsf{P}_1, \qquad \mathsf{A} = \Phi_2 - \Phi_1$$

bilden und zum Argumentenpaar A, A im ersten Teil der Tafel den zugehörigen Wert von B, im zweiten denjenigen von B suchen. Dann ist

$$\mathsf{P} = \mathsf{P}_1 + B, \qquad \Phi = \Phi_1 + \mathsf{B}$$ [2]).

Das haben wir nun ins Graphische zu übersetzen. Für jedes Glied von Z, also Z_1 und Z_2, seien schon die beiden Ebenen, die nach dem früheren dazu gehören, dargestellt worden, nämlich das erste Ebenenpaar (Abb. 4) durch die Aufrißspur S_1 bzw. die Seitenspur T_1, das zweite durch S_2 und T_2. Um je einen Punkt von der zur Funktion Z gehörigen P-Fläche und Φ-Fläche, und zwar mit dem-

[1]) Parallelperspektivische Zeichnungen davon waren 1893 in München ausgestellt, s. DYCKS Katalog, Nachtrag, S. 31.

[2]) An einem Zahlenbeispiel habe ich in der erwähnten Abhandlung Zeitschr. Math. Phys. Bd. 40, S. 21 und 22, 1895 gezeigt, wie außerordentlich groß die Ersparnis an Arbeit ist, wenn man diese Tafel statt einer gewöhnlichen Logarithmentafel zu dem angegebenen Zweck benützt.

selben beliebigen Grundriß zu erhalten, ziehe man durch diesen die Lotrechte in Aufriß und Seitenriß. Ihre Schnittpunkte mit S_1 und S_2 seien p_1 und p_2, diejenigen mit T_1 und T_2 dagegen q_1 und q_2. Dann ist mit den vorhergehenden Bezeichnungen die Höhe von p_1 gleich P_1, die Höhe von q_1 gleich Φ_1, ferner die Strecke $\overline{p_1 p_2}$ gleich A, die Strecke $\overline{q_1 q_2}$ gleich A. Betrachtet man diese Strecken — beide mit richtigem Vorzeichen genommen — als Abszisse und Ordinate eines Punktes der ersten und der zweiten Additionsfläche und bestimmt aus ihren Zeichnungen (Abb. 2 und 3) jedesmal die zugehörige Höhe, so ergeben sich die zum Wertepaar A, A gehörigen Werte B, B als Strecken. Wenn man daher die erste Strecke im Aufriß von p_1 aus in der Lotrechten durch diesen Punkt aufträgt, aber die zweite im Seitenriß von q_1 aus in dem hindurchgehenden Lot — beidemal unter Beachtung des Vorzeichens — so erhält man den Aufriß p des betreffenden Punkts der P-Fläche und den Seitenriß q des zu demselben Grundriß gehörigen Punkts der Φ-Fläche von Z (selbstverständlich muß Abb. 4 in demselben Maßstab ausgeführt werden, wie die ein für allemal hergestellten Zeichnungen der Additionsflächen Abb. 2 und 3). Eine andere Konstruktion für die Punkte p und q wird unter Nr. 3 entwickelt werden.

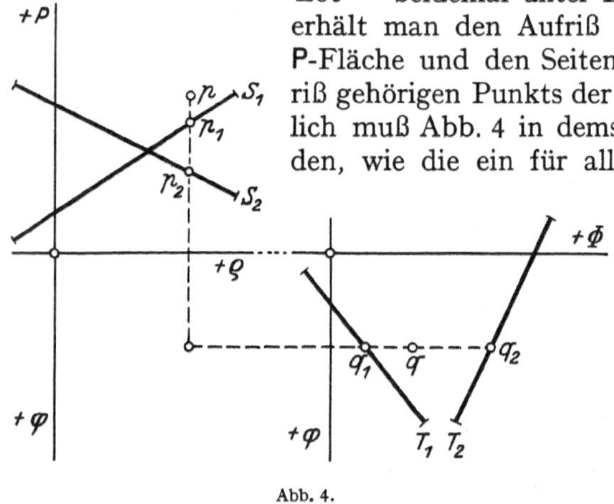

Abb. 4.

Besteht $f(z) = Z$ aus mehr als zwei Gliedern der früheren Form, so muß man das Verfahren wiederholen, bis alle Glieder „logarithmisch addiert" sind. Ist $f(z)$ eine konvergente unendliche Reihe, so wird man bald merken, wie viele Glieder man addieren muß, um die beim gewählten Maßstab der Zeichnung erreichbare Genauigkeit wirklich zu erreichen. Im Fall eines Produkts von zwei oder mehr Funktionen, z. B. $f(z) = f_1(z) \cdot f_2(z)$, wird man wegen

$$\log f(z) = \log f_1(z) + \log f_2(z)$$

die logarithmischen Bildflächen der Funktionen f_1 und f_2 konstruieren und immer entsprechende Höhen mit dem Zirkel addieren, wodurch man jedesmal die Höhe eines Punkts der betreffenden Bildfläche von $f(z)$ erhalten wird. Wie bei einer beliebigen Potenz einer Funktion, deren beide logarithmischen Bildflächen man schon hat, zu verfahren ist, versteht sich hiernach von selbst. Wenn endlich eine Funktion $f(z) = \sum f_\nu(z)$ vorliegt, aber $f_\nu(z)$ nicht von der Form $c_\nu z^{n_\nu}$ ist, so wird man zuerst von jedem der Glieder f_ν die beiden logarithmischen Bildflächen konstruieren und nun die logarithmische Addition entweder mit Hilfe der Additionsflächen vornehmen, oder so wie es in der nächsten Nummer gezeigt werden soll. Eine Differenz läßt sich immer in eine Summe verwandeln durch Anbringen des Faktors $-1 = e^{i\pi}$, der eine bloße Verschiebung der zweiten Bildfläche des betreffenden Glieds in der φ-Richtung um den Betrag π bedeutet.

3. Andere Konstruktion.

Es werde hier noch eine zweite Konstruktion mitgeteilt, um (Abb. 4) zu den gegebenen Punkten p_1, p_2, q_1 und q_2 die Punkte p und q zu finden, eine Konstruktion, die manchem vielleicht mehr zusagen wird, als die zwar am schnellsten zum Ziel führende Benützung der Additionsflächen, weil bei dieser ein graphisches Interpolieren oft nicht zu vermeiden ist. Man braucht bei der neuen Konstruktion zwei Hilfskurven, die so wie so nötig sind, wenn man, etwa bei der Herstellung konformer Abbildungen oder der logarithmographischen Auswertung von Integralen, von der logarithmischen Darstellung zur gewöhnlichen übergehen will oder muß, nämlich die Archimedische Spirale und die logarithmische Kurve, die man deshalb im voraus in dem der ganzen Zeichnung zugrunde liegenden Maßstab aufzeichnen wird. Es handelt sich darum, $\log(1+z)$ zu finden, wenn $\log z$ gegeben ist, genauer: man kennt sowohl den log des Betrags von z, nämlich $\log r = \overline{p_1 p_2}$, als auch den Winkel von z, besser gesagt den gerade gestreckten Bogen, der zu jenem Winkel im Kreis mit dem Halbmesser 1 gehört: $\varphi = \overline{q_1 q_2}$, und gesucht sind der log des Betrags nebst dem, auch als Strecke dargestellten Winkel von $(1+z)$, d. h. die Strecken $\overline{p_1 p}$ und $\overline{q_1 q}$. Der Anfangspunkt der Archimedischen Spirale (Abb. 5) werde als Nullpunkt, und ihre Achse als reelle Achse der Zahlenebene genommen, in der man z und $(1+z)$ als Punkte oder Vektoren darstellen will. Um den Strahl zu finden, auf dem der Bildpunkt von z liegt, wird man aus dem Nullpunkt den Kreis mit dem Halbmesser $\overline{q_1 q_2}$ beschreiben, damit in die Spirale einschneiden und den Schnittpunkt mit dem Nullpunkt verbinden. In diesem Strahl muß nun vom Nullpunkt aus der Betrag von z, nämlich die Länge r abgetragen werden, von der die Strecke $\overline{p_1 p_2}$ den Logarithmus vorstellt. Man könnte, um r zu finden, den logarithmischen Maßstab, auf den die Zeichnung sich gründet, an die Strecke $\overline{p_1 p_2}$ anlegen, r zunächst als Zahl ablesen und den gefundenen Wert mit dem gewöhnlichen Maßstab, der jenem logarithmischen Maßstab entspricht, als Strecke auftragen, aber man wird besser die (vielleicht auf ein besonderes Blatt gezeichnete) loga-

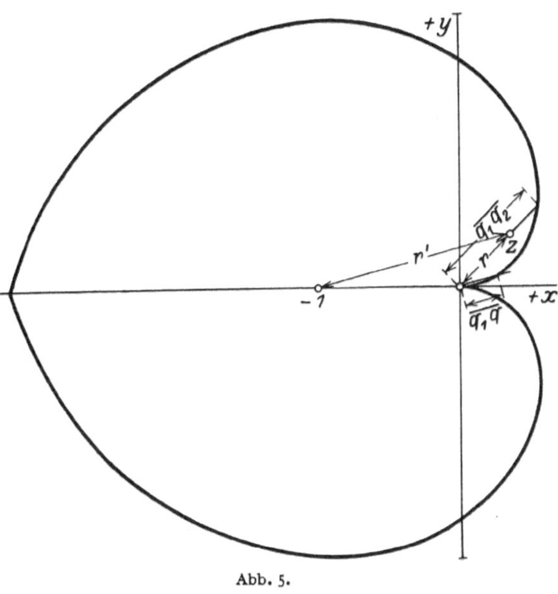

Abb. 5.

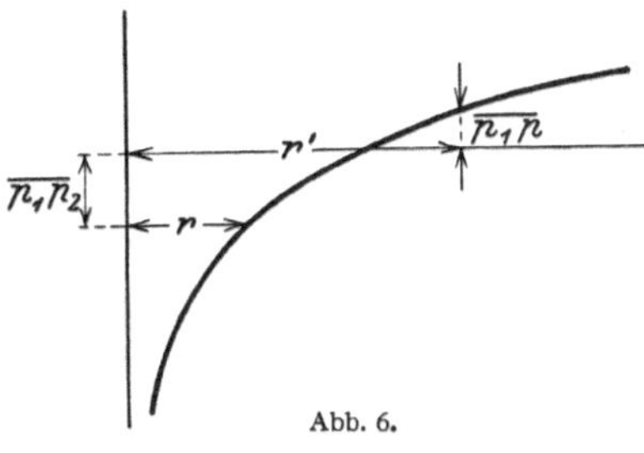

Abb. 6.

rithmische Kurve (Abb. 6) benützen, um unmittelbar die Strecke r aus der Strecke log r zu erhalten. Die komplexe Zahl $(1 + z)$ ist nun dargestellt (Abb. 5) durch den Vektor vom Punkt -1 nach dem schon bekannten Punkt z. Von der wirklichen Länge dieses Vektors muß rückwärts der Logarithmus als Strecke bestimmt werden, was die Strecke $\overline{p_1 p}$ (Abb. 4) gibt, und überdies hat man, um vollends $\overline{q_1 q}$ zu erhalten, den Winkel jenes Vektors in eine Strecke zu verwandeln: die archimedische Spirale wird auf der Parallelen zum fraglichen Vektor durch den Nullpunkt die verlangte Strecke abschneiden. Statt der logarithmischen Kurve könnte man auch eine (etwa noch in Abb. 5 eingezeichnete) logarithmische Spirale zusammen mit der archimedischen benützen, um zu einer im Maßstab der Zeichnung als Strecke gegebenen Zahl den Logarithmus als Strecke, oder umgekehrt, zu finden.

4. Eigenschaften und Verwendung der logarithmischen Bildflächen.

Manche der bekannten Eigenschaften logarithmischer Bilder von reellen Funktionen[1]) lassen sich ohne weiteres auf die logarithmischen Bildflächen der Funktionen einer komplexen Veränderlichen übertragen. Z. B. werden, wenn $f(z)$ gleich $\sum c_\nu z^{n_\nu}$ ist, im Grundriß und im Seitenriß die steilste und die am wenigsten steile Hilfsebene, also die Ebenen, die zu den Gliedern von $f(z)$ mit dem größten und mit dem kleinsten Exponenten gehören, Asymptotenebenen der zu konstruierenden beiden Flächen sein. Ferner, wenn die logarithmischen Bildflächen einer Funktion $Z = f(z)$ irgendwie parallel verschoben werden, etwa in der Abszissenrichtung um den log des Betrags einer komplexen Konstanten c, in der Ordinatenrichtung um den Winkel dieser Konstanten, in der Höhe dagegen die erste Fläche um den log des Betrags und die zweite Fläche um den Winkel einer und derselben beliebigen Konstanten C, so gehören die verschobenen Flächen logarithmisch zur Funktion $Z = Cf(z/c)$. Deshalb lassen sich, wenn die Funktion $f(z)$ eine Summe von Gliedern der Form $c_\nu z^{n_\nu}$ ist, zwei dieser Glieder auf den Wert 1 bringen, wenn man die zur Funktion gehörigen beiden Flächen passend verschiebt, aber die Zahl der Glieder und ihre Exponenten n_ν bleiben unverändert. Z. B. gehen die logarithmischen Bildflächen der Funktion $(c_0 + c_1 z)$ durch Parallelverschiebung aus den Flächen hervor, die zur Funktion $(1 + z)$ gehören; diese Flächen sind aber keine anderen als die beiden Additionsflächen. Nimmt man eine affine Transformation hinzu, die ja nur eine Änderung der Maßstäbe in den Achsen bedingt, so sind auch Funktionen der Form $(c_0 + c_1 z^m)$ für einen beliebigen reellen Wert von m logarithmisch noch durch die beiden Additionsflächen dargestellt und man braucht für solche Funktionen keine neuen Flächen zu konstruieren. Daraus folgt u. a., daß man alle Gleichungen der Form

$$c_1 z^{m_1} + c_2 z^{m_2} + c_0 = 0,$$

wo m_1 und m_2 beliebige reelle Zahlen sein können, allein mit Hilfe der ein für

[1]) S. meinen Leitfaden zum graphischen Rechnen, 2. Aufl. Wien 1924, S. 68ff.

allemal gezeichneten Additionsflächen graphisch lösen kann, indem man diese Flächen mit Ebenen schneidet, aber ohne neue krumme Flächen konstruieren zu müssen[1]). Damit ist schon die Aufgabe gestreift, irgendeine zahlenmäßig gegebene Gleichung $f(z) = 0$, in der außer der Unbekannten z auch die Konstanten beliebige komplexe Zahlen sein dürfen, graphisch aufzulösen. Man könnte die Gleichung in dieser Form belassen, es wird sich aber meistens empfehlen, ganz wie bei reellen Gleichungen die Funktion $f(z)$ auf irgendeine Weise, die man für zweckmäßig hält, in eine Differenz $f_1(z) - f_2(z)$ zu zerlegen, oder die gegebene Gleichung in die beiden Gleichungen

$$Z = f_1(z), \quad Z = f_2(z)$$

zu spalten. Man wird nun die Schnittkurve der P-Flächen dieser beiden Funktionen im Grundriß konstruieren und ebenso die Schnittkurve ihrer Φ-Flächen; die Schnittpunkte beider Kurven ergeben durch ihre Koordinaten die Wurzeln der vorgelegten Gleichung[2]). Ich glaube, daß dieses Verfahren mit den bis jetzt bekannt gewordenen von HERM. SCHEFFLER[3]), E. LILL[4]) und C. RUNGE[5]), bei denen gewöhnliche Maßstäbe benützt werden, es recht wohl aufnehmen kann. Hier wie bei reellen Gleichungen besteht der Vorteil der Verwendung logarithmischer Maßstäbe darin, daß die Arbeit nur mit der Zahl der Glieder der Gleichung wächst, aber von den Werten der vorkommenden Exponenten unabhängig ist, weshalb auch die Gleichung, wenn sie in irrationaler Form auftritt, nicht rational gemacht zu werden braucht, es im Gegenteil sich empfehlen kann, einer Gleichung rationaler Gestalt irrationale Form zu geben, wenn dadurch die Anzahl der Glieder verringert wird. Natürlich kann das Verfahren auch bei reellen Gleichungen verwendet werden, falls man die etwaigen komplexen Wurzeln ebenso wie die reellen haben will; die Konstruktionen vereinfachen sich dann bedeutend, was hier nicht näher ausgeführt werden soll. Auch fehlt hier der Raum, auf die wirkliche Herstellung der konformen Abbildung, die zu einer nicht ganz einfachen gegebenen Funktion $f(z)$ gehört, mittels des logarithmischen Verfahrens einzugehen. Ebenfalls nur erwähnt sei zum Schluß die Aufgabe, von einer etwa durch eine Potenzreihe erklärten Funktion $f(z)$, für die noch keine Tafel, wenigstens für komplexe Argumente, vorhanden ist, eine vorläufige Anschauung durch Konstruktion graphischer Tafeln zu geben und ein zahlenmäßiges Rechnen damit, wenn auch von beschränkter Genauigkeit, zu ermöglichen.

---

[1]) Hiermit lassen sich auch die „graphischen Tafeln zur mechanischen Bestimmung sämtlicher Wurzeln von trinomischen Gleichungen mit (reellen oder) komplexen Koeffizienten", DYCKS Katalog, Nachtrag, München 1893, S. 16 Nr. 40f, erklären.

[2]) In der Encyklopädie der mathem. Wiss. Bd. I, Teil 2, S. 1022 (der betreffende Abschnitt ist 1901/02 erschienen) habe ich dieses Verfahren schon kurz beschrieben, während ich es 1893 in DYCKS Katalog, Nachtrag S. 31, nur angedeutet hatte.

[3]) H. SCHEFFLER, Arch. Math. Phys. Bd. 15, S. 375, 1850 und besonders „Die Auflösung algebraischer und transzendenter Gleichungen", S. 100, 103, Braunschweig 1859.

[4]) E. LILL, Nouv. Ann. math. (2) Bd. 7, S. 363. 1868.

[5]) S. hier Anm. 2 auf S. 236.

II. Graphische Integration einer Funktion einer komplexen Veränderlichen.

Während für reelle Funktionen die graphische Quadratur seit langem wohlausgebildet ist, scheint über die Integration komplexer Funktionen außer der auf Anregung von C. RUNGE entstandenen Dissertation von KILLAM[1]) nichts veröffentlicht worden zu sein. Ich halte es zwar nicht für aussichtslos, auch dazu logarithmische Verfahren mit Vorteil zu benützen, wie ich es für reelle Funktionen früher gezeigt habe[2]), ich werde mich aber hier auf den Fall beschränken, daß gewöhnliche Maßstäbe verwendet werden und man bei dem Integral

$$Z = \int_{z_0}^{z} f(z)\,dz\,,$$

sowohl z als auch $f(z) = w$ und Z als Punkte je einer Zahlenebene darstellt. Nehmen wir mit KILLAM an, die Funktion $f(z)$ sei graphisch gegeben durch dasjenige Kurvennetz in der w-Ebene, das „w-Netz“ oder „$f(z)$-Netz“, das einem in der z-Ebene beliebig — am besten quadratisch — gewählten Kurvennetz, dem „z-Netz“, vermöge der konformen Abbildung $w = f(z)$ entspricht, so daß die Aufgabe darin besteht, das zugehörige „Z-Netz“ zu konstruieren. KILLAM behandelt die beiden Fälle, daß die Lage des Punktes z entweder durch Polarkoordinaten r, φ oder durch rechtwinklige Cartesische Koordinaten x, y bestimmt wird, also das z-Netz entweder in Geraden durch den Nullpunkt und konzentrischen Kreisen um diesen Punkt, oder in Parallelen zu den Koordinatenachsen besteht. Es genügt, hier den ersten Fall zu besprechen. Ein jeder Knotenpunkt (r_m, φ_n) des z-Netzes kann auf dem geraden Wege vom Nullpunkt nach ihm erreicht werden. Integriert man über diesen Weg, so ist r allein veränderlich, φ dagegen konstant gleich φ_n, mithin $dz = e^{i\varphi_n}\cdot dr$, weshalb, wenn man $f(z) = u + iv$ setzt und auch das in

$$Z = \int_0^r (u(r, \varphi_n) + iv(r, \varphi_n))(\cos\varphi_n + i\sin\varphi_n)\,dr$$

übergehende Integral in $Z = X + iY$ zerlegt, man mit KILLAM erhält:

$$X = \cos\varphi_n \int_0^r u(r, \varphi_n)\,dr - \sin\varphi_n \int_0^r v(r, \varphi_n)\,dr\,,$$

$$Y = \cos\varphi_n \int_0^r v(r, \varphi_n)\,dr + \sin\varphi_n \int_0^r u(r, \varphi_n)\,dr\,.$$

Die vier reellen Integrale, auf die so das komplexe Integral zurückgeführt worden ist, integriert KILLAM graphisch nach dem bekannten Sehnenverfahren[3]); dann muß er jedesmal noch mit $\cos\varphi_n$ bzw. $\sin\varphi_n$ multiplizieren, um die Cartesischen Koordinaten X, Y derjenigen Knotenpunkte des Z-Netzes, die den

[1]) S. DOUGLAS KILLAM, Über graphische Integration von Funktionen einer komplexen Variabeln mit speziellen Anwendungen, Göttingen 1912.

[2]) S. meinen Leitfaden zum graphischen Rechnen, S. 142.

[3]) Ebenda S. 102.

Knotenpunkten des z-Netzes auf dem Strahl $\varphi = \varphi_n$ entsprechen, zu erhalten. Man kommt aber mit einem geringen Bruchteil der Arbeit aus, die KILLAM nötig hat, wenn man von einer Zurückführung des vorgelegten komplexen Integrals ganz absieht und Konstruktionen mit gerichteten Strecken, mit Vektoren, ausführt. Der Gedanke werde sogleich an dem Fall des geradlinigen Integrierens von irgendeinem Punkte z_0 nach einem andern z_n erklärt. (Das Integrieren über einen Kreisbogen gibt weniger einfache Konstruktionen.)

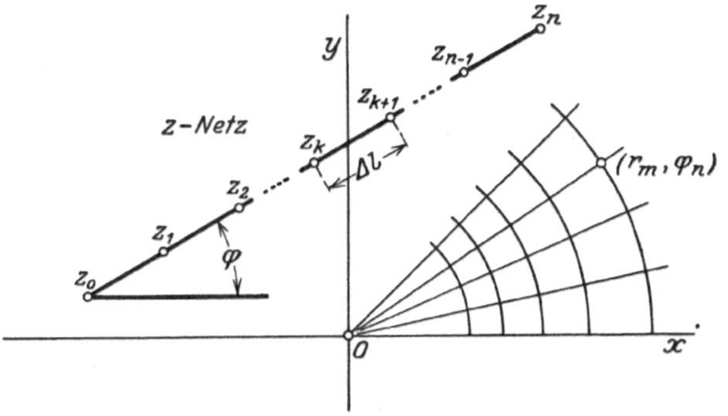

Abb. 7.

Mit φ als Richtungswinkel der geraden Strecke von z_0 nach z_n läßt sich für einen auf dieser Strecke beweglichen Punkt im Abstand l von z_0 schreiben:

$$z = z_0 + l e^{i\varphi},$$

so daß

$$dz = e^{i\varphi} dl \quad \text{und} \quad dZ = e^{i\varphi} f(z) dl$$

wird. Man habe nun (Abb. 7) zwischen z_0 und z_n irgendwelche Punkte z_1, z_2, ... etwa in gleichen Abständen von einem nicht zu großen Betrag Δl eingeschaltet, auch mit Hilfe der gegebenen Funktion $f(z)$ von den Punkten z_1, z_2, ... die (in Abb. 8 nur bezifferten) Bildpunkte $f(z_1)$, $f(z_2)$, ... im $f(z)$-Netz konstruiert, und ferner sei die Konstruktion der gesuchten Punkte $Z_0, Z_1, Z_2, \ldots$ (Abb. 9), der Bilder von z_0, z_1, z_2, ... im Z-Netz, schon bis zum Punkt Z_k fortgeschritten. Dann ist näherungsweise

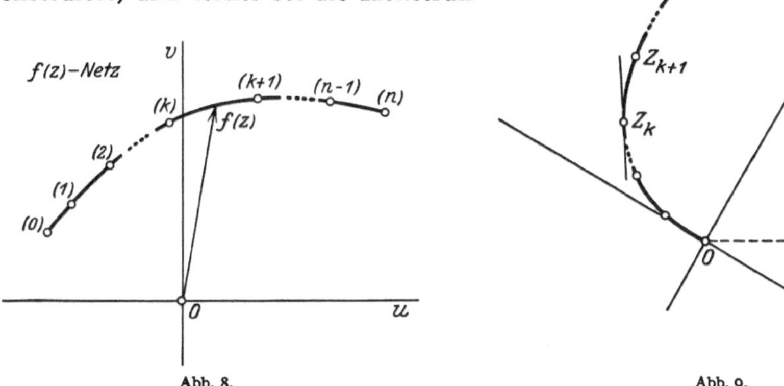

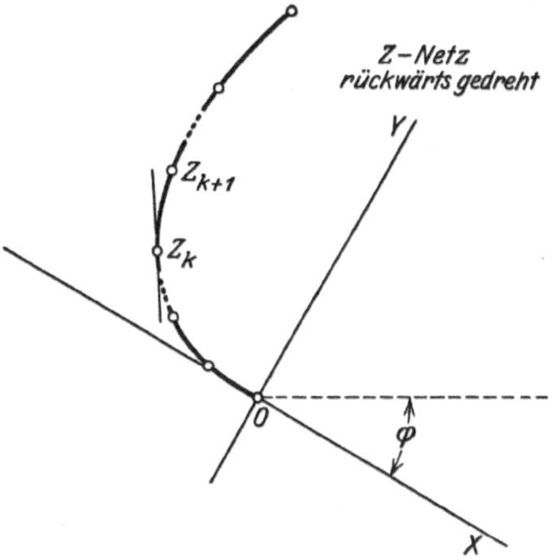

Abb. 8.

Abb. 9.

$$\Delta Z = f(z) \Delta z$$

oder

$$Z_{k+1} - Z_k = e^{i\varphi} f(z) \Delta l.$$

Der Faktor $e^{i\varphi}$ bedeutet eine bloße Drehung um den für alle Punkte der

Strecke $z_0 z_n$ gemeinsamen Winkel φ. Um diese Drehung nicht für jeden einzelnen der Punkte $z_0, z_1, z_2, \ldots$ ausführen zu müssen, wird man zweckmäßig das Z-Netz auf ein bewegliches Blatt zeichnen und dieses, bevor man mit der Konstruktion der Punkte $Z_1, Z_2, \ldots$ beginnt, gegen das auf dem Reißbrett feste Blatt, auf welchem das z-Netz und das $f(z)$-Netz gezeichnet und die Punktreihe $z_0, z_1, z_2, \ldots$ angenommen ist, um den Winkel φ rückwärts drehen. Auf dem gedrehten „Z-Blatt" ist alsdann $(Z_{k+1} - Z_k)$, d. h. geometrisch der Vektor vom Punkt Z_k nach dem Punkt Z_{k+1} nahezu gleich $f(z) \cdot \Delta l$, d. h. die Verschiebung, die den schon bekannten Punkt Z_k in den zunächst gesuchten Punkt Z_{k+1} überführt, ergibt sich angenähert nach Größe und Richtung, wenn man $f(z)$, darunter jetzt den Vektor vom Nullpunkt des $f(z)$-Netzes nach dem Bildpunkt von z in diesem Netz verstanden, mit Δl multipliziert. Die Annäherung wird von zweiter Ordnung sein, wenn man „in die Mitte" konstruiert, nämlich den Punkt $f(z)$ ungefähr in der Mitte zwischen den Punkten $f(z_k)$ und $f(z_{k+1})$ wählt, was einer Anwendung der „Tangententrapezformel" entspricht. Um noch größere Genauigkeit zu erzielen, ohne die Teilpunkte $z_1, z_2 \ldots$ enger wählen zu müssen, könnte man die SIMPSONsche Regel, ins Graphische übertragen, der Aufgabe anpassen.

Von der Kurve, die das Bild der Geraden $z_0 z_n$ im Z-Netz ist, kann man übrigens mit Leichtigkeit auch die Tangenten in den konstruierten Punkten $Z_0, Z_1, Z_2, \ldots$ finden, denn die obige Gleichung für dZ, auf die Lage z_k von z angewendet:

$$dZ_k = e^{i\varphi} f(z_k)\, dl$$

besagt, daß die Tangente der fraglichen, um den Winkel φ rückwärts gedrehten Kurve im Punkt Z_k parallel zum Vektor $f(z_k)$ ist.

Das beschriebene Verfahren scheint mir von der graphischen Quadratur im Reellen, wie sie ŠOLÍN und MASSAU ausgebildet haben, die erste wirkliche Ausdehnung auf das komplexe Gebiet zu sein.

Anhang. Komplexe Zahlen im Zusammenhang mit Vektorrechnung und Punktrechnung.

Unter den Elektroingenieuren herrscht immer noch darüber Streit, ob es besser sei, bei der analytischen Darstellung besonders von Wechselstromvorgängen komplexe Zahlen oder aber Vektorrechnung anzuwenden. Ich werde zeigen, daß zwischen dem einen und dem andern gar kein Gegensatz besteht, vielmehr das Rechnen mit komplexen Zahlen in der Vektorrechnung, und somit auch in der Punktrechnung enthalten ist. Die Vektorrechnung und noch mehr die Punktrechnung ist das allgemeinere, das umfassende, insofern als *das arithmetische Produkt der gewöhnlichen, durch Vektoren oder durch Punkte in der Ebene dargestellten komplexen Zahlen sehr leicht auf das algebraische Produkt von Vektoren und auch von Punkten sich zurückführen läßt.*

Die komplexe Zahl $\mathfrak{z} = \xi + i\eta$ sei (Abb. 10) in der üblichen Weise durch den Punkt z mit den Cartesischen Koordinaten ξ, η oder auch durch den Vektor oder Pfeil[1]) $\boldsymbol{z}$ vom Ursprung nach jenem Punkt hin dargestellt worden. Nun lassen ξ und η sich als Graßmannsche äußere Produkte[2]) des Pfeiles $\boldsymbol{z}$ und je eines andern Pfeils darstellen; bezeichnet nämlich $\boldsymbol{e}_1$ einen Pfeil der Länge 1 in der Ordinatenachse, $\boldsymbol{e}_2$ einen solchen in der negativen Abszissenachse, dann ist offenbar

$$\xi = [\boldsymbol{z}\boldsymbol{e}_1], \quad \eta = [\boldsymbol{z}\boldsymbol{e}_2],$$

also

$$\xi + i\eta = [\boldsymbol{z}(\boldsymbol{e}_1 + i\boldsymbol{e}_2)].$$

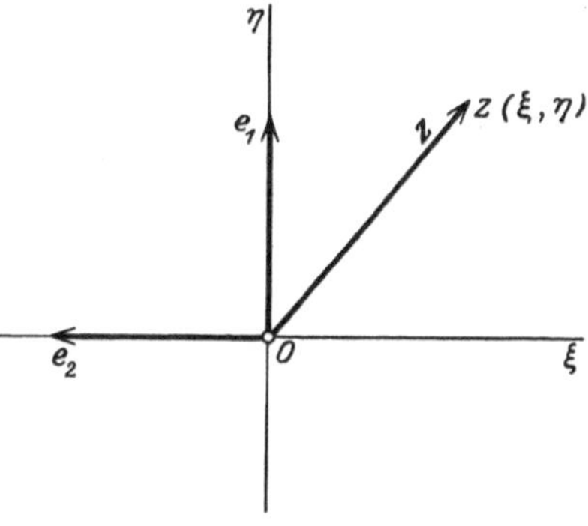

Abb. 10.

Deshalb liegt es nahe, den imaginären Pfeil

$$\boldsymbol{e}_1 + i\boldsymbol{e}_2 = \boldsymbol{j} \tag{1}$$

einzuführen, wodurch man für die komplexe Zahl $\mathfrak{z}$ folgende Darstellung als äußeres Produkt erhält:

$$\mathfrak{z} = [\boldsymbol{z}\boldsymbol{j}]. \tag{2}$$

Von dem Pfeil $\boldsymbol{j}$ wäre leicht zu zeigen, daß er nach einem der unendlich fernen imaginären Kreispunkte hinweist, also einer „Minimalgeraden" (mit Sophus Lie zu reden) oder „Isotropen" (wie E. Laguerre sagte) angehört. Demnach haben wir das vorläufige Ergebnis: *Die zu einem Vektor oder Pfeil in der Ebene gehörige komplexe Zahl ist gleich seinem Graßmannschen äußeren Produkt mit einem isotropen Pfeil.*

Wenn jetzt $\boldsymbol{a}$ und $\boldsymbol{b}$ die zu irgend zwei komplexen Zahlen $\mathfrak{a}$ und $\mathfrak{b}$ gehörigen Pfeile heißen, also nach dem vorhergehenden

$$\mathfrak{a} = [\boldsymbol{a}\boldsymbol{j}], \quad \mathfrak{b} = [\boldsymbol{b}\boldsymbol{j}]$$

ist, so wird

$$\mathfrak{a}\mathfrak{b} = [\boldsymbol{a}\boldsymbol{j}][\boldsymbol{b}\boldsymbol{j}].$$

Aber die rechte Seite dieser Gleichung ist nach Grassmann[3]) gleich dem äußeren Produkt aus dem algebraischen Produkt $(\boldsymbol{a}\boldsymbol{b})$ der Pfeile $\boldsymbol{a}$ und $\boldsymbol{b}$ sowie dem (algebraischen) Quadrat des isotropen Pfeiles $\boldsymbol{j}$:

$$\mathfrak{a}\mathfrak{b} = [(\boldsymbol{a}\boldsymbol{b})\boldsymbol{j}^2]. \tag{3}$$

Allgemeiner gilt, wie sich ebenso leicht ergibt, für das arithmetische Produkt von n komplexen Zahlen $\mathfrak{a}_1, \mathfrak{a}_2, \ldots \mathfrak{a}_n$, deren geometrische Bilder die Pfeile $\boldsymbol{a}_1, \boldsymbol{a}_2, \ldots \boldsymbol{a}_n$ sind:

$$\mathfrak{a}_1\mathfrak{a}_2 \ldots \mathfrak{a}_n = [(\boldsymbol{a}_1\boldsymbol{a}_2 \ldots \boldsymbol{a}_n)\boldsymbol{j}^n]. \tag{4}$$

---

[1]) Weil das Wort Vektor in verschiedenen Bedeutungen gebraucht wird, empfiehlt es sich, mit A. Lotze (Die Grundgleichungen der Mechanik insbesondere starrer Körper neu entwickelt mit Grassmanns Punktrechnung, Diss. Tübingen, Leipzig 1922) für gerichtete Strecke „Pfeil" zu sagen.

[2]) Das von Grassmann 1844 eingeführte äußere Produkt bedeutet bei zwei Pfeilen in der Ebene die Flächenzahl des durch die Pfeile bestimmten Parallelogramms.

[3]) H. Grassmann, Crelles J. Bd. 84, S. 273, 1877 = Werke II 1, S. 282. — Das algebraische Produkt zweier Pfeile ist der Inbegriff dieser als vertauschbar angesehenen Pfeile, das „Pfeilpaar" als neuer geometrischer Begriff. (Wenn die Vertauschbarkeit fehlt, hat man es mit Grassmanns „bestimmungslosem" Produkt zu tun, das von J. W. Gibbs dyadisches Produkt genannt worden ist.)

Soweit es die Darstellung komplexer Zahlen durch Pfeile in der Ebene betrifft, ist obige Behauptung damit bewiesen. Einen Schritt weitergehend nehmen wir statt des Pfeiles $\boldsymbol{z}$ nunmehr den Punkt z als Bild der komplexen Zahl $\mathfrak{z}$. Wie läßt sich dann das arithmetische Produkt von zwei oder mehr komplexen Zahlen mit Hilfe der Punktrechnung darstellen? Ein „linienflüchtiger" Vektor, oder wie man in der Punktrechnung kürzer sagt, ein Stab von der Länge 1 in der Ordinatenachse heiße E_1, ein solcher in der negativen Abszissenachse E_2. Dann erscheinen die Koordinaten ξ, η des Punktes z als die äußeren Produkte aus z und den Stäben E_1 und E_2*):

$$\xi = [zE_1], \quad \eta = [zE_2],$$

und es wird

$$\xi + i\eta = [z(E_1 + iE_2)].$$

Führt man also, entsprechend wie früher den Pfeil $\boldsymbol{j}$, nun den imaginären Stab

$$J = E_1 + iE_2 \tag{1'}$$

ein, dessen Linie die eine durch den Ursprung gehende Isotrope ist, so kommt

$$\mathfrak{z} = [zJ]. \tag{2'}$$

Fassen wir noch einmal das arithmetische Produkt zweier komplexen Zahlen $\mathfrak{a}$ und $\mathfrak{b}$ ins Auge, als deren Bilder aber jetzt die Punkte a und b betrachtet werden sollen. Man erhält

$$\mathfrak{a}\mathfrak{b} = [aJ][bJ].$$

Dieser Ausdruck ist jedoch, wieder nach GRASSMANNS Erklärung, gleich dem äußeren Produkt aus dem algebraischen Produkt (ab) der Punkte a und b**), und dem Quadrat des Stabes J:

$$\mathfrak{a}\mathfrak{b} = [(ab)J^2], \tag{3'}$$

und entsprechend kann für das arithmetische Produkt beliebig vieler komplexer Zahlen $\mathfrak{a}_1, \mathfrak{a}_2, \ldots \mathfrak{a}_n$, als deren Bilder die Punkte $a_1, a_2, \ldots a_n$ genommen sind, geschrieben werden:

$$\mathfrak{a}_1\mathfrak{a}_2 \ldots \mathfrak{a}_n = [(a_1a_2 \ldots a_n)J^n]. \tag{4'}$$

Anm.: Der Gedanke an sich, die Punktrechnung auch in der Elektrotechnik anzuwenden, ist nicht neu. Zu nennen sind hier besonders zwei Arbeiten von H. GÖRGES, „Über die graphische Darstellung des Wechselpotentials und ihre Anwendung", ETZ Bd. 19, S. 164.

*) Das äußere Produkt eines (mit dem Gewicht oder „Zahlwert" 1 versehenen) Punktes und eines Stabes in der Ebene entspricht dem statischen Moment der durch den Stab dargestellten Kraft in bezug auf den Punkt, ist also gleich der Flächenzahl des durch beide bestimmten Parallelogramms.

**) Das algebraische Produkt zweier Punkte ist ein Punktepaar, nämlich der Inbegriff dieser, als vertauschbar angesehenen Punkte, wieder als neuer Begriff des geometrischen Kalküls. Besteht keine Vertauschbarkeit, so hat man das dyadische Produkt beider Punkte, eine „Punktdyade". (Vgl. hierzu meine Vorlesungen über Punktrechnung, Bd. 1, S. 265 bis 268, Leipzig 1913, und meine Abhandlung „Dyaden und Kontrajektivität". Jahresber. Deutsch. Mathematiker-Vereinigung Bd. 26, S. 1. 1917.) Es lassen sich auch Dyaden aus je einem Punkt und einem Pfeil, „Punktpfeile", bilden, was die einfachste analytische Darstellung der Astatik und der Lehre vom Virial ergibt.

1898 und „Über die graphische Darstellung des Wechselpotentials und die Lage des Erdpotentials in Drehstromanlagen", Arch. Elektrot. Bd. 6, S. 21, 1917—1918, — der Verfasser, dessen Darstellung von Potentialen durch Punkte in der Ebene als „topographische Methode" bekannt ist, benützt hauptsächlich, unter Hinweis auf den baryzentrischen Kalkül von MÖBIUS, die Addition von Punkten — sowie eine Abhandlung von FRANKLIN PUNGA: „Anwendung der GRASSMANNschen linearen Ausdehnungslehre auf die analytische und graphische Behandlung von Wechselstromerscheinungen". Z. Elektrotechn. (Wien) Bd. 19, S. 505, 516. 1901, in welcher auch GRASSMANNS inneres und äußeres Produkt (nicht das „Vektorprodukt"!) von Vektoren in der Ebene nebst einem allgemeineren Produkt, das jene umfaßt, angewendet werden. Die Vektoranalysis GRASSMANNscher Richtung hat in der Elektrizitätslehre u. a. auch E. CARVALLO in seiner Schrift „L'électricité déduite de l'expérience" (Scientia Nr. 19), Paris 1902, 2ème éd. 1907, benützt. — Erwähnt werden darf bei dieser Gelegenheit wohl, daß an der Stuttgarter Hochschule zuerst auf dem Kontinent, seit dem Sommer 1881, Vorlesungen über den geometrischen Kalkül (Vektorrechnung und Punktrechnung) gehalten worden sind.

Friedrich Theodor Vischer als Dozent des Polytechnikums.

Von

Theodor A. Meyer, Stuttgart.

Friedrich Theodor Vischer, der berühmte Ästhetiker, hat 21 Jahre lang vom Herbst 1866 bis zu seinem Tod, der den Achtzigjährigen in den Sommerferien des Jahres 1887 abgerufen hat, am Stuttgarter Polytechnikum gelehrt, zunächst im Nebenamt als Professor der Universität Tübingen; dann aber hat er seit dem Herbst 1869 seine ganze Kraft dem Stuttgarter Amt gewidmet. Die Polytechnische Schule in Stuttgart war bisher fast ausschließlich eine Fachschule zur Ausbildung der Jugend in den technischen Wissenschaften gewesen. Durch ihn und wenn auch in geringerem Maß durch den längere Zeit neben ihm wirkenden Kunsthistoriker W. Lübke wurde sie zum Bildungszentrum der schwäbischen Hauptstadt gemacht. Unermeßlich war der Einfluß, den seine nicht bloß von Studenten, sondern auch aus allen Kreisen der Gebildeten besuchten Vorträge auf die geistige Förderung Stuttgarts und des ganzen Württemberger Landes ausgeübt haben. In tiefer Dankbarkeit gedenkt die Technische Hochschule bei ihrer Hundertjahrfeier dessen, was ihr Vischer als Mensch und Gelehrter in vielen Jahren eines unermüdlichen Wirkens gewesen ist.

Daß es der Polytechnischen Schule gelingen konnte, einen so bedeutenden und nicht bloß in Deutschland hochgeschätzten Lehrer zu gewinnen und dauernd bis zu seinem Lebensende bei sich festzuhalten, machen der Charakter des Mannes und seine aus diesem Charakter fließenden Geschicke verständlich.

Am 30. Juni 1807 als Sohn eines freisinnigen Stadtpfarrers (Oberhelfers) in Ludwigsburg geboren und früh schon des Vaters beraubt sah sich der junge Vischer mehr durch die mißliche pekuniäre Lage seiner Familie als durch innere Neigung zum Studium der Theologie veranlaßt. Aber die Theologie konnte während seiner Tübinger Studienzeit sein Herz nicht gewinnen. Die philosophische Bewegung jener Tage, die von Kant über Fichte und Schelling zu Hegel führte, zog ihn in ihren Bann. Eifrig vertiefte er sich in die Werke des Philosophen, der die Welt als Offenbarung des absoluten Weltuntergrunds und als die Stätte zu begreifen suchte, in der der unbewußte Weltgeist in unendlichem Prozeß zum Bewußtwerden seiner selbst aufstrebt. Immer bestimmter bildete sich in ihm die Überzeugung aus, daß im Pantheismus Hegels die philosophische Entwicklung zu ihrem letzten abschließenden Ergebnis und zur befriedigendsten Lösung des Welträtsels gelangt sei. Was er unter eine Lithographie geschrieben hat, die in der Tübinger Zeit von ihm gefertigt wurde,

„Unser Gott ist ein immanenter Gott, seine Wohnung ist überall und nirgends, sein Leib ist die ganze Welt, seine wahre Gegenwart der Menschengeist. Diesen Gott zu verherrlichen ist die Aufgabe der neuen Kunst“, hat er zeitlebens als sein Glaubensbekenntnis festgehalten. Seinem leidenschaftlichen Wahrheitssinn erschien der Versuch, den HEGEL gemacht hat, die Lehren seiner Philosophie mit dem kirchlichen Dogma auszugleichen, als üble Verlegenheitsauskunft, die vor einer klaren und ehrlichen Überlegung zergehen müsse. Das Wunder, auf das die kirchliche Lehre aufgebaut ist, betrachtete er als unverträglich mit der pantheistischen Immanenz Gottes in der Welt. Bei solcher Gesinnung wurde ihm das kirchliche Lehramt, das er ein Jahr lang als Vikar im württembergischen Pfarrdorf Horrheim ausgeübt hat, zur Unmöglichkeit. In der auf das Vikariat folgenden Zeit der Tätigkeit als Repetent (Hilfslehrer) am theologischen Seminar Maulbronn und am Tübinger Stift rang er sich zur Klarheit über sein Lebensziel durch. Lange ehe der philosophische Sinn in ihm durch das Studium der Philosophie aufgerufen wurde, hatte sich die starke Phantasiebegabung seiner Natur geregt. Als ein ganz aufs Auge gestellter Mensch hatte er in seinen Knabenjahren die Neigung zum Künstlerberuf in sich gefühlt und nur im Blick auf die pekuniäre Lage seiner Familie von der Malerlaufbahn abgesehen. Als er dann innerlich sich genötigt sah, dem Kirchendienst zu entsagen, da wandte er sich dem Gebiet zu, das den spekulativen Kopf und den Phantasiemenschen in gleicher Weise beansprucht, der Ergründung des Schönen. Er setzte sich 1836 in Tübingen als Privatdozent für Ästhetik und deutsche Literaturgeschichte. Der Erfolg seiner tiefgründigen, geist- und witzsprühenden Vorlesungen trug ihm schon im darauffolgenden Jahr ein Extraordinariat in diesen Fächern ein, dem im Jahre 1844 die Ernennung zum ordentlichen Professor folgte.

Noch während VISCHERS Repetentenzeit im Tübinger Stift hatte sein Landsmann, Studiengenosse, Mitrepetent und Freund DAVID FRIEDRICH STRAUSS sein Leben Jesu geschrieben und darin im Sinn einer das Wunder ausschließenden Immanenz Gottes in der Welt die neutestamentlichen Wunder als Mythenbildungen des christlichen Gemeindebewußtseins zu erweisen gesucht. Die kühne, in der ganzen Welt das größte Aufsehen erregende Tat hatte ihm eine Fülle von Angriffen, Gehässigkeiten und persönlichen Verdächtigungen zugezogen. In seinem Freunde VISCHER aber erwachte der Kämpfergeist, der ihn sein ganzes Leben lang getrieben hat, gegen großes und kleines Unrecht einen unerbittlichen Kampf zu führen. In den Abhandlungen seiner „Kritischen Gänge“ und in seinen Vorlesungen stellte er sich mutig an die Seite des Freundes und erwiderte die Angriffe, denen dieser und bald er selbst ausgesetzt war, mit schonungslosen Gegenangriffen gegen die gemeinsamen Hauptgegner, gegen Orthodoxe und Pietisten. Der Kampf erreichte seinen Höhepunkt in der berühmten und berüchtigten Antrittsrede, die er anläßlich seiner Ernennung zum ordentlichen Professor (1844) zu halten hatte. Im Überschwang seines jugendlichen Pathos versprach er seinen Feinden „im Prinzip einen Kampf ohne Rückhalt, seine volle, ungeteilte Feindschaft, seinen offenen, ehrlichen Haß“. Der Sturm erhob sich gegen ihn, man verlangte seine Absetzung, das Ministerium ergriff nach langem Zaudern einen Mittelweg, es verhängte über ihn eine zweijährige Suspension vom Amt.

Als er dann nach der Beendigung der Suspension auf das Katheder zurückkehrte, da fühlte er trotz der Begeisterung, mit der die akademische Jugend zu ihm hielt, sich immer mehr dem Tübinger Lehramt entfremdet. Die Enge des Landstädtchens Tübingen, das ohne Museen und Theater ihm die für die Ästhetik so notwendige Berührung mit der Kunst versagte, die Erinnerung an die Kränkungen, die er von seiten der Regierung und eines Teils seiner Kollegen in Tübingen über sich hatte ergehen lassen müssen und die dem gegen wirkliche oder vermeintliche Geringschätzung so empfindlichen und reizbaren Mann tief in der Seele brannte, die Angriffe und Verdächtigungen, denen er sich in den schwülen Tagen der Reaktion nach dem Scheitern der 48er Revolution aufs neue ausgesetzt sah, machten für ihn das Leben in Tübingen unerträglich. Erlösung stellte der Ruf an die Universität und das Polytechnikum in Zürich in Aussicht, der 1855 an ihn gelangte. Als er bei der üblichen Besprechung mit dem Minister nur eine mäßige Lust ihn zu halten bemerkte und dagegen neue halbverhüllte Vorwürfe zu hören bekam, da hat er schnell entschlossen angenommen und 11 Jahre lang, von 1855 bis 1866, in Zürich gelehrt.

Der Erfolg seiner akademischen Vorträge blieb ihm auch in der Schweiz treu. Das Leben in der größeren, reicheren und anregenderen Welt, die ihn in Zürich umgab, der Umgang mit bedeutenden Persönlichkeiten, vor allem mit dem Dichter GOTTFRIED KELLER, mit dem ihn bald eine herzliche Freundschaft verband, der Anblick eines im Volkswillen festgegründeten freien Staatswesens taten ihm wohl und nie hat VISCHER die Züricher Jahre aus seinem Leben weggewünscht. Trotzdem fühlte er den Aufenthalt in der Schweiz als eine Art Verbannung, als ein Leben in der Fremde, im Elend. Die gehässige Stimmung, die vielfach in der Schweiz gegen Deutschland herrschte, die Verachtung, mit der man auf das reaktionäre Deutschland herabsah, verletzten seinen patriotischen Stolz. Fern von seinen schwäbischen Freunden als Junggeselle lebend, nachdem er seine im Jahre 1844 mit einer Österreicherin aus einfachen Verhältnissen geschlossene Ehe gelöst hatte, kam er sich vereinsamt vor, und sein gegen kleine Unbilden empfindlicher Körper litt unter der Züricher Zugluft und unter der Wirtshauskost, deren üble Beschaffenheit er in den schwärzesten Farben zu malen pflegte. In gedrückter, mißmutiger Stimmung wartete er auf die Genugtuung, die ihm, dem Schwergekränkten, die Heimat schuldig sei.

Es ist keine Ehre für die deutschen Universitäten, daß auch nicht eine von ihnen aus eigenem Antrieb den verlästerten und um seines Freisinns willen gefürchteten Züricher Professor für sich zu gewinnen versucht hat, und es kennzeichnet die freiere Luft, die an den polytechnischen Schulen wehte und ihren machtvollen Aufstieg, daß fast gleichzeitig Stuttgart und Karlsruhe und später auch das Polytechnikum in München sich um ihn gemüht haben. Die Lehrerschaft der Polytechnischen Schule Stuttgart streckte ihre Hände hoch aus, als sie im Jahre 1865 die Berufung VISCHERS betrieb. VISCHER hatte sich durch sein 1847/57 veröffentlichtes Monumentalwerk „Die Ästhetik oder Wissenschaft des Schönen" unter die Großen der deutschen, ja der europäischen Wissenschaft aufgeschwungen. In der Grundlegung freilich, der Wesensbestimmung des Schönen und seiner drei Erscheinungsformen, des Erhabenen, der reinen Schönheit und des Komischen, lehnt sich VISCHER allzu unselbständig an die Ästhetik HEGELS an und erschwert die Lektüre durch eine ringende, mühsame und abstrakte Sprache. Seine volle Meisterschaft erreicht er erst in den weiteren Bänden, die vom Naturschönen und der Phantasie, von der Kunst und den Einzelkünsten handeln. Hier konnte er seine feinfühlige Empfänglichkeit für alles Schöne und seine sprachliche Ausdrucksgewalt, die auch das Irrationale und Unaussprechliche am Kunstwerk noch irgendwie auszusprechen vermochte, frei walten lassen. Man hat überall den Eindruck des Selbstgeschauten und Selbsterlebten. Die glänzende Vereinigung von philosophischer Durchdringung und lebendiger Phantasie, die Weite seines Gesichtskreises und die staunenswerte Beherrschung aller Perioden der Geschichte lassen diesen Teil seines großen Werks als eine ungewöhnliche und bis heute nicht mehr erreichte Leistung erscheinen. Es war gleich bei der Veröffentlichung des Werkes klar, daß VISCHER nicht bloß ein Ästhetiker, sondern der Ästhetiker Deutschlands war und daß er dem deutschen Volk mit dieser Schrift, die aus dem ästhetischen Denken der klassischen Epoche erwachsen, auch der realistischen Strömung der eigenen Zeit gerecht zu werden vermochte, das Grundbuch der Ästhetik geschenkt hatte.

Aber der große Gelehrte, als welcher er sich in der Ästhetik erwies, war weit entfernt, bloßer Gelehrter zu sein. Seine wirkungsbedürftige und wirkungskräftige Seele konnte sich nicht auf die gelehrte Forschung allein beschränken. Er fühlte sich zum Volksbildner berufen. In den Abhandlungen seiner „Kritischen Gänge" und in anderen Aufsätzen hat er immer wieder zur Klärung der religiösen, ethischen und Bildungsfragen, die die Zeit bewegt haben, seine gewichtige Stimme erhoben und selbst gegen Unsitten des Alltags, wie gegen die Tierquälerei, gegen die Modetorheiten und gegen die Verfälschung der Lebensmittel, gegen „Wein- und Bierpanscher", einen zähen Kleinkrieg geführt. Vor allem aber konnte und wollte er in den politischen Kämpfen, die in den Zeiten der Neugestaltung Deutschlands von 1840/1870 die Seele des Volkes zu tiefst aufgewühlt haben, nicht teilnahmlos beiseite stehen. Ein reizbarer deutscher Stolz und die leidenschaftliche Sehnsucht nach einem einheitlichen und freiheitlichen Vaterland lebten in ihm, der in der geistigen Luft der Befreiungskriege aufgewachsen war und von seinem vaterländisch gesinnten Vater ein starkes Nationalgefühl geerbt hatte. Als daher in den 40er Jahren der Ruf nach der Freiheit und Einheit Deutschlands immer stürmischer erklang, da fand dieser Ruf in seiner männlichen Seele einen lebendigen Widerhall. Er ließ sich vom Bezirk Reutlingen-Urach zum Abgeordneten ins Frankfurter Parlament wählen und nahm als Mitglied der gemäßigten Linken an der stolzen Versammlung in der Paulskriche, die so viele berühmte Namen in sich vereinigte, in treuer Pflichterfüllung teil. Aber er mußte erfahren, daß er zum Politiker nicht geboren war. Obwohl sein kluger Geist schnell die Unmöglichkeit erkannte, Österreich und Preußen zugleich in einen lebenskräftigen Staat zu verschmelzen, so war er, mehr mit dem Herzen als mit dem Kopf Politik machend doch nicht gewillt, auf die Einbeziehung der von ihm warm geliebten österreichischen Volksgenossen ins neue Reich zu verzichten. Er konnte zu keinem festen Entschluß über die Neugestaltung des deutschen Staates gelangen. In der über die Zukunft Deutschlands entscheidenden Frage der Kaiserwahl hat er sich der Stimme enthalten. Vom Scheitern der Revolution tief erschüttert, ist er nach dem „Jammerjahr" in Frankfurt in sein stilles Tübinger Gelehrtenleben zurückgekehrt. Doch haben ihn immer wieder in den Jahren des Ringens um die Neugestaltung des Vaterlandes die politischen Tagesfragen zur Auseinandersetzung und zum Kampf gerufen, bis ihm dann der Krieg von 1870 und die mit zwingender Genialität durch Bismarck herbeigeführte Schöpfung des kleineren Deutschlands die freudige Gewißheit gegeben haben, daß der Weg zum kleineren Deutschland, den er in Frankfurt nicht hatte finden können, der einzige durch die Verhältnisse gebotene war, wenn Deutschland vom Elend der Staatenlosigkeit befreit werden sollte.

Dieser Mann, der einen weiten Ruhm als Gelehrter und als Kämpfer für Recht und Freiheit genoß, sollte nach dem einstimmigen Antrag des Lehrerkonvents der Polytechnischen Schule auf die im Jahr 1864 neu verwilligte Professur für deutsche Literatur und Kunstgeschichte berufen werden. Von Anfang an hatte VISCHER seinen Blick auf diese Stelle gerichtet, aber als die Regierung durch einen Vertrauensmann die vorläufige Anfrage über eine etwaige Annahme des Rufs an ihn richtete, da scheint er als ein Mann, der unter dem Grübeln und Erwägen des Für und Wider nur schwer zu einem sichern, eindeutigen Entschluß gelangen konnte, nur mit halben Worten zugesagt und stark betont zu haben, daß ihm für die Kunstgeschichte ausreichende Vorstudien fehlen und daß die Befassung mit ihr die Zeit für sein eigentliches Studiengebiet, Ästhetik und deutsche Literatur, allzu sehr beeinträchtigen würde. Aus demselben Grund hat er eine fast gleichzeitig an ihn ergangene Einladung zur Annahme einer Professur für Kunst- und namentlich Baugeschichte an dem Polytechnikum Karlsruhe rundweg abgelehnt.

Durch die Erklärungen VISCHERS fühlte sich der Kultminister GOLTHER in dem Bedenken, das er von Anfang an gegen die Berufung VISCHERS an die Polytechnische Schule gehabt hatte, bestärkt. Er bezweifelte, „ob VISCHER, der ganz auf dem Boden der klassischen und philosophischen Bildung stehe, als Hauptlehrer einer Anstalt, deren Lehrer zum großen Teil keine Universitätsbildung genossen haben, und deren Studierende zumeist nur eine beschränkte Vorbildung besitzen, am rechten Orte wäre, während letzteres unzweifelhaft der Fall wäre, wenn es sich um eine Rückberufung VISCHERS an die Universität Tübingen gehandelt hätte". Das Ergebnis war, daß die Stuttgarter Stelle nicht VISCHER, sondern seinem Züricher Kollegen, dem Kunsthistoriker WILHELM LÜBKE (1865) übertragen wurde. Doch hat sich Kultminister GOLTHER, dem die Rückberufung VISCHERS in die Heimat ein Herzensanliegen war, bei der Ernennung LÜBKES vom König die Erlaubnis ausgewirkt, „bei sich darbietender Gelegenheit die Rückberufung VISCHERS an die Universität Tübingen ins Auge fassen zu dürfen". Die Gelegenheit, diese Absicht auszuführen, stellte sich ein, als an der philosophischen Fakultät der Universität die ordentliche Professur für die semitische Philologie durch den Tod ihres Inhabers frei wurde, für die nach der Ansicht des Ministers in Tübingen kein Bedürfnis vorlag, die man also für die Rückberufung VISCHERS verwenden konnte. Aber der Senat lehnte die Aufforderung des Ministers, die erledigte Professur an VISCHER zu übertragen ab und erklärte zudem mit einer allerdings kleinen Majorität, daß er keinen genügenden in der Sache liegenden Grund für eine Berufung VISCHERS finden könne. Daraufhin hat der Minister die Besetzung der erledigten Professur durch VISCHER gegen den Willen des Senats beim

König beantragt und durchgesetzt. Zugleich sollte mit dem Amt in Tübingen ein Lehrauftrag für deutsche Literatur an der Polytechnischen Schule in Stuttgart verbunden sein. VISCHER hatte sich erst bereit erklärt, auf das Angebot der Tübinger Professur einzugehen, als ihm der Minister die Zusicherung gegeben hatte, ihm den Stuttgarter Lehrauftrag auswirken zu wollen.

Im Herbst 1866 trat VISCHER sein neues Amt an, zunächst in der Weise, daß er abwechselnd je eine Woche des Semesters seine Vorlesungen in Tübingen, die andere in Stuttgart hielt. Doch erwies sich diese Art, das Doppelamt auszuüben, schnell infolge des Zeitverlustes und der Zersplitterung der Tätigkeit, die die Reise nach Stuttgart in jeder zweiten Woche damals mit sich brachte, als untunlich. Auch die Auskunft, die im Herbst 1867 getroffen wurde, daß VISCHER im Wintersemester in Stuttgart, im Sommersemester in Tübingen lesen sollte, machte die Nötigung zu einem zweimaligen Umzug im Jahr lästig, und so verlangte VISCHER, als es anläßlich eines Rufes an das Münchner Polytechnikum zu neuen Verhandlungen kam, und erhielt dann auch die Erlaubnis, sich vom Herbst 1869 an der Lehrtätigkeit an der Polytechnischen Schule allein widmen zu dürfen. Er hatte erreicht, was er gleich beim Beginn der Unterhandlungen über seine Rückberufung nach Württemberg als Ziel erstrebt hatte, das Lehramt in seinen Fächern, deutsche Literatur und Ästhetik, an der Polytechnischen Schule allein und die Tätigkeit an ihr, der er bis zu seinem Lebensende treu geblieben ist, hat ihn restlos befriedigt. Bei der Feier seines 80. Geburtstages hat er bekannt: „Der Mann ist glücklich zu nennen, bei dem Pflicht und Neigung zusammenfallen, das ist mir geworden.“ Nun bedenke man, daß die Stätte dieses ihn mit einem so tiefen Glücksgefühl erfüllenden Wirkens eine Schule war, in der der Lehrer für deutsche Literatur und Ästhetik keine eigentlichen Schüler für seine Wissenschaften gehabt hat, keine Studenten, die sich seinem Fach als ihrem wissenschaftlichen Beruf gewidmet hätten, die er in die besonderen Aufgaben seiner Wissenschaften hätte einführen können, daß ihm die Erziehung zum wissenschaftlichen Forschen, eine der reizvollsten Aufgaben der Lehrtätigkeit an der Universität und mit ihr auch das Recht der Promotion versagt war, und man wird fragen dürfen, warum VISCHER die Berufung nach Tübingen gar nicht gewünscht, und als die Umstände ihn zwangen, sie über sich ergehen zu lassen, bei der ersten sich bietenden Gelegenheit der Universität ohne viel Bedenken zugunsten einer polytechnischen Schule den Rücken gekehrt hat.

Die Ursache lag nicht allein in den Verhältnissen, von denen schon früher die Rede war, in der schmerzenden Erinnerung an die Kränkungen, die ihm in Tübingen widerfahren waren, und in dem Mangel an Berührung mit der Kunst, der ihm dort so mißlich erschien. Seit seinem Züricher Aufenthalt war ihm das Leben in einer Kleinstadt zuwider geworden. „Ich kann in einem Nest nicht mehr leben, es ist nicht möglich,“ schrieb er zur Zeit der Verhandlungen über die Tübinger Professur an einen Freund. VISCHER hat, kaum daß er nach Tübingen zurückgekehrt war, sich lebhaft für die Verlegung der Universität von Tübingen nach Stuttgart eingesetzt, wo sie in der Nähe und im engen Zusammenhang mit dem Polytechnikum ein neues Heim hätte finden sollen. In einer ausführlichen Denkschrift hat er das Ministerium für diesen seinen Lieblingsgedanken zu gewinnen gesucht. In köstlicher Naivität beginnt er mit einer umständlichen Schilderung seiner eigenen Leiden in Tübingen, die er „als Symbol, als allgemein bedeutsam, als etwas wie einen Wink des Schicksals" auffaßt. Er bekennt, daß ihm das Bild einer Stadt, eines rührigen und vielgestaltigen Lebens um sich, dazu nach Tisch ein Spaziergang auch bei nassem Wetter und abends nach 9 Uhr, wo er die Arbeit beiseite lege, eine Unterhaltung in einem öffentlichen Lokal mit guten Freunden oder interessanten Fremden Bedürfnis sei. Zürich habe ihm die Befriedigung dieser Bedürfnisse geboten, und später hat sie ihm, um das beiläufig zu sagen, Stuttgart gewährt. Er hat dort seine Erholung nicht, wie man vom Verfasser der glänzenden Ästhetik des Naturschönen vermuten dürfte, auf den Höhen um Stuttgart mit ihren herrlichen Fernblicken und ihren üppigen Wäldern gesucht; er genoß das rührige und vielgestaltige Leben der größeren Stadt auf der Hauptstraße Stuttgarts, der Königstraße, nach der er fast täglich seine Schritte lenkte und des Abends nach getaner Arbeit im regelmäßigen Besuch von Bierstuben, in denen er Stammgast war. Im Unterschied von Zürich, so berichtet er in seiner Denkschrift weiter, müsse er in Tübingen, der kleinen Ackerbauer- und Winzerstadt, fast ganz auf diese schlichten Erholungen verzichten. Man könne sich dort nicht durch das erfreuliche Bild einer kräftig sich rührenden Menschenwelt erfrischen. Was man dort zu sehen bekomme, seien nichts als verlumpte, schmutzige Gestalten, schlecht eingefaßte Dungstellen, deren Inhalt auf die Straße überfließe, zerfallene Baracken, in deren Innern der Schmutz starre, Straßen voll vom Kot der Ackererde, die die Bevölkerung mit ihren schmutzigen Fuhren in die Stadt schleppe, so daß man tage- und wochenlang nicht spazierengehen könne, in den Gasthäusern teils keine, teils immer dieselben Gesellschaften, und deshalb sei der Zustand des geistigen Lebens verödet und versteinert und keine Möglichkeit einer rechten Erholung. Als Folge solcher Übelstände entstehe Unlust und Unfähigkeit zur Arbeit und ein allzu frühes Versauern und Altern. Von diesen für die Beschaffenheit des Tübinger Lebens charakteristischen persönlichen Erfahrungen wendet sich VISCHER in der Denkschrift zu den höheren Gesichtspunkten, die die Verlegung der Universität erwünscht, ja notwendig machen. Durch sie und die Vereinigung der beiden Unterrichtsanstalten solle das stockende geistige Leben Stuttgarts und Schwabens aufgerüttelt und die Hauptstadt des Landes zum Kulturmittelpunkt Süddeutschlands emporgehoben werden.

Die Überzeugung, daß ihm nur die Übersiedlung in die größere Stadt das in Tübingen verlorene Lebensgefühl und das Gleichgewicht des Geistes wiedergeben könne, war so stark, daß der Verlust der Lehrtätigkeit an der Universität nicht dagegen aufkommen konnte. VISCHER hat das Bedürfnis nicht oder kaum gehabt, die Jugend zum wissenschaftlichen Forschen zu erziehen. Er, der Student der Theologie, der Zögling der Klosterschule von Blaubeuren und des Tübinger Stifts hat immer etwas vom Prediger behalten. Bezeichnenderweise hat er sein Amtszimmer im Polytechnikum, von dem aus er das Katheder betrat, seine Sakristei genannt. Er wollte die Jugend nicht zur Gelehrsamkeit, sondern zum wahren Menschentum erziehen. Das Schöne war ihm eine der Offenbarungen, die sich das Absolute in der Welt gibt. Es hatte denselben Inhalt wie die wahre Religion, die wahre Philosophie, die wahre Ethik. Man konnte daher mit ihm und seiner Ergründung für wahre Religion, für wahre Welterkenntnis, für wahre

Sittlichkeit wirken und mit ihm zum echten Menschentum erziehen. Das aber betrachtete er als seine Aufgabe. Je heftiger er gegen die dogmatisch und kirchlich befangene Religion als gegen eine Verfälschung der echten Religion kämpfte, desto entschiedener wollte er einer dogmenfreien Religion der demütigen Ehrfurcht vor den ewigen Mächten des Seins und der opferbereiten Nächstenliebe die Bahn brechen. Er vermißte es daher nicht, daß er keine Fachstudenten hatte, wenn er nur den weiten Kreis von Zuhörern fand, der ihm an der Polytechnischen Schule beschieden war.

Der Ruf an das Münchner Polytechnikum, der VISCHERS Loslösung von Tübingen und die Verlegung seiner Tätigkeit nach Stuttgart allein zur Folge hatte, hat ihn noch einmal vor eine schwere, ihn tief erregende Entscheidung gestellt. Groß wären die Vorteile der Annahme des Rufs gewesen. In der Nähe der Universität gelegen, hätte ihm das Münchner Polytechnikum zugleich die Wirksamkeit an der Universitätsjugend gestattet, und der Aufenthalt in München hätte ihm das Leben in weiteren und künstlerisch reicheren Verhältnissen gewährleistet. Aber nach langen, qualvollen Überlegungen siegte, wie er sagt, „die religio, die Pietät, die Erkenntnis, daß er nur im bekannten freundlichen Element leben könne". Er lehnte ab. Unter den bedeutenden Männern Schwabens finden wir eine größere Anzahl solcher, die die Enge und Kleinheit der heimischen Zustände früh und dauernd über die Grenzen Württembergs hinausgedrängt hat. SCHILLER vor allem, aber auch SCHELLING und HEGEL haben außerhalb des Landes ihre volle Entfaltung und den ihnen gemäßen Wirkungskreis gefunden. VISCHER und neben ihm, um nur die bedeutendsten zu nennen, UHLAND und MÖRIKE gehören zu derjenigen Gruppe von hervorragenden Schwaben, die nur in der Heimat gedeihen konnten. VISCHER wurzelte, wie er selber fühlte, mit all der knorrigen Originalität seines Wesens und mit seiner widerborstigen Sonderlingsnatur so tief im schwäbischen Boden, daß er sich das ihn tragende Erdreich entzogen hätte, wenn er die Heimat hinter sich gelassen hätte.

Die 21 Jahre des Stuttgarter Wirkens sind durch keine neuen epochemachenden Leistungen der Gelehrsamkeit VISCHERS gekennzeichnet, so geistvoll und fördernd die zahlreichen Aufsätze waren, in denen er der Bewegung in Literatur, Kunst und Philosophie gefolgt ist. Er sah wohl ein, daß sein längst vergriffenes Hauptwerk, die Ästhetik, für seine zweite Auflage einer gänzlichen Umarbeitung bedürfe. Fast in demselben Augenblick, da er das Werk vollendet hatte, war das System HEGELS, auf dem seine Lehre vom Schönen aufgebaut ist, in seiner schulmäßigen Fassung zusammengebrochen. Er konnte sich dem Eindruck nicht verschließen, daß er den HEGELschen Unterbau seiner Ästhetik preisgeben und an seine Stelle einen neuen setzen müsse. Aber er konnte ihn nicht mehr schaffen, vielleicht auch, weil der Zwang, vor Fachstudenten die ästhetischen Grundbegriffe zu entwickeln, fehlte. Seine Vorlesungen über Ästhetik, die sein Sohn ROBERT unter dem Titel „Das Schöne und die Kunst" nach des Vaters Manuskripten und nach Nachschriften der Hörer herausgegeben hat, bezeugen das in der Unsicherheit und Verworrenheit ihrer Grundbegriffe nur zu deutlich, ein Mangel, der freilich durch die Unzahl feinsinniger Bemerkungen über Einzelpunkte der Ästhetik und durch den Reichtum an treffenden Charakteristiken von Künstlern und Kunstwerken reichlich aufgewogen wird. Je mehr die Arbeit an den Problemen der Ästhetik zurücktrat, desto mehr verlangte die Phantasie gegenüber dem abstrakten Denken ihre Rechte. VISCHER wandte sich der Dichtkunst zu, der er schon früher bisweilen mit schönem Erfolg gehuldigt hatte, und wenn auch die Eingebung bei ihm nur ausnahmsweise von der störenden Einmischung der Reflexion unbeschwert bleibt, so hat sie ihm doch so großzügige Werke wie seine „Lyrischen Gänge" (1882) und seinen tiefsinnigen Bekenntnisroman „Auch Einer" (1879) beschert, in dem er das im Spiegel des Humors geschaute Bild des eigenen Wesens gezeichnet und die letzten Ergebnisse seines Weltanschauungsringens niedergelegt hat. Diese Dichtungen bekunden es auch, wie seine Persönlichkeit in den Stuttgarter Jahren immer mehr zu geklärter Altersweisheit gereift ist und wie die Unrast und Verbitterung seiner Jugend- und Manneszeit sich in edle Milde und gehaltene Gemütsruhe gewandelt hat.

VISCHER hat in der ganzen Zeit seiner Stuttgarter Lehrtätigkeit über dieselben Gegenstände gelesen, über die Ästhetik mit ihren Unterabteilungen: Allgemeine Ästhetik, Ästhetik der bildenden Kunst und der Poesie, über neuere deutsche Literaturgeschichte, über Goethes Faust und über seinen Lieblingsdichter Shakespeare. Gelegentlich einmal hat er auch die alte und mittelalterliche deutsche Dichtung in den Kreis seiner Vorlesungen gezogen. Er hat seine Hauptvorlesungen über mehrere Semester ausgedehnt, nicht nach einem bei jeder Wiederkehr des Gegenstandes gleichbleibenden Plan, sondern wie ihn Lust und Neigung trieben, den Stoff bald in breiterer Ausführung, bald gedrängter zu behandeln. Denn diese Vorlesungen blieben sich nie gleich, sie wurden immer wieder umgearbeitet. Mit welcher Sorgfalt er sich auf sie vorbereitet hat, zeigen die von seinem Sohn gleichfalls herausgegebenen Shakespeare-Vorlesungen. Weil ihm für die Proben, mit denen er seine Erörterungen erläuterte, die vorhandenen Übersetzungen nicht genügten, hat er sie mit einer unermüdlichen Sorgfalt und einem bewundernswerten Übersetzertalent verbessert oder durch seine eigenen ersetzt. VISCHER hat immer die Ansicht vertreten, daß die Idee im Kunstwerk nichts ist, wenn sie nicht Form und Anschauung geworden ist. Deshalb hat er nicht bloß mit einem feinen, durch die Erfahrungen einer vielseitigen und voll lebenden Natur bereicherten Einfühlungsvermögen die dichterische Idee des Kunstwerks in ihrer ganzen Tiefe erfaßt und sie in ihrer zeitlichen und menschheitlichen Bedeutung lebendig werden lassen, er hat die Aufmerksamkeit seiner Hörer auch auf die Form gelenkt, für die ihm die eigene Künstlerbefähigung den Blick erschlossen hat.

Seine Vorlesungen über die neuere deutsche Literatur und über GOETHES Faust sammelten in den Wintersemestern die größte Hörerschar um ihn. Neben einer Anzahl von reiferen Männern befanden sich in ihr auch ein großer Kreis begeisterter Frauen. Gleich bei den Verhandlungen über seine Rückberufung nach der Heimat hatte er verlangt, daß, wie in Zürich, so auch in Stuttgart Gasthörer zu geeigneten Vorlesungen an der Polytechnischen Schule zugelassen werden sollten. Später hat er dann selbst gelegentlich geseufzt über die Anzahl von Frauen, die sich in seinem Hörsaal einfanden. Auch die studentische Jugend stellte sich in erfreulichem Maße ein. Noch war die deutsche Literatur in der Schule wenig behandelt, man hatte das nicht schon gehabt. Die Fachstudien spannten die Kraft nicht bis aufs äußerste und ließen Zeit für die allgemeine Bildung. Auch der Sport nahm noch nicht das alleinige Interesse neben der

Vorbereitung auf den Beruf in Anspruch. Dazu lockte der Glanz, der den Namen VISCHERS umstrahlte, sein Ruf als großer Ästhetiker und als charaktervoller Kämpfer für Recht, Freiheit und Vaterland sowie die Popularität, die er in Schwaben als schwäbisches Original genoß. Seine schwäbische Kernnatur, seine Freude am Derben und Volkstümlichen, sein schlagfertiger und grotesker Witz, der sich gern in allerlei Wortknitterungen erging, der unverwüstliche Humor, mit dem er über die Widersprüche seines Wesens und namentlich auch über den leichten Anflug von Philistertum und Schulmeisterei, der in ihm steckte, selber gelacht hat, die unbesorgte Rücksichtslosigkeit, die der Leichtgereizte walten ließ, wo ihn etwas störte, ja auch seine Gesprächstyrannei, seine Liebe zu den Tieren, zu Hunden und Katzen und selbst seine Kämpfe mit dem Schneider und Schuster um eine vernünftige Kleidung und Beschuhung nach der eigenen Idee hatten ihn in aller Mund gebracht. Man mußte den alten Schartenmeyer — so hieß er nicht bloß bei der akademischen Jugend nach dem Namen, den er sich in seinen den Ton des Philisters und Schulmeisters so ergötzlich treffenden Bänkelsängeriaden selber gegeben hatte — gehört haben.

Der Eindruck seiner Vorlesungen war groß und tief. Straff und fast in der Haltung eines Militärs — hat er doch immer seine Freude an der Handhabung der Waffen gehabt — stand der kleine Mann mit der mächtigen Stirn und den sprühenden Augen auf dem Katheder. In freier Rede ohne die Unterlage auch nur einer Disposition trug er vor. Er zuerst hatte schon 1840 mit der Sitte gebrochen, nach dem Manuskript zu diktieren. „Eine Rede", pflegte er zu sagen, „ist keine Schreibe". Der Ausdruck sollte, wenn auch auf Grund sorgfältigster Vorbereitung, vom Augenblick, vom rednerischen Impuls geboren sein. VISCHER hat nicht, wie etwa H. v. TREITSCHKE in strömendem Erguß, sondern langsam und bisweilen selbst stockend gesprochen. Aber das störte nicht, weil seine Worte nur um so mehr aus der Eingebung des Augenblicks zu kommen schienen und das gefundene Wort, das gefundene Bild durch ihre unbedingte Treffsicherheit und schlagende Kraft bezauberten. Seine Rede war leicht schwäbisch getönt, wie er es immer als einen Vorzug gerühmt hat, im Dialekt mit seiner unabgeschliffenen Bildhaftigkeit aufgewachsen zu sein. Wenn das in Zürich einigermaßen gestört hatte, so hat es seine schwäbischen Hörer angeheimelt und ihnen seine Vorträge traut gemacht. Eine starke mimische Befähigung, eine Stimme, die jedem Wandel des seelischen Ausdrucks gehorchte, die dem leidenschaftlichen Pathos ebenso gerecht zu werden vermochte wie dem Schlichten, Zarten und Innigen, machte ihn vortragen oder vorlesen zu hören zum erlesenen Genuß. Meisterhaft verfügte er über die Kunst, den Hörern nicht fertige Ergebnisse mitzuteilen, sondern diese vor ihren Augen entstehen zu lassen und die Hörer so zum Mitgehen und Mitdenken zu zwingen. Als eine Natur, die sich nicht genug tun konnte in Selbstbeobachtung und Selbstkritik, hat er sich in seinen Vorlesungen auch viel mit sich selbst und seinen eigenen Nöten beschäftigt und sei es aus Anlaß des Gegenstandes oder in freien Exkursen über große und kleine Angelegenheiten und über alle aufsehenerregenden Ereignisse der Zeit in packenden und oft witzsprühenden Worten seine Ansichten, seinen Unwillen oder seine Freude ausgesprochen. Die Hörerschaft hat auf diese unmittelbarsten Äußerungen seiner Persönlichkeit mit Spannung gewartet und sie als besondere Leckerbissen seiner Vorlesungen genossen.

Vor allem aber wirkte der hohe ideale Sinn des Mannes. Man merkte es seiner Persönlichkeit wohl an, daß sie aus widersprechenden Elementen gefügt war. Einem grübelnden Verstand war eine starke Phantasiebegabung gesellt. Ein Individualist bis zur Sonderbarkeit, trat er sich und anderen gegenüber für das unbedingte Recht des Allgemeinen, des Sittengesetzes, des Vaterlandes, der Menschheit ein. Begeistert für alle schlichte Natur, ein Freund und Verherrlicher des Naiven und Unreflektierten grübelte und reflektierte er ewig über sein Ich und hat an dieser Neigung zur Selbstkritik schwer zu tragen gehabt. Eine Kämpfernatur und selbst schonungslos im Angriff, war er doch gegen Angriffe und gegen Mißachtung, die er nur allzu leicht vermutete, empfindlich und schnell aus dem Gleichgewicht geworfen. Wenn aber die Rätsel, die sein Wesen aufgab, geheimnisvoll anzogen, so erhob es zu sehen, wie er aus den disparaten Elementen seiner Grundnatur durch strenge Selbstzucht und einen jederzeit wachen Willen zu einer geschlossenen Persönlichkeit, zum Vollmenschen erwachsen war, und man fühlte sich zu lichten Höhen emporgetragen durch die Teilnahme am geistigen Leben eines Mannes, der in der Welt der Ideen und des Schönen lebend seine ganze Kraft in hoher Uneigennützigkeit in den Dienst der religiösen, sittlichen und ästhetischen Erziehung seines Volkes stellte und in neuer, origineller Form die große Gedankenwelt des deutschen Idealismus der Gegenwart vermittelte und in ihr zur lebendigen Kraft werden ließ. So bewährte er sich in seinen Vorträgen wie auch in seinen Schriften als der große Repetent deutscher Nation für das Schöne und Gute, für das Rechte und Wahre, als welchen ihn GOTTFRIED KELLER gefeiert hat. Den Beweis der allgemeinen Verehrung, den er sich als Lehrer und Schriftsteller, als Gelehrter und Erzieher, als Denker und Dichter erworben hatte, durfte er bei der großartigen Feier seines 80. Geburtstages im Juni 1887 entgegennehmen. Wenige Wochen später, am 14. September, ist er auf einer Ferienreise in Gmunden im Glanz einer nie erloschenen Jugend gefaßt und männlich ohne viel Kampf dahingegangen, von der dankbaren und großen Schar seiner jugendlichen und gereiften Schüler als der geistige Vater betrauert, der sie zu freiem, in sich gefestetem Menschentum erweckt hatte.

Der Technischen Hochschule aber hat VISCHER ein großes Erbe hinterlassen. Sein Plan einer Vereinigung des Polytechnikums und der Universität in Stuttgart, der dazu bestimmt war, der Hauptstadt Schwabens eine reichere Bildung zuzuführen, ist nicht zur Ausführung gelangt. Die Technische Hochschule muß, wenn sie ihre Aufgabe ganz erfüllen soll, von der Idee VISCHERS verwirklichen, was von ihr noch verwirklicht werden kann, und seine eigene Stuttgarter Tätigkeit soll ihr dabei als Vorbild dienen. Sie muß sich bewußt bleiben, daß ihr neben der technischen Bildung der Jugend die andere Pflicht zufällt, der Mittel- und Sammelpunkt der geistigen Interessen Groß-Stuttgarts zu sein.

Versuch über die Wirkung der Schubkräfte bei Biegung mit Axialdruck an einem Betonprisma.

Von

E. MÖRSCH, Stuttgart.

Mit 17 Abbildungen.

Die Wirkung der Schubkräfte bei der einfachen Biegung der T-förmigen Eisenbetonbalken ist durch zahlreiche Versuche, insbesondere des Deutschen Ausschusses für Eisenbeton klargelegt. Man versteht unter den Schubrissen die meist etwa unter 45° geneigten Risse, die in den Stegen der Plattenbalken auf-

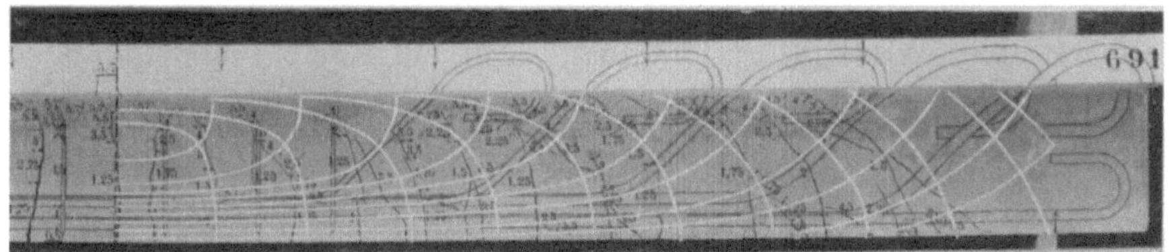

Abb. 1. Verlauf der Risse und der Spannungstrajektorien bei guter Stegbewehrung eines Eisenbetonbalkens.

treten, wenn die schiefen Hauptzugspannungen die Zugfestigkeit des Betons überschreiten. Hieran sind die Schubspannungen τ, die in der Nähe der neutralen Schicht am größten sind, wesentlich beteiligt.

Je nach der Bewehrung erkennt man gewisse Unterschiede im Verlauf der Schub- oder Schrägrisse. Wenn die Bewehrung gut angeordnet ist, d. h. bei sog. voller Schubsicherung durch aufgebogene Eisen wie in Abb. 1, verlaufen die Zugrisse im Steg der Balken ähnlich wie die Spannungstrajektorien, die mit weißen Linien eingezeichnet sind.

Ist keine Schubsicherung vorhanden, fehlen also Bügel und aufgebogene Eisen, so erfolgt der Bruch nach Abb. 2 in der Nähe des Auflagers, indem dort wegen der Drehung der beiden durch den schrägen Riß getrennten Balkenteile gegeneinander die Eisen nach dem Auflager zu nach unten gedrückt werden (Abb. 3).

Wenn die Bewehrung aus geraden Zugeisen und Bügeln besteht, wenn also aufgebogene Eisen fehlen, dann lassen sich häufig zwei Arten von Schrägrissen unterscheiden: die primären, die unter 45° etwa verlaufen, und die sekundären, die erst später bei weiter gesteigerter Last auftreten und flacher gerichtet sind.

Der Unterschied zwischen den primären und den sekundären Schubrissen geht aus Abb. 4 und 5 hervor. Abb. 4 zeigt einen Balken aus Heft 12 des

Abb. 2. Bruch am Auflager bei fehlender Schubsicherung.

Deutschen Ausschusses für Eisenbeton mit gleichförmiger Belastung; hier sind die primären Schrägrisse bis $P = 2$ t bzw. 2,25 t aufgetreten. Von da an blieb unter wachsender Belastung der Stegteil bis zum Auflager ohne Schrägrisse, bis dort unter $P = 5{,}25$ t weitere geneigte Risse scharenweise auftraten.

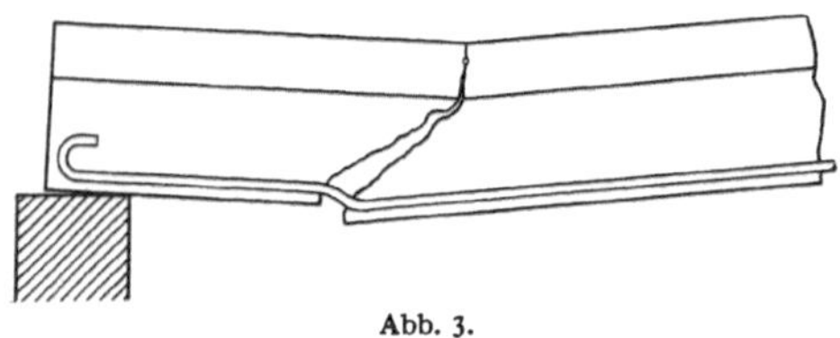

Abb. 3.

Besonders deutlich wird der Unterschied an Abb. 5, die sich auf einen an der Materialprüfungsanstalt der Technischen Hochschule Stuttgart für die Firma Wayss & Freytag A. G. geprüften Balken bezieht. Sowohl links wie rechts sind die primären Schubrisse unter

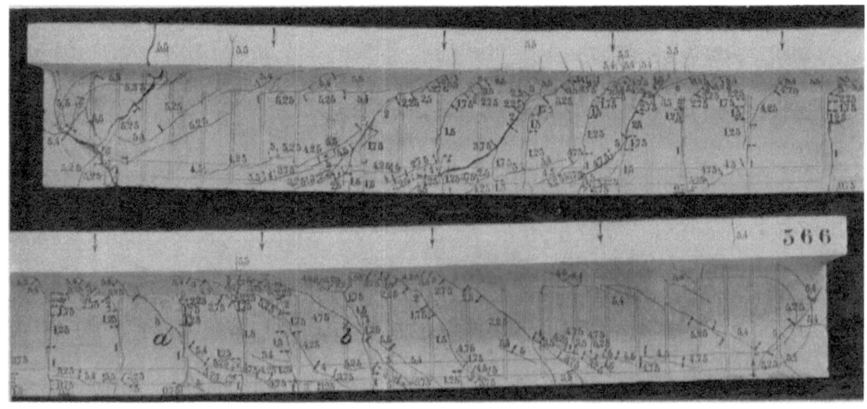

Abb. 4. Balken mit primären und sekundären Schubrissen.

$P = 24$ t mit 45° Neigung entstanden. Links traten dann sog. Gleitrisse bei $P = 35$ t neben den Zugeisen auf, aber erst unter 45 und 50 t erschienen in den bis dahin unversehrten Balkenteilen weitere Schrägrisse, deren Neigung nur etwa 30^0 betrug.

Die Ursache für die zwei Arten von Schrägrissen liegt in einer Umlagerung des inneren Spannungszustandes in den äußeren Balkenteilen, wenn die Schub-

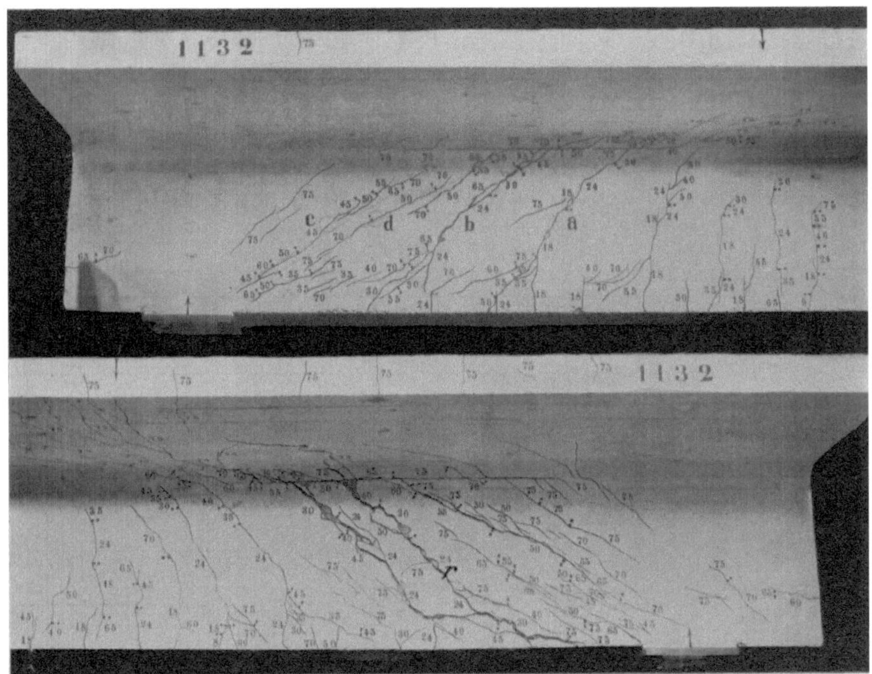

Abb. 5. Balken mit primären und sekundären Schubrissen.

sicherung nur aus Bügeln besteht. In jedem Querschnitt s—s muß nach Abb. 6 $A \cdot c = Z \cdot z'$ sein, woraus $z' = A \cdot c/Z = M_c/Z$ folgt. Der Hebelarm z' zwischen Zug und Druck im Querschnitt bleibt nur dann konstant, wenn die Zugkraft Z nach

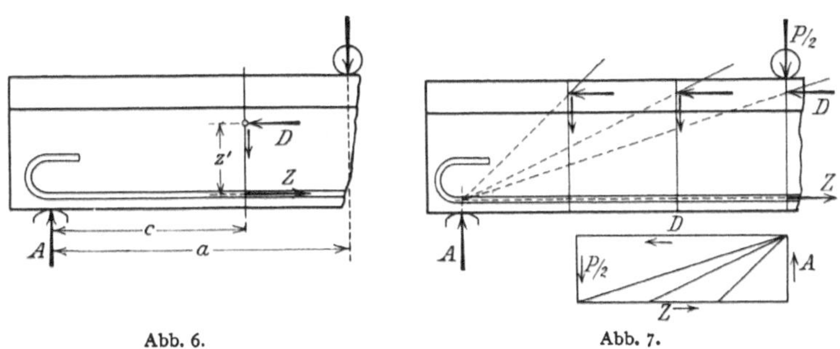

Abb. 6. Abb. 7.

dem Auflager hin proportional dem Moment abnimmt, d. h. sich von der Laststelle an gleichförmig auf Null bis zum Auflager vermindert, oder wenn bis zum Auflager die gleichförmigen Haftspannungen τ_1 wirken. Ermittelt man in Abb. 7

unter dieser Voraussetzung die resultierenden Druckkräfte auf verschiedene Schnitte, so fallen ihre Angriffspunkte alle in die gleiche Höhe wie im mittleren Balkenteil. Nur dann geraten die Querschnitte zwischen Last und Auflager alle in solche Spannungszustände, daß weitere primäre Schrägrisse infolge der Schubspannungen τ_0 zu erwarten sind.

Kann auf der höheren Laststufe der Gleitwiderstand an den Zugeisen nicht im erforderlichen Betrag geleistet werden, so muß ein Teil von Z durch die Endhaken übertragen werden, und es senkt sich dann die Druckkraft D auf die äußeren Betonquerschnitte, so daß sie innerhalb des Kerns oder sogar unter dem Schwerpunkt angreift. Dann verschwinden die Zugspannungen im Steg, und er hat normale Druckspannungen und vertikale Schubspannungen auszuhalten,

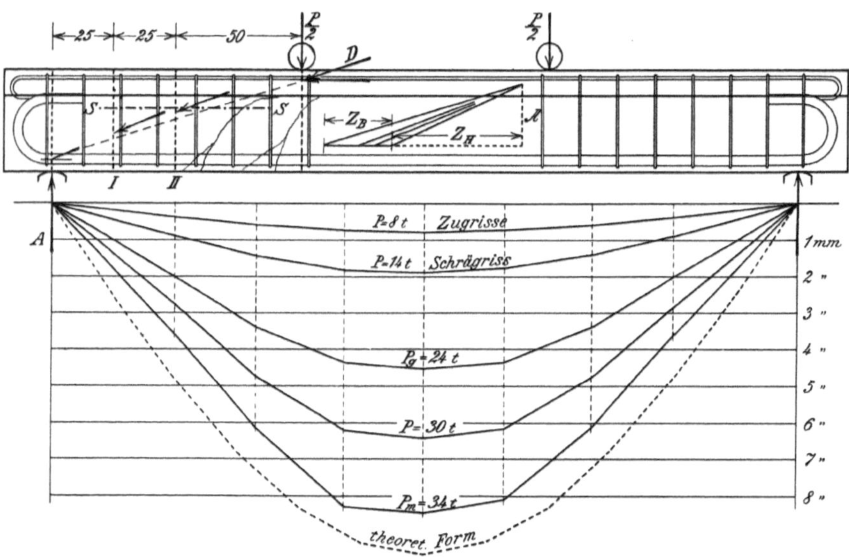

Abb. 8. Gemessene Biegelinien vom Balken 503 aus Heft 10 des D. A. f. E.

die schließlich zu neuen Rissen infolge der Hauptzugspannung führen können. An den gemessenen Biegelinien solcher Balken ist das Sinken der Resultierenden auf den Betonquerschnitt daran klar zu erkennen, daß die Krümmung der Biegelinie in der Nähe der Auflager wechselt (Abb. 8).

Bei dem Balken 1132 der Abb. 5 waren die Zugeisen gut aufgeteilt und fanden daher auf den niederen Laststufen den nötigen Gleitwiderstand im Beton; deshalb war es auch möglich, daß unter der kritischen Schubspannung mehrere erste Schubrisse bei $P = 24$ t eintreten konnten. Mit steigender Last konnte dann offenbar der Gleitwiderstand außerhalb des letzten dieser Risse nicht mehr in der Höhe geleistet werden, um Z auf den der gleichförmigen Abnahme entsprechenden Betrag zu bringen. Da nach dem Bericht die Bügel bei den Schrägrissen bis zu ihrer Streckgrenze beansprucht waren, so läßt sich daraus die Richtung der am oberen Ende des primären Schrägrisses wirkenden Druckkraft D ermitteln. In Abb. 9 ist der Balkenteil rechts vom Riß r mit den daran wirkenden Kräften gezeichnet. Unter der Höchstlast $P_m = 75$ t ist der

Auflagerdruck $A = 37,5$ t, die gesamte Zugkraft der vom Schrägriß getroffenen Bügel berechnet sich zu $B = 20,3$ t. Die Lage der Resultierenden $R = 17,2$ t von A und B ließ sich einrechnen, auf ihr müssen sich wegen des Gleichgewichts die Schnittkräfte Z und D schneiden. Da Z wagrecht wirkt, so folgt hieraus die Richtung von D.

Die Betonquerschnitte des Balkenteils rechts vom Riß r werden also durch die geneigte Kraft D auf exzentrischen Druck oder Biegung mit Axialdruck be-

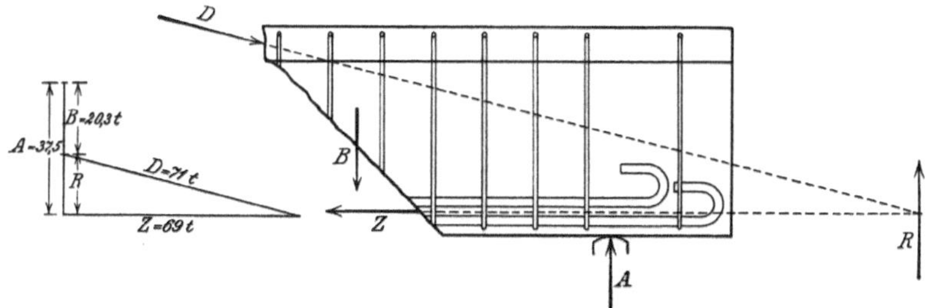

Abb. 9. Gleichgewicht der am Balkenteil rechts vom Riß r wirkenden Kräfte.

ansprucht und haben gleichzeitig eine Querkraft $= R$ aufzunehmen. Die schiefen Hauptzugspannungen berechnen sich also nach der Formel $\sigma_1 = -\frac{\sigma}{2} + \sqrt{\frac{\sigma^2}{4} + \tau^2}$, während sie für die primären Schubrisse nach der Formel $\sigma_1 = \frac{\sigma}{2} + \sqrt{\frac{\sigma^2}{4} + \tau^2}$ zu rechnen waren. Bei den primären Schubrissen befindet sich der Balkensteg unter Zugspannungen, bei den sekundären unter Druckspannungen.

Um die sekundären Schubrisse noch durch einen direkten Versuch klar zu machen und zugleich die Wirkung der Schubkräfte bei Biegung und Axialdruck, also den Verhältnissen, wie sie bei Rahmengliedern vorliegen, zu zeigen, hat der Verfasser den in Abb. 10 gezeichneten Probekörper entworfen, in dessen prismatischem Teil die Querschnitte durch eine in der Neigung 1 : 2 zur Achse laufende Resultierende R beansprucht sind[1]).

Damit dort die Risse infolge der Hauptzugspannung eintreten konnten, mußten die übrigen Teile des Körpers so bewehrt werden, daß der Bruch nicht vorher an einer anderen Stelle eintrat. Der Versuchskörper zeigt also ein unbewehrtes Bruchgebiet; ihm sollen noch zwei weitere folgen, wo dieses Gebiet in der Richtung der Hauptzugspannungen durch schräg abgebogene Eisen bewehrt ist, so daß eine entsprechend erhöhte Tragkraft sich ergeben muß. Die 4 ∮ 5 mm, die längs der Ecken durchgehen, sind deshalb eingelegt, um das Auseinanderfallen des Körpers zu verhindern, wenn beim Versuch die Risse eingetreten sind. Diese dünnen Eisen konnten die Spannungen nicht merklich beeinflussen.

Gleichzeitig mit dem Probekörper wurden zwei Druckprismen von 20/20 cm Querschnitt und ein Zugkörper vom selben Ausmaß hergestellt. Da die Gestalt des Probekörpers das Stampfen in aufrechter Stellung nicht zuließ, so mußte er in einer wagrecht liegenden Holzform hergestellt werden. Deshalb waren

[1]) Der Versuchskörper wurde im Jahre 1928 in der Materialprüfungsanstalt der Techn. Hochschule Stuttgart hergestellt und geprüft. Die Kosten wurden zu einem Drittel von der Gesellschaft der Freunde der Hochschule, zu zwei Dritteln von der Fa. Wayss & Freytag, A. G., getragen.

auch die zur Ermittlung der Druck- und Zugelastizität dienenden Betonprismen liegend in Holzformen zu stampfen. Die ebenfalls gleichzeitig hergestellten Betonwürfel wurden in den üblichen eisernen Formen hergestellt. Alle diese Körper lagerten bis zur Prüfung rund 200 Tage lang unter feuchten Tüchern. Der weich angemachte Beton aus 1 Rtl. Dyckerhoff-Doppel, 1,8 Rtl. Rheinsand, 0,8 Rtl. Rheinkies und 1 Rtl. Jurafeinschotter zeigte dann eine Würfelfestigkeit von 674 kg/cm². Die Zugfestigkeit wurde an dem einen Prisma zu 33,0 kg/cm² ermittelt.

Nach den Messungen der Längenänderungen erwies sich die Oberseite der liegend hergestellten Probekörper nachgiebiger als die Unterseite. Die Ober-

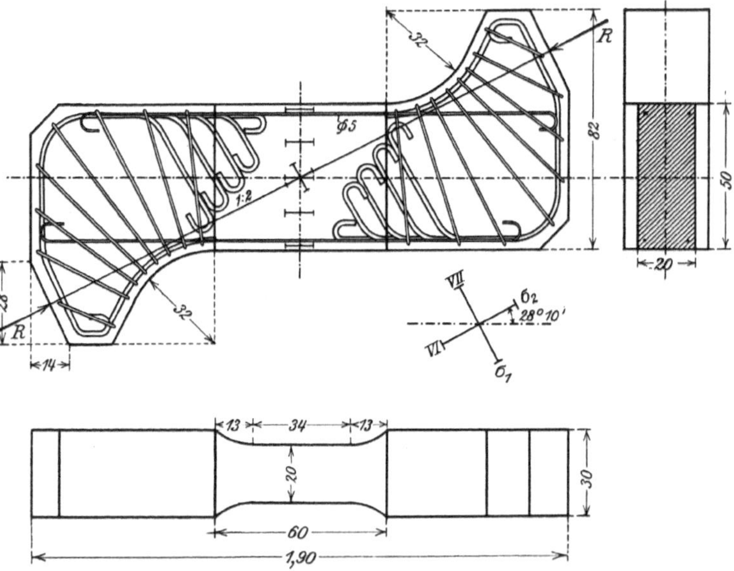

Abb. 10. Versuchskörper für die Schubwirkung bei schräger Druckkraft R.

seite war also maßgebend für die Zugfestigkeit und das Entstehen der ersten Risse. Deshalb werden bei der Auswertung des Versuchs nur die an der Oberseite gemessenen Längenänderungen benützt.

Im mittleren Querschnitt des Probekörpers können die Normal- und Schubspannungen genau angegeben werden; da die Normalkraft N dort durch den Schwerpunkt geht, so sind die Druckspannungen σ gleichmäßig verteilt. In den benachbarten Querschnitten links und rechts ändert sich die Verteilung der σ ganz ähnlich wie bei homogenem Material von konstantem E, denn weil nur wenig verschiedene Druckspannungen herrschen, so ändert sich auch beim Beton, zumal von der hohen Festigkeit wie hier, der Elastizitätsmodul nur sehr wenig. Deshalb verteilen sich die Schubspannungen τ oder die Querkraft Q parabelförmig über den rechteckigen Querschnitt[1]).

[1]) Eine vergleichende Untersuchung, die über die Verteilung der Schubspannungen angestellt wurde, indem diese aus dem Unterschied der Normalspannungen von benachbarten Querschnitten links und rechts vom Mittelschnitt ermittelt wurden, ergab keinen Unterschied gegenüber den theoretischen Werten, wenn für die Normalspannungen die tatsächliche Elastizitätskurve des Betons zugrunde gelegt wurde.

Mit den bekannten σ und τ lassen sich dann zutreffend die im mittleren Querschnitt wirksamen Hauptspannungen σ_1 und σ_2 ausrechnen, die auch für die benachbarten Schnitte noch hinreichend genau nach den gebräuchlichen

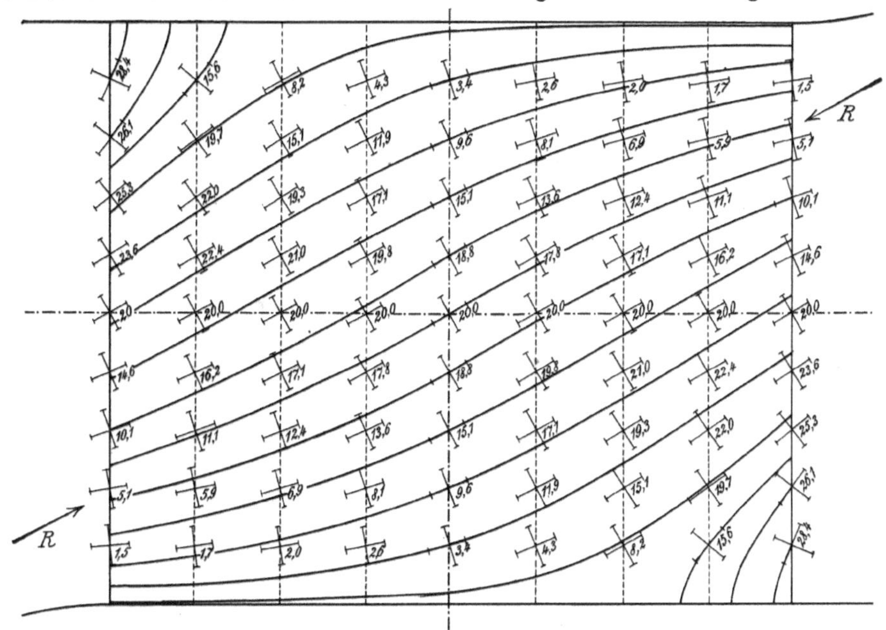

Abb. 11. Verlauf der Spannungstrajektorien.

Formeln ermittelt werden dürfen. In der Schwerachse des Mittelschnitts wird für $N = 50$ t und $Q = 25$ t

$$\sigma = \frac{50000}{20 \cdot 50} = 50\,\text{kg/cm}^2, \quad \tau = 1{,}5 \cdot \frac{25000}{20 \cdot 50} = 37{,}5\,\text{kg/cm}^2$$

$$\text{die Hauptzugspannung } \sigma_1 = -\frac{50}{2} + \sqrt{\frac{50^2}{4} + 37{,}5^2} = \text{rd. } 20\,\text{kg/cm}^2$$

$$\text{und die Hauptdruckspannung } \sigma_2 = -25 - 45 \qquad = -70\,\text{kg/cm}^2;$$

die Richtung der Hauptspannungen ergibt sich aus

$$\operatorname{tg} 2\varphi = -\frac{2\tau}{\sigma},$$

wofür die positiven Größen aus Abb. 12 ersichtlich sind. In vorliegendem Fall ist τ positiv, σ aber als Druckspannung negativ, somit wird in der Mitte

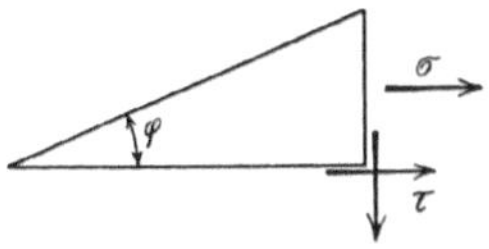

Abb. 12. Positive Größen φ, σ und τ.

$$\operatorname{tg} 2\varphi = \frac{2 \cdot 37{,}5}{50} = 1{,}5$$

$$\text{und } \varphi = 28^0\,10'.$$

In Abb. 10 sind die Spannungstrajektorien im prismatischen Teil des Probekörpers dargestellt, wie sie sich für homogenen Baustoff ergeben. Die für $N = 50$ und $Q = 25$ t errechneten Hauptzugspannungen sind an denjenigen Punkten eingeschrieben, wo auch die Richtungskreuze der Hauptspannungen angegeben sind. Da, wo der 20 cm dicke prismatische Teil mit Ausrundung an die beiden 30 cm dicken Teile anschließt, vermindern sich noch die eingeschriebenen Spannungen, die für 20 cm Dicke gerechnet sind, entsprechend der größer werdenden Dicke. Man erkennt dann, daß im unbewehrten Teil die Partie längs der Achse am meisten durch die schiefen Hauptzugspannungen gefährdet ist.

Der Bruch erfolgte, indem dort tatsächlich die Zugfestigkeit unter einer Last $R = 110$ t überwunden wurde. Die ganz ähnlich den Trajektorien verlaufenden Risse sind aus Abb. 13 ersichtlich. Die Lage des unter der Höchstlast zuerst eingetretenen Risses ist in Abb. 14 dargestellt; er paßt sich gut in den Verlauf der Trajektorien ein.

Für $R = 110$ t ergibt sich $N = 98384$ kg und $Q = 49192$ kg, damit wird im Schwerpunkt des Mittelschnitts oder der ihm benachbarten Querschnitte

$$\sigma = \frac{98384}{20 \cdot 50} = 98{,}4 \text{ kg/cm}^2,$$

$$\tau = 1{,}5 \cdot \frac{49192}{20 \cdot 50} = 73{,}8 \text{ kg/cm}^2,$$

$$\sigma_z = \sigma_1 = -\frac{98{,}4}{2} + \sqrt{49{,}2^2 + 73{,}8^2} = -49{,}2 + 88{,}7 = 39{,}5 \text{ kg/cm}^2 \text{ Zug},$$

$$\sigma_d = \sigma_2 = -49{,}2 - 88{,}7 = -137{,}9 \text{ kg/cm}^2 \text{ Druck}.$$

Die Übereinstimmung der Hauptzugspannung σ_1 mit der direkt ermittelten Zugfestigkeit von 33 kg/cm² ist nicht schlecht, wenn man bedenkt, daß nur ein einziger Zugkörper benutzt wurde und daß bei einem solchen alle Querschnitte voll beansprucht sind, so daß die Wahrscheinlichkeit lokal schwächerer Stellen, die dann zum Bruch führen, größer ist als beim Probekörper der Abb. 10, wo nur die Partie längs der Achse die größten schiefen Zugspannungen auszuhalten hat.

Dem Versuch kommt noch eine wichtige Bedeutung zu im Hinblick auf die „reduzierte Spannung", die auch als ideelle Hauptspannung, maßgebende Spannung oder Ersatzspannung bezeichnet wird. Bekanntlich werden in fast allen Lehrbüchern der Festigkeitslehre die Hauptdehnungen der eigentlichen Materialbeanspruchung gleichgeachtet und zu diesem Zwecke in einer Spannung ausgedrückt, die am prismatischen Stab in seiner Achse allein wirkend dieselbe Dehnung hervorbringt. Im vorliegenden Fall sind die in der Richtung der Hauptspannungen vorhandenen Hauptdehnungen

$$\varepsilon_z = \frac{\sigma_z}{E_z} + \frac{\sigma_d}{m_d \cdot E_d}, \qquad \varepsilon_d = \frac{\sigma_d}{E_d} + \frac{\sigma_z}{m_z \cdot E_z},$$

wobei die Hauptspannungen σ_z und σ_d ohne Vorzeichen, nur als Zahlenwerte einzusetzen sind. E_d und E_z bezeichnen die Elastizitätsmodule des Betons für Druck und Zug, m_d ist der Koeffizient der Querdehnung infolge Druckspannung und m_z derjenige der Querkontraktion infolge Zugspannung. Die den Hauptdehnungen entsprechenden, auf den einachsigen Zustand reduzierten Spannungen sind dann

$$k_z = \varepsilon_z \cdot E_z = \sigma_z + \frac{\sigma_d}{m_d} \cdot \frac{E_z}{E_d}, \qquad k_d = \varepsilon_d \cdot E_d = \sigma_d + \frac{\sigma_z}{m_z} \cdot \frac{E_d}{E_z}.$$

Die Werte von E_d und E_z sind nach den in Abb. 15 dargestellten Elastizitätsmessungen an den Oberseiten der Druck- und Zugprismen

$$E_d = \frac{137{,}9}{414} \cdot 10^6 = 333100 \text{ kg/cm}^2 \quad \text{und} \quad E_z = \frac{33}{115} \cdot 10^6 = 287000 \text{ kg/cm}^2.$$

Die Dehnung des Zugprismas konnte bis zur Bruchspannung gemessen werden.

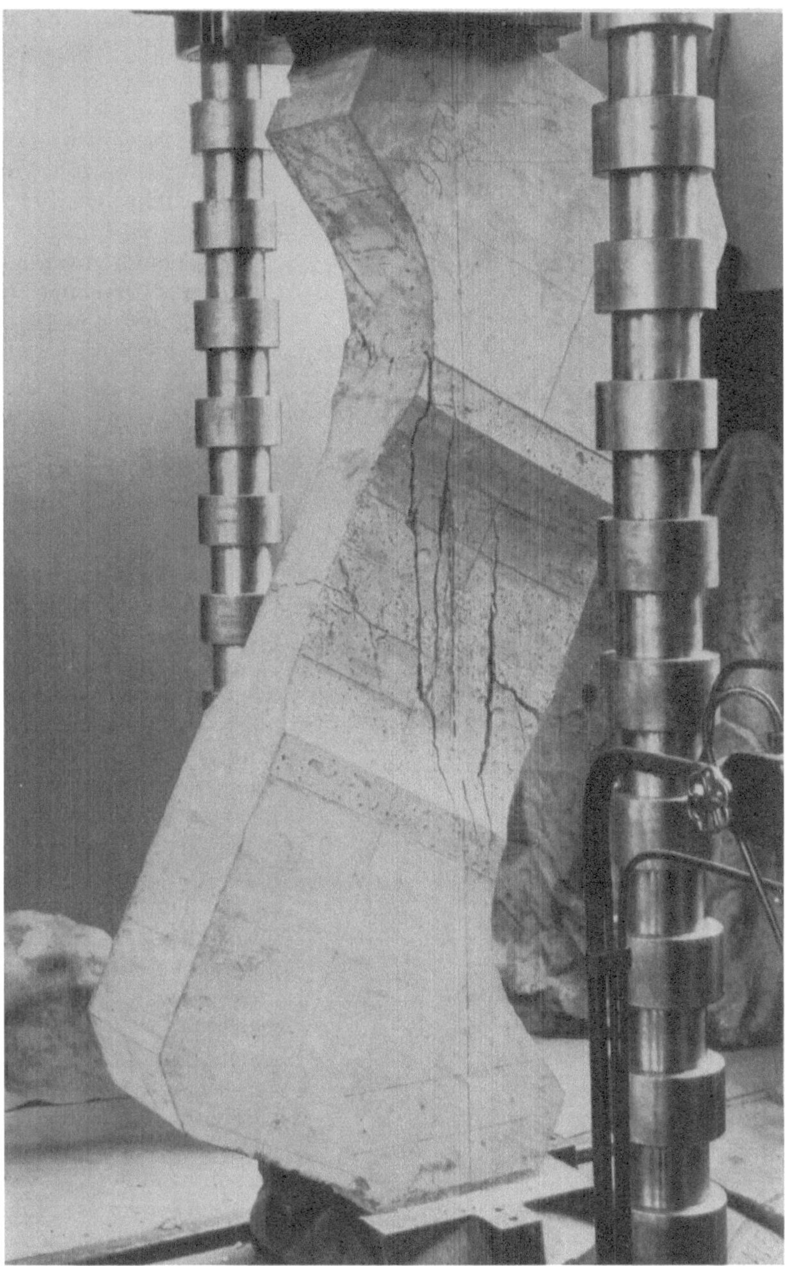

Abb. 13. Bruchrisse unter $R = 110$ t.

Beim Druckprisma wurden die Messungen nur bis $\sigma = 124{,}5$ kg/cm² durchgeführt; um also die Verkürzung bei $\sigma_d = 137{,}9$ kg/cm² zu erhalten, mußte die Deformationskurve bis zu dieser höheren Spannung verlängert werden, wie es gestrichelt angegeben ist.

Die Koeffizienten m_d und m_z sind für Beton etwas unsicher, da sie nicht nur von der Betonfestigkeit, sondern auch von der Höhe der Spannungen abhängen. Nach Versuchsergebnissen, die dem Verfasser von Prof. Dr.-Ing. GEHLER zur Verfügung gestellt wurden, kann hier $m_d = 6$ und $m_z = 9$ genommen werden. Damit berechnen sich die Hauptdehnungen

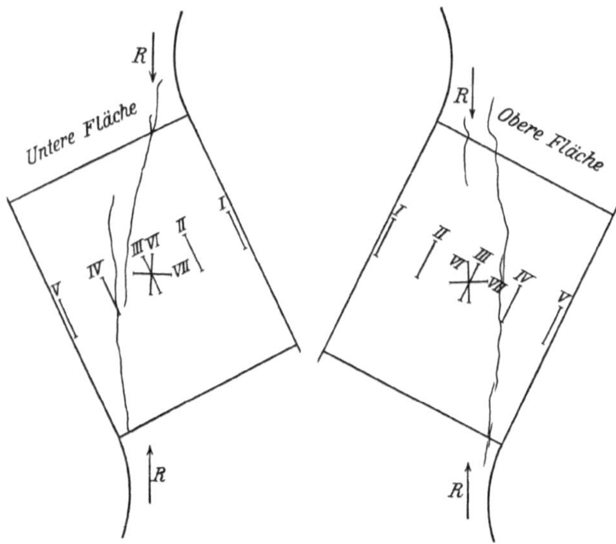

Abb. 14. Lage des unter der Höchstlast zuerst eingetretenen Risses.

$$\varepsilon_z = \frac{39{,}5}{287000} + \frac{137{,}9}{6 \cdot 333100} = 0{,}207 \text{ mm/m},$$

$$\varepsilon_d = \frac{137{,}9}{333100} + \frac{39{,}5}{9 \cdot 287000} = 0{,}429 \text{ mm/m}.$$

Auf eine Meßlänge von je 10 cm wurden die Längenänderungen an den mit *I* bis *VII* (Abbildung 14) bezeichneten Stellen unter fortschreitender Last auf beiden Seiten gemessen. Die Messungen *I*, *II*, *III*, *IV* und *V* sollten zeigen, ob die Normalspannungen im Mittelquerschnitt gleichmäßig verteilt seien, was in durchaus befriedigender Weise bestätigt wurde.

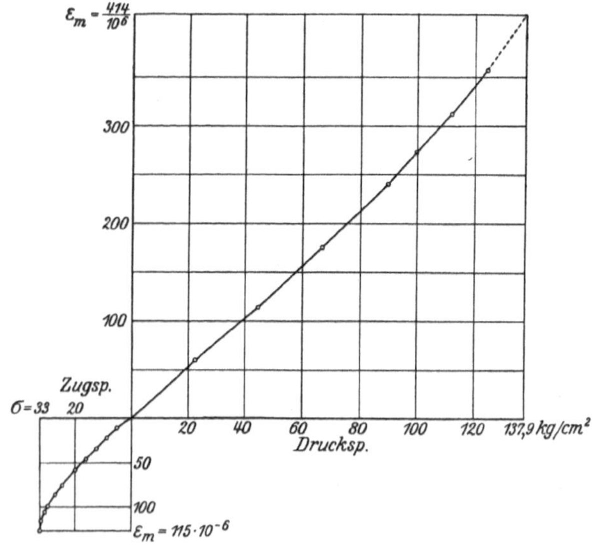

Abb. 15. Deformationskurve des Betons.

Die Meßstellen *VI* und *VII* liegen in der gerechneten Richtung der Hauptspannungen und mußten daher die Hauptdehnungen liefern. Da es nicht möglich war, die aus Abb. 16 ersichtlichen Instrumente gleichzeitig auf den Meßstrekken *VI* und *VII* einer Seite vorzusehen, so wurden abwechselnd und mit teilweiser Wiederholung auf der vorderen und hinteren Seite diese beiden Längenänderungen gemessen[1]).

Es ergaben sich so die Hauptdehnungen im Schwerpunkt des Mittelquerschnitts gemäß

[1]) Bei der ausgezeichneten Festigkeit des verwendeten Betons waren die bleibenden Formänderungen verschwindend klein. Die Wiederholungen der Laststufen gaben daher genau wieder dieselben Formänderungen.

Abb. 17, wo die auf tatsächlichen Messungen beruhenden Kurvenstücke ausgezogen sind, während die nicht gemessenen Verlängerungen gestrichelt angegeben sind.

Für den vorliegenden Zweck interessieren nur die Dehnungen auf der bei der Herstellung oben gelegenen Seite. Sie ergeben sich aus Abb. 17 unter der Höchstlast von 110 t zu

$$\max \varepsilon_z = 0{,}214 \text{ mm/m},$$

$$\max \varepsilon_d = 0{,}446 \text{ mm/m}.$$

Abb. 16. Probekörper mit den angebrachten Meßinstrumenten.

Diese gemessenen Werte stimmen befriedigend mit den oben aus den Hauptspannungen errechneten von 0,207 und 0,429 mm/m überein.

Schlußfolgerungen. Wenn man beachtet, daß die Dehnung des nur in einer Richtung gezogenen Betonprismas bis zum Bruch 0,115 mm/m betragen hat, welche Zahl gut mit früheren Versuchen übereinstimmt, so kann diese Dehnung unmöglich maßgebend gewesen sein für das Entstehen der Risse am Probekörper der Abb. 10. Denn die tatsächlich größte Dehnung stieg hier wegen der senkrecht zu ihrer Richtung wirkenden höheren Druckspannungen auf 0,214 mm/m, also fast auf das Doppelte. Die vom Druck herrührende Querdehnung kann also nicht in eine Zugspannung umgerechnet werden, die zur statisch wirksamen zu addieren wäre, um die tatsächliche Beanspruchung, die den Bruch bestimmen würde, zu erhalten.

Würde man die gemessene Hauptdehnung auf den einachsigen Spannungszustand „reduzieren", so erhielte man eine ihr entsprechende Zugspannung von $k_z = \frac{0{,}214}{1000} \cdot 287000 = 61{,}4$ kg/cm², die viel zu weit von der gemessenen Zugfestigkeit von 33 kg/cm² abweicht, um mit ihr in Beziehung gebracht zu werden. Zu einem ähnlich hohen Wert von k_z würde man an Hand der Formel

$$k_z = \sigma_z + \frac{\sigma_d}{m_d} \cdot \frac{E_z}{E_d}$$

gelangen, wenn man für σ_z und σ_d die im Bruchzustand vorhanden gewesenen Werte der Hauptspannungen einsetzte.

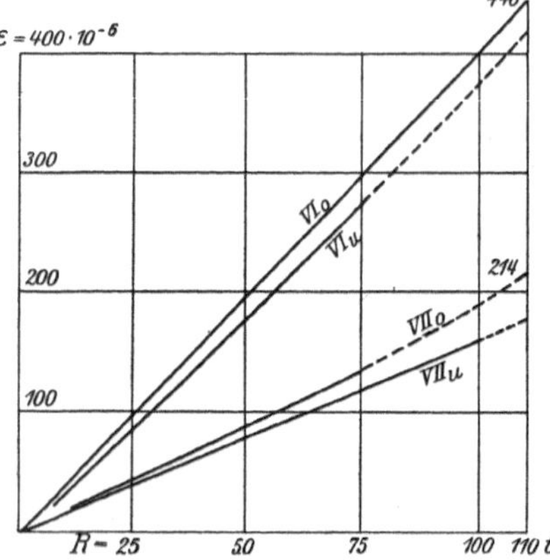

Abb. 17. Gemessene Hauptdehnungen auf den Meßstrecken *VI* und *VII*.

D e r V e r s u c h z e i g t a l s o d e u t l i c h, daß man bei einem spröden Baustoff, wie es der Beton ist, nicht mit der reduzierten Spannung zu rechnen hat, wenn in zwei zueinander senkrechten Richtungen Zug und Druck wirken. **Nur die statische Zugspannung ist für die Rißbildung oder den Trennungsbruch maßgebend.**

Die größten Werte der Schubspannungen, die in Schnittrichtungen unter 45° zu den Hauptspannungen wirksam sind, berechnen sich unter der Bruchlast für die Achspunkte der Querschnitte zu

$$\tau_1 = \sqrt{\frac{\sigma^2}{4} + \tau^2} = \frac{1}{2}(\sigma_z - \sigma_d) = 88{,}7 \text{ kg/cm}^2.$$

Diese Schubspannungen waren am Bruch ganz unbeteiligt und sind es sicher auch bei allen Baugliedern aus Beton oder Eisenbeton, für die alle Versuche bis jetzt gezeigt haben, daß der Baustoff sich innerlich nach Druck- und Zuggewölben abstützt, die gemäß den Trajektorien verlaufen.

Die Krisis im Städtebau und ihre Lösung.

Von

E. NEUMANN, Stuttgart.

Die Krisis im Städtebau bestand von dem Augenblick an, als man erkannte, daß die nach dem Gesetz des freien Spieles der Kräfte anwachsenden oder sich neu bildenden Städte ihre Aufgabe nicht erfüllten. Wie oft im Leben waren es die Äußerlichkeiten, an denen man zuerst Anstoß nahm, als man die Formen der Neuzeit mit denen einer ehrwürdigen Vergangenheit verglich. Es war verständlich, daß man die Gesetze des Städtebaues in der Vergangenheit studierte und versuchte, sie auf die Gegenwart zu übertragen, um wieder Maß und Form in das Aussehen der neuen Städte zu bringen. Diese Bemühungen und die Männer, die sie geleistet haben, sollen nicht gering eingeschätzt werden, sie haben aber die Lösung nicht bringen können. Die Wirkung blieb aus, sie verpuffte. Wir wissen heute, worin der Irrtum gelegen hat. Der Stadtraum der alten Städte war für eine stille und beschauliche Bevölkerung zum Verweilen angelegt. Die Gegenwart verfügt aber über andere Menschen. In unserer Zeit ist alles Bewegung, Lärm, Drang, Hast und Unbeständigkeit. Es sind andere Wesen, die heute die Städte bewohnen, benutzen und formen.

An Stelle der Statik im Städtebau ist die Dynamik getreten. Man hat den Ingenieuren der Städteverwaltungen den Vorwurf gemacht, daß sie die Belange des Verkehrs, also die dynamischen Kräfte, zu sehr in den Vordergrund bei ihren Stadtplanungen gestellt und angeblich damit zur Verunstaltung des Ortsbildes beigetragen haben. Tatsächlich sind sie die eigentlichen Städteplaner gewesen, da die Architekten in den Stadtverwaltungen lange Zeit mit den Sonderaufgaben, wie Bauten für Verwaltung, Gesundheitspflege und Unterricht vollauf beschäftigt waren. Man stelle sich vor, daß der Stadtbaurat für Hochbau in Berlin Ausgang des 19. Jahrhunderts allein über 100 Volksschulen gebaut hat. Da ist für Städteplanung keine Zeit übriggeblieben. Der Städtebau jener Zeit lag vollständig in den Händen des Ingenieurs, dem vor allem die Vorsorge für die Abwicklung des Verkehrs zu einer Zeit, als es Kraftwagen noch gar nicht gab, und die Vorsorge für die Gesundheit der Bevölkerung anvertraut war. Der verstorbene Professor EBERSTADT hat diese Tätigkeit des Ingenieurs in folgender Weise umschrieben:

„Noch immer betrachtete man den Bebauungsplan als eine schwierige aber dankenswerte Aufgabe, die verwickelten Eingeweide der Straße, das Kanalisations-, Wasserversorgungs- und Kabelröhrenwerk unter dem Asphalt und dann auch die Straßen so geschickt anzulegen, daß trotz aller entgegenstehenden

Schwierigkeiten am Rande der Straße doch noch benutzbare Häuser gebaut werden können."

Diese Beurteilung schießt weit über das Ziel hinaus und verkennt die Schwierigkeiten, die damals im städtischen Tiefbau bestanden haben. Der Ingenieur jener Zeit hat ein besseres Fingerspitzengefühl für die Anforderungen seiner und vor allem der kommenden Zeiten gehabt. Darum hat die Führung in den Städten auch in seiner Hand gelegen und die Stadtvertreter sind ihnen meist blindlings gefolgt, weil sie die beruhigende Empfindung für die richtige Einstellung ihrer leitenden Ingenieure gehabt haben. Der Städtebau jener Zeit ist eine Schöpfung der Ingenieure gewesen. Hätten sie nicht rechtzeitig die Bahnen freigehalten, auf denen sich heute der vielfach gesteigerte Straßenverkehr abwickeln muß, die Gegenwart wäre längst festgefahren. Männer wie BAUMEISTER, STÜBBEN, HOBRECHT, KRAUSE, ERNST ANDREAS MEYER, KLETTE, KÖLLE, BREDTSCHNEIDER, SPERBER und viele andere sind wahrhaft führende Städtebauer gewesen und es ist an der Zeit, die Nachwelt daran zu erinnern, was sie ihnen verdankt.

Aber auch sie haben die Krisis nicht überwinden können. Es wird behauptet, daß ihre Schwäche darin gelegen hat, daß sie auf der Fläche haften geblieben sind und die dritte Dimension nicht berücksichtigt, die Raumbildung im Stadtaufbau vernachlässigt haben. Das dürfte ein Irrtum sein. Sie waren über die dritte Dimension bereits hinausgewachsen, da sie bei allen ihren Unternehmungen vornehmlich bei denen des Verkehrs — bei der Anlage von Straßen, Eisenbahnen, Städtebahnen, Wasserstraßen — die vierte Dimension — die Zeit — als entscheidend eingestellt haben.

Ihre Fehler haben nicht im Technischen, sondern im Psychologischen gelegen. Sie waren hervorragende Fachmänner, aber in einer einseitigen doktrinären Technik und atomistischen Auffassung befangen, sie haben noch nicht genügend den Menschen selbst in ihre Rechnung mit aufgenommen. Diesen Fehler hat die jüngere Generation empfunden und die Meinungsverschiedenheiten zwischen Meister und Schüler sind auf diesem Gebiete ausgetragen worden.

Die neue Einstellung der Ingenieure hat damit eine Annäherung zum Architekten ergeben, denn auch er hat umgelernt. Die Not der Zeit zwingt ihn, viel mehr als früher den Zusammenhang zwischen Mensch und Bauwerk zu berücksichtigen. Der dem Ingenieur vielfach vorgeworfene Nützlichkeitsstandpunkt, die nüchterne Sachlichkeit, allerdings nicht als Ding an sich, sondern als kategorischer Imperativ, hat auch den Architekten erfaßt, und damit ist die gemeinsame Grundlage für die Zusammenarbeit von Architekt und Ingenieur gegeben. Wenn FRITZ SCHUMACHER in Hamburg aus Anlaß eines Wettbewerbes für Kleinstwohnungen den Ausdruck gebraucht hat, die soziale Aufgabe auf diesem Gebiet ist ein Kampf um den Quadratmeter, dann ist damit der Beweis für meine Behauptung erbracht, daß der Städtebau auf die Bedürfnisse des Menschen eingestellt und damit sozial geworden ist, und daß er die richtige Befriedigung des Bedürfnisses selbst im kleinen nicht aus den Augen läßt. Der amerikanische Architekt LOUIS H. SULLIVAN hat eine Studie an das amerikanische Volk über „Architektur" mit folgenden Worten eingeleitet:

„Der geistige Zug der Zeit geht auf Vereinfachung. Die volle Kraft des modernen wissenschaftlichen Geistes ist jetzt mit allgemeiner Zustimmung darauf gerichtet, die wenigen und einfachen Gesetze herauszufinden, die der Vielfältigkeit der Natur zugrunde liegen. Und ähnliche Untersuchungen enthüllen denn auch stets gleichartige letzte Triebkräfte bei allen Menschen und allen Dingen."

Im großen betrachtet ist die Stadt ein Wirtschaftsmittelpunkt, in dem es nach dem Gesetz des höchsten Wirkungsgrades zugehen sollte, d. h. die Anlage der Stadt, ihre Einrichtungen sollten es jedem Bewohner ermöglichen, seinem Beruf in der meist zweckentsprechenden Weise nachzugehen. Jeder unnütze Aufwand bei der Berufserfüllung oder Sicherung der Lebenshaltung und jeder Leerlauf muß vermieden werden. Jede Ersparnis in dieser Hinsicht steigert den Ertrag des gesamten Gemeinwesens in gleichem Maße wie den des einzelnen Bürgers. Alle Mängel schwächen die körperliche und seelische Kraft der Stadtbewohner und nötigen die Allgemeinheit zu unwirtschaftlichen Wohlfahrtausgaben. Rationalisierung hat daher auch den Städtebau erfaßt.

Bei der Vielgestaltigkeit des menschlichen Lebens und den Unterschieden in der beruflichen Tätigkeit der Stadtbewohner möchte man glauben, daß es schwer oder vielleicht sogar unmöglich ist, solche Gesetze des Städtebaues und der Stadtwirtschaft aufzufinden und auszuwerten, daß sie allen Menschen in gleichem Maße zugute kommen. Das ist aber keineswegs der Fall. In Industriestädten haben die Zählungen der Krankenkassen ergeben, daß über die Hälfte der Einwohner beruflich tätig ist. Hierzu kommen noch die große Zahl der Angestellten und selbständigen Gewerbetreibenden, Beamten und freien Berufe, die durch die Krankenkassen nicht erfaßt werden. Da der Anteil der erwerbsfähigen Bevölkerung, d. h. der männlichen und weiblichen Bewohner im Alter von 15 bis 60 Jahren etwa 65% der Bevölkerung beträgt, so zeigt sich aus dem Vergleich des Anteils der erwerbstätigen und erwerbsfähigen Bewohner, daß ein bedeutender Teil der Frauen im Erwerbsleben stehen muß. Das Leben, die Tätigkeit und Zeiteinteilung aller Erwerbstätigen verlaufen aber heute nach den gleichen Gesetzen und ihre Familienmitglieder werden daher in dieselben Abhängigkeiten hineingezogen. Daraus ergibt sich, daß trotz der Unterschiede in der Lebensstellung und beruflichen Tätigkeit das Stadtleben in völlig gleichartigen Bahnen abrollt und die Stadtwirtschaft sichere Anhaltspunkte dafür hat, wie sie den daraus sich ergebenden Anforderungen und Bedürfnissen gerecht werden kann.

Ein Stadtorganismus muß die bekannten drei Bedürfnisse befriedigen: Wohnen, Arbeiten, Erholen. Für alle drei gilt nunmehr der Grundsatz, daß sie nach strengster Wirtschaftlichkeit erfüllt werden, d. h. daß die Miete der Wohnung im Einklang steht mit dem Einkommen des Inhabers und dafür das Höchstmögliche an Raum, Luft, Licht und Wärme bietet, daß das Arbeiten für den Arbeitnehmer wie Unternehmung mit dem größten Nutzeffekt erfolgen kann, und daß das Erholen jedem mit dem geringsten Aufwand an Zeit und Mitteln ermöglicht wird. Die Durchführung dieses Grundsatzes stellt für jedes Bedürfnis eine große Anzahl von Fragen, deren Beantwortung der Forschung in der Stadtwirtschaft obliegt. Es gibt aber auch für alle drei gemeinsame Abhängigkeiten, von denen die wichtigste ist: der Boden.

I. Die Bedeutung des Bodens in der Stadtwirtschaft.

Die Vorbedingung, ohne die eine sachgemäße Stadtwirtschaft nicht betrieben werden kann, ist die Herrschaft über den Boden. Ihrer Erfüllung treten aber Schwierigkeiten entgegen, die weniger im technischen als auf dem Gebiet der Weltanschauung liegen. Die Verfügung über den Boden setzt eine gewisse Beschränkung des Eigentümers in der willkürlichen Bodenbenutzung voraus. Was die neue Zeit in dieser Hinsicht fordert, ist nichts Umwälzendes, wie von den Gegnern behauptet wird, sondern die Fortsetzung einer steten Entwicklung. Möglichkeit der Enteignung von Boden aus Gründen des öffentlichen Wohles ist bereits im alten preußischen Allgemeinen Landrecht von 1793 (8 I, §§ 31 u. 32) vorgesehen worden. Im Städtebau ist die Enteignung bisher wohl nur zur Anlage von Straßen und Plätzen in Frage gekommen. Da nach dem ALR. nur gegen Ersatz des vollen Wertes enteignet werden darf, ist jede Anlage einer Straße für die Gemeinde ein sehr kostspieliges Unternehmen geworden, dessen Vorteile in erster Linie den Grundstücksbesitzern an den neuen Straßen zugute kommt, die Bauland gewinnen. Diese Erkenntnis hat dazu geführt, schon frühzeitig von den Anliegern die Kosten der Straßenanlage einschließlich des Grunderwerbes zu verlangen, was praktisch darauf hinausgekommen ist, daß die Grundeigentümer dort, wo die Gemeinde eine Straße anlegen wollte, das Straßenland unentgeltlich abzutreten haben (Regulativ vom 31. Dezember 1838 zwischen dem preußischen Staat und Stadt Berlin, preußisches Fluchtliniengesetz vom 2. Juli 1875),

In dem preußischen Fluchtliniengesetz wie in den entsprechenden Gesetzen der anderen Bundesstaaten (Württemberg, allgemeine Bauordnung vom 6. Oktober 1872) ist sowohl durch die Aufstellung von Fluchtlinien, die dem Grundeigentümer in der Ausnutzung seines Grundstückes Vorschriften machen, sowie in der kostenlosen Abtretung des Bodens bei der Erschließung der Straße eine erhebliche Beschränkung auferlegt. Auch die Bauordnungen haben schon immer im Anbaufalle eine ganz verschiedene Ausnutzung des Bodens, z. B. die eine Fläche für Hochbau, die andere für Flachbau bestimmt und damit den Grundeigentümern in der Verfügung ihres Eigentums Vorschriften gemacht. Das allgemeine Landrecht hat für diese Maßnahmen bereits die Grundlagen geschaffen, die dann in späteren Gesetzen: preußisches Polizeigesetz vom Jahr 1850, Wohnungsgesetz vom Jahre 1818 aufgenommen worden sind. Es hat aber bisher jedermann diese Beschränkung hingenommen, ohne daß bisher eine Pflicht der Gemeinden auf Entschädigung anerkannt worden ist. Diese Entwicklung in den Städten hat gewissermaßen eine Parallele auf dem Lande in der Durchführung von Feldbereinigungen, Separationen, Verfahren, die dann auch auf den Städtebau in Form der Umlegungsgesetze übernommen worden sind.

Die vollständige Enteignung des Bodens, soweit er nicht für die öffentliche Straße benutzt wird, also auch des eigentlichen Baulandes, ist durch das preußische Wohnungsgesetz für den Fall eingeführt worden, daß ein an einer Straße liegendes Grundstück zur Bebauung auf Grund der geltenden baupolizeilichen Vorschriften ungeeignet ist. Es soll dadurch verhindert werden, daß Baulücken entstehen, die ebenso sehr das Städtebild beeinträchtigen als auch die Ordnung und Sicherheit gefährden. Ein weiterer Schritt ist dann in der Reichsverfassung vom 11. August 1919 erfolgt, in dem im Art. 155 bestimmt wird, daß Boden, dessen Erwerb zur Befriedigung des Wohnungsbedürfnisses, zur Förderung der Siedlung und Urbarmachung oder zur Hebung der Landwirtschaft nötig ist, enteignet werden kann. Die richtige Ausnutzung des Bodens wird als eine öffentliche Angelegenheit betrachtet, zu deren Förderung es ohne Beschränkung in der Bau- und Benutzungsfreiheit oder ohne Eingriffe in das Eigentum nicht mehr abgeht.

Die Verteidiger des unumschränkten Eigentums am Boden sehen allerdings in solchen Maßnahmen einen Verstoß gegen Art. 153 der RV., der das Eigentum gewährleistet, während die Gegenseite den Gebrauch des Eigentums am Boden als Dienst für das gemeine Beste ansieht, wie die Reichsverfassung im Schlußsatz des Art. 153 sagt. Es ist nach zuvor gemachten Angaben über die Bedeutung des Bodens im Städtebau erklärlich, wenn gerade hier die Gegensätze in Erscheinung getreten sind. Den Anlaß dazu hat der Entwurf des preußischen Städtebaugesetzes gegeben.

II. Das preußische Städtebaugesetz nach den Beschlüssen des 29. Ausschusses des preußischen Landtages.

Langjährige trübe Erfahrungen von städtebaulicher Ohnmacht, von zermürbendem Kampf um die Durchführung planvoller Gedanken haben zu dem Entwurf des preußischen Städtebaugesetzes geführt. Das Neue, das es bringen soll, liegt im wesentlichen in der Schaffung einer gesetzlichen Grundlage für eine planmäßige Zweckbestimmung des Bodens. Diese soll erreicht werden durch die gemeindlichen und zwischengemeindlichen Flächenaufteilungspläne, die das Ziel haben, die städtebauliche Entwicklung der Gemeinden vorausschauend zu ordnen und eine diese Entwicklung störende Nutzung und Bebauung des im Einflußbereich der Stadt liegenden Bodens zu verhindern.

Das Wort „städtebaulich" hat eine Auslegung in der Begründung des preußischen Städtebaugesetzentwurfes erhalten, die den weiteren Betrachtungen vorangestellt werden soll. „Was der Fachmann unter städtebaulich versteht, umfaßt alle über die einzelne Hauseinheit hinauswachsenden, in Beziehung zum Sammelpunkt stehenden gestaltenden Kräfte und Ansprüche, mögen sie hochbaulicher oder verkehrstechnischer Natur sein oder auf dem Bedürfnis nach Luft, Licht und Sonne beruhen. Daraus ergibt sich, daß die Flächenaufteilungspläne die Grünflächen als Nutzgrünflächen, Park- und Garten-, Spiel- und Sportplätze, die Verkehrsflächen für Eisenbahn-, Wasser-, Straßen- und Flugverkehr nebst den Umschlagplätzen, die Bergbau- und Industrieflächen und die Wohnflächen vorausschauend nach den bestehenden oder zu erwartenden Bedürfnissen ausweisen.

1. Die Aussichten für ein weiteres Anwachsen der Städte.

Die Voraussetzung für die Notwendigkeit einer solchen Zukunftsarbeit im Städtebau ist die grundsätzliche Einstellung, daß ein weiteres Wachstum der Städte zu erwarten und darin auch ein Fortschritt zu sehen ist — die Bejahung des Großstadtgedankens. Auch in dieser Frage stehen sich die Meinungen gegenüber. Es ist kein Zweifel, daß ein solches Weiterwachsen der Großstädte unterbunden werden muß, wie wir es noch miterlebt haben, als z. B. die Stadt Charlottenburg jährlich 10 km Straßen für einen Bevölkerungszuwachs von 10000 Einwohnern ausbaute mit Entwässerung, Gas, Wasserversorgung, elektrischem Strom, Straßen- und Untergrundbahnen, sich aber mitnichten darum kümmerte, wie die Wohnungen in den Häusern beschaffen waren, die an diesen meist mit großem Aufwand und bisweilen auch als wirkungsvolle Anlage erbauten Straßen entstanden, die zwar prunkende Fassaden hatten, aber deren Innenräume im krassen Gegensatz zu der Front standen. Diese Unkultur einer seelenlosen Massenerzeugung, das Kennzeichen unserer damaligen Stadtentwicklung, hat niemand befriedigt, sondern nur scharfe Ablehnung erfahren. Es ist eine anerkennenswerte Städtebautechnik gewesen, die aber als das Ergebnis einer verstandesmäßigen Rechnung nur als Zivilisation gewertet werden kann. Ein Kulturfortschritt ist nicht damit verbunden gewesen, dazu fehlte die Beziehung und Berücksichtigung des Menschlichen im Siedlungswesen. Wenn auch das letzte Jahrzehnt darin manche Wandlung gebracht haben mag und die neuen Wohnbezirke unserer Großstädte ein anderes ermutigenderes Bild für eine weitere Entwicklung auf diesem Wege bieten, so ist doch zu beachten, daß das Anwachsen der Städte nicht von dem Aussehen und Gestalt der neuen Bezirke abhängt, sondern ob sie noch die Anziehungskraft wie ehedem ausüben. Es ist bekannt, daß die Bevölkerungszunahme der Großstädte nicht aus dem Geburtenüberschuß, sondern aus der Zuwanderung stammt. Die ländlichen Bezirke sind zugunsten der Großstädte entvölkert. Statistiker haben neuerdings berechnet, daß infolge des inzwischen eingetretenen Geburtenrückganges im Jahre 1943 die Bevölkerungszunahme zum Stillstand kommt, woraus sie auch einen Stillstand im Anwachsen der Städte glauben herleiten zu müssen. Vorläufig ist davon noch nichts zu merken. Alle Industriezentren, die natürliche Standorte für ein gewerbliches Leben sind, weisen noch immer erhebliche Zuwanderung auf. Für Hamburg wird der Zuwanderungsüberschuß in den letzten 10 Jahren auf 80000 Seelen angegeben. Stuttgart hat ohne Eingemeindung von 1923 bis 1928 einen Bevölkerungszuwachs von 45600 Seelen gehabt. Die jährliche Zunahme in Vonhundertteilen der Einwohnerzahl hat in Remscheid, eine Stadt mit besonders hochstehender Fertigwarenindustrie, 1,7% jährlich im Zeitraum von 10 Jahren betragen, in Barmen, dem Sitz einer lebhaften Textilindustrie, ist eine jährliche Zunahme von 1,2% zu verzeichnen. Kleinere Gemeinden, die sich vielfach in der Umgebung dieser Städte befinden, sind dagegen in ihrer Einwohnerzahl stehengeblieben oder sogar zurückgegangen. Im Gegensatz zu der Vorkriegszeit, als fast alle Gemeinwesen sich stetig vermehrt haben, wird anzunehmen sein, daß jetzt die Zunahme beschränkt bleiben wird, auf solche Mittelpunkte, die natürliche Standorte sind für Industrien, die gegenwärtig entsprechend der Weltmarktlage gut beschäftigt sind, sei es, daß sie an den Rohstoffen oder guten Verkehrslinien liegen oder eine hochqualifizierte Arbeiterschaft haben. Die Aussichten, daß die Industrie auf das Land gehen wird, sind vorläufig geschwunden, seitdem durch die Rationalisierung nur noch die leistungsfähigen Betriebe am Leben geblieben sind. Einzelne Industrien können auch auf den Arbeitsmarkt der Städte nicht verzichten. Für sie kommt höchstens eine Randwanderung in Frage, wie sie in einzelnen Städten in letzter Zeit eingesetzt hat. Alles deutet darauf hin, daß dort, wo die Industrie glaubt ihr Auskommen zu finden, sie auch bleiben und sich erweitern wird. Demnach müssen alle Städte, für die diese Vorbedingungen gelten, auf ein weiteres Wachstum gefaßt und vorbereitet sein. Solche Städte werden weiter Raum beanspruchen und man wird ihnen die Mittel an die Hand geben müssen, daß sie ihre weitere Entwicklung planmäßig vortreiben können. Damit ist nicht gesagt, daß unbedingt alles auf die Großstadt zugeschnitten werden soll. Auch der Typus der deutschen Mittelstadt hat seine Vorteile und Berechtigung. Diese Anschauung scheint auch die preußische Staatsregierung sich zu eigen gemacht zu haben. Denn in dem neuen Gesetzentwurf für Eingemeindungen im westfälischen Industriegebiet wird ausdrücklich hervorgehoben, daß die Mittelstädte, wie Wanne-Eickel, Herne und Castrop erhalten bleiben sollen.

2. Flächenaufteilungspläne nach dem preußischen Städtebaugesetz.

Ob es sich aber nun um Großstädte oder Mittelstädte handelt, ohne den zuvor genannten Flächenaufteilungsplan, wie er neu durch das Städtebaugesetz eingeführt werden soll, werden sie nicht mehr auskommen. Wie gesund der Gedanke des Flächenaufteilungsplanes ist, mag schon daraus hervorgehen, daß man sich seit Jahren seiner, obwohl er noch nicht gesetzlich verankert ist, schon überall bedient, wo Zukunftsfragen mit zwingender Notwendigkeit zu lösen sind. Das gilt z. B. für die in Preußen in den letzten Jahren erfolgten und auch in diesem Jahre weiter in Aussicht genommenen Eingemeindungen. Ohne Flächenaufteilungspläne wäre eine überzeugende Stellungnahme nicht denkbar gewesen. Solche Pläne müssen aber auf weite Sicht eingestellt sein und erfordern daher einen gewissen Mut und Vertrauen auf die eigene Kraft. Daran sollte es aber nicht fehlen. Man sollte sich bei der Städteplanung jene Worte zu Herzen nehmen, die DANIEL BURNHAM an die Spitze seiner städtebaulichen Entwürfe für Chikago gesetzt hat und deren Wahrheit derjenige, der Gelegenheit gehabt hat, den Aufstieg Chikagos mit eigenen Augen zu sehen, mit Bewunderung anerkennen muß. Sie lauten:

„Macht keine kleinen Pläne, sie haben keine magische Kraft, des Menschen Blut in Wallung zu bringen, und wahrscheinlich werden selbst diese nicht in die Wirklichkeit umgesetzt.

Macht gewaltige Pläne, habt hohe Ziele in der Hoffnung und am Werk, erinnere dich, daß ein edeler, logischer Linienzug, einmal entworfen, niemals sterben wird, sondern lange, nachdem wir schon längst vermodert sind, am Leben bleiben wird, sich selbst behauptend mit immer wachsender Beständigkeit. Gedenke, daß unsere Söhne und Enkel an Dinge sich heranwagen werden, die uns verblüffen werden. Laß dein Mahnwort und deinen Leitstern schön sein."

Wir können im übrigen auch solche Entwürfe aufweisen. Der Bebauungsplan von Berlin vom Jahre 1863 von HOBRECHT ist, im Zeitspiegel gesehen, ein solcher Plan gewesen. Seine Ausfall-, Ringstraßen und Plätze tragen einen großen Zug, zu bedauern ist nur, daß er die Grundlage für eine hemmungslose Bodenspekulation geworden ist, die dem Stadtbild ihren Stempel aufgedrückt hat. Mit dem ursprünglichen Plan, der heute noch nicht voll ausgebaut ist, ist eine Bauordnung verbunden gewesen, die eine Abstufung der Bauweise nach den Außenbezirken vorgesehen hat, die aber am Widerstand des Berliner Kommunalliberalismus nach harten Kämpfen gescheitert ist.

Auch STÜBBENS Bebauungsplan für Köln, der allerdings 30 Jahre später von SCHUMACHER eine neue Form erhalten hat, muß als ein solcher großer Wurf angesehen werden.

Die ehemaligen Stadtbaupläne haben aber als Bebauungspläne den Nachteil, daß sie starre Bindungen bringen und jede aus den Zeitverhältnissen gegebene Änderung nicht oder nur unter großen Opfern für die Allgemeinheit durchzuführen sind. Dem soll das neue Städtebaugesetz mit dem schon erwähnten Flächenaufteilungsplan abhelfen. Die Aufstellung des Flächenaufteilungsplanes ist aber nicht das Wesentliche, sondern seine Festsetzung durch Ortssatzung. Diese hat nämlich die Wirkung, daß auf den für die verschiedenen Nutzungsarten vorgesehenen Flächen keinerlei Anlagen ausgeführt werden dürfen, die der späteren Nutzung im Wege stehen. Auf den zukünftigen Nutzgrünflächen sind daher nur land- oder forstwirtschaftliche Gebäude zugelassen. Auf den für Kleingärten, Friedhöfen, Spiel- und Sportplätzen in Aussicht genommenen Flächen dürfen bauliche Anlagen nur errichtet werden, die im Einklang mit dem späteren Zwecke der Flächenbestimmung stehen. Selbstverständlich dürfen auch die Flächen, die später Verkehrsanlagen, wie Eisenbahnen, Kraftwagenstraßen oder Flugplätze aufnehmen sollen, mit Ausnahme landwirtschaftlicher Behelfsbauten, nicht bebaut werden.

Das ist ein starker Eingriff in die private Ausnutzung des Bodens. Da der zur Bebauung reife Boden einen wesentlich höheren Wert hat als der beste Landwirtschaftsboden, so rechnen die Bodenbesitzer in der Nähe der Städte stets mit einer Preissteigerung, die sie zumeist auch erhalten. Das hat dazu geführt, daß vielfach solcher Boden nicht mehr beackert wird, und daß die Gemeinden, wenn sie ihn für öffentliche Anlagen aufkaufen wollen, unerschwingliche Summen aufbringen müssen.

Die Beschränkung nach dem Flächenaufteilungsplan geht sogar so weit, daß für ein Grundstück, das nach dem preußischen Ansiedlungsgesetz mit einem Wohnhaus bebaut werden darf, die Baugenehmigung versagt werden soll, wenn es als Grünfläche oder für den Bergbau vorgesehen ist. Auch die Eigentümer von Waldungen dürfen an diesen keine Veränderungen vornehmen. Sie sind verpflichtet, einen bestimmten Betriebsplan einzuhalten, um den Baumbestand pfleglich zu erhalten, der nur durch Ortssatzungen geändert werden kann. Mit dieser Bestimmung ist das preußische Baumschutzgesetz vom Jahre 1922 in das Städtebaugesetz mit aufgenommen. Der durch Ortssatzung festgesetzte Flächenaufteilungsplan beschränkt also in starkem Maße die private Ausnutzung des Bodens, so daß darin sogar ein Widerspruch mit der RV. abgeleitet worden ist. Hierbei ist eine Ungerechtigkeit insofern noch vorhanden, als derjenige Boden, der nach dem Flächenverteilungsplan für Siedlung oder Industrie vorgesehen ist, sobald er dazu auf Grund des üblichen Ortsbauplanes mit Bauordnung freigegeben wird, eine je nach der Ausnutzungsmöglichkeit sich richtende Wertsteigerung erfährt. Es werden also diejenigen, deren Boden bebaut werden kann oder soll, vor denen, deren Boden als Grünfläche ausgewiesen wird, begünstigt. Das ist aber schon früher so gewesen, wie zuvor ausführlich auseinandergesetzt.

Einen Ausgleich gegen diese Eingriffe in das Privateigentum sucht das Gesetz dadurch zu schaffen, daß es den Eigentümern von Waldungen das Recht gibt, nach Ablauf von 5 Jahren nach Erlaß der Ortssatzung von der Gemeinde Aufhebung der Ortssatzung oder Pachtung und Ankauf des Grundstückes zu verlangen. Die Regierungsvorlage sah hier einen 10jährigen Zeitraum vor, der Landtag hat die Frist auf 5 Jahre abgekürzt. Zugunsten der Eigentümer anderer unter den Flächenaufteilungsplan fallenden Grundstücke ist ein Härteparagraph aufgenommen. Nach ihm kann der Eigentümer, wenn durch den Flächenaufteilungsplan das Grundstück in erheblicher Weise dauernd in seinem Werte gemildert wird und hierdurch für ihn eine außergewöhnliche Härte entsteht, von der Gemeinde 5 Jahre nach Erlaß der Ortssatzungen den Ankauf des Grundstückes verlangen. Diesen Bestimmungen liegt die Annahme zugrunde, daß die Entwicklung im Städtebau so schnell fortschreitet, daß innerhalb von 5 Jahren die Gemeinden die Wirkungen ihrer Ortssatzungen übersehen können, ob sie richtig oder abänderungsbedürftig sind. Wenn auch das Städtebaugesetz erst im Ausschuß des preußischen Landtages erledigt ist und noch nicht feststeht, ob es in dieser Form angenommen werden wird, so müssen diese Bestimmungen schwere Bedenken hervorrufen. Im Städtebau wird anerkanntermaßen auf weite Sicht gearbeitet. So knappe Fristsetzungen müssen zur Folge haben, daß die Gemeinden überhaupt keine Flächenaufteilungspläne feststellen, weil sie sonst befürchten müssen, daß sie ein größeres Bodenangebot erhalten als sie übernehmen können. An sich ist nichts dagegen einzuwenden, wenn die Gemeinden Boden erwerben. Die richtig verwalteten Städte sind bereits im Besitze großer Bodenflächen, aus denen sie vielfach guten Nutzen ziehen. Man soll sie in den Stand setzen, Bodenvorratswirtschaft zu treiben, indem sie ein Vorkaufsrecht auf allen Boden erhalten, der in ihrem Gemeindegebiet umgesetzt wird, weil nur so der Erwerb zu angemessenem Preise möglich ist. Das Wohnheimstättengesetz, das der ständige Beirat für Heimstättenwesen beim Reichsarbeitsministerium entworfen hat, und dessen Einbringung vom Reichstag und den Volksvertretungen einzelner Länder bereits gefordert ist, will die Gemeinden in den Stand setzen, eine solche Bodenvorratswirtschaft zu betreiben. Der Boden aber, der nach den Bestimmungen des Städtebaugesetzes in die Hände der Gemeinden kommt, ist zweifellos überteuert. Bisher hatten die Gemeinden zu entscheiden, wo sie Boden erwerben wollten; nach den Härtebestimmungen müssen sie Boden erwerben, an dessen Verwertung sie noch gar nicht denken können. Bodenerwerb auf diesem Wege bringt also unbedingt den Gemeinden Verluste. Um diese zu vermeiden, werden sie sich in der Aufstellung von Flächenaufteilungsplänen sehr zurückhalten. Da anderseits die Aufsichtsbehörde die Aufstellung von Flächenausnutzungsplänen verlangen kann, so können die Gemeinden in schwierige Lagen gebracht werden. Denkbar wäre es, daß, wie beim Fluchtliniengesetz geschehen, sich eine Praxis ausbildet, bei der die Gemeinden durch privatrechtliche Abmachungen mit den Grundeigentümern zu Vereinbarungen kommen, die unter dem Druck der Bestimmungen des Städtebaugesetzes entstehen und die es ihnen ermöglichen, wenigstens stückweis fortschreitend mit der Entwicklung Flächenaufteilungspläne festzustellen, während die umfassenden

Pläne nicht öffentlich ausgelegt werden. Aber auch in diesem Falle ist die Fristsetzung mit 5 Jahren zu knapp. Eine Wiederherstellung der Regierungsvorlage mit 10 Jahren Frist würde sich unbedingt empfehlen.

III. Landesplanung.

Dem Flächenaufteilungsplan soll eine andere Maßnahme zu Hilfe kommen, die gewissermaßen die Atmosphäre zu dem schon mehr körperhaft gewordenen Flächenaufteilungsplan abgibt, die Landesplanung. Auch bei ihr liegt der Hauptwert in der Entscheidung über Bodenausnutzung nicht im gegenwärtigen Augenblick, sondern in einiger Ferne. Während die Flächenaufteilungspläne durch das preußische Städtebaugesetz festgelegt werden sollen, wird davon abgesehen, auch die Landesplanung gesetzlich zu regeln und das mit Recht. Die Aufgabe der Landesplanung soll nicht erzwungen werden, sondern an ihr sollen alle lebendigen Kräfte einer Landschaft, die nach Abstammung, Oberflächenbeschaffenheit, Naturschätzen und Naturkräften und wirtschaftlichem Aufbau zusammenhängt, von sich aus herangehen und sich in Arbeitsgemeinschaften zur Bearbeitung zusammenschließen. Es ist schon viel gewonnen, wenn in einem Bezirk der Gemeinschaftsgedanke erwacht und dem Bürger zum Bewußtsein kommt, daß die Kirchturmspolitik nicht das Ausschlaggebende ist und an den Grenzen des eigenen Gemeinwesens noch nicht das Ausland beginnt. Es wird heute vielfach über die mangelnde Anteilnahme der Bevölkerung an den gemeindlichen Angelegenheiten geklagt. Die Landesplanung kann ein Mittel sein, um den weiterblickenden Bürger zu den städtischen Aufgaben heranzuziehen und auf den engherzigen erzieherisch zu wirken zum Wohle des Ganzen. Die Landesplanung wird wertvolle Dienste leisten bei dem Entwurf der zukünftigen Kraftverkehrsstraßen. Sie kann verhindern, daß just die Stellen mit unzweckmäßigen Ortsbauplänen belegt oder verbaut werden, wo in naher oder ferner Zeit diese Straßen erstellt werden müssen. Nach einer Äußerung bei der Kommissionsberatung des Städtebauausschusses im preußischen Landtag sind Landesplanungsverbände nicht nur sachverständig, sondern wirken im öffentlichen Interesse und ihre Arbeiten sind in vieler Beziehung der Bürokratie vorzuziehen. Ihre eigentliche Aufgabe ruht in der Freihaltung des Bodens für die Industrie und den Bergbau. Die Notwendigkeit ergibt z. B. sich im rheinisch-westfälischen Steinkohlenbezirk, weil der Bergbau nach Norden fortschreitet und ihm die Möglichkeit der Schachtanlagen an der zweckmäßigsten Stelle erhalten bleiben muß. Auch der mitteldeutsche Braunkohlenbezirk bedarf dringend der Landesplanung, um die abbauwürdigen Flächen von der Bebauung freizuhalten oder sogar frei zu machen. Das gleiche gilt von Ostoberschlesien und dem Waldenburger Bezirk. Die Bedeutung der Landesplanung für Industrieländer erhellt aus der Tatsache, daß z. B. in England 60 solcher Verbände seit 1914 entstanden sind. Landesplanung wird aber auch notwendig in stark bewegtem Gelände, weil dort die für Verkehr und Industrie geeigneten Flächen beschränkt sind und sie bei mangelnder Voraussicht leicht durch Siedlungen bebaut werden können. Die Industrie verlangt Gleisanschluß und wenn möglich auch Anschluß an Wasserstraßen. Der Gleisanschluß ist gegeben durch die vorhandenen Reichsbahnanlagen, deren Entwicklung im bergigen Gelände außerordentlich beschränkt ist. Hier muß der Gefahr vorgebeugt werden, daß der nur schmale, zumeist im Tal verlaufende Streifen, der für Industrien in Frage kommt, durch andere Anlagen, vor allem Siedlungen, verbaut wird. An Beispielen aus dem bergischen Land (Reg.-Bez. Düsseldorf) mit seinen Bergen und Tälern habe ich die Notwendigkeit rechtzeitiger Maßnahmen besonders klar erkannt; ich folgere daraus, daß auch für das Neckar- und Filstal in Württemberg bereits Schritte zur zweckmäßigen Einordnung der Flächen notwendig werden. Die Reihenfolge ist, erst Eisenbahnen und Wegenetze anlegen und dann die Verteilung von Industrie und Siedlung vornehmen, aber nicht umgekehrt.

Liegt das Hauptanwendungsgebiet der Landesplanung auch in den dichtbesiedelten Landesteilen, so ist doch zu beachten, daß in bergigem Gelände die für Industrie und Verkehr zur Verfügung stehenden Flächen beschränkt sind und solche Gebiete, mit an sich geringer Siedlungsdichte nach Abzug aller Hangflächen, die für eine Besiedlung überhaupt nicht in Frage kommen, an Flächenausdehnung stark zusammenschrumpfen und für die dann noch ausnutzbaren Flächen eine wesentlich höhere Siedlungsdichte herauskommt. Eine Untersuchung z. B., bis zu welcher Geländeneigung überhaupt noch gebaut werden kann, hat ergeben, daß die Industrie nur völlig ebenes Gelände gebrauchen kann. Schon mit Rücksicht auf die Eisenbahnanschlüsse muß die Geländeneigung flach bleiben. Für Wohnsiedlungen darf das Gelände nur höchstens eine Neigung von 16% haben. Alsdann kann aber nur die am Berg liegende Straßenseite bebaut werden, also Zeilenbau. Soll die Straße doppelseitig angebaut werden, darf das Gelände nur höchstens eine Neigung von 10% haben. Für diese Grenzwerte sind wirtschaftliche Überlegungen maßgebend. Es handelt sich dabei um die so oft behandelte, aber immer erneut wieder aufgegriffene Frage der Niedrighaltung der Erschließungskosten.

Der genossenschaftliche Siedlungsbau ist allein in der Lage, den Wohnungsbedarf für die minderbemittelte Bevölkerung zu decken. Er kann aber nur wirtschaftlich in der Form des Großbetriebes in typisierter Bauweise seine Aufgabe erfüllen, um einen Ausgleich für die gegenüber dem Friedensstand um 200% gestiegenen Baukosten zu ermäßigen. Demnach darf für die Siedlungen im Flächenaufteilungsplan nur Gelände ausgewiesen werden, das höchstens 10% Querneigung hat. Damit verringert sich aber die für Wohnzwecke zur Verfügung stehende Fläche im bergigen Gelände bisweilen bedeutend und die Auswahl erfordert mit Rücksicht auf die vorhandenen Ortskerne und Verkehrsmittel eingehende Überlegung. Darum kann auch in solchen Gebieten die Schaffung eines Landesplanungsverbandes auch für die rechtzeitige und zweckmäßige Auswahl der Siedlungsflächen eine notwendige Maßnahme sein. Es ist aber ein Irrtum, anzunehmen, daß die Landesplanung eine Eingemeindung ersetzen kann. Landesplanung ist nur dort möglich, wo die Gedanken noch leicht beieinander wohnen. Wo sich die Dinge hart im Raume stoßen, kann nur noch die Eingemeindung die Lösung bringen. Allerdings hätte manche Eingemeindung fortfallen können, wenn die Landesplanung früher eingesetzt hätte.

IV. Eingemeindung oder Trabantenstädte.

Der Widerstreit, ob die Städte durch Eingemeindungen sich weiter ausdehnen sollen, oder ob durch Schaffung neuer Siedlungskerne mit selbständigem Leben ihre Entwicklung abgeschlossen werden soll, gehört mit zu den bisher noch ungelösten Städtebaufragen. Auch die Eingemeindung ist gewissermaßen eine Bodenfrage, insofern als die Gemeinde das Herrschaftsrecht über den Boden erstrebt.

Lebhaft ist in Deutschland der in England zuerst aufgekommene Gedanke der Trabantenstadt begrüßt und in vielen städtebaulichen Entwürfen angewendet worden. Unter einer Trabantenstadt ist ein Gebilde zu verstehen, in dem die Wohnstätten in einem Kranz die Mutterstadt umgeben, von ihr nur durch Grünflächen getrennt. Würden diese Bezirke selbständig sein, dann ist ihre finanzielle Leistungsfähigkeit von vornherein in Frage gestellt, da sie als Wohnstädte ohne Gewerbeansiedlungen nur Lasten, aber geringe Einnahmen haben. Ein Beispiel ist die Gründung der Gartenstadt Staaken bei Groß-Berlin, die als ein solcher Trabant angesehen werden kann. Das deutsche Reich als Träger des Unternehmens hat bei der Gründung an die vorhandene Dorfgemeinde Staaken eine Ansiedlungsgebühr von 75000 Mark und als Ablösung für die Schul- und Kirchenlasten 300000 Mark bei 35 ha Gesamtfläche der Siedlung zahlen müssen, da die Dorfgemeinde sonst ihren Verpflichtungen nicht hätte nachkommen können. Trabanten können nur bestehen, wenn sie auf die Unterstützung der Mutterstadt rechnen können.

Auch die verkehrliche Erschließung wird nur mit der Hilfe der Mutterstadt befriedigend gelöst werden können, da die Ertragfähigkeit der Verbindungen mit dem Mittelpunkt erst vorhanden ist, wenn die Trabantenstadt einen größeren Umfang angenommen hat. Bis zu diesem Zeitpunkt muß die Mutterstadt das Verkehrsunternehmen unterstützen.

Die Grünflächen zwischen der Mutterstadt und den Trabanten sollen der Bebauung dauernd entzogen werden und, soweit sie dazu geeignet sind, der landwirtschaftlichen Nutzung erhalten bleiben. Die Entwicklung am Rande der Städte wird aber eine Wertsteigerung des als Freifläche ausgewiesenen Bodens eintreten lassen, den auszumünzen ein großer Anreiz bestehen wird, so daß es auf die Dauer schwer sein wird, ihn von der Bebauung an allen Stellen frei zu halten. Deshalb verlangt der englische Städtebau, daß die Freiflächen in die Hand der Gesamtheit übergehen. Die Schwierigkeiten, die sich daraus ergeben, sind schon im Abschnitt „Flächenaufteilungsplan" behandelt.

Die Einwände gegen die Trabantenstadt als selbständiges Unternehmen bestehen daher zusammengefaßt in folgendem:

1. Ungenügende finanzielle Leistungsfähigkeit,
2. Erschwerung in der verkehrlichen Erschließung (Straßen, Bahnen, Gas, Elektrizität),
3. Unmöglichkeit, die Freiflächen auf die Dauer frei zu halten, es sei denn, daß sie von der Mutterstadt erworben werden.

Daran sind auch die Bestrebungen für die Schaffung von Trabantenstädten, z. B. gelegentlich der Schaffung eines „Groß-Breslau" bisher gescheitert. Diese

Erkenntnis ist den Engländern anscheinend selbst aufgegangen, die zuerst Trabantenstädte als die zukünftigen Stadterweiterungen vorgeschlagen haben. Wenigstens muß man den Bericht, den MONTAGU HARRIS vom britischen Wohlfahrtsministerium zum IV. internationalen Kongreß für Städtebau und Landesplanung in Neuyork 1925 erstattet hat, in diesem Sinne auslegen. HARRIS befaßt sich eingehend mit den hier behandelten Einwänden gegen die Trabantengebilde. Er mißt dem Finanzausgleich eine entscheidende Bedeutung bei und betont die Schwierigkeiten, die darin liegen, daß die Randstädte, soweit sie nicht schon früher größere Siedlungskerne gewesen sind, erst langsam entstehen und daher zu ihrem Aufbau besondere Aufwendungen benötigen, die die Gründer selbst nicht aufbringen können. HARRIS sucht die Lösung im freiwilligen Zusammenschluß, gewissermaßen im Kompetenz-Kompetenz, eine Organisationsform, die auch in Deutschland empfohlen worden ist, dessen Durchführungsmöglichkeit aber sehr bestritten ist. Hätte HARRIS aus der Bedeutung, die er dem finanziellen Ausgleich beimißt, die richtigen Folgerungen gezogen, hätte er auch die Finanzeinheit des gesamten „aufgelockerten Stadtwesens" als die zuverlässigste Form vorschlagen müssen. Finanzeinheit ist aber nur als Eingemeindung denkbar. Die wünschenswerte Auflockerung der Städte läßt sich auch bei Eingemeindung erreichen, vor allem dort, wo die Geländeverhältnisse, die natürliche Bodenbeschaffenheit ein Zusammenschmelzen der Mutterstadt mit der einzugemeindenden Gemeinde auf der ganzen Grenze erschwert, z. B. Flußniederungen, eingeschnittene Täler, bestehende Wälder, Anlage von Familiengärten u. ä. Es ist ja die Aufgabe der schon eingehend behandelten Flächenaufteilungspläne nach dem preußischen Städtebaugesetz, für die Auflockerung zu sorgen.

Gegen die Trabantenstädte als selbständige Gebilde spricht auch die Forderung auf Freizügigkeit der Bevölkerung, auf die bisher keine genügende Rücksicht genommen ist. Die Arbeitnehmer und ihre Gewerkschaften widersetzen sich wenigstens in Deutschland der Schollenfesselung. Sie verlangen eine solche Lage der Wohnsiedlungen und solche Verkehrsmöglichkeiten, daß der Arbeitnehmer sich seine Arbeitsstelle aussuchen kann. Auch die Allgemeinheit ist an einer solchen Regelung insofern beteiligt, als bei Krisen in einer Gewerbeart die beschäftigungslos gewordenen sich andere Arbeitsstätten suchen können und nicht als erwerbslos den Gemeinden zur Last fallen. Außerdem gibt es eine Anzahl von Gewerben, die nicht an eine bestimmte Arbeitsstätte gebunden sind, z. B. das gesamte Baugewerbe mit seinen Nebenbetrieben, deren Arbeitsstelle dauernd wechselt. Die weite Entfernung der Trabantenstädte schließt die Arbeitnehmer vom Arbeitsmarkt der Mutterstadt ab und stört durch die Trennung von Wohn- und Arbeitsgemeinde den Ausgleich zwischen Einnahmen und Lasten der Gemeinden.

V. Weiträumigkeitsbegriff.

Mit der nur bedingten Anerkennung des Wertes der Trabantenstädte soll keineswegs der Wert der Forderung nach Auflockerung der Städte abgetan werden. Im Gegenteil. Über viele Fragen und Grundsätze im Städtebau gehen die Meinungen auseinander, in dem einen herrscht zweifellos Übereinstimmung, daß eine gedeihliche Entwicklung der Städte nur noch unter dem Gesichtspunkte denkbar ist, daß die Wohndichte und die ungesunde Bodenausnutzung im wahrsten Sinne des Wortes abgebaut werden müssen. Die Ansichten, daß man in den Städten die Wohngeschosse aufeinandertürmen und den Luftraum ausnutzen muß, weil sonst die Städte sich zu sehr ausbreiten, können als überwunden angesehen werden, ebenso die Behauptungen, daß beim Flachbau die Erschließungskosten einen höheren Anteil der Gesamtbaukosten als beim Hochbau ausmachen. Über die Beziehungen zwischen Wohn- und Freifläche hat der Weiträumigkeitsbegriff klare Verhältnisse geschaffen. Er besagt, daß zu jedem Quadradmeter Geschoßfläche eine bestimmte Straßenfläche und Freifläche — Hausgärten oder öffentliche Grünanlagen — gehören, und daß daher die Summe aus der Geschoßfläche und der Freifläche dieselbe bleibt, unabhängig davon, ob die Wohnungen übereinander oder nebeneinander gebaut werden. Der Weiträumigkeitswert ist nicht starr, sondern anpassungsfähig, aber er bewegt sich innerhalb bestimmter Grenzen, die sich aus gewissen Abhängigkeiten im Gemeinschaftsleben und der nackten Wirtschaftlichkeit ergeben. Die Wertziffern für die verschiedenen Bedingungen müssen allerdings noch erforscht werden. Man spricht von einer Statik des Bebauungsplanes. Ihre Gesetze geben auch einen wertvollen Wertmesser für die Beurteilung von Siedlungsplänen und Entwürfen aus dem Städtebau. Die Durchführung des Weiträumigkeitsgrundsatzes hat aber wieder zur Voraussetzung, daß das Bauland zur Verfügung steht und nach einheitlichem Plane genutzt werden kann, in der Herrschaft über den Boden, und damit schließt sich der Kreis unserer Betrachtungen.

VI. Die Siedlungsfrage — eine Verkehrsfrage.

Vom Standpunkte der Freizügigkeit (Abschnitt IV) und der Weiträumigkeit (Abschnitt V) zeigt sich der besondere Wert guter Verkehrseinrichtungen, ohne die die Siedlungsfrage nicht gelöst werden kann. Das Verhältnis an Aufwand von Zeit für die Fahrten zu den Annehmlichkeiten des Wohnens am Rande der Städte, die Grenzen dafür nach der wirtschaftlichen und gesundheitlichen Seite spielen hier eine bedeutende Rolle, worüber es noch an brauchbaren Aufschlüssen fehlt. Der Einfluß der Pendelwanderung auf Arbeitnehmer und Angestellte hinsichtlich ihres Gesundheitszustandes, Häufigkeit der Unfälle und Arbeitsleistung hat ergeben, daß große Entfernungen zwischen Wohnung und Arbeitsstätte nachteilig sind. Die Aufgabe des Städtebaues wird sein, die scharfe Anspannung der arbeitenden Stadtbewohner nicht noch durch Mängel in der Stadtanlage, ungenügende Verkehrsanlagen u. ä., zu steigern, sondern im Gegenteil auszugleichen.

Gewisse allgemeingültige Grundsätze bestehen schon. Im großstädtischen Verkehrswesen soll der Zeitaufwand für den Weg zur und von der Arbeitsstätte bei zweimaligem täglichen Wechsel nicht mehr als je 30 Minuten betragen, bei einem einmaligem Wechsel kann er bis auf je 45 Minuten steigen. Der Verkehrsingenieur folgert daraus, ob er ein Wohngebiet noch mit Straßenbahnen erschließen kann, oder ob er bereits besondere Städtebahnen, die eine höhere Reisegeschwindigkeit haben, anlegen muß, deren Bau- und Betriebskosten aber nur bei sehr starker Benutzung gedeckt werden. Größere Bequemlichkeit in der Beförderung, z. B. mit Kraftomnibussen, könnte eine Erhöhung des Zeitaufwandes zulassen. Dann erhebt sich aber wieder die Frage nach der Wirtschaftlichkeit. Ist die Miete und Lebenshaltung im Außengebiet soviel billiger als in der Innenstadt, daß die Fahrkosten aufgewogen werden? Die freie Wirtschaft hat diese Frage insofern beantwortet, als sie das Bauland in den Außenbezirken im Preise so senkte, daß die Mieten gleichwertiger Wohnungen zwischen Innenstadt und Vorort um den Betrag der Fahrkosten niedriger lagen. Jede Verkehrsverbesserung wurde aber prompt mit einer Mietsteigerung in den Außenbezirken beantwortet. Die Anschauung, daß das Verkehrsunternehmen siedlungsfördernde Aufgaben hat und seine Ertragfähigkeit erst an zweiter Stelle steht und die Fehlbeträge die Allgemeinheit decken muß, ist nur dann berechtigt, wenn die Vorteile den Bewohnern der Außenbezirke zugute kommen, denen sie zugedacht sind und nicht den Grundeigentümern. Das ist aber nur gesichert, wenn der Boden sich nicht in Privathänden befindet. Es ist sogar der Vorschlag gemacht worden, die Benutzung des Verkehrsmittels unentgeltlich zu gewähren und die Unkosten aus der Bodenrente zu decken. Ein Verfahren, das zwar nicht für öffentliche Verkehrsunternehmen, aber für die öffentlichen Parkanlagen in Nordamerika üblich ist und sich bewährt hat. Auf jeden Fall bestehen starke Abhängigkeiten zwischen Siedlung und Verkehr, die erfolgreich nur von einer Stelle geregelt werden können, das ist die verantwortliche Stadtverwaltung. Die Verkehrsunternehmungen werden zu diesem Zwecke in die gemischtwirtschaftliche Form gebracht, bei der die Belange der Allgemeinheit denjenigen des Privatkapitals vorangehen, ohne daß die Verwaltung mit bürokratischer Schwerfälligkeit belastet ist. Die Lösung der Verkehrsfrage in dieser Art kann gegenwärtig als allgemein anerkannte angesehen werden.

Es wird die Frage zu stellen sein, ob die hier behandelten Wege zur Lösung der Krisis im Städtebau und zu einem solchen Erfolg führen werden, daß man die neuen Stadtgebilde nach den vielfachen Anforderungen, von denen hier nur die wichtigsten besprochen sind, in befriedigender Weise gesetzmäßig aufbauen kann. Steht am Ende aller dieser Überlegungen, Entscheidungen und Maßnahmen eine vollkommene Lösung? Ein Fortschritt ist zweifellos vorhanden, wenn die Krisis und die Notwendigkeit ihrer Abwehr erkannt sind. Da aber auch der Städtebau an der gesellschaftlichen Umschichtung, an den Fortschritten der Technik und an der Entwicklung der Menschheit unmittelbar teilnimmt, wird auch er einer dauernden Wandlung unterworfen sein. Einen absoluten Städtebau wird es niemals geben. Alle Vorschläge in dieser Hinsicht können nur als geistreiche oder kunstvolle Entwürfe angesehen werden, denen der Erfolg versagt bleiben muß. Die amerikanische Bundeshauptstadt Washington, nach den Plänen von L'Enfant vom Jahre 1790 einheitlich angelegt, hat nur deshalb nicht die Veränderungen eines Jahrhunderts zu spüren bekommen, weil es eine reine Wohnstadt geblieben ist, ohne Handel und Industrie. Auch die neue australische Bundeshauptstadt Canberra auf jungfräulichem Boden fern von allen Plätzen errichtet, auf denen sich jener Kampf vollzieht, von denen der griechische Philosoph sagt, daß er der Vater aller Dinge ist, wird als reiner Verwaltungsmittelpunkt den Namen „Stadt" nie beanspruchen können. Die Krisis im Städtebau wird bestehen bleiben, denn es werden immer neue Aufgaben gestellt werden, deren Lösung neue Gedanken und Formen erfordert, sie kann nur gemildert werden, wenn der Großstadtbewohner ernstlich merkt, daß man sich mit seinen Nöten und Wünschen beschäftigt, sie abzustellen sucht, indem man den Hemmungen an die Wurzel geht, wenn eine Richtung und ein Wille in die Aufgabe hineingetragen werden, die den Menschen erfassen und gefangen halten, ihm die großen und kleinen Mängel und Unvollkommenheiten ertragbar machen und die Hoffnung keimen lassen, daß, wenn nicht er, so doch die kommenden Geschlechter aus den Irrungen der Gegenwart zu einer besseren Lebensform geführt werden. Das wird aber nur der Fall sein, wenn man sich der Worte von Daniel Burnham erinnert und seiner Mahnung folgt:

Macht im Städtebau gewaltige Pläne, habet Ziele im Auge! Gedenket, daß unsere Söhne und unsere Enkel sich an Dinge heranwagen werden, größer und erhabener, als eure Schulweisheit sich träumen läßt!

Über Gleitreibung bei Systemen materieller Punkte.

Von

F. PFEIFFER, Stuttgart.

Mit 1 Abbildung.

Die wertvollsten und umfassendsten neueren Untersuchungen über die Reibung bei Systemen materieller Punkte und bei starren Körpern sind vom Standpunkt der theoretischen Mechanik aus zweifellos diejenigen, welche P. PAINLEVÉ in seinen Leçons[1]) sur l'intégration des équations différentielles de la méchanique et applications, Paris 1895, und in seinen Leçons[2]) sur le frottement, Paris 1895, niedergelegt hat. Sie sind der weitestgehende Versuch[3]), die Reibungskräfte in einer Weise einzuführen und zu behandeln, die geeignet ist, die Theorie der Reibung bei Systemen materieller Punkte und bei starren Körpern gleichberechtigt neben andere Zweige der analytischen Mechanik zu stellen. Eine Weiterführung haben die PAINLEVÉschen Untersuchungen dieser Richtung insbesondere durch E. DANIELE[4]) und G. A. MAGGI[5]) erfahren.

In dem vorliegenden Aufsatz soll die Frage nach einer allgemeinen Definition der Reibungskräfte bei Systemen materieller Punkte und nach den Zusammenhängen dieser allgemeinen Reibungskräfte mit der nach dem üblichen Coulombschen Reibungsgesetz eingeführten Gleitreibung erneut aufgenommen werden.

1. Wir gehen aus von einem freien System von n Massenpunkten mit den Massen $m_1, m_2, \ldots m_n$ und mit der explizit gegebenen äußeren Kraft $\mathfrak{P}_i$ am Massenpunkt m_i $(i = 1, \ldots n)$. $\mathfrak{P}_i$ sei eine Funktion der Lage- und Geschwindigkeitskoordinaten der Systempunkte. Die Bewegungsgleichungen dieses freien Systems sind, wenn die Massenpunkte m_i durch ihre rechtwinkligen Koordinaten x_i, y_i, z_i festgelegt sind und die Koordinaten von $\mathfrak{P}_i$ mit X_i, Y_i, Z_i bezeichnet werden:

$$m_i x_i'' = X_i, \quad m_i y_i'' = Y_i, \quad m_i z_i'' = Z_i \qquad (i = 1, \ldots n). \tag{1}$$

Es seien p Gleichungen

$$f_k(x_1, \ldots z_n) = 0 \qquad (k = 1, \ldots p) \tag{2}$$

zwischen den $3n$ Veränderlichen $x_1, \ldots z_n$ vorgegeben. Bezeichnet man mit ξ die $(3n - p)$te, mit η die $(3n - p + 1)$te in der Reihe der $3n$ Größen $x_1, y_1, z_1, x_2, y_2, z_2, \ldots x_n, y_n, z_n$, so sollen die Funktionen f_k so beschaffen sein, daß

[1]) Weiterhin zitiert als „PAINLEVÉ, Méchanique".

[2]) Weiterhin zitiert als „PAINLEVÉ, Frottement".

[3]) Zu erwähnen wäre hier auch G. ZEMPLÉN, Ann. d. Phys. (4), Bd. 12, S. 356—370. 1903.

[4]) E. DANIELE, Il Nuovo Cimento, Serie V, Bd. 7, S. 109—126. 1904; Bd. 9, S. 174—203, 266—280, 289—295. 1905.

[5]) G. A. MAGGI, Il Nuovo Cimento, Serie V, Bd. 10, S. 240—254. 1905.

die Determinante

$$\begin{vmatrix} \frac{\partial f_1}{\partial \eta} & \cdots & \frac{\partial f_1}{\partial z_n} \\ \frac{\partial f_2}{\partial \eta} & \cdots & \frac{\partial f_2}{\partial z_n} \\ \vdots & & \vdots \\ \frac{\partial f_p}{\partial \eta} & \cdots & \frac{\partial f_p}{\partial z_n} \end{vmatrix} \neq 0 \tag{3}$$

ist für alle in Betracht kommenden Wertsysteme der $x_1, \ldots z_n$. Dann sind vermöge der Gleichungen (2) die p Größen $\eta, \ldots z_n$ Funktionen der $3n - p$ unabhängigen Veränderlichen $x_1, \ldots \xi$. Die $3n - p$ Veränderlichen $x_1, \ldots \xi$ stellen wir in $3n - p$ neuen Variablen $q_1, \ldots q_{3n-p}$ dar durch

$$\begin{aligned} x_1 &= \varphi_1(q_1, \ldots q_{3n-p}) \\ &\vdots \\ \xi &= \varphi_{3n-p}(q_1, \ldots q_{3n-p}) \end{aligned}$$

mit

$$\begin{vmatrix} \frac{\partial \varphi_1}{\partial q_1} & \cdots & \frac{\partial \varphi_1}{\partial q_{3n-p}} \\ \vdots & & \vdots \\ \frac{\partial \varphi_{3n-p}}{\partial q_1} & \cdots & \frac{\partial \varphi_{3n-p}}{\partial q_{3n-p}} \end{vmatrix} \neq 0 \tag{4}$$

für alle in Betracht kommenden Werte der $q_1, \ldots q_{3n-p}$. Damit werden auch die p Größen $\eta, \ldots z_n$ Funktionen dieser unabhängigen Variablen $q_1, \ldots q_{3n-p}$, und die Funktionen $f_k (k = 1, \ldots p)$ werden nach Einführen der $q_1, \ldots q_{3n-p}$ identisch Null in $q_1, \ldots q_{3n-p}$. Also gilt insbesondere

$$\frac{\partial f_k}{\partial x_1}\frac{\partial x_1}{\partial q_l} + \frac{\partial f_k}{\partial y_1}\frac{\partial y_1}{\partial q_l} + \cdots + \frac{\partial f_k}{\partial z_n}\frac{\partial z_n}{\partial q_l} = \frac{\partial f_k}{\partial q_l} = 0 \quad (k = 1, \ldots p;\ l = 1, \ldots 3n - p). \tag{5}$$

Das freie System der n Massenpunkte m_i mit den explizit gegebenen äußeren Kräften $\mathfrak{P}_i$ werde nun durch Vorgabe von p solchen Gleichungen (2) Bindungen unterworfen. Dabei setzen wir die Funktionen f_k noch so voraus, daß die Gleichungen (2) nicht schon durch die Lösungen $x_1, \ldots z_n$ der Differentialgleichungen (1) für die Bewegung des freien Systems erfüllt sind.

Dann müssen die Bewegungsgleichungen des gebundenen Systems sich von denen des freien Systems durch geeignete Zusatzglieder auf der rechten Seite unterscheiden, also lauten:

$$m_i x_i'' = X_i + V_{ix}, \quad m_i y_i'' = Y_i + V_{iy}, \quad m_i z_i'' = Z_i + V_{iz} \quad (i = 1, \ldots n), \tag{6}$$

wobei V_{ix}, V_{iy}, V_{iz} so sein müssen, daß die Lösungen $x_1, \ldots z_n$ von (6) den Bedingungsgleichungen (2) genügen. Man kann die V_{ix}, V_{iy}, V_{iz} als Koordinaten von Kraftvektoren $\mathfrak{V}_i\{V_{ix}, V_{iy}, V_{iz}\}$ deuten. Wir wollen jedes System von Zusatzkräften $\mathfrak{V}_i$ zu den $\mathfrak{P}_i$, das so beschaffen ist, daß die mit diesen $\mathfrak{V}_i$ gebildeten Gleichungen (6) Lösungen $x_1, \ldots z_n$ haben, die die Bedingungsgleichungen (2) erfüllen, ein System von Bindungskräften an dem gebundenen Punktsystem nennen.

Die Frage, welche Kräfte $\mathfrak{V}_i$ hiernach als Bindungskräfte unseres gebundenen Systems in Betracht kommen, zerlegen wir in zwei Unterfragen:

1. Welche Kräfte $\mathfrak{V}_i$ sind Bindungskräfte von der Art, daß sie bei jeder virtuellen Verrückung unseres gebundenen Punktsystems die virtuelle Arbeit Null geben?

2. Welche Kräfte $\mathfrak{V}_i$ sind Bindungskräfte von der Art, daß sie nicht bei jeder virtuellen Verrückung unseres gebundenen Punktsystems die virtuelle Arbeit Null geben?

Die $3\,n$ Koordinaten $V_{1x}, \ldots V_{nz}$ von Bindungskräften $\mathfrak{V}_i$ der ersten Art müssen notwendig die Form haben[1]):

$$\left.\begin{aligned} V_{1x} &= \sum_{k=1}^{p} \lambda_k \frac{\partial f_k}{\partial x_1} \\ &\;\vdots \\ V_{nz} &= \sum_{k=1}^{p} \lambda_k \frac{\partial f_k}{\partial z_n}. \end{aligned}\right\} \tag{7}$$

Die Parameter $\lambda_1, \ldots \lambda_p$ bestimmen sich auf folgende Weise: Man differenziert die Bedingungsgleichungen (2) zweimal nach t und setzt in die so erhaltenen p Gleichungen die Größen $x_1'', \ldots z_n''$ aus (6) unter Verwendung der Werte $V_{1x} \ldots V_{nz}$ aus (7) ein. Dann hat man ein System von p linearen Gleichungen für $\lambda_1, \ldots \lambda_p$, aus denen sich $\lambda_1, \ldots \lambda_p$ eindeutig und nicht alle gleich Null berechnen[2]). Das mit diesen Werten $\lambda_1, \ldots \lambda_p$ nach (7) gebildete System von Kräften $\mathfrak{V}_i$ ist dann ein System von Bindungskräften der ersten Art und zwar das einzig mögliche.

Die $3\,n$ Koordinaten $V_{1x}, \ldots V_{nz}$ von Kräften $\mathfrak{V}_i$, die Bindungskräfte der zweiten Art sein sollen, lassen sich jedenfalls in der Form anschreiben:

$$\left.\begin{aligned} V_{1x} &= \sum_{k=1}^{p} \lambda_k \frac{\partial f_k}{\partial x_1} + W_{1x} \\ &\;\vdots \\ V_{nz} &= \sum_{k=1}^{p} \lambda_k \frac{\partial f_k}{\partial z_n} + W_{nz}, \end{aligned}\right\} \tag{8}$$

worin die $\lambda_1, \ldots \lambda_p$ die soeben bestimmten Größen sind und die Koordinaten $W_{1x}, \ldots W_{nz}$ der Kräfte $\mathfrak{W}_i$ $(i = 1, \ldots n)$ nicht alle Null sind.

Wie müssen die $W_{1x}, \ldots W_{nz}$ beschaffen sein? Es müssen auch wieder die p Gleichungen erfüllt sein, die man durch zweimalige Differentiation nach t aus den Gleichungen (2) erhält, wenn man in ihnen $x_1'', \ldots z_n''$ aus den Gleichungen

$$\left.\begin{aligned} m_i x_i'' &= X_i + \sum_{k=1}^{p} \lambda_k \frac{\partial f_k}{\partial x_i} + W_{ix} \\ m_i y_i'' &= Y_i + \sum_{k=1}^{p} \lambda_k \frac{\partial f_k}{\partial y_i} + W_{iy} \qquad (i = 1, \ldots n), \\ m_i z_i'' &= Z_i + \sum_{k=1}^{p} \lambda_k \frac{\partial f_k}{\partial z_i} + W_{iz} \end{aligned}\right\} \tag{9}$$

[1]) „Painlevé, Méchanique“ S. 42.

[2]) Der Beweis deckt sich fast vollständig mit dem Beweis in „Painlevé, Méchanique“. S. 45.

worin die $\lambda_1, \ldots \lambda_p$ wieder die vorhin berechneten Werte haben, einsetzt. Das führt auf die p Gleichungen

$$\frac{\partial f_k}{\partial x_1}\frac{W_{1x}}{m_1}+\frac{\partial f_k}{\partial y_1}\frac{W_{1y}}{m_1}+\cdots+\frac{\partial f_k}{\partial z_n}\frac{W_{nz}}{m_n}=0 \qquad (k=1,\ldots p) \tag{10}$$

für die $W_{1x}, \ldots W_{nz}$. $3n-p$ der Größen $W_{1x}, \ldots W_{nz}$ bleiben willkürlich; man kann sie wegen der Ungleichung (4), die sich auch schreiben läßt

$$\begin{vmatrix} \frac{\partial x_1}{\partial q_1} \cdots \frac{\partial x_1}{\partial q_{3n-p}} \\ \vdots \\ \frac{\partial \xi}{\partial q_1} \cdots \frac{\partial \xi}{\partial q_{3n-p}} \end{vmatrix} \neq 0,$$

stets mit $3n-p$ willkürlichen Parametern $\mu_1, \ldots \mu_{3n-p}$ so darstellen:

$$\left.\begin{aligned} W_{1x} &= m_1\sum_{l=1}^{3n-p}\mu_l\frac{\partial x_1}{\partial q_l} \\ &\vdots \\ W_\xi &= m_\xi\sum_{l=1}^{3n-p}\mu_l\frac{\partial \xi}{\partial q_l}, \end{aligned}\right\} \tag{11}$$

wenn W_ξ das $(3n-p)$te Glied in der Reihe $W_{1x}, W_{1y}, W_{1z}, W_{2x}, \ldots W_{nz}$ und m_ξ das zugehörige m_i ist.

Setzt man diese Werte $W_{1x}, \ldots W_\xi$ in (10) ein, so erhält man die p Gleichungen:

$$\frac{\partial f_k}{\partial x_1}\sum_{l=1}^{3n-p}\mu_l\frac{\partial x_1}{\partial q_l}+\cdots+\frac{\partial f_k}{\partial \xi}\sum_{l=1}^{3n-p}\mu_l\frac{\partial \xi}{\partial q_l}+\frac{\partial f_k}{\partial \eta}\frac{W_\eta}{m_\eta}+\cdots+\frac{\partial f_k}{\partial z_n}\frac{W_{nz}}{m_n}=0 \qquad (k=1,\ldots p),$$

wenn W_η das $(3n-p+1)$te Glied in der Reihe $W_{1x}, W_{1y}, W_{1z}, W_{2x}, \ldots W_{nz}$ und m_η das zugehörige m_i ist.

Diese p Gleichungen lassen sich auch schreiben:

$$\frac{\partial f_k}{\partial \eta}\frac{W_\eta}{m_\eta}+\cdots+\frac{\partial f_k}{\partial z_n}\frac{W_{nz}}{m_n}+\sum_{l=1}^{3n-p}\mu_l\left(\frac{\partial f_k}{\partial x_1}\frac{\partial x_1}{\partial q_l}+\cdots+\frac{\partial f_k}{\partial \xi}\frac{\partial \xi}{\partial q_l}\right) \qquad (k=1,\ldots p).$$

Nun ist wegen (5)

$$\frac{\partial f_k}{\partial x_1}\frac{\partial x_1}{\partial q_l}+\cdots+\frac{\partial f_k}{\partial \xi}\frac{\partial \xi}{\partial q_l}=-\left(\frac{\partial f_k}{\partial \eta}\frac{\partial \eta}{\partial q_l}+\cdots+\frac{\partial f_k}{\partial z_n}\frac{\partial z_n}{\partial q_l}\right).$$

Daher werden die letzten p Gleichungen:

$$\frac{\partial f_k}{\partial \eta}\frac{W_\eta}{m_\eta}+\cdots+\frac{\partial f_k}{\partial z_n}\frac{W_{nz}}{m_n}=\sum_{l=1}^{3n-p}\mu_l\left(\frac{\partial f_k}{\partial \eta}\frac{\partial \eta}{\partial q_l}+\cdots+\frac{\partial f_k}{\partial z_n}\frac{\partial z_n}{\partial q_l}\right) \qquad (k=1,\ldots p)$$

oder

$$\frac{\partial f_k}{\partial \eta}\frac{W_\eta}{m_\eta}+\cdots+\frac{\partial f_k}{\partial z_n}\frac{W_{nz}}{m_n}=\frac{\partial f_k}{\partial \eta}\sum_{l=1}^{3n-p}\mu_l\frac{\partial \eta}{\partial q_l}+\cdots+\frac{\partial f_k}{\partial z_n}\sum_{l=1}^{3n-p}\mu_l\frac{\partial z_n}{\partial q_l} \qquad (k=1,\ldots p$$

oder

$$\frac{\partial f_k}{\partial \eta}\left(\frac{W_\eta}{m_\eta}-\sum_{l=1}^{3n-p}\mu_l\frac{\partial \eta}{\partial q_l}\right)+\cdots+\frac{\partial f_k}{\partial z_n}\left(\frac{W_{nz}}{m_n}-\sum_{l=1}^{3n-p}\mu_l\frac{\partial z_n}{\partial q_l}\right)=0 \qquad (k=1,\ldots p).$$

Wegen (3) ergeben diese p Gleichungen zusammen mit (11), daß sich die $W_{1x}, \ldots W_{nz}$ jedenfalls in der Form darstellen lassen müssen:

$$\left.\begin{aligned} W_{1x} &= m_1 \sum_{l=1}^{3n-p} \mu_l \frac{\partial x_1}{\partial q_l} \\ &\vdots \\ W_{nz} &= m_n \sum_{l=1}^{3n-p} \mu_l \frac{\partial z_n}{\partial q_l}, \end{aligned}\right\} \tag{12}$$

damit die $V_{1x}, \ldots V_{nz}$ in (8) ein System von Bindungskräften der zweiten Art darstellen. Und wenn die $W_{1x}, \ldots W_{nz}$ die Form (12) haben, so stellen die Gleichungen (8) ein System von Bindungskräften der zweiten Art vor. Es gibt also entsprechend den $3n - p$ willkürlichen Parametern $\mu_1, \ldots \mu_{3n-p}$ eine $(3n - p)$fache Mannigfaltigkeit von Bindungskräften der zweiten Art an unserm gebundenen Punktsystem.

Ein gebundenes System von n Massenpunkten m_i unter der Wirkung der explizit gegebenen äußeren Kräfte $\mathfrak{P}_i$ $(i = 1, \ldots n)$, mit Bindungen $f_k = 0$ $(k = 1, \ldots p)$ und mit den Bewegungsgleichungen

$$\left.\begin{aligned} m_i x_i'' &= X_i + \sum_{k=1}^{p} \lambda_k \frac{\partial f_k}{\partial x_i}, \quad m_i y_i'' = Y_i + \sum_{k=1}^{p} \lambda_k \frac{\partial f_k}{\partial y_i}, \\ m_i z_i'' &= Z_i + \sum_{k=1}^{p} \lambda_k \frac{\partial f_k}{\partial z_i} \end{aligned}\right\} (i = 1, \ldots n), \tag{13}$$

worin die $\lambda_1, \ldots \lambda_p$ die in der auf S. 291 angegebenen Weise berechneten Größen sind, soll ein *reibungsloses* gebundenes System heißen; die Kräfte mit den $3n$ Koordinaten

$$\sum_{k=1}^{p} \lambda_k \frac{\partial f_k}{\partial x_i}, \quad \sum_{k=1}^{p} \lambda_k \frac{\partial f_k}{\partial y_i}, \quad \sum_{k=1}^{p} \lambda_k \frac{\partial f_k}{\partial z_i} \qquad (i=1, \ldots n)$$

sollen die *Reaktionskräfte* des reibungslosen gebundenen Systems heißen.

Das gebundene System mit den Bewegungsgleichungen

$$\left.\begin{aligned} m_i x_i'' &= X_i + \sum_{k=1}^{p} \lambda_k \frac{\partial f_k}{\partial x_i} + m_i \sum_{l=1}^{3n-p} \mu_l \frac{\partial x_i}{\partial q_l} \\ m_i y_i'' &= Y_i + \sum_{k=1}^{p} \lambda_k \frac{\partial f_k}{\partial y_i} + m_i \sum_{l=1}^{3n-p} \mu_l \frac{\partial y_i}{\partial q_l} \\ m_i z_i'' &= Z_i + \sum_{k=1}^{p} \lambda_k \frac{\partial f_k}{\partial z_i} + m_i \sum_{l=1}^{3n-p} \mu_l \frac{\partial z_i}{\partial q_l} \end{aligned}\right\} (i = 1, \ldots n), \tag{14}$$

worin die $\lambda_1, \ldots \lambda_p$ dieselben Größen wie in (13) und die $\mu_1, \ldots \mu_{3n-p}$ willkürliche Parameter (nicht alle gleich Null) sind, soll ein *gebundenes System mit Reibung* heißen; die Kräfte mit den $3n$ Koordinaten

$$m_i \sum_{l=1}^{3n-p} \mu_l \frac{\partial x_i}{\partial q_l}, \quad m_i \sum_{l=1}^{3n-p} \mu_l \frac{\partial y_i}{\partial q_l}, \quad m_i \sum_{l=1}^{3n-p} \mu_l \frac{\partial z_i}{\partial q_l} \quad (i = 1, \ldots n)$$

sollen die *Reibungskräfte* des gebundenen Systems mit Reibung heißen.

Die Bewegungsgleichungen (14) und Bedingungsgleichungen (2) reichen nicht aus, die Unbekannten $x_1, \ldots z_n; \lambda_1, \ldots \lambda_p; \mu_1, \ldots \mu_{3n-p}$ zu bestimmen. Es muß noch ein „Reibungsgesetz" gegeben sein, durch das die μ_l als Funktionen der Lage- und Geschwindigkeitskoordinaten der Systempunkte, oder auch dieser Größen und der λ_k, speziell auch der λ_k allein, gegeben oder berechenbar sind.

2. PAINLEVÉ gewinnt dieselbe Darstellung der Reibungskräfte auf folgende Weise[1]).

Es werden die Kraftvektoren mit den Koordinaten $m_i x_i'' - X_i$, $m_i y_i'' - Y_i$, $m_i z_i'' - Z_i$ $(i = 1, \ldots n)$ als die Reaktionskräfte $\mathfrak{R}_i$ des den Bedingungsgleichungen $f_k = 0$ $(k = 1, \ldots p)$ unterworfenen Systems bezeichnet und der Satz bewiesen: Man kann das System der Reaktionskräfte $\mathfrak{R}_i$ $(i = 1, \ldots n)$ in eindeutiger Weise in zwei Systeme $\mathfrak{R}_i'$ und $\mathfrak{R}_i''$ von Kräften zerlegen, so daß 1. die virtuelle Arbeit des Systems $\mathfrak{R}_i'$ bei jeder virtuellen Verrückung des gebundenen Punktsystems Null ist und 2. jede Verrückung der Systempunkte, bei der der Massenpunkt m_i eine Verrückung $c\frac{\mathfrak{R}_i''}{m_i}$ erfährt, wo c ein für alle Systempunkte gleicher Proportionalitätsfaktor ist, eine virtuelle Verrückung für das gebundene System ist. Die Vektoren $\mathfrak{R}_i'$ werden Bindungskräfte (forces de liaison), die Vektoren $\mathfrak{R}''$ Reibungskräfte genannt. Auf Grund dieser Definition kann man die Reibungskräfte in der Form der rechten Seiten der Gleichungen (12) ansetzen.

DANIELE[2]) erweitert die Painlevésche Definition auf den allgemeinen Fall, daß die Systempunkte nicht durch ihre rechtwinkligen Koordinaten, sondern durch irgendwelche allgemeinen Koordinaten $u_1, \ldots u_s$ festgelegt sind. Dann erhält die Übertragung des Painlevéschen Satzes (als 2.) die Aussage, daß die Größen $C\sum_{j=1}^{s} e_{ij}\,\varrho_j$, wo C ein für alle Systemkoordinaten gleicher Proportionalitätsfaktor ist, die Koordinaten einer virtuellen Verrückung der Systempunkte sind. Hierin ist ϱ_j die auf die Koordinate u_j bezügliche Kraftkoordinate des Systems der Reibungskräfte am Punktsystem, e_{ij} ist das durch E dividierte algebraische Komplement von E_{ij} in der als Determinante mit den Elementen E_{ij} geschriebenen Diskriminante E der homogenen quadratischen Form $\frac{1}{2}\sum_{i,j}^{s} E_{ij}u_i'u_j'$, die in der lebendigen Kraft des Systems auftritt.

Der Vorteil der in 1. gegebenen Einführung der Reibungskräfte des gebundenen Systems dürfte darin liegen, daß sie hier ganz zwangläufig aus dem Vorhandensein von Bindungen sich ergeben als die einzige Art von Zusatzkräften zu den explizit gegebenen äußern Kräften und den Reaktionskräften des reibungslosen Systems, unter deren Wirkung das gebundene System sich den Systembedingungen entsprechend bewegt. Auch ist die Übertragung auf den allgemeinern, von DANIELE behandelten Fall unmittelbarer, denn liegt es schon nicht auf der Hand, daß bei der Painlevéschen Definition gerade die $\mathfrak{R}_i''$ dividiert durch

[1]) „PAINLEVÉ, Leçons" S. 52—54; „PAINLEVÉ, Frottement" S. 3.

[2]) E. DANIELE, Il Nuovo Cimento, Serie V, Bd. 7, S. 109—126. 1904.

m_i eine virtuelle Verrückung bestimmen sollen, so bedeutet erst recht im allgemeinen Fall DANIELES die Aussage, daß gerade die lineare Verbindung der ϱ_j, die die e_{ij} als Koeffizienten hat, eine virtuelle Verrückung festlege, eine sich nicht unmittelbar aufdrängende Verallgemeinerung.

3. Die in Nr. 1 definierten Kräfte $\mathfrak{W}_i$ als Reibungskräfte am gebundenen System zu bezeichnen, wird zweckmäßig sein, wenn sich durch geeignete Wahl der μ_l die in der analytischen Mechanik der Punktsysteme bisher als Reibungskräfte bekannten Kräfte unter den neuen Begriff der Reibungskraft einordnen lassen.

Hier soll gezeigt werden, daß dies jedenfalls zutrifft in dem wichtigen Fall, daß die Bindungen des Systems teils aus starren Stäben (von vernachlässigbarer Masse), teils aus Flächenführungen für die Systempunkte bestehen, und daß für jede einzelne solche Führung das Coulombsche Reibungsgesetz für Gleitreibung gilt. Wir zeigen, daß in diesem Fall ein Wertesystem μ_l existiert, mit dem die Gleichungen (14) die Bewegungsgleichungen des Systems werden, indem wir einen Weg zur Bestimmung der μ_l angeben.

Es ist, um das „Reibungsgesetz" (vgl. S. 294) für ein Punktsystem zu bestimmen, in der Literatur wiederholt so vorgegangen worden: Es sei vorausgesetzt, daß sich die Bindungen, denen das System unterworfen ist, in zwei Gruppen zerlegen lassen derart, daß für jede einzelne Gruppe das „Reibungsgesetz" angebbar ist (beispielsweise auf Grund des für die einzelnen Führungen der Gruppe geltenden Coulombschen Reibungsgesetzes). Die Bestimmung des „Reibungsgesetzes" für das Punktsystem unter dem Einfluß der zwei Gruppen von Bindungen stützt man dann auf den Satz, daß die gesamte Kraft $\mathfrak{R}_i$, welche durch das gleichzeitige Vorhandensein der zwei Gruppen von Bindungen auf einen Systempunkt m_i ausgeübt wird, gleich ist der geometrischen Summe der Kräfte $\mathfrak{R}_i$, welche bei dem alleinigen Vorhandensein jeder einzelnen der beiden Gruppen von Bindungen auf den Massenpunkt ausgeübt werden. Aber dieser Satz ist nicht bewiesen, und er kann bereits an einem Beispiel eines reibungslosen Systems als unrichtig erwiesen werden.

Man kann jedoch in dem hier zu behandelnden Sonderfall so verfahren, wie jetzt auseinandergesetzt wird.

Nach der gewöhnlichen Theorie der Reibung gilt für jede einzelne Flächenführung eines Systempunktes das sogenannte Coulombsche Gesetz für Gleitreibung: Der Vektor der Reibungskraft ist seinem Betrag nach gleich f mal Betrag des Normaldruckes zwischen Punkt und führender Fläche (wo f der Reibungskoeffizient für Gleitreibung ist), er liegt in der Tangentialebene der Fläche in dem Punkt, in dem sich der Massenpunkt gerade auf der Fläche befindet, und er ist entgegengesetzt gerichtet wie der Vektor der Geschwindigkeit des Massenpunktes relativ zur führenden Fläche.

Ein starrer Verbindungsstab zwischen zwei Massenpunkten übt auf die beiden Massenpunkte an seinen Enden Kräfte aus, die entgegengesetzt gleich und in der Richtung des Stabes gelegen sind.

Wegen der Stabverbindungen und Flächenführungen treten daher zu der explizit gegebenen äußern Kraft $\mathfrak{P}_i$ am Massenpunkt m_i Zusatzkräfte hinzu, die wir mit $\mathfrak{S}_i\{S_{ix}, S_{iy}, S_{iz}\}$ bezeichnen wollen für die Stabverbindungen und mit $\mathfrak{F}_i\{F_{ix}, F_{iy}, F_{iz}\}$ für die Flächenführungen. Damit werden nach der gewöhnlichen Theorie der Reibung die Bewegungsgleichungen des Systems:

$$\left.\begin{aligned} m_i x_i'' &= X_i + S_{ix} + F_{ix} \\ m_i y_i'' &= Y_i + S_{iy} + F_{iy} \\ m_i z_i'' &= Z_i + S_{iz} + F_{iz} \end{aligned}\right\} (i = 1, \ldots n). \tag{15}$$

Hat man im ganzen q Stäbe und $p - q$ Flächenführungen unter den insgesamt p Bindungen des Systems, so treten in den $3n$ Gleichungen (15) $6q$ unbekannte Koordinaten von Stabkräften $\mathfrak{S}_i$ und $3(p - q)$ unbekannte Koordinaten von Kräften $\mathfrak{F}_i$, die durch Flächenführungen ausgeübt werden, auf.

Da nun andererseits die Bewegung des Systems durch die Differentialgleichungen (14), die sich nach der neuen Theorie der Reibungskräfte ergeben haben, dargestellt sein soll, so müssen die Beziehungen gelten:

$$\left.\begin{aligned} \sum_{k=1}^{p} \lambda_k \frac{\partial f_k}{\partial x_i} + m_i \sum_{l=1}^{3n-p} \mu_l \frac{\partial x_i}{\partial q_l} &= S_{ix} + F_{ix}, \\ \sum_{k=1}^{p} \lambda_k \frac{\partial f_k}{\partial y_i} + m_i \sum_{l=1}^{3n-p} \mu_l \frac{\partial y_i}{\partial q_l} &= S_{iy} + F_{iy}, \\ \sum_{k=1}^{p} \lambda_k \frac{\partial f_k}{\partial z_i} + m_i \sum_{l=1}^{3n-p} \mu_l \frac{\partial z_i}{\partial q_l} &= S_{iz} + F_{iz}. \end{aligned}\right\} (i = 1, \ldots n). \tag{16}$$

Die Gleichungen (16) enthalten (nach Berechnung der λ_k) die $3n - p$ Unbekannten μ_l, dazu die $6q + 3(p - q) = 3(p + q)$ unbekannten Koordinaten der Kräfte $\mathfrak{S}_i$ und $\mathfrak{F}_i$, also im ganzen $3n + 2p + 3q$ Unbekannte.

Nun treten aber noch für jeden Stab fünf Gleichungen hinzu, welche aussagen, daß die Stabkräfte $\mathfrak{S}_i$ an beiden Enden des Stabes entgegengesetzt gleich sind und in die Stabrichtung fallen; das gibt dann für die q Stäbe $5q$ Gleichungen.

Ferner liefert die Anwendung des Coulombschen Reibungsgesetzes für jede Flächenführung eines Massenpunktes eine Gleichung entsprechend der Forderung, daß der Absolutwert der Reibungskraft gleich f mal dem Absolutwert des Normaldruckes ist, und eine Gleichung, die ausdrückt, daß der Vektor $\mathfrak{F}_i$ in die Ebene durch die Normale der führenden Fläche und den tangential zur Fläche verlaufenden Vektor der Relativgeschwindigkeit zwischen Massenpunkt und führender Fläche fällt. Das gibt für $p - q$ Flächenführungen $2(p - q)$ Gleichungen.

Man hat also $3n + 5q + 2(p - q) = 3n + 2p + 3q$ lineare Gleichungen, die die Unbekannten μ_l und die unbekannten Koordinaten der $\mathfrak{S}_i$ und $\mathfrak{F}_i$ berechnen lassen, wenn die Determinante von Null verschieden ist. (Daß die Determinante nicht etwa stets Null ist, zeigt das in der nächsten Nummer behandelte Beispiel.) Nach Elimination der Koordinaten der $\mathfrak{S}_i$ und $\mathfrak{F}_i$ ergeben sich die μ_l als Funktionen der λ_k und der Lage- und Geschwindigkeitskoordinaten der Systempunkte, das „Reibungsgesetz".

Beim ebenen Problem hat man statt der $3n + 2p + 3q$ Unbekannten bei q Stäben und $p - q$ Kurvenführungen $2n + p + 2q$ Unbekannte und ebensoviele Gleichungen.

4. Als Beispiel zu den Ausführungen in Nr. 1 und 3 soll das folgende Bewegungsproblem[1]) behandelt werden.

Zwei schwere Massenpunkte, beide von der Masse m, sind durch eine starre Stange von der Länge r verbunden, deren Masse gegen diejenige der Massenpunkte vernachlässigbar ist. Der eine Massenpunkt kann sich nur auf einer horizontalen rauhen Führungsgeraden mit dem Reibungskoeffizient f für Gleitreibung bewegen. Es soll das „Reibungsgesetz" für die Bewegung des Systems in der durch die Führungsgerade gehenden Vertikalebene aufgestellt werden.

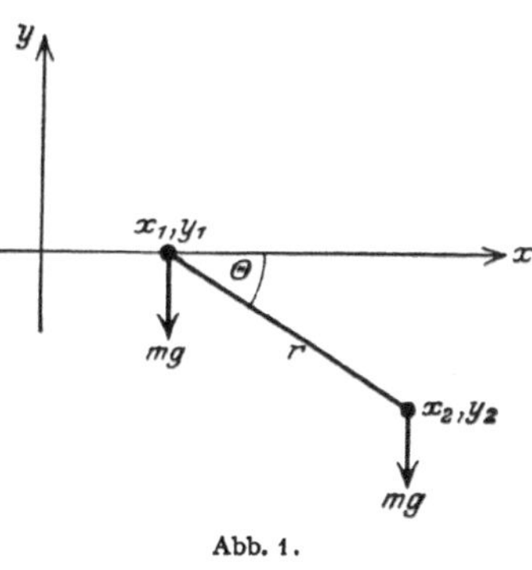

Abb. 1.

Es seien die Koordinaten des auf der Geraden geführten Systempunktes mit x_1, y_1, die des andern mit x_2, y_2 bezeichnet, als x-Achse sei die Führungsgerade gewählt, als y-Achse die Senkrechte dazu (positiv entgegen der Richtung der Schwere). Mit Θ sei der in Abb. 1 eingetragene Winkel zwischen der Stange und der Führungsgeraden, mit g die Schwerebeschleunigung bezeichnet.

Die Systembedingungen (2) sind hier:

$$f_1 \equiv y_1 = 0 \quad \text{und} \quad f_2 \equiv (x_2 - x_1)^2 + (y_2 - y_1)^2 - r^2 = 0\,. \tag{17}$$

Als zwei neue unabhängige Variable, entsprechend den zwei Freiheitsgraden des Systems, seien $q_1 = x_1$, $q_2 = \Theta$ eingeführt; in ihnen drücken sich die Koordinaten der Systempunkte durch die Gleichungen

$$x_1 = x_1, \quad y_1 = 0\,, \quad x_2 = x_1 + r\cos\Theta\,, \quad y_2 = -r\sin\Theta \tag{18}$$

aus.

Die Bewegungsgleichungen (14) lassen zusammen mit den Gleichungen (17) und (18) die Werte λ_1 und λ_2 berechnen:

$$\lambda_1 = \frac{m(r\Theta'^2\sin\Theta + 2g)}{1+\cos^2\Theta}\,, \qquad \lambda_2 = -\frac{m(r\Theta'^2 + g\sin\Theta)}{2r(1+\cos^2\Theta)}\,,$$

(worin Θ' die Ableitung von Θ nach t bedeutet), während sie für die Berechnung von μ_1 und μ_2 nicht ausreichen.

Zur Aufstellung der Abhängigkeit des μ_1 und μ_2 von den Lage- und Geschwindigkeitskoordinaten der Systempunkte verfährt man nach Nr. 3.

Das System hat zwei Bindungen, von denen die eine eine Stabverbindung, die andere eine Kurvenführung ist. Man hat daher vier Stabkraftkoordinaten S_{1x}, S_{1y}, S_{2x}, S_{2y} und zwei Koordinaten F_{1x}, F_{1y}. Die Gleichungen (16) werden:

$$\begin{aligned}
-2\lambda_2 r\cos\Theta + m\mu_1 &= S_{1x} + F_{1x}\\
\lambda_1 + 2\lambda_2 r\sin\Theta &= S_{1y} + F_{1y}\\
2\lambda_2 r\cos\Theta + m\mu_1 - m\mu_2 r\sin\Theta &= S_{2x}\\
-2\lambda_2 r\sin\Theta - m\mu_2 r\cos\Theta &= S_{2y}\,.
\end{aligned}$$

[1]) „Painlevé, Frottement" S. 12.

Die Forderung, daß die Stabkräfte an beiden Enden des Stabes entgegengesetzt gleich sein und in die Stabrichtung fallen müssen, liefert die drei Gleichungen:

$$S_{1x} = -S_{2x}, \quad S_{1y} = -S_{2y}, \quad S_{1x} : S_{1y} = -\operatorname{cotg}\Theta,$$

und die Gültigkeit des Coulombschen Reibungsgesetzes für die Führungsgerade liefert:

$$F_{1x} = (f) F_{1y},$$

wobei (f) gleich $+f$ oder gleich $-f$ ist, so daß die Gleichung die Gleichheit des Absolutwertes der Reibungskraft und des Produktes aus f und dem Absolutwert des Normaldruckes aussagt. Das sind acht Gleichungen für die acht Unbekannten S_{1x}, S_{1y}, S_{2x}, S_{2y}, F_{1x}, F_{1y}, μ_1, μ_2. Sie liefern insbesondere

$$\mu_1 = \frac{(f)\lambda_1}{m[1 + \cos^2\Theta + (f)\sin\Theta\cos\Theta]}, \quad \mu_2 = \mu_1 \frac{\sin\Theta}{r}.$$

Diese zwei Gleichungen geben (zusammen mit dem oben erhaltenen Ausdruck für λ_1) das „Reibungsgesetz“ für das System.

Verkehrsprobleme der Gegenwart.

Von

CARL PIRATH, Stuttgart.

Die Verkehrsmittel als unentbehrliche Hilfsmittel für die Gütererzeugung und den Güterverbrauch suchen heute mit bemerkenswerter Aktivität ihren Aufgaben gegenüber den Einzelwirtschaften und der Volkswirtschaft allgemein gerecht zu werden. Während noch vor wenigen Jahrzehnten von einer statischen Lage ihrer Arbeit gesprochen werden konnte, die charakterisiert wurde durch die festgefügten und fast standardisierten Verkehrsleistungen der Eisenbahnen, Wasserstraßen und Nachrichtenmittel, haben sich vor allem im letzten Jahrzehnt bedeutende Fortschritte durch Schaffung neuer Verkehrsmittel eingestellt, die eine Dynamik in das Verkehrswesen gebracht haben, wie sie bisher seit dem Aufkommen und der Entwicklung der Eisenbahnen nicht zu verzeichnen war.

Drei bedeutende Neuerscheinungen sind es, die diese Bewegung erzeugten und die die alten Verkehrsmittel ihrer vielfach vorhandenen tatsächlichen Monopolstellung in der Verkehrsbedienung zum Teil entrückten. Es ist das erstens die Belebung der Landstraße durch den Kraftwagen, zweitens der Transport von Energiemengen in veredeltem Zustande mittels Leitungen und drittens die Verwendung des Luftweges für den Weltluftverkehr und Nachrichtenverkehr. Während die beiden ersten neuen Verkehrsmittel bereits weit fortgeschritten sind und wesentliche Verkehrsarbeit übernommen haben, ist im Luftverkehr erst der Anfang einer erfolgreichen Tätigkeit im Dienste der Wirtschaft zu erkennen.

Es war aber der technische Fortschritt nicht allein, der zu diesem vorwärtsdrängenden Leben auf dem Gebiete des Verkehrswesens führte, sondern es entwickelten sich im Wirtschaftsleben mit der immer länger anhaltenden Gleichgewichtslage der Leistungen der alten Verkehrsmittel Bedürfnisse nach Verfeinerung der Verkehrsarbeit. Mit dem Zusammenwachsen der Länderwirtschaftsgebiete zur kontinentalen Wirtschaft und weiter zur Weltwirtschaft entstanden Beziehungen zwischen den Ländern und Erdteilen, denen die alten Verkehrsmittel nicht in allen Teilen gerecht zu werden vermochten. Ihre wertvolle Arbeit zur Entwicklung alter und zur Mobilisierung neuer wirtschaftlicher Kräfte ließ das Bedürfnis zur Steigerung ihrer Leistungen in bezug auf Schnelligkeit und Billigkeit neben Sicherheit und Regelmäßigkeit immer stärker werden. Die fortschreitende Technik wandte sich in zäher Arbeit einer Befriedigung dieser Bedürfnisse zu. Es gelang ihr, die Eisenbahnen, Wasserstraßen und Nachrichtenmittel durch die Kraftwagen, Leitungen, Luftfahrzeuge und drahtlose Nachrichtenübermittlung zu ergänzen. Es trat damit eine Individualisierung der Verkehrsarbeit ein, die vielfach mit Unrecht als Zersplitterung im Verkehrswesen und daher als ungesunde Entwicklung angesehen wird. Sie verlieh dem Dreiklang jeder erfolgreichen Verkehrsarbeit: Sicherheit, Leistungsfähigkeit und Wirtschaftlichkeit im Tätigkeitsgebiet der verschiedenen Verkehrsmittel eine neue und erhöhte Bedeutung.

In einem Augenblick, als die alten Verkehrsmittel, vor allem die Eisenbahnen aller Länder sich anschickten, aus ihrer jahrzehntelangen Aufbauarbeit für die Volkswirtschaft Vorteile durch eine bessere Ausnutzung ihrer teuren Anlagen zu ziehen, stellten neue Verkehrsmittel sich ein, die scheinbar diesen Prozeß zu stören geeignet sind. Aus nachfolgender Tabelle ist zu erkennen, daß die Intensität des Verkehrs auf 1 km Länge der Eisenbahnen überall zugenommen hat. Aus ihr läßt sich auch ein wirtschaftlich sehr wichtiger Schluß ziehen, daß bei den Eisenbahnen sich das Verhältnis zwischen Anlagekapital und jährlichem Umsatz sehr zu ändern beginnt. Während früher zur Erzielung einer Rentabilität der Eisenbahnunternehmungen das Anlagekapital in 6—10 Jahren umgesetzt werden mußte, muß heute bereits der Umsatz von 3,6—5,5 Jahre die Höhe des Anlagekapitals erreicht haben. Die statische Komponente trat im Laufe der Zeit gegenüber der dynamischen, also das Anlagekapital gegenüber dem Umsatz zurück, wenn es auch bei weitem nicht das Verhältnis zwischen Anlagekapital und Umsatz von 1 : 4 bis 1 : 15 der Fabrikationszweige erreichte.

Entwickelung des Anlagekapitals, der Einnahmen und der Verkehrsdichte von Eisenbahnen verschiedener Länder.

Gegenstand	Deutschland			England			Ver. Staaten von Amerika			Bemerkungen
	1911[1])	1925[2])	1925 mehr %	1911	1925	1925 mehr %	1911	1924	1924 mehr %	
Anlagekapital in Milliarden Mark	23,4	25,1	—	26,5	27,8	4,9	70,4	91,1	29,4	[1]) alte Grenzen
Jahreseinnahmen in MilliardenMark	3,28	4,77	—	2,54	5,28	108	11,71	25,38	117	[2]) neue Grenzen
Jahreseinnahmen : Anlagekapital in %	14,0	19,0	35,7	9,6	19,0	98	16,6	27,9	68	[3]) neue Grenzen
Umsatz des Anlagekapitals durch Einnahmen innerhalb Jahre	7,15	5,30	—	10,4	5,50	—	6,0	3,6	—	
Zunahme der Verkehrsdichte (Pers/km, t/km) auf 1 km Betriebslänge in % (1911 = 100%)	—	—	20,5[3])	—	—	10,0	—	—	26,7	

Mit der Umschichtung in dem Verhältnis zwischen Anlagekapital und Umsatz gewinnt die richtige Bewirtschaftung des technischen Apparats der alten Verkehrsmittel eine stärkere Bedeutung. Sie trug in die Eisenbahnunternehmungen die Anwendung der Methoden der wissenschaftlichen Betriebsführung hinein, um den wirtschaftlichen Erfolg ihrer Arbeit zu steigern. Damit erwuchs den alten Verkehrsmitteln gerade zu einer Zeit ein wirtschaftlich wichtiges Rüstzeug, als sie gegenüber neuen Verkehrsmitteln in eine Wettbewerbslage gestellt wurden. Das erschwerte zwar das kraftvolle Aufkommen der neuen Verkehrsmittel, führte aber zu Vorzügen in der Verkehrsbedienung, die im Suchen nach billigster Darbietung der Verkehrsleistungen der Volkswirtschaft dienten. Idealismus und Optimismus verhalfen auch hier, wie bei allen jungen Verkehrsmitteln, den neuen Verkehrsmitteln zum Nachweis ihrer volkswirtschaftlichen Berechtigung auf dem Gesamtgebiet der Verkehrswirtschaft und schufen einen Zustand frischer Wettbewerbslage, die auch den alten Verkehrsmitteln neuen Impuls zur Verbesserung ihrer Leistungen gab.

Wir stehen heute mitten in diesem Prozeß. Verkehrsprobleme sind aufgetaucht, deren Lösung das gesamte Wirtschaftsleben angeht und deren Behandlung sich kein wirtschaftsstarkes Land mehr entziehen kann. Wirtschaftliche, kulturelle und politische Werte aller Länder werden davon berührt und in dem Grad ihrer Umwertung liegt ein Maßstab für die Größe der Probleme. Wenn wir feststellen, daß in den Verkehrsmitteln Deutschlands vor dem Aufkommen der neuen Verkehrsmittel 35 Milliarden Mark investiert waren oder 12% des gesamten Volksvermögens, so liegt in der Sorge um den Verlust einer genügenden Ausnutzung der vorhandenen Substanz ein Problem, das mit dem Aufkommen neuer Verkehrsmittel eng zusammenhängt. Es ist mit künstlichen Mitteln oder Zwangsmaßnahmen nicht zu lösen, sondern es wird die volkswirtschaftliche Bedeutung der neuen Verkehrsmittel allein den Weg weisen müssen, wie weit sie an die Stelle der bisherigen Verkehrsmittel treten können. Ist diese Begrenzung möglich, so entsteht die weitere Frage einer richtigen Verkehrsverteilung auf die dann noch lebensfähigen Verkehrsmittel. Die Verkehrspolitik und die Verkehrswirtschaften sehen sich dabei vor Aufgaben gestellt, die in ihrer Neuartigkeit nicht allein auf bewährte Methoden bezogen und durch sie erledigt werden können. Sie zu lösen, berührt vielmehr in starkem Maße die Forschungsarbeit der Verkehrswissenschaft, die zu ihrem Teil die Grundlagen zu einer glücklichen und zweckmäßigen Behandlung der Verkehrsprobleme schaffen muß. Die Grundfragen, die dabei gestellt werden und zu beantworten sind, bilden die Ziele und Wege zur Lösung der Verkehrsprobleme. Sie beziehen sich auf:

1. Die verkehrs- und betriebswirtschaftlichen Grundlagen der einzelnen Verkehrsmittel.
2. Das Verkehrsaufkommen nach Art und Richtung des Verkehrsbedürfnisses.
3. Die Erfüllung des Verkehrsbedürfnisses durch das zweckmäßigste Verkehrsmittel.
4. Die Zusammenarbeit der Verkehrsmittel.
5. Die ständige Forschung über die im technischen Fortschritt und im Wandel der Verkehrsbedürfnisse liegende Dynamik in der Erledigung der Verkehrsarbeit.

Während die Untersuchungen zu Punkt 1 und 2 auch vor dem Aufkommen der neuen Verkehrsmittel von besonderer Bedeutung waren, stehen die Erkenntnisse zu Punkt 3 bis 5 heute im Vordergrunde für die erfolgreiche Mitarbeit der Verkehrsmittel im Wirtschaftsleben. Sie unterliegen dem Verkehrsgesetz, daß die vorhandenen Verkehrsbedürfnisse durch die verschiedenen Verkehrsmittel so befriedigt werden müssen, daß mit dem geringsten Aufwand der höchste Nutzen für die Volkswirtschaft erzielt werden kann. In dem Maße, in dem diesem Grundsatz entsprochen werden kann, wird aber auch das Verkehrsaufkommen berührt werden und sich ändern und werden weiterhin die verkehrs- und betriebswirtschaftlichen Grundlagen der Verkehrsmittel unter dem Druck des Wettbewerbs Wandlungen unterworfen sein, die die Verkehrsprobleme in ständigem Fluß halten.

Was zunächst die verkehrs- und betriebswirtschaftlichen Grundlagen der einzelnen heute vorhandenen oder in Entwicklung begriffenen Verkehrsmittel anbelangt, so bestimmen sie die Aufgaben, die jedes Verkehrsmittel im Verkehrswesen zu erfüllen hat. Die Art, in der das technische Verkehrsinstrument die Hemmungen zu überwinden vermag, die die physische Geographie der Ortsveränderung von Personen, Gütern und Nachrichten entgegensetzt, charakterisiert seine verkehrstechnischen Eigenarten. Diese müssen ihrerseits wieder bestimmten Grundforderungen gerecht werden, wenn überhaupt eine technische Vorrichtung für Verkehrszwecke brauchbar sein soll. Es sind das Schnelligkeit und Billigkeit, Sicherheit und Regelmäßigkeit, Häufigkeit der Fahrten, Anpassungsfähigkeit des Verkehrsnetzes und Bequemlichkeit im Transport. Die heutige Spezialisierung der Verkehrsarbeit geht im wesentlichen nach Schnelligkeit und Billigkeit der Verkehrsmittel, während Sicherheit und Regelmäßigkeit selbstverständlich bei allen genügend vorhanden sein müssen. Während bei der Seeschiffahrt und dem Schiffsverkehr auf Binnenwasserstraßen der Vorzug der Billigkeit nicht gestützt wird durch schnellen Transport, ist bei den Eisenbahnen Billigkeit und Schnelligkeit relativ am günstigsten vorhanden. Nur im Nahverkehr werden sie übertroffen durch den Kraftwagen und im Fernverkehr durch die fast völlige Zeitlosigkeit im Transport von Energie und Nachrichten. Der Luftverkehr ist das bis heute schnellste, aber auch teuerste Verkehrsmittel für greifbare Verkehrsarten.

Die Spannungen, die in bezug auf Billigkeit und Schnelligkeit durch die neuen Verkehrsmittel gegenüber den alten Verkehrsmitteln geschaffen sind, sind nun bei weitem nicht so groß, als sie seinerzeit die Eisenbahnen gegenüber dem Fuhrverkehr aufweisen konnten. Während die Eisenbahnen 6- bis 8mal schneller und 8- bis 10mal billiger als der Fuhrverkehr den Transport ausführten, ist heute vor allem in bezug auf die Billigkeit kaum ein Absinken gegenüber den Transportkosten auf Eisenbahnen und Wasserstraßen, sondern im wesentlichen eine Steigerung festzustellen. In der Schnelligkeit ist eine $1^1/_2$ bis 2fache Steigerung durch den Luftverkehr gegeben. Wenn vielfach trotz Steigerung der reinen Transportkosten neue Verkehrsmittel sich durchsetzen konnten, so war dies möglich durch sonstige Vorzüge, die das neue Verkehrsmittel der Wirtschaft bot. Sie liegen beispielsweise bei dem elektrischen Energietransport in der steten Gebrauchsbereitschaft der Energie, Ersparnis von Vorratslagern und in gewissen Fabrikationserleichterungen.

Diese verhältnismäßig geringen Spannungsunterschiede führen auf der einen Seite zu der wirtschaftlich wichtigen Erkenntnis, daß die Vorzüge der neuen Verkehrsmittel in keinem Fall so dominieren, daß die alten Verkehrsmittel unter katastrophalen Erscheinungen ausgeschaltet werden können. Andererseits aber verursachen sie einen zähen Kampf um die Grenzen des Einsatzes der verschiedenen Verkehrsmittel. Hier liegt ein Gebiet für die objektive Forschung von besonderer Bedeutung. Es wird ihre Aufgabe sein, die Vorzüge und Nachteile der verschiedenen Verkehrsmittel ständig zu verfolgen und gegeneinander abzuwägen, um den Wettbewerb nicht zum Schaden der Wirtschaft sich entwickeln zu lassen.

Das Aufkommen und die Art der Verkehrsbedürfnisse sowie die Verkehrsströme zu verfolgen ist nicht allein wichtig für die alten Verkehrsmittel, sondern auch vor allem für die neuen, da sich hieraus ihre Existenzberechtigung ableitet. Die Grundlage für diese Untersuchungen bildet die wirtschaftliche Geographie, die einen Aufschluß gibt über die regionale Verteilung der Wirtschafts- und damit der Verkehrskräfte. Mehr als bisher, da kombinierter Land- und Seeverkehr vorherrschte, ist heute mit dem aufkommenden Wettbewerb zwischen Seeschiffahrt und Luftfahrt diese Frage für das gesamte Gebiet der Erde zu betrachten. Der Luftverkehr wird in dem Universaltransportweg der Luft die unmittelbarste Verbindung der wirtschaftlichen Aktionszentren bringen und damit in das Verkehrsgebiet der Seeschiffahrt und zum Teil auch der Eisenbahnen eingreifen. Er zwingt zur Erforschung der Verkehrsströme zwischen den Ländern im kontinentalen Verkehr und zwischen den Erdteilen im Transozean- oder Transkontinentalverkehr, während bisher ihr Verlauf im wesentlichen für den Innenverkehr der Länder untersucht wurde. Denn, wenn beurteilt werden soll, welchen Anteil beispielsweise der Luftverkehr im internationalen Verkehr haben wird, so müssen die Wege verfolgt werden, auf denen hochwertiges Gut, das für den Luftverkehr in erster Linie in Frage kommt, neben sonstigem Gut aufkommen wird. Das Interesse der Eisenbahnunternehmungen war im allgemeinen mit der Verfolgung und Erkenntnis der Transporte bis zu den Grenzbahnhöfen oder Häfen erschöpft, dasjenige der Seeschiffahrt bis zu den Seehäfen. Der Luftverkehr muß sich vor allem für die ganz großen Verkehrsströme interessieren, die sein auf großen Entfernungen liegendes Arbeitsfeld berühren. Die Forschung auf dem Gebiet der Verkehrsströme von Land zu Land und von Erdteil zu Erdteil muß die Grundlage bilden für das tatsächliche Verkehrsbedürfnis und die Verkehrsbeziehungen, die im neuzeitlichen Verkehrswesen zu erwarten sind. Daneben wird für den Innenverkehr eine Verfeinerung in der Methode der Erforschung des Verkehrsbedürfnisses nach Art und Richtung einsetzen müssen.

Das Verkehrsaufkommen kann ganz allgemein in drei Gruppen geteilt werden. Die erste ist die des geringwertigen oder Massenverkehrs, die zweite die des mittelwertigen Verkehrs und die dritte die des hochwertigen Verkehrs. Die erste Gruppe muß auf Billigkeit entscheidenden Wert legen, weil ihre Belastungsfähigkeit mit Transportkosten gering ist. Bei ihr ist die Schnelligkeit von sekundärer Bedeutung. In diese Gruppe fallen im Personenverkehr auf Eisenbahnen 85%, im Überseeverkehr 47% aller Reisenden, im Güterverkehr zu Lande 76% und zur See 92% aller beförderten Güter. Auf die zweite Gruppe, die mittelwertige Verkehrsart, entfallen im Personenverkehr auf Eisenbahnen 14%, im Überseeverkehr 30%, im Güterverkehr die Fertigfabrikate mit 20% zu Lande und 7,8% zur See des Gesamtgüteraufkommens. Zur dritten Gruppe rechnen die Verkehrsarten, die von hoher Qualität sind und daher auf Schnelligkeit großen Wert legen müssen, wie Reisende 1. und zum Teil 2. Klasse oder 1. Kajüte, Post in Gestalt von Paketen sowie hochwertige und verderbliche Güter und der Nachrichtenverkehr. In den Transport aller dieser Güter werden sich Kraftwagen und Eisenbahnen für den Nahverkehr, Eisenbahnen, Wasserstraßen und Leitungen für den Fernverkehr in der mittleren Dimension und Seeschiffahrt, Leitungen und Luftfahrzeuge in der großen Dimension teilen. Das bedeutet vor allem für den Seeverkehr eine Umschichtung, bei der die Seeschiffahrt wertvolles Gut an das Luftfahrzeug abgeben muß. Aus dem Anteil der Gruppen an der Gesamttransportmenge ist zu erkennen, daß nach dem heutigen Stand die Verkehrsaufgabe der Gruppe 3 in der Menge verhältnismäßig gering ist und nur 0,07 bis 1,0% der Gesamtmenge ausmacht. In den Einnahmen wirkt sich allerdings diese Menge anders aus, da bei ihnen der Anteil durchschnittlich das 3- bis 4fache des Anteils der Menge beträgt.

Um das Massengut in roher oder veredelter Form stehen demnach für den Binnenverkehr im Wettbewerb Eisenbahnen, Wasserstraßen und Kraftstraßen, um das mittelwertige Gut Eisenbahnen und Kraftwagen, um das hochwertige Gut Eisenbahnen, Kraftwagen- und Luftverkehr und im Transozeanverkehr Seeschiffahrt, Luftverkehr und Nachrichtenverkehr. Wo die Wettbewerbsgrenzen liegen, ist heute noch fließend. Sie bis zu einem gewissen Grade zu bestimmen, ist aber möglich und notwendig, um die Bedeutung der neuen Verkehrsmittel zu erkennen. Grundsätzlich wird dabei, abgesehen von besonderen Verhältnissen nationalwirtschaftlicher Art, die Eigenwirtschaftlichkeit der Verkehrsmittel als Maßstab dienen müssen, der sich aus den betriebswirtschaftlichen Grundlagen der Verkehrsmittel ergibt. Wenn auch vor allem für neue Verkehrsmittel sich die Selbstkosten der Anfangszeit mit der Weiterentwicklung senken werden, so lassen sich unter Berücksichtigung des Senkungsmaßes, das bei Eisenbahnen und Kraftwagen 40 bis 50% der Kosten der ersten Entwicklungszeit ausmachte, doch Vergleiche heute schon anstellen[1]). Aus diesem Vergleich ergibt sich ein Anhalt für die Verkehrsmenge und die Verkehrsarten, wie sie sich nach dem heutigen Stande der Erkenntnis auf die einzelnen Verkehrsmittel verteilen werden. Es ist zweifellos, daß neue Verkehrsmittel auch neuen Verkehr mobilisieren, so daß die heutigen Verkehrszahlen Mindestzahlen bedeuten, um die der Wettbewerb in jeder Verkehrszone gehen wird. Für die einzelnen Verkehrszonen werden sich alte und neue Verkehrsmittel interessieren und ihren Anteil an der Verkehrsbedienung zu wahren suchen. Damit kommen wir zu der vornehmsten Grundlage für die Lösung der Verkehrsprobleme der heutigen Zeit.

Es ist die Forderung nach Befriedigung des Verkehrsbedürfnisses durch das zweckmäßigste Verkehrsmittel. Sie ist leicht gestellt, aber richtig nur in großen Linien zu erfüllen. Denn da unter den Folgen einer ständigen Verbesserung des Betriebsapparates der Verkehrsmittel auch die Grenzen der Zweckmäßigkeit für die Verkehrsbedienung sich ändern, ist mit der Zunahme der Zahl der Verkehrsmittel auch die richtige Wahl für einen bestimmten Verkehrszweck allgemein erschwert. Es ist Sache des praktischen Verkehrsbetriebs, hier das Richtige zu treffen und Aufgabe der Forschung, nach objektiven Maß-

[1]) Dr. PIRATH, „Die Eisenbahnen und ihre Stellung in der neuzeitlichen Entwicklung der Verkehrsmittel", Heft 39 der Technisch-Wirtschaftlichen Bücherei, Verlag G. Hackebeil, Berlin 1927.

stäben die Kenntnis der verkehrs- und betriebswirtschaftlichen Grundlagen der Verkehrsmittel und der Verkehrsbedürfnisse zu vertiefen und damit die Basis für die Wahl des zweckmäßigsten Verkehrsmittels nach dem Verkehrsbedürfnis zu schaffen.

Es könnte der Gedanke naheliegen, eine gewisse Planwirtschaft vorzusehen, die den einzelnen Verkehrsmitteln den geeigneten Verkehr zuweist. Dieser Weg ist wegen der vielen Gesichtspunkte, die die Benutzung eines Verkehrsmittels dem Verkehrsinteressenten zweckmäßig erscheinen lassen, nur schwer gangbar, aber auch nicht zu empfehlen, weil in ihm eine Zwangsbewirtschaftung von wirtschaftlichen Energien liegen würde. Die Benutzung der Verkehrsmittel muß grundsätzlich in das Belieben des Verkehrsinteressenten gestellt sein. Dann ist es allerdings mit Rücksicht auf die allgemeine Bedeutung der Verkehrsmittel notwendig, sie auch unter den gleichen betriebswirtschaftlichen Beurteilungsmaßstab zu stellen. Es ist grundsätzlich nichts dagegen einzuwenden, wenn die allgemeinen Verkehrsmittel durch Geldmittel der öffentlichen Hand gestützt werden, solange diese Zuwendungen in mäßigen Grenzen bleiben. Auch hat der Staat die Pflicht, neue Verkehrsmittel durch Subventionen oder günstige Verträge auf Leistung und Gegenleistung in ihrer Entwicklung zur Verkehrsreife zu fördern. Unfruchtbar und für die Volkswirtschaft schädlich ist es aber, wenn bei entwickelten Verkehrsmitteln dem einen die Deckung aller aus seinem Betrieb sich ergebenden Kosten auferlegt, dem andern aber von der öffentlichen Hand Erleichterungen geboten werden. Natürlich kann es sich nur um große Erleichterungen handeln, wie sie beispielsweise heute noch in mancher Hinsicht dem Kraftwagenverkehr und dem Verkehr auf künstlichen Wasserstraßen geboten werden. Sie entsprechen nicht einem an sich zu begrüßenden gesunden Wettbewerb, der auf gleichen betriebswirtschaftlichen Grundlagen sich vollziehen muß. Diese gesunden Wettbewerbsgrundlagen zu schaffen, dazu bedarf es einer energischen und zielbewußten Hand in der Verkehrspolitik der Staaten. Es ist ihre Aufgabe, dafür zu sorgen, die wertvolle Substanz vorhandener Verkehrsmittel soweit als möglich auszunutzen und der Allgemeinwirtschaft eine doppelte Belastung durch einseitige Stützung von Verkehrsmitteln zu ersparen.

Das Beispiel der Subventionspolitik des Auslandes in der Seeschiffahrt zeigt, wie die Wettbewerbslage durch sie zuungunsten der nicht subventionierten Schiffahrtsgesellschaften verschoben wird. Sie hat in den letzten Jahren bereits dazu geführt, daß sogar die Vereinigten Staaten von Amerika und England ihre grundsätzliche Ablehnung jeglicher Protektion privatwirtschaftlicher Schiffahrtsunternehmungen aufgeben mußten, um gegen die subventionierten Unternehmungen anderer Staaten aufkommen zu können. Nur Deutschland hält vorläufig noch am wirtschaftlichen Individualismus im Überseeverkehr fest, aber die geschlossene Front der Subventionsstaaten erschwert ihm die Wettbewerbsfähigkeit ungemein. So hat eine durch Staatsmittel gestützte Eigenwirtschaftlichkeit von Seeschiffahrtsunternehmungen einen volkswirtschaftlich ungesunden Zustand in einen ganzen Verkehrszweig hineingetragen, der früher zum Vorteil seiner Entwicklung jeder Unterstützung entraten konnte.

Die Zusammenarbeit der Verkehrsmittel ist dort von besonderer Bedeutung, wo verschiedene Verkehrsmittel das gleiche Verkehrsfeld regional und in den gleichen Verkehrsarten zu bedienen vermögen, weniger im Anschluß- und Übergangsverkehr. Sie wird um so schwieriger:

1. je mehr Verkehrsmittel im Wettbewerb miteinander stehen,
2. je mehr ein Verkehrsmittel in das Wettbewerbsfeld eines andern hineinragt,
3. je geringer bei den verschiedenen Verkehrsmitteln die Spanne in bezug auf Schnelligkeit, Billigkeit und Bequemlichkeit ist.

Heute haben sich diese drei Gesichtspunkte sehr zuungunsten einer reibungslosen Zusammenarbeit entwickelt. Während früher im Binnenverkehr nur Wasserstraßen, Eisenbahnen und Straßen mit verhältnismäßig geringer Überdeckung ihres Wettbewerbsfeldes nebeneinander standen und der Überseeverkehr ohne Beeinflussung durch andere Verkehrsmittel sich abwickeln konnte, sind heute im Binnenverkehr hinzugekommen der Kraftwagen mit seinen besonderen verkehrlichen Vorzügen, die Leitungen zum Transport von elektrischer Energie und Gas und der Luftverkehr sowie im Überseeverkehr der Luftverkehr und drahtlose Nachrichtenverkehr. Eine starke Verbreiterung des Wettbewerbsfeldes im Massenverkehr auf größere Entfernungen und im hochwertigen Verkehr auf nahe und große Entfernungen war die Folge. Wir haben gesehen, daß diese Ausdehnung keineswegs auf Grund außergewöhnlicher Verkehrsverbesserungen vor sich ging, sondern auf Grund kleiner verkehrlicher Vorteile, die die neuen Verkehrsmittel gegenüber den alten boten. Diese geringe Spanne zwischen Vorteil und Nachteil erschwert die Festlegung der Grenzen für eine Zusammenarbeit und macht letztere selbst im wesentlichen abhängig von dem Willen der Verkehrsunternehmungen, weniger von dem der Verkehrsinteressenten.

Die Mittel und die Wege für eine erfolgreiche Zusammenarbeit der Verkehrsmittel, die für die Befriedigung gleicher Verkehrsbedürfnisse in Frage kommen, können allein von volkswirtschaftlichen Gesichtspunkten aus gefunden werden. So oft und so stark dieser Grundsatz als selbstverständlich hingestellt und auch anerkannt wird, so schwer ist es, den viel mißbrauchten Begriff, was als volkswirtschaftlich betrachtet werden muß, zu umgrenzen. Seine Erfassung ist um so schwieriger, je mehr sich die Wettbewerbsgrenzen regional und verkehrstechnisch überdecken. Eine Zusammenarbeit wird in diesen Fällen immer bedingt sein durch die Existenzmöglichkeit beider aufeinander angewiesenen Verkehrsunternehmungen. Ist sie nicht gewährleistet, so kommt es zum offenen Kampf, der nur so lange erträglich ist, als nicht Doppelarbeit und damit volkswirtschaftlich Schädliches geschaffen wird.

Am leichtesten ist die Zusammenarbeit zwischen Verkehrsmitteln, die regional verschiedene Wege benutzen, wie Eisenbahnen und Seeschiffahrt, also technisch sich nicht überschneiden, sondern aneinanderstoßen. Auch die Zusammenarbeit zwischen Eisenbahn und Luftfahrzeug ist wegen ihrer charakteristischen Stufen wirtschaftlichster Reichweite ohne Schwierigkeiten möglich. Es bleiben also Eisenbahnen, Wasserstraßen, Kraftwagen und Kraftstraßen, die im Binnenverkehr gleiche Verkehrsgebiete bestreichen und zwischen denen die Spannungen des Wettbewerbs ein Zusammengehen schwierig gestalten. Im Überseeverkehr werden sich Seeschiffahrt und Luftverkehr sowie Nachrichtenverkehr mit und ohne Leitungen überdecken. Objektive Untersuchungen, wie weit jedes Verkehrsmittel besondere Vorzüge der Allgemeinheit bieten kann, können hier in erster Linie die Volkswirtschaft davor bewahren, daß auf ihrem Rücken ein rücksichtsloser Interessenkampf ausgefochten wird.

Ein Zusammengehen der Verkehrsmittel wird um so eher möglich sein, wenn die Wirtschaftsgrundlage in bezug auf die Deckung aller Ausgaben durch Einnahmen für die konkurrierenden Verkehrsmittel die gleiche ist. Sobald aber hierin wesentliche Unterschiede durch einseitige staatliche Unterstützungen hervorgerufen werden, wird die Gefahr bestehen, daß die Zusammenarbeit abgelehnt und durch stärkere Belastung der nicht umstrittenen Verkehrsarten die Unterbilanz in den umstrittenen Verkehrsarten gedeckt wird. Es ergibt sich hieraus als erste Voraussetzung für ein gedeihliches Zusammenarbeiten eine gerechte und gleichmäßige Verantwortung der Verkehrsunternehmungen zur Erzielung ihrer Eigenwirtschaftlichkeit. Ist diese Grundlage gegeben, so wird durch innere Rationalisierung des Betriebes, also durch gesunde wirtschaftliche Maßnahmen, jedes Verkehrsmittel den Anteil am Verkehr zu erringen suchen, den es besser als jedes andere Verkehrsmittel bedient.

Heute führen im Binnenverkehr die Eisenbahnen, die Betriebe auf natürlichen Wasserstraßen und die Kraftstraßen den Grundsatz der Eigendeckung ihrer Ausgaben durch Einnahmen durch. Dagegen sind ähnlich klare Grenzen zwischen Eisenbahnen einerseits und künstlichen Wasserstraßen und Kraftwagen andrerseits noch nicht geschaffen, da die beiden letzteren finanzielle Erleichterungen durch die öffentliche Hand erhalten und daher noch keine volkswirtschaftlich gesunde Vergleichsbasis mit den Eisenbahnen bieten. Es wird Aufgabe der objektiven Forschung sein, diese Vergleichsbasis ständig zu verfolgen und durch ihre Untersuchungsergebnisse Richtpunkte zu geben, sie zu schaffen. Es wird dann Sache der Verkehrsunternehmungen sein, durch Verbilligung ihres Betriebes ihre Existenzberechtigung trotz Eigendeckung der Ausgaben zu wahren. Es ist kein Zweifel, daß das größte Hemmnis zu einer freiwilligen Zusammenarbeit der Verkehrsmittel untereinander der vielfach noch vorliegende Protektionismus der öffentlichen Hand für verschiedene Verkehrsmittel ist, und zwar für solche, die ihre Entwicklungszeit im allgemeinen abgeschlossen haben.

Die im Verkehrswesen vielfach geübte Forschungsarbeit, rückschauend aus der Entwicklung der Verkehrsmittel und ihrer tatsächlichen Verkehrsarbeit Grundlinien für das Verkehrswesen zu finden, genügen heute nicht mehr der Aufgabe, die die Wissenschaft in der Entwicklung der Verkehrsmittel zu erfüllen hat. Die Kenntnis des Vergangenen und Vorhandenen ist zweifellos notwendig für die Wegweisung des sich neu Entwickelnden. Es wäre aber nicht richtig, auf sie allein das zu gründen, was den neuen Verkehrsmitteln zu kraftvoller Entwicklung nottut. Je mehr sich der technische Fortschritt in der Entwicklung der Verkehrsmittel einstellt, um so wichtiger wird es, die verkehrs- und betriebstechnischen Eigenarten des neuen Instruments zu behandeln und seine Entwicklungsmöglichkeiten zu beurteilen.

Die Untersuchung darf sich dabei nicht einseitig auf ein neues technisches Instrument erstrecken, sie muß auch alle anderen Verkehrsmittel und ihre Verbesserungsmöglichkeiten ins Auge fassen. Denn beides ist geeignet, der Volkswirtschaft zu dienen. Auch hier also muß die bisher vorwiegend statische Betrachtung durch eine dynamische ergänzt werden, wenn die Wissenschaft in ihrer Mitarbeit nicht nachhinken und der Praxis helfen will. Die wirkungsvolle Behandlung des Verkehrswesens an den Hochschulen setzt voraus, daß der Verkehrswissenschaftler in seinem Bestreben, die Verkehrsmittel nach ihrer Bedeutung für die Allgemeinheit zu beurteilen, auch die inneren betriebswirtschaftlichen Vorgänge übersehen und selbständig beurteilen kann. Nur dann wird er in der Lage sein, von hoher Warte den Ausgleich zu schaffen, der um so mehr einer möglichst objektiven Grundlage bedarf, je mehr sich die Verkehrsarbeit auf mehrere Verkehrsmittel verteilt. Wir haben eingangs festgestellt, wie sehr die Bedeutung der Bewirtschaftung der Verkehrsanlagen bei dem Hauptverkehrsmittel, den Eisenbahnen, zugenommen hat, wie wichtig daher die rationelle Betriebsführung zur Entlastung der Volkswirtschaft ist. In allen Ländern, auch in den Vereinigten Staaten von Amerika und England, die in der Bewirtschaftung der alten Verkehrsmittel durch Anwendung betriebswirtschaftlicher Methoden am konservativsten sich verhalten haben, ist eine starke Bewegung in die Durchführung des Grundsatzes, höchste Leistungen mit dem geringsten Aufwand zu erzielen, gekommen. Die in dieser Umstellung liegende Dynamik läßt eine isolierte Betrachtung einzelner Verkehrsmittel vor allem dann nicht zu, wenn es sich um neue Verkehrsmittel handelt, die von den Betriebsmethoden der alten Verkehrsmittel im Interesse der Allgemeinheit lernen und Nutzen ziehen sollen.

Es ist eine wesentliche Aufgabe der Verkehrswissenschaft, in der heutigen drangvollen Entwicklungszeit, gestützt auf die großen Erfahrungen der vergangenen Zeit, den Eigenarten neuer Verkehrsmittel und den Entwicklungsmöglichkeiten alter Verkehrsmittel so rechtzeitig nachzugehen, daß sie vorausschauend die Gesamtentwicklung im Verkehrswesen fördern kann. In der immer stärker werdenden Überdeckung der Verkehrsfelder verschiedener Verkehrsmittel kann nicht offener Kampf des Alten gegen das Neue der Allgemeinheit nützen, sondern nur sachliche Arbeit zur Förderung der technischen Entwicklung und Klarlegung der verkehrs- und betriebswirtschaftlichen Grundlagen, die den zweckmäßigsten Einsatz der Verkehrsmittel bestimmen. Der Forschung fällt hierbei die Rolle einer tätigen Mitarbeit zu, die, außerhalb der Interessenkämpfe stehend, die wissenschaftlichen Erkenntnisse der Praxis zur Verfügung stellen und einer gesunden Zusammenarbeit der Verkehrsmittel die Wege ebnen soll. Gründliches wissenschaftliches Studium der Entwicklungserscheinungen und -möglichkeiten im neuzeitlichen Verkehrswesen wird den besten Ausgleich bei etwaigen Verkehrskrisen schaffen können. Dieses Studium darf nicht gebunden sein an die Landesgrenzen, sondern muß der zunehmenden Reichweite der Verkehrsmittel folgen. So wie heute die Verkehrsmittel sich anschicken, die Beziehungen im Weltverkehr auszubauen, wird die Behandlung von Verkehrsfragen immer mehr eine hochwichtige Angelegenheit internationaler Zusammenarbeit zwischen Ländern und Erdteilen werden müssen. Nur so wird ein Gesamtbild über die verkehrswirtschaftlichen Grundlagen im Weltverkehr im Dienste der Weltwirtschaft geschaffen werden können, nach dem sich der Einsatz und der Ausbau der Verkehrsmittel entwickeln kann und die zahlreichen Verkehrsprobleme gelöst werden können.

Vom Wesen der Morphologie.

Von

M. RAUTHER, Stuttgart.

„Alles Gescheite ist schon gedacht worden, man muß nur versuchen, es noch einmal zu denken“ (GOETHE).

In dem nachträglich (1807) entworfenen Vorwort zu seiner „Metamorphose der Pflanzen“ und seinen osteologischen Aufsätzen sagt GOETHE [1]) im Hinblick auf die „trennenden Bemühungen“ der Chemie und der Anatomie:

„Das Lebendige ist zwar in Elemente zerlegt, aber man kann es aus diesen nicht wieder zusammenstellen und beleben. ... Es hat sich daher auch in dem wissenschaftlichen Menschen zu allen Zeiten ein Trieb hervorgetan, die lebendigen Bildungen als solche zu erkennen, ihre äußern sichtbaren, greiflichen Teile im Zusammenhang zu erfassen, sie als Andeutungen des Innern aufzunehmen, und so das Ganze in der Anschauung gewissermaßen zu beherrschen. ... Man findet daher in dem Gange ... der Wissenschaft mehrere Versuche, eine Lehre zu gründen und auszubilden, welche wir die Morphologie nennen möchten [2])“.

Dieser Terminus „Morphologie“ hat sich in der Wissenschaft von den Lebewesen eingebürgert als Bezeichnung desjenigen Zweiges, der sich mit den „Formen“ befaßt. Die bestimmtere Bedeutung, die man ihm beilegt, ist aber gleichwohl sehr verschiedenartig. Von dem offenbaren Mißbrauch für bloße Formbeschreibung sei ganz abgesehen. Einen sehr weiten Aufgabenbereich weist z. B. TSCHULOK [3]) der Morphologie zu; nämlich die Gestalten zu behandeln „nach ihrer Einheit in der Mannigfaltigkeit, also biotaktisch, und ferner nach ihrem realen oder funktionellen Zusammenhang mit irgendwelchen sonstigen Erscheinungen, also biophysikalisch“. Dagegen kennzeichnet sie RADL [4]) als die „Wissenschaft von der Form des Tieres — und von nichts anderem als der Form, also nicht von den Ursachen der Form, den Zwecken und Funktionen derselben, sondern nur von der Struktur an sich“; unabhängig auch von der Embryologie, wie überhaupt „ihrem Wesen nach dem genetischen Gedanken völlig fremd“. Eine derartige lediglich vergleichend-ordnende Lehre bezeichnet NAEF [5]) als „idealistische Morphologie“, sieht in dieser aber die Grundlage einer

[1]) W. v. GOETHE, Schriften zur Naturwissenschaft, nach: Jubiläums-Ausgabe der „Sämtlichen Werke“, Bd. 39, S. 251. Stuttgart und Berlin. Bei den folgenden Zitaten abgekürzt: Schr. z. Naturwiss.

[2]) Sperrungen, bis auf die letzte, von mir. R.

[3]) S. TSCHULOK, Logisches und Methodisches in: Handb. d. Morphologie d. wirbellosen Tiere, S. 12. Jena 1912.

[4]) E. RADL, Geschichte der biologischen Theorien I, S. 187. Leipzig 1905.

[5]) A. NAEF, Idealistische Morphologie und Phylogenetik. Jena 1919.

„historischen Morphologie“, d. h. einer realistisch-stammesgeschichtlichen Ausdeutung der Ordnungsergebnisse.

Alles, was hier berührt ist, war GOETHE nicht fremd. Aber die „ideellen Beziehungen von Form zu Form“ (NAEF), wie sie sich etwa in den Klassifikationen LINNÉS und CUVIERS aussprachen, befriedigten ihn nicht. Er erscheint durchaus nicht „idealistisch“, wenn er die Lebewesen „durch Umstände zu Umständen gebildet“ werden läßt und über das Wie? eingehende Erwägungen anstellt[1]). Allerdings verwirft er ebenso entschieden wie die Annahme von „Endursachen“ die Versuche, ein lebendes Ganzes aus den Eigenschaften und Wirkungen von „Similarteilen“ begreiflich zu machen. Nicht jegliche Befassung mit dem Phänomen „Gestalt“ — sei sie begrifflich ordnend oder historisch verknüpfend, kausal analysierend oder final deutend — galt also GOETHE als „Morphologie“; vielmehr erstrebt er darin „eine neue Wissenschaft ... zwar nicht dem Gegenstande nach, denn derselbe ist bekannt, sondern der Absicht und der Methode nach[2])“.

Ein Hindernis für das Verständnis dieser Methode liegt darin, daß GOETHE sie nicht streng aus Prinzipien entwickelt, sich vielmehr nur aphoristisch (und nicht stets eindeutig und widerspruchslos) über sie geäußert und im übrigen sie mehr als „geistreiche Kunst“ (GEOFFROY) ausgeübt hat. Man muß sie also aus verstreuten Hinweisen und vornehmlich aus seinen Urteilen zu rekonstruieren versuchen[3]).

Der Ausgang vom Gestalthaften ist begreiflicherweise für jede Art von Formwissenschaft geboten. Für GOETHE aber ist Gestalt nicht nur das zunächst Gegebene, sondern auch das letzte, was von der Natur empfangen werden kann. Wohl müssen wir praktisch das Gestaltete zerlegen, um es völlig kennenzulernen; aber wir dringen damit nicht ins Wesen. Wollte auch das Denken diesen Weg des Anatomierens gehen, so schwände ihm eben der Gegenstand, das Ganze, das es erkennen will. Aber auch den Versuch, etwa das „Wesen“ jenseits des Gegenständlichen zu finden, wehrt der Satz ab: „Man suche nur nichts hinter den Phänomenen; sie selbst sind die Lehre.“ Der Nachsatz ist allerdings etwas mißverständlich. Denn „Lehre“ vermag nur denkend zu kenn-

[1]) Vgl. hierzu V. HAECKER, GOETHES morphologische Arbeiten, S. 33ff. Jena 1927.

[2]) Schr. z. Naturwiss. S. 133. — In diesem Sinne läßt sich daher Morphologie auch nicht, wie etwa Anatomie und Physiologie, auf ein Teilgebiet der Lebenserscheinungen beschränken. Sie betrifft diese alle, die „Apparate“ wie die „Leistungen“ — wie wir noch sehen werden.

[3]) Versuche, GOETHES Behandlungsart der Natur geschlossen darzustellen, liegen zahlreich vor. Verwiesen sei insbesondere auf die tief eindringenden Werke von H. SIEBECK, GOETHE als Denker (Stuttgart 1905) und G. SIMMEL, GOETHE (Leipzig 1913). Hier soll es sich jedoch nicht um die Auslegung und geistesgeschichtliche Wertung GOETHES als Naturforscher handeln; sondern um ein Hinfinden zu den seinigen möglicherweise sinnverwandten Auffassungen in der Auseinandersetzung mit der Sache selbst, der „Natur“. Ein solcher Versuch mag entschuldbar erscheinen, auch wenn er nicht mit allem philosophischen Rüstzeug unternommen wird; entschuldbar selbst angesichts vieler vortrefflichen Darstellungen der logischen und erkenntnistheoretischen Grundlagen der Biologie, wie der Werke von R. KRONER (Zweck und Gesetz in der Biologie. Tübingen 1913), A. MEYER (Logik der Morphologie. Berlin 1926) und anderen. Denn der Fachphilosoph scheint mir sich mehr in der Lage des Richter zu befinden, der zwar weiß, was recht ist und das Rechtswidrige verurteilt, damit schädliches Handeln wohl hemmen, förderndes aber nicht hervorrufen kann.

zeichnen oder zu „erklären", und GOETHE selbst bemerkt: „Alle Versuche, die Probleme der Natur zu lösen, sind eigentlich nur Konflikte der Denkkraft mit dem Anschauen." Das Denken vermag sich eben der angeschauten bestimmten Gestalt nicht anders zu bemächtigen als mit Hilfe des „Einfachen", nicht oder weniger Bestimmten, das ihm gemäß ist, der Begriffe; diese ermöglichen, als „allgemein", aber auch erst das Setzen von „Beziehungen" in und zwischen den individuellen Dingen. Begrifflicher Art nur können also für das Denken die „letzten Voraussetzungen", die „Ur-Sachen" des in der Anschauung Daseienden sein; nicht Unterphänomene, nicht Phänomene hinter Phänomenen.

Nun enthalten aber alle „abgezogenen Begriffe" einen Rest von Phänomenalität, von aus der Anschauung stammender Bestimmtheit; sie sind generalisierte Vorstellungen, wohl geeignet, Anschauliches zu beschreiben und zu ordnen; aber nicht, es restlos in Bestimmendes zu übersetzen. Dies leisten nur rein dynamische Begriffe.

Sie stellen sich in zwei Fassungen dar, je nach den Phänomenen, auf die sie bezogen werden. Als „bewirkende Ursache — Wirkung", wenn die Phänomengruppe „Geschehen" in Frage kommt. Diese umfaßt aber gleichsam nur Metaphänomene; sie setzt „Dinge" voraus, an oder mit denen etwas geschieht. Das allgemein als bestimmt-dinghaftes Dasein (d. h. Gestalt) gekennzeichnete Euphänomen zu deuten, worauf GOETHES eigentliches Interesse geht, bieten sich Begriffspaare dar, die unter den wechselnden Namen „Mannigfaltigkeit — Einheit", „Stoff — Form"[1]), „Besonderes — Allgemeines", „Teile — Ganzes" doch im Grunde alle dasselbe meinen. Sie sind als Begriffe durchaus eigenartig, gleichsam Grenzfälle des Begrifflichen. Denn „Einheit" für sich begreift nichts, ist ein Begriff ohne Inhalt; „Mannigfaltigkeit" für sich ist dagegen recht eigentlich der Begriff des Unbegreiflichen, eines unbegrenzten und schlechthin stetigen Inhalts. Diese „Begriffe" gehören notwendig als Antagonisten zueinander und sind nur in Bezug auf Gestalthaftes überhaupt sinnvoll[2]). In diesem „durchdringen" sie gleichsam einander, indem Einheit alles Mannigfaltige „umfaßt", sich zum „Ganzen" erweitert; Mannigfaltigkeit aber als solche (als Nicht-Singularität) die Einheit setzt, sich zu „Teilen" einengt. Diese Grenzbegriffe haben also den Charakter reiner Tätigkeiten („Kräfte", „Vermögen"), und wofern Gestalt als durch ihre „Polarität"[3]) bestimmt gedacht wird, erhalten sie die Bedeutung von Ursachen ihres Wesens.

Die Biologie gebraucht jene Begriffe, wie sie auch vulgär gebraucht werden; d. h. ohne sich ihrer Eigenart bewußt zu werden, und daher nur wie andere begriffliche Hilfsmittel der Beschreibung. Daß es sich hier aber nicht um eine Angelegenheit von nur formal-logischem Belang, um eine „Begriffsspielerei"

---

[1]) Aufsatz „Bildungstrieb", Schr. z. Naturwiss., S. 336. Bezüglich der Anlehnung an die Seinslehre des ARISTOTELES vgl. SIEBECK, GOETHE als Denker, S. 101. Stuttgart 1905.

[2]) Die von H. DRIESCH (Wirklichkeitslehre, S. 321. 1917) aufgeworfene Frage: „Weshalb denn müssen Form und Stoff zusammenkommen, wo doch beide allein gedacht werden können?" ist leicht beantwortet: Sie können sinnvoll nicht allein gedacht werden, folglich auch nicht als „zusammengekommen".

[3]) Vgl. H. SIEBECK, GOETHE als Denker, S. 82. Stuttgart 1905 und G. SIMMEL, GOETHE, S. 69, 83f. Leipzig 1913.

handelt, daß man vielmehr die „dynamischen Begriffe" in ihrem eigentlichen Sinne braucht, um Tatsächliches hinlänglich deuten zu können, sei nun — in behelfsmäßiger Kürze — zu zeigen versucht.

Gestalten sind zunächst meine Wahrnehmungen. Aber alles bewußte Haben innerhalb der Grenzzonen der Gefühle einerseits, der Zahlen andererseits, ist immer und unmittelbar Haben von Gestalthaftem. Das Denken jedoch sondert an jedem konkreten „Objekt" zweierlei Tätigkeiten des Subjekts: das Empfinden der sinnlichen Inhalte und das Meinen als ein Ding. Das Band aber zwischen dem Gemeinten und dem Empfundenen ist nicht eine Geschehensbeziehung wie etwa zwischen einem zentralen Ding und anderen Dingen. Alles Inhaltliche (sei es nun rein sinnlich-qualitativ oder selbst schon gestalthafter „Teil" eines gegliederten Dinges) gehört zu einem Dinge insofern, als es als verschieden und doch „mit einem Male" mir gegenwärtig ist. Es tritt gleichsam hervor aus einem stetigen Medium (GOETHE würde sagen „Element"), das wir bei körperlichen Objekten den „Raum" nennen können; nicht etwa im Sinne eines „leeren Dinges", sondern eines mir eigenen positiven, durchaus stetigen Vermögens, unbestimmt viele, dem Ort nach differente Etwas zugleich zu „haben". In diesem Medium ist dann ein (nicht punktuelles, sondern dynamisches) Hier möglich, das die Beziehungen zu vielen Dort nicht erst herstellt, sondern sie nur als „einen Körper" determiniert.

Entsprechendes gilt für das Gestalthafte in der Zeit. „Die Zeit ist selbst ein Element" (GOETHE). Man denke etwa an die Auffassung einer Melodie. „Folge" von Tönen, ja schon „Dauer" eines Tons, sind nur denkbar als Einreihung sinnlicher Gegebenheiten in das mir eigene potentielle Kontinuum Zeit. Aber meine Zeit verläuft nicht nur, sie ruht auch; sie erlaubt ein (dynamisches, nicht momentanes) Jetzt zu setzen, zu dem viele Früher oder Später in urgegebener Beziehung stehen. Anders wäre kein Auffassen von Gestalt in Tönen oder irgend „eines" Vorgangs möglich[1]).

Diese wenigen Andeutungen mögen genügen, um fühlbar zu machen, wie alles, was wir als Gestalt konkret-anschaulich oder gedanklich bewußt haben, gleichsam auf einem dynamischen Grunde ruht, von zwei „Polen" her (oder richtiger: zentripetal und zentrifugal — wobei aber nicht an Geschehen an Gestalthaftem zu denken wäre, sondern nur an gebundene Kräfte) bestimmt ist. Auch sofern eine gegliederte Gestalt gestalthafte „Teile" hat, sind diese doch nicht als Dinge für sich „Ursachen" jener, sondern nur ihrem Teilsein nach,

---

[1]) Der Sinn werdedynamischer Beziehungen erhellt wohl aus nichts besser, als aus der Vergegenwärtigung eines musikalischen Kunstwerkes, etwa einer klassischen Symphonie. Was einen solchen „Bau" zusammenhält, ist nicht Geschehens-Kausalität, nicht Zweckbeziehung; er erwächst aus und ruht in sich selbst, vermöge eines nicht weiter abzuleitenden Sichdurchdringens von und zugleich einer Spannung zwischen „Einheit" und „Mannigfaltigkeit". Erst innerhalb der werdedynamischen Bindung der Teile kommen in den darstellenden Künsten kausale und finale Momente — Emotionen, Handlungen und Motive — zur Geltung; an sich hat die Darstellung dieser nichts mit „Kunst" zu tun, deren Sinn sich vielmehr im Erschaffen von Symbolen autonomer Gestalthaftigkeit erschöpft, im Schauenlassen in sich selbst gegründeten Daseins. GOETHES Auffassung des Verhältnisses zwischen Kunst- und Naturwerk, gekennzeichnet durch das Wort von der Kunst als der „würdigsten Auslegerin" der Natur, ist bekannt. Vgl. u. a. SIEBECK, GOETHE als Denker, S. 44. Stuttgart 1905.

das zugleich das Einssein mit dem Ganzen voraussetzt. In unserem (gesunden) Bewußtsein gibt es Singuläres überhaupt nicht; alles „Neue", wodurch unsere Vorstellungen sich erweitern und verdeutlichen, bestimmt gestalthaft werden, ist, indem es auftritt, schon als Glied verwoben in ein Kräftesystem, das unsere Persönlichkeit ausmacht.

Wie Gestalt uns unmittelbar nur als psychische Tatsache bekannt ist, so können wir auch ihre „Ursachen" nur als uns-eigen erachten. „Äußere Erfahrung", d. h. ein Bestimmtsein unseres bewußten Habens durch etwas, was nicht unser Selbst ist, kann sich nur in der Bestimmtheit der zeit-räumlichen Ordnung unserer Empfindungen aussprechen. Aber Qualität, Folge und Nebeneinander und Dinghaftigkeit selbst sind unsere „Zutaten", die indessen überhaupt erst ein Geordnetsein zu erfahren erlauben. Da wir gar nicht anders können, als gestalthaft erfahren, so „leihen" wir jedem Objekt (für uns), auch wenn wir es als ein Nichtselbst setzen, Gestalthaftigkeit, d. h. behandeln es als ein Ganzes mit Teilen und Eigenschaften, als ein Ding in „der" Zeit und „dem" Raum, — handle es sich nun um das in die „Außenwelt" projizierte Phänomen eines Steins, eines Artefakts oder eines Lebewesens. Erst auf verschlungenen Wegen des Urteilens über die Art der erfahrungsmäßigen Ordnungszüge von Natur-Objekten, von am Augenschein haftender Ahnung zu strengerer Bezeichnung des Wesentlichen vorschreitend, lernen wir das „Belebte" vom „Unbelebten" sicherer zu scheiden[1]). Aber gerade Unbelebtsein zu begreifen, geht uns im Grunde wider die (eigene) Natur; so sehr, daß selbst in den Wissenschaften vom Unbelebten die vitalen Züge aus Sprache und Denken noch nicht durchweg und restlos getilgt sind.

Bei Goethe ist die Überzeugung, „daß, wenn wir bei der Betrachtung des Lebendigen nicht von der ursprünglichen Idee des Lebens, welche in unserm Innern sich frei und klar entfaltet hat, ausgehen, wir nimmer zur Anschauung des Lebens durch Abstraktion gelangen werden" — d. h. die Überzeugung von der Notwendigkeit der Übertragung der Beurteilung des Gestalthaften als geistige Tatsache auf das als Natur gesetzte Gestalthafte — ein naiv-intuitiver Akt. Dieser rechtfertigt sich aber aus der Analogie der Ordnungszüge des schauend und denkend, fühlend und wollend „innerlich" erfahrenden „Selbst" und des an Lebewesen Erfahrenen, und in deren Nachweis im einzelnen wird er fruchtbar[2]).

Auch wenn wir den letzten Rechtsgründen dieses Verfahrens hier nicht nachgehen, so ist der mögliche Gewinn daraus doch leicht ersichtlich. Denn wenn, und nur wenn wir es billigen, könnten wir überhaupt gewissen Naturkörpern „Gestalt" eigentlich zuschreiben; denen nämlich, deren erfahrungsmäßiges Verhalten etwa ein analoges Verhältnis zwischen Ganzem und Teilen, eine ursprünglich, nicht nach und nach entstanden zu denkende Beziehung von Vielem und Mannigfaltigem zu Einem bekundet, wie wir sie als Bewußtseinstatsache erleben. Anderenfalls dürfte von der Gestalt eines Lebewesens nie als von einer Naturtatsache gesprochen werden, sondern nur als von der des je-

---

[1]) Goethes Betrachtungen hierüber s. in „Vorträge über vergleichende Anatomie", Schr. z. Naturwiss., S. 171ff.

[2]) Über Sinn und Tragweite von Goethes Satz: „Was fruchtbar ist, allein ist wahr" vgl. G. Simmel, Goethe S. 21ff. Leipzig 1913.

weiligen Schau- oder Gedankenbildes, das wir von einer vielleicht ganz inkommensurablen Wesenheit haben.

Die Erfahrung über die Art der Gliederung der Lebewesen, ihre Leistungen, ihr Verhalten im Werden und bei Störungen des Werdegangs, zwingen aber schließlich, mindestens vorläufig zuzugeben, daß alles dies so sei, als ob ihnen eine entsprechende Verfassung zugrunde läge, wie dem Gestalthaften unseres Bewußtseins, — die eines „Ganzen", nicht nur etwa einer Häufung von Einzelnem. Selbst der überzeugte Atomist kann es ja ohne gezwungene Künstelei nicht vermeiden, bei Lebewesen von „Ganzem" und „Teilen" zu sprechen (wobei auch ihm kaum entgehen kann, daß dies hier viel sinnvoller und zwingender geschieht, als etwa bei „einem" Berg und „seinen" Gipfeln); oder von „Leistungen" (nicht nur Wirkungen) und „Werden" (nicht nur Geschehen). „Nirgends ist in Wirklichkeit die biologische Forschung ausgekommen ohne Ganzheitsbegriffe bei der Darstellung ihrer Ergebnisse"[1]). Ein sorgfältig geprüftes „Als ob" bedeutet aber nichts anderes als Analogie; und was sich analog verhält, läßt auch analoge Beurteilung zu.

Als das Wesentliche der Methode der Morphologie erscheint also, daß sie, als die Gestalt der Lebewesen beherrschend, aber auch nur durch sie sich äußernd, ein werdedynamisches Verhältnis von Mannigfaltigkeit und Einheit, von Teilen potentia und Ganzem potentia, voraussetzt; analog wie es aus dem gestalthaften Haben unseres Bewußtseins denkend zu erschließen (nicht unmittelbar zu erfahren!) ist. In jenem Verhältnis erkennt sie ein eigentümliches Prinzip des Lebens an, nicht etwa in einem „vitalen Faktor".

Weshalb dies Prinzip nicht geschehens-kausal („mechanistisch") aufgelöst werden kann, wurde schon oben (S. 311) angedeutet. Es betrifft eben die Dinghaftigkeit selbst, Kausalität (im üblichen Sinne) dagegen eine Beziehung zwischen Dingen[2]); Dingen, deren Vielheit nur Quantität, nicht Gestalt, somit auch kein Gegenstand der Morphologie ist.

Es ist sicher, daß das, was gemeinhin als Lebensäußerungen bezeichnet wird, geschehenskausal verständliche Vorgänge einschließt. Deren Erforschung ist die wegen der hohen Komplikation der energetischen Zusammenhänge im Körper der Lebewesen überaus schwierige Aufgabe der Physiologie, soweit sie angewandte Physik und Chemie ist. Eine Aufgabe, die auch im Sinne der Biologie notwendig ist, da sich aus ihrer Lösung das „Wunder" einer organischen Leistung erst im einzelnen ermessen lassen wird; die andererseits — trotz der Ferne der Erfüllung — keineswegs hoffnungslos ist in dem Sinne, daß sie der Physik und Chemie etwas mit ihren Methoden schlechterdings Unerreichbares zumutete. Dagegen spricht schon der dauernde Erfolg; und nichts von dem, was bisher erarbeitet wurde, weist darauf hin, daß bei den Betriebs- oder Werdevorgängen in Lebewesen die Hauptsätze der Energetik je durchbrochen würden.

Es wäre aber irrig, daraufhin zu behaupten, daß für die Lebensvorgänge (bzw. Naturvorgänge überhaupt) nichts anderes maßgebend sei als Arbeit, energetisch-kausale Abläufe. Denn was jeweils wirklich vorgeht, hängt nicht

[1]) Näher ausgeführt bei E. Ungerer, Der Sinn des Vitalismus und des Mechanismus in der Lebensforschung. Driesch-Festschr. I, S. 9. 1927.

[2]) Auch die Physik wird schließlich „letzte Dinge" annehmen müssen, deren Wesen sich nicht mit Geschehensursachen, sondern nur mit Seinsursachen fassen läßt.

allein von den Rahmengesetzen für das Geschehen in der Natur überhaupt ab, sondern zudem von der „gegebenen" Ordnung der Energien (nach Qualität, Menge, Stärke, Ort, Zeitpunkt)[1]). Diese Ordnung kann „zufällig" erscheinen (womit jedoch die kausalgesetzliche Verknüpfung des in ihr dargestellten Zustandes mit voraufgehenden nicht im geringsten in Frage gestellt wird!) oder „geregelt". Was mit diesem „geregelt" gemeint ist, kann uns allerdings die Energetik allein nicht mehr sagen. Wir verstehen es aber, wenn wir finden, daß in einer Maschine die Energien so geordnet sind, daß dies auf Umwandlungen in ganz bestimmter Richtung, mit möglichst geringer Zerstreuung („ökonomisch") und mit einem ganz bestimmten Endeffekt „abzuzielen" scheint. Mit diesem Maschinengeschehen bietet nun das Geschehen im Körper mindestens der ausgebildeten Lebewesen, ihr „Betrieb", eine weitgehende Analogie, deren (gebotene) Einschränkung jedenfalls nicht darin liegt, daß die organische (werkzeugmäßige) Gliederung der Lebewesen — der „Organismen", wie sie seit ARISTOTELES allgemein benannt werden — eine außerordentlich viel weiter ins Feine gehende ist, als bei den kunstvollsten Maschinen, so daß wir nicht einmal bestimmt sagen können, wo an den Teilen der Organismen eigentlich die Organisation aufhört und das bloße „Material" anfängt.

Beiderlei Gebilde sind jedenfalls ohne das von uns hineingesehene Moment der auf ein Ziel gerichteten, das Kausale regelnden Absicht gar nicht hinlänglich zu kennzeichnen. Ohne daß ich ihre Bestandteile als „Mittel" zu einem „Zweck" verstehe, könnte ich eine Maschine überhaupt nie als solche anerkennen, auch wenn ich alle kausalen Abhängigkeiten bei ihrem Funktionieren verstände. Ebenso könnte ich von einem Organismus nie mit Sinn sprechen, wenn ich ihn nur als notwendiges Ergebnis energetischer Abläufe auf Grund bestimmter Ausgangsbedingungen beurteilte und nicht unterstellte, daß auch hier einem zwecksetzenden Ganzen die Teile als Mittel dienten. Es ist demnach für die Maschine wie für den Organismus das Geschehen gar nicht das Kennzeichnende (denn das Geschehen folgt in der ganzen Natur den gleichen Gesetzen); sondern das Beharren der Regel im Geschehen[2]). Dadurch erst wird das Geschehen zur Funktion, zur Lebensäußerung. Hieraus ergibt sich auch — was bisweilen übersehen wird —, daß eine Maschinentheorie des Lebens etwas ganz anderes ist als schlechthin eine „mechanistische" Theorie desselben. Denn jene fordert geradezu, außer den Energien noch etwas anderes als wesentlich für das Phänomen „Leben" anzunehmen, nämlich eine im Wechsel der Geschehensbewirkungen beharrende spezifische Ordnung.

---

[1]) Der Satz von NICOLAI HARTMANN, den der Biologe MAX HARTMANN in seiner Abhandlung „Biologie und Philosophie" (Berlin 1925), S. 6, beistimmend anführt: „Die Natur ist nichts anderes als der unendliche Komplex von Kausalreihen" — verschleiert dies Verhalten nur durch das vage Wort „Komplex".

[2]) Diese Regel ist also der „irrationale Rest", der nach MAX HARTMANN (a. a. O., S. 18) „auch nach Erkennung des rationalisierbaren kausalen Teils an den Lebewesen bestehen bleibt, dann aber ... vom naturwissenschaftlichen Standpunkt aus nicht mehr interessieren würde". Wäre es tatsächlich so, daß nur geschehenskausal rationalisiert werden kann, oder daß nur so Rationalisiertes naturwissenschaftlich interessant ist, so müßte nicht nur die „Organismologie", sondern auch die Geologie, Meteorologie, Astronomie usw. aufhören, sich für ihre eigentlichen Gegenstände, die alle besondere Ordnungszüge tragen, zu interessieren; von verschiedenem „Irrationalen" ausgehend, würden sie alle nur dasselbe lehren!

Dieser Forderung suchen zwei an sich konsequente, weit in die Geschichte der Biologie zurückzuverfolgende Denkmöglichkeiten zu genügen. Entweder muß jene Ordnung für von vornherein irgendwie gegeben gelten und sich dauernd im Leben der Art erhalten, — latent im Keim, im Soma sich manifestierend. Oder sie muß durch ein nicht-energetisches Agens geschaffen werden, sowohl indem die Art, als auch indem jeweils aus dem Keim das Individuum ins Dasein tritt. „Kausalität" bleibt in beiden Fällen unangetastet; aber dort betätigt sie sich an uranfänglich „geprägter Form" (Präformismus); hier an nach und nach jeweils unter dem Einfluß eines „ordnenden Faktors" werdender Form (vitalistische Epigenetik).

Es soll hier nicht untersucht werden, ob es dem Vitalismus in der Fassung, die er in neuerer Zeit insbesondere durch Driesch[1]) empfangen hat, tatsächlich gelungen ist, jegliche präformistische bzw. prädeterministische Theorie des Werdens endgültig ad absurdum zu führen; auch nicht, ob die Vorstellungen Drieschs über die Art, wie der ordnende Faktor, den er (einen Begriff der aristotelischen Naturphilosophie abbiegend) „Entelechie" nennt, auf das energetische Geschehen Einfluß übt, stichhaltig sind[2]). Methodisch von Belang ist nur, daß die Beziehungen zwischen Entelechie und organisiertem Körper etwa denen angeglichen sind, die zwischen dem vom Ingenieur entworfenen Plan und der körperlichen Maschine bzw. ihrem Gebautwerden bestehen. Diese Theorie könnte also bestenfalls begreiflich machen, wie ein organisch gegliedertes Gebilde gleichsam aus einem Material in ein anderes — aus dem Gedanklichen ins Körperliche — übertragen wird. Hier berührt sich der Vitalismus geradezu mit dem Prädeterminismus; nur insofern bleibt ein Gegensatz bestehen, als das Körperliche hier als dauernd starr bestimmt betrachtet wird; dort als plastisch und nach und nach bestimmt, und zwar bestimmt durch ein „autonomes und irreduzibles" Daseiendes einer nicht-körperlichen und unanschaulichen Wirklichkeit[3]).

In beiden Lehren bleibt demnach das Werden (wenn auch in etwas verschiedenem Sinne) „nur" Phänomen, Schein. Beide sagen nichts darüber aus, wie zweckmäßig geregelte Ordnung — sei es in der Verkörperung, oder als „Entelechie", oder als mein Plan — jemals möglich sei, welches ihre letzten Voraussetzungen seien. Dies ist die übergeordnete Frage, von der aus das alte Problem „Präformation oder Epigenese?" angegriffen, oder eher neu formuliert, und auf Grund der empirischen Indizien erörtert werden müßte. — Die Hoffnung, hierüber doch etwas wissen zu können, darf sich vielleicht am ehesten darauf stützen, daß wir zweckmäßige Gefüge — also Dinge, bei denen, wie beim Organismus, die Beschaffenheit der Teile durch das eigenartige Wesen des Ganzen bedingt ist (Kant) — nicht nur tatsächlich als solche verstehen, sondern auch schaffen; eben als Werkzeuge, Maschinen.

---

[1]) H. Driesch, Philosophie des Organischen. Leipzig 1909 (4. Aufl. 1928).

[2]) Treffendes zur Kritik des Vitalismus s. u. a. bei R. Kroner, Zweck und Gesetz in der Biologie, S. 24ff. Tübingen 1913 und M. Heidenhain, Formen und Kräfte in der lebendigen Natur. Berlin 1923.

[3]) Eben daraus, daß „Entelechie" als daseiend, wirklich, eingeführt wird und doch als „Faktor", ergeben sich alle die Schwierigkeiten, ihr Wirken anders als eine Geschehensbewirkung mechanistischer Art zu denken.

Der wesentliche Akt bei der Entstehung einer Maschine ist nun sicherlich nicht ihre Ausführung nach dem Plan durch Arbeit, sondern dessen Entwurf selbst im Ingenium des Ingenieurs. Hierher stammt die absichtsvolle Ordnung, innerhalb welcher sich die Arbeit des Bildens wie die im Gebilde vollzieht. Das Entwerfen des Technikers ist freilich kein Erzeugen schlechthin; vielmehr ein Wählen unter einem Vorrat von Ding- und Gesetzesvorstellungen, der sein Wissen ausmacht, mit dem determinierenden Richtpunkt einer Zielvorstellung. Und zwar ist es nicht so, daß dieser Leitgedanke erst verbände, was vorher in Vereinzelung bestand; sondern so, als ob er aus einem Kontinuum (dem „Gedächtnis", bzw. dessen dynamischem Hintergrund) Besonderes an sich zöge, aus vielen zugleich umfaßten Möglichkeiten das Zweckgemäße. Nur so ist Wählen, Lenken, Ordnen überhaupt möglich. Ein schöpferischer Ingenieur „con-struiert" (im engen Wortsinne) eine Maschine ebensowenig, wie ein Künstler eine Symphonie „com-poniert". Die Idee, die „prima entelechia" (erste Vollendung), ist da oder ist nicht da; sie ist da als ein Teil des geistigen Ganzen des mit ihr Beglückten. Was zu ihr als Ausgestaltung und Modifikation nach und nach „hinzukommt" — das Werden des vollendeten Entwurfs ausmachend — ist immer schon Glied des Ganzen, von derselben Dynamik getragen wie die Idee (vgl. S. 313)[1]).

Ohne die Erfüllung der Bedingungen der Ganzheit, d. h. wahrer Gestalthaftigkeit, ist also kein zweckmäßiges Gefüge möglich. Gestalt-Ganzheit ist das dem Wesen nach Primäre, zweckmäßige Prägung das Sekundäre, der besondere Fall. Oder mit andern Worten: Ganzheit hat nicht notwendig den Charakter des technisch Zweckmäßigen; aber ein zweckmäßiges Gebilde ist notwendig — seinem Werden nach — ein Ganzes[2]).

Diese zunächst introspektiv gewonnene Einsicht besagt, wiederum auf das Natur-Phänomen „Organismus" angewandt, daß dieser ein solcher, ein „Werkzeugwesen", eben nur auf Grund seiner Gestalthaftigkeit sein kann. Er ist ein zu harmonischen Leistungen befähigtes körperliches Gebilde, nicht also dank einem „ganzmachenden", „in den Raum hinein" auf tote Materie wirkenden Faktor; sondern dank einer ursprünglichen zur Einheit gebundenen raumzeitlichen Mannigfaltigkeit, die allein das Hervorgehen einer Bestimmtheit der Teile auch im Sinne eines technischen Endeffekts für die Gesamtheit der Teile erlaubt[3]). Er ist selbst erster Entwurf (als „Keim") und vollendet sich selbst;

[1]) Der „intellectus archetypus" — ein Verstand, der „von der Anschauung eines Ganzen als eines solchen" zu den Teilen dieses Ganzen geht —, den Kant als Gegenstand der Erkenntnis nur fiktiv gelten läßt, wird von den Schaffenden allenthalben mindestens betätigt.

[2]) Die Bezeichnung des „Begriffs von einem Objekt, sofern er zugleich den Grund der Wirklichkeit des Objekts enthält", als „Zweck" bei Kant hat wohl zur Verschleierung dieser Sachlage beigetragen. E. Ungerer in seiner Abhandlung „Die Teleologie Kants" (Abh. z. theoret. Biol. H. 14, S. 45, 73ff. 1922) weist mit Recht darauf hin, daß es hier richtiger „Ganzheit" heißen sollte. Dann wäre auch der Weg geebnet für eine ungezwungene Beurteilung von Kunstwerk, technischem Werk und Organismus unter analogen Gesichtspunkten.

[3]) „Die Analogiebetrachtung verwandelt die naive Vorstellung der vitalistischen Entelechie in eine empirisch anwendbare Methode, sie ordnet die Gesetze der konstruierenden Disziplinen dem biologischen Erfassen der organischen Einheit unter, ohne jene zu vergewaltigen, ohne die logische und erkenntnistheoretische Problemlage zu verhüllen." R. Kroner, Zweck und Gesetz in der Biologie, S. 151. Tübingen 1913.

die Regel seiner Ordnung kann schlechterdings nur eine ihm innewohnende, keine aufgezwungene sein. Wir werden daher auch mit Bezug auf Lebewesen von „Stoff" in ganz anderem als dem physikalischen Sinne zu sprechen haben: alle seine Teile höheren und niederen Ranges sind sein „Stoff" im Sinne des Ausdrucks dynamischer Mannigfaltigkeit; „Form" aber als Ausdruck der sie umfassenden dynamischen Einheit („Andeutungen des Innern", s. S. 309). Und dies, Stoff und Form, ist ein Lebewesen in jeder Phase seines Daseins, als Keim wie als erwachsener Organismus.

Selbstverständlich ist mit alledem auch nur ein allgemeiner Rahmen für die Beurteilung „des Lebewesens" gegeben. Wie kein konkretes Lebewesen ein Ganzes schlechthin ist, so haben auch die in ihm waltenden Kräfte keinen absoluten, sondern für jede spezifische Gestalt ihren besonderen Wert. Die technische Harmonie der Glieder jedes Lebewesens weist auf eine spezifische Abstimmung der Antagonisten, auf Determination der Mannigfaltigkeit. Diese Abstimmung beherrscht auch das Werden, sie wird nicht; sie ist die „Art" in der Eizelle wie im adulten Organismus, der sich bildet, indem der Keim sich „Fernstes aneignet", d. h. den ungeregelten Strom der Energien wählend aufnimmt, unorganisierte Stoffe in ein gegebenes dynamisches System einbaut; nicht ein Einfaches ausbaut (wie die Epigenetik will), auch nicht minutiös schon körperlich Fertiges nur entwickelt (wie die Evolutions- oder Präformationslehre will). Erfahrung lehrt vielmehr, daß alles Mannigfaltige zwar arteigenen Regeln unterworfen, der Erscheinung nach aber keineswegs ein für allemal festgelegt ist. Es scheint in Lebewesen mehr an Bildungsmöglichkeit zu stecken, als im einzelnen, auch im „normalen" Fall offenbar wird; — Arten „variieren", erscheinen in mehr oder minder zahlreichen Rassen, in von „Umständen" abhängigen Formen. Es gibt Lebewesen, deren Teile mehr oder minder lange in der Embryogenese die Möglichkeit bewahren, unter veränderten Umständen eine andere als die im normalen Gang befolgte Richtung der Ausbildung einzuschlagen (Regulationstiere bzw. -keime); es gibt aber auch Lebewesen, deren Werden vom Ei bis zum adulten Zustand mehr oder minder streng zwangsläufig sich vollzieht (Mosaiktiere bzw. -keime). Die Natur läßt Grade zu von Zwang und Freiheit[1]; sie kennt nicht das Entwederoder „Präformation — Epigenese".

Lange ehe zur Beurteilung dieser vermeintlich zwingenden Alternative ein so reiches empirisches Material zur Verfügung stand wie gegenwärtig, sprach GOETHE mit sicherem Instinkt aus, es seien Evolution und Epigenese Worte, „mit denen wir uns nur hinhalten"; jene sei wohl „widerlich", doch müsse man, „um das Vorhandene zu betrachten, eine vorhergegangene Tätigkeit zugeben", sowie ein Element, „worauf sie wirken könne", zuletzt aber „diese Tätigkeit mit dieser Unterlage als immerfort zusammen bestehend und ewig gleichzeitig vorhanden denken". Das nötige zur Annahme, zwar nicht von Prä-

[1]) Freiheit immer innerhalb der arteigenen Regel! Von einem „ersten Werden" der Arten selbst, bzw. von einer Fortdauer desselben, ist hier nicht die Rede; es liegt mindestens an der Grenze aller „Natur"-Erfahrung. Aus dieser kennen wir Werden zunächst nur als Werden von Artkeimen zu Artpersonen, als ein Übergehen aus einem „ersten" in ein „zweites" Sein. Was auf einen „Seinszusammenhang" auch der Arten endlich schließen läßt, sind ganz andere Momente, als etwa das Variieren der Art (s. u. S. 329).

formation, doch von „Prädetermination", die indessen die Freiheit der „Metamorphose" nicht ausschließe[1]).

Wir glauben jetzt deutlicher zu sehen, daß mit diesen Worten kein brüchiger Kompromiß aus innerer Unsicherheit gesucht wird; daß vielmehr GOETHES Dynamismus die Denkform ist, die allein dem Spielraum, den die Natur selbst läßt, gerecht zu werden vermag. Der mechanistische Kausalismus ist, wenn er sich nicht in Widersprüche verstricken will, auf die Präformation festgelegt, der Vitalismus ebenso auf die Epigenese (sowohl in der sog. Ontogenese wie in der sog. Phylogenese). Einen Mittelweg gibt es hier nicht, sondern nur eine Nötigung zur Revision der Voraussetzungen. „Man sagt, zwischen zwei entgegengesetzten Meinungen liege die Wahrheit mitten inne. Keineswegs! Das Problem liegt dazwischen, das ewig tätige Leben in Ruhe gedacht"[2]).

Der wissenschaftliche Wert der morphologischen Methode ist offenbar nicht dort zu suchen, wo die Biologie mit physikalisch-chemischen Fragestellungen erfolgreich arbeitet, also in Vorfragen der Betriebsphysiologie; wohl aber dort, wo jene unter dem Zwang der anschaulichen Erfahrung von Ganzem und Teilen, von Organismus und Organen, von deren Leistung, Entwicklung und Umwandlung, von Individuum und System spricht. Es ist Sache erfahrungsmäßiger Prüfung, zu entscheiden, ob diese Begriffe in gegebenen Fällen in ihrem eigentlichen Sinne gebraucht werden können und müssen. Aber es ist auf jeden Fall schädlich (denn es muß zu falscher Problemstellung führen), wenn sie fortgesetzt gebraucht werden, ohne daß dieser Sinn verstanden und beachtet wird.

Aus GOETHES morphologischen Voraussetzungen fließt sinnvoll die Darstellung: „Jedes Lebewesen ist kein Einzelnes, sondern eine Mehrheit; selbst insofern es uns als Individuum erscheint, bleibt es doch eine Versammlung von lebendigen selbständigen Wesen, die der Idee, der Anlage nach gleich sind, in der Erscheinung aber gleich oder ähnlich, ungleich oder unähnlich werden können ... Je unvollkommener ein Geschöpf, desto mehr sind die Teile einander ähnlich, und desto mehr gleichen sie dem Ganzen ... Die Subordination der Teile deutet auf ein vollkommeneres Geschöpf"[3]).

Die neuere Biologie glaubt genau jene „Mehrheit" zu kennen: die „Elementarorganismen", die „Zellen", die „Bausteine" des Körpers der Tiere und Pflanzen. Ja, bei HAECKEL findet sich der Organismus dargestellt als ein Bau in „Individualitätsstufen", von der Zelle über Organ, Metamer, Antimer zur Person bzw. weiter zum Kormus aufsteigend. Die (auf epigenetischer und mechanistischer Basis unvermeidliche) innere Leerheit dieser Worte wird aber klar, wenn wir hören, daß „alle Naturkörper..., Organismen und Anorgane, ... als bestimmt abgeschlossene räumliche Einheiten, als Individuen, unmittelbar entgegentreten"[4]), oder wenn PLATE[5]) gar lehrt, der „Begriff des Individuums" sei „der anorganischen Körperwelt entlehnt"[6]). Der auf dieser Basis unter-

[1]) Im Aufsatz „Bildungstrieb", Schr. z. Naturwiss., S. 336.
[2]) GOETHE, Schr. z. Naturwiss., S. 78. [3]) Schr. z. Naturwiss., S. 252.
[4]) E. HAECKEL, Generelle Morphologie der Organismen, Bd. 1, S. 24. 1866.
[5]) L. PLATE, Allgemeine Zoologie und Abstammungslehre, Teil 1, S. 149. Jena 1922.
[6]) Der Ursprung dieses Irrtums ergibt sich aus dem auf S. 313 Gesagten.

nommene Versuch, das Hervorgehen harmonischen Zusammenwirkens von Ungleichem und der „Subordination der Teile" verständlich zu machen, die Lehre von der „Arbeitsteilung", muß schlechterdings ein Phantom bleiben. Er übersieht, daß hier doch nur die Teilung einer Ganzheitsleistung (nicht die einer Geschehenssumme) in Frage kommt, und daß diese doch nur möglich wäre, wenn etwas wie eine Gemeinschaftsintelligenz bestünde, die das Ziel kennt und die Rollen verteilt. Daß durch Zufall einmal unter Hunderten von um die Gemeinschaft unbekümmerten Arbeitern alle die Arbeit tun, oder daß sie sich gegenseitig dazu veranlassen könnten, die das Bestehen eines „Ganzen" gewährleistet, ist eine Annahme von hoher Unwahrscheinlichkeit. Arbeitsteilung im Sinne der Ganzheitserhaltung muß aber bestehen, seitdem es Organismen gibt. Mit dem Hinweis auf unvollkommene Stufen, die allmählich immer mehr glückliche Zufälle „einfingen" und (wie?) fixierten, kommt man hierbei also nicht weit.

Die Unzulänglichkeit atomistischer Einstellung wird besonders fühlbar beim Gewahrwerden, daß das erste Wesentliche der Individualität nicht die Funktionseinheit (Organ im weitesten Sinne), sondern die Gestalteinheit (Morphon) ist. Anschaulich erfassen wir diese wohl nirgends besser, als wenn wir auf die rhythmische Wiederholung des „Analogen" am Tierkörper achten[1]); also auf die Erscheinungen der Symmetrie, der Metamerie und der Homonomie, in welch letztere man auch das z. T. tausendfältige Auftreten von unter sich ähnlichen Gebilden, wie Schuppen, Zähne, Haare, Federn, Drüsenfollikel, Sinnesknospen u. a. m., einbeziehen mag.

Derartige Gliederung als aus einem Zustand der Indifferenz und nur mechanischen wechselseitigen Abhängigkeit der Elementargebilde hervorgegangen zu denken, schließt ein Maximum von Unwahrscheinlichkeit ein. Denn jener enthält ja ausgesprochenermaßen nicht die Regel, die sich doch in jedem dieser analogen Gebilde ausspricht, die sich eben nicht nur auf Analogie der Leistung, sondern auch auf die der gestaltlichen Konstitution bezieht. Der gleiche technische Effekt ist also immer mit denselben Mitteln erreicht. Hier versagt jeder mit akzidentellen Geschehensursachen arbeitende Erklärungsversuch, wie schon vor langem G. Wolff[2]) erkannte: „Alle Gebilde, die an demselben Organismus vorhanden und gleich sind, spotten der Erklärung durch die Selektionstheorie." (Denn nach dieser müßten die Anfänge eines jeden von ihnen blind und doch in gleicher Weise variiert haben und in gleicher Weise selektiv beeinflußt worden sein.) Da aber die Selektionstheorie „für die Erscheinungen, die sie erklärt, nur dadurch zu einer Erklärung wird . . ., daß sie das Regelmäßige aus dem Regellosen ableitet, so kann sie hier, wo ihre Voraussetzungen schon die Regel fordern, nicht anwendbar sein." Hier liege vielmehr ein Hinweis, „daß die Veränderung der Formen von einem Gesetz beherrscht wird, welches wir nicht kennen, welches aber zu erforschen jetzt die vornehmste Aufgabe für alle denkend betriebene Biologie bilden muß."

---

[1]) Gestaltwiederholung und Abwandlung in der Wiederholung ist eine Leistung, die nur einem Ganzen, analog unserem geistigen Wesen, möglich ist. Deshalb, als Künder dieses Wesens, ist sie auch als Kunstmittel so bedeutsam.

[2]) G. Wolff, Beitrag zur Kritik der Darwinschen Lehre. Biol. Centralbl. Bd. 10, S. 452ff. 1890.

Dem „Gesetz" der Gestalteinheiten ist in neuerer Zeit wohl niemand auf induktivem Wege eindringlicher nachgegangen als M. HEIDENHAIN. Seine Histosystemlehre bricht bewußt mit einer nur anatomierenden Strukturkunde, sucht das Verstehen der lebenden Gebilde als Ganze, als Systeme. Zunächst liegt es auch ihr ob zu zeigen, daß die Lebensvorgänge sich nicht als Summenwirkungen von Singulärem — von Zellen, wofern sie so gedacht werden — verstehen lassen. Diesen Nachweis führt sie auf Grund eines reichen Erfahrungsmaterials über die Erscheinungen der Formbildung, das teils der experimentellen Embryologie, teils den Untersuchungen HEIDENHAINS selbst[1]) über Bau und Entwicklung der Drüsen, Darmzotten, Sinnesknospen usw. entnommen ist. Es zeigt sich, daß alle Formbildung unter Teilung von Formeinheiten verläuft; Teilung, die allerdings keine mechanische Zerteilung einer Struktur, vielmehr eher als Selbstverdoppelung zu kennzeichnen ist. Neben der spezifischen Regeneration, der Variation und der Erzeugung über die Zellgrenzen hinweg zusammenhängender Grundsubstanzgebilde ist dies Sichteilenkönnen gerade der allgemeinste und bezeichnendste Zug eines lebenden Systems; es ist Ganzheitsleistung, Systemfunktion. Durch dies Vermögen kennzeichnen sich als echte Formeinheiten aber nicht nur die Zellen; sondern, wie einerseits die den Zellenleib aufbauenden untergeordneten Formeinheiten bis hinab zu den theoretisch zu fordernden „Protomeren", so andererseits auch die aus Zellteilungen hervorgegangenen „Histomere" und die durch deren (unvollkommene) Teilung entstandenen „Histosysteme", ja die Tierpersonen[2]). So stellt der höhere Organismus[3]) sich dar als ein Sichineinanderfügen, eine „Synkapsis" von Formeinheiten höheren und niederen Ranges.

Da nun das komplexe System jeder Tierperson von einer Zelle, dem Ei, seinen Ausgang nimmt (abgesehen von den Fällen, in denen es durch effektive Teilung einer anderen Person entsteht), so ist zu schließen, daß die Bedingungen der „Verfassung" jenes Systems eben in der Stammzelle liegen müssen. Die Erfahrungen insbesondere über embryonale Restitutionen lassen sogar prinzipiell („wenigstens als Grundlage der Betrachtung") annehmen, daß sie in jeder Artzelle liegen, jedoch, sofern diese Teil des Systems wird, latent bleiben, in ihrer Auswirkung eben durch das System gehemmt werden[4]).

Als den Ausdruck der „dynamischen Verfassung" der Zelle betrachtet HEIDENHAIN die spezifische konstante Kern-Plasmarelation. Er stellt sich vor, daß diese, indem sie bei allen Teilungen (durch Teilung aller Protomere) bestehen bleibt, als eine zuständliche korrelative Beziehung auch zwischen den Zellenkomplexen, die aus einer Zelle hervorgehen, also auch zwischen den Histomeren und Histosystemen, als systembedingend sich erhält. Diese Korrelation wird also nicht von körperlichen „Zentren" aus durch energetische Ein-

[1]) Sie sind genannt in der hier vornehmlich berücksichtigten Schrift von M. HEIDENHAIN, Formen und Kräfte in der lebendigen Natur. Berlin 1923.

[2]) Die Teilung braucht nicht stets im ausgebildeten Zustande des Systems zu erfolgen, sondern kann auch eine „Teilung in der Anlage" sein. Das schlägt die Brücke auch zu den Erscheinungen der geschlechtlichen Fortpflanzung.

[3]) „Höher" und „nieder" erhalten hier einen wesentlichen Sinn, den man nie finden kann, wenn man die verschiedenen Organisationen nur nach Graden ihrer „Zweckmäßigkeit" bewerten wollte.

[4]) Vgl. die auf S. 319 angeführten Worte GOETHES!

wirkungen erst hergestellt; sie besteht auch, wo solche nicht, bzw. bevor sie gegebenenfalls gebildet sind; sie muß also ganz anderen Wesens sein, als etwa die Steuerung der Betriebs- und Entwicklungsvorgänge durch nervöse Erregungen, Hormone u. dgl. (Nervensystem, Hormonorgane, auch die Träger der „Gene", sind ja selbst Bestandteile der Organisation, Ergebnisse der Formbildung, nicht deren letzte Bestimmer!). Die Systemeinheit ist nicht einmal durchaus abhängig von ursprünglichem Zusammenhang der Teile, wie die Möglichkeit der Verschmelzung zweier Keime zu Einheitsbildungen, der Erzeugung von Schwammindividuen aus der Vereinigung isolierter Zellen und ähnliche Fälle (am schlagendsten wohl der alltägliche Vorgang der Befruchtung!) erweisen.

So gelangt HEIDENHAIN dazu, die „Verfassung" eines lebenden Systems als einen „Spannungszustand" zwischen „Kräften", als „Syntonie", zu deuten und die Gestalt eben als Ausdruck dieses Verhältnisses. Über die Natur dieser Kräfte äußert er sich nicht ganz eindeutig. Er gesteht, daß wir sie „im Grunde genommen nicht kennen", läßt sie aber „an der Materie haften" und nennt sie „causae efficientes"; hofft, sie in Zukunft „nach den Prinzipien der Physik ausdrücken" zu können, deutet aber auch an, daß sie uns „in den inneren Erfahrungen als psychische Vorgänge unmittelbar zum Bewußtsein gelangen könnten"[1]). Auch im Bewußtsein aber sind „Kräfte" nie eigentlich zu erfahren, sondern nur aus der Form des Bewußten zu erschließen (s. o.). Es ist indessen durchaus kein Einwand gegen ihre Wirklichkeitsbedeutung, daß sie nicht als bewußt oder gegenständlich Wirkliches aufzuzeigen, sondern „nur" — aber nicht nur willkürlich — in das Wirkliche „hineingedacht" sind. Auch der Physiker will Kräfte nicht als solche erkennen, sondern begnügt sich, Größenbeziehungen ihrer Äußerungen festzustellen; ebenso sind sie dem Morphologen gedankliche Hilfen zur Beurteilung seines Gegenstandes, der Gestaltqualität.

Es scheint höchst bemerkenswert, daß HEIDENHAINS Lehre, rein aus unbefangener Forschung geboren, von der Einsicht in die Regelhaftigkeit organischer Gestaltbildung ausgehend und keine bewußte Anlehnung an GOETHES morphologische Arbeiten verratend, doch in denen GOETHES mindestens sehr nahe verwandte letzte Ansichten über das Wesen der belebten Natur ausmündet[2]). — Wenn HEIDENHAIN von „synthetischer Morphologie" spricht, so läßt sich darunter verstehen eine Lehre, die zeigt, wie ein Ausgangssystem, die Zelle, die Bedingungen des Werdens „zusammengesetzter" Systeme in sich trägt (vgl. oben S. 318). Aber jene Bezeichnung kann nicht eigentlich auf die Methode gehen. Diese bleibt im Grunde immer „analytisch"; nur insofern ist sie erklärend, ist Wissenschaft[3]). Aber es ist ein Unterschied, ob Analyse von der (forschend auszugestaltenden) Idee eines Ganzen ausgeht („eine Synthese voraussetzt", wie GOETHE sagt) oder nicht. Im letzteren Falle wird sie stets nur Singuläres, Stücke, finden; wird, nach HEIDENHAINS Wendung, „an tausend

---

[1]) M. HEIDENHAIN, Formen und Kräfte in der lebendigen Natur, Berlin 1923, S. 56, 87, 94, 134.

[2]) Eine „neue theoretische Anschauung" darf sie sich aber insofern nennen, als sie ein neues, viel umfassenderes und bestimmteres Wissen, als die Zeit GOETHES es hatte, zum erstenmal in konsequent dynamistischer Auffassung verarbeitet.

[3]) Daher das Anstößige eines irreduziblen finalen Faktors!

Objekten tausendmal dasselbe lehren". Im ersten Falle darf sie doch hoffen, mit den „Teilen" auch etwas von dem „geistigen Band" gewahr zu werden. Dort, wo sie das Allgemeine spezifischer Gestalten im körperlich Einfachsten und in unspezifizierten Wirkungen sucht, sondert sie für immer das in der Erscheinung Verbundene; hier, wo das Allgemeine und Einfache nur dynamisch gemeint sein kann, ist sie imstande zu verbinden, was in der Erscheinung „besonders" ist.

Die Bedeutung der morphologischen Einstellung auch für das Inhaltliche wissenschaftlicher Aussagen tritt vielleicht nirgends deutlicher hervor als bei den Versuchen, die Frage nach dem Sinn der Ähnlichkeitsbeziehungen unter den Arten der Lebewesen zu beantworten.

Das erste Ergebnis der Erforschung der Ähnlichkeiten und Unterschiede der Lebewesen stellt sich dar als deren Klassifikation, auch wohl „System" des Tier- bzw. Pflanzenreichs genannt. Klassen (verschiedenen Ranges) werden festgestellt durch Vergleichung des Baues, insbesondere der relativen Lageverhältnisse der Teile. Nach der Übereinstimmung in dieser Hinsicht bestimmen sich die „Homologien"[1]). Indem man fortschreitend vom spezifisch Bestimmten, vom Ungleichen der erscheinungsmäßigen Eigenschaften, von Mengen- und Größenverhältnissen absieht, gelangt man über Gattung, Ordnung usw. zu immer allgemeineren, d. h. bestimmtheitsärmeren Schemata der Gestaltsqualität, zu den fundamentalen „Bauplänen". Die tatsächlich gegebene Möglichkeit, jeweils aus vielerlei effektiv verschiedenen Tiergestalten ein solches Schema gedanklich zu abstrahieren, ist unzweifelhaft ein Hinweis auf eine reale Einheitsbeziehung. Aber in der Klassifikation tritt diese „Einheit" nur gleichsam in statischen Repräsentanten, eben den abstrakten Generalia, hervor[2]); ebenso wie die Mannigfaltigkeit, die klassifiziert wird, als ein statisches Faktum hingenommen

[1]) Der Homologiebegriff, mag er auch mindestens die naive Annahme von Ganzheiten notwendig voraussetzen, wie UNGERER betont, verlangt doch nicht gerade das bewußte Bekenntnis zur morphologischen Methode. Daher bezeichnet die von W. LUBOSCH in seiner Abhandlung „Was verdankt die vergleichend-anatomische Wissenschaft den Arbeiten GOETHES?" (Jahrb. Goethe-Ges. 1919) mit Recht als originale Leistung hervorgehobene Erfassung dieses Begriffs bei GOETHE doch noch nicht dessen Eigenstes.

[2]) Nach den bemerkenswerten Darlegungen von P. BOMMERSHEIM „Über Einordnungen des Begriffs" (Beitr. z. Philosophie d. Deutschen Idealismus, Bd. 4. 1926) umfaßten die Gattungsbegriffe außer dem „kategorialen Kern" eine „disjunktive Sphäre" („Entweder-Oder-Schicht"), entsprächen also in Wahrheit gerade einem „Wandelbild ihrer Dinge". Gewiß wurzelt alle Bestimmtheit eines Begriffs in allen Spezies, die er begreift; d. h. letzten Endes in der Anschauung. Der Begriff „Wirbeltier" z. B. wäre anders (nämlich bestimmungsreicher) zu definieren, wenn man nur Tetrapoden und keine Fische kennte. Insofern hängt der kategoriale Inhalt jedes Begriffs von dem Sosein einer „Entweder-Oder-Schicht" (bzw. von dessen vollständiger Kenntnis) ab. Ist aus dieser „Sphäre" der Kern aber einmal herausgeschält, so führt kein Weg von ihm zu ihr zurück; (nur formal kann man den Herweg umkehren und erhält — „Bestimmungstabellen"). Wenn also auch keine unversöhnliche „Trennung von Anschauung und Begriff" besteht, so scheinen sie mir als statischer Ausdruck gegensätzlicher Tendenzen unserer Geistigkeit — die eine auf die Erfassung der Dinge mit ihren konkreten Besonderheiten, die andere eben auf den kategorialen Niederschlag des abstrakt Gleichen gehend — auseinanderzuhalten. In diesem statischen Ausdruck können sie sich nicht verbinden; (Begriff und vielerlei gegenständliche Besonderheiten lassen sich nicht gleichsam „aufeinanderdenken"). Aber als Tendenzen, dynamisch, können sie sich verbinden; das ist die Angelegenheit der „Idee", des ‚Typus" (s. u. S. 324).

wird. Diese Starrheit, dies Gerüstmäßige, mag GOETHES Ausruf veranlaßt haben: „Natürlich System: ein widersprechender Ausdruck. Die Natur hat kein System“[1]). Er brandmarkt, gegen „Systeme“ nach dem formalen Muster des LINNÉschen gerichtet, deren Unzulänglichkeit, wird aber ihrem relativen, vorbereitenden Wert nicht gerecht.

Das „bewegte Leben“ in das Kategoriengebäude der Klassifikation zu bringen, unternimmt die Abstammungslehre, genauer: die Lehre vom allmählichen Hervorgehen mannigfaltiger Tiere mit komplizierterer und technisch vollkommenerer Organisation aus einförmigen (insofern „gemeinsamen“) und einfacheren Vorfahren. Im Grunde hat sie ihre Wurzel in der Form der Klassifikation, ist nur deren „reale“, genealogische Umdeutung. Sie macht dann den billigen Rückschluß, daß Tierarten bauplanmäßig Gemeinsames haben, nur weil und sofern sie von gemeinsamen Vorfahren abstammen, und daß ihre Verschiedenheiten, die Stammverzweigungen, der Abänderung (über deren Ursachen und Folgen sehr verschiedene Meinungen möglich sind) zuzuschreiben sind. Der „Bauplan“ wird „im großen ganzen durch die hypothetische, ausgestorbene, aber doch in ihren wesentlichen Zügen zu rekonstruierende gemeinsame Stammform der betreffenden systematischen Gruppe verkörpert“ gedacht (HAECKER[2])). Die methodische Bedeutung dieses Schrittes von der Klassifikation zum „Genealogema“ ist aber selten richtig erkannt worden[3]). Sie liegt darin, daß nun die abstrakten Generalia des „Systems“, die doch immerhin als Repräsentanten dynamischer Einheit dastanden, zu (zwar fiktiven, aber doch als real fingierten) einfachen Wesenheiten, zu „Stammarten“, werden; die Mannigfaltigkeit der Lebensgestalten andererseits, von der doch im „System“ die gedanklichen Fäden zu den Generalia hin liefen (vgl. S. 323 Anm. 2), auch jede systemhafte Bedeutung verliert, insofern, als sie ja auf vielverzweigten Wegen jeweils unabhängig, als Novum, zu jenem Einfachen hinzugekommen sein soll. Die Hypothese der als solche (nicht nur in der Erscheinung) wandelbaren Art hebt den Art- wie den Gattungsbegriff auf; „phylogenetisches System“ ist in der Tat „ein widersprechender Ausdruck“. „Die zentrifugale Tendenz . . ., die in der Deszendenztheorie gipfelt, droht . . . das konstruktive Denken seiner Krücken (der Gattungsbegriffe) zu berauben“ (KRONER).

Das geistige Mittel, mit dem GOETHE dem Sinn der Ähnlichkeiten beizukommen suchte, ist die Idee des Typus. Sie schließt auch das Moment der Analogie der Lagebeziehungen ein; aber doch nicht in der Weise eines abgesonderten Schemas; sondern in der einer Regel, die vielerlei Möglichkeiten gebietet, deren Kenntnis „Voranschauungen des Einzelnen im Ganzen“[4]) gestatten würde. Nicht der „Bauplan“ ist diese Regel; vielmehr ist in allen Tieren, die gleichen Bauplans sind, nichts Besonderes, das nicht in diese Regel einbegriffen, nicht auch ihr Ausdruck wäre. Somit wird im Typus, wie die Bedingungen der Bauplangleichheit, so auch die gemeinsame Quelle aller Mannigfaltigkeit innerhalb eines Verwandtschaftskreises gedacht. Wird dieser eng

---

1) Schr. z. Naturwiss., S. 342.

2) V. HAECKER, GOETHES morphologische Arbeiten. Jena 1927.

3) Vgl. KRONERS Ausführungen über die Inkongruenz „von Klasse und Stamm“ in: Zweck und Gesetz in der Biologie, § 8. Tübingen 1913.

4) Schr. z. Naturwiss., S. 219.

gefaßt, so läßt sein Typus sich noch allenfalls versinnlichen, eigentlich aber nur umschreiben als „ein allgemeines Bild, worin die Gestalten sämtlicher Tiere, der Möglichkeit nach, enthalten wären"[1]). Je mehr er sich aber weitet — von den Katzenartigen etwa zu den Raubtieren, den Säugetieren, den Wirbeltieren usw. —, desto klarer wird es, daß der Typus nur als Idee[2]) möglich ist; und zwar als die Idee seiner Ganzheit, der inneren und ursprünglichen Systemverbundenheit aller seiner Glieder.

Treffend bemerkt HAECKER[3]), es habe der „Typusgedanke" bei GOETHE „die Ideen deszendenz-theoretischer Art, die auf der italienischen Reise (1786—1788) der Anblick der neuen Pflanzenformen weckte, an voller Entfaltung gehindert". Aber die leise Mißbilligung, die in diesen Worten liegt, braucht man nicht unbedingt zu teilen. GOETHES Idee des Typus ist jedenfalls keine aus mystischer Befangenheit stammende, jetzt überholte Fiktion, sondern beruht gerade auf der Einsicht in die Bedingungen wahrer Realität[4]). Sie hindert ihn auch nicht, die „Mobilität aller Formen in der Erscheinung" und die Anpassung („durch Umstände zu Umständen") nicht nur zuzugeben, sondern zu fordern. Gehindert ist er aber, einer mechanistischen Epigenetik zu huldigen; denn seine morphologische Denkweise zwingt ihn zu schließen, daß „nichts entspringt, als was schon angekündigt ist" (vgl. S. 318), daß mit „innerer und ursprünglicher Gemeinschaft", die (als Analogie aller Systemglieder) „zum Grunde liegt", „ursprüngliche gleichzeitige Verschiedenheit"[5]) Hand in Hand gehen müsse.

Es gibt nun in der vergleichenden Anatomie gewisse Tatsachen, die besonders eindringlich dafür sprechen, daß Mannigfaltiges sich nicht auf unabhängigen Wegen jeweils an den Generalia des Systems entsprechend vorzustellende Stammformen angegliedert hat; die vielmehr gar nicht anders zu verstehen sind als unter der Annahme, daß neben der übergeordneten Bauplaneinheit auch ein gemeinsamer Besitz von Mannigfaltigkeit dem Vermögen nach die generell mehr oder minder tief geschiedenen Systemgruppen umschlinge und eine[6]). Es sind die sog. Verwandtschafts-, unmißverständlicher: Ähnlichkeitsbeziehungen „über Kreuz".

---

[1]) Schr. z. Naturwiss., S. 140.

[2]) Die „Idee" läßt sich gegenüber der konkreten Anschauung und dem Begriff etwa kennzeichnen als ein „keimhaftes Vorstellungssystem"; keimhaft als zwar unvollendet, aber die „Syntonie" (vgl. S. 322) einer Vorstellungsarchitektur schon in sich bergend. Deren Werden ist ihre Prüfung. Sie ist nicht richtig oder falsch; sondern wahr, wenn sie „fruchtbar" ist (vgl. S. 313 Anm. 2).

[3]) V. HAECKER, GOETHES morphologische Arbeiten, S. 85. Jena 1927.

[4]) Wenn GOETHE (Schr. z. Naturwiss., S. 67) „in den Naturwissenschaften über gewisse Probleme nicht gehörig sprechen" zu können meint, ohne die „Metaphysik" zu streifen, so versteht er darunter dasjenige an nicht-phänomenalen Denkhilfen, „was vor, mit und nach der Physik war, ist und sein wird". Zu beachten auch seine Forderung, „das Ideelle im Reellen anzuerkennen" (a. a. O. S. 102). Die viel nachgesprochene Wendung „idealistische Morphologie" kennzeichnet GOETHES Verfahren sehr schlecht, wenn damit auf dessen Wirklichkeitsfremdheit gezielt werden soll.

[5]) Über Herkunft und Deutung dieser Stelle s. W. LUBOSCH, Über PANDER und D'ALTONS Vergleichende Osteologie der Säugetiere. Flora Bd. 11, 1918.

[6]) An anderer Stelle (Zur vergleichenden Anatomie der Schwimmblase der Fische. Ergebn. u. Fortschr. d. Zool. Bd. 5, S. 57. 1922) habe ich dies so auszudrücken versucht, daß dem in der Klassifikation allein erfaßtenZusammenhang der Tierformen im „Abstrakt-

Es handelt sich um Fälle, in denen Vertreter verschiedener Gruppen Ähnlichkeiten aufweisen, die nicht durch den diesen Gruppen miteinander gemeinsamen Bauplan bestimmt sind; andererseits auch nicht lediglich eine generelle Analogie der Gliederung (wie den Aufbau aus Zellen und Histomeren überhaupt) oder eine nur technische Analogie (wie etwa den Besitz von Flugorganen überhaupt, ohne Rücksicht auf die Mittel, mit denen diese zustande kommen) betreffen, sondern die Spezifizität der Architektonik. Unter Umständen (besonders bei den Systemgruppen niederer Ordnung) kann dies Verhalten eine scharfe und zwingende Festsetzung übergeordneter Verbände überhaupt unmöglich machen; der Klassifikator kann sich dann, je nach dem Merkmalkomplex, den er in den Vordergrund stellt, für die eine oder die andere Zusammenfassung entscheiden. Für die stammesgeschichtliche Systemdeutung erwachsen hieraus aber unschlichtbare Kontroversen[1]; denn für sie kann stets nur eine Entscheidung die richtige sein; nämlich die, welche sich auf die Übereinstimmung derjenigen Merkmale stützt, die das vermeintliche gemeinsame Erbgut eines Formenkreises darstellen. Diese Übereinstimmungen müssen ihr als notwendig, darüber hinausgehende Eigenschaften als zufällig gelten in dem Sinne, daß keine Regel für ihr So-sein abzusehn ist (gleichgerichtete „Anpassung" ist keine Regel). Daß sich in ihnen durch Wiederholung des Analogen doch Regelmäßigkeit bekunden könnte, bleibt in der Phylogenetik eine Annahme von mit der Bestimmtheit der Regel wachsender Unwahrscheinlichkeit.

In neuester Zeit ist hierher gehörigen Erscheinungen besonders HAECKER[2]) theoretisch nähergetreten. Er bezeichnet als „Transversionen" das Zutagetreten eines „in einer Artgruppe oder in einer größeren systematischen Abteilung weiter verbreiteten Merkmals adaptativer Art... bei verwandten oder entfernter stehenden Arten als Aberration"; z. B. das Auftreten von Schwimm- oder Spannhautbildungen, das für einige größere Vogelgruppen die Regel ist, als Rassencharakter bei Hühnern und Tauben. Belangreicher noch sind die von HAECKER erwähnten normalen Parallelbildungen bei nicht näher verwandten Gruppen; wie die Schwanzbildungen an den Flügeln bei verschiedenen Schmetterlingsfamilien, die „Blaustruktur" der Federn bei verschiedenen Vogelfamilien, die doppelseitige Kleinhirnfalte bei den Polypteriden und dem Teleosteer *Megalops*. In allen diesen Fällen[3]) handelt es sich um Übereintreffen in positiven

---

Allgemeinen" ein solcher im „Synthetisch-Allgemeinen" gegenüberstehe. Diese Ausdrucksweise dürfte auch insofern erlaubt sein, als die Erfahrung uns die vom Typus umschlossenen Möglichkeiten nach und nach kennen lehrt, unsere Vorstellung von der Veranlagung einer Systemgruppe sich also gleichsam synthetisch aufbaut. Als „hinter" allem Mannigfaltigen stehendes Naturvermögen kann Mannigfaltigkeit keine Synthese, kein Werden haben.

[1]) M. RAUTHER, Über den Begriff der Verwandtschaft. Zool. Jahrb., Suppl. Bd. 15, S. 125ff. 1912.

[2]) V. HAECKER, Pluripotenzerscheinungen. Jena 1925.

[3]) Man könnte noch manche erstaunlicheren nennen, etwa die weitgehende Ähnlichkeit der „zusammengesetzten Augen" bei höheren Krebsen und Insekten, der Mundbildung bei Anurenlarven und Loricariiden, des Nierensystems bei den (protostomen) Anneliden und den (deuterostomen) Wirbeltieren. Eine entsprechende Problematik liegt vor in den Fällen von Kombination von Merkmalen klassifikatorisch tief geschiedener Gruppen in sog. „Zwischentypen", die als Übergangsformen zu deuten auch meist in unauflösbare Schwierigkeiten verwickelt (z. B. *Peripatus*, Dipnoer u. a. m.).

Gestaltcharakteren, die nicht in den Bereich dessen fallen, was für alle ihre Träger generell ist, die also nach üblicher Auffassung auch deren gemeinsamer Stammform nicht zuzuschreiben wären. Die Begriffe „konvergente Anpassung", „Homoiogenesis" u. dgl. deuten nur Scheinerklärungen dieser Erscheinungen an. HAECKER aber gibt ihnen eine Deutung, die er folgendermaßen zusammenfaßt: „Ebenso wie in sämtlichen Individuen einer rezenten Art, Gattung oder Familie gleichgerichtete virtuelle Potenzen stecken, die unter bestimmten Bedingungen bald da, bald dort als Parallelvariationen manifest werden können, so haben natürlich auch schon die Keimplasmen der ältesten Vorfahren, beispielsweise der Fische, einen gemeinsamen Schatz oder Grundstock von virtuellen Potenzen besessen. Denkt man sich nun, daß sich eine solche Potenz in sehr frühen Stadien der Phylogenese ... in verschiedenen näher oder entfernter verwandten Arten als Parallelbildung manifestiert hat, daß dann das betreffende Merkmal eine adaptative Bedeutung gewonnen hat und sodann in mehreren, von jenen Arten sich ableitenden, lebens- und entwicklungsfähigen Linien erhalten geblieben ist, so kann es uns in der Gegenwart als dauerndes Attribut scharf getrennter Familien, Ordnungen oder Klassen entgegentreten, ohne daß die betreffende Entwicklungspotenz bereits bei den gemeinsamen Vorfahren aller dieser Gruppen manifest geworden war."

Von solchen Überlegungen aus gelangt gerade HAECKER zu einer mehr als üblichen Billigung des „Typusgedankens" (vgl. S. 325). Zwar bewahrt er äußerlich das Schema der Abstammungslehre; aber es läßt sich nicht übersehen, daß die Konsequenzen seiner Anregung den progressionistischen Grundgedanken derselben erschüttern, mit ihrer epigenetischen Einstellung schwerlich vereinbar sind, überhaupt über ihre üblichen Voraussetzungen weit hinausführen.

Die „virtuellen Potenzen" läßt HAECKER „in der stofflichen, strukturellen Beschaffenheit der lebenden Substanz begründet" sein, versteht darunter aber anscheinend nur die „molekuläre Architektonik", die gewisse Zustandsänderungen erfahren könne, wie sie auch „viele hochkomplizierte organische Verbindungen je nach den äußeren Umständen" zeigten[1]). Man darf sich wohl nicht darüber täuschen, daß es sich hier nur um ein Gleichnis handelt[2]). Denn

[1]) V. HAECKER, GOETHES morphologische Arbeiten, S. 52. Jena 1927; ausführlicher in „Pluripotenzerscheinungen", S. 2—4.

[2]) Dies Gleichnis dürfte am ehesten noch geeignet sein für die gleichgerichteten keimplasmatischen oder somatischen Variationen bzw. Aberrationen, die HAECKER auch als Pluripotenzfälle behandelt. Wenn bei Arten verschiedenster Gruppen zwerg- oder riesenwüchsige, albinotische und andere Aberrationen oder bei verschiedenen Schmetterlingen (*Vanessa*-Arten) als Folge abnormer Temperatureinflüsse analoge Zeichnungsabänderungen auftreten, so kann das aber doch kaum als ein Sichmanifestieren mehrerer „Potenzen" gewertet werden, sondern lediglich als Störung der normalen Auswirkung der Veranlagung, die sich entsprechend den ähnlichen Veranlassungen in ähnlichen pathologischen Erscheinungen bekundet. Selbst bei den „Transversionen" liegt es wohl so, daß durch äußere oder innere Änderungen der Manifestationsbedingungen bei gewissen Rassen oder Individuen Reaktionen ausgelöst werden, die bei anderen Arten „normal" sind, die aber auf ganz allgemeinen stoffwechsel- oder wachstumsphysiologischen Gesetzmäßigkeiten beruhen. Der Schritt von hier zu den „Potenzen höherer Ordnung", die den Ähnlichkeiten spezifischer Gestaltbildung bei generell verschiedenen Tieren zugrunde liegen sollen, scheint doch nicht nur groß, sondern auch in ein wesentlich anderes Gebiet zu führen, wie auch HAECKER wohl fühlte. Allerdings sind seine Beispiele (s. o.) so gewählt, daß die betreffenden Erscheinungen ähnlich den Rassencharakteren, als „ihrer entwicklungsgeschichtlichen

das Werden von Lebewesen ist, wie gezeigt wurde, ein jeweils systemhaft geordneter Vorgang, dessen Verwirklichung von chemischen Gegebenheiten zwar abhängt (durch solche einerseits ermöglicht, andererseits modifiziert, oft auch vereitelt wird), der aber nicht wesentlich chemisch bestimmt ist. Der Begriff „Potenz" ist in einer mechanistischen Biologie überhaupt ein Fremdling. Die Definition als „mögliches Schicksal" erfaßt nur die negative Seite, die Möglichkeiten des „Gebildetwerdens"; sie läßt das unentbehrliche Positive, gleichsam das „Sichbildenwollen", unausgesprochen. Diese Seite sieht wohl der Vitalismus, gleitet aber im Versuch, sie zu fassen, in die metaphysische Fiktion des finalen Faktors ab. Ohne das Gerichtetsein auf ein Ziel und den Inbegriff der Mittel, dies zu erreichen, ist der Begriff „Potenz" jedenfalls leer. Die morphologische Denkweise erlaubt sich die Setzung von Potenz (d. h. „Vermögen") nur, wo sie eine Entelechie (im aristotelischen Sinne), ein gestalthaftes Wesen, anzuerkennen Grund hat, mit Bezug auf dieses. Sie kann auch nicht jeweils von einer Potenz sprechen, sondern, wie oben ausgeführt, nur von geregeltem Antagonismus von Potenzen, Systemen von „Kräften". Sie kann daher auch nicht „virtuelle Potenzen" — gleichsam Potenzen an sich , die sich nicht systemhaft äußern — anerkennen, sondern nur virtuelle Systeme (derart wie das System „Ei" virtuell das System „adulte Person" ist).

In dieser Weise nun etwa das „Artplasma" einer hypothetischen Vorfahrenform mit einem Vorrat „virtueller Systeme" ausgestattet zu denken (neben dem im Soma derselben sich aktualisierenden System), ist eine recht schwierige Vorstellung. Denn schließlich müßte man ja nicht nur die abnorm als Transversionen oder als sporadische Ähnlichkeiten generell getrennter Tiergruppen sich bekundenden virtuellen Systeme als bei jenen Vorfahren vorhanden annehmen, sondern solche überhaupt für alles Gestaltliche, das bei den Nachfahren als scheinbar neu sich manifestiert hat und etwa noch sich manifestieren wird! Diese schwierige Situation ergibt sich aber im Grunde nur daraus, daß die Pluripotenzhypothese die theoretische Vorstellung einer vom aktuell Einfachen unter vielfacher Aufzweigung zu den „Arten" hinführenden „Stammesgeschichte" als hinreichend gesichert, ja wie ein Axiom hinnimmt. Zunächst von Erscheinungen der Variabilität der Arten ausgehend, wird sie dann herbeigezogen, um auch die obengenannten vergleichend-anatomischen Fälle eben mit diesem Axiom in Einklang bringen zu können. Gerechterweise aber müssen die vergleichend-anatomischen Tatsachen die Prüfsteine sein für die Theorie. Zwingen jene dazu, das epigenetische Prinzip preiszugeben (wenn auch in irgendwie verschleierter Form), so wird die Daseinsberechtigung der Deszendenztheorie überhaupt in Frage gestellt. Denn Werden der Mannigfaltigkeit bedeutet dann nur noch Offenbarwerden, und auch die Zurückführung von Formverwandtschaft auf Ahnengemeinschaft ist dann keine strenge Denknotwendigkeit mehr.

Wir stehen hier in der Hauptsache noch vor Aufgaben, nicht vor Ergebnissen. Wo man aber die Tatsachen der vergleichenden Anatomie (einschließlich der Paläontologie) vorurteilsfrei prüft, dürfte sich mehr und mehr die Überzeugung

---

Wurzel nach einfacher Natur" beurteilt werden können. (Auf das ganze Gebiet der von HAECKER behandelten „Pluripotenzerscheinungen" kann hier begreiflicherweise nicht eingegangen werden.)

befestigen, daß die Systemeinheiten eben darauf beruhen, daß alle in ihnen umfaßten Spezies wohl gegen einen identischen „Kern" hin tendieren, nicht aber aus einem Kerngebilde nach und nach unabhängig hervorgegangen sind. Dynamisch wird die Einheit, dynamisch die Mannigfaltigkeit verstanden werden müssen[1]). Dann wird es nicht mehr befremden, daß analoge Bildungsregeln sich auch bei Gruppen bekunden, die zu verschiedenen „Kernen" hin tendieren. Das „Ursystem" wird nicht als einfaches körperliches Gebilde in fernster Vorzeit vorgestellt werden müssen; sondern als ein System von vielen Systemen, den letzten Spezies. Seiner gestalthaft-körperlichen Erscheinung nach — wenn auch nicht vollständig, nur in einer Phase — steht es uns noch heute vor Augen als konkretes Tier- und Pflanzenreich mit ihrer immanenten Ordnung.

Diese Ordnung lernen wir allerdings nur kennen als eine daseiende; nicht als eine werdende; auch nicht, wenn wir die Zeugnisse der „Erdgeschichte" hinzunehmen. Nur auf Grund des besonderen Gefüges der Ähnlichkeitsbeziehungen können wir schließen, daß alle Arten der Vorzeit und der Gegenwart einen gemeinsamen Daseinsgrund haben. Ob wir sie etwa „im Anfang" als nur virtuell-real existierend denken müssen, und wie wir sie dann in der Zeit sich nach und nach aktualisierend denken können, — das sind von manchen Dunkelheiten umhüllte, aber wohl noch einiger Klärung zugängliche Fragen. In der aus dem gegenwärtigen Zustand der Natur zu schöpfenden Erfahrung (der die der Paläontologie nicht widerspricht) kennen wir jedenfalls nur virtuelle Systeme, die von aktuellen, den Artpersonen, gleichsam getragen werden und deren „genealogischen Zusammenhang" ermöglichen (vgl. S. 318, Anm. 1). Jene Zweifelsfragen berühren aber an sich nicht die Idee der Ganzheit des Systems der Organismen, d. h. dessen Auffassung als ein Gefüge, in dem nichts zufällig und einzeln ist, in dem vielmehr jedes Besondere zu allem übrigen Besonderen der Gestaltung nach in Beziehung steht. Gegenüber der Klassifikation, die in der als Faktum hingenommenen Verschiedenheit gewisse generelle Gemeinsamkeiten niederen und höheren Ranges nur feststellt, und der Phylogenetik, die das faktische Geordnetsein in ein Ergebnis regelfremder „Anpassung" oder (sofern sie vitalistisch gefärbt) undurchschaubarer finaler Leitung zurückdeutet, wird eigentliche Systematik rationell zu sein mindestens grundsätzlich streben müssen[2]). Sie wird nach dem Sinn eben dieser gefundenen Ordnung, nach der Notwendigkeit ihrer besonderen Regel, fragen dürfen und müssen, wenn auch die Antwort der Wahrheit immer nur in schwacher Annäherung entsprechen könnte. Es ist immerhin schon ein Anfang auf ihrem unabsehbaren Wege, wenn sie einsieht, daß unter den Lebewesen auf allen Stufen des Systems Unterschiede nicht nur adaptativer und insofern (da abhängig gedacht von außerhalb der Regel des Systems liegenden Einflüssen) zufälliger Art, sondern konstitutiver („bauplanmäßiger") Art bestehen müssen,

[1]) Allein dem potentiell-Mannigfaltigen kann die Kontinuität zukommen, die LEIBNIZ und BONNET fälschlich im Gegenständlichen suchten und die auch KANT als ein Prinzip der systematischen Einheit forderte. Der tatsächliche Mangel stetiger Übergänge zwischen den „letzten Arten", auf den UNGERER (Die Teleologie KANTS. Abh. z. theoret. Biol. H. 14, S. 41. 1922) hinweist, widerspricht nicht der Stetigkeit von Mannigfaltigkeit als Vermögen.

[2]) Vgl. hierzu H. DRIESCH, Philosophie des Organischen. Leipzig 1909 (4. Aufl. 1928) und E. UNGERER, Die Teleologie KANTS. Abh. z. theoret. Biol. H. 14, S. 20ff. 1922.

eben weil sie Glieder eines Systems sind. Sie wird vielleicht forschend weitergehen können, indem sie im Sinne des sog. „Kompensationsgesetzes“[1]) korrelative gestaltliche Beziehungen zwischen den Systemgliedern nachweist. Sie wird vielleicht auch den Begriff „Polarität“ für die Deutung der Systemgestalt fruchtbar machen können. Alles das aber liegt vor ihr als noch wenig gebahnter (bzw. verfallener) Weg.

Die verschiedenen Gebiete der Erfahrung, von denen her die Biologie auf einen derartigen, wie wir glauben von der Denkweise GOETHES vorgezeichneten Weg gewiesen wird, konnten im voraufgehenden nur in wenigen Beispielen angedeutet werden. Als Methode enthält Morphologie begreiflicherweise nicht für sich schon Erkenntnisse; sie sucht erst eine angemessene Form der Erfahrung; sie kann sich nur bewähren durch die Stellung und den folgerichtigen Ausbau der Probleme. Daher sind methodologische Überlegungen auch nicht müßig; denn im Grunde verstehen wir die Natur ja nur so weit, als wir sie in unseren Fragen „erraten“. Morphologie als Methode „errät“ aber auch, daß sie als Wissenschaft vielleicht mehr als irgendeine andere darauf angewiesen ist, die anschaulichen Quellen der Erfahrung bis in ihre letzten Äderchen zu verfolgen. Das Wissen um die Analogie alles gestalthaften Daseins ist ihr nicht an sich Ziel, wie das Gesetz dem Physiker, sondern Leitfaden im Labyrinth des Spezifischen; wenn sie glaubte, im Generellen das Wesentlichere ergreifen zu können, verfehlte sie sicher ihr Ziel.

---

[1]) Es spielt nur bei „Morphologen“ eine Rolle, — bei ARISTOTELES, bei GOETHE, bei Etienne GEOFFROY ST. HILAIRE; hier aber eine sehr wesentliche (vgl. M. RAUTHER, Über den Begriff der Verwandtschaft. Zool. Jahrb., Suppl. Bd. 15, S. 104, 109. 1912).

Eine Methode zur Sichtbarmachung und Registrierung der Bahnen von korpuskulären Strahlen.

Von

Erich Regener, Stuttgart.

Mit 8 Abbildungen.

Es gibt bereits eine ganze Anzahl von Methoden, mit deren Hilfe man die Wirkungen einzelner schnellfliegender Korpuskeln beobachten kann. Handelt es sich dabei um schnellbewegte Atome, Atomtrümmer oder Elektronen, so führen diese Methoden zu ihrer direkten Zählung und Registrierung; indirekt kann man auf diese Weise sogar einzelne Strahlungsquanten zur Beobachtung bringen, wenn man nämlich die Wirkung der von ihnen ausgelösten Elektronen registriert. Die vielfachen und erfolgreichen Anwendungen, die diese Methoden bei einer großen Reihe von Problemen gefunden haben und sicher in der Zukunft noch finden werden, rechtfertigen das Bestreben nach weiterer Vervollkommnung der Zähl- und Registriermethoden.

Eine besondere Bedeutung kommt zur Zeit einer Verbesserung der Methoden zur Beobachtung der α-Teilchen und der durch ihren Stoß auf Atomkerne erzeugten Atomtrümmer, insbesondere der H-Teilchen zu. Denn die Resultate der Atomzertrümmerungsversuche der verschiedenen Autoren differieren noch erheblich, und die Brauchbarkeit der verschiedenen Methoden steht zur Zeit zur Diskussion[1]. In Weiterführung früherer Versuche habe ich mich daher seit einiger Zeit mit der Verbesserung der Beobachtungsmethoden von α- und H-Teilchen beschäftigt. Die bisherigen Resultate enthält der folgende Bericht.

Die verschiedenen Methoden zur Registrierung von Korpuskularstrahlen gehen auf ihre photographische, ihre fluoreszenzerregende und ihre ionisierende Wirkung zurück. Die photographische Methode hat wegen der diffizilen Behandlung, die die photographische Platte dabei erfahren muß, bisher die geringste Anwendung gefunden. Die viel verwendete Szintillationsmethode, so schöne Resultate sie bei der Untersuchung der α-Teilchen gezeitigt hat, scheint bei der Anwendung zur Beobachtung von aus Atomtrümmern stammenden H-Teilchen wegen der Lichtschwäche der hierbei auftretenden Szintillationen gerade an der Grenze der sicheren Beobachtungsmöglichkeit zu stehen. Jeden-

---

[1]) Vgl. dazu W. Bothe und H. Fränz, Naturwissensch. Bd. 16, S. 204. 1928, und H. Petersson u. G. Kirsch, Naturwissensch. Bd. 16, S. 463. 1928.

falls ist nach den Angaben von PETERSSON und KIRSCH[1]) eine Reihe von geschulten Beobachtern und Einhaltung besonderer Vorschriften notwendig, wenn längere und sichere Beobachtungsreihen erhalten werden sollen. Die dritte, die ionisierende Wirkung der Korpuskularstrahlen, erlaubt eine Reihe verschiedener Anwendungsformen. Erstens läßt sich die Ionenmenge, die durch einen Korpuskularstrahl erzeugt wird, mit einem empfindlichen Elektrometer direkt beobachten[2]). Durch sekundäre Verstärkung des dadurch erhaltenen Stromes läßt sich sogar, wie neuerdings GREINACHER[3]) gezeigt hat, eine relativ einfache Registriermethode erhalten. Durch ein angelegtes hohes Feld kann man zweitens die primär erzeugten Ionen sofort zur Vervielfältigung durch Ionenstoß bringen[4]), so daß die Registrierung mit relativ unempfindlichen, leicht zu handhabenden Elektrometern gelingt, besonders wenn die Methode in der von GEIGER angegebenen Form des Spitzenzählers gebraucht wird[5]). Diese Methode ist leicht aufzubauen, aber nicht ganz frei von einigen Unsicherheiten, die sich auf die Einstellung und Konstanz der Empfindlichkeit, auf die Größe des für das Ansprechen der Spitze wirksamen Bereiches und schließlich auf die Größe der Ausschläge selbst erstrecken, wenn es sich darum handelt, verschiedene Strahlenarten voneinander zu unterscheiden. Auf der ionisierenden Wirkung beruht schließlich die schöne von C. T. R. WILSON stammende Expansionsmethode[6]), mit welcher Korpuskeln nicht nur registriert, sondern sogar der ganze Verlauf ihrer Bahn photographiert werden kann. Das Prinzip der WILSONschen Methode läßt sich dahin formulieren, daß die längs der Bahn des Korpuskularstrahles erzeugten, zunächst unsichtbaren, der gaskinetischen Bewegung (und eventuellen elektrischen Feldkräften) unterworfenen Ionen durch Vergrößerung mittels ankondensierten Wassers fixiert (oder wenigstens schwer beweglich gemacht) werden, wobei sie gleichzeitig aus dem Bereich des Unsichtbaren in das Sichtbare rücken und photographiert werden können. Damit die erhaltene Photographie die Bahn des Korpuskularstrahles unverzerrt wiedergibt, muß die Fixierung der Ionen durch Kondensation (durch adiabatische Expansion) möglichst sofort nach der Erzeugung der Ionen erfolgen.

Die WILSONsche Expansionsmethode hat gegenüber den anderen Methoden den großen Vorzug, daß sie den ganzen Verlauf der Bahn des Korpuskularstrahles sichtbar macht. Dadurch wird insbesondere die Bestimmung der für die betreffenden Korpuskularstrahlen charakteristischen Reichweite ermöglicht. Sie ist infolgedessen auch mit großem Erfolge zum direkten Nachweis der durch Kernstoß von α-Teilchen auf andere Atome entstehenden Strahlen angewendet worden. So hat als erster schon DEBENDRA BOSE[7]) noch in meinem Berliner

[1]) H. PETERSSON u. G. KIRSCH, Atomzertrümmerung, Leipzig 1926. Die Zählungen der Szintillationen dürfen demnach von einem Beobachter nicht mehr als zwei- bis dreimal in der Woche ausgeführt werden. Jede Zählperiode soll 20, höchstens 30 Sekunden dauern, und es sollen 3 bis 5 Zähler abwechselnd beobachten.

[2]) E. REGENER, Verhdl. d. D. Phys. Ges. Bd. 10, S. 83. 1908; K. W. KOHLRAUSCH u. E. v. SCHWEIDLER, Phys. Z. Bd. 13, S. 11. 1912; G. HOFFMANN, Phys. Z. Bd. 13, S. 480 u. 1029. 1913.

[3]) H. GREINACHER, Phys. Z. Bd. 36, S. 364. 1926.

[4]) E. RUTHERFORD u. H. GEIGER, Phys. Z. Bd. 10, S. 1. 1909.

[5]) H. GEIGER, Phys. Z. Bd. 14, S. 1129. 1913.

[6]) C. T. R. WILSON, Jahrb. Rad. u. El. Bd. 10, S. 34. 1913.

[7]) DEBENDRA BOSE, Phys. Z. Bd. 17, S. 388. 1916.

Laboratorium die H-Teilchen photographiert, die durch den elastischen Stoß von α-Teilchen in Wasserstoff entstehen. Bei den Atomzertrümmerungsversuchen konzentriert sich nun aber bei der quantitativen Auswertung das Hauptinteresse außer auf die Reichweite auf die Ausbeute und Winkelverteilung der Trümmerstrahlen. Da die Ausbeute aber sehr gering ist (Größenordnung 10^{-4} und darunter), sind sehr viele Aufnahmen notwendig, um eine genügende Zahl von Trümmerstrahlen zu erhalten. Nachteilig wirkt dabei der Umstand, daß bei der WILSONschen Methode nur die während eines sehr kurzen Zeitintervalles vor der Expansion ausgesandten Strahlen registriert werden, außerdem jedesmal der Kolben des Expansionsapparates zurückgehen und die Luft mit Wasserdampf sich wieder sättigen muß, so daß auch bei den konstruierten automatischen Vorrichtungen die Zeitfolge zwischen zwei Expansionen nicht beliebig herabgesetzt werden kann. Meine Bemühungen waren daher darauf gerichtet, eine Methode zu finden, welche diese Nachteile der Wilsonmethode vermeidet, welche also insbesondere kontinuierlich arbeitet, dabei aber von den Vorteilen der Wilsonmethode die direkte Sichtbarmachung der Bahn, vor allem wegen der Reichweitebestimmung beibehält.

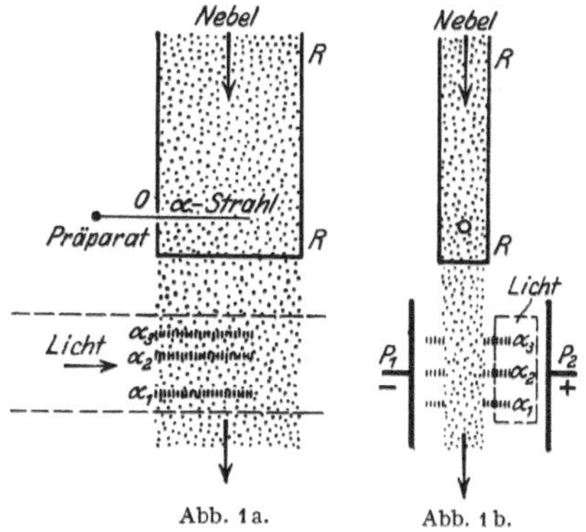

Abb. 1a. Abb. 1b.

Ich habe dabei an eine Methode angeknüpft, die ich schon vor längerer Zeit zur Zählung von β-Teilchen angegeben habe[1]). Bei derselben wird die bei der Wilsonmethode störende Kondensation zur Fixierung der Ionen ersetzt durch Anlagerung der durch die zu beobachtenden Strahlen erzeugten Ionen an die Tröpfchen eines haltbaren Nebels, z. B. aus Paraffinöl. Durch ein elektrisches Feld können dann die geladenen Nebeltröpfchen von den ungeladenen getrennt und durch passend lokalisierte Beleuchtung sichtbar gemacht werden. In der jetzt vorliegenden Modifikation kann der Vorgang folgendermaßen schematisch erläutert werden (Abb. 1). Durch das rechteckige, unten offene, in der Abb. 1a von vorn, in 1b von der Seite gesehene Metallrohr R ströme dichter, feintröpfiger und ungeladener Paraffinölnebel langsam nach unten hindurch. Wenn in diesen Nebelstrom durch das Loch O korpuskulare Strahlen, z. B. α-Strahlen, eintreten und längs ihrer Bahn Ionen erzeugen, so lagern sich durch Zusammenwirken von Adsorption und Diffusion diese Ionen ganz oder teilweise an die Nebeltröpfchen an, da elektrische Feldkräfte die Ionen in dem Metallrohr nicht beeinflussen. Die Kolonne der geladenen, von den α-Teilchen stammenden Nebeltröpfchen gelangt dann bei der Abwärtsbewegung aus dem Rohre hinaus und zwischen die Platten P_1 und P_2 (nur in der seitlichen Abb. 1b gezeichnet), zwischen denen ein kräftiges elektrisches Feld herrscht. Unter der Wirkung der Feldkräfte gelangt dann die Kolonne der geladenen Nebelteilchen aus dem übrigen ungeladenen Nebelstrom heraus. Der Raum vor dem Nebelstrom ist durch eine spaltförmige Lichtquelle intensiv beleuchtet, so daß die Kolonne

1) E. REGENER, Verhdl. d. D. Phys. Ges. Bd. 14, S. 400. 1912.

der geladenen Tröpfchen hell sichtbar wird. Sie bewegt sich langsam abwärts, bleibt aber entsprechend der geringen Geschwindigkeit des Nebels 2 bis 3 Sekunden sichtbar. Die senkrecht zu der Nebelströmung gerichtete, durch das Feld hervorgerufene Bewegung stört wenig, da die Beweglichkeit der „Nebelionen", zu denen die vorher gebildeten Gasionen geworden sind, sehr gering ist.

Bei der praktischen Ausführung dieser Methode kommt es zunächst darauf an, dem Effekt der Anlagerung der Gasionen an die Nebeltröpfchen einen möglichst hohen Wirkungsgrad zu geben. Der Idealfall wäre dann erreicht, wenn jedes Gasion an ein Nebeltröpfchen angelagert würde. Aus einer gegebenen Zahl von Gasionen würde dann die Maximalzahl von sichtbaren Nebelionen entstehen. Dieser Fall kann nur bei genügender Kleinheit der Nebeltröpfchen erreicht werden, denn aus energetischen Betrachtungen folgt, daß große Nebeltropfen mit einer größeren Zahl von Elementarladungen im Gleichgewicht sind. Aus den Messungen zur Bestimmung des Elementarquantums im Millikan-Kondensator weiß man, daß man einfach geladene Nebelionen mit Tröpfchen von etwa $1 \cdot 10^{-5}$ Radius und darunter erhält. Einen Nebel von dieser Feinheit erhält man, wenn man über erhitztes Paraffinöl erwärmte Luft leitet und dann plötzlich abkühlt. Der sich bildende Nebel ist von außerordentlicher Feinheit (an der bläulichen Färbung bei seitlicher Beleuchtung erkennbar), gleichzeitig bei passenden Versuchsbedingungen von einer so großen Dichte, d. i. Teilchenkonzentration pro Kubikzentimeter, wie er nach anderen Methoden kaum zu erhalten ist. Die große Teilchenkonzentration ist aber eine weitere Bedingung, dafür daß der Effekt der Anlagerung der Gasionen an die Nebeltröpfchen einen hohen Wirkungsgrad hat.

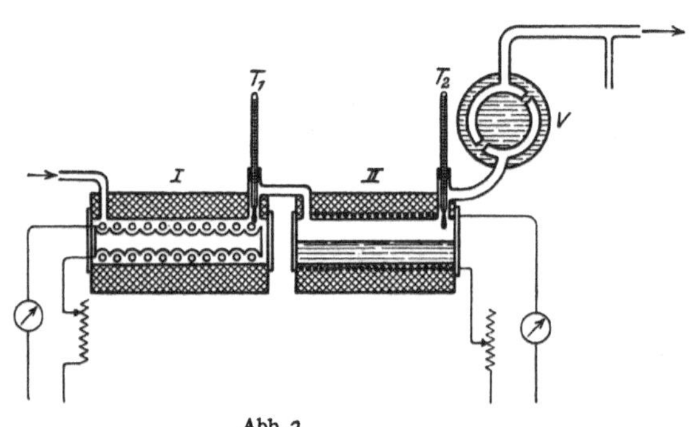

Abb. 2.

Ein solcher Nebelapparat besteht nach Abb. 2 aus einem Metallrohr *I*, in welchem die durchgeleitete Luft durch eine auf ein Schamotterohr aufgewickelte Heizspirale erwärmt wird. Diese erhitzte Luft gelangt dann in ein zweites Metallrohr *II*, in welchem Paraffinöl durch eine außen um das Rohr gelegte Heizspirale gleichfalls erhitzt wird. Zweckmäßig wird es so eingerichtet, daß das eintretende Gas schon die gleiche Temperatur hat wie das Paraffinöl. Zur Kontrolle dienen die Thermometer T_1, T_2. Außen sind die Röhren *I* und *II* mit wärmeisolierenden Hüllen umgeben. In der wassergekühlten Vorlage *V* findet dann die Nebelbildung statt. Ausgiebige Nebelbildung erhält man bei Temperaturen zwischen etwa 200 bis 300°. Da die Nebelkonzentration von der Durchströmungsgeschwindigkeit abhängt, es aber nicht zweckmäßig ist, dieselbe klein zu wählen, wird man vorteilhaft den Nebel mit konstanter Geschwindigkeit im Überschuß ausströmen lassen und die gewünschte Nebelmenge in einem Abzweigrohr nach Bedarf entnehmen.

Größere Schwierigkeiten als die Herstellung eines genügend feinen Nebels machte bei der praktischen Ausführung die Forderung, daß die Ionenkolonnen der α-Teilchen, die im Metallrohr R der schematischen Abb. 1 gebildet werden, beim Überströmen in den unteren Raum, wo sie den Feldkräften unterworfen werden und in den Streifen des beleuchtenden Lichts hereingezogen werden, nicht verzerrt werden. Von vornherein ist dies natürlich nicht zu erwarten, denn da bei den geringen Geschwindigkeiten laminare Strömung herrscht, wird sich ein parabelähnliches Geschwindigkeitsprofil über dem Querschnitt des Rohres R ausbilden, die mittleren Teile der Ionenkolonne werden also in der Bewegungsrichtung vorgeschoben werden, die seitlichen zurückbleiben. Es besteht also die Aufgabe, über dem ganzen Querschnitt des Rohres R und auch noch nach dem Austritt aus demselben eine gleichmäßige Geschwindigkeit zu erhalten. Denn in diesem Falle würde, wie leicht ersichtlich, keine Verzerrung der Nebelkolonnen eintreten. Nun wird die gleiche Forderung an die Windkanäle gestellt, wie sie für aerodynamische Versuche gebraucht werden, und dort ist die Aufgabe in der Weise gelöst, daß kurze Röhrchen den ganzen Querschnitt ausfüllen oder einfach Drahtnetze ausgespannt sind. Wenn diese der Strömung einigen Widerstand bieten, so ist die Druckdifferenz vor und hinter jedem einzelnen Röhrchen bzw. jeder einzelnen Drahtnetzlücke über den ganzen Querschnitt des Rohres konstant, so daß durch alle Öffnungen die gleiche Gasmenge hindurchströmt. Natürlich ist unmittelbar hinter jeder Öffnung das Geschwindigkeitsprofil kompliziert, sehr bald findet aber ein Ausgleich statt, so daß bald hinter den Drahtnetzen überall die gleiche Geschwindigkeit herrscht. Solche Homogenisierungsgesetze müssen sowohl auf der Saugseite wie auf der Druckseite, nach Bedarf auch längs der ganzen Strecke, in der beobachtet werden soll, eingeschaltet sein. Durch Veränderungen der Lochweite kann man noch übrigbleibende Störungen, z. B. von den Wänden, kompensieren. Im vorliegenden Falle erwies es sich nach längeren Versuchen als das einfachste, das Rohr, in dem die α-Teilchen eintreten und die Anlagerung der Gasionen an die Nebeltröpfchen erfolgt, unten einfach abzuschließen und den Abschluß mit einer Reihe nebeneinander liegender Löcher (L in Abb. 3) zu versehen. Der austretende Nebel erscheint dann in eine Reihe von Fäden aufgelöst, die aber, wenn man noch ein weiteres Hilfsmittel benutzt, auf eine längere Strecke sehr schön zusammenhalten. Es darf nämlich der Nebel nicht in ruhende Luft eintreten (sonst würden nämlich sofort Wirbel auftreten), sondern in Luft, die mit der gleichen Geschwindigkeit wie der austretende Nebel an dem Metallrohr vorbeistreicht und deren Geschwindigkeitsfeld durch vor- und hinter-

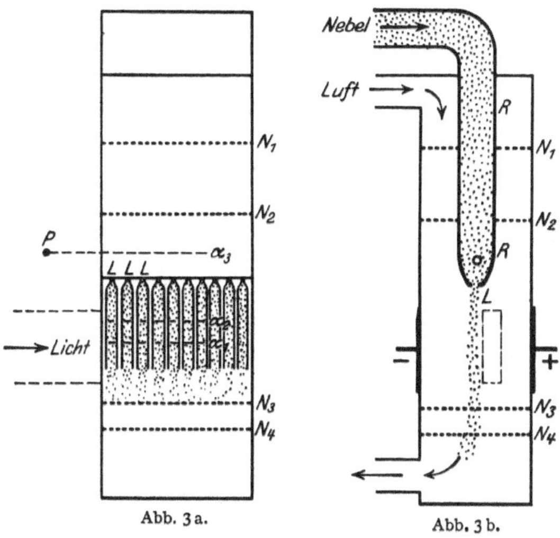

Abb. 3a. Abb. 3b.

geschaltete Drahtnetze N_1, N_2, N_3, N_4 (Abb. 3) genügend homogenisiert ist. Gemäß der Auflösung des Nebelstrahles in einzelne Strahlen findet natürlich auch eine Auflösung der beobachteten α-Teilchenbahnen in Punktreihen statt, wie das in Abb. 3a schematisch (bei α_1 und α_2) angedeutet und auf den weiter unten wiedergegebenen Photographien auch direkt zu sehen ist. Es findet dadurch zwar eine Einschränkung in der Genauigkeit in der Ausmessung der Strahlen, z. B. bezüglich ihrer Reichweite, statt; durch genügend engen Abstand der Löcher des Anlagerungsrohres R läßt sich aber diese Ungenauigkeit weitgehend einschränken.

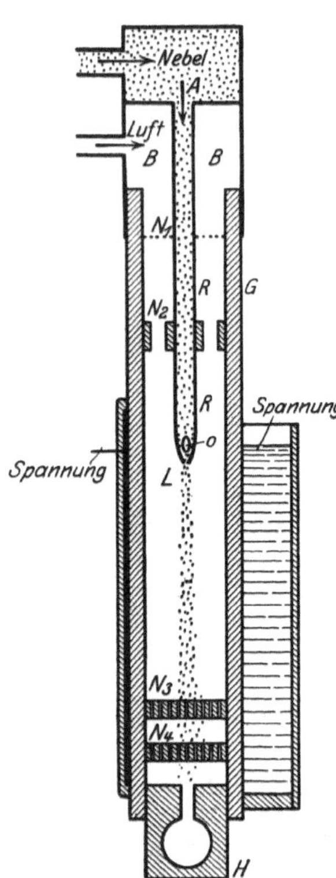

Abb. 4.

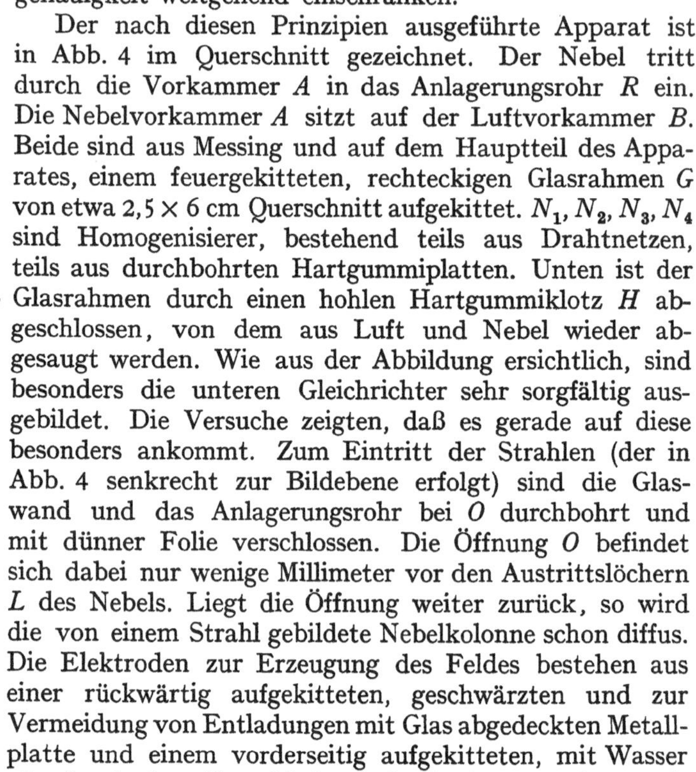

Der nach diesen Prinzipien ausgeführte Apparat ist in Abb. 4 im Querschnitt gezeichnet. Der Nebel tritt durch die Vorkammer A in das Anlagerungsrohr R ein. Die Nebelvorkammer A sitzt auf der Luftvorkammer B. Beide sind aus Messing und auf dem Hauptteil des Apparates, einem feuergekitteten, rechteckigen Glasrahmen G von etwa $2{,}5 \times 6$ cm Querschnitt aufgekittet. N_1, N_2, N_3, N_4 sind Homogenisierer, bestehend teils aus Drahtnetzen, teils aus durchbohrten Hartgummiplatten. Unten ist der Glasrahmen durch einen hohlen Hartgummiklotz H abgeschlossen, von dem aus Luft und Nebel wieder abgesaugt werden. Wie aus der Abbildung ersichtlich, sind besonders die unteren Gleichrichter sehr sorgfältig ausgebildet. Die Versuche zeigten, daß es gerade auf diese besonders ankommt. Zum Eintritt der Strahlen (der in Abb. 4 senkrecht zur Bildebene erfolgt) sind die Glaswand und das Anlagerungsrohr bei O durchbohrt und mit dünner Folie verschlossen. Die Öffnung O befindet sich dabei nur wenige Millimeter vor den Austrittslöchern L des Nebels. Liegt die Öffnung weiter zurück, so wird die von einem Strahl gebildete Nebelkolonne schon diffus. Die Elektroden zur Erzeugung des Feldes bestehen aus einer rückwärtig aufgekitteten, geschwärzten und zur Vermeidung von Entladungen mit Glas abgedeckten Metallplatte und einem vorderseitig aufgekitteten, mit Wasser gefüllten Glaskasten, da durch denselben hindurch beobachtet werden muß. Es zeigte sich, daß die schwache Leitfähigkeit des Glases ausreichte, um das Feld im Innern des Glaskastens zu erzeugen und aufrechtzuerhalten. Wenn die Elektroden selbst im Innern angebracht waren, ergaben sich Störungen durch stille Entladungen. Das Feld selbst muß stark sein und durch eine kräftige Influenzmaschine erzeugt werden.

Zur Inbetriebsetzung des Apparates muß, nachdem die Nebelerzeugung im Gange ist, vor allem der Zufluß von Nebel und Luft, sowie die untere Absaugung genau reguliert werden. Der Nebel hat passenderweise eine Geschwindigkeit von etwa 1 bis 2 cm/sek, die Geschwindigkeit der Luft soll ebenso groß sein und wird am besten durch die Stärke der Absaugung mit einem feinen Hahne reguliert. Wird gleichzeitig der Zufluß der Luft mit einem Quetschhahn etwas gebremst, so kann man auch durch Erzeugung geringen Unterdrucks die Geschwindigkeit des Nebelstromes noch weiter verändern. Als Kriterium für die Einstellung gilt immer, daß keine Wirbel auftreten und die aus den Löchern des Anlagerungsrohres austretenden Nebelfäden gleichmäßig langsam nach unten fließen. Im günstigsten Falle schließen sich bei kleiner Geschwindigkeit die einzelnen Nebelfäden fast zusammen. Die Beleuchtung geschieht mit Bogenlampe und Kondensor unter Dazwischenschaltung einer wärme-absorbierenden Küvette. Die subjektive Beobachtung ist außerordentlich bequem. Man kann jeden in den Apparat eingetretenen Strahl zwei oder mehr Sekunden beobachten, wie er langsam mit dem Nebelstrom abwärts sinkt. Die durch die natürlichen radioaktiven Schwankungen bewirkte unregelmäßige Aufeinanderfolge der einzelnen Strahlen repräsentiert sich besonders eindrucksvoll. Zur Photographie genügt etwa $^1/_{10}$ Sekunde Belichtung. Bei einer fortlaufenden photographischen Registrierung müßte der Film oder das Negativpapier mit der Geschwindigkeit, mit der sich das Bild eines Strahles auf der Mattscheibe verschiebt, mitbewegt werden. Dann würde das Bild auf der empfindlichen Schicht unbewegt bleiben. Da die Erscheinung sehr lichtstark ist, würde dafür angenäherte Übereinstimmung und Photographie hinter einem Schlitze genügen.

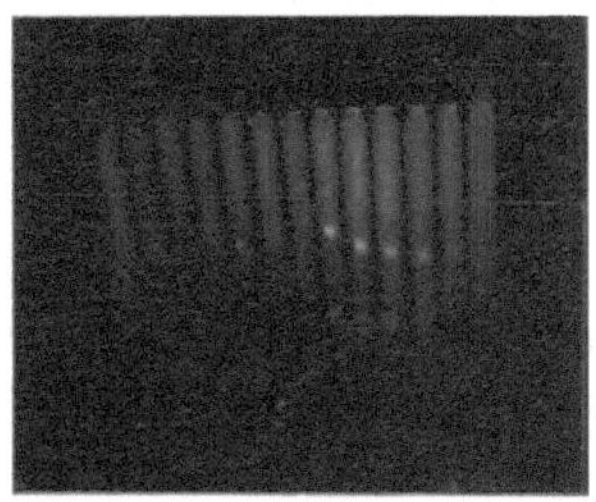

Abb. 5.

Die Abb. 5 bis 8 zeigen α-Teilchen von Polonium, die mit einem solchen Apparate aufgenommen wurden. Bei Aufnahme 5 waren die Löcher, aus denen

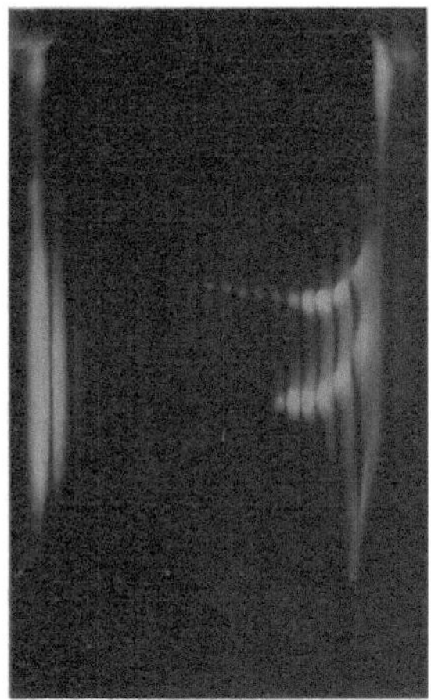

Abb. 6.

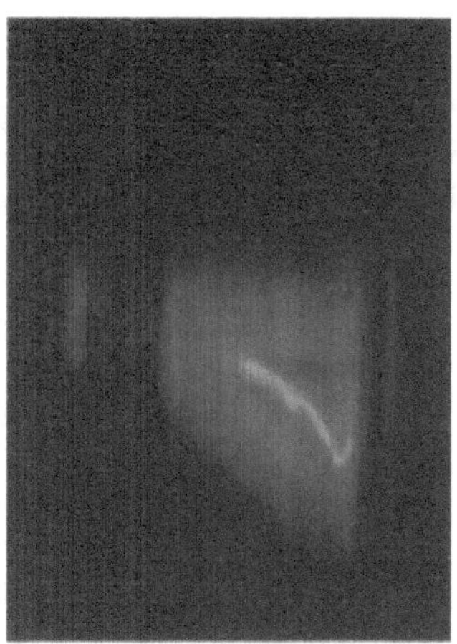

Abb. 7.

der Nebel aus dem Anlagerungsrohr austritt, am weitesten, Abb. 6 zeigt engere und Abb. 7 und 8 noch engere Löcher. Bei den letzteren waren die Löcher etwa 0,6 mm weit, ihr Abstand betrug 1,35 mm. Wie man sieht, läßt sich bei diesen letzten Aufnahmen die Reichweite der Strahlen am genauesten bestimmen. Gleichzeitig ist aber aus diesen Aufnahmen auch zu sehen, daß die ursprünglich geradlinige α-Teilchenbahn dadurch verzerrt ist, daß der Nebel aus den Löchern in der Mitte (gegen Ende der α-Teilchenbahn) schneller strömt als am Rande; augenscheinlich sind auch einige Löcher ungleichmäßig weit. Für die Bestimmung der Reichweite ist das nur ein Schönheitsfehler. Man kann ihn dadurch beseitigen, daß man die Löcher am Rande etwas weiter macht. Das ist bei Aufnahme Abb. 7 und 8 geschehen; augenscheinlich sind aber die Löcher am Rande etwas zu weit geworden, denn auf dieser Aufnahme bleibt die Mitte etwas zurück. Bei Abb. 5 und 6, die mit gleichmäßigen Löchern gemacht wurde, bleibt dagegen der Rand etwas zurück.

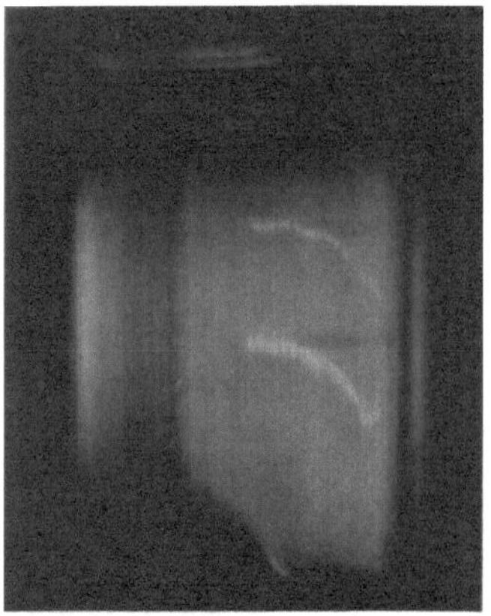

Abb. 8.

Störend ist bei den bisher ausgeführten Apparaten auch der Umstand, daß man das Feld ziemlich hoch (etwa 1 cm Funkenlänge an der Influenzmaschine) wählen muß, um die geladenen Nebelbahnen aus dem übrigen Nebel heraus und in den beleuchtenden Lichtkegel hineinzuziehen. Das bewirkt besonders bei nicht staubfreiem Apparat leicht das Auftreten von kleinen Glimmentladungen, die deswegen störend sind, weil sie sofort auch den Nebelstrahl in Bewegung setzen und dadurch die Beobachtung der Bahnen sehr stören. Um diesen Nachteil der Methode noch zu beseitigen, ist beabsichtigt, den Apparat so umzubauen, daß er bei etwas Überdruck (etwa 1 bis 3 Atmosphären) gebraucht werden kann. Dadurch werden nicht nur durch Herabsetzung des Funkenpotentials die gelegentlich noch störenden Entladungen vermieden werden, sondern es wird auch der Wirkungsgrad der ganzen Methode erhöht. Die Anzahl der pro Zentimeter Weglänge durch die Strahlen primär erzeugten Strahlen wird größer, gleichzeitig wird aber auch die Reichweite der Strahlen eingeschränkt. Das letztere ist besonders wichtig, da der Apparat in erster Linie zur Beobachtung der bei der Atomzertrümmerung entstehenden H-Strahlen gebaut ist, die zum Teil eine sehr große Reichweite haben. Daß der Apparat, obgleich bisher nur für α-Teilchen ausgeprobt, auch die H-Teilchen gut registriert, ist bestimmt zu erwarten, denn der erwähnte, 1912 gebaute, auf dem gleichen Prinzip beruhende Apparat ließ Elektronen von 10000 Volt Geschwindigkeit sicher beobachten. H-Teilchen haben aber ein beträchtlich größeres Ionisierungsvermögen als diese.

Dankend möchte ich der ausdauernden Hilfe gedenken, die mir mein Assistent, Herr Dipl.-Ing. WALTER KRAMER, bei den Versuchen geleistset hat.

Schleusen ohne Wasserverbrauch.

Von

L. Rothmund, Stuttgart.

Mit 22 Abbildungen.

I. Einleitung und Übersicht.

Die Vergrößerung der Einheiten auf allen Gebieten der Technik zugunsten der Verringerung ihrer Zahl ist ein neuzeitlicher Ausdruck für die vielfältig erreichte Meisterschaft des Ingenieurs zugunsten der Wirtschaftlichkeit seiner Werke.

In der Wasserkraftgewinnung z. B. zeigt sich diese Erscheinung in der Zusammenfassung der Gefälle zu hohen Stufen, in der Zusammenziehung der Wassermengen aus vielen und großen Einzugsgebieten, in der Aufstellung einer geringen Zahl von Kraftmaschinen sehr hoher Leistungsfähigkeit.

In der Binnenschiffahrt sucht man durch Anspannung der Stauhaltungen bis zum äußerst zulässigen Maß die Längen der Haltungen groß zu machen, um so zu wenigen Gefällsstufen zu kommen, die entsprechend große Höhen haben. Hieraus hat sich in den letzten Jahrzehnten ein besonders stark fühlbares Bedürfnis nach Schiffshebewerken (im weitesten Sinne des Wortes) entwickelt, welche die Überwindung von großen Höhen in einer einzigen Stufe ermöglichen. Die Verbesserung der Wasserwirtschaft auf der anderen Seite, die Notwendigkeit, mit dem Wasser möglichst haushälterisch umzugehen, um es für die heutigen vielfältigen Verwendungszwecke zur Verfügung zu haben und möglichst weitgehend ausnützen zu können, hat die Forderung gezeitigt, daß bei der Beförderung von Schiffen über Schiffahrtsstufen hinweg möglichst wenig von dem in den Stauhaltungen aufgespeicherten Arbeitsvermögen des Wassers in Anspruch genommen, oder, vom Gesichtspunkt der künstlichen Versorgung der Kanäle mit Wasser aus gesprochen, ein möglichst geringer „Wasserverbrauch“ stattfinden soll.

Möglichst hohe Schiffahrtsstufen und möglichst geringer Wasserverbrauch sind also Forderungen, die beim neuzeitlichen Ausbau von Schiffahrtsstraßen weitestgehend berücksichtigt werden müssen.

Durch Erweiterung und Vertiefung der einfachen Kammerschleuse zur Schacht- und Sparschleuse und durch Zusammenfassung zu Schleusentreppen hat man zunächst diesen Forderungen gerecht zu werden versucht. Aber man gelangt hier bald an die wirtschaftlichen Grenzen. Die jüngst fertiggestellte Schacht- und Sparschleuse bei Anderten (s. Abb. 21) mit 15 m Gefällshöhe und 75 % Wasserersparnis zeigt, wie hohe Aufwendungen nötig sind, um den Anwendungsbereich der Kammerschleuse bis zu solchen Grenzen des Gefälles und der Wasserersparnis auszudehnen. Die Ausführung höherer Stufen und die Forderung nach größerer Wasserersparnis zwingen dazu, das seit Jahrhunderten fast ausschließlich benützte und bewährte Schiffshebewerk, die Kammerschleuse, zu verlassen und neue Wege zu suchen.

Epochemachend für das Aufsuchen neuer Wege sind besonders die um die Jahrhundertwende veranstalteten Wettbewerbe für die Schiffshebewerke des Donau-Moldau-Elbe-Kanals und für ein Schiffshebewerk von 36 m Höhe im Zuge des Hohenzollernkanals bei Niederfinow gewesen. Eine Unzahl von Erfindungen und Patenten über Schiffshebewerke, bei denen die Schiffsförderung über hohe Stufen ohne fühlbare Wasserentnahme aus einer der Haltungen erfolgen soll, ist anläßlich dieser Wettbewerbe entstanden.

Bei den Vorschlägen ist es indes in Deutschland meist geblieben. Das einzige bisher ausgeführte Schiffshebewerk für größere Schiffe ist das Ende der neunziger Jahre im Zuge des Dortmund-Ems-Kanals erbaute Schwimmerhebewerk bei Henrichenburg, dessen Planung nach dem Patent JEBENS schon etwas weiter zurückliegt, als die vorerwähnten Wettbewerbe. Bezüglich der zweiten Schiffahrtsstufe bei Niederfinow ist die Entscheidung der Reichswasserstraßenverwaltung zugunsten eines lotrechten Hebewerks mit Gegengewichten von 36 m Hubhöhe[1]) vor kurzem gefallen, das Hebewerk befindet sich im Bau.

Die bisher ausgeführten, im Bau befindlichen und vorgeschlagenen Arten von Schiffshebewerken (im weitesten Sinne des Wortes), mit Ausnahme der Kammerschleuse in ihren bisherigen Ausführungsformen, lassen sich gemäß der folgenden Übersicht in einzelne Gruppen und Unterabteilungen zusammenfassen:

Übersicht.

1 O.Z.	2 Hauptgruppe	3 Der Weg der Höhenförderung geht durch		4 Die Last ist abgesetzt auf		5 Unterabteilungen
1	Schleusen ohne Wasserverbrauch	Wasser	—	Wasser	—	1 a) Kammerschleusen mit Verdrängern = Verdrängerschleusen 1 b) Schwimmtrogschleusen als Unterwasserschleusen und Tauchschleusen
2	Schwimmerhebewerke	—	Luft	Wasser	—	2 a) Hebewerke mit tief- und hochstehenden lotrechten Schwimmern 2 b) Hebewerke mit wagerecht liegenden Schwimmern
3	mechanische Hebewerke	—	Luft	—	Maschinen	3 a) Preßwasserhebewerke 3 b) Lotrechte Hebewerke mit Gegengewichten 3 c) Schwingende und drehbare Hebewerke in Form von Hebeln, Trommeln, Schrauben usf. 3 d) Hebewerke auf längs und quer geneigter Bahn.

[1]) Bautechnik 1927 ELLERBECK, „Entwurfsarbeiten für ein Schiffshebewerk bei Niederfinow".

Die Gesichtspunkte, nach denen die Einteilung erfolgt ist, gehen aus den Eintragungen in den Spalten 3 und 4 hervor. Man erkennt deutlich die allmähliche Loslösung von der natürlichen Schleusungsart, bei welcher der zu fördernde Schiffstrog seinen Weg durchs Wasser nimmt und seine Last vom Wasser tragen läßt, und den Übergang zu der künstlichen Förderweise durch die Luft unter Übertragung der Förderlast auf Maschinen.

Die vorliegende Abhandlung will sich vorwiegend mit den unter O. Z. 1 aufgeführten Schleusen ohne Wasserverbrauch befassen und über die bisher für diese Art von Hebewerken gemachten Vorschläge unter Mitteilung einiger neuer Vorschläge des Verfassers berichten, wobei auch in groben Zügen auf ihre Betriebssicherheit und Bauwürdigkeit im Vergleich zu anderen mit ihnen vergleichbaren Schleusen und Hebewerken kurz eingegangen werden soll.

Die Schleusen ohne Wasserverbrauch sind grundsätzlich zu unterscheiden in solche, welche die Schleusenkammer als Schiffsbehälter bei der Schleusung beibehalten und sich zur Hebung und Senkung des Schiffes eines oder mehrerer Verdrängerkörper bedienen, und in solche, welche die Kammerschleuse ganz verlassen und zur Förderung des Schiffes einen besonderen über oder unter Wasser schwimmenden Trog benützen. Die ersteren werden kurz als „Verdrängerschleusen" bezeichnet, die letzteren seien, wenn sie nur unter Wasser schwimmen, „Unterwasserschleusen", wenn sie über und unter Wasser schwimmen, „Tauchschleusen" genannt.

II. Die Verdrängerschleusen.

Verdrängerschleusen kann man nach vorstehendem also kennzeichnen als Schiffshebewerke, bei welchen das Heben und Senken des Wasserspiegels in der Kammerschleuse bewirkt wird durch die Lageänderung eines festen oder beweglichen Verdrängerkörpers gegenüber einem beweglichen oder festen Wasserbecken. Für Verdrängerschleusen ohne Wasserverbrauch kommt dazu die Bedingung, daß die Lageänderung zwischen Verdränger und Becken sich ohne nennenswerten Arbeitsaufwand vollziehen muß.

a) Bauweise Schnapp.

Geht man die Patente über Schleusen und Schiffshebewerke seit der Jahrhundertwende durch, so begegnet man schon im Jahre 1901 dem bekannten, in den Abb. 1a und 1b dargestellten Vorschlag von Schnapp[1]), ein Schiff in in einer Schleusenkammer K um das Maß h zu heben und zu senken mit Hilfe eines in der erweiterten Kammer untergebrachten Schwimmers S. Dieser ist der Höhe nach in eine beliebige Anzahl von Belastungskammern B untergeteilt, welche durch bewegliche Leitungen L mit ebenso vielen außerhalb der Schleuse übereinander angeordneten Gegenbehältern G verbunden sind. Die Belastungskammern und Gegenbehälter sind in ihrer Höhenlage so angeordnet, daß ein kleines Senken (bzw. Heben) des Verdrängerschwimmers das Füllen der Belastungskammern mit Belastungswasser aus den Gegenbehältern und damit das bis zur Endstellung andauernde Sinken des Schwimmers und Heben des Schiffes

[1]) D. R. P. Nr. 126683.

bis in Oberwasserstellung bewirkt (bzw. das Entleeren der Belastungskammern in die Gegenbehälter und damit das bis zur Endstellung andauernde Heben des Schwimmers und Senken des Schiffes bis in Unterwasserstellung). Wenn auch bei dem veranstalteten Wettbewerb für ein Schiffshebewerk bei Prerau mit 12 m Hubhöhe sich gezeigt hat, daß der SCHNAPPsche Gedanke sich in wirtschaftlicher

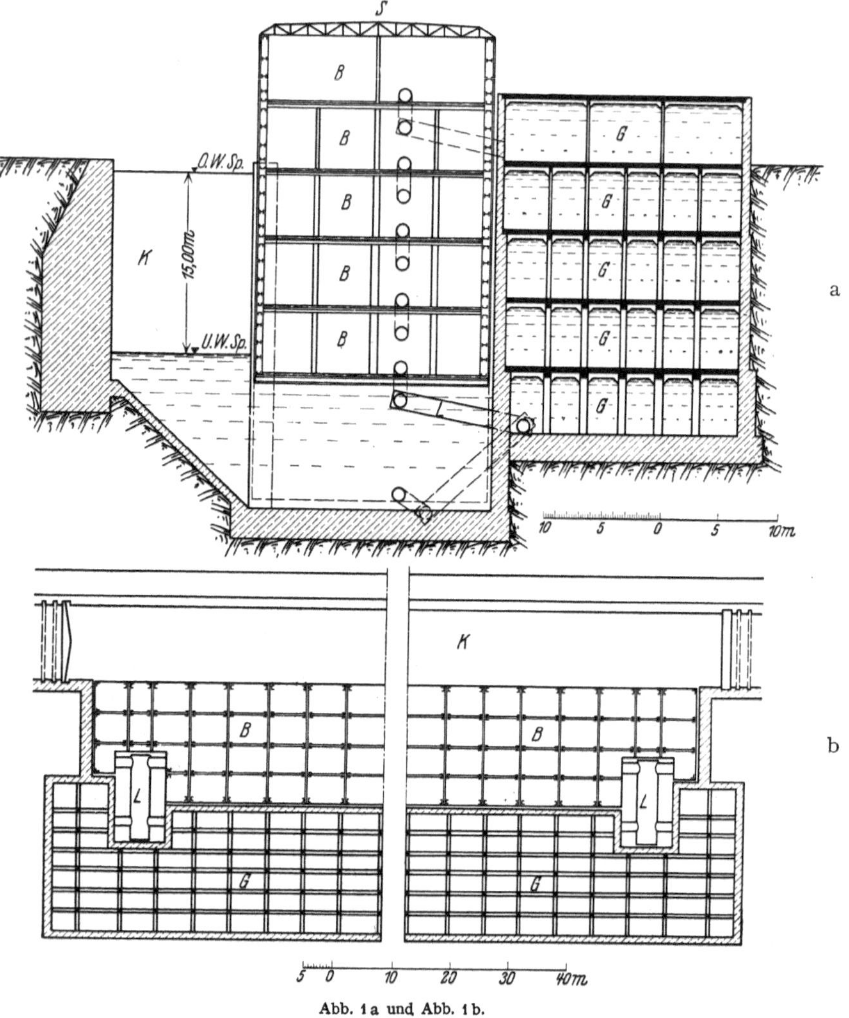

Abb. 1a und Abb. 1b.

Weise nicht verwirklichen ließ[1]), so ist der Grundgedanke des Vorschlages, das Heben und Senken ohne nennenswerten Arbeitsaufwand mit Hilfe von Pendelwasser zwischen schwimmenden Belastungskammern und festen Gegenbehältern zu bewirken, zweifellos richtig und gut und erscheint auch in späteren, weiter unten zu behandelnden Vorschlägen wieder.

[1]) Für die Schleuse von 600 qm Grundfläche war eine Schwimmerfläche von 1200 qm und eine Fläche der Gegenbehälter von 1380 qm vorgesehen.

b) Bauweise Schneiders.

Beachtenswerte Vorschläge für Schleusungen ohne Wasserverbrauch mit Hilfe von zwei Verdrängerschwimmern hat sodann vom Jahre 1913 ab Schneiders gemacht. Er bedient sich für die Wasserverdrängung der Wasserwage in Form von zwei schwimmenden Behältern, die bei gleicher Höhenlage je zur Hälfte mit Wasser gefüllt und durch ein U-förmiges Rohr miteinander verbunden sind. Das Rohr ist gegen die Behälter durch Stopfbüchsen abgedichtet, so daß eine Verschiebung der Behälter gegen das Rohr stattfinden kann und bei einer lotrechten Bewegung der Behälter nach entgegengesetzten Richtungen mit gleicher Geschwindigkeit nur ihre Füllmassen sich ändern, ohne daß eine Verschiebung der Wasserspiegellage eintritt.

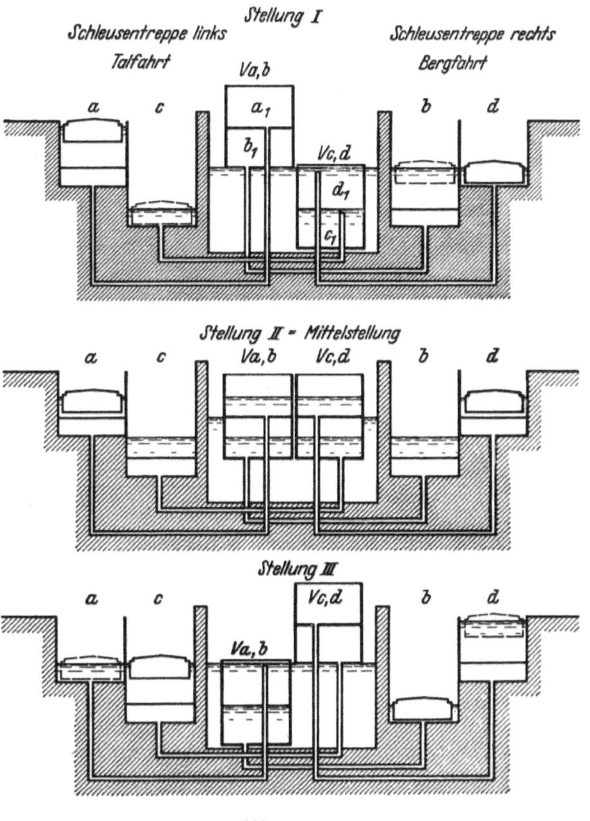

Abb. 2a.

Der Gedanke, zwei Verdrängerschwimmer mit einem oder mehreren Behältern übereinander, die entweder unter sich oder mit Schleusenkammern verbunden sind, zu benützen, um Schiffe in Schwimmtrögen oder in Schleusenkammern und Schwimmtrögen oder in Schleusentreppen zu fördern, ist Schneiders für eine Reihe von Anwendungsfällen patentiert worden. Zur Darstellung ist in den Abb. 2 das Anwendungsbeispiel auf eine zweistufige Doppelschleusentreppe (D.R.P. Nr. 301975 vom 18. Oktober 1913) gewählt. Abb. 2a zeigt zunächst in schematischer Übersicht die Anordnung der Verdränger und Schleusenkammern sowie ihrer Verbindungsleitungen mit drei verschiedenen Stellungen der Verdränger. In den Abb. 2b bis 2d ist — in etwas anderer Anordnung als der von Schneiders gewählten — die Anwendung für eine doppelte Schleusentreppe von je $2 \times 7{,}5 = 15$ m gesamter Hubhöhe dargestellt.

Die Schleusentreppe mit den Kammern *a* und *c* werde zur Talfahrt, diejenige mit den Kammern *b* und *d* zur Bergfahrt benützt. Die hydraulisch gekuppelten Verdrängerbecken sind hier längs der unteren Schleusenkammern angeordnet und enthalten die beiden zweistockigen Schwimmer $V_{a,b}$ und $V_{c,d}$ mit den Gegenbehältern a_1, b_1 bzw. c_1, d_1, welche mit den entsprechenden Schleusenkammern *a* und *b* bzw.

c und *d* leitend verbunden sind. Jeder Gegenbehälter hat den Fassungsraum für das Schleusungswasser seiner zugeordneten Kammer. In der Mittelstellung des ganzen

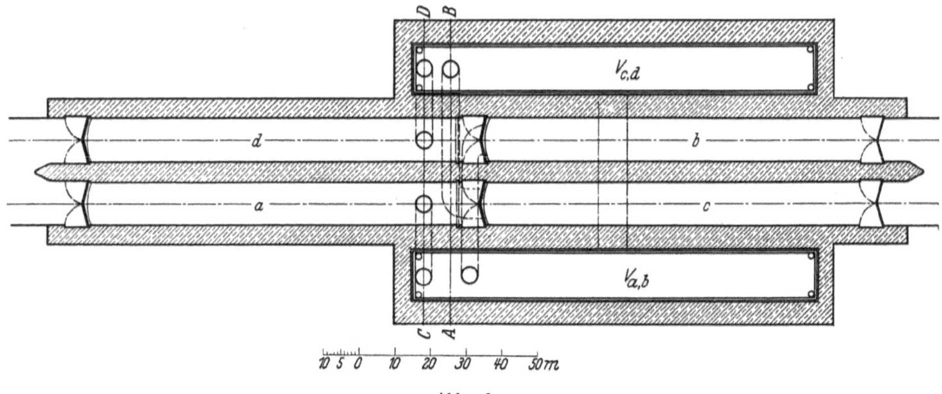

Abb. 2b.

Kammer- und Behältersystems (Stellung II in der Abb. 2a) sind alle Kammern und Behälter je zur Hälfte gefüllt, der Wasserspiegel des Verdrängerbeckens liegt stets auf Mittelwasserhöhe, seine Sohle um eine Behälterhöhe tiefer, als der Unterwasserspiegel der unteren Schleusenkammern. Senkt man unter sehr geringem Arbeitsaufwand z. B. den Verdränger $V_{c,\,d}$ in seine tiefste Lage (Stellung I in Abb. 2a), so nehmen dabei seine Behälter je die untere Hälfte des Schleusungswassers aus den Kammern *c*, *d* auf. Gleichzeitig hebt sich der Verdränger $V_{a,\,b}$ und bringt die Kammern *a* und *b* auf ihre Füllhöhe. *c* hat jetzt Unterwasserspiegel, *a* Oberwasserspiegel, *b* und *d* sind auf Mittelwasser ausgespiegelt. Aus dem Oberwasser kann ein Schiff in *a* einfahren, während aus *c* ein Schiff in das Unterwasser ausfährt und ein in der Bergfahrt begriffenes Schiff von *b* nach *d* weiterfährt.

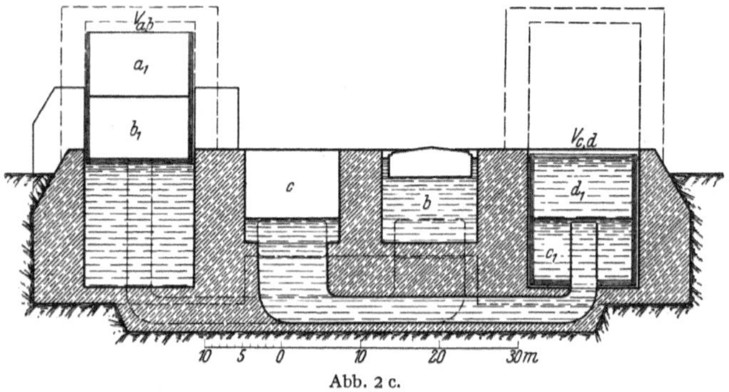

Abb. 2c.

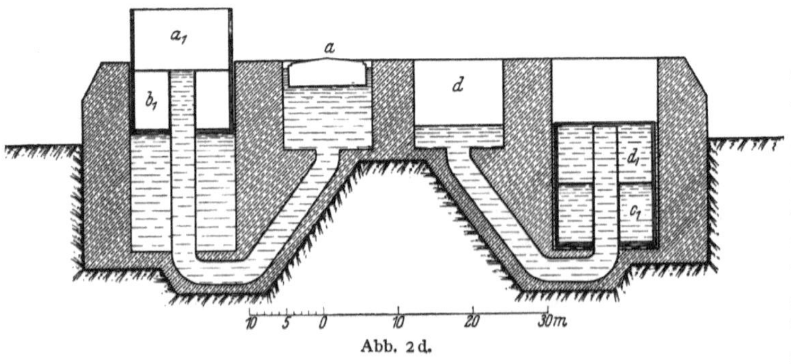

Abb. 2d.

Senkt man nun den Schwimmer $V_{a,\,b}$ und hebt dadurch $V_{c,\,d}$ (Stellung III in Abb. 2a), so entleert sich *a* auf Mittelwasser, *b* auf Unterwasser, *c* füllt sich auf Mittelwasser und *d* auf Oberwasser, das Schiff in *d* fährt ins Oberwasser aus, das Schiff in *a* kann nach *c* weiterfahren, während *b* ein Schiff aus dem Unterwasser aufnimmt.

Um die volle[1]) Wasserersparnis zu erzielen, benötigt SCHNEIDERS die Becken für die beiden Verdränger, deren Sohle um das Gefälle einer Schleusenkammer unter der Unterwasserhöhe der unteren Schleuse liegen muß. Die Becken erhalten so mehr als den vierfachen Fassungsraum einer Schleusenfüllung. Ferner sind notwendig die beiden Verdrängerschwimmer mit je dem doppelten Fassungsraum einer Schleusenfüllung. Dazu kommen die betriebstechnisch ungünstigen Verbindungsleitungen zwischen den Behältern und Kammern.

Das Verdrängerbecken und die beiden Schwimmer erhalten also zusammen mehr als den achtfachen Fassungsraum einer Schleusenfüllung, d. h. die völlige Wasserersparnis in den 4 Kammern erfordert für jede die Beschaffung von Behältern, die mehr als den doppelten Fassungsraum einer Kammer haben. Mit den Verdrängerschleusen von SCHNEIDERS wird somit die Wasserersparnis durch recht große bauliche Aufwendungen und zum Teil schwierige technische Anlagen erkauft. Ihrer Verwirklichung stehen daher wirtschaftliche Bedenken und auch solche in bezug auf die Betriebssicherheit im Wege. Immerhin bleibt als das Verdienst von SCHNEIDERS, daß er — wohl als erster — auf die Anwendungsmöglichkeit der Wasserwage hingewiesen hat, um die Schleusung ohne Wasserverbrauch zu bewirken.

c) Bauweisen PROETEL.

Unabhängig von SCHNEIDERS hat auch PROETEL die Frage der Schleusung ohne Wasserverbrauch mit Hilfe von Verdrängerschleusen zu lösen gesucht und

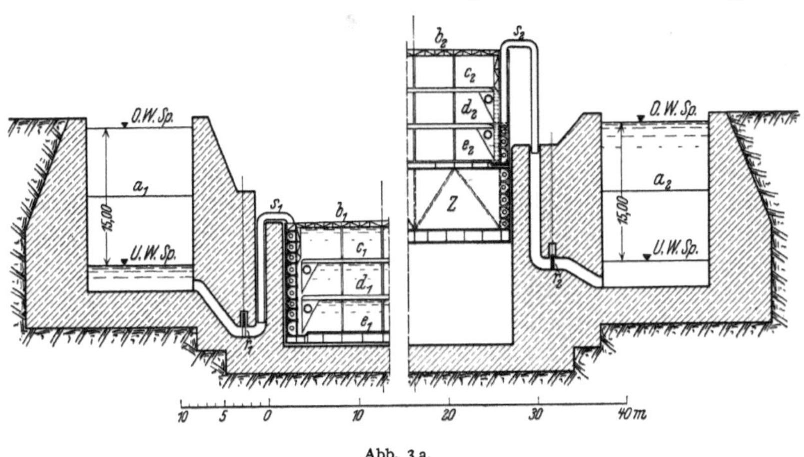

Abb. 3a.

ist, fußend auf seiner schon über 20 Jahre zurückliegenden Hauptertindung[2]), schließlich zu dem in den Abb. 3 dargestellten Vorschlag für eine „Schwimmer-

[1]) Die Verbindung durch Querkanäle gestattet ohnehin eine Wasserersparnis von 50% (siehe FRANZIUS, Verkehrswasserbau S. 486/487).

[2]) S. FRANZIUS, Verkehrswasserbau S. 497/499.

schleuse mit Preßluftbetrieb"[1]) gekommen, die den Niederschlag seiner Untersuchungen bilden dürfte.

Die Lösung ist für eine Zwillingsschleuse gegeben. Einrichtung und Wirkungsweise der Schleuse sind kurz folgende:

Zwischen den Schleusenkammern a_1 und a_2 befindet sich ein Verdrängerbecken mit den Verdrängern b_1 und b_2. Jeder Verdränger faßt die Hälfte des Schleusungswassers einer Schleusenkammer in drei übereinander liegenden Behältern (c_1, d_1 und e_1 bzw. c_2, d_2 und e_2). Der Verdränger b_2 ist außerdem mit einer Luftkammer z von solcher Höhe ausgestattet, daß er, je nachdem durch Schieber r und Saugheberleitungen s die Verbindung mit a_1 oder a_2 hergestellt ist, jeweils die obere Hälfte des Schleusungswassers jener Kammer aufzunehmen vermag. Der Verdränger b_1 schwimmt entsprechend tiefer und kann die untere Hälfte des Schleusungswassers der einen oder der anderen Kammer aufnehmen. Ist, wie in Abb. 3a dargestellt, b_1 gefüllt und in tiefster Stellung, dann ist b_2 in Höchststellung gedrückt und entleert, die Schleusenkammer a_1 ist leer, a_2 gefüllt. Die nach b_2 führenden Saugheberleitungen sind gegen a_1 geschlossen, gegen a_2 offen[2]), umgekehrt die Saugheberleitungen nach b_1. Eine kleine Senkung von b_2 bewirkt Füllung seiner Behälter aus der oberen Hälfte von a_2; gleichzeitig hebt sich b_1 und gibt sein Wasser in die untere Hälfte von a_1 ab. Jetzt werden die Saugheberleitungen zwischen a_1 und b_1 geschlossen und diejenigen zwischen a_2 und b_1 geöffnet, ebenso schließt man die Saugheberleitungen zwischen b_2 und a_2 und öffnet diejenigen zwischen b_2 und a_1. Der Verdränger b_1 senkt sich wieder, nimmt die untere Hälfte des Schleusungswassers von a_2 auf und hebt den Verdränger b_2, damit er seinen Inhalt in die obere Hälfte von a_1 abgeben kann: a_2 ist jetzt geleert, a_1 gefüllt. Die Anordnung der Schleusenkammern, Verdränger und Saugheber im Grundriß zeigt Abb. 3b.

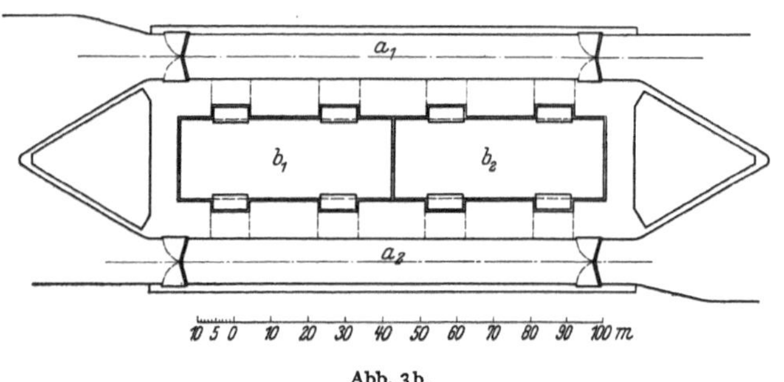

Abb. 3b.

Bei der PROETELschen Schleuse kehren sowohl die Vorschläge von SCHNAPP (Schwimmer mit Belastungskammern und Gegenbehältern) wie diejenigen von SCHNEIDERS (zwei Verdrängerschwimmer in einem Verdrängerbecken) wieder. Durch sehr sinnreiche Verbesserungen wird aber erreicht, daß jeder Verdränger nur den Fassungsraum einer halben Schleusenfüllung haben muß. Dazu kommt noch die Luftkammer z mit einem Fassungsraum von $^1/_3$ einer Schleusenfüllung.

[1]) Die Bezeichnung „Schwimmerschleuse" will hier etwas ganz anderes sagen, als die für die Gruppe 2 der Übersicht gewählte Bezeichnung „Schwimmerhebewerk". Zur deutlichen Unterscheidung wäre es zweckmäßig, hier statt „Schwimmerschleuse" „Verdrängerschleuse" zu sagen, die Unterscheidung gegenüber der Verdrängerschleuse von PROETEL mit einem festen Verdränger ist durch den Zusatz „mit Preßluftbetrieb" gegeben.

[2]) In Abb. 3a unrichtig dargestellt.

Die Anordnung von je drei Behältern in jedem Verdränger und die Anwendung von Luft verschiedener Dichte (verdünnte Luft in den Behältern *c*, atmosphärischer Luftdruck in den Behältern *d* und verdichtete Luft in den Behältern *e*) bringen den Vorteil mit sich, daß das Verdrängerbecken verhältnismäßig hoch zu liegen kommt und alle drei Behälter sich, obwohl in verschiedener Höhenlage, aus einer Verbindungsleitung gleichmäßig füllen, bzw. in sie entleeren. Das Verdrängerbecken ergibt sich so zwischen den beiden Schleusenkammern mit verhältnismäßig niedrigen Aufwendungen, und die mit den Verdrängern heb- und senkbaren Saugheberverbindungen ohne erforderliche Eindichtung in Stopfbüchsen[1]) bilden in bezug auf Betriebssicherheit eine außerordentlich günstige Lösung gegenüber den Teleskoprohren von SCHNEIDERS.

Alles in allem bedeutet die PROETELsche Schleuse in wirtschaftlicher wie in betriebstechnischer Hinsicht einen bedeutenden Fortschritt und überholt die

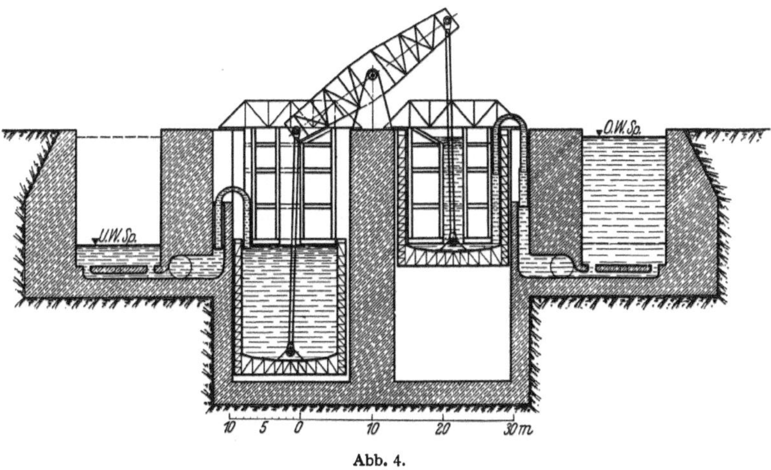

Abb. 4.

Vorschläge von SCHNEIDERS weit. Es muß aber darauf hingewiesen werden, daß die Anwendung von Luft verschiedener Dichte, die zwischen den Behältern *c* bzw. *e* pendelt, die Betriebsprobe erst wird bestehen müssen, und auf jeden Fall ein gut Teil der Ersparnisse an Baukosten durch Erhöhung der Betriebskosten aufheben wird. Zu den Behälterräumen und dem Luftraum *z* im Ausmaß von $^1/_2 + ^1/_6 = ^2/_3$ einer Schleusenfüllung (auf je eine Einzelschleuse berechnet), kommen noch hinzu die Schwimmkammern zum Ausgleich des Eigengewichts der Verdränger. Dieses Gewicht ist, da die Verdränger ein- und austauchen, ein wechselndes, und sein Ausgleich erfordert einen weiteren zusätzlichen Kosten- oder Arbeitsaufwand.

Auf eine Einzelschleuse angewendet wirken sich die Vorschläge von PROETEL wirtschaftlich bei weitem nicht so günstig aus, wie für eine Zwillingsschleuse, weil die zweite Schleusenkammer durch ein Becken von gleicher Aufnahmefähigkeit ersetzt werden muß.

Ein zweiter Vorschlag von PROETEL für eine Verdrängerschleuse ist in Abb. 4

[1]) Dies gilt ohne weiteres nur für geringere Gefällshöhen. In dem gewählten Beispiel der Abb. 3a ist der eine Heberschenkel in den Steigschacht eingedichtet.

für eine Zwillingsschleuse dargestellt. Es handelt sich um eine Verdrängerschleuse mit heb- und senkbaren Behältern für die volle Schleusungswassermenge, die sich gegen feste Verdränger bewegen. Bestandteile und Wirkungsweise dieser Schleuse sind ohne weiteres klar: Die den Schleusenkammern zugeordneten Wasserbehälter sind mit Hängestangen an einem Wagebalken aufgehängt und können gegen die über den Behältern an Trägern fest aufgehängten Verdränger bewegt werden. Hierdurch wird wechselweise der Wasserinhalt der Becken in die Schleusenkammern gedrückt, welche durch Saugheber mit den Behältern verbunden sind. Die gleichmäßige Füllung der Schleusenkammern und Entleerung der Behälter wird durch entsprechende Höhenanordnung und durch gleiche wagrechte Flächen der Kammern und Verdränger erreicht.

Die Wasserersparnis muß hier teuer erkauft werden. Es sind erforderlich für jede Schleusenkammer: Der bewegliche Wasserbehälter vom Fassungsraum einer Schleusungswassermenge, der feste Verdränger vom gleichen Rauminhalt, die Kammer für den Behälter und Verdränger, also vom Fassungsraum der doppelten Schleusungswassermenge, der Wagebalken, die Beckenaufhängung, die Träger für die Verdränger und die Saugheberleitung. Bei so großen Aufwendungen wird diese Schleuse, so einfach und betriebssicher ihre Wirkungsweise auf den ersten Blick erscheint, wirtschaftlich nicht wettbewerbsfähig sein und kaum für eine Ausführung in Frage kommen. Noch weniger die Ausführung des Vorschlags für eine Einzelschleuse, wo zu den aufgezählten Aufwendungen noch die Gegengewichte der Wagebalken für die Hebung der Schleusenfüllung kommen und bei ganz wesentlicher Verminderung und Verkleinerung der einzelnen Bestandteile schließlich das mechanische Schiffshebewerk mit zwei Wagebalken übrigbleibt.

III. Die Schwimmtrogschleusen.

Die Schleusen, bei welchen als Hilfsmittel für die Schleusung ohne Wasserverbrauch ein schwimmender Trog als Schiffsbehälter benützt wird, sind, wie erwähnt, zu unterscheiden in Unterwasserschleusen und in Tauchschleusen, beide so benannt in Anlehunng an die Bezeichnungen „Unterseeboot" und „Tauchboot". Bei den ersteren legt der Schwimmtrog seinen Förderweg lediglich durch Unterwasserfahrt zurück, bei den letzteren durch Tauchfahrt und Unterwasserfahrt bzw., wenn der Trog nicht völlig untertaucht, lediglich durch Tauchfahrt. Demgemäß wären die bisher unter dem Namen „Tauchschleusen" bekannten Schwimmtrogschleusen in „Unterwasserschleusen" umzutaufen. Das Kennzeichnende für die hier gewählte Bezeichnung ist die Lage und der Weg des Schwimmtrogs in bezug auf den Wasserspiegel. Hiernach ist es ganz unrichtig, das BÖHMLERsche Schiffshebewerk, bei welchem der Trog auf wagrechte, stets unter Wasser befindliche Schwimmer abgestützt durch die Luft gehoben wird, als „Tauchschleuse" zu bezeichnen; „Schwimmerhebewerk" ist die richtige Bezeichnung dafür.

1. Die Unterwasserschleusen.

a) Bauweise ROWLEY.

Die erste Unterwasserschleuse ist unter dem Namen „Tauchschleuse" in England ihrem Erfinder J. ROWLEY patentiert worden. Ein Modell dieser Schleuse war von ROWLEY anläßlich des Binnenschiffahrtskongresses zu Manchester im Jahre 1890 ausgestellt. ROWLEY fußte mit seiner Erfindung auf der von ROBERT VELDEN erfundenen „Tauchschleuse" mit Wasserverbrauch, welche diesem im Jahre 1794 in England patentiert worden war. Der weit wertvollere Gedanke der Schleusung ohne Wasserverbrauch mit Hilfe eines stets unter Wasser befindlichen Schleusentrogs ist also nicht VELDEN, sondern ROWLEY zuzuschreiben. Die Anordnung der Unterwasserschleuse von ROWLEY in ihrer ursprünglichen, für nur kleine Schiffsgefäße bemessenen Form ist im VIII. Band, III. Teil des Handbuches der Ingenieurwissenschaften auf S. 353 der 4. Auflage dargestellt.

Ein Grundquerschnitt und ein Längenschnitt der aus der ROWLEYschen Erfindung hervorgegangenen Unterwasserschleuse ist in den Abb. 5 wiedergegeben.

Um den Schiffstrog ständig unter Wasser halten zu können, ist es notwendig, zwischen der Oberwasser- und Unterwasserhaltung ein Becken einzuschalten, dessen Spiegel entsprechend höher liegt als der Oberwasserspiegel. Es ist gegen

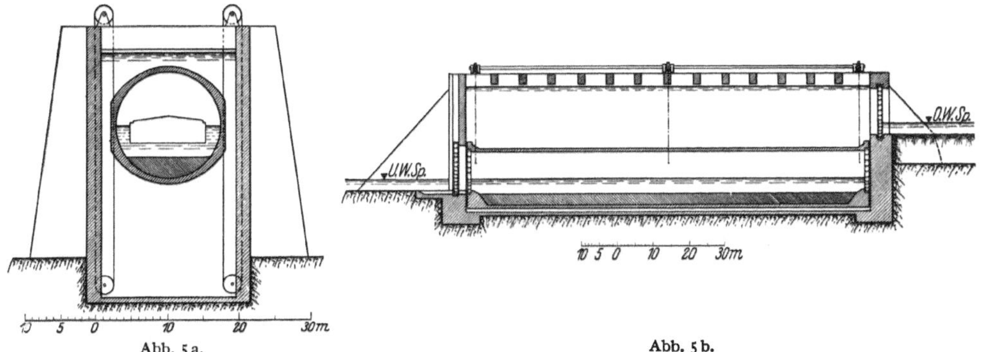

Abb. 5a. Abb. 5b.

das Oberwasser und Unterwasser je durch ein Tor geschlossen. Ebenso hat der als Zylinder ausgebildete Schleusentrog je einen beweglichen Abschluß auf beiden Seiten. Nachdem das Schiff z. B. von der Oberwasserseite her in den an die obere Stirnwand des Trogbeckens wasserdicht angeschlossenen Trog eingefahren ist, werden Trog und Becken geschlossen, und der Trog wird unter dem geringen Aufwand an Arbeit, der zur Überwindung der Bewegungswiderstände erforderlich ist, — beiderseits sicher geführt — in die Unterwasserstellung abgelassen, dort an die unterwasserseitige Stirnwand des Tauchbeckens dicht angeschlossen und gibt seine Fracht an das Unterwasser ab, nachdem Becken- und Trogtor geöffnet sind.

Ein beachtenswerter Vorschlag, die Unterwasserschleuse zu verwirklichen, ist anläßlich des Wettbewerbs für ein Schiffshebewerk im Zuge des Donau-Oder-Kanals bei Prererau von 36 m Höhe im Jahre 1905 von den holländischen Ingenieuren WOUTER COUL und C. E. W. VAN PANHUYS gemacht worden[1]). Der Arbeit der beiden Ingenieure gebührt das Verdienst, daß sie die Vorzüge der Unterwasserschleuse gegenüber den übrigen Schiffshebewerken zum Überwinden höherer Gefälle schon damals mit Recht stark betont und wohl zum ersten Male

---

[1]) S. Bericht der genannten Ingenieure zum 10. Schiffahrtskongreß in Mailand 1905.

alle Einzelheiten der Ausführung und des Betriebs einer solchen Schleuse behandelt. Dem Vorschlag haftet der Mangel an, daß der Schwimmtrog in seinen Endstellungen immer die gleiche Lage gegenüber dem Wasserspiegel des Trogbeckens einnimmt und die Anpassung an den veränderlichen Wasserstand der Haltungen durch Veränderung der Wassertiefe des Trogwassers, also durch Aufnahme von Wasser in den Trog oder Abgabe von Wasser aus ihm, bewirkt wird.

Erneute Beachtung hat sodann die Unterwasserschleuse anläßlich der Entwurfsbearbeitung für die Neckarkanalisierung bei der Neckarbaudirektion Stuttgart gefunden. Bei dieser Gelegenheit sind in den Jahren 1918 bis 1923 eine Reihe von Patenten an Burckhardt erteilt worden, welche auf eine Verbesserung der Einrichtungen und des Betriebs der Unterwasserschleuse in der ursprünglichen Grundform von Rowley abzielen.

b) Bauweise Böhmler.

Etwa zu gleicher Zeit versuchte Böhmler der Unterwasserschleuse bei der Ausführung der Neckarkanalisierung dadurch Eingang zu verschaffen, daß er ihr die aus den Abb. 6 ersichtliche, grundlegend geänderte Form gab: er wählte als Verschlüsse des Trogbeckens bewegliche Abschlußschilde, welche wie Schütze in lotrechten Falzen der beiderseitigen festen Widerlagerbauten unter ständiger Abdichtung gegen diese laufen und weit genug nach oben und unten reichen, um den Höhenweg des Schleusentrogs mitmachen und dabei den Beckenabschluß aufrecht erhalten zu können. Diese Schilde werden beiderseits von den offenen Trogenden durchbrochen, so daß nur für den Abschluß der Trogfüllung und des Kanals niedere Trog- und Haltungstore auf beiden Seiten notwendig werden, die eingeschleusten Schiffe aber die Verbindung mit der Außenwelt behalten. Trotz dieses unbestreitbaren Vorzuges, der vor allem in einer sehr großen Vereinfachung des Schleusungsverfahrens besteht, hat sich auch die Böhmlersche Unterwasserschleuse nicht durchsetzen können.

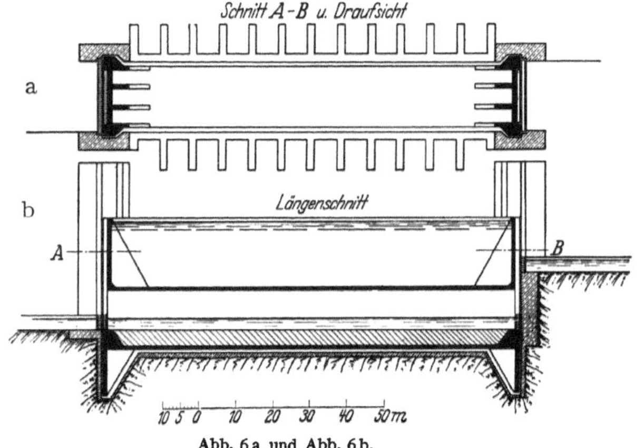

Abb. 6a und Abb. 6b.

c) Vorzüge und Nachteile der Unterwasserschleusen.

Das Schleusungsverfahren mit Hilfe der Unterwasserschleuse in jeder Form ist hinsichtlich der Wasserbewegung zweifellos ein sehr einfaches, fast vollkommenes zu nennen; der Trog schwebt völlig untergetaucht im Wasser und ist ohne wesentlichen Kraftaufwand nach jeder Richtung beweglich. Es hat den besonderen Vorzug — auch vor der Schiffsbeförderung mit der Kammerschleuse—, daß eine Hebung oder Senkung der Haltungswasserspiegel nicht stattfindet und das zu fördernde Schiff mit strömendem Wasser nicht in Berührung kommt. Wenn trotzdem mit diesem Schleusungsverfahren bisher ein praktischer Versuch nicht gemacht worden ist, so sind wohl in erster Linie die Bedenken daran schuld, die ganz gefühlsmäßig gegen die Betriebssicherheit der Schleusung unter Wasser bestehen, in zweiter Linie sind es wohl auch wirtschaftliche Bedenken.

Was zunächst die Betriebssicherheit anlangt, so sind alle nach dieser Richtung hin vorgebrachten Gründe gegen die Unterwasserschleuse nicht stichhaltig, wenn nur die geologischen Vorbedingungen für eine sichere Anlage des Trogbeckens gegeben sind. Die heutige Technik ist zweifellos in der Lage, einen brauchbaren Schleusentrog zu bauen, der allen Kräftebeanspruchungen auf die Dauer gewachsen und auch dicht genug ist. Das Gleiche gilt von den Trogabschlüssen. Fraglos ist, daß der Trog auch mit Hilfe von Motoren und Führungen zwangsläufig in vollständig wagrechter Lage sicher auf und ab bewegt werden kann. Jegliche Befürchtungen wegen des sicheren Anschlusses des Troges an die Stirnwände des Trogbekens sind grundlos. Es gibt keinen besseren Abschluß gegen die Haltungen hin, als wenn der Koloß von Schwimmtrog, nach allen Richtungen geführt, vor der Öffnung liegt und durch den einseitigen Wasserdruck auf die große Stirnfläche des Trogs fest angepreßt wird. Da bedarf es von seiten des Ingenieurs nicht mehr viel, um diese Kräfte so auszunützen, daß eine brauchbare, das Becken völlig sicher abschließende Dichtung entsteht, und man darf mit Bestimmtheit erwarten, daß hier ein mindestens ebenso sicherer und sicher wirkender Abschluß zustande gebracht werden wird, wie z. B. am Unterhaupt einer Schachtschleuse. Und welche Einrichtung der Unterwasserschleuse, und welchen Betriebsvorgang man auch sonst in Betracht ziehen mag, es ist durchaus unrichtig, gegen diesen einfachen Schleusungsvorgang betriebstechnische Bedenken geltend machen und behaupten zu wollen, die Unterwasserschleuse arbeite weniger sicher, oder sie könne vor Betriebsgefahren weniger geschützt werden, als beispielsweise ein Aufzug, mit welchem Trog und Schiff durch die Luft befördert werden. Es handelt sich offenbar vielmehr darum, ein Vorurteil gegen die Unterwasserfahrt zu überwinden, das nicht gerechtfertigt ist. Der Trograum kann während der Fahrt mit elektrischem Licht taghell beleuchtet und durch Schächte ständig mit der Luft in Verbindung gehalten werden. Was man aber seitens der Betriebsleitung notwendigerweise von dem Schleusungsvorgang sehen muß, das kann auf eine Schalttafel des Betätigungsraums so klar und übersichtlich übertragen werden, als man es nur wünscht. Für die Mannschaft, die sich während der Schleusung im Trog aufhält, können völlig wasserabgeschlossene, mit der Luft in Verbindung gesetzte Räume geschaffen werden, in denen sie weitestgehend gesichert ist. Es gibt somit bei Unterwasserschleusen keine Betriebsgefahr, die man zum mindesten nicht ebenso sicher bannen könnte, wie beim Schleusen mittels eines Schwimmerhebewerkes oder eines Aufzugs.

Zieht man einen Vergleich zwischen der Unterwasserschleuse in ihrer ursprünglichen Form mit vom Schwimmbecken losgelöstem Trog unter Berücksichtigung der vorgeschlagenen und etwa noch vorzuschlagenden Verbesserungen mit der Böhmlerschen, so fällt er hinsichtlich der Betriebssicherheit zugunsten der ersteren aus. Das beiderseitige Offenhalten der Trogröhre bringt zwar eine große Vereinfachung der Ein- und Ausfahrt mit sich — und darin besteht zweifellos der Vorzug der BÖHMLERschen Schleuse —, die großen Schilde als bewegliche Abschlüsse des Trogbeckens sind aber keine glückliche Lösung, und ihre Nachteile überwiegen die genannten Vorteile. Es ist und bleibt ein Wagnis, ein Becken von so großen Abmessungen mit Wasserdrücken die 25 bis 30 und mehr Meter Wassersäule betragen, beiderseits nur mit beweglichen Verschlüssen von solchen Ausmaßen abschließen und während der Trogfahrten ständig dicht halten zu wollen. Für ein Schleusengefälle von nur 10 m Höhe sind beispielsweise Schilde von nicht weniger als 35 m Höhe mit einer Länge der Dichtungsflächen von je rund 90 m erforderlich. Das Trogbecken der BÖHMLERschleuse erhält so zwei schwache Stellen von ungewöhnlichen Ausmaßen. Es erscheint darum aus technischen und wirtschaftlichen Gründen unbedingt richtig, die großen Schilde, die im Bau und Betrieb besondere Aufmerksamkeit und Kosten erheischen, wieder zu verlassen und zu der ursprünglichen Unterwasserschleuse mit dem während der Schleusung für sich verschlossenen Schwimmtrog und besonderen Häupterabschlüssen des Beckens zurückzukehren, wie dies bei den BURCKHARDschen Vorschlägen bereits geschehen ist.

Etwas weniger günstig als die Frage der Betriebssicherheit der Unterwasserschleuse in der letzteren Form ist ihre Wirtschaftlichkeit zu beurteilen. Wo günstige Vorbedingungen für die Anlage des Trogbeckens gegeben sind, wo ein großer Höhenunterschied zu überwinden und das Speisungswasser schwer zu beschaffen ist, da kann die Unterwasserschleuse zweifellos in wirtschaftlicher Hinsicht den Wettbewerb mit der Sparschleuse aufnehmen, im übrigen wird von Fall zu Fall entschieden werden müssen, welches Hebewerk am wirtschaftlichsten ist. Hierbei können besonders die geologischen Verhältnisse eine entscheidende Rolle spielen, wie sich das bei der Stufe Niederfinow gezeigt hat.

Versucht man allgemein die Aufwendungen für eine Kammerschleuse mit Sparbecken und für die entsprechende Unterwasserschleuse miteinander zu vergleichen, so steht wohl außer Frage, daß die Herstellung des Schleusentroges geringere Kosten verursacht, als diejenige der Schleuse und der Sparbecken zusammen, selbst bei günstigsten Gründungsverhältnissen der Sparschleuse, und es entsteht die Frage, wie weit die Kosten für die Herstellung des Trogbeckens noch aus den Ersparnissen für die Trogherstellung gegenüber den Aufwendungen für die Schleuse mit den Sparbecken gedeckt werden können. Der besondere Aufwand der Unterwasserschleuse für die Erzielung der Wasserersparnis besteht in der Schaffung dieses Beckens. Während bei der Verdrängerschleuse die Wasserersparnis durch mehrmalige Schaffung des Raums für das Schleusungswasser erkauft wird, muß bei der Unterwasserschleuse zum mindesten einmal der Fassungsraum hergestellt werden, den der Schleusentrog an Wasser vom Trogwasserspiegel bis zum Trogscheitel verdrängt. Bei der Unterwasserschleuse in ihrer ursprünglichen Form wird in Wirklichkeit ein Wasserraum geschaffen, der die Spiegelbreite des Beckens zur Grundfläche und mindestens den Abstand Trogwasserspiegel bis Trogscheitel zur Höhe hat. Wendet man zur seitlichen Begrenzung des Trogbeckens Böschungen an, so wird er noch größer. Die Schaffung dieses Trogbeckens mit um mindestens 6 bis 8 m oder noch mehr über das Oberwasser erhöhtem Spiegel ist es, was samt den Aufbauten für die beiderseitigen Häupter und die Trogführungen sehr erhebliche Kosten verursacht. Es entsteht daher die Frage: Lassen sich diese Kosten nicht verringern, oder läßt sich die Herstellung dieses erhöhten Beckens, das auch bautechnisch seine Schwierigkeiten hat, nicht umgehen?

Die Beantwortung dieser Frage führt zu der Aufgabe, Einrichtungen zu finden, welche es ermöglichen, einen im Oberwasser schwimmenden Schleusentrog auf der Talfahrt untertauchen und bei der Bergfahrt wieder austauchen zu lassen; die Lösung der Aufgabe setzt an die Stelle der Unterwasserschleuse die Tauchschleuse.

2. Die Tauchschleusen.

a) Tauchschleusen mit Wasserverbrauch, Bauweisen Robert Velden und Maschinenfabrik Augsburg-Nürnberg.

Die erste Tauchschleuse in des Wortes eigentlicher Bedeutung war die schon erwähnte, im Jahre 1794 patentierte Schwimmtrogschleuse von Robert Velden. Sie bestand aus einem zur Hälfte mit Wasser gefüllten, beiderseits verschließbaren Zylinder, der in einem mit dem Oberwasser in Verbindung stehenden Schacht schwamm und mit Hilfe von Ballastwasser innerhalb dieses Schachtes auf Unterwasserhöhe abgesenkt und wieder gehoben werden konnte. Die Schleusung zu Berg erfolgte durch Auspumpen des Belastungswassers.

Eine Tauchschleuse ähnlicher Art ist der Maschinenfabrik Augsburg-Nürnberg im Jahre 1917[1]) patentiert worden. Der mit Belastungskammern versehene Trog von rechteckigem Querschnitt schwimmt hier in einem zwischen Oberwasser und Unterwasser hergestellten Schacht, der vom Unterwasser durch eine in einem Ausfahrtstollen untergebrachte Schleusenkammer mit beiderseitigen Abschlüssen getrennt ist. Die Schwierigkeiten der Ausfahrt ins Unterwasser werden hier durch regelrechtes Ausschleusen umgangen. Im übrigen wird das Ein- und Austauchen des Troges durch Einlassen und Auspumpen von Belastungswasser bewirkt. Diese Be- und Entlastung des Troges wird bei jeder Talfahrt und Bergfahrt je einmal, bei der Tauchschleuse von Velden dagegen bei jeder Tal- und Bergfahrt zusammen nur einmal erforderlich.

Das Schleusungswasser, das für eine Tauschschleusung erforderlich ist, wird also bei diesen Schleusen nicht erspart, sondern unter Berücksichtigung des Wirkungsgrades der Pumpen mehr als 1½fach bzw. 3fach für je eine Doppelschleusung aufgewendet. Diese beiden Tauchschleusen können somit nicht unter die Schleusen ohne Wasserverbrauch gerechnet werden.

b) Der Schwimmtrog nach Bauweise Menickheim.

Als erster Versuch zu einer Tauchschleuse ohne Wasserverbrauch ist der seit April 1920 durch D.R.P. Nr. 389387 geschützte und in den Grundzügen durch die Abb. 7 wiedergegebene „Schwimmtrog" nach Menickheim anzusprechen. Die Schleusung erfolgt mit Hilfe eines oben offenen, im Oberwasser schwimmenden Troges *T*, der mit Belastungskammern *B* und Ausgleichsbehältern *L* ausgerüstet ist und durch das aus der Unterwasserhaltung entnommene Belastungswasser zum Eintauchen und Niedergehen bis Unterwasserhöhe gebracht

[1]) D.R.P. Nr. 303724

wird. Dabei taucht der Trog annähernd bis zur Oberkante seiner Seitenwände ein, er könnte aber ebensogut oben geschlossen sein und völlig unter den Oberwasserspiegel untertauchen[1]). Das Kennzeichnende der Schleuse von MENICKHEIM ist, daß die Unterkante der Belastungskammern des Troges zum mindesten herunterreichen muß bis zum Unterwasserspiegel, damit bei einer kleinen Senkung der Schleuse in Oberwasserstellung die Belastungskammern sich aus dem Unterwasser füllen und so den Trog in die Unterwasserstellung bringen können. Die Hebung erfolgt entsprechend durch Rückgabe des Belastungswassers in die Unterwasserhaltung. Der Trog muß überdies über dem Oberwasserspiegel noch mindestens die Höhe des Schleusengefälles haben, also im ganzen mindestens doppelt so hoch sein als die Schiffahrtsstufe. Bei großen und sehr großen Gefällen wird diese Schleuse mit Vorteil nicht mehr verwendet werden können, weil sie eine Vertiefung des Unterwasserkanals von mehr als Schleusengefällshöhe unter den Unterwasserspiegel verlangt.

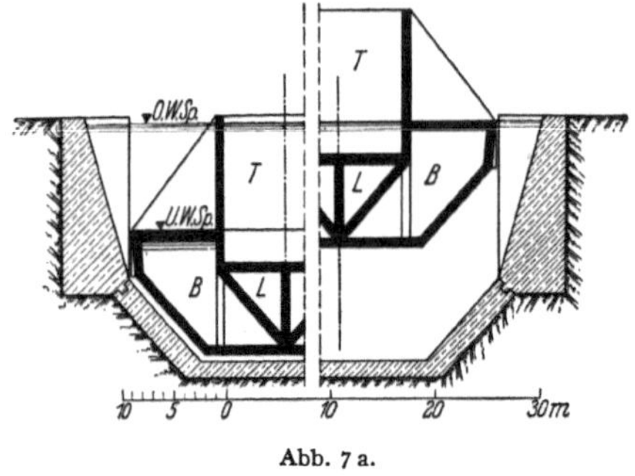

Abb. 7 a.

Der Vorschlag MENICKHEIM ist für kleinere Gefälle beachtenswert. Vorteilhaft für die MENICKHEIMsche Lösung ist, daß als Gegenbehälter zu den Belastungskammern des Trogs der Unterwasserkanal benützt wird. So kommt man damit aus, nur den Raum für das ersparte Schleusungswasser schaffen zu müssen. Dabei muß aber der Nachteil in Kauf genommen werden, daß während der Trogfahrten im Ober- und Unterwasser durch Verdrängung und Wasserentnahme Strömungen entstehen. Wollte man diese vermeiden, so könnte dies nach Abschluß des Oberwasserkanals oberhalb des Schwimmtrogs geschehen mit Hilfe eines im Unterwasser schwimmenden Verdrängers vom Rauminhalt des Schleusungswassers und eines zweiten Behälters vom gleichen Fassungsraum, der auf den Schwimmer im Unterwasser mit Stützen so aufzusetzen wäre, daß er dem Wechsel des Schleusungsgefälles folgen könnte und bei Oberwasserstellung des Schwimmtrogs mit seiner Sohle in Oberwasserspiegelhöhe läge. Das bei einer Talschleusung verdrängte Oberwasser könnte dann von diesem Trog aufgenommen werden und würde mit Hilfe des ins Unterwasser einsinkenden Verdrängers ebensoviel Wasser in die Belastungskammern des Schwimmtrogs verdrängen. Man erkennt also, daß hier völlige Wasser-

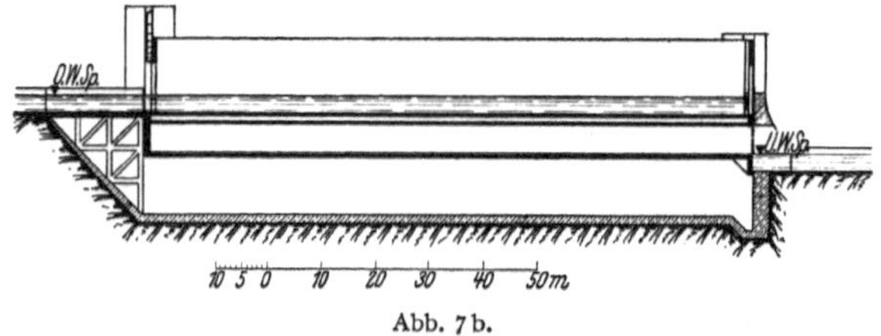

Abb. 7 b.

[1]) Diese Umgestaltung wäre ohne weiteres möglich: Die Belastungskammern von der Höhe des Tauchweges des oben geschlossenen Schwimmtrogs wären nur so an den letzteren anzuhängen, daß ihre Sohle in der Oberwasserstellung des Troges mit dem Unterwasserspiegel auf gleicher Höhe läge.

ersparnis und Ruhelage der Haltungsspiegel durch dreimalige Schaffung des Raumes für das Schleusungswasser erkauft werden müßte und könnte.

Dem Schwimmtrog haftet außerdem der Nachteil an, daß er als Abschluß des Trogbeckens gegen das Unterwasser den beweglichen Schild der Unterwasserschleuse von BÖHMLER hat.

c) Die Tauchschleuse mit festem Gegenbehälter (Bauweise ROTHMUND).

Der Schwimmtrog von MENICKHEIM stellt in der vom Erfinder dargebotenen Form eine Tauchschleuse für den Sonderfall dar, daß der Trog oben offen ist, also nur ein Eintauchen und nicht ein Untertauchen stattfindet. Er ist überdies nur für beschränkte Gefällshöhen verwendbar. Der dafür angegebene Höchstbetrag von 12 m dürfte die wirtschaftliche Grenze erheblich überschreiten. Demgegenüber ist der in den Abb. 8 bis 11 dargestellte Vorschlag des Verfassers für eine Tauchschleuse mit festen Gegenbehältern[1]) als eine allgemeine Lösung anzusprechen. Da der Vorschlag in der hier gewählten Form erstmals der Öffentlichkeit übergeben wird, dürfte es angebracht sein, ihn etwas eingehender zu erläutern: Die Abb. 8 zeigt im Querschnitt das Grundsätzliche der Einrichtung und Anordnung eines oben offenen Troges mit nur einer Belastungskammer und einem Gegenbehälter und läßt das Verfahren der Schleusung über Wasser erkennen, in den Abb. 9 und 10 ist der oben geschlossene Trog mit beliebiger Wölbung und die Schleusung durch Untertauchen und Unterwasserfahrt dargestellt.

Der schwimmende Schleusentrog S ist mit Belastungskammern a_1, b_1 ausgestattet, die in Oberwasserstellung leer sind und dem Trog den seinem Gewicht samt Trogfüllung entsprechenden Auftrieb verleihen. Der Trog ist beiderseits durch Tore verschließbar. Das zu Tal zu schleusende Schiff fährt vom Oberwasser her in den vor dem Haltungsabschluß liegenden Trog ein, das Obertor wird geschlossen und der Trog in die Unterwasserstellung abgesenkt, indem den Belastungskammern so viel Wasserballast zugeleitet wird, als er beim Eintauchen an Wasser verdrängt. Das Belastungswasser wird bereitgehalten in Gegenbehältern a_2, b_2, die am Ufer in solcher Höhenlage und in solcher Form fest angeordnet sind, daß in jeder Gleichgewichtsschwimmlage des Trogs zwischen der Oberwasser- und der Unterwasserstellung bzw. der Stellung beim völligen Eintauchen die Belastungskammern und Gegenbehälter untereinander gleiche Wasserspiegellage und Wasserspiegelfläche aufweisen, und daß die Wasserspiegelfläche der Behälter je doppelt so groß ist als die vom Trog verdrängte Spiegelfläche. Das ist die Kennzeichnung der Lösung. Sie ergibt sich daraus, daß einer Senkung des Troges um Δh die Abgabe einer Wasserschicht $\Delta h/2$ aus den Gegenbehältern und die Aufnahme einer ebenso starken Schicht in die Belastungskammern entspricht. Ist die augenblicklich durch den Trog verdrängte Fläche F, so erreicht man die in diesem Augenblick erforderliche Belastungswassermenge $\Delta Q = F \cdot \Delta h$ durch die doppelten Spiegelflächen in den Behältern: $\Delta Q = 2F \cdot \frac{\Delta h}{2}$. Die Form und Anordnung der Behälter für das

[1]) D.R.P. Nr. 457466.

Pendelwasser ist dadurch erklärt. Sie können ein- und zweistockig angeordnet werden. Der SCHNAPPsche Grundgedanke der schwimmenden Behälter mit festen Gegenbehältern hat auch hier seine Anwendung wieder gefunden. Die Abb. 8 zeigt eine einstockige Anordnung der Pendelwasserbehälter, in den Abb. 9 und 10 ist die zweistockige wiedergegeben. Die einfachste und ge-

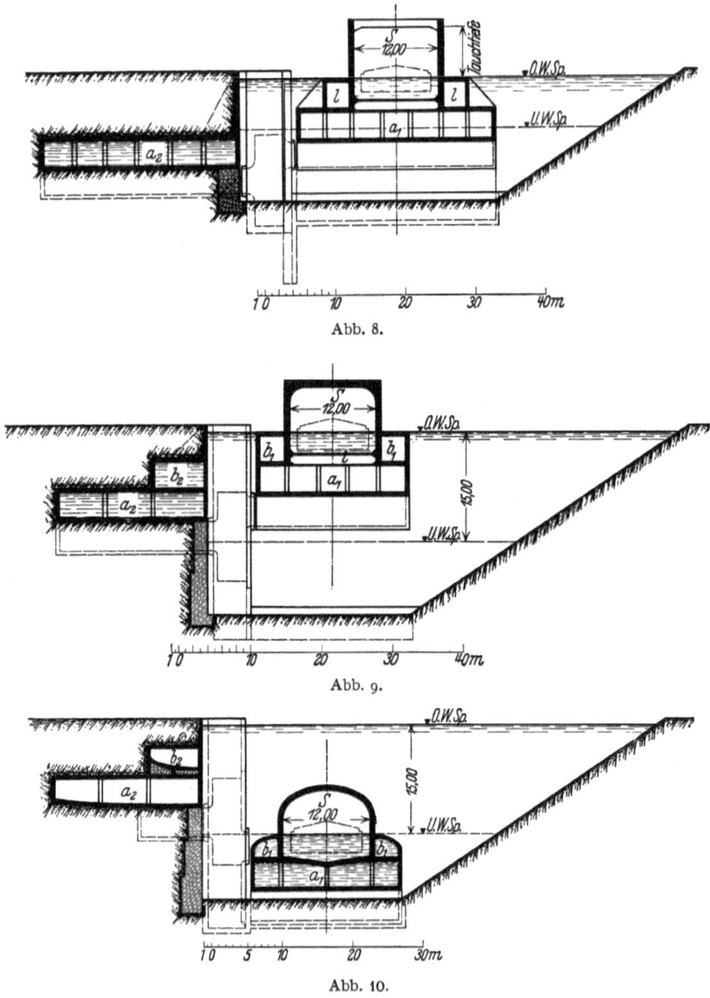

Abb. 8.

Abb. 9.

Abb. 10.

drungenste Bauweise des Troges ist diejenige nach den Abb. 9 und 10. Hier müssen aber die Verbindungsleitungen zwischen den Belastungskammern und Gegenbehältern für jedes Stockwerk getrennt ausgeführt werden, wenn man nicht zu dem PROETELschen Ausweg der Anwendung verschiedener Luftdichte greifen will.

Die einstockige Bauweise erscheint deshalb nicht unzweckmäßig, weil es erwünscht ist, die Zahl der Verbindungsleitungen zwischen den beweglichen Belastungskammern und ihren festen Gegenbehältern möglichst nieder zu halten.

Überdies wird bei der einstockigen Anordnung zwischen dem Wasserspiegel (bei Oberwasserstellung) und der Belastungskammer der Platz frei für Luftkammern *l*, die ausgenützt werden können zur Unterbringung von Pumpen, Motoren, Leitungen u. a. m., zur Schaffung von wasserdicht abgeschlossenen Mannschaftsräumen und schließlich zu Ballasträumen, welche zur Ausgleichung des Troggewichts und unter Umständen zur Regelung der Schwimmlage bei verschiedenen Wasserständen notwendig sind.

Eine besonders große Bedeutung für die Sicherheit des Betriebs und damit zugleich für die Entscheidung der Frage, ob dem neuen Vorschlag der Tauchschleuse das für die praktische Anwendung erforderliche Vertrauen entgegengebracht werden kann, kommt der Verbindungsleitung zwischen dem Schwimmtrog und dem Gegenbehälter zu. Sie hat die Aufgabe, das Pendelwasser in sekundlichen Mengen von 20 bis 30 cbm zwischen den Behältern zu befördern. Dabei soll sie nicht nur 6 bis 8 m unter dem Haltungswasserspiegel den freien Wasserspiegel der Pendelwasserbehälter gewährleisten, sondern auch die durchsickernden Haltungswassermengen innerhalb niederster Grenzen halten und bei aller Betriebssicherheit möglichst geringe Arbeitsverluste infolge Reibung verursachen.

Für Verbindungsleitungen zwischen beweglichen Behältern oder zwischen festen und beweglichen Behältern liegen Vorschläge aus den Patenten von Schnapp, Schneiders und Proetel in Form von Gelenkrohren, Teleskoprohren und Saughebern vor. Alle drei Verbindungsarten erscheinen aber hier im Betrieb nicht zuverlässig genug. Am ehesten kämen für kleine und mittlere Gefälle noch Saugheber in Frage. Da sie aber beweglich sein und mit Stopfbüchsen eingedichtet werden müßten, so wären bei der großen Massenwirkung des Troges Beschädigungen dieser Saugheberleitungen zu befürchten. Biegsame Schlauchverbindungen verbieten sich schon wegen der hohen Kosten. Es mußte deshalb nach einer anderen Art, zwischen dem beweglichen Trog und dem festen Gegenbehälter eine Verbindungsleitung herzustellen, welche den angegebenen Forderungen genügt, gesucht werden. Eine solche ergab sich schließlich in der aus Abb. 11 ersichtlichen Lösung[1]:

Die Verbindungsleitung besteht aus den unter den Pendelwasserbehältern über ihre ganze Breite an Stelle der Böden angebauten Kanälen r_1 und r_2 mit je einem Verschlußventil v_1 bzw. v_2, einem Notverschluß w_1 bzw. w_2 und aus dem Zwischenbehälter s mit den beiden Seitenwänden t_1 und t_2. Die letzteren sind je mit einer Öffnung u_1 bzw. u_2 versehen, die vor den Stirnrahmen der Kanäle r_1 und r_2 liegen, und mit diesen durch die Dichtungsrahmen x_1 und x_2 verbunden. Der Behälter s stellt ein lotrechtes Leitungsstück von gleicher Querschnittsgröße dar, wie sie die Kanäle und Durchflußöffnungen aufweisen. Die Seitenwand t_1 ist fest mit dem Zwischenbehälter s verbunden und wird durch den auf ihr sitzenden Dichtungsrahmen x_1 gegen den Leitungskanal des Gegenbehälters angepreßt. Die Wand t_2 ist als lotrecht bewegliche Schütztafel ausgebildet und (in Oberwasserstellung des Troges gesehen) über die Decke des Zwischenbehälters hinaus um das Maß des lotrechten Tauchwegs des Troges verlängert, so daß ihre Oberkante in tiefster Stellung mit der Deckenoberkante

[1]) Zum Patent angemeldet.

des Zwischenbehälters bündig wird. Gegen den Rahmen des letzteren ist die Schütztafel abgedichtet und trägt auf der Trogseite in entsprechender Höhe den Dichtungsrahmen x_2, welcher den Zwischenraum zwischen der Tafel und Stirnwand des Trogkanals elastisch überbrückt. Dieser Zwischenraum bildet den für seitliche Trogbewegungen während der Tauchfahrt erforderlichen Spiel-

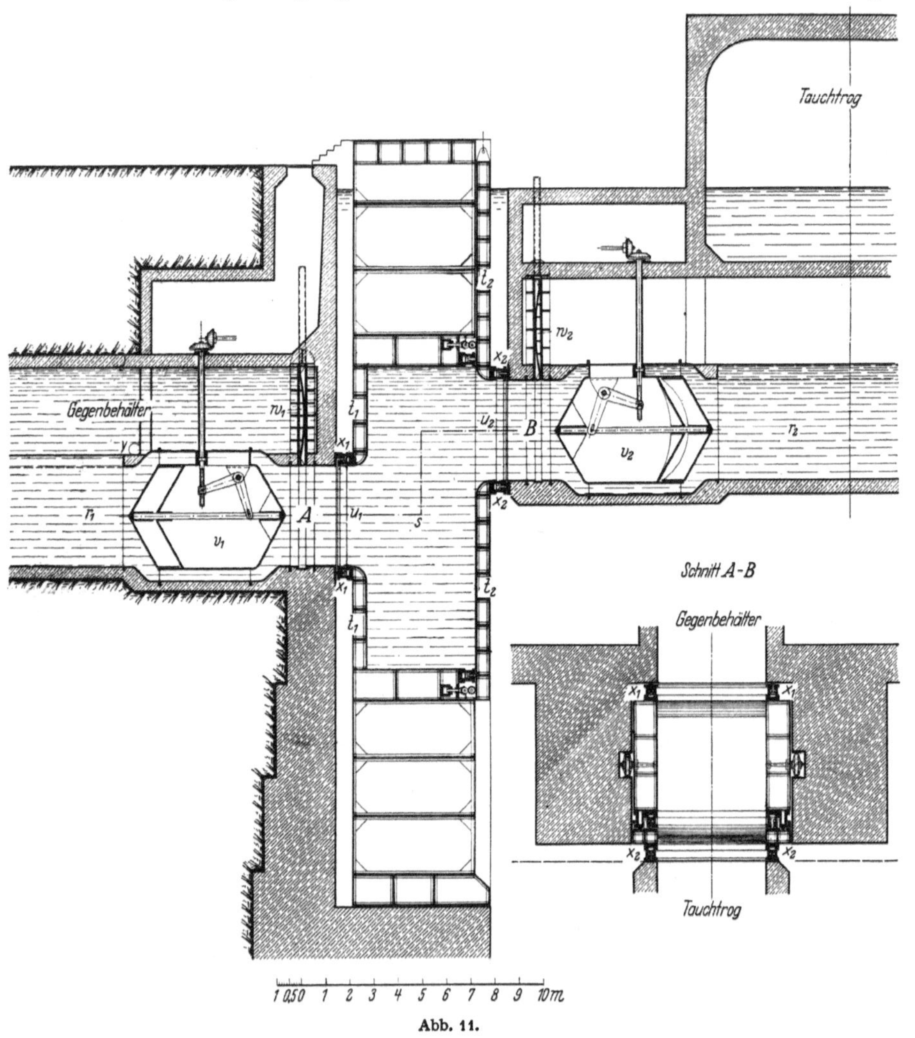

Abb. 11.

raum. Der Zwischenraum auf der anderen Seite (zwischen r_1 und t_1) könnte dagegen durch eine feste Verbindung überbrückt werden. Da aber der hydraulisch fest angepreßte Dichtungsrahmen gleich gute Dienste tut, wie eine feste Verbindung, wird es vorgezogen, das Verbindungsglied zwischen Trog und Gegenbehälter, das alle Dichtungen in sich vereinigt, als völlig selbständigen Bauteil auszubilden, um ihn jederzeit nachsehen und auswechseln zu können. Zu diesem Zweck wird er ebenfalls als Schwimmkörper hergestellt, durch Füllen seiner

Luftkammer an seinen Standort abgesenkt, wo er zwischen zwei Führungspfeilern auf einem Betonsockel mechanisch festgelegt wird, und durch Auspumpen wieder zum Hochschwimmen gebracht.

Die Tauchfahrten des Troges werden von der Schütztafel mitgemacht. Am Schlusse der Eintauchfahrt wird der hydraulisch angepreßte Dichtungsrahmen x_2 jeweils selbsttätig zurückgezogen und der Trog dadurch für die Unterwasserfahrt völlig freigegeben, nachdem unmittelbar vorher das Ventil v_1 in rascher Schließbewegung den entleerten Gegenbehälter gegen das Haltungswasser abgeschlossen hat. Die vollständige Loslösung des Schwimmtroges von der Verbindungsleitung und dem Gegenbehälter, die als ein besonderer Vorzug der gefundenen Lösung anzusprechen ist, ist ohne weiteres möglich, weil die gefüllte Belastungskammer eines Abschlusses gegen die Haltung nicht mehr bedarf. Der Trog kann also jede Tiefenfahrt vollziehen wie die Unterwasserschleuse, der Gegen- und Zwischenbehälter bilden lediglich seine Ein- und Austauchvorrichtung. Bei Beginn der Austauchfahrt wird die dichtende Verbindung zwischen Trog und Schütztafel wieder selbsttätig vollzogen und ebenso das Verschlußventil des Gegenbehälters geöffnet.

Die Notverschlüsse dienen dazu, die Ventile bei entleerten Pendelwasserbehältern und leer gepumpten Leitungskanälen nachsehen und, wenn erforderlich, Ausbesserungen vornehmen zu können.

An der Stirn des Gegenbehälters nach der Unterwasserseite hin ist im tiefsten Punkt der Behältersohle ein Entleerungsrohr y eingelegt, das nach einem mit dem Unterwasser verbundenen Behälter in entsprechender Höhenlage führt und nur während der Unterwasserfahrt des Troges, also bei entleertem Gegenbehälter, geöffnet ist. Durch dieses und durch die freie Verbindung der Belastungskammer mit dem Haltungswasser während der Unterwasserfahrt wird die Pendelwassermenge bei jeder Schleusung selbsttätig geregelt: ein Überschuß fließt durch das Rohr ab, ein Mangel wird aus der Haltung gedeckt.

Für die Zahl und Größe der Verbindungsleitungen zwischen den Pendelwasserbehältern ist das Maß von Arbeit bestimmend, das man während der Tauchfahrten durch Motorenkraft oder Wasserverbrauch aufwenden will, und das durch das zugelassene Druckgefälle zwischen den Spiegeln der Pendelwasserbehälter gegeben ist. Es erscheint wirtschaftlich und betriebstechnisch zweckmäßig, für Schleusen bis zu 120 m Nutzlänge nur eine einzige Verbindungsleitung in Schleusenmitte anzuwenden und die allgemein bei technischen Anlagen im Interesse der Betriebssicherheit erwünschte Herstellung von wichtigen Bauteilen in Doppelzahl dadurch zu ersetzen, daß ein Zwischenbehälter mit allen seinen Bestandteilen in Vorrat beschafft und bereitgestellt wird.

Die Zuverlässigkeit der vorbeschriebenen Verbindungsleitung im Betrieb hängt nun in hohem Maße von dem sicheren Arbeiten der Dichtungen ab. Für diese sind zwei verschiedene Ausführungsarten[1]) vorgesehen:

Die Preßdichtungen zwischen den lotrechten Leitungswänden (t_1, t_2) und den Stirnrahmen der Kanäle (r_1, r_2) werden gemäß Abb. 11 aus einem ringsum geschlossenen Dichtungsrahmen hergestellt, der aus einem Druckgehäuse und einem wagerecht verschieblichen, in das Gehäuse eingedichteten,

---

[1]) Zum Patent angemeldet.

┬-förmigen Dichtungsbalken besteht. Dieser wird ähnlich wie ein Kolben in einem Zylinder durch Wasser- oder Luftdruck gegen die Dichtungsfläche gepreßt oder von ihr abgehoben. Die Stirnseite des Dichtungsbalkens ist mit einer vorn abgerundeten starken Gummileiste besetzt, welche die Dichtung gegen die Stirnrahmen der Kanäle bewirkt. Um dem Rahmen als Ganzes eine gewisse Nachgiebigkeit zu verleihen, ist an den Ecken der Querbalken des ┬-Querschnitts jeweils unterbrochen und nur der Steg in Form eines Gummiblocks durchgeführt; hierdurch entstehen vier Gelenke, durch welche jede Rahmenseite eine gewisse Beweglichkeit gegenüber den beiden anstoßenden erhält. Das Druckgehäuse steht in dauernder Verbindung mit einem Druckwasser- oder Druckluftbehälter, die Leitung kann während der Tauchfahrt auf sehr starken Druck geschaltet werden, so daß die feste und dichte und dabei doch elastische Verbindung zwischen den Seitenwänden und dem Trog bzw. dem Gegenbehälter während der Tauchfahrten unbedingt gewährleistet ist. Sobald der Trog die Schütztafel verläßt, wirkt der Druck auf Zurückziehen des Dichtungsrahmens. Der Schwimmtrog wird an den beiderseitigen Häuptern und, soweit erforderlich, auch an dazwischen liegenden Punkten (s. Abb. 18 und 19) bei seiner lotrechten Bewegung so geführt, daß seine Beweglichkeit nach allen Richtungen den Spielraum des elastischen Dichtungsrahmens nicht überschreitet.

Für die Abdichtung der lotrecht beweglichen Schütztafel t_2 gegen den festen Leitungsrahmen sind zwei Dichtungen vorgesehen (s. Abb. 11), eine innere, die grundsätzlich ebenso ausgebildet ist, wie die vorbeschriebene Preßkolbendichtung, und eine äußere, den inneren Dichtungsrahmen vollständig umschließende. Die lotrechten Seitendichtungen der letzteren werden durch sorgfältigste Paßarbeit als Labyrinthdichtung mit Druckschmierung hergestellt, die wagerechte obere und untere Dichtung wird als Rolldichtung ausgebildet und durch eine mit Gummi besetzte eiserne Walze bewirkt, die mit Hilfe einer auf Preßkolben sitzenden Gegenwalze hydraulisch auf die Schütztafel aufgepreßt und gegen den festen Rahmen abgedichtet wird. Da das Schütz auf Rollen läuft, die den Wasserdruck auf den Rahmen übertragen, so dürfte eine starke Reibung in den geschmierten Laufrahmen der Labyrinthdichtung nicht auftreten. Bei den Gummiwalzen, die ununterbrochen frisch mit Wasser befeuchtet werden, ist das ebenfalls ausgeschlossen.

So kann erwartet werden, daß der äußere Dichtungsrahmen, ohne starke Reibungskräfte auszulösen, eine nahezu vollständige Dichtung bewirken wird, und der innere Preßrahmen, um die Restdichtung zu übernehmen, nur noch mit geringem Druck aufgepreßt werden muß.

Ist auf solche Weise dafür Sorge getragen, daß die vorgesehenen Dichtungen der Verbindungsleitung allen Anforderungen genügen und die unvermeidlichen Wasserverluste sich innerhalb niederster Grenzen halten werden, so sind außerdem noch Sicherheitsvorkehrungen notwendig, welche im Falle eines unberechenbaren oder unvorherzusehenden Versagens oder einer Beschädigung der Dichtungen oder infolge unrichtiger Bedienung einem Unfall entgegenwirken. Als solche sind die Ventilverschlüsse v der Öffnungen der Pendelwasserbehälter angeordnet. Die größte Gefahr besteht naturgemäß, wenn der Trog in Oberwasserstellung ist: Während aus- und eingeschleust wird, könnte durch Eindringen von Wasser in die leeren Belastungskammern ein rasches Einsinken des Troges und so ein Unfall herbeigeführt werden. Das wird bestimmt verhütet, wenn das Ventil v_2 während der Oberwasserstellung zwangsweise geschlossen und blockiert ist. Der Endausschalter des Trogwindwerks für Oberwasserstellung leitet zugleich das Schließen dieses Ventils ein, und das Inbetriebsetzen des Trogwindwerks für Fahrt abwärts wird durch den Endausschalter für das Öffnen des Ventils bewerkstelligt. Das Ventil v_1 ist umgekehrt während der Unterwasserfahrt und Unterwasserstellung des Trogs geschlossen und während seiner Tauchfahrten und der Oberwasserstellung offen.

Diese Ventile werden zugleich als augenblicklich wirkende Verschlüsse eingerichtet und können als solche von der Schalttafel der Betriebsleitung und vom Innern des Troges aus elektrisch betätigt werden. Ihre Auslösung wird außerdem in bekannter Weise selbsttätig bewirkt, sobald die Durchflußgeschwindigkeit des Pendelwassers den für die Senkung und Hebung des Troges festgesetzten Höchstbetrag überschreitet. Der Trog kann also bei zu rascher Hebung oder Senkung mit Hilfe dieser „Notbremse" jederzeit aufgefangen werden.

So wird durch diese Ventile jeder mögliche Grad von Betriebssicherheit geschaffen.

Hinsichtlich der Anordnung des Gegenbehälters besteht zunächst weitgehende Bewegungsfreiheit und Anpassungsfähigkeit an die örtlichen Verhältnisse. Man kann ihn hälftig teilen und beiderseits des Troges mit ihm gleichlaufend anordnen. Um möglichst wenig schwache Stellen zu schaffen und auch so wirtschaftlich als angängig zu arbeiten, ist aber einseitige Anordnung des ganzen Behälters sehr in Betracht zu ziehen. Die Wasserzuführung zu den Trogkammern kann trotzdem so gestaltet werden, daß die Belastung über die ganze Grundfläche gleichmäßig stattfindet. Auch die äußere Form, in die man den Gegenbehälter bringen will, ist gleichgültig. Man kann sich damit sehr weitgehend den örtlichen Verhältnissen anpassen und je nachdem ein Rechteck, Quadrat, einen Kreis usf. wählen.

Die Form des Troges ist durch die Anordnung der Belastungskammern mehr oder weniger bestimmt. Für oben geschlossene Tröge ist die Größe des erforderlichen lichten Raumes über dem Trogwasserspiegel von Wichtigkeit, denn diese — nicht mehr die Schleusungshöhe — bestimmt bei der Tauchschleuse die Größe der bei jeder Schleusung bewegten Wassermenge. Zylinderform des Troges ist praktisch nicht möglich, aber auch nicht erwünscht. Auf jeden Fall läßt er sich durch zweckmäßige Anordnung der Belastungskammern in eine sehr einfache und statisch günstige Form bringen.

Die Pendelwasserbehälter müssen mit der Außenluft in Verbindung gehalten werden. Dies geschieht durch Aufsetzen von Rohren, welche bei den Belastungskammern durch die Trogwandung geführt werden und im Trogscheitel in Sammelrohre ausmünden, deren Enden durch die Belüftungsschächte der Schleusen ständig über den Oberwasserspiegel hinausreichen. Bei den Gegenbehältern begegnet die Be- und Entlüftung keinerlei Schwierigkeiten.

Um den Trog auch auf der Seite gegen den Oberwasserkanal hin sicher führen und die Ein- und Ausfahrt leicht bewerkstelligen zu können, ist dort die Herstellung zweier über die Trogoberkante hinausreichender und durch einen Querbalken verbundener Pfeiler — also eines rahmenförmigen Oberhaupts — notwendig.

In der vorstehenden Beschreibung sind alle Einzelheiten der Tauchschleuse mit festem Gegenbehälter, soweit sie ihr als Ein- und Austauchmechanismus für einen im Oberwasser einer Schiffahrtsstufe schwimmenden Schleusentrog eigentümlich sind, erörtert; was darüber hinaus geht, ist in gleicher Weise der Unterwasser- wie der Tauchschleuse eigen. Da aber bis heute — abgesehen von der angeführten Arbeit der holländischen Ingenieure WOUTER COOL und VON PANHUYS, deren Lösungen nicht ohne weiteres übernommen werden können — Entwurfsbearbeitungen für Tauchschleusen mit abgeschlossenen Schwimmtrögen nicht vorliegen oder nicht bekannt geworden sind, so muß die vorliegende allgemeine Lösung des Tauchschleusenproblems auch die Antwort enthalten auf die Frage:

Wie werden die Trog- und Haltungsabschlüsse hergestellt und betätigt?

Die Trogabschlüsse können als eiserne Schwimmtore hergestellt, in die verstärkten Trogstirnen eingelassen und gegen sie mit Hilfe der gleichen Preßkolbendichtungen abgedichtet werden, wie sie für die Verbindungsleitungen zwischen dem Schwimmtrog und Gegenbehälter vorgesehen sind.

Das oberwasserseitige Tor *a* (Obertor) (s. Abb. 12a und 12b) ist als Schiebetor gedacht und kann mit Hilfe einer am Oberhaupt neben der Trogstirn angeordneten Laufkatze *b* seitlich ausgezogen und auf Rollen *c* laufend so weit verfahren werden, bis die lichte Öffnung vollständig frei gemacht ist, ohne daß dabei das Tor die Führung im Trograhmen verläßt. Da das Tor als Schwimmtor ausgebildet ist, so hat die Laufkatze nur ein geringes Gewicht aufzunehmen, und das Aus- und Einfahren kann in kürzester Zeit erfolgen. Darüber hinaus wird man aber der Laufkatze doch eine solche Tragfähigkeit geben, daß sie nötigenfalls auch imstande ist, die Schwimmhöhe des Tores zu regeln, d. h. einen Teil des durch Auftrieb nicht ausgeglichenen Gewichtes über den Regelbetrag hinaus aufzunehmen.

Da das Schiff am Obertor frei ins Oberwasser ausfahren kann, so ist hier ein Haltungstor nicht erforderlich. Dagegen wird man zweckmäßig vor dem Übergang des Oberwasserkanals in den Vorhafen einen Kanalabschluß anordnen, der es ermöglicht, das Tauchbecken zu entleeren und den Tauchtrog trockenzusetzen, um eine Nachschau oder Ausbesserung vorzunehmen.

Schwieriger als am Oberhaupt gestaltet sich die Lösung der Torfragen am Unterhaupt. Hier müssen folgende Richtlinien beachtet werden:

1. Möglichste Einfachheit und Sicherheit des Betriebs.
2. Freie Bewegung der Tore nach Lösung bzw. unter Vermeidung der dichtenden Anschlüsse an die Haltungsöffnung.
3. Möglichst geringe Wasserverluste.
4. Möglichst geringer Arbeits- und Zeitaufwand.

Unter Berücksichtigung dieser Forderungen hat sich die folgende aus den Abb. 13a und 13b ersichtliche Anordnung des Trog- und Haltungstores sowie des Troganschlusses an das Unterhaupt ergeben:

Die Staumauer *d* des Haltungsabschlusses wird mit lotrechter wasserseitiger Wand ausgeführt und bildet um die Haltungsöffnung einen geschlossenen rechteckigen Rahmen, gegen welchen die Trogstirn *e* ringsum abdichten kann. Die letztere ist mit einem äußeren Dichtungsrahmen *f* aus Eichenholz ausgerüstet und einem inneren Preßkolbenrahmen *g* von der gleichen Bauweise wie der bei der Verbindungsleitung verwendete. Um die Trogstellung den wechselnden Unterwasserständen anpassen zu können, wird die Trogstirn, soweit erforderlich, schildartig nach oben und unten erweitert, auf dieser Erweiterung sitzen die Dichtungsrahmen.

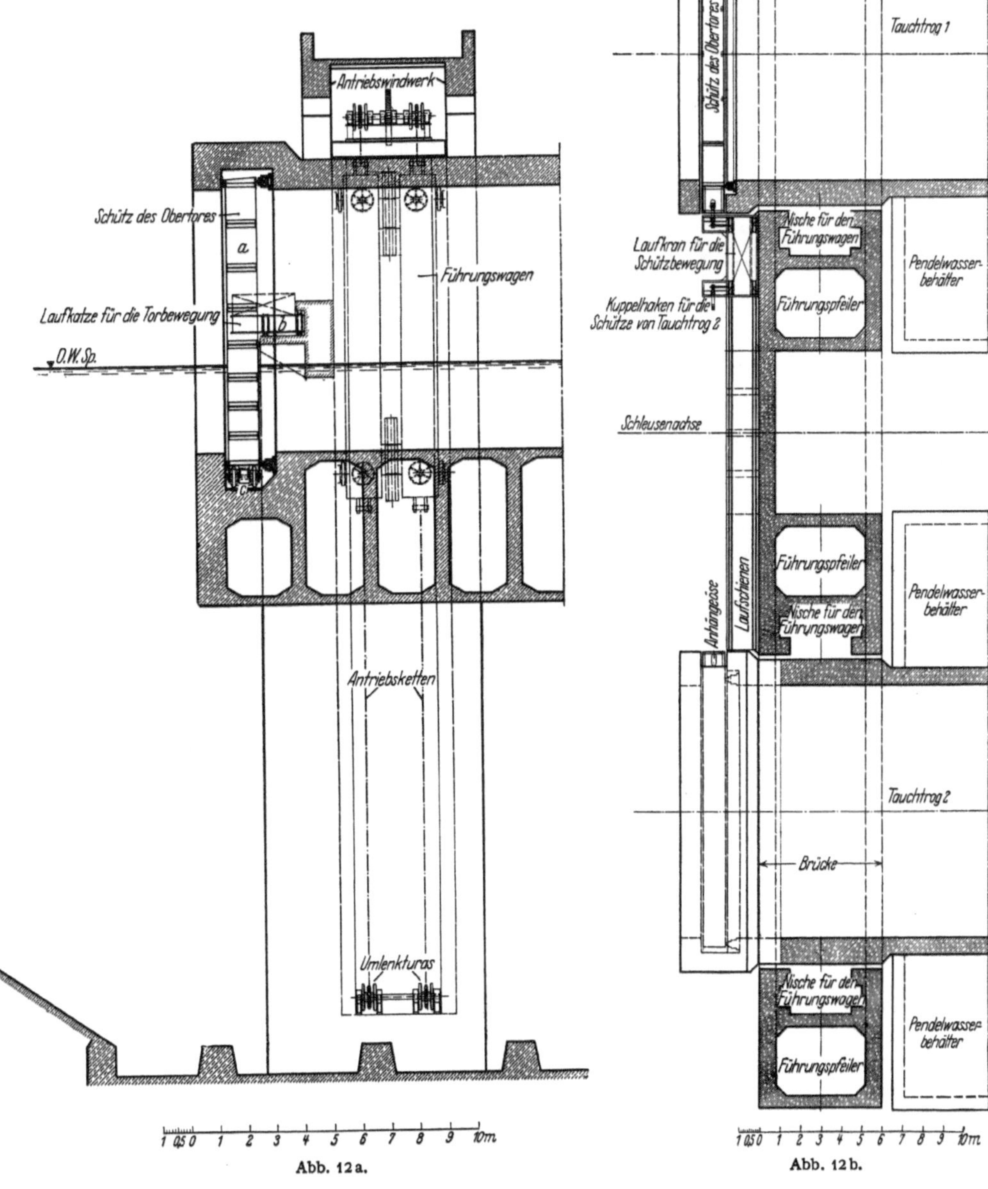

Abb. 12a. Abb. 12b.

Das Untertor *h* des Schwimmtrogs ist ganz ähnlich gebaut wie das Obertor und mit Hilfe der Preßkolbendichtung *i* gegen die Trogstirn abgedichtet. Es ist so in den Endrahmen eingelassen, daß es in der Richtung gegen Unterwasser aus der Öffnung herausgezogen werden kann, und mit Riegeln *z* in der Schlußstellung festgehalten. Die Riegel sitzen auf einer lotrechten Welle *y*, welche durch einen im Schwimmtrog untergebrachten Motor gedreht wird.

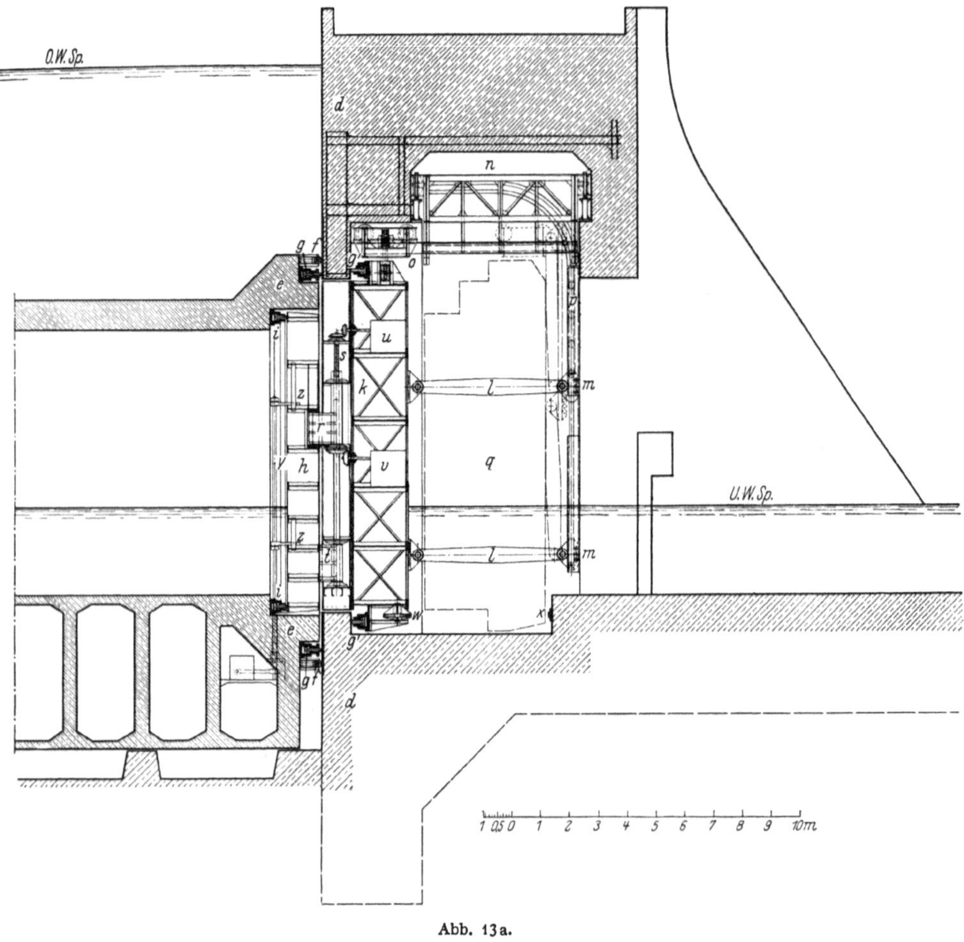

Abb. 13a.

Das Haltungstor *k* besteht aus einem Schütz, das von der Unterwasserseite her wie ein Deckel auf die Haltungsöffnung gesetzt, durch die Preßkolbendichtung *g'* gegen sie abgedichtet ist und durch zwei parallele Stützhebel *l* gegen die Haltungswiderlager *m* abgestützt wird. Die wasserseitige Fläche des Schützes liegt in der wasserseitigen Flucht der Staumauer, so daß zwischen ihm und dem Trogtor nur der kleine Zwischenraum entsteht, der als Spielraum für die Trogbewegung längs der Staumauer erforderlich ist. Das Haltungstor ist wie das Trogtor als schwimmendes Schiebetor vorgesehen und an einem längs der Staumauer luftseitig verfahrbaren Laufkran *n* durch Vermittelung einer Laufkatze *o*

d
f
e
g
i
l
m
y
z
r
v
Tauchtrog 1
d
Tauchtrog 2
e
f
o
n
d
1 0,50 1 2 3 4 5 6 7 8 9 10m

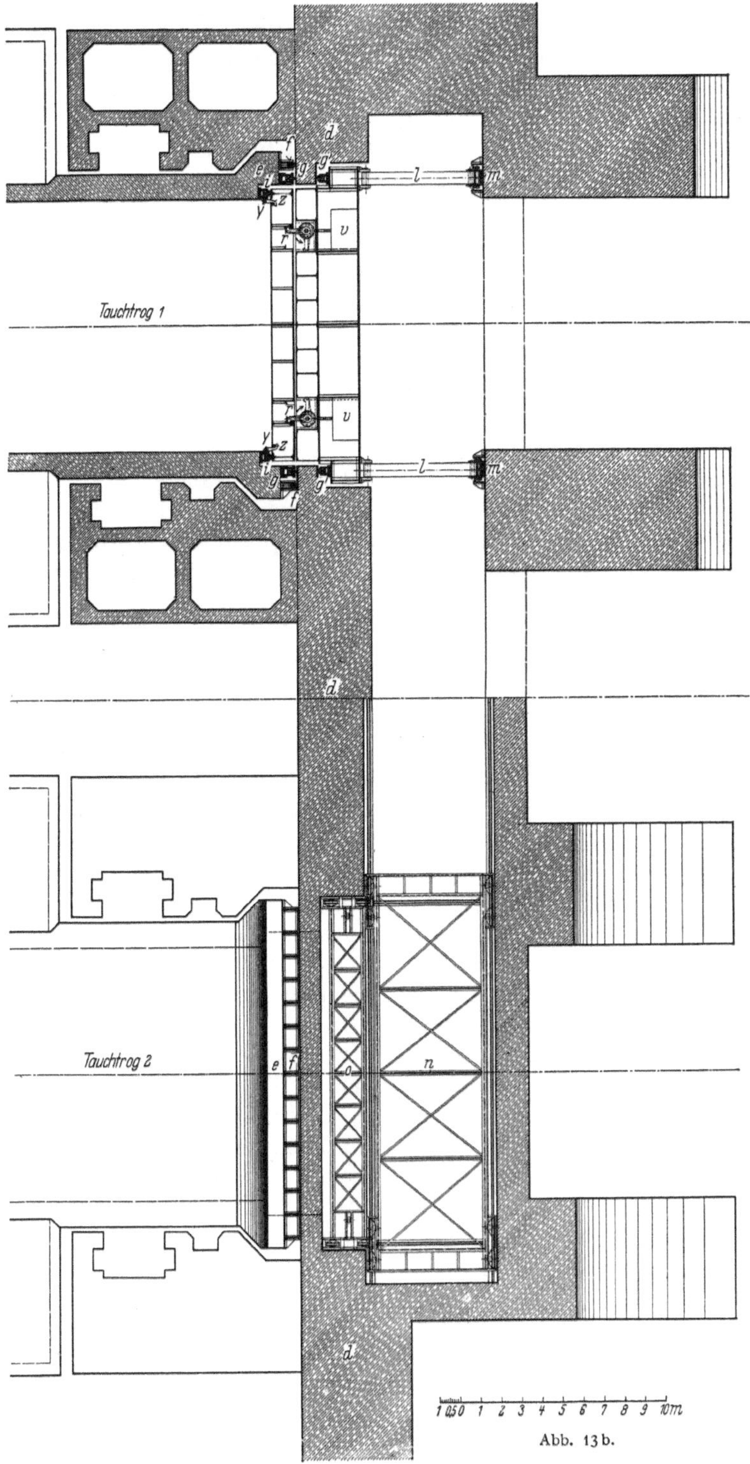

Abb. 13b.

aufgehängt, welche in der Ein- und Ausfahrtrichtung der Schiffe verfahren wird. Auch die lotrecht miteinander verbundenen Gelenkstützhebel sind durch eine mit Gelenken versehene Zahnstange *p* an einem Windwerk des Laufkrans beweglich aufgehängt. Mit Hilfe der Laufkatze und des Laufkrans kann also das Haltungstor — dessen Gewicht durch den Auftrieb bis auf einen geringen Betrag ausgeglichen ist — zunächst bis vor die seitliche Tornische *q* kanalabwärts und dann quer dazu in die Tornische mit geringstem Kraft- und Zeitaufwand verfahren werden. Und mit ihm das Trogtor. Es bedarf dazu nur einer Kuppelungsvorrichtung, durch welche die beiden Tore rasch und sicher miteinander verbunden werden.

Die Kuppelungseinrichtung besteht aus zwei um lotrechte Wellen drehbaren Riegeln *r*, welche am Haltungstor sitzen und das Trogtor oben beiderseits fassen. Die Riegel sitzen auf Spindeln *s*, durch deren Drehung sie mit wechselndem Unterwasserstand so verstellt werden, daß sie das Trogtor immer an der gleichen Stelle erfassen können. Die Einstellung der Riegel nach dem jeweiligen Unterwasserstand kann während der Schleusungspausen erfolgen, ein Aufenthalt während der Schleusung entsteht hierdurch nicht. Um das Trogtor in lotrechter Stellung an das Haltungstor zu kuppeln und in dieser zu erhalten, sind die lotrechten Riegelwellen bis nahe an die Sohle weitergeführt und dort mit einem wagerechten Fuß *t* versehen, der ausgedreht den Abstand zwischen beiden Toren unverändert hält. Für die Drehung der Spindeln und der Riegelwellen ist je ein Windwerk (*u*, *v*) mit Motor im Haltungstor untergebracht.

Die Aufhängung des Haltungstores *k* an der Laufkatze *o* muß exzentrisch erfolgen. Das Tor ist aber durch die Aufhängung und durch die beiden Stützhebel während der Aus- und Einfahrt in Kanalrichtung lotrecht geführt und trägt auf der Unterwasserseite nahe der Sohle zwei wagerechte Rollen *w*, welche bei der seitlichen Verschiebung die Führung gegen eine entsprechende Schienenbahn *x* in der Nische übernehmen und der exzentrischen Aufhängung entgegenwirken. Da beide Tore beim Verfahren nur mit geringer Last am Kran aufgehängt sind, so ist die von der Führung aufzunehmende Gegenkraft ebenfalls gering.

Mit Hilfe der vorbeschriebenen Einrichtungen vollzieht sich das Ein- und Ausschleusen denkbar rasch und einfach:

Ist der Schwimmtrog auf der Talfahrt in Unterwasserstellung angekommen, so wird durch Druckwasser der Preßkolbenrahmen der Trogstirn auf den Haltungsrahmen aufgedrückt und ein im Haltungstor befindliches Entlastungsschütz geöffnet. Der Schwimmtrog macht eine kleine Längsbewegung, der einseitige Wasserdruck preßt ihn fest gegen den Eichenholzrahmen und bringt ihn in seine unverrückbare Ausfahrtsstellung. Jetzt werden die Tore gekuppelt, die Gelenkstützen angehoben, und die Laufkatze fährt aus. Sobald sie ihre Endstellung im Kran erreicht hat, setzt sich dieser in Bewegung und fährt nach der Seite ab. Die Ausfahrt ist frei. Das Schließen der Tore vollzieht sich entsprechend mit gleicher Sicherheit und Schnelligkeit. Der Arbeits- und Zeitaufwand sowie die Wasserverluste sind auf ein Mindestmaß beschränkt.

Zur Führung und Bewegung des Schwimmtrogs sind beiderseits desselben je an den Trogenden und, soweit erforderlich, auch an dazwischen liegenden Punkten Führungspfeiler angeordnet, in deren Nischen je ein Führungswagen läuft. Die Ausbildung im einzelnen ist aus den Abb. 14 ersichtlich. Der Führungswagen *W* ist oben und unten durch Vermittelung lotrechter Pendellager *P* am Schleusentrog befestigt und an endlosen GALLschen Ketten *K*, die oben über das Antriebsritzel und unten über einen Umlenkturas laufen, aufgehängt. Die Führung mit genügendem Spiel wird oben und unten durch je ein Paar Laufrollen *L* in der Richtung der Trogachse und durch je ein Paar (*M*) senkrecht dazu bewirkt. Um jeden Sicherheitsgrad zu haben, wird jeder Führungswagen durch zwei Laschenketten bewegt. Außerdem ist noch eine zweite Führungsrolle *F* in Richtung der Trogachse vorhanden, welche den Trog selbst festhält, bis er in Unterwasserstellung angekommen ist. Durch Freigabe dieser Führung wird dann mit Hilfe der Pendellager die Längsverschiebung des Troges in seine feste Ausfahrtstellung und seine Andichtung an den Unterwasserabschluß ermöglicht.

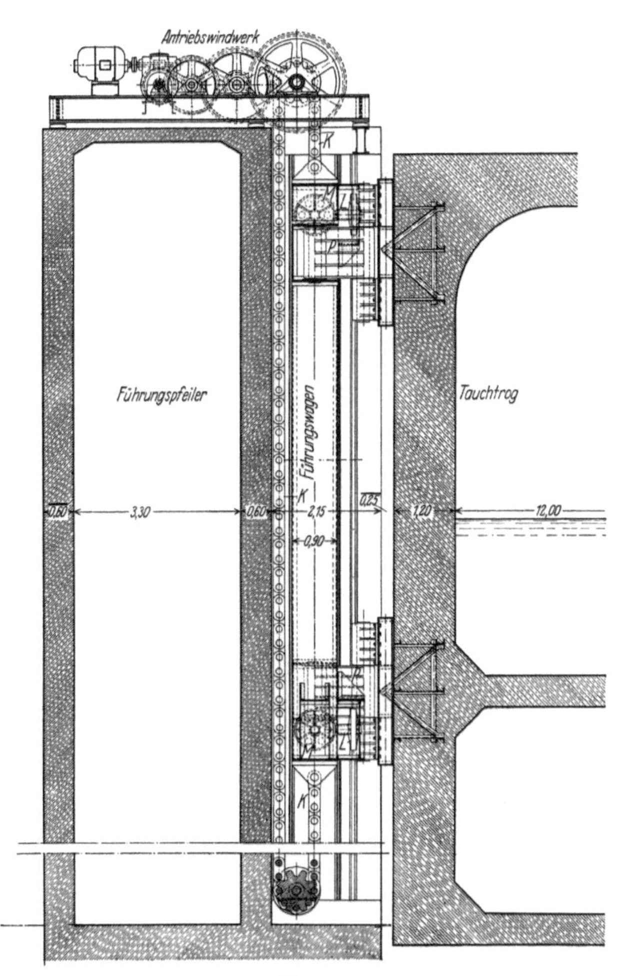

Abb. 14a.

Den wechselnden Wasserständen des Unterwassers kann, wie bekannt und schon angedeutet, dadurch Rechnung getragen werden, daß man mit dem verlängerten Abschlußschild die Möglichkeit der Anfahrt in jeder Stellung innerhalb des schiffbaren Wasserstandsbereiches schafft. Auch ein Wechsel der Oberwasserstände in mäßigen Grenzen kann mit der beschriebenen Einrichtung beherrscht werden. Er erfordert aber einen zusätzlichen Aufwand an Arbeitsleistung, die aus den Antriebsmaschinen oder aus dem Wasservorrat der Haltung entnommen werden kann. Ist der Wasserstand z. B. um 0,5 m zu hoch, so schwimmt der Trog zu hoch und kann dadurch in die richtige Lage in bezug auf den festen Gegenbehälter gebracht werden, daß man so viel Ballast in die Luftkammer aufnimmt, als zum Einsinken des

Troges um 0,5 m notwendig ist. Wenn die Tauchfahrt des Troges beendet ist, so hat dieser das der Schicht von 0,5 m entsprechende Übergewicht, und diese Schicht muß wieder entfernt werden. Richtiger wird man daher die Mehrarbeit — denn einer solchen kommt auch der Wasserverlust gleich — den Motoren zumuten, welche die Trogförderung einleiten und in Gang halten. Diese Mehrarbeit ist bis zum Untertauchen des Troges um 0,5 m unter den Oberwasserspiegel aufzuwenden. Bei der Aufwärtsfahrt des Troges auf dem Rückweg tritt das Umgekehrte ein. Die Entlastung des Troges setzt ein vor dem Austauchen, und von da an ist im Trog ein Überschuß an Auftrieb vorhanden, der vom

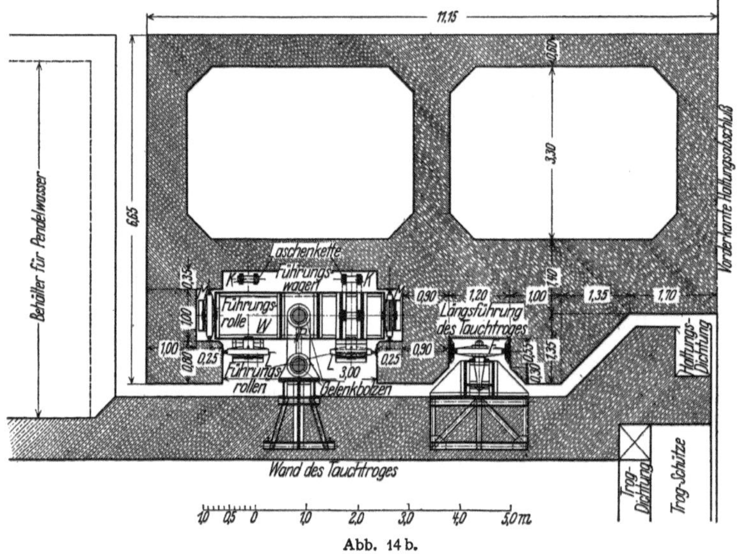

Abb. 14b.

Windwerk abgebremst werden muß. Ist der Wasserstand niederer als normal, so ist beim Eintauchen des Troges Bremsarbeit, beim Austauchen Hubarbeit zu leisten.

Will man diesen Mehraufwand an Arbeitsleistung vermeiden, so ist das dadurch möglich, daß man den oder die Gegenbehälter ebenfalls schwimmend anordnet und gegen den Auftrieb der entleerten Behälter nach unten beweglich verankert. Gestaltet man die Anker flaschenzugartig und führt die Zugseile der Flaschenzüge auf die Welle eines Windwerks, so kann durch dieses in Verbindung mit einem Schwimmer ein selbsttätiges Anziehen oder Nachlassen der Ankerseile entsprechend dem jeweiligen Wasserstand erfolgen, so oft der Schwimmtrog in Oberwasserstellung ist, die Gegenbehälter also gefüllt und die Anker entlastet sind. Sobald der Trog einzutauchen beginnt, müssen die Zugseile aber so festgelegt sein, daß sich die starken Seilzüge nicht auf das Windwerk übertragen können.

Eine solche Ausführung könnte befriedigen, sie wird aber an Einfachheit und Sicherheit des Betriebs und voraussichtlich auch an Wirtschaftlichkeit weit überholt durch die weiter unten zu besprechende Tauchschleuse mit Gegenschwimmer.

In Bezug auf die Höhe der Bauaufwendungen und ihre Wirtschaftlichkeit ist die Tauchschleuse mit festem Gegenbehälter vor allem zu vergleichen mit den Kammerschleusen mit Sparbecken auf der einen und mit den Unterwasserschleusen auf der andern Seite. Die für die Tauchschleusen erforderlichen Aufwendungen erstrecken sich auf den Haltungsabschluß, das Tauchbecken, den Tauchtrog mit Belastungskammern und den oder die Gegenbehälter. Eine besondere Schleusenkammer ist nicht erforderlich, an ihre Stelle tritt das Tauchbecken, das je nach den besonderen Verhältnissen teils mit lotrechten Wänden und teils mit Böschungen so zu gestalten ist, daß die Kosten für das Becken und den Haltungsabschluß zusammen möglichst nieder werden. Im allgemeinen wird anzustreben sein, den Haltungsabschluß an die Stelle zu legen, die auf Schleusenlänge unterhalb der natürlichen Stufe, etwa auf Sohlenhöhe des Unterwasserkanales liegt. Bei sehr hohen Stufen kommt in Frage, die Beckensohle höher zu legen und das innere Becken für die Unterwasserfahrt ganz oder zum Teil auszuschachten. Im ersteren Fall ergibt sich ganz von selbst, daß das Becken in der Hauptsache durch Dammschüttungen zu gewinnen ist und die Abmessungen des Beckens von unerheblichem Einfluß auf seine Kosten sind. Für Becken, Abschluß und Schleusentrog dürfte so kaum mit höheren Aufwendungen zu rechnen sein als z. B. für die Kammer samt Häuptern einer Schachtschleuse gleicher Stufenhöhe, besonders wenn es sich um schwierige Gründungsverhältnisse handelt. Es bleibt sodann noch der Kostenvergleich zwischen Gegenbehälter und Sparbeckenanlage anzustellen, der zugunsten des Gegenbehälters ausfallen dürfte. Man wird daher ohne nähere Bearbeitung eines Entwurfs die Kosten für eine Tauchschleuse mit Gegenbehälter in einem solchen Falle niedriger einschätzen dürfen, als für eine Schleuse mit Sparbecken bei nur 50- bis 75prozentiger Wasserersparnis.

Vergleicht man die Unterwasserschleusen mit der vorliegenden Tauchschleuse, so werden bei der letzteren wesentliche Ersparnisse erzielt dadurch, daß die Höherstauung über den Oberwasserspiegel hinaus mit den Aufwendungen für Oberhaupt, Unterhaupt und die beiderseitigen Dämme in Wegfall kommt. Diese Mehraufwendungen sind nicht niedrig einzuschätzen. Denn es handelt sich nicht bloß um eine Stauung von 6 bis 8 m, sondern um das Höhertreiben eines vorhandenen beträchtlichen Staues, was technisch die ganze Bauanlage schwieriger gestaltet und in allen Teilen schwer belastet. Sehr wahrscheinlich werden daher diese Mehraufwendungen für den höher getriebenen Stau die Kosten für den Gegenbehälter erheblich übersteigen und für die Anwendung des ein- und austauchenden Schwimmtroges sprechen.

Hinsichtlich der Einfachheit und Sicherheit des Betriebs hat die Tauchschleuse das eine voraus, daß die Einfahrt in den Schleusentrog unmittelbar vom Oberwasser aus erfolgen kann und umgekehrt bei der Bergfahrt das Ausschleusen. Als Nachteil ist gegenüber der Unterwasserschleuse anzuführen, daß die Wasserverdrängung durch den Schleusentrog bei der Tauchfahrt in beiden Richtungen Wasserspiegelbewegungen hervorruft, die für die Schiffahrt zwar nicht unangenehmer sind als diejenigen beim Füllen und Leeren einer Kammerschleuse, deren Beseitigung aber immerhin erwünscht ist. Außerdem stört diese Spiegelbewegung das Gleichgewicht zwischen Troggewicht und Auftrieb und erfordert Zusatzarbeit beim Schleusen.

d) Die Tauchschleuse mit Tauchschwimmer. (Bauweise ROTHMUND.)[1]

Die im vorhergehenden Abschnitt besprochenen Nachteile der Tauchschleuse mit festem Gegenbehälter, bestehend in mangelnder Anpassungsfähigkeit an die Spiegelschwankungen der oberen Haltung und in Wasserspiegelschwankungen infolge des Ein- und Austauchens des Troges bei einer Einzelschleuse, können dadurch vermieden werden, daß man statt des festen Gegenbehälters einen schwimmenden anwendet, der aber nicht verankert, sondern freigegeben wird, so daß er austauchen kann. Die Erhaltung des Gleichgewichts des sich entleerenden und austauchenden Schwimmers verlangt, daß beim Austauchen die Wasserverdrängung um so viel abnimmt, als der Luftraum des sich entleerenden Behälters sich vergrößert, d. h. sein Auftrieb zunimmt. Man braucht daher dem austauchenden Teil des Gegenbehälters nur genau die Form des Hohlraums des sich entleerenden Behälters zu geben und ihn so anzuordnen,

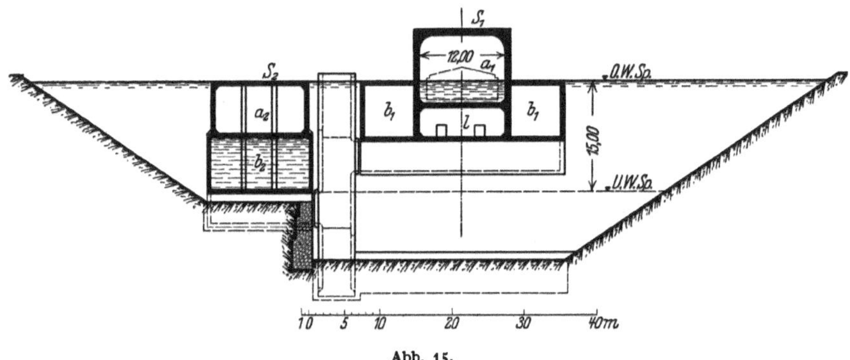

Abb. 15.

daß er in Verbindung mit dem Gegenbehälter in dem Augenblick auszutauchen beginnt, wo jener mit der Wasserabgabe an die Belastungskammer einsetzt. Wenn nun die letztere ebensoviel Wasser aufnehmen soll, wie der Gegenbehälter abgibt, so bewegen sich beide mit entgegengesetzt gleicher Geschwindigkeit und halten stets die gleiche unveränderte Spiegelhöhe. Das ist aber nur möglich, wenn die beiden Pendelwasserbehälter und der austauchende Teil des Gegenbehälters die unverzerrte Form des Tauchtrogs (statt bei festem Gegenbehälter die im Maßstab 1 : 2 verzerrte) erhalten. Das hat weiter zur Folge, daß die Wasserverdrängung durch den Gegenbehälter in jedem Augenblick um ebensoviel abnimmt, wie sie durch den Tauchtrog zunimmt. Der Spiegel des Haltungswassers bleibt somit wie derjenige des Pendelwassers stets in unveränderter Lage.

Die gesuchte Lösung führt also auch hier zur Wasserwage, allerdings in einer ganz anderen Anwendungsform als bei den Vorschlägen von SCHNEIDERS. Sie ist in den Grundzügen durch die Abb. 15 und 16 dargestellt. Die Wasserwage besteht aus den beiden Schwimmern S_1 und S_2. Der erstere enthält den oben offenen oder geschlossenen Schleusentrog a_1 und die Belastungskammern b_1, der zweite den Gegenbehälter b_2 und den Gegenverdränger a_2. Je nachdem man die Belastungskammer in zwei Teilen seitlich des Troges oder in einem

[1]) Zum Patent angemeldet.

Teil unter dem Trog anordnet, ergibt sich eine breite und niedere (Abb. 15), oder eine schmale und hohe Bauweise (Abb. 16). Bei der ersteren fällt außerdem unter dem Trog zwischen den Belastungskammern noch ein Ausgleichsraum l an, der zur Aufnahme von Belastungswasser für die Ausgleichung von Troggewicht und Auftrieb verwendet werden kann. Bei der hohen Bauweise ist die symmetrische Anbringung von solchen Ausgleichsräumen beiderseits des Troges ohne weiteres möglich. Auch zur Unterbringung von Motoren, Pumpen und Mannschaft können diese Lufträume erwünscht und zweckmäßig sein.

Die leitende Verbindung zwischen den Pendelwasserbehältern der beiden Schwimmer wird hier zweckmäßig in der gleichen Weise ausgeführt wie beim Schleusentrog mit festem Gegenbehälter. Es ergibt sich nur die Änderung, daß auch die Wand t_1 des Zwischenbehälters (s. Abb. 17) als bewegliche Schütztafel auszubilden ist, damit sie die Höhenwege des Tauchschwimmers mitmachen kann. Im übrigen ist ihre Anordnung die gleiche wie diejenige der Schütztafel t_2. Ferner muß der Zwischenbehälter den wechselnden Oberwasser-

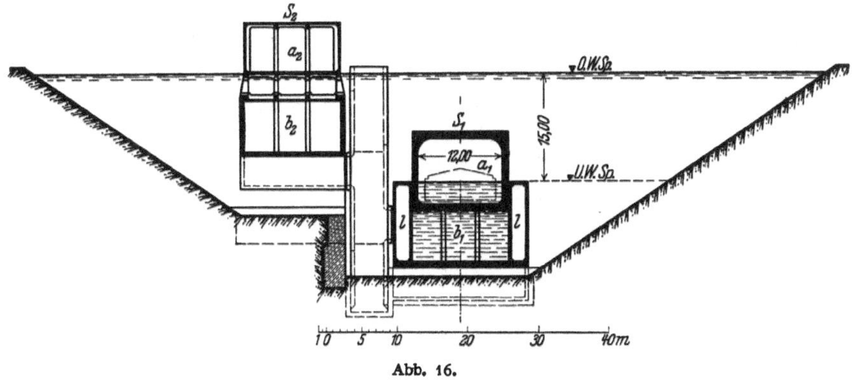

Abb. 16.

ständen entsprechend seine Höhenlage ändern können. Da der Behälter ohnehin als selbständiger Schwimmer gebaut wird, so kann man dies leicht erreichen, indem man ihn mit Hilfe von Belastungswasser z. B. auf Schraubenspindeln fest absetzt und durch deren Drehung seine Höhenlage regelt. Mit Hilfe eines durch einen Schwimmer in Gang gesetzten Antriebs kann dies selbsttätig geschehen.

Über die Gestaltung der schwimmenden Gegenbehälter ist das Gleiche zu sagen, wie bei den festen, sie können in jede den Geländeverhältnissen entsprechende äußere Form gebracht werden.

Der wirtschaftliche Vergleich mit der Bauweise bei festen Gegenbehältern läßt ohne weiteres erkennen, daß die Beseitigung der Spiegelschwankungen beim Ein- und Austauchen des Troges dadurch erkauft werden muß, daß man den ein- und austauchenden Trograum in Form des Gegenverdrängers ein viertes Mal herstellt. Daß der Gegenbehälter jetzt nicht mehr fest gegründet werden muß, sondern als Schwimmer ausgeführt wird, dürfte meist nur von Vorteil sein. Man erhält so eine Schleusungseinrichtung, die vom Boden vollständig losgelöst und von den Gründungsverhältnissen so gut wie unabhängig ist; die geologischen Vorbedingungen für eine technische und wirtschaftlich günstige Tauchbeckenanlage müssen allerdings gegeben sein. Die Aufwendungen für die beiden Schwimmer sind keine geringen. Es bleibt indes zu beachten, daß die Kosten der Tauchschleuse nur abhängen von dem benötigten lichten Raum über dem Trogwasserspiegel, daß sie aber, abgesehen von der stärkeren Bauweise des Schwimmtroges, bei größeren Fahrtiefen völlig unabhängig sind von dem Schleusungsgefälle. Die Aufwendungen für die beiden Schwimmer werden daher um so lohnender sein, je höher die Schiffahrtsstufe ist.

In betriebstechnischer Hinsicht wird die Tauchschleuse mit Tauchschwimmer in ihrer außerordentlich einfachen, klaren und sicheren Wirkungsweise der Unterwasserschleuse nicht nachstehen und, wie diese, allen Anforderungen genügen.

So darf man erwarten, daß die Tauchschleuse mit Tauchschwimmer sich zu einer Einrichtung gestalten läßt, die auch bei der Einzelschleuse wirtschaftliche Vorteile in sich birgt.

e) Die Zwillingstauchschleuse. (Bauweise ROTHMUND.)[1])

Wie bei allen Schleusen ohne Wasserverbrauch, ergibt sich auch bei der Tauchschleuse die wirtschaftlich günstigste Anlage, wenn das Bedürfnis für eine Doppelschleuse besteht. An Stelle des Tauchschwimmers läßt sich mit so geringem Mehraufwand ein zweiter Schleusentrog mit Belastungskammern bauen, daß man wohl in jedem Fall in Betracht ziehen wird, statt des Gegenschwimmers einen zweiten Trog zu verwenden, dessen Wasserkammern die Gegenbehälter zu denjenigen des ersten Schleusentrogs bilden und umgekehrt.

Die beiden Schwimmtröge sind so zu kuppeln, daß sie die Ein- und Austauchfahrten zu genau gleicher Zeit in entgegengesetzter Fahrtrichtung ausführen. Während der Unterwasserfahrten und -Schleusung des eingetauchten Troges befindet sich der ausgetauchte in Oberwasserstellung in Ruhe. Das bedeutet eine Verzögerung der Schleusung um die Zeit der Unterwasserfahrten, die bei der Schnelligkeit, mit welcher die Tauchschleusung mit den beschriebenen Einrichtungen sich abwickelt, in Kauf genommen werden kann. Ist der Kanalverkehr sehr stark, so können nötigenfalls diese Zeitverluste vollständig vermieden werden durch Einschaltung eines Tauchschwimmers, welcher abwechselnd mit dem einen oder anderen der beiden Schleusentröge gekuppelt wird.

Die vollständige Wasserersparnis erfordert bei der Zwillingstauchschleuse wie bei allen Doppelschleusen ohne Wasserverbrauch je Schleuse die nochmalige Schaffung des Fassungsraums für das Schleusungswasser. Es besteht hier u. a. aber der Vorteil, daß die Schleusungswassermenge geringer ist als bei der Schleusung über Tag, sobald das Höhenmaß der Schiffahrtsstufe die Austauchhöhe des Schwimmtrogs überschreitet.

In den Abb. 12 bis 14 und 18 bis 20 ist der Entwurf einer Zwillingstauchschleuse sowohl in der Übersicht, wie in allen wichtigeren Einzelheiten dargestellt.

Abb. 21 gibt einen Grundquerschnitt der Schachtschleuse bei Anderten wieder, in welchen zum Vergleich ein solcher der Zwillingstauchschleuse von gleicher Leistungsfähigkeit in bezug auf die gewählten Abmessungen eingetragen ist. Die Darstellung läßt die wirtschaftliche Überlegenheit der Tauchschleuse gegenüber der Sparschleuse deutlich erkennen und spricht für sich selbst.

[1]) Zum Patent angemeldet.

Tauchtrog 3
Tauchtrog 1
Oberwasserspiegel
Schnitt A-B
Tauchtrog 2
Tauchtrog 1
A
B
t_1
t_2
1 0,5 0 1 2 3 4 5 6 7 8 9 10m

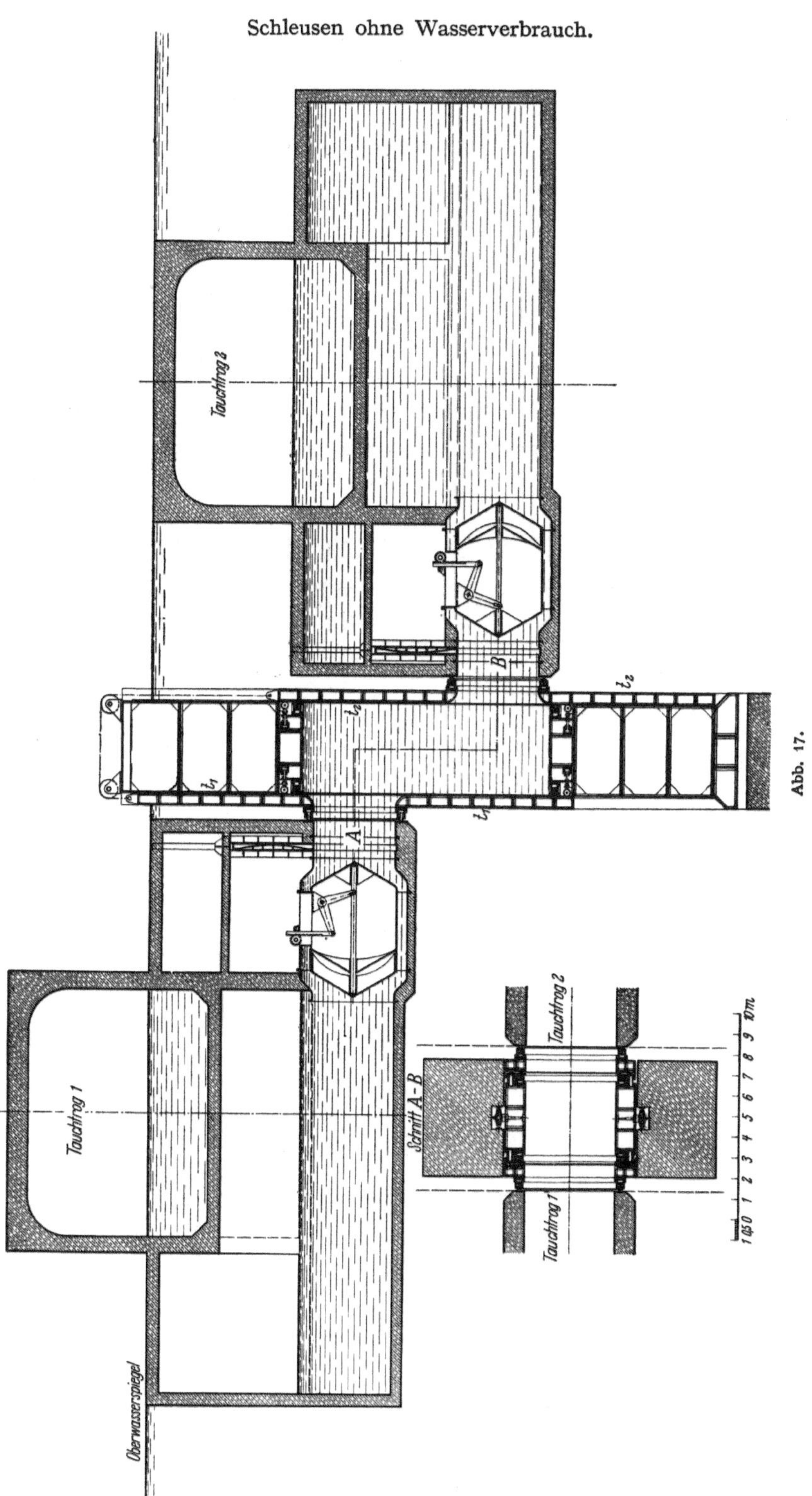

Abb. 17.

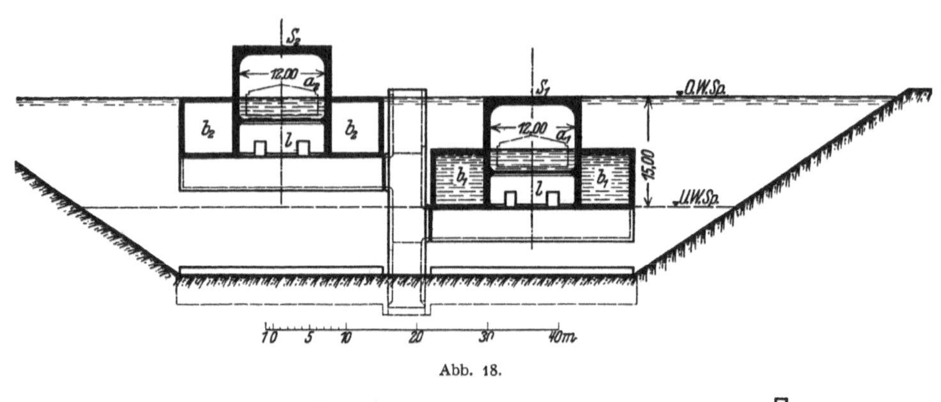

Abb. 18.

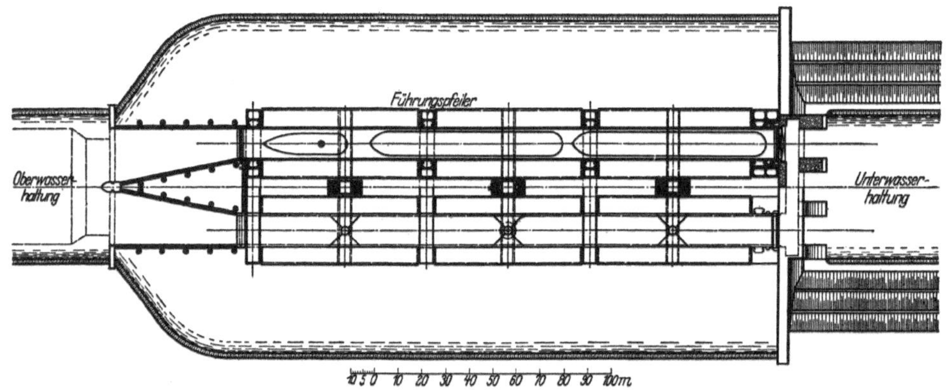

Abb. 19.

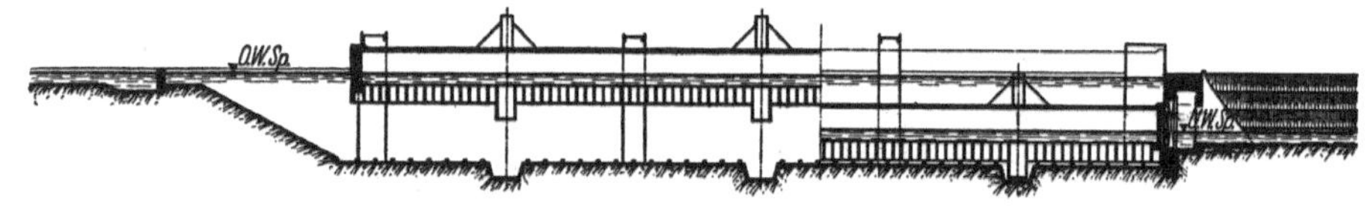

Abb. 20.

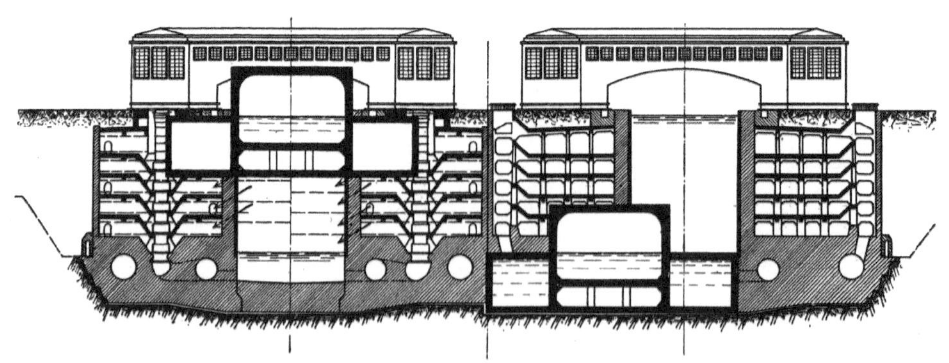

Abb. 21.

IV. Die Schwimmerhebewerke.

Die Schwimmerhebewerke sind den Schleusen ohne Wasserverbrauch nicht mehr zuzurechnen, sondern zählen schon als Hebewerke. Immerhin haben sie mit den Schleusen noch das eine gemeinsam, daß die Last des Hebewerks — durch den Auftrieb der Schwimmer aufgenommen — dauernd auf dem Wasser ruht, so daß auch hier im Gegensatz zu den übrigen, maschinellen Hebewerken die Sicherheit und Gleichmäßigkeit der Lastförderung dem Wasser überlassen ist. Allerdings ist nicht zu verkennen, daß der aus dem Haltungsbecken herausgenommene Schiffstrog und seine Führung schon erhebliche Unsicherheiten mit sich bringen, welche die Schleuse ohne Wasserverbrauch vermeidet, und daß man hier schon dazu übergeht, einen Teil der sicheren Lastaufnahme Arbeitsmaschinen zu übergeben, die bei der Förderung durch das Wasser überflüssig sind. In technischer und wirtschaftlicher Hinsicht ist namentlich auf die eine ungünstige Tatsache hinzuweisen, daß Schwimmerhebewerke außerordentlich hohe Bauwerke erfordern. Bei tiefliegenden Becken oder Brunnen (BÖHMLER, JEBENS) gehen diese Bauten sehr in die Tiefe, weil sie unter der Sohle der Unterwasserhaltung noch die ganze Schleusungshöhe vermehrt um die Höhe des liegenden oder stehenden Schwimmers haben müssen. Bei der Bauweise „Harkort“ mit seitlichen Schwimmzylindern ergeben sich entsprechend hochragende Bauwerke. Dies zeigen folgende Zahlen:

Schiffshebewerk	Hubhöhe	Bauwerkshöhe
Entwurf Anderten nach Böhmler.	15 m	etwa 50 m
Henrichenburg	15 m	etwa 60 m
Entwurf Niederfinow nach Harkort	36 m	etwa 84 m

Man hat hier eben zwei übereinander gesetzte Höhenwege: den des Schwimmers und den des Troges; wo der erstere aufhört, fängt der letztere an. So ist es leicht erklärlich, daß die Bauwerkshöhe ein Vielfaches der Förderhöhe werden muß. Man darf deshalb im allgemeinen auch nicht erwarten, daß ein Schwimmerhebewerk geringere Anlagekosten erfordert als z. B. eine Tauchschleuse, bei welcher der Weg des Schwimmers auch der Weg des Troges ist und unter der Sohle des Unterwasserkanals nur noch eine Beckentiefe geschaffen werden muß, die äußerstenfalls gleich ist der Höhe (Tauchschleuse mit Tauchschwimmer, hohe Form) oder günstigstenfalls der halben Höhe (Tauchschleuse mit festem Gegenbehälter) des ein- oder austauchenden Trogteils.

V. Schlußfolgerungen.

Wenn die vorstehenden Darlegungen den Zweck hatten, die bisher vorgeschlagenen wichtigsten Schleusen ohne Wasserverbrauch im Zusammenhang darzustellen, so sollen sie nicht abgeschlossen werden, ohne daß der Versuch gemacht wird, sie an einem einheitlichen Vergleichsmaßstab nochmals auf ihre praktische Anwendungsmöglichkeit zu überprüfen. Auf einen Vergleich hinsichtlich ihrer Wirtschaftlichkeit in allen Punkten muß hier bei der Unzulänglichkeit der vorhandenen Unterlagen natürlich verzichtet werden.

Ein rein äußerlicher Vergleichsmaßstab ist zunächst dadurch gegeben, daß in den bildlichen Darstellungen der vorstehenden Abhandlung die Grundquerschnitte der verschiedenen Schleusenarten alle im gleichen Maßstab und, soweit möglich, jeweils für eine Stufenhöhe von 15 m aufgetragen sind. Man kann daraus vergleichsweise den von jeder Schleuse benötigten Raum erkennen. Als weiterer Vergleichsmaßstab soll für die folgenden Ausführungen als Einheit der einer Schleusungswassermenge entsprechende Fassungsraum eingeführt werden. Diese Einheit soll kurz mit „Raumzahl 1" und jedes Vielfache davon mit entsprechend höherer Raumzahl bezeichnet werden, wobei sie immer auf die Einzelschleuse umgerechnet (d. h. z. B. bei einer Doppelschleuse durch 2 geteilt) angegeben werden soll.

Aus den vorstehenden Betrachtungen ergibt sich nun mit aller Deutlichkeit das folgende Gesetz:

Für jede Schleuse ohne Unterschied wird mindestens benötigt:

a) 1 Raumeinheit für die Schleusenkammer zwischen Oberwasserspiegel und Unterwasserspiegel bei der oben offenen Schleuse bzw. für den Luftraum samt den umgebenden Wänden über dem Trogwasserspiegel bei der Tauchschleuse und Unterwasserschleuse,

b) 1 Raumeinheit für das aus der Oberwasserhaltung entnommene oder in ihr verdrängte Wasser, d. i. die Raumeinheit zur Vermeidung der Senkung oder Hebung des Oberwasserspiegels,

c) 1 Raumeinheit für das in die Unterwasserhaltung abgegebene oder aus ihr entnommene Wasser, d. i. die Raumeinheit zur Vermeidung der Hebung oder Senkung des Unterwasserspiegels,

d) 1 Raumeinheit für die Aufnahme des Schleusungswassers bei den Schleusen ohne Wasserverbrauch.

Dieses Gesetz gilt zweifellos bei allen Schleusen, bei welchen man die Ruhelage der Wasserspiegel und die Wasserersparnis lediglich unter Zuhilfenahme von Wasser und seiner Tragfähigkeit bewirken will.

Ist dieses Gesetz als feststehend erkannt, so ist es zwecklos, nach vollkommenen Schleusen ohne Wasserverbrauch zu suchen, welche eine geringere Raumzahl als 4 aufweisen; es ist vielmehr lediglich darauf Bedacht zu nehmen, daß die erforderlichen vier Behälter in möglichst wirtschaftlicher Weise geschaffen werden, oder abzuwägen, wieweit auf den einen oder anderen der Behälter verzichtet werden kann oder will auf Kosten der Vollkommenheit oder Sicherheit des Betriebs. Oder man muß schließlich nach dem Vorbild von Proetel auch andere Hilfsmittel als das Wasser zum Schleusenbetrieb heranziehen.

Geht man unter diesen Gesichtspunkten die verschiedenen Schleusenarten nochmals durch, so ergeben sich folgende Raumzahlen:

1. Für die einfache Kammerschleuse die Raumzahl 1, weil hier auf die Vollkommenheitsgrade b, c, d verzichtet wird;

2. entsprechend für die gekuppelte Doppelkammerschleuse die Raumzahl 1 bei halber Wasserersparnis;

3. für die einfache Tauchschleuse nach Menickheim die Raumzahl 2, weil die Vollkommenheitsgrade b und c fehlen, für die gekuppelte Doppelschleuse nach Menickheim die Raumzahl 2 ohne Verzicht auf b und c;

4. für die einfache Tauchschleuse mit festem Gegenbehälter die Raumzahl 3, weil der Vollkommenheitsgrad b fehlt.

5. für die Tauchschleuse mit Tauchschwimmer die Raumzahl 4;

6. für die Zwillingstauchschleuse die Raumzahl 2;

7. die Unterwasserschleuse gehorcht theoretisch dem Gesetz der 4 Raumeinheiten. Man kann sich den Zustand des unter Wasser schwimmenden Schleusentrogs mit übergelagerter Wasserschicht von der Raumeinheit 1 dadurch herbeigeführt denken, daß man einen Schwimmtrog von 3 Raumeinheiten, von denen zwei (Schleusentrog und erste Belastungskammer) sich über dem Oberwasserspiegel befinden und eine (zweite Belastungskammer) unter Wasser, in einem Schacht von der Breite des Schleusentrogs durch Füllen der Belastungskammern versenkt hat, wobei die Wassermenge von der Raumeinheit 1 und der Höhe des Schleusentrogs über dem Trogspiegel über den Oberwasserspiegel hochgehoben worden ist. Praktisch kommt den zylindrischen Unterwasserschleusen nur etwa die Raumeinheit 3 zu insofern, als für die Schwimmfähigkeit des Troges unter Wasser der einer Schleusungswassermenge entsprechende Ballast ausreicht. Man kommt so mit dem Trograum und dem Raum für das über dem Oberwasserspiegel befindliche Wasser auf die Raumzahl 3, die vierte Raumeinheit entspricht der einmaligen Arbeit der Wasserhebung. Wählt man statt der zylindrischen die rechteckige Rahmenform für den Schwimmtrog, so erniedrigt sich die Raumzahl auf etwa 2,2.

Nun ist aber noch zu berücksichtigen, daß die Aufwendungen für den oberen Abschluß des Trogbeckens, für die Erhöhung des unteren Abschlußbauwerkes um etwa 8 m und für die beiderseitigen Staudämme oder Staumauern, welche zur Herstellung des Fassungsraumes über dem Oberwasserspiegel dienen, mit der Raumzahl 1 bei weitem nicht genügend erfaßt sind. Über den Umfang dieser Aufwendungen läßt sich allgemein schwer etwas sagen, sie werden im einzelnen Fall stark von den Gründungsverhältnissen und von der Geländelage abhängen. Es dürfte aber bei dem vorliegenden allgemeinen Vergleich nicht zu Ungunsten der Unterwasserschleusen gerechnet sein, wenn man diese Mehraufwendungen durch Erhöhung der Raumzahl um eine Einheit von 2,2 auf 3,2 in den Vergleichswerten zum Ausdruck bringt.

8. Den Verdrängerschleusen haftet ohne Ausnahme der Nachteil an, daß die Verdrängerbecken mit lotrechten Seitenwänden und teilweise sehr stark vertiefter Sohle hergestellt werden müssen. Hierdurch tritt ein erheblicher Mehraufwand gegenüber den Tauchschleusen ein, bei welchen die Oberwasserhaltung auch das Verdrängerbecken bildet. Sieht man von dem Erfordernis der Verdrängerbecken ab, so erfüllen auch die lediglich auf Wasserwirkung abgestellten Verdrängerschleusen das Gesetz der 4 Raumeinheiten, wenn sie zweckmäßig angeordnet sind.

α) Bei der SCHNAPPschen Schleuse trifft das letztere allerdings nicht zu. Bezeichnet man mit F die Verdrängerfläche des Schwimmers, mit f die Fläche der Schleusenkammer von der Schleusungshöhe h, mit m die Zahl der Belastungskammern und Gegenbehälter, welche die theoretische Füllungshöhe s und die theoretische Bauhöhe $H = m \cdot s$. haben mögen, so ergeben sich mit der Verhältniszahl $n = \frac{F}{f}$ folgende Beziehungen:

$$\text{Höhenweg des Schwimmers} = 2s$$
$$\text{Eintauchung des Schwimmers} = h + 2s$$
$$F \cdot 2s = f \cdot h \quad \text{oder} \quad 2n \cdot s \cdot f = f \cdot h$$
$$h = 2n \cdot s .$$

Verdrängung = Belastung (des Schwimmers)

$$\gamma \cdot F \cdot (h + 2s) = \gamma \cdot F \cdot m \cdot s$$
$$m = \frac{h + 2s}{s} = 2(n + 1) .$$

Raumeinheit: $Q_1 = f \cdot h = 2n \cdot s \cdot f$.

Gesamtraum der Belastungskammern und Gegenbehälter ohne Verdrängerbecken

$$\begin{aligned} Q &= Q_1 + 2 \cdot F \cdot m \cdot s \\ &= 2n \cdot s \cdot f + 2n \cdot f \cdot 2(n + 1) \cdot s \\ &= 2n \cdot s \cdot f[1 + 2(n + 1)] \\ &= 2n \cdot s \cdot f(2n + 3) . \end{aligned}$$

Raumzahl (ohne Verdrängerbecken): $z = \frac{Q}{Q_1} = \frac{2ns \cdot f(2n + 3)}{2n \cdot s \cdot f} = 2n + 3$.

Raum des Verdrängerbeckens: $Q' = F \cdot (h + 2s)$

$$Q' = n \cdot f \cdot (2ns + 2s) = 2n \cdot f \cdot s(n + 1)$$
$$Q + Q' = 2ns \cdot f(3n + 4) .$$

Raumzahl (mit Verdrängerbecken): $z' = \frac{Q + Q'}{Q_1} = 3n + 4$.

Bei der SCHNAPPschen Schleuse wächst somit die Zahl der Kammern und die Raumzahl mit zunehmender Verhältniszahl n, und die Gesetzmäßigkeit ist nur erfüllt für $n = 0{,}5$, d. h. wenn der Schwimmer nur die halbe Grundfläche der Schleuse erhält. In diesem Fall müßte aber das Schwimmerbecken um einen Betrag von mehr als

$$2s = \frac{h}{n} = \frac{h}{0{,}5} = 2h$$

unter die Unterwasserhöhe der Schleuse vertieft werden.

Für $n = 1$ erhält man $z = 5$; $z' = 7$; $2s = h$,

„ $n = 2$ „ „ $z = 7$; $z' = 10$; $2s = \frac{h}{2}$.

Die Unwirtschaftlichkeit der SCHNAPPschen Verdrängerschleuse ist damit auch zahlenmäßig nachgewiesen.

β) Die doppelte Schleusentreppe von SCHNEIDERS ergibt ohne Verdrängerbecken die gesetzmäßige Raumzahl $z = 2$, mit Verdrängerbecken $z' = 3$.

γ) Die einfache Proetelschleuse mit Preßluftbetrieb hat die Raumzahl

$z = 3\frac{1}{3}$ ohne Becken

und $z' = 3\frac{1}{3} + \frac{3}{4} = 4\frac{1}{24}$ mit Becken,

für die doppelte erhält man $z = 1\frac{2}{3}$, $z' = 2\frac{1}{24}$,

die Ersparnisse von $\frac{2}{3}$ bzw. $\frac{1}{3}$ werden durch Verwendung von pendelnder Druckluft erreicht.

δ) Bei den Proetelschleusen mit festem Verdränger wird schon eine maschinelle Einrichtung zu Hilfe genommen, sie folgen der Gesetzmäßigkeit nicht mehr.

Für die Einzelschleuse ergibt sich, wenn man die Gegengewichte mit der Raumeinheit 1 mitrechnet, aber die Hebel außer Betracht läßt, $z=4$; $z'=6$,

für die Doppelschleuse $z = 3$; $z' = 5$.

Man gelangt also zu folgender Übersicht I über die Raumzahlen:

Übersicht I.

O. Z.	Schleusenart	Einfache Schleusen		Gekuppelte Doppelschleusen		Bemerkungen
		z_1	z_1'	z_2	z_2'	
1a	Einfache Kammerschleuse ohne Sparbecken	1,00	1,00	—	—	
1b	Mit Sparbecken[1])	1,75	1,75	—	—	[1]) bei 75% Wasserersparnis
2a	Doppelte Kammerschleuse ohne Sparbecken	—	—	1,00	1,00	Nicht gekuppelt
2b	Mit Sparbecken[1])	—	—	1,75	1,75	
3	Tauchschleuse Menickheim	2,26	2,96	2,26	2,96	
4	Tauchschleuse mit festem Gegenbehälter	3,00	3,74	—	—	
5	Tauchschleuse mit Tauchschwimmer.	4,00	4,74	—	—	
6	Zwillingstauchschleuse	—	—	2,00	2,74	
7	Unterwasserschleusen	3,20	3,50	3,20	3,50	Nicht gekuppelt
8	Verdrängerschleusen					
α	Bauweise Schnapp	5,00 7,70	7,00 10,00	— —	— —	für $n = 1$ für $n = 2$
β	Bauweise Schneiders	—	—	2,00	3,00	
γ	Bauweise Proetel mit Preßluftbetrieb.	3,33	4,08	1,66	2,04	
δ	Bauweise Proetel mit festem Verdränger	4,00	6,00	3,00	5,00	

Die erhöhten Werte z' für die Tauchschleusen sollen dem Umstand Rechnung tragen, daß die Unterwassersohle vertieft werden muß, um den Raum zu schaffen für die Gegenbehälter. Beim Tauchtrog von Menickheim hängt die Größe der Vertiefung im Verhältnis zur Raumeinheit ab von der Höhe des Schleusengefälles im Verhältnis zur Unterwassertiefe. Bei den untertauchenden und untergetauchten Schleusen kommt als Vertiefung das Maß in Frage, um welches die Pendelwasserbehälter höher sind, als die Unterwassertiefe, bzw. um welches die Unterkante Trogsohle in Unterwasserstellung unter der Unterwassersohle liegt.

Für die Beurteilung der Raumzahlen und ihre Abwägung gegeneinander ist noch folgendes zu beachten:

Die Zahlen sind nur theoretische Werte und erfassen die zur Herstellung der einzelnen Schleusenarten erforderlichen Aufwendungen nicht vollständig und nicht in gleichem Maße. Bei allen Kammerschleusen fehlen die Aufwendungen für das Grundbauwerk bis zur Höhe des Unterwasserspiegels und für die beiderseitigen Häupter. Bei den Verdrängerschleusen kommt ferner das Grundbauwerk des oder der Verdrängerbecken bis zur Unterkante der Belastungskammern, also namentlich für die Schwimmkammern dazu sowie der Mehraufwand, der durch die Abmessungen der Wände und Decken der Verdränger und den erforderlichen Spielraum zwischen den Verdrängern und ihren Becken bedingt ist. Bei den Tauchschleusen sind noch zu berücksichtigen die Kosten für den Haltungsabschluß, für die Trogtore, für die Führungen und Verbindungsleitungen sowie für die Herstellung der Sohle und Wände des Tauchbeckens.

Versucht man diese zusätzlichen Erfordernisse gegeneinander abzuschätzen, so wird man bei mittelguten Gründungsverhältnissen die Kosten für die Grundbauwerke und Häupter der Schleusenkammern, für die Grundbauten der Verdrängerbecken und für die erforderlichen Leitungen annähernd gleichsetzen dürfen den Kosten für den Haltungsabschluß und die Tore der Tauchschleusen einschließlich der Führungen und Verbindungsleitungen und der Kosten für die Sohle und Wände des Tauchbeckens. Da die darüber hinausgehenden Aufwendungen für das erhöhte Trogbecken der Unterwasserschleusen durch Erhöhung der Raumzahl um eine Einheit schon berücksichtigt sind, so dürfen die Raumzahlen als eine einheitliche Grundlage zur überschlägigen Beurteilung der verschiedenen Schleusenarten angesprochen werden, wenn die zugrunde gelegte Raumeinheit bei allen Schleusenarten die gleiche ist, d. h. wenn die Schleusungswassermenge bei der Schiffsbeförderung in der Kammerschleuse der bei der Tauchschleusung im Oberwasser verdrängten Wassermenge gleichkommt.

Nimmt man folgende Werte als gegeben an:

Lichte Weite der Schleusenkammer und des Schwimmtrogs $b = 12$ m
Wandstärken des Schwimmtrogs .... $d = 0{,}8$ m
Deckenstärke des Schwimmtrogs .... $e = 1{,}0$ m
Lichte Höhe des Schwimmtrogs .... $h' = 6{,}0$ m,

so ergibt sich bei einem Gefälle h und der nutzbaren Kammer- bzw. Troglänge l die Raumeinheit

$$\text{zu } Q_{1k} = 12 \cdot l \cdot h \text{ für die Kammerschleuse,}$$
$$Q_{1t} = 13{,}6 \cdot l \cdot h \text{ für die Trogschleuse}$$

und der Verhältniswert $r = \frac{Q_{1k}}{Q_{1t}} = \frac{13{,}6}{12} = 1{,}13$.

Dabei ist zugunsten der Kammerschleuse ihre nutzbare Länge gleich derjenigen des Schwimmtrogs gesetzt.

Gleiche Raumeinheiten erhält man aus der Gleichung

$$r = \frac{(b + 2d) \cdot (h' + e)}{b \cdot h} = 1 \text{ für } h = \frac{13{,}6 \cdot 7}{12} = 7{,}9 \text{ m}.$$

Bei einem Schleusungsgefälle $h = 15$ m erhält man

$$\frac{Q_{1k}}{Q_{1t}} = \frac{12 \cdot 15}{13{,}6 \cdot 7} = 1{,}89,$$

d. h. die Raumeinheit für die Kammer- und Verdrängerschleusen ist 1,89 mal so groß zu nehmen wie für die Unterwasser- und Tauchschleusen. Zu den ersteren ist in diesem Fall auch die Menickheimschleuse zu rechnen.

Unter den gemachten Voraussetzungen sind demnach die Raumzahlen der Übersicht I ohne weiteres auf das Grenzgefälle von 7,9 m anzuwenden. Für ein Gefälle von 15 m ergibt sich die folgende Übersicht II:

Übersicht II.

O. Z.	Schleusenart	Einfache Schleusen		Gekuppelte Doppelschleusen		Bemerkungen
		z_1	z_1'	z_2	z_2'	
1a	Einfache Kammerschleuse ohne Sparbecken	1,89	1,89	—	—	
1b	Mit Sparbecken[1])	3,30	3,30	—	—	[1]) bei 75% Wasserersparnis
2a	Doppelte Kammerschleuse ohne Sparbecken	—	—	1,89	1,89	
2b	Mit Sparbecken[1])	—	—	3,30	3,30	Schleusen nicht gekuppelt
3	Tauchschleuse Menickheim	4,28	5,60	4,28	5,60	
4	Tauchschleuse mit festem Gegenbehälter	3,00	3,74	—	—	
5	Tauchschleuse mit Tauchschwimmer	4,00	4,74	—	—	
6	Zwillingstauchschleuse	—	—	2,00	2,74	
7	Unterwasserschleusen	3,20	3,50	3,20	3,50	Nicht gekuppelt
8	Verdrängerschleusen					
α	Bauweise Schnapp	9,45 13,23	13,23 18,90	—	—	Für $n = 1$ Für $n = 2$
β	Bauweise Schneiders	—	—	3,78	5,67	
γ	Bauweise Proetel mit Preßluftbetrieb	6,30	7,72	3,15	3,86	
δ	Bauweise Proetel mit festem Verdränger	7,56	11,34	5,67	9,45	

Aus den vorstehenden Betrachtungen lassen sich folgende Schlußfolgerungen ziehen:

1. Für Gefälle, die kleiner sind als 8 m, werden zweckmäßig die Tauchschleusen als offene Schwimmtröge ausgeführt[1]). Unterwasserschleusen kommen überhaupt nicht in Frage. Die Raumziffern sind in diesem Fall für alle Gefälle aus der Übersicht I zu entnehmen, jedoch sind die Werte unter O. Z. 4 bis 6 noch mit der Verhältniszahl $r = 1{,}13$ zu vervielfachen.

Die Wertigkeit der einzelnen Tauchschleusenarten ergibt sich dann bei den einfachen Schleusen entsprechend dem Vollkommenheitsgrad der Schleusung. Die Verdrängerschleusen scheiden aus mit Ausnahme von O. Z. 8γ, die der Zahl nach annähernd mit O. Z. 4 zusammenfällt, im Betriebe aber nicht den Vollkommenheits- und Sicherheitsgrad aufweist wie O. Z. 5.

[1]) Die Anwendung der Tauchschleuse O. Z. 5 und 6 mit oben offenem Trog erfordert bei wechselnden Wasserständen der Haltungen besondere Anordnungen hinsichtlich des Tauchbeckens, über welche gelegentlich Näheres mitgeteilt werden soll.

Bei den Doppelschleusen steht die Proetelschleuse O. Z. 8γ an erster Stelle. Die Ziffern der O. Z. 8γ, 3 und 6 liegen nahe beisammen. Rein zahlenmäßig erscheint hier die Bauweise Schneiders für eine doppelte Schleusentreppe noch wettbewerbsfähig, die tiefen Grundbauwerke werden in Wirklichkeit das Bild zu ihren Ungunsten ändern. Bei dem geringen Unterschied der Raumzahlen wird bei den gekuppelten Doppelschleusen mit niederem Gefälle nur durch eingehendere Entwurfsbearbeitungen entschieden werden können, welche Schleusenart am zweckmäßigsten anzuwenden ist, wobei die Gründungsverhältnisse von wesentlichem Einfluß sein dürften.

2. Bei Schleusengefällen zwischen 8 und 15 m sind die Wertigkeitszahlen nach den Übersichten I und II zu beurteilen. Bei den einfachen Schleusen erreicht die Proetelschleuse O. Z. 8γ für $h = \frac{4,74}{4,08} \cdot 7,9 = 9,2$ m die Raumzahl von O. Z. 5 und scheidet von hier ab aus. Für die Tauchschleuse O. Z. 3 liegt das zahlenmäßige Grenzgefälle höchstens bei $h = \frac{3,74}{2,96} \cdot 7,9 = 10,0$ m, wo schon die Tauchschleuse O. Z. 4 mit dem nächsthöheren Vollkommenheitsgrad erreicht ist. Die Unterwasserschleusen sind rein zahlenmäßig den Tauchschleusen mit Tauchschwimmer überlegen, indes bedarf die angesetzte Raumzahl für die Unterwasserschleusen noch der Nachprüfung.

Bei den gekuppelten Doppelschleusen erscheint die Proetelschleuse O. Z. 8γ mit der Zwillingstauchschleuse noch wettbewerbsfähig bis zum Gefälle $h = \frac{2,74}{2,04} \cdot 7,9 = 10,6$ m. Von da ab beherrscht die Zwillingstauchschleuse das

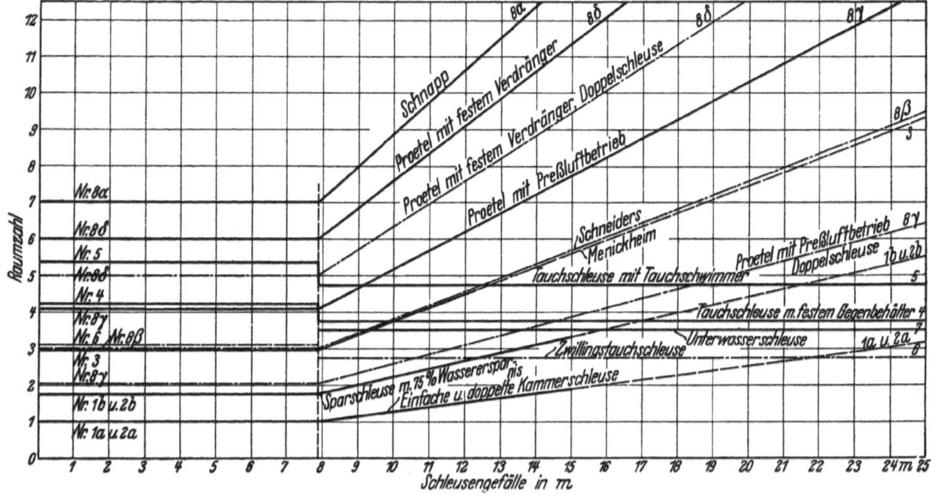

Abb. 22.

Feld. Sie ist aber weniger leistungsfähig als die Unterwasserschleusen, die nicht gekuppelt sind und daher eine größere Bewegungsfreiheit und trotz des schwierigeren Schleusens am Oberhaupt eine geringere Schleusungszeit haben. Immerhin dürfte die Kuppelung zweier Tauchschleusen weniger nachteilig sein, als die von offenen Kammerschleusen, weil die Unterwasserfahrt sehr rasch vollzogen werden kann und bei dem geringen Arbeitsaufwand Leerfahrten nur geringe Verluste bedeuten.

Auch im Vergleich zur Sparschleuse mit 75% Wasserersparnis zeigt sich die Überlegenheit der Zwillingstauchschleuse. Schon bei einem Gefälle von 12,5 m weist die Sparschleuse mit 75% Ersparnis die gleiche Raumzahl auf, wie die Zwillingstauchschleuse mit voller Wasserersparnis.

Läßt man außer acht, daß die Trogabmessungen mit wechselndem Gefälle sich ändern, so kann der Wechsel der Raumzahlen in Abhängigkeit vom Schleusengefälle für die angenommenen Schleusen- und Trogabmessungen, wie in Abb. 22 geschehen, dargestellt werden.

Die Abbildung gibt ein anschauliches Bild von der Wertigkeit der betrachteten Schleusenarten und läßt deutlich erkennen, daß für größere Schleusenstufen Verdrängerschleusen nicht mehr in Frage kommen, daß aber auch die Sparschleusen an Wirtschaftlichkeit von den Unterwasser- und Tauchschleusen weit übertroffen werden.

Möchten diese natürlichen Schleusenarten die ihnen vor den Schwimmerhebewerken und den mechanischen Hebewerken gebührende Beachtung finden und dazu dienen, die Stellung der Binnenschiffahrt in ihrem wirtschaftlichen Wettbewerb mit den übrigen Verkehrsarten zu heben und zu stärken.

Über Bildung und Eigenschaften kolloider Kalkseifen.

Von

E. SAUER, Stuttgart.

Während die Alkalisalze der höheren Fettsäuren, die gewöhnlichen Seifen, eine große technische Bedeutung als Waschmittel besitzen, machen sich die Seifen der Erdalkalien beim Waschprozeß als unerwünschte Bildung bemerkbar. Die hauptsächlichsten Härtebildner der Gebrauchswässer, Kalzium und Magnesium, führen zur Entstehung unlöslicher Seifen, die nicht nur als Waschmittel wertlos sind, sondern außerdem noch in Form flockiger Niederschläge den Reinigungsprozeß beeinträchtigen.

Um den nachteiligen Einfluß der Bildung unlöslicher Seifen beim Waschvorgang zu vermeiden, werden verschiedene Mittel zur Anwendung gebracht. Das sicherste besteht darin, das zum Waschen dienende Wasser von Kalzium- und Magnesiumverbindungen zu befreien, also zu enthärten. Vielfach ist dieser Weg nicht gangbar, da besonders für den Kleingebrauch eine Enthärtung mit einfachsten Mitteln nicht erreicht werden kann. Man hat daher versucht, durch Spezialwaschmittel dem Übelstand zu begegnen. Als Beispiel sei hier die Kolloidseife nach HAAS[1]) angeführt; es handelt sich um ein Erzeugnis, das äußerlich Form und Aussehen einer Kernseife besitzt und wesentlich aus einem innigen Gemisch fettsaurer Salze, hochviskoser organischer Kolloide und eventuell noch kolloid verteilter unlöslicher anorganischer Stoffe besteht. Die Seife reagiert neutral, enthält keine sauerstoff- oder chlorabspaltenden Bleichmittel, ebenso keine Pottasche, Soda und Kochsalz.

Bei vergleichenden Waschversuchen, die mit dieser Kolloidseife und gleichzeitig mit gewöhnlicher Kernseife in hartem Wasser angestellt wurden, zeigte sich die recht auffallende Tatsache, daß erstere bei geringerer Konzentration den gleichen, teilweise sogar einen besseren Reinigungseffekt erzielte als die Kernseife. Der Gehalt der Kolloidseife an Fettsäuren ist dabei niederer als der der Kernseife. Man darf wohl annehmen, daß die zugesetzten organischen Kolloide wie Leim, Carragheen, Agar-Agar und ähnliche, ebenfalls einen Reinigungseffekt entwickeln, welcher dazu durch die Anwesenheit der Härtebildner nicht beeinträchtigt wird, also auch in hartem Wasser besonders augenfällig zur Geltung kommt.

Bemerkenswert ist folgender Vorgang, der die Wirkungsweise der Kolloidseife kennzeichnet. Bringt man ein Stück Kernseife in heißes Wasser von ca. 20 Härtegraden, so beobachtet man, daß bei fortschreitender Auflösung der

[1]) Hergestellt seinerzeit von der Dr. Haas A. G., Feuerbach.

Seife das Wasser milchig trübe wird, gleichzeitig scheidet sich die Kalkseife in groben Flocken an der Oberfläche des Wassers aus; letztere Erscheinung verstärkt sich noch bei längerem Stehen und Umschütteln des Wassers, wobei die Trübung allmählich verschwindet. Wiederholt man den gleichen Versuch mit Kolloidseife, so erhält die Lösung eine gleichmäßig weiße, trübe Färbung, dagegen findet keine flockige Ausscheidung von Kalkseife statt. Die Gesamtmenge der letzteren bleibt in feinster Verteilung im Wasser suspendiert; diese Suspension ist wochenlang beständig. Wir können zweifellos feststellen, daß hier die Kalkseife in kolloidem Zustand vorliegt. Die zugesetzten organischen Kolloide übernehmen die Rolle von Schutzkolloiden und begünstigen die Entstehung kolloider Kalkseifen.

Dieser Vorgang läßt die Wirkung der Kolloidseife nach HAAS in einem ganz neuen Licht erscheinen. Einerseits wird die Ausscheidung flockiger Niederschläge unterdrückt, die beim Waschprozeß störend sind, andererseits läßt sich die Frage aufwerfen, ob die an sich unlöslichen Kalkseifen, wenn sie kolloide Form annehmen, nicht ebenfalls am Reinigungsprozeß teilnehmen. Diese Vermutung hat um so mehr Berechtigung, als man auch bei den Lösungen der Alkaliseifen ihrer Teilchengröße nach kolloide Systeme annehmen muß.

Die vorliegende Arbeit verfolgt daher den Zweck, die Bildungsbedingungen der kolloiden Kalkseifen, ihre Eigenschaften und ihre Mitwirkung beim Waschprozeß näher zu untersuchen.

I. Darstellung kolloider Kalkseifen ohne Zusatz von Schutzkolloiden und ihr Verhalten gegen Elektrolyte.

Die in stark verdünnter Lösung aus Alkaliseife durch Umsetzung mit Kalziumsalzen entstehenden Kalkseifen sind an sich schon zu einem größeren Anteil kolloid, dies wird um so mehr der Fall sein, je größer der Überschuß an Natronseife gegenüber dem Kalziumion ist. Sind dagegen die Härtebildner im Überschuß, so wird der kolloide Anteil der Kalziumseife immer mehr zurückgedrängt, da die nicht gebundenen mehrwertigen Metallionen eine Elektrolytfällung der kolloiden Teilchen herbeiführen.

Das Kalziumion ist in Gebrauchswässern hauptsächlich als Bikarbonat und Sulfat, gelegentlich auch als Chlorid enthalten; ebenso liegen bei den Gebrauchsseifen Gemische von Alkalisalzen der verschiedensten Fettsäuren vor. Zur Ausführung der Versuche wurden jedoch nicht willkürliche Mischungen, sondern einerseits als Härtebildner Lösungen von Kalziumbikarbonat, -sulfat oder -chlorid, andererseits von Seifen die Salze einzelner bestimmter Fettsäuren verwendet.

Herstellung der Seifenlösungen.

Für die Versuche wurden an Fettsäuren benutzt: Palmitin-, Stearin- und Ölsäure. Die einzelnen Säuren wurden in Alkohol gelöst und mit alkoholischer Natronlauge unter Verwendung von Phenolphthalein neutralisiert; die Auflösung in Alkohol muß bekanntlich zur Vermeidung hydrolytischer Spaltung erfolgen. Der Alkohol wurde verdampft, die Seifen im Trockenschrank bei 110° getrocknet und in der Reibschale pulverisiert.

Die nachstehenden Versuchsreihen dienten zur Feststellung der Bedingungen, unter welchen Kalziumseifen kolloid entstehen; weiterhin wurde ermittelt, welcher Überschuß des Härtebildners eine Ausflockung herbeiführt.

Versuchsreihe 1. Herstellung und Ausflockung kolloider Kalkseifen mit Hilfe von Kalziumbikarbonatlösung.

Die Kalziumbikarbonatlösung wurde durch Einleiten von Kohlendioxyd in eine Aufschlämmung von reinem Kalziumkarbonat erhalten, filtriert und für die Versuche entsprechend verdünnt. Gewöhnlich wurde eine Lösung, die in bezug auf Kalziumgehalt einem Wasser von 18 deutschen Härtegraden entsprach, benutzt und zu 50 ccm derselben 2 ccm der betreffenden Seifenlösung zugegeben. Die Konzentration der Seifenlösungen war so bemessen, daß die angewandten 2 ccm gerade zur Umsetzung des Kalziumgehalts von 50 ccm Wasser obiger Härte ausreichten. Bei gleicher Fettsäuremenge und gleichem Flüssigkeitsvolumen wurde der Kalziumgehalt der Lösung bis zum doppelten Betrag, also bis auf 36 Härtegrade gesteigert. Je nach dem Überschuß an Kalziumion wird nun ein kleinerer oder größerer Anteil der anfänglich kolloiden Kalziumseife ausgeflockt. Man trennt diese von dem kolloiden Anteil durch Filtration oder besser im Scheidetrichter, da die ausgeflockte Menge sich an der Oberfläche des Wassers scharf abtrennt. Nach Ablassen der kolloiden Lösung wird der Rückstand im Scheidetrichter mit heißer verdünnter Salzsäure zersetzt, abgekühlt, die Fettsäure in Äther gelöst, die ätherische Lösung zweimal mit Wasser ausgewaschen, in einem abgewogenen Kolben zur Trockne verdampft und der Rückstand gewogen. Man erhält so das Gewicht der Fettsäure, die in der ausgeschiedenen Kalkseife gebunden war und kann die Menge der letzteren berechnen. In Tab. 1 sind die Werte der ausgeflockten Gewichtsmengen der Kalkseifen für steigende Überschüsse von Kalziumion angegeben; jeweils sind diese Mengen auch in Prozent der Gesamtmenge ausgedrückt.

Tabelle 1.

Härtegrade	Überschuß an Ca-Ion	a) Kalziumoleat		b) Kalzium-palmitat		c) Kalziumstearat	
	%	mg	%	mg	%	mg	%
18	0	—	—	—	—	—	—
20	11,1	—	—	—	—	—	—
22	22,2	—	—	—	—	—	—
25	38,9	—	—	—	—	—	—
28	55,6	189	41,7	—	—	11	2,3
30	66,7	250	55,0	6	1,43	63	13,4
33	83,5	310	68,1	28	6,25	94	20,1
36	100,0	375	82,6	51	11,43	120	25,6
		(454 mg = 100%)		(444 mg = 100%)		(487 mg = 100%)	

Als Ergebnis obiger Versuche ist zu verzeichnen, daß in allen Fällen erst bei einem gewissen Überschuß an Kalziumion eine Flockung einsetzt; diese beginnt etwa bei 28 bis 30 Härtegraden, also bei mehr als 50% Überschuß an Elektrolyt. Die Empfindlichkeit der kolloiden Kalziumseifen gegen Elektrolyte fällt vom Kalziumoleat über Stearat zum Palmitat.

Versuchsreihe 2. Ausflockung kolloider Kalziumseifen durch Kalziumsulfatlösung.

Die Kalziumsulfatlösung wurde durch Auflösen von reinstem Gips gewonnen, die Versuchsausführung war die gleiche wie unter 1. angegeben. Die Ergebnisse finden sich in Tab. 2.

Tabelle 2.

Härtegrade	Überschuß an Ca-Ion	a) Kalziumoleat		b) Kalzium-palmitat		c) Kalziumstearat	
	%	mg	%	mg	%	mg	%
18	0	—	—	—	—	—	—
20	11,1	—	—	—	—	—	—
22	22,2	—	—	—	—	—	—
25	38,9	—	12	2,7	—	—	—
28	55,6	—	33	7,5	—	—	—
30	66,7	8	1,81	58	13,1	—	—
33	83,5	56	12,4	98	22,1	33	6,7
36	100,0	161	34,6	112	25,2	92	18,9
		(454 mg = 100 %)		(444 mg = 100 %)		(487 mg = 100 %)	

Die Flockungswirkung des Kalziumsulfats ist eine andere als sie früher beim Kalziumbikarbonat festgestellt wurde. Dies weist darauf hin, daß nicht nur das Kalziumion, sondern auch das Anion des Härtebildners bei der Fällung eine Rolle spielt. Während Kalzium-Palmitat schon bei einem Überschuß von 39 % Ca-ion auszuflocken beginnt, tritt dies bei Oleat und Stearat erst bei 67 bzw. 83 % ein. Letztere beiden Salze sind also wesentlich weniger elektrolytempfindlich als das Palmitat. Was die ausgeflockte Menge betrifft, so ist diese bei Kalzium-Oleat mit 34,6 % am größten, beim Palmitat mit 25 % und beim Stearat mit 19 % merklich geringer.

Versuchsreihe 3. Ausflockung kolloider Kalkseifen durch Kalziumchlorid.

Die erforderliche Lösung wurde aus reinstem Kalziumchlorid hergestellt, der Kalziumgehalt nach der Oxalatmethode ermittelt und dann die Flüssigkeit entsprechend verdünnt. Versuchsausführung wie oben, Ergebnisse siehe Tab. 3.

Tabelle 3.

Härtegrade	Überschuß an Ca-Ion	a) Kalziumoleat		b) Kalzium-palmitat		c) Kalziumstarat	
	%	mg	%	mg	%	mg	%
18	0	—	—	—	—	—	—
20	11,1	—	—	—	—	—	—
22	22,2	10	2,3	8,4	1,9	—	—
25	38,9	26	5,8	56	12,7	6	1,2
28	55,6	40	8,9	94	21,2	66	13,6
30	66,7	62	13,6	114	25,8	97	20,0
33	83,5	133	29,2	134	30,2	144	28,9
36	100,0	234	51,5	150	33,9	187	38,4
		(454 mg = 100%)		(444 mg = 100 %)		(487 mg = 100 %)	

Die Ausflockung der kolloiden Kalziumseifen beginnt bei Kalziumchlorid schon bei einem Überschuß von 22% Kalziumion. Auch hier wird Oleat mit 52% am stärksten ausgeflockt, dann folgt Stearat mit 38% und Palmitat mit 34%.

Versuchsreihe 4. Ausflockung kolloider Kalziumseifen gemischter Fettsäuren durch Kalziumbikarbonat.

Da bei technischen Seifen immer Gemische verschiedener Fettsäuren vorliegen, wurden für einige Versuche einfache Mischungen, und zwar Oleat-Palmitat, Oleat-Stearat und Palmitat-Stearat je im Verhältnis 1 : 1 herangezogen; das Kalziumion kam in allen Fällen in Form von Kalziumbikarbonat zur Verwendung. Die Ergebnisse sind aus Tab. 4 ersichtlich.

Tabelle 4.

Härtegrade	Überschuß an Ca-Ion	a) Oleat-Palmitat		b) Oleat-Stearat		c) Palmitat-Stearat	
	%	mg	%	mg	%	mg	%
18	0	—	—	—	—	—	—
20	11,1	—	—	—	—	—	—
22	22,2	—	—	—	—	—	—
25	38,9	—	—	—	—	11	2,3
28	55,6	92	20,5	270	57,3	364	78,2
30	66,7	164	36,5	332	70,5	425	91,5
33	83,5	185	41,3	368	78,2	446	96,0
36	100,0	199	44,3	406	86,3	461	99,2

Die Flockungswirkung von Kalziumbikarbonat auf ein Gemisch Oleat-Palmitat (a) liegt etwa zwischen den Werten für die beiden einzelnen Komponenten. Dagegen finden wir für das Gemisch Oleat-Stearat (b), daß hier die Flockung einen wesentlich höheren Wert erreicht als jede der Komponenten. In noch viel höherem Maße ist dies der Fall für das Gemisch Palmitat-Stearat (c); dieses ist im Gegensatz zu seinen einzelnen Bestandteilen sehr empfindlich gegen Elektrolytzusatz und wird bei 100% Kalziumüberschuß fast quantitativ ausgefällt.

Versuchsreihe 5. Ausflockung der kolloiden Kalziumseifen durch mechanische Behandlung ohne Zusatz von Schutzkolloiden.

Eine Phase des Waschprozesses besteht darin, daß das Waschgut im Seifenbad einer heftigen Bewegung ausgesetzt wird. Man will damit erreichen, daß die anhaftenden Fremdstoffe schneller von Seifenlösung umhüllt werden, wodurch eine Wiederanlagerung an das Wäschegut verhindert wird.

Seit langem ist bekannt, daß Flockungsvorgänge durch Rühren oder heftige Bewegung beeinflußt werden. Qualitative sowie quantitative Untersuchungen sind hierüber u. a. von H. FREUNDLICH und verschiedenen Mitarbeitern an Solen von Arsentrisulfid, Eisenoxyd, Kupferoxyd u. a. gemacht worden. Dabei konnte eine beschleunigte Koagulation als Wirkung des Rührens von einer verzögerten unterschieden werden. Die beschleunigte wurde allgemein beobachtet, wenn die Elektrolytkonzentration hinreichend groß war und die Ionen stark koagulierten; die verzögerte zeigte sich bei geringen Elektrolytkonzentrationen und bei schwach koagulierenden Ionen. Die beschleunigende Wirkung des Rührens auf die Ausflockung beruht nach FREUNDLICH entsprechend der von SMOLUCHOWSKI[1]) entwickelten Theorie darauf, daß bei größeren Teilchen die Bewegung das Zusammenballen stark begünstigt, und zwar um so mehr, je größer die Teilchen sind. Im Einklang mit dieser Auffassung war das Rühren um so wirksamer, je länger man nach dem Elektrolytzusatz gewartet hatte, wodurch Gelegenheit zur Bildung größerer Teilchen gegeben war. FREUNDLICH schreibt auch hier dem anwesenden Elektrolyten die Hauptwirkung zu und der mechanischen Bewegung nur insofern einen Einfluß, als durch diese eine schnellere Ausscheidung bedingt ist[2]).

Um festzustellen, welchen Einfluß eine mechanische Behandlung auf die Flockung kolloider Kalkseifen hat, wurden ähnliche Versuche wie früher durchgeführt und dabei das Reaktionsgemisch 5 Minuten lang im Schüttelapparat kräftig bewegt; um auch die mechanische Wechselwirkung zwischen Seifenlösung und Waschgut zu reproduzieren, wurde bei einigen Versuchsreihen das Schütteln der Seifenlösung unter Zusatz von ausgewaschener aufgeschlämmter Filtermasse vorgenommen. Die Trennung und quantitative Bestimmung des ausgeflockten Anteils der Kalkseifen geschah wie oben angegeben; bei Anwendung von Filtermasse wurde die Flüssigkeit samt der letzteren auf eine Nutsche gegeben, wobei der ausgeflockte Niederschlag von der Faserschicht zurückgehalten und zur weiteren Untersuchung verwendet wurde. Nachstehend (Tab. 5) sind die Ergebnisse über den Grad der Koagulation der einzelnen Kalkseifen durch Schütteln bzw. durch Schütteln bei Gegenwart von Filtermasse angegeben. Zur Umsetzung gelangten jeweils äquivalente Mengen der betreffenden Fettsäuren mit Kalziumbikarbonat, bei einer Konzentration der Lösung an letzterem, die 18 Härtegraden entsprach.

Tabelle 5.

Art der Seife	Gesamtmenge der Ca-Seife	Schütteln ohne Filtermasse. In Lösung bleiben:		Schütteln mit Filtermasse. In Lösung bleiben:	
	mg	mg	%	mg	%
Kalziumoleat	90,9	25	27,4	1,8	2,0
Kalziumpalmitat . .	88,4	61	69,1	4,7	5,3
Kalziumstearat . . .	97,4	79	81,4	0,7	0,7

Als Ergebnis der Flockungsversuche durch Schütteln ohne Überschuß von Kalziumion ist festzustellen, daß die kolloiden Kalziumseifen mit Ausnahme von Kalziumoleat noch recht beständig sind. Diese Beständigkeit verschwindet fast ganz bei den Versuchen unter Zusatz von Filtermasse. Eine solche Behandlung begünstigt die Ausfällung in außergewöhnlichem Maße. Dies steht im Einklang mit der Tatsache, daß die Filterfaser elektrische Ladungen besitzt, die eine Entladung bestimmter kolloider Systeme beim Durchfließen von Filtrierpapier verursachen. Außerdem wird die Ausflockung durch die

[1]) Phys. Z. Bd. 17, S. 587, 599. 1916.

[2]) Kolloid-Zeitschr. 23, 163 (1918).

starke mechanische Behandlung gesteigert, wie sie durch das Schütteln mit Filterfaser erzeugt wird; auch der Adsorption der Teilchen durch die Gewebefaser wird eine Mitwirkung zuzuschreiben sein.

II. Herstellung von kolloiden Kalkseifen bei Gegenwart von Schutzkolloiden und ihr Verhalten gegenüber von Elektrolyten.

In den nachstehenden Versuchen sollte die Erhöhung der Beständigkeit kolloider Kalkseifen durch Zusatz von Schutzkolloiden ermittelt werden. Verwendet wurden als Schutzkolloide Gelatine, Karragheen, Agar-Agar und Gummiarabikum, von Fettsäuren wieder Olein-, Palmitin- und Stearinsäure, Kalzium in Form des Chlorid. Im allgemeinen wurde dabei folgendermaßen verfahren:

In einen Schüttelzylinder wurden 15 ccm einer Kalziumchloridlösung gegeben, deren Kalziumgehalt 50 ccm Wasser von 18 Härtegraden entsprach, und 17 ccm destilliertes Wasser, dann 2 ccm Natronseifenlösung von derartiger Konzentration, daß die Fettsäuremenge zur Umsetzung des Kalziums gerade ausreichte, zugefügt; weiter wurde 1 ccm Schutzkolloidlösung zugesetzt, umgeschüttelt und nochmals mit 15 ccm Chlorkalziumlösung versetzt, so daß nunmehr 50 ccm Lösung von 36 Härtegraden vorhanden waren. Man beobachtete, ob innerhalb 24 Stunden Ausfällung eintrat; war dies der Fall, so steigerte man die Kolloidmenge, ohne das Gesamtvolumen der Flüssigkeit zu ändern. Die zur Unterdrückung der Flockung erforderliche Schutzkolloidmenge konnte bis auf $^1/_{10}$ ccm genau ermittelt werden.

Versuchsreihe 6. Gelatine als Schutzkolloid.

Eines der wirksamsten Schutzkolloide ist Gelatine; für die Versuche wurde teils unveränderte, teils abgebaute Gelatine benutzt. Letzteres Produkt wurde durch dreistündige Behandlung einer Gelatinelösung bei 85° C erhalten.

Tabelle 6.

Art der Seife	Wassermenge	Konzentration an $CaCl_2$	Überschuß von Ca˙ gegenüber Fettsäure	Notwendige Menge des Schutzkolloids zur Verhinderung der Flockung	
	ccm	Härtegrade	%	ccm	mg
Kalziumoleat	50	36	100	3,9	19,5
Kalziumpalmitat . . .	50	36	100	2,8	14,0
Kalziumstearat	50	36	100	2,4	12,0

Es zeigt sich, daß unveränderte und abgebaute Gelatine gegenüber von Kalziumseifen annähernd die gleiche Schutzwirkung besitzen. Oleat bedarf zur Stabilisierung den höchsten Wert an Gelatine; die andern beiden etwas weniger.

Versuchsreihe 7. Karragheen als Schutzkolloid.

Karragheen (Knorpeltang), auch als irländisches Moos bezeichnet, ergibt beim Auflösen in Wasser, welches nur schwierig erfolgt, eine äußerst viskose Flüssigkeit. Für den vorliegenden Zweck wurden 5 g der Trockensubstanz längere Zeit mit heißem Wasser behandelt, die Lösung filtriert, der Trockengehalt bestimmt und danach auf 0,5% verdünnt.

Tabelle 7.

Art der Seife	Wassermenge	Konzentration an $CaCl_2$	Überschuß von Ca gegenüber Fettsäure	Notwendige Menge des Schutzkolloids zur Verhinderung der Flockung	
	ccm	Härtegrade	%	ccm	mg
Kalziumoleat	50	36	100	3,0	14,5
Kalziumpalmitat . . .	50	36	100	5,6	28,0
Kalziumstearat	50	36	100	5,9	29,5

Versuchsreihe 8. Gummiarabikum als Schutzkolloid.

Gummiarabikum löst sich leicht in Wasser, die Herstellung entsprechender Lösungen bereitet keine Schwierigkeiten.

Tabelle 8.

Art der Seife	Wassermenge	Konzentration an $CaCl_2$	Überschuß von $Ca^{\cdot}$ gegenüber Fettsäure	Notwendige Menge des Schutzkolloids zur Verhinderung der Flockung	
	ccm	Härtegrade	%	ccm	mg
Kalziumoleat	50	36	100	5,7	28,5
Kalziumpalmitat . . .	50	36	100	2,8	14,0
Kalziumstearat	50	36	100	2,5	12,0

Die Wirksamkeit der drei hauptsächlich angewandten Schutzkolloide ist recht verschieden. Während zwischen Gelatine und Gummiarabikum noch eine gewisse Übereinstimmung auch hinsichtlich der Abstufung der Kalziumseifen besteht, weicht das Karragheen vollständig von diesen ab. Hier sind für Oleat die geringsten Mengen an Schutzkolloid erforderlich, für Stearat die höchsten, während bei den beiden anderen Schutzkolloiden gerade die entgegengesetzte Beziehung gilt.

Bei Verwendung von Agar-Agar und einigen weiteren Schutzkolloiden wurde die Beobachtung gemacht, daß diese selbst mit aus der Lösung ausflocken, so daß sie als Schutzkolloide gegenüber von Elektrolyten in der angegebenen Konzentration nicht zu gebrauchen waren.

Verhinderung der Flockung von Kalkseifen durch Schutzkolloide beim Schütteln der Lösung.

Der Vorgang der Flockung kolloider Kalziumseifen in Gegenwart von Schutzkolloiden unter gleichzeitigem Schütteln der Lösung läßt sich in den wenigsten Fällen verfolgen, da die Schutzkolloide selbst Schaumsysteme bilden, die die Ausflockung begünstigen. Nur Gummiarabikum machte eine Ausnahme, hier ließ sich deutlich die Flockungsgrenze ermitteln (s. Tabelle 9).

Tabelle 9.

Art der Seife	Konzentration an $CaCl_2$ Härtegrade	Mechanische Behandlung	Notwendige Menge des Schutzkolloids zur Verhinderung der Flockung	
			ccm	mg
Kalziumoleat . .	36	5 Min. schütteln	11,5	57,5
Kalziumpalmitat .	36	5 Min. schütteln	6,8	34,0
Kalziumstearat .	36	5 Min. schütteln	6,5	32,5
Kalziumoleat. . .	36	5 Min. schütteln mit Filtermasse	19,3	96,5
Kalziumpalmitat .	36	5 Min. schütteln mit Filtermasse	8,9	44,5
Kalziumstearat .	36	5 Min. schütteln mit Filtermasse	11,8	59,0

Wie zu erwarten, genügen zur Stabilisierung der kolloiden Kalziumseifen beim Schütteln die früher gefundenen Werte an Schutzkolloid nicht mehr; noch größere Ansprüche an die Schutzwirkung stellt das Schütteln in Gegenwart von Filtermasse. Hier ist mehr als die dreifache Menge an Schutzkolloid erforderlich, im Vergleich zur reinen Elektrolytwirkung ohne mechanische Behandlung und ohne den Einfluß der aufgeladenen Filterfaser, um die Kalziumseifen in kolloidem Zustand zn erhalten.

III. Beeinflussung der Oberflächenspannung des Wassers durch kolloide Kalkseifen.

Um nachzuweisen, ob kolloide Kalkseifen den Waschprozeß unterstützen, müßte man vergleichende Waschversuche anstellen. Diese Versuche lassen sich im Laboratorium nicht in überzeugender Weise durchführen, abgesehen davon, daß feinere Unterschiede dabei nicht genügend kenntlich gemacht werden können. In ähnlichen Fällen, wo es sich darum handelte, Abstufungen im Reinigungseffekt verschiedener Waschmittel festzustellen, geschah dies durch Messung der Oberflächenspannung der Seifenlösungen, da die Beeinflussung der Oberflächenspannung des Wassers als eine wesentliche Eigenschaft der Waschmittel erkannt wurde. Auch im vorliegenden Fall leistete dieses Verfahren gute Dienste, und zwar kam die Tropfmethode zur Anwendung; als Meßinstrument diente das Stalagmometer von TRAUBE. Für vergleichende Messungen ist eine Ermittlung der absoluten Oberflächenspannung nicht erforderlich, es genügt eine Feststellung der Tropfzahlen.

Bei den nachstehenden Versuchen wurde jeweils eine bestimmte Menge von Wasser, welches Kalziumion in Form des Bikarbonats, Sulfats oder Chlorids enthielt, mit der äquivalenten Menge von Natriumoleat, Natriumpalmitat oder Natriumstearat umgesetzt und die Tropfzahl der Lösungen bei Zimmertemperatur ermittelt. Nach den früheren Versuchen enthalten diese Reaktionsgemische in frisch hergestelltem Zustand die Gesamtmenge der Kalkseife in kolloidem Zustand. In Tabelle 10 sind die Tropfzahlen für die verschiedenen Kalkseifen aufgeführt, daneben auch die Werte für reines Wasser und für die betreffenden Natriumseifen.

Tabelle 10.

Art der Seife	Dest. Wasser, Tropfzahl	Na-Seife, Tropfzahl	Ca-Seife hergestellt mit $CaH_2(CO_3)_2$	$CaSO_4$	$CaCl_2$
			Tropfzahlen		
Kalziumoleat	60,3	164,0	85,2	95,5	102,0
Kalziumpalmitat	60,3	140,0	68,0	91,7	80,3
Kalziumstearat	60,3	107,0	62,7	62,0	62,3
Oleat + Palmitat 1 : 1 . .	60,3	134,0	61,8	—	—
Oleat + Stearat 1 : 1 . . .	60,3	144,8	71,8	—	—
Palmitat + Stearat 1 : 1 .	60,3	127,3	67,8	—	—

Das Ergebnis dieser Bestimmungen ist folgendes: Die kolloiden Kalziumseifen der Palmitin- und Ölsäure vermögen die Oberflächenspannung des Wassers unter den angegebenen Bedingungen ungefähr halb so stark zu erniedrigen wie die entsprechenden Natronseifen in gleicher Konzentration. Das Kalziumstearat besitzt dagegen auffallenderweise fast gar nicht die Eigenschaft, die Oberflächenspannung des Wassers herabzusetzen. Den Gemischen der kolloiden Kalkseifen kommt diese Fähigkeit ebenfalls bei weitem nicht in gleichem Ausmaße zu wie den einzelnen Komponenten.

Oberflächenspannung kolloider Kalkseifen bei Überschuß des Kalziumions.

Wir sahen früher, daß bei einem Überschuß des zugesetzten Kalziumsalzes ein mehr oder minder großer Anteil der kolloiden Kalkseife ausgeflockt wird. Dementsprechend ändern sich auch die Tropfzahlen solcher Seifenlösungen, da die ausgeflockte Menge für die Oberflächenspannung nicht mehr in Betracht kommt (s. Tabelle 11).

Tabelle 11.

Härtegrade	Überschuß an Ca˙ %	Ca-Oleat. Zuges. Ca-Salz: Bkt.	Slft.	Chld.	Ca-Palmitat. Zuges. Ca-Salz: Bkt.	Slft.	Chld.	Ca-Stearat. Zuges. Ca-Salz: Bkt.	Slft.	Chld.
		Tropfzahlen			Tropfzahlen			Tropfzahlen		
18	0	85,2	95,5	103,0	68,0	91,7	80,3	62,7	62,0	62,3
20	11,1	83,6	85,7	102,0	66,7	83,5	80,3	62,0	61,7	61,7
22	22,2	82,3	76,0	97,3	63,5	79,0	78,6	61,5	61,4	60,7
25	38,9	78,7	67,8	96,0	62,5	74,7	72,5	61,7	61,0	61,2
30	66,7	70,7	66,6	94,5	61,3	71,0	68,5	60,9	60,7	61,2
33	83,5	67,5	66,6	90,3	61,7	69,5	64,7	60,7	61,4	61,2
36	100,0	64,4	66,6	87,8	61,7	68,3	62,4	59,7	61,2	61,7

Ganz allgemein zeigt sich die Erscheinung, daß mit zunehmendem Elektrolytüberschuß die Oberflächenspannung sich mehr und mehr der des Wassers nähert. Bei Oleat ist diese Änderung am augenfälligsten, die Tropfzahl geht von 85 bzw. 95 und 103 auf 64, 67 und 88 herunter. Bei Stearat ist kein entsprechendes Verhalten zu beobachten; hier ist die Tropfzahl schon vor der Ausflockung nicht wesentlich von der des Wassers verschieden. Aus diesem Grunde ist auch ein weiterer Rückgang der Oberflächenaktivität nicht mehr möglich.

Eine direkte Gesetzmäßigkeit zwischen der Menge des kolloiden Anteils und der Größe der Oberflächenspannung ist bei den einzelnen Kalkseifen nicht nachzuweisen, dies rührt wohl daher, daß der Dispersitätsgrad nicht berücksichtigt werden kann. Dagegen ist die Abstufung der Tropfzahlen bei den Kalkseifen durchaus gleichlaufend mit derjenigen bei den entsprechenden Natriumseifen: Oleat zeigt jeweils die höchsten Werte, während Stearat den geringsten Effekt hervorbringt.

Daß der Dispersitätsgrad eine Rolle spielt, läßt sich leicht nachweisen, wie die folgenden Versuche zeigen: Einerseits wurden geringe Mengen von Ölsäure durch Schütteln in Wasser zerteilt, andererseits sehr verdünnte Lösungen von Natriumoleat hergestellt. Die hydrolytische Spaltung des letzteren wird bei der großen Verdünnung eine vollkommene sein, die freie Ölsäure ist im Wasser äußerst fein verteilt. An Tropfzahlen wurden in beiden Fällen gefunden:

Tabelle 12.

Konzentration	Ölsäure	Natriumoleat	Wasser
	Tropfzahlen		
0,0005 n	62,0	62,3	60,3
0,0008 n	—	102,0	60,3
0,001 n	72,7	124,7	60,3
0,002 n	77,2	—	60,3
0,01 n	118,0	—	60,3

Die hochdisperse Ölsäure, die von der hydrolytischen Spaltung des Natriumoleats herrührt, zeigt eine wesentlich größere Aktivität als die einfach durch Schütteln zerteilte Ölsäure.

Man könnte nun für die erhöhte Tropfzahl der Kalkseifensysteme auch einen anderen Grund als den kolloiden Zustand verantwortlich machen. Von den an sich schwer löslichen Kalkseifen wird immerhin eine geringe Menge in Lösung gehen. Es wäre denkbar, daß diese äußerst kleinen Quantitäten zur Beeinflussung der Oberflächenspannung noch ausreichen; der Rückgang der Oberflächenaktivität bei steigendem Elektrolytzusatz wäre dann auf die Zurückdrängung der Löslichkeit der Kalkseifen durch den gleichionigen Elektrolyten zurückzuführen.

Diese Annahme dürfte jedoch nicht zutreffen, wie durch Messung der H-Konzentration in den Kalkseifensystemen nachgewiesen werden konnte. So wurde für ein Sol, das durch Umsetzung von Natriumoleat mit der äquivalenten Menge von Kalziumchloridlösung (18 Härtegrade) zustande kam, der Wert $p_H = 6{,}64$, für das gleiche System bei 100% Überschuß von Kalziumchlorid (36 Härtegrade) $p_H = 6{,}46$ gefunden, währenddem die Natriumoleatlösung $p_H = 9{,}00$ zeigte. Diese kleine Differenz der p_H-Werte der Kalziumoleatsysteme entspricht einer derart geringen Menge freier Fettsäure, daß ein merklicher Einfluß derselben auf die Tropfzahl nicht zu erwarten ist. Die Oberflächenaktivität der Kalkseifensole ist also mit großer Wahrscheinlichkeit auf den kolloid gelösten Anteil zurückzuführen.

Der Einfluß von Schutzkolloiden, die den Dispersitätsgrad wesentlich erhöhen, konnte nicht verfolgt werden, da es nicht möglich ist, die Wirkung der letzteren auf die Oberflächenspannung bei Messung der Tropfzahl auszuschalten.

Zusammenfassung.

1. Die bei Umsetzung von Natriumseifen mit Kalziumsalzen entstehenden Kalkseifen besitzen bei Einhaltung bestimmter Versuchsbedingungen kolloide Form. Der kolloide Zustand liegt in der Regel dann vor, wenn äquivalente oder überschüssige Mengen von Alkaliseife an der Umsetzung beteiligt sind. Teilweise Ausflockung nicht geschützter kolloider Kalkseifen wird durch einen Überschuß an Kalziumsalz bewirkt, ebenso durch Schütteln der Lösung; die Entladung wird quantitativ beim Schütteln mit Filtermasse.

2. Bei Gegenwart organischer Kolloide, wie Gelatine, Gummiarabikum, Karragheen u. a. („Schutzkolloide") entstehen hochdisperse kolloide Kalkseifen von großer Beständigkeit, die bei genügender Konzentration an Schutzkolloid auch beim Schütteln mit Filterfaser nicht ausflocken.

3. Die kolloiden Kalkseifen setzen die Oberflächenspannung des Wassers herab, es ist von ihnen also eine Unterstützung des Wascheffekts zu erwarten.

Die Baukunst im Jahrhundert der Technik.

Von

P. SCHMITTHENNER, Stuttgart.

Mit 9 Abbildungen.

Die Baukunst einer Zeit ist der beste Gradmesser für ihre Kultur.

Der Geist der Gotik, der Renaissance, des Barock, des Klassizismus ist in den Bauten seiner Zeit Form und Gestalt geworden.

Wenn es stimmt, daß in den Werken der Architektur das Geistige einer Epoche wesentlichen Ausdruck findet, wird uns ein Rückblick auf das bauliche Schaffen unseres Jahrhunderts nachdenklich stimmen.

Als Beginn dieses Jahrhunderts der Technik können wir mit einem gewissen Recht die Zeit der Gründung unserer Technischen Hochschulen annehmen, als die wesentlichste Auswirkung des neuen technischen Zeitgeistes.

Goethe erkennt Ende und Anfang zweier Epochen und treffender als er hat niemand unser Jahrhundert gekennzeichnet. Im Jahre 1825 schreibt er an seinen Freund Zelter:

„Reichtum und Schnelligkeit ist, was die Welt bewundert und wonach jeder strebt. Eisenbahnen, Schnellposten, Dampfschiffe und alle möglichen Fazilitäten der Kommunikation sind es, worauf die gebildete Welt ausgeht, sich zu überbilden und dadurch in der Mittelmäßigkeit zu verharren, eigentlich ist es das Jahrhundert für die fähigen Köpfe; für leicht fassende, praktische Menschen, die, mit einer gewissen Gewandtheit ausgestattet, ihre Superiorität über die Menge fühlen, wenn sie gleich selbst nicht zum Höchsten begabt sind. Laß uns soviel als möglich an der Gesinnung halten, in der wir herkamen; wir werden, mit vielleicht noch wenigen, die Letzten sein einer Epoche, die so bald nicht wiederkehrt."

Das neue Jahrhundert steht im Zeichen der Maschine und, in ihrem Gefolge, der Industrie und des Verkehrs.

Die Industrie drängt auf Zentralisation, die Verkehrsmöglichkeiten erleichtern diese. Es entstehen die Großstädte und die Zusammenballung der Menschen.

Die Großstadt bringt die Bodenfrage und stellt uns zusammen mit der Verkehrsfrage vor die neue Stadtplanung. Die Folgerungen aus dieser Entwicklungsreihe ergeben die neue soziale Frage.

Unser soziales Gewissen ist geschärft und dies ist vielleicht die stärkste geistige Erscheinung unserer Zeit. Das sozial geschärfte Gewissen drängt auf Dezentralisation und wir haben die Siedlungsfrage, die Frage des neuen Wohnens.

Als die wesentlichsten Bauaufgaben des Jahrhunderts in seiner Entwicklung sehen wir also, neben den Bauten der Technik, der Industrie und des Verkehrs, die Stadtplanung, die Siedlung und den hieraus bedingten Wohnungsbau.

Abb. 1. Bürgerliches Wohnhaus in einer Siedlung bei Berlin, erbaut 1928. Architekt Paul Schmitthenner. Entscheidende Gestaltungsmerkmale: Große Wandflächen mit bündig sitzenden Fenstern und sehr knappem Hauptgesims. Das dadurch erreichte flache Relief steigert die plastische Wirkung des vorgebauten Balkons aus Eisenbeton. Entscheidend ist weiter das Spiel der Fuge des Ziegelmauerwerks, das hier nicht überputzt, sondern nur geschlemmt ist. — Beispiel: Zeitlose Gestaltung mit rein baulichen Mitteln.

Abb. 2. Haus des Deutschtums in Stuttgart, erbaut 1924. Architekt Paul Schmitthenner. Ansicht des Baues vom Charlottenplatz.

Das Bild zeigt, wie wichtig bei der vorliegenden Bauaufgabe die Rücksichtnahme auf die Umgebung war. Im Hintergrund Stiftskirche und altes Schloß; links die Ministerien, rechts die Planie mit der Karlsakademie.

Untersuchen wir, zurückblickend, wie das Jahrhundert seine Bauaufgaben gelöst, um daraus das Spiegelbild seines kulturellen Lebens zu erkennen.

Zusammen mit dem Beginn unseres Jahrhunderts fällt das Ende der letzten geschlossenen Kultur- und Bauepoche.

Fast ein halbes Jahrhundert zehren wir vom Erbe der Väter und genügen, gestützt auf bauliche Tradition und handwerkliches Können, in liebenswürdiger Weise den gegebenen Bauaufgaben.

Dies trifft in erster Linie zu auf das bürgerliche Bauwesen, weniger auf die Bauten des Verkehrs und auf die Stadtplanung.

Nach dem Kriege unserer Väter 1870/71 setzt eine ungeahnte Entwicklung von Wirtschaft, Verkehr und Technik ein. Die Baukunst steht still, die Entwicklungsreihe ist abgerissen. Wohl haben wir vereinzelte hervorragende Architekturleistungen in diesem Zeitabschnitt, die aber, ihrer Entstehung und ihrer Art nach, nicht als Ausdruck des Gestaltungswillens der Zeit angesprochen werden können. — Es sind letzte, vereinzelte Blüten am dorrenden Baum. Für die Aufgaben der Zeit finden wir keinen eigenen Ausdruck; wir greifen weit zurück in die Vergangenheit und Größe deutscher Kulturepochen.

Wie leihen vom Geiste der Väter ohne eigene Geistigkeit; wir bauen „gotische" Kirchen, „romanische" Postgebäude und Bahnhöfe. Das Wohnhaus des besseren Deutschen ist in deutscher Renaissance beliebt, und auch die schlimmsten Massenquartiere, die Mietskasernen, dürfen wenigstens an der Straße, der „echten Stilmotive" nicht ganz entbehren.

Den eigentlichen neuen Bauaufgaben stehen wir mit der gleichen Hilflosigkeit gegenüber, auch die Fabriken und Verkehrsbauten werden stilgerecht frisiert. Wir bauen eiserne Brücken mit romanischem Brückenkopf und unsere Fabriken sind oft von Staatsgebäuden schwer zu unterscheiden.

Architekt und Ingenieur stehen sich verständnislos gegenüber. Der Ingenieur verzichtet auf Gestaltung und wird zum dienenden Rechner der Herrschaft Industrie und Wirtschaft, der Architekt sinkt herunter zum Dekorateur.

Erst um die Wende des 20. Jahrhunderts besinnt man sich auf die Armut dieser Unselbständigkeit. Der Jugendstil wird proklamiert. Er hat kurz gelebt, aber nicht umsonst. Es unterliegt keinem Zweifel, daß er den Anstoß zur Besinnung gab, denn mit ihm und nach ihm wachen jene Stimmen auf, die dorthin weisen, wo die Fäden der Entwicklung abrissen. Ich nenne Namen wie THEODOR FISCHER, SCHULTZE-Naumburg, RIEMERSCHMID, MUTHESIUS u. a. m.

Auf verschiedenen Wegen, die man mehr oder weniger anerkennen mag, wird die Tradition im Sinne der Weiterentwicklung aufgenommen. Nebenher laufen aber fröhlich weiter die alten Stile und die neuen Stile, die nun in buntem Gemisch zu wechseln beginnen wie die Mode.

Es handelt sich auch nur noch um Modefragen. Man verwechselt Stil und Mode. Mode, der schlimmste Feind aller Qualität und Volkswirtschaft, wirkt sich in der Architektur besonders verheerend aus. Die Bauten verschwinden nicht wie der Sommerhut der letzten „Saison", sie stehen leider meist recht solide gebaut, und wir verdanken ihnen die Verunstaltung unserer deutschen Städte und Landschaften auf unabsehbare Zeit.

Nebenher aber reißt jene ebengenannte Entwicklung zur Besinnung nicht ab. Es sind Architekten am Werk, die mit baulichen Mitteln, aus Aufgabe und

Abb. 3. Haus des Deutschtums in Stuttgart, erbaut 1924. Architekt Paul Schmitthenner. Seite am Karlsplatz gegenüber dem alten Schloß.

Der Bau ist auf den Grundmauern des ehemaligen Waisenhauses aus dem 18. Jahrhundert errichtet. Die beiden unteren Geschosse und die Toreinfahrt sind Reste des alten Baues. Das oberste Geschoß und die Dachaufbauten sind neu.

Die zu lösende Bauaufgabe bestand darin, unter Beibehaltung der Grundform und teilweiser Erhaltung von alten Mauern, die Bedürfnisse des Deutschen Auslandinstitutes zweckvoll unterzubringen, alte und neue Bauteile in harmonischen Zusammenklang zu bringen unter taktvoller Rücksichtnahme auf den wichtigsten Teil der Altstadt Stuttgart. Die Hauptgesimshöhe des Baues war vom Stadterweiterungsamt vorgeschrieben, so daß zur Unterbringung des Raumbedarfs der Ausbau des Daches notwendig wurde.

Material heraus arbeiten, die wieder zu konstruieren beginnen in des Wortes bester Bedeutung — zu gestalten.

Nun waren wir eben so weit, daß wir am Anfang standen zu einer gesunden baulichen Entwicklung, frei von unselbständigem Formalismus. Wir hatten noch keinen Stil, aber wir waren auf dem richtigen Weg zur Baugestaltung unserer Zeitaufgaben.

Die Architektur der letzten 25 Jahre weist auf Teilgebieten ausgezeichnete Einzelleistungen auf. In erster Linie sind es Bauten des Verkehrs und der Industrie; wir haben aber auch sehr bemerkenswerte Siedlungen und Wohnhausbauten, die allerdings nur deshalb gut sind, weil sie aus der gleichen Baugesinnung gestaltet sind wie die Bauten des Verkehrs und der Industrie und gerade darum andere Gestaltungsmerkmale haben müssen. Ich nenne als Beispiel dieses Gestaltungswillens die ausgezeichneten Fabriken PÖLZIGS, die Wohnhausbauten von TESSENOW und ähnliches.

Nun kommt Zusammenbruch und Revolution. Alles ist in Bewegung, auch die Architektur wird davon berührt, und man entdeckt die „neue Sachlichkeit". Bald hat man den neuen Stil und seinen Sieg proklamiert.

Wer ruhig und leidenschaftslos zusieht, weiß, daß auch in dieser Bewegung ein guter Kern steckt, aber er zieht die Parallele mit dem Jugendstil.

Wenn durch diese neue „Stilbewegung" nichts erreicht würde, als die Anregung zur Auseinandersetzung in der Architektenschaft über Gestaltungsfragen, hätte sich die Bewegung gelohnt. Etwas laut gebärdet man sich, etwas unbescheiden, und man schüttet oft das Kind mit dem Bade aus, das ist aber das Eigentümliche jeder kurzlebigen Sache. Man spricht sehr eindringlich von neuer Sachlichkeit und ich nehme an, daß man damit zugesteht, daß es auch eine alte Sachlichkeit gab.

In der Revolution hat man sich gerne auf den „Boden der Tatsachen" gestellt, leider ohne die Tatsachen zu meistern. Heute heißt das Schlagwort: „Man muß die Gegebenheiten der Technik, die Maschine, bejahen." Schon gut und schön, die Tugend beginnt aber erst, wenn man die Gegebenheiten meistert. Stile werden ebensowenig proklamiert wie Menschenrechte. Was man zum Stil erhebt, wird dasselbe Schicksal erleiden und die gleichen Verwirrungen anrichten wie die Pseudostile seit 1870. Stil im kulturellen Sinne ist Ausdruck der geistigen Geschlossenheit einer Epoche. Wenn in der Architektur das geistige Leben sich widerspiegelt, haben wir vorerst keinen Grund von geistiger Geschlossenheit, von Kultur und Stil allzulaut zu reden. Unsere Zeit ist einseitig beherrscht von Wirtschaft und Technik, die auf das Zweckhafte ausgehen.

Aus Zweckhaftigkeit kann Kultur nie und nimmer wachsen. Wir pochen gern auf unsere Technik und Wirtschaft, die wir haben, in Wirklichkeit hat die Technik und Wirtschaft uns. Das ist das Eigentümliche und Bedeutsame unserer Zeit und ist unser Kulturproblem.

Die „neue Sachlichkeit" ist eine Erscheinung der einseitigen Herrschaft der Zweckhaftigkeit. Die Erledigung des Zweckhaften ist noch keine Gestaltung, erst wenn die Erfüllung der Zweckforderung zum entscheidenden Gestaltungsmerkmal wird, können wir von Baukunst in kulturellem Sinne sprechen.

Die Arbeit des Architekten ist Ordnung schaffen, Ordnung in einer Reihe technischer, wirtschaftlicher und sozialer Notwendigkeiten. Diese Ordnung in Harmonie gestaltet ist Baukunst.

Abb. 4. Bahnhof Stuttgart, erbaut 1926/27. Architekt Bonatz & Scholer. Blick von der Pfeilerhalle in die Vorhalle.

Entscheidend das Material und seine Verarbeitung. Große glatte Flächen in Muschelkalk im Gegensatz zu dem belebten Fugenspiel des Backsteinmauerwerks. Zeitlos gut ohne jede Architekturform mit baulichen Mitteln gestaltet.

Abb. 5. Türme der Hubschleuse des Neckars bei Mannheim erbaut 1927. Entwurf der Neckarbaudirektion Stuttgart, Mitarbeiter als Architekt Prof. P. Bonatz.
22 m hohe Betontürme, schalungsrauh, ohne jede Zutat, lediglich aus den Forderungen der Konstruktion entwickelt.

Abb. 6. Turnhalle in Aalen, erbaut 1928. Architekt Bonatz & Scholer.
Offene Holzkonstruktion, sichtbar bis in die oberste Dachspitze, rhythmischer Wechsel der Überschneidungen. Die reine Konstruktion ist das entscheidende Gestaltungsmerkmal des Raumes.

Die Rangordnung dieser Notwendigkeiten ist entscheidend für die Gestaltung. Zur Gestaltung gehört Phantasie und Geist, denen keine Grenze gesetzt ist, solange die Notwendigkeiten aufs Beste geordnet und gestaltet sind. Es liegt kein Grund vor zu weniger Liebenswürdigkeit in der Gestaltung als die Grenzen, die unserem Witz und Temperament von der Natur gesetzt sind.

In der hilflosen Zeit der „Stilarchitektur" verzieren wir unsere Maschinen mit stilechten Ornamenten, unsere Fabriken und Verkehrsbauten sind auf Mittelalter oder Barock frisiert. Ein Fabrikschornstein ist stilwidrig und darum häßlich. Die besten Köpfe streiten sich darüber. Heute überträgt man die charakteristischen Merkmale der Maschine, des Ingenieur- und Industriebaus rein formalistisch unter anderem auch auf den Wohnungsbau. Man hat die Wohnmaschine erfunden.

Wir sehen zwei Richtungen: Die eine zeigt die geschlossene oder stark gefaltete Masse gewisser Industriebauten mit den entscheidenden großen Wandflächen und geringen Fensterlöchern, das Merkmal der zweiten ist die Auflösung in Stützen und Glas wie bei Fabriken, Eisenbahnwagen oder Schiffen. Außerdem gibt es dann noch eine liebenswürdige Mischung dieser beiden Richtungen.

Sollte man aus diesen Erscheinungen nicht auf die gleiche Hilflosigkeit schließen wie auf die vorhin genannte im Zeitalter der „echten Stile" nach 1870?

Das wichtigste Merkmal des neuen Baustils, wenigstens beim Wohnungsbau, ist das Fehlen des Daches. Diese Dachfrage hat sich zum Sturm im Wasserglas entwickelt. Die Dachfrage ist keine ästhetische, sondern eine wirtschaftlich technische Frage. Wer etwa nachweisen möchte, daß man auch ohne Dach einen Bau gut gestalten kann, tritt den Beweis zu spät an. Ganz abgesehen von der wirtschaftlich technischen Seite wird dieses Dogma zu der gleichen Stillosigkeit vergangener Jahre führen.

Ist manches schöne Stadtbild in der Zeit der „Stilarchitektur" durch den „Renaissancekasten mit Kolossaldach geschädigt worden, so wird der Kubus in neuer Sachlichkeit morgen das gleiche tun. Das Einfügen in die gegebene Örtlichkeit ist aber mit die wichtigste Aufgabe der Baugestaltung.

Daß es sich bei der neuen Stilbewegung nicht um eine Mode, sondern um eine geistige Bewegung handelt, sucht einer ihrer eifrigsten Verfechter mit der Feststellung nachzuweisen, daß die Bewegung internationalen Charakter trage.

Gerade der Umstand internationaler Gültigkeit und Verbreitung scheint mir gegen eine geistige Bewegung zu sprechen. Ist die Baukunst das Spiegelbild der Kultur, so kann sie nie international sein, denn Kultur im höchsten Sinne ist immer national gebunden.

Wem nicht klar geworden, warum die norddeutschen Städte anders gestaltet sind wie die Städte des Südens, warum die Marienkirche in Danzig die andersgeartete Schwester des Straßburger Domes ist, der hat die tieferen Zusammenhänge nicht begriffen, noch unseren Reichtum gespürt.

Dieser Rückblick auf das Architekturschaffen unseres Jahrhunderts zeigt, daß wir noch um die Gestaltung ringen, die Anspruch erheben kann, der Stil des Jahrhunderts genannt zu werden.

Aus der Zerrissenheit des Architekturschaffens im besonderen und der Kunst im allgemeinen, werden unsere Enkel bestenfalls das „Tempo" unserer Zeit herauslesen, das uns gehindert hat, zu jener Rundung geistiger Geschlossenheit

Abb. 7. Betonbrücke in Heidelberg, erbaut 1927. Konstruktion und Ausführung Wayss u. Freytag, Mitarbeiter als Architekt Prof. P. Bonatz.

Der Reiz der Brücke besteht in dem Gegensatz von Kraft, Schwere und Breite bei Pfeilern und Bogenansatz gegenüber der Leichtigkeit und Dünne im Scheitel. Diese angestrebte Wirkung wird verstärkt durch die Auskragung des Gehwegs um 2 m. Der Schatten zieht gewissermaßen die Dicke des Scheitels auf. Im Licht bleibt nur die Platte als dünne Linie.

Abb. 8. Siedlung Ooswinkel bei Baden-Baden, erbaut 1919/20. Architekt Paul Schmitthenner.
Die gekrümmte Straße ergab sich zwangsläufig aus dem begrenzenden Flußlauf der Oos. Das ortsübliche Material und das Raumprogramm der verschieden großen Hausarten war für die Gestaltung maßgebend, außerdem die taktvolle Einfühlung in den Charakter der Landschaft.

zu gelangen, die Voraussetzung jeder Kultur ist. Das Jahrhundert, in das wir geboren, ist Übergang. Wir hoffen, Übergang zu einer neuen deutschen Kulturepoche.

Den Deutschen Hochschulen fällt dabei eine wichtige Aufgabe zu. Sie sollen das Technische und das Zweckhafte sicherlich nicht unterschätzen, sie sollen aber dabei bestrebt sein, jenen Geist großzuziehen, der nur im Zusammenklang aller geistigen Kräfte den Weg zur Kultur sieht.

Der Schwabe HEIGELIN, der Architekt, der vor 100 Jahren als Lehrer in Tübingen wirkte, schließt in seinem Buch „Die höhere Baukunst für Deutsche" das Kapitel — „Die Entwicklung des neuen Baustils" — mit Worten, die den heutigen Architekten als Mahnung und Ziel dienen mögen: „Die Künstler aber sollen dahin streben, daß sie sich über die allgemeinen Grundsätze unter einander immer mehr verstehen, sollten in beständigen vertrauten Mitteilungen der Kunst pflegen, so daß nicht sowohl die Einzelnen durch auffallende Erfindungen sich einen Namen zu machen dächten, sondern ihre Ehre und Befriedigung in dem Ruhme ihrer Gesellschaft und in dem allgemeinen Wachstume der Kunst suchten. Wer auffallen will, versinkt in Manier und Mode, nur wer sich hingibt, wird in der unsterblichen Kunst fortleben, der er gedient, wie mancher alte deutsche Meister, dessen Name verklungen ist, der sein Leben lang treu und freudig den Bau förderte, den Andere begonnen hatten, Andere vollendeten."

Abb. 9. Bergmannssiedlung in Mörs am Niederrhein, erbaut 1920/21. Architekt Paul Schmitthenner. An breiter Verkehrsstraße mit elektrischen Schnellbahnen liegen die Bergmannswohnungen in Ein- und Mehrfamilienhäusern.

Die Höhenentwicklung der Häuser und die Längen der Baugruppen sind begrenzt wegen der Bergschäden (Siedlung auf Zechengebiet). Das Material der Gegend, Backstein und Dachpfanne, ergibt die Gestaltung im einzelnen. Material und die daraus bedingte Konstruktion sind bestimmend für die Gesamtgestaltung.

Bei der Siedlung Ooswinkel, Abb. 8, und dieser Siedlung handelt es sich um die gleichen Bauaufgaben, Siedlung auf genossenschaftlicher Grundlage mit etwa gleich großen Wohnungen. Trotzdem vollkommen verschiedene Gestaltung, bedingt durch Landschaft und Material.

Die Nibelungenbilder im Cornelianum zu Worms.

Von

K. SCHMOLL v. EISENWERTH, Stuttgart.

Mit 7 Abbildungen.

Im Jahre 1910 wurde in Worms das sogenannte „Cornelianum" der Öffentlichkeit übergeben, das als Teil der Erweiterungsbauten des Rathauses an historisch bedeutender, von der Sage umwobener Stelle von Professor THEODOR FISCHER im Auftrag und als Stiftung des Freiherrn CORNELIUS HEYL ZU HERRNSHEIM erbaut worden war.

Es enthält außer einem Raum für die Abhaltung von Ziviltrauungen Räume zur Veranstaltung von künstlerischen und wissenschaftlichen Vorträgen, Konzerten, Versammlungen und ähnlichem.

Vor dem Bau steht der Siegfriedsbrunnen von ADOLF HILDEBRAND, und die Fassade schmückt die Statue des sitzenden Volker von WRBA.

Der größte Teil des Cornelianums besteht in einem großen Festsaal, der die beiden Hauptgeschosse des Baues einnimmt. Er ist mit hellem Lärchenholz getäfelt und erhält sein Licht von der Schmalwand an der Marktseite durch eine Reihe großer Fenster, durch die der Blick auf den ehrwürdigen Dom fällt. Die eine Längsseite ist durch eine Galerie, die gegenüberliegende durch Nischen geteilt, die Schmalseite gegenüber der Fensterwand ist durch eine Bühne unterbrochen. In beträchtlicher Höhe unter der Holzdecke zieht sich an jeder Längswand ein schmaler, durch Holzrahmen dreigeteilter Fries hin.

Diese sechs Felder sollten nun mit einem Zyklus von Darstellungen aus dem Nibelungenlied geschmückt werden, und ich wurde mit dieser Aufgabe betraut (Sommer 1912).

Die Lösung war denkbar schwierig. Die Felder waren viel zu niedrig, um, noch dazu bei der erheblichen Höhe über dem Fußboden, Figuren von der Größe hineinzustellen, die für eine Stoff und Raum angepaßte Monumentalwirkung erforderlich war. Dieser Zwang nötigte zu einer knapp gedrängtesten Komposition und kam so der Forderung auf straffste Bescheidung zugute. Da die Figuren etwa doppelte Lebensgröße der Wirkung wegen haben mußten, so mußten sechs Kompositionen erstehen mit durchweg sitzenden, knienden und liegenden Figuren. Die ungünstige zu große Längsausdehnung der Felder wurde durch eingeschobene ornamentale Füllungen gekürzt.

Die Darstellungsmomente wurden so gewählt, daß sie für die Entwicklung der Geschehnisse möglichst charakteristische Begebenheiten erfassen, dazu — wie das schon im Sinn der hohen Dichtung liegt — sich jenseits einer Illu-

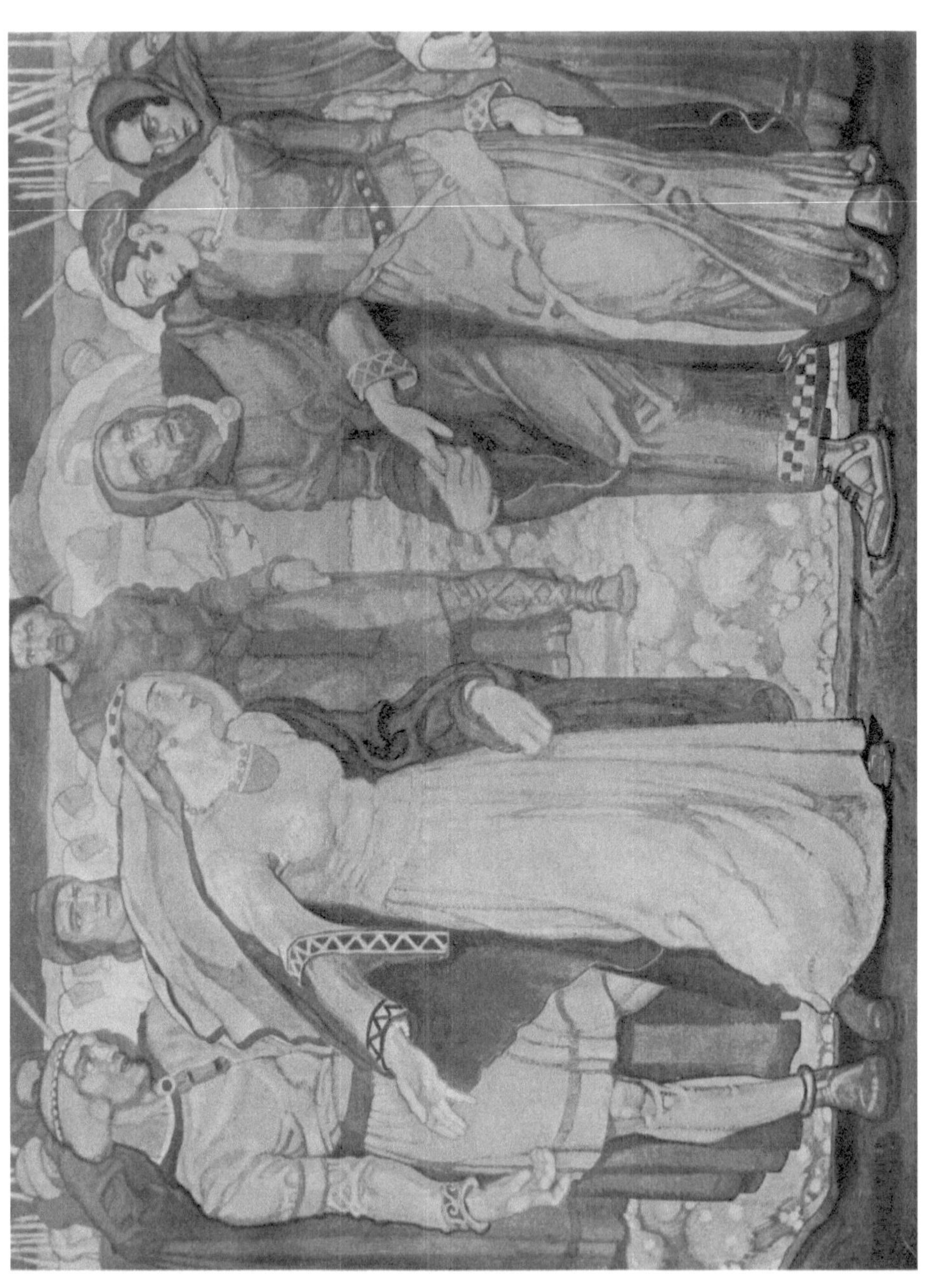

Abb. 1. Mittelwand: Empfang der Brunhild in Worms.

Abb. 2. Rechte Längswand, Seitenbild: Hagen und Brunhild.

Abb. 3. Rechte Längswand, Mittelbild: Siegfried.

Abb. 4. Rechte Längswand, Seitenbild: Klage an Siegfrieds Leiche.

strierung zu allgemein menschlich-symbolischer Verdichtung und deren formalem Ausdruck steigern ließen. Auf der einen Wand sind dargestellt: Hagen, der zürnenden Brunhild den Racheplan einflüsternd, in der Mitte Siegfried in seiner vollen Kraft, den Bären fesselnd, dann die Klage an der Leiche des erschlagenen Siegfried, gegenüber Hagen und Volker auf der Wacht gegen das aufsteigende Unheil, in der Mitte der Endkampf mit der Fesselung Hagens durch Dietrich von Bern, als Schlußbild die neben ihren Racheopfern sterbend zusammengesunkene Kriemhild.

Entsprechend der Holztäfelung mußte mit ziemlich starken Farben komponiert werden, die sich mit Abwandlungen als Grundakkord in allen Bildern wiederholen, in ihrer räumlichen Anordnung aber den Blick je nach dem Ort des Bildes und seiner Bedeutung verschieden über die Fläche leiten.

Nach Vollendung der beiden Längswände erschien es dringend nötig, den Raum durch eine Darstellung in der Mitte der Längsachse des Saales an der Schmalseite gegenüber den Fenstern zusammenzuschließen. Es wurde ein siebentes Bild über der Bühne beschlossen, für das eine höhere Fläche als für die sechs Seitenbilder zur Verfügung stand. Dort konnten sich Gruppen aufrecht stehender Figuren entwickeln. So entstand zum Schluß sozusagen die Exposition des Ganzen, die Darstellung der festlich-freudigen Begrüßung in Worms zwischen Gunther, Brunhild und deren Gefolge und Kriemhild, Siegfried und deren Mannen und Frauen, aus der durch Brunhilds Demütigungsgefühl und Hagens Mißtrauen aus festlicher Freude todbringendes Unheil entsprang.

Abb. 5. Linke Längswand, Seitenbild: Hagen und Volker.

Abb. 6. Linke Längswand, Mittelbild: Dietrich von Bern und Hagen.

Abb. 7. Linke Längswand, Seitenbild: Kriemhilds Tod.

Kurz vor dem Einsetzen einer Zeit, die bis zur Gegenwart zunehmend geistig und wirtschaftlich der Verwirklichung großer künstlerischer Pläne widerstrebt, war es mir vergönnt, mich auf eine große und schöne Aufgabe voll zu konzentrieren und in ihr dank dem Verständnis von Erbauer und Stifter frei zu wirken.

Daß mir das Glück solchen Schaffens einmal voll zuteil wurde, dafür bin ich dem Geschick und den beiden Männern von Herzen dankbar.

Über die Konstitution und den stabilen Endzustand von Hydrogelen.

Von

A. Simon, Stuttgart.

Mit 6 Abbildungen.

Die Ansichten über die Art der Wasserbindung in Gelen und besonders in kolloiden Oxydhydraten der mehrwertigen Metalle wechselten stark mit den allgemeinen theoretischen Vorstellungen der Zeit und der angewandten Versuchsmethodik. Während man in der Berzelius-Epoche, als das Gesetz von den multiplen und konstanten Proportionen erkannt wurde, der rein chemisch-stöchiometrischen Auffassung zuneigte, und diese auch durch die Formulierung dieser Verbindungsklasse, wie z. B.: $Fe(OH)_3$, H_3SbO_4 oder $Al_2O_3 \cdot 3\,H_2O$ usw. zum Ausdruck brachte, ging man, nachdem van Bemmelen[1]), Zsigmondy u. a. in ihren klassischen Arbeiten gezeigt hatten, daß diese Verbindungen in Wirklichkeit selten oder nie den der Formel entsprechenden Wassergehalt aufwiesen, sondern ihn in Abhängigkeit von der Wassertension des umgebenden Mediums ändern, zur Bezeichnung „Oxydhydrate" über, denen man die Formel: $Al_2O_3 . x\ H_2O$, $Sb_2O_5 . x\ H_2O$ usw. gab, wobei x jede beliebige Zahlengröße annehmen konnte, und durchaus keine ganze Zahl zu sein brauchte. Die weitere Erforschung brachte dann die Erkenntnis, daß solche Gele von einem feinen Kapillarsystem durchzogen sind und das Wasser in erster Linie in diesen Kapillaren gebunden enthalten. Zsigmondy[2]) war es dann gelungen, durch Aufstellen der Kapillartheorie die Erscheinungen der Hysteresis bei der isothermen Ent- und Wiederbewässerung in eine mathematische Formel exakt zu fassen und durch die Umwandelbarkeit der Hydrogele in Alkogele und die Erklärung für das Auftreten gewisser optischer Effekte (das Opak- und Wiederklarwerden bei der Ent- und Bewässerung) diese Auffassung sicherzustellen. Offen blieb dabei zunächst die Frage nach der Zusammensetzung der die Kapillaren aufbauenden Gerüstsubstanz, die sowohl aus dem Anhydrid, wie aus dem stöchiometrischen Hydrat bestehen konnte. Wenn es nun für eine ganze Reihe, vor allem frischgefällten, amphoteren Oxydhydraten möglich war, die Frage dahin zu entscheiden, daß die das Kapillarsystem aufbauende Gelsubstanz aus dem Anhydrid bestand, weil nahezu das Gesamtwasser dieser Verbindungen durch Alkohol, Benzol usw., und zwar im Verhältnis der spezifischen Gewichte dieser

---

[1]) van Bemmelen, Die Absorption. Dresden 1910.

[2]) Zsigmondy, Lehrbuch der Kolloidchemie. 5. Aufl., Leipzig 1925, u. II. Spezieller Teil, S. 81 ff., 1927.

Flüssigkeiten reversibel zu ersetzen war, ohne daß die Substanz sich änderte, so sprach doch die Tatsache, daß bei einigen der Wassergehalt nach Behandlung mit Alkohol, Aceton usw. nicht unter einen mehrere Mol ausmachenden Betrag sank, gegen die anhydrische Auffassung. Weiterhin erschien es schwer verständlich, daß viele der sogenannten Absorptionsverbindungen, deren Wasser bei im Laboratorium hergestellten Präparaten weitgehend durch andere Flüssigkeiten zu verdrängen war, in der Natur sich als wohldefinierte und recht beständige, stöchiometrisch-chemische Hydrate fanden, bei denen von einem Ersatz des Wassers durch organische Flüssigkeiten keine Rede sein konnte. Aus diesen Unstimmigkeiten heraus wurde in neuerer Zeit, vor allem durch die Arbeiten von WILLSTÄTTER und KRAUT[1]) die Auffassung entwickelt, daß auch in den sogenannten Absorptionsverbindungen stets primär stöchiometrisch-definierte Hydrate vorliegen, die als solche von feinen Kanälchen durchzogen, einen großen, variablen Teil des Wassers in Kapillaren gebunden enthalten, und die Verhältnisse für das Wasser als Dispersionsmittel völlig aufgeklärt sind. Jedoch sind diese Autoren der Ansicht, daß das Wasser in den Gelen eine doppelte Rolle spielt, indem es einerseits das Dispersionsmittel des kolloiden Systems bildet und andererseits eine chemische Verbindung mit den Oxyden einzugehen vermag, also auch in der dispersen Phase enthalten sein kann. Mit anderen Worten, die die Kapillaren ausbildende Gerüstsubstanz besteht nicht aus dem Anhydrid, sondern aus chemischen Hydraten.

Der Weg, um diese Vorstellungen zu beweisen, war klar vorgezeichnet. Es galt eine Methode zu finden, die gestattete, in stöchiometrischen Mengen gebundenes Wasser von dem sicher in variablen Beträgen vorhandenen Kapillarwasser zu trennen, oder doch wenigstens zu unterscheiden.

Den Versuch der Unterscheidung haben H. W. FOOTE und B. SAXTON[2]) unternommen. Sie ließen wasserhaltige Gele gefrieren und maßen im Dilatometer die Ausdehnung beim Übergang von Wasser in Eis. Nun geht nur das nicht chemisch gebundene Wasser in den festen Zustand über, so daß die Möglichkeit besteht, aus der Differenz der gesamten und der durch Dilatation bestimmten Wassermenge, die des chemisch gebundenen zu berechnen. Ihre an Tonerden und Kieselsäuren unternommenen Messungen führten aber zu keinem eindeutigen Ergebnis. Sie fanden zwar, daß nicht alles Wasser gefriert, aber die Menge des chemisch gebundenen wechselte und entsprach vor allem keinen stöchiometrischen Verhältnissen[3]). Die Erklärungen WILLSTÄTTERS und KRAUTS für diesen Vorgang, daß das adsorbierte, durch die große Oberflächenentwicklung sehr festhaftende Wasser infolge dieser Oberflächenkräfte nicht gefrieren soll, konnte nicht durchdringen, da dann unverständlich blieb, daß das in den engen Kapillaren unter enormem Kompressionsdruck stehende Wasser sehr wohl fest werden sollte.

---

[1]) WILLSTÄTTER u. KRAUT, Ber. Bd. 59, S. 2541. 1926; Bd. 56, S. 149, 1117. 1923; Bd. 57, S. 58, 63, 1082, 1491. 1924; Bd. 58, S. 2448, 2458, 2462. 1925; Centralbl. f. Min. 1926, S. 64 A.

[2]) FOOTE u. SAXTON, Am. Soc. Bd. 38, S. 588. 1916; Bd. 39, S. 1103. 1917.

[3] Von SAXTON u. FOOTE sind dabei weder die Möglichkeiten der Bildung von festen Lösungen noch von Eutektika berücksichtigt, sodaß man ihrer Methode wohl von vornherein nicht allzuviel Beweiskraft zuschreiben darf.

Wenn also die Methode der Unterscheidung des chemischen vom kolloidchemisch gebundenen Wasser keine Klärung bringen konnte, so blieb noch die Möglichkeit der Trennung. Dafür hatten aber schon ZSIGMONDY und BACHMANN[1]) den Weg gewiesen, als sie versuchten, das Kapillarwasser durch organische Flüssigkeiten zu verdrängen. Es mußte jedoch der organische Stoff so gewählt werden, daß er nicht selbst mit den amphoteren Oxydhydraten reagierte. Es waren vor allem WILLSTÄTTER und KRAUT[2]), die Versuche zur Trennung des imbibierten und adsorbierten vom chemisch gebundenen Wasser unternahmen und die Methode der Azetontrocknung ausbauten. Sie besteht darin, daß man frisch hergestellte Gele bei bestimmter Temperatur wiederholt mit trockenem Azeton behandelt, dann das Azeton durch Äther oder Petroläther verdrängt und nun den in die Kapillaren eingedrungenen und an der Oberfläche adhärierten Petroläther im Hochvakuum entfernt.

Jedoch waren WILLSTÄTTER und KRAUT bei Anwendung dieser Methode nicht erfolgreicher als FOOTE und SAXTON insofern, als es ihnen nicht gelang, bestimmte Hydrate zu isolieren. Vielmehr zeigte sich bei ihren Untersuchungen, daß die verbleibenden Wassermengen fast nie einfachen, stöchiometrischen Proportionen entsprachen. Zur Erklärung dieser Unstimmigkeiten stellten sie eine neue Theorie auf. Sie nehmen an, daß in frisch gefällten Gelen primär wohldefinierte, chemische Hydrate vorliegen. Bei Gegenwart von Imbibitionswasser sind aber diese Stoffe außerordentlich labil und veränderlich und reagieren miteinander im Sinne der Salzbildung oder erleiden inter- und intramolekulare Anhydrisierung, die dann zu Gemengen von Stoffen führen, weil die Anhydrisierung nicht einheitlich bis zur selben Stufe erfolgt. Bei solchen Gemengen kann aber nicht nur von stöchiometrischen Proportionen keine Rede mehr sein, sondern es müssen auch die Zustandsdiagramme solcher Komplexe kontinuierliche Übergänge aufweisen. Sie stützen diese Ansichten vor allem durch Veränderung des chemischen Verhaltens der gefällten Stoffe mit der Zeit. Alle die hierbei beobachteten Phänomene sind aber auch durch die bisherigen Anschauungen des Alterns, insbesondere der Aggregation, zwanglos zu erklären und können als Beweis für das Bestehen von Hydraten kaum angesprochen werden. Es ist auch kaum einzusehen, daß das nach den WILLSTÄTTER-KRAUTschen Ansichten (Begründung für das Versagen der Dilatationsmethode) ebenso fest wie das Hydratwasser gebundene, durch Oberflächenkräfte adsorbierte Wasser, besonders das an den Innenwänden der Kapillaren sitzende, durch Azeton so leicht zu verdrängen ist, ganz abgesehen davon, daß das Azeton in die ganz feinen Kapillaren, in denen allein adsorbiertes Wasser den Hohlraum ausfüllt, gar nicht eindringen kann. Das Hauptargument gegen die WILLSTÄTTER-KRAUTsche Theorie muß aber wohl darin gesehen werden, daß es gerade durch starke Eingriffe auf frisch gefällte Hydrogele gelingt, wohldefinierte, stöchiometrische Hydrate präparativ zu isolieren, die auch durch ein entsprechendes Zustandsdiagramm gekennzeichnet sind, während man nach WILLSTÄTTER in solchen Fällen starke Anhydrisierung und das Auftreten komplizierter Gemenge erwarten sollte.

---

[1]) ZSIGMONDY u. BACHMANN, Z. anorg. Chem. Bd. 79, S. 202—208 a. a. O. 1913.

[2]) WILLSTÄTTER u. KRAUT, l. c.

Im folgenden sollen nun Vorstellungen kurz entwickelt werden, die sich nicht nur als Arbeitshypothese als fruchtbar erwiesen haben, sondern auch imstande sind, die Widersprüche in den beiden oben entwickelten Anschauungen zu klären und alle bisherigen Beobachtungen einem einheitlichen Rahmen einzufügen.

Bei Untersuchungen, die ich gemeinsam mit TH. SCHMIDT[1]) und O. FISCHER[2]) an Eisen- bzw. an Zirkondioxydhydraten ausführte, hatte sich ergeben, daß sich die Zustandsdiagramme völlig amorpher Eisenoxyd- und auch Zirkondioxydhydrate durch die osmotische Formel

$$\ln \frac{p_0}{p} = \frac{k}{n} \quad \text{für} \quad k = 3$$

darstellen ließen, wie Abb. 1 und 2 zeigen, d. h. also, daß die das Wasser bindenden Kräfte nicht chemischer, sondern osmotischer Natur sein mußten.

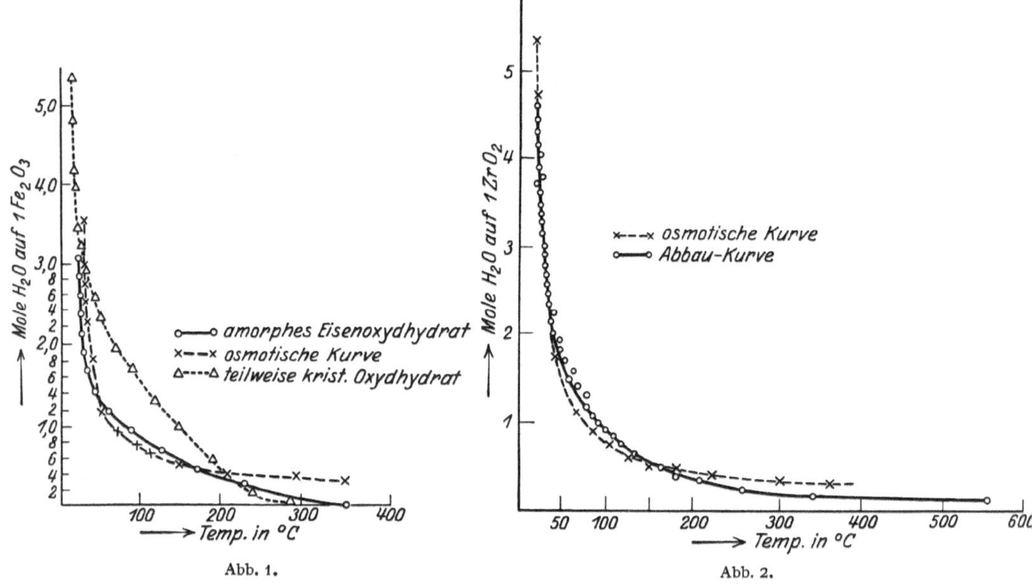

Abb. 1. Abb. 2.

G. F. HÜTTIG[3]), der die Anwendung der von VAN 'T HOFF aufgestellten osmotischen Gesetze auch bei solchen Systemen vorschlug, bei denen eine Komponente an eine feste Ruhelage gebunden ist, und nur die andere ihre freie Beweglichkeit bewahrt hat, fand, daß die weiße Wolframsäure ebenfalls dieser Formel folgte. Zuerst wurde kein Unterschied gemacht zwischen Systemen, bei denen die kleinsten Teilchen der ortsfest gebundenen Komponente in gesetzmäßigen Gittern angeordnet sind und solchen Systemen, bei denen dieselben einen regellosen Molekülhaufen bilden. Bei dieser Voraussetzung würde sich zwar (etwa

---

[1]) SIMON u. SCHMIDT, Kolloid. Zeitschr. Bd. 36. 1925; ZSIGMONDY-Festschr. S. 65.

[2]) O. FISCHER, Diss. Stuttgart 1927.

[3]) G. F. HÜTTIG, Fortschr. d. Chem., Physik u. phys. Chem. H. 18, S. 1.

im Vergleich zu einer entsprechenden flüssigen Lösung, bei welcher sämtliche Molekülarten verschiebbar sind) die freie Weglänge und damit auch die Zahl der Zusammenstöße der Moleküle ändern, doch sind diese beiden Größen ohne Einfluß auf die kinetische Ableitung der osmotischen Gesetze[1]). Wohl aber würde sich ein solcher Einfluß geltend machen, wenn die Kraft, die die Moleküle der einen Komponente in ihrer Ruhelage festhält, auch auf die Moleküle der anderen Komponente in merklicher Weise orientierend, d. h. anziehend wirken würde. Dieser letztere Fall wäre z. B. gegeben, wenn auch das Wasser innerhalb eines Kristallgitters seine ortsfesten Gleichgewichtslagen findet, d. h. also, die Bildung fester, chemischer Verbindungen mit für die Moleküle aller Komponenten festgelegten Gitterpunkten allmählich stattfände.

Die weitere Untersuchung an Oxydhydraten des Eisens zeigte nun, daß ein solcher Einfluß vorhanden sein kann, und mit der gittermäßigen Anordnung der einen Komponente auch das Wasser festgelegt wird, denn bei einem zweiten gealterten Eisenoxydhydrat konnte von einer konstanten Größe von k keine Rede mehr sein. Hier zeigte aber auch das Zustandsdiagramm Verschiebung in Richtung einer festeren Wasserbindung, wie aus der punktierten Kurve in Abb. 1 hervorgeht. Nach dem oben Gesagten müßten sich also beide Komponenten gittermäßig angeordnet haben. Tatsächlich zeigte denn auch dieses Präparat kräftige Röntgeninterferenzen. Sehr wichtig war dabei der Befund, daß dieses Oxydhydrat zwar im Debyebild noch den Eisen(III)oxydtypus aufwies, jedoch die Größe der Gitterkonstanten von dem gewöhnlichen Wert des Ferrioxyds abwich und die charakteristischen Linien verschwommen waren. Diese Ergebnisse sprachen dafür, daß sich mehr oder weniger Wasser zwischen die orientierten Eisenoxydmoleküle eingelagert hatte und ein Gemenge von kristallisiertem Eisenhydroxyd und das Wasser osmotisch gebunden enthaltene Ferrioxyd vorlag.

Aus diesen Ergebnissen heraus wurde dann folgender Satz abgeleitet:

Zweckmäßig hergestellte Metallhydroxyde, d. h. solche, die völlig amorph sind, enthalten das Wasser in osmotischer Bindung[2]). Tritt aber Kristallisation, oder mit anderen Worten, Erreichen von ortsfesten Ruhelagen eines Teils der einen Komponente, in diesem speziellen Fall des Eisenoxyds ein, so wird auch die andere Komponente, durch die erstere beeinflußt, z. T. ortsfeste Lagen erreichen, und sich ein Gleichgewicht zwischen noch freibeweglichem oder osmotisch gebundenem und bereits festgelegtem oder chemisch gebundenem Wasser ausbilden.

Nun erstreben alle Verbindungen den Zustand des geringsten, freien Energieinhaltes, und das ist stets der großer Kristallaggregate. Bei amorphen oder teilweise amorphen, in erster Linie frisch gefällten, oder wie HÜTTIG neuerdings zu bezeichnen vorgeschlagen hat, „aktiven Gelen", werden die Einzelmoleküle

[1]) EUCKEN, Grundriß d. phys. Chem. Leipzig 1923, S. 168.

[2]) Es darf dabei nicht verlangt werden, daß die osmotischen Gesetze exakte Gültigkeit haben, denn diese von VAN 'T HOFF aufgestellten Gesetze gelten streng nur für verdünnte Lösungen. (Nach W. NERNST sind erst wieder übersichtliche Gesetzmäßigkeiten bei den sehr konzentrierten — „idealkonzentrierten" — Lösungen vorhanden.) S. W. NERNST, Wied. Ann. Bd. 53, S. 57. 1894 u. Theor. Chem. 8.—10. Aufl. S. 170ff. Stuttgart 1921.

also bestrebt sein, sich gegenseitig in die gittermäßige Anordnung zu verschieben. Die Auswirkung dieser molekularen Kräfte wird um so schneller zur gittermäßigen Anordnung führen, je beweglicher die Moleküle bzw. je größer die Energieunterschiede zwischen dem „aktiven" und dem kristallisierten Zustande sind. Wie ich mit PÖHLMANN[1]) bzw. SCHMIDT[2]) zeigen konnte, ist die Sperrigkeit, die sich der Ordnung entgegenstemmt, bei den Oxydhydraten des 3-wertigen Antimons und Eisens gering, denn hier ist die Kristallisation leicht auszulösen[3]). Aber aus den Untersuchungen mit THALER[4]) bei den Antimonpentoxydhydraten geht hervor, daß dort der Unterschied in den Energieniveaus des amorphen und des kristallisierten Zustandes nur gering bzw. die Sperrigkeit schon recht erheblich ist, und SIMON und FISCHER werden in Kürze über Versuche bei den Chromoxydhydraten berichten, wo die Kristallisation nur bei den allerstärksten Eingriffen eingeleitet werden kann.

Nun kann man aber die Beweglichkeit der Moleküle durch Steigerung der Temperatur außerordentlich erhöhen, dadurch die Kristallisation fördern und Prozesse, die sonst vielleicht geologische Zeitspannen umfassen, in für das Experiment brauchbaren Zeiten verlaufen lassen. Es scheint deshalb verständlich, daß Temperaturerhöhung und Zeit die Kristallisation fördern, und da mit völliger Kristallisation der Oxydkomponente auch die Wasserkomponente immer mehr festgelegt werden kann, muß im Endzustande ein stöchiometrisches Verhältnis zwischen Metalloxyd und Wasser resultieren. Erklärlich werden unter diesen Gesichtspunkten auch die Versuche von FOOTE und SAXTON. Sie konnten bei ihren Gelen bestenfalls Gemenge von chemischen Hydraten mit kolloid gebundenem Wasser enthaltender Substanz untersuchen. Die Werte mußten also infolge der Sperrigkeitsunterschiede von Substanz zu Substanz erheblich wechseln. Aber auch bei den substanzlich gleichen Gelen war ein einheitlicher Wert nicht zu erwarten, da erstere, in einem Zustand der dauernden Umwandlung begriffen, die Zusammensetzung zugunsten des Hydrats dauernd als Funktion der Zeit und Temperatur verschoben.

Hieraus erklären sich die gefundenen Unstimmigkeiten, wie auch die Mannigfaltigkeit der Eigenschaften bei den gleichen Gelen verschiedenen Alters und andererseits auch den Gelen gleicher Herstellung, aber verschiedener Materie. Verständlich werden unter diesen Gesichtspunkten auch die WILLSTÄTTERschen Ergebnisse und die Unmöglichkeit, bei seinen Versuchen beständige, definierte, chemische Individuen zu fassen. Das Primäre ist eben nicht das Hydrat, welches anhydrisiert, sondern das osmotische System Oxyd/Wasser, welches beim Ordnungsprozeß Wasser in das Kristallgitter miteinbaut und als Endzustand definierte Verbindungen liefert. Hiermit steht auch in bester Übereinstimmung das Vorkommen stöchiometrisch konstituierter Hydrate in der Natur. Wenn man als Beispiel das hydratische Aluminiumoxyd herausgreift, so könnte man sich vorstellen, daß bei der primären Ausscheidung dieser Gele osmotische Wasserbindung vorlag. Im Laufe geologischer Zeiträume ist der Ordnungsprozeß bei diesen Systemen beendet, und wir finden (je nach den äußeren Be-

---

[1]) SIMON u. PÖHLMANN, Z. anorg. Chem. Bd. 149, S. 101. 1925.

[2]) SIMON u. SCHMIDT, Kolloid. Zeitschr. Bd. 36; ZSIGMONDY-Festschr. S. 65.

[3]) O. RUFF, Ber. Bd. 34, S. 3417. 1901; Kali Bd. 1 (5), S. 80. 1907.

[4]) SIMON u. THALER, Z. anorg. Chem. Bd. 161, S. 113. 1927.

dingungen, vor allem von Temperatur und Druck), Hydrargillit, Diaspor und Bauxit als wohldefinierte Hydrate.

HÜTTIG[1]) hat neuerdings die ganzen Übergänge vom amorphen zum kristallinen Zustand bei den Oxydhydraten des Aluminiums untersucht. Seine Ergebnisse bestätigen vollauf die oben entwickelten Anschauungen. Fällte er das hydratische Aluminiumoxyd rasch und bei niederer Temperatur (Zimmertemperatur), also unter Bedingungen geringer Ordnung[2]), und untersuchte er es schon nach kurzer Zeit (einige Stunden oder wenige Tage nach der Fällung), so resultierten Zustandsdiagramme typischer Kolloide. Erstere ließen sich ebenfalls durch die Osmoseformel (siehe oben) für $k = 1$ darstellen, und die Präparate gaben amorphe Röntgendiagramme. Sobald er seine Präparate unter für die Ordnung günstigen Bedingungen, d. h. bei erhöhter Temperatur und langsamer Ausscheidung, fällte, ihnen dann durch monatelanges Aufbewahren noch Zeit zur weiteren Ordnung ließ, resultierten Produkte scharfer Röntgeninterferenzen, die zugleich Zustandsdiagramme wohldefinierter chemischer Hydrate ergaben.

Seine Versuche der Umwandlung des Hydrargillits (oder seines Isomeren)[3]) in das Monohydrat Diaspor oder Bauxit geben uns Anhaltspunkte dafür, unter welchen Bedingungen sich in der Natur Bauxit, Diaspor oder Hydrargillit bilden konnten.

Sehr wesentlich ist bei diesen Versuchen ferner, daß das Zustandsdiagramm eines aus Hydrargillit (bei vermindertem Druck, nämlich 10 mm) gewonnenen Körpers der Zusammensetzung $Al_2O_3 \cdot 1\ H_2O$ die Form hat, wie sie für amorphe Kolloide üblich ist. Tatsächich weist aber auch das davon aufgenommene Röntgenbild keine Interferenzen auf. Zersetzt er aber den Hydrargillit unter Bedingungen, die für die Ordnung günstig sind, d. h. bei hoher Temperatur und unter großem Druck, dann resultieren kristalline, durch ein treppenförmiges Abbaudiagramm gekennzeichnete Monohydrate.

Bestätigt wird die oben entwickelte Genesis weiter durch Untersuchungen BÖHMS[4]) an Bauxiten, denn er fand bei solchen aus einer sehr alten Lagerstätte von LEBEAU stammenden, scharfe Interferenzen und stöchiometrische Hydrate, während bei jüngeren Lagerstätten der Wassergehalt höher und keine ganze Molzahl war[5]). Hier waren aber auch die Interferenzen schwächer und verschwommen.

Wenn also das Naturvorkommen wasserhaltiger Oxyde sehr zur Bestätigung der entwickelten Hypothese diente, so legte andererseits das Fehlen von natürlichen Hydraten bei anderen Oxyden die Erweiterung der obigen Anschauungen nahe.

Ebenso wie bei den Salzen einige aus ihren Lösungen mit Wasser als echte Hydrate und andere wasserfrei kristallisieren, so wird auch bei den kolloiden Oxydhydraten der Fall eintreten können, daß die anhydrische Form die stabilste ist. Hier werden in erster Linie gitterenergetische Unterschiede und ko-

[1]) G. F. HÜTTIG u. E. v. WITTGENSTEIN, Z. anorg. u. allg. Chem. Bd. 171, S. 323. 1928.
[2]) F. HABER, Ber. Bd. 55, S. 1717. 1922; Naturwissenschaften Bd. 13, S. 1007. 1925.
[3]) R. FRICKE, Z. angew. Chem. Bd. 41, S. 1107. 1928.
[4]) BÖHM, Z. anorg. u. allg. Chem. Bd. 149, S. 203. 1925; Bd. 132, S. 4. 1924.
[5]) S. dazu auch HÜTTIG, l. c.

ordinative Verhältnisse für die endgültige Zusammensetzung maßgebend sein, etwa in dem Sinne, wie das von Biltz[1]) bei der Hydratisomerie der Chromichloride gezeigt worden ist. Es ist auch nicht ausgeschlossen, daß der hydratisierte Zustand als metastabiler in manchen Fällen ein Übergangsstadium zur anhydrischen Verbindung darstellt. Man könnte sich vorstellen, daß das Wasser zuerst gewissermaßen als Hebel und als Gleitelement (wie Biltz es auffaßt) wirkt, die Sperrigkeit mindert und dadurch die Kristallisation fördert, oder sie gar erst ermöglicht. Ist dann dieser metastabile, bei den Hydraten aber immerhin doch erst über geologische Zeiträume veränderliche Kristallisationszustand erreicht, so tritt allmählich Umlagerung in die stabile Form ein, bis die potentielle Energie ihr Minimum erreicht hat. Die Umwandlung kann dabei natürlich auch über kristalline Stufen erfolgen. Es wäre also der oben aufgestellte Satz dahin zu erweitern, daß man sagt: Die Primärprodukte der amphoteren Oxydhydrate streben mit der Zeit, begünstigt durch Temperaturerhöhung, einem kristallisierten Endzustand zu, dessen potentielle Energie ein Minimum darstellt, und der entweder ein stöchiometrisches Hydrat oder aber das Anhydrid sein kann.

In Übereinstimmung damit konnten so z. B. Gutbier, Hüttig und Döbling[2]) auch bei stark gealterten Zinnsäuregelen nur anhydrische Produkte fassen, die die Kassiteritstruktur aufwiesen. Mit völliger Kristallisation waren die Produkte stets wasserfrei. Damit steht in Einklang, daß man auch in der Natur Zinndioxyd nur wasserfrei bzw. nie als stöchiometrisch-chemisches Hydrat findet. Das gleiche habe ich mit Pöhlmann[3]) für das Antimontrioxyd, mit Fischer[4]) für das Zirkondioxyd und selbst für das Bleidioxyd[5]) nachweisen können, die alle kristallisiert stets wasserfrei resultierten.

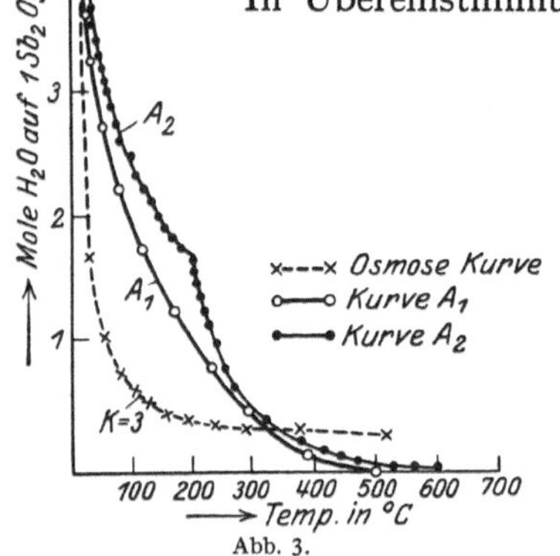

Abb. 3.

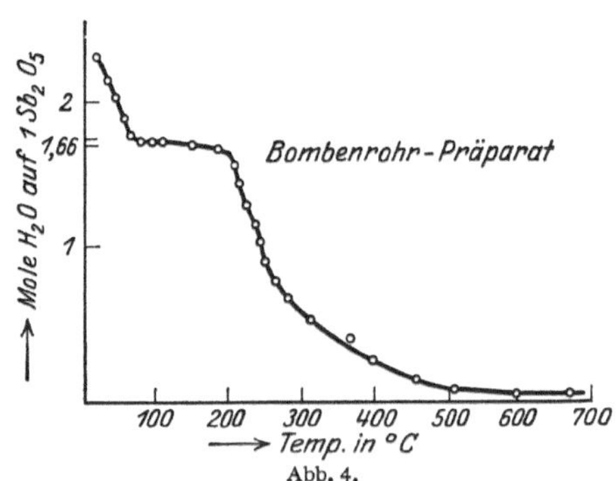

Abb. 4.

Weitere experimentelle Bestätigung der oben entwickelten Anschauungen brachten Untersuchungen, die ich mit Thaler[6]) bei den Antimonpentoxydhydraten durchführte. Wie das Zustandsdiagramm, Abb. 3, einer frisch-

[1]) W. Biltz, Z. anorg. u. allg. Chem. Bd. 150, S. 20. 1926.
[2]) Gutbier, Hüttig u. Döbling, Ber. Bd. 59, S. 1237. 1926; Bd. 16, S. 1029. 1927.
[3]) Simon u. Pöhlmann, Z. anorg. Chem. Bd. 149, S. 101. 1925.
[4]) Simon u. Fischer, Z. anorg. Chem. im Druck.
[5]) A. Simon, Habilitationsschrift. Stuttgart 1927.
[6]) Simon u. Thaler, Z. anorg. u. allg. Chem. Bd. 161, S. 113. 1927.

gefällten, einige Monate gealterten Antimonsäure (in Abb. 3 als A_1 bezeichnet) zeigt, handelt es sich dabei um ein typisches Kolloid. Untersucht man dasselbe Präparat nach etwa einjähriger lufttrockener Aufbewahrung im Wägeglas, so verschiebt sich das Diagramm (in Abb. 3 mit A_2 bezeichnet) zwar in Richtung einer stärkeren Wasserbindung und gibt auch Andeutungen für die Existenz eines 1,66-Hydrates, der Hauptcharakter der Kurve bleibt aber der eines Kolloides. Da sich die Verhältnisse nach zweijähriger Alterung nur unwesentlich geändert hatten, galt es, durch geeignete Beeinflussung des Ausgangsmaterials die Kristallisation und damit die Umwandlung des Gels in eine chemische Verbindung zu fördern. Nun wiesen schon die Bildungsbedingungen natürlicher Hydrate auf den Weg, durch Erhitzen unter gleichzeitiger, großer Steigerung des Wasserdampfdruckes den vorhandenen Kristallisationskräften ihre Auswirkung zu erleichtern. Es wurde deshalb ein durch Hydrolyse von Antimonpentachlorid genau wie A_1 hergestelltes, reines Antimonpentoxydgel längere Zeit mit Wasser unter

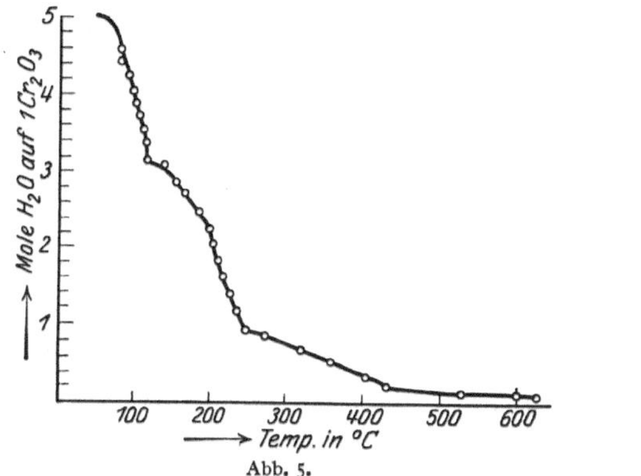

Abb. 5.

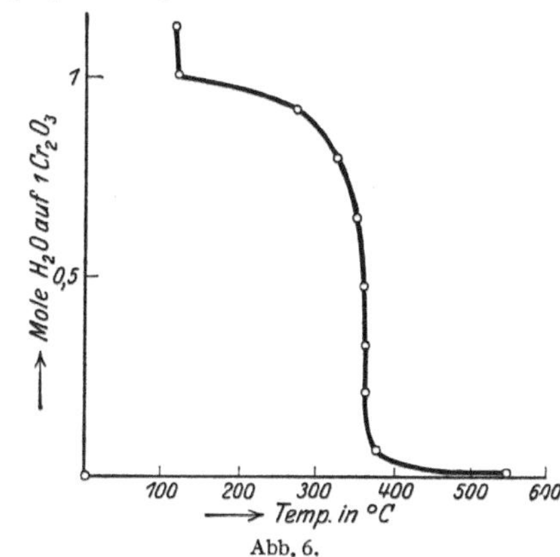

Abb. 6.

hohem Druck erhitzt. Dabei konnte man annehmen, daß die große Erhöhung des Dampfdruckes im Autoklaven oder Bombenrohr eine gewisse Erhöhung der Temperatur über den Zerfallspunkt eines Hydrates bei Normalbedingungen kompensieren würde. Es gelang nun glatt durch mehrtägiges Erhitzen dieses Präparates mit Wasser im Bombenrohr auf etwa 300° ein Hydrat 3 $Sb_2O_5 \cdot 5\ H_2O$[1]) zu isolieren, das auch ein treppenförmiges Zustandsdiagramm (Abb. 4) und im Debyebild sehr scharfe charakteristische Interferenzen lieferte.

Weitere Bestätigung brachten Versuche, die ich mit SCHMIDT bzw. FISCHER bei Chromioxydgelen durchführte. Ein von SCHMIDT aufgenommenes Abbaudiagramm eines Chromioxydhydrates, welches bei sehr geringer Häufungs- und großer Ordnungsgeschwindigkeit hergestellt worden war, gab, wie Abb. 5 zeigt, Andeutungen für die Existenz eines 3-, vielleicht auch Monohydrats. FISCHER konnte nun durch starke Druckerhitzung eines solchen Präparates im Autoklaven unter etwa 380 at Wasserdampfdruck ein wohldefiniertes Monohydrat mit charakteristischen Debye-Interferenzen synthetisieren, dessen Abbaudiagramm Abb. 6 wiedergibt[2]).

[1]) Inzwischen von JANDER, Z. anorg. Chem. Bd. 158, S. 321. 1926; sowie von LOTTERMOSER, Z. Elektrochem. Bd. 33, S. 514. 1927 auf ganz anderem Wege bestätigt.

[2]) IPATIEW, Ber. Bd. 59, S. 1419. 1926 konnte unter ähnlichen Bedingungen (hohem Wasserstoffdruck) ebenfalls ein Chromioxyd-Monohydrat synthetisieren.

Weitere Beweise für die Richtigkeit obiger Hypothese erbrachte BÖHM[1]) bei seinen Untersuchungen über die Hydrate des Eisens und Aluminiums[2]). Er konnte wohldefinierte, chemische Verbindungen nur dann fassen, wenn er die Fällung seiner Oxydhydrate bei erhöhter Temperatur (kochend) vornahm, unter Bedingungen also, wo der Ordnungsprozeß verhältnismäßig groß ist. Weiterhin traten die anfänglich beobachteten Interferenzen seiner Eisen- und Aluminiumoxydhydrate um so deutlicher hervor, je länger er diese heißgefällten Systeme nachher am Rückflußkühler kochte, d. h., unter den für den Ordnungsprozeß günstigen Bedingungen ließ. Der Wassergehalt seiner so hergestellten Bauxitpräparate näherte sich um so mehr dem theoretischen Wert von 15%, je weiter der Ordnungsprozeß, gemessen an der Schärfe der Interferenzlinien, vorgeschritten war. Diese Befunde sind mit den WILLSTÄTTER-KRAUTschen Vorstellungen nur schwer vereinbar, da man bei derart starken Eingriffen chemische Reaktion, intramolekulare Anhydrisierung und Reaktion der amphoteren Oxydhydrate im Sinne der Salzbildung erwarten sollte. Die BÖHMschen Ergebnisse liefern ebenso wie die unsrigen dafür keinen Anhaltspunkt, denn hier wie bei uns machen die anfänglichen Interferenzen nicht etwa denen neuer Verbindungen Platz, sondern werden im Gegenteil bei solcher Behandlung deutlicher.

Interesant und zu bemerken ist noch, daß in demselben Maße wie die gittermäßige Orientierung zu-, die Peptisierbarkeit abnimmt. So zeigen die sich außerordentlich rasch orientierenden Antimontrioxydgele schnelle Abnahme der Peptisierbarkeit, während diese bei den sich sehr langsam ordnenden Chromioxydhydraten über größere Zeiträume gleich bleibt.

Es ist also nach obigen Ausführungen und Versuchen wahrscheinlich, daß der kolloide Zustand nur ein Durchgangsstadium zu stöchiometrischen Hydraten, die mit der Kristallisation sich bilden, oder zur anhydrischen Form darstellt[3]).

Wenn man noch einen kurzen Ausblick bezüglich der präparativen Herstellung der Hydrate tut, so muß festgestellt werden, daß die Methode der hohen Druckerhitzung zur Synthese von Hydraten, nur für verhältnismäßig temperaturstabile Verbindungen anwendbar sein wird; bei leicht zersetzlichen Hydroxyden kann sie nicht zum Ziele führen.

Nun war schon von BONSDORFF[4]) ein Aluminiumoxyd-Trihydrat dadurch hergestellt worden, daß er Aluminiumoxydhydrat aus Natriumaluminat auskristallisieren ließ. Während ich mit FISCHER beim Chrom diesen Weg vergebens nachahmte, konnte BÖHM so den künstlichen, kristallisierten Goethit synthetisieren. Mir scheint, daß hier die starke Dipolarität zwischen Alkali und Metalloxydhydrat eine Erhöhung des Ordnungsbestrebens und damit in vielen Fällen die Ausbildung kristallisierter, stöchiometrischer Verbindungen begünstigt oder gar bedingt, und daß damit auch vielleicht eine Methode zur Herstellung für nur bei tieferen Temperaturen beständigen Hydraten gegeben ist. Die Darstellung nach diesem Verfahren wirft aber noch ein interessantes Licht auf die Bildung vieler Alkalisalze. Eine ganze Reihe von Säuren sind nur in Form

---

[1]) BÖHM, l. c.

[2]) Siehe dazu auch HÜTTIG, Z. anorg. u. allg. Chem. Bd. 171, S. 323. 1928.

[3]) WEDEKIND, Kolloid. Zeitschr. Bd. 34, S. 83. 1924.

[4]) BONSDORFF, Pogg. Ann. Bd. 27, Nr. 2, S. 275. 1833.

ihrer Alkalisalze bekannt. Das dürfte daran liegen, daß durch die starke Dipolarität zwischen Alkali und Metallhydroxyd die vorhandenen Kristallisationskräfte genügend unterstützt werden, um geordnete Verbindungen auszubilden, während diese Kräfte zwischen Wasser und Metalloxydhydraten in den meisten Fällen nicht genügend groß sind, um in meßbaren Zeiten gittermäßige Anordnung zu erreichen.

In diesem Zusammenhang ist auch die Darstellung definierter Hydrate aus ihren kristallisierten Alkalisalzen durch Zersetzung mit Säure zu erwähnen. Man könnte sich vorstellen, daß in den Alkalisalzen die gittermäßige Anordnung gewissermaßen schon vorgebildet ist, wodurch die Ausbildung stöchiometrischer Hydrate erleichtert wird. Der Verfasser[1]) hat hier von Vorordnung gesprochen und die Möglichkeit erörtert, daß in solchen Fällen, wo Salz und Säure (z. B. Na_2SiO_3 und H_2SiO_3) ähnliche oder gleiche Gitter haben, beim Zersetzen der Alkaliverbindung mit Säure lediglich ein Austausch von Base gegen Wasser erfolgt. R. SCHWARZ[2]) hat diesen Weg beim Natriumsilikat mit Erfolg beschritten und eine kristallisierte Metakieselsäure hergestellt. Die von ihm früher beschriebenen, verschiedenen amorphen Hydrate der Kieselsäure hält SCHWARZ[3]) auch für Adsorptionsverbindungen und glaubt, daß nur die Metakieselsäure realisierbar ist, für die er ein scharfes Interferenzspektrum nachweisen konnte.

Auch sehr aussichtsreich scheint die Methode auf dem Wege der Elektrolyse definierte Hydrate herzustellen, da der Strom ebenfalls das Ordnungsbestreben und die Ausbildung von Kristallen in vielen Fällen begünstigen wird.

Wesentlicher ist aber vielleicht folgende Überlegung. Die Schwierigkeiten, die sich einer klaren Entscheidung über die Art der Wasserbindung bei kolloiden Systemen entgegenstellen, liegen ja darin, daß bei letzteren ein ganzer Komplex von Wasserbindungen möglich ist, wie z. B.: chemische Bindung, Adsorption, Bindung durch Oberflächenkräfte und durch Kapillaren, und daß es, wie weiter oben ausgeführt, nicht gelingt, das „Kapillar-Absorptions- und Oberflächenwasser" von dem chemisch gebundenen zu trennen, oder von letzterem eindeutig zu unterscheiden. Es würde meines Erachtens aber einen wesentlichen Schritt im Gebiete der kolloiden Oxydhydrate vorwärts bedeuten, wenn man zur Klärung obiger Fragen, anstatt wie bisher in wäßrigem Medium die Fällung der kolloiden Substanzen vorzunehmen, bei der Darstellung der Präparate das Wasser als Dispersionsmittel ganz ausschlösse. Das ließe sich verwirklichen, wenn man z. B. die wasserfreien Alkalisalze solcher Elemente mit flüssigen, wasserfreien Säuren zersetzte. Es würde dann z. B. nach folgendem Schema

$$Na_2PbO_3 + 2\,HCN \rightarrow 2\,NaCN + PbO_2 \cdot H_2O$$

im Gitter des Alkalisalzes lediglich ein Austausch des Alkalis bzw. Alkalioxyds gegen Wasserstoff bzw. Wasser erfolgen, und das sogenannte Bildungswasser (also Wasser im stöchiometrischen Verhältnis) allein im System vorhanden sein. Die Säure müßte so gewählt werden, daß sie zugleich das bei der Zer-

---

[1]) SIMON u. THALER, Z. anorg. Chem. Bd. 161, S. 113. 1927; Bd. 161, S. 150. 1927.

[2]) R. SCHWARZ, Ber. Bd. 60, S. 1111. 1927.

[3]) Diskussionsbemerkung von R. SCHWARZ auf der Bunsentagung in Dresden 1927 und persönliche Mitteilung.

setzung entstehende neue Alkalisalz löste und auch auszuwaschen gestattete. Im Sinne der weiter oben entwickelten Vorstellung hätte dieser Weg noch den großen Vorteil, daß im Ausgangsmaterial (im konkreten Fall hier dem Natriumplumbat) schon eine gittermäßige Anordnung vorhanden bzw das Gitter der resultierenden hydratischen Verbindung (hier der Metableisäure) schon vorgebildet, und dadurch die Ausbildung chemischer Hydrate erleichtert wäre. Da die meisten in Betracht kommenden Säuren sehr niedere Siedepunkte haben, wäre diese Methode auch zur Gewinnung sehr leicht zersetzlicher Hydrate geeignet. Sie böte aber fernerhin den Vorteil, daß der Siedepunkt des Dispersionsmittels (also der flüssigen Säure) wesentlich verschieden von dem irgendwie vorhandenen Bildungswasser, und dadurch die Möglichkeit einer thermischen Trennung und getrennten Bestimmung der beiden gegeben wäre. Durch Aufnahme der Zustandsdiagramme könnte dann leicht eine Entscheidung darüber herbeigeführt werden, in welcher Art das Wasser schon bei der Fällung gebunden war.

Orientierende Versuche sind vom Verfasser beim Natriumplumbat durchgeführt worden, indem dieses Salz wasserfrei bei etwa -10^0 C mit flüssiger Blausäure zersetzt wurde. Blausäure wurde deswegen gewählt, weil eine starke Säure wegen der großen Reaktionsfähigkeit des resultierenden hydratischen Bleidioxyds nicht in Frage kam. Dann war bei einer so schwachen Säure wie Cyanwasserstoff zu erwarten, daß die Reaktionstemperatur durch die Reaktionswärme bei der Zersetzung des Natriumplumbats nur wenig gesteigert würde, so daß auch labile, nur bei tieferen Temperaturen beständige Verbindungen aufgefunden werden konnten. Dadurch, daß man sowohl das wasserhaltige als auch das entwässerte Natriumplumbat zur Zersetzung brachte, hoffte man auch eventuell höher hydratisierte Bleisäuren neben der Metasäure zu fassen.

Gewisse Schwierigkeiten ergaben sich dadurch, daß die Blausäure nur außerordentlich langsam und nicht mit genügender Tiefenwirkung[1]) reagierte, so daß nur kleine Substanzmengen (bis 0,2 g) zur Zersetzung gebracht werden konnten. Immerhin war durch Analyse des resultierenden braunschwarzen Körpers so viel zu entscheiden, daß das Verhältnis von Bleidioxyd zu Wasser nahezugleich 1 : 1 war. Wir sind dabei, in dieser Richtung systematisch alle Alkalisalze der in Frage kommenden Elemente mit obiger Problemstellung durch flüssige Säuren zu zersetzen und die Zustandsdiagramme aufzunehmen. Darüber wird später eingehend berichtet werden.

---

[1]) Die zuerst verwandten kleinen Knöllchen des Plumbats wurden nur äußerlich zersetzt und ließen beim Verreiben noch helle Substanzteile zutage treten.

Überblick über die Entwicklung des Dampfturbinenbaues.

Von

AUGUST WEWERKA, Stuttgart.

Mit 24 Abbildungen.

Der gewaltige Aufschwung der Elektrotechnik in den letzten Jahrzehnten und die allgemeine Einführung der Elektrizität in alle Wirtschaftsbetriebe vom großen Industriewerk bis zum kleinsten Betrieb, dem Haushalt, ist unzertrennbar verbunden mit der Entwicklung einer Kraftmaschine, die noch in der Jahrhundertwende kaum bekannt war: der Dampfturbine.

Trotz des steigenden Ausbaues der Wasserkräfte und der raschen Entwicklung des Ölmotors ist heute die Dampfturbine noch unbestritten die wichtigste Kraftmaschine. In Deutschland werden rund 80% der gesamten elektrischen und mechanischen Energie mit Dampf als Energieträger erzeugt. Über 75% der öffentlichen Elektrizitätsversorgung geschieht durch wenige Großkraftwerke mit Dampfturbinen[1]). Da auch in allen mittleren und großen Industriebetrieben heute fast ausschließlich Dampfturbinen als Kraftmaschinen verwendet werden, so wird etwa zwei Drittel des gesamten Energiebedarfes durch Dampfturbosätze gedeckt. Die gegenwärtige Bedeutung der Elektrizität und damit der Dampfturbine zeigt am besten der Verbrauch je Kopf der Bevölkerung, der in Deutschland heute jährlich rund 500 kWh beträgt.

Einen Überblick über die Entwicklung des Dampfturbinenbaues veranschaulicht deshalb besonders gut den seit 1900 in der Technik und den technischen Wissenschaften erzielten Fortschritt. Der nachfolgende Abriß der Entwicklung der Dampfturbine verbunden mit einer Übersicht der kennzeichnenden Bauformen, berücksichtigt nur europäische und insbesondere deutsche Ausführungen für Landanlagen[2]). Die Entwicklung des amerikanischen Turbinenbaues ging im wesentlichen gleichlaufend mit der europäischen vor sich.

Die heutige Dampfturbine läßt sich auf zwei Grundformen zurückführen: auf die einstufige Gleichdruckturbine des Schweden DE LAVAL (Abb. 1) und auf die vielstufige Überdruckturbine des Engländers PARSONS (Abb. 2), die beide nahezu gleichzeitig vor kaum 50 Jahren als erste, praktisch brauchbare, rotierende Dampfkraftmaschinen entstanden. Die Laval-Turbine war bereits

---

[1]) Nach DEHNE: Deutschlands Großkraftversorgung", 2. Aufl. 1928.

[2]) Nach meiner Antrittsvorlesung an der Techn. Hochschule Stuttgart am 15. Juni 1928. Als Unterlagen für die Ausarbeitung dienten persönliche Erfahrungen und Aufschreibungen aus meiner praktischen Tätigkeit innerhalb der letzten 15 Jahre, alte und neue Druckschriften der Turbinenfabriken sowie verstreute Angaben in den Zeitschriften.

damals in ihren Bauteilen wie auch als Ganzes so gut durchgebildet, daß sie auch heute noch neben jeder neuzeitlichen Turbine bestehen kann. Sie war aber nur zur Erzeugung kleiner Leistung bis zu etwa 300 kW geeignet und als einstufige Turbine im Wirkungsgrade begrenzt. Die kühne Konstruktion von De Laval besaß die für damalige Zeit unglaubliche Drehzahl von 20 bis 30000 Umdrehungen i. d. M. bei einer Umfangsgeschwindigkeit des Laufrades bis über 300 m/sek, deren Beherrschung in Verbindung mit dem neuen Prinzip der Krafterzeugung die Entwicklung neuer Maschinenelemente durch den Erfinder erforderte. De Laval kannte bereits die Laufscheibe gleicher Festigkeit, die kritische Drehzahl der Welle, eine richtiggeformte Leit- und Laufschauflung (Laval-Düsen), einen Fliehkraftregler mit hoher Drehzahl (Laval-Regler) und ein Zahnradgetriebe zur Übersetzung der hohen Turbinendrehzahl auf eine praktisch brauchbare zum Antrieb der Stromerzeuger.

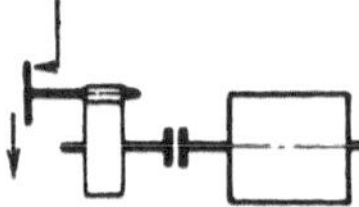

Abb. 1. Laval-Turbine: Einstufige Getriebeturbine. Grundform der Gleichdruck-Räderturbine und Kleinturbine.

Die vielstufige Parsons-Turbine ermöglichte die Anwendung niedrigerer Drehzahlen, dadurch unmittelbare Kupplung mit dem Stromerzeuger und damit auch die Ausführung größerer Leistungen bei besserer Wärmeausnützung.

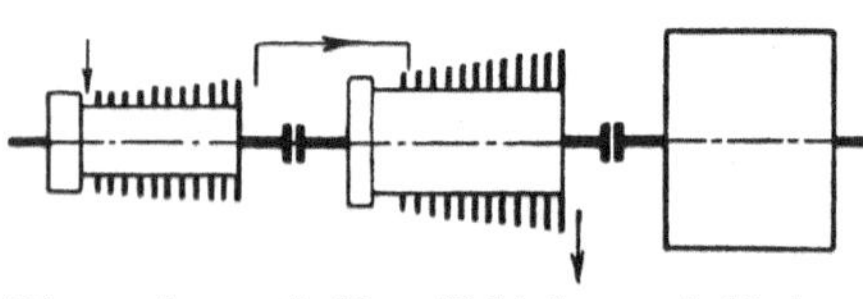

Abb. 2. Parsons-Turbine: Vielstufige zweigehäusige Trommelturbine. Grundform der Überdruck- und Großturbine (unmittelbare Kupplung mit dem Stromerzeuger).

Beide Turbinenbauarten wurden in den beiden ersten Jahrzehnten kaum ernst genommen, die Laval-Turbine wurde mehr als technisches Spielzeug denn als Kraftmaschine, die Parsons-Turbine auch später noch als Blechschusterei angesehen. Der Maschinenbau wußte damals mit der neuen Kraftmaschine und ihren Konstruktionselementen nichts anzufangen und lehnte sie ab[1]).

Durch Verschmelzung des Parsonsschen Grundgedankens der Vielstufigkeit und des Lavalschen Prinzips der Gleichdruck-Räderturbine entstanden anfangs des Jahrhunderts weitere neue Großturbinen-Bauarten: die vielstufigen Gleichdruckturbinen von Rateau und Zoelly (Abb. 3) und die wenigstufige Curtis-Turbine mit mehrstufigen Geschwindigkeitsrädern (Abb. 4). Alle diese Bauarten sind auch heute noch im Dampfturbinenbau vertreten.

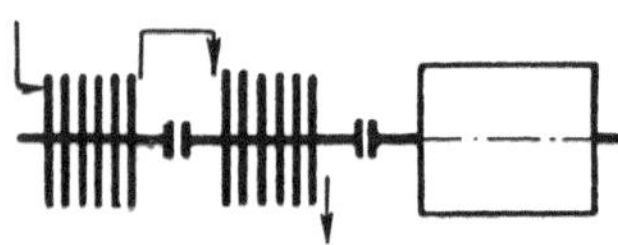

Abb. 3. Rateau- und Zoelly-Turbine: Vielstufige zweigehäusige Turbine mit Gleichdruckrädern.

Die Entwicklung der Dampfturbine beginnt allgemein und insbesondere in Deutschland erst mit der Inbetriebsetzung der beiden Parsons-Turbosätze von je 1000 kW Leistung im Jahre 1901 im Elektrizitätswerk der Stadt Elberfeld. Diese Turbinen waren zweigehäusig als vielstufige Trommelturbinen gebaut (Abb. 2) und mit je einem Einphasen-Wechselstromgenerator mit 1500 Umdrehungen i. d. M. unmittelbar gekuppelt. Die damals von Prof. Schröder durch-

[1]) Aus der ersten Entwicklungszeit der Dampfturbine nach 1900 stammt folgende Beschreibung der Parsons-Turbine: Sie besteht aus einem ringförmigen Dampfrohr mit eingebauten Drosselwiderständen, den Schaufeln, von denen die eine Hälfte mit der rotierenden Welle, die andere mit dem feststehenden Gehäuse verbunden ist. Bei dem im Betrieb leider häufig eintretenden Streifen der Schaufeln an der Rohrwand ergibt sich dann der bekannte Schaufelsalat.

geführten Abnahmeversuche[1]) ergaben nicht nur die Erfüllung der Zusicherungen durch die Lieferfirma [BBC Mannheim[2]) für PARSONS], sondern zeigten

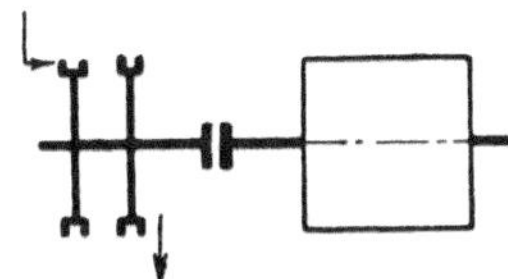

Abb. 4. Curtis-Turbine: Mehrstufige Gleichdruckturbine mit Geschwindigkeitsrädern. (Erste AEG-Bauart für Kondensationsturbinen.)

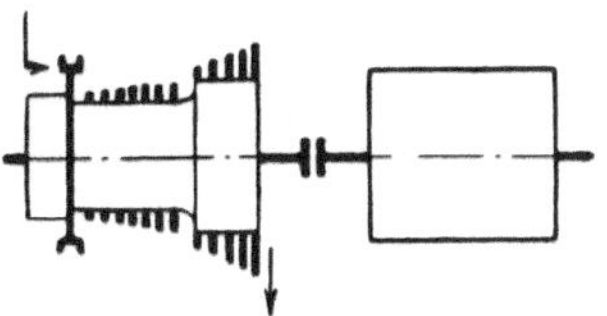

Abb. 5. Kombinierte Turbine mit Geschwindigkeitsrad im HD, entwickelt 1905 aus der Parsons-Turbine, Bauart MELMS und PFENNINGER.

auch, daß diese Turbinen in der Wärmeausnützung den damaligen Kolbenmaschinen durchaus gleichwertig waren. Sie haben sich auch im Betrieb gut bewährt und waren bis zum Abbruch im Jahre 1923 in betriebsfähigem Zustande[3]).

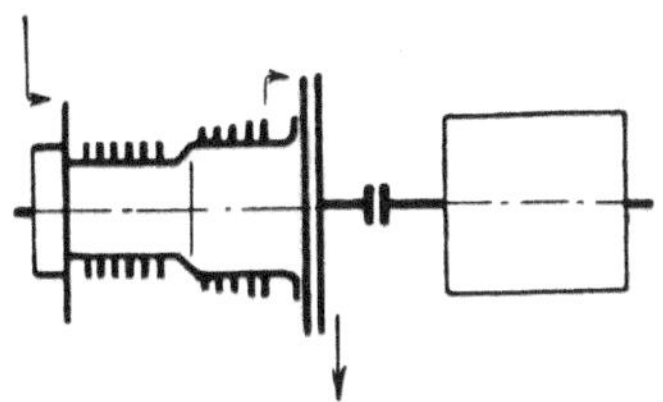

Abb. 6. Kombinierte Turbine mit Rädern im HD und ND, Bauart THYSSEN-RÖDER entwickelt aus Bauart Abb. 5.

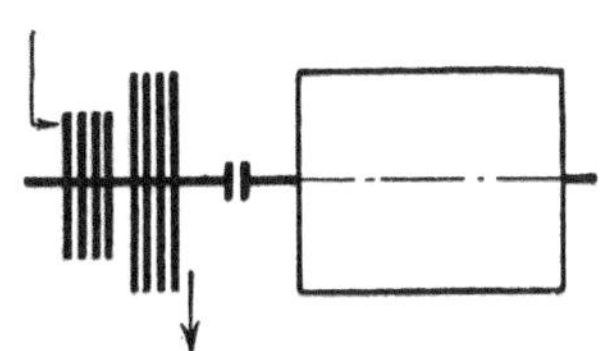

Abb. 7. Zoelly-Grenzleistungsturbine: Eingehäusige mit mehreren großen ND-Rädern (u = 250 m/s).

Die Herstellung von Dampfturbinen begann in Deutschland im Jahre 1903, so daß also zur Zeit der deutsche Turbinenbau genau 25 Jahre besteht. Einzelne Werke bildeten zunächst eigene Bauarten aus, die sich aber als nicht genügend betriebssicher und wettbewerbsfähig erwiesen, so daß auch diese Werke, wie andere bereits vorher, das Ausführungsrecht auf die im Auslande entwickelten, grundlegenden Turbinenbauarten erwarben[4]). Durch Verbesserung und Weiterentwicklung dieser Konstruktionen (Abb. 4 bis 8 u. a.) gelang es dann deutschen Ingenieuren innerhalb eines Jahrzehnts den deutschen Turbinenbau mit an führende Stelle zu bringen und diese Stellung bis heute zu halten.

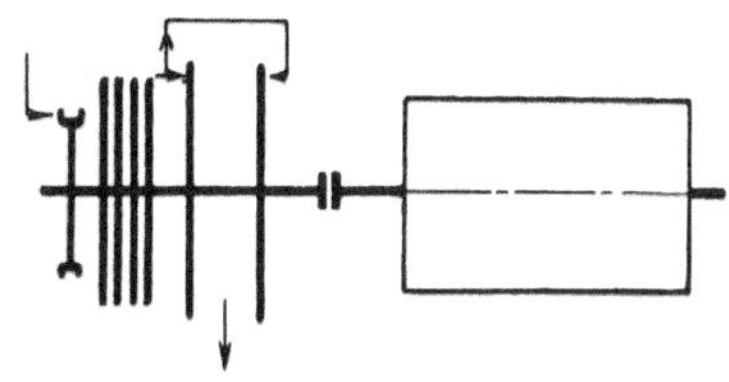

Abb. 8. AEG-Grenzleistungsturbine mit parallel geschalteten Einzelrädern mit hoher Umfangsgeschwindigkeit im ND.

[1]) VDI S. 829. 1900.

[2]) Abgekürzte Bezeichnung der Turbinenfabriken: AEG = Allgemeine Elektrizitäts-Ges. Berlin, BBC = Brown-Boveri Cie. Mannheim und Baden in der Schweiz, EWC = Escher, Wyss & Cie., Zürich, GMA = Görlitzer Maschinenfabrik A. G., MAN = Maschinenfabrik Augsburg-Nürnberg, SSW = Siemens-Schuckertwerke Berlin.

[3]) Nach Mitteilung der Bergischen Elektrizitätsversorgungs G. m. b. H. Elberfeld. Die beiden Turbosätze wurden 1923 verschrottet, nachdem das deutsche Museum München die kostenlose Übernahme abgelehnt hatte.

[4]) AEG das Ausführungsrecht auf die Curtis-Turbine; BBC von PARSONS; MAN, GMA, Krupp-Germania-Werft, Schüchtermann & Krämer, SSW von ZOELLY; Bergmann Elektrizitätswerke von RATEAU.

Heute versorgt Deutschland nicht nur seinen eigenen Bedarf vollständig, sondern führt auch noch eine große Anzahl von Turbinen aus, insbesondere in die östlichen, südöstlichen und nördlichen Länder Europas, nach Ostasien und Südamerika.

Gleich zu Anfang der Entwicklung ist der Dampfturbinenbau mit dem Elektromaschinenbau verbunden, indem die Einführung des 50periodigen Drehstroms und die unmittelbare Kupplung zwischen Turbine und Stromerzeuger eine Normaldrehzahl von 1000 und 1500, höchstens 3000 i. d. M. bedingt. Die unmittelbare Kupplung beider Maschinen ermöglichte bei Verwendung mehrstufiger Bauarten immer größere Einheitsleistung und hierdurch den Wärmeverbrauch, das Gewicht und den Raumbedarf und damit die Erzeugungskosten je kWh zu vermindern. Gleichzeitig war aber der Dampfturbinenbau bestrebt, durch Verbesserung der Konstruktion und Herstellung, sowie durch sorgfältige Auswahl und Prüfung der Baustoffe eine möglichst betriebsichere und vollkommen selbsttätig arbeitende Kraftmaschine für den Dauerbetrieb zu schaffen. Das Ziel des Turbinenbaues in den ersten Jahren der Entwicklung war deshalb die eingehäusige Turbine mit beschränkter Stufenzahl und 3000 bei kleiner und 1500 und 1000 Umdr. i. d. M. bei großer Leistung. Die Kondensationsturbine wurde als Gleichdruckturbine mit 7 bis 10 einkränzigen Rädern (Abb. 7), teilweise unter Vorschaltung eines Curtis-Rades (Bauart Abb. 8, 9), als Überdruckturbine fast ausschließlich als kombinierte Turbine (Abb. 5) mit einem Geschwindigkeitsrad im Hochdruck und 25 bis 30 Stufen auf einer Trommel im Mittel- und Niederdruckteil ausgeführt. Gegendruckturbinen wurden wie der Hochdruckteil von Kondensationsturbinen, also ausschließlich als Gleichdruck-Räderturbinen mit nur einem Geschwindigkeitsrad (Abb. 14), vereinzelt mit 3 bis 4 Druckstufen gebaut. Auch bei Kleinturbinen wurde zur Erhöhung der Betriebssicherheit das Zahnradgetriebe verlassen und die unmittelbare Kupplung bei Anwendung meist nur eines Geschwindigkeitsrades, trotz schlechterer Wärmeausnützung gegenüber der Laval-Turbine, bevorzugt.

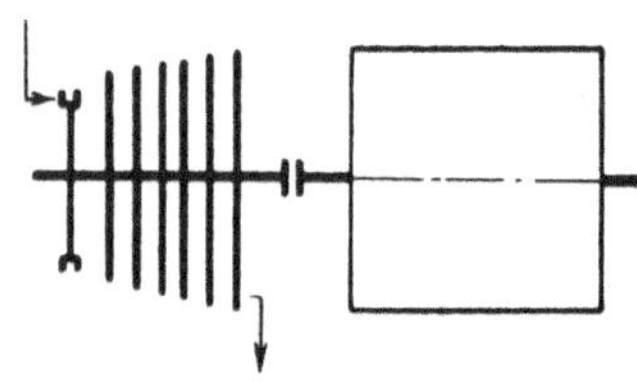

Abb. 9. Grenzleistungsturbine 50000 kW, n = 1000/min. (GOLDENBERG), Raddurchmesser 3400 bis 3800 mm.

Hohe Luftleere wurde bei Kondensationsturbinen bereits zu Anfang der Entwicklung, im Gegensatz zur Kolbenmaschine, mit bestem Wirkungsgrad ausgenützt, so daß die Turbine die gegebene Betriebsmaschine für reine Kraftwerke war. Die Vorzüge der Dampfturbine gegenüber der Kolbenmaschine: größere Einheitsleistung bei geringerem Raumbedarf, völlig selbsttätiger Betrieb, niedrigere Gestehungskosten je kWh führten deshalb bald zur Verdrängung der Kolbenmaschine bei Kondensationsbetrieb bis auf Leistung unter 1000 kW. Sie führte sich aber auch bald in die Kraftwerke der Industrie als Gegendruck-, Entnahme-[1]) und Zweidruckturbine ein. Die hierfür ausgebildeten Sondersteuerungen waren zwar damals noch unvollkommen, ermöglichten aber doch einen selbsttätigen Betrieb. Gleichzeitig erfolgte auch die Anwendung des Turbinenantriebs für Kreiselpumpen, Gebläse und Kompressoren[2]) sowie die Einführung der Dampfturbine im Schiffbau.

[1]) Erstausführung 1907 durch die AEG. [2]) In den Jahren 1906/07.

Damit der Konstrukteur die anfänglichen Betriebsschwierigkeiten sowie die ständig auftretenden neuen Anforderungen an die Konstruktion und Herstellung insbesondere durch die Leistungs- und Drehzahlsteigerung der Turbinen bewältigen konnte, mußten die anfangs noch spärlichen Unterlagen über die Festigkeitsrechnung der einzelnen Teile der neuen Kraftmaschine mit ihren hohen Beanspruchungen erst ergänzt und neue Methoden zur Untersuchung der Baustoffe und laufenden Überprüfung der Ausführung ausgearbeitet werden. Der Dampfturbinenbauer hat sich wohl zuerst mit der Berechnung der Eigenschwingungszahl (kritische Drehzahl der Welle), mit den Ermüdungsbrüchen (bei Schaufeln und Scheiben), mit dem Verhalten der Baustoffe bei verschiedenen Temperaturen und ihrer Widerstandsfähigkeit gegen mechanische und chemische Einflüsse (Erosion und Korrosion) u. a. befaßt.

In den ersten Entwicklungsabschnitt der Dampfturbine fallen auch die grundlegenden Arbeiten über Dampfturbinentheorie[1]): die Forschungsarbeiten über Strömung in Düsen und Schaufeln[2]), die Aufstellung der Berechnungsgrundlagen über die Verluste und den Wirkungsgrad der einzelnen Bauteile, nicht zuletzt die Entwicklung der IS-Tafel durch MOLLIER[3]), die durch ihre einfache und übersichtliche Darstellung der Dampfeigenschaften bald das unentbehrliche Hilfsmittel für alle thermischen Berechnungen im Dampfturbinenbau wurde.

Die Entwicklung der Dampfturbine zur betriebssicheren Kraftmaschine und ihre allgemeine Einführung dauerte rund 10 Jahre und war kurz vor dem Weltkrieg abgeschlossen. Der damalige Stand (vgl. Abb. 22 bis 24) ist gekennzeichnet durch eine größere Einheitsleistung der Turbosätze von 6000 kW mit der Drehzahl 3000, 10000 kW mit der Drehzahl 1500 und 20000 kW mit der Drehzahl 1000 i. d. M. bei Kondensationsbetrieb und etwa 1000 kW bei Gegendruckbetrieb. Die Wärmeausnützung, gemessen an dem thermodynamischen Wirkungsgrad, betrug bei großen Kondensationsturbinen etwa 75 % und bei Gegendruckturbinen etwa 62 %. Die Turbine arbeitete also damals selbst bei verhältnismäßig großen Leistungen im Hochdruckteil rund 25 % ungünstiger als die Kolbendampfmaschine. Gegendruckturbinen wurden deshalb auch nur bei sehr großem Dampfdurchsatz oder bei Industriewerken mit im Verhältnis zum Heizdampfverbrauch kleinem Kraftverbrauch aufgestellt.

Die Dampfverhältnisse änderten sich in dieser ersten Entwicklungszeit nur wenig (Abb. 21), der Frischdampfdruck stieg langsam von etwa 10 auf 16 Atm, der Gegendruck betrug höchstens 3 Atm. Nur die Frischdampftemperatur wurde verhältnismäßig rasch gesteigert, indem an Stelle des anfänglich verwendeten Sattdampfes bald ausschließlich Heißdampf mit einer Temperatur von 300 bis 350° C Verwendung fand. Die allgemeine Einführung von Heißdampf trug wesentlich zur Erhöhung der Wärmeausnützung und der Betriebssicherheit der Maschinen bei. Der am Anfang der Entwicklung von Hersteller und Abnehmer gleich gefürchtete Schaufelsalat, d. h. die teilweise oder vollständige Zerstörung der Schauflung, die meist einen längeren Stillstand der beschädigten Maschine

[1]) Bahnbrechende Arbeit wurde von Prof. STODOLA, Zürich, geleistet. Erstauflage seines Werkes Die Dampfturbine erschien 1903.

[2]) Besonders wichtig ist die umfangreiche Untersuchung von JOSSE-CHRISTLEIN, VDI 1911, S. 2081.

[3]) Erstauflage 1906.

zur Folge hatte, wurde immer seltener. Im übrigen waren die Betriebssicherheit, der Wirkungsgrad und der allgemeine Aufbau der Turbinen nach dem ersten Jahrzehnt der Entwicklung bei den einzelnen Turbinenbauarten nicht mehr wesentlich verschieden.

Der Weltkrieg brachte zunächst einen Stillstand im Dampfturbinenbau. Als dann nach der Umstellung der Wirtschaft in Deutschland und nach Unterbindung der Rohstoffzufuhr von der Technik immer neue Aufgaben zu lösen waren, stieg auch die Nachfrage nach elektrischer Energie. Eine rasche Steigerung der Einheitsleistungen der Turbosätze ermöglichte den Bau der ersten Großkraftwerke von 50 bis 100000 kW Leistung. Um den Transport der zum Betrieb erforderlichen großen Kohlenmengen zu sparen, wurden diese Kraftwerke als Überlandwerke unmittelbar auf den Kohlenlagern aufgebaut. Es entstehen neben großen Steinkohlenkraftwerken, wie z. B. Goldenberg im Rheinland, auch große Braunkohlenkraftwerke, wie z. B. Golpa-Zschornewitz u. a. Bei Kriegsende besitzt Deutschland in dem für das Kraftwerk Goldenberg erbauten Turbosatz (Abb. 9) mit 50000 kW Leistung in nur einem Gehäuse, bei 1000 Umdr. i. d. M., die damals größte Kraftmaschine der Welt[1]). Die größte Einheitsleistung für 1500 Umdr. betrug damals 16000 kW und für 3000 Umdr. 10000 kW. Diese „Grenzleistungen" (Abb. 6 bis 9) erforderten bei niedriger Drehzahl gewaltige Abmessungen (schon begrenzt durch die Transportmöglichkeit), bei höheren Drehzahlen eine sorgfältige Ausbildung und Sonderkonstruktionen bei den letzten Niederdruckstufen, um das große Durchflußvolumen betriebssicher und mit gutem Wirkungsgrad zu bewältigen. Bei diesen Grenzleistungsturbinen wurde entweder der ganze Niederdruck oder nur die letzten Niederdruckräder in zwei parallel geschaltete Stufengruppen unterteilt (Doppelstrom-Bauart) oder es wurden ein oder mehrere Niederdruckräder mit großem Durchmesser und hoher Umfangegsschwindigkeit und dementsprechend hoher Beanspruchung ausgeführt.

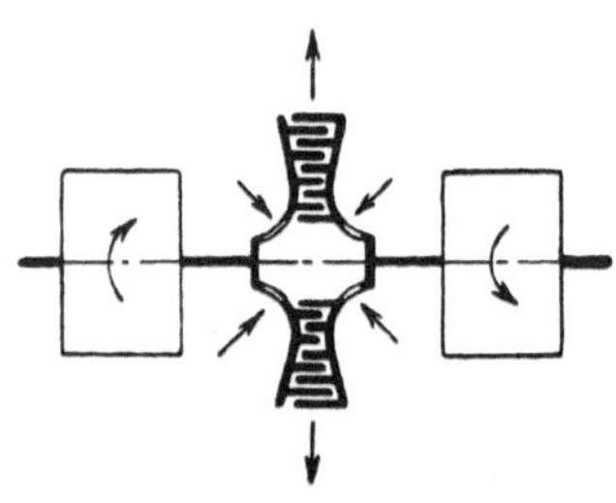

Abb. 10. Ljungström - Turbine. Radialturbine mit 2 gegenläufigen Rädern mit vielstufiger Überdruckbeschaufelung und 2 Generatoren.

In dem zweiten Entwicklungsabschnitt hat sich im Ausland noch eine neue schwedische Bauart, die Ljungström-Turbine, durchgesetzt, die sowohl in ihrem gesamten Aufbau als auch den verwendeten neuen Konstruktionselementen von den üblichen Turbinenausführungen erheblich abweicht (Abb. 10). Es ist die einzige Radialturbine, die sich wegen ihrer Vorzüge bis heute behauptet und steigenden Absatz gefunden hat.

Die Auswahl einer geeigneten Turbine für ein reines Kraftwerk beschränkte sich damals noch auf die zweckmäßige Wahl der Einheitsleistung, denn die Betriebsverhältnisse waren kaum verschieden. Frischdampfdruck und Überhitzung wurden nur langsam gesteigert.

Bei den Kraftwerken der Industrie lagen die Verhältnisse anders. Die erhöhte Produktion und der Kohlenmangel in der Kriegs- und Inflationszeit zwangen zu äußerster Sparsamkeit mit Brennstoff und führten zu gesteigerten Ansprüchen an sparsame Kraft- und Wärmewirtschaft. Der Dampfturbinenbau

[1]) AEG-Turbine mit SSW-Generator erbaut 1916.

suchte diesen Bestrebungen durch Sonderbauarten und sorgfältige Anpassung der Dampfturbine an die örtlichen Betriebsverhältnisse für die einzelnen Industriewerke gerecht zu werden. Es entstand die „Industrieturbine". Die mehrstufige Dampfturbine war zur Eingliederung in die Kraft- und Wärmewirtschaft der Industriebetriebe besser geeignet als die Kolbenmaschine. Es konnte wegen der Mehrstufigkeit Dampf von beliebiger Spannung der Turbine entnommen und zugeführt werden und infolgedessen die Turbine mit den verschiedensten anderen Dampfverbrauchern in der Industrie sowie sonstigen Brennstoff sparenden oder die Produktion fördernden Einrichtungen: Vorwärmern, Dampfspeichern[1]) usw. zu einem einheitlichen Ganzen vereinigt werden. Als Nachteil wurde dabei aber die immer noch schlechte Wärmeausnützung im Hochdruckteil der Turbine empfunden.

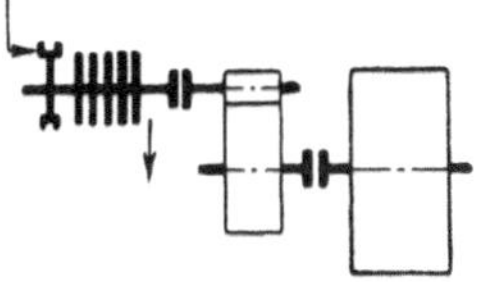

Abb. 11. Getriebe-Turbine: $n = 5000$ bis 8000 Umdr. i. d. M. Gleichdruckturbine oder kombinierte Turbine als Gegendruck und Kondensationsturbinen für kleine Leistung (bis ca. 2000 kW).

Nach dem Kriege beginnt die Wiedereinführung der Getriebeturbine im Landturbinenbau, insbesondere für kleine Leistung. Durch die Rückkehr zur

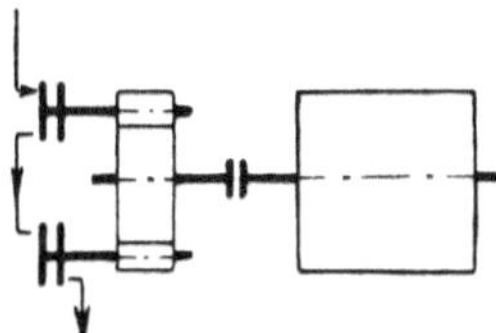

Abb. 12. Hochdruck-Vorschaltturbine. 2500 kW zweigehäusig, wenigstufig, Bauart BBC für EW Langerbrügge (50 Atm. 400° auf 20 Atm.). $n = 8000/1500$.

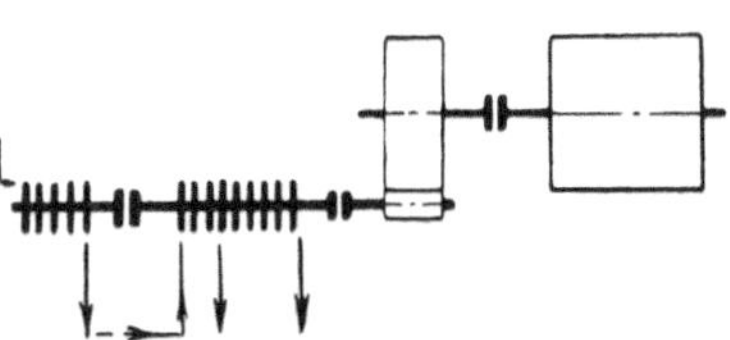

Abb. 13. HD-Gegendruckturbine. 3000 kW mit Entnahme und Zwischenüberhitzung zweigehäusig mehrstufig, Bauart EWC (160 Atm. 400° auf 36 bzw. 6,5 Atm.) $n = 6000/3000$ für die 2. Benson-Anlage der SSW Berlin.

hochtourigen Turbine DE LAVALS, jedoch jetzt ausgeführt als mehrstufige Turbine und mit einer Höchstdrehzahl von 8000 bis 9000 i. d. M. (Abb. 11) ist der erste Kreislauf in der Entwicklung des Dampfturbinenbaues geschlossen. Durch die mehrstufige Getriebeturbine wurde die Wettbewerbsfähigkeit der Dampfturbine gegenüber der Kolbenmaschine bis auf Leistungen von 400 kW und darunter verstärkt. Die Fortschritte im Bau von Zahnradgetrieben, die durch den Schiffsturbinenbau inzwischen erzielt waren, ermöglichten auch die Ausführungen größerer Getriebeturbinen zum Antrieb von Gleichstromgeneratoren, von großen Kreiselpumpen, für Schleiferantriebe in Zellstoffabriken usw. Die Zwischenschaltung des Getriebes zwischen Turbine und angetriebener Maschine gestattete freie Wahl der Drehzahl und die wirtschaftlichste Ausbildung jeder der beiden Maschinen.

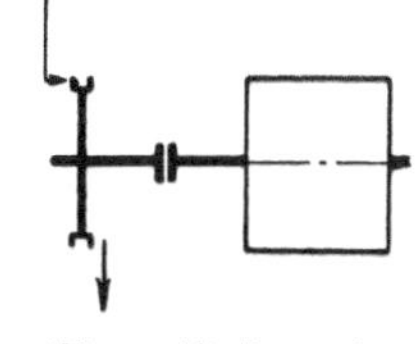

Abb. 14. Alte Bauart der Gegendruckturbine, wenigstufig, eingehäusig, ausgeführt bis 5000 kW Leistung, $n = 3000$/min; thermodynamischer Wirkungsgrad der Turbine höchstens 67 vH.

Im Jahre 1923, also zu Beginn des dritten Jahrzehntes, setzt dann plötzlich eine stürmische Entwicklungszeit im Dampfturbinenbau (Abb. 21 bis 24) ein. Wir sehen einerseits das Bestreben, den thermischen

[1]) Die Einführung des Ruths-Speichers in Deutschland 1922 hat auch befruchtend auf den deutschen Turbinenbau durch die Entwicklung von Speicherturbinen gewirkt.

Wirkungsgrad der gesamten Kraftanlage durch beträchtliche Erhöhung des Frischdampfdruckes und der Frischdampftemperatur sowie durch Einführung der Speisewasservorwärmung durch Anzapfdampf (Regenerativverfahren) zu verbessern. Andererseits wird mit Erfolg eine Verbesserung der Wärmeausnützung in der Dampfturbine, also des thermodynamischen Wirkungsgrades, durch Anwendung einer größeren Stufenzahl, insbesondere im Hochdruckteil, versucht.

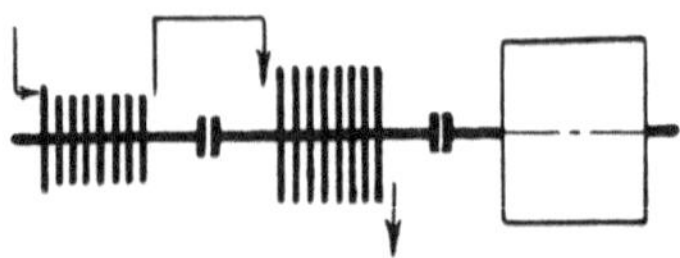

Abb. 15. Neue Bauart der Gegendruckturbine, vielstufig, gegebenenfalls mehrgehäusig. Erstausführung 1923 durch die Erste Brünner Maschinenfabrik für 3000 kW zweigehäusig, später als Gleichdruck- und Überdruckturbine bis 10000 kW ausgeführt.

Der Frischdampfdruck wird erst allmählich bis auf 30, dann in rascher Folge auf 50, 100 und schließlich sogar auf 160 Atm. erhöht. Gleichzeitig wird die Frischdampftemperatur von 325 bis 350° C sprunghaft auf 375 bis 400° C gesteigert (Abb. 21). Die Druckerhöhung bereitet dem Dampfturbinenbau keine nennenswerten Schwierigkeiten, weil sie durch kleinere Abmessungen infolge höherer Drehzahl bzw. größerer Stufenzahl der Hochdruckturbine ausgeglichen werden kann (Abb. 12 und 13). Hingegen versagen bei den höheren Frischdampftemperaturen zum Teil bereits die bewährten Konstruktionen und Baustoffe, so daß vielfach neue Schwierigkeiten auftreten und bald erkannt wird, daß eine Steigerung der Überhitzung nur langsam und bei Anwendung von Sonderbaustoffen und -konstruktionen durchzuführen ist. Insbesondere erweist sich auch eine Verteilung des Druck- und Temperaturgefälles auf mehrere Teilturbinen als zweckmäßig. Vereinzelt werden auch besondere Vorschaltturbinen als Hochdruckturbinen den normalen Kondensationsturbinen vorgeschaltet.

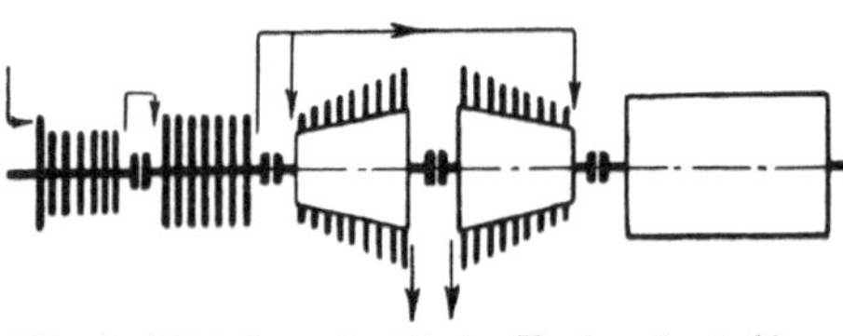

Abb. 16. Vielstufige mehrgehäusige Kondensationsturbine. Erstausführung nach Brünner Bauart von Stork-Hengelo für 16000 kW, $n = 3000$ für 32 Atm. 400° für EW Utrecht.

Der unerwartete Erfolg der ersten vielstufigen Gegendruckturbine (Abb. 15) der Ersten Brünner Maschinen-Fabrik im Jahre 1923, bei der ein thermodynamischer Wirkungsgrad von 82% erstmalig auch im Hochdruckteil erzielt wurde[1]), lehrte, daß eine Verbesserung der Wärmeausnützung im Hochdruckteil der Turbinen nur durch Anwendung vieler Stufen, also kleiner Stufengefälle, und durch einen größeren Baustoffaufwand zu erreichen ist. Die aus dieser neuen Erkenntnis heraus entstehenden weiteren vielstufigen Bauarten[2]) zeigen, daß es gleichgültig ist, ob die Turbine mit Gleichdruck- oder Überdruck-Verschauflung ausgeführt wird, indem bei allen Bauarten sowohl gleiche Höchstwirkungsgrade (Abb. 24), als auch gleiche Betriebssicherheit erreicht wird. Mit der Wiedereinführung der vielstufigen Turbine, die notwendigerweise bei

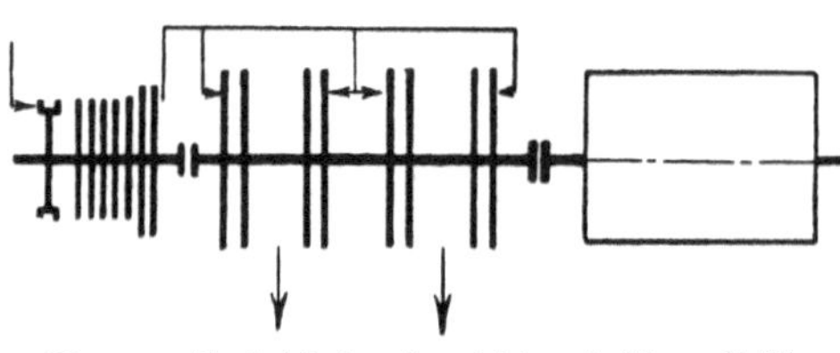

Abb. 17. Zweigehäusige Grenzleistungsturbine mit Vierfluß ND. Erstausführung GMA für 25 bis 30000 kW, $n = 3000$. (Reine Gleichdruckturbine.)

[1]) VDI 1923, Nr. 52. [2]) VDI 1925, S. 1177.

größerem Druckgefälle zu Mehrgehäuse-Bauarten führte, ist ein zweiter Kreislauf in der Entwicklung der Dampfturbine, die Rückkehr zu den ersten vielstufigen Turbinen von PARSONS, RATEAU und ZOELLY geschlossen. Die vielstufigen und Mehrgehäuseturbinen führten sich überraschend schnell in die Industrie und die reinen Kraftwerke ein. Bei den Heizkraftwerken der Industrie werden an Stelle der meist nur zweistufigen Gegendruckturbinen plötzlich Zweigehäuseturbinen mit 20 Stufen und mehr (Abb. 14 u. 15), in den Kraftwerken an Stelle der eingehäusigen Kondensationsturbinen solche mit 4 Gehäusen (Abb. 16 u. f.) aufgestellt. Diese rasche gegenteilige Umstellung im Dampfturbinenbau beweist die damals und auch heute noch in der Theorie und Berechnung bestehenden Mängel. Stützte sich die Entwicklung nach 1910 im wesentlichen auf die Forschungen von JOSSE und CHRISTLEIN an Dampfturbinendüsen, die den höchsten Wirkungsgrad bei Überschallgeschwindigkeit ergaben, so wird beim Erscheinen und dem Erfolg der vielstufigen Turbinen plötzlich das Gebiet der niedrigen Dampfgeschwindigkeit als besonders günstig bei der Energieumsetzung betrachtet. Eine Bestätigung dieser Anschauung fehlt heute noch und ist auch aus den umfangreichen englischen Düsenversuchen in den letzten 5 Jahren nicht einwandfrei abzuleiten[1]).

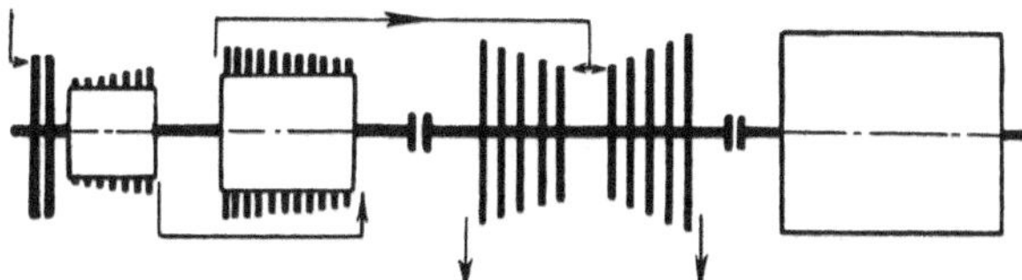

Abb. 18. Vielstufige dreigehäusige Grenzleistungsturbine mit Doppelfluß-ND. Bauart BBC. Erstausführung 20000 kW, $n = 3000$ und 40000 kW bei $n = 1500$ U/min. Überdruckturbine mit 2 vorgeschalteten Gleichdruckrädern.

Wie bei jeder raschen Entwicklung brachte auch diese Zeit für den Turbinenbau mannigfaltige Schwierigkeiten und Rückschläge, die erst überwunden werden mußten, bis die Dampfturbinen den neuen Betriebsverhältnissen angepaßt und die neuen Bauarten sich allgemein durchgesetzt hatten, insbesondere auch der notwendige Ausgleich zwischen den wirtschaftlichen Anforderungen und den Kosten der neuen Turbinen hergestellt war.

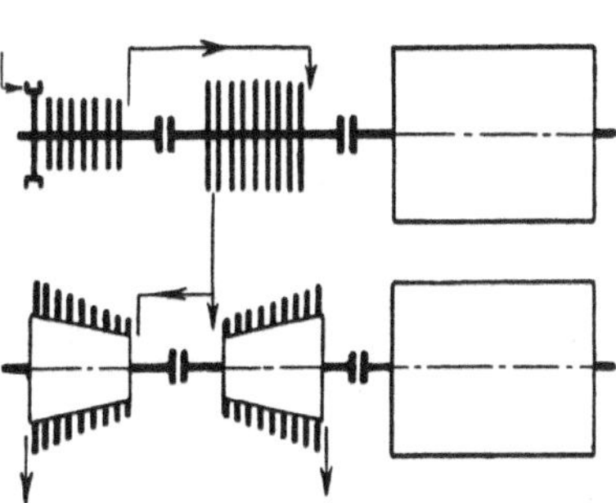

Abb. 19. Vielstufige viergehäusige Kondensationsturbine mit 2 Generatoren. Erstausführung AEG für EW Klingenberg-Berlin mit 80000 kW, $n = 1500$ (Kombinationsturbine). Frischdampf 33,5 Atm. und 400°.

Das schnelle Ansteigen des Stromabsatzes in Deutschland nach der Inflationszeit begünstigte wieder den Bau größerer Einheiten (Abb. 22). Wir sehen zunächst eine Entwicklung der Turbosätze mit 3000 Umdr. bis auf 20000, später 30000 kW mit einem Generator und Mehrgehäuse-Turbinen (Abb. 16 bis 18), dann die Steigerung der Grenzleistung für 1500 Umdr. auf 80000 kW bei Verwendung zweier Generatoren (Mehrwellenanordnung) (Abb. 19). Diese Spitzenleistung in einem Turbosatz wird bald durch neue Ausführungen überboten sein, da bereits in Deutschland Turbosätze von 80000 kW mit einem Generator und der Drehzahl 1500 im Bau sind und von BBC für Amerika ein Zwei-Wellen-Turbosatz mit

[1]) Die Berichte des Nozzles Research Committee erschienen im Engg. 1923 bis 28.

160000 kW-Leistung ausgeführt wird[1]) (Abb. 20). Auch bei den Industrieturbinen ist eine beträchtliche Steigerung der Einheitsleistung in den letzten Jahren festzustellen. Gegendruckturbinen von 16000 kW und Entnahme-Kondensationsturbinen von 15000 kW bei 3000 Umdr. i. d. M. sind bereits in Betrieb, Gegendruckturbinen von 12000 kW-Leistung mit 100 Atm Eintrittsspannung und Entnahme-Kondensationsturbinen von 19000 kW sind im Bau.

Der stürmischen Entwicklung im Bau von Dampfturbinen und Kraftanlagen in den letzten Jahren entsprechen keineswegs gleiche Fortschritte in der Theorie und Berechnung. Die letzten Jahre haben nur wenig neue, grundlegende Kenntnisse gebracht. Ist doch z. B. die Frage, ob große oder kleine Dampfgeschwindigkeiten vorteilhaft sind, bis heute noch nicht endgültig gelöst. Die Strömungsvorgänge und die Energieumsetzung in der Schauflung, das Verhalten der Turbine bei den verschiedenen Betriebsverhältnissen u. a. sind erst teilweise geklärt. Einzelne Mißerfolge beim Bau kleiner Maschinen und solcher mit hohem Betriebsdruck in den letzten Jahren zeigen deutlich, daß wir im Dampfturbinenbau von einer genauen Kenntnis der einzelnen Verluste und von einer zuverlässigen Berechnung des Wirkungsgrades noch weit entfernt sind. Hier kann nur systematische Forschung, verbunden mit experimentellen Untersuchungen, an denen sich auch die deutschen Technischen Hochschulen beteiligen müssen, Abhilfe schaffen.

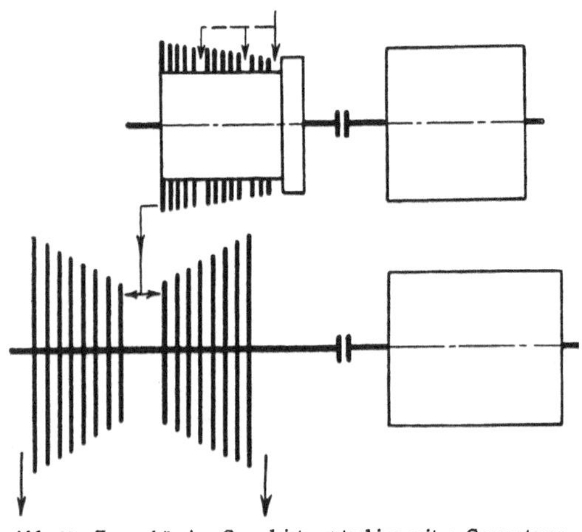
Abb. 20. Zweigehäusige Grenzleistungsturbine mit 2 Generatoren. Erstausführung BBC für Kraftwerk Helgate (Amerika) für 160000 kW, $n = 1800/1200$. (Reine Überdruckturbine.)

Der heutige Stand des Dampfturbinenbaues ist gekennzeichnet durch einen sowohl im Hochdruck- als auch im Niederdruckgebiet erzielbaren thermodynamischen Höchstwirkungsgrad von etwa 84%, wobei im allgemeinen bei größeren Druckgefällen Mehrgehäusemaschinen zur Anwendung kommen. Die Frischdampfspannung beträgt heute bei Großkraftwerken normal etwa 35 bis 40 Atm. bei einer Frischdampftemperatur von 380 bis 400° C. Vereinzelt werden auch noch höhere Drücke, bis zu 400 Atm und darüber, sowohl in den reinen Kraftwerken als auch in Heizkraftwerken angewendet. In kleinen Anlagen, bei denen einfacher gebaute Maschinen und mittlere Dampfspannungen wirtschaftlicher sind, werden heute ebenfalls mehrstufige Maschinen aufgestellt und bis zu einer Leistung von etwa 2000 kW durch ein Zahnradgetriebe mit langsam laufenden Stromerzeugern (Drehzahl 1000 bis 1500) gekuppelt. Bei Turbosätzen mit Gleichstromgeneratoren wurden Zahnradgetriebe bis etwa 3000 kW, bei Einphasengeneratoren für elektrische Bahnen sogar bis zu 12000 kW ausgeführt.

Durch die Fortschritte im Bau von Dampfturbinenanlagen ist es gelungen, in wenigen Jahren den Wärmeverbrauch je kWh (Abb. 24) bei Großkraftwerken

[1]) Seit Ende 1928 in Betrieb.

von 6000 bis 6500 WE (rund 0,9 kg Steinkohle oder 3 kg Rohbraunkohle) auf 4000 WE je kWh (rund 0,6 kg Steinkohle oder 2 kg Rohbraunkohle) im Dauerbetrieb herabzusetzen. Wir stehen, wie die letzten Jahre gezeigt haben, noch nicht am Ende der Entwicklung der Dampfturbine und der Dampfkraftanlagen.

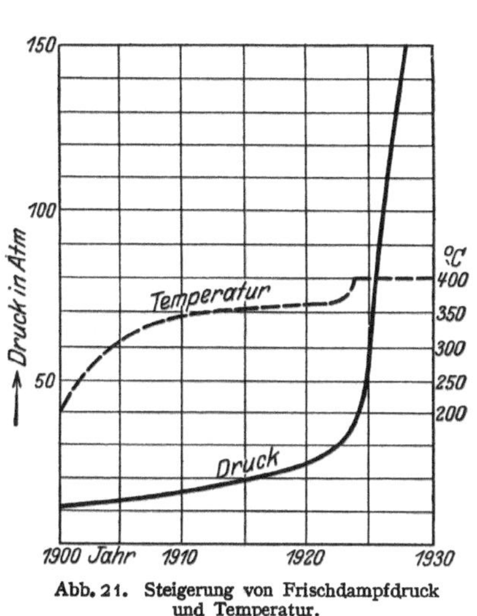

Abb. 21. Steigerung von Frischdampfdruck und Temperatur.

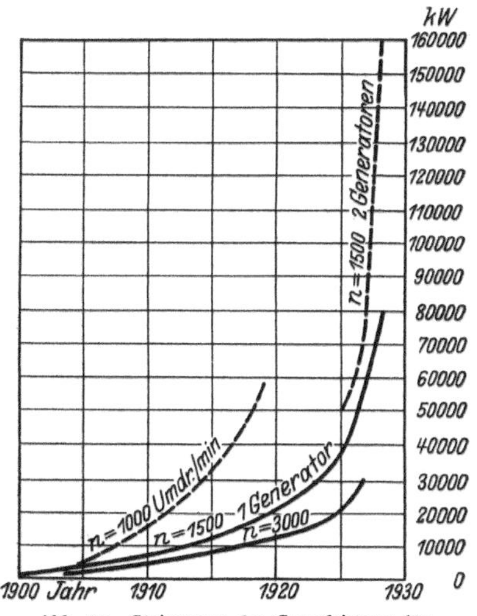

Abb. 22. Steigerung der Grenzleistung für verschiedene Drehzahlen seit 1900.

Das Endziel des Dampfturbinenbaues ist heute nach wie vor eine gesteigerte Konzentration der Krafterzeugung auf kleinstem Raum und mit geringstem Baustoffaufwand durch Aufstellung von Grenzleistungseinheiten, geringster Wärmeverbrauch durch Anwendung hoher Frischdampfdrücke und Temperaturen sowie Aufstellung von Turbinen mit hohem Wirkungsgrad. Durch Kupp-

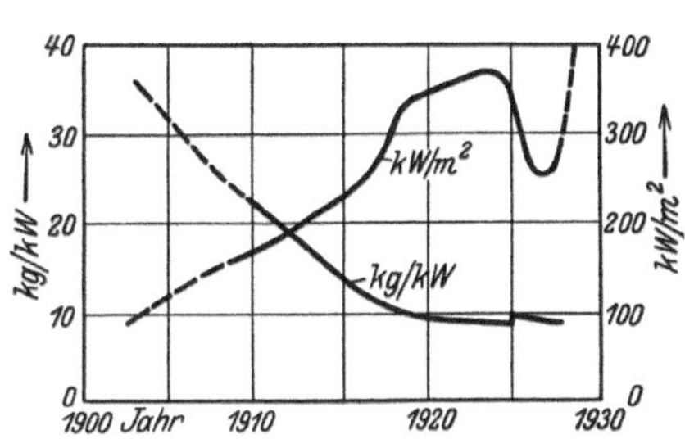

Abb. 23. Gewicht und Platzbedarf von Grenzleistungs-Turbosätzen. (Turbine und Generator.)

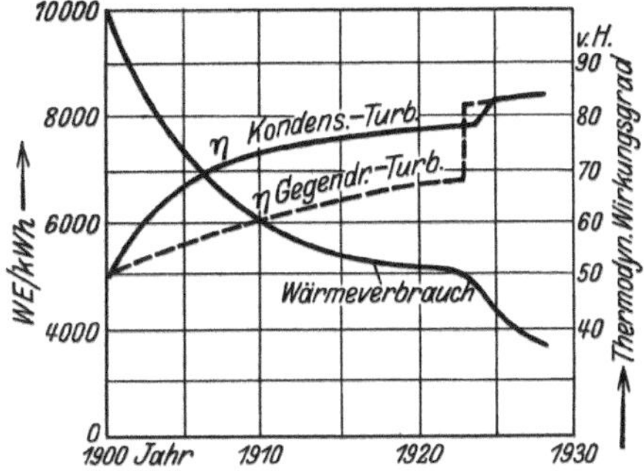

Abb. 24. Thermodynamischer Wirkungsgrad von Grenzleistungsturbinen und Wärmeverbrauch von großen Kraftwerken bei Normallast.

lung von Kraft- und Wärmewirtschaft in den Heizkraftwerken der Industriebetriebe, sowie möglichster Ausnützung des dort zur Verfügung stehenden Abfallstromes, durch Angliedern von Heizkraftwerken auch an reine Kraftwerke und Verbesserung des Wärmeprozesses in diesen Kraftwerken wird versucht, den immer noch bescheidenen thermischen Gesamtwirkungsgrad der Dampfkraftwerke bei Kondensationsbetrieb von höchstens 25% noch weiter zu steigern. Durch den Bau besonderer Spitzenwerke mit Speicher und Speicherturbinen soll der durch starke Belastungsschwankungen sich ergebende Mehraufwand an Anlage und Betriebskosten herabgesetzt und die Aufnahme hoher Spitzenleistungen in kürzester Zeit ermöglicht werden[1]).

Die fortschreitende Entwicklung der Hochdruckturbine, insbesondere die Bestrebungen auf noch höhere Überhitzung des Frischdampfes überzugehen, legen auch den Gedanken nahe, das Gasturbinenproblem neu aufzugreifen. Trotz vielfacher Bemühungen, vor allem in Deutschland durch HOLZWARTH und STAUBER, ist bis heute noch keine betriebssichere und wirtschaftliche Lösung für die Verbrennungskraftturbine gefunden worden. Der einzige, wenn auch bescheidene Erfolg, der in den letzten Jahren hierbei erzielt wurde, ist die Nachschaltung von Abgasturbinen hinter Verbrennungskraftmaschinen. Gelingt es aber, Hochdruckdampfturbinen mit Eintrittstemperaturen von 500° C und darüber dauernd und sicher zu betreiben, so dürfte auch bald eine erfolgreiche Entwicklung der Verbrennungskraftturbine beginnen.

---

[1]) Als größtes Spitzenwerk der Welt mit 16 Ruths-Dampfspeichern von je 300 m^3 und zwei Speicherturbinen von je 20000 kW wird von den SSW zur Zeit das Kraftwerk Charlottenburg-Berlin ausgebaut.

Ein Beitrag zur Klärung der Drahtseilfrage[1]).

Von

R. WOERNLE, Stuttgart.

Mit 29 Abbildungen.

Die große Bedeutung der Drahtseile für weite Wirtschaftsgebiete, wie den Aufzug- und Kranbau, die Seilbahnen für Lasten- und Personenbeförderung, die Schachtförderung usf. drängt auf Klarstellung des Verhaltens von Drahtseilen hin[2]). Die im folgenden niedergelegten Versuchsergebnisse beschränken sich auf Aufzug- und Kranseile. Die gewonnenen Ergebnisse werden jedoch auch für Nachbargebiete, wie Seilbahntechnik und Schachtförderseile, Anregungen geben und — wenn auch begrenzte — Folgerungen ermöglichen.

Das Ziel, die Klärung der Drahtseilfrage auf dem Wege der Rechnung zu erreichen, muß bei der großen Anzahl von Unbekannten, wenigstens zur Zeit noch, als nicht möglich bezeichnet werden, wie die Erfahrung zeigt. Bei der Schwierigkeit der Aufgabe neigte man zu irrigen, willkürlichen, mit der Wirklichkeit nicht übereinstimmenden Rechnungsvoraussetzungen, oder zu unzureichenden Rechnungsannahmen. Dieses Vorgehen führte nicht zu einer Klärung, sondern zu einer Verwirrung der Sachlage.

Auch an Hand von Betriebszusammenstellungen kann man kaum ein sicheres Urteil über das Verhalten von Drahtseilen gewinnen, weil exakte Vergleichsunterlagen oft fehlen (Schlagart und Aufbau des Seiles, Drahtmaterial, Intensität der Benutzung oder besser Zahl der Arbeitsspiele bzw. Biegungswechsel und die für diese in Frage kommenden, häufig in weiten Grenzen schwankenden Belastungen, Art der Seilführung, Rollengrößen, Gestaltung und Zustand der Seilrille, Wartung, Schmierung usw.). Die Aufliegezeit von Drahtseilen kann eine außerordentlich hohe Bewährung vortäuschen, wenn Ruhepausen und Betriebsstillstände übersehen werden, die zudem manchmal von Seilgarnitur zu Seilgarnitur wechseln, und wenn die Anlage selten mit Höchstlast gefahren wird. Die Lebensdauer eines Seiles sinkt rasch mit der Zunahme der Seilbelastung bei sonst gleichen Verhältnissen (vgl. Abb. 1). Dieser wichtige Einfluß kann bei Anlagen mit wechselnden Belastungsverhältnissen, z. B. bei Aufzügen und Kranen, kaum schätzungsweise, geschweige denn zahlenmäßig erfaßt werden. Ausdrücke, wie streng oder mäßig, für die Art der Benutzung von Seilen

---

[1]) Vgl. den Aufsatz in der Z. V. d. I. Bd. 73 (1929) Nr. 13, S. 417.

[2]) Vgl. ISAACHSEN, Z. V. d. I. Bd. 51 (1907) S. 652; WOERNLE, Zur Beurteilung der Drahtseilschwebebahnen für Personenbeförderung, Habilitationsschrift, Karlsruhe 1913, und: Ein Beitrag zur Beurteilung der heutigen Berechnungsweise der Drahtseile, Karlsruhe 1914. BENOIT, Z. V. d. I. Bd. 58 (1914) S. 985, und: Die Drahtseilfrage, Karlsruhe 1915; WOERNLE, Maschinenbau Bd. 3 (1924) S. 763.

reichen zum Vergleich nicht aus, besonders wenn es sich um den Vergleich verschiedener Anlagen handelt.

Eine gewisse Gleichwertigkeit und damit eine angenäherte Vergleichsfähigkeit der Aufliegezeiten von Kran- und Aufzugseilen im praktischen Betrieb wird demnach selten gegeben sein. Dabei ist noch zu beachten, daß die Frage, wann ein Drahtseil überhaupt als ablegereif anzusehen ist, — zur Zeit wenigstens noch — eindeutig schwerlich beantwortet werden kann. Ob und wann ein Drahtseil ablegereif ist, bedarf der Klärung durch planmäßige Versuche (vgl. Abb. 24 bis 26). Besonders schwierig ist die Beurteilung des verhältnismäßigen Sicherheitsrestes von Seilen verschiedener Schlagart und Drahtzahl. Auch dieser Umstand erschwert zur Zeit noch den Vergleich der Aufliegezeiten von Drahtseilen im praktischen Betrieb. Bei den Kreuzschlagseilen treten infolge des mehr geschlossenen Seilverbandes die gebrochenen Drähte nur wenig oder kaum heraus, derart, daß ein schon stark mit Drahtbrüchen behaftetes Seil immer noch einen ziemlich vertrauenerweckenden Eindruck hervorruft. Das Gleichschlagseil ruft im Gegensatz hierzu schon bei verhältnismäßig wenig Drahtbrüchen, weil die gebrochenen Drähte erheblich aus dem Seilverbande heraustreten, den Eindruck der Gefahr des Seilbruches hervor. Hierin steckt wohl der Vorzug einer frühzeitigen Warnung vor der Bruchgefahr, ein Vorzug, den das Kreuzschlagseil nicht in gleichem Maße besitzt. Aber man wird demgemäß geneigt sein, das Gleichschlagseil verhältnismäßig früher, d. h. in größerem Abstand von der Bruchgrenze abzulegen als das entsprechende Kreuzschlagseil.

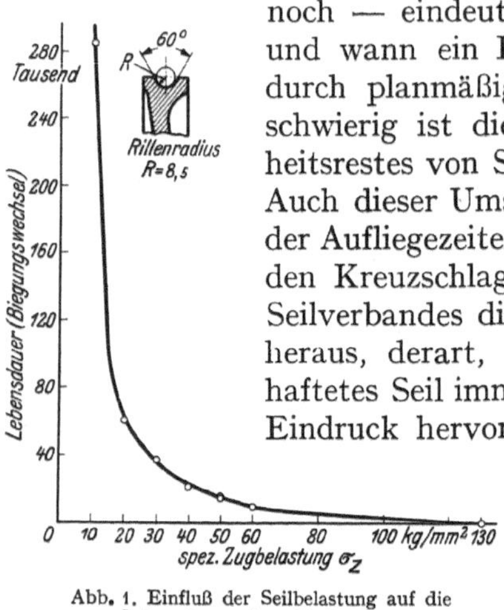

Abb. 1. Einfluß der Seilbelastung auf die Lebensdauer eines Drahtseiles.

Im Gegensatz zu Betriebsaufzeichnungen vermag der Dauerversuch mit Drahtseilen verhältnismäßig rasch und sicher ein Urteil über die zu erwartende Bewährung von Seilen zu geben, weil hierbei der Vergleich gewährleistet ist. Die Aufliegezeit beim Versuch unter sonst gleichen Verhältnissen führt zu einem eindeutig erfaßbaren Vergleichswert, einem Grenzwert, nämlich der Biegezahl bis zum Bruch, d. h. der Lebensdauer.

1. Versuchsprogramm.

Im folgenden wird berichtet über die im Institut für Fördertechnik an der Technischen Hochschule Stuttgart[1]) in der Zeit von Ende Oktober 1927 bis Ende Oktober 1928 unter meiner Leitung durchgeführten planmäßigen Dauerversuche mit Drahtseilen.

Erforscht wurde der Einfluß des Rillengrundradius, der Schlagart, der Seilbelastung, der Drahtdicke, der Drahtfestigkeit auf die Lebensdauer von Aufzug- und Kranseilen. Auch die Seildehnung im Betrieb wurde gemessen.

[1]) Dieses Institut wurde anläßlich meiner Berufung von der Technischen Hochschule Danzig nach Stuttgart vom Württembergischen Kultministerium am 1. April 1927 gegründet. Die Inbetriebnahme erfolgte Ende Oktober 1927.

Ferner wurde verfolgt der für die Beurteilung des Zeitpunktes des Ablegens von Seilen wichtige Einfluß der Anzahl der Biegungswechsel auf die Abnahme der Tragkraft eines Seiles und der Zusammenhang zwischen der Anzahl der Drahtbrüche je lfd. m Seil und der Abnahme der Tragkraft eines Seiles. Die Gegenüberstellung der Lebensdauer nominell gleichwertiger Drahtseile, die unter gleichen Versuchsbedingungen gefahren worden waren, verdeutlicht, wie durch planmäßige Untersuchungen Seile mit hoher Lebensdauer gewonnen werden können. Ferner werden Mitteilungen gemacht über den Einfluß der Verzinkung, der Vorformung der Seildrähte (Trulayseile), und der Wirkung der Gegenbiegung (S-Biegung) auf die Lebensdauer von Drahtseilen. Schließlich wurde auch das Drahtmaterial von Seilen analysiert, um einen Zusammenhang zwischen chemischer Zusammensetzung des Drahtes und der Bewährung von Seilen zu finden. Auch Dornbiege-, Verwinde- und Zerreißproben von Drähten wurden in den Bereich der Untersuchungen gezogen.

Nur über den bei Drahtseilen besonders langwierigen und mühevollen Weg des wissenschaftlichen, planmäßigen Versuchs ist zu erwarten, daß der Praxis diejenigen Berechnungsgrundlagen und Vergleichswerte allmählich gegeben werden können, die sie so dringend braucht.

Wenn auch die Versuche ihres gewaltigen Umfanges wegen im Verlaufe des ersten Jahres des Versuchsbetriebs noch nicht derart abgeschlossen werden konnten, daß auf den gewonnenen Unterlagen die Bemessung von Aufzug- und Kranseilen schon jetzt aufgebaut werden kann, so sprach doch der Ausschuß für Drahtseilforschung des Vereins Deutscher Ingenieure anläßlich seiner wissenschaftlichen Sitzung am 6. November 1928 in Stuttgart den Wunsch aus, daß meine bisherigen Versuchsergebnisse, über die ich damals berichtete, baldmöglichst veröffentlicht werden sollten, weil die Teilergebnisse bereits ein gewisses Vorfeld aufklären und richtunggebende Anhaltspunkte für die Bemessung von Seilen dem Fachmann zu vermitteln imstande sind.

2. Die Versuchseinrichtung.

Die in Abb. 2 und 3 wiedergegebene, von mir entworfene Dauerprüfmaschine für Drahtseile ermöglicht die Prüfung von Seilen mit einer Zugbelastung bis zu 5000 kg bei Versuchsscheibendurchmessern von 300 bis 1200 mm. Dem Entwurf der Maschine lag der Gedanke zugrunde, daß sie die Prüfung von Seilen gestatten mußte in Abmessungen, wie sie in der Aufzug- und Kranpraxis üblich sind, da von Modellseilchen kleiner Abmessungen für die ausführende Technik brauchbare Vergleichswerte nicht erwartet werden dürfen. Die Maschine eignet sich zur Dauerprüfung von Seilen bis zu einem Seildurchmesser von 26 mm.

Die gußeisernen Versuchsscheiben *c* sind der Treib- und der Spannscheibe *a* und *b* vorgelagert und können deshalb in bequemer Weise ausgewechselt werden. Die Dreifachanordnung der Versuchsscheiben ermöglicht die Durchführung von Dauerversuchen mit Biegung des Seiles im gleichen Sinne (krumm — gerad — krumm) oder mit Gegenbiegung, sog. S-Biegung (krumm — gerad — entgegengesetzt krumm). Bei der Dreifachanordnung der Versuchsscheiben wird das Seil in mehreren Zonen gebogen, so daß eine erhebliche Seillänge der Prüfung unterzogen wird. Der durch eine Schwingkurbel erzeugte Seilhub kann je nach der Versuchsbedingung in weiten Grenzen verändert werden. Die Spielzahl der Maschine ist zwischen 22 und 44/min regelbar.

Der Bau von drei Versuchsmaschinen der gekennzeichneten Art, die Beschaffung weiterer Versuchseinrichtungen und der Versuchsbetrieb wurden in dankenswerter Weise mit Geldmitteln unterstützt vor allem durch den Verein Deutscher Ingenieure, die Notgemeinschaft der Deutschen Wissenschaft, das Reichskuratorium für Wirtschaftlichkeit[1]) und in geringerem

Abb. 2 und 3. Dauerprüfmaschine für Drahtseile.
a = Treibscheibe b = Spannscheibe c = Versuchsscheiben

Umfange durch den Verband der Aufzugsfabrikanten. Zu Dank verpflichtet bin ich der Firma Felten & Guilleaume, Carlswerk, Köln-Mülheim, die zu den systematischen Versuchen die nötigen Drahtseile kostenlos zur Verfügung stellte. Weiter wurden meine Arbeiten gefördert durch die Firma Bopp & Reuther, Mannheim, und die Maschinenfabrik C. Haushahn, Aufzüge und Krane, Stuttgart-Feuerbach. Bei der Konstruktion der Drahtseildauerprüfmaschine unterstützte mich in hervorragender Weise mein bisheriger Konstruktionsingenieur Dipl.-Ing. GERHARD SCHNIBBE. Bei der Durchführung der mühevollen Tag- und Nachtarbeit erfordernden Versuche wirkten mit die Assistenten Dipl.-Ing. MANFRED WILHELM, Dipl.-Ing. FRANZ GOERKE und Dipl.-Ing. ERNST LUCAS.

[1]) Das Reichskuratorium für Wirtschaftlichkeit hat diese Versuchsarbeiten im Interesse der Allgemeinheit mit Geldmitteln unterstützt, da die Versuche dazu dienen, Grundlagen für die Bemessung von Aufzug- und Kranseilen und ihre Normung zu gewinnen.

Zahlentafel 1.

Lfd. Nummer	Seilaufbau					mm Seildurchmesser	mm Einzeldraht-durchmesser	mm² Querschnitt	kg/mm² Festigkeit	Schlagart (Kreuzschl. = Kr, Gleichs. = L)	mm Schlaglänge der Litze	Bemerkungen. Sämtliche Seile rechtsgängig und mit einer Faserstoffeinlage. Sämtliche Drahtlagen in den Litzen von Kreuzschlagseilen linksgängig, in den Litzen von Gleichschlagseilen rechtsgängig.
	Querschnittsbild	Bezeichnung nach den Normen	Litzen	Drahtzahl je Litze	Gesamtdrahtzahl							
1	c	A 16 DIN 655	6	19	114	16	1,0	89,5	130	Kr	110	blank
2	c	AL 16 DIN 655	6	19	114	16	1,0	89,5	130	L	125	blank
3	c		6	19	114	16	1,0	89,5	80	Kr	110	blank, Aufbau nach A 16 DIN 655
4	c		6	19	114	16	1,0	89,5	80	L	125	blank, Aufbau nach AL 16 DIN 655
5	c	A 16 DIN 655	6	19	114	16	1,0	89,5	160	Kr	110	blank
6	c	AL 16 DIN 655	6	19	114	16	1,0	89,5	160	L	125	blank
7	c	A 16 DIN 655	6	19	114	16	1,0	89,5	180	Kr	110	blank
8	c	AL 16 DIN 655	6	19	114	16	1,0	89,5	180	L	125	blank
9	c		6	19	114	16	1,0	89,5	200	Kr	110	blank, Aufbau nach A 16 DIN 655
10	c		6	19	114	16	1,0	89,5	200	L	125	blank, Aufbau nach AL 16 DIN 655
11	c	A 16 DIN 655	6	19	114	16	1,0	89,5	130	Kr	110	verzinkt
12	c	AL 16 DIN 655	6	19	114	16	1,0	89,5	130	L	125	verzinkt
13	c		6	19	114	16	1,0	89,5	130	Kr	116	Trulay, blank, Aufbau nach A 16 DIN 655
14	c		6	19	114	16	1,0	89,5	130	L	107	Trulay, blank, Aufbau nach AL 16 DIN 655
15	a		6	61	366	16	0,56	90,1	130	Kr	108	blank
16	a		6	61	366	16	0,56	90,1	130	L	133	blank
17	b		6	37	222	16	0,73	92,9	130	Kr	112	blank
18	b		6	37	222	16	0,73	92,9	130	L	130	blank
19	d		6	14	84	16	1,15	87,2	130	Kr	114	blank
20	d		6	14	84	16	1,15	87,2	130	L	124	blank
21	e		6	12	72	16	1,25	88,4	130	Kr	115	blank
22	e		6	12	72	16	1,25	88,4	130	L	120	blank
23	f		6	7	42	16	1,65	89,8	130	Kr	112	blank
24	f		6	7	42	16	1,65	89,8	130	L	114	blank
25	g		6	4	24	16	2,15	87,1	130	Kr	126	blank
26	g		6	4	24	16	2,15	87,1	130	L	124	blank
27	h		6	3	18	16	2,50	88,4	130	Kr	130	blank
28	h		6	3	18	16	2,50	88,4	130	L	134	blank
29	e		6	12	72	16	1,25	88,4	130	Kr	115	Trulay, blank
30	e		6	12	72	16	1,25	88,4	130	L	117	Trulay, blank
31	f		6	7	42	16	1,65	89,8	130	Kr	115	Trulay, blank
32	f		6	7	42	16	1,65	89,8	130	L	117	Trulay, blank
33	i		6	19	114	16	s. B.	92,5	s. B.	Kr	98	6 × {1 Dr. mit 1,5 mm 9 Dr. mit 0,7 mm 9 Dr. mit 1,2 mm} [1])
34	i		6	19	114	16	s. B.	92,5	s. B.	L	104	6 × {1 Dr. mit 1,5 mm 9 Dr. mit 0,7 mm 9 Dr. mit 1,2 mm} [1]) [2])
35	c	A 13 DIN 655	6	19	114	13	0,8	57,3	130	Kr	90	blank
36	c		6	19	114	13	0,8	57,3	130	Kr	82	Trulay, blank, Aufbau nach A 13 DIN 655
37	i		6	19	114	13	s. B.	54,0	s. B.	Kr	80	6 × {1 Dr. mit 1,2 mm 9 Dr. mit 0,55 mm 9 Dr. mit 0,9 mm} [1])

[1]) Mittl. Festigkeit rd. 120 kg/mm², blank. [2]) Trulay.

Die Zugbelastung wurde bei den Versuchen zunächst verhältnismäßig hoch gewählt, um möglichst schnell Einblick in die zu erwartenden Gesetzmäßigkeiten zu gewinnen. Bei den weiteren Dauerversuchen ermöglicht der erhaltene Einblick, sich auf das für die Praxis Wesentlichste zu beschränken, was notwendig erscheint im Hinblick auf die große Versuchsdauer, die bei den üblichen Betriebsbelastungen zu erwarten ist.

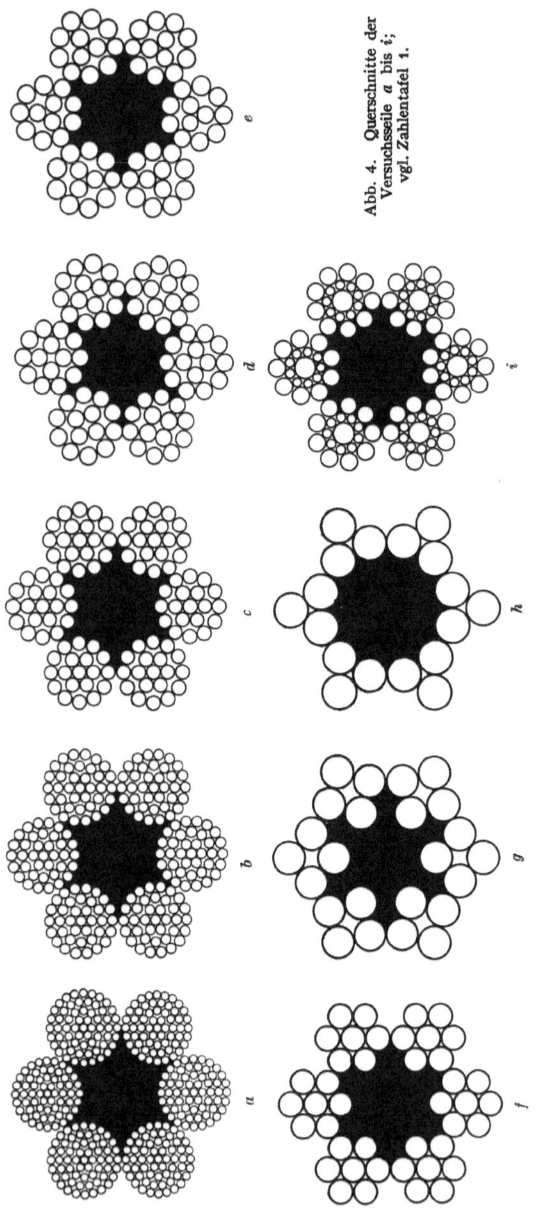

Abb. 4. Querschnitte der Versuchsseile *a* bis *i*; vgl. Zahlentafel 1.

Als *ein* Biegungswechsel aufgefaßt und gezählt wird bei den folgenden Versuchsreihen die Biegung aus dem gekrümmten in den geraden und wieder in den gekrümmten Zustand zurück.

Die Daten der Versuchsseile finden sich in der Zahlentafel 1, die Querschnitte zeigt Abb. 4.

Versuchsergebnisse.

3. Einfluß des Rillengrundradius.

Bei der Verfolgung des Einflusses des Rillengrundradius auf die Lebensdauer eines Drahtseiles wurde ein Kreuzschlagseil A 16 DIN 655 mit 130 kg/mm² Zugfestigkeit bei einer spez. Zugbelastung von 30 kg/mm² auf einer Scheibe von 400 mm Durchmesser dem Versuch unterworfen. Abb. 5 zeigt, daß mit zunehmendem Rillengrundradius die Lebensdauer r a s c h abnimmt, infolge der Zunahme der spez. Pressung zwischen Seil und Scheibe, und daß bei einem Rillengrundradius von $r = 50$ mm, d. h. bei praktisch zylindrischer Lauffläche der Scheibe, die Lebensdauer etwa auf die Hälfte absinkt gegenüber satter Auflage des Seiles im Rillengrund.

Bei einem Rillengrundradius $r = 12$ mm, der nach DIN 690 für Rillenprofile von Seilscheiben für ein Seil von 16 mm Durchmesser zugelassen wird, kann man bereits eine erhebliche Abnahme der Lebensdauer des Seiles feststellen.

Das Gleichschlagseil AL 16 DIN 655, das auf einem Rillengrundradius von $r = 8{,}5$ mm und $r = 50$ mm unter denselben Bedingungen der Prüfung unterworfen wurde, ergab einen ähnlichen Abfall der Lebensdauer (vgl. Abb. 6).

Die Ergebnisse verdeutlichen, welchen erheblichen Einfluss die Gestaltung des Rillengrundes der Scheibe auf die Lebensdauer von Seilen ausübt.

Einige der folgenden Versuchsreihen wurden, um tunlichst die Grenzbedingungen zu erfassen, sowohl mit Rillengrundradius $r = 8{,}5$ mm als auch mit $r = 50$ mm durchgeführt.

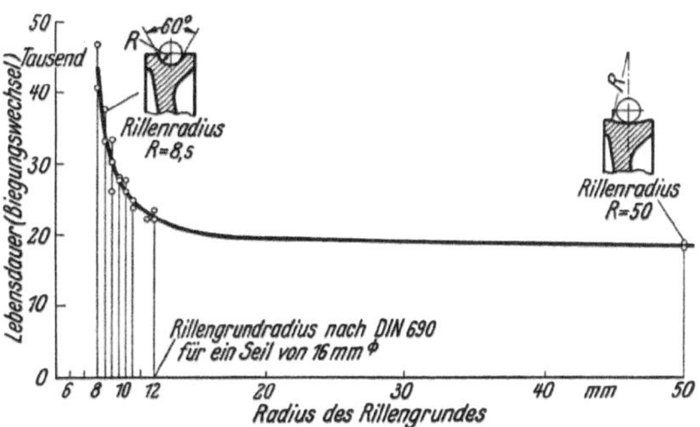

Abb. 5. Einfluß des Rillengrundradius auf die Lebensdauer eines Kreuzschlagseiles.

Für die weiteren Versuche sind noch andere technisch wichtige Profilformen vorgesehen, außerdem wird der Einfluß des Werkstoffs der Rillen (z. B. Stahl, Stahlguß, Bronze, Holz, Leder u. dgl.) verfolgt werden.

4. Einfluß der Schlagart.

Aus den Abb. 6 und 7, die in Abhängigkeit vom Scheibendurchmesser bei einer spez. Zugbelastung von $\sigma_z = 30$ kg/mm² den Einfluß der Schlagart auf die Lebensdauer von Seilen erkennen lassen, geht die Überlegenheit des Gleichschlagseiles gegenüber dem Kreuzschlagseil hervor[1]). Abb. 6 betrifft den Vergleich eines Kreuzschlagseiles A 16 DIN 655 (114drähtig) mit dem entsprechenden Gleichschlagseil AL 16 DIN 655, beide mit einer Zugfestigkeit von 130 kg/mm². Abb. 7 enthält den Vergleich 42drähtiger Seile mit einem Durchmesser von 16 mm und 130 kg/mm² Zugfestigkeit in Kreuz- und Gleichschlag. Die Seile wurden auf Scheiben mit Rillengrundradien $r = 8{,}5$ mm und $r = 50$ mm dem Versuch unterworfen.

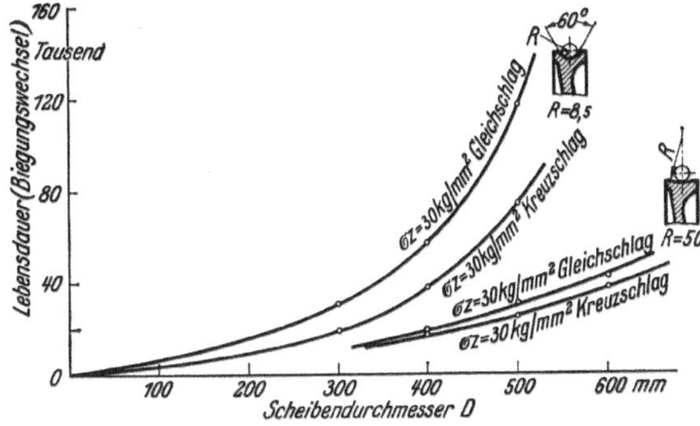

Abb. 6. Einfluß der Schlagart auf die Lebensdauer eines Drahtseiles (Drahtzahl 114).

Die Lebensdauer der Seile beider Schlagarten nähert sich, wie zu erwarten, bei Rillengrundradius $r = 50$ mm, doch geht auch hierbei, was für die Praxis wichtig erscheint, die Überlegenheit

[1]) Diese Versuchsergebnisse bestätigen die im Maschinenbau Bd. 3 (1924) S. 763 f. von mir auf Grund von Versuchen ausgesprochene Ansicht von der Überlegenheit der Gleichschlagseile.

des Gleichschlagseiles nicht verloren, trotz des den Vorzug des Gleichschlagseiles verwischenden Einflußes der hohen Pressung zwischen Seil und Scheibe.

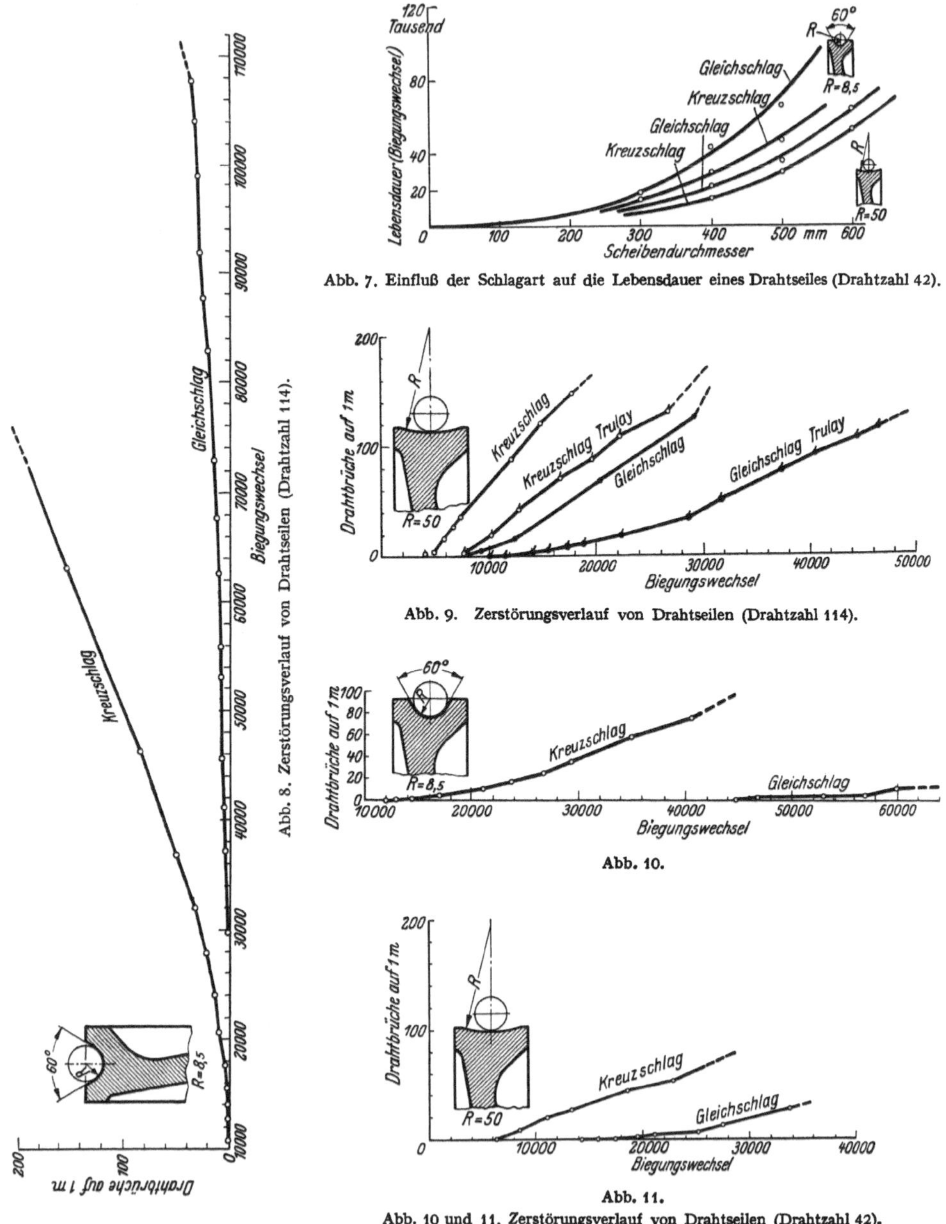

Abb. 7. Einfluß der Schlagart auf die Lebensdauer eines Drahtseiles (Drahtzahl 42).

Abb. 8. Zerstörungsverlauf von Drahtseilen (Drahtzahl 114).

Abb. 9. Zerstörungsverlauf von Drahtseilen (Drahtzahl 114).

Abb. 10.

Abb. 11.

Abb. 10 und 11. Zerstörungsverlauf von Drahtseilen (Drahtzahl 42).

Die Abb. 8, 9, 10 und 11 verdeutlichen für die oben angeführten Seile mit Drahtzahlen von 114 bzw. 42 den langsameren Anstieg des Zerstörungsverlaufs (Drahtbrüche je lfd. m Seil in Abhängigkeit von den Biegezahlen) beim Gleichschlagseil verglichen mit dem Kreuzschlagseil, bei einem Scheibendurchmesser von 500 mm und bei Rillengrundradien $r = 8{,}5$ mm und $r = 50$ mm.

Auch bei den folgenden Versuchsreihen wurden Gleich- und Kreuzschlagseile gefahren, und man erkennt immer wieder die Überlegenheit des Gleichschlagseiles.

5. Einfluß der Seilbelastung.

Abb. 12 zeigt in Abhängigkeit vom Scheibendurchmesser den Verlauf der Lebensdauer eines Kreuzschlagseiles (A 16 DIN 655, Zugfestigkeit 130 kg/mm²), bei einer spez. Seilbelastung von $\sigma_z = 20$ bis 60 kg/mm². Bei einem Scheiben-

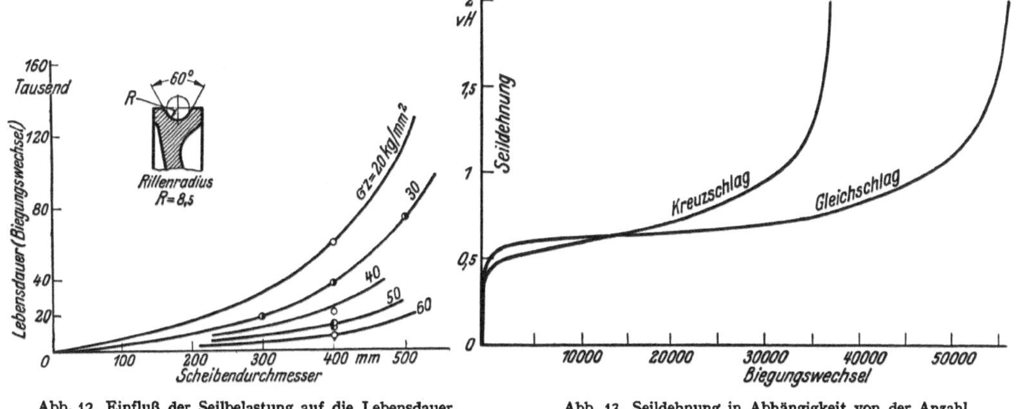

Abb. 12. Einfluß der Seilbelastung auf die Lebensdauer eines Kreuzschlagseiles.

Abb. 13. Seildehnung in Abhängigkeit von der Anzahl der Biegungswechsel.

durchmesser von 400 mm ist für das gekennzeichnete Seil der Zusammenhang zwischen σ_z und der Lebensdauer in Abb. 1 wiedergegeben. Die Abb. 1 und 12 verdeutlichen das rasche Absinken der Lebensdauer mit zunehmender Seilbelastung[1]).

6. Seildehnung beim Dauerbiegeversuch.

Abb. 13 gibt für ein Kreuzschlagseil A 16 DIN 655 und ein Gleichschlagseil AL 16 DIN 655 je mit 130 kg/mm² Zugfestigkeit bei einer Seilbelastung von $\sigma_z = 30$ kg/mm² die während des Dauerbiegeversuchs gemessene Seildehnung in Abhängigkeit von der Anzahl der Biegungswechsel wieder. Diese Charakteristiken lassen erkennen, daß nach kurzer Betriebszeit, d. h. nach verhältnismäßig wenig Biegungswechseln, das Seil bezüglich seiner Dehnung sich in einen gewissen Beharrungszustand einspielt. Kurz vor dem Bruch nimmt aber, entsprechend dem — äußerlich nicht immer wahrnehmbaren[2]) — Zerfall des Seiles die Dehnung verhältnismäßig schnell zu. Dieses Warnungszeichen vor dem drohenden Bruch, die rasche Zunahme der Seildehnung, sollte in der Praxis nicht übersehen werden.

---

[1]) Vgl. auch Benoit, Die Drahtseilfrage, Verlag Gutsch, Karlsruhe i. B. 1915, S. 110, Fig. 37.

[2]) Vgl. den von Benoit geschilderten Fall in: Die Drahtseilfrage, S. 136, Fußnote.

7. Einfluß der Drahtdicke bzw. Drahtzahl auf die Lebensdauer von Drahtseilen.

Bei den in Abb. 14 bis 17 niedergelegten Versuchsreihen wurde unternommen, Einblick zu gewinnen in den Einfluß der Drahtdicke bzw. Drahtzahl auf die Lebensdauer von Seilen, und zwar sowohl bei Kreuzschlag als auch bei Gleichschlag, bei Rillengrundradien von $r = 8{,}5$ mm und $r = 50$ mm.

Nach Lösung dieser Aufgabe wird es möglich sein, der Praxis das für einen bestimmten Scheibendurchmesser günstigste Seil anzugeben.

Die dem Versuch bei einer spez. Seilbelastung von $\sigma_z = 30$ kg/mm² unterworfenen Seile von gleichem Seildurchmesser (16 mm) und gleicher Drahtfestigkeit (130 kg/mm²) lagen in ihrer Drahtzahl zwischen 366 und 18 und in ihrer Drahtdicke von 0,56 mm bis 2,5 mm. Die in Abhängigkeit von der Drahtdicke

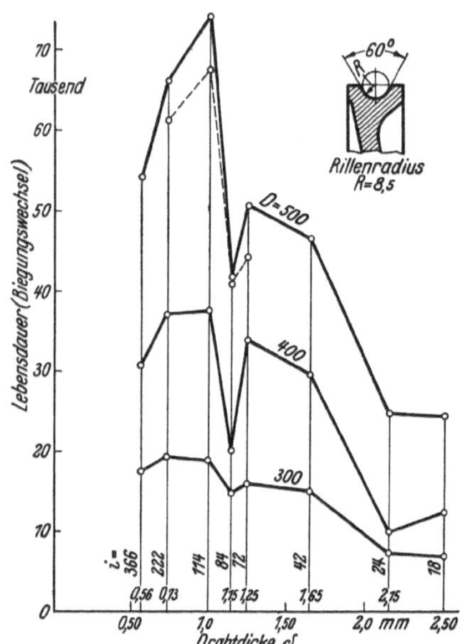

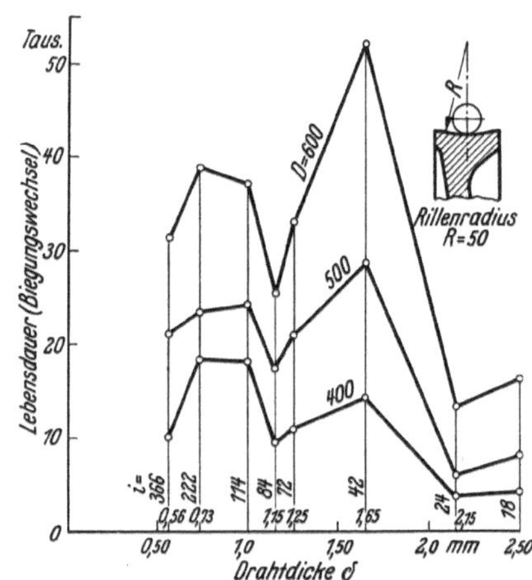

Abb. 14 und 15. Einfluß der Drahtdicke bzw. Drahtzahl auf die Lebensdauer von Drahtseilen (Kreuzschlag).

aufgetragenen Lebensdauern der Seile zeigen bei einer bestimmten Drahtdicke bzw. Drahtzahl ein Maximum an Lebensdauer, und zwar prägt sich im großen ganzen dieses Maximum bei zunehmender Scheibengröße von 300 mm bis 500 mm (Rillengrundradius $r = 8{,}5$ mm) bzw. von 400 mm bis 600 mm (Rillengrundradius $r = 50$ mm) deutlicher aus.

Im vorliegenden Fall kann als das überlegenste Seil bei Kreuzschlag, bei einem Scheibendurchmesser von 500 mm und einem Rillengrundradius von $r = 8{,}5$ mm das 114drähtige Seil mit einer Drahtdicke von 1 mm angesprochen werden.

Beim Gleichschlagseil kennzeichnet sich das 114drähtige Seil mit einer Drahtdicke von 1 mm als das günstigste, schon von einem Scheibendurchmesser von 300 mm an.

Bei einem Rillengrundradius von $r = 50$ mm sinkt naturgemäß die Lebensdauer der Seile im Vergleich zu den Versuchsreihen bei passendem Rillengrund.

Das Maximum verschiebt sich in Richtung der zunehmenden Drahtdicke (vgl. Abb. 15 und 17), weil das Seil mit dickeren Drähten der bei der flachen Rille auftretenden ungünstigeren Pressung eher zu widerstehen vermag. Das 42drähtige Seil mit einer Drahtdicke von 1,65 mm zeigt sich im Vorteil, und zwar bei Kreuzschlag von einem Scheibendurchmesser von 500 mm, bei Gleichschlag von 400 mm an.

Wenn bei Lastenseilbahnen, wo zwar das Seil die Tragrollen nicht umschlingt, 42drähtige Seile als Zugseile verwendet werden, so erscheint ein solches Vorgehen nach diesen Versuchsergebnissen sinngemäß, da ja auch dort die auf der Strecke befindlichen Tragrollen große Rillenauskehlungen besitzen.

Beachtenswert dürfte bei den vorliegenden Versuchsreihen ferner sein der jähe Abfall der Lebensdauer bei den 84- und 72drähtigen Seilen,

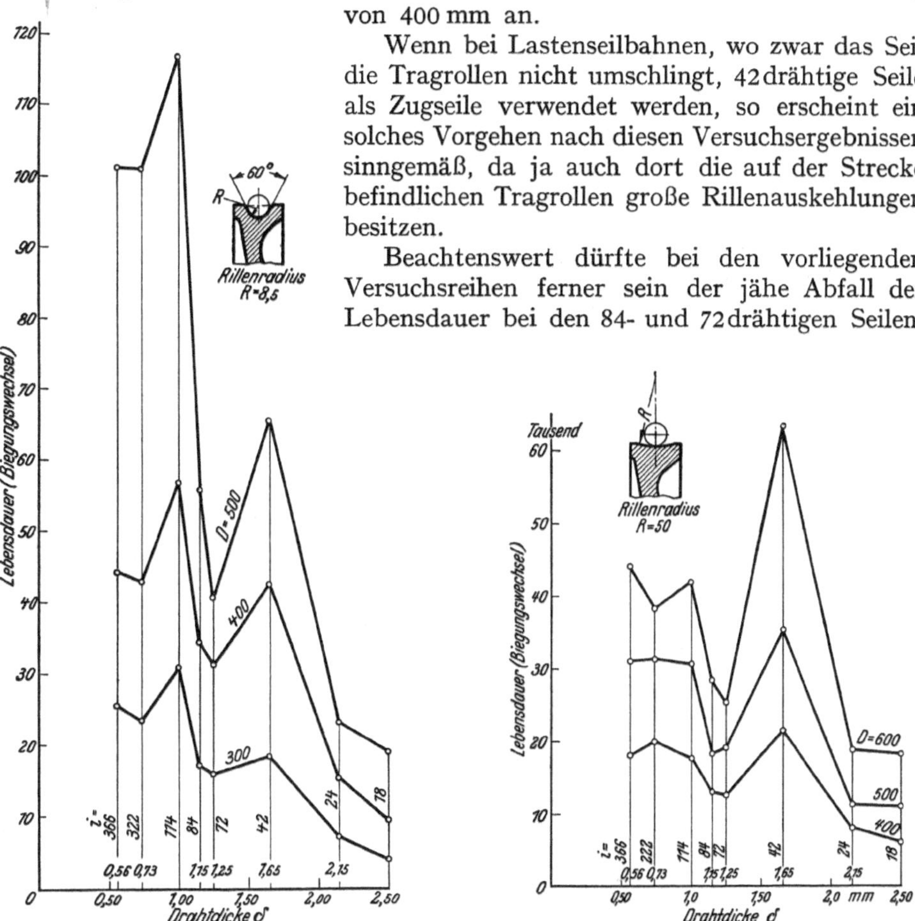

Abb. 16 und 17. Einfluß der Drahtdicke bzw. Drahtzahl auf die Lebensdauer von Drahtseilen (Gleichschlag).

der sich sowohl bei der Versuchsreihe mit Rillengrundradius $r = 8{,}5$ mm als auch bei der Versuchsreihe mit $r = 50$ mm zeigt. Das ungünstige Verhalten dieser Seile ist vermutlich in ihrem Aufbau (Abb. 4, Bild *d* und *e*) begründet. Der in Abb. 14 gestrichelt eingetragene Linienzug für einen Scheibendurchmesser von 500 mm läßt das besondere Verhalten des 84- und des 72drähtigen Seiles auch bei entsprechenden Drahtseilen anderer Herkunft erkennen. Bei weiteren Versuchen wird dieser Erscheinung besondere Beachtung zu schenken sein, da 84- und 72drähtige Seile auch als Zugseile von Personenseilschwebebahnen Verwendung fanden.

8. Einfluß des Rollenverhältnisses.

Bei Zugrundelegung eines bestimmten Verhältnisses $\frac{D}{\delta}\left(\frac{\text{Scheibendurchmesser}}{\text{Drahtdicke}}\right)$ für die Bemessung des Scheiben- bzw. Trommeldurchmessers wird in der Praxis und in Lehrbüchern stillschweigend die Voraussetzung gemacht, daß die Inanspruchnahme von Seilen beliebigen Aufbaus und verschiedener Schlagart im Betrieb infolge des Laufs über die Scheiben bzw. auf die Trommel bei gleichem $\frac{D}{\delta}$ dieselbe sei. Es wird angenommen, damit dem Zusammenhang zwischen Scheibendurchmesser und Drahtdicke und der Inanspruchnahme des Seiles beim Umbiegen Rechnung getragen zu haben.

Um Einblick zu gewinnen in den Zusammenhang zwischen dem Rollenverhältnis $\frac{D}{\delta}$ und der Lebensdauer von Seilen verschiedener Drahtdicke bzw. Drahtzahl, wurden die Lebensdauern solcher Drahtseile in Kreuz- und Gleich-

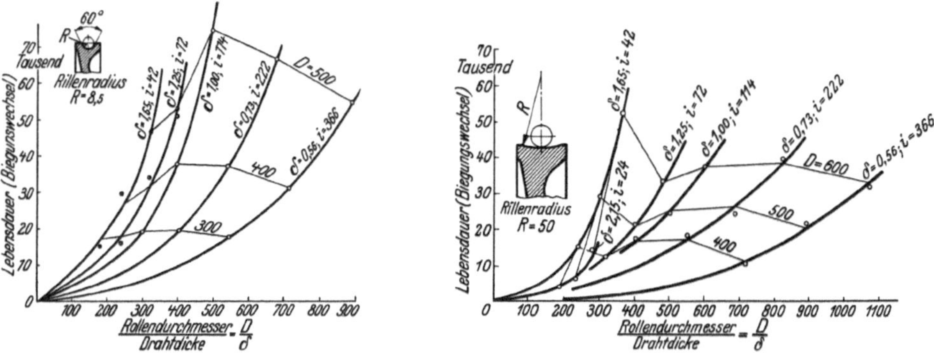

Abb. 18 und 19. Zusammenhang zwischen $\frac{D}{\delta}$ und der Lebensdauer von Drahtseilen (Kreuzschlag).

schlag, von gleicher Drahtfestigkeit (130 kg/mm²) und gleichem Seildurchmesser (16 mm), die bei einer spez. Zugbelastung von 30 kg/mm² und mit Rillengrundradien von $r = 8{,}5$ mm und $r = 50$ mm gefahren worden waren, in Abhängigkeit vom Rollenverhältnis $\frac{D}{\delta}$ aufgetragen (vgl. Abb. 18 bis 21).

Die vorliegenden Versuchsergebnisse zeigen, daß bei einem bestimmten $\frac{D}{\delta}$ die Seile eine weitgehend verschiedene Inanspruchnahme bzw. Lebensdauer aufweisen. Wäre die Auswirkung des Rollenverhältnisses $\frac{D}{\delta}$ für jedes Seil dieselbe, so müßte an Stelle der Kurvenscharen in den Abb. 18 bis 21 jeweils ein einziger Linienzug auftreten. Das Rollenverhältnis $\frac{D}{\delta}$ ist eben nicht allein maßgebend für die Bewährung von Seilen. Die Schlagart, der Seilaufbau und anderes sind von wesentlichem Einfluß. Wie unterschiedlich die Wirkung des Rollenverhältnisses auf die Lebensdauer verschiedener Seile sein kann, geht aus Abb. 18 hervor (Kreuzschlag, Rillengrundradius $r = 8{,}5$ mm), wonach z. B. die Lebensdauer des 366drähtigen Seiles mit $\delta = 0{,}56$ mm bei einem Rollenverhältnis $\frac{D}{\delta} = 900$ dieselbe ist (56000 Biegungswechsel) wie diejenige des 42drähtigen Seiles mit $\delta = 1{,}65$ mm bei einem Rollenverhältnis $\frac{D}{\delta} = 340$. Noch ausgesprochener liegen die bezüglichen Verhältnisse in Abb. 19 (Kreuzschlag, Rillengrundradius $r = 50$ mm). Hier ist sogar bei den eben genannten Seilen die Lebensdauer die gleiche (32000 Biegungswechsel) bei einem Rollenverhältnis $\frac{D}{\delta} = 1070$ bzw. $\frac{D}{\delta} = 310$. Entsprechend sind die Ergebnisse bei Gleichschlag.

Die bis vor kurzem für die Berechnung von Aufzugseilen behördlich vorgeschriebene Gleichung drängte auf dünndrähtige Seile hin, die sich, wie die Versuche bis jetzt zeigen, als unzweckmäßig erweisen. Bei der Entwicklung der deutschen Seile, im Sinne der zweckmäßigeren, mit dickeren Drähten in der Decklage der Litzen ausgestatteten, amerikanischen Aufzugseile, war die deutsche

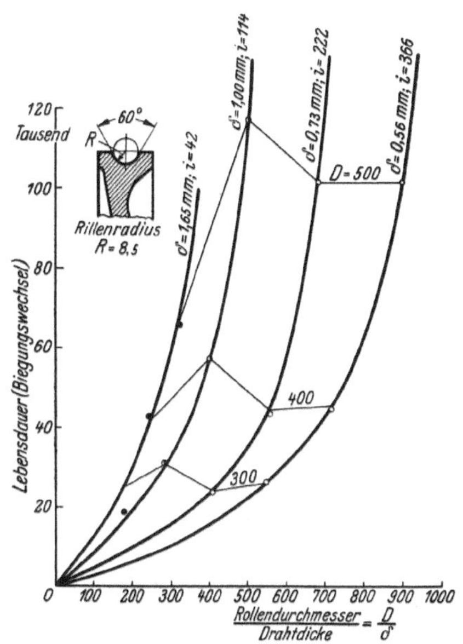

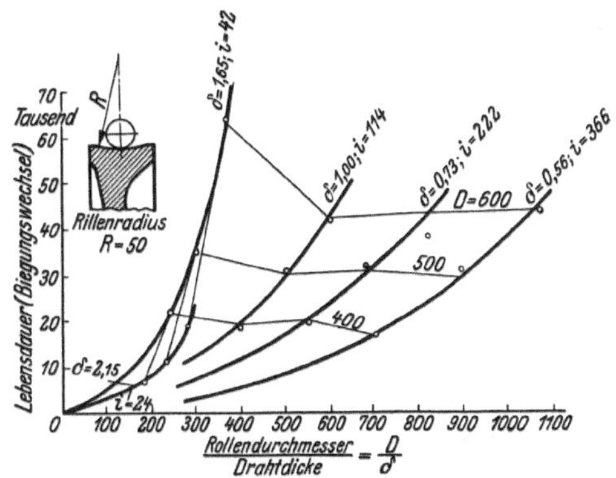

Abb. 20 und 21. Zusammenhang zwischen $\frac{D}{\delta}$ und der Lebensdauer von Drahtseilen (Gleichschlag).

Drahtseilindustrie behördlich gehemmt. Auch HERBST kennzeichnet im Hinblick auf Schachtförderseile auf Grund seiner Erfahrungen den Nachteil hoher Drahtzahlen bzw. geringer Drahtdicke[1]).

In den Abb. 18 bis 21 zeigt sich wieder, daß einem bestimmten Rollendurchmesser ein Seil mit maximaler Lebensdauer zugeordnet ist.

Zur Klärung des Einflusses des Rollenverhältnisses im Zusammenhang mit der Drahtdicke bzw. Drahtzahl werden die Versuche noch ausgedehnt auf Seile mit verschiedenem Durchmesser und mit geometrisch ähnlichem Querschnitt.

9. Einfluß der Drahtfestigkeit.

Für die Fördertechnik ist es wichtig zu wissen, ob eine Zunahme der Drahtfestigkeit eines Seiles bei sonst gleichen Verhältnissen eine entsprechende Zunahme der Lebensdauer in sich schließt bei gleicher spez. Seilbelastung.

---

[1]) Z. V. d. I. Bd. 72 (1928) S. 345 u. f.

Weiter drängt sich die Frage auf, ob bei gleicher Sicherheit auf Zug, d. h. bei einer mit der Zugfestigkeit wachsenden Seilbelastung die Lebensdauer von Seilen gleichen Aufbaus dieselbe ist.

Versuche, die zur Klärung dieser Fragen mit Seilen von 16 mm Durchmesser nach dem Aufbau des Drahtseiles A 16 DIN 655 (Kreuzschlag) und AL 16 DIN 655 (Gleichschlag) mit Festigkeiten von 80, 130, 160, 180 und 200 kg/mm² auf Scheiben von 300 und 400 mm Durchmesser, bei einem Rillengrundradius von $r = 8{,}5$ mm durchgeführt wurden, haben zu den in Abb. 22 und 23 niedergelegten Ergebnissen geführt. Abb. 22, welche die Ergebnisse der Ver-

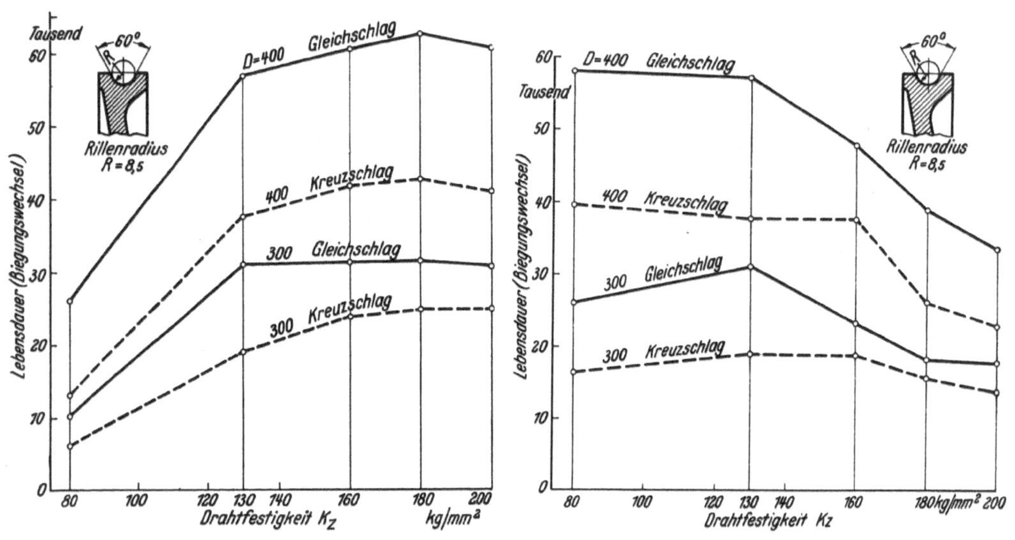

Abb. 22. Einfluß der Drahtfestigkeit auf die Lebensdauer von Drahtseilen bei gleicher spez. Seilbelastung.

Abb. 23. Einfluß der Drahtfestigkeit auf die Lebensdauer von Drahtseilen bei konstanter Sicherheit auf Zug.

suche mit gleicher spez. Belastung (30 kg/mm²) wiedergibt, läßt erkennen, daß die Lebensdauer der Zunahme der Drahtfestigkeit nicht folgt, obgleich die Seile mit zunehmender Festigkeit rechnerisch im Vorteil sind. Die Seile mit hochfesten Drähten erweisen sich in ihrer Lebensdauer den Seilen mit 130 kg/mm² Zugfestigkeit nicht oder nicht wesentlich überlegen.

Abb. 23 gibt die Versuchsergebnisse wieder bei konstanter Sicherheit (4,33) auf Zug. Hierbei sinkt, wie nach den Ergebnissen in Abb. 22 zu erwarten ist, die Lebensdauer mit zunehmender Drahtfestigkeit. Die Seile mit Drähten von 130 kg/mm² scheinen nach den bisherigen Versuchen sich günstig zu verhalten.

10. Zusammenhang zwischen der Anzahl der Biegungswechsel und der Abnahme der Tragkraft eines Seiles.

Das Seil ist ein Organ, das im Laufe des Betriebes seinen ursprünglichen Sicherheitsgrad verliert. Die Abb. 24 gibt den Zusammenhang wieder zwischen der Anzahl der Biegungswechsel und der Abnahme der Tragkraft eines Kreuzschlagseiles A 16 DIN 655 (130 kg/mm² Zugfestigkeit), und zwar für verschiedene spez. Seilbelastungen von $\sigma_z = 20$ bis 60 kg/mm² bei einem Scheibendurchmesser von 400 mm und einem Rillengrundradius von $r = 8{,}5$ mm.

Die Seile wurden jeweils nach einer bestimmten Anzahl von Biegungswechseln zerrissen, um die Resttragkraft bzw. die Abnahme der Tragkraft festzustellen.

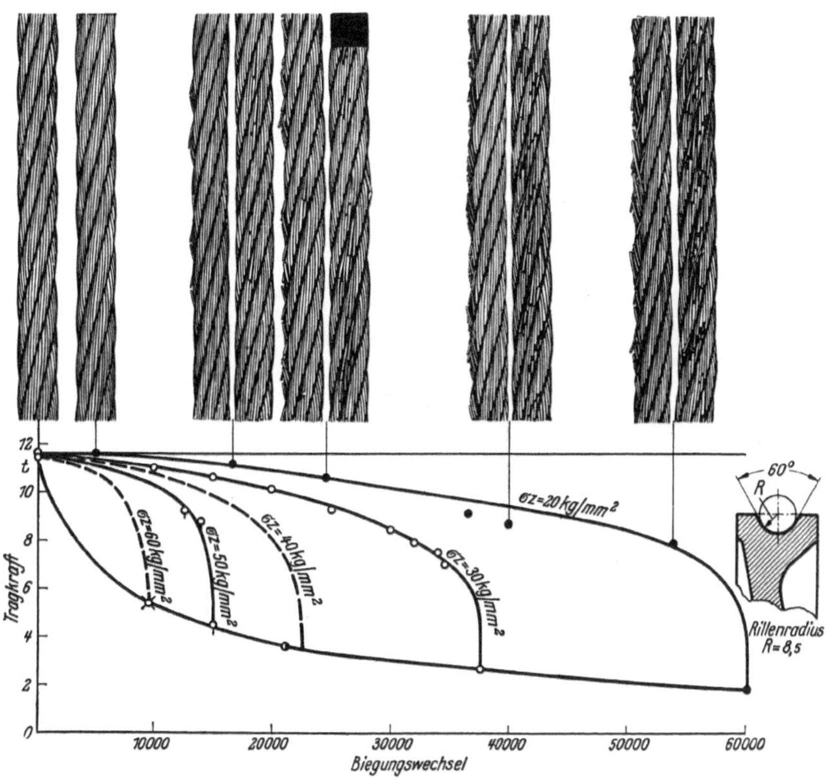

Abb. 24. Zusammenhang zwischen der Anzahl der Biegungswechsel und der Abnahme der Tragkraft eines Drahtseiles (Kreuzschlag).

Für die Linie $\sigma_z = 20$ kg/mm² ist in Abb. 24 für eine Reihe von Versuchspunkten der Zerstörungszustand der Seile, von vorn und von der Seite gesehen, wiedergegeben.

Die entsprechende Versuchskurve für das Gleichschlagseil AL 16 DIN 655 und für eine spez. Seilbelastung von $\sigma_z = 30$ kg/mm² gibt Abb. 25 wieder. Auch hier ist der Zerstörungsgrad der Seile festgehalten.

Der Vergleich zwischen den beiden Kurven für $\sigma_z = 30$ kg/mm² in den Abb. 24 und 25 für Kreuz- und Gleichschlag läßt erkennen, daß die Abnahme an Tragkraft beim Gleichschlagseil wesentlich langsamer erfolgt als beim entsprechenden Kreuzschlagseil.

11. Zusammenhang zwischen der Anzahl der Drahtbrüche und der Abnahme der Tragkraft eines Seiles.

In Abb. 26 ist für das Kreuzschlagseil A 16 DIN 655 (Zugfestigkeit 130 kg/mm²) bei 400 mm Scheibendurchmesser und 8,5 mm Rillengrundradius der Zusammenhang zwischen der Anzahl der Drahtbrüche je lfd. m Seil und der Abnahme der Tragkraft des Seiles verdeutlicht. Für das dem Versuch unterworfene Seil zeigte sich ein praktisch linearer Verlauf der Abnahme der Tragkraft. Einer gewissen Drahtbruchzahl entsprach eine bestimmte Abnahme der Tragkraft, gleichgültig mit welcher spez. Zugbelastung ($\sigma_z = 20$ bis 50 kg/mm²) das betreffende Seilstück gefahren worden war.

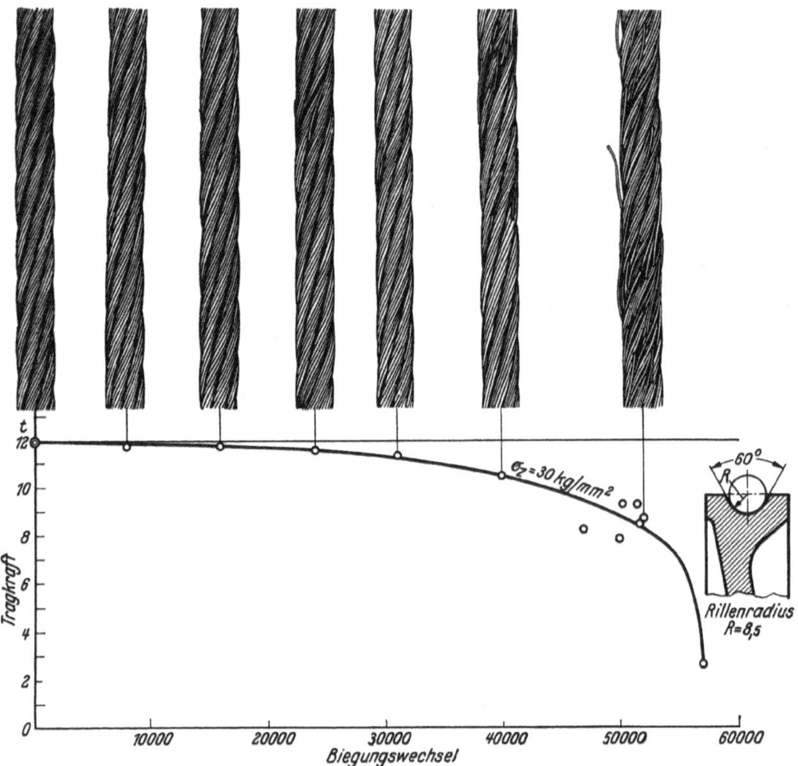

Abb. 25. Zusammenhang zwischen der Anzahl der Biegungswechsel und der Abnahme der Tragkraft eines Drahtseiles (Gleichschlag).

Die beigefügten Schaubilder halten den Zustand des Seiles fest, um dem Seilprüfer neben der Drahtbruchzahl ein Vergleichsbild für die aus dem Zerstörungsgrad eines Seiles zu schätzende Abnahme an Tragkraft zu geben.

Es ist zu hoffen, daß es auf Grund derartiger Versuchsdiagramme in Zukunft möglich sein wird, Seile rechtzeitig, nicht zu spät, d. h. bei schon drohender Bruchgefahr, aber auch nicht unwirtschaftlich voreilig, abzulegen.

Weitere derartige Versuchsreihen sind vorgesehen mit Seilen, die infolge Gegenbiegung auf zwei gegenüberliegenden Laufflächen Drahtbrüche aufweisen, und mit solchen, die durch Lauf in verschiedenen Ebenen oder durch Drehung ringsum Drahtbrüche zeigen. Ferner werden die Versuche ausgedehnt auf Seile verschiedener Drahtzahl und Schlaglänge bei wechselndem Seildurchmesser.

12. Vergleich der Lebensdauer nominell gleichwertiger Drahtseile.

Die in Abb. 27 eingetragenen Lebensdauerwerte von nominell gleichwertigen Drahtseilen, die unter gleichen Versuchsbedingungen (Seildurchmesser 16 mm, Drahtzahl 114, spez. Seilbelastung $\sigma_z = 30$ kg/mm², Scheibendurchmesser 300

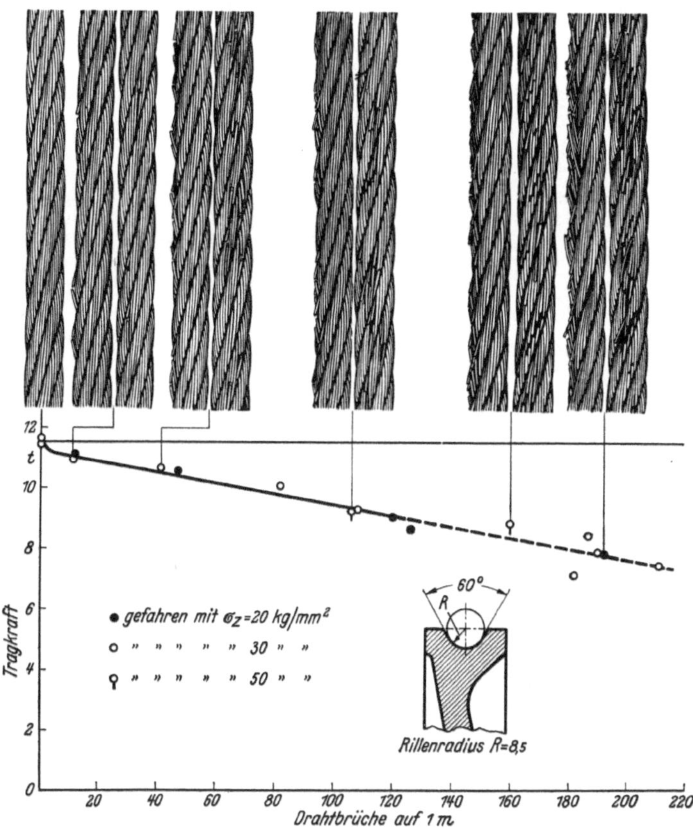

Abb. 26. Zusammenhang zwischen der Anzahl der Drahtbrüche und der Abnahme der Tragkraft eines Drahtseiles (Kreuzschlag).

und 400 mm, Rillengrundradius $r = 8,5$ mm) gefahren worden waren, sind in Abhängigkeit vom Scheibendurchmesser aufgetragen. Die Seile *k*, *l*, *m*, *n*, *o*, *p*, *r*, *s*, *t*, *u*, *v* und *w* besitzen einen Aufbau nach A 16 DIN 655 (130 kg/mm²) bzw. AL 16 DIN 655 (130 kg/mm²), während die Seile *q* und *x* eine aus dickeren Drähten bestehende Decklage in den Litzen gemäß Abb. 4 Bild *i* (vgl. auch Zahlentafel 1, lfd. Nr. 33 und 34) aufweisen.

Mit Ausnahme des Seiles *q*, amerikanischer Fertigung, sind die gekennzeichneten Seile deutsche Seile verschiedener Herkunft. Diese Seile sind an Lebensdauer dem hochwertigen amerikanischen Aufzugseil *q* teils unterlegen, teils gleichwertig, teils übertreffen sie es.

Auch die Zusammenstellung Abb. 28, die bei entsprechenden Versuchsbedingungen einen Vergleich zweier deutscher Seile von 13 mm Durchmesser mit einem vorzüglichen amerikanischen Aufzugseil von 13 mm Durchmesser (*y*, Zahlentafel 1, lfd. Nr. 37) wiedergibt, zeigt die Überlegenheit eines deutschen Seiles.

Bei den Seilen *q* und *x* mit 16 mm Durchmesser und analog bei dem Seil *y* mit 13 mm Durchmesser besitzen die Drahtlagen in den Litzen gleiche Schlag-

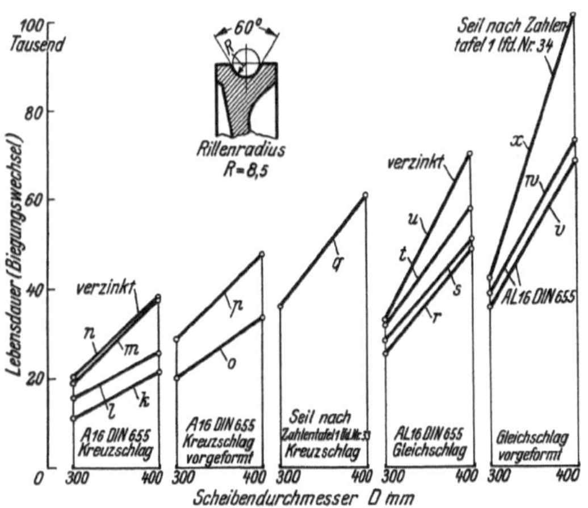

Abb. 27. Vergleich der Lebensdauer nominell gleichwertiger Drahtseile (Seildurchmesser 16 mm).

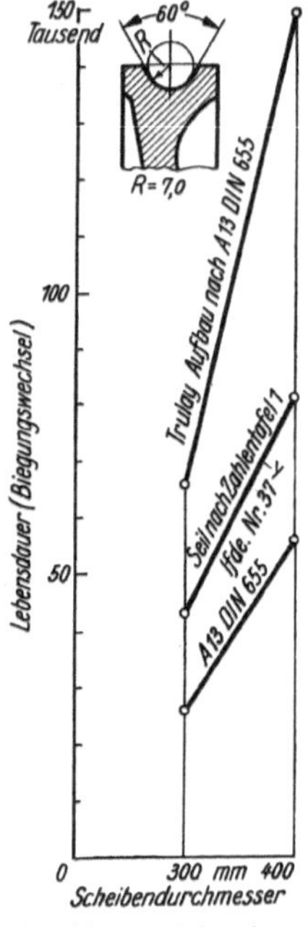

Abb. 28. Vergleich der Lebensdauer nominell gleichwertiger Drahtseile (Seildurchmesser 13 mm).

längen, während die Vergleichsseile gleiche Flechtwinkel der Drahtlagen in den Litzen aufweisen.

Abb. 27 und 28 verdeutlichen den günstigen Einfluß der Vorformung (s. S. 457), der Verseilung im Gleichschlag und der Verwendung dickerer Drähte in den Decklagen der Litzen. Ferner scheint die Anordnung gleicher Schlaglängen der Drahtlagen in den Litzen sich günstig auszuwirken.

13. Einfluß der Verzinkung.

Aus Abb. 27 ist auch noch zu erkennen, daß die Lebensdauer des verzinkten Seiles (*n*, *u*) nicht unter, sondern etwas über derjenigen des entsprechenden blanken Seiles liegt in Übereinstimmung mit meinem Hinweis im Maschinenbau Bd. 3 (1924) S. 770, Fußnote 21. Die Verzinkung der Versuchsseile war eine vorzügliche. Weitere Versuche mit verzinkten Seilen anderer Herkunft sind vorgesehen.

In der Praxis wird entgegen diesen Ergebnissen meist angenommen, daß das verzinkte Seil, verglichen mit dem Seil aus blanken Drähten gegenüber Umbiegungen sich ungünstiger verhalte. Die günstige Wirkung der Verzinkung läßt sich aus einer Schmierwirkung des Zinks und vielleicht auch aus einem Vergüten des Drahtes beim Verzinkungsvorgang erklären.

Hinzuweisen ist in diesem Zusammenhang auf die Beobachtung von SIEGLERSCHMIDT[1]) bei Versuchen im Staatlichen Materialprüfungsamt Berlin-Dahlem, wonach verzinkte und blanke Seildrähte keine wesentlichen Unterschiede in den Festigkeitseigenschaften aufzuweisen scheinen. Meine Versuchsergebnisse stimmen mit dieser Beobachtung bei den Zerreiß- und Dornbiegeproben überein. Ich fand jedoch einen erheblichen Unterschied zuungunsten des verzinkten Drahtes bei den Verwindeproben. Dieses ungünstige Ergebnis der Verwindeprobe bei diesen Drähten steht im Gegensatz zu der Bewährung der aus diesen Drähten geschlagenen Seile, denn die oben erwähnten Drahtseildauerversuche ergaben ein günstiges Verhalten der verzinkten Seile.

14. Seile mit vorgeformten Drähten (Trulay-Seile).

Die Abb. 9 und 27 bis 29 zeigen, daß die Vorformung der Drähte bzw. Litzen für die Lebensdauer von Seilen eine günstige Wirkung besitzt. Die Vergleichsseile in Abb. 29 mit einem Seildurchmesser von 16 mm, einer Zugfestigkeit von 130 kg/mm², mit Drahtzahlen von 114, 72 und 42, mit Drahtdicken von 1, 1,25 und 1,65 mm wurden auf einem Scheibendurchmesser von 500 mm mit $r = 8{,}5$ mm und 50 mm Rillengrundradius gefahren. Abb. 9 verdeutlicht für das genannte 114-drähtige Seil im Kreuz- und Gleichschlag bei Trulay-Ausbildung den langsameren Anstieg des Zerstörungsverlaufs (Drahtbrüche je lfd. m Seil in Abhängigkeit von den Biegezahlen) gegenüber den entsprechenden gewöhnlichen Seilen.

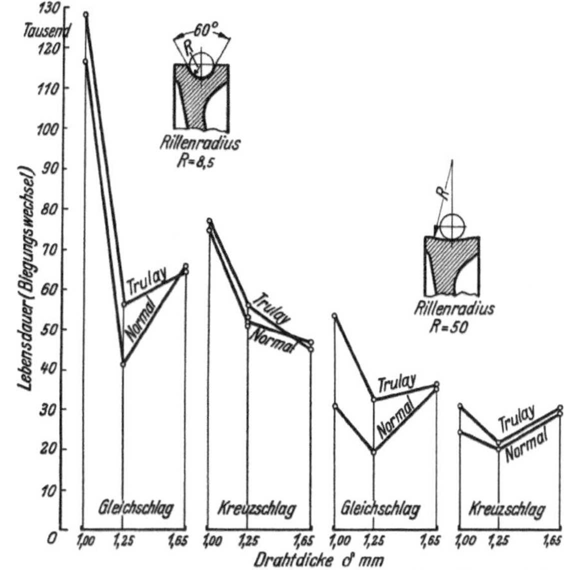

Abb. 29. Einfluß der Vorformung der Drähte bzw. Litzen auf die Lebensdauer von Drahtseilen.

Die günstige Wirkung der Vorformung auf die Lebensdauer verliert sich nach den bisherigen Versuchen mit zunehmender Drahtdicke, was sich daraus erklären läßt, daß die bei der Verflechtung auftretende *Ver*formung der Drähte bei grobdrähtigeren Seilen das Seil bereits angenähert in einen Trulay-Zustand versetzt. Die Seile mit vorgeformten Drähten haben neben einer gewissen Erhöhung der Lebensdauer den Vorteil, daß sie drallfrei und deshalb beim Einbau und im Betrieb bequemer zu handhaben sind als gewöhnliche Seile. Besonders für die an sich schon eine günstigere Lebensdauer auf-

[1]) Z. V. d. I. Bd. 71 (1927) S. 520.

weisenden Gleichschlagseile, deren Verwendung in gewöhnlicher Ausführung wegen des starken Dralles beschränkt ist, hat die Trulay-Ausbildung große Bedeutung. Die Trulay-Seile ergeben jedoch eine weniger sichere Spleißstelle, verglichen mit gewöhnlichen Seilen, infolge der fehlenden, die Reibung erhöhenden federnden Wirkung der vorgeformten Drähte und Litzen.

15. Einfluß der Gegenbiegung (S-Biegung).

Auch der für die Praxis wichtige Fall der Gegenbiegung (krumm — gerad — entgegengesetzt krumm) wurde in den Bereich der Untersuchungen gezogen. Es zeigte sich bis jetzt bei einem Kreuzschlagseil A 16 DIN 655 (Zugfestigkeit 130 kg/mm², spez. Seilbelastung $\sigma_z = 30$ kg/mm², Scheibendurchmesser 500 mm) eine Abnahme der Lebensdauer um etwa 25%, verglichen mit dem in gleichem Sinn (krumm — gerad — krumm) gebogenen Seil. Bei dem entsprechenden Gleichschlagseil AL 16 DIN 655 betrug die Abnahme der Lebensdauer bei den gleichen Betriebsbedingungen etwa 40%.

16. Chemische Analyse des Seildrahtwerkstoffes.

Wenn zuweilen die Meinung ausgesprochen wird, daß an Hand der Seildrahtanalysen auf die Bewährung von Seilen geschlossen werden könne, so habe ich auf Grund des Vergleichs, den die Dauerversuche ermöglichen, diese Ansicht bisher nicht bestätigt gefunden. Jene Meinung entstand wohl durch Betriebsbeobachtungen, die, wie in der Einleitung bereits bemerkt, kein sicheres Urteil zulassen.

Ein gesetzmäßiger Zusammenhang zwischen chemischer Zusammensetzung (C, Si, Mn, P, S, Cu) der Seildrähte und der Lebensdauer von Seilen ließ sich trotz vieler Vergleichsversuche bis jetzt nicht gewinnen. Nur weitere umfassende, planmäßige Versuche können bei dieser so verwickelten Sonderaufgabe Aufklärung erhoffen lassen.

Der chemische Aufbau des Rohstoffes ist gewissermaßen als „Erbgut" des Drahtes anzusehen und ist somit von nicht zu verkennender Bedeutung. Durch „Erziehung" des Rohstoffes vom Knüppel bis zum fertigen Draht, durch den Walz- und Ziehvorgang und durch die Wärmebehandlung wird die Auswirkung des „Erbgutes" bei der Verwendung des Drahtes im Seil wesentlich beeinflußt. Dazu tritt überlagernd der stark in die Erscheinung tretende Einfluß der Verseilung, des Seilaufbaus und der Schlagart, schließlich auch der Faserstoffeinlage und des Tränkungs- bzw. Schmiermittels auf das Verhalten des Drahtes im Seil, auf die Bewährung des Seiles im Betriebe.

Die Lösung der Aufgabe, einen gewissen Zusammenhang zwischen Analyse und Lebensdauer bei Drahtseilen zu finden, erscheint demnach bei der Vielzahl der gekennzeichneten Veränderlichen als eine recht verwickelte und kostspielige. Ihre Lösung ist aber eine wirtschaftliche Notwendigkeit.

17. Dornbiege-, Verwinde- und Zerreißproben von Seildrähten.

Der Dauerversuch mit Drahtseilen erfaßt im Gegensatz zu den üblichen Kurzproben (Dornbiege-, Verwinde- und Zerreißproben) das Verhalten des Drahtes im verseilten Zustand unter den Bedingungen, unter denen der Seildraht im Betrieb zu arbeiten gezwungen ist (Kerbwirkung, Verschleiß, Reibung, Pressung zwischen den Seildrähten und der Scheibe usf.). Diese Kurzproben mit Drähten reichen nicht zur Beurteilung der Bewährung von Seilen im Betriebe aus, worauf ich bereits im Maschinenbau Bd. 3 (1924) S. 765 hinwies. Man ist, wie HERBST[1]) sagt, nicht in der Lage, auf Grund guter Ergebnisse dieser Prüfungen eine gute Bewährung des Seiles gewährleisten zu können, auch wenn diese Prüfungen durch chemische Analysen und metallographische Untersuchungen ergänzt werden. Meine Versuche bestätigten diese Erfahrung.

18. *Zusammenfassung.*

Die Notwendigkeit von Dauerversuchen zur Klärung der Drahtseilfrage, zur Schaffung von Berechnungsgrundlagen für Drahtseile wird an Hand von Versuchsreihen nachgewiesen. Die vorliegenden Teilergebnisse, die sich naturgemäß nur auf die untersuchten Seile beziehen, klären bereits ein gewisses Vorfeld auf und erscheinen geeignet, dem Fachmann Anhaltspunkte zur Bemessung von Seilen zu geben. Die Versuche werden fortgesetzt zur Ergänzung der bisherigen Ergebnisse. Insbesondere werden noch Versuche durchgeführt werden zur Aufhellung des Verhaltens der Drahtseile unter den besonderen Verhältnissen, wie sie bei Treibscheibenwinden vorliegen. Zu dem für diese Untersuchungen erforderlichen Versuchsaufzug wurden die Mittel in dankenswerter Weise von der Notgemeinschaft der Deutschen Wissenschaft zur Verfügung gestellt.

---

[1]) Z. V. d. I. Bd. 72 (1928) S. 349.

Der Nordrand der Vereisung im oberschwäbischen Rißgebiet.

Von

E. WUNDERLICH, Stuttgart.

Mit 1 Abbildung.

Das nördliche Oberschwaben wird bisher in den geographisch-landeskundlichen Arbeiten vielfach zu einfach dargestellt. HASSERT deutet zwar eine gewisse stärkere landschaftliche Gliederung in seiner Beschreibung Württembergs an, betont aber schließlich doch nur das Vorherrschen der Altmoränen-Landschaft, so daß die Unterschiede der Einzelgebiete zu stark zurücktreten[1]). Noch stärker ist das, wenigstens kartographisch, der Fall bei GRADMANN, der in seiner bekannten Karte der landschaftlichen Gliederung Württembergs das nördliche Oberschwaben etwa mit einer Linie Saulgau—Buchau—Waldsee—Wurzach—Leutkirch beginnen läßt, es aber nicht weiter aufteilt[2]). In Wirklichkeit bestehen jedoch erhebliche Unterschiede der verschiedensten Art zwischen den einzelnen Unterabschnitten.

Überschreitet man, von Norden kommend, die Donau, so ist der nordwestliche Teil des württembergischen Oberschwabens seinem geologischen Aufbau nach tatsächlich Altmoränen-Landschaft. Sie findet aber nach Osten zu verhältnismäßig rasch ihr Ende. Von einer Linie, die man in großen Zügen etwa von Riedlingen über Biberach, also in Nordwest-Südost-Richtung von der Donau über Ochsenhausen zum Illertal ziehen kann, endet die Altmoränen-Landschaft. Der verbleibende Rest, der den ganzen Nordosten und Osten Oberschwabens ausmacht und in seiner Ausdehnung nicht weit hinter dem Altmoränengebiet zurückbleibt, gliedert sich seinerseits wieder in zwei verschiedene Abschnitte. In dem Zwickel zwischen Donau- und Rißtal findet sich zunächst noch ein Stück typischer Tertiärlandschaft, deren Gestaltung im wesentlichen noch ganz durch die Molasse bestimmt ist. Es muß als ein Stück des Donaumolassegebietes bezeichnet werden[3]). Es ist ein Hügelland, mit einem sehr charakteristischen rückenartigen Aufbau, dessen einzelne Höhenzüge vorwiegend ostwestlich verlaufen; bezeichnend ist ferner ein sehr eigenartiges breit entwickeltes Talnetz und ein

---

[1]) K. HASSERT, Landeskunde des Königreichs Württemberg, 2. Aufl. Sammlung Göschen, Band 157, Berlin und Leipzig 1913, spez. S. 84 ff.

[2]) Karte: „Landschaftliche Gliederung", Beilage zu „Das Königreich Württemberg", Bd. I, Stuttgart 1904.

[3]) E. WUNDERLICH, „Württemberg im Kartenbild", Teil I: Oberschwaben. Stuttgarter Geogr. Studien H. 8/9. 1927.

stufenförmiger Anstieg des Gebietes gegen Süden. Östlich der Riß aber findet sich noch ein drittes gesondertes Landschaftsgebiet, die oberschwäbische Terrassenlandschaft, die im wesentlichen aus den Resten der verschiedenen Terrassen besteht, die die fluvioglazialen Schmelzwässer der vier verschiedenen Eiszeiten aufgeschüttet haben. Es ist ebenfalls ein rückenartig aufgebautes Hügelland, dessen einzelne Höhenzüge aber ausgesprochen in Südnord-Richtung verlaufen und dabei im einzelnen gesetzmäßiger und gleichartiger ausgebildet sind als in dem Molassegebiet. — Insgesamt ergibt sich also eine Dreigliederung des nördlichen Oberschwabens. Alle drei hier unterschiedenen Landschaftsgebiete trennen sich ihrer gesamten geographischen Gestaltung nach in wesentlichen Zügen deutlich voneinander.

Der ursprünglichste und grundlegendste Unterschied wird naturgemäß durch die eigenartigen Verhältnisse der Rißvergletscherung bestimmt. Das mächtige Rißeis drang während der sogen. Hauptvereisung, von Süden her vorstoßend, nur noch zum Teil in das nördliche Oberschwaben vor. Es vermochte zwar im Nordwesten zwischen Mengen und Riedlingen die Donau noch zu erreichen und zum Teil sogar noch etwas zu überschreiten, blieb aber östlich davon mehr und mehr zurück. Schon das erwähnte Molassegebiet zwischen Donau und Riß blieb nach der herrschenden Auffassung wie ein aufregender Strompfeiler vom Eis unberührt. Noch weiter im Osten, also zwischen Riß und Iller, beschränkte sich das Eis darauf, nur noch mehr oder weniger mächtige Schottermassen vor sich aufzuschütten, wie es auch die älteren Eiszeiten in diesem Abschnitt schon getan hatten (vgl. Abb. 1, S. 463).

Die Frage nach dem genaueren Verlauf des Eisrandes aber, der damit zugleich eine wichtige geographisch-landschaftliche Grenze darstellt, ist noch keineswegs endgültig geklärt[1]). Im allgemeinen hat man im wesentlichen die Grenze der Vereisung dort angenommen, wo sie schon auf der alten württembergischen geologischen Karte 1 : 50 000 bei den Aufnahmen Anfang der 70er Jahre gezogen worden ist[2]). Auch PENCK hat, soweit er in seinen „Alpen im Eiszeitalter" überhaupt auf dieses Gebiet näher eingeht, im großen und ganzen dieselbe Grenze angenommen[3]). Er deutete die im Vorland befindlichen Reste älterer diluvialer Ablagerungen als Hochterrassenschotter[4]). Dagegen hat SCHAD später noch an verschiedenen Punkten des Donau-Riß-Gebietes, besonders im Bereich des Munderkinger Beckens und im Mündungsgebiet der Riß, bei Rißtissen, Moräne nachweisen zu können geglaubt[5]). Und während nach der herrschenden Annahme, die auch auf der bekannten geologischen Karte von REGELMANN[6]) zum Ausdruck gebracht ist, der Nordrand der Vereisung vom Hauptteil des Munderkinger Beckens beträchtlich fernbleibt und von der Mündung der Riß noch stärker entfernt ist (vgl. Abb. 1), hat SCHAD — wie früher schon

---

[1]) Vgl. auch H. KRAUSS, Geologische Untersuchungen im Grenzgebiet der größten Gletschervorstöße zwischen Biberach a. Riß und dem Bussen. (Ungedr.) Diss. Stuttgart 1924. Spez. S. 2.

[2]) Vgl. Blatt 40 Riedlingen, Bl. 41 Ehingen, Bl. 42 Laupheim.

[3]) Vgl. die Karte bei PENCK S. 396. [4]) Ebenda S. 399 und 410.

[5]) J. SCHAD, Beitrag zur Kenntnis des Rheingletschers und der Talgeschichte der Donau von Sigmaringen bis Ulm. Jahresber. u. Mitt. d. Oberrh. Geol. Vereins 1911.

[6]) Geologische Übersichtskarte von Württemberg usw. 1:600000. 11. Aufl. 1920.

KNICKENBERG[1]) — in der Gegend von Ehingen sogar noch ein Übergreifen der Vereisung auf den Südrand der Ehinger Alb annehmen wollen. Zwar sind seine Beobachtungen vielfach Zweifeln begegnet[2]) oder haben sogar unbedingte Ablehnung erfahren[3]); auf jeden Fall aber ist durch SCHAD die Frage nach der Ausdehnung der Rißvereisung und damit zugleich die Frage nach der Ausdehnung der Altmoränenlandschaft im nördlichen Oberschwaben erneut zur Diskussion gestellt worden. Zur Erklärung der Moränen in dem Donau-Riß-Gebiet, die sich zunächst nur schwer mit dem bisher angenommenen eisfreien Charakter des Molassegebietes zwischen Donau und Riß in Einklang bringen lassen, hat SCHAD dabei angenommen, es sei etwa aus der Gegend des oberen Munderkinger Beckens eine besondere Eiszunge — SCHAD spricht sogar von einem besonderen „Donaugletscher"[4]) — donauabwärts bis in das Mündungsgebiet der Riß vorgedrungen. Damit würde das Eis der Rißvergletscherung sozusagen das Molassegebiet zwischen Donau und Riß wenn nicht selbst noch überflossen, so doch mindestens wie eine Art Halb-Monadnock von Westen, Norden und Süden her umfaßt haben und hätte damit gleichzeitig für die Entwicklung des Donautales zwischen Ehingen und Ulm eine viel stärkere Bedeutung gehabt, als man bisher angenommen hat. Zugleich würde das Eis einen wesentlichen Faktor in der Gestaltung der angrenzenden südlichen Alb gebildet haben. Auf jeden Fall müßte die Altmoränenlandschaft unter diesen Umständen eine erhebliche Ausdehnung auf unseren Karten erfahren.

Angesichts dieser bisher wenig geklärten Sachlage erscheint es sehr wesentlich, zu untersuchen, wieweit nun tatsächlich das nördliche Oberschwaben der Altmoränen-Landschaft zugerechnet werden muß und damit zugleich die Frage nach der tatsächlichen Nordgrenze der Vereisung einer genaueren Nachprüfung zu unterziehen. — Die nachstehenden Feststellungen stützen sich auf verschiedene größere und kleinere Exkursionen in verschiedenen Jahren. Im letzten Sommer konnten, dank einer Unterstützung durch die Württ. Gesellschaft zur Förderung der Wissenschaften (Abt. Stuttgart), noch mehrere größere Exkursionen unternommen werden. — Bevor jedoch näher auf die einzelnen Feststellungen eingegangen werden kann, erscheint es zweckmäßig, die geographischen Verhältnisse des Donau-Riß-Gebietes noch etwas näher zu schildern[5]) (vgl. Abb. 1).

Das Molassegebiet wird von den beiden Tälern der Donau und der Riß, die einen spitzen Winkel miteinander bilden, sozusagen flankiert. Die Donau zeigt dabei einen sehr eigenartigen Verlauf. Sie tritt bei Munderkingen, dessen charakteristischer Sporn das Tal bis auf wenige 100 m einengt, überraschenderweise plötzlich in ein breites Becken ein, das etwa bis zur Einmündung der Schmiech reicht. Dann verengt sich das Tal wieder, um dann unterhalb von Rißtissen das breite Rißtal aufzunehmen. Dies zeigt seinerseits eine etwas einfachere Ausbildung. Bei Warthausen unterhalb Biberach, wo nach der bisherigen Auf-

[1]) KNICKENBERG, Die Nordgrenze des ehemaligen Rheingletschers. Jahresh. d. V. f. vaterl. Naturk. i. Württ. 1890.

[2]) Vgl. die Karte von REGELMANN. Vgl. auch E. HENNIG, Geologie von Württemberg, Berlin 1923, S. 255.

[3]) KRAUSS a. a. O. [4]) a. a. O. S. 78.

[5]) Die beste Übersicht des ganzen in Frage kommenden Gebietes bietet Bl. 41 Ehingen der topographischen Karte 1:50000 von Württemberg, daneben Blatt 634 Biberach der Reichskarte 1:100000.

fassung[1]) der Nordrand der Rißvereisung verläuft, findet allerdings auch eine plötzliche Verbreiterung statt. Diese trägt aber nicht so ausgesprochen beckenartigen Charakter wie das Donautal unterhalb von Munderkingen, sondern geht

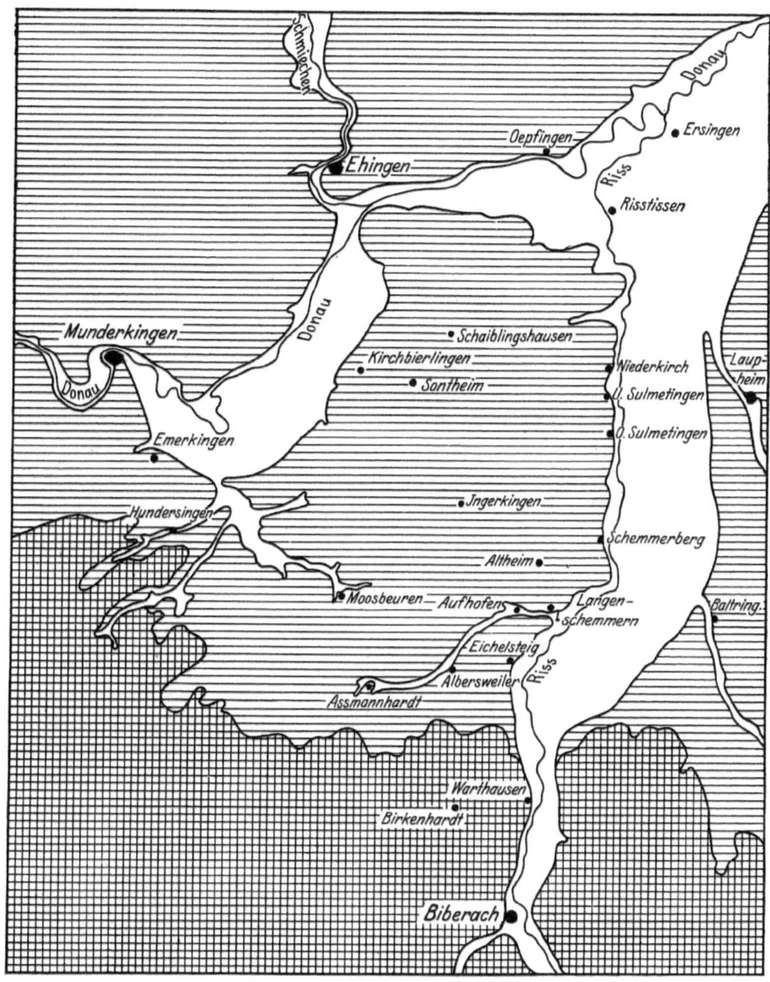

Abb. 1. Das Gebiet zwischen Donau und Riß

Der Nordrand des dunkel schraffierten Gebietes ist nach der bisherigen Auffassung die Nordgrenze der Riß-Vereisung. Das horizontal gestrichelte Gebiet zwischen Donau und Riß stellt das Donau-Molassegebiet dar; die flachen, in der Hauptsache nur noch aus Diluvium aufgebaute nordöstliche Fortsetzung dieses Gebietes bis über Rißtissen hinaus, durch die auch die Riß in ihrem untersten Laufstück durchbricht, ist absichtlich nicht mit schraffiert worden, um den abweichenden Charakter dieses Gebietes zu betonen.

unmerklich in die breite Niederung des unteren Rißtales über, das dann in ziemlich gleich bleibender Breite bis zur Donau zieht. Bemerkenswert ist dabei noch, daß die Riß selbst ihr breites Schmelzwassertal kurz vor der Einmündung ins Donautal verläßt und bei Rißtissen sozusagen durch die linke, allerdings schon

[1]) Vgl. Blatt 41 Ehingen der geol. Karte 1:50000 von Württemberg.

stark erniedrigte „Talwand" durchbricht, um so schon gegenüber von dem malerisch gelegenen Öpfingen das Donautal zu erreichen.

Um die Frage nach der Ausdehnung der Rißvereisung in diesem ganzen Gebiet zu klären, erschien es zweckmäßig, zunächst einmal die Aufschlüsse im Rißtal selbst, sodann im Molassegebiet und endlich im Donaugebiet vergleichsweise zu verfolgen. Die bisherigen Untersuchungen haben sich vielfach zu einseitig auf das Donaugebiet oder andere Teilgebiete beschränkt. Namentlich fällt das bei der Untersuchung von KRAUSS, aber auch bei SCHAD auf. —

Wir beginnen die Untersuchung im Rißgebiet zweckmäßig unmittelbar im Vorland der bisher angenommenen Altmoränengrenze, also nördlich von Warthausen bei Biberach[1]). Dort wo die Hauptstraße von Biberach über Warthausen nach Ingerkingen und Ehingen aus dem Rißtal auf die Hochfläche hinaufführt, findet man in den Aufschlüssen bei Eichelsteig und dann besonders in der großen, heute allerdings zum Teil verfallenen Kiesgrube zwischen Eichelsteig und Aufhofen zunächst in der Hauptsache die typischen „rißeiszeitlichen" Schotter, die bei Biberach in ihrer Hauptmasse unter der Moräne der Rißvergletscherung, bzw. wie schon PENCK seinerzeit festgestellt hat, in Wechsellagerung mit der Moräne liegen[2]). Diese Schotter sind in den Aufschlüssen um Eichelsteig teilweise bis zu 10 m aufgeschlossen; ihre Gesamtmächtigkeit ist hier aber nicht festzustellen. Über den Schottern liegt noch eine Deckschicht, deren Charakter hier nicht ohne weiteres sicher erkannt werden kann. Es handelt sich um ein in seiner Mächtigkeit stark wechselndes, am Talrand durchweg schwächeres, zwischen Eichelsteig und Aufhofen aber mächtigeres, ungeschichtetes, vielfach rostfarbiges, kiesiges bzw. lehmiges Verwitterungsprodukt, über dem stellenweise noch etwas Löß liegt. Letzterer schwankt in seiner Mächtigkeit ebenfalls. Charakteristisch ist noch, daß stellenweise die erwähnte Deckschicht im Gegensatz zu den deutlich geschichteten, nicht sehr stark verwitterten Kiesen eine gestörte Struktur zeigt, wie sie von Eisablagerungen her bekannt ist; dementsprechend ist auch die Grenzfläche der beiden Schichten unregelmäßig. — Wenig östlich davon werden die Verhältnisse deutlicher. Hier findet sich halbwegs zwischen Aufhofen und Alberweiler[3]) am Abhang der Hauserhalde ein großer Aufschluß von rund etwa 20 m Gesamthöhe[4]). Hier bilden dieselben sehr deutlich geschichteten „Rißschotter", wie sie der Abkürzung halber genannt seien, mit über 15 m Mächtigkeit das Liegende, und zwar in der typischen Ausbildung, wie sie von Biberach her bekannt ist; einzelne Lagen sind dabei auch hier etwas konglomeratartig verfestigt. Auffällig ist hier noch, daß in den Schottern stellenweise grobe Kieslager enthalten sind; ob das auf Reste zwischengeschalteter Moränenschichten, wie bei Biberach[5]), schließen läßt, ist nicht zu entscheiden. Wichtiger aber ist die Deckschicht. Sie hebt sich außerordentlich scharf von den liegenden Schottern ab; ihr Charakter als Moräne ist hier unverkennbar.

---

[1]) Vgl. zum folgenden Blatt 148 Warthausen der württ. topographischen Karte 1:25000.

[2]) A. PENCK, Bericht über die Exkursion des 10. Deutschen Geographentages nach Oberschwaben und dem Bodensee. Verh. des X. Dt. Geographentages. Berlin 1893. Spez. S. 3.

[3]) Auf Abb. 1 versehentlich als Albersweiler bezeichnet.

[4]) SCHAD a. a. O. erwähnt von Alberweiler auch Moräne. Auf welchen Aufschluß sich seine Angabe bezieht, ist nicht genau angegeben.

[5]) Vgl. den angezogenen Exkursionsbericht von PENCK.

Es handelt sich um eine etwa 2 m mächtige, allerdings stark verwitterte, rostfarbene, z. T. fest verbackene Moräne, deren heruntergefallene Stücke trotz der Höhe des Falles auf dem Boden des Aufschlusses blockartig herumliegen, was deutlich den Grad der Verfestigung zeigt. Über der Moräne liegt auch hier noch Löß, allerdings in wechselnder und im allgemeinen auch hier nur geringer Mächtigkeit. Die Oberfläche der Moränenablagerung reicht an dieser Stelle nicht ganz bis 550 m empor. — Ein etwas nördlich davon gelegener kleinerer neuerer Aufschluß bei km 9 kurz vor Aufhofen, der allerdings stärker am Talrand liegt, zeigt im wesentlichen nur den fluvioglazialen Schotter in einer Mächtigkeit von 6 m, bezeichnenderweise übrigens wieder mit einer Geröll-Linse, die möglicherweise auch mit einer Moränenschicht verbunden gewesen sein kann. Über dem Schotter sind hier nur kleine Reste der Moränendecke aufgeschlossen, und zwar in einer Gesamtmächtigkeit von etwa 30 cm, aber mit einzelnen typischen großen Geschieben. — Das Bild wiederholt sich wieder deutlicher etwas weiter nördlich. Hier findet sich zwischen Aufhofen und Langenschemmern etwas östlich der sogenannten Lourdesgrotte ein größerer Aufschluß. Wieder liegt über Rißschottern, die hier etwa 8 bis 10 m mächtig aufgeschlossen sind, Moräne. Sie ist etwa 2 bis 4 m stark und überaus typisch entwickelt. Sie setzt sich über dem Schotter deutlich ab, und enthält teilweise grobe Kiespackungen. Infolge der Verwitterung ist sie zumeist braun gefärbt und z. T. stark verfestigt, in ihren tieferen Partien aber vielfach auch noch unverfestigt-lehmig. Insgesamt hebt sie sich sofort von den Schottern als eine völlig getrennte Ablagerung deutlich ab. Bezeichnend sind auch hier wieder die unregelmäßig in der Moräne verteilten großen Geschiebe. Löß ist in diesem Aufschluß nicht sichtbar. Die Oberkante der Moräne ergibt sich hier wieder zu rund 550 m. Von dieser Stelle aus hat man übrigens einen schönen Rundblick auf das Altmoränengebiet bei Warthausen, das sich fast stufenartig im Süden erhebt. — In dem nördlich davon gelegenen Aufschluß der Ziegelei Altheim bietet sich heute kein klares Bild mehr, da die Ziegelei aufgelassen ist. Wichtig ist jedoch, daß an einer Stelle am Gehänge noch eine rd. 2 m mächtige, steinfreie, sandige, lößartige Schicht beobachtet werden kann. — Auch der auf der topographischen Karte noch verzeichnete frühere Aufschluß im Weihloch zwischen Altheim und Schemmerberg ist heute aufgelassen. Dagegen erhalten wir wieder ein sehr wichtiges und typisches Profil in dem Aufschluß am Hungerberg wenig südlich von Schemmerberg. Das Liegende bilden hier wieder die Rißschotter, die allerdings bisher nur in geringerer Mächtigkeit erschlossen worden sind. Darüber folgt aber mit etwa 1 bis $1^1/_2$ m Mächtigkeit die sehr deutlich ausgeprägte Grundmoräne, die nach Süden zu an Mächtigkeit noch etwas zunimmt. Insgesamt ist das Material ausgesprochen lehmig und setzt sich deutlich und klar von den darunter liegenden Schottern ab; die Grenzfläche ist dabei unregelmäßig gestaltet und zeigt wiederum Spuren glazialer Störung. In der Moräne sind mehrfach über kopfgroße Blöcke eingestreut. Über der Moräne folgt dann noch mit unregelmäßiger Grenze eine lößartige Schicht von etwa 50 cm, deren Mächtigkeit allerdings schwankt. Die Oberkante der Moräne reicht hier nicht ganz bis 545 m empor; sie bleibt aber damit nur wenig hinter dem unmittelbar nördlich davon gelegenen Rücken von Schemmerberg, der den bekannten prächtigen Aussichtspunkt bei der Kirche trägt, zurück. Auf diesem Hügelzug fehlen leider zur Zeit geeignete Aufschlüsse. Man kann nur feststellen, daß an den Abhängen gegen das Rißtal zu Molasse ansteht. Es erscheint aber nicht ausgeschlossen, daß an den Südabhängen gegen den Hungerberg zu noch Moräne gefunden wird. Namentlich die kleinen Talformen, die sich hier finden, machen ganz den Eindruck, als wenn sie mit Moräne ausgekleidet wären. — Nördlich von Schemmerberg, wo sich die Stufe des marinen Tertiärs deutlich im Landschaftsbild ausprägt, ist der Aufschluß in den Brühläckern an der Straße nach Obersulmetingen leider verfallen. Man glaubt an einer kleinen Stelle einen Moränenrest zu sehen; am Gehänge fallen dann noch die herausstehenden schollenartigen Stücke marinen tertiären Sandes auf. — Kurz vor Obersulmetingen[1]) bietet die Kiesgrube am Hirschberg wieder einen guten Einblick in den Aufbau des Gebietes. Hier läßt sich das Auftreten der Grundmoräne wieder deutlich feststellen; besonders an der Nordwand der Grube. Hier findet sich in rund 510 m Höhe unter einer etwa 20 cm starken, im einzelnen aber sehr unregelmäßigen lößähnlichen Deckschicht die ungeschichtete Moräne wieder in sehr typischer Entwicklung, und zwar in etwa 1 bis 1½ m Mächtigkeit, ihrerseits den hellen geschichteten Rißschotter wieder überlagernd. Die Moräne wechselt hier wieder sehr stark in ihrer petrographischen Beschaffenheit. Stellenweise sind stark rostbraune Partien vorhanden, die auch hier den hohen Grad der Verwitterung und Verfestigung anzeigen; tiefere Stellen sind noch weniger verfärbt. Mehrfach, so auch an der Südwand der Grube, finden sich feine sandige bzw. tonige Zwischenschichten, die deutlich wieder glazialgestörte Struktur aufweisen und zum Teil die Moräne sehr scharf gegen die liegenden Schotter absetzen; dabei ist die Grenzfläche durchweg unregelmäßig, ganz offensichtlich als Folge der glazialen Einwirkung auf das Liegende. — Hinter Obersulmetingen finden sich dann an der Straße nach Untersulmetingen noch zwei weitere Aufschlüsse. Der südlichere, an dem Straßenknick gelegene, zeigt wieder unter einer lößähnlichen Deckschicht mit schwankender, allerdings auch hier im allgemeinen geringer Mächtigkeit die Moräne, die aber hier nur noch etwa 1 m stark ist, und zum Teil gegen den Talrand zu sogar auskeilt. Sie hebt sich aber auch hier mit ihrer schichtungslosen stark verwitterten, z. T. von großen Blöcken durchsetzten Masse deutlich gegen die liegenden hellen Schotter ab. Hervorzuheben ist hier noch, daß in die Schotter teilweise von oben her Verwitterungssäcke eingreifen, die aber die Struktur der Schotter nicht beeinflussen. — In dem nördlich davon unmittelbar bei Untersulmetingen liegenden Aufschluß ist das Bild ähnlich. Unter einer etwa 30 bis 40 cm mächtigen, offensichtlich lößartigen Ablagerung folgt eine ¾ bis 1 m mächtige ungeschichtete, teils lehmige, teils etwas kiesige, zumeist rötlich verfärbte, teilweise auch dunkelbraune, moränenartige Masse mit sehr viel Urgebirgsmaterial, das allerdings im allgemeinen nur Faustgröße erreicht. Darunter liegen auch hier deutlich abgesetzt wieder die diskordant-geschichteten hellen Rißschotter, in die hier und da rötlich-bräunliche Verwitterungssäcke von oben her eingreifen. Auch hier aber kann, wenn man die Gesamtserie der Aufschlüsse verfolgt hat, kein Zweifel bestehen, daß man es noch mit dem Rest einer Moräne zu tun hat. — Die Ziegelei von Untersulmetingen an der Straße nach Schaiblingshausen ist leider aufgelassen. Man sieht an einer Stelle noch lößartiges Material. In dem Hohlweg, den

[1]) Vgl. zum folgenden Blatt 137 Ehingen der württ. topographischen Karte 1:25000.

die Straße zwischen der Ziegelei und dem Dorf Untersulmetingen passiert, scheinen die Rißschotter anzustehen. — Als letztes folgen dann noch die Aufschlüsse bei Rißtissen selbst[1]). Der wichtigere, der schon von SCHAD beschrieben worden ist[2]), liegt in den sogenannten Lochäckern in einem kleinen Wäldchen östlich von Rißtissen, und zwar nahe dem Kreuzungspunkt der Straße von Rißtissen bzw. Ersingen nach Bahnhof Rißtissen-Achstetten. Es handelt sich um einen in rund 500 m Höhe, am Rand des breiten Riß-Schmelztales gelegenen etwa 4 bis 5 m hohen Aufschluß. Er zeigt noch einmal sehr deutlich Moräne. Sie liegt in etwa $1^1/_2$ bis 2 m Mächtigkeit mit unregelmäßiger Grenze über den hellen 2 bis 3 m mächtigen Rißschottern. Während letztere deutlich geschichtet sind, hebt sich die stark verwitterte, ungeschichtete dunkelbraune bzw. rostfarbene Moräne deutlich von den liegenden hellen, sehr kalkreichen Schottern ab. Die Moräne bildet dabei infolge ihrer Verfestigung mehrfach Steilwände, die zum Teil über die Schotter überhängen. SCHAD erwähnt übrigens in seiner Beschreibung dieses Aufschlusses[3]) noch das Auftreten einer unter dem Schotter liegenden Moräne. Diese war jedoch zur Zeit unserer Besuche nicht zu verfolgen. — Bei Rißtissen findet sich dann noch ein weiterer Aufschluß, der für die Untersuchung Interesse bietet. Es handelt sich um die kleine Kiesgrube südlich der Straße von Rißtissen nach Ersingen. Hier sind nur die hellen kalkreichen Rißschotter aufgeschlossen; die Moräne fehlt, aber verschiedene große Blöcke scheinen darauf hinzudeuten, daß hier entweder noch Moräne vorhanden war oder daß unmittelbar in der Nähe Moräne vorhanden sein muß.

Damit ist die Reihe der Aufschlüsse im Rißtal selbst erschöpft. Fassen wir das Ergebnis der bisherigen Untersuchung zusammen, so zeigt sich zunächst, daß die Grundmoräne der Rißvergletscherung nicht, wie bisher angenommen worden ist, in der Gegend von Warthausen endigt. Die Moräne ist aber auch nicht, wie SCHAD angenommen hat[4]), auf das unmittelbare Vorland der bisherigen Nordgrenze, also etwa das Gebiet von Aßmannshardt und Alberweiler beschränkt. Für dieses Gebiet hat ja auch schon KRAUSS in seiner Arbeit die Möglichkeit des Vorhandenseins von Grundmoränen zugegeben, wenngleich er allerdings zum Teil die Auffassung vertritt, es handle sich um Schlammassen, die von der Höhe des südlich gelegenen Gebietes in noch feuchtem Zustand sozusagen in das Vorland heruntergeglitten wären[5]), eine Auffassung, die sich schon deshalb nicht halten läßt, da nach unseren Feststellungen nunmehr die Moränen noch viel weiter nach Norden verfolgbar sind. Tatsächlich kann die Grundmoräne nunmehr einheitlich das ganze untere Rißtal entlang bis nach Rißtissen verfolgt werden. Zuzugeben ist allerdings, daß nicht alle Aufschlüsse ohne weiteres eine sofortige eindeutige Erklärung der Grundmoränenablagerung zulassen. Beurteilen läßt sich die Frage jedoch nur nach Prüfung aller hier genannten Profile. Sie ergeben insgesamt ein deutliches, einwandfreies Bild. Als besonders typisch haben namentlich die Aufschlüsse in der Kiesgrube zwischen Aufhofen und Langenschemmern, am Hungerberg bei Schemmerberg, sowie endlich der Aufschluß bei Obersulmetingen (am Hirschberg) zu gelten.

---

[1]) Vgl. zum folgenden Blatt 138 Laupheim der württ. topographischen Karte 1:25000.
[2]) In Anschluß an seine Untersuchung des Donaugebietes, a. a. O.
[3]) a. a. O. S. 78. [4]) a. a. O. S. 79. [5]) a. a. O. S. 13.

Wichtig ist sodann, daß die Moräne in dem ganzen unteren Rißgebiet ständig an Höhenlage verliert. Während die Aufschlüsse bei Alberweiler die Moräne noch in rund 550 m Höhe zeigen, liegt sie bei Rißtissen nur noch 500 m hoch; die dazwischen gelegenen Aufschlüsse reihen sich entsprechend ihrer Höhenlage ein. Gleichzeitig erfolgt eine, wenn auch geringe Abnahme der Mächtigkeit. Während die Moräne in den südlich gelegenen Aufschlüssen, wie namentlich in dem erwähnten Aufschluß östlich von Aufhofen, zum Teil noch mehrere Meter Mächtigkeit erreicht, ist sie im Norden auf 1 bis $1^1/_2$ m reduziert. Dabei scheint durchweg ein gewisses Auskeilen der Moräne nach den Talrändern zu erfolgen; ob dasselbe allerdings ursprünglich ist oder erst nachträglich erfolgte, läßt sich nicht sicher entscheiden. Jedenfalls hat es den Anschein, daß die Moräne nach Norden zu primär weniger mächtig ist. Es sieht nicht so aus, als ob die geringere Mächtigkeit im Norden erst das nachträgliche Produkt einer stärkeren Abtragung wäre, wenngleich diese, wenigstens bei Rißtissen, bei der unmittelbaren Nähe des Donautales ohne weiteres möglich wäre. Eine Zweiteilung der Moräne ist nirgends von mir beobachtet worden. Ich halte jedoch die SCHADsche Annahme, daß unter den Schottern bei Rißtissen noch eine zweite Moräne auftritt, nach den Verhältnissen bei Biberach sowie bei Munderkingen durchaus für möglich. In diesem Sinne ist auch auf das schon oben erwähnte mehrfache Auftreten von groben Kiesbänken innerhalb der Rißschotter hinzuweisen.

Mit dem Wechsel der Mächtigkeit hängt offenbar auch die wechselnde petrographische Beschaffenheit und die verschiedene Einwirkung auf die liegenden Schichten zusammen. Durchgängig ist aber die starke Verwitterung der Moräne hervorzuheben. Die rostbraune Farbe ist in der Regel ebenso typisch wie das Verbackensein der ganzen Ablagerung. Diese starke Verwitterung, die die Grundmoräne durchweg ohne weiteres sehr scharf von den darunter liegenden kalkreichen Schottern unterscheidet, ist nach PENCKS Feststellungen in der Gegend von Biberach[1]) durchaus typisch für die Rißmoräne, so daß an der Identität unserer Moränenablagerung mit dieser nicht zu zweifeln ist, um so mehr, als ja auch die liegenden Schotter von Biberach an bis an das Donautal hin durchaus einheitlichen Charakter zeigen. Aus allem ist zu schließen, daß das Eis der Rißvergletscherung im Rißgebiet nicht wie bisher angenommen wurde, bei Warthausen seine Nordgrenze fand, daß es auch nicht auf das unmittelbare Vorland der bisherigen Nordgrenze beschränkt blieb, sondern daß es bis zur Mündung des breiten Schmelzwasser-Rißtales in das Donautal, nämlich bis nach Rißtissen und damit bis in die Nachbarschaft von Ulm vorgestoßen ist (vgl. Abb. 1, S. 463).

Es erhebt sich nunmehr die Frage, welches Ausmaß und welche Bedeutung diese neu festgestellte Eiszunge des Rißtales für die Nachbargebiete gehabt hat, namentlich wie weit sie noch das westlich anstoßende Molassegebiet betroffen hat, sowie endlich, welcher Zusammenhang mit dem von SCHAD angenommenen „Donaugletscher" bestand.

Die Frage nach einer eventuellen Vereisung des Molassegebietes in dem Winkel zwischen Donau und Riß wurde durch die Untersuchung der Aufschlüsse im Innern des Molassegebietes näher verfolgt, und zwar längs zweier Querprofile.

---

[1]) Vgl. den angezogenen Exkursionsbericht, spez. S. 4.

Das erste wurde von Biberach über Aßmannshardt nach Moosbeuren verfolgt, das andere längs der schon erwähnten Hauptstraße, die von Biberach über Ingerkingen nach Ehingen führt.

Auf dem ersten Profil passiert man hinter Birkenhard[1]), wo in der Kiesgrube am Schlegelsberg[2]) auch nach der geologischen Karte 1:50000 noch Moräne ansteht, die hier übrigens ziemlich blockreich ist, etwa beim Täschental nach der bisherigen Auffassung den nördlichen Rand der Rißvereisung. Ein Aufschluß am Rande des von Süden her bei Aßmannshardt einmündenden Tälchens, das wohl die Hauptkiesgrube von Aßmannshardt darstellt, zeigt etwa 10 bis 12 m mächtigen hellen Rißschotter und darüber mit diskordanter Lagerung zweifellos Moräne, die hier in 1 bis 2 m Mächtigkeit stark rostrot gefärbt und verbacken ist, keine Kalke mehr führt, aber zahlreiche größere Geschiebe enthält. Die Oberkante des Moräne liegt hier etwa 565 m hoch. Darüber folgt noch etwa $^1/_2$ m mächtiger Löß. Auch SCHAD erwähnt übrigens in seiner Arbeit Moräne von Aßmannshardt, ohne aber nähere Angaben über den in Frage kommenden Aufschluß zu machen[3]). Ebenso behandelt KRAUSS in seiner Untersuchung das Profil von Aßmannshardt, ohne jedoch ganz klar Stellung zu nehmen[4]). — Nördlich von Aßmannshardt zeigt der Aufschluß der Ziegelei in gleicher Höhe nichts mehr von Moräne, sondern nur eine etwa 2 m starke, steinfreie, teilweise geschichtete tonige Ablagerung, die man in gewissem Gegensatz zu KRAUSS für eine Art Bändertonablagerung halten möchte. Jedenfalls ist man versucht, an die Ablagerung eines Eisstausees unmittelbar vor dem Eisrand zu denken. Bezeichnend für sie ist, daß vereinzelt kleine Gerölle in den Tonbänken auftreten. Leider ist das Liegende der Ablagerung nicht aufgeschlossen; unserer Auffassung nach könnte hier gut noch Moräne vorhanden sein. KRAUSS erwähnt übrigens aus der Nähe noch den Fund gekritzter Geschiebe. — Dahinter steigt das Gelände gegen Moosbeuren noch etwas an. Der höchste Punkt wird hier mit etwa 575 m erreicht, dann fällt das Gelände stufenartig um etwa 30 m ab. Diese sehr deutlich ausgesprochene, zum Teil durch Talungen zerschnittene Stufe stellt die Fortsetzung der schon oben erwähnten Höhe von Langenschemmern dar, mit der Überlagerung der marinen Molasse über der unteren Süßwassermolasse. Bezeichnend aber ist, daß nördlich dieser Stufe, jedenfalls in dem ganzen Gebiet um Moosbeuren, keine glazialen Ablagerungen mehr festzustellen sind; hier scheint überall nur noch die Molasse anzustehen. Am Galgenberg östlich von Moosbeuren und im Weiher-Tälchen beobachtet man jedenfalls nur Tertiär. Dasselbe gilt dann für das ganze Gebiet östlich davon zwischen Moosbeuren und Ingerkingen. Die hier vorhandenen Tertiärprofile, namentlich zwischen Aufhofen und Ingerkingen, sind bereits von BERZ beschrieben[5]). Auch weiterhin ist bis Sontheim[6]) auf der gesamten Hauptstrecke durch das Molassegebiet nur noch Tertiär zu verfolgen. Auch Löß ist hier nicht mehr zu beobachten und auch sonst aus dem ganzen Gebiet nicht mehr bekannt geworden. Erst am Westrand des

---

[1]) Auf Abb. 1 versehentlich als Birkenhardt geschrieben.

[2]) Vgl. zum folgenden Blatt 148 Warthausen der württ. topographischen Karte 1:25000.

[3]) a. a. O. S. 79. [4]) a. a. O. S. 12.

[5]) K. BERZ, Petrographisch-stratigraphische Studien im oberschwäbischen Molassegebiet. Jahresh. d. Vereins f. vaterl. Naturk. in Württ. 1915.

[6]) Vgl. Bl. 137 Ehingen der württ. topographischen Karte 1:25000.

Molassegebietes gegen das Donautal hin, namentlich in dem bekannten Aufschluß von Kirchbierlingen, treffen wir wieder auf diluviale Ablagerungen.

Aus allen diesen Verhältnissen ist zu schließen, daß zwar der auf der geologischen Karte 1:50000 angegebene Nordrand der Rißvereisung bei Aßmannshardt nicht genau stimmt, daß das Eis vielmehr nachweislich noch bis an das Schmieden-(Mühlen-)tal herangereicht hat[1]), ja wahrscheinlich noch etwas darüber hinaus bis nahe an die Ziegelei Aßmannshardt vorgedrungen ist, daß es aber das eigentliche Molassegebiet zwischen Donau und Riß nicht mehr überschritten hat. Daraus ergibt sich dann weiter, daß die Vergletscherung des unteren Rißtales also nur eine vereinzelte, verhältnismäßig beschränkte Eiszunge umfaßt haben kann, die das Tertiärhügelland nur seitlich flankierte. Auch das Ablagerungsgebiet des Löß beschränkt sich offenbar nur auf das Randgebiet gegen das Rißtal hin und dürfte in enger Abhängigkeit von der Ausbreitung der dortigen Diluvialschichten stehen. Eine stärkere Lößablagerung im Innern des Molassegebietes ist jedenfalls bisher nicht nachzuweisen.

Die Ursache für diese Verhältnisse, besonders für die eigenartige Ausdehnung der Rißvereisung, muß offenbar in den Höhenverhältnissen des ganzen Gebietes gesucht werden. Es macht ganz den Eindruck, als ob das Rißtal ursprünglich etwas stärker vertieft gewesen sei als heute, so daß sich in dieser Vertiefung die Eiszunge weiter nach Norden vorschieben konnte. Es wäre deshalb von großem Interesse, genaueren Einblick in den geologischen Aufbau des Untergrundes im Rißtal zu erhalten. Die Bemerkung von KRAUSS, daß die Riß zum Teil schon wieder unter ihrem präglazialen Bett fließt[2]), darf jedenfalls wohl kaum verallgemeinert werden. Auch die Angabe von SCHAD[3]), daß an der Straße von Biberach nach Jordansbad das Liegende der Schotter kaum 1 m über dem Rißspiegel liege, darf nur mit größter Vorsicht für das Rißgebiet verallgemeinert werden. Umgekehrt scheint die Erhebung des Molassegebietes die Ursache gewesen zu sein, daß das Eis nicht tiefer in dieses Gebiet eindrang. Dabei ist vor allem zu berücksichtigen, daß im Süden die Stufenlehne der marinen Molasse dem Eis offenbar Halt geboten hat. Die Moräne reicht jedenfalls, soweit auf Grund der bisherigen Aufschlüsse festzustellen ist, nirgends über 565 m hinaus. Die höchsten Erhebungen der Molasse gehen aber im nördlich gelegenen Vorland bis über 570 m hinaus. Darnach scheint sich das Eis gerade noch auf die flache Rückseite der Stufe hinaufgeschoben zu haben, aber es vermochte augenscheinlich nicht mehr, die Stufe ganz zu übersteigen. Erst dort, wo bei Schemmerberg das Rißtal eine Pforte nach Norden durch die Stufe hindurch bot, brach sozusagen das Eis nach Norden vor, ließ aber dann rasch an Mächtigkeit nach, und auch seine Einwirkung auf den Untergrund war damit wohl erheblich beschränkt. Dafür spricht auch noch ein Umstand, der im Zusammenhang mit der schon erwähnten Mächtigkeit der Moräne allgemeine Beachtung verdient. Das ist ein gewisser Gegensatz, der zwischen den Moränengebieten des unteren Rißtales und den Moränengebieten oberhalb von Warthausen besteht. Während die letzteren noch vielfach, wie schon PENCK hervorgehoben hat[4]), ein gewisses unruhiges Relief zeigen, ja darüber hinaus mehrfach noch überraschend klar die landschaftliche Formen-

[1]) Dieses Tal ist demnach zweifellos im Gegensatz zu KRAUSS doch z. T. als ein periglaziales Randtal aufzufassen.

[2]) a. a. O. S. 8. [3]) a. a. O. S. 77. [4]) Vgl. „Alpen im Eiszeitalter", S. 410.

gebung der Vereisung erkennen lassen, ist davon nördlich von Warthausen nichts mehr wahrzunehmen. Im großen und ganzen sind hier die Formen stark verwischt, und selbst zwischen Diluvium und Tertiär besteht morphologisch vielfach kein scharfer Gegensatz. Das ganze Gebiet erscheint zumeist ausdruckslos, allerdings ist dabei auch die starke flache Zertalung an den Rändern des Molassegebietes mit in Rechnung zu stellen. Jedenfalls scheint uns dieser Unterschied in der Formengebung der Moränengebiete auf ursprüngliche Differenzierung in der Ablagerung der an sich ja gleichaltrigen Moränen hinzuweisen.

Jedenfalls sind durch die Annahme einer solchen isolierten und verhältnismäßig beschränkten Eiszunge im unteren Rißtal die geschilderten Verhältnisse sowohl im Rißtal selbst wie im anstoßenden Tertiär-Hügelland am leichtesten zu erklären. Dabei halte ich es durchaus für möglich, daß in den soeben schon erwähnten auffällig breiten, vielfach geradezu geweiteten Talgebieten des Molasse-Hügellandes, in denen leider zurzeit geeignete Aufschlüsse fehlen, hier und da noch diluviales Material festgestellt wird. Dadurch nämlich, daß das Eis sich an dem Ostrand der Landschaft vorbeischob und die gegen das Rißtal geöffneten Tälchen sozusagen abriegelte, erscheint es leicht möglich, daß in verschiedenen dieser Talungen fluvioglaziale Verbauung stattgefunden hat. Es ist aber dabei zu berücksichtigen, daß das Eis ein zum Teil schon stärker relifiertes Gebiet vorfand. In diesem Sinne pflichte ich der Äußerung von KRAUSS, der Gletscher habe sich überall eng dem Relief der Tertiärlandschaft, das er vorfand, angepaßt[1]) gerade auch für das untere Rißgebiet und den anstoßenden Rand des Molassehügellandes durchaus zu. — Für die Annahme, daß die Donau von Kirchbierlingen aus quer durch das Donaumolassegebiet zum Rißtal bei Niederkirch geflossen sei, die KRAUSS erörtert[2]), habe ich allerdings keinerlei Anhaltspunkte finden können; die Talformen lassen sich auch ohne Zuhilfenahme eines hier durchgehenden Donaubettes aus den geschilderten Abschmelzverhältnissen heraus erklären. Überhaupt macht das ganze Gebiet den Eindruck, als ob hier am äußersten Eisrande sehr starke fluvioglaziale Kräfte an der Gestaltung des Gebietes mitgewirkt hätten. In derselben Richtung weisen ja auch die z. T. überraschend mächtigen Schottermassen. —

Es bleibt zum Schluß noch die Untersuchung der Frage, wie sich nun die Verhältnisse im Donautal selbst gestaltet haben, insbesondere, ob der von SCHAD angenommene besondere „Donaugletscher" etwa gleichzeitig mit dem von uns festgestellten Rißvorstoß das Donautal etwa ebenfalls bis zur Einmündung der Riß erfüllt hat.

Die Verhältnisse in diesem Gebiet liegen nun besonders schwierig, da bisher überhaupt nur wenig diluviale Ablagerungen aus dem in Frage kommenden Abschnitt des Donautales und seiner unmittelbaren Umgebung bekannt geworden sind. Die sehr stark abweichenden Meinungen bezüglich der verschiedenen Ablagerungen hat übrigens KRAUSS in einem kurzen geschichtlichen Überblick zusammengestellt, auf den hier im allgemeinen verwiesen werden kann[3]).

Daß das Eis im engeren Gebiet von Munderkingen, im Gegensatz zu der Darstellung der württembergischen geologischen Karte 1:50000, bei PENCK und auch bei REGELMANN, bis an das Donautal vorgestoßen ist, ist schon vor

---

[1]) a. a. O. S. 30. [2]) a. a. O. S. 10. [3]) a. a. O. S. 21ff.

SCHAD von GUGENHAN, ENGEL und KNICKENBERG angenommen worden. Das Verdienst von SCHAD ist es aber, neues Beobachtungsmaterial beigebracht zu haben, auf Grund dessen er nun sogar den bereits erwähnten Vorstoß eines besonderen Donaugletschers bis zum Rißtal annehmen zu müssen glaubte. Gerade über die Deutung dieses Materiales aber, auf das sich SCHAD dabei gestützt hat, gehen die Meinungen bisher sehr weit auseinander. Deshalb erscheint eine Stellungnahme im Zusammenhang mit den oben dargestellten Verhältnissen des Rißtales besonders notwendig.

Die beiden entscheidenden Punkte sind vor allem die Ablagerungen von Ehingen und von Kirchbierlingen. Bei Ehingen handelt es sich um die ausgedehnten Ablagerungen in den großen Kiesgruben von Berkach unmittelbar nördlich von Ehingen. Eine kurze Darstellung der dortigen Verhältnisse habe ich im Anschluß an die Beschreibung von SCHAD bereits an anderer Stelle gegeben[1]). Die liegenden Ablagerungen von Berkach sind, soweit sie hier in Betracht kommen, fluvioglaziale, helle, kalkreiche, deutlich geschichtete Schotter, die durchaus den Schottern des Rißtales unter der Rißmoräne entsprechen und die ich deshalb schon in meiner oben genannten Arbeit als fluvioglaziale Schotter der vorletzten Vereisung angesprochen habe. Durchaus zweifelhaft war dagegen bisher die eigenartige Deckschicht über den Schottern, die von SCHAD schon längere Zeit als Moräne gedeutet wurde[2]). KRAUSS hat in seiner inzwischen erfolgten Untersuchung den Charakter dieser Ablagerung als Grundmoräne durchaus bestritten[3]). Zuzugeben ist, daß die Deutung dieser Ablagerung auf den ersten Blick, wie man zu sagen pflegt, keinesfalls einfach erscheint. Es hängt dabei auch sehr viel von dem jeweiligen Bild eines solchen Aufschlusses ab, das bekanntlich gerade bei derartigen diluvialen Massen rasch wechselt. Wenn man sich aber die vorgeschobene Lage der Ablagerung am äußersten Rand der Vereisung klarmacht und berücksichtigt, daß das Eis hier wahrscheinlich in sehr starkem Maße Material aus dem Untergrunde, in diesem Falle also kiesiges Material, als sog. Lokalmoräne in sich aufgenommen hat, so daß dadurch der Unterschied zwischen Moräne und den Schottern zum Teil nicht mehr ganz so scharf ist, so erscheint die Deutung von SCHAD durchaus in anderem Licht. Vor allem aber muß man unseres Erachtens die Ablagerung von Ehingen auch mit dem Typus der von uns festgestellten Moränen im unteren Rißtal zwischen Warthausen und Rißtissen vergleichen, da das nunmehr die nächstgelegenen Ablagerungen sind und wie diese ja auch Ablagerungen aus dem äußersten Vorstoßgebiet der Rißvereisung sind. Jedenfalls stehe ich nach mehrfacher vergleichender Prüfung der verschiedenen Ablagerungen nicht an, der Ansicht SCHADS, es handle sich bei der Deckschicht Ehingens um eine Grundmoräne, voll und ganz beizustimmen. Der Auffassung von KRAUSS, die Deckschicht von Ehingen sei eine „gewöhnliche Verwitterungsschicht von Kiesgruben“[4]) vermag ich jedenfalls nicht beizupflichten. Das Material der Deckschicht ist vielmehr hier wie im Rißtal grundsätzlich anders als das der liegenden Schotter. Daß der Lehm dabei in den Berkacher Gruben gegenüber dem Kies zurücktritt, ist ja ohne weiteres aus den schon gemachten Darlegungen über die Ausbildung von Lokalmoränen gerade am

---

[1]) E. WUNDERLICH, Zur Entwicklung des Schmiech-Blau-Tales. Zeitschr. d. Gesellschaft f. Erdkunde zu Berlin, 1929. H. $^1/_2$.

[2]) a. a. O. S. 78. [3]) a. a. O. S. 22ff. [4]) Vgl. a. a. O. S. 23.

Rande der Vereisung erklärlich. Auch nach meiner Auffassung ist also die Deckschicht von Berkach als eine Grundmoräne zu deuten, die stratigraphisch natürlich nur mit der Moräne der Rißvereisung identifiziert werden kann. Die Parallele mit den durchaus entsprechenden Ablagerungen des Rißtales, namentlich auch hinsichtlich der Unterlagerung der Schotter ist zu groß, um irgendwelche Zweifel in dieser Richtung aufkommen zu lassen. Nur sind bei Ehingen die darunter folgenden noch älteren Schichten erschlossen, d. h. Flußablagerungen, die deutlich das Herannahen des Eises zeigen[1]). Im übrigen ist selbst die Höhenlage der Ablagerungen durchaus entsprechend; bei Ehingen liegt die Moräne etwa 520 m hoch, an der Rißmündung, wie oben angegeben, etwa rund 500 m.

Neben den Ablagerungen von Ehingen sind nun noch die Ablagerungen von Kirchbierlingen zu besprechen. Sie sind für den ganzen Zusammenhang natürlich grundsätzlich ebenfalls außerordentlich wichtig. SCHAD gibt an, daß er in dem Aufschluß westlich des Dorfes dunkle rostbraune Massen mit eingestreuten Blöcken beobachtet habe[2]), die ihn ganz an die Berkacher Ablagerungen erinnern. Zur Zeit meines Besuches waren die Aufschlüsse leider sehr verfallen. Zu beobachten waren in dem einen Teil der Gruben nur Schotter, die aber ganz an den liegenden Schotter der Rißmoränen erinnern, wie ja auch PENCK die Schotter von Kirchbierlingen den Hochterrassenschottern eingeordnet hat[3]). Weiter finden sich dann am Hang noch lößähnliche Ablagerungen. Endlich sieht man in einer Ecke des Aufschlusses noch ein Stück gestörten Schotters mit einem kleinen Rest einer stark verwitterten, fest verbackenen, ungeschichteten Deckschicht, die meiner Auffassung nach in ihrem ganzen Habitus durchaus einem Rest von Grundmoräne entsprechen könnte. Die Ablagerung reicht hier bis über 510 m Höhe hinauf. Der südlich benachbarte Rücken gegen Volkersheim zeigt jedoch nur noch die typischen bunten tertiären Mergel ohne jede diluviale Bedeckung.

Die Untersuchung des Donaugebietes auf glaziale Reste hin hat also ergeben, daß im Gegensatz zum Rißtal eine Durchverfolgung eines einheitlichen zusammenhängenden Grundmoränenhorizontes nicht möglich ist. Die bisher festgestellten Reste treten nur sporadisch auf, sind aber meiner Auffassung nach zweifellos als Moräne zu deuten. Mindestens gilt das für die Ehinger Ablagerung, die ich wiederholt besucht habe. Danach halte ich es — indem ich mich der SCHADschen Deutung der Berkacher Deckschicht voll anschließe — für wahrscheinlich, daß ähnlich wie im unteren Rißtal auch im Donautal zwischen Munderkingen und Ehingen eine besondere Eiszunge noch etwas weiter vorgestoßen ist. Die Mächtigkeit dieser Eiszunge muß dabei offenbar etwas geringer gewesen sein als im Rißtal, da das Eis im Donaugebiet schon die viel niedriger gelegenen Randhöhen des Molassegebietes nicht mehr zu überschreiten vermocht hat. Im Gegensatz zu SCHAD halte ich dabei die Form des Munderkinger Beckens z. T. erst für nachträglich entstanden. Sie ist offensichtlich nicht mehr ursprünglich. Sie braucht auch in ihrer heutigen Form durchaus nicht ein Zungenbecken der angenommenen Eiszunge gewesen zu sein. Das alte Tal, dem die Eiszunge folgte, kann vielmehr wesentlich andere, vermutlich stärker mäandrierende Formen besessen haben. Die spätere Umgestaltung des Beckens erfolgte meiner Auf-

---

[1]) Vgl. SCHAD a. a. O. S. 77. [2]) a. a. O. S. 76.

[3]) Vgl. „Alpen im Eiszeitalter" S. 399.

fassung nach vor allem durch die kombinierte Wirkung der Eisschmelzwasser nach dem Rückzug auf die früher angenommene Rißeisgrenze und die Mitwirkung der Donau. Dabei können die heutigen Prallhänge in der Umgebung des Munderkinger Beckens zum Teil recht junger Entstehung sein[1]).

Die Frage endlich, ob die Eiszunge, die sich also mindestens bis Ehingen vorgeschoben hat, auch noch bis Rißtissen gereicht hat, ist meines Erachtens nicht sicher zu beantworten. Es möchte an sich eher unwahrscheinlich erscheinen, da zwischen den Ablagerungen von Rißtissen und denen von Ehingen und Kirchbierlingen die Verbindung fehlt, während umgekehrt die Moränen von Rißtissen, wie gezeigt werden konnte, in fast kontinuierlichem Zusammenhang mit den Moränen des unteren Rißtales stehen. Wenn SCHAD auf die rückenartige Form der Ablagerung bei Rißtissen aufmerksam macht[2]), die er als Seitenmoräne seines Donaugletschers deutet, so kann dieselbe Form natürlich auch umgekehrt für die Eiszunge im unteren Rißtal in Anspruch genommen werden. Seinem weiteren Hinweis, daß die Geschiebe in der Grundmoräne von Rißtissen fast ausschließlich aus tertiären und jurrassischen Gesteinen bestehen, wie sie nur im Donaugebiet anstehen, vermag ich mich für die Deckmoräne von Rißtissen nicht anzuschließen. Sie entspricht, soweit ich sie bisher bei meinen Besuchen daraufhin vergleichen konnte, in ihrer petrographischen Beschaffenheit durchaus den Moränen des unteren Rißtales. Andererseits ist aber natürlich eine Verbindung zwischen Rißtissen und Ehingen auch nicht ganz von der Hand zu weisen. Der Mangel an Diluvialmaterial auf der Zwischenstrecke könnte immerhin auch erst durch nachträgliche Erosion entstanden sein. Daß diese im Donautal viel stärker gewirkt hat als im Rißtal, ist ja schon aus den gegenseitigen Verhältnissen der beiden Täler ohne weiteres verständlich. Die Frage muß daher bezüglich des äußersten Endes der Eiszunge im Donautal vorläufig noch offen bleiben. Es erscheint übrigens auch möglich, daß beide Eiszungen bei Rißtissen zusammengestoßen sind; selbst die Möglichkeit einer gegenseitigen Überlagerung verschiedener Moränen ist zunächst mit aller Vorsicht noch zu prüfen. —

Fassen wir nunmehr das Gesamtergebnis der Untersuchungen zusammen, so ist — im Gegensatz zu der bisherigen Auffassung — zweifellos mit einer stärkeren Ausdehnung der Rißvereisung im Rißgebiet selbst zu rechnen. Unter Benutzung einer anfänglich offenbar etwas stärker eingetieften Rinne des unteren Rißtales ist das Eis hier zweifellos bis zur Einmündung des Rißtales in das Donautal vorgedrungen. Es war aber nach allem, was sich zur Zeit feststellen läßt, eine isolierte, nur wenig ausgedehnte Eiszunge, da sie das westlich anstoßende Molassegebiet nur im Südosten etwas stärker, sonst aber nur noch ganz randlich überdeckt hat. Der eigentliche Kern dieses Gebietes blieb offensichtlich eisfrei. Im Donaugebiet besteht unserer Auffassung nach die Ansicht von SCHAD, daß es sich bei der Deckschicht von Ehingen bzw. Berkach um eine Moräne handelt, mit Recht. Auch hier scheint sich demnach, soweit die vorhandenen Aufschlüsse Folgerungen gestatten, während des Maximums der Rißeiszeit noch eine besondere

---

[1]) Das Hauptmoment in der Ausgestaltung des Munderkinger Beckens möchte ich dabei in der Tätigkeit des Eisschmelzwasser aus der Richtung von Emerkingen und Hundersingen sehen, die dabei die Donau gegen ihren nördlichen Talhang abdrängten.

[2]) a. a. O. S. 78.

Eiszunge im Donautal vorgeschoben zu haben, deren äußerste Grenze zur Zeit allerdings nicht sicher feststellbar ist.

Danach ist also das Molassegebiet im Zwickel zwischen Donau und Riß tatsächlich kein Teil der Altmoränenlandschaft, wenn auch die Altmoränen, geologisch gesprochen, längs des Rißtales bzw. längs des Donautales fast um das ganze Gebiet herumgreifen und es sozusagen weitgehend einschließen. Für die geographische Einteilung von Oberschwaben spielt diese Einschließung aber doch nur eine nebensächliche Rolle, da die umschließenden Eiszungen offensichtlich nur schmal und wenig mächtig waren und zudem nur für kürzere Zeit bestanden haben, weil das Eis offenbar verhältnismäßig wieder rasch zurückgegangen ist. Die vorgeschlagene selbständige Ausscheidung des Molassegebietes in geographischem Sinne hat sich daher auch durch diese Untersuchung gerechtfertigt.

Dagegen erhebt sich nunmehr die Frage, wie sich eigentlich die Verhältnisse östlich der Riß gestalten. Für dieses Gebiet sind entsprechende Erörterungen bisher noch von keiner Seite angestellt worden. Wenn aber das Rißeis im Rißtal selbst sich bis an das Donautal vorgeschoben hat, so ist natürlich anzunehmen, daß vermutlich auch noch ein Teil des bisher zur Terrassenlandschaft gezogenen Gebietes dem Altmoränengebiet zuzurechnen ist. Es wird also eines der nächsten Ziele der geomorphologischen Untersuchung Oberschwabens sein müssen, die Verhältnisse im Gebiet östlich der Riß zu klären.